为效益买单

MAGNEGEN
PIPE
PROTECTOR
MODEL 2000

# 工业水处理技术问答

金 熙　项成林　齐冬子　编著

第四版

化学工业出版社
·北京·

本书以问答形式介绍工业水处理技术的知识。全书分六章：水的基本知识、水的净化、水的软化和除盐处理、炉水处理、循环冷却水处理和废水处理。全书共计 888 个问题，一问一答，内容丰富，深入浅出，通俗易懂。附录中收集了水的物理化学性质、各种用水及水处理剂的技术标准等资料。

本书可供从事水处理工作的管理干部、技术人员学习参考，亦可作为学生、工人的自学教材。

**图书在版编目（CIP）数据**

工业水处理技术问答/金熙，项成林，齐冬子编著．
—4 版．—北京：化学工业出版社，2010.3（2021.8 重印）
ISBN 978-7-122-07630-4

Ⅰ．工…　Ⅱ．①金…②项…③齐…　Ⅲ．工业用水-水处理-问答　Ⅳ．TQ085-44

中国版本图书馆 CIP 数据核字（2010）第 010598 号

责任编辑：满悦芝　　文字编辑：郑　直
责任校对：边　涛　　装帧设计：尹琳琳

出版发行：化学工业出版社（北京市东城区青年湖南街 13 号　邮政编码 100011）
印　　装：北京虎彩文化传播有限公司
787mm×1092mm　1/16　印张 44　彩插 1　字数 1164 千字　　2021 年 8 月北京第 4 版第 7 次印刷

购书咨询：010-64518888　　售后服务：010-64518899
网　　址：http://www.cip.com.cn
凡购买本书，如有缺损质量问题，本社销售中心负责调换。

定　　价：**248.00 元**

京化广临字 2010—19 号

# 前　言

21 世纪困扰全球的三大环境问题是：全球变暖、淡水资源短缺及荒漠化。淡水资源短缺被提到全球环境的第二大问题，可见其重要性。水被认为是最重要的资源，因为水既是自然资源，又是经济资源，更是战略资源，是人类生存的命脉。人均水资源占有量降低到一定程度必然会严重阻碍经济的发展，年人均占有量 1750$m^3$ 是国际公认的紧张线，1000$m^3$ 为慢性缺水。我国不仅是贫水国家，而且水资源量的分布在时间和空间上极不均衡。北方缺水严重，全国共 100 多座城市缺水，有的城市年人均水占有量仅 200～300$m^3$。

我国政府对环境和资源保护工作高度重视，将水资源的保护、开发和利用放在非常突出的战略高度上，正在积极建设节水型社会，要把节水作为一项长期坚持的实现可持续发展的战略方针，把节水工作贯穿于国民经济各个领域发展和人民群众生产生活的全过程。我国目前还存在地下水过度开采并引起地面沉降的问题。一方面水资源严重紧缺，另一方面水资源的浪费现象还严重存在，水资源被污染的情况也很严重。水处理的工作不仅要求开源节流，还要求废水再利用。这也对我们编写本书提出了更高要求。

本书第一版出版于 1989 年 3 月，书名为《工业水处理技术问答》，内容为水的基本知识、水的净化、锅炉给水处理及冷却水处理四章，共 335 个问答题。主要针对当时大氮肥厂生产上存在的技术问题。由金熙和项成林编写，金熙整理，齐冬子审核。

第二版出版于 1996 年 3 月，第一篇增加至 506 个问答题，增加第二篇常用数据，书名改为《工业水处理技术问答及常用数据》。由金熙、项成林和齐冬子编写，齐冬子审核。

第三版出版于 2003 年 8 月，问答题增至 666 题，共 5 章。内容主要补充了膜分离技术和海水、苦咸水淡化处理，书名改回《工业水处理技术问答》。由金熙、项成林和齐冬子编写，金熙审核。

第四版的问答题增至 888 题，共六章。内容主要增加了第六章废水处理，共 145 题；第五章增加了密闭式循环冷却水等内容共 52 题，名称为“循环冷却水处理”。由于我国近年在标准制定方面有很大发展，故对附录部分作了较大修改，补充了各种水质和水处理剂的最新标准内容。

第一章水的基本知识、第二章水的净化、第三章水的软化和除盐处理及第四章炉水处理由齐冬子和项成林共同修改补充。第五章循环冷却水处理由齐冬子、项成林、赵芳共同编写修改，鲍其鼐、包义华提供部分资料。第六章废水处理由项成林编写，许建华审核。附录部分由齐冬子和项成林编写。

本书编写过程中曾得到各方面同行的大力帮助和支持，使我们顺利完成了修改任务。特向高岁、许建华、岳舜琳、周国光、项阳、徐国强、万嵘、陆文彬、郑宇、储曦明、鲍其鼐、包义华、赵芳、李雪梅等表示感谢。由于本书涉及的内容较广，而编著者的知识有限，书中会有不妥之处，敬请诸位读者批评指正。

**项成林，齐冬子**
**2010. 3**

# 第二版前言

编写本书的目的是为广大水处理工作者提供简明的技术资料，以迅速推广水处理技术。工业水处理技术牵涉到各行各业，关系到环境保护、水资源的合理使用。我国水资源量虽然是世界的第六位，但人均占有水资源量很低，属贫水国家。所以水资源管理已经成为头等重大课题。当我们开始编写本书第二版时，我国人均年径流量为世界的第 88 位，到第二版出版时已降为第 109 位。最近我们惊奇地从资料[75]中看到又降为 121 位。这些数据使我们更感到节约水资源何等重要。水资源匮乏威胁着人类生存，将会成为深刻的社会危机。紧迫的形势也应促进我们努力掌握水处理技术知识，做好水处理工作。

本书第二版出版以来，深受广大读者欢迎，但我们仍感很不足。主要问题是：近年水处理技术在不断发展，在问答题中反映新的技术还不够；常用数据部分篇幅过大，资料不够系统，有的资料已过时。针对以上问题，本版主要作了以下修改和补充。

(1) 原书名为《工业水处理技术问答及常用数据》，改为《工业水处理技术问答》。

(2) 增补和修改了问答题，由原来的 506 题增加到 666 题。对近年发展较快的膜分离技术，增加了介绍篇幅；新增了海水、苦咸水淡化处理方法的介绍。同时在各章中均补充了近年技术发展和经验积累的新内容。

(3) 将原“第二篇常用数据”进行了压缩修改，改为“附录”。删去了旧的标准、定额及部分不常用的图表，进行了系统分类。主要保留的内容是：水的物理化学性质、各种用水的标准和规定及水处理剂的标准、规定和性能等内容。为方便水处理工作者查找，尽量收集了近年出版较新的技术标准。

(4) 为表达阴阳离子平衡关系，第二版中用$[H^+]$mol 及$[H^+]$mol/L 表示当量及当量浓度 N。这种表示方法应用不普及。本版参考有关资料[61]，改用物质的量浓度 $c\left(\frac{1}{x}A^{x+}\right)$/(mol/L)或$c\left(\frac{1}{x}B^{x-}\right)$/(mol/L)表示阳离子或阴离子的当量浓度；用$Q_V\left(\frac{1}{x}A^{x+}\right)$/(mmol/L)或$Q_V\left(\frac{1}{x}B^{x-}\right)$/(mmol/L)表示阳离子或阴离子交换树脂的体积交换容量；用 $Q_m\left(\frac{1}{x}A^{x+}\right)$/(mmol/g)或$Q_m\left(\frac{1}{x}B^{x-}\right)$/(mmol/g)表示阳离子或阴离子交换树脂的质量交换容量。详见本书第一章第 20 题。

本书修订过程中曾得到各方面的支持，使我们受益匪浅。在此特向麦玉筠、许建华、包义华、岳舜琳、许振良等同行表示衷心的感谢。

金　熙　项成林　齐冬子

2002.11

# 第二版序

《工业水处理技术问答及常用数据》在原《工业水处理技术问答》的基础上，经过编著者几年的努力修订，今天和广大读者见面了。

本书主要是为从事工业水处理的实际工作者编写的一本工具书。采用一问一答的形式，内容简明扼要，深入浅出，既有对理论的阐述，又有实践经验的总结。1989年初次出版后，深受广大读者的欢迎。

本次再版增添了许多新的内容。篇幅增加了一倍左右，介绍了目前国际上工业水处理技术的前沿水平，提出了更多的处理实际问题的方法。本书还补充了许多非常有实用价值的数据图表，采用了法定计量单位。对于工厂的技术人员、技术工人、大专院校有关专业的师生和科研工作者都会有很大的益处。

工业水处理技术既是一门边缘科学，又是一门实用技术。在全世界面临淡水资源紧张的条件下，在热工装置和化工、轻工、冶金、机械、电子等行业对超纯水和冷却水的要求日益提高的情况下，推广使用工业水处理技术有着很大的意义。

我国是世界上严重缺乏淡水的国家之一。我国地面水资源只占世界第六位，而人均淡水资源只有2700立方米，占世界第88位，仅为世界人均占有量的四分之一。而我国工业冷却水采用闭路循环的，只占不到50%，又是个很大的浪费。

20世纪70年代以来，我国引进和自行开发了多种冷却水闭路循环的技术，目前，大氮肥厂水的重复利用系数已达到94%以上，取得了很好的经济效益和环境效果。国家的政策是大力推广各种节水技术，保证经济发展和环境保护的需要。因此，无论对已采用或将要采用冷却水闭路循环技术的企业，本书都会是很有用处的。

本书的三位作者都是多年从事工业水处理的生产和管理方面的专家。有着深厚的理论功底和丰富的实践经验。这本书是他们对工业水处理最新理论成果的介绍，也是他们本身多年工作经验的总结。希望能对广大读者有所裨益。

化工出版社多年来为读者提供了许多精品书籍。这次又修订出版了这样一本很有实用价值的书，相信广大读者一定会需要它。

化工部生产协调司　高　岁

1996年1月

# 目　录

# 第一章　水的基本知识

## 1　地球上水储量的分布及水资源情况如何？[52]

水，是地球上分布最广的自然资源。地球上水的总量约有 $1.386\times10^9 km^3$。如果全部平铺在地球表面上，可以达到 3000m 的水层厚度。地球表面的四分之三都被水覆盖着。

储水量虽然如此丰富，但海水就占了整个储水量的 96.5%，淡水量的全部总和只不过占总储水量的 2.53%。水资源是指全球水中人类生存、发展可用的水，主要是指逐年可以得到更新的那部分淡水。所以淡水储量并不等于水资源量。实际上能供人类生活和工农业生产使用的淡水资源还不到淡水储量的万分之一。水资源总量的统计和计算比较复杂。水资源中最能反映水资源数量和特征的是河流的年径流量，它不仅包含降雨时产生的地表水，而且包括地下水的补给。所以，常用年径流量来比较各国的水资源。全球年径流量约为 $47\times10^{12} m^3/a$（$1\times10^{12} m^3/a$，万亿立方米每年）。

地球上水储量的分布情况如下表：

| 序号 | 水体存在类别 | 体积/$10^4 km^3$ | 所占比例/% | |
|---|---|---|---|---|
| | | | 总储水量 | 淡水储量 |
| 1 | 海洋水 | 133800 | 96.5 | — |
| 2 | 地下水 | 2340 | 1.7 | — |
| | （其中：地下淡水） | (1053) | (0.76) | (30.1) |
| 3 | 土壤水 | 1.65 | 0.001 | 0.05 |
| 4 | 冰川与永久雪盖 | 2406.41 | 1.74 | 68.7 |
| 5 | 永冻土底冰 | 30.0 | 0.021 | 0.86 |
| 6 | 湖泊水 | 17.64 | 0.013 | — |
| | （其中：淡水） | (9.10) | (0.007) | (0.26) |
| 7 | 沼泽水 | 1.147 | 0.0008 | 0.03 |
| 8 | 河床水 | 0.212 | 0.0002 | 0.006 |
| 9 | 生物水 | 0.112 | 0.0001 | 0.003 |
| 10 | 大气水 | 1.29 | 0.001 | 0.04 |
| 总储量 | | 138598.461 | 100 | — |
| 其中：淡水储量 | | 3502.921 | 2.53 | 100 |

资料来源：联合国会议论文，《世界水平衡和地球水资源》，1977.3。

## 2　我国水资源的情况怎样？

我国年平均降雨量为 648.2mm（1956～1976 年平均值），淡水资源总量为 $2.8142\times10^{12} m^3/a$（$10^{12} m^3/a$，万亿立方米每年），其中河川年径流量为 $2.7115\times10^{12} m^3/a$。年径流量约占全球的 5.8%，居世界第六位，仅次于巴西、俄罗斯、美国、印度尼西亚和加拿大。

虽然我国水资源总量不少，但由于地广人多，所以我国的人均水资源占有量及单位国土水资源占有量均低于世界平均值。按我国水利部门的统计资料[75]，1995 年我国人口为 12.11 亿，人均淡水资源占有量为 $2323m^3/a$，人均年径流量为 $2238.6m^3/a$。在统计的 153 个国家中我国排名为第 121 位。如以 2007 年末的 13.21 亿人口计，人均年径流量仅为 $2052.6m^3/a$。我国人均水资源占有量仅约为世界平均值的四分之一。国际上确定：人均水资源占有量 $1000m^3/a$ 为生存起码需求标准，$2000m^3/a$ 则处在严重缺水的边缘。我国 2005

年末每公顷耕地水资源占有量为 22210m³/a，折合成亩均水资源占有量约为 1480m³/a，为世界平均值的四分之三左右。

世界及部分国家的国土面积、耕地面积、人口及水资源情况见下表。在 153 个国家中人均年水资源占有量冰岛居第 1 位，科威特为第 153 位。

**世界及部分国家的水资源情况**[75]

| 国　　名 | 国土面积 /$10^4$ km² | 年水资源量① | | 计算人口 (1995) /$10^4$ 人 | 人均年水资源量 (1995) | | 计算耕地面积(1995) /$10^3$ hm² | 单位耕地年水资源量 (1995) /[m³/($10^4$ m²·a)] |
|---|---|---|---|---|---|---|---|---|
| | | $10^8$ m³/a | 位次 | | m³/(a·人) | 位次 | | |
| 巴西 | 851.197 | 69500 | 1 | 16179 | 42957 | 20 | 53500 | 129906 |
| 俄罗斯 | 1707.54 | 42700 | 2 | 14700 | 29048 | 31 | 130970 | 32603 |
| 美国 | 936.352 | 30560 | 3 | 26325 | 11608.7 | 56 | 185742 | 16453 |
| 印度尼西亚 | 190.457 | 29860 | 4 | 19575.6 | 15253.6 | 49 | 17130 | 174314 |
| 加拿大 | 997.1 | 29010 | 5 | 2946.3 | 98462 | 8 | 45420 | 63870 |
| 中国 | 959.696 | 27115 | 6 | 121121(1995)<br>132100<br>(2007 年末) | 2238.6(1995)<br>2052.6<br>(2007 年末) | 121 | 91977<br>122082.7<br>(2005 年末) | 29480<br>22210<br>(2005 年末) |
| 孟加拉 | 14.76 | 23570 | 7 | 12043.3 | 19571 | 44 | 8456 | 278737 |
| 印度 | 297.470 | 20850 | 8 | 93577.4 | 2228 | 122 | 166100 | 12553 |
| 冰岛 | 10.3 | 1680 | 50 | 26.9 | 624535 | 1 | 6 | 28000000 |
| 科威特 | 1.782 | 2 | 153 | 154.7 | 103 | 153 | 5 | 40000 |
| 全球 | 陆地面积<br>14902.5 | 468500 | | 364000(1971)<br>543600(1995)<br>618000(2001.7)<br>660000(2009.3) | 12871(1981)<br>8618(1995)<br>7099(2009.3) | | 1218267(1993) | 38456(1993) |

① 以多年平均河川径流量为代表。

我国水资源的分布在时间和空间上也很不均衡。我国属季风气候，降水大部分集中在汛期。夏季径流量几乎占全年的 40%，大量淡水未被利用就通过洪水排入大海。而其余时间又往往缺水。从地区上来说，我国长江流域及其以南地区的径流量约占全国的 81%，而北方广大地区不足 20%。南方人均年径流量约为 4000 多立方米，北方只有 900 多立方米，南方为北方的 4.4 倍。北方特别干旱地区人均年径流量往往还低得多，例如河北省仅约 300m³/a。单位耕地面积的水资源量，南方约为北方的 9.1 倍，南方亩均径流量约为 4100m³/a，北方约为 450m³/a。由于我国 20 世纪气候变暖的趋势与世界一致，近 50 年来降水分布格局发生了明显变化。西部和华南地区降水增加，而华北和东北大部分地区降水减少。局部地区干旱更趋加重。水资源更加不平衡。

以上情况说明：我国是贫水国家，已被联合国列为世界上十三个贫水国家之一。对于我国，加强水资源的管理尤其具有重大意义。如果不能做到节约水资源和提高水的利用率，水资源问题可能成为经济发展的瓶颈，势必会影响我国社会主义建设的速度。我国政府对环境和水资源保护问题越来越重视，已于 1988 年颁布了《中华人民共和国水法》，并规划和正在实施“南水北调”等宏伟的水利工程。每一个水处理工作者，尤其需要加强管理、挖潜、杜绝浪费、提高效益。

### 3　水有些什么特性？

水的分子式为 $H_2O$，相对分子质量为 18.015，在水分子中，氢占 11.19%，氧占

88.81%，常温下，是无色、无味、无臭的透明液体，纯水几乎不导电。

水有着异常的特性，正由于这些特性，使水对自然界和人类生活产生了巨大的作用和影响。

水有固态、液态、气态的三态变化。常温下以液态存在。在工业生产中，常利用水的固、液、气三态变化的特性，来进行能量的变换。

水在4℃（实为3.98℃）时体积最小而密度最大（为$1g/cm^3$）。在超过或低于此温度时，密度减小，而体积却膨胀。这与通常物质的热胀冷缩的变化规律不一样。天然水在变成冰时，体积变大而密度变小。由于冰的密度（$0.917g/cm^3$）比水小，故浮在水面上，这不仅隔绝了严寒气温，而且保护了水下生物的生存，对于地球上生物的存在与进化有着极大的作用。

水有着比所有的液体和固体物质都大的比热容，因此，当水温度每升高或降低1℃时，1g水所吸收或放出的热量，比其他物质都要大得多；1g水温度升高或降低1℃，所吸收或放出的热量约为4.2J(1cal)。水在所有的液体中有着最大的蒸发热，在100℃时，达到2256.7J/g(539.0cal/g)；当冰融解为水时，其比热容要增加两倍以上，而一般固体熔化时，比热容的变化都很微小；水在沸腾时，水温仍可保持在100℃，而冰在融化时冰水混合的水温也仍可以保持在0℃。

水是溶解能力很强的溶剂，多数物质在水中有很大的溶解度。水的介电常数很大，可达到80左右。水对各种溶质的电离能力也很强，使水中溶解的各种物质可以进行各种化学反应。

水在常温下有着较大的表面张力（仅次于汞），20℃时，表面张力达到$72.75\times10^{-3}$N/m(72.75dyn/cm)，而其他液体只有$(2.0\sim5.0)\times10^{-2}$N/m(20～50dyn/cm)，故水具有明显的毛细管现象，并有润湿的作用。这对于自然界的机体生命活动和各种物理化学作用有着重大的影响。

水又是一切有机化合物和生命物质的氢的来源。组成一切有机化合物的碳、氢、氧等元素，主要来自水和空气中的二氧化碳。植物通过光合作用把二氧化碳和水转化为各种有机物的生命物质。因此，一切生命都和水的各种特性密切相关。

### 4　水在自然界是如何进行循环的?

自然界中，水在太阳照射和地心引力等的作用和影响下不停地运动，不断地转化。自然界的水在不断地循环，如图1-0-1所示。降水（包括雨雪等）到达地面之后，通过径流至江、河、湖、海、水库等，或径渗流至地层，或是通过蒸发至大气中，以这样的方式循环不

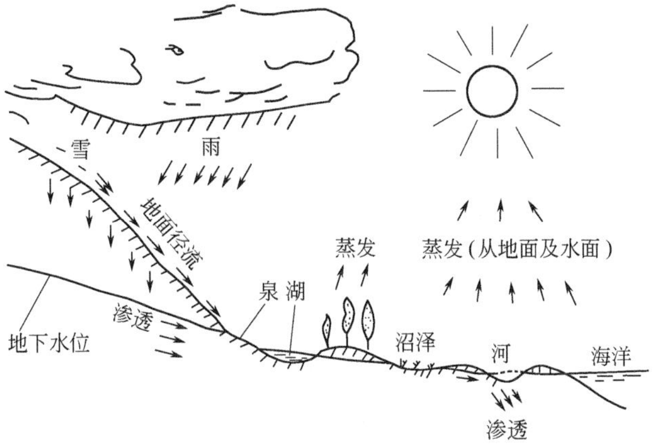


图1-0-1　自然界中水的循环

止，这就构成自然界水的循环。

自然界循环的水量只占地球上总水量的0.031%，其中径流和渗流的约占0.003%。人类社会为了满足生活和生产的需要，也构成了一个取水和排水的水的社会循环体系。人类从水的社会循环体系中取用的水量又不过是径流和渗流水量的2%～3%，是地球总水量的数百万分之一，是微不足道的，但对人类的活动关系极大。水的每一循环都掺入不同的杂质。

## 5 地表水和地下水有些什么特点?

地表水是指雨雪、江河、湖泊以及海洋的水。这些水的特点都与它们的形成过程密切相关。雨雪在降落的过程中都溶有一定数量的杂质，如 $O_2$、$CO_2$、$N_2$ 等，还可能混有工业和城市的废气、烟尘。地表水总地来说杂质少且含盐量低，平均含盐量只有40mg/L左右，硬度也很低，平均也只有0.025mmol/L左右，属于软水。江河的水是经过地面径流汇集而成的，它接触了岩石及其风化产物、土壤等，溶入了一些盐类，因此，含盐量比雨雪高。我国江河水的平均含盐量为166mg/L。河水还由于其冲刷作用，卷带了大量的泥沙、黏土等悬浮物质，而使水的浑浊度很高。湖水由于湖面宽广、流动缓慢，故蒸发量较大。如果流入和排出湖泊的水量都较大时，那么湖水的蒸发量相对较小，因而可以保持较低的含盐量而成为淡水湖。否则，如果流入的水量大部分被蒸发，使湖水浓缩含盐量增高，那就变成咸水湖或盐湖。湖泊由于光照面积大，有利于微生物的生长和繁殖，因此水中微生物的量较大。海洋水的蒸发量每年有 $40\times10^4km^3$，从江河每年带入溶解盐类有 $3.85\times10^9t$，经过长年累月，海水中的含盐量高达35000mg/L左右。

地下水是雨水经过土壤及地层的渗透流动而形成的水，在其漫长的流程和广泛的接触中，溶入较多的盐类。但是，另一方面，地下水由于地层的层层过滤，悬浮物很少，水质清澈而透明，浑浊度较低。

总之，不管地表水或是地下水，都不是纯净的。因此，必须经过处理才能使用。

我国及世界河流水质例[1]　　单位：mg/L

| 河　流 | $Ca^{2+}$ | $Mg^{2+}$ | $Na^++K^+$ | $HCO_3^-$ | $SO_4^{2-}$ | $Cl^-$ | 含盐量 |
|---|---|---|---|---|---|---|---|
| 长江 | 28.9 | 9.6 | 8.6 | 128.9 | 13.4 | 4.2 | 193.6 |
| 黄河 | 39.1 | 17.9 | 46.3 | 162.0 | 82.6 | 30.0 | 377.9 |
| 黑龙江 | 11.6 | 2.5 | 6.7 | 54.9 | 6.0 | 2.0 | 83.7 |
| 西江 | 18.5 | 4.8 | 8.1 | 91.5 | 2.8 | 2.9 | 128.6 |
| 松花江 | 12.0 | 3.8 | 6.8 | 64.4 | 5.9 | 1.0 | 93.9 |
| 闽江 | 2.6 | 0.6 | 6.7 | 20.2 | 4.9 | 0.5 | 35.5 |
| 塔里木河 | 107.6 | 841.5 | 10265 | 117.2 | 6052 | 14368 | 31751.3 |
| 亚马逊河 | 5.4 | 0.5 | 3.3 | 18.1 | 0.8 | 2.6 | 30.7 |
| 密西西比河 | 37 | 11 | 23 | 115 | 55 | 23 | 264 |
| 尼罗河 | 15.7 | 3.6 | 9.4 | 63.0 | 18.0 | 6.0 | 115.7 |
| 泰晤士河 | 75.9 | 4.8 | 12.3 | 214.0 | 39.1 | 12.2 | 358.3 |
| 莱茵河 | 50.3 | 11.7 | 5.2 | 181.4 | 24.6 | 8.0 | 281.2 |
| 多瑙河 | 58.2 | 13.5 | 5.3 | 236 | 15.4 | 2.6 | 331.0 |
| 伏尔加河 | 37.0 | 3.0 | 12.0 | 108.0 | 18.0 | 17.0 | 195.0 |
| 顿河 | 64.0 | 7.7 | 8.7 | 231.8 | 14.1 | 3.9 | 330.2 |
| 湄公河 | 12 | 1.6 | 3.7 | 49 | 0.4 | 0.4 | 67.1 |
| 木曾川 | 4.7 | 0.9 | 5.6 | 18.1 | 2.3 | 1.3 | 32.9 |

**我国及世界湖泊、水库的水质例**[1]

| 分类 | 湖泊、水库 | 离子总量 | $Ca^{2+}$ | $Mg^{2+}$ | $Na^{+}$ | $HCO_3^-$ | $SO_4^{2-}$ | $Cl^-$ | $\frac{1}{2}Ca^{2+}$ | $\frac{1}{2}Mg^{2+}$ | $Na^{+}$ | $HCO_3^-$ | $\frac{1}{2}SO_4^{2-}$ | $Cl^-$ |
|---|---|---|---|---|---|---|---|---|---|---|---|---|---|---|
| | | mg/L | mg/L | | | | | | 摩尔分数/% | | | | | |
| 淡水湖 | 武汉南湖 | 138.7 | 18.9 | 1.83 | 17.9 | 70.7 | 15.8 | 13.7 | 25.2 | 4.2 | 20.7 | 30 | 8.8 | 10.5 |
| | 长春新立城水库 | 121.3 | 20.5 | 5.61 | 3.17 | 79.9 | 5.0 | 7.1 | 31.5 | 14 | 4.5 | 40.5 | 3.3 | 6.2 |
| | 湖北洪湖 | 127.12 | 22.4 | 3.17 | 11.4 | 75.3 | 10.3 | 4.55 | 32.4 | 7.5 | 14.4 | 35.5 | 6.36 | 3.76 |
| | 贝加尔湖(俄罗斯) | 91.4 | 15.2 | 4.2 | 6.1 | 59.2 | 4.9 | 1.8 | 28.1 | 13.0 | 8.9 | 43.3 | 4.5 | 2.2 |
| | 伊利湖(美国) | 127 | 31.2 | 7.65 | 6.54 | 59.5 | 13.1 | 8.8 | 33.8 | 11.5 | 4.7 | 39.5 | 5.4 | 5.1 |
| | 苏黎世湖(瑞士) | 138.2 | 41.1 | 7.2 | 5.1 | 72.9 | 11.1 | 0.83 | 36.1 | 10.4 | 3.5 | 45.3 | 4.3 | 0.4 |
| 咸水湖 | 乌塔湖(美国) | 1230 | 67 | 86 | 252 | 108 | 380 | 337 | 7.9 | 16.9 | 25.2 | 8.6 | 18.8 | 22.6 |
| | 伊塞克湖(吉尔吉斯斯坦) | 5823 | 114 | 294 | 1475 | 240 | 2115 | 1585 | 3.1 | 13 | 34 | 2.1 | 23.8 | 24.1 |
| | | g/L | g/L | | | | | | 摩尔分数/% | | | | | |
| 盐湖 | 内蒙古雅布赖盐湖 | 361.5 | — | 46.6 | 52.9 | — | 68.9 | 148.1 | — | 31.4 | 20.6 | — | 12.4 | 35.5 |
| | 死海 | 261.87 | 17.26 | 43.4 | 18.7 | — | 0.52 | 174.9 | 8.3 | 34.5 | 7.2 | — | 0.1 | 49.0 |
| | 大盐湖(美国) | 265.5 | 0.55 | 7.15 | 96.6 | — | 8.5 | 152.7 | 0.3 | 6.2 | 43.5 | — | 4.1 | 45.9 |

**我国地下水水质例**[1]　　　　单位：mg/L

| 地　区 | $Ca^{2+}$ | $Mg^{2+}$ | $Na^{+}+K^{+}$ | $HCO_3^-$ | $SO_4^{2-}$ | $Cl^-$ | $Fe^{2+}$ | $Mn^{2+}$ | 含盐量 | $H_2S$ | 游离 $CO_2$ | pH | 特　点 |
|---|---|---|---|---|---|---|---|---|---|---|---|---|---|
| 石家庄井水 | 82.9 | 19.8 | 16.2 | 219.6 | 37.3 | 28.0 | — | — | 403.8 | — | — | 7.6 | |
| 哈尔滨井水 | 78.2 | 12.8 | 23.5 | 317.2 | 8.0 | 21.34 | 0.02 | — | 461.0 | 76.4 | 11.5 | 6.9 | 含 $H_2S$ |
| 佳木斯水源 | 37.2 | 12.6 | 20.4 | 140 | 15 | 40 | 10 | 1.0 | 276.2 | — | 60 | 6.6 | 含铁、锰 |
| 宁夏同心县井水 | 481.0 | 437.8 | 2790.0 | 488.2 | 3938.5 | 2127.6 | — | — | 10476 | — | — | — | 苦咸水 |
| 湖南岳阳井水 | 2.83 | 1.56 | 5.29 | 9.76 | 8.95 | 2.55 | 1.4～2.1 | — | 38.0 | — | 79.4 | 5.5 | 含铁，极软，强腐蚀性 |
| 天津塘沽地下水 | 8.0 | 3.7 | 317 | 464 | 48 | 200 | — | — | 1040.7 | (含 $F^-$ 5.0) | | 8.3 | 含氟矿化水 |

## 6　为什么把水作为冷却和传送热量的介质？

把水作为冷却和传送热量的介质是由它的特性决定的。而水的各种异常的特性是由它的结构上的特点所决定的。水在分子结构上的特点就是具有极大的极性和很强的生成氢键的能力，因而大大地增强了分子之间的作用力，使得水的内聚力很大。一般液体的内聚力（如以内压力表示）只有：200～500MPa（2000～5000atm）；而水的内压力高达 2200MPa（22000atm），相差 10 倍左右。因此，如果要改变水的物态，就需要更多的热量和更高的温度，以克服这些内聚力。水有最大的比热容，比等体积空气的比热容大 3300 倍。因此，要使水温每升高 1℃或降低 1℃，需要吸收或放出的热量，要比其他物质大得多。也就是说，比起其他物质，水就具有储存或放出较多热量的能力。由于水的这种特性，因此工业生产上把它广泛作为冷却介质，通过换热设备，来传送和吸收工艺介质的热量，从而使工艺介质得到冷却。水还作为载热体被广泛应用，先是吸收储存热量而变为蒸汽，再是传送热量，并做功。这就是水被广泛地作为冷却和传送热量的介质的原因。

## 7　什么叫水的蒸汽压、沸点、冰点？

水可蒸发为蒸汽，蒸汽又可凝结为水，在某温度下，蒸发和冷凝达到平衡时的蒸汽，叫做该温度下的饱和蒸汽，此时的蒸汽压力称为该温度下水的饱和蒸汽压，或简称为水蒸气压。

水的蒸汽压是随温度升高而增大的。当水的温度升高到一定值时，水的蒸汽压等于外界压力，水就沸腾，这时的温度叫做水在该压力下的沸点。常压 101.325kPa（1atm）下，水的沸点为 100℃。水和冰平衡共存时的温度称为水的凝固点（或称冰的熔点），习惯上叫做冰点。在101.325kPa（1atm）压力下，水的冰点是0℃。

**8 什么是饱和蒸汽和过热蒸汽？**

水在一定的压力下加热，水的温度随着不断加热而上升，当水温升高到某一温度时，水就开始沸腾（俗称水开了），这时候水的温度称为沸腾温度。如再继续加热，水温保持不变，水即开始汽化，而逐步变为蒸汽。水在一定的压力下的沸腾温度也称为饱和温度。这个温度与其所受压力大小有关，压力愈大，则沸腾温度（饱和温度）也就越高；反之，压力小，则沸腾温度也低。例如压力为0.10MPa（1atm）时，其饱和温度为99.09℃；压力为4.05MPa（40atm）时，其饱和温度为249.18℃；压力为10.13MPa（100atm）时，其饱和温度为309.53℃。

从上可知，水在一定压力下，加热至沸腾，水就开始汽化，也就逐渐变为蒸汽，这时蒸汽的温度也就等于饱和温度。这种状态的蒸汽就称为饱和蒸汽。

如果把饱和蒸汽继续进行加热，其温度将会升高，并超过该压力下的饱和温度。这种超过饱和温度的蒸汽就称为过热蒸汽。

**9 什么叫密度、相对密度？什么叫比热容？**

物质的密度表示单位体积中所含该物质的质量，其单位为$kg/m^3$（千克每立方米）或$g/cm^3$（克每立方厘米）。水在4℃时的密度为$1g/cm^3$。相对密度为无量纲量，表示物质的密度与水在4℃时的密度的比值。

单位物质的温度每升高（或降低）1℃所吸收（或放出）的热量叫做该物质的比热容，其国际单位制的单位为J/(kg·K)(焦[耳]每千克开[尔文])，导出单位为J/(g·K)(焦[耳]每克开[尔文])。1g水的温度每升高（或降低）1℃所吸收（或放出）的热量为4.1868J（即1cal)，因此水的比热容为4.1868J/(g·K)[即1cal/(g·℃)]。

**10 什么叫溶液、饱和溶液、溶解度？**

由两种或两种以上物质组成的均匀而稳定的体系叫做溶液。溶液分液体相及固体相，即溶液有液体溶液和固体溶液，不定义气体溶液。为了方便，一般将溶液中的最多的物质称为溶剂，将其他物质称为溶质。水系统为液体溶液，水被称为溶剂，溶于水中的其他杂质为溶质。如水和食盐组成的均匀而稳定的澄清溶液称为食盐水溶液。

在一定的条件下，物质的溶解和结晶达到平衡时的溶液叫做饱和溶液。

在一定的温度下，饱和溶液中所含溶质的量，称为该溶质在该温度下的溶解度。一般是把在室温下（20℃）100g水中该物质溶解度超过10g的称为易溶物质；在1～10g之间的称可溶物质；在0.1～1.0g之间的称为微溶物质；而溶解度在0.1g以下的，称为难溶物质。

**11 何谓溶度积？有何意义？**

溶度积是表示在难溶电解质的饱和溶液中，当温度一定时，其离子的物质的量浓度(mol/L)的乘积为一个常数，这就叫溶度积，或称溶解平衡常数（$K_s$）。例如，从手册中查得在25℃时AgCl的$K_s=1.8\times10^{-10}$。AgCl在水中的溶解平衡如下：

$$AgCl(固) \rightleftharpoons Ag^+ + Cl^-$$

在水中产生等量的$Ag^+$及$Cl^-$。

$$[Ag^+][Cl^-]=1.8\times10^{-10}$$

令$S$为该难溶盐的溶解度（mol/L），则

$$S=[Ag^+]=[Cl^-]=\sqrt{1.8\times10^{-10}}$$
$$=1.34\times10^{-5}mol/L=0.0134mmol/L$$

故AgCl在25℃时的溶解度是0.0134mmol/L。

多离子的溶解平衡通式为：

$$A_nB_m(固) \rightleftharpoons nA + mB$$

$$K_s = [A]^n[B]^m = [nS]^n[mS]^m$$

例如，查得 $Zn(OH)_2$ 的 $K_s = 7.1\times10^{-18}$，其溶解平衡式为：

$$Zn(OH)_2(固) \rightleftharpoons Zn^{2+} + 2OH^-$$

相当于通式中 $n=1$，$m=2$；则

$$K_s = [Zn^{2+}][OH^-]^2 = [S][2S]^2 = 4S^3 = 7.1\times10^{-18}$$

$$S = 1.21\times10^{-6}\,mol/L = 1.21\times10^{-3}\,mmol/L$$

故 $Zn(OH)_2$ 的溶解度是 $1.21\times10^{-3}$ mmol/L。

溶度积的意义在于：

(1) 水溶液中，组成其难溶电解质的离子浓度乘积，如果正好等于溶度积时，这时的溶液叫做饱和溶液。

(2) 水溶液中，组成某难溶电解质的离子的浓度乘积，如果大于溶度积时，就产生过饱和。这时就会发生沉淀。但当沉淀物析出之后，该溶液仍是饱和溶液。

(3) 水溶液中，组成某难溶电解质的离子的浓度的乘积，如果小于其溶度积时，叫做不饱和溶液。因此，这时如再继续加入此难溶电解质，还可以继续溶解，直到饱和为止。

在工业水处理中，经常应用溶解平衡的概念，使某些难溶物质，从水中沉淀析出。或是利用溶度积来判断水溶液是否会产生沉积，为防止结垢提供依据。

### 12　什么叫分子、原子、元素？

分子是物质能够保持其化学特性的最小微粒。例如水是由能够保持水的特点的水分子构成的。物质在发生物理变化时，分子没有发生质的变化，如水加热变成蒸汽，水分子仍然保持其特性没有发生变化，但是物质在发生化学变化时，分子就会发生变化，例如水电解时，水分子就变成与其特性完全不同的氢分子和氧分子。

原子是组成分子的更小微粒，它不保持原物质的性质。原子是由带有正电荷的原子核和带有负电荷而围绕原子核周围空间高速运动的电子组成的。原子核又由带正电的质子微粒和不带电荷的中子微粒构成。

原子核中电荷数相同的一类原子称元素。

### 13　什么叫单质、化合物、混合物？

如果是由相同元素原子组成的物质就称为单质。如氧气是由相同的两个氧原子组成 ($O_2$)；氢气是由相同的两个氢原子组成 ($H_2$)。

如果是由不相同元素原子组成的物质就称为化合物。例如水 ($H_2O$) 是由氧原子和氢原子两种不相同元素原子组成。

如果由两种以上的单质或化合物组成的物质称为混合物。在混合物中各个组分仍然保持它们各自的性质。例如空气就是氧气、氮气等多种气体组成的气体混合物。水溶液可认为是液体混合物。混合物分为气体混合物、液体混合物和固体混合物三类。

### 14　什么是物质的量及其单位——摩尔？

1971 年第 14 届国际计量大会决定，摩尔是国际单位制 (SI) 物质的量的基本计量单位，其符号是 mol。

摩尔表示一个系统的物质的量，该系统所包含的基本单元数与 0.012kg 碳-12 ($^{12}C$)[1]

---

[1] 碳-12 ($^{12}C$) 是指碳的稳定同位素，其原子核中有 6 个质子和 6 个中子。

的原子数相等。在使用摩尔时，必须指明基本单元，它可以是分子、原子、离子、电子及其他基本单元，或这些单元的特定组合。

已知1个$^{12}C$原子的质量是$1.993\times10^{-26}$kg，所以1mol碳-12所含的碳原子数目为：

$$\frac{0.012\text{kg/mol}}{1.993\times10^{-26}\text{kg}}=6.022045\times10^{23}\text{个/mol}$$

这个数目称为阿佛伽德罗常数（$N_0$）。即当某物质含有的基本单元数量等于阿佛伽德罗常数时，该物质的量就是1mol。物质的质量（$m$）除以物质的量（$n$），称为摩尔质量$M$。$M$的单位g/mol。例如：

1mol $^{12}C$原子含有$6.022045\times10^{23}$个碳原子，具有12.0000g的质量，摩尔质量$M(^{12}C)=$ 12.0000g/mol；

1mol水分子含有$6.022045\times10^{23}$个水分子，具有18.015g的质量，摩尔质量$M(H_2O)=$ 18.015g/mol；

1mol $OH^-$含有$6.022045\times10^{23}$个$OH^-$，具有17.0069g的质量，摩尔质量$M(OH^-)=$ 17.0069g/mol；

1mol电子含有$6.022045\times10^{23}$个电子，具有548.60μg的质量，摩尔质量$M(e)=$ $548.60\times10^{-6}$g/mol。

物质的量（$n$）是以阿佛伽德罗常数（$N_0$）为计数单位的。即某物质所含有的基本单元数为阿佛伽德罗常数的多少倍，就是多少摩尔，$n$可由下式计算：

$$n=\frac{\text{物质的质量(g)}}{\text{物质的摩尔质量(g/mol)}}\quad\text{mol}$$

如36.030g的水就等于2.0mol $H_2O$。

**15　什么叫相对原子质量、相对分子质量？什么是摩尔质量？前两者与摩尔质量有何不同？**

分子和原子的质量都很小，如碳-12原子的质量只有$1.993\times10^{-23}$g，因此在使用上很不方便。为便于使用，国际上统一规定，用碳-12的原子质量的十二分之一作为基准，即称碳单位。以它作为标准单位计算出来的各种元素原子的相对质量就称为元素的相对原子质量（原子量）。也就是说，化学元素周期表中所列的各元素的相对原子质量都是令碳-12等于12.0000作为基础而得出的相对质量。

相对分子质量（分子量）是组成该分子的所有原子的相对原子质量之和。如水分子由1个氧原子和2个氢原子组成。氧的相对原子质量为15.999，氢的相对原子质量为1.0079。则水的相对分子质量为18.015。

摩尔质量是1mol物质以g为单位的质量。如，

$^{12}C$（碳）原子的相对原子质量为12.0000，其摩尔质量为12.0000g/mol；

S（硫）原子的相对原子质量为32.06，其摩尔质量为32.06g/mol；

$H_2O$（水）分子的相对分子质量为18.015，其摩尔质量为18.015g/mol；

$H^+$（氢离子）的摩尔质量为1.0079g/mol。

由此可得出结论：任何原子的摩尔质量单位是g/mol时，其数值等于该元素的相对原子质量。这种关系可以推广到分子、离子等其他基本单元。

**16　怎样用“分数”表示溶液组成的量和单位？**

分数为无量纲量，用分数表示溶质B与溶液（混合物）之比，分为质量分数、体积分数和摩尔分数三种。

（1）质量分数　溶质B的质量分数$\omega_B$定义为：溶质B的质量$m_B$与混合物（溶液）的

质量$\sum_B m_B$之比。例如将110kg苛性碱NaOH溶于1000kg的水中，此时NaOH溶液的质量分数$\omega(NaOH)=110/(1000+110)=0.10$或10%。

用以前重量百分浓度表示，则为NaOH%（$W/W$）=10，与质量分数$\omega(NaOH)$等量。旧的重量百分浓度应废除，采用质量分数表示。

（2）体积分数　溶质B的体积分数$\varphi_B$定义为：

$$\varphi_B=x_B V_{m,B}/(\sum_B x_B V_{m,B})$$

式中　$x_B V_{m,B}$——纯物质B在相同温度压力下的体积（$x_B$为摩尔分数，$V_{m,B}$为摩尔体积）；

$\sum_B x_B V_{m,B}$——混合物(溶液)在相同温度压力下的体积。

例如，无水乙醇70cm$^3$加30cm$^3$水，则$\varphi(C_2H_5OH)=70/(70+30)=0.70$或70%。

以前的容量百分浓度表示为：乙醇%($V/V$)=70，与体积分数等量。旧的容量百分浓度应废除，改用体积分数表示。

（3）摩尔分数　溶质B的摩尔分数$x_B$定义为：B的物质的量$n_B$与混合物（溶液）的物质的量$\sum_B n_B$之比。摩尔分数又称物质的量分数。

$$x_B=n_B/\sum_B x_B$$

以前的克分子百分数应用摩尔分数代替。

过去用的‰、ppm及ppb也是无量纲量符号。1‰表示千分之一，1ppm表示百万分之一，1ppb表示十亿分之一。但国家标准中仅收入了%符号，表示$10^{-2}$或0.01。国家标准中已不使用‰、ppm及ppb符号，故采用$10^{-3}$、$10^{-6}$及$10^{-9}$代替。例如，5ppm应写成$5\times10^{-6}$。ppm及ppb不能用m（毫）及μ（微）来表示，因m及μ词头不能用来表示无量纲量。常用ppm代替mg/L、ppb代替μg/L，从概念上是不正确的。

**17　什么是质量浓度?**

溶液中溶质B的质量浓度$\rho_B$定义为：溶质B的质量除以混合物（溶液）的体积，即

$$\rho_B=m_B/V$$

式中　$m_B$——溶质B的质量；

$V$——混合物（溶液）的体积。

其在国际单位制SI中的单位为kg/m$^3$，在分析化学中常用g/dm$^3$。1kg/m$^3$=1g/dm$^3$=1g/L。在工业水处理系统中，通常使用的单位是g/L、mg/L或μg/L，即在1升溶液中含有溶质的克数、毫克数或微克数。1g/L=$10^3$mg/L=$10^6$μg/L。在天然水中，常用的是mg/L单位。除盐水多用μg/L单位。

例如，在每升天然水中含有5mg氯离子，则$\rho(Cl^-)=5$mg/L。在每升除盐水中含有10μg钠离子，则$\rho(Na^+)=10$μg/L。

**18　什么是物质的量浓度?**

溶液中B溶质的浓度又称B的物质的量浓度，符号为$c_B$。定义为：B的物质的量除以混合物（溶液）的体积，即

$$c_B=n_B/V$$

式中　$n_B$——溶质B的物质的量；

$V$——混合物（溶液）的体积。

$c_B$在国际单位制SI中的单位为mol/m$^3$，但在分析化学中常用SI的分数单位为mol/dm$^3$，即mol/L。水处理行业中常用SI的分数单位为mol/L、mmol/L及μmol/L，分别表示每升溶液中所含溶质的摩尔、毫摩尔及微摩尔的数量。

按照规定，“浓度”二字独立使用时，就是指物质的量浓度。

用物质的量浓度表示时，必须指明基本单元。例如，在1L水溶液中含有98.0718g硫酸时，可写成$c(H_2SO_4)=1mol/dm^3$ 或 1mol/L，也可写成 $c\left(\frac{1}{2}H_2SO_4\right)=2mol/dm^3$ 或 2mol/L。

按国际规定，物质的量浓度除可用$c_B$符号外，还可用符号［B］表示。[B]用来表示平衡浓度，其单位也是$mol/dm^3$ 或mol/L。

物质的量浓度$c_B$可代替以前的克分子浓度（或称摩尔浓度）M和当量浓度N，故应停止使用M及N，代之以$c_B$。

## 19 什么是质量摩尔浓度？

溶液中B溶质的质量摩尔浓度的符号为$b_B$或$m_B$，其定义为：溶液中溶质B的物质的量除以溶剂的质量，即

$$b_B=n_B/m_A$$

式中 $n_B$——溶质B的物质的量；

$m_A$——溶剂A的质量。

在国际单位制SI中$b_B$的单位是mol/kg，也常使用其分数单位mmol/g。

用质量摩尔浓度表示时，必须指明基本单元。例如在1kg水中加入105.998g碳酸钠所形成的碳酸钠溶液，可写成$b(Na_2CO_3)=1mol/kg$，也可写成$b\left(\frac{1}{2}Na_2CO_3\right)=2mol/kg$。

## 20 怎样用物质的量浓度来代替当量浓度？

在国际标准及国家标准中均已废除当量浓度，规定用物质的量浓度来代替。但由于取消当量及当量浓度带给计算上的不便，使人们一时不习惯。故需讨论如何用物质的量浓度来恰当表达当量浓度的问题。

当量，作为一个化学量，在化学学科中已沿用了一百多年；当量定律，更被人看成是滴定分析计算的基础。水溶液中的阴阳离子应是平衡的。用当量浓度来表达水中化学的酸碱及氧化还原平衡的概念，容易说明问题，又方便计算。例如，2N $MgCl_2$溶液中，其$Mg^{2+}$及$Cl^-$均为2N，可清楚地了解$Mg^{2+}$与$Cl^-$在水中的平衡关系。如用物质的量浓度mol/L来表示，则溶液中的$MgCl_2$分子应为1mol/L，$Mg^{2+}$也为1mol/L，而$Cl^-$为2mol/L，不能一目了然地了解$Mg^{2+}$与$Cl^-$的平衡关系。所以用分子或离子为基本单元的物质的量浓度在表达平衡方面尚有不足。

但物质的量浓度有其表达准确、用法规范的优点，使用时必须指明基本单元，如果令基本单元等于当量，则用物质的量的浓度所表达的就实际上等于当量浓度。

在本书第二版中采用的是以氢离子为基本单元的物质的量浓度代替当量浓度。即将能够提供或接受1mol $H^+$的物质的质量称为一个氢离子摩尔，1[$H^+$]mol。以氢离子为基本单元的物质的量浓度的常用单位是[$H^+$]mol/L、[$H^+$]mmol/L或[$H^+$]$\mu$mol/L。这样，一个氢离子摩尔实际上就等于一个克当量。以氢离子为基本单元的物质的量浓度实际上等于当量浓度，即1[$H^+$]mol/L=1N、1[$H^+$]mmol/L=1mN/L、1[$H^+$]$\mu$mol/L=1$\mu$N/L。

由于以上表示方法不普及，故本书本版参考国家标准GB 3102.8—93《物理化学和分子物理学的量和单位》，根据等物质的量规则，调整了表示方法。即令基本单元等于当量值来表达物质的量浓度。

在水处理系统中与此关系较多的是如何表达硬度、碱度和离子交换树脂的交换容量的单位。现分别说明。

(1) 硬度　硬度包括铁、铝等高价金属离子，因其在天然水中含量极少，所以通常是指水中的钙镁二价离子，即指 $Ca^{2+}$、$Mg^{2+}$ 或其混合物的浓度。

单独表示 $Ca^{2+}$ 或 $Mg^{2+}$ 时，因钙及镁的摩尔质量分别为 40.078g/mol 及 24.305g/mol，如果 1L 水溶液中含有 40.078g $Ca^{2+}$ 或 24.305g $Mg^{2+}$，则可写成：

$$c(Ca^{2+})=1mol/L \text{ 或 } c\left(\frac{1}{2}Ca^{2+}\right)=2mol/L=2N$$

$$c(Mg^{2+})=1mol/L \text{ 或 } c\left(\frac{1}{2}Mg^{2+}\right)=2mol/L=2N$$

$Ca^{2+}$ 及 $Mg^{2+}$ 混合物的浓度一般称为硬度，如水中的 $c(Ca^{2+})=0.8mol/L$，$c(Mg^{2+})=0.2mol/L$，则

$$\text{硬度}=c(Ca^{2+}+Mg^{2+})=1mol/L=2N$$

(2) 碱度　碱度的成分较复杂，其主要成分为含 $HCO_3^-$、$CO_3^{2-}$ 及 $OH^-$ 的化合物。在水中碱度一般为三者的混合物，组成不定。其中 $HCO_3^-$ 或 $OH^-$ 每摩尔可接受 1mol $H^+$，而 $CO_3^{2-}$ 可接受 2mol $H^+$。因此 $c(HCO_3^-+CO_3^{2-}+OH^-)$ 与当量浓度不相当。只有 $c\left(HCO_3^-+\frac{1}{2}CO_3^{2-}+OH^-\right)$ 才能和当量浓度相等。故本书中规定碱度为 $c\left(HCO_3^-+\frac{1}{2}CO_3^{2-}+OH^-\right)$。国家标准中在这方面没有具体规定。参考某些资料[61]，用 $\left(\frac{1}{x}A^{x+}\right)$ 代表与 $OH^-$ 反应的正离子，基本单元是接受 1mol $OH^-$ 的正离子；用 $\left(\frac{1}{x}B^{x-}\right)$ 代表与 $H^+$ 反应的负离子，基本单元是接受 1mol $H^+$ 的负离子。故将碱度改写为碱度 $\left(\frac{1}{x}B^{x-}\right)$，以明确表示碱度的基本单元是能接受 1mol $H^+$ 的负离子。即碱度 $\left(\frac{1}{x}B^{x-}\right)$ 1mol/L $=c\left(HCO_3^-+\frac{1}{2}CO_3^{2-}+OH^-\right)$ 1mol/L=碱度 1N。

(3) 离子交换树脂交换容量　交换容量的表示方法有两种：

① 以体积计的湿离子交换剂的交换容量，以前的单位为mN/L或 mN/mL，现一般表示为 mmol/L 或 mmol/mL。其符号为：总交换容量 $Q_V^a$，平衡交换容量 $Q_V^{eq}$，工作交换容量 $Q_V^o$。

② 以质量计的干离子交换剂的交换容量，以前的单位为mN/g，现一般表示为 mmol/g。其符号为：总交换容量 $Q_m^a$，平衡交换容量 $Q_m^{eq}$，工作交换容量 $Q_m^o$。

以上交换容量单位中物质的量的基本单元为能提供或接受 1mol $H^+$ 的质量，即规定 1mol/L=1N。本书中也采用这种表示方法。但为避免误会，本书在符号后加 $\left(\frac{1}{x}A^{x+}\right)$ 或 $\left(\frac{1}{x}B^{x-}\right)$，以区别阴阳树脂，并明确表示其基本单元是能提供或接受 1mol $H^+$ 的物质。如阳离子交换树脂的体积工作交换容量的符号和单位是 $Q_V^o\left(\frac{1}{x}A^{x+}\right)$，mmol/L 或 mmol/mL；阴离子交换树脂的体积工作交换容量的符号和单位是 $Q_V^o\left(\frac{1}{x}B^{x-}\right)$，mmol/L 或 mmol/mL。按交换容量的分类，其符号见下表。

| 交换容量分类 | 符号 | | | |
|---|---|---|---|---|
| | 体积交换容量 /(mmol/L 或 mmol/mL) | | 质量交换容量 /(mmol/g) | |
| | 阳树脂 | 阴树脂 | 阳树脂 | 阴树脂 |
| 总交换容量 | $Q_V^{a}\left(\frac{1}{x}A^{x+}\right)$ | $Q_V^{a}\left(\frac{1}{x}B^{x-}\right)$ | $Q_m^{a}\left(\frac{1}{x}A^{x+}\right)$ | $Q_m^{a}\left(\frac{1}{x}B^{x-}\right)$ |
| 平衡交换容量 | $Q_V^{eq}\left(\frac{1}{x}A^{x+}\right)$ | $Q_V^{eq}\left(\frac{1}{x}B^{x-}\right)$ | $Q_m^{eq}\left(\frac{1}{x}A^{x+}\right)$ | $Q_m^{eq}\left(\frac{1}{x}B^{x-}\right)$ |
| 工作交换容量 | $Q_V^{o}\left(\frac{1}{x}A^{x+}\right)$ | $Q_V^{o}\left(\frac{1}{x}B^{x-}\right)$ | $Q_m^{o}\left(\frac{1}{x}A^{x+}\right)$ | $Q_m^{o}\left(\frac{1}{x}B^{x-}\right)$ |

注：$\left(\frac{1}{x}A^{x+}\right)$及$\left(\frac{1}{x}B^{x-}\right)$中的 $x$ 表示 A 或 B 的价数。

## 21 如何计算以氢离子为基本单元的摩尔质量？

凡能提供或接受 1mol 氢离子的物质的质量称为以氢离子为基本单元的摩尔质量 $M\left(\frac{1}{x}A^{x+}, \frac{1}{x}B^{x-}\right)$，单位为 g/mol。$M\left(\frac{1}{x}A^{x+}, \frac{1}{x}B^{x-}\right)$对计算以氢离子为基本单元的物质的量浓度不可缺少。

酸碱盐的 $H^+$ 摩尔质量必须根据化学反应式来确定，同一物质在不同反应式中可以有不同的 $H^+$ 摩尔质量。例如，$H_3PO_4$ 与 NaOH 反应，有以下三种方式：

(A) $$H_3PO_4 + 3NaOH = Na_3PO_4 + 3H_2O$$

(B) $$H_3PO_4 + 2NaOH = Na_2HPO_4 + 2H_2O$$

(C) $$H_3PO_4 + NaOH = NaH_2PO_4 + H_2O$$

(1) 酸的 $H^+$ 摩尔质量 $M\left(\frac{1}{x}A^{x+}\right)$的计算：

$$M\left(\frac{1}{x}A^{x+}\right) = M(\text{酸的摩尔质量})/n\left(\frac{1}{x}A^{x+}\right) \quad \text{g/mol}$$

$n\left(\frac{1}{x}A^{x+}\right)$为酸所提供的氢离子的物质的量。(A)、(B)、(C) 式中的 $n\left(\frac{1}{x}A^{x+}\right)$不同，分别为 3、2、1。$H_3PO_4$ 的摩尔质量$M(H_3PO_4)$为 98g/mol。所以，(A)、(B)、(C) 三式中 $H_3PO_4$ 的 $H^+$ 摩尔质量分别是：

(A) $$M\left(H_3PO_4, \frac{1}{x}A^{x+}\right)_A = 98/3 = 32.67 \quad \text{g/mol}$$

(B) $$M\left(H_3PO_4, \frac{1}{x}A^{x+}\right)_B = 98/2 = 49 \quad \text{g/mol}$$

(C) $$M\left(H_3PO_4, \frac{1}{x}A^{x+}\right)_C = 98/1 = 98 \quad \text{g/mol}$$

(2) 碱的 $H^+$ 摩尔质量 $M\left(\frac{1}{x}B^{x-}\right)$的计算：

$$M\left(\frac{1}{x}B^{x-}\right) = M(\text{碱的摩尔质量})/n\left(\frac{1}{x}B^{x-}\right) \quad \text{g/mol}$$

$n\left(\frac{1}{x}B^{x-}\right)$为碱所接受的氢离子的物质的量。在 (A)、(B)、(C) 式中 $n\left(\frac{1}{x}B^{x-}\right)$均为 1。NaOH 的摩尔质量 $M$(NaOH)为 40g/mol。所以三式中 NaOH 的 $H^+$ 摩尔质量均为：

$$M\left(NaOH, \frac{1}{x}B^{x-}\right) = 40/1 = 40 \quad \text{g/mol}$$

（3）盐的 $H^+$ 摩尔质量 $M\left(\frac{1}{x}AB\right)$ 的计算：

$$M\left(\frac{1}{x}AB\right)=M\ (\text{盐的摩尔质量})\ /n\left(\frac{1}{x}AB\right)\quad g/mol$$

在(A)式中，$Na_3PO_4$ 的 $H^+$ 摩尔质量 $M\left(Na_3PO_4,\frac{1}{x}AB\right)$ 为：

$$M\left(Na_3PO_4,\frac{1}{x}AB\right)=M(Na_3PO_4)/3=164/3=54.67\quad g/mol$$

（B）式中，$Na_2HPO_4$ 的 $H^+$ 摩尔质量 $M\left(Na_2HPO_4,\frac{1}{x}AB\right)$ 为：

$$M\left(Na_2HPO_4,\frac{1}{x}AB\right)=M(Na_2HPO_4)/2=142/2=71\quad g/mol$$

（C）式中，$NaH_2PO_4$ 的 $H^+$ 摩尔质量 $M\left(NaH_2PO_4,\frac{1}{x}AB\right)$ 为：

$$M\left(NaH_2PO_4,\frac{1}{x}AB\right)=M(NaH_2PO_4)/1=120\quad g/mol$$

在水溶液中溶质B的以氢离子为基本单元的物质的量浓度 $c_B\left(\frac{1}{x}A^{x+},\ \frac{1}{x}B^{x-}\right)$，相当于当量浓度，与物质的量浓度 $c_B$ 有以下关系；

$$c_B\left(\frac{1}{x}A^{x+},\frac{1}{x}B^{x-}\right)=c_BM_B/M_B\left(\frac{1}{x}A^{x+},\frac{1}{x}B^{x-}\right)\quad mol/L$$

式中　　$M_B$——B溶质的摩尔质量，g/mol；

$M_B\left(\frac{1}{x}A^{x+},\ \frac{1}{x}B^{x-}\right)$——B溶质的氢离子摩尔质量，g/mol。

按上式，分析化学中常用的一些化学品的 $c_B$ 与 $c_B\left(\frac{1}{x}A^{x+},\ \frac{1}{x}B^{x-}\right)$ 的关系如下。

（1）酸碱滴定

| $c_B\left(\frac{1}{x}A^{x+},\frac{1}{x}B^{x-}\right)$ /(mol/L) ＼ $c_B$ 的基本单元 | 0.05 | 0.1 | 0.2 | 0.5 | 1.0 | $c_B$ 换算为 $c_B\left(\frac{1}{x}A^{x+},\frac{1}{x}B^{x-}\right)$ | $c_B\left(\frac{1}{x}A^{x+},\frac{1}{x}B^{x-}\right)$ 换算为 $c_B$ | $c_B\left(\frac{1}{x}A^{x+},\frac{1}{x}B^{x-}\right)$ 的基本单元 |
|---|---|---|---|---|---|---|---|---|
| | $c_B$/(mol/L) | | | | | | | |
| HCl | 0.05 | 0.1 | 0.2 | 0.5 | 1.0 | ×1 | ×1 | HCl |
| $H_2SO_4$ | 0.025 | 0.05 | 0.1 | 0.25 | 0.5 | ×2 | $\times\frac{1}{2}$ | $\frac{1}{2}H_2SO_4$ |
| $H_2C_2O_4$ | 0.025 | 0.05 | 0.1 | 0.25 | 0.5 | ×2 | $\times\frac{1}{2}$ | $\frac{1}{2}H_2C_2O_4$ |
| NaOH | 0.05 | 0.1 | 0.2 | 0.5 | 1.0 | ×1 | ×1 | NaOH |
| KOH | 0.05 | 0.1 | 0.2 | 0.5 | 1.0 | ×1 | ×1 | KOH |
| $Na_2CO_3$ | 0.025 | 0.05 | 0.1 | 0.25 | 0.5 | ×2 | $\times\frac{1}{2}$ | $\frac{1}{2}Na_2CO_3$ |

（2）氧化还原滴定

| $c_B\left(\frac{1}{x}A^{x+},\frac{1}{x}B^{x-}\right)$ /(mol/L)<br>$c_B$的基本单元 | 0.05 | 0.1 | 0.2 | 0.5 | 1.0 | $c_B$换算为 $c_B\left(\frac{1}{x}A^{x+},\frac{1}{x}B^{x-}\right)$ | $c_B\left(\frac{1}{x}A^{x+},\frac{1}{x}B^{x-}\right)$换算为$c_B$ | $c_B\left(\frac{1}{x}A^{x+},\frac{1}{x}B^{x-}\right)$的基本单元 |
|---|---|---|---|---|---|---|---|---|
| | $c_B$/(mol/L) | | | | | | | |
| $KMnO_4$ | 0.01 | 0.02 | 0.04 | 0.1 | 0.2 | ×5 | $\times\frac{1}{5}$ | $\frac{1}{5}KMnO_4$ |
| $K_2Cr_2O_7$ | 0.0083 | 0.017 | 0.033 | 0.083 | 0.17 | ×6 | $\times\frac{1}{6}$ | $\frac{1}{6}K_2Cr_2O_7$ |
| $Na_2C_2O_4$ | 0.025 | 0.05 | 0.1 | 0.25 | 0.5 | ×2 | $\times\frac{1}{2}$ | $\frac{1}{2}Na_2C_2O_4$ |
| $Na_2S_2O_3$ | 0.05 | 0.1 | 0.2 | 0.5 | 1.0 | ×1 | ×1 | $Na_2S_2O_3$ |
| $I_2$ | 0.025 | 0.05 | 0.1 | 0.25 | 0.5 | ×2 | $\times\frac{1}{2}$ | $\frac{1}{2}I_2$ |
| $KBrO_3$ | 0.0083 | 0.017 | 0.033 | 0.083 | 0.17 | ×6 | $\times\frac{1}{6}$ | $\frac{1}{6}KBrO_3$ |
| $NaNO_2$ | 0.05 | 0.1 | 0.2 | 0.5 | 1.0 | ×1 | ×1 | $NaNO_2$ |

### 22 天然水中含有哪些杂质？按颗粒大小如何分类？

水中杂质种类极多。按其性质可分为无机物、有机物和微生物。按分散体系分类，即按杂质粒子的大小及同水之间的相互关系来分类，可分为以下三类。

(1) 高分散系　小于1nm（纳米，$10^{-9}$m），包括各种无机、有机的低分子物及其离子，在水中成为溶液。

(2) 胶态分散系　大小由1～200nm，其中有的高分子物以溶液存在，溶胶微粒以溶胶存在。

(3) 粗分散系　大于0.2μm（微米，$10^{-6}$m），其中有悬浊液和乳浊液。

水的各种分散系中杂质颗粒大小如下[1]。

| 分类 | 高分散系(分子、离子)<br>[0.5～10Å(1nm)]<br>/Å(0.1nm) | 胶态分散系(高分子、溶胶)<br>[1～200nm(0.2μm)]<br>/nm | 粗分散系(悬浊、乳浊)<br>[0.2～1000μm(1mm)]<br>/μm |
|---|---|---|---|
| 无机物 | $H_2O$　2.76<br>$O_2$　2.90<br>$CO_2$　3.24<br>水合离子<br>$K^+$　3.50　$Cl^-$　3.68<br>$Na^+$　4.34　$NO_3^-$　4.06<br>$Ca^{2+}$　5.44　$OH^-$　4.92<br>$Mg^{2+}$　5.92 | 金溶胶　4<br>硅溶胶　20～50<br>金属氢氧化物　10～100<br>炭黑　10～500<br>黏土　5～4000 | 颜料　0.1～5<br>金属粉尘　0.001～100<br>煤尘　1～100<br>灰尘　1～200<br>水泥　3～100<br>浮选矿粉　10～200<br>细泥　4～50<br>细砂　50～250<br>中砂　250～500 |
| 有机物 | 染料　9～13<br>谷氨酸　5×8×16<br>蔗糖　8×9×11<br>水合离子<br>甲酸　7　乙胺　8<br>乙酸　9　苯酸　12<br>刚果红　14　二苯醋酸　16 | 脱氧核糖核酸(DNA)　2<br>酶　25<br>蛋白质　10～70<br>纤维素、橡胶<br>0.5×(400～800)<br>絮凝剂　400～800 | 红细胞　7.5<br>纸浆纤维　5～100<br>石油微滴　5～100<br>头发丝　30～200 |

续表

| 分类 | 高分散系(分子、离子)[0.5～10Å(1nm)]/Å(0.1nm) | 胶态分散系(高分子、溶胶)[1～200nm(0.2μm)]/nm | 粗分散系(悬浊、乳浊)[0.2～1000μm(1mm)]/μm |
|---|---|---|---|
| 微生物 | | 病毒　3～150 | 细菌　(0.2～1)×(1～30)<br>硫黄菌　20～50<br>藻类　3～5<br>酵母　5～8<br>阿米巴　10～50<br>动物性浮游生物　40～300 |
| 观测方法 | 质子显微镜　约10 | 电子显微镜　1～1000<br>超显微镜　4～10000<br>X射线衍射　2～100 | 普通显微镜　0.2～1000<br>光散射　0.01～10<br>肉眼　>70 |
| 射线波长 | X射线　约100(10nm) | 远紫外线　10～200 | 近紫外线　0.2～0.38<br>可见光线　0.38～0.78<br>红外线　0.78～300 |

注：$1\mu m=10^{-6}m$，$1nm=10^{-9}m$，$1Å=10^{-10}m$。

天然水在大自然的循环过程中，无时不与外界接触，在与地面、地层接触时，溶解了土壤和岩石，卷带了各种悬浮物质；水溶解了来自空气的和有机物分解出来的气体；水还经常受到工业废物、排出物、油状物及工艺加工的物料所污染，使水中杂质的成分变得非常复杂。这些杂质与水接触物质的过程有关，其数量又与水的接触时间和条件有关。这些杂质对工业生产的影响很大，不仅影响生产装置的换热设备，产生腐蚀和结垢，乃至被迫停产，而且还影响产品的质量。因此，要根据各种生产装置对水质的要求，对天然水中的各种杂质，采用相应的方法进行必要的处理。

### 23　什么是水中的悬浮物质？

水中的悬浮物质是颗粒直径约在$10^{-4}$mm以上的微粒，肉眼可见。这些微粒主要是由泥沙、黏土、原生动物、藻类、细菌、病毒以及高分子有机物等组成，常常悬浮在水流之中，产生水的浑浊现象。这些微粒很不稳定，可以通过沉淀和过滤而除去。水在静置的时候，重的微粒（主要是沙子和黏土一类的无机物质）会沉下来。轻的微粒（主要是动植物及其残骸一类的有机物质）会浮于水面上，用过滤等分离方法可以除去。悬浮物是造成浑浊度、色度、气味的主要来源。它们在水中的含量也不稳定，往往随着季节、地区的不同而变化。

### 24　什么是水中的胶体物质？

水中的胶体物质是指直径在$10^{-4}$～$10^{-6}$mm之间的微粒。胶体是许多分子和离子的集合物。天然水中的无机矿物质胶体主要是铁、铝和硅的化合物。水中的有机胶体物质主要是植物或动物的肢体腐烂和分解而生成的腐殖质。其中以湖泊水中的腐殖质含量最多，因此常常使水呈黄绿色或褐色。

由于胶体物质的微粒小，重量轻，单位体积所具有的表面积很大，故其表面具有较大的吸附能力，常常吸附着多量的离子而带电。同类胶体因带有同性的电荷而相互排斥，它们在水中不能相互黏合而处于稳定状态。所以，胶体颗粒不能藉重力自行沉降而去除，一般是在水中加入药剂破坏其稳定，使胶体颗粒增大而沉降予以去除。

### 25　什么是水中的溶解物质？水中溶有哪些主要离子和气体？

水中的溶解物质是直径小于或等于$10^{-6}$mm的微小颗粒。主要是溶于水中的以低分子存在的溶解盐类的各种离子和气体。溶解物质在水中呈真溶液状态，可以用离子交换或除盐等方法予以去除。

天然水中溶解的物质，主要是水流经岩层时所溶解的矿物质，如碳酸钙（石灰石）、碳酸镁（白云石）、硫酸钙（石膏）、硫酸镁（泻盐）、二氧化硅（砂）、氯化钠（食盐）、无水硫酸钠（芒硝）等。随着天然水在地面或地下所流过的岩层不同，水的酸碱性有所不同，所溶解的离子也不同。这些主要离子如表所示。

| 类别 | 阳离子 | | 阴离子 | | 质量浓度/(mg/L) |
|---|---|---|---|---|---|
| | 名称 | 符号 | 名称 | 符号 | |
| Ⅰ | 钠离子 | $Na^+$ | 碳酸氢根 | $HCO_3^-$ | 自几个至几万 |
| | 钾离子 | $K^+$ | 氯离子 | $Cl^-$ | |
| | 钙离子 | $Ca^{2+}$ | 硫酸根 | $SO_4^{2-}$ | |
| | 镁离子 | $Mg^{2+}$ | 硅酸氢根 | $HSiO_3^-$ | |
| Ⅱ | 铵离子 | $NH_4^+$ | 氟离子 | $F^-$ | 自十分之几至几个 |
| | 铁离子 | $Fe^{2+}$ | 硝酸根 | $NO_3^-$ | |
| | 锰离子 | $Mn^{2+}$ | 碳酸根 | $CO_3^{2-}$ | |
| Ⅲ | 铜离子 | $Cu^{2+}$ | 氢硫根 | $HS^-$ | 小于十分之一 |
| | 锌离子 | $Zn^{2+}$ | 硼酸根 | $BO_2^-$ | |
| | 镍离子 | $Ni^{2+}$ | 亚硝酸根 | $NO_2^-$ | |
| | 钴离子 | $Co^{2+}$ | 溴离子 | $Br^-$ | |
| | 铝离子 | $Al^{3+}$ | 碘离子 | $I^-$ | |
| | | | 磷酸氢根 | $HPO_4^{2-}$ | |
| | | | 磷酸二氢根 | $H_2PO_4^-$ | |

天然水中常见的溶解气体有氧气（$O_2$）、二氧化碳（$CO_2$），有时还有硫化氢（$H_2S$）、二氧化硫（$SO_2$）、氮气（$N_2$）和氨（$NH_3$）等。这些溶解于水中的气体，大都对金属有腐蚀作用，是引起水系统金属腐蚀的重要因素。

## 26 天然水中的杂质对水质有些什么影响？

天然水中的杂质对水质的主要影响如下：

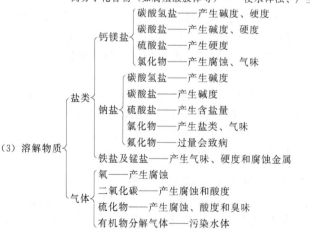

- （1）悬浮物质
  - 泥沙、黏土——使水浑浊、产生沉积
  - 藻类及原生动物——使水有色度、有臭味、浑浊并产生黏泥
  - 细菌——致病、产生黏泥、产生腐蚀
  - 其他不溶物质——产生沉积
- （2）胶体物质
  - 溶胶（如硅胶）——致使结垢
  - 高分子化合物（如腐殖酸胶体等）——使水浑浊、产生吸附和沉积
- （3）溶解物质
  - 盐类
    - 钙镁盐
      - 碳酸氢盐——产生碱度、硬度
      - 碳酸盐——产生碱度、硬度
      - 硫酸盐——产生硬度
      - 氯化物——产生腐蚀、气味
    - 钠盐
      - 碳酸氢盐——产生碱度
      - 碳酸盐——产生碱度
      - 硫酸盐——产生含盐量
      - 氯化物——产生盐类、气味
      - 氟化物——过量会致病
    - 铁盐及锰盐——产生气味、硬度和腐蚀金属
  - 气体
    - 氧——产生腐蚀
    - 二氧化碳——产生腐蚀和酸度
    - 硫化物——产生腐蚀、酸度和臭味
    - 有机物分解气体——污染水体

### 27　水中的有机物质是指什么？有机物对水体有什么危害？

水中的有机物质主要是指腐殖酸和富里酸的聚羧酸化合物、生活污水和工业废水的污染物。其中前者是多官能团芳香族类大分子的弱性有机酸，占水中溶解的有机物质95%以上。腐殖物质是水生生物一类的生命活动过程的产物。生活污水主要是人体排泄物和垃圾废物。各种工业废水中的有机物有动植物纤维、油脂、糖类、染料、有机酸、各种有机合成的工业制品、有机原料等。这些有机物污染着水体，并使水质恶化。

水中的有机物有个共同特点，就是要进行生物氧化分解，需要消耗水中的溶解氧，而导致水中缺氧。同时会发生腐败发酵，使细菌滋长，恶化水质，破坏水体；工业用水的有机污染，还会降低产品的质量。有机物是引起水体污染的主要原因之一。

### 28　为什么水中的二氧化碳会对碳钢产生腐蚀？

二氧化碳是水中存在较多的杂质，通常情况下是以游离状态存在；水中存在的大量碳酸氢根在pH低时，也是以$CO_2$游离状态存在的。于是产生了碳酸平衡问题，反应式如下：

$$CO_2+H_2O \rightleftharpoons H^+ + HCO_3^- \rightleftharpoons 2H^+ + CO_3^{2-}$$

因此，水中$CO_2$越多，生成$H^+$越多，水的pH值越低，产生酸性的腐蚀性水，破坏了碳钢表面生成的保护膜引起碳钢腐蚀。其腐蚀的化学反应如下：

$$2CO_2+Fe(OH)_2 = Fe(HCO_3)_2$$

$$4Fe(HCO_3)_2+O_2+2H_2O = 4Fe(OH)_3+8CO_2$$

如果除盐水中进入$CO_2$，水的电导率即会上升，腐蚀性增大。因此除盐水箱应当有防止大气中$CO_2$溶入水箱的措施，如用$N_2$或其他惰性气体在水箱顶部空间进行保护，可以防止$CO_2$污染纯水水质。

### 29　水中的主要阴、阳离子对水质有些什么影响？

水中主要的阴离子有$Cl^-$、$SO_4^{2-}$、$HCO_3^-$、$CO_3^{2-}$、$OH^-$等，其中$HCO_3^-$、$CO_3^{2-}$、$OH^-$在水中常与阳离子$K^+$、$Na^+$、$Mg^{2+}$、$Ca^{2+}$等组成硬度和碱度，它们之间的量的变化影响水的pH值变化，从这一变化可以知道水的属性是腐蚀型的或是结垢型的。因此，它们是影响水的性质的主要离子。$Cl^-$是水中最为常见的阴离子，是引起水质腐蚀性的催化剂，能强烈地推动和促进金属表面电子的交换反应，特别是对水系统的不锈钢材料，应力集中处（如热应力、振荡应力等），会引起$Cl^-$的富集，加速电化学腐蚀过程。$SO_4^{2-}$也是水中较为普遍存在的腐蚀性阴离子，使水的电导率上升，同时又能与阳离子$Ca^{2+}$等生成$CaSO_4$沉淀而结垢，它又是水中硫酸盐还原菌的营养源。

水中主要的阳离子有$K^+$、$Na^+$、$Ca^{2+}$、$Mg^{2+}$和$Fe^{3+}$、$Mn^{2+}$等，其中$Na^+$是水中最为常见的阳离子，$Na^+$、$K^+$的存在使水的电导率上升，增加了水的不稳定倾向；其中$Ca^{2+}$、$Mg^{2+}$是组成水中硬度的主要离子，在一定的条件下，常在受热设备的表面结垢，影响传热效果。$Fe^{3+}$、$Mn^{2+}$很易生成$Fe(OH)_3$、$Mn(OH)_2$的沉淀形成水垢，从而产生垢下腐蚀，又是铁细菌生长的促进剂。

### 30　为什么有的水会有异味？

清净的水是无臭、无味、无色透明的液体。但被污染的水体，常会使人感觉有不正常的气味。水的异味主要来源有：

（1）水中的水生动物、植物或微生物的繁殖和腐烂而发出的臭味；

（2）水中有机物质的腐败分解而散发的臭味；

（3）水中溶解气体如$SO_2$、$H_2S$及$NH_3$的臭味；

（4）溶解盐类或泥土的气味；

（5）排入水体的工业废水所含杂质如石油、酚类等的臭味；

（6）消毒水过程中加入氯气等的气味。

由于上述的各种原因，所以有的水会有异味。例如湖泊、沼泽水中因水藻繁殖或有机物过多而带有鱼腥气味及霉烂气味；浑浊的河水常有泥土气味或涩味；温泉水常带有硫黄气味；地下水有时会有硫化氢味；含氧量较多的水、含硫酸钙量多的水、含有机物多的水或含 $NO_2^-$ 高的水，常有不正常的甜味；水中含有氯化钠而带有咸味；水中含有硫酸镁、硫酸钠带有苦味；含铁的水带有涩味；生活污水及工业废水的气味更是多种多样。

### 31 什么是水的总固体、溶解固体和悬浮固体？

水中除了溶解气体之外的一切杂质称为固体。而水中的固体又可分为溶解固体（DS）和悬浮固体（SS）。这二者的总和即称为水的总固体（TS）。

溶解固体是指水经过过滤之后，那些仍然溶于水中的各种无机盐类、有机物等。悬浮固体是指那些能过滤掉的不溶于水中的泥沙、黏土、有机物、微生物等悬浮物质。

总固体的测定是蒸干水分再称重得到的。因此选定蒸干时的温度有很大的关系，一般规定控制在 105～110℃。

### 32 什么是水的含盐量？

水的含盐量（也称矿化度）是表示水中所含盐类的数量。由于水中各种盐类一般均以离子的形式存在，所以含盐量也可以表示为水中各种阳离子的量和阴离子的量的和。

水的含盐量与溶解固体的含义有所不同，因为溶解固体不仅包括水中的溶解盐类，还包括有机物质。同时，水的含盐量与总固体的含义也有所不同，因为总固体不仅包括溶解固体，还包括不溶解于水的悬浮固体。所以，溶解固体和总固体在数量上都要比含盐量高。但是，在不很严格的情况下，当水比较清净时，水中的有机物质含量比较少，有时候也用溶解固体的含量来近似地表示水中的含盐量。当水特别清净的时候，悬浮固体的含量也比较少（如地下水），因此有时也可以用总固体的含量来近似表示水中的含盐量。

### 33 什么是水的浑浊度？

由于水中含有悬浮及胶体状态的微粒，使得原是无色透明的水产生浑浊现象，其浑浊的程度称为浑浊度。浑浊度是表达水中不同大小、不同相对密度、不同形状的悬浮物、胶体物质、浮游生物和微生物等杂质对光所产生的效应。其并不直接表示水样杂质的含量，但与杂质存在的数量相关。浑浊度的单位是用“度”来表示的，就是相当于 1L 的水中含有 1mg 的 $SiO_2$（或是 1mg 白陶土、硅藻土）时，所产生的浑浊程度为 1 度，或称杰克逊。浑浊度单位为 JTU，1JTU＝1mg/L 的白陶土悬浮体。现代仪器显示的浑浊度是散射浑浊度单位 NTU，也称 TU。1NTU＝1JTU。最近，国际上认为，以福尔马肼（Formazin）浊度标准重现性较好，选作各国统一标准 FTU。1FTU＝1JTU。浑浊度是一种光学效应，是光线透过水层时受到阻碍的程度，表示水层对于光线散射和吸收的能力。它不仅与悬浮物的含量有关，而且还与水中杂质的成分、颗粒大小、形状及其表面的反射性能有关。浑浊度是一项重要的水质指标，控制浑浊度是工业水处理的一个重要内容。根据水的不同用途，对浑浊度有不同的要求，生活饮用水的浑浊度不得超过 1 度；要求循环冷却水处理的补充水浑浊度小于 2～5 度；除盐水处理的进水（原水）浑浊度应小于 2～5 度；制造人造纤维要求水的浑浊度低于 0.3 度。由于构成浑浊度的悬浮及胶体微粒一般是稳定的，并大都带有负电荷，所以不进行化学处理就不会沉降。在工业水处理中，主要是采用混凝、澄清和过滤的方法来降低水的浑浊度。

### 34　如何使用比光浑浊仪?

水的浑浊度的测定方法有多种。而国内大都使用比光浑浊仪。此仪器是根据形成浑浊度的水中悬浮颗粒的浓度、大小和形状不同，而产生不同的透光度的光学原理制成的。水越是浑浊，则反射光越强，透光度越弱；水越是清澈，则反射光弱，透光度越强。比光浑浊仪如图 1-0-2。

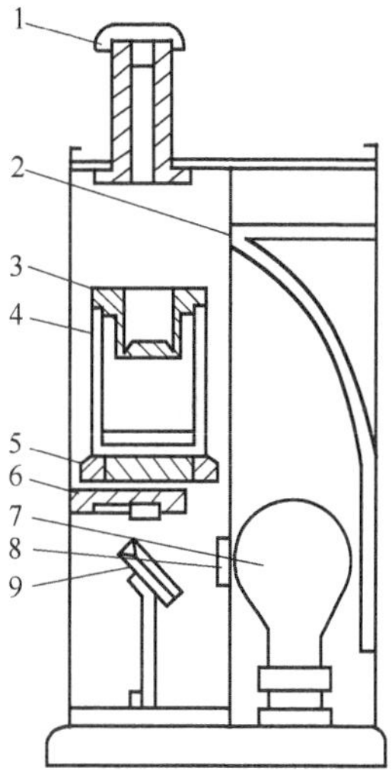


图 1-0-2　比光浑浊仪示图

1—接目筒；2—搪瓷反光板；3—盖杯；4—水样杯；5—杯座；6—滤光镜；7—乳白灯泡；8—调节孔；9—反光片

比光浑浊仪的使用步骤如下：

(1) 取水样时，浑浊度估计大于 40 度的原水，选用低杯，并配用原水滤镜；浑浊度在 10～40 度的清水，选用高杯，并配用沉淀水滤光镜；对浑浊度小于 10 度的过滤水，使用高杯和清水滤光镜。水样要充分摇动均匀混合，以免水样沉淀影响浑浊度。

(2) 将水样放至水样杯内至一定刻度，然后把盖杯盖上，并使盖杯底正好与杯中水平面贴平，不应存有气泡，并用洁净干燥的白布或滤纸揩拭杯外水渍。

(3) 把水样放至杯座上，并检查滤光镜是否与测定水样相适应。

(4) 接通电源，从接目镜中检查滤光镜内圆孔的明暗程度，转动刻度盘，来调节孔的光线强弱，使小圆孔变明亮或变暗淡，直至小圆孔的光度与背景反射光的强度相同。

(5) 记录刻度盘的指示刻度。从刻度与浑浊度的对照表可以查得水样的浑浊度数。

(6) 分析结束时，关电源，倒去水样，用洁净干燥白布或滤纸将杯与盖杯揩拭干净，放至专用盒中，为下次测定水样做好准备。

### 35　什么是光电浊度仪?

它是利用射入水样的透射光、散射光经过光电效应显示出电压高低而转换为水样的浑浊度大小的仪器。光电浊度仪又可分为透射光浊度仪、散射光浊度仪及透射光-散射光浊度仪等类型。

34 题中所介绍的比光浑浊仪虽仍广为应用，但属目视方法，浑浊度由检测者肉眼观察、比较、判断取得读数，其结果受检测者的视力、经验及主观意志的影响，测定浑浊度的偏差较大。据中国城镇供水协会组织不同类型浊度仪测定的浑浊度结果比较如下表：

**不同类型浊度仪测定浑浊度结果比较**

| 仪器类型 | 参加测定公司数 | 考核样浑浊度/NTU | 测定平均值/NTU (FTU) | 相对误差/% | 相对标准偏差(CV)/% |
|---|---|---|---|---|---|
| 散射光浊度仪 | 27 | 4.9 | 4.9 | 0 | 4.5 |
| 透射光浊度仪 | 9 | 4.9 | 4.7 | 4.1 | 9.2 |
| 分光光度计 | 16 | 4.9 | 4.6 | 6.1 | 9.1 |
| 总　计 | 52 | 4.9 | 4.7 | 4.1 | 6.8 |

可见散射光浊度仪测定的重现性和重复性是最好的（相对误差为 0%），精度也高（相对标准偏差最低，为 4.5%）。

(1) 透射光浊度仪　入射光通过一定浑浊度的水样后，发生了光的吸收，只有部分光能够透射。透射光强度 $I_t$ 和入射光强度 $I_0$ 的关系如下：

$$\lg \frac{I_t}{I_o} = -KDL$$

式中 $D$——水样的浑浊度；

$L$——测量槽的长度，即光程长；

$K$——常数。

令 $I_t/I_o=T$，即 $T$ 为透光率

则 $$D=-\lg T/(KL)$$

故水的透光率 $T$ 愈小，浑浊度 $D$ 愈大。透射光浊度仪的设计原理就是利用 $D$ 与 $T$ 的关系，根据透光率指示水的浑浊度。

（2）散射光浊度仪　光线射入水中，引起水中的微粒对光的散射，散射光的强度与水中微粒特性、微粒大小、入射光的波长有关。例如当水中微粒大小等于或大于入射光波长时，散射光强度与入射光强度、微粒表面积 $A$ 及粒子数 $N$ 成正比：

$$I_R/I_o=KAN$$

式中 $I_R$——散射光强度；

$K$——常数。

散射光光电池产生电压的高低转换成浑浊度的大小，根据上述原理设计了散射光浊度仪，如图 1-0-3 所示。

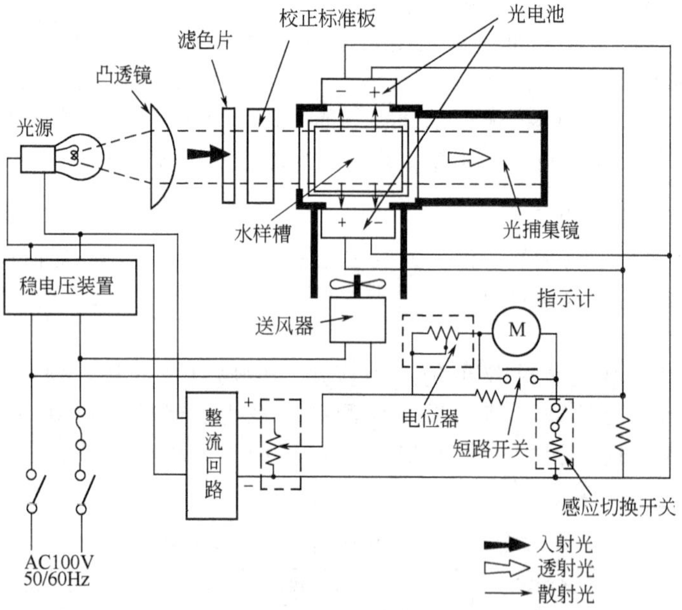


图 1-0-3　散射光浊度仪原理示图

入射光源经凸透镜后，再入滤色片以避免水的色度影响，成为单色光，因单色光灵敏度高。光从校正标准板进入水样槽，其中透射光在光捕集镜里被吸收，只有散射光到光电池，经光电效应，电压转换，从指示计中读出浑浊度。

（3）透射光-散射光浊度仪　利用透射光强度 $I_t$ 和散射光强度 $I_R$ 比值与浑浊度成正比的原理制成的积分球浊度仪即属于此类型，故又称比例式浊度仪，其原理如图 1-0-4 所示。

在积分球里，透射光和散射光经反射收集于光电池里，经转换，从指示计中读出浑浊度。

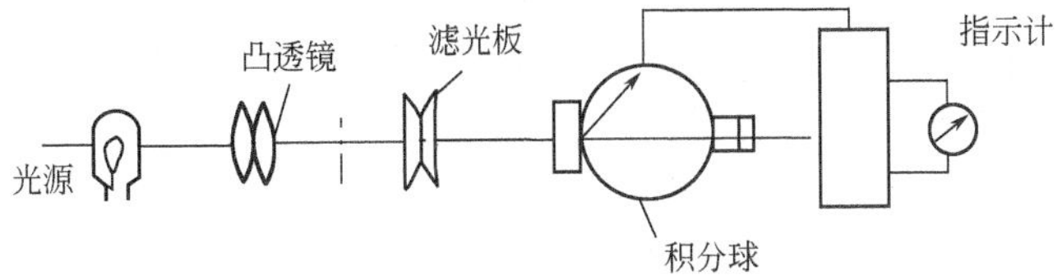


图 1-0-4　积分球浊度仪原理图

### 36　各种类型光电浊度仪的性能有什么不同？使用时要注意什么？

光电浊度仪中的透射光浊度仪和散射光浊度仪的性能比较如下表。

**透射光浊度仪与散射光浊度仪性能比较**

| 透射光浊度仪 | 散射光浊度仪 |
|---|---|
| (1) 对低浑浊度水灵敏度不高 | (1) 对低浑浊度水有较高的灵敏度 |
| (2)浑浊度为 0 时，信号最大 | (2)浑浊度为 0 时，信号为 0 |
| (3) 负响应——随着浑浊度增大，信号减弱 | (3)直接响应——浑浊度增大，信号增强 |
| (4) 在中等浑浊度范围内，根据比耳定律显示线性响应 | (4) 较低浑浊度范围内呈线性响应，如光程小，高量程内可呈线性 |
| (5) 水中色度显示出浑浊度 | (5) 水中色度不显示浑浊度，但某些色度可产生负误差 |
| (6) 对浑浊度的测量没有上限——依设计条件而定，如光程 | (6) 对浑浊度的测量没有上限——依设计条件而定，如光程 |

在使用光电浊度仪时应注意以下事项。

(1) 在使用前应检查光电浊度仪是否经过检定合格，先熟悉仪器的使用说明书，接上电源后预热 30min，然后用零浑浊度水调零。

检查水样测浊槽或测浊管是否清洁，是否有划痕。不清洁的测浊槽（管）不应使用。

(2) 不同的场合选用不同型的浊度仪，即针对所要测定的水样浑浊程度、测定目的、要求来选用不同类型的浊度仪。实验室或水处理厂在日常工作中选用何种类型浊度仪，应根据具体情况而定。一般测定浑浊度大于 1NTU 的水样，如沉淀池出水的水样，则透射光浊度仪已能满足需要。采用透射光浊度仪可依靠适当的滤光片而避免水的色度的影响。散射光浊度仪及透射光-散射光浊度仪使用在小于 1NTU 的浑浊度测定且要求精度高的测定工作，如水厂出厂水及管网水浑浊度的测定，或水质质量评价检测时的浑浊度测定，一般散射光浊度仪及透射光-散射光浊度仪价格较透射光浊度仪为昂贵。至于生产监控用的在线连续测定用的浊度仪类型也有多种，应视具体情况不同选用。

(3) 使用光电浊度仪时应遵守一些准则，如对散射光浊度仪提出下列要求：

① 光源钨丝灯在色温 2200～3000K 以下工作；

② 在水样试管内，入射光及散射光的距离（光程）不要大于 10cm；

③ 检测器接受光的角度集中在相对于入射光光路为 90°，偏离不大于 30°，检测器及滤光系统将在 400～600nm 之间有光谱峰值响应；

④ 水样槽应无色透明；

⑤ 无浑浊度水样存在时，很少有杂散光到达检测器，短暂预热后无显著漂移；

⑥ 在 0～40NTU 浑浊度范围内，应能检出 0.02NTU 或更小的浑浊度差。

对于透射光-散射光浊度仪，上述原则同样适用。

### 37　什么是水的透明度？

透明度是指水样的澄清程度，即以开始能见到放置在水层底部的中文老 5 号铅字，或俄文 10 号铅字时的水层高度（cm）来表示其度数。在测定时，把水样装满透明度计，然后松动下端的弹簧夹，使水迅速流出，当刚能辨认出底部铅字时，关闭弹簧夹，记录这时水层的高度（cm）。其高度之厘米数就是透明度。对于生活饮用水，铅字法透明度大于 30cm 即认为透明度合格。

测定透明度还可以用十字法。观察物体为白瓷板或白塑料板上的十字图像。一种是宽度 1mm、长度 28mm 的两条粗黑线交叉成十字形，并在四格内各有直径为 1mm 的圆点，隔水层俯视时，不见黑点而可见十字的时刻，水层高度即为透明度。这种十字法测得水层高度约为铅字法的十倍，即生活饮用水透明度大于 300cm 者为合格。这种方法的精确度略高，但水层所需高度甚大，使用不便。另一种为双十字线，长度 3.5cm、粗 0.5mm，二线相隔 1.0mm，观察时以明确分辨出四条线为清楚。这种十字法适于测定浑浊度 100～800NTU 的水，透明度为 20cm 时相当于浑浊度 100 度。这两种十字法的图像示意如图 1-0-5。

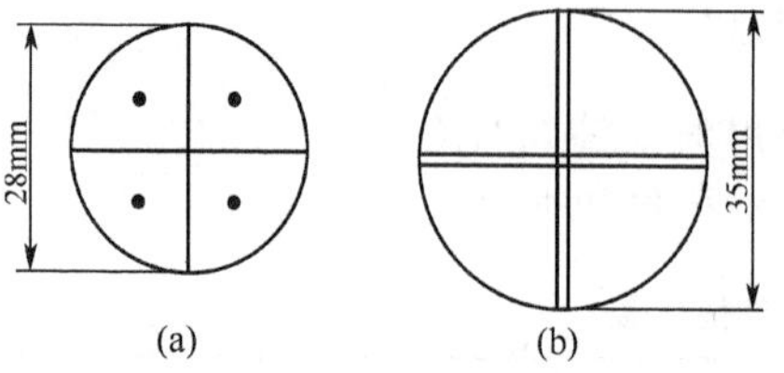

图 1-0-5 透明度十字法图像
（a）十字圆点法；（b）双十字法

此外，还有白瓷盘法。以直径 30cm 的白瓷圆盘或（15×21）$cm^2$ 的白瓷板，用绳悬挂成平放状态沉入水中，到水面上恰不能看到时为止，沉入的深度即为该水的透明度。此方法适用在河水、湖水或净水厂水池等处进行现场测定，所得结果比较粗略。

由于透明度是按人的视觉所作的官能试验，受测定者的目力影响较大，因此，结果不是很精确。透明度与浑浊度的意义相反，但两者反映的却是同一事物，表示水中杂质对透过光线的阻碍程度，它们可以相互换算。

### 38 如何以透明度来划分水的等级？

水的透明度反映出水质的澄清程度，因此，有时用透明度来划分水质的等级。划分如下表：

| 分 级 | 野 外 鉴 别 特 征 |
|---|---|
| 透明的水 | 无悬浮物及胶体，60cm 水深处可见 3mm 宽的粗线 |
| 微浊的水 | 有少量悬浮物，30～60cm 水深处可见 3mm 宽的粗线 |
| 浑浊的水 | 有很多的悬浮物，半透明状，小于 30cm 水深处可见到 3mm 宽的粗线 |
| 极浊的水 | 有大量的悬浮物或胶体，似乳状，水的可见度很浅，不能清楚看见 3mm 宽的粗线 |

### 39 什么是水的色度？

水的色度是对天然水或处理后的各种水进行颜色定量测定时的指标。

天然水经常显示出浅黄、浅褐或黄绿等不同的颜色。产生颜色是由于溶于水的腐殖质、有机物或无机物质所造成的。另外，当水体受到工业废水的污染时也会呈现不同的颜色。这些颜色分为真色与表色。真色是由于水中溶解性物质引起的，也就是除去水中悬浮物后的颜色。而表色是没有除去水中悬浮物时产生的颜色。这些颜色的定量程度就是色度。色度的测定是用铂钴标准比色法，亦即用氯铂酸钾（$K_2PtCl_6$）和氯化钴（$CoCl_2 \cdot 6H_2O$）配制成测色度的标准溶液，规定 1L 水中含有 2.491mg 的氯铂酸钾和 2.00mg 氯化钴时，铂（Pt）的含量为每升 1mg，所产生的颜色深浅即为 1 度（1°）。

水色度往往会影响造纸、纺织等工业产品的质量。各种用途的水对于色度都有一定的要求：如生活用水的色度要求小于 15°；造纸工业用水的色度要求小于 15°～30°；纺织工业的用水色度要求小于 10°～12°；染色用水的色度要求小于 5°。

工业废水可能使水体产生各种各样的颜色，但水中腐殖质、悬浮泥沙和不溶解矿物质的存在，也会使水带有颜色。例如，黏土能使水带黄色，铁的氧化物会使水变褐色，硫化物能使水呈浅蓝色，藻类使水变绿色，腐败的有机物会使水变成黑褐色等。

常见水中物质引起的颜色[8]如下：

| 水中存在物质 | 硬 水 | 低价铁 | 高价铁 | 硫化氢 | 硫细菌 | 锰的化合物 | 腐殖酸盐 |
|---|---|---|---|---|---|---|---|
| 水的颜色 | 浅蓝 | 灰蓝 | 黄褐 | 翠绿 | 红色 | 暗红 | 暗黄或灰黑 |

### 40　什么是水的硬度？

水中有些金属阳离子，同一些阴离子结合在一起，在水被加热的过程中，由于蒸发浓缩，容易形成水垢，附着在受热面上而影响热传导，我们把水中这些金属离子的总含量称为水的硬度。如在天然水中最常见的金属离子是钙离子（$Ca^{2+}$）和镁离子（$Mg^{2+}$），它们与水中的阴离子如碳酸根离子（$CO_3^{2-}$）、碳酸氢根离子（$HCO_3^-$）、硫酸根离子（$SO_4^{2-}$）、氯离子（$Cl^-$）以及硝酸根离子（$NO_3^-$）等结合在一起，形成钙、镁的碳酸盐、碳酸氢盐、硫酸盐、氯化物以及硝酸盐等。水中的铁、锰、锌等金属离子也会形成硬度，但由于它们在天然水中的含量很少，可以略去不计。因此，通常就把 $Ca^{2+}$、$Mg^{2+}$ 的总含量看作水的硬度。

水的硬度对锅炉用水的影响很大，因此，应根据各种不同参数的锅炉对水质的要求对水进行软化或除盐处理。

### 41　水的硬度有哪几种？

水的硬度分为碳酸盐硬度和非碳酸盐硬度两种。

（1）碳酸盐硬度　主要是由钙、镁的碳酸氢盐[$Ca(HCO_3)_2$、$Mg(HCO_3)_2$]所形成的硬度，还有少量的碳酸盐所形成的硬度。碳酸氢盐硬度经加热之后分解成沉淀物从水中除去，故亦称为暂时硬度，其反应式如下：

$$Ca(HCO_3)_2 \xlongequal{\triangle} CaCO_3\downarrow + CO_2\uparrow + H_2O$$

$$Mg(HCO_3)_2 \xlongequal{\triangle} Mg(OH)_2\downarrow + 2CO_2\uparrow$$

（2）非碳酸盐硬度　主要是由钙、镁的硫酸盐、氯化物和硝酸盐等盐类所形成的硬度。这类硬度不能用加热分解的方法除去，故也称为永久硬度，如 $CaSO_4$、$MgSO_4$、$CaCl_2$、$MgCl_2$、$Ca(NO_3)_2$、$Mg(NO_3)_2$ 等。

碳酸盐硬度和非碳酸盐硬度之和称为总硬度。

水中 $Ca^{2+}$ 的含量称为钙硬度。

水中 $Mg^{2+}$ 的含量称为镁硬度。

当水中的总硬度小于总碱度时，它们之差称为负硬度。

### 42　硬度的单位是如何表示的？

硬度的常用单位是 mmol/L 或 mg/L。过去常用的当量浓度 N 现已停用。换算时，1N=0.5mol/L。

由于硬度并非是由单一的金属离子或盐类形成的，因此，为了有一个统一的比较标准，有必要换算为另一种盐类。通常用 CaO 或者是 $CaCO_3$ 的质量浓度来表示。当硬度为 0.5mmol/L 时，等于 28mg/L 的 CaO，或等于 50mg/L 的 $CaCO_3$。此外，各国也有的用德国度、法国度来表示硬度。1 德国度等于 10mg/L 的 CaO，1 法国度等于 10mg/L 的 $CaCO_3$。0.5mmol/L 相当于 2.8 德国度、5.0 法国度。常用硬度单位之间关系如下表所示：

| 硬度单位 | mmol/L | mN | 德国度 | 法国度 | CaO /(mg/L) | $CaCO_3$ /(mg/L) |
|---|---|---|---|---|---|---|
| mmol/L | 1 | 2 | 5.6077 | 10.0086 | 56.077 | 100.086 |
| mN | 0.5 | 1 | 2.8039 | 5.0043 | 28.039 | 50.043 |
| 德国度 | 0.17833 | 0.35665 | 1 | 1.7848 | 10.0000 | 17.848 |
| 法国度 | 0.09991 | 0.19983 | 0.5603 | 1 | 5.6029 | 10.0000 |
| CaO/(mg/L) | 0.017833 | 0.035665 | 0.1000 | 0.17848 | 1 | 1.7848 |
| $CaCO_3$/(mg/L) | 0.009991 | 0.01998 | 0.05603 | 0.1000 | 0.5603 | 1 |

## 43 硬水对工业生产有什么危害？

硬水作为工业生产用的冷却水，会使换热器结水垢，严重的会阻碍水流通道，使热交换效果大大降低，影响生产的顺利进行，甚至被迫停产。结垢还会产生垢下腐蚀，会使换热器穿孔而损坏，不仅物料漏损，而且增加设备投资费用，浪费钢材。硬水用于洗涤，也往往影响产品质量，如纺织印染会造成织物的斑点，不仅影响美观，而且影响强度。硬水作为锅炉用水，在锅内加热后，经过蒸发浓缩过程，使锅炉受热面结水垢，而水垢的导热性能极差。水垢和钢材的热导率（导热系数）如表所示：

| 名称 | 热导率 | | 名称 | 热导率 | |
|---|---|---|---|---|---|
| | W/(m·K) | kcal /(m·h·℃) | | W/(m·K) | kcal /(m·h·℃) |
| 碳钢 | 34.9～52.3 | 30～45 | 硅酸盐水垢 | 0.08～0.23 | 0.07～0.20 |
| 铸钢 | 29.1～58.2 | 25～50 | 碳酸盐水垢(非晶体) | 0.23～1.16 | 0.2～1.0 |
| 含油水垢 | 0.12 | 0.1 | | | |
| 硫酸盐水垢 | 0.23～2.33 | 0.2～2.0 | 碳酸盐水垢(晶体) | 0.58～5.82 | 0.5～5.0 |

由上表可见，水垢的导热性能只有钢材的几百分之一。在锅炉内结垢之后，如果仍要达到无水垢时同样的炉水温度，势必要提高受热面的壁温，例如 1.01MPa（10atm）的锅炉，壁温为 280℃，当硅酸盐水垢达 1mm 厚时，要达到同样的炉水温度，壁温要提高到 680℃，此时钢板的强度自 3.92MPa（40kgf/cm$^2$）降至 0.98MPa（10kgf/cm$^2$），严重的会引起爆裂事故。金属温度升高还会使金属伸长，1m 长的钢板，每升高 100℃，伸长 1.2mm，增加材料应力，导致损坏。此外，结垢之后，使受热面的传热情况变坏，燃烧热也不能很好地传给水，降低了锅炉的热效率，从而白白浪费燃料，如结有 1.5mm 厚硫酸盐水垢，就要浪费燃料 10%以上，并使锅炉的出力大为降低。结水垢之后，还得经常清洗，不仅影响生产，而且降低锅炉使用寿命，还要耗费人力物力。因此，硬水对工业生产的危害很大，必须根据产品或设备对水质的要求，对硬水进行软化、除盐或其他有效的水处理。

## 44 什么是水的碱度？水中的碱度有哪几种形式存在？

水的碱度是指水中能够接受 $H^+$ 与强酸进行中和反应的物质含量。水中的碱度主要有碳酸盐产生的碳酸盐碱度和碳酸氢盐产生的碳酸氢盐碱度，以及有氢氧化物存在和强碱弱酸盐水解而产生的氢氧化物碱度。所以，碱度是表示水中 $CO_3^{2-}$、$HCO_3^-$、$OH^-$ 及其他一些弱酸盐类的总和。这些盐类的水溶液都呈碱性，可以用酸来中和。然而，在天然水中，碱度主要是由 $HCO_3^-$ 的盐类所组成。可认为：

$$总碱度\ M=[HCO_3^-]+2[CO_3^{2-}]+[OH^-]-[H^+]$$

当 pH 值大于 7.0 时，$[H^+]$可略去，故，

$$M=c\left(\frac{1}{x}B^{x-}\right)=[HCO_3^-]+2[CO_3^{2-}]+[OH^-]\quad mol/L$$

形成水中碱度的物质碳酸盐和碳酸氢盐可以共存，碳酸盐和氢氧化物也可以共存。然而，碳酸氢盐与氢氧化物不能同时存在，它们在水中能起如下反应：

$$HCO_3^- + OH^- = CO_3^{2-} + H_2O$$

由此可见，碳酸盐、碳酸氢盐、氢氧化物可以在水中单独存在，除此之外，还有两种碱度的组合，所以，水中的碱度有五种形式存在，即：

(1) 碳酸氢盐碱度 $HCO_3^-$；

(2) 碳酸盐碱度 $CO_3^{2-}$；

(3) 氢氧化物碱度 $OH^-$；

(4) 碳酸氢盐和碳酸盐碱度 $HCO_3^- + CO_3^{2-}$；

(5) 碳酸盐和氢氧化物碱度 $CO_3^{2-} + OH^-$。

### 45　水中各种碱度的相互关系如何？

水中的碱度是用盐酸中和的方法来测定的。在滴定水的碱度时采用两种指示剂来指示滴定的终点。

用酚酞作指示剂时，滴定的终点为 pH8.2～8.4，称为酚酞碱度或 $P$ 碱度。此时，水中的氢氧化物全部被中和，碳酸盐转化为碳酸氢盐，就是碳酸盐被中和了一半。即 $P$ 碱度＝$\frac{1}{2}CO_3^{2-}$＋全部 $OH^-$。

用甲基橙作指示剂时，滴定的终点 pH 为 4.3～4.5，称为甲基橙碱度或 $M$ 碱度。此时，水中的氢氧化物、碳酸盐及碳酸氢盐全部被中和，所测得的是水中各种弱酸盐类的总和，因此又称为总碱度。即 $M$ 碱度＝全部 $HCO_3^-$＋全部 $CO_3^{2-}$＋全部 $OH^-$。

如果水中单独存在 $OH^-$ 碱度，水的 pH＞11.0；水中同时存在 $OH^-$、$CO_3^{2-}$ 时，pH9.4～11.0；如水中只有 $CO_3^{2-}$ 存在时，pH＝9.4；当 $CO_3^{2-}$、$HCO_3^-$ 共同存在时，pH8.3～9.4；单一的 $HCO_3^-$ 存在时，pH＝8.3；但 pH＜8.3 时，水中碱度也只有 $HCO_3^-$ 存在，此时的 pH 值变化只与 $HCO_3^-$ 和游离的 $CO_2$ 含量有关。

所测水中碱度的形式与各种碱度的数量关系如下表：

| 碱度存在的形式 | 所测定碱度 $(HCO_3^- + \frac{1}{2}CO_3^{2-} + OH^-)$ /(mol/L) | 产生碱度的物质及其数量/(mol/L) | | |
|---|---|---|---|---|
| | | $\frac{1}{2}CO_3^{2-}$ | $HCO_3^-$ | $OH^-$ |
| 碳酸氢盐 | $P=0$ | 0 | $M$ | 0 |
| 碳酸盐和碳酸氢盐 | $2P<M$ | $2P$ | $M-2P$ | 0 |
| 碳酸盐 | $2P=M$ | $M$ | 0 | 0 |
| 碳酸盐和氢氧化物 | $2P>M$ | $2(M-P)$ | 0 | $2P-M$ |
| 氢氧化物 | $M=P$ | 0 | 0 | $M$ |

### 46　碱度的单位是如何表示的？水质的硬度和碱度常标“以 $CaCO_3$ 计”是何意？

碱度可以是单组分，也可以是多组分。单组分碱度可以用分数、质量浓度或物质的量浓度表示。但在天然水中碱度包括多组分，一般为 $HCO_3^-$、$CO_3^{2-}$ 及 $OH^-$。其中 $HCO_3^-$ 及 $OH^-$ 可以接受 1mol $H^+$（为一价），$CO_3^{2-}$ 可以接受 2mol $H^+$（为二价）。所以，用物质的量浓度 $c(HCO_3^- + CO_3^{2-} + OH^-)$ 或质量浓度 $\rho(HCO_3^- + CO_3^{2-} + OH^-)$ 都不能表达与水中其他离子，特别是与硬度的关系。故碱度通常采用以下两种方式表示：

(1) 物质的量浓度，其基本单元为可接受 1mol $H^+$ 的物质。即 $c\left(\frac{1}{x}B^{x-}\right) = c(HCO_3^- + \frac{1}{2}CO_3^{2-} + OH^-)$，其单位为 mol/L 或 mmol/L。

(2) 质量浓度，并标"以 $CaCO_3$ 计"。即 $\rho\left(\frac{1}{x}B^{x-}\right)=\rho\ (HCO_3^- + \frac{1}{2}CO_3^{2-} + OH^-)$，其单位为 mg/L。

"以 $CaCO_3$ 计"的含义，即将质量浓度中的溶质 B 的质量折合成能提供或接受相等氢离子的碳酸钙（$CaCO_3$）质量（即折合成相同当量的 $CaCO_3$ 质量）。其优点是能够方便表达水中离子的平衡关系。因此，水中的碱度、硬度、钙离子及镁离子都常用此法表示浓度。$CaCO_3$ 的摩尔质量 $M$ 近似 100g/mol，可提供或接受 2mol $H^+$，故 $c\left(\frac{1}{x}A^{x+},\frac{1}{x}B^{x-}\right)$(即当量）等于 50g/mol，$\rho\left(\frac{1}{x}A^{x+},\frac{1}{x}B^{x-}\right)=50c\left(\frac{1}{x}A^{x+},\frac{1}{x}B^{x-}\right)$。例如，水的碱度 $c\left(\frac{1}{x}B^{x-}\right)$或硬度 $c\left(\frac{1}{2}Ca^{2+}+\frac{1}{2}Mg^{2+}\right)$为 2mmol/L 时，都可写成 100mg/L(以 $CaCO_3$ 计)。如果水中 $HCO_3^-$ 碱度为 61mg/L，则可接受 $H^+$ 1mmol/L，可以写成 50mg/L(以 $CaCO_3$ 计)。如水中钙离子含量为 40mg/L，则$c\left(\frac{1}{2}Ca^{2+}\right)$为 2mmol/L，可写成钙硬为 100mg/L(以 $CaCO_3$ 计)。如水中镁离子含量为 6mg/L，则 $c\left(\frac{1}{2}Mg^{2+}\right)$为 0.5mmol/L，可写成镁硬 25mg/L(以 $CaCO_3$ 计)。

各种碱度单位的换算关系如下：

| $c\left(\frac{1}{x}B^{x-}\right)$ /(mmol/L) | $CaCO_3$ /(mg/L) | $Na_2CO_3$ /(mg/L) | NaOH /(mg/L) | $HCO_3^-$ /(mg/L) | $CO_3^{2-}$ /(mg/L) | $OH^-$ /(mg/L) |
|---|---|---|---|---|---|---|
| 1 | 50 | 53 | 40 | 61 | 30 | 17 |
| 0.02 | 1 | 1.06 | 0.8 | 1.22 | 0.6 | 0.34 |
| 0.0189 | 0.943 | 1 | 0.755 | 1.151 | 0.566 | 0.321 |
| 0.025 | 1.25 | 1.325 | 1 | 1.525 | 0.75 | 0.425 |
| 0.0164 | 0.82 | 0.869 | 0.656 | 1 | 0.492 | 0.279 |
| 0.0333 | 1.667 | 1.767 | 1.333 | 2.033 | 1 | 0.567 |
| 0.0588 | 2.941 | 3.118 | 2.353 | 3.588 | 1.765 | 1 |

## 47 天然水是如何按照硬度和含盐量来分类的?

天然水按照硬度和含盐量的多少分类如下表所示。

| 名 称 | 按硬度分 | 按 含 盐 量 分 | |
|---|---|---|---|
| | mmol/L | mg/L | |
| 极硬水 | 大于 4.5 | 高盐水 | 大于 1000 |
| 硬水 | 3.0～4.5 | 次高盐水 | 500～1000 |
| 中硬水 | 1.5～3.0 | 中盐水 | 200～500 |
| 软水 | 0.5～1.5 | 低盐水 | 100～200 |
| 极软水 | 小于 0.5 | 极低盐水 | 小于 100 |

含盐量又称矿化度。含盐量小于 1000mg/L 的水质，一般也称为淡水，大于 1000mg/L 的水又泛称咸水，即高含盐量的水。其中，高含盐量的水又可分四类：

微咸水——含盐量在 1000～3000mg/L；

咸水——含盐量在 3000～10000mg/L；

盐水——含盐量在 10000～50000mg/L；

卤水——含盐量在 50000mg/L 以上。

## 48 天然水如何按水中主要阴阳离子分类?

按照水中含量最多的阴阳离子（以 mol/L 计）分类。阳离子按钙、镁和钠（包括钾）

离子数量分类，阴离子按碳酸氢根、硫酸根及氯根数量分类，则天然水的分类[1]如下表：

| 天然水 | | | | | | | | | |
|---|---|---|---|---|---|---|---|---|---|
| 类 | 碳酸盐<br>[C] $HCO_3^-$ | | | 硫酸盐<br>[S] $SO_4^{2-}$ | | | 氯化物<br>[Cl] $Cl^-$ | | |
| 组 | 钙<br>Ca | 镁<br>Mg | 钠<br>Na | 钙<br>Ca | 镁<br>Mg | 钠<br>Na | 钙<br>Ca | 镁<br>Mg | 钠<br>Na |
| 型 | Ⅰ<br>Ⅱ<br>Ⅲ | Ⅰ<br>Ⅱ<br>Ⅲ | Ⅰ<br>Ⅱ<br>Ⅲ | Ⅱ<br>Ⅲ<br>Ⅳ | Ⅱ<br>Ⅲ<br>Ⅳ | Ⅰ<br>Ⅱ<br>Ⅲ | Ⅱ<br>Ⅲ<br>Ⅳ | Ⅱ<br>Ⅲ<br>Ⅳ | Ⅰ<br>Ⅱ<br>Ⅲ |

注：表中钠（Na）代表钠加钾（Na+K）；

Ⅰ型：$HCO_3^- > \frac{1}{2}Ca^{2+} + \frac{1}{2}Mg^{2+}$；

Ⅱ型：$HCO_3^- < \frac{1}{2}Ca^{2+} + \frac{1}{2}Mg^{2+} < HCO_3^- + \frac{1}{2}SO_4^{2-}$；

Ⅲ型：$HCO_3^- + \frac{1}{2}SO_4^{2-} < \frac{1}{2}Ca^{2+} + \frac{1}{2}Mg^{2+}$；

Ⅳ型：$HCO_3^- = 0$。

水的类型可用符号代表。例如，[C]CaⅠ型代表碳酸钙组Ⅰ型水。即阴离子中 $HCO_3^-$ 最多，阳离子中钙最多，且 $HCO_3^- > \frac{1}{2}Ca^{2+} + \frac{1}{2}Mg^{2+}$。分类图示例如下：

[C]Ca Ⅱ
长江水

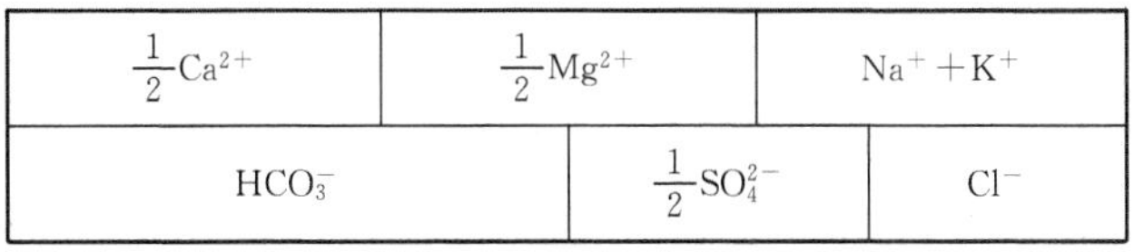


[C]Na Ⅱ
黄河水

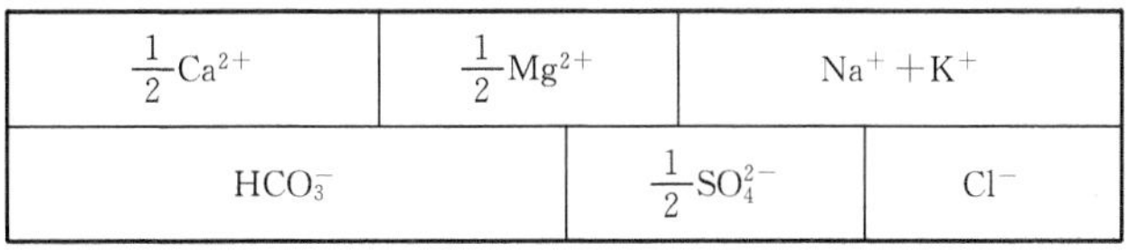


[Cl]Na Ⅲ
海水

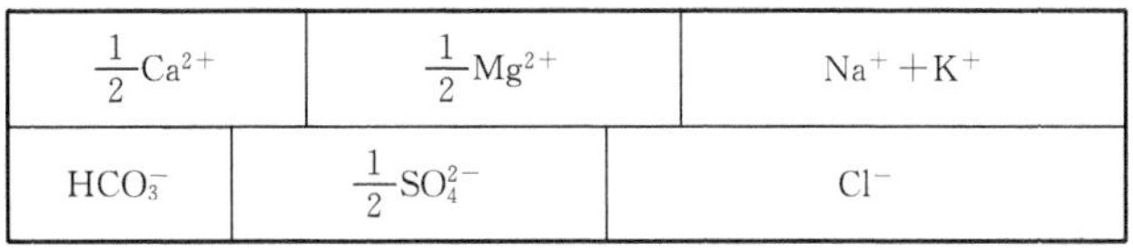


我国不同区域水质大致分类[1],[6]如下：

| 分　　区 | 潮湿区 | 湿润区 | 过渡区 | 干旱区 |
|---|---|---|---|---|
| 年降水量/mm | >1600 | 1600～800 | 800～400 | <400 |
| 平均含沙量/($kg/m^3$) | 0.1～0.3 | 0.2～5 | 1～30 | — |
| 常见浑浊度/NTU | 50～300 | 100～2000 | 500～20000 | — |
| 矿化度/(mg/L) | <100 | 100～300 | 200～500 | >500 |
| 总硬度/(mmol/L) | <0.5 | 0.5～1.5 | 1.5～3.0 | >3.0 |
| pH 值 | 6.0～7.0 | 6.5～7.5 | 7.0～8.0 | 7.5～8.0 以上 |
| 水质类型 | [C]Ca<br>[C]Na | [C]Ca<br>[C]Na | [C]Ca<br>[C]Na<br>[S]Na | [C]Ca<br>[S]Na<br>[Cl]Na |
| 地区范围 | 东南沿海 | 长江流域<br>西江流域<br>西南地区<br>黑龙江<br>松花江流域 | 黄河流域<br>河北地区<br>辽河流域 | 内蒙古地区<br>西北地区 |

**49　如何根据硬度和碱度的关系了解水质？**

天然水中的硬度主要是指 $Ca^{2+}$、$Mg^{2+}$ 等金属离子，水中的碱度主要是指碳酸氢盐碱度 $HCO_3^-$。而水中主要存在的离子有 $Ca^{2+}$、$Mg^{2+}$、$Na^+$、$K^+$ 和 $HCO_3^-$、$SO_4^{2-}$、$Cl^-$ 等。水中的硬度与碱度之间的关系分为三种情况。

(1) 碱度＞硬度（以 mol/L 计）

$HCO_3^- > \frac{1}{2}(Ca^{2+}+Mg^{2+})$，如下表：

| 水中主要的阳离子 | $\frac{1}{2}Ca^{2+}$ | $\frac{1}{2}Mg^{2+}$ | $Na^+ + K^+$ | | |
|---|---|---|---|---|---|
| 水中主要的阴离子 | $HCO_3^-$ | | | $\frac{1}{2}SO_4^{2-}$ | $Cl^-$ |
| 生成盐类 | $\frac{1}{2}Ca(HCO_3)_2$ | $\frac{1}{2}Mg(HCO_3)_2$ | $NaHCO_3$，$KHCO_3$ | $\frac{1}{2}Na_2SO_4$，$NaCl$，$\frac{1}{2}K_2SO_4$，$KCl$ | |

由表可见，水中的硬度（$Ca^{2+}$、$Mg^{2+}$）都变成为碳酸氢盐，并同时还有 $Na^+$、$K^+$ 的碳酸氢盐，但没有非碳酸盐硬度存在。此时，碱度减去硬度所得的差值等于 $Na^+$、$K^+$ 的碳酸氢盐。这部分多出的 $Na^+$、$K^+$ 的碳酸氢盐碱度即所谓过剩碱度亦称为负硬度。

(2) 碱度＝硬度(以 mol/L 计)

即 $HCO_3^- = \frac{1}{2}(Ca^{2+}+Mg^{2+})$，如下表：

| 水中主要的阳离子 | $\frac{1}{2}Ca^{2+}$ | $\frac{1}{2}Mg^{2+}$ | $Na^+ + K^+$ | |
|---|---|---|---|---|
| 水中主要的阴离子 | $HCO_3^-$ | | $\frac{1}{2}SO_4^{2-}$ | $Cl^-$ |
| 生成盐类 | $\frac{1}{2}Ca(HCO_3)_2$ | $\frac{1}{2}Mg(HCO_3)_2$ | $\frac{1}{2}Na_2SO_4$，$\frac{1}{2}K_2SO_4$，$NaCl$，$KCl$ | |

由上可见，此时只有 $Ca^{2+}$、$Mg^{2+}$ 的硬度及其碳酸氢盐碱度，既无非碳酸盐硬度，亦无 $Na^+$、$K^+$ 的碳酸氢盐。

(3) 碱度＜硬度（以 mol/L 计）

即 $HCO_3^- < \frac{1}{2}(Ca^{2+}+Mg^{2+})$。此时又有两种情况，一是 $\frac{1}{2}Ca^{2+} > HCO_3^-$ 的钙硬水，如下表：

| 水中主要的阳离子 | $\frac{1}{2}Ca^{2+}$ | | $\frac{1}{2}Mg^{2+}$ | $Na^+ + K^+$ |
|---|---|---|---|---|
| 水中主要的阴离子 | $HCO_3^-$ | $\frac{1}{2}SO_4^{2-}$ | | $Cl^-$ |
| 生成盐类 | $\frac{1}{2}Ca(HCO_3)_2$ | $\frac{1}{2}CaSO_4$ | $\frac{1}{2}MgSO_4$ | $\frac{1}{2}Na_2SO_4$，$\frac{1}{2}K_2SO_4$，$NaCl$，$KCl$ |

由此可见，此时水中有非碳酸盐硬度 $CaSO_4$、$MgSO_4$ 的存在，但没有镁的碳酸盐硬度 $Mg(HCO_3)_2$。

另一种情况是$\frac{1}{2}Ca^{2+} < HCO_3^-$ 的镁硬水，如下表：

<table>
<tr><td>水中主要的阳离子</td><td>$\frac{1}{2}Ca^{2+}$</td><td colspan="3">$\frac{1}{2}Mg^{2+}$</td><td>$Na^+ + K^+$</td></tr>
<tr><td>水中主要的阴离子</td><td colspan="2">$HCO_3^-$</td><td colspan="2">$\frac{1}{2}SO_4^{2-}$</td><td>$Cl^-$</td></tr>
<tr><td>生成盐类</td><td colspan="2">$\frac{1}{2}Ca(HCO_3)_2$，$\frac{1}{2}Mg(HCO_3)_2$</td><td>$\frac{1}{2}MgSO_4$</td><td>$\frac{1}{2}Na_2SO_4$，<br>$\frac{1}{2}K_2SO_4$</td><td>NaCl，KCl</td></tr>
</table>

由此可见，水中有镁的碳酸盐硬度 $Mg(HCO_3)_2$ 的存在，但没有钙的非碳酸盐硬度存在，而有镁的非碳酸盐硬度 $MgSO_4$ 的存在。

但上述两种情况，无论是哪种，水中都有非碳酸盐的硬度存在，而没有 $Na^+$、$K^+$ 的碳酸氢盐存在。

## 50 什么是水的酸度?

水的酸度是指水中所含能提供 $H^+$ 与强碱（如 NaOH、KOH 等）发生中和反应的物质总量。这些物质能够放出 $H^+$，或者经过水解能产生 $H^+$。水中形成酸度的物质有三部分：

(1) 水中存在的强酸能全部离解出 $H^+$，如硫酸（$H_2SO_4$）、盐酸（HCl）、硝酸（$HNO_3$）等；

(2) 水中存在的弱酸物质，如游离的二氧化碳（$CO_2$）、碳酸（$H_2CO_3$）、硫化氢（$H_2S$）、醋酸（$CH_3COOH$）和各种有机酸等；

(3) 水中存在的强酸弱碱组成的盐类，如铝、铁、铵等离子与强酸所组成的盐类等。

天然水中，酸度的组成主要是弱酸，也就是碳酸。天然水中在一般的情况下不含强酸酸度。

水中酸度的测定是用强碱的标准溶液（如 0.1mol/L NaOH）来滴定的。如用甲基橙指示剂所测得的酸度是指强酸酸度和强酸弱碱形成盐类的酸度；而用酚酞指示剂所测得的酸度包括了上述三部分酸度，即称为总酸度。

## 51 何谓水的电阻率?

水的导电性能与水的电阻值大小有关，电阻值大，导电性能差，电阻值小，导电性能就良好。根据欧姆定律，在水温一定的情况下，水的电阻值 $R$ 大小与电极的垂直截面积 $F$ 成反比，与电极之间的距离 $L$ 成正比，如下式：

$$R=\rho\frac{L}{F}$$

式中 $\rho$——电阻率，或称比电阻。

电阻的单位为欧姆（欧，符号为 Ω），或用微欧（μΩ），1Ω 等于 $10^6$μΩ；电阻率的国际制（SI）单位为欧米（Ω·m）。

如果电极的截面积 $F$ 做成 $1cm^2$，两电极间的距离 $L$ 为 1cm，电阻率的单位为 Ω·cm 时，那么电阻值就等于电阻率值。

水的电阻率的大小，与水中含盐量的多少、水中离子含量、离子的电荷数以及离子的运动速度有关。因此，纯净的水电阻率很大，超纯水电阻率就更大。水越纯，电阻率越大。

## 52 何谓水的电导度和电导率？和电阻率之间有何关系?

由于水中含有各种溶解盐类，并以离子的形态存在。当水中插入一对电极时，通电之后，在电场的作用下，带电的离子就产生一定方向的移动，水中阴离子移向阳极，阳离子移向阴极，使水溶液起导电作用。水的导电能力的强弱程度，就称为电导度 $S$（或称电导）。电导度反映了水中含盐量的多少，是水的纯净程度的一个重要指标。水越纯净，含盐量越少，电阻越大，电导度越小。超纯水几乎不能导电。电导度的大小等于电阻值的倒数，即

$$S=\frac{1}{R}$$

式中 $R$——电阻值，Ω；

$S$——电导度（电导），单位过去用欧姆$^{-1}$（$\Omega^{-1}$）或姆欧（moh，℧）表示。而目前通常用的国际制电导度的单位为西门子（Siemens），符号用 S，或用 μS 表示，$1S=10^6\mu S$。

因 $R=\rho\frac{L}{F}$（见 51 题），代入上式，则得到：

$$S=\frac{1}{\rho}\times\frac{F}{L}$$

对于一对固定的电极来说，两极间的距离不变，电极面积也不变，因此 $L$ 与 $F$ 为一个常数。令：

$$Q=\frac{L}{F}$$

式中 $Q$ 称为电极常数。也就是说，对一定的电极就有一定的电极常数 $Q$ 值。可得到

$$S=\frac{1}{\rho}\times\frac{1}{Q}$$

式中 $\frac{1}{\rho}$ 就称为电导率（或称比电导），令 $\kappa=\frac{1}{\rho}$，电导率的国际制单位为西/米(S/m)，其意义是截面积为 $1m^2$，长度 1m 的导体的电导。当电极常数 $Q=1$ 时，电导率值就等于电导度值。

电导率 $\kappa$、电导度 $S$ 与电阻率 $\rho$ 三者关系如下：

$$\kappa=SQ=\frac{1}{\rho}$$

由于水溶液中溶解盐类都以离子状态存在，因此具有导电能力，所以电导率也可以间接表示出溶解盐类的含量（含盐量）。

以上概念，对于除盐水处理的水质控制及其水质标准和监测都非常重要。

几类水的电导率及电阻率大致如下[8]：

| 物　质 | 电阻率/Ω·cm | 电导率/(μS/cm) |
|---|---|---|
| 30% $H_2SO_4$ | 1 | $1000\times10^3$ |
| 海水 | 33 | $33\times10^3$ |
| 0.05%NaCl | 1000 | 1000 |
| 天然水 | $20\times10^3$ | 50 |
| 普通蒸馏水 | $1000\times10^3$ | 1 |
| 超纯蒸馏水 | $10\times10^6$ | 0.10 |

各种纯水的电导率（25℃）[32]如下：

| 水质纯度 | 电导率/(μS/cm) | 所对应的含盐量/(mg/L) |
|---|---|---|
| 纯水 | ≤10 | 2~5 |
| 非常纯水 | ≤1 | 0.2~0.5 |
| 高(超)纯水 | ≤0.1 | 0.01~0.02 |
| 理论纯水 | 0.054 | 0.00 |

### 53 什么是水的pH值？有什么意义？

水的pH值是表示水中氢离子浓度的负对数值，表示为：

$$pH=-\lg[H^+]$$

pH值有时也称氢离子指数。由水中氢离子的浓度可以知道水溶液是呈碱性、中性或是酸性。由于氢离子浓度的数值往往很小，在应用上很不方便，所以就用pH值这一概念来作为水溶液酸、碱性的判断指标。而且，氢离子浓度的负对数值恰能表示出酸性、碱性的变化幅度的数量级的大小，这样应用起来就十分方便。并由此得到：

(1) 中性水溶液，$pH=-\lg[H^+]=-\lg 10^{-7}=7$；

(2) 酸性水溶液，$pH<7$，pH值越小，表示酸性越强；

(3) 碱性水溶液，$pH>7$，pH值越大，表示碱性越强。

如果按pH值（酸、碱度）将水质进一步地详细分类，可以得到：

(1) 强酸性水溶液，$pH<5.0$；

(2) 弱酸性水溶液，$pH=5.0\sim6.4$；

(3) 中性水溶液，$pH=6.5\sim8.0$；

(4) 弱碱性水溶液，$pH=8.1\sim10.0$；

(5) 强碱性水溶液，$pH>10$。

### 54 天然水中的碳酸从何而来？以什么形态存在？

天然水中碳酸的来源，主要有三个方面：

(1) 空气中的二氧化碳溶解于水中而产生；

(2) 由水中的水生动物和植物新陈代谢及有机物生物氧化而产生；

(3) 由岩石及土壤中的碳酸盐和碳酸氢盐被溶解而产生。

天然水中的碳酸以三种不同的化合形态存在：

(1) 游离碳酸或游离二氧化碳　包括溶解的气体$CO_2$和未离解的$H_2CO_3$分子。习惯上，可将水中的$CO_2$当作碳酸的总量，因为在常温常压下平衡时，水中99%以上是$CO_2$，$H_2CO_3$不足1%。

(2) 碳酸氢盐碳酸或碳酸氢盐$CO_2$　例如含于$Ca(HCO_3)_2$或$Mg(HCO_3)_2$中的$CO_2$，主要是以$HCO_3^-$形式存在。

(3) 碳酸盐碳酸或碳酸盐$CO_2$　例如中性盐碳酸钙（$CaCO_3$）、碳酸镁（$MgCO_3$）中的$CO_2$，主要是以$CO_3^{2-}$形态而存在。

由于碳酸化合物是天然水中主要的杂质，而又是决定水中酸、碱度以及pH值的主要因素，对水质有多方面的作用，这对于工业水处理中的软化、除盐以及循环冷却水的防垢和防蚀处理影响都很大。因此，必须引起注意。

### 55 什么是电解质？什么叫电离平衡？

电解质是在水溶液中能够导电的物质，非电解质则没有这种能力。所有酸、碱、盐类都是电解质；许多有机物质，如醇、醛、酮等则是非电解质。电解质在水中具有导电能力的原因是由于它在水中发生离解或电离，生成带正电荷的阳离子和带负电荷的阴离子。在溶液中完全电离，全部以离子状态存在的电解质称为强电解质，如强酸、强碱及强酸强碱所形成的盐类。只有一部分电离为离子的电解质称为弱电解质，如弱酸、弱碱及弱酸弱碱所形成的盐类。

弱电解质在水中的电离过程是一种可逆过程。已经电离的正负离子又会相互碰撞，可能再结合成分子，因而分子和离子同时存在，最终在分子和离子之间建立起动平衡状态，称为电离平衡。例如：

$$NH_4OH \rightleftharpoons NH_4^+ + OH^-$$

其电离通式可写成：

$$AB \rightleftharpoons A^{+} + B^{-}$$

电离平衡式为

$$[A^{+}][B^{-}]/[AB]=K$$

$K$ 称为电离常数。$[A^{+}]$、$[B^{-}]$及$[AB]$的单位均为物质的量浓度，mol/L。在温度一定时，电离常数为固定值。如 25℃时，$NH_4OH$ 的电离常数 $K$ 为：

$$K=[NH_4^{+}][OH^{-}]/[NH_4OH]=1.76\times10^{-6}$$

多元酸、碱及盐类可以连续进行数次电离，称为多元电解质的分级电离。例如碳酸可以二级电离，磷酸可以三级电离，放出氢离子。各级电离都可列出电离平衡式，并各有电离常数。碳酸的二级电离平衡式如下：

$$H_2CO_3 \rightleftharpoons H^{+} + HCO_3^{-}\text{（一级电离）}$$

$$HCO_3^{-} \rightleftharpoons H^{+} + CO_3^{2-}\text{（二级电离）}$$

$$\text{一级电离常数 } K_1=[H^{+}][HCO_3^{-}]/[H_2CO_3]=4.45\times10^{-7}\text{（25℃）}$$

$$\text{二级电离常数 } K_2=[H^{+}][CO_3^{2-}]/[HCO_3^{-}]=4.69\times10^{-11}\text{（25℃）}$$

磷酸的三级电离平衡式为：

$$H_3PO_4 \rightleftharpoons H^{+} + H_2PO_4^{-}\quad\text{（一级电离）}$$

$$H_2PO_4^{-} \rightleftharpoons H^{+} + HPO_4^{2-}\text{（二级电离）}$$

$$HPO_4^{2-} \rightleftharpoons H^{+} + PO_4^{3-}\text{（三级电离）}$$

$$\text{一级电离常数 } K_1=[H^{+}][H_2PO_4^{-}]/[H_3PO_4]=7.6\times10^{-3}\text{（25℃）}$$

$$\text{二级电离常数 } K_2=[H^{+}][HPO_4^{2-}]/[H_2PO_4^{-}]=6.2\times10^{-8}\text{（25℃）}$$

$$\text{三级平衡常数 } K_3=[H^{+}][PO_4^{3-}]/[HPO_4^{2-}]=4.4\times10^{-13}\text{（25℃）}$$

在分级电离中，一级电离常数要比二级电离常数高几个数量级，二级电离常数又要比三级电离常数高几个数量级。

了解电离平衡可以了解弱电解质在水中的平衡状况。天然水中存在碳酸，循环冷却水中常使用磷酸盐药剂，它们在水中的平衡状况均会影响系统的腐蚀或结垢状况。

不同温度下的碳酸电离常数[1]如下：

| $t$/℃ | $K_1\times10^{7}$ | p$K_1$ | $K_2\times10^{11}$ | p$K_2$ |
|---|---|---|---|---|
| 0 | 2.65 | 6.579 | 2.36 | 10.625 |
| 5 | 3.04 | 6.517 | 2.77 | 10.557 |
| 10 | 3.43 | 6.464 | 3.24 | 10.490 |
| 15 | 3.80 | 6.419 | 3.71 | 10.430 |
| 20 | 4.15 | 6.381 | 4.20 | 10.377 |
| 25 | 4.45 | 6.352 | 4.69 | 10.329 |
| 30 | 4.71 | 6.327 | 5.13 | 10.290 |
| 40 | 5.06 | 6.298 | 6.03 | 10.220 |
| 50 | 5.16 | 6.287 | 6.73 | 10.172 |
| 60 | 5.02 | 6.299 | 7.20 | 10.143 |
| 70 | 4.69 | 6.329 | 7.52 | 10.124 |
| 80 | 4.21 | 6.376 | 7.55 | 10.122 |

注：p$K_1=-\lg K_1$，p$K_2=-\lg K_2$。

## 56　何谓水中碳酸的平衡？

碳酸是二元弱酸，可以进行分级电离，各级的平衡反应如下：

$$CO_2 + H_2O \longrightarrow H_2CO_3 \rightleftharpoons H^+ + HCO_3^- \rightleftharpoons 2H^+ + CO_3^{2-}$$

从式中可知，水中碳酸为以下三种形式：$H_2CO_3$、$HCO_3^-$ 及 $CO_3^{2-}$。如果水中碳酸物的总量为 $C$，则：

$$C = [H_2CO_3] + [HCO_3^-] + [CO_3^{2-}]$$

在一定温度下，当 $C$ 值固定并达到电离平衡时，三种形式的碳酸量呈一定固定的比例。此比例将决定于氢离子的浓度。当 $H^+$ 增加时，pH 值降低，反应向左进行，游离的 $H_2CO_3$（或 $CO_2$）增多；当 $H^+$ 减少时，pH 值升高，反应向右进行，则 $HCO_3^-$、$CO_3^{2-}$ 依次增多。如果把这三种形式碳酸在总量中所占的比例分别以 $\alpha_0$、$\alpha_1$、$\alpha_2$ 表示，则：

$$[H_2CO_3] = C\alpha_0$$

$$[HCO_3^-] = C\alpha_1$$

$$[CO_3^{2-}] = C\alpha_2$$

$$\alpha_0 + \alpha_1 + \alpha_2 = 1$$

经计算，在 25℃时，上述三种碳酸的比例与水中 $-\lg[H^+]$（即 pH 值）的关系如下表及图 1-0-6 所示：

| pH 值 | 2.0 | 2.5 | 3.0 | 3.5 | 4.0 | 5.0 | 6.0 | 7.0 |
|---|---|---|---|---|---|---|---|---|
| $H_2CO_3$/% $100\alpha_0$ | 100 | 99.99 | 99.96 | 99.86 | 99.56 | 95.75 | 69.20 | 18.64 |
| $HCO_3^-$/% $100\alpha_1$ | — | 0.01 | 0.04 | 0.14 | 0.44 | 4.25 | 30.80 | 81.32 |
| $CO_3^{2-}$/% $100\alpha_2$ | — | — | — | — | — | — | — | 0.04 |

| pH 值 | 7.5 | 8.0 | 9.0 | 10.0 | 11.0 | 12.0 | 13.0 |
|---|---|---|---|---|---|---|---|
| $H_2CO_3$/% $100\alpha_0$ | 6.74 | 2.46 | 0.17 | 0.01 | — | — | — |
| $HCO_3^-$/% $100\alpha_1$ | 93.12 | 97.08 | 95.36 | 68.02 | 17.54 | 2.08 | 0.21 |
| $CO_3^{2-}$/% $100\alpha_2$ | 0.14 | 0.46 | 4.47 | 31.97 | 82.46 | 97.92 | 99.79 |

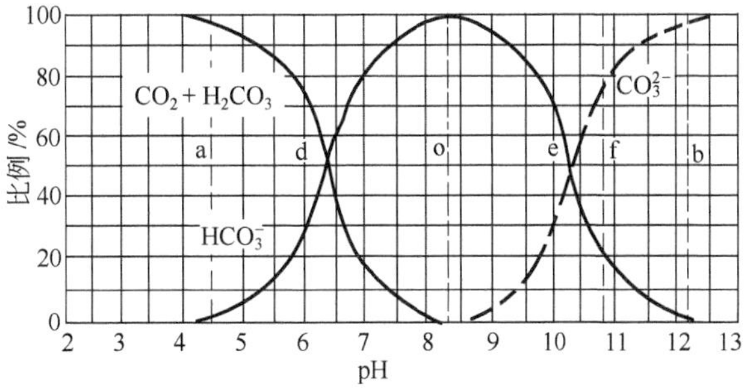


图 1-0-6　三种碳酸的比例变化曲线

由图 1-0-6 可见：在低 pH 值时，只有 $CO_2 + H_2CO_3$；在高 pH 值时，只有 $CO_3^{2-}$；当 pH 值在 8.3 左右时，$HCO_3^-$ 占绝对优势。因此，水中碳酸的平衡与 pH 值有着密切的关系。在一定的 pH 值条件下，三类碳酸将处于一定的平衡关系。不同 pH 值下的碳酸平衡系数详表如下。

**不同 pH 值下的碳酸平衡系数（25℃）[1]详表**

| pH | $\alpha_0$① | $\alpha_1$② | $\alpha_2$③ | $\alpha$④ |
|---|---|---|---|---|
| 4.5 | 0.9861 | 0.01388 | $2.058\times10^{-8}$ | 72.062 |
| 4.6 | 0.9826 | 0.01741 | $3.250\times10^{-8}$ | 57.447 |
| 4.7 | 0.9782 | 0.02182 | $5.128\times10^{-8}$ | 45.837 |
| 4.8 | 0.9727 | 0.02731 | $8.082\times10^{-8}$ | 36.615 |
| 4.9 | 0.9659 | 0.03414 | $1.272\times10^{-7}$ | 29.290 |
| 5.0 | 0.9574 | 0.04260 | $1.998\times10^{-7}$ | 23.472 |
| 5.1 | 0.9469 | 0.05305 | $3.132\times10^{-7}$ | 18.850 |
| 5.2 | 0.9341 | 0.06588 | $4.897\times10^{-7}$ | 15.179 |
| 5.3 | 0.9185 | 0.08155 | $7.631\times10^{-7}$ | 12.262 |
| 5.4 | 0.8995 | 0.1005 | $1.184\times10^{-6}$ | 9.946 |
| 5.5 | 0.8766 | 0.1234 | $1.830\times10^{-6}$ | 8.106 |
| 5.6 | 0.8495 | 0.1505 | $2.810\times10^{-6}$ | 6.644 |
| 5.7 | 0.8176 | 0.1824 | $4.286\times10^{-6}$ | 5.484 |
| 5.8 | 0.7808 | 0.2192 | $6.487\times10^{-6}$ | 4.561 |
| 5.9 | 0.7388 | 0.2612 | $9.729\times10^{-6}$ | 3.828 |
| 6.0 | 0.6920 | 0.3080 | $1.444\times10^{-5}$ | 3.247 |
| 6.1 | 0.6409 | 0.3591 | $2.120\times10^{-5}$ | 2.785 |
| 6.2 | 0.5864 | 0.4136 | $3.074\times10^{-5}$ | 2.418 |
| 6.3 | 0.5297 | 0.4703 | $4.401\times10^{-5}$ | 2.126 |
| 6.4 | 0.4722 | 0.5278 | $6.218\times10^{-5}$ | 1.894 |
| 6.5 | 0.4154 | 0.5845 | $8.669\times10^{-5}$ | 1.710 |
| 6.6 | 0.3608 | 0.6391 | $1.193\times10^{-4}$ | 1.564 |
| 6.7 | 0.3095 | 0.6903 | $1.623\times10^{-4}$ | 1.448 |
| 6.8 | 0.2626 | 0.7372 | $2.182\times10^{-4}$ | 1.356 |
| 6.9 | 0.2205 | 0.7793 | $2.903\times10^{-4}$ | 1.282 |
| 7.0 | 0.1834 | 0.8162 | $3.828\times10^{-4}$ | 1.224 |
| 7.1 | 0.1514 | 0.8481 | $5.008\times10^{-4}$ | 1.178 |
| 7.2 | 0.1241 | 0.8752 | $6.506\times10^{-4}$ | 1.141 |
| 7.3 | 0.1011 | 0.8980 | $8.403\times10^{-4}$ | 1.111 |
| 7.4 | 0.08203 | 0.9169 | $1.080\times10^{-3}$ | 1.088 |
| 7.5 | 0.06626 | 0.9324 | $1.383\times10^{-3}$ | 1.069 |
| 7.6 | 0.05334 | 0.9449 | $1.764\times10^{-3}$ | 1.054 |
| 7.7 | 0.04282 | 0.9549 | $2.245\times10^{-3}$ | 1.042 |
| 7.8 | 0.03429 | 0.9629 | $2.849\times10^{-3}$ | 1.032 |
| 7.9 | 0.02741 | 0.9690 | $3.610\times10^{-3}$ | 1.024 |
| 8.0 | 0.02188 | 0.9736 | $4.566\times10^{-3}$ | 1.018 |
| 8.1 | 0.01744 | 0.9768 | $5.767\times10^{-3}$ | 1.012 |
| 8.2 | 0.01388 | 0.9788 | $7.276\times10^{-3}$ | 1.007 |
| 8.3 | 0.01104 | 0.9798 | $9.169\times10^{-3}$ | 1.002 |
| 8.4 | $0.8764\times10^{-2}$ | 0.9797 | $1.154\times10^{-2}$ | 0.9972 |
| 8.5 | $0.6954\times10^{-2}$ | 0.9785 | $1.451\times10^{-2}$ | 0.9925 |
| 8.6 | $0.5511\times10^{-2}$ | 0.9763 | $1.823\times10^{-2}$ | 0.9874 |
| 8.7 | $0.4361\times10^{-2}$ | 0.9727 | $2.287\times10^{-2}$ | 0.9818 |
| 8.8 | $0.3447\times10^{-2}$ | 0.9679 | $2.864\times10^{-2}$ | 0.9754 |
| 8.9 | $0.2720\times10^{-2}$ | 0.9615 | $3.582\times10^{-2}$ | 0.9680 |
| 9.0 | $0.2142\times10^{-2}$ | 0.9532 | $4.470\times10^{-2}$ | 0.9592 |
| 9.1 | $0.1683\times10^{-2}$ | 0.9427 | $5.566\times10^{-2}$ | 0.9488 |
| 9.2 | $0.1318\times10^{-2}$ | 0.9295 | $6.910\times10^{-2}$ | 0.9365 |

续表

| pH | $\alpha_0$① | $\alpha_1$② | $\alpha_2$③ | $\alpha$④ |
|---|---|---|---|---|
| 9.3 | $0.1029\times10^{-2}$ | 0.9135 | $8.548\times10^{-2}$ | 0.9221 |
| 9.4 | $0.7997\times10^{-3}$ | 0.8939 | 0.1053 | 0.9054 |
| 9.5 | $0.6185\times10^{-3}$ | 0.8703 | 0.1291 | 0.8862 |
| 9.6 | $0.4754\times10^{-3}$ | 0.8423 | 0.1573 | 0.8645 |
| 9.7 | $0.3629\times10^{-3}$ | 0.8094 | 0.1903 | 0.8404 |
| 9.8 | $0.2748\times10^{-3}$ | 0.7714 | 0.2283 | 0.8143 |
| 9.9 | $0.2061\times10^{-3}$ | 0.7284 | 0.2714 | 0.7867 |
| 10.0 | $0.1530\times10^{-3}$ | 0.6806 | 0.3192 | 0.7581 |
| 10.1 | $0.1122\times10^{-3}$ | 0.6286 | 0.3712 | 0.7293 |
| 10.2 | $0.8133\times10^{-4}$ | 0.5735 | 0.4263 | 0.7011 |
| 10.3 | $0.5818\times10^{-4}$ | 0.5166 | 0.4834 | 0.6742 |
| 10.4 | $0.4107\times10^{-4}$ | 0.4591 | 0.5409 | 0.6490 |
| 10.5 | $0.2861\times10^{-4}$ | 0.4027 | 0.5973 | 0.6261 |
| 10.6 | $0.1969\times10^{-4}$ | 0.3488 | 0.6512 | 0.6056 |
| 10.7 | $0.1338\times10^{-4}$ | 0.2985 | 0.7015 | 0.5877 |
| 10.8 | $0.8996\times10^{-5}$ | 0.2526 | 0.7474 | 0.5723 |
| 10.9 | $0.5986\times10^{-5}$ | 0.2116 | 0.7884 | 0.5592 |
| 11.0 | $0.3949\times10^{-5}$ | 0.1757 | 0.8242 | 0.5482 |

① $\alpha_0$，$[H_2CO_3]$在总碳酸盐中所占的摩尔比。

② $\alpha_1$，$[HCO_3^-]$在总碳酸盐中所占的摩尔比。

③ $\alpha_2$，$[CO_3^{2-}]$在总碳酸盐中所占的摩尔比。

④ $\alpha=\dfrac{1}{\alpha_1+2\alpha_2}$，代表碳酸盐的 pH 值系数。

### 57　什么是活性硅？什么是胶体硅？

活性硅（或称反应性硅）是二氧化硅溶解于水所形成的硅酸，因此也称溶解硅。硅酸化合物的测定是用钼酸作反应剂，使生成钼黄或钼蓝比色而测得。通过强碱性阴离子交换树脂可将其除去。非活性硅（或称非反应性硅）是与钼酸盐试剂不起反应的那部分二氧化硅，用常规检测法是测不出来的，它是由全硅（用重量法或氢氟酸转化后测得）减去反应性硅求得的，用离子交换或其他净化方法都只能除去一部分。在工业应用中，通常把非反应性硅称胶体硅，但严格地说，这两者是有一定区别的。胶体硅经常产生于可溶性二氧化硅含量较高及pH 较低的水中。非反应性硅仅指与试剂不起反应的不溶解的二氧化硅。天然水中泥沙、黏土、悬浮的有机物、铁铝氧化物和碳酸钙等胶体颗粒的表面，都会吸附硅酸。这些硅酸，有的与钼酸不产生反应，有的则反应缓慢。各种水源中事实上并不含有真正的胶体硅，它们所含的不溶解硅为非反应性硅。胶体硅与非反应性硅的结构，如图 1-0-7 所示。

非活性硅在常规检测中虽然常被忽略，但它在进入高压动力系统后，会分解成有害的反应性形态，所以也不能忽视。

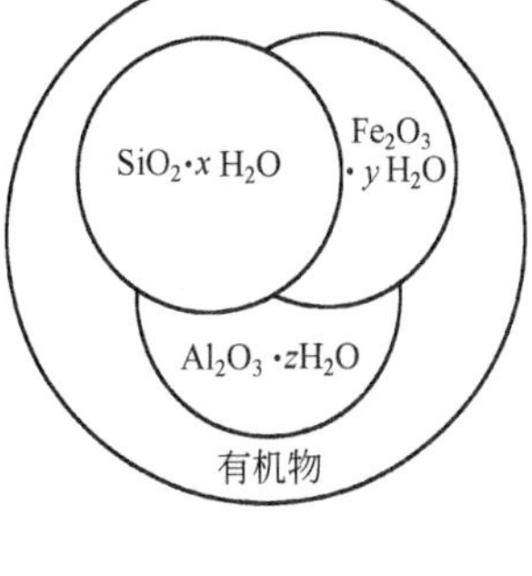


图 1-0-7　胶体硅与非反应性硅的结构

### 58　水中硅酸化合物以何种形态存在？

硅酸化合物也是天然水中的一种主要杂质，研究其形态，对于制备除盐水是至关重要的。硅酸化合物存在的形态，与水的性质有关，特别是水的 pH 值对其影响很大。由于 pH 值变化，其形态也很多，也比较复杂。硅酸可以写成通式 $x SiO_2\cdot yH_2O$。在水中存在形态为：

当 $x=1$，$y=1$ 时，成为偏硅酸 $H_2SiO_3$；

当 $x=1$，$y=2$ 时，成为正硅酸 $H_4SiO_4$；

当 $x>1$ 时，成为多硅酸，如 $H_2Si_2O_5$ 等。

这些硅酸在水中的溶解度极小。从其溶度积可知（25℃时，$H_2SiO_3$ 溶度积为 $1\times10^{-11}$），当 pH 值等于 6 时，其溶解度只有 0.005mmol/L，当 pH 等于 7 时，为 0.05mmol/L。由此可知：硅酸在酸性或微酸性的水溶液中，很少以离子态存在，pH 值越低，离子态的硅酸化合物越少，而胶体硅却越多。只有 pH 值大于 10.5 时，才有少量的 $SiO_3^{2-}$ 存在。总之，在天然水中，硅酸呈溶解状态和胶体硅两种形式，不同形式硅酸的比例与水的氢离子浓度即 pH 值有关。

离子交换除盐处理，只能除去水中溶解状的硅酸化合物，胶体硅大都是通过混凝澄清处理予以去除。而用钼蓝法测定水中硅酸化合物时，也只能测定溶解状硅酸化合物。而全硅量的测定，要事先将胶体硅用氢氟酸转化成溶解状硅酸化合物，然后，再用钼蓝法测定。

## 59 什么叫水的溶解氧（DO）?

溶解于水中的游离氧称为溶解氧（用 DO 表示），常以 mg/L、mL/L 等单位来表示。

天然水中氧的主要来源是大气溶于水中的氧，其溶解量与温度、压力有密切关系。温度升高氧的溶解度下降，压力升高溶解度增高。天然水中溶解氧含量约为 8～14mg/L，敞开式循环冷却水中溶解氧一般约为 6～8mg/L。

在 0.10MPa（1atm）压力及不同温度下，氧在水中的溶解度如下：

| 温度/℃ | 0 | 1 | 2 | 3 | 4 | 5 | 6 | 7 |
|---|---|---|---|---|---|---|---|---|
| 溶解度/(mg/L) | 14.6 | 14.2 | 13.8 | 13.4 | 13.1 | 12.8 | 12.4 | 12.1 |
| 温度/℃ | 8 | 9 | 10 | 11 | 12 | 13 | 14 | 15 |
| 溶解度/(mg/L) | 11.8 | 11.6 | 11.3 | 11.0 | 10.8 | 10.5 | 10.3 | 10.1 |
| 温度/℃ | 16 | 17 | 18 | 19 | 20 | 25 | 30 | 35 |
| 溶解度/(mg/L) | 9.9 | 9.7 | 9.5 | 9.3 | 9.1 | 8.3 | 7.5 | 7.0 |
| 温度/℃ | 40 | 45 | 50 | 60 | 70 | 80 | 90 | 100 |
| 溶解度/(mg/L) | 6.5 | 6.0 | 5.6 | 4.8 | 3.9 | 2.9 | 1.6 | 0 |

水体中的溶解氧含量的多少，也反映出水体遭受到污染的程度。当水体受到有机物污染时，由于氧化污染物质需要消耗氧，使水中所含的溶解氧逐渐减少。污染严重时，溶解氧会接近于零，此时厌氧菌便滋长繁殖起来，并发生有机污染物的腐败而发臭。因此，溶解氧也是衡量水体污染程度的一个重要指标。

## 60 什么叫化学需氧量（COD)?

所谓化学需氧量（COD），是在一定的条件下，采用一定的强氧化剂处理水样时，所消耗的氧化剂量。它是表示水中还原性物质多少的一个指标。水中的还原性物质有各种有机物、亚硝酸盐、硫化物、亚铁盐等。但主要的是有机物。因此，化学需氧量（COD）又往往作为衡量水中有机物质含量多少的指标。化学需氧量越大，说明水体受有机物的污染越严重。

化学需氧量（COD）的测定，随着测定水样中还原性物质以及测定方法的不同，其测定值也有所不同。目前应用最普遍的是酸性高锰酸钾氧化法与重铬酸钾氧化法。酸性高锰酸钾（$KMnO_4$）氧化法，氧化率较低，但比较简便，在测定水样中有机物含量的相对比较值时，可以采用。重铬酸钾（$K_2Cr_2O_7$）法，氧化率高，再现性好，适用于测定水样中有机物的总量。

有机物对工业水系统的危害很大。含有大量有机物的水在通过除盐系统时会污染离子交换树脂，特别容易污染阴离子交换树脂，使树脂交换能力降低。有机物在经过预处理时（混凝、澄清和过滤），约可减少50%，但在除盐系统中无法除去，故常通过补给水带入锅炉，使炉水pH值降低。有时有机物还可能带入蒸汽系统和凝结水中，使pH值降低，造成系统腐蚀。在循环水冷却系统中有机物含量高会促进微生物繁殖。因此，不管对除盐、炉水或循环水冷却系统，COD都是越低越好，但并没有统一的限制指标。在循环水冷却系统中COD（$KMnO_4$法）>5mg/L时，水质已开始变差。

**61　什么叫生化需氧量（BOD）？如何以生化需氧量来判断水质的好坏？**

生物化学需氧量简称生化需氧量（BOD），是在有氧的条件下，由于微生物的作用，水中能分解的有机物质完全氧化分解时所消耗氧的量。它是以水样在一定的温度（如20℃）下，在密闭容器中，保存一定时间后溶解氧所减少的量（mg/L）来表示的。当温度在20℃时，一般的有机物质需要20天左右时间就能基本完成氧化分解过程，而要全部完成这一分解过程就需100天。但是，这么长的时间对于实际生产控制来说就失去了实用价值。因此，目前规定在20℃下，培养5天作为测定生化需氧量的标准。这时候测得的生化需氧量就称为五日生化需氧量，用$BOD_5$表示。如果是培养20天作为测定生化需氧量的标准时，这时候测得的生化需氧量就称为二十日生化需氧量，用$BOD_{20}$表示。

生化需氧量（BOD）的多少，表明水体受有机物污染的程度，反映出水质的好坏。判断标准如下表所示：

| 生化需氧量($BOD_5$)/(mg/L) | 水质状况 | 生化需氧量($BOD_5$)/(mg/L) | 水质状况 |
|---|---|---|---|
| 1.0以下 | 非常洁净 | 7.5 | 不良 |
| 2.0 | 洁净 | 10.0 | 恶化 |
| 3.0 | 良好 | 20.0以上 | 严重恶化 |
| 5.0 | 有污染 | | |

**62　什么叫总需氧量（TOD）？**

总需氧量的测定，是在特殊的燃烧器中，以铂为催化剂，于900℃下将有机物燃烧氧化所消耗氧的量，该测定结果比COD更接近理论需氧量。

TOD用仪器测定只需约3min可得结果，所以，有分析速度快、方法简便、干扰小、精度高等优点，受到了人们的重视。如果TOD与$BOD_5$间能确定它们的相关系数，则以TOD指标指导生产有更好的实用意义。

**63　什么叫总有机碳（TOC）？**

水中的有机物质的含量，以有机物中的主要元素——碳的量来表示，称为总有机碳。

TOC的测定类似于TOD的测定。在950℃的高温下，使水样中的有机物气化燃烧，生成$CO_2$，通过红外线分析仪，测定其生成的$CO_2$之量，即可知总有机碳量。在测定过程中水中无机的碳化合物如碳酸盐、重碳酸盐等也会生成$CO_2$，应另行测定予以扣除。

若将水样经0.2μm微孔滤膜过滤后，测得的碳量即为溶解性有机碳（DOC）。TOC、DOC是较为经常使用的水质指标。

**64　如何对水质分析的结果用阴阳离子总量进行校正？**

水溶液中的阴阳离子是平衡的。所以，按能提供或接受$H^+$的物质的量计，阳离子的总和应该等于阴离子的总和（即阳离子的总当量数应等于阴离子的总当量数）。但是，水质分析结果往往有误差，故需用阳离子总量（∑阳）和阴离子总量（∑阴）进行分析的校正。按平衡：

$$c\left(\sum 阳,\ \frac{1}{x}A^{x+}\right)=c\left(\sum 阴,\ \frac{1}{x}B^{x-}\right)$$

水中如果有 $K^+$、$Na^+$、$NH_4^+$、$Ca^{2+}$、$Mg^{2+}$、$Fe^{3+}$、$Al^{3+}$……阳离子和 $OH^-$、$NO_3^-$、$Cl^-$、$HCO_3^-$、$CO_3^{2-}$、$SO_4^{2-}$、$SiO_3^{2-}$……阴离子，那么：

$$c\left(\sum 阳,\ \frac{1}{x}A^{x+}\right)=\sum 阳\left(\begin{array}{l}K^+ + Na^+ + NH_4^+ + \frac{1}{2}Ca^{2+} + \\ \frac{1}{2}Mg^{2+} + \frac{1}{3}Fe^{3+} + \frac{1}{3}Al^{3+} + \cdots\end{array}\right)mol/L$$

$$c\left(\sum 阴,\ \frac{1}{x}B^{x-}\right)=\sum 阴\left(\begin{array}{l}OH^- + NO_3^- + Cl^- + HCO_3^- + \\ \frac{1}{2}CO_3^{2-} + \frac{1}{2}SO_4^{2-} + \frac{1}{2}SiO_3^{2-} + \cdots\end{array}\right)mol/L$$

要注意，在水中：

$\sum 阳(K^+ + Na^+ + NH_4^+ + Ca^{2+} + Mg^{2+} + Fe^{3+} + Al^{3+} + \cdots)mol/L \neq$

$\sum 阴(OH^- + NO_3^- + Cl^- + HCO_3^- + CO_3^{2-} + SO_4^{2-} + SiO_3^{2-} + \cdots)mol/L$

而一般各阴阳离子的分析结果均以 mg/L 计。因此，应该按下式换算：

$$c\left(\sum 阳,\frac{1}{x}A^{x+}\right)=\frac{K^+}{39.10}+\frac{Na^+}{23.00}+\frac{NH_4^+}{18.04}+\frac{Ca^{2+}}{20.04}+\frac{Mg^{2+}}{12.15}+\frac{Fe^{3+}}{18.62}+\frac{Al^{3+}}{8.99}+\cdots$$

$$c\left(\sum 阴,\frac{1}{x}B^{x-}\right)=\frac{OH^-}{17.01}+\frac{NO_3^-}{62.00}+\frac{Cl^-}{35.45}+\frac{HCO_3^-}{61.02}+\frac{CO_3^{2-}}{30.00}+\frac{SO_4^{2-}}{48.03}+\frac{SiO_3^{2-}}{38.04}+\cdots$$

$$分析误差\ \varepsilon=\left\{c\left(\sum 阳,\ \frac{1}{x}A^{x+}\right)-c\left(\sum 阴,\ \frac{1}{x}B^{x-}\right)\Big/\left[c\left(\sum 阳,\ \frac{1}{x}A^{x+}\right)+c\left(\sum 阴,\ \frac{1}{x}B^{x-}\right)\right]\right\}\times 100\%$$

上述误差不得大于±2%，否则就要检查分析项目有无漏项，分析的方法和步骤有无错误或分析误差过大等。必要时要重新取样分析，直至符合误差范围。

# 第二章　水 的 净 化

**65　原水中含有的杂质一般以何种方法将其去除？**

地面水源和地下水源都含有很多杂质。地面水源中粗大的杂质较多，但在取水过程已被去除，所以给水处理一般是指去除那些较细小的杂质。

原水中细小杂质主要是溶解在水里的盐类、悬浮杂质和胶体颗粒。一般说来，地面水中悬浮物含量较多，而地下水中溶解盐类含量要高一些，苦咸水及海水的含盐量则更高。

采用物理化学方法进行水处理可分为三种情况：一是在处理过程中只发生物理变化；二是在处理过程中只发生化学变化；三是在处理过程中同时发生物理及化学变化。

水中杂质的种类及粒度尺寸，以及应用的处理方法，以图 2-0-1 来表示。除生物法外，其他的处理方法均属于物理化学方法。图 2-0-1 中所示的反渗透是用以去除水中的溶解物质，超过滤用以去除水中的大分子。微孔过滤是利用筛除的物理作用。

图 2-0-1 最后两行所示的处理方法中，化学氧化指通过化学的氧化过程来去除水中有机物、无机物及杂质。用于有机物的氧化剂包括高锰酸钾、氯及臭氧等。化学氧化与活性炭所适用的杂质粒度范围基本一致。活性炭吸附主要用于去除水中的有机物质。

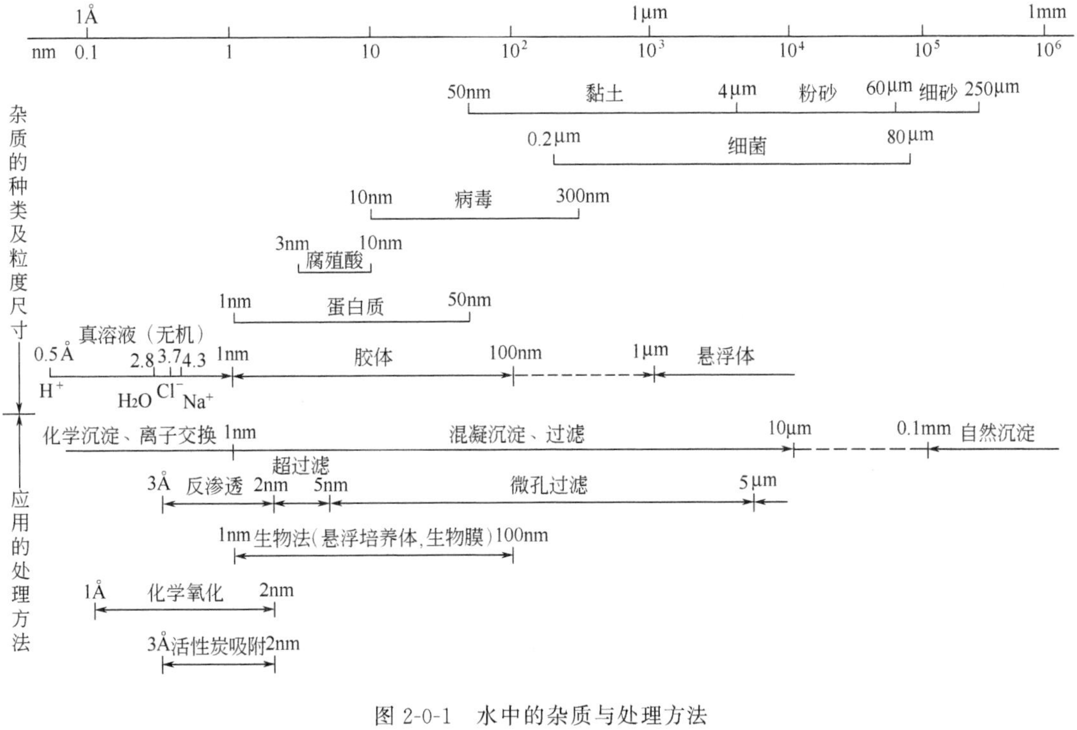


图 2-0-1　水中的杂质与处理方法

在物理化学方法中，化学沉淀、离子交换、反渗透、化学氧化以及活性炭吸附等是用于去除水中溶解物质的方法，混凝沉淀及过滤则为去除胶体以及较大颗粒的方法，这可以由图中的粒度尺寸看出来。

### 66 什么是水的预处理？预处理有哪些主要方法？

水的预处理是在水精处理之前，预先进行的初步处理，以便在水的精处理时取得良好效果，提高水质。因为自然界的水都有大量的杂质，如泥沙、黏土、有机物、微生物、机械杂质等，这些杂质的存在，严重影响精制水的水质与处理效果，因此必须在精处理之前将一些杂质降低或除去，这就需要预处理，有时也称前处理。

预处理的方法很多，主要有预沉、混凝、澄清、过滤、软化、消毒等。用这些方法预处理之后，可以使水的悬浮物（浑浊度）、色度、胶体物、有机物、铁、锰、暂时硬度、微生物、挥发性物质、溶解的气体等杂质除去或降低到一定的程度。

（1）预沉　就是在大容积、低流速的情况下，水中固体颗粒因重力作用而从水中分离出来。如沉沙池、预沉池。

（2）混凝　利用铁盐、铝盐、高分子物质等混凝剂，与水中的杂质通过絮凝和架桥作用生成大颗粒沉淀物，然后通过其他设备，如澄清池、过滤池等，予以除去。

（3）澄清　通过混凝剂作用而形成的大颗粒沉淀物在澄清池内分离，沉淀物除去，得到澄清水。

（4）过滤　将被处理的水，流经装有特殊过滤材料装置，如各种滤池等，截留水中杂质，予以去除。

（5）软化　采用化学药剂，如石灰水、纯碱等，使水中碳酸氢盐硬度除去；或是采用阳离子交换树脂等方法除去水中的钙、镁、铁离子等，这一过程称为软化。

（6）消毒　加入杀生剂，如液氯、漂白粉等，杀灭水中的微生物。

## （一）混　　凝

### 67 为什么水中胶体颗粒不易自然沉降？

水中胶体颗粒是$10^{-4}\sim10^{-6}$mm大小的微粒，在水中很稳定，不易沉降。它的自然沉降速度每秒只有$0.154\times10^{-6}$mm，沉降1m需200年。这是因为胶体颗粒一般是由难溶物质从水溶液中析出时形成的，许多离子或分子聚集起来到达一定量时，所形成微粒物质的表面产生了吸附能力，从而能吸附水中的许多离子，或者是由于微粒表面电离而产生许多离子，微粒表面就具有带电性能。于是：

（1）同类胶体带有同性电荷，因此产生同性相斥，从而阻止胶体颗粒之间的接触和黏合，使得它们一直保持微粒状态而悬浮于水中；

（2）胶粒表面还有一层水分子紧紧地包围着，这层水化层也阻碍和隔绝了胶体颗粒间的接触，使得胶体颗粒在热运动时，保持微粒状态的稳定，而不能被彼此黏合，悬浮于水中。

由于上述两个原因，使得水中胶体颗粒不易自然沉降。

### 68 水中胶体颗粒的结构有什么特点？

水中胶体颗粒由三个部分组成，即胶核、吸附层、扩散层。水中胶体物质比较多的是$H_2SiO_3$。硅酸胶体在水中会水解生成$Si(OH)_4$，并在一定的条件下发生聚合反应：

$$m\mathrm{Si(OH)_4} \longrightarrow m(\mathrm{SiO_2}) + 2m\mathrm{H_2O}$$

生成的若干$SiO_2$结合成胶核，其表面的分子未完全脱水而以$H_2SiO_3$形态存在，并分级电离为：

$$\mathrm{H_2SiO_3} \rightleftharpoons \mathrm{HSiO_3^-} + \mathrm{H^+} \rightleftharpoons \mathrm{SiO_3^{2-}} + 2\mathrm{H^+}$$

在放出$H^+$后形成胶团，其结构如图2-1-1所示。

结构式为：

$$\{m[SiO_2] \cdot nSiO_3^{2-} \cdot 2(n-x)H^+\}^{2x-} \cdot 2xH^+$$

硅酸是弱电解质，所以只有一部分产生电离，因此可认为胶核表面上同时存在有$H_2SiO_3^-$、$HSiO_3^-$、$SiO_3^{2-}$等不同形态的分子和离子。$H_2SiO_3$胶体颗粒的结构，胶核带负电，吸附层带正电，扩散层负电大于正电，因而整个胶体颗粒呈负电性，如图2-1-1所示。胶体物质难以处理是由于它带有同性电荷不易沉降，而处于稳定状态。如用ζ来表示吸附层和扩散层间的电位差，ζ电位越大，带电量也越大，胶粒也就越稳定越不易沉降。如果ζ电位越小或接近于零，胶粒就很少带电，或不带电，因此就不稳定，使胶粒之间易于相互接触黏合而沉降。因此，在工业水处理中，经常采用降低ζ电位的方法，使胶体微粒分离或除去。

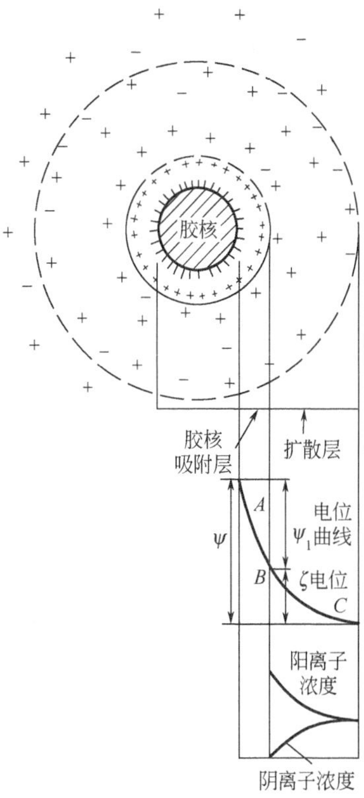

图 2-1-1 硅酸胶团结构示图

### 69 怎样使胶体颗粒沉淀？

要使胶体颗粒沉淀，就要促使胶体颗粒相互接触，成为大的颗粒，亦即凝聚起来，藉其质量而沉淀。换句话说，就是使胶粒的带电量减少或者消失。因此，就要采取措施使ζ电位减少或等于零，这个过程也叫做胶体颗粒的脱稳作用。这些措施有：

(1) 加入相反电荷的胶体，使他们之间产生电中和作用；

(2) 加入与水中胶体颗粒电荷相反符号的高价离子，使得高价离子从扩散层进入吸附层，以降低ζ电位；

(3) 增加水中盐类浓度，使胶体的带电层受到压缩，以减少ζ电位。

通过以上措施，使水中胶体颗粒相互接触，黏合成为大颗粒而沉淀。水的混凝澄清处理，使用铝盐、铁盐混凝剂，就是使胶体颗粒产生脱稳作用的一种措施，从而使水得到澄清。

### 70 什么叫凝聚？

要使胶体颗粒沉淀，就必须使微粒相互碰撞而黏合起来，也就是要消除或者降低ζ电位。由于天然水中胶体大都是带负电荷，因此就在水中投入大量带正离子的混凝剂，当大量的正离子进入胶粒吸附层时，扩散层就会消失，ζ电位趋于零。这样就消除了胶体颗粒之间的静电排斥，而使颗粒聚结。这种通过投入大量正离子电解质的方法，使得胶体颗粒相互聚结的作用称为双电层作用。根据这个机理，使得水中胶体颗粒相互聚结的过程称为凝聚。换言之，凝聚就是向水中加入硫酸铝、硫酸亚铁、明矾、氯化铁等混凝剂，以中和水中带负电荷的胶体颗粒，使得其变为不稳定状态，从而达到沉淀的目的。

### 71 什么是电凝聚？其原理如何？

电凝聚是利用电化学方法产生氢氧化物作为凝聚剂净水的一种工艺。作为阳极，在电流作用下，金属离子进入水中与水电解产生的氢氧根形成氢氧化物，氢氧化物絮凝将杂质颗粒吸附，生成絮状物。

电凝聚是对经过自来水厂常规净化后的水进一步净化的一种预处理技术。电凝聚能除浊、脱色，还能去除水中重金属离子和细菌，对去除水中的有机物质也有一定的效果。它的装置具有结构紧凑，占地面积小，不需要使用药剂，维护操作方便和实现自动化容易的优点。应用电凝聚净水装置进一步净化生活饮用水，对于提高水质起到了积极的作用，并能满足一些以水为原料的工厂，如食品厂、饮料厂、化妆品厂等生产中用水的需要。此外，电凝聚净水工艺还可用来作为纯水和高纯水的预处理工艺；也可处理生活污水和各种工业污水。

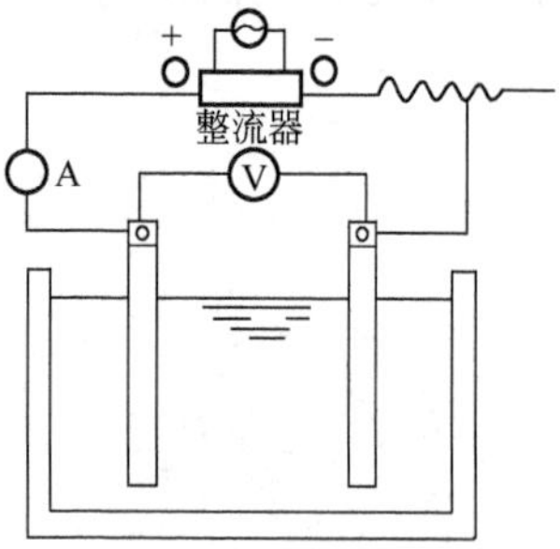

图 2-1-2　电凝聚的原理

电凝聚净水的基本原理，如图 2-1-2 所示。

金属阳极可以是铝或铁。如铝作阳极时，当直流电源通电后，阳极金属放电成为金属离子并进入水中。

$$Al-3e \longrightarrow Al^{3+}$$

水被电解：

$$H_2O \longrightarrow H^+ + OH^-$$

带正电荷的氢离子在阴极上获得电子成为氢气。

$$2H^+ + 2e \longrightarrow H_2\uparrow$$

带有负电荷的氢氧根离子向阳极移动，并在阳极放电，生成新生态的氧。

$$4OH^- - 4e \longrightarrow 2H_2O + 2[O]$$

在阴极产生氢气气泡，在阳极产生氧气气泡，这些气泡上升时，就能将悬浮物带到水面，于是在水面上就形成了浮渣层，带到水面的物质增多后，浮渣层就变密或变厚。

过程中产生的 $Al^{3+}$ 与 $OH^-$ 反应生成 $Al(OH)_3$，这是一种活性很强的凝聚剂。

$$Al^{3+} + 3OH^- \longrightarrow Al(OH)_3\downarrow$$

如果以铁作为阳极，可能发生的电化学反应是：

铁的溶解

$$Fe-2e \longrightarrow Fe^{2+}$$

$Fe^{2+}$ 与 $OH^-$ 反应生成氢氧化亚铁

$$Fe^{2+} + 2OH^- \longrightarrow Fe(OH)_2\downarrow$$

$Fe(OH)_2$ 氧化成氢氧化铁，它也是一种强活性凝聚剂。

$$4Fe(OH)_2 + O_2 + 2H_2O \longrightarrow 4Fe(OH)_3\downarrow$$

反应生成的氢氧化铝或氢氧化铁，与水中的悬浮颗粒生成絮状物，这些絮状物相对密度较小时就上浮分离，相对密度较大时则向下沉淀分离。

因此在通直流电的过程中，就同时有两个作用：一个是产生的气体将悬浮物带到水面形成浮渣层进行分离，另一个是反应生成的氢氧化铝或氢氧化铁是凝聚剂，可以使悬浮小粒凝聚起来，依靠相对密度的不同上浮分离或沉淀分离。

此外，电凝聚还有共沉淀作用，即电凝聚时产生 $Fe(OH)_3$ 与水中金属氢氧化物共沉淀，如果铝作阳极时，形成的 $Al(OH)_3$ 还能吸附水中的硅化物和氟化物。同时，在阴、阳电极处可发生氧化、还原作用，还可以去除水中的一些有害物质，如氰根被氧化变成 $CO_2$ 和 $N_2$ 而除去，水中 $Cr^{6+}$ 被还原成毒性较小的三价铬。

### 72　什么叫絮凝？

高分子混凝剂溶于水后，会产生水解和缩聚反应而形成高聚合物。这种高聚合物的结构是线形结构，线的一端拉着一个胶体颗粒，另一端拉着另一个胶体颗粒，在相距较远的两个微粒之间起着黏结架桥作用，使得微粒逐步变大，变成了大颗粒的絮凝体（俗称矾花）。因此，这种由于高分子物质的吸附架桥而使微粒相互黏结的过程，就称为絮凝。换言之，絮凝是在水中加高分子物质——絮凝剂，帮助已经中和的胶体颗粒进一步凝聚，使其更快地凝成较大的絮凝物，从而加速沉淀。

### 73　什么叫混凝、混凝过程和混凝处理？

通过双电层作用而使胶体颗粒相互聚结过程的凝聚，和通过高分子物质的吸附架桥作用而使胶体颗粒相互黏结过程的絮凝，这两者总称为混凝。

所谓混凝过程，是指在水处理过程中，向水中投加药剂，进行了水与药剂的混合，从而使水中的胶体物质产生凝聚和絮凝，这一综合过程称为混凝过程。

混凝处理：在水中加入药剂后，产生了电离和水解作用，形成了胶体，并与水中其他胶体颗粒进行吸附作用，使其絮凝成为大的颗粒，最后产生沉降等的水处理过程。

### 74　什么叫混凝剂？有哪些常用的混凝剂？

在水处理中，能够使水中的胶体微粒相互黏结和聚结的物质，称为混凝剂。

混凝剂大致分为无机混凝剂和有机混凝剂两类。常用的混凝剂如下：

（1）常用的无机混凝剂

| 混凝剂名称 | 分子式及相对分子质量($M_r$) | 主要成分含量 | 形状 | 适用 pH 范围 |
|---|---|---|---|---|
| 硫酸铝 | $Al_2(SO_4)_3 \cdot 18H_2O$<br>$M_r$666 | $Al_2O_3$<br>15% | 块、粒、粉状 | 6～7.8 |
| 硫酸铝钾(明矾) | $Al_2(SO_4)_3 \cdot K_2SO_4 \cdot 24H_2O$<br>$M_r$949 | $Al_2O_3$<br>10% | 结晶、块状 | 6～8 |
| 铝酸钠 | $Na_2Al_2O_4$<br>$M_r$164 | $Al_2O_3$55%<br>$Na_2O$35% | 结晶 | |
| 聚合羟基氯化铝(PAC) | $[Al_2(OH)_nCl_{6-n}]_m$<br>$n=1\sim5$(整数),$m\leqslant10$ | $Al_2O_3$<br>10% | 液体 | 7～8 |
| 硫酸亚铁(绿矾) | $FeSO_4 \cdot 7H_2O$<br>$M_r$278 | $FeSO_4$55%<br>Fe 20% | 结晶、粒状 | 5～11 |
| 硫酸铁 | $Fe_2(SO_4)_3 \cdot 9H_2O$<br>$M_r$562 | $Fe_2(SO_4)_3$<br>70% | 粉末状 | 5～11 |
| 氯化铁 | $FeCl_3 \cdot 6H_2O$<br>$M_r$270 | $FeCl_3$<br>60% | 结晶 | 8.5～11 |
| 铵矾 | $Al_2(SO_4)_3 \cdot (NH_4)_2SO_4 \cdot 24H_2O$<br>$M_r$906.6 | $Al_2O_3$<br>11% | 块状、粉末状 | 10 |
| 聚合硫酸铁(PFS) | $[Fe_2(OH)_n(SO_4)_{3-\frac{n}{2}}]_m$<br>$n=1$或$2,m=f(n)$ | $Fe_2(SO_4)_3$ | 液体、固体、粉末 | 7～8 |

（2）常见的有机混凝剂

| 型别 | 名　称 | 结　构　式 | 适用 pH 范围 | 聚合度 |
|---|---|---|---|---|
| 阳离子型聚合电解质 | 聚乙烯吡啶类 | 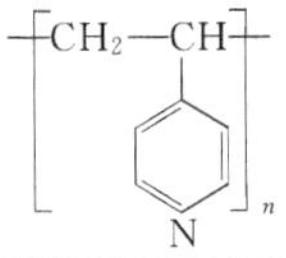 | >6 | |
| | 水溶性苯胺树脂 | 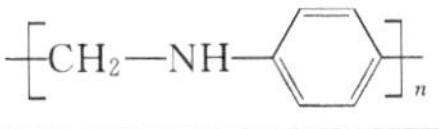 | | |
| | 多乙胺 | $-[CH_2CH_2NH]_n-$ | | |
| | 聚合硫脲 | $-[R-NHCSNH]_n-$ | | |

续表

| 型别 | 名称 | 结构式 | 适用pH范围 | 聚合度 |
|---|---|---|---|---|
| 阴离子型聚合电解质 | 聚丙烯酸钠 | 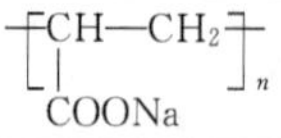 | 最佳8.5 | 高聚合 |
| | 顺丁二烯共聚物 | | >6 | 高聚合 |
| | 藻朊酸钠 | | >6 | 低聚合 |
| | 聚丙烯酰胺部分水解物 | 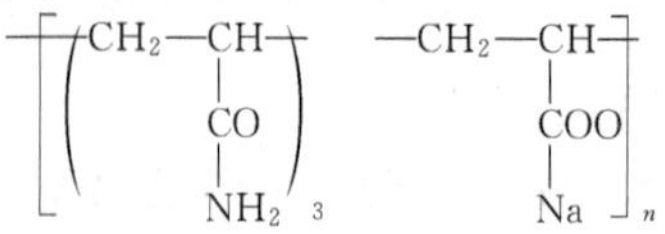 | 最佳6.5 | 高聚合 |
| | 纤维素纳 | $—OCH_2—COONa$ | >6 | 低聚合 |
| | 马来酸酐与丙烯酸酯共聚物 | 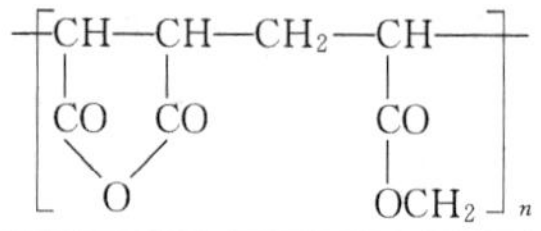 | >6 | 低聚合 |
| 阴离子型聚合电解质 | 聚苯乙烯磺酸盐(PSS) | 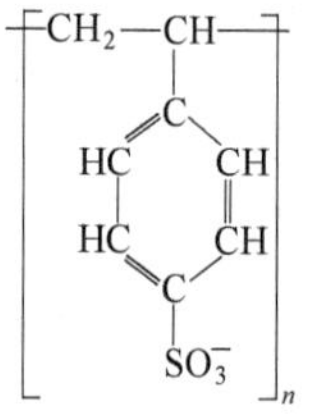 | >6 | 低聚合 |
| 非离子型聚合物 | 聚丙烯酰胺 | 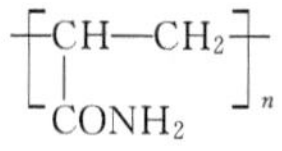 | 5～10 | |
| | 苛性淀粉 | | | |
| | 水溶性脲树脂 | | | |
| | 聚氧化乙烯聚合物 | $-[CH_2—CH_2O]_n-$ | >8 | |

## 75 为什么混凝剂能除去水中的胶体物质？

混凝剂由于在混凝过程中的一些物理化学作用，使得能够除去水中的胶体物质，这是因为：

(1) 吸附作用　混凝剂特别是高分子物质，在水中起着吸附架桥作用，而使水中微粒相互黏结成大颗粒，然后用沉淀的方法去除胶体物质。

(2) 中和作用　由于混凝剂在水中产生大量的高电荷的正离子，而天然水中的胶体物质大都带负电，使它们异电相吸，相互中和，从而消除了胶体微粒之间的静电斥力，且能长为大颗粒，藉自重沉降而去除。

(3) 表面接触作用　絮凝过程是以微粒作核心在其表面上进行的，而使微粒表面相接触，并黏结成大颗粒，通过沉淀去除。

(4) 过滤作用　絮凝在水中沉降的过程，犹如一个过滤网下降，从而包裹着其他微粒一起沉降。

通过上述这些复杂的过程而除去水中的胶体物质。

**76　碱式氯化铝（PAC）混凝剂有何特点?**

碱式氯化铝（PAC）又称聚合羟基氯化铝。

聚合羟基铝是一种无机高分子的多价聚合电解质絮凝剂，分为聚合羟基氯化铝和聚合羟基硫酸铝两类。聚合羟基氯化铝是一种介于三氯化铝和氢氧化铝之间的水解聚合产物，通称碱式氯化铝（PAC）。

碱式氯化铝的色泽随盐基度大小而变。盐基度又称碱化度，等于［OH］/3［Al］，即碱式氯化铝中羟基与铝的等电子摩尔（当量）比。盐基度在40%～60%范围时碱式氯化铝为淡黄透明，60%以上时逐渐变为无色透明，味酸涩。固体碱式氯化铝的形状亦随盐基度而异。盐基度在30%以下时为晶体状；30%～60%为胶体状；60%以上时逐渐变为树脂状；70%以下时易吸潮并液化，70%以上时不易潮解。

碱式氯化铝与酸作用发生解聚反应，使聚合度和盐基度降低，形成正铝盐，絮凝效果也随之降低。

碱式氯化铝与碱反应，可增加其聚合度和盐基度，会进一步生成氢氧化铝沉淀和铝酸盐。碱式氯化铝和硫酸铝或其他多价酸盐混合，易产生共沉，降低或完全失去絮凝性能。碱式氯化铝加温到110℃以上时，会发生分解，陆续放出氯化氢气体，最后分解为氧化铝。

氧化铝含量是碱式氯化铝有效成分的衡量指标。一般说来，相对密度越大，氧化铝含量越高。

盐基度是碱式氯化铝的另一个重要质量指标，是该产品的结构形态、聚合度、絮凝能力、贮存稳定性、pH值的决定因素。

黏度：在相同氧化铝含量下，碱式氯化铝的黏度较硫酸铝低，因此，有利于输送与使用。

冻结温度：碱式氯化铝的析出温度较硫酸铝低，有利于低温地区的使用和贮存。

pH值：与其他絮凝剂相比，在相同浓度时碱式氯化铝的pH值最高。因此，其腐蚀性最小。

过滤性能：在水处理中，采用碱式氯化铝处理的沉淀出水比采用硫酸铝的浑浊度小，絮凝体大，所以在过滤时一般截留在滤层的表层，可缩短冲洗时间并易于冲洗干净。碱式氯化铝不但具有良好的絮凝性能，而且在原水浑浊度增高时，其投加量的增长幅度小于三氯化铁，浑浊度越高，其差别越显著。如与硫酸铝比较，则在任何浑浊度时，碱式氯化铝的投加量均小于硫酸铝投加量。碱式氯化铝可应用于黄河高浑浊度水的处理。在一定的范围内，原水浑浊度越高，浑浊度变化范围越大，其优越性越明显。

碱式氯化铝加入水中后即发生水解和聚合反应，生成一系列铝盐水解聚合物，然后通过絮凝沉淀和过滤去除，这种作用与硫酸铝、三氯化铁絮凝剂类似。根据毒性试验表明，它无毒，在动物体内无明显蓄积作用，也无致畸性和致突变性，无致癌危险性，用它净化的自来水符合生活饮用水标准。

碱式氯化铝絮凝剂具有絮凝体形成迅速、絮体颗粒大、机械强度好、沉降速度高等优点。用于高浊度水、低温低浊水、有色水和受污染水，均能达到良好的絮凝效果，并且对原水的pH值、温度、浑浊度、碱度、有机物等的变化，均有较强的适应性。如与有机高分子聚合物联用处理高浑浊度水，效果更好。

由于碱式氯化铝的有效成分（$Al_2O_3$）高，用量少，且便于运输、贮存和使用，在达到同样絮凝效果的条件下，按$Al_2O_3$计算，用于低浊度水，其用量仅为硫酸铝的50%～75%；用于高浑浊度水，约相当于硫酸铝的30%～40%。它具有用量少，净水成本低的优点。

**77 聚丙烯酰胺（PAM）絮凝剂有什么特性？如何应用？**

聚丙烯酰胺的理化特性、分类、絮凝机理及应用如下：

(1) 理化特性　聚丙烯酰胺絮凝剂是由丙烯酰胺聚合而成的有机高分子聚合物，无色、无味、无臭，易溶于水，没有腐蚀性。在常温下比较稳定，高温、冰冻时易降解，并降低絮凝效果，故其贮存与配制投加时，温度不得超过65℃，室内温度不得低于2℃。

聚丙烯酰胺的分子式为：$\left[\begin{array}{c}—CH_2—\underset{\displaystyle CONH_2}{\underset{|}{CH}}—\end{array}\right]_n$

式中丙烯酰胺相对分子质量为71.08，$n$值为$2\times10^4\sim9\times10^4$，故聚丙烯酰胺相对分子质量一般为$1.5\times10^6\sim6\times10^6$。

(2) 产品分类　聚丙烯酰胺产品按其形态来分，有粉剂和胶体两种。粉剂产品含聚丙烯酰胺92%，胶体产品含聚丙烯酰胺8%～9%。按分子量来分，有高分子量、中分子量、低分子量3种。高分子量的产品相对分子质量一般大于800万，主要用在石油工业中的水处理；中分子量产品主要用于水处理，相对分子质量一般为150万～600万；低分子量产品相对分子质量一般小于20万，主要用在纺织、造纸工业中的水处理，纺织品的浆料和纸张增强剂。

按离子型来分，有阳离子型、阴离子型和非离子型。阳离子型一般毒性较强，主要用于工业用水和有机质胶体多的工业废水；阴离子型一般是聚丙烯酰胺的水解产品，由非离子型改性而来，它带有部分阴离子电荷，可使这种线型聚合物得到充分伸展，从而加强了吸附能力，适用于处理含无机物质多的悬浮液或高浑浊度水。

(3) 絮凝机理　聚丙烯酰胺具有极性基团，其酰胺基团易于借氢键作用在泥沙颗粒表面吸附；另外，聚丙烯酰胺有很长的分子链，其长度一般有100nm，但宽度只有0.1nm，很大数量级的长链在水中有巨大的吸附表面积，其絮凝作用好，可利用长链在颗粒之间架桥，形成大颗粒絮凝体，加速沉降。

聚丙烯酰胺在NaOH等碱类作用下，可起水解反应，水解体是聚丙烯酰胺和聚丙烯酸钠的共聚物，是阴离子型高分子絮凝剂。部分水解后的聚丙烯酰胺使主链原来呈卷曲状的分子链得以展开拉长，增加吸附面积，提高架桥能力，所以部分水解体的絮凝效果要优于非离子型的效果。处理高浑浊度水的聚丙烯酰胺，一般使用部分水解体产品，因为最佳水解度（水解度是聚丙烯酰胺分子中酰胺基转化为羟基的质量分数）的聚丙烯酰胺提高水中悬浮物的沉降速度是非水解体的2～9倍。如水解度过低，则效果不明显，与非水解体相似；如水解度过高，虽然主链展开度更大，但由于分子链负电荷过强，和阴离子性质的泥土颗粒斥力增大，则反而影响对水中阴离子型黏土类胶粒的吸附架桥作用，使絮凝效果低于非离子型的产品。由于每条河流中泥沙成分不同，泥土颗粒的负电荷强弱也不同，最佳水解度是变数，一般以25%～35%水解度的产品效果较好。

(4) 搅拌与投加　聚丙烯酰胺水解体粉剂产品，是处理高浑浊度水最有效的高分子絮凝剂之一，可单独作用，也可与普通絮凝剂配合使用。在处理含沙量高的高浑浊度水时，效果均显著。

聚丙烯酰胺水解体粉剂需在溶解槽（直径约1m）中溶解后使用，溶解搅拌时间一般为0.5～1.0h，提高水温和搅拌速度，可以加快溶解速度，但水温过高会引起降解反应，故最高水温不得超过65℃，搅拌机转速一般为200～300r/min，搅拌速度过快会造成絮凝剂断链，降低絮凝结果。

聚丙烯酰胺的投加量，随原水含沙量增高而增加。其投加浓度，从絮凝效果而言是越稀越好，但浓度太稀会增加投加设备，一般以0.2%的投加浓度为宜。工作溶液2%，投加时借助水注射器再稀释10倍。

聚丙烯酰胺的最大处理含沙量远大于普通絮凝剂。各种絮凝剂最大处理含沙量如下表。

| 絮凝剂名称 | 处理最大含沙量/($kg/m^3$) | 絮凝剂名称 | 处理最大含沙量/($kg/m^3$) |
|---|---|---|---|
| 硫酸铝 | <10 | 聚合铝 | <60 |
| 三氯化铁 | <40 | 聚丙烯酰胺 | <150 |

### 78　为什么碳酸镁絮凝剂可以循环使用?

碳酸镁是可以再生循环利用的一种用于水处理的新型絮凝剂。使用这种絮凝方法，符合"再生、再循环、再利用"三再原则的要求。使用碳酸镁作为絮凝剂，需要在原水中投石灰，把pH值提高到11以上，使碳酸镁水解为氢氧化镁絮凝物。原水经絮凝沉淀处理后，通入$CO_2$把pH值调整到符合饮用水的要求。

沉淀下来的污泥集中送到浓缩池，通入$CO_2$使其碳酸化，可转化为易溶于水的碳酸氢镁与其他污泥分离。碳酸氢镁经曝气再转化为碳酸镁，可以循环再利用。如果原水中含有一定量的镁，经过几次循环后，就可不再投加新的碳酸镁，构成一个封闭循环系统。污泥中的镁盐再生之后，其中的黏土可以浮选分离出来用以填充洼地。最后剩下的碳酸钙沉淀物，可以分离出来焙烧成石灰。在焙烧过程中产生的$CO_2$，又可用来再生碳酸镁。

原水在pH值调高达11以上的条件下，进行絮凝沉淀，不仅除色效果好（如对Fe、Mn的去除），污泥量少，而且还有很好的杀菌作用。

### 79　何谓微生物絮凝剂?

微生物絮凝剂是近年来研制开发的新型絮凝剂。它是利用生物技术，从微生物或其分泌物中提取、纯化而获得的一种安全、高效，且能自然降解的新型水处理剂，如糖蛋白、多糖纤维素、蛋白质和DNA等，由于微生物絮凝剂既可生物降解又安全可靠，最终可实现无污染排放，其明显的特性与优势为水处理技术发展展示了一个广阔的前景。微生物絮凝剂有可能取代或大部分取代传统的无机高分子和合成有机高分子絮凝剂。

产生絮凝剂的微生物，是具有分泌絮凝剂能力的菌种，至今发现已超过17种，包括霉菌、细菌、放线菌和酵母菌等。因此，微生物絮凝菌亦有多种。最具有代表性的有：酱油曲霉产生的絮凝剂AJ7002；用拟青霉素产生的微生物絮凝剂PF101；以及利用红平红球菌研制的微生物絮凝剂NOC-1等。

微生物絮凝剂的絮凝机理是：微生物絮凝剂的大分子借助离子键、氢键和范德华力，同时吸附多个胶体颗粒，使在颗粒间产生"架桥"现象，从而形成一个网状三维结构而沉淀下来。絮凝过程是胶体颗粒与微生物絮凝剂大分子相互靠近、吸附并形成网状结构的过程。因而，絮凝剂大分子与胶体颗粒的表面电荷对絮凝效果有很重要的影响，而系统的pH直接影响表面电荷，从而也影响它们间的靠近和吸附行为；系统中的各种离子，尤其是高价异种离子能够明显地改变胶体$\zeta$电位，降低其表面电荷，促进絮凝剂大分子与胶体颗粒的吸附与架桥。如阳离子的影响，特别是$Ca^{2+}$的加入，减少了絮凝剂大分子和胶体颗粒表面的负电荷，促进"架桥"的形成。

微生物絮凝剂与无机或有机合成的高分子絮凝剂相比，具有活性高、絮凝范围广泛、安全无害、不污染环境等特点，可广泛应用于给水和污水处理。

### 80　什么叫助凝剂？有哪些常用的助凝剂?

在水处理中，有时使用单一混凝剂不能取得良好的效果，需要投加辅助药剂以提高混凝效果，这种辅助药剂称为助凝剂。

助凝剂的作用是：加速混凝过程，加大絮凝颗粒的密度和质量，使其更迅速沉淀；加强黏结和架桥作用，使絮凝颗粒粗大且有较大表面，可充分发挥吸附卷带作用，提高澄清效果。

常用的助凝剂有两类：

（1）调节或改善混凝条件的助凝剂　如 CaO、$Ca(OH)_2$、$Na_2CO_3$、$NaHCO_3$ 等碱性物质，可以提高水的 pH 值。用 $Cl_2$ 氧化剂，可以去除有机物对混凝剂的干扰，并将 $Fe^{2+}$ 氧化为 $Fe^{3+}$（在亚铁盐作混凝剂时更为重要）。此外还有氧化镁（MgO）等。

（2）改善絮凝体结构的高分子助凝剂　如聚丙烯酰胺、骨胶、海藻酸钠、活性硅酸（$Na_2O \cdot 3SiO_2 \cdot xH_2O$）等。

## 81　pH 值对铝盐混凝剂有些什么影响？

pH 值对铝盐混凝剂主要有下列两个方面的影响：

（1）pH 值对 $Al(OH)_3$ 胶粒电荷性质的影响　pH 值对于铝盐混凝剂的混凝过程的影响很大。由于铝盐在水解过程中所生成的氢氧化铝[$Al(OH)_3$]胶体物质是属于典型的两性化合物，当其离解时能生成带正电的阳离子，也能生成带负电的阴离子，而混凝过程去除胶体物质需要大量带正电荷（而不是负电荷）的混凝剂微粒，这个关键取决于 pH 值。当 pH＞8.5 时，$Al(OH)_3$ 离解而成为带负电的铝酸盐，如下列反应：

$$Al(OH)_3 = AlO_2^- + H_2O + H^+$$

当 pH＜5 时，因吸附了水中的 $SO_4^{2-}$ 而带负电。

因此，铝盐作混凝剂时要获得良好的混凝效果，要求控制 pH 值在 5.5～8.5。

（2）pH 值对 $Al(OH)_3$ 溶解度有很大的影响　水中 pH 值过高或是过低，都会使得 $Al(OH)_3$的溶解度增大。在 pH 为 7.5 以上时，$Al(OH)_3$ 溶解度逐步增加，而不断生成溶于水的偏铝酸盐。当 pH 到达 9 时，溶解度迅速增大而成为铝酸盐。但如果 pH 低于 5.5 时，$Al(OH)_3$ 溶解度也会迅速增大而产生 $Al^{3+}$，其反应式如下：

$$Al(OH)_3 + 3H^+ = Al^{3+} + 3H_2O$$

只有 pH 在 8 左右，才生成难溶的 $Al(OH)_3$ 胶体物质。

## 82　pH 值对铁盐混凝剂有些什么影响？

铁盐混凝剂的水解性能优于铝盐，而且水解产物的溶解度极小。因此，pH 值对于铁盐混凝剂的影响就比较小。只有 pH＜3 时，铁盐混凝剂的水解才受到抑制，或者是碱性很强的情况下，才有可能重新溶解，这种情况在天然水中是不常有的。

然而必须注意，在实际生产中，正常使用的是亚铁盐，例如硫酸亚铁（$FeSO_4$），当 pH＜8.5时，有如下反应：

$$FeSO_4 = Fe^{2+} + SO_4^{2-}$$

$$Fe^{2+} + H_2O = Fe(OH)^+ + H^+$$

$$Fe(OH)^+ + H_2O = Fe(OH)_2 + H^+$$

因 $Fe(OH)_2$ 在水中的溶解度很大，而 $Fe^{2+}$ 只能形成简单的络合物，混凝效果甚差，因此，只有在水中有足够溶解氧存在的条件下，使 pH＞8.5，才能将 $Fe^{2+}$ 迅速氧化为 $Fe^{3+}$，而发生如下反应：

$$4FeSO_4 + O_2 + 10H_2O = 4Fe(OH)_3 + 4H_2SO_4$$

但是，天然水的 pH 值一般都小于 8.5。因此，上述氧化反应极其缓慢。为此，要投加一定量的碱剂（通常加石灰）以提高 pH 值。或是通氧化剂氯气把 $Fe^{2+}$ 氧化为 $Fe^{3+}$。从这一点来说，水的 pH 值对于亚铁混凝剂的使用有很大的影响。

## 83　影响混凝效果的因素是什么？

影响混凝效果的主要因素有：

（1）水温　低温时混凝效果差，凝聚很缓慢，那是由于无机盐类混凝剂在水解时是吸热反应，水温低时，水解十分困难。其次，低温的水黏度大，水中杂质的热运动减慢，彼此接触碰撞的机会减少，不利相互凝聚。水的黏度大，水流的剪力增大，絮凝体的成长受到阻碍，因此，水温低时混凝的效果差。水温升高，分子之间的扩散速度加大，有利于混凝反应的进行。通常最佳温度为20～29℃。

（2）水的 pH 值和碱度的影响　详见 81 题 pH 值对铝盐混凝剂和 82 题 pH 值对铁盐混凝剂的影响。

（3）水中杂质的成分、性质和浓度的影响　水中的杂质像黏土之类，如粒径细小而均一，则混凝效果差；颗粒的浓度过低也不利于混凝；水中如存在大量的有机物质会吸附于胶粒表面，使胶体颗粒失去了原有的特性而具备了有机物的高度稳定性，混凝效果就差；水中溶解盐类的浓度，如果引起阴离子的增加，与胶体颗粒带的电荷相同，也影响混凝效果。

此外，混凝效果还与混凝剂的用量、混凝剂投加时与水的混合速度及其混合的均匀性等有关。

### 84　混凝剂的投加对水质碱度、酸根有些什么影响？

常用的混凝剂大都为无机盐，是由强酸弱碱生成的盐。投加后，水质的变化是浑浊度下降、碱度下降、酸根增加。除浑浊度之外，碱度、酸根对水质变化的影响是很小的。如果是高分子混凝剂，除浑浊度下降之外，水质基本上没有变化。例如，投加1mg/L混凝剂，其酸根、碱度的变化如下：

| 混凝剂 | 化学式 | 相对分子质量 | 纯度/% | 酸根增加 | | 碱度下降 |
|---|---|---|---|---|---|---|
| | | | | mg/L(以 $CaCO_3$ 计) | | |
| 硫酸铝 | $Al_2(SO_4)_3 \cdot 18H_2O$<br>(含 $Al_2O_3$　15%) | 666 | 95～99 | $SO_4^{2-}$ | 0.45 | 0.45 |
| 铵矾 | $Al_2(SO_4)_3 \cdot (NH_4)_2SO_4 \cdot 24H_2O$ | 906.6 | — | $SO_4^{2-}$<br>($NH_4^+$) | 0.44<br>(0.11) | 0.33 |
| 硫酸铝钾<br>(明矾) | $Al_2(SO_4)_3 \cdot K_2SO_4 \cdot 24H_2O$ | 949 | — | $SO_4^{2-}$<br>($K^+$) | 0.421<br>(0.105) | 0.316 |
| 硫酸铁 | $Fe_2(SO_4)_3$<br>($Fe^{3+}$　25.2%) | 400 | 94.4 | $SO_4^{2-}$ | 0.71 | 0.71 |
| 硫酸亚铁<br>(绿矾) | $FeSO_4 \cdot 7H_2O$<br>($FeSO_4$　53.5%) | 278 | 98 | $SO_4^{2-}$ | 0.35 | 0.35 |
| 氯化绿矾 | $6(FeSO_4 \cdot 7H_2O)+Cl_2$<br>(质量比) | — | — | $SO_4^{2-}$<br>($Cl_2$) | 0.34<br>(0.04) | 0.38 |
| 氯化铁 | $FeCl_3$<br>($FeCl_3$　60%) | 162 | 60 | ($Cl^-$) | 0.56 | 0.56 |

### 85　混凝剂的用量是如何确定的？

尽管人们已在胶体化学和沉淀形成机理方面积累了大量的知识来解释凝聚过程中发生的种种现象，但是目前仍不能做到根据水样的简单分析来预测合适的凝聚条件。因此常采用凝聚试验来确定混凝剂的用量以及适宜的凝聚条件等。然后在实际运行的设备上再进一步调整。凝聚试验可在图 2-1-3 的凝聚试验台上进行。

将试验水样置于一组烧杯（烧杯的容积一般为 600mL，内装 500mL 的水样）内，每个

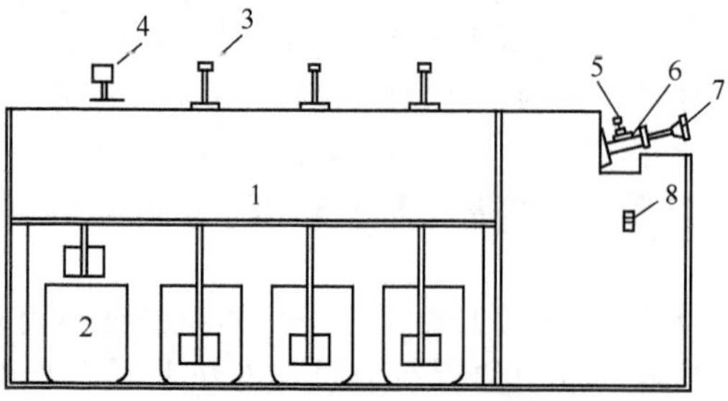


图 2-1-3　凝聚试验台

1—试验台；2—烧杯；3—搅拌器；4—离合器；5—调速拉钮；6—计数器；7—调速杆；8—开关

烧杯内放入一搅拌器（搅拌器的叶片尺寸为4cm×6cm，转速调节范围为20～160r/min）。为了模拟水与混凝剂的快速混合，先将转速调在100～160r/min范围内，待搅拌稳定后，再向各个烧杯里添加不同剂量的混凝剂。快速混合的时间最少为30s，通常为1～3min。随即将转速调到20～40r/min，以模拟慢速混合，持续15～20min，让絮凝物与悬浮颗粒充分接触。然后，停止搅拌使之静置，让絮凝物在重力作用下沉降，仔细观察直到所有的絮凝物沉降到烧杯底部为止。从开始观察时起，每隔一定的时间间隔（如每2min）测定一次清水与沉渣层界面的高度。根据烧杯内清水层高度达到100mm所需要的时间，把絮凝物的沉降效果分成四个等级。通常在沉降结束或者沉降15min之后，对各烧杯内上部清水进行必要的分析（如pH、浑浊度、色度、耗氧量等），并将分析结果记录在凝聚报告中。最后对各个烧杯的凝聚效果做一总的评价，确定合适的剂量和pH值。

| 等级 | 清水层达到100mm所需时间/min | 沉淀效果的评价 |
|---|---|---|
| 1 | ＜2 | 最佳。能在流速较高的上流式固体接触式澄清器内得到最佳沉降效果 |
| 2 | 2～4 | 佳。能在流速适中的上流式固体接触式澄清器内得到良好的沉降效果 |
| 3 | 4～7 | 一般。能在低流速的上流式澄清器得到满意的沉降效果 |
| 4 | ＞7 | 差。除非选用低的上升流速，否则沉淀效果较差 |

在实际运用时，还要根据水处理装置的性能与其他有关因素，对混凝剂的用量作适当的调整。

**86　石灰水在水的预处理中起什么作用？**

在水的预处理中，加入石灰水$Ca(OH)_2$，主要是起到软化和助凝两个作用，具体来说：

（1）除去暂时硬度，软化水质：

$$Ca(HCO_3)_2+Ca(OH)_2 = 2CaCO_3\downarrow+2H_2O$$

$$Mg(HCO_3)_2+2Ca(OH)_2 = 2CaCO_3\downarrow+Mg(OH)_2\downarrow+2H_2O$$

（2）去除水中$CO_2$，减少腐蚀，提高水的pH值：

$$CO_2+Ca(OH)_2 = CaCO_3\downarrow+H_2O$$

（3）中和过量的混凝剂，并由于提高pH值而增加混凝剂的混凝效果，起到助凝剂的作用：

$$4FeSO_4+4Ca(OH)_2+O_2+2H_2O = 4CaSO_4+4Fe(OH)_3\downarrow$$

（4）去除水中胶体硅，改善水质：

$$H_2SiO_3+Ca(OH)_2 = CaSiO_3\downarrow+H_2O$$

（5）除去镁盐，同时起软化作用：

$$MgCl_2+Ca(OH)_2 = Mg(OH)_2\downarrow+CaCl_2$$

$$MgSO_4+Ca(OH)_2 = Mg(OH)_2\downarrow+CaSO_4$$

## （二）沉淀与澄清

### 87　沉淀有哪几种形式？

将水中杂质转化为沉淀物而析出的各种方法，统称为沉淀处理。沉淀处理可分三种形式：

（1）自然沉降沉淀　水中固体颗粒在沉淀的过程中不改变大小、形状和密度，如对于泥沙含量高的水进行预沉，就属于自然沉降沉淀。

（2）混凝沉淀　水中固体颗粒由于相互接触凝聚而改变其大小、形状和密度的沉淀过程称为混凝沉淀。

（3）化学沉淀　水中投加某种药剂，使溶解于水中的杂质产生结晶或沉积的过程称为化学沉淀。

### 88　沉淀处理的效果受哪些因素影响？

沉淀处理的效果主要决定于沉淀物的溶解度，而影响沉淀物溶解度的因素是很多的，主要有：

（1）同离子效应的影响　水中加入含有共同离子的电解质时，可以使沉淀物的溶解度显著降低，这就是沉淀反应的同离子效应。在水的沉淀处理中，利用同离子效应，适当加大沉淀剂的用量，加快沉淀处理，使沉淀完全，可以取得明显效果。

（2）盐效应的影响　当水中难溶盐存在时，加入强电解质，使得饱和的难溶盐溶液变成不饱和溶液，反而使沉淀物的溶解度增加，这个现象称为盐效应。因此，在沉淀处理时，要注意避免强电解质的盐类加入，影响沉淀的效果。

（3）酸效应的影响　水的酸度对沉淀物溶解度有一定影响，这就是沉淀反应的酸效应。但这个影响对不同的沉淀物有所不同，如对强酸盐沉淀影响就不大，而在沉淀弱酸盐时，酸度的影响明显。因此，要使弱酸盐类沉淀，一般尽可能在较低的酸度下进行。

（4）络合效应的影响　在沉淀处理中，要尽量避免在水中加入络合剂，因为络合剂往往能与水中被沉淀的离子生成络合物，而增加了沉淀物的溶解度，影响沉淀效果。

（5）水温的影响　大多数沉淀物质的溶解反应是吸热反应，溶解度是随着温度的升高而增大，因此，沉淀处理过程要注意水温的变化。

此外，在沉淀处理时，要尽量避免产生胶体溶液，因为胶体溶液会增大溶解度，所以要加一些破胶物质促进胶凝作用。沉淀在初生成时是“亚稳态”，经一定时间后逐渐转变为“稳定态”。它们的晶体结构不一样，前者的溶解度比后者大，因此，沉淀处理时，要尽力使其转化为“稳定态”，沉淀效果就好。

### 89　什么是平流沉淀池？

平流沉淀池是一个底面为长方形的钢筋混凝土或是砖砌的、用以进行混凝反应和沉淀处理的水池。其特点是构造简单、造价较低、操作方便和净水效果十分稳定。缺点是占地面积大，排泥比较困难。平流沉淀池的结构形式如图2-2-1所示。

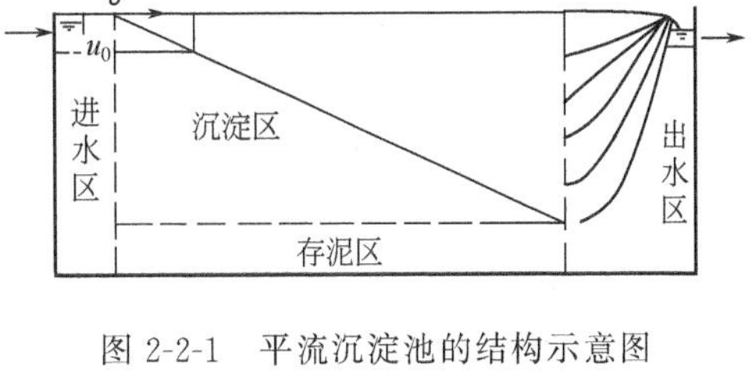

图 2-2-1　平流沉淀池的结构示意图

平流沉淀池主要由下面几部分组成：

（1）进水区　进水区也是平流沉淀池的混合反应区，原水与混凝剂在此混合，并起反应，形成絮凝体，再以每秒 0.2m 流速进入沉淀池，此处由于断面突然扩大，流速骤降，絮凝体藉自重而不断沉降。进水区就是为了防止水流干扰，使进水均匀地分布在沉淀池的整个断面，并使流速不致太大，以免矾花破碎。

（2）沉淀区　沉淀区的作用是使悬浮物沉降，达到出水悬浮物含量低于 10NTU，在特殊情况下不大于 15NTU。池的设计应使进、出水均匀，池内水流稳定，提高水池的有效容积，减少紊动影响，提高沉淀效率。池内水流的雷诺数❶ $Re$ 一般为 4000～15000，多属紊流。弗劳德数❷ $Fr$ 一般控制在 $1\times10^{-4}$～$1\times10^{-5}$ 之间。有效高度一般为 3.0～4.0m，长宽比应不小于 4∶1，长深比应不小于 10∶1。水流水平流速一般为 10～25mm/s。停留时间（水充满沉淀池所需时间）一般为 1.0～3.0h。

（3）出水区　沉淀后的水应从出水区均匀流出，不能跑“矾花”，因此，出水渠的长度要等于或大于沉淀池宽度。

（4）存泥区和排泥　存泥区是为存积下沉的泥，另一方面是供排泥用。为了排泥，沉淀池底部可采用斗形底，可采取穿孔排泥和机械虹吸排泥等形式。

平流沉淀池是常用的水处理沉淀池，适用于处理水量很大的水厂。

### 90　什么是竖流沉淀池？

竖流沉淀池是水流方向直上直下，而不是水平向流动，反应室设在池中。最常用的是水经过涡流反应室，经反应之后，原水从导流筒直下，水中絮体颗粒沉降至池底，清水上升经顶部辐射出水槽引出，积泥下沉由池底排出，其结构如图 2-2-2 所示。

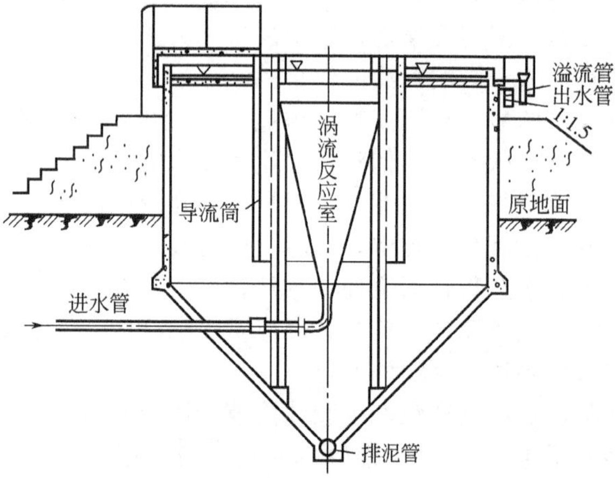


图 2-2-2　竖流沉淀池（带涡流反应室的锥底池）

竖流沉淀池具有管理简单、排泥方便的特点，但出水量小，沉淀效果较差，池径不大于 10m，目前只有山区或小型工业企业给水厂使用。

### 91　什么是辐流沉淀池？

辐流沉淀池，水是从中心向四周辐射形流动，随着水流断面的扩大，流速变慢，而使水

---

❶ 雷诺数：是用以比较黏性液体流动状态的一个无量纲数。雷诺数 $Re=\frac{wl\rho}{\mu}$。式中 $w$、$\rho$ 与 $\mu$ 分别表示流体的流速、密度和黏度，$l$ 表示物体的水力半径（或线度）。一般认为圆管中 $Re<2300$ 时为滞流（层流），$Re>10000$ 时为湍流（紊流），$Re=2300$～$10000$ 时为过渡流。

❷ 弗劳德数：是表示液体流动状态的另一个无量纲数。弗劳德数 $Fr=\frac{w^2}{lg}$，$g$ 为重力加速度。

中悬浮颗粒沉淀下来，是处理高浊度水的有效水池。有时用作预沉池，可不加混凝剂让泥沙自然沉淀，如我国西北地区的黄河水，泥沙量大的地区经常使用。当然也可以投加混凝剂、助凝剂，作为一般沉淀池使用。

辐流沉淀池如图 2-2-3 所示。

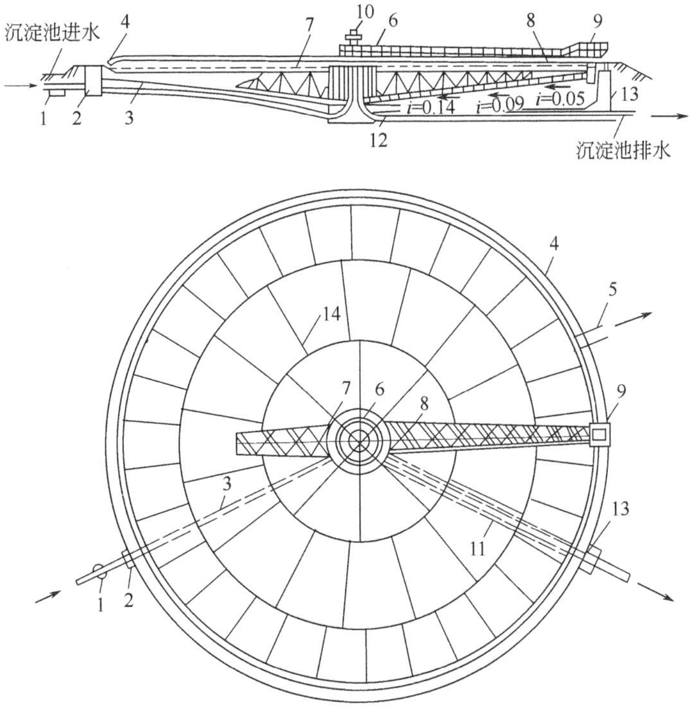


图 2-2-3　辐流沉淀池示意图

1—流量计；2—进水阀；3—进水管；4—圆形集水槽；5—出水槽；6，7，8—刮泥桁架；9—牵引设备；10—筒形配水罩；11—排泥管；12—排泥阀；13—排泥计量表；14—池底伸缩缝

辐流沉淀池底大都做成圆形。池深：在直壁区约 1.5～3.0m；池中深 3.0～7.0m；池底有坡度。

进水管直伸至水池中心，经筒形配水罩，水向四周沿水平方向流动。由于过水断面像扇形，辐射流方向逐步扩大，水的流速从大而变得越来越小，水中固体颗粒就逐步沉淀下来。比较清的水上升入圆形集水槽，经出水槽流出，泥沙沉积于池底。池内安装有 1～3r/h 缓慢旋转的刮泥桁架，可以把沉下来的泥沙随时刮向池子中心，由排泥管排走。

辐流沉淀池不能做得太小，因为当中心进水向四周流动扩散时，保持水流稳定和使颗粒下沉，都需要有一定的停留时间，否则泥沙还未沉下来就进入集水槽，沉淀效果就差了。

本池适用于大水量、高浊度的水，实践证明，原水含沙量在1～90kg/$m^3$ 时，沉淀效率可达 90%左右，排泥也方便。但其造价高，机电设备复杂，耗用钢材多。

## 92　什么叫斜板、斜管沉淀池？

根据沉淀理论，沉淀的效果与沉淀面积和沉降高度有关，与沉降时间关系不大。因此，增加沉淀面积、降低沉降高度可以提高沉淀效果。斜板、斜管沉淀池就是根据这个原理进一步发展了平流沉淀池。

斜板、斜管沉淀池如图 2-2-4 所示，是在池中安放一组排叠成有一定坡度的平板或管道，被处理的水从管道或平板的一端，流向另一端，这相当于很多很多个很浅很小的沉淀池组合在一起。

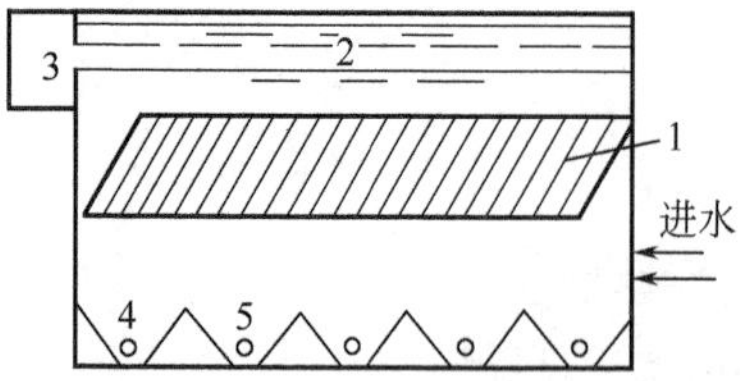


图 2-2-4 斜板、斜管沉淀池示图
1—斜管；2—集水管；3—集水槽；
4—排泥管；5—集泥斗

由于平板的间距和管道的管径较小，所以水流在此处成为层流状态。因此，当水在各自的平板或管道之间流动时，各层隔开互相不干扰，为水中固体颗粒的沉降创造十分有利的水力条件，从而也提高了水处理效果和能力。

斜板、斜管沉淀池的特点是：

（1）增加了沉淀面积　由于沉淀池的截留速度 $v_0=\frac{处理水量Q}{沉淀面积F}$，它是指沉淀池中能够全部去除最小颗粒的沉淀速度，对于斜板、斜管沉淀池来说，它的沉淀面积比平流沉淀池的面积大得多。如果说，要去除同样大小的颗粒，也即截留速度（或沉淀速度）$v_0$ 相同时，处理水量增加的倍数，相当于沉淀面积增加的倍数。由于斜板、斜管沉淀池增加了沉淀面积，因此相应地，也就增加了水处理量，并达到同样的处理效果。

（2）水力条件的改善　主要是斜管的管径、斜板的间距在足够小时，水流处于层流状态，即雷诺数 $Re$ 在 500 以下，一般只有30～300。此时，颗粒的沉降不受水流的干扰，提高了沉降的稳定性。颗粒沉降的路程短，因而缩短了沉降时间。

斜板、斜管沉淀池对于小城镇的水处理是简单易行的，对于改造平流沉淀池以提高处理水量也是行之有效的。但大型的斜板、斜管沉淀池还需要不断完善排泥系统，如作为饮用水处理还需注意杀菌问题。

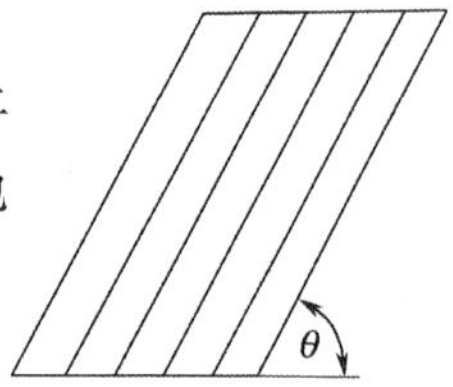


图 2-2-5 斜管的倾斜角 θ 示意图

### 93 影响斜板、斜管沉淀池效果的因素是什么？

影响斜板、斜管沉淀池效果的主要因素有：

（1）斜板、斜管的倾斜角度对沉淀效果的影响　斜管的倾斜角度（见图 2-2-5）对水中泥沙沉淀效果有很大影响。

检测结果说明，斜管的倾斜角度越小，除去沉淀的颗粒越小。在实际生产中，对矾花颗粒来说，倾斜角 35°～45°时效果好，从排泥通畅考虑一般选用 60°角。

| 斜管倾斜角 | 0° | 30° | 45° | 60° | 90° |
|---|---|---|---|---|---|
| 去除沙粒大小(20℃)/mm | 0.088 | 0.09 | 0.10 | 0.12 | 0.58 |

（2）斜板、斜管的长度对沉淀效果的影响　从实际使用中证明，长度大时泥水分离充分，沉淀效果较好。但是，斜板、斜管过长，不仅造价增加，制作及安装都有困难，沉淀效果的提高也不很显著。实际生产中，异向流沉淀池的斜板、斜管长度采用 1000mm 左右；同向流沉淀池的斜板、斜管长度取 2500mm 左右。

（3）进水方向对于沉淀效果的影响　斜管、斜板沉淀池的进水方向通常有两种，如图 2-2-6 所示。

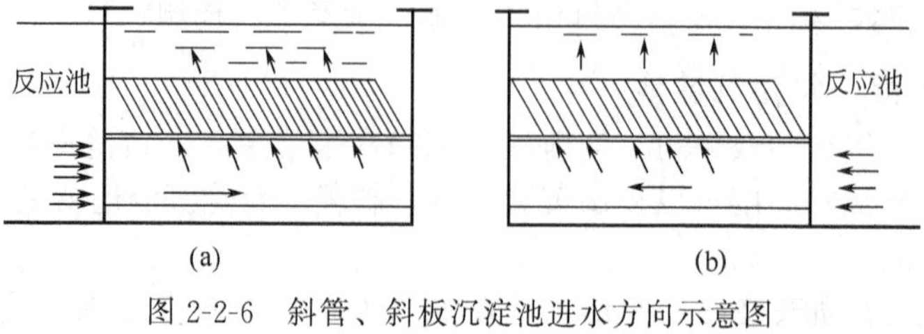


图 2-2-6 斜管、斜板沉淀池进水方向示意图

经实际使用，(a) 式的效果比较好；(b) 式是从反应池进入的水流直接进入斜管的，对于沉淀与排泥畅通都不利。

(4) 斜管中的上升流速对沉淀效果的影响　一般来说，上升流速越小，沉淀效果越好。但过小的上升流速，显示不出斜管沉淀池的优点，达不到提高处理水量的目的。在处理低温水和处理水量比较大的时候，可以把上升流速选得低一些。一般情况下，在倾斜角 60°时，上升流速为 3.5～5.0mm/s。

(5) 斜板的间距和斜管管径对沉淀效果的影响　斜板的间距越小越好，因为可以增加沉淀面积，能提高沉淀效果。但为了加工方便，间距做成不小于 50mm，而不宜大于 150mm。斜管可以做成正方形或六角形，其内切圆直径越小越好，然而管径太小，加工困难，成本费又高，对排泥也不利，一般斜管内径做成 25～45mm。

生产运行中斜管、斜板沉淀池的进水量和加药量要尽量稳定，药量调节要及时，排泥装置要畅通可靠，否则，也会影响沉淀效果和出水水质。

### 94　同向流斜板、斜管沉淀池有什么特点?

水在异向流斜板、斜管沉淀池的斜板（管）之间流动时，沉降颗粒在重力作用下，沿着斜板（管）下降，而澄清液是沿着斜板（管）的底面上升，两个流体逆向流动，使得两种流体的界面产生紊动，从而降低了悬浮物的分离效率。而同向流斜板、斜管沉淀池（称兰美拉）（见图 2-2-7）就克服了这一缺点。

这种沉淀池的特点是原水由斜板（管）上部流入，而澄清水的汇集装置设在斜板（管）的下端，这种结构使斜板（管）间的澄清水和沉淀颗粒都是同一方向向下流，两股流体的界面，不再产生紊流，因而其分离效果比较好。由于沉淀颗粒和澄清水都是下降流，使得沉淀颗粒较容易下滑，而且斜板（管）倾角小于原来装置，所以又可以加大沉降面积，沉降效率也可以提高。因此，同向流沉淀池的澄清效果好。

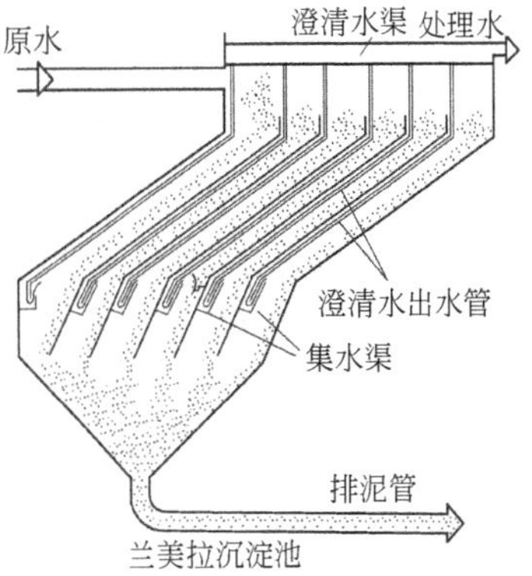

图 2-2-7　同向流沉淀池示图

### 95　试述各类沉淀池的适用条件？有何优缺点？

各沉淀池的适用条件及优缺点如下：

| 型　式 | 适　用　条　件 | 主　要　优　缺　点 |
|---|---|---|
| 平流沉淀池 | ① 适用于大中小型水处理厂<br>② 原水含沙量大时，可作预沉池 | 优点：<br>① 水处理适应性强、潜力大、效果稳定<br>② 操作管理方便<br>③ 造价低，就地取材，施工较简单<br>④ 带机械排泥设备时，排泥效果好<br>缺点：<br>① 占地面积较大<br>② 排泥比较难 |
| 竖流沉淀池 | 一般用于小型水处理厂 | 优点：<br>① 占地面积小<br>② 排泥方便，结构紧凑<br>缺点：<br>① 施工困难<br>② 上升流速低，出水量小，沉淀效果差 |

续表

| 型式 | 适用条件 | 主要优缺点 |
| --- | --- | --- |
| 辐流沉淀池 | ① 一般用于大中型水处理厂<br>② 处理高浊水时可作预沉池 | 优点：<br>① 沉淀效果好<br>② 有机械排泥装置效果好<br>缺点：<br>① 投资及管理费大<br>② 施工困难<br>③ 刮泥装置维修困难，消耗金属材料多 |
| 斜管、斜板沉淀池 | ① 宜用于中小型水处理厂<br>② 用于老池改造，改建扩建，挖潜 | 优点：<br>① 沉淀效率高<br>② 池体小，占地小<br>缺点：<br>① 斜管、斜板价格高，费用大<br>② 排泥困难 |

## 96 澄清池和沉淀池有何不同？

当进行沉淀处理时，我们发现在反应阶段使水中保持若干先前生成的泥渣，可以大大地改善其沉淀过程。为此，现代沉淀处理的设备在运行中都有泥渣参与，凡带有泥渣运行的沉淀设备称为澄清池。它是利用悬浮泥渣层与水中杂质相碰撞、吸附、黏合，以提高沉淀处理效果的一种设备，与单纯依靠固体杂质重力沉降的沉淀池有所不同。

## 97 什么是加速澄清池？

常用的加速澄清池结构见图 2-2-8。

加速澄清池主要是由第一反应室、第二反应室及分离室所组成。此外，还有进出水系统、加药系统、排泥系统以及机械搅拌提升系统，大的加速澄清池还有刮泥装置。其中，第二反应室、第一反应室与分离室之间的容积比为 1∶3(或 2.5)∶7。

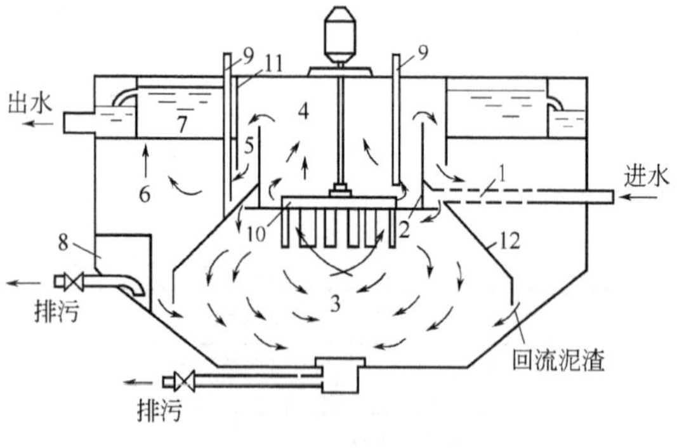


图 2-2-8 加速澄清池示图

1—进水管；2—进水槽；3—第一反应室（混合室）；4—第二反应室；5—导流室；6—分离室；7—集水槽；8—泥渣浓缩室；9—加药管；10—机械搅拌器；11—导流板；12—伞形板

加速澄清池的工作原理如下：

加速池是将混凝、反应和澄清的过程建在同一个构筑物内，利用悬浮状态的泥渣层作为接触介质，来增加颗粒的碰撞机会，并提高了混凝效果。

经过加药的原水进入三角形分配槽，并从底边的调节缝流入第一反应室。水中的空气从三角槽顶部伸出水面的放空管排走。进入第一反应室的水，经过搅拌、提升至第二反应室，在此进一步进行混凝反应，以便聚结成更大的颗粒，然后从四周进入导流室而流向分离室。由于进入分离室时，断面积突然扩大，因此流速骤降，泥渣下沉，清水以每秒 1.0～1.4mm 的上升速度向上经集水槽流出。沉下的泥渣从回流缝进入第一反应室，再与从三角槽出来的原水相互混合。在分离室里，部分泥渣进入泥渣浓缩室，定期予以排除。池底也有排泥阀，以调整泥渣的含量。提升循环回流的水量是处理水量的 3～5 倍。经一定循环之后，泥渣量会不断增加，需要进行排放，以控制一定的沉降比。在第二反应室和导流室内部装有导流板，目的是为了改善水力条件，既利于混合反应，又利用泥渣与水的分离。在处理高浊度的水和池子直径较大时，有的在池底还设有刮泥机装置，以便把池底的沉泥刮至池子中央，从排污管排放，因此排泥很方便。

**98　如何进行加速澄清池的操作控制?**

加速澄清池的操作控制步骤如下。

(1) 加速澄清池开车前的检查

① 按设计要求检查土建各部是否竣工，质量是否合格；

② 检查搅拌、提升机和刮泥机的安装质量是否合格；

③ 机电系统、进出水系统、加药系统、排泥系统是否合乎设计要求；

④ 检查并清扫全池（包括进水三角槽）；

⑤ 各机部件及阀门等加油润滑。

(2) 加速澄清池开车前的沉降试验

① 在加速澄清池的池顶外壁十字对称处设立不锈钢的沉降观测点（至少四点以上）；

② 用水准仪测量各观测点标高；

③ 缓慢开进水阀，向池内布水，进水的速度是正常运行时水速的四分之一；

④ 进水至池高三分之二处，静置 24h，测量各观察点标高，观察沉降是否均匀；

⑤ 再次进水至辐射出水槽的出水孔眼底线处（即未出水状态，但辐射出水槽受浮力最大）；

⑥ 再静置 24h，测定各观测点标高，观测其沉降是否均匀；

⑦ 把池内水全部放尽；

⑧ 再静置 24h，测定各观察点标高，视沉降后回弹是否均匀，如果不均匀沉降超过 5mm 以上，要作相应处理，直至沉降试验合格。

(3) 加速澄清池开车前的准备工作

① 关闭排泥阀、排空阀；

② 刮泥机试车 24h 合格并检查旋转方向是否正确；

③ 搅拌、提升机试车 8h 合格并检查转动方向是否正确；

④ 备浊度仪一只，100mL 取样瓶若干，100mL 量筒若干，定时钟一只；

⑤ 作搅拌机的调速试验，测试搅拌叶轮外缘一点的线速度为 0.5m/s、0.85m/s、1.5m/s 时，记录转动轴的转数。

(4) 加速澄清池的开车

① 调节好刮泥机各部的润滑水；

② 开刮泥机；

③ 在原水中投加混凝剂，开车初期，投加量适当多一点，一般 40～50mg/L；

④ 开进水阀，控制好进水速度；

⑤ 当水位升高后，水进入第二反应室时，开搅拌机（开车初期控制线速度适当高一点，一般 1.5m/s 左右）；

⑥ 在水位升至辐射出水槽之前，测定分离室表面水的浑浊度，如水不合格时，可关进水阀门，进行回流运转，以便形成活性泥渣层，或增加混凝剂量，有时还可加适量黏土；

⑦ 出水；

⑧ 调节搅拌机线速度为 0.85m/s 左右。

(5) 加速澄清池的正常运行操作控制

① 每小时分析：进水、出水、第一反应室、第二反应室、分离室的浑浊度；每两小时分析：第一反应室、第二反应室的五分钟沉降比。取样管阀要常开。

② 如第一反应室沉降比达到10%～15%，需要进行排泥。

③ 每四小时开排泥斗阀一次。

④ 如进水浑浊度过高或过低，或是处理水量变化大时，要适当调节搅拌机的转速；

⑤ 控制回流量为出水量的4倍左右，使回流流速达到200mm/s，回流量的控制可以通过调节搅拌提升机的高、低来达到。叶轮的开启度离第二反应室平台五分之四时，回流量约为四倍进水量。

⑥ 如发现分离室矾花上浮时，可以提高搅拌机转速或调节回流量，并可开排泥斗阀，以降低分离室悬浮泥的高度，保证出水水质合格。

（6）加速澄清池的停车操作

① 关进水阀，并停加混凝剂；

② 开排空阀及排泥斗阀门；

③ 当水位降低至第二反应室底部时，停搅拌机；

④ 当池底水排空时，停刮泥机；

⑤ 检查各部是否正常。

### 99 加速澄清池运行中易出现哪些异常现象？应如何处理？

出现的异常现象及处理方法见下表。

| 序号 | 异常现象 | 原因 | 处理方法 |
|---|---|---|---|
| 1 | 清水区有细小絮状物上升，出水浑浊 | (1)提升水量过大<br>(2)加药量不足 | (1)降低提升水量<br>(2)加大加药量 |
| 2 | 池面有大颗粒矾花上升 | 加药量过大 | 适当降低加药量或加强排泥工作 |
| 3 | 清水区翻花 | (1)进水水温过高<br>(2)进水流量过大<br>(3)加药中断<br>(4)排泥不及时，泥渣层过高 | (1)降低进水水温至正常值<br>(2)调小进水水量<br>(3)恢复加药<br>(4)及时排泥，控制泥渣层高度 |
| 4 | 泥渣层高度(或浓度)增加过快，出水浑浊度上升 | 排泥量少 | 缩短排泥周期，延长排泥时间 |
| 5 | 清水区有大量气泡 | (1)加石灰水量大<br>(2)池内泥渣沉积天长日久而发酵<br>(3)进澄清池水中带空气 | (1)减少加量<br>(2)停运，进行清泥工作<br>(3)设法放净空气 |

### 100 泥渣在澄清过程中有什么作用？

澄清池在运行中保持有一定数量的泥渣，能够促进澄清作用。这个作用有如下几个方面。

（1）接触介质作用　泥渣中的矾花颗粒是一种吸附剂，能够吸附水中的悬浮物和反应生成的沉淀物，使其与水分离，这在实质上就是一种“接触混凝”的过程。同时，反应生成的沉淀物又起着结晶核心作用，促使沉聚物逐渐长大，加速沉降分离。

（2）架桥过滤作用　由于泥渣中含有较多的矾花，该矾花在形成过程中构成许多网眼，这时的泥渣层好像是一层过滤网，能够阻留微小悬浮物和沉聚物的通过，从而产生了架桥过滤作用。

（3）碰撞凝聚作用　泥渣层的矾花颗粒大，它们相互之间的间距较小，使水流在通过泥渣层时受到阻流而改变其方向，形成了紊动。它有利于颗粒间的碰撞，凝聚成较大的颗粒而加速沉降。

同时，由于水的紊流，将导致矾花颗粒发生不规则的扰动，这在一定程度上有利于改变泥渣颗粒浓度的分布状态，又使悬浮颗粒上升速度减小，这样也有利于颗粒的沉降。

为了加速澄清池中泥渣层浓度的形成，新投入运行的澄清池可以加入一定量的黏土，以尽快形成足够的泥渣层高度。

但是泥渣层浓度过大，反而不利于澄清过程。这是因为：第一，由于泥渣层浓度的增加，将导致澄清池截面水上升流速的增加，这将导致水紊流的加剧，引起矾花上翻，不利于细小悬浮物的沉降；第二，由于失去活性表面的矾花相对增多，使一部分刚刚失去稳定性的胶体颗粒丧失最有利的凝聚条件，不能及时地被吸附。

一般讲泥渣悬浮式澄清池，其泥渣悬浮层的浓度维持在5%～15%（体积分数），其高度为1.5～3m之间。

对泥渣循环式澄清池而言，应控制第二反应室泥渣浓度为2500～5000mg/L。

### 101　为什么要控制澄清池的泥渣回流量？

对澄清池而言，泥渣层是作为一个“过滤区”，将穿过泥渣层的水中杂质、细小沉淀物等过滤掉。生产实践表明，保留一定浓度的泥渣层，对于水的混凝和澄清有很大的好处。

但是澄清池在运行过程中，由于种种因素的影响，加之泥渣层的流动，则可能导致泥渣的流失，会因活性和浓度的减少而影响其应有的作用。

采用泥渣回流，可以人为地补充反应区的泥渣量，使泥渣层始终保持一定的活性和浓度，以保证澄清池的良好运行。

### 102　如何测定悬浮泥的沉降比？

悬浮泥沉降比的测定，是澄清池操作的重要依据，与出水水质有很大的关系。测定沉降比的方法是：取250mL量筒（筒径40mm，筒高320mm）将含悬浮泥的水样放入筒中，静置5min、15min、30min、60min，观察其悬浮泥的沉降情况。用沉降后悬浮泥的体积占水样总体积的分数来表示，称为悬浮泥的沉降比。

### 103　什么是水力循环澄清池？

水力循环澄清池是利用原水的动能，在水射器的作用下，将池中的活性泥渣吸入和原水充分混合，从而加强水中固体颗粒间的接触和吸附作用，形成良好的凝絮，加速了沉降速度使水得到澄清。

水力循环澄清池的结构如图2-2-9所示。

水力循环澄清池的工作原理：加了混凝剂的原水从进水管道进入喷嘴，以高速喷入喉管，在喉管的喇叭口周围形成真空，吸入大约3倍于原水的泥渣量，经过泥渣与原水的迅速混合，进入渐扩管形的第一反应室以及第二反应室中进行混凝处理。喉管可以上下移动以调节喷嘴和喉管的间距，使之等于喷嘴直径的1～2倍，并借此控制回流的泥渣量。水流从第二反应室进入分离室，由于断面积的突然扩大，流速降低，泥渣就沉下来，其中一部分泥渣进入泥渣浓缩斗定期予以排出，而大部分泥渣被吸入喉管进行回流，清水上升从集水槽流出。

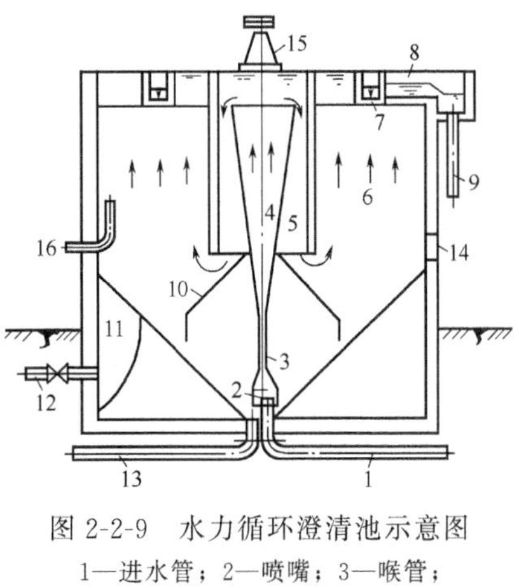


图2-2-9　水力循环澄清池示意图

1—进水管；2—喷嘴；3—喉管；4—第一反应室；5—第二反应室；6—分离室；7—环形集水槽；8—出水槽；9—出水管；10—伞形板（用于大池）；11—沉渣浓缩室；12—排泥管；13—放空管；14—观察窗；15—喷嘴与喉管距离调节装置；16—取样管

### 104 如何进行水力循环澄清池的操作控制？

水力循环澄清池的操作控制，主要有两个方面的要求：一是投药适当，及时调节；二是排泥及时。具体的操作控制如下。

（1）开车前的准备工作

① 水力循环澄清池竣工，具备开车条件之后，清扫池子；

② 检查设备各部，包括土建、水射器及其调节系统等；

③ 做好池子的沉降试验；

④ 调整好喷嘴与喉管间的距离，一般先调至 2 倍喷嘴直径；

⑤ 配好药剂浓度（先经初步试验确定合适的加药量），并备适量黏土，作开车准备。

（2）开车操作控制

① 开进水阀，先调整好进水量约等于设计处理水量的三分之二左右。

② 投加混凝剂。开车初期要适当增加药量，一般约为正常投药量的 2 倍左右。如果泥渣难以形成，还可适当加点黏土或泥浆于水中。

③ 当出水时，如水质不合格可先行排放，并调整加药量，以达到最佳控制数据。

④ 观察泥渣回流情况，调整好喷嘴与喉管的间距。

⑤ 泥渣层形成之后（一般约 3h），此时调节进水量至设计值。

⑥ 排泥操作要及时。定时巡回检查，如发现泥渣层上升，即行排泥。

⑦ 每两小时分析第一反应室出口处的五分钟沉降比（即将泥渣水样放在 100mL 的量筒内，静置 5min，泥渣下降，其体积占水样体积的分数，就是沉降比），控制沉降比在 10%～15%，超过时需排泥。

⑧ 开车期间水量要求稳定，如果要增加水处理量，应在半小时前，适当多加混凝剂；并排除部分泥渣以降低泥渣层的高度，然后逐步增加进水量。

⑨ 如中途停止运行达 24h，池底泥渣会处于压实状态，并会失去活性。因此，重新开车运行时，应先排除池底少量泥渣，然后加大进水量和加药量，使池底泥渣松动，并具有吸附活性，再调整进水量为正常水量的三分之二，待出水水质稳定后，再适当调整进水量和加药量至正常状况。

（3）运行中特殊情况的操作处理

| 特殊情况 | 引起的可能原因 | 操作处理方法 |
|---|---|---|
| 清水区内大颗粒矾花普遍上浮，但水色仍透明 | 加药过量 | 适当减少加药量，加强排泥操作 |
| 清水区内有细小矾花上浮，出水变浑，第二反应室矾花亦细小，第一反应室泥渣层浓度越来越低 | 加药量不足 | 增加药剂量 |
| 反应室泥渣浓度过高，沉降比超过 20%；泥渣浓缩斗排泥浓度高，沉降比超过 80%；清水区泥渣层逐渐升高，出水水质差 | 排泥不及时，排泥量不够大 | 要及时排泥，缩短排泥周期，延长排泥时间 |
| 清水区矾花大量上浮，甚至出现翻池情况，水质变坏 | ① 由于池内泥渣回流不畅<br>② 积泥日久发酵，放出气泡等现象<br>③ 进水温度比池内水温高 1℃以上；或池面受强烈阳光偏照，造成池水对流<br>④ 进水量过大，上升流速过高<br>⑤ 加药中断，或排泥不及时 | 检查进水量、加药量及排泥情况，及时调节至适量。进水管道要覆土，以免阳光照射，水温升高 |

## 105　什么是改进型的水力循环澄清池？

改进型水力循环澄清池中的水力旋流絮凝系统，把推流、旋流、回流三种流态有机地结合在一个构筑物内，产生特有的水力搅拌效果，如图 2-2-10 所示。

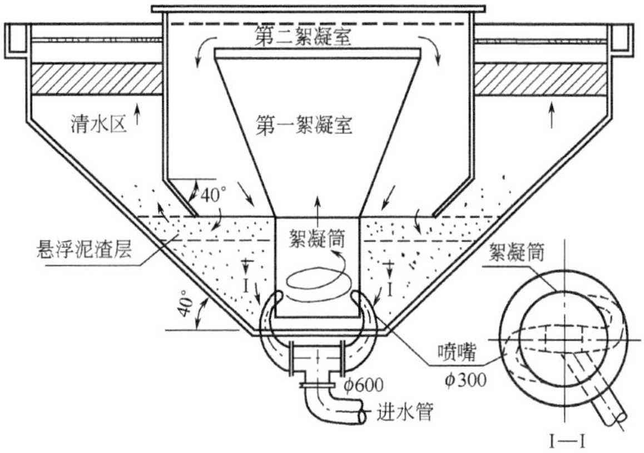


图 2-2-10　改进型水力循环澄清池

(1) 改变水力提升器构造形式，采用较小的喷嘴流速和回流比。改进型池子的水力提升，是通过两个水平相对安装的喷嘴所产生的水流螺旋运动造成的压差，来形成泥渣回流。这与标准型池子利用竖向安装水射器所形成的高速射流，把活性泥渣吸入絮凝室在池内循环的机理不同。由于采用旋流喷嘴，流速较小（3m/s），能耗大大减少，见下表。

**两种提升方式能耗比较**

| 池　型 | 进水量/($m^3$/h) | 喷嘴流速/(m/s) | 水头损失/m | 回流比 $n$/倍 |
|---|---|---|---|---|
| 标准型 | 267 | 9.5 | 4.84 | 4.14 |
| 改进型 | 1313 | 3 | 0.70 | 2 |

(2) 扩大絮凝室（反应室）容积，增加絮凝时间。分析标准型水力循环澄清池第一、第二絮凝室容积与分离室容积的比，一般为 1.5：8.5，而机械搅拌澄清池其容积比为 3：7，即标准型水力循环澄清池的絮凝时间远小于机械搅拌澄清池，因此，药耗一般偏高。为了减少药耗，适当增加絮凝室容积以提高絮凝效果是必要的。为此，改进型水力循环澄清池第一、第二絮凝室容积与分离室容积的比，增为 4.17：10.15，与机械搅拌澄清池的两者容积比 3：7 相接近，总絮凝时间由标准型的 100～140s 增到 270s。

(3) 在导流筒下端增设反裙板。在各地技术改造中，早有增设各种形式裙板的做法。改进型水力循环澄清池增设的反裙板的共同点，都是为了增加絮凝时间，改善絮凝效果。而它的特点，不是盲目加长导流筒长度，而是在保证工艺要求的前提下，研究确定第二絮凝室高度和反裙板长度，而且反裙板是向池中心倾斜，以充分利用底部空间，改善絮凝条件；延长水流路线，以增加水流与锥底活性泥渣的接触时间，为泥渣分离创造条件；也由于这些作用的存在，还为减少分离室高度提供了条件。

(4) 取消喉管与喷嘴的调节装置和伞形板，使构造更为简单。与改进前比较，提高了池子利用率，改善了絮凝条件。旋流喷嘴与絮凝筒直接连接，当进水压力、喷嘴流速为定值时，絮凝筒直径直接影响着泥渣回流量。絮凝筒大，回流泥渣量增加；反之，则回流泥渣量减少。

### 106 什么是脉冲澄清池？

脉冲澄清池是一种悬浮泥渣层澄清池。它是间歇性进水的。当进水时上升流速增大，悬浮泥渣层就上升，在不进水或少进水时，悬浮泥渣层就下降，因此，使悬浮泥渣处于脉冲式的升降状态，而使水得到澄清。

脉冲澄清池的关键设备是脉冲发生器，脉冲发生器的形式很多，有虹吸式、真空式、钟罩式、皮膜切门式以及浮筒切门式等。以钟罩式脉冲发生器的结构简单而广为使用。脉冲澄清池的结构如图 2-2-11 所示。

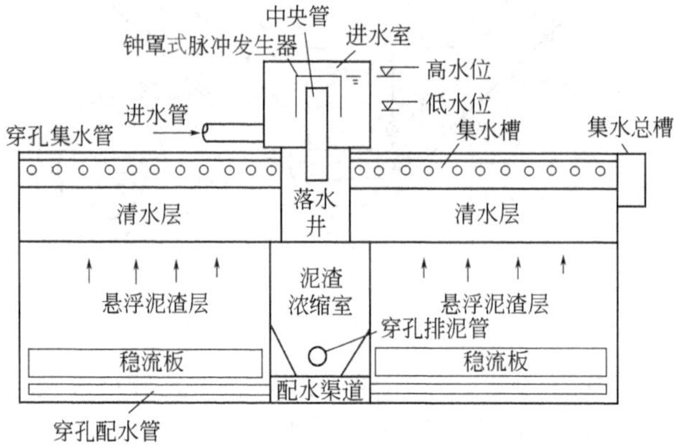


图 2-2-11 钟罩式脉冲澄清池示意图

脉冲澄清池主要由两部分组成：上部为进水室和脉冲发生器；下部为澄清池池体，包括配水区、澄清区、集水系统和排泥系统等。

脉冲澄清池的工作原理如下：经过加药的原水从进水管道均匀地进入进水室，室内水位逐步上升，使钟罩内的空气也逐渐被压缩，当水位超过中央管顶时，开始从中央管内壁溢流而下，并因此将被压缩在钟罩顶部的空气带走，从而造成真空，发生虹吸。进水室里的水就迅速从中央管流下，水位下降，直至低于虹吸破坏器口时，空气迅速进入钟罩内，并破坏真空，使虹吸停止。这时，进水室水位重新上升，到达高水位后，虹吸又发生，如此进行周期性的脉冲循环。

进水室的水通过钟罩，从中央管、落水井进入配水渠道，然后经过穿孔配水管孔，高速喷出（一般流速 2～4m/s），在稳流板下面进行剧烈的混合反应，然后从稳流板的缝隙流出，并以1.0mm/s左右缓慢速度向上流动，使泥渣层浮起来。因为悬浮泥渣层的活性泥有一定的吸附作用，再由于在脉冲式水流的作用下，悬浮层时而膨胀上升，时而稳定下降，一上一下，有利于水中杂质和矾花颗粒的相互碰撞而凝聚。当水流上升至泥渣浓缩室顶部时，断面突然扩大，流速迅速减小，有利于改善泥水分离条件，清水上升通过穿孔集水槽进集水总槽，而悬浮层中不断增加的泥渣，流入泥渣浓缩室（约占澄清池面积 15%～20%），定期予以排除。

### 107 如何进行脉冲澄清池的操作控制？

脉冲澄清池的操作控制步骤如下：

（1）开车前的准备工作

① 脉冲池竣工后，检查各部是否符合设计要求，特别是脉冲发生器；

② 脉冲池的沉降试验合格；

③ 根据原水的浑浊度、碱度、pH 及水温等，进行最佳加药量的试验，确定脉冲池的

加药量；

④ 备好分析仪器，配好药剂等工作，为开车做准备。

（2）开车操作控制

① 开进水阀，调整好进水量，测定脉冲发生器工况，并使之处于良好状态。

钟罩式脉冲发生器的正常工况参数：从进水低位到高水位的时间一般为 25～30s（或称充水时间）；虹吸发生，进水室放空，从高水位放至低水位时间 5～10s（或称放水时间）；充水时间比放水时间（称充放比）一般为 4∶1 或 3∶1。

② 由于开车初期悬浮泥渣层尚未形成，投药量要适当增加（一般 2 倍），并可投加适量黏土，形成悬浮泥渣层后，再适当降低加药量。

③ 出水之后，如水质不合格可先排放，待合格之后，再引出使用。

④ 调整好脉冲周期（进水室充水和放水所需要时间），稳定进水量，否则会造成悬浮泥渣层的混乱波动，破坏脉冲效果。需要增加负荷时，要在半小时前加大药量（最好停止脉冲动作，以悬浮方式运行 2～4h，待水量稳定之后，再开始脉冲，这样不致因水量突增，使悬浮层过量膨胀而进入清水区）。

⑤ 间歇运行时，停池时间不宜超过 24h。否则，应将池子排空，重新开车。

⑥ 如有少量细小矾花进入清水区，可以暂停脉冲，不必排泥，使悬浮层稳定之后，再进行脉冲。

⑦ 及时排泥，定期检测。当悬浮层高度大于 2000mm 时，或泥层浑浊度大于 2000NTU 时，应立即排泥；如排泥斗的污泥上浮，或出现排泥 5min 的沉降比超过 80%，应立即开大排泥操作。并根据原水浑浊度变化情况，调整排泥周期及排泥时间。

### 108　超脉冲澄清池是什么原理？

超脉冲澄清池是由脉冲发生系统、进出水系统、斜板系统和排泥系统等组成，见图 2-2-12。

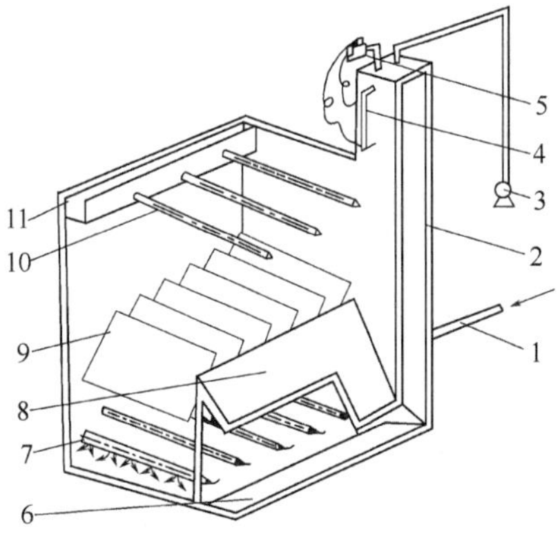


图 2-2-12　超脉冲澄清池构造

1—原水管；2—真空室；3—真空泵；4—水位计；5—电磁阀；6—配水廊道；7—穿孔配水管；8—泥渣浓缩室；9—带导流片的斜板组件；10—穿孔出水管；11—集水槽

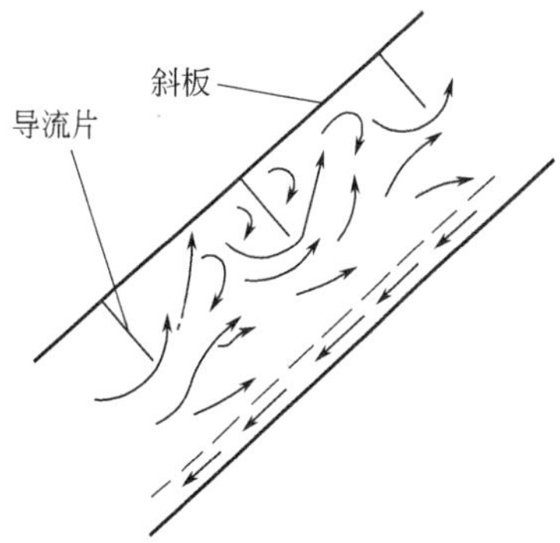


图 2-2-13　斜板区内水流运动示意图

加过净水剂的原水通过原水管 1 进入真空室 2，由于真空泵 3 抽气，使室内水位上升，当升至水位计 4 的上部触点时，电磁阀 5 打开，真空破坏，水流迅速经压力配水廊道 6 经穿孔配水管 7 高速喷射进入池内。当真空室水位下降至下部触点时，电磁阀关闭，一个充放周期结束。进入池内的水流升至斜板组件 9 时，水中微粒便与泥渣碰撞，发生接触凝聚，形成完好的絮粒。固液分离后，澄清水便由穿孔出水管流入集水槽。

在带有导流片的斜板系统中，见图 2-2-13，沉淀的泥渣沿着斜板向下滑动，一边下滑一边得到稠化。上升水流在导流片的作用下，产生缓慢的旋涡，使斜板上的泥渣重又浮起，并相互接触碰撞，形成内部泥渣的再循环。每经过一片导流片，便产生一次再循环，从而加快了絮体的结合，使斜板间的悬浮泥渣层达到很高的浓度。水流穿过高浓度的悬浮层，起到了泥渣过滤作用，不但使水的浑浊度很快降低，而且大大缩短了絮凝时间。同时，缓慢的涡旋运动使悬浮泥渣层的凝聚力得到加强，从而可使处于较高上升流速下的悬浮层保持在斜板之间。

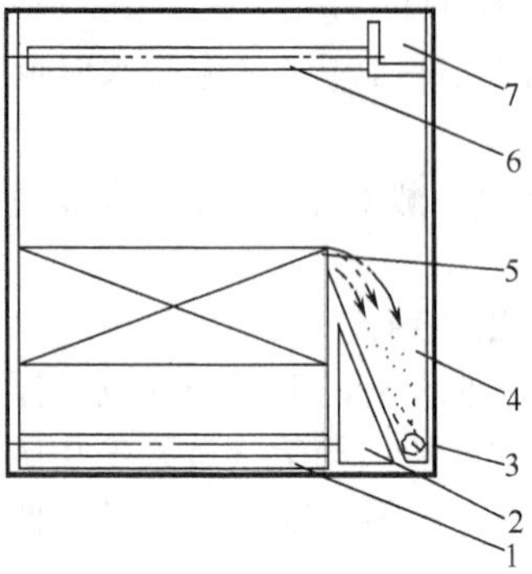


图 2-2-14 污泥横向扩散
1—穿孔配水管；2—配水廊道；3—穿孔排泥管；4—泥渣浓缩室；5—斜板；6—穿孔出水管；7—集水槽

悬浮泥渣层上界面的高度由泥渣浓缩室的上沿高度来控制。浓缩室内的水处于静止状态，泥渣进入泥渣浓缩室后便自然压缩。这样，在池内的同一高度水平上，出现泥渣浓度梯度，使池内泥渣悬浮层的“多余”泥渣不断地向泥渣浓缩室横向扩散，见图 2-2-14，浓缩后的泥渣由排泥系统定时排出池外。

由此可见，超脉冲澄清池除了靠脉冲作用保持整个悬浮泥渣层的均质膨胀外，还依靠浓密的泥渣层在斜板间的再循环来提高絮凝效果，形成良好的絮粒，使澄清水从浓密的悬浮层中分离出来，从而获得快速高效的净水能力。

### 109 什么是悬浮澄清池？

悬浮澄清池是悬浮泥渣型的澄清池。其结构如图 2-2-15 所示。

原水投加混凝剂后，通过底部穿孔管进入悬浮泥渣层，和池内原有的活性泥渣相互接触，进行混凝反应，除去水中固体颗粒使水得到净化。悬浮澄清池又分单层式和双层式两种。

悬浮澄清池主要由澄清室、泥渣浓缩室、进出水系统和排泥系统等组成。

悬浮澄清池的工作原理如下：

原水中加入混凝剂后，先经过气水分离器，由穿孔配水管进入悬浮澄清池底部，自下而上通过悬浮泥渣层——由于水流上升流速控制适当，使上升水流对于矾花的摩擦力等于矾花的重力时，矾花就处于悬浮状态，当到达一定的浓度后，就形成悬浮泥渣层。原水中的固体颗粒杂质与悬浮泥渣层相接触，而被吸附，清净的水从穿孔集水槽流出。当悬浮泥渣层中泥渣浓度不断增加时，就从排泥窗口进入泥渣浓缩室，经下沉浓缩后，定期排除。

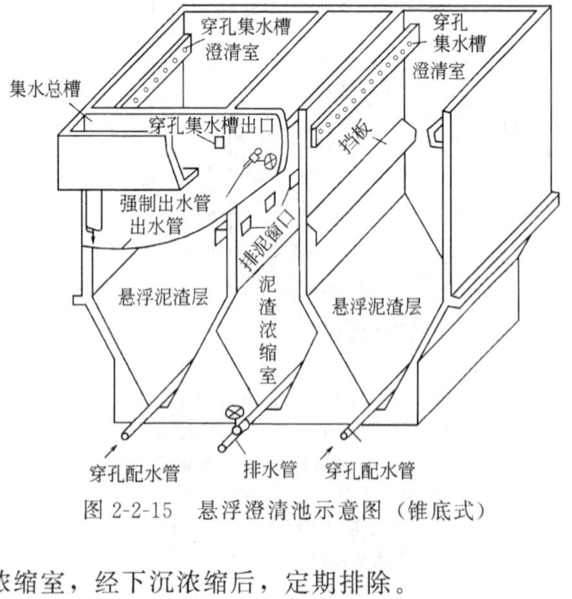


图 2-2-15 悬浮澄清池示意图（锥底式）

### 110 如何进行悬浮澄清池的运行管理？

悬浮澄清池的运行管理工作如下。

（1）开车之前，应进行竣工验收，检查和清扫各部，并做好沉降试验。

（2）开车初期，先控制较低的上升流速，一般约 0.5～0.7mm/s。加大混凝剂的用量为正常加药量的两倍。当悬浮泥渣层形成之后，开启强制出水阀，将水量逐渐加大，使上升流速达到 0.9～1.0mm/s，然后适当调低加药量。

（3）运行中控制好悬浮泥渣层。悬浮泥渣层的矾花颗粒能吸附水中的胶体物质，因接触凝聚，原水就从悬浮泥渣层中渗透而得到澄清。泥渣层的浓度对净水效果影响很大，浓度过低，接触凝聚就差，出水水质也差，但是浓度过大，泥渣层中孔隙减少，孔隙间的上升流速增加，会使泥渣膨胀带出矾花。有时泥渣层厚度高达 2.0m 左右，此时应立即排泥，并适当减少进水量，保持悬浮层厚度在 1.5m 左右。当上升流速增大时，悬浮层的浓度会降低；上升流速小时，悬浮层的浓度变高。因此，在增加出水量时，要同时增加混凝剂量，以保证悬浮层保持一定的浓度。处理低浊度的水，亦需适当增加混凝剂的用量。

（4）悬浮澄清池在停池后恢复运行时，先应增大上升流速至 1.6～2.0mm/s 以冲动悬浮泥渣层。此时要细致观察，而当悬浮层扩散到排渣筒进口附近时，暂停进水，待其下沉至距进口 0.8m 左右时，即以正常流速投入运行。一般在一小时左右可出合格清水。

（5）穿孔管排泥要畅通，应设有压力 0.29～0.39MPa（3.0～4.0kgf/cm$^2$）的冲洗设备，冲洗孔眼朝下成 45°角，一般冲洗 2min，即可使排泥获得较好的效果。

（6）水量的变化不应太频繁，以免破坏已形成的悬浮层。

### 111 试述各类澄清池的适用条件？有何优缺点？

各类澄清池的适用条件及优缺点如下。

| 型 式 | 适 用 条 件 | 主 要 优 缺 点 |
|---|---|---|
| 加速澄清池 | ① 适用于大中型水处理厂<br>② 进水悬浮物含量一般＜3000mg/L，短期允许 5000～10000mg/L<br>③ 一般建于圆形场地 | 优点：<br>① 适应性较强，处理效果较稳定<br>② 处理效率高，单位面积产水量大<br>③ 采用机械刮泥，处理高浊水也有一定适应性<br>缺点：<br>① 需要机械搅拌设备，投资较高<br>② 机械维修较麻烦 |
| 水力循环澄清池 | ① 适用于中小型水处理厂<br>② 一般用于圆形池子<br>③ 进水悬浮物含量小于 2000mg/L，短期允许小于 5000mg/L | 优点：<br>① 池子结构简单<br>② 无机械搅拌设备<br>缺点：<br>① 投药量较大<br>② 对水质变化、水量变化、温度变化的适应性较差 |
| 脉冲澄清池 | ① 适用于大中小型水厂<br>② 可做成圆形、矩形或正方形池子<br>③ 进水悬浮物含量一般小于 3000mg/L，短期允许5000～10000mg/L<br>④ 宜于平流池改造 | 优点：<br>① 混合充分，布水均匀<br>② 虹吸式机械设备较简单<br>缺点：<br>① 真空式设备较复杂<br>② 操作管理要求高 |
| 悬浮澄清池 | ① 要求水量及水温变化不可太大，每小时水量变化不大于 10%，水温变化不大于 1℃<br>② 进水悬浮物含量小于 3000mg/L<br>③ 适用于圆形或方形池子 | 优点：<br>① 构造简单<br>② 能处理高浊度的水<br>缺点：<br>① 需要气水分离设备<br>② 对进水量、温度的适应性较差 |

### 112 澄清（沉淀）池有几种排泥方法？有何优缺点？

各种排泥方法及其适用条件和优缺点如下。

| 排泥方法 | 适用条件 | 主要的优缺点 |
|---|---|---|
| 人工排泥 | ① 一般用于小型水处理厂<br>② 原水水质较清<br>③ 池数不少于2个，轮换用 | 优点：<br>① 池底结构简单<br>② 造价低<br>缺点：<br>① 排泥耗水量大<br>② 劳动强度较大 |
| 多斗底重力排泥 | ① 用于原水浑浊度较高时<br>② 一般用于大中型水处理厂 | 优点：<br>① 劳动强度小<br>② 耗水量较小<br>缺点：<br>① 池底结构复杂，施工较困难<br>② 排泥不够彻底 |
| 穿孔管排泥 | ① 对进水浑浊度适应范围广<br>② 可用于改建的水厂 | 优点：<br>① 劳动强度小<br>② 排泥耗水量小<br>③ 排泥时不用停水<br>④ 池底结构简单<br>缺点：<br>① 孔眼易堵，排泥效果不稳定<br>② 检修不方便 |
| 机械吸泥机排泥 | ① 可用于原水浑浊度较高时<br>② 用于排泥次数较多时<br>③ 用于大中型水厂的平流沉淀池 | 优点：<br>① 排泥效果好<br>② 劳动强度低，操作简便<br>③ 池底结构简单<br>④ 可连续性排泥<br>缺点：<br>设备多、耗材多 |
| 机械刮泥机排泥 | ① 用于原水浑浊度高的情况下<br>② 适于排泥次数多的时候<br>③ 用于大中型水厂辐流式沉淀池及加速澄清池 | 优点：<br>① 排泥效果好，彻底<br>② 劳动强度低，操作方便<br>③ 可以连续性排泥<br>缺点：<br>① 设备多，耗材多<br>② 有刮泥板装置，池底结构较复杂 |
| 机械吸泥船式排泥 | ① 用于原水浑浊度高的情况<br>② 用于大型水厂预沉池<br>③ 用于含沙量大的原水处理 | 优点：<br>① 排泥效果好<br>② 可连续性排泥<br>③ 操作方便<br>缺点：<br>设备维修复杂 |

### 113 水温的变化对澄清池出水水质有何影响？

澄清池在运行过程中，进、出水温都是相对稳定的，因此，水的流动状态是有规律的、稳定和正常的，出水系统的水流处于层流状态，因此水质稳定。但是当澄清池中的进水温度出现较大温差和波动时，会出现热水流现象，造成水流的局部区域扰动，水流速度发生瞬间变化，破坏正常的悬浮泥渣层，出现泥渣上浮，或是水流“短路”，使澄清池的出水水质浑浊度上升。

### 114　澄清池出现大量矾花上浮是何原因？

澄清池出现矾花上浮的原因是多方面的，它将直接影响出水水质，因此要引起注意。澄清池出现大量矾花上浮的原因如下。

（1）澄清池搅拌机的转速过快，搅碎了矾花，而碎矾花再凝聚就更困难，使泥渣强度下降，矾花上浮。遇到此种情况时，要控制好搅拌机叶轮外缘的线速度，不得超过设计规定，并适当增加混凝剂的用量，重新形成悬浮泥渣层。

（2）澄清池回流缝堵塞，活性泥无法回流，矾花沿池壁上浮。此时要开启回流缝冲洗管道，疏通堵塞，适当进行中心排污，并提升搅拌机的回流量至出水水量的4～5倍，就可以避免上浮现象。

（3）没有及时定期排泥，或者泥渣层高度波动较大，或是泥渣层过高，引起矾花上浮。这时，要及时进行排泥，调整或控制好泥渣层高度。

（4）混凝剂加量小，难以形成矾花，凝聚效果差，悬浮物没能分离和沉淀；或是混凝剂加量过大，产生反离子现象，难以凝聚，也会产生矾花上浮现象。

（5）水温突变，引起水流扰动，泥渣层上浮。此时，可适当降低搅拌速度和增加混凝剂用量，调节出水量使水流稳定。如果有可能，可以适当投加活性泥或黏泥。

（6）如果是加石灰浆的澄清池，若加量过大，会生成$CaCO_3$胶体，使得矾花体积大而密度小，易上浮。但如果加量过少，生成的$CaCO_3$沉淀小，矾花体积小，反应区上部的泥渣层强度降低而上浮，这时，要适当调整搅拌机速度，并稳定控制碱度$c\left(\frac{1}{x}B^{x-}\right)2P-M=0\sim-0.4$mmol/L，并适当增加混凝剂量。

### 115　澄清池里加氯有什么作用？

澄清池里加氯主要有四大作用：

（1）杀菌灭藻，抑制微生物的滋生；

（2）分解水中的有机物质，破坏水中胶体物质的稳定，使它们在混凝剂的作用下被去除；

（3）提高混凝剂的效果，有些混凝剂如$FeSO_4$，在氯的氧化作用下$Fe^{2+}$转化为$Fe^{3+}$，发挥混凝剂的效用；

（4）氯气是强氧化剂，可以把水中的还原性物质如氧化亚铁、氧化亚锰等氧化为高价化合物，防止其腐蚀和污染水质，便于去除。例如把水中$H_2S$类物质氧化、脱氢，生成硫黄等沉淀，予以去除。

但应注意，加氯量要适中。加量不足，不能起到应有作用；加氯过量会引起腐蚀，增加下一道工序如活性炭过滤器的负担，甚至穿过活性炭过滤器进入脱盐水系统而影响阳离子交换树脂的性能，降解其交换基团，降低其交换能力，减少工作交换容量，使出水水质变差等。因此澄清池出水的余氯要严格控制，正常操作控制在0.1～0.3mg/L为好。

### 116　什么叫气浮净水技术？

气浮净水技术是在水中通入或是产生大量的微细气泡，使其黏附于杂质絮粒上，造成整体密度小于水的状态，并依靠浮力使其浮至水面，从而获得固液分离的一种净水方法。这是当今国际上正在积极研究和推广的一种水处理技术。我国的气浮净水技术经多年来的研究已达到相当水平。

气浮技术的方法种类很多，有压力溶气法、真空释气法、微孔布气法、电解产气法、化学产气法、机械碎气法及生产产气法等。但是，研究和应用最多的是压力溶气法气浮净水技术。

水中并非所有的物质都能黏附到气泡上去的，亲水性大的物质无力挤开水膜，黏附不上气泡，故不能气浮。有的物质虽容易被气浮，但也不是任何气泡都能附着上去的，例如大的气泡具有较大的上升力，但大的上升力产生的惯性不仅不能使气泡很好地附着于絮粒表面，反而造成严重的紊流而撞碎絮体，甚至会把已经附着的小气泡也拉下来。因此，制造一种大小尺寸能够控制而惯性力小的细微气泡，成了取得气浮净水效果的关键。气泡直径大小一般在10～120μm 之间，能满足气泡微细度的要求。

### 117 什么是压力溶气法气浮净水技术?

压力溶气法气浮技术所产生气泡的微细度和稳定性很高，能很好地满足气浮技术要求，能耗低、操作管理可靠、简易，并能适应大、中、小型设备的要求，所以与其他形式气浮法相比，占有一定的优势。

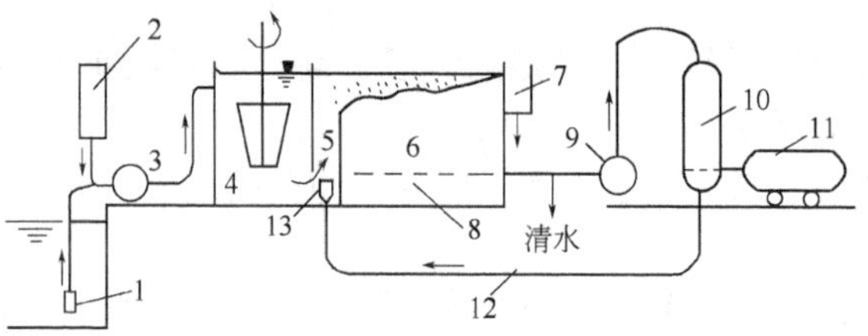

图 2-2-16 气浮净水工艺流程示意

1—原水取水口；2—絮凝剂投加设备；3—原水泵；4—絮凝池；5—气浮池接触室；6—气浮池分离室；7—排渣槽；8—集水管；9—回流水泵；10—压力溶气罐；11—空气压缩机；12—溶气水管；13—溶气释放器

压力溶气法气浮净水技术的工艺流程如图 2-2-16 所示。

原水经原水泵 3 提升，并于泵前吸入絮凝剂后，进入絮凝池 4，经絮凝后的水自底部进入气浮池接触室 5，与溶气释放器 13 释出的微气泡相遇，絮粒与气泡黏附，即在气浮池分离室 6 进行渣、水分离。浮渣布于池面，定期刮（溢）入排渣槽 7，清水由集水管 8 引出，进入后续处理构筑物。其中部分清水，则经回流水泵 9 加压，进入压力溶气罐 10；与此同时，空气压缩机 11 将压缩空气压入压力溶气罐，在溶气罐内完成溶气过程，并由溶气水管 12 将溶气水输往溶气释放器 13，供气浮用。

从以上工艺流程可知，压力溶气法主要由三大部分组成，即压力溶气系统、溶气释放系统及气浮分离系统。

压力溶气系统包括水泵、空压机、压力溶气罐及其他附属设备。其中压力溶气罐是影响溶气效率的关键设备；其功能是在一定的压力下，尽可能多地将空气溶于水中。在实现高效率溶气的前提下，要求尽可能地减小压力溶气罐的体积，降低泵与压缩机的电耗，充分利用压入的空气，减少未溶空气的排放，提高溶气罐的管理水平，做到水位自动控制。

其主要工艺参数如下。

溶气罐压力：0.2～0.4MPa；

罐的过流密度：3000～5000$m^3/(d \cdot m^2)$；

填料层高度：0.8～1.3m；

液位控制范围：0.6～1.0m（罐底以上）；

溶气罐承压能力：0.8MPa 以上。

溶气释放系统功能是将压力溶气水通过消能、减压，使溶入水中的气体以微气泡的形式释放出来，并能迅速而均匀地与水中的杂质相黏附。

气浮分离系统的功能是确保一定容积来完成微气泡群与水中絮粒充分混合、接触、黏附以及带气絮粒与清水的分离。

**118　电解气浮法有何净水功能？**

电解气浮法有多种形式，以平流式电解气浮池应用较多。其示意图见图 2-2-17。

原水送入进水室，通过整流栅，再进入电解室。电解室内装有用惰性材料制作的多组阳极和阴极，在此通直流电直接电解水，在正负两极产生氢和氧的微小气泡。这些微小气泡随水进入气浮池，并将絮粒带至水面进行固液分离。干净水在水位调节阀的控制下流出池外。浮渣由刮渣机刮至浮渣室，通过排渣阀排出池外。由于电解法产生的气泡尺寸远小于压力溶气法等方法的气泡，所以净水效果好。除能进行固液分离之外，在电解过程中还能产生多种氧化剂，因而还具有降低 BOD、脱色、除臭、氧化和消毒等净水功能。

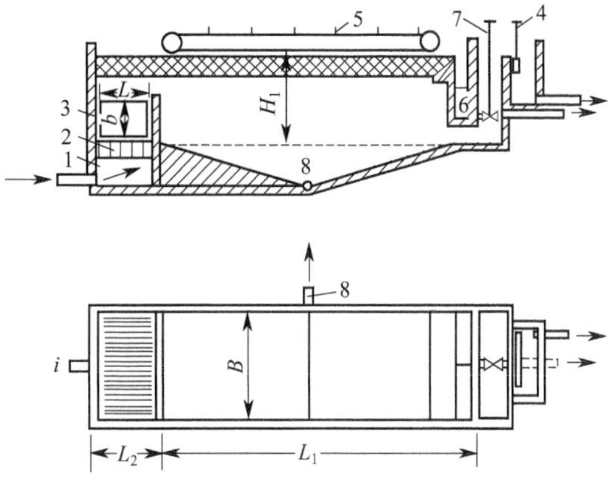

图 2-2-17　平流式电解气浮池示意图

1—进水室；2—整流栅；3—电极组；4—水位调节阀；5—刮渣机；6—浮渣室；7—排渣阀；8—排泥管

**119　气浮净水技术有何特点？其适用条件如何？**

气浮与一般沉淀、澄清相比，具有下列特点。

(1) 由于它是依靠无数微气泡黏附絮粒，因此，对凝聚的要求可适当降低。一般能节约絮凝剂量及减少絮凝时间。

(2) 单位面积产水量高，且可缩短清水与泥渣的分离时间，使池子容积及占地面积减小，造价降低。

(3) 处理后的出水水质，有利于后续处理，延长滤池的冲洗周期，节约冲洗耗水量。

(4) 排泥方便，耗水量小，泥渣含水率低，为泥渣进一步浓缩处理提供了有利条件。

(5) 池的深度较浅，池体结构简单，管理方便，可随时开、停，而不影响出水水质。

(6) 日常运转电耗稍高。

(7) 增加一套供气、溶气、释气设备。

由于气浮是依靠气泡来托起絮粒的，絮粒越多、越重，所需气泡量越多。故气浮不宜用于含泥沙多的高浊原水，一般适用以下条件的水。

(1) 低浊原水（一般原水常年悬浮物含量在 100mg/L 以下）。

(2) 含藻类及有机杂质（如水草、腐叶等）较多的水。

(3) 低温度（水温在 4℃以下）水，也包括冬季水温较低而用沉淀、澄清处理效果不好的原水。

(4) 水源受到一定程度的污染及色度高、溶解氧低的原水。

## (三) 过　滤

**120　过滤在水的净化过程中有何作用？**

水处理的沉淀和澄清过程，把水中一部分较大的固体颗粒或容易沉降的杂质加以去除。但要进一步使水净化，就得利用过滤的方法，使水通过滤料层后，将水中的细小颗粒杂质截留下来，从而使水得到进一步的澄清和净化，把水的浑浊度再降低些。过滤还可以使水中的有机物质、细菌、病毒等随着浑浊度的降低而被大量去除，并为滤后的消毒创造了良好的条件，水中细菌失去浑浊物的保护和依存而呈现裸露形态是有利于杀菌的。因此过滤是使工业用水和生活用水达到卫生、安全的极其重要的净化措施。对于软化和除盐水处理，也需对原水进行过滤净化，使浑浊度小于5NTU，甚至有的要求接近零，这样，可使离子交换树脂免受悬浮物的污染，并可提高工作交换容量。对于循环冷却水处理来说，其补充水必须要经过过滤，浑浊度要小于5NTU，以确保循环冷却水在低浊度下运行，避免冷却水系统的淤泥沉积。

### 121 滤池的过滤原理是什么？

滤池里不同颗粒大小的滤料，从上到下、由小而大依次排列。当水从上流经滤层时，水中的固体悬浮物质进入上层滤料形成的微小孔眼，受到吸附和机械阻留作用被滤料的表面层所截留。同时，这些被截留的悬浮物之间又发生重叠和架桥等作用，就好像在滤层的表面形成一层薄膜，继续过滤着水中的悬浮物质，这就是所谓滤料表面层的薄膜过滤。这种过滤作用不仅滤层表面有，而当水进入中间滤层时也有这种截留作用，为区别于表面层的过滤，称为渗透过滤作用。此外，由于滤料彼此之间紧密地排列，水中的悬浮物颗粒流经滤料层中那些弯弯曲曲的孔道时，就有着更多的机会及时间与滤料表面相互碰撞和接触，于是，水中的悬浮物在滤料的颗粒表面与凝絮体相互黏附，从而发生接触混凝过程。

综上所述，滤池的过滤就是通过薄膜过滤、渗透过滤和接触混凝过程，使水进一步得到净化。

### 122 什么是慢滤池？

慢滤池因其过滤速度只有0.1～0.3m/h，故称之。由于滤速很低，占地面积大，刮泥次数多又费人力，因此曾经逐渐被淘汰。自从20世纪70年代诸多水源被有机物所污染，人们发现慢滤池在过滤过程中有生物净化作用，能使水中部分有机物以及氨氮等得到一定的去除，同时又开发成功慢滤池的机械刮砂和洗砂技术，使慢滤池的作业实现了机械化和现代化。目前，对慢滤池生物净化作用以及新型慢滤池的研究成为热点。慢滤池的示意图见图2-3-1。池子为长方形，池内装有粒径为0.3～1.0mm的石英砂滤层，层厚约1.0m；滤层的承托层是由数层粒径由上而下逐渐增大的卵石层构成的，粒径变化范围为1～32mm，厚约0.5m；承托层下为沟渠构成的集水系统；滤层上部水深一般为1.2～1.5m；滤池的总深度为3.5～4.0m。滤池工作时，是将经沉淀以后的水引入滤池上部，由上向下经滤层过滤，水中悬浮物被截留于滤层中，滤后的清水经下部集水系统收集后，引出池外。

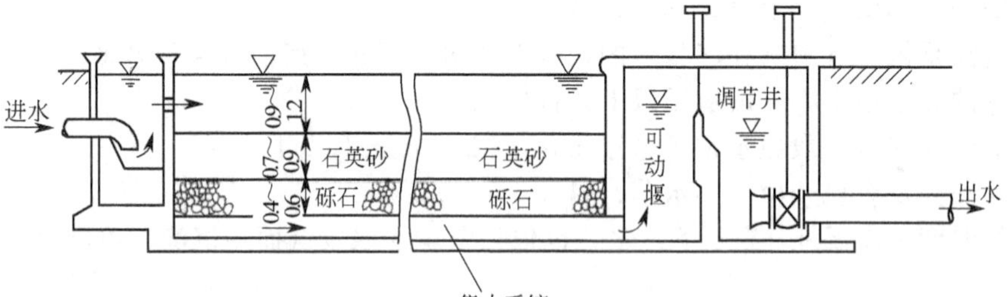


图 2-3-1 慢滤池

新建慢滤池投运之初，有段时间出水浑浊度一般还比较高，这段时间，滤层除截留悬浮物外，还包括原生动物、细菌、藻类等微生物在滤层表面生长繁殖而形成滤膜，这个过程约1～2周左右，到时出水逐渐变得清澈。如果不是新池，滤膜生长至成熟期约2～3d。当滤膜不断截污，阻力增大，滤速减小时，滤池就需要停池，将表面含泥膜的砂层刮去1～2cm，再补充适量滤砂，然后再进水过滤，进行新的一轮净水。

### 123 快滤池的工作原理是怎样的？

快滤池是一种滤速大的池型，一般滤速达8m/h，最大可达35m/h。快滤池按滤料层可分为单层滤料、双层滤料、多层滤料，以及变孔隙滤池；按水流方向可分为下向流、上向流、平向流及双向流滤池；按阀门的数量可分为双阀、单阀和无阀滤池；还有常用的虹吸式滤池、压力式滤池均属于快滤池。快滤池的滤层厚，通常要大于 0.7m。大都设在混凝沉淀之后。进水浑浊度<20NTU，具有截留、沉淀、架桥、絮凝等综合作用。快滤池是给水处理中最常用的滤池。普通下向流快滤池的结构图见图 2-3-2。

普通快滤池用砖或钢筋混凝土建造，池内由配水干管、配水支管、承托层、滤料层以及布水槽等组成，池旁由清水管、反洗水管及滤水管等管廊和管渠等组成。

普通快滤池的工作原理分过滤和反洗两个过程。

过滤时：经过澄清的水浑浊度小于 20NTU，从浑水干管 1，经过浑水渠 6，流入布水槽 13 进入滤池，水经过滤料（砂）层，以8～14m/h 过滤速度，将水中的残余杂质截留在滤料表面及滤层里面，使水变清成为洁净的过滤水。过滤水经由级配卵石组成的承托层 8、配水支管 9，汇集到配水干管 10。最后，从过滤水管进入过滤水池，此时出水浑浊度小于 5NTU 或更低。

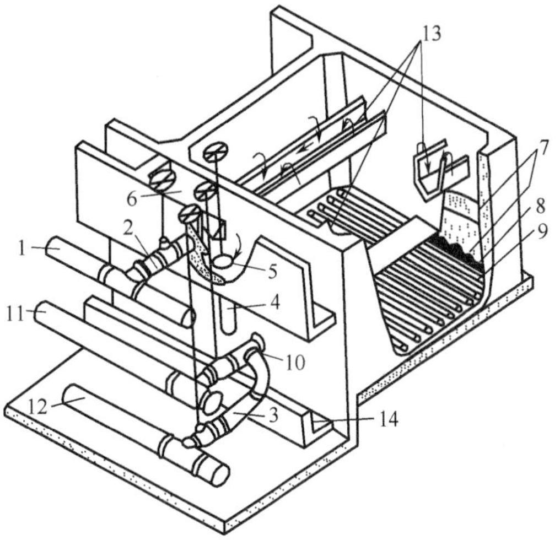


图 2-3-2　普通快滤池结构示意图

1—浑水干管；2—浑水支管；3—清水支管；4—排水管；5—排水阀；6—浑水渠；7—滤料层；8—承托层；9—配水支管；10—配水干管；11—冲洗水总管；12—清水总管；13—布水槽；14—排水渠

反洗时：先关闭浑水管道上的进水阀，等滤池的水位下降 10cm 左右时，再关过滤水管上的阀门，然后开启排水管 4 及冲洗水的排水阀 5，冲洗水从冲洗水总管 11，经过配水系统的干管 10、支管 9，水从下而上流过承托层 8 和滤料层 7，滤料在上升水流的作用下，悬浮起来并逐步膨胀到一定高度，使得滤料中的杂质、淤泥冲洗下来，废水进入布水槽 13，经浑水渠和排水管，排入沟渠，冲洗直至排出水清澈为止。冲洗强度通常控制在 12～15 L/(s・m$^2$)范围内。

### 124　快滤池要进行哪些测定工作？

快滤池的运行管理要定期进行滤速、冲洗强度、滤层的膨胀率及滤层泥球百分率测定，来指导生产管理工作。具体做法如下：

（1）过滤速度测定　简易的测定方法是关闭进水阀门，让滤池水位下降，按一定的时间内下降的水位高度计算滤速。如用秒表计时，当时间为 60s 时，水位下降 0.2m，那么滤速：

$$S=\frac{0.2\text{m}}{60\text{s}}\times 3600\text{s/h}=12\text{m/h}$$

此值稍低于运行中的真实滤速。因为，在测定时的水位低于运行时的水位，滤速就慢一些。

（2）冲洗强度测定　根据冲洗用去的水量、冲洗经历时间以及滤池面积的测定来计算冲洗强度（$W$）：

$$W=\frac{\text{冲洗水量(L)}}{\text{滤池面积(m}^2\text{)}\times\text{冲洗时间(s)}}\quad[\text{L/(s}\cdot\text{m}^2\text{)}]$$

（3）滤层膨胀率测定　滤层的膨胀率是指滤层在一定反冲洗强度下发生体积膨胀，体积膨胀前后的差与滤层膨胀前体积的比值。即：

$$滤层膨胀率=\frac{V-V_0}{V_0}\times100\%$$

式中　$V_0$、$V$——分别表示滤层膨胀前、后的体积，$m^3$。

快滤池的滤层膨胀率在40%～50%为好。需要指出的是，当水温升高时，水的黏度和密度下降，必须用更大的反冲洗强度，才能使滤层达到同样的膨胀率。

测定滤层膨胀率时，可做一个特制测棒，在测棒上每隔2cm钉许多小方盘。在冲洗之前，将测棒固定在池壁上，如图2-3-3所示。

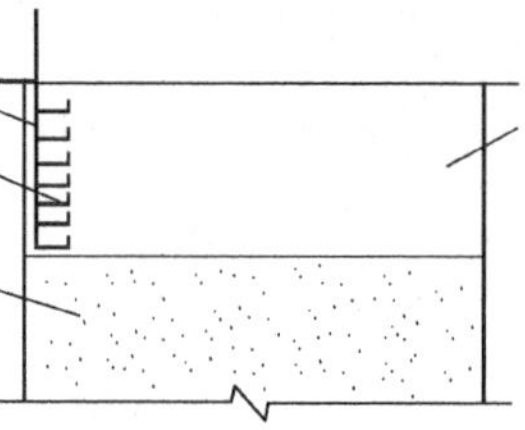


图2-3-3　滤层膨胀率测定示图
1—测棒；2—小方盘；
3—滤料；4—滤池

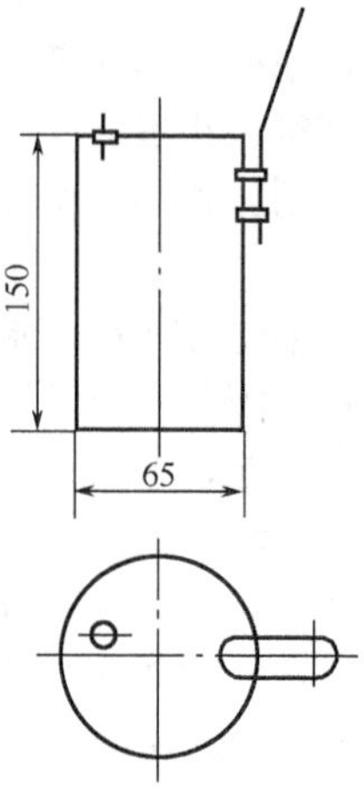


图2-3-4　取砂样器

在反冲洗滤层膨胀时，将砂滤料上升留在各盘内，等冲洗完毕后取出检查，有滤料的最高一格小方盘的高度，就是滤料层膨胀的高度。并由此计算出滤层的膨胀率。

(4) 滤层泥球体积分数测定　测定滤层泥球体积分数的目的是评价冲洗效果的好坏。冲洗效果好的，滤池砂面平坦，没有泥球污泥层，否则就有。测定时，将取样器（图2-3-4所示）垂直插入滤层至砂面平齐，取出样200～250mL，倒在直径200～250mm、高40～60mm、蒙有2.5mm孔眼的筛子上，然后把筛子放在盛有清水的盆内小心摇动，使砂穿过筛孔，而留在筛上是大于2.5mm的泥球，再把泥球放到预先充水的玻璃量筒中，计算加入泥球前后的量筒中水位刻度的变化，就可以得到泥球体积。泥球的体积分数如下计算：

$$泥球体积分数=\frac{泥球体积(mL)}{砂样总体积(mL)}\times100\%$$

冲洗效果的好坏据下表评定：

| 泥球体积分数/% | 0.0～0.2 | 0.2～0.5 | 0.5～1.0 | 1.0～5.0 | 大于5.0 |
|---|---|---|---|---|---|
| 判断 | 极好 | 好 | 满意 | 不好 | 极坏 |

**125　什么叫滤池的水头损失？为什么要控制水头损失？**

水头损失是指水通过滤层的压力降，水头损失是常用来判断滤池是否需要冲洗的指标之一。

当滤池运行到水头损失达一定数值时，就应停用，进行反冲洗。滤池不能运行到水头损失过大，其原因有：

(1) 当水头损失很大时，过滤操作必须增加压力，这样就易于造成滤层破裂，在滤层的个别部位有裂纹的现象。此时，大部分水从裂纹处穿过，形成水流短路，破坏了薄膜过滤作用，从而影响水质。

(2) 水头损失与滤层中杂质含量有关。水头损失过大，说明滤层中杂质量太多，会造成滤料结块，反洗不易洗净等不良后果。

此外，滤层设备各部分是按一定压力设计的，不能承受过高的压力。

### 126 快滤池常见什么故障？如何处理？

快滤池常见的故障及处理的方法如下：

(1) 滤层气阻 原因是滤池进水带气、水中溶解的气体逸出以及“负水头”产生所引起。滤层气阻会使水质恶化，滤料层开裂及产水量减少等危害。

处理方法：①增加砂面上的水深，不使产生“负水头”；②更换表面滤料；③增大滤料粒径；④增大滤速。

(2) 滤层结泥球 原因是：长期反冲洗不干净，或是承托层及配水系统堵塞。结泥球会使水质恶化。

处理方法：①适当调整冲洗强度和冲洗时间；②增设表面冲洗装置或用压缩空气辅助冲洗；③结泥严重时，进行人工翻砂清洗，应检查承托层及配水系统是否堵塞并及时处理；④将滤池反洗后，在砂面上保持20～30cm水深，每平方米池面约加0.3kg液氯或1kg漂白粉，浸泡12h，以破坏结泥球的有机物质。

(3) 跑砂、漏砂 原因是：①冲洗强度过大；②滤料级配不当；③冲洗水不均匀；④承托层移位。跑砂、漏砂使水质差，滤料漏失。

处理方法：应检查配水系统并适当降低冲洗强度。

(4) 微生物滋长 原因是：进水中常带有多种藻类及水生生物停留在滤层中并滋长繁殖，尤其在炎热及水温高的情况下，繁殖更快。微生物的滋长也会使水质变差，并影响卫生标准，微生物还会分泌黏液使滤料层黏结并堵塞。

处理方法：在过滤前进行加氯杀菌灭藻处理。

### 127 为什么滤池要有一定的反冲洗时间？

滤池的冲洗效果与冲洗强度、滤层膨胀率及冲洗时间有关。但是，即使冲洗强度及滤层膨胀率适当，如果冲洗时间不足，也达不到冲洗效果。由于冲洗时间不足，会使冲洗的泥渣废水来不及排除，冲洗虽已结束，但脏物仍阻留在滤层中，并有可能使滤料被污泥所覆盖，过滤的能力也就差了。这样，滤池的出水量越来越小，出水浑浊度会逐渐升高，滤池的阻力增大，能耗增加。因此，必须要保证一定的冲洗时间。根据测定及运行经验，反冲洗时间可按下表确定：

| 滤料组成 | 反冲洗时间 /min | 反冲洗强度 /[L/(s·m$^2$)] | 膨胀率 /% |
|---|---|---|---|
| 单层滤料 | 5～7 | 12～15 | 45 |
| 双层滤料 | 6～8 | 13～16 | 50 |

### 128 滤池的冲洗有哪几种方式？

按照供给冲洗水源不同而有两种方式：一是水塔冲洗；二是加压水泵冲洗。水塔冲洗操作简单，但造价较高；水泵冲洗操作比较麻烦，耗电较大，但投资较小。

当用水塔冲洗时，水塔的水深不要超过3m，以免冲洗初期和末期的水位相差太大，而影响冲洗强度变化过大，水塔的容积应有单个滤池冲洗水量的1.5倍。当用加压水泵冲洗时，其扬程应大于滤池各部水头损失之和，而流量应根据冲洗强度和滤池面积来决定。

### 129 什么叫反冲洗强度？怎样确定合适的反冲洗强度？

反冲洗强度，是指每平方米过滤面积上，单位时间内所用去的冲洗水量。单位是L/(m$^2$·s)。反冲洗强度与滤料的级配有关。反冲洗强度与滤料级配的关系见下表。

| 滤料 | | | 反冲洗强度/[L/(m² · s)] | | |
|---|---|---|---|---|---|
| 种类 | 级配/mm | 层高/mm | 水反洗 | 擦洗 | |
| | | | | 空气 | 水 |
| 无烟煤 | 0.8～1.5 | 700 | 10 | | |
| 石英砂 | 0.5～1.2 | 700 | 15 | | |
| 大理石 | 0.5～1.2 | 700 | 15 | | |
| 无烟煤 | 0.8～1.8 | 400～500 | 13～16 | 10～5 | ～10 |
| 石英砂 | 0.5～1.2 | 400～500 | 13～16 | 10～15 | ～10 |
| 石英砂 | 0.5～1.2 | 1200 | 15～18 | | |
| 无烟煤 | 0.5～1.2 | 1200 | 10～12 | | |

### 130　什么是虹吸滤池？

虹吸滤池的设计滤速一般为10m/h，可以做成圆形或方形，一般是由数格（如6～8格）滤池组成一个整体，便于管理和冲洗。由于滤池的进水和冲洗水的排除都由虹吸管完成，所以叫虹吸滤池。

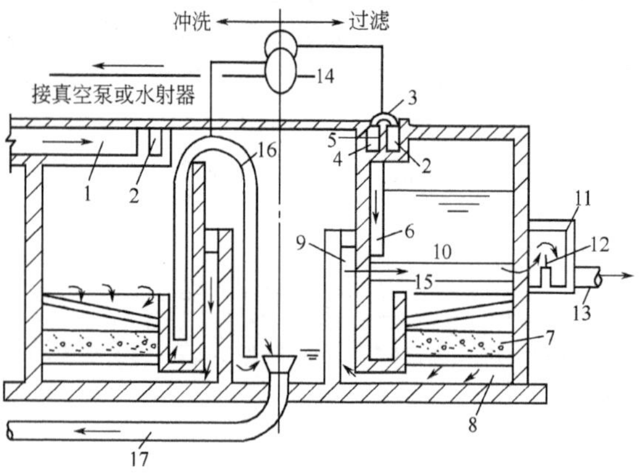


图 2-3-5　虹吸滤池示意图

1—进水槽；2—环形配水槽；3—进水虹吸管；4—进水虹吸管水封槽；5—进水堰；6—布水管；7—滤料层；8—配水系统；9—环形集水槽；10—出水管；11—出水井；12—控制堰；13—清水管；14—真空系统；15—洗水槽；16—冲洗虹吸管；17—冲洗排水管

虹吸滤池的构造如图2-3-5所示，图的右半部表示滤池的过滤情况，图的左半部表示滤池的反冲洗情况。

虹吸滤池的工作原理：经过沉淀或澄清的水由进水槽1流入环形配水槽2。在过滤时，原水由进水虹吸管3进入水封槽4。再经进水堰5和布水管6流入各格滤池中，各格滤池独立运行。当某格滤池内水位上升，超过出水井11内的控制堰12的堰顶高，并克服滤料层7、配水系统8及出水管10的总水头损失时，开始过滤。此时，水经滤料层和配水系统流入环形集水槽9，经出水管10流入出水井11，通过控制堰12和清水管13，再流到过滤水池。

虹吸滤池是依靠池内水位和控制堰12出水水位之间的高差来过滤的。因此，经过一定时间的过滤运行，滤层的阻力增大，水头损失增加，致使滤层上的水位升高，当水位逐步升高至一定的高度时，也即水头损失到达一定的最大允许值时（一般为1.5～2.0m左右），滤池就要进行反冲洗。此时，首先破坏进水虹吸管3的真空，使配水槽2的水不再进入滤池。利用真空泵和水射器使虹吸管16形成真空，滤池内的水通过冲洗虹吸管和冲洗排水管17排走，直至滤池内水位继续降低至环形集水槽9水位以下时，就开始反冲洗。水自下而上通过滤层，冲洗的废水继续由冲洗排水管排出。而冲洗的水源是由组合中的其他几格滤池通过环形集水槽源源不断供给，直至排出水水质清洁时为止。要结束滤池的冲洗就要破坏冲洗虹吸管16的真空，可以打开冲洗虹吸管上放空气阀，让空气进入，冲洗即行停止，然后再启动虹吸管3，滤池又重新开始过滤。

### 131　什么是重力式无阀滤池？

重力式无阀滤池由于其操作简单，管理方便，而在生产上广为使用。重力式无阀滤池的设计滤速一般为10m/h，平面形式大都为长方形，砖或钢筋混凝土结构，一般两个滤池为一组，建在一起，其构造如图 2-3-6 所示。

无阀滤池的工作原理如下：

过滤时的流程是：经沉淀或澄清后的清水，从配水槽 1、U 形进水管 2，进入虹吸上升管 3，再由顶盖 4 内的布水挡板 5 均匀地布水于滤料层 6 中，水自上而下通过滤料层过滤，过滤水从小阻力配水系统 7 进入集水区 8 后，通过连通渠 9 流到冲洗水箱——即冲洗水箱 10，当水位上升至出水管 11 时，过滤水就流入清水池。

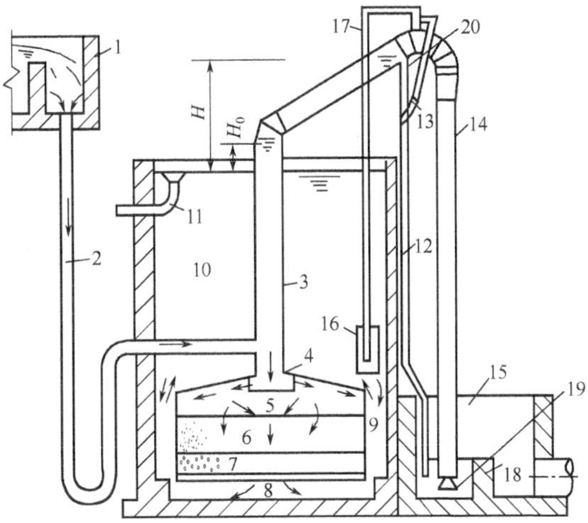


图 2-3-6　重力式无阀滤池示意图

1—配水槽；2—U 形进水管；3—虹吸上升管；4—顶盖；5—布水挡板；6—滤料层；7—配水系统；8—集水区；9—连通渠；10—冲洗水箱；11—出水管；12—虹吸辅助管；13—抽气管；14—虹吸下降管；15—排水井；16—虹吸破坏斗；17—虹吸破坏管；18—水封堰；19—反冲洗强度调节器；20—虹吸辅助管管口

滤池刚投入运行时，滤料层较清洁，但当运行到一定的时间之后，由于滤料层中固体颗粒杂质的逐渐增多，因此水头损失也随之增加，水位就沿着虹吸上升管慢慢升高，当水头损失增大到一定程度之后，使虹吸上升管中的水位升高到虹吸辅助管管口 20 时，水便从辅助管 12 中急速流下，依靠水流的夹气和引射作用，通过抽气管 13 不断带走虹吸管中的空气，使虹吸管形成真空，虹吸上升管中的水便大量地越过管顶，沿虹吸下降管 14 落下，这时，就开始了反冲洗过程。冲洗水箱的水经过连通渠、集水区和配水系统从下而上冲洗滤料层，冲洗的废水通过虹吸管，流入排水井 15，从水封堰 18 溢流至沟渠。在冲洗过程中，水箱的水位逐渐下降，约冲洗 5min 左右，水箱水位下降到虹吸破坏斗 16 缘口以下时，虹吸破坏管 17 会把其内的存水吸光，露出管口，空气迅速从虹吸破坏管进入虹吸管顶，虹吸即被破坏，冲洗过程就此结束，过滤又重新开始。

在滤池的运行过程中，遇到出水水质不理想，或是滤层阻力过大，这时，可以进行人工强制反冲洗。打开虹吸辅助管管口 20 处的人工强制反冲洗压力管阀门，通过压力水抽走虹吸管的空气，即可达到人为的强制冲洗的目的。

### 132　如何进行重力式无阀滤池的开、停车操作?

重力式无阀滤池的开、停车操作步骤如下。

(1) 开车前应具备的条件及准备工作

① 按照设计要求已全部竣工；

② 虹吸上升管及液位计的接头和虹吸破坏管等都已经过气密试验不漏气；

③ 人工强制反冲洗压力管已接好，水压不小于 0.25MPa ($2.5kgf/cm^2$)；

④ 虹吸辅助管口标高与进水分配槽溢流堰标高需要核对，否则会影响虹吸的形成，堰口要两次粉刷校正好；

⑤ 调整好反冲洗强度调节器的开启度；

⑥ 滤料及垫层要严格按级配填装；

⑦ 将冲洗水箱充满水，并清洗联通渠，使排出水清净为止；

⑧ 打开进水阀门半圈，对滤料进行小流量清洗，并排气；

⑨ 试验人工强制反冲洗，使反冲洗时间维持在 5min 左右。

(2) 开车操作

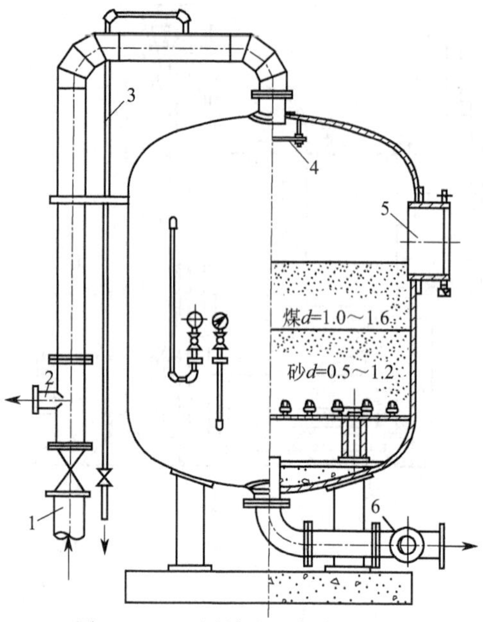


图 2-3-7　双层单流压力式过滤器
1—进水管；2—排水管；3—排气管；4—挡板；
5—人孔；6—冲洗水管

① 打开进水阀门，流量计投入使用，控制水量在设计范围；

② 待冲洗水箱的水位上升至出水之前，取样分析浑浊度，要小于 5NTU 方可出水；

③ 每小时巡回检查各部，并分析进、出水浑浊度一次。

(3) 停车操作

① 关进水阀，检查各部是否正常；

② 停流量计；

③ 如停池时间长，将滤池内水排放。如果是短时间停车（如三天左右），池内水不必排放，但在使用前要进行一次人工强制反冲洗。

## 133　什么是压力式过滤器？

压力式过滤器在一定压力下工作，外壳为密闭的钢罐，又称为机械过滤器。其可分为单流和双流两种。单流式水流方向自上而下；双流式水分两路，一路从上部进入，一路从下部进入，清水从过滤器中部的中排装置排出。单流式过滤器的滤料可分为单层、双层和三层。双层单流压力式过滤器如图 2-3-7 所示。

运行时，进水从进水管进入过滤器，经进水挡板均匀配水，自上而下通过滤层。清水经滤嘴（水帽）收集后，由出水管引出。

当过滤阻力达到一定值时，停止运行，进行反洗。反洗方式可根据需要采用水冲洗或辅助空气冲洗、辅助表面冲洗。采用辅助空气冲洗时，一般先将过滤器内水垫层中的水放至滤层边缘，然后从底部送入压缩空气冲洗滤层，再用气、水同时冲洗，最后单用水冲洗。待滤层洗净后，停止反洗，进行正洗，待正洗水质合格后，进入下一运行周期。

单流压力式过滤器的滤料、滤速和冲洗强度如下：

| 滤层 | 滤料 | | | 过滤速度/(m/h) | 冲洗强度/[L/(s·m²)] |
|---|---|---|---|---|---|
| | 种类 | 粒径/mm | 厚度/mm | | |
| 单层 | 石英砂 | 0.5～1.0 | 700 | 8～10 | 10～15 |
| 双层 | 无烟煤<br>石英砂 | 1.2～1.6<br>0.5～1.0 | 300～400<br>400 | 10～14 | 15～18 |
| 三层 | 无烟煤<br>石英砂<br>磁铁矿砂 | 0.8～1.6<br>0.5～0.8<br>0.25～0.5 | 450<br>230<br>70 | 18～20 | 18～20 |

## 134　什么是变孔隙滤池？

变孔隙滤池的主要特点是其滤料层由不同粒径的滤料按一定比例混合而成，较粗的滤料所占比例较大。每次反洗后用压缩空气将滤料混合均匀，使较细的滤料均匀地填充在较粗滤料的孔隙之中，从而避免了因水力筛分作用造成的细滤料集中在滤层表面的表面薄膜过滤现象，同时减小了滤层的平均孔隙率，因此允许采用较高的过滤速度，且过滤周期较长。示意图见图 2-3-8。

变孔隙滤池的结构和普通快滤池相似，主要不同点在于滤料层的组成。如某池的滤料为：粒径 1.2～2.8mm 的石英砂，层高 1525mm；粒径 0.5～1.0mm 的石英砂，层高 50mm，混入粗滤料孔隙，不占滤层高度。过滤速度为 18～21.6m/h。反冲洗分三个阶段进行。第一阶段冲洗强度较大为 15.8L/（s·$m^2$），清洗部分较松散的截留杂质；第二阶段用较小冲洗强度 11.9L/(s·$m^2$）水冲洗，并辅以压缩空气吹洗，清洗吸附在滤层表面的杂质，并使滤料混合均匀；第三阶段以冲洗强度 11.9L/(s·$m^2$）的低流速漂洗，不使滤层膨胀，漂洗出残余杂质和滤层中的空气。

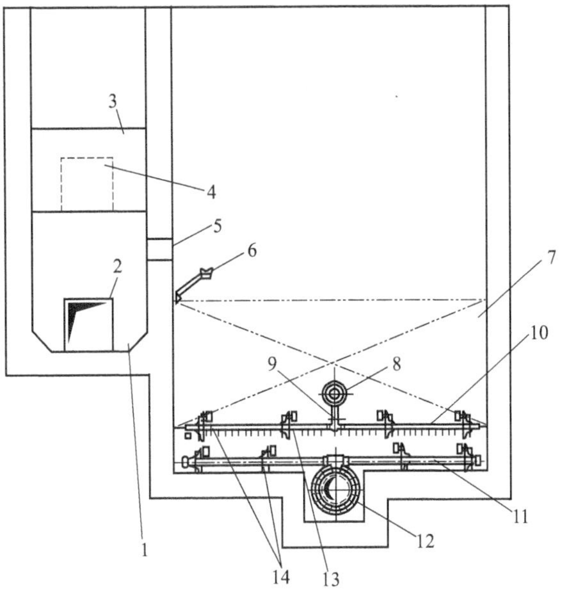

图 2-3-8　变孔隙滤池

1—进水、反冲洗排水堰；2—反冲洗排水孔；3—进水堰板；4—进水孔；5—滤池配水口；6—导流板；7—滤料层；8—进气母管；9—再分配支管；10,11—支管；12—集水母管、反冲洗入水；13—承托层；14—支管固定角钢

变孔隙滤池的优点是：截污能力大，过滤周期长；可采用较高滤速。它的缺点是：对滤料选择要求高；运行、反冲洗操作要求严格；需要一套冲洗设备。

### 135　何谓微絮凝直接过滤技术？

微絮凝直接过滤，国内统称直接过滤，它是指在原水中加入絮凝剂之后，经快速混合形成肉眼看不见的微絮凝体时，就直接进入滤池进行过滤，滤前不设沉淀（或澄清）设备。

在这种过滤系统中，滤池不仅起常规过滤作用，而且起絮凝和沉淀作用。

直接过滤是以接触絮凝作用为主，机械过滤及沉淀作用为辅。微絮凝体通过滤料孔隙进入滤层后，与滤料进行接触絮凝，而将絮凝物从水中截留而去除。

在直接过滤处理系统中，为了达到接触絮凝的目的，在滤前投加少量絮凝剂，主要是为了形成微絮凝体，以利于进入滤池后与滤料之间的吸附。故微絮凝体的尺寸一般不大于40～60$\mu$m。

微絮凝直接过滤对原水水质和絮凝剂有一定的要求：

(1) 原水　在正常情况下，不能有过高的浑浊度，一般以60～100NTU 以内为宜。在特殊情况下，不得超过 200～300NTU，以利于直接进入滤池过滤，并保证有一定过滤周期。但根据目前的发展，对常年浑浊度 200NTU 左右、短期浑浊度 300NTU 以下的原水，只要措施得当，一般均可采用直接过滤。

基于上述要求，水库或湖泊水是直接过滤的理想水源。它们的特点是常年浑浊度低，一般在 10～20NTU 以下，只有在暴雨或大风（浅水库）时，才出现较高浑浊度（200～300NTU)，但时间短，从几小时到 3～5d；另外，藻类及浮游生物的滋生，也是水库、湖泊的特点。但一般具有季节性，且多在秋季发生，持续 1～2 周或更长一些。

(2) 常用絮凝剂及其投量　在直接过滤中，控制投药量是滤前处理的关键，它直接影响过滤效果。因为投药量的多少决定了颗粒表面的电性及有效碰撞率。为控制投量，常采用恒压定量投药装置。

直接过滤中，常用的絮凝剂是精制硫酸铝（含 $Al_2O_3$ 16%）或聚合氯化铝、三氯化铁等。助凝剂一般用聚丙烯酰胺（阴离子型），也可用活化硅酸（水玻璃），其中 $SiO_2$ 含量为 30%。根据某水厂的试验：水温 20℃左右，滤速为 8m/h，不同原水浑浊度的最佳投药量可见下表。

| 原水浑浊度/NTU | 10 | 30 | 50 | 90 | 200 | 300 |
|---|---|---|---|---|---|---|
| 硫酸铝最佳投量/(mg/L) | 4 | 6 | 8 | 10 | 18 | 20 |

药剂投量决定胶体脱稳，并与产生的絮凝体量有关。

如果滤速提到12m/h，则投药量相应有所增加，且过滤周期相应缩短。当浑浊度大于200～300NTU时，只有在采用助凝剂的条件下，采用8m/h滤速，才能保证过滤周期达到7～8h以上。

采用聚合氯化铝代替硫酸铝，投药量可大为降低。

### 136 什么是V形滤池？

V形滤池是一种高速新型均粒滤料滤池。

该型滤池已在法国、英国、意大利、委内瑞拉、摩洛哥、以色列等国家的一些水厂采用。国内已有南京、西安、上海等城市采用。它的特点是：采用单层加厚均粒石英砂滤料，深层截污，滤速可达7～20m/h，一般为12.5～15m/h；V形进水槽（兼作反冲洗时原水表面清扫布水槽）和排水槽分设两侧，池子可沿着长度的方向发展，布水均匀；底部采用带柄滤头底板的排水系统，不设砾石支承层；反冲洗采用压缩空气、滤后水和原水3种流体，成为一种独特的气、水反冲洗形式。因此，可用最小的水头损失和电耗，而获得理想的冲洗效果，见图2-3-9。

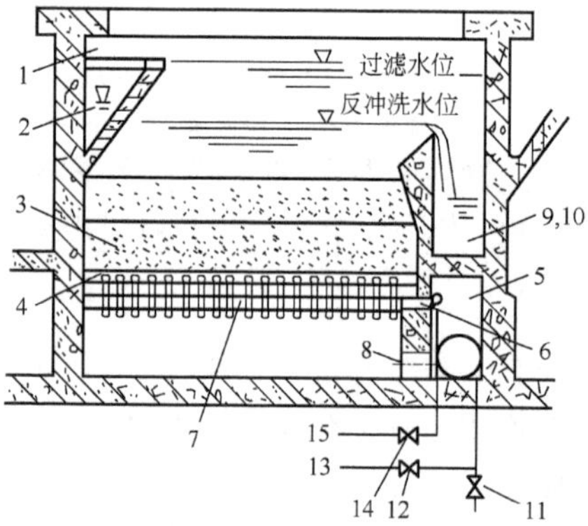


图2-3-9 单格V形滤池

1—原水入口；2—原水进水（或扫洗）V形槽；3—滤床；4—滤板和带柄滤头；5—反冲气水进入及滤后水收集槽；6—反冲洗空气分配孔；7—空气层；8—反冲洗水分配孔；9—冲洗废水排水槽；10—冲洗排水阀；11—滤后水出水阀；12—反冲洗进水阀；13—反冲洗水管；14—反冲洗进气阀；15—压缩空气管

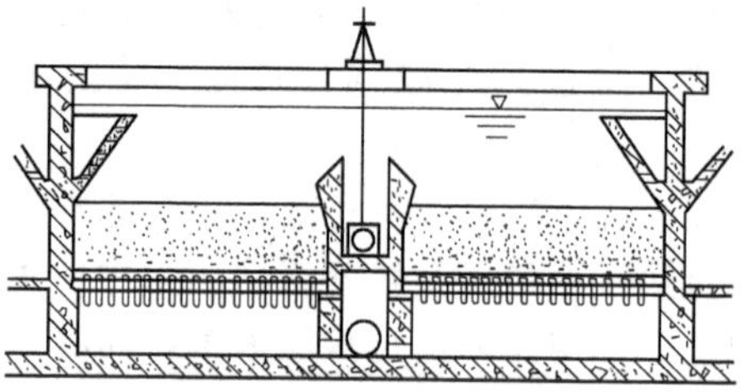

图2-3-10 双格V形滤池

V形滤池有单格及双格两种池型。当过滤面积较小时，可由单格矩形池组成；当过滤面积较大时，则由双格组成。单格V形滤池在长边的池壁一侧设V形进水槽（又作为扫洗水槽），槽下布开孔；而在另一侧设反冲洗排水槽，该槽在过滤时淹没在水下。

双格V形滤池，它在池内设有两个V形水槽和一个中间反冲洗排水槽。在冲洗排水槽下面，设有大截面矩形暗渠。在过滤时用以收集滤后水；在反冲洗时用以分布气冲空气和反冲洗水。气流和水流通过均布于整个滤池长度方向上的方孔，而向滤板下方均匀分配。滤池的进水管、反冲洗进气管和出水管，均与矩形暗渠连通，见图2-3-10。

在滤池冲洗排水槽的一端设有出水闸门。各种管路上均设有四个主要阀门：出水阀、反冲洗进水阀、反冲洗进气阀和冲洗排水阀。这些阀门均为防漏型蝶阀，通过气动活塞控制。

滤池在工作周期内随着滤料层截留水中杂质量的不断增加，滤层对水流的阻力增大，滤速减少，出水量下降，此时滤池就要进行反冲洗。国内外滤池的反冲洗方法有两种，一种是国内通常采用的水反冲洗法，另一种是国外已较多采用的气水反冲洗。

气水反冲洗是用空气冲洗后再用水冲洗或空气和水同时冲洗。当空气冲洗时对滤料产生很大的震动，使滤料间反复碰撞摩擦，由于滤料层的激烈搅拌，使滤料间的泥球结构受到破坏，便于冲洗，从而达到反冲洗的目的。

### 137　各种滤池的适用条件如何？有何优缺点？

常用的几种滤池的适用条件和优缺点如下。

(1) 普通快滤池和双层滤池　适用于进水浑浊度小于 20NTU，短期内可以小于 50NTU。用于大中小型水处理厂，一般单池面积不大于 $100m^2$。

普通快滤池的运行管理方便，但阀件多，渗漏多，需有专设冲洗设备。双层滤池的滤速高，工作周期长，可由普通快滤池改造而成。但滤料选择严格，冲洗操作较严格，且易沉泥。

(2) 接触双层滤池　即直接过滤，适用于 $5000m^3/d$ 以下的小型水处理厂，进水浑浊度要求小于 150NTU。

其优点是可用一次净化原水，处理构筑物少，占地少，基建投资低；但工作周期短，加药管理复杂，冲洗操作较严格。

(3) 虹吸滤池　适用于大、中型水处理厂。每格池面积小于 $25m^2$，进水浑浊度要求小于 20NTU。

其优点是阀件简单，不需专设冲洗设备，可以自动化控制；但需配有抽真空设备，池子深，结构复杂。

(4) 无阀滤池　无阀滤池分重力式和压力式两种。重力式无阀滤池单池面积小于 $25m^2$，适用于中小型水处理厂，进水浑浊度要小于 20NTU；压力式无阀滤池单池面积小于 $5m^2$，用于小型水处理厂，进水浑浊度要求小于 150NTU。

重力式无阀滤池操作管理十分方便，能自动反冲洗，但检修时清砂不方便；使用压力式无阀滤池可省去二级泵站，但清砂也不方便，工作周期短，冲洗操作控制较严格。

(5) 压力式过滤器　适用于小型水厂，进水浑浊度小于20NTU。其优点是滤池可用钢制，灵活性大，并可与除盐水处理或软化处理串联使用，也可作为一次净化处理省去二级泵站。缺点是清砂不方便，工作的周期也比较短，用钢材制作时耗钢材较多。

### 138　过滤池的运行周期缩短应如何处理？

过滤池的运行周期缩短，将会减少过滤池的出力，并可能造成过滤池的水流短路而使水质变坏，致使软化或除盐水用离子交换树脂受到污染。因此，要及时进行检查和处理。首先应检查上道工序澄清池的处理效果是否良好，澄清池的加药量和出水浑浊度控制是否良好，然后检查过滤池工况是否正常，并应适当加大反冲洗强度进行清洗处理，如反冲洗强度可调至 $12\sim15L/(s\cdot m^2)$。其中，活性炭过滤器的反冲洗强度可以是 $12L/(s\cdot m^2)$；砂过滤器为$15L/(s\cdot m^2)$。为了改善反冲洗效果，可以在滤池的底部，通入压缩空气进行搅拌擦洗，使沉积于过滤砂中的污泥清洗干净，以提高过滤效果和运行周期。

### 139　砂滤池出水浑浊度超标是什么原因？

砂滤池出水浑浊度由于设计要求不同，而指标有所不同，一般为 1～5NTU，如出水浑浊度超标应及时找出原因，否则将影响下一道工序的正常运行。超标的主要原因有：

(1) 进水浑浊度严重超标，砂滤池无法承受负荷，使出水浑浊度超标。要迅速查出澄清池出水浑浊的原因，予以消除。

(2) 滤池长时间没有进行反冲洗。这时要将反冲洗强度适当增大，时间可适当延长，有时也可进行二次反冲洗，清除滤层积泥。

(3) 滤池虽然经过反冲洗，但反冲洗不彻底，反冲洗强度不够。此时，应调整反冲洗强度的调节器；或者调整反冲洗流量，加大反冲洗强度；或者增加反冲洗次数；或是缩短两次反冲洗的间隔时间。

(4) 砂滤池内件损坏，出水偏流、短路，此时应当抢修好砂滤池。

(5) 石英砂过滤层高度不够，过滤的效果差，出水浑浊度高。处理的方法是按设计加足过滤层。在第一次装填料时，要多加3～5cm，因为运行反冲洗时，部分细砂要损失。此外，还要控制好过滤水量不能过大，不得超过设计要求。这样，才能操作控制好砂滤池的出水浑浊度不超标。

### 140 什么是上向流过滤池？

滤池的过滤水流方向是自下而上，水是先从粗滤料再流向细滤料的过滤池，见图2-3-11。

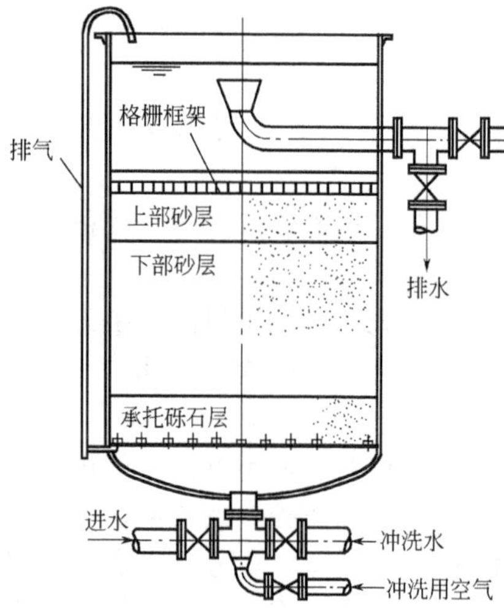


图 2-3-11 上向流过滤池的构造

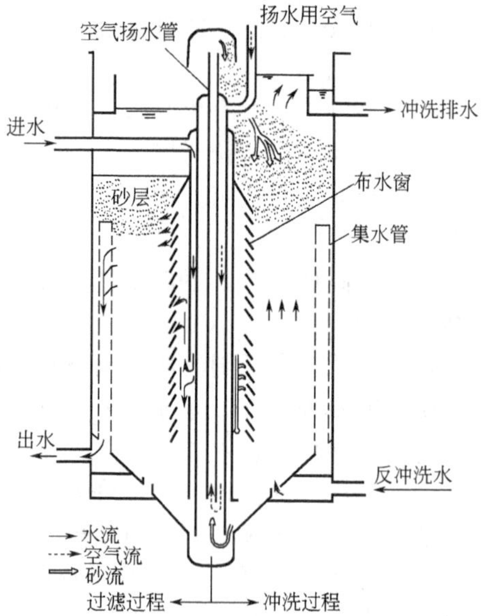


图 2-3-12 平向流过滤池的构造

以往快滤池反冲洗时，由于滤层处于流动状态，冲洗后沉降速度小的细滤料位于滤层上部，而沉降速度大的粗滤料位于下部，因此过滤时，水中悬浮物几乎都被上部细滤层所截留，整个滤层不能得到很好的利用，而过滤的阻力也升得很快。上向流过滤池就是改进这种工况的滤池。上向流过滤池原水由下部流入滤池，并向上流动，所以悬浮物不仅在下部进水部的粗滤层中被截留，而且被整个滤层所截留，因此，滤层的利用率高，向上过滤的滤层阻力比向下过滤小，截留的悬浮物也多。

但如果上向流滤池的流速过大，则滤层会膨胀起来并开始呈流动状态，这时的滤层便不能去除悬浮物，并且已被截留的悬浮物也会随水流出。为防止出现这种现象，因此要限制滤速，或是上部设格栅，防止滤层膨胀。

### 141 什么是平向流过滤池？

平向流过滤池水是由圆筒形滤层的中心流向四周，滤速在中心处最大，流向四周时逐渐减小，在流出处最小。悬浮物经低流速过滤而除去。平向流过滤池如图 2-3-12 所示。

当滤速大时，悬浮物达到的深度也大。所以在滤速沿滤层逐渐减小的滤池中，悬浮物的截留深度也将增大，从而使整个滤层发挥作用。

大部分悬浮物已被去除的水以低滤速通过四周滤层时，得到最后的净化，因而过滤水质良好。悬浮物的截留深度大和过滤水质好，这是两个互相矛盾的问题，但在平向流滤池中这两个问题都能同时得到解决。

此外，平向流滤池的优点是高度愈大，则过滤面积也愈大，而且过滤面积与其平面面积无关，所以平向流滤池的设置面积小。与此同时，因为反冲洗水量是由滤池平面面积决定的，所以可以节省反冲洗水。

平向流滤池中，在最容易积污的滤层流入处，设空气扬水装置以保证冲洗效果。

### 142　什么是移动床过滤池？

移动床过滤池是将过滤操作和冲洗操作分开，使其分别在各自的水槽中连续进行。这就改变了其他滤池把过滤和反冲洗操作都是在一个池体内反复进行的间歇式的工艺，改变了滤层必须具有充分贮留悬浮物的功能。移动床过滤池如图 2-3-13 所示。

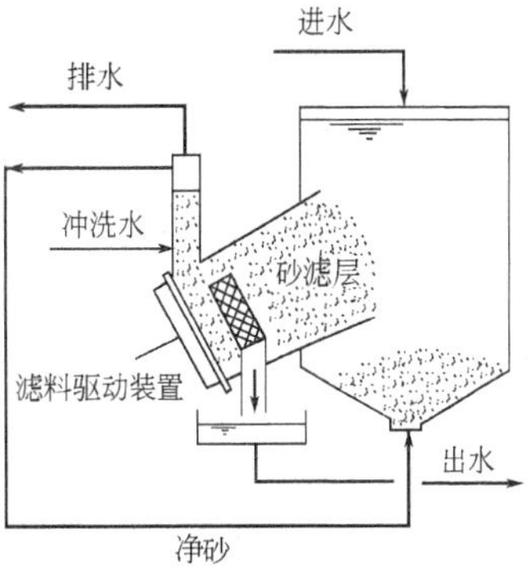

图 2-3-13　移动床过滤池

移动床滤池就是将滤料移至池外清洗，使过滤操作能连续进行。在滤池中，原水通过滤层过滤，经集水装置流出池外。另一方面滤料经由滤料驱动装置从砂滤层的上部到池外，并经过清洗干净后，由滤层下部送入。由下部送入滤料的过程是先用水压推开安装在滤层下部的隔板，并使整个滤层向上移动，然后把隔板退回原位，让出空间。这时已被洗净的滤料流入其中。这种操作在高位水箱的水位作用下可自动进行。上述滤池中，水流方向与滤料运动的方向相反时，可称为逆流式移动床滤池。

### 143　什么是单流式机械过滤器？如何运行操作？

单流式机械过滤器的结构如图 2-3-14 所示。

单流式过滤器是一种最简单的过滤器，它的进水和出水都只有一路。单流式过滤器的本体是一个圆柱形钢制容器，器内装备有进水装置、排水系统。有时还有进压缩空气的装置。器外设有各种必要的管道和阀门等。

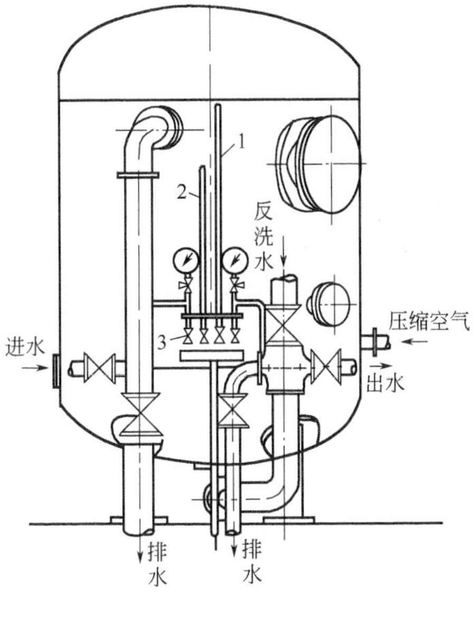

图 2-3-14　单流式机械过滤器

1—空气管；2—监督管；3—采样阀

（1）进水装置可以是漏斗形的或其他形的，它的任务是使进水沿过滤器的截面均匀分配。

（2）排水系统是过滤器的一个重要部分，它的作用是：

① 在过滤器下部引出清水时，不让滤料带出；

② 使出水的汇集和反洗水的进入，沿着过滤器的截面均匀分布；

③ 在大阻力排水系统中，它还有调整过滤器水流阻力的作用。

排水系统的类型较多，现在常使用的有排水帽式、支管开缝式和支管钻小孔式等。

单流式机械过滤器的运行操作包括反洗、正洗和运行三个步骤。

（1）反洗　反洗时先关闭出、入口阀门，

保持滤层上部水位 200～300mm。

开启反洗排水阀门，开启压缩空气阀门，向过滤器内送入强度为 18～25L/(s·$m^2$)的压缩空气，吹洗 3～5min。

压缩空气不停，开启反洗入口阀门，以反洗排水中无正常颗粒的滤料为限，控制反洗水流量。在反洗过程中，应经常检查反洗排水中有无正常颗粒的滤砂，以防滤料跑失。

待反洗排水后，停止压缩空气的吹洗，继续用水反洗 3～5min。

(2) 正洗　正洗时开启正洗排水阀门、入口水阀门，维持正流水流速 10～15m/h。冲洗至出水清净后，即可投入运行。

正洗时，出水应无滤料，否则可能是因为反洗操作不当而造成过滤器下部配水装置损坏。此时应停止正洗，查明原因并处理好后，再恢复正洗。

(3) 运行　运行流速为 10～12m/h。运行周期的控制以其水头损失达到容许极限（规定一般应小于 0.05MPa）或按一定运行时间来进行反洗。

### 144　什么是双流式机械过滤器？如何运行？

单流式过滤器的过滤主要是利用其表面的薄膜过滤作用，其滤层中的渗透过滤能力没有能充分发挥。为了充分利用滤层的过滤能力，故设计了双流式过滤器，结构如图 2-3-15 所示。在双流式过滤器中，进水分为两路：一路由上部进，另一路由下部进。经过过滤的出水，都由中部引出。这样，由上部进入的水的过滤和普通单流式的相同，主要起薄膜过滤作用；由下部进入的水，由于先遇到颗粒大的滤料，随后遇到的是颗粒逐渐减小的滤层，所以在这里主要是起渗透过滤作用。这样，滤料的截污能力就可以较完全地发挥出来。

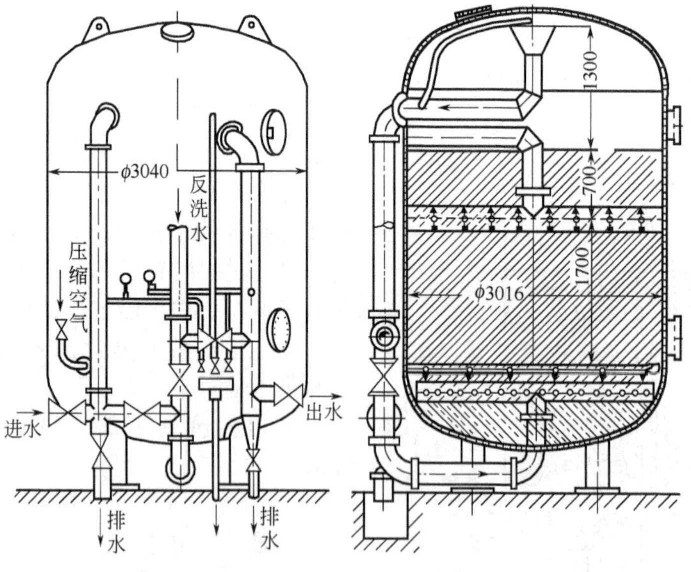


图 2-3-15　双流式机械过滤器

双流式过滤器的内部结构和单流式不同的地方，是中间设有排水系统；滤层较高，在中间排水系统以上的滤层高为 0.6～0.7m，以下为 1.5～1.7m。它所用滤料的有效粒径和不均匀系数均较单流式的大，如用石英砂时，滤料的颗粒粒径为 0.4～1.5mm，平均粒径为 0.8～0.9mm，不均匀系数为 2.5～3。

双流式过滤器的运行情况：开始运行时，上部和下部的进水约各占 50%；运行了一段时间后，在上层由于阻力增加快，其通过水量比下层通过的水量要少。其滤速按出水量计应控制在10～12m/h。清洗时先用压缩空气吹5～10min，继之用清水从中间引入，自上部排出，先反洗上部。然后，停止送入压缩空气，由中部和下部同时进水，上部排出，进行整体反洗。此反洗强度控制在16～18L/($m^2$·s)，反洗时间为10～15min。最后，停止反洗，进行运行清洗，待水质变清时开始过滤送水。

### 145 机械过滤器在运行中会出现哪些异常现象？应如何处理？

机械过滤器在运行中出现的异常现象及处理方法见下表。

| 序号 | 异常现象 | 原因 | 处理方法 |
| --- | --- | --- | --- |
| 1 | 过滤器周期性水量减少 | (1)过滤砂与悬浮物结块<br>(2)反洗强度不够或反洗不彻底<br>(3)反洗周期过长<br>(4)配水装置或排水装置损坏引起偏流<br>(5)滤层高度太低<br>(6)原水水质突然浑浊(如洪水期水中悬浮物急剧增加) | (1)加强反洗及水质澄清<br>(2)调整水压力和流量<br>(3)应适当增加反洗次数缩短反洗周期<br>(4)检查配水装置或排水装置<br>(5)适当增加滤层高度<br>(6)加强原水水质分析和澄清工作，掌握水质变化规律 |
| 2 | 过滤器流量不够 | (1)进水管道或排水系统水头阻力过大<br>(2)滤层上部被污泥堵塞或有结块情况 | (1)排除进水管道或排水系统故障<br>(2)清除污泥或结块，彻底反洗过滤器，尽量降低水中悬浮物含量 |
| 3 | 反洗中过滤砂流失 | (1)反洗强度过大<br>(2)排水或配水装置损坏导致反洗水在过滤器截面上分布不均 | (1)立即降低反洗强度<br>(2)检查、检修排水或配水装置 |
| 4 | 反洗时间很长浑浊度才降低 | (1)反洗水在过滤器截面上分布不均匀或有死角<br>(2)滤层太脏 | (1)检查、检修配水或排水装置，消灭死角<br>(2)适当增加反洗次数和反洗强度 |
| 5 | 过滤出水浑浊度达不到要求 | (1)滤层表面被污泥严重污染<br>(2)滤层高度不够<br>(3)过滤速度太快 | (1)加强和改进水的混凝、澄清工作，增大反洗强度<br>(2)增加滤层高度<br>(3)调整过滤水的速度 |
| 6 | 运行时出水中有滤砂 | 排水装置损坏 | 卸出过滤砂，检修排水装置 |

### 146 均粒石英砂滤料滤池有些什么特点？

均粒石英砂滤料滤池是国内外目前使用的新型的滤池。V形滤池即为法国得利满公司开发的应用比较广泛的均粒石英砂滤料滤池。均粒石英砂滤料滤池的特点是：(1)滤料粒径较普通快滤池稍粗，采用石英砂有效粒径为0.95～1.35mm，不均匀系数小于1.6；因此颗粒相对比较均匀，过滤时能较好地克服表面堵塞，能充分发挥整个滤床的截污能力；(2)由于均粒滤料滤速较高，平均滤速15～20m/h左右，为了保证过滤水质，滤层相应加厚，滤层厚度0.95～1.5m，使得滤池含污量大，过滤周期较长，一般控制过滤周期为50h左右；(3)气水反冲洗，使用水泵和鼓风机，冲洗时滤层微膨胀，同时利用原水进行滤层表面的横向扫洗，冲洗水量少，滤料不流失，滤层不易积泥球；气水反冲洗时，方式上可以水、气同时，或先气后水；空气冲洗强度为13～17L/($m^2$·s)，水冲洗强度为3～4.5L/($m^2$·s)，滤料表面的扫洗强度为1.4～2.3L/($m^2$·s)；通过空气泡与滤料间的摩擦力、颗粒间的碰撞力以及水的剪切力等相互共同作用，反冲洗效果很好；(4)均粒石英砂滤料滤池是属于水位恒定下的等速过滤，滤层上的水深一般大于1.2m；控制水位恒定，可以在滤池出水管上安装虹吸管，虹吸管的流量可随进入虹吸管的空气量多少而变化，通过空气量来控制虹吸管的水流量，从而保持恒定水位；另一种方法是在滤池出水管上安装蝶阀，根据滤池的水位，来控制阀门的开启度，以保持池内水位的恒定值，以达到等速过滤；(5) 均粒滤料滤池容易实施全自动过滤和冲洗，管理方便。

### 147 什么是生物过滤池？

生物过滤池是利用微生物摄取水中的溶解或悬浮状态的营养物质，使水中胶体及溶解状态的有机物被生物膜所吸附，并为微生物所分解最终成为微生物代谢产物 $CO_2$ 和 $H_2O$ 而除去。因此生物过滤池大都用于污水处理领域。微生物被固定在滤料的固体表面上。微生物在充氧的情况下不断繁殖而形成生物膜。生物滤池的构造有圆形和方形的。圆形大都使用旋转布水器，见图 2-3-16；方形一般使用固定喷嘴式布水器。由于滤池净化水时，是通过滤料表面微生物的作用，在水流的过程中得到净化，因此滤池以深度大者为好，但是，滤料层的深度大，会使水头损失也增大，所以深度一般以1.5～2.0m为限。布水的方式有旋转式、移动式、固定式等。其中以旋转式消耗动力最小，布水也最均匀。

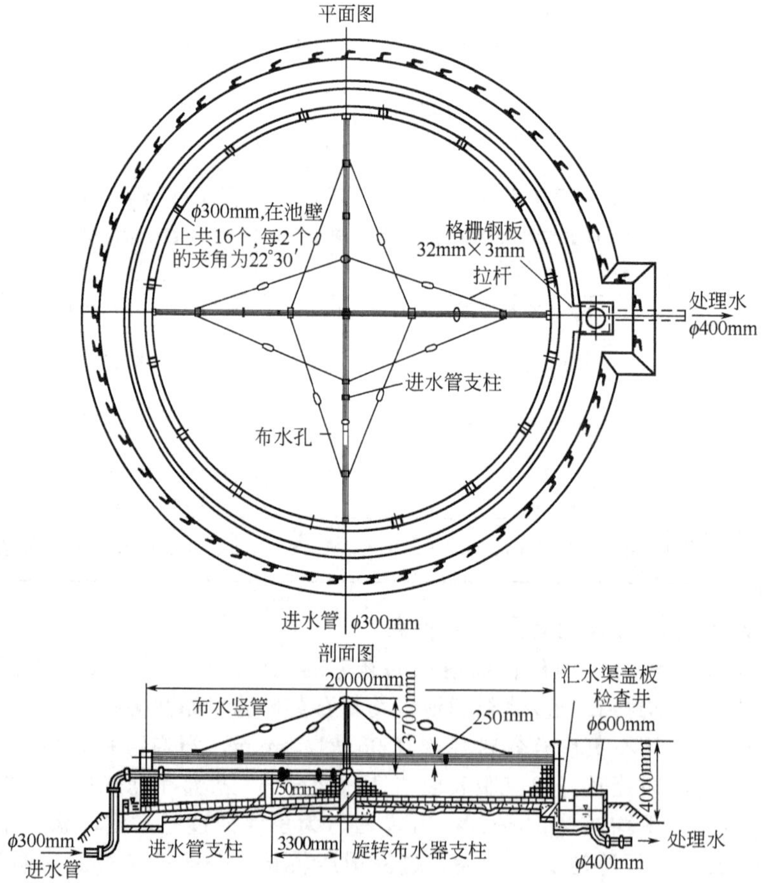


图 2-3-16 生物过滤池的典型构造（圆形生物滤池）

### 148 什么是影响滤池运行的主要因素？

影响滤池运行的主要因素有滤速、反洗和水流的均匀性等。

（1）滤速　滤池的滤速不能过于慢，因为滤速过慢，单位过滤面积的处理水量就小。为了达到一定的出水量，势必要增大过滤面积，也就要增加投资。但如果滤速过快，不仅增加了水头损失，过滤周期也会缩短，并会使出水的质和量下降。滤速一般选择 10～12m/h，如图 2-3-17 所示。

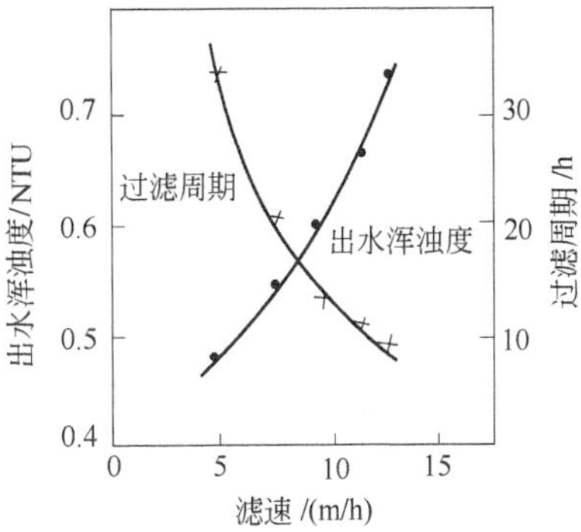

图 2-3-17　滤速对出水浑浊度、过滤周期的影响

（2）反洗　反洗是用以除去滤出的泥渣，以恢复滤料的过滤能力。为了把泥渣冲洗干净，必须要有一定的反洗强度和时间。这与滤料大小及相对密度、膨胀率及水温都有关系。滤料用石英砂的反洗强度为 15L/(m²·s)；而用相对密度小的无烟煤时为 10～12 L/(m²·s)。反洗时，滤层的膨胀率为 25%～50%，反洗时间 5～6min。只有反洗效果好，才能使滤池的运行良好。

（3）水流的均匀性　无论是运行或反洗时，都要求各截面的水流分布均匀。要使水流均匀，主要是排水系统要良好。只有水流均匀，才能使过滤效果良好。

**149　什么叫滤层的截污能力？与哪些因素有关？**

滤层的截污能力是指单位体积滤层所能除去悬浮物的千克数。

截污能力又称泥渣容量，与下列因素有关：

（1）滤料粒径　滤料粒径大，形成的滤孔通道体积大，截污能力也大。同时滤料粒径大，悬浮物也易于渗透到滤层深处，使截污能力相应增大。但如果滤料粒径过大，水中的细小悬浮物颗粒易产生穿透，从而影响出水浑浊度。

（2）处理方式　过滤水中的杂质因处理方式不同，其被滤料截留的能力也不同。据测试，当滤料粒径为 0.5～1.0mm 时，未经处理的水，其截污能力为 0.5～1.0kg/m³；经石灰处理的水，其截污能力为 1.5～2.0kg/m³；对于经混凝处理的水，其截污能力为 2.5～3.0kg/m³。

**150　对滤池的滤料有何要求？**

滤池常用的滤料有石英砂和无烟煤以及陶土粒、磁铁矿、塑料珠等。不管使用哪种滤料，一般都要满足如下要求：

（1）滤料要有足够的机械强度，不致冲洗时引起磨损和破碎，磨损率在 3%以下；

（2）滤料要有足够的化学稳定性，不能溶于水，否则要影响过滤水质；滤料也不能向水中释放出其他有害物质；

（3）滤料要价格便宜，货源充足，最好能就地取材；

（4）滤料要有一定的级配和适当的孔隙率和粒度；

（5）滤料的形状以球形或基本圆球形为好，具有最大的表面积，但其表面以粗糙为好；

（6）滤料如果是无烟煤，则要求在酸、碱中均为稳定；石英砂滤料要求耐酸，在碱溶液中有极微量的溶解，可以进行如下测试：石英砂分别在盐酸（含量 400mg/L）、NaOH（含量 400mg/L）、NaCl（含量 500mg/L）中浸泡 24h，溶液中全固形物增加不超过 20mg/L，$SiO_2$ 的增量不得超过 10mg/L。如用于高压锅炉的水处理，$SiO_2$ 增量不超过 2mg/L。

滤料在一定的冲洗强度下，由于粒度大小和相对密度不同，而松密度也各不相同，在冲洗强度大时，滤料的松密度减小，具体见下表：

滤料的松密度[32]

| 滤料 | 相对密度 | 粒度/mm | 在下列冲洗强度[L/(m²·s)]下的松密度/(g/cm³) | | | | | | | | | | |
|---|---|---|---|---|---|---|---|---|---|---|---|---|---|
| | | | 5 | 10 | 12 | 14 | 16 | 18 | 20 | 25 | 30 | 35 | 40 |
| 石榴石 | 4.13 | 0.297～0.250 | 2.18 | 1.9 | 1.84 | 1.78 | 1.71 | 1.66 | 1.60 | 1.47 | 1.37 | — | — |
| 石英砂 | 2.65 | 0.84～0.707 | 1.97 | 1.85 | 1.81 | 1.78 | 1.75 | 1.71 | 1.68 | 1.60 | 1.54 | 1.47 | 1.42 |
| | | 0.595～0.500 | 1.87 | 1.74 | 1.69 | 1.65 | 1.61 | 1.58 | 1.56 | 1.50 | 1.44 | — | — |
| | | 0.500～0.420 | 1.82 | 1.68 | 1.64 | 1.60 | 1.56 | 1.53 | 1.50 | 1.41 | 1.35 | 1.27 | 1.23 |
| | | 0.420～0.354 | 1.73 | 1.61 | 1.56 | 1.54 | 1.48 | 1.45 | 1.41 | 1.33 | 1.26 | — | — |
| 无烟煤 | 1.5～1.7 | 2.0～1.68 | | 1.31 | 1.31 | 1.30 | 1.29 | 1.28 | 1.27 | 1.24 | 1.21 | 1.19 | 1.17 |
| | | 1.41～1.19 | | 1.29 | 1.29 | 1.27 | 1.26 | 1.24 | 1.23 | 1.20 | 1.16 | 1.14 | 1.12 |
| | | 1.00～0.841 | | 1.25 | 1.24 | 1.23 | 1.21 | 1.19 | 1.18 | 1.15 | 1.12 | 1.09 | 1.07 |
| | | 0.707～0.595 | | 1.21 | 1.20 | 1.18 | 1.16 | 1.15 | 1.13 | 1.09 | 0.60 | | |

## 151 什么叫滤料的不均匀系数？其大小对过滤有什么影响？

滤料的不均匀系数是指80%滤料（按质量计）能通过的筛孔孔径（$d_{80}$），与10%滤料能通过的筛孔孔径（$d_{10}$）之比。滤料不均匀系数用$K_{80}$表示，即：$K_{80}=d_{80}/d_{10}$。

滤料颗粒如果不均匀，有两大影响：一是使反洗操作困难，因为反洗强度太大，会带出细小的滤料，造成滤料的流失；而反洗强度太小又不能松动下部大粒滤砂，长期下去易造成滤层“结块”；二是会使过滤情况恶化。

因为滤料颗粒大小不均匀，就意味着有细小滤料颗粒。这些细小颗粒会集中在滤层表面，结果会使过滤下来的污物堆积在滤层表面，使水头损失增加比较快，过滤周期变短。

慢滤池或快滤池用砂选用的不均匀系数有所区别。不均匀系数一般要求<2.0，在1.8～2.0比较合适。

## 152 什么是双层滤料？有什么特点？

双层滤料一般由无烟煤和石英砂组成。无烟煤相对密度为1.5～1.8；石英砂相对密度为2.65左右。无烟煤比石英砂轻，所以它的粒径可以选得大一些。当滤池反洗时，颗粒大而相对密度小的无烟煤在上层，颗粒小而相对密度大的石英砂在下层，于是滤料的颗粒和孔隙呈“上大下小”的状态。

双层滤料与单层相比，其截污能力较大，防止细小悬浮物的穿透；水头损失增加得较慢；滤速也可以提高。

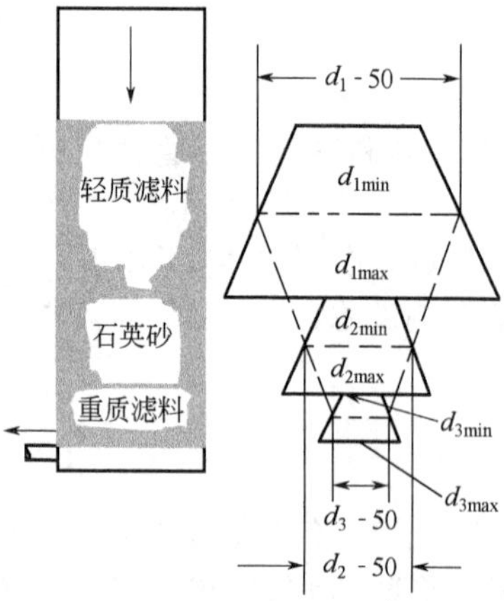


图 2-3-18 无混杂三层滤料滤床粒径分布

## 153 什么是三层滤料滤池？

三层滤料滤池为“反粒度”滤床。其上层为大粒径的轻质滤料；中层一般为中粒径的石英砂；下层则为小粒径的重质滤料。上层粗滤料的孔隙较大，截泥容量也大，能够截留去除水中的大部分杂质。下层细滤料的孔隙较小，比表面积大，能够截留去除水中细小的少量剩余杂质，起到精滤作用，从而保证了出水水质。这些滤床的整个深度的级配充分发挥了每层滤料的过滤作用，因此，它具有滤后水浑浊度低、过滤周期长、可作高速过滤等特点。图2-3-18表示三层滤料滤床粒径关系，图中$d_{1min}$、$d_{1max}$、$d_1$-50分别表示上层滤料的最小、最大、平均粒径；$d_{2min}$、$d_{2max}$、$d_2$-50分别表示中层滤料的最小、最大、平均粒径；$d_{3min}$、$d_{3max}$、$d_3$-50分别表示下层滤料的最小、最大、平均粒径。将表示平均粒径的$d_1$-50、$d_2$-50、$d_3$-50用虚线相连，是一个倒梯形，与常规滤层正相反，故称为“反粒度”结构。

三层滤料可分为3种类型：

（1）轻质滤料（无烟煤）-石英砂-重质滤料（石榴石、磁铁矿、钛铁矿等）。三层滤料滤床粒径分布见图2-3-18。

（2）聚氯乙烯-无烟煤-石英砂滤料。瑞典使用过此种滤料，上层聚氯乙烯，粒径为5mm，中层无烟煤，粒径为2～3mm，下层石英砂，粒径为1mm，各层厚度均为0.6m。

（3）轻质无烟煤-重质无烟煤-石英砂滤料。

一般常用的三层滤料的级配如下。

| 滤垫层名称 | 材料名称 | 相对密度 | 粒径/mm | 层厚/mm |
|---|---|---|---|---|
| 滤层 | 无烟煤 | 1.58 | 0.8～2.0 | 600 |
| | 石英砂 | 2.64 | 0.5～1.0 | 230 |
| | 磁铁矿 | 4.74 | 0.25～0.50 | 70 |
| 垫层 | 磁铁矿 | 4.76 | 0.5～1.0 | 50 |
| | 磁铁矿 | 4.76 | 1.0～2.0 | 50 |
| | 磁铁矿 | 4.76 | 2.0～4.0 | 70 |
| | 磁铁矿 | 4.76 | 4.0～8.0 | 70 |
| | 石英石 | 2.76 | 8.0～16 | 100 |

滤池的滤速为20～50m/h；冲洗强度为15～20L/($m^2$·s)；冲洗时间7min。三层滤料过滤池有防止悬浮物穿透的能力，还可以提高滤速和延长过滤周期。

### 154　使用三层滤料滤池应注意些什么？

（1）滤料要经过严格筛选，要符合设计的级配要求，要保证滤层间不混杂，对不同滤料之间的级配要合理。

（2）安装或大修时需要按照要求，划线分层，均匀铺料。尤其是密度大的滤料，是很难利用反冲洗改善其铺料缺陷的，所以安装时更要严格。

（3）反冲洗装置需有很好的配水均匀性，防止偏流冲击，造成严重乱层。

（4）反冲洗强度要严格控制，不能超过上层滤料所允许的冲洗强度，但又要保证下层滤料有足够的反冲洗时间以便冲洗干净。

对于滤料面层积泥，国内外常采用表面清洗或是空气擦洗的方法，但对三层滤料滤池要谨慎使用空气擦洗方法，以免乱层。同时要注意防止上层轻质无烟煤滤料的流失。

### 155　陶粒滤料有什么特点？

陶粒滤料是一种新型净水材料。它是将具有膨胀性能的页岩或黏土粉碎均化，添加活化剂和水搅拌成球形，然后入窑高温烧结成陶粒再将其破碎筛分、水洗烘干而制成。这种陶粒滤料具有良好的物理、化学和水力性能，比表面积大，孔隙率高，吸附能力强，截污能力大。因此，陶粒滤料滤池具有过滤水质好、水头损失小、产水量高、工作周期长以及冲洗水量小等特点。

净水用陶粒滤料的粒径一般为0.5～2.5mm，滤料表面多微孔、粗糙、有棱角，呈颗粒状，表面色泽大多为铅灰色，少部分呈褐色。松密度一般为500～1000kg/$m^3$。相对密度为2.4～2.6。孔隙率约65%～78%。酸（HCl）可溶率<3%；碱（NaOH）可溶率<2%。陶粒滤料的比表面积是石英砂的6～8倍；孔隙率是1.7～2.2倍；吸附比表面积大2倍以上。陶粒滤料的滤速比石英砂滤料有较大的提高。因此陶粒滤料产水率高、冲洗强度低、冲洗次

数少，总冲洗水量比石英砂低3.4～2.4倍。

### 156 纤维滤池是怎样的？

以有机高分子材料制作的长纤维作为过滤材料的滤池，称为纤维滤池。纤维滤池如图2-3-19所示。

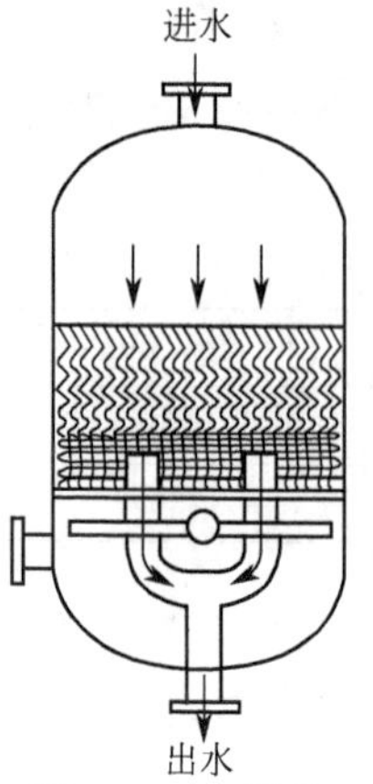


图2-3-19 纤维滤池

纤维约1m多长，直径为50μm左右。纤维的下端固定在出水孔板上，纤维的上端固定在一特制的构件上，构件可以上下移动。纤维装填孔隙率为90%左右。当水流自上而下通过纤维层时，纤维层受到向下的纵向压力。在水头阻力的作用下，越往下纤维所受的向下压力就越大。由于纤维的纵向刚度很小，当纵向压力足够大时就会产生弯曲，进而纤维层会整体下移，最下部的纤维首先弯曲而被压缩。此弯曲、压缩的过程逐渐上移，直至纤维层的支撑力与纤维层水头阻力平衡。压缩过程需3～5min。由于纤维层所受的纵向压力沿水流方向依次递增，所以纤维层沿水流方向被压缩弯曲程度也依次增大，滤层孔隙率和过滤孔径沿水流方向由大到小分布，这样就达到高效截留悬浮物的床层状态。由于纤维材料滤层的表面积大，孔隙率高，截污能力高，可达15kg/$m^3$，所以可以有很高的过滤速度，最高滤速可以达到50m/h。如进水浑浊度在20NTU时，出水浑浊度≤1NTU。当滤层堵塞后，需对滤层进行自下而上的反冲洗。可以用水和空气联合冲洗，效果更好。纤维滤池常做成压力式的。目前在火力发电厂中应用较多。

### 157 什么是纤维球滤料？

纤维球滤料是近年来过滤技术的新材料，是过去砂、陶粒、泡沫塑料等滤料的进一步发展。用化学纤维丝制成的纤维球滤料与传统的滤料不同，是可以压缩的软性滤料，空隙率大，占滤料层的93%～95%。在过滤过程中，由于水流经过滤层产生阻力，引起滤料层压缩，其空隙是沿着水流的方向逐渐变小，因而过滤水质好。滤速可达20～85m/h，比砂滤料具有截留量大、滤速高、水头损失小、工作周期长等优点。纤维球滤料的再生，需用气水反冲，再反复使用。目前，纤维球滤料国内外都在进一步开发研制中。日本尤尼奇卡公司用聚酯纤维制作的纤维球滤料的物理性能如下：形状为球状或扁平椭圆体；纤维径：20～50μm；纤维长：15～20mm；滤球径10～30mm；密度为1.38g/$cm^3$；充填密度：50kg/$m^3$；孔隙率：96%；比表面积3000$m^2$/$m^3$滤料；滤速达20～85m/h；实际截泥量：6kg/$m^3$滤料。用气水反冲，冲洗水量为过滤水量的1%～2%。

### 158 什么是微滤机？

微滤机是一个鼓状的金属框架，上面覆盖有不锈钢的支撑网与工作网，见图2-3-20。

微滤机成功地应用于地面水的处理，尤其是去除水库水中的浮游生物。

旋转鼓筒1置于池2中，其1/3的直径露出水面。水由水槽3经孔管4（同时作为转筒的轴）进入，从鼓筒里向外过滤，过滤后的水沿槽8引出。鼓筒上方有滤网的冲洗设备5，鼓筒内排水槽6收集冲洗水沿管7（作为转筒的支撑）排走。

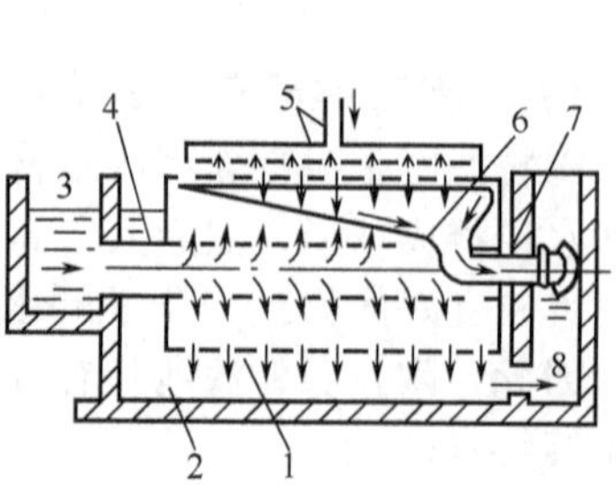


图2-3-20 微滤机示意图
1—旋转鼓筒；2—池；3—水槽；4—孔管；5—冲洗设备；6—排水槽；7—排水管；8—槽

微滤机有不同的规格，鼓筒的直径由0.3～3.0m，长度与直径相等，生产能力为 250～36000$m^3$/d。不锈钢丝网的规格有700 目/$in^2$×100 目/$in^2$、500 目/$in^2$×100 目/$in^2$ 及 400 目/$in^2$×100 目/$in^2$，约相当于滤网孔径 35～60μm。过滤强度可取 10～25L/($m^2$·s)，冲洗滤网的水量为过滤水量的 1%～3%。微滤机运行管理中主要的问题是滤网冲洗是否干净。

微滤机具有占地面积小、生产能力大、操作管理方便等优点，它可用于生活饮用水水厂原水的预处理、工业用水的处理、生活用水的预处理与最后处理以及工业废水中有用物质的回收等。

### 159　微过滤与常规过滤有些什么区别？

微过滤是一种精密过滤技术。它的孔径范围一般为 0.05～10μm，介于常规过滤和超滤之间，是属于以压力为驱动力达到分离和浓缩的目的，无相态的变化和界面质量的转移，与常规过滤有所区别。常规过滤一般分深层过滤和筛网状过滤。它所用的介质，如纸、石棉、玻璃纤维、陶瓷、布、毡等，都是一些孔形极不整齐的多孔体，孔径分布范围较广，无法标明它的孔径大小，过滤时粒子是靠陷入介质内部曲折的通道而被阻留。阻留率则随压力的增加而下降，介质厚，对颗粒的容纳量大，用于一般澄清过滤。

微过滤所用的过滤介质具有类似筛网状的结构，是由天然或合成高分子材料所形成的。它具有形态较整齐的多孔结构。孔径分布较均一。过滤时近似过筛的机理，使所有直径大的粒子全部拦截在滤膜表面上。压力的波动不会影响它的过滤效果。由于过滤只限于表面，因此便于观察、分析和研究截留物。膜过滤的介质薄，颗粒容纳量小，因此在使用时宜设置预过滤装置。

### 160　什么是微孔膜过滤技术？

用特种纤维素或高分子聚合物及无机材料制成的微孔滤膜，利用其均一孔径，来截留水中的微粒、细菌等，使其不能通过滤膜而被去除。这种微孔膜过滤技术又称精密过滤技术，能够过滤微米级（μm）或纳米级（nm）的微粒和细菌，常用于电子工业、半导体、大规模集成电路生产中使用的高纯水等的进一步过滤。微孔膜的规格目前有十多种，孔径 0.025～14μm，膜厚 120～150μm，膜的种类有：混合纤维素酯微孔滤膜；硝酸纤维素滤膜；聚偏氟乙烯滤膜；醋酸纤维素滤膜；再生纤维素滤膜；聚酰胺滤膜；聚四氟乙烯滤膜以及聚氯乙烯滤膜等。

### 161　微孔过滤的机理和特点是什么？

微孔过滤（MF）是利用微孔膜使水中的微粒得到过滤与分离。微孔膜的微孔具有比较整齐均匀的网状结构，通常结构形态有三种类型，见图 2-3-21。

① 通孔型：例如核孔膜，它是以聚碳酸酯为基材，膜孔呈圆筒状垂直贯通于膜面，孔径异常均匀［图 2-3-21(a)］。

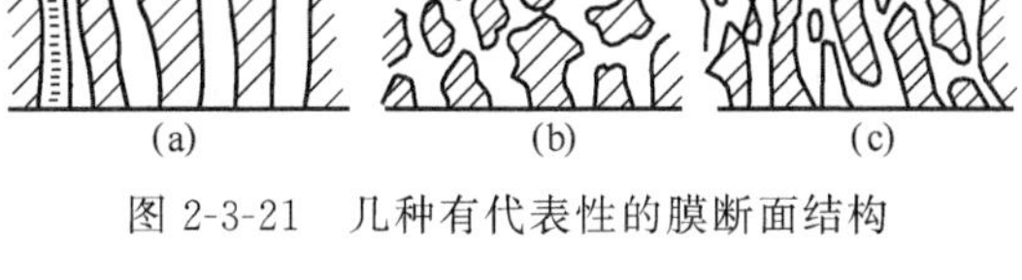

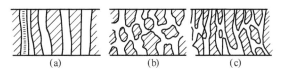


图 2-3-21　几种有代表性的膜断面结构

② 网络型：这种膜的微观结构基本上是对称的［图 2-3-21(b)］。

③ 非对称型：其中有海绵型与指孔型两种，都可以认为是上列两种结构的不同形式的复合［图 2-3-21(c)］。

非对称型微孔滤膜是日常应用比较多的膜品种之一。

微孔过滤就是利用膜的结构筛网进行过滤，在静压差的作用下，小于膜孔的粒子通过过滤膜，大于膜孔的粒子则被截留于膜上，从而使得颗粒大小不同的组分得以分离。微孔膜的截留机理大体为以下几种情况，见图 2-3-22。

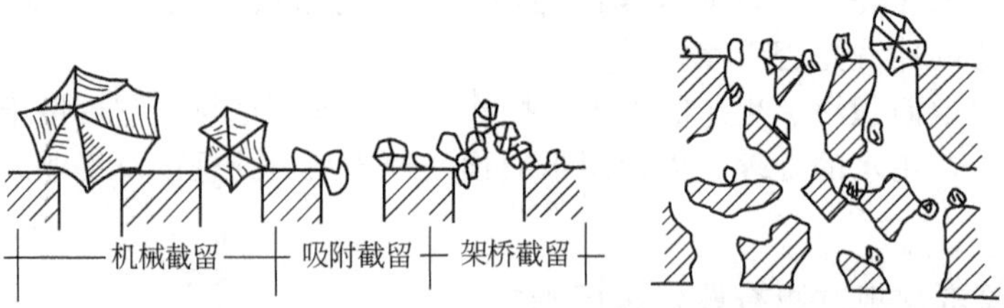


(a) 在膜的表面层的截留　　(b) 在膜内部的网络中截留

图 2-3-22　微孔滤膜的各种截留作用

① 机械截留：指膜可以截留比它孔径大或与孔径相当的微粒等杂质，即筛分作用。

② 物理作用或吸附截留：包括吸附和电性质等各种因素的影响。

③ 架桥截留：从电镜观察中可以见到，在孔的入口处，微粒因架桥作用同样可以被截留。

④ 网络型膜的网络内部截留作用：微粒并非被截留在膜的表面，而是在膜的内部。

如上所述，对滤膜的截留作用来说，机械作用固然相当重要，但微粒等杂质与孔壁之间的相互作用有时比孔径大小显得突出。

微孔膜的主要特点如下。

① 孔径均一，微孔膜的孔径十分均匀，例如平均为 0.45μm 的滤膜，其孔径变化范围仅在 0.45μm±0.02μm。

② 高孔隙率，微孔膜的表面上有无数微孔，约为 $10^7$～$10^{11}$ 个/$cm^2$，孔隙率一般高达 70%～80%左右，通常其通量比具有同等截留能力的滤纸至少快 40 倍。

③ 滤材薄，大部分微孔膜的厚度都在 120～150μm，较一般过滤介质为薄。当过滤一些高价液体或少量贵重液体时，被膜所占有的液体的损失量少。其次，运输时单位面积的质量轻（5mg/$cm^2$）。另外，贮存时少占空间也是它的优点。

④ 驱动压力低，由于空隙率高、滤材薄，因而流动阻力小，一般只需较低的压力（约 207kPa）即可。

### 162　什么是超过滤技术？

超过滤是一种薄膜分离技术。就是在一定的压力下（压力为 0.07～0.7MPa，最高不超过 1.05MPa），水在超滤膜面上流动，水与溶解盐类和其他电解质是微小的颗粒，能够渗透过超滤膜，而分子量大的颗粒和胶体物质就被超滤膜所阻挡，从而使水中的部分微粒得到分离的技术。超滤膜的孔径是几个至数十纳米，介于反渗透膜与微孔膜之间。超滤膜的孔径是由一定相对分子质量的物质进行截留试验测定的，并以相对分子质量的数值来表示的。

在水处理中，应用超滤膜来除去水中的悬浮物质和胶体物质。在医药工业上超滤膜的应用也十分广泛。

超滤膜受到污染或结垢时，一般采用双氧水或次氯酸钠溶液来清洗。不能通过反洗来清洗膜面。超过滤最高运行温度为 45℃，pH=1.5～13.0。超过滤是去除水中有机物质的一项措施，也可以去除微量胶体物、生物体以及树脂碎末等。超过滤常置于除盐系统之后，或置于反渗透装置之前来保护反渗透膜。

超滤膜组件中所用的膜材料一般有：二醋酸纤维（CA）、三醋酸纤维（CTA）、氰乙基醋酸纤维（CN-CA）、聚砜（PS）、磺化聚砜（SPS）、聚砜酰胺（PSA），还有酚酞侧基聚芳砜（PDC）、聚偏氟乙烯（PVDF）、聚丙烯腈（PAN）、聚酰亚胺（PI）、甲基丙烯酸甲酯-丙烯腈共聚物（MMA-AN）及纤维素等。其中以醋酸纤维素（CA）、聚砜（PS）、聚丙烯腈（PAN）、聚醚砜（POS）等广为应用。此外，还有动态形成的超滤膜。

**163　超过滤的工作原理及其特点是什么？**

超过滤的工作原理见图 2-3-23。

进料液在一定压力作用下，水和小分子溶质透过膜成为透过液，而大分子溶质被膜截留为浓缩液。超过滤过程主要有三种情况：

① 被吸附在过滤膜的表面上和孔中（基本吸附）；

② 被保留在孔内或者从那里被排出（堵塞）；

③ 机械地被截留在过滤膜的表面上（筛分）。

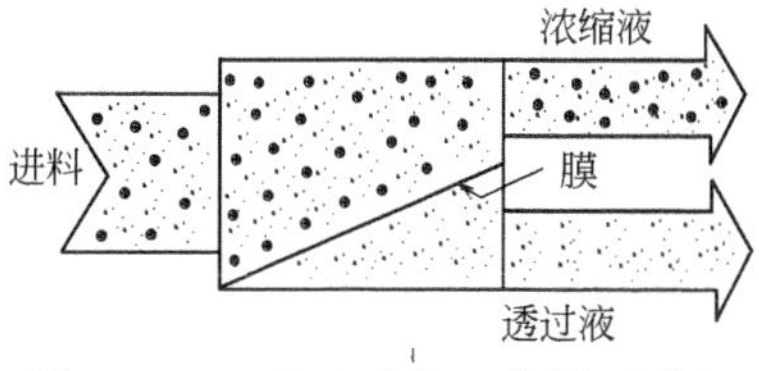

图 2-3-23　超过滤的工作原理示意

超过滤的特点：一是它的工作范围十分广泛，在水处理中分离细菌、大肠杆菌、热原（细菌内毒素）、病毒、胶体微粒、大分子有机物质等，还可以用于特殊溶液的分离；二是超过滤可以在常温下进行，因此对热敏感性物质如药品、蛋白质制剂、果汁、酶制品等的分离、浓缩、精制等，不会影响产品质量；三是超过滤过程不发生相变，因此能耗低；四是超滤过程是压力作驱动力，故装置结构简单、操作方便、维修容易。因此，超过滤发展迅速，在过去的数年间，全世界超滤膜的生产平均年增长率在 12%左右。

**164　活性炭在水处理中有何作用？**

活性炭被广泛应用于生活用水及食品工业、化工、电力等工业用水的净化、脱氯、除油和去臭等。一般在除盐水处理过程中，于阳离子交换器的前面（少数的也有设在后面的）设置活性炭过滤器。由于活性炭的比表面积很大，其表面又布满了平均直径为2～3nm 的微孔，因此，活性炭具有很高的吸附能力。此外，活性炭的表面有大量的羟基和羧基等官能团，可以对各种性质的有机物质进行化学吸附以及静电引力作用，因此，活性炭还能去除水中对于阴离子交换剂有害的腐殖酸、富维酸、木质素磺酸等有机物质，还可以去除像游离余氯一类对阳离子交换剂有害的物质，从而提高了除盐水处理能力。通常，能够去除 63%～86%胶体物质，50%左右的铁，以及 47%～60%的有机物质。

**165　活性炭过滤原理是什么？**

活性炭对水中杂质物的去除作用，是基于活性炭的活性表面和不饱和化学键。

由于活性炭的表面积很大（500～1500$m^2/g$），加之表面又布满了平均直径为 2～3nm 的微孔，所以活性炭具有很高的吸附能力。

同时，由于活性炭表面上的碳原子在能量上是不等值的，这些原子含有不饱和键，因此具有与外来分子或基团发生化学作用的趋势，对某些有机物有较强的吸附力。

研究证明，活性炭对氯的吸附，不完全是其表面对氯的物理吸附作用，而是由于活性炭表面起了催化作用，促使游离氯的水解，和产生新生态氧的过程加速。其反应式如下：

$$Cl_2 + H_2O = HCl + HClO$$

$$HClO \xrightarrow{\text{活性炭}} HCl + \underset{\text{(新生态氧)}}{[O]}$$

这里产生的［O］可以和活性炭中的碳或其他易氧化组分相互反应而得以去除：

$$C + 2[O] \longrightarrow CO_2 \uparrow$$

**166　活性炭过滤器有什么作用？运行时要注意些什么？**

活性炭过滤器有两个作用：

(1) 利用活性炭的活性表面除去水中的游离氯，以避免化学水处理系统中的离子交换树脂，特别是阳离子交换树脂受到游离氯的氧化作用。

(2) 除去水中的有机物，如腐殖酸等，以减轻有机物对强碱性阴离子交换树脂的污染。

据统计，通过活性炭过滤器，可以除去水中60%～80%的胶体物质，50%左右的铁和50%～60%的有机物等。

活性炭过滤器在实际运行中，主要考虑入床水浑浊度、反洗周期、反洗强度等。

(1) 入床水浑浊度　入床水浑浊度高，会带给活性炭滤层过多的杂质，这些杂质被截留在活性炭滤层中，并堵塞滤池间隙及活性炭表面，阻碍其吸附效果的发挥。长期运行下去，截留物就停留在活性炭滤层间，形成冲不掉的泥膜，造成活性炭老化失效。

所以进入活性炭过滤器的水，最好把浑浊度控制在5NTU以下，以保证其正常的运行。

(2) 反洗周期　反洗周期的长短是关系到滤池效果好坏的主要因素。反洗周期过短，浪费反洗水；反洗周期过长则影响活性炭吸附效果：

一般讲，当入床水浑浊度在5NTU以下时，应4～5天反洗一次。

(3) 反洗强度　活性炭过滤器在反洗中，滤层膨胀率对滤层冲洗是否彻底影响较大。滤层膨胀率过小，下层的活性炭悬浮不起来，其表面冲洗不干净；当膨胀率过大，容易跑“炭”。

在运行中一般控制其膨胀率为40%～50%。

(4) 反洗时间　一般当滤层膨胀率为40%～50%，反洗强度为13～15L/($m^2$ · s)时，活性炭过滤器的反洗时间为8～10min。

### 167　水处理用活性炭吸附装置有哪些形式?

水处理用活性炭吸附装置主要有固定床、移动床和流动床三种形式。

(1) 固定床　固定床活性炭处理装置的构造见图2-3-24。

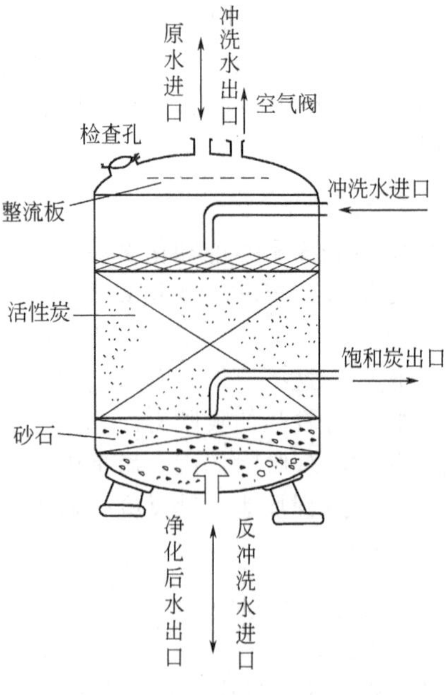


图 2-3-24　固定床吸附塔

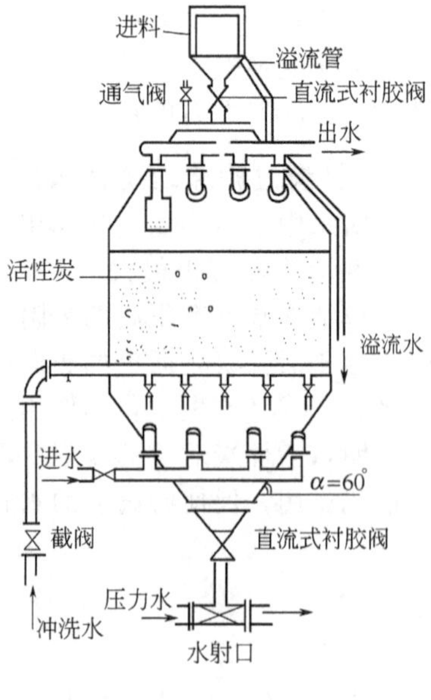


图 2-3-25　移动床吸附塔

可以一个塔或几个塔并联或是串联，操作可间歇或切换使用。为防止装置滤层的阻塞，要定期反冲洗，在活性炭上部设置表面冲洗设备。

(2) 移动床　移动床活性炭吸附塔的构造见图 2-3-25。

固液两相吸附时，一般吸附速度较慢，采用固定床一般要有较高的活性炭层，即吸附带较长，而在移动床吸附塔内，吸附已经饱和的活性炭间歇地从塔底部取出，每天 1～2 次，或每星期一次。取出的饱和炭量约为吸附塔内总炭量的 5%～10%。所要处理的水自塔底向上流动，从塔顶部出水管排出，因此可以充分利用活性炭的吸附容量，移动床吸附塔的水头损失较小，由于水从塔底进入，水中夹带的悬浮物（给水处理悬浮物应小于 1NTU），随着饱和炭间歇卸出，不需反洗设备，吸附塔内的炭层不能上下混合，要自上而下有次序地移动。当卸出饱和炭后，再从塔顶加入等量新炭或再生炭。

(3) 流化床　流化床目前使用较少，由于流化床内活性炭粒径较小，在塔内上层的活性炭与从塔底进入的水充分搅动，使炭与水接触的表面积增大，因此可以用少量的炭处理较多的水，不需反洗，预处理要求低，可以连续运转。充填的活性炭的粒度分布决定静止层及流化层高度，另外运行操作要求较高。

## 168　水处理用活性炭是如何制造的？

活性炭的制造是将原料加热脱水、炭化及活化后得到多孔性的活性炭。在制造过程中以活化过程最为重要，目前活性炭制造工艺中有药品活化法和气体活化法两种。

药品活化法（化学活化法），在加热的情况下，用氯化锌、硫酸、磷酸等作活化剂，将原料浸在这些药品溶液中经低温炭化和高温活化而得。

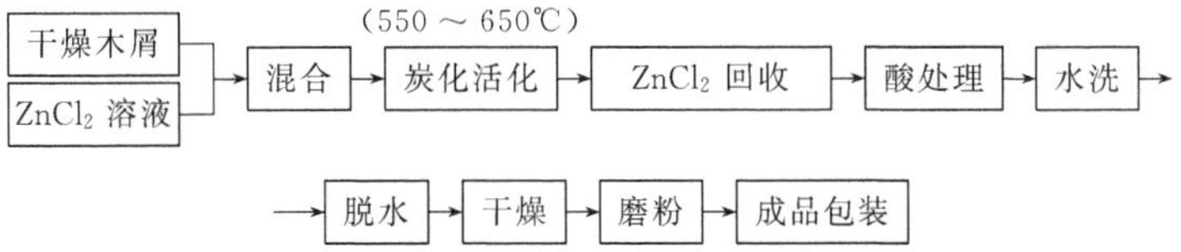


我国粉末活性炭生产多以 $ZnCl_2$ 作活化剂，活化炉为转炉。气体活化法（物理活化法），将原料在有水蒸气、$CO_2$，或空气等活化气的情况下进行高温加热，整个制造过程包括：干燥——原料在 120～130℃下脱水；炭化——加热温度在 170℃以上时原料中有机物开始分解，到 400～500℃炭化完毕；活化——原料中有机物炭化后有一部分残留在炭基本构造的微孔中，使微孔堵塞，在有活化气存在的情况下，残留炭氧化，与此同时炭的基本构造也有一些烧损，使微孔扩大，得到多孔结构的无定形碳。

用水蒸气活化时 $C+H_2O \longrightarrow H_2+CO+5497J$，因此加热温度达 750～960℃，并在缺氧的气氛下进行活化。

我国粒状炭目前基本上采用水蒸气活化法，以立式炉或管式炉为活化炉进行生产。

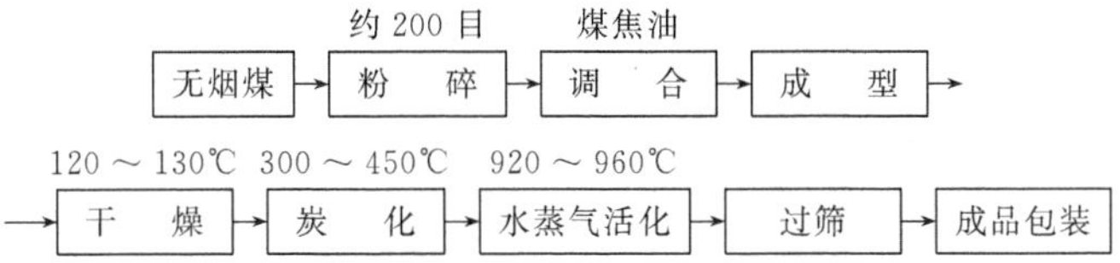


## 169　哪种活性炭用在净水和给水处理上？

活性炭的种类按生产原料可分为木质炭和煤质炭。用木材、木屑、果壳、植物纤维等原料制成的活性炭叫木质炭；另一类用褐煤、泥煤、烟煤、半烟煤、无烟煤制成的活性炭叫煤质炭。若按颗粒大小分，有粉末炭（粒度在 200 目以下）和颗粒炭（粒度在 1.6～3.2mm）。若按用途分，有触媒载体炭、回收吸附炭、脱硫脱色炭及净水用活性炭。

成品活性炭，其外观是黑色固体物质，无臭无味，主要成分碳占 80%以上，其余为氢、氧、铁、硫、磷、钙等以及水分和灰分。其不溶于水和有机溶剂，各种类型的活性炭都是由微晶碳组成的海绵状物质。

净水用活性炭，一般用无烟煤作原料，经破碎后直接碳化和水蒸气活化制得，外观为不定形颗粒炭，粒度为2～4mm，在液相中对低浓度和高浓度的有机物质，均具有较高的吸附能力，如对酚的吸附量为150mg/g（当进水酚含量=300mg/L时），它具有发达的孔结构，过滤孔比较发达，因此对煤化工、石油化工废水中大分子有机物的吸附优于一般活性炭。由于制造工艺简单，原料易得，所以成本较低，机械强度也较好，与一般粒状炭一样，能经受多次高温再生，是有前途的廉价吸附剂。另一方面在给水处理上，人们还是喜欢用木质活性炭，木质活性炭吸附容量大，有高的碘吸附值和亚甲基蓝吸附值，当前生产的家用或集团用净水器，一般都装填木质活性炭。

### 170 如何选用活性炭？

首先选择的活性炭应具有较好的吸附性能，再生后性能恢复较好，化学稳定性好，机械强度高，碘吸附值、亚甲基蓝吸附值大，价格适中，来源方便，最后要对活性炭进行吸附容量测定、吸附等温线测定、柱子试验以及再生试验等。具体选用注意以下方面：

（1）要了解活性炭的性能技术指标。因为活性炭在生产过程中采用工艺流程不一样，活性炭的性能差别很大，碘吸附值、亚甲基蓝吸附值、机械强度、比表面积、总孔容积、中孔容积、堆积密度等都是必须收集的活性炭性能技术指标。下表为我国用于水处理的木质及煤质活性炭国家标准。

**净化水用木质活性炭技术指标**（GB/T 13803.2—1999）

| 项目 | | 指标 | |
|---|---|---|---|
| | | 一级品 | 二级品 |
| 碘吸附值/(mg/g) | ≥ | 1000 | 900 |
| 亚甲基蓝吸附值/(mL/0.1g) | ≥ | 9.0 | 7.0 |
| 亚甲基蓝吸附值/(mg/g) | ≥ | 135 | 105 |
| 强度/% | ≥ | 94.0 | 85.0 |
| 水分/% | ≤ | 10.0 | 10.0 |
| pH值 | ≥ | 5.5～6.5 | 5.5～6.5 |
| 表观密度/(g/cm³) | ≥ | 0.45～0.55 | 0.32～0.47 |
| 粒度2.00～0.63mm/% | ≥ | 90 | 85 |
| 粒度0.63mm以下/% | ≤ | 5 | 5 |
| 灰分/% | ≤ | 5.0 | 5.0 |

**净化水用煤质颗粒活性炭技术指标**（GB 7701.4—1997）

| 项目 | | 指标 |
|---|---|---|
| 孔容积/(cm³/g) | | ≥0.65 |
| 比表面积/(m²/g) | | ≥900 |
| 飘浮率/% | | ≤2 |
| pH值 | | 6～10 |
| 苯酚吸附值/(mg/g) | | ≥140 |
| 水分/% | | ≤5.0 |
| 强度/% | | ≥85 |
| 粒度/% | >2.50mm | ≤2 |
| | 1.25～2.50mm | ≥83 |
| | 1.00～1.25mm | ≤14 |
| | <1.00mm | ≤1 |

| 项目 | 指标 | | |
|---|---|---|---|
| | 优级品 | 一级品 | 合格品 |
| 碘吸附值/(mg/g) | ≥1050 | 900～1049 | 800～899 |
| 亚甲基蓝吸附值/(mg/g) | ≥180 | 150～179 | 120～149 |
| 灰分/% | ≤10 | 11～15 | — |
| 装填密度/(g/L) | 380～500 | 450～520 | 480～560 |

（2）要注意活性炭的细孔构造情况。活性炭在制造过程中，由于材质和工艺上的差异，经过活化，往往使活性炭内部所形成的大孔、中孔、微孔的比表面积比率都不一样，造成孔容积、比表面积也不一样，3种孔径在水处理中所起的作用不一样，大孔主要起通道作用，即水中有机污染物经过大孔能顺利而通畅地进入中孔或微孔，中孔除了起通道作用使被吸附物质到达微孔之外，还能对分子直径较大的有机物质起到直接吸附的作用。微孔能吸附液相中1nm以下小分子有机物，它的容积和比表面积标志着活性炭吸附能力的优劣。对于水处理用活性炭来说，微孔担负着除去水中有机物的极其重要的角色。给水用活性炭最好选择微孔和过渡孔（中孔）都较为发达和比表面积较大的活性炭品种。

（3）活性炭的碘吸附值、亚甲基蓝吸附值。选用活性炭，一般是依据活性炭的碘吸附值和亚甲基蓝吸附值来进行选择的。选用能去除水中$COD_{Cr}$、TOC以及其他有机污染物的活性炭碘吸附值要大于900mg/g，亚甲基蓝吸附值应大于120mg/g。

碘分子直径约为0.534nm，亚甲基蓝分子直径在1.5～2.8nm之间，而木质炭（椰壳炭）大部分孔隙的直径在1.8～4nm，非常适合水中小分子有机物的吸附。对水中大分子有机物的吸附，由中孔、大孔来解决。因此碘吸附值、亚甲基蓝吸附值这两项指标仍然是目前衡量和评价活性炭的传统指标。

美国生产的F-400水处理活性炭其碘吸附值为1050mg/g，亚甲基蓝吸附值为200mg/g，远远高出国产活性炭这两项指标。下表为几种不同国产活性炭性能的测定结果。

**几种国产活性炭性能测试结果**

| 指　　标 | 1号木质炭 | 2号木质炭 | 3号木质炭 | 4号木质炭 | 5号木质炭 |
|---|---|---|---|---|---|
| 微孔容积/($cm^3/g$) | 0.445 | 0.500 | 0.451 | 0.350 | 0.257 |
| 比表面积/($cm^2/g$) | 1224 | 940 | 932 | 661 | 677 |
| 孔径2.8nm以下/% | 66.81 | 43.56 | 68.97 | 62.25 | 79.65 |
| 碘吸附值/(mg/g) | 900 | 800 | 900 | 800 | 800 |
| 亚甲基蓝吸附值/(mg/g) | 131.8 | 63.7 | 106.5 | 83.8 | 37.1 |

水处理试验结果表明，去除水中有机物效果好的是1号木质炭和3号木质炭，这和碘吸附值高、亚甲基蓝吸附值高是相符合的。

此外，还需测定活性炭的吸附容量来判定其吸附能力的大小。有时还需测定活性炭的吸附速度等供选用活性炭时参考。

## 171　活性炭有哪些吸附特性？

活性炭有很多不同形状和不同大小的细孔，孔壁的总面积即为表面积，每克活性炭的表面积高达700～1600$m^2$，由于这样大的表面积，使活性炭具有较强的吸附能力。

活性炭的吸附特性不仅受细孔构造的影响，而且受表面化学性质的影响。

活性炭除碳元素外，还含有两种物质，一种是以化学键结合的元素，如氧和氢；另一种是灰分，其灰分随活性炭种类不同而异，椰壳炭灰分小于3%，而煤质活性炭灰分高达20%～30%左右，活性炭中含硫是比较低的，质量好的活性炭中不应检出硫化物。

氢和氧的存在对活性炭的性质有很大的影响，因为这些元素与碳以化学键结合，而使活性炭的表面上有了各种有机官能团形式的氧化物及碳氢化合物，这些氧化物和碳氢化合物使活性炭与吸附质分子发生化学作用，显示出活性炭在吸附过程中的选择吸附特性。

活性炭的吸附作用有三种类型。

（1）物理吸附　分子力产生的吸附称为物理吸附，它的特点是被吸附的分子不是附着在吸附剂表面固定点上，而稍能在界面上作自由移动。它是一个放热过程，吸附热较小，一般为21～41.8kJ/mol，不需要活化能，在低温条件下即可进行；为可逆过程，即在吸附的同时，被吸附的分子由于热运动还会离开固体表面，这种现象称为解吸。物理吸附可以形成单分子层吸附又可形成多分子层吸附，由于分子力的普遍存在，一种吸附剂可以吸附多种物质，但由于吸附物质不同，吸附量也有所差别，这种吸附现象与吸附剂的表面积、细孔分布有着密切关系，也和吸附剂表面张力有关。

活性炭对芳香族化合物吸附优于对非芳香族化合物的吸附，如对苯的吸附优于对环己烷的吸附。

对不含有磷、碳、氰、氟等无机元素或基团的有机化合物的吸附总是优于含有这些无机元素或基团的有机化合物。如活性炭对苯的吸附要高于对吡啶（氮苯）的吸附。

对带有支链烃类的吸附，优于对直链烃类的吸附。

对分子量大的沸点高的有机化合物的吸附总是高于分子量小的沸点低的有机化合物的吸附等。

（2）化学吸附　活性炭在制造过程中炭表面能生成一些官能团，如羧基、羟基、羰基等，所以活性炭也能进行化学吸附。

吸附剂和吸附质之间靠化学键的作用，发生化学反应，使吸附剂与吸附质之间牢固地联系在一起，这种连接过程是放热过程。由于化学反应需要大量的活化能，一般需要在较高的温度下进行，吸收热较大，在 41.8～418kJ/mol 范围内，为选择性吸附。一种吸附剂只能对某种或特定几种物质有吸附作用，因此化学吸附只能是单分子层吸附，吸附是较稳定的，不易解吸，这种吸附与吸附剂和吸附质的表面化学性质有关。

活性炭在制造过程中，由于制造工艺不一样，活性炭表面有碱性氧化物的易吸附溶液中酸性物质，表面有酸性氧化物则易吸附溶液中碱性物质。

（3）交换吸附　一种物质的离子由于静电引力聚集在吸附剂表面的带电点上，在吸附过程中，伴随着等量离子的交换，离子的电荷是交换吸附的决定因素。被吸附的物质往往发生了化学变化，改变了原来被吸附物质的化学性质，这种吸附也是不可逆的，因此仍属于化学吸附，活性炭经再生也很难恢复到原来的性质。

在水处理过程中，活性炭吸附过程多为几种吸附现象的综合作用。

### 172　哪些因素影响活性炭的吸附？

影响活性炭吸附的因素有以下几个方面。

（1）活性炭的性质　活性炭的物理及化学性质决定其吸附效果，而活性炭的性质又与活性炭制造时使用的原料加工方法及活化条件有关。用于水处理的活性炭应有 3 项要求：吸附容量大、吸附速度快及机械强度好。活性炭的吸附容量除其他外界条件外，主要与活性炭的比表面积有关，比表面积大，说明细孔数量多，可吸附在细孔壁上的吸附质就多。吸附速度主要与粒度及细孔分布有关，对于水处理用的活性炭，要求中孔（过渡孔）直径 2～100nm，有利于吸附质向细孔中扩散，活性炭粒度越细，吸附速度越快，但水头损失要增加，一般在 0.6～2.4mm（8～30 目）范围较宜。活性炭的机械耐磨强度，直接影响活性炭的使用寿命。

（2）吸附质的性质及浓度　活性炭吸附溶质的量与溶质在溶剂中溶解度有关，如活性炭从水中吸附有机酸的量是按甲酸、乙酸、丙酸、丁酸次序增加。溶解度越小，活性炭越易吸附，有机物在水中溶解度随分子链增加而减小，而吸附容量是随分子量增加而增加。

活性炭是非极性的吸附剂，可以在极性溶液中吸附非极性或极性小的溶质。

活性炭处理废水时，对芳香族化合物的吸附效果较脂肪族化合物好；不饱和链有机物较饱和链有机物好；在同系统中，活性炭吸附大分子有机物较小分子有机物好。

（3）溶液 pH 值的影响　由于活性炭能吸附水中 $H^+$、$OH^-$，因此影响对其他离子的吸附，因 pH 值控制某些化合物的离解度和溶解度。不同溶质吸附的最佳 pH 值应通过实验来确定，一般情况下 pH 值高时，吸附效果就差。

（4）温度的影响 吸附剂吸附单位质量吸附质放出的总热量称为吸附热。吸附热越大，则温度对吸附的影响越大。对于液相吸附，在水处理时主要为物理吸附，吸附热较小，温度变化对吸附容量影响较小，对有些溶质，温度高时，溶解度变大，对吸附不利。

（5）多组分溶质的共存 活性炭通常不是吸附单一品种污染物，往往是多种污染物同时存在于液相中。由于性质不同，它们可以互相促进，干扰或互不干扰。活性炭对混合溶质的吸附较纯溶质的吸附为差，当溶液中存在其他溶质时，会导致另一种溶质的吸附很快穿透。但有时活性炭对混合溶质的总吸附效果较单一组分要高。

### 173 活性炭有何技术特性？失效后如何再生处理？

国产活性炭的主要技术特性如下表。

| 序号 | 活性炭牌号 | 制造原材料 | 粒径/mm | 比表面积/($m^2/g$) | 生产厂 | 备注 |
|---|---|---|---|---|---|---|
| 1 | C-11 型触媒炭 | 杏核 | 0.4～0.7（24～40 目） | 1100 | 北京光华木材厂 | 醋酸吸附大于 500mg/L，耐磨强度大于 70% |
| 2 | C-21 型触媒炭 | 椰子核 | 0.4～0.7（24～40 目） | 1100 | | |
| 3 | X 型吸附炭 | 杏核、核桃壳 | 1.4～3.5（6～14 目） | 900 | | |
| 4 | $8^{\#}$炭 | 煤粉焦油 | 1.5～2.0 | 927 | 太原新华化工厂 | |
| 5 | $5^{\#}$炭 | 煤粉焦油 | <3.0 | 896 | | |
| 6 | 活化无烟煤 | 阳泉无烟煤 | 1.0～3.5 | 520 | | |
| 7 | PJ-20 活性炭 | 优质烟煤 | 1.2～2.4（8～16 目） | 约 1000 | | |
| 8 | $15^{\#}$颗粒炭 | 木炭、煤焦油 | 3～4 | 约 800 | 上海活性炭厂 | 碘吸附率大于 22%，耐磨强度大于 95% |
| 9 | $14^{\#}$颗粒炭 | | | | | 苯吸附率大于 25%，耐磨强度大于 95% |

活性炭失效之后，需要进行再生，再生的方法有下列四种：

（1）加热至 100℃左右，使其中的水汽化；在 800℃下熔烤；并加热至 800～900℃之间进行活化，使吸附在活性炭上的有机物被氧化而去除，从而使活性炭得到再生。

（2）用蒸汽吹洗再生。用蒸汽吹洗可使低沸点的挥发性吸附物基本上吹净。此法简单，耗损少。

（3）用 10%酸或者碱来再生，使有机吸附物解析而去除。

（4）用溶剂四氯化碳、二氯甲烷、丙酮等进行活性炭的再生。

### 174 活性炭净水器对活性炭有何要求？

我国活性炭净水器于 1993 年已制定行业标准 CJ 3023—93，其型号与标记规范如下。

**活性炭净水器标准**（CJ 3023—93）

（中华人民共和国城镇建设行业标准）

型号与标记：

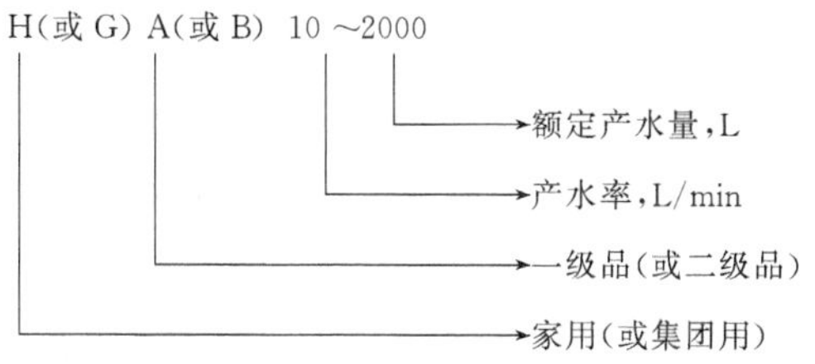

因为净水器关系到人们的生活饮用水质量，因此，所采用的活性炭技术上有严格要求。对活性炭水分、强度、碘吸附值、亚甲基蓝吸附值等都有明确指标。A级净水器要比B级高，具体技术要求如下表所示：

**净水器所采用颗粒活性炭的技术要求**

| 项目 | 指标 | |
|---|---|---|
| | A级净水器用 | B级净水器用 |
| 水分/% | ≤5 | ≤5 |
| 强度(球磨法)/% | ≥90 | ≥85 |
| 碘吸附值/(mg/g) | ≥1000 | ≥800 |
| 亚甲基蓝吸附值/(mg/g) | ≥135 | ≥105 |
| 苯酚吸附值/(mg/g) | ≥120 | ≥120 |
| 半脱氯值/cm | ≤6.0 | ≤8.0 |
| 堆积密度/($g/cm^3$) | ≤0.5 | ≤0.5 |
| 粒度 | 不规定 | |
| pH | 4～11 | |
| 氯化物/% | ≤0.5 | |
| 铅/(μg/g) | ≤10 | |
| 锌/(μg/g) | ≤50 | |
| 镉/(μg/g) | ≤1 | |
| 砷/(μg/g) | ≤2 | |

### 175 什么是纤维状活性炭？

此类活性炭是由聚丙烯腈或沥青等制成纤维状，经过氧化、磺化、碳化、石墨化等工序而制成。这是一种新近发展起来的活性炭，具有良好的吸附性和除臭性能，除臭能力是普通活性炭的50倍。其比表面积达1150$m^2/g$。吸附性能：碘吸附值2850mg/g；亚甲基蓝吸附值258mg/g；苯43.6%，丁基硫13.50%，纤维状活性炭还包括毡状活性炭，比表面积也有每克达1000$m^2$。

### 176 新活性炭需经哪些处理才能投用？

刚装入的活性炭，首先必须充满水浸泡24小时以上，使其充分润湿，排除炭粒间及其内部孔隙中的空气，使炭粒不浮在水上，然后封人孔、试压并正洗，洗去活性炭中无烟煤粉尘，洗至出水透明无色，无微细颗粒后，即可投入使用。

### 177 如何去除水中的铁和锰？

水中含有过量的铁和锰，不宜于生活饮用和工业生产。这种水质情况大都发生在地下水源。

去除水中铁的工艺，是由曝气、氧化反应和过滤等三部分组成。水的pH值对二价铁的氧化反应速度影响很大，曝气充氧去除部分$CO_2$，pH可提高到7.0以上，能获得二价铁良好的氧化反应和三价铁的絮凝沉淀，然后经过滤予以去除。但往往水中普遍含有少量的溶解性硅酸，这样水中的$SiO(OH)_3^-$离子强烈地吸附在三价铁的氢氧化物胶体表面，从而使三价铁的氢氧化物胶体凝聚困难，导致穿透滤层而影响除铁效果。因此，广泛采用接触氧化法除铁。此法是水经过曝气充氧后，通过滤料吸附除铁和接触氧化，并在滤料表面逐步生成具有催化活性的铁质滤膜，铁质活性滤膜又进一步起到除铁的作用。接触氧化除铁利用了铁质活性滤膜的催化作用，从而大大加快了二价铁的氧化速度，更有效地除去水中的铁。

去除水中的锰，广泛采用接触氧化除锰工艺，使含有锰的水经曝气后，通过滤层过滤，高价锰的氢氧化物便逐步吸附在滤料表面上，形成锰质滤膜，具有接触催化作用，从而大大加快氧化速度，水中二价锰也氧化为三价锰而被吸附去除。

但是水中铁、锰往往同时存在，而铁的氧化还原电位比锰要低，这样二价铁对高价锰便成了还原剂，因此，大大阻碍了二价锰的氧化，只有水中基本上不存在二价铁的情况下，二价锰才能被氧化，所以在水中铁、锰共存时，应先除铁后除锰。当水中铁、锰含量较高时，需采用两级过滤处理。工艺流程示图如下。

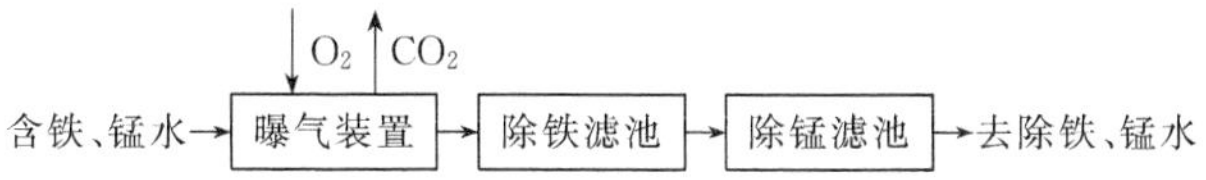


## （四）消　　毒

### 178　为什么要进行水的消毒？

地面水常常受到土壤、工业废水、生活污水及各种杂质的污染，促使细菌滋生，有时每毫升水中细菌数可达几万乃至几十万个；在有的水域里，大肠杆菌甚至每毫升达数万个以上。虽然在水处理的过程中，经过混凝、沉淀（或澄清）、过滤等的净化过程，黏附在悬浮物上的大部分细菌、大肠杆菌、病原菌和其他一些微生物也一同被除去，但是，并不彻底，还存在一定量的对人体有毒害的微生物。为了保障人民的健康，防止疾病的传播，还必须进行水的消毒，以杀灭水中的病毒。我国“生活饮用水水质标准”中规定，在水样中细菌总数不超过 100 个/mL。总大肠菌群或粪大肠菌群每 100mL 水样中均不得检出。为此，在混凝澄清过滤之后还需进行消毒。在工业冷却水处理中，为了防止循环冷却水产生生物黏泥，要控制水中的好气异养菌数不超过 $1\times10^5$ 个/mL，因此，对于作为循环冷却水系统补充水的过滤水，亦需要进行消毒杀菌处理。在除盐水处理系统，为了防止离子交换树脂受到细菌的污染，也需要对其原水进行消毒杀菌。此外，消毒还可以除去水的色度。

### 179　消毒的方法有哪几种？

水的消毒方法可分化学的和物理的两种。物理消毒方法有加热法、紫外线法、超声波法等。化学方法有加氯法、臭氧法、重金属离子法以及其他氧化剂法等。其中以加氯法使用最为普遍，因为氯的消毒能力强，价格便宜，设备简单，余氯测定方便，便于加量调节等优点而得到广泛应用。加氯法，除使用氯气之外，还有氯的化合物，如次氯酸钠、次氯酸钙、氯胺类以及最近国外在自来水厂中广为应用的二氧化氯——这是一种比氯的氧化性能更为强烈的氧化剂。消毒还可以用非氧化型杀生剂，如氯酚类化合物、季铵盐类化合物、二硫氰酸甲酯、盐酸十二烷基胍、有机溴化物等，以及国内研制成功的 NL-4、SQ8、BCDMH 等都是有效的消毒剂。此外，早期使用的还有铜盐，如硫酸铜等杀生剂，这些都属于化学方法消毒。

### 180　氯气有些什么特性？

氯气是黄绿色的气体。在大气压下，温度 0℃时，每升重 3.214g，其密度（质量）约为空气的 2.5 倍；在－34.03℃时，为液态；常温下，加压到 0.6～0.8MPa 亦为液态，此时每升重 1468.41g，约为水重的 1.5 倍。因此，同样重量的氯气与液氯相比，体积相差 456 倍，故常使氯气液化，便于灌瓶、贮藏和运输。

氯气是具有强烈刺激性的窒息性气体，对人体有害，尤其对于呼吸系统及眼部黏膜伤害很大，可引起气管痉挛和产生肺气肿，使人窒息而死亡。氯气含量到 3.5mg/L 时，就可以使人嗅到气味，14.0mg/L 时，咽喉会疼痛，20.0mg/L 时，引起气呛，当 50.0mg/L 时就会发生生命危险，再高时会引起死亡。生产环境的空气中最高允许含量为 $1mg/m^3$。

氯气能溶于水，溶解度随水温升高而降低。在 101.325kPa（760mmHg）压力下氯的溶解度与水温的关系如下表：

**氯在水中的溶解度**[58]　　单位：$g/100gH_2O$

| 温度/℃ | 10 | 15 | 20 | 25 | 30 | 35 | 40 |
|---|---|---|---|---|---|---|---|
| 溶解度 | 0.9972 | 0.8495 | 0.7293 | 0.6413 | 0.5723 | 0.5104 | 0.4590 |
| 温度/℃ | 45 | 50 | 60 | 70 | 80 | 90 | 100 |
| 溶解度 | 0.4226 | 0.3925 | 0.3295 | 0.2793 | 0.2227 | 0.127 | 0.000 |

氯的饱和溶液在温度低于 9.6℃时，$Cl_2$ 和 $H_2O$ 生成固态水合物 $Cl_2 \cdot 8H_2O$，称为氯冰，会使管道堵塞。因此氯水温度应保持 10℃以上，一般为 10～27℃。

### 181　为什么不宜将氯瓶内的液氯都用光？

氯气在干燥的时候，化学性质不活泼，不会燃烧。但在遇水或受潮后对金属有严重的腐蚀性，化学性质十分活泼。因此，在氯气的使用过程中，特别要注意盛氯钢瓶不能进水，以免钢瓶腐蚀，发生事故。所以使用时，钢瓶内的液氯不宜全部用光，要留 10～15kg。更不宜抽空，以防止漏入空气和带进水而产生腐蚀和发生事故。

### 182　在液氯钢瓶上洒水是起什么作用？

钢瓶内的液氯，在使用的过程中，因气化挥发需吸收大量的热，每气化 1kg 液氯，约吸收 $2.9\times10^2$J（69cal）热量，故会使氯气钢瓶外壳周围的温度降低而结露，从而阻碍了液氯的进一步气化。为此，在使用过程中，把水淋洒在氯气的钢瓶上，并不是为了冷却，而是供给液氯气化时所需要的热量。

### 183　氯气的杀生原理是什么？

氯气加入水中之后，在几秒钟内很快水解而产生次氯酸，其反应如下：

$$Cl_2 + H_2O \rightleftharpoons HClO + H^+ + Cl^-$$

次氯酸（HClO）在水中又部分地离解为：

$$HClO \rightleftharpoons H^+ + ClO^-$$

氯的杀菌作用，主要是靠次氯酸（HClO）。由于次氯酸的分子量很小，是中性分子，它能很快扩散到带负电的细菌表面，并透过细菌的细胞壁而穿透到细菌的内部，以氯的强氧化作用来破坏细菌赖以生存的酶系统，从而阻止细菌吸收葡萄糖，停止新陈代谢，使细菌死亡，以达到杀生的目的。

次氯酸根（$ClO^-$）是离子态的，也具有一定的杀生作用，但由于细菌表面带负电荷，因同性相斥而难以接近，故 $ClO^-$ 的杀生效果较差。

氯气的杀生效果还与水的 pH 值等有关，通常在 pH 值低时，效果比较好。

### 184　什么是有效氯、需氯量、转效点加氯、结合氯、游离氯和总氯？

有效氯是指氯型杀生剂加入水中所能产生的具有氧化能力的氯含量。氯气加入水中后几乎全部转化为具有氧化能力的 HClO 或 $ClO^-$，故其有效氯含量为 100%。而次氯酸盐、二氯异氰尿酸盐等氯型杀生剂的有效氯均低于 100%。二氯异氰尿酸钠的有效氯理论值为 64.5%，代表值为 61.0%。

由于水中含有一定的微生物、黏泥、有机物及其他还原性化合物，要消耗掉一部分有效氯，这部分被消耗的氯称为需氯量，加氯量正好达到需氯量控制点时，称为转效点。只有加氯超过需氯量之后，也就是加氯超出转效点之后，才能测出水中的游离余氯量。转效点加氯就是向水中加入足够量的氯，直到满足需氯量，再继续加氯使之有剩余氯产生，而剩余的部分氯称为游离余氯或简称为余氯。我国生活饮用水水质标准（GB 5749—2006）规定，加氯接触 30min 后，游离性余氯不应低于 0.3mg/L；对于集中式给水厂的出厂水，管网末梢水的余氯不应低于 0.05mg/L；对于不同用途的工业用水，其控制余氯量也不相同。保留一定数量余氯的目的是为了保持持续的杀生力，防止水的污染。

结合氯是氯与水中某些化合物反应生成的具有氧化能力的氯的化合物。例如氯与水中的氨反应生成一氯胺（$NH_2Cl$）、二氯胺（$NHCl_2$）及三氯胺（$NCl_3$），它们仍有一定的氧化能力，其含氯总量称为结合氯，或化合性氯。

加入水中的氯量如高于需氯量与结合氯之和时，剩余的氯在水中多以 HClO 和 $ClO^-$ 存在，称为游离(余)氯，或自由性氯（游离余氯$=Cl_2+HClO+ClO^-$）。

水中余氯的总和为总氯。平时所分析得的余氯实际上是游离氯与部分具有氧化能力的结合氯之和。

### 185　加氯量如何确定?

在水处理中加氯量包含两个部分：一部分是实际消耗的需氯量；另一部分是用以抑制水中残存细菌的再度繁殖而多加的剩余氯量，一般要通过需氯的试验来确定。根据水质情况不同，加氯量大致有三种情况。

（1）如果水质清净（如纯净的蒸馏水），由于水中没有细菌存在，水中氨、有机物质和还原性的物质等都不存在，需氯量为零，因此，加氯量即等于余氯量，如图 2-4-1 所示。

（2）由于一般水中，都受到各种杂质的污染，为了氧化有机物质和消毒杀生，需要消耗一定的氯，水质越差，耗氯越大。同时，加氯一定要超过需氯量 $M$ 点，才能保证一定的余氯量，如图 2-4-2 所示。

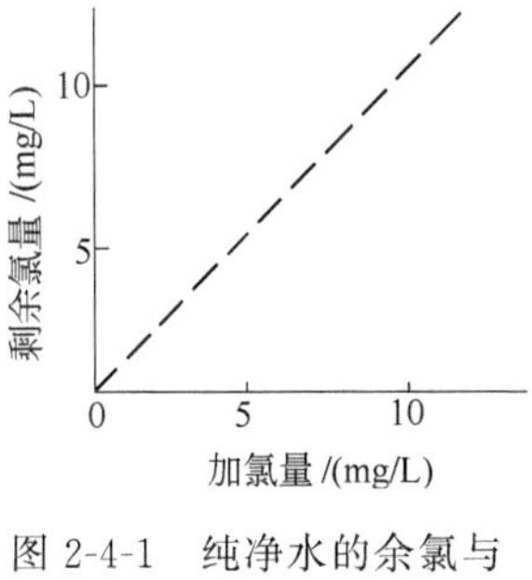


图 2-4-1　纯净水的余氯与加氯量之间的关系

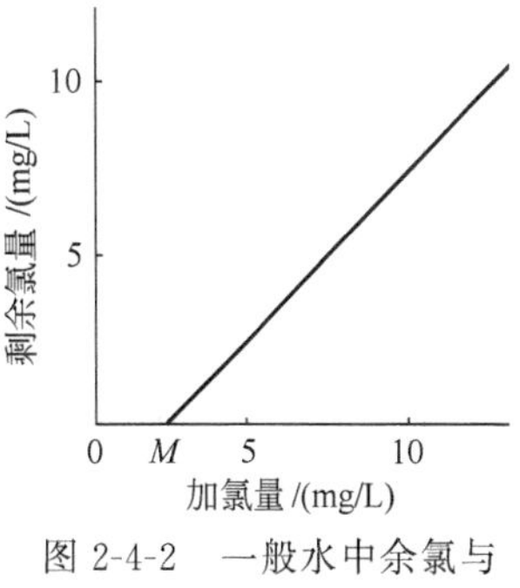


图 2-4-2　一般水中余氯与加氯量之间关系

（3）当水的污染程度比较严重时（如循环冷却水处理漏氨时），而且水中的工艺泄漏物主要是氨和氮化合物时，情况比较复杂。此时，加氯量如图 2-4-3 所示。

从图上可知：在开始加氯时，0$A$ 段加氯量消耗于水中，而余氯为 0，此时，虽杀灭细菌，但效果还不可靠，因为无余氯来抑制细菌的再度繁殖；在 $AH$ 段，表示加氯量增加时，余氯量也有增加，只是增长得较慢一点，也即表示加氯后，有余氯存在，有一定的杀菌效果，但余氯是化合性氯；在 $HB$ 段，表示加氯量虽然增加，然而余氯反而下降，假如水中有氨存在，这时化合性余氯产生了如下反应：

$$2NH_2Cl+HClO \rightleftharpoons N_2\uparrow+3HCl+H_2O$$

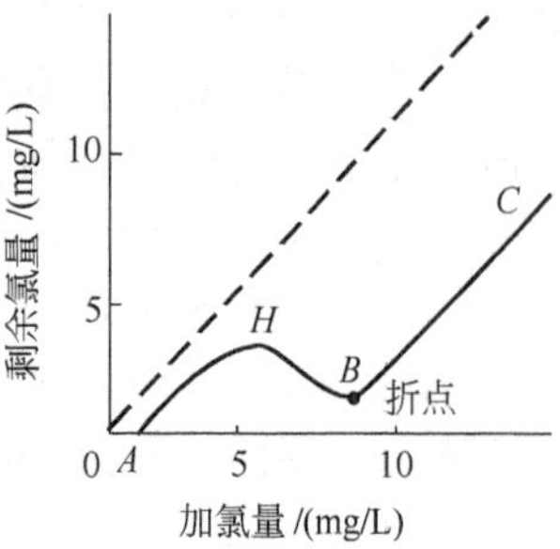


图 2-4-3 折点加氯示图

从上式可知，化合性余氯成分被转化为氮气，因此余氯反而下降；当到达 $B$ 点之后，进入 $BC$ 段，表示水中消耗氯的杂质全部殆尽，此时，就出现了游离性余氯（几乎全为 HClO)。只有这时杀生能力最强，效果最好。习惯上把 $H$ 点称为峰点，为余氯量最高点，此时为化合性余氯而不是游离性余氯。$B$ 点称为折点，余氯较低，然而继续加氯，余氯就增加，而且是游离性余氯。这种加氯的方法又称为折点加氯。

鉴于上述情况，一般加氯量按下述确定：当水中含氨量小于 0.3mg/L 时，加氯量控制在折点后；当含氨量大于 0.5mg/L 时，加氯量控制在峰点之前；当含氨量在 0.3～0.5mg/L 时，加氯量控制在峰点与折点之间。但是，由于各地水质不同，尚需要根据实际生产情况经过试验来确定。一般来说，经过混凝、沉淀、过滤后的水，或清净的地下水，加氯量可采用 0.5～1.5mg/L；如果水源水质较差，或是经过混凝、沉淀而未经过过滤，或是为了改善混凝条件，使其中一部分氯来氧化水中的杂质，加氯量可采用1.0～2.5mg/L。

**186 加氯点是如何确定的？**

加氯点主要是从加氯效果、卫生要求以及设备保护来确定的。大致情况如下。

（1）大多数情况是在过滤后的清水中加氯。加氯点是在过滤水到清水池的管道上，或清水池的进口处，以保证氯与水的充分混合，这样加氯量少，效果也好。

（2）过滤之前加氯或与混凝剂同时加氯，这样可以氧化水中的有机物质。这种方法，对污染较严重的水或色度较高的水，能提高混凝效果，降低色度和去除铁、锰等杂质。尤其在用硫酸亚铁作为混凝剂时，利用加氯，促使亚铁氧化为三价铁。还可改善净水构筑物的工作条件，防止沉淀池底部的污泥腐烂发臭；防止滋长青苔；防止微生物在滤料层中生长繁殖，延长滤池的工作周期。对于污染严重的水，加氯点在滤池前为好，也可以采用二次加氯，滤前一次，滤后一次。这样可以节省加氯量，还可以确保水中保持余氯。

（3）在管网很长的情况下，要在管网中途补充加氯，加氯点设在中途加压水泵站内投加，这样也可确保管网保持余氯。

（4）循环冷却水系统的加氯点，通常有三处，一是循环水泵的吸入口；二是远离循环水泵的冷却塔水池底部，由于冷却塔水池是微生物重要的滋长地，此处加氯，杀生的效果最好；三是加在水泵后的给水总管中，这样可减少氯的挥发，减少氯耗。

**187 液氯钢瓶在使用过程中，有哪些安全注意事项？**

（1）氯瓶不能在烈日下曝晒，不能靠近炉火或高温处，以免迅速气化时发生意外。液氯钢瓶上装有一只或数只低熔点安全塞，由熔点为 70℃左右的合金制成，一旦氯瓶超温，安全塞自行熔化，氯气从钢瓶内逸出，不致引起钢瓶爆炸。钢瓶内的液氯不装满，一般只装 80%～85%左右，其中 15%～20%为气态氯空间。

（2）卧式氯瓶上有两只出氯气总阀，使用时，一个阀在上，一个阀在下。氯气是从上面一只总阀接入加氯机的，其简单构造如图 2-4-4 所示。

（3）氯瓶的总阀外边，要装保护帽，防止运输和使用时碰坏。氯瓶上的螺纹全部都是右旋螺纹，使用时应注意旋转方向。

（4）氯瓶外壳要安装喷淋水装置，以供给液氯气化时的热量。

（5）氯瓶在使用时，不可把氯全部用光，要留 10～15kg 余量，或 30～50kPa（0.3～0.5kgf/cm$^2$）余压。更不能抽成真空，以免水倒回，引起腐蚀。

（6）在氯瓶与加氯机之间要设置中间缓冲槽，可使氯气中的杂质沉落在缓冲槽中。万一

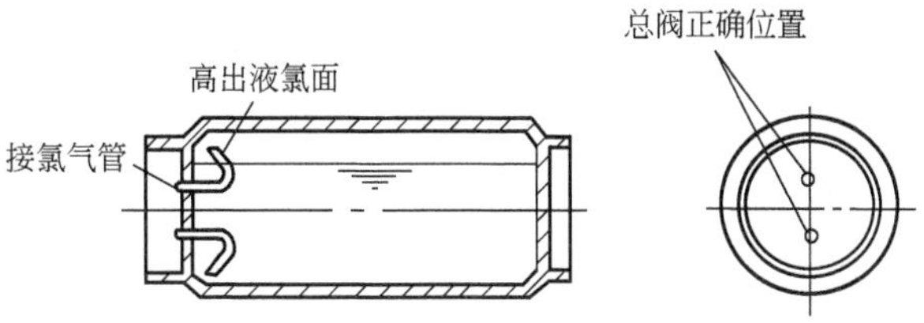


图 2-4-4 卧式氯瓶安装位置示意图

加氯机发生故障，中间缓冲槽可以起保护作用，以防止水回到氯瓶中。

(7) 严防氯瓶碰撞。要轻装轻卸，不要滚动，严禁采用抛、滑及其他引起碰撞的方法装卸，以免发生事故。

(8) 按规定期限进行氯瓶的检查和试压，严格执行氯瓶使用安全规程。

(9) 使用氯瓶的周围场所，不得有火种和易燃物。放置地点的气温应低于 40℃。

(10) 使用氯瓶时，如发生瓶阀冻结，严禁用火、开水、蒸汽等直接加热瓶体，以免发生爆炸。只可用 35℃以下的温水或湿布加热。

### 188 加氯装置有哪些主要类型？其工作原理如何？

加氯装置的种类比较多，有转子加氯机、真空加氯机、水力引射加氯机等。

国内常用的主要是 ZJ 型转子加氯机，如图 2-4-5 所示。目前有Ⅰ型（加氯量 5～45kg/h）、Ⅱ型（加氯量 2～10kg/h）两种。其工作原理是：来自氯瓶的氯气首先进入旋风分离器 3，再通过弹簧膜阀 1 和控制阀 2 进入转子流量计 4 和中转玻璃罩 5，再由水射器 7 与压力水混合，使氯气溶解于水中被送至加氯点。

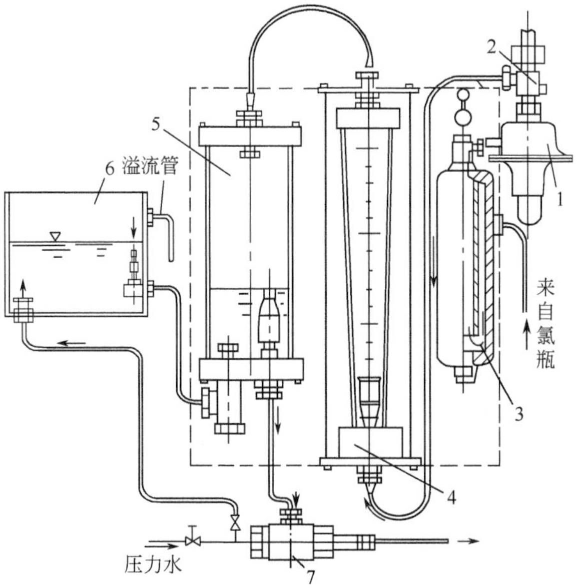


图 2-4-5 ZJ 型转子加氯机

1—弹簧膜阀；2—控制阀；3—旋风分离器；4—转子流量计；
5—中转玻璃罩；6—平衡水箱；7—水射器

各部分作用如下：

(1) 弹簧膜阀 1，当氯瓶中压力小于一定压力（如 0.1MPa，1kgf/cm$^2$）时，此阀即自动关闭，以确保氯瓶内保持一定余压的安全要求。

(2) 控制阀 2 和转子流量计 4，用于控制和测定加氯量。

(3) 旋风分离器 3，用于分离氯气中可能带进的一些杂质。运行一定时间后应打开分离器下部旋塞来除去积累杂质。

(4) 中转玻璃罩 5，用以观察加氯机的工作情况，此外还可以稳定加氯量，防止压力水倒流和避免水源中断时破坏罩内真空。

(5) 平衡水箱 6，可以补充和稳定中转玻璃罩内水位，避免当水流中断时，使中转玻璃罩真空破坏。

(6) 水射器 7，从中转玻璃罩内抽吸所需氯，并使其与水混合，使氯气溶解。同时还可以使玻璃罩内保持负压状态。

### 189 加氯操作要注意哪些安全事项？

(1) 套在氯瓶阀上的安全帽应当旋紧，不可随意去掉，吊运及上、下车操作都要小心轻放。

(2) 在加氯操作前，应先用 10% 氨水检查氯瓶是否漏气，如发现有白色烟雾时，表示有漏氯，要处理好再使用。

(3) 加氯机和氯瓶不要放在阳光下或靠近其他热源附近。

(4) 操作氯瓶的出氯总阀，如发现阀芯过紧难以开启时，不允许用榔头敲击，也不能用长扳手硬扳，以免扭断阀颈。

(5) 如发现加氯机的氯气管有阻塞，须用钢丝疏通，再用打气筒吹掉杂物，切不可用水冲洗。

(6) 开启氯瓶出氯总阀时，应先缓慢开半圈，随即用 10% 氨水检查有否漏气。

(7) 如发现大量漏氯气时，首先，人要居上风侧，并立即组织抢救。抢救人员必须戴好防毒面具，漏氯部位先用竹签塞堵，并将氯瓶移至附近水体中，用大量自来水（或碱水）喷淋，使氯气溶于水中，排入污水管道，以减少对空气的污染。

(8) 加氯的过程中，如水射器的压力水突然中断时，应迅速关闭氯瓶的出氯总阀。

(9) 使用中的氯瓶应挂上“正在使用”的标牌；氯瓶用完后应挂上“空瓶”标牌；新运来的应挂上“满瓶”标牌，以便识别。瓶子要求专瓶专用，不可混用。

(10) 在加氯间应备有专用工具和防毒面具，供意外时使用。

(11) 有条件的单位，应结合岗位责任制，设立专人专职加氯和维修。

### 190 加氯系统漏氯时如何查找？

氯气是极毒气体，一旦出现泄漏氯，要迅速采取安全措施，及时寻找泄漏点并予处理。安全措施包括戴防毒面具、停加氯机、进行通风等。

在查找泄氯点时，可在设备、管路、阀门相接处滴加氨水，其反应如下：

$$2NH_4OH+Cl_2 = NH_4Cl+NH_4ClO+H_2O$$

上式中生成的 $NH_4ClO$ 是一种极易挥发的白色雾气，一旦发现有白色雾气冒出，即为泄氯点，然后进行消除。

### 191 臭氧有哪些物化性质？

臭氧既是一种强氧化剂，亦是一种消毒剂。臭氧作为消毒剂，能杀菌和灭病毒，反应快，投量少，适应性强，pH 值在 5.6～9.8，水温在 0～37℃范围内变化时，对消毒效果影响很少。臭氧作为氧化剂能去除水中色、臭、味和氧化水中可溶性亚铁、二价锰盐类、氰化物、硫化物、亚硝酸盐等。分解水中溶解性有机物，有助于水的絮凝作用，强化水的澄清、沉淀和过滤效果，提高处理后的出水水质。下面介绍臭氧的化学性质。

臭氧（$O_3$）是一种不稳定的具有特殊“新鲜”气味的气体，它是氧的同素异形体，每个分子中含有3个氧原子，常温常压下是一种不稳定的淡蓝色气体，并能自行分解为氧气。臭氧是良好的氧化剂，具有很强的氧化能力，在天然元素中仅次于氟。

臭氧相对密度为氧的1.5倍，空气的1.6倍，在水中溶解度比氧约高10倍，比空气高25倍，1%（质量分数）浓度的臭氧在水中半衰期仅30min，所以臭氧不能像其他常用气体那样装瓶贮存。臭氧主要物理特性和在水中溶解度见下表。

**臭氧的主要物理性能**

| | | | |
|---|---|---|---|
| 熔点/℃ | −192.5±0.4 | 固体密度(77.4K)/(g/cm$^3$) | 1.728 |
| 沸点/℃ | −111.9±0.3 | 自由能(AF 25℃)/(kJ/mol) | 136 |
| 临界温度/℃ | −12.1 | 颜色：固体 | 暗紫色 |
| 临界压力/MPa | 5.53 | 液体 | 蓝黑色 |
| 临界体积/(cm$^3$/mol) | 111 | 气体 | 淡蓝色 |
| 气体密度(0℃,1atm)/(g/L) | 2.144 | | |

**臭氧在水中溶解度**

| 温　度/℃ | 溶解度/[L(气)/L(水)] | 温　度/℃ | 溶解度/[L(气)/L(水)] |
|---|---|---|---|
| 0 | 0.64 | 27 | 0.27 |
| 1.18 | 0.50 | 40 | 0.117 |
| 15 | 0.456 | 55 | 0.031 |
| 19 | 0.381 | 60 | 0 |

臭氧与水中无机物反应，是放出一个性质活泼的氧原子使无机物氧化，同时放出一个氧分子，臭氧氧化有机物一般认为先生成过氧化物或羟基。

### 192 臭氧是如何氧化水中的有机物质的？

臭氧是极强的氧化剂，具有很强的氧化能力，它的氧化还原电位：

$$O_3 + 2H^+ + 2e \rightleftharpoons O_2 + H_2O \text{（酸性条件下）} \quad E^\circ = 2.37V$$

$$O_3 + H_2O + 2e \rightleftharpoons O_2 + 2OH^- \text{（碱性条件下）} \quad E^\circ = 1.24V$$

由于臭氧不稳定，在水中能迅速分解，其分解速度随着温度、pH值的增高而增强，在纯水中臭氧分解的半衰期为15～30min，溶解在水中的臭氧受到羟基离子的催化作用也能很快被还原。

臭氧氧化分解水中有机物，对烯烃类化合物的双键氧化能力最强，其次是胺类和碳氢双键，再其次是炔烃类三键化合物、碳环、杂环化合物、硫化物、磷化物等，臭氧对醇、醛、醚及碳氢化合物的单键氧化能力最弱。

臭氧与水中有机物反应机理是比较复杂的，各种解释不一，根据Hoigne和Bader提出的臭氧在水中的反应理论认为：臭氧与水中有机物进行反应，通过两条途径进行，其一臭氧与有机物直接反应，亦称D反应；其二臭氧与有机物间接反应，即臭氧分解产生羟根自由基（OH·）的间接反应，亦称R反应。二者比较，以D反应速度比较缓慢，有选择性，是去除水中有机物的主反应。R反应是羟根自由基（OH·）和水中有机物、微生物、$CO_3^{2-}$、$HCO_3^-$反应。虽然反应能力强，反应速度快，但是选择性差，它既能与有机物反应加速臭氧分解速度，又能与水中碳酸根和碳酸氢根反应，生成次自由基$CO_3^-$·和$HCO_3$·，次自由基也能和有机物反应，但反应速度非常缓慢。下图为臭氧在水中反应途径。

臭氧在水中反应途径：

- D反应 / 直接反应：直接氧化有机物、微生物等，可产生直接氧化产物，反应速度慢，有选择性
- R反应 / 间接反应（OH·反应）：通过OH·可氧化有机物、微生物等，反应速度快，无选择性，通过OH·将$HCO_3^-$氧化成$HCO_3$·，反应速度中等，通过OH·将$CO_3^{2-}$氧化成$CO_3^-$·，反应速度快

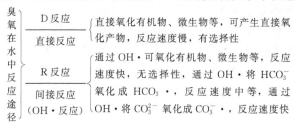

臭氧去除水中有机物的效果一般认为是D反应和R反应的叠加作用，上述两种反应进行的程度取决于不同的反应条件。当水中pH值小于8时，OH·自由基会大大减少，或者水中添加大量$HCO_3^-$时，也可捕集OH·自由基，同样可以缓解OH·自由基的反应强度，这样就减弱了臭氧分解速度。因此在低pH值或高碱度情况下，则可强化臭氧直接反应，有利臭氧充分利用，增强其脱色杀菌效果和去除有机物能力，反之处理高pH值或低碱度水质情况下，臭氧分子分解迅速强化了羟基自由基的氧化作用。

臭氧用于给水厂水质处理，以天然水体或受污染的天然水体作自来水源水时，pH值一般在6.0～8.5之间，水体中并存在相当数量的碳酸根离子和碳酸氢根离子，臭氧投加后仍然以D反应为主、R反应为辅的途径去除水中污染有机物。

### 193 如何制造臭氧消毒剂？

臭氧制造方法很多，其中有化学法、电解法、紫外线法、放射线照射法和无声放电法等。

化学法生产的臭氧产量有限，不能为生产所利用，电解法有相当高的产率，并能获得较高的臭氧浓度，目前已有商品在市场出现，但生产的$O_3$往往与$ClO_2$、$H_2O_2$、$Cl_2$共存。紫外线法使用较早，但生成的臭氧量少，只适合使用在需消毒剂量少的地方。

无声放电是一种可以获得大量低浓度臭氧化气体（臭氧质量占空气质量的1%～2%）的技术，适合大规模工业化生产，是目前给水处理厂常用的工业生产臭氧的方法。若采用高频、中频、高电压、纯氧气源无声放电法可获得较高的臭氧浓度（臭氧质量占总质量的4%～5%）。

无声放电法发生臭氧的原理是在一对交流电极之间隔一介电体，当空气或氧气通过高压电极时，在具有足够动能的放电电子中，使氧分子电离，一部分氧分子就被聚合成臭氧，如图2-4-6所示。

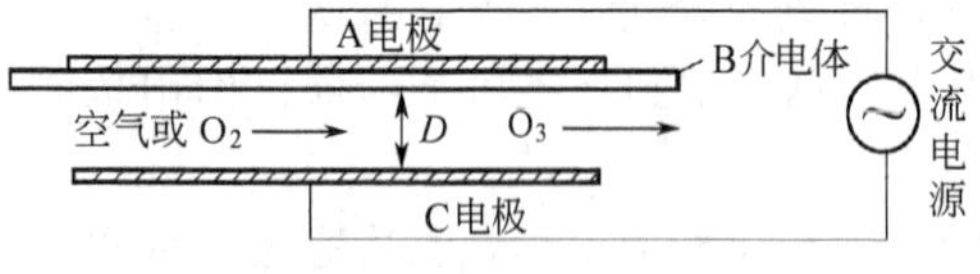


图2-4-6 无声放电法臭氧发生器原理

图中A和C都是电极，一般用金属材料不锈钢制成，B是介电体，它是一种绝缘物质，一般用耐高压玻璃作为介体。当交流高压电作用时，在B和C的间隙中产生无声放电现象，高压电流从A透过B而传到C，由于介电体B的阻挡，大电流不能通过，只能通过极小的电流，电压极高，B和C的间距$D$很小，一般只有几毫米，因而使间隙$D$中电压强度很大，电子在高电场作用下速度很快，不断袭击通过放电间隙$D$的空气或氧气内的氧分子。氧分子在高速电子袭击下，有一部分就变成带电的离子，带电离子又不断碰撞结合成分子，又不断电离、碰撞，直至达到某种平衡状态生成一定数量的臭氧，反应方程式如下：

$$O_2 + e \longrightarrow O + O + e$$

$$O + O_2 \rightleftharpoons O_3$$

$$O + O + O \longrightarrow O_3$$

此种臭氧生成方式只能使通过放电区域的气体中的一小部分变成臭氧，一般只占1%～2%质量，所含有的臭氧气体通常称臭氧化气体，因此臭氧水处理实际上均指使用一定浓度臭氧化气体进行处理，而不是使用纯臭氧进行水处理。

**194 臭氧发生器的构造怎样？**

臭氧发生器有板式和管式两类，它们的构造各不相同。

(1) 板式臭氧发生器 按电极安装方式可分为立板式和卧板式两种。目前使用的设备大多为立板式，此法广泛用于自来水消毒方面，其构造如图2-4-7所示。

图中1和2是金属铸成的外表面平滑且平行的箱形极板，1为高压极，2为低压极（地极），介电体用玻璃板制成，电极板和玻璃板都开有中心孔，玻璃板的一面贴上锡箔或涂以金属涂料，中心孔用陶瓷管连接，两块相邻玻璃板间的空间为放电空间。空气从四周进入放电空间，经放电反应后生成臭氧，然后臭氧化气体经由中心孔道引出，冷却水在箱板内流动。一台大型臭氧发生器可装有24组单元，共96块玻璃板，48个放电空间。

近年来采用薄型不锈钢板作为高压极，低压极用铝合金制成，在不锈钢高压极与玻璃板间形成放电区，空气或氧气在接近大气压下通入，此型最新产品有84个组件。

另外，还有卧板式臭氧发生器，但使用不如立板式广泛。

(2) 管式臭氧发生器 按其构造也可分为卧管式和立管式两种。英国、德国、日本所生产的臭氧发生器立管为多，我国各地近年来采用的臭氧发生器都是卧管式。

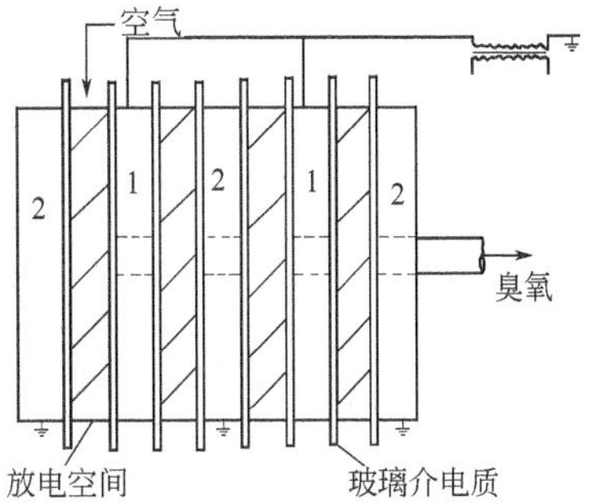

图2-4-7 立板式臭氧发生器

1—高压极；2—低压极（地极）

① 卧管式臭氧发生器 此型设备的外形与换热器相似，是一个圆筒形密闭容器，一般采用同轴管形式容器，装有水平金属管（不锈钢）多根，两端固定在两块管板上。管板将容器分为3部分，中央部分通入冷却水，从管外冷却金属管。两端部分，一端进入干燥空气或氧气，另一端汇集放电管后的臭氧化气体，每根金属管构成一个低压管（地极），管内装一根与其同轴的玻璃管（或瓷管）作为介电体。玻璃管的内表面用银或铝等金属喷镀，与高压电源相连，玻璃介电管的一端封死，用不锈钢环固定其中心位置，使其与不锈钢管轴重合，玻璃管的外径略小于地极管的内径，这样就有一个环形空隙可以放电，待处理的空气或氧气通过这个空隙，经由放电而生成臭氧气体，见图2-4-8。

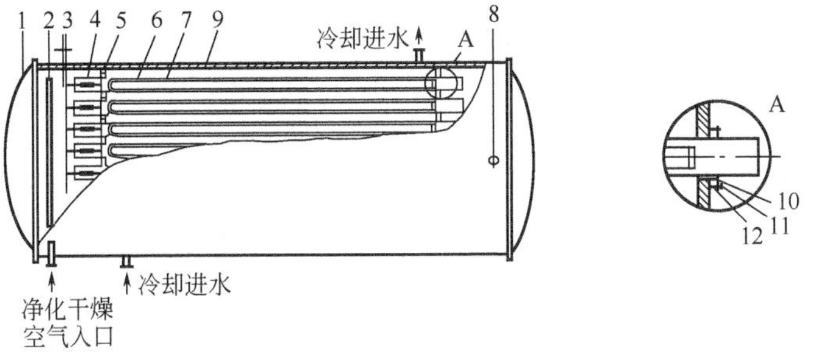

图2-4-8 管式臭氧发生器

1—封头；2—布气管；3—高压电极接线柱；4—高压熔丝；5—花板；6—玻璃介电管；7—不锈钢管高压电极；8—臭氧化气出口；9—筒壁；10—压环；11—螺丝；12—乙丙橡胶圈

不锈钢管长度一般用1m，直径40～50mm，玻璃管长1.15～1.3m，两管之间的缝隙一般为2～3mm，并要求两管缝保持均匀，这就要求钢管和玻璃管都很直，挠度要求不超过0.02%。

这种臭氧发生器承受一些小的压力0.1MPa（1kgf/cm$^2$），可将生成的臭氧送到使用地点。现在的最新装置每根放电管每小时可产生臭氧15g以上，臭氧浓度可达20g$O_3$/m$^3$空气，电能消耗为每千克臭氧17kW·h，这些数据是采用50Hz频率的电源取得的。如改用高频，性能还可以改进，这种类型的发生器，其最大装置有500根以上的放电管，每小时臭氧产量达7500g。

② 立管式臭氧发生器　这种设备是将放电管垂直排列安装于金属容器内，分成3部分，与卧管式一样，干燥气体自顶部引入，一系列的金属管组成高压极，每根金属管同轴装入由特种玻璃制成的介电管内，玻璃管的下端是封闭的，它的内径略大于金属管的外径，有一个环状空隙供气体上升通过，玻璃介电管在容器内部差不多完全浸没在冷却水中，容器即形成低压电极（地极），放电在介电管和高压极金属管间的环状空隙内发生。

### 195　哪些因素影响臭氧发生器的产量？

根据理论计算每千瓦小时（kW·h）可产臭氧1230g，即生产每千克臭氧只需0.82kW·h。但在工业生产实践中，以空气制臭氧的耗电量达15kW·h/kg$O_3$以上，还不包括空气干燥部分。目前国内生产的臭氧发生器耗电量为16～20kW·h/kg$O_3$。由于工业生产臭氧加在电极上的电能只有5%～10%真正用在生产臭氧上，而90%以上电能转变成热能损失掉，而转变成热能部分又必须用流动的冷却水及时排出，不使放电区域温度太高，导致臭氧受热分解，使臭氧产率减低。工业化臭氧发生器运转稳定时，臭氧浓度可达1.02%～1.22%，其质量分数为1%～2%，相当于臭氧化空气中含臭氧20～25mg/L，国产臭氧发生器其臭氧化空气中臭氧浓度一般为10～14mg/L。

生产臭氧的气源目前主要采用清洁干燥的空气，也有采用富氧空气和纯氧，后者气源可提高臭氧化气体中臭氧浓度和单位电耗的臭氧产量。

臭氧发生器输入电流的频率从50Hz变成中频（500～800Hz）或高频（高于1000Hz），臭氧浓度和产率都可增加，其中产量可增加2.7～3.3倍，最高可达7倍。

臭氧发生器的臭氧产量、产率和臭氧浓度与空气的露点、气量、气压、电压等因素有很大关系，下面是某水厂使用的QD-500型臭氧发生器运行特性和前苏联生产的ОП-121型臭氧发生器产率与空气湿度和冷却水温度的关系。从图2-4-9(1)～(5)的发生器特性曲线及其说明中，可知影响产量的诸因素。

| 发 生 器 特 性 | 特性曲线图示，图2-4-9 |
| --- | --- |
| (1) 变电压特性<br>发生器的工作气压和气量不变时，产生的臭氧化气体中的臭氧浓度、产量和比电耗随发生器的工作电压的变化而改变 | 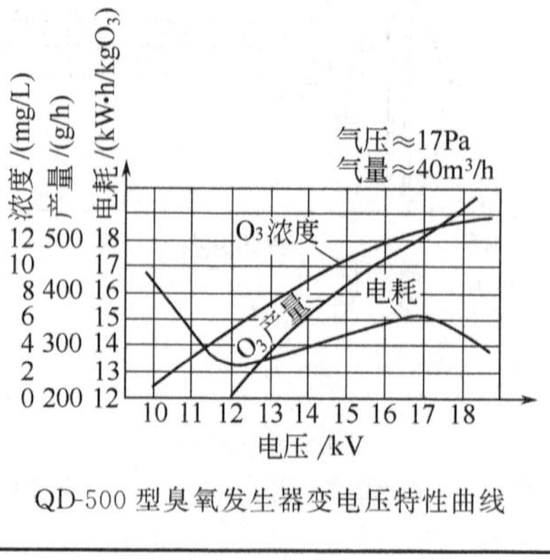<br>QD-500型臭氧发生器变电压特性曲线 |

续表

| 发 生 器 特 性 | 特性曲线图示，图 2-4-9 |
| --- | --- |
| (2) 变气压特性<br>工作电压和气量不变时，臭氧化气体中的臭氧浓度、产量和比电耗随工作气压(绝对压力)的变化而改变 | 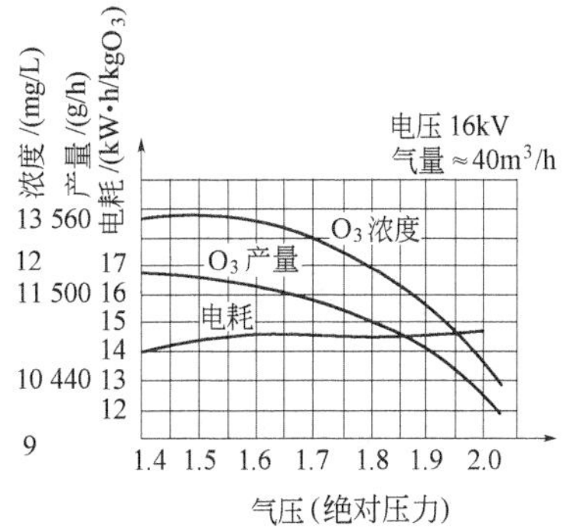<br><br>QD-500 臭氧发生器变气压特性曲线 |
| (3) 变气量特性<br>工作电压和气压不变时，臭氧化气体中的臭氧浓度、产量和比电耗随工作气量的变化而改变 | 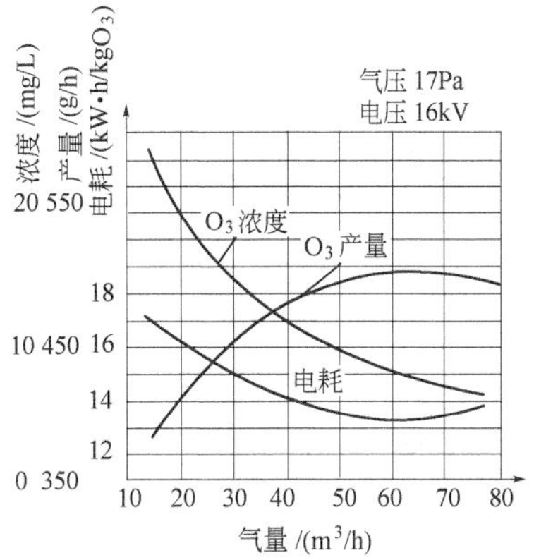<br><br>QD-500 臭氧发生器变气量特性曲线 |
| (4)产率与空气湿度关系<br>发生器的臭氧产率随着空气湿度的增大而下降，因此，要求对原料空气需进行深度干燥处理，使其露点达到−50℃以下(含湿量相应为 0.032g 水/m$^3$ 气) | 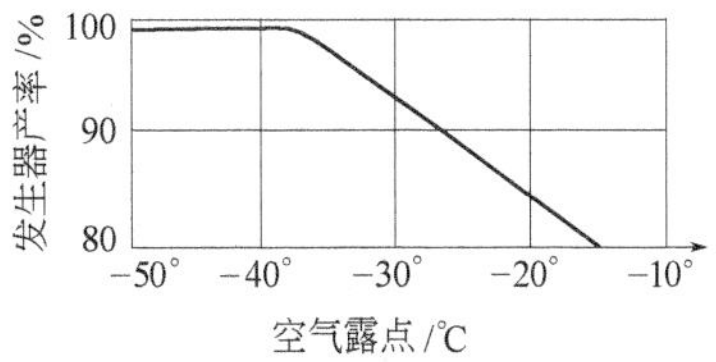<br><br>ОП-121(前苏联)臭氧发生器产率与空气湿度的关系 |
| (5) 产率与冷却水温关系<br>发生器的臭氧产量与冷却水的出水温度有关，温度愈高，产率愈低 | 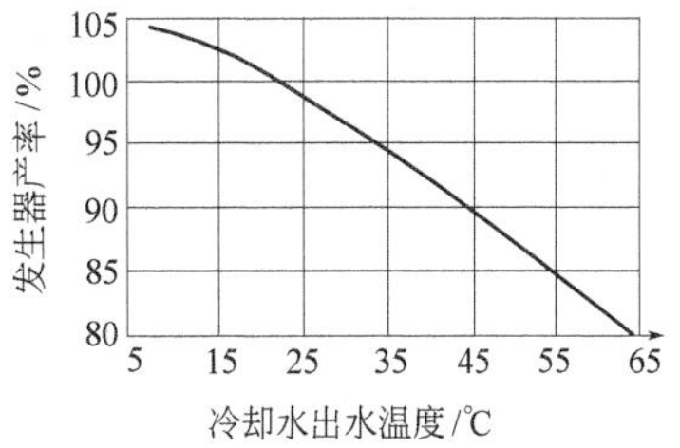<br><br>ОП-121(前苏联)臭氧发生器产率与冷却水出水温度的关系 |

### 196 用什么方法把臭氧加入水中？

臭氧用于水处理的过程，是臭氧从气相到液相的传质过程，亦是溶于水中的臭氧同水中无机物、有机物起氧化反应的过程。受传质速度控制的污染物去除，应选用传质效率高的装置如螺旋混合器、蜗轮注入器、水喷射器等。受化学反应速度控制的污染物去除，宜选用可较长时间保持一定溶解氧浓度的接触反应装置，如鼓泡式接触氧化塔，这样能适应臭氧和污染物进行缓慢化学反应，达到分解降解污染物的目的。臭氧加入水中的方法见下表及图2-4-10。

| 类型 | 图示，图 2-4-10 | 运行方式 | 传质能力 | 优 缺 点 |
|---|---|---|---|---|
| 鼓泡塔 | 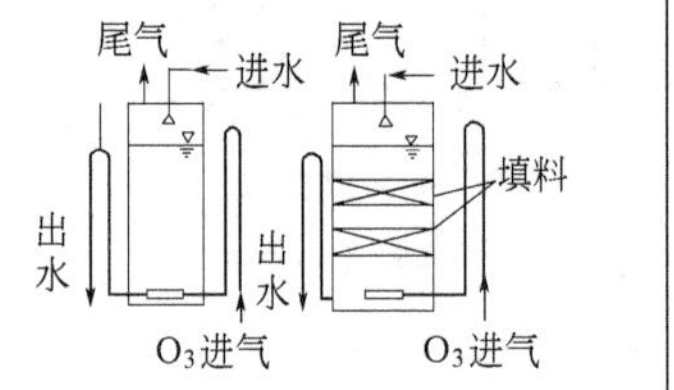 | 气水顺流、逆流或多级串联交迭逆顺流。连续运行或间断批量运行 | 传质效率低 | 优点：能耗较低<br>缺点：(1) 喷头堵塞时布气不均匀<br>(2) 混合差，易返混<br>(3) 接触时间长<br>(4) 价格高 |
| 固定混合器 | 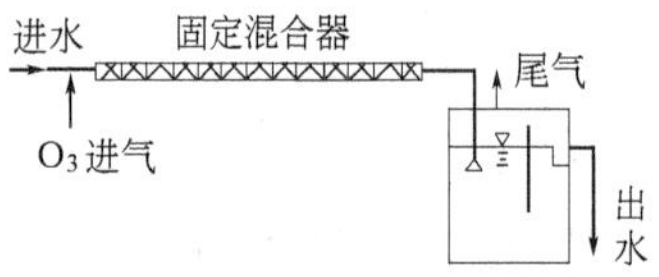 | 气水强制混合，可顺流或逆流连续运行。水量大，可部分投加 | 传质能力极强 | 优点：(1) 设备体积小，占地少<br>(2) 接触时间短<br>(3) 处理效果稳定<br>(4) 易操作，管理方便<br>(5) 无噪声，无泄漏<br>(6) 用材省，价格低<br>缺点：(1) 流量不能显著变化<br>(2) 耗能 |
| 蜗轮注入器 | 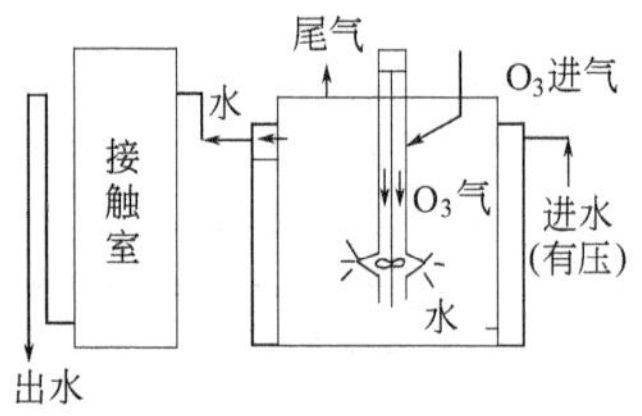 | 气水强制混合，多用于部分投加，淹没深度 <2m | 传质能力强 | 优点：(1) 水头损失小，臭氧向水中转移压力大<br>(2) 混合效果好<br>(3) 接触时间较短<br>(4) 体积较小<br>缺点：(1) 流量不能显著变化<br>(2) 耗能较多<br>(3) 有噪声 |
| 喷射器 | 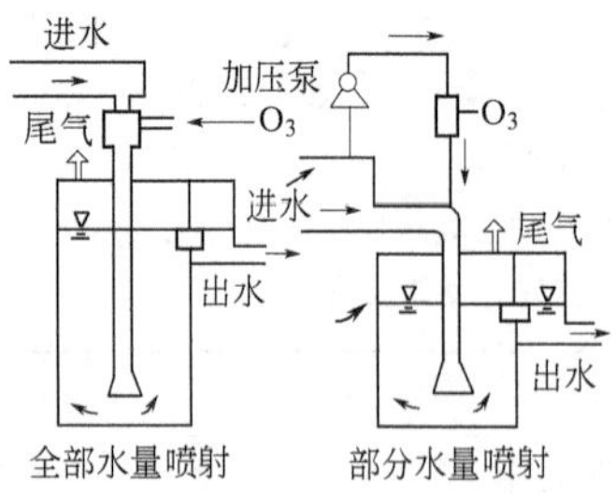 | 气液强制或抽吸通过孔道，可部分投加或全部投加 | 传质能力较强及界面面积较高 | 优点：(1) 混合好<br>(2) 接触时间短<br>(3) 设备小<br>缺点：(1) 流量不能显著变化<br>(2) 耗能较多 |
| 填料塔 | 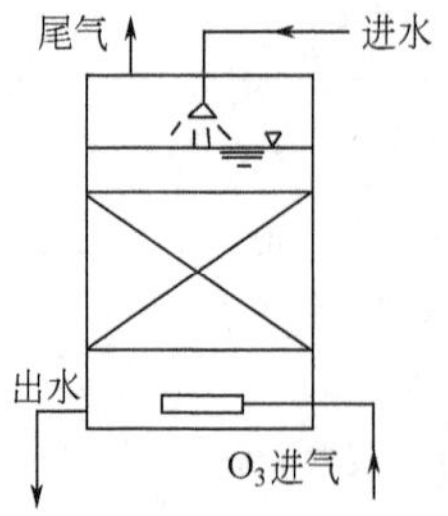 | 气水逆流通过填料空隙，可连续或间断批量运行 | 传质好，随气水流量及填料类型而定 | 优点：气水比适应范围广<br>缺点：(1) 耗能高<br>(2) 价格贵<br>(3) 易堵塞<br>(4) 填料表面积垢，维护困难 |

### 197 臭氧消毒剂在给水处理中的应用情况怎样？

臭氧作为一种消毒剂，于1886年首先在法国用于水处理。以后经过不断的研究试验，于1906年在法国民斯市建成了第一座用臭氧消毒的自来水厂，在20世纪30年代我国福建厦门水厂也用过德国制造的管式臭氧发生器进行自来水的消毒。目前全世界在运转的臭氧化自来水厂已经超过1000多家，其中规模较大的水厂有加拿大蒙特利尔市水厂（$230\times10^4 m^3/d$），莫斯科水厂（$120\times10^4 m^3/d$），法国瓦兹勒瓦水厂（$80\times10^4 m^3/d$）、纳伊市水厂（$60\times10^4 m^3/d$），德国奥利水厂（$50\times10^4 m^3/d$）。

国内给水厂使用臭氧的有北京田村山水厂、燕山石化给水厂、南京炼油厂给水车间以及上海周家渡水厂等单位。

臭氧既是氧化剂又是消毒剂的这一特性，可利用来除去水中色、臭、味，除去水中的铁盐和锰盐，使低价铁锰转变成氢氧化物，然后通过沉淀方法除去。若臭氧单独使用，可作为原水预臭氧化处理，以改善水的澄清效果，起到除去部分有机物的作用，臭氧还可作为饮用水消毒剂，杀灭病毒和病菌。

臭氧在水处理中的应用优选工艺已经成为研究的热点，臭氧生物活性炭为其中之一。臭氧生物活性炭是臭氧与活性炭的联合使用。采用臭氧生物活性炭工艺是在自来水厂常规工艺流程的基础上，用预臭氧化代替预氯化，然后在快滤池后面设置生物活性炭池，也有将臭氧加在生物活性炭池前的，也有两处都加的，采用这些水处理技术，能充分发挥臭氧直接氧化较大分子的有机物的作用，使原来不可生物降解的有机物转化成容易降解的有机物，如臭氧可将腐殖质氧化成草酸、甲酸、对苯二酸、二氧化碳和酚类化合物等。这些氧化物可生化性极好，并可把溶解性$Fe^{2+}$、$Mn^{2+}$氧化成不可溶的高价态，使其在沉淀或砂滤阶段除去，并促进了絮凝作用，改善了预处理效果。经臭氧氧化之后，水中溶解氧常呈饱和状态或接近饱和状态，因而有利于后续生物活性炭滤池生物生长繁殖的要求。其次该工艺又充分利用活性炭巨大的比表面积和优越的吸附性能，加上足够的溶解氧，水中可生化性溶解性有机物截留在活性炭表面，给微生物的生长创造了良好的条件，从而使活性炭滤池附着的好氧微生物大量生长繁衍，活性炭池变成了生物活性炭滤池，担负着水中有机物生物氧化降解作用和氨氮硝化作用。总之该工艺能发挥生物氧化降解水中有机物、活性炭吸附水中有机物、臭氧氧化水中有机物的作用，达到协同作用、降低处理后水中有害有毒有机物的目的。

### 198 二氧化氯的物理、化学性质怎样？

二氧化氯的物理性质：

二氧化氯的分子式为$ClO_2$，是一种随浓度升高颜色由黄绿色到橙色的气体，具有与氯气相似的刺激性气味。沸点11℃，凝固点－59℃，临界点153℃，水中的溶解热为$2.76\times10^4 J/mol$。液体密度为1.64kg/L，气体密度为3.09g/L（11℃）。纯二氧化氯的液体与气体性质极不稳定，在空气中二氧化氯的浓度超过10%时就有很高的爆炸性。因此二氧化氯不能像液氯那样装瓶运输，必须在现场现制现用。二氧化氯易溶于水，溶解度约为氯气的5倍。在常温（25℃）、$1.1\times10^4 Pa$分压下，溶解度约为8g/L。与氯不同，二氧化氯在水中以纯粹的溶解气体形式存在，不发生水解反应。二氧化氯的水溶液在较高温度与光照下，会生成$ClO_2^-$与$ClO_3^-$，因此应在阴凉避光处存放。二氧化氯溶液质量浓度在10g/L以下时，基本没有爆炸的危险。

二氧化氯的化学性质：

二氧化氯的化学性质非常活泼，一般在酸性条件下具有很强的氧化性，其氧化能力仅次于臭氧，可氧化水中多种无机和有机物，氧化反应举例如下。

（1）与无机物反应　对铁、锰的氧化反应：

$$2ClO_2+5Mn^{2+}+6H_2O \longrightarrow 5MnO_2+2Cl^-+12H^+$$

$$ClO_2+5Fe(HCO_3)_2+13H_2O \longrightarrow 5Fe(OH)_3+10CO_3^{2-}+Cl^-+21H^+$$

对氰根的氧化反应：

$$2ClO_2+2CN^- \longrightarrow 2CO_2+N_2+2Cl^-$$

（2）与有机物反应　二氧化氯与水中有机物的反应比较复杂，主要发生氧化反应，典型的反应物与产物如下：

$ClO_2+$
- 饱和烃 ⟶ 酸
- 烯烃 ⟶ 酮、环氧化物、醇
- 醛 ⟶ 酸
- 酮 ⟶ 醇
- 一元胺、二元胺 ⟶ 缓慢反应
- 三元胺 ⟶ 反应较易，导致 C—N 键断裂，生成醛
- 醇 ⟶ 羧酸

值得注意的是，二氧化氯与酚能迅速反应，但不生成有异味的氯酚。而与酚反应，发生取代反应，形成氯醌。根据二氧化氯与酚的浓度比率不同，产物也不相同。比率高时主要产物为 1,4-苯醌，比率低时主要产物为 2-氯-1,4-苯醌。

二氧化氯与腐殖酸反应，不会生成三氯甲烷，主要生成如下四类氧化产物：苯多羧酸、二元脂肪酸、羧苯基二羟乙酸、一元脂肪酸。它们的致突变性相对较低。而氯与腐殖酸反应则会形成三氯甲烷。

（3）光解反应　二氧化氯对光较为敏感，见光易发生如下分解：

$$2ClO_2+H_2O \xrightarrow{光} HClO_3+HCl+2[O]$$

即使在黑暗的条件下，二氧化氯溶液在室温下每天仍有 2%～10%的离解率，但如果将溶液在黑暗中冷却到 2℃，离解率可下降到每天 1%以下。另外，二氧化氯在碱性条件下（pH≥9）会发生歧化反应而降低氧化性。

**199　二氧化氯与氯的杀生效果有些什么不同？与氯、臭氧、紫外线消毒方法的综合评价如何？**

对消毒剂杀生效果的评价主要可从杀生能力和稳定性两方面考量。杀生能力强的消毒剂使用剂量少，作用时间短。稳定性则反映了持续的杀生能力。就杀生能力看，臭氧＞二氧化氯＞氯＞氯胺；就稳定性看，氯胺＞二氧化氯＞氯＞臭氧。例如，氯的杀生能力比氯胺高得多，但氯胺比氯稳定，持续杀生时间长。当有足够接触时间时，一氯胺的杀生效果可能与氯相近。

评价二氧化氯和氯的杀生效果，除了从杀生能力和稳定性比较之外，还要从环保等多方面比较。

（1）二氧化氯对细菌杀生力强，约为氯的 2.6 倍，药效持续时间长。实验研究表明，二氧化氯对大肠杆菌、痢疾杆菌、好气异养菌、铁细菌等均有很好的杀灭作用，优于氯。例如在相同条件下，2.0mg/L 的 $ClO_2$ 作用 30s 后，就杀死水中近 100%的大肠杆菌，而用 5.0mg/L 的 $Cl_2$，作用 5min，才杀死 90%。

（2）二氧化氯对病毒的杀伤力比臭氧和氯更强。例如对饮用水中肉毒杆菌的毒素去除率为卫生学中的一项重要指标。0.20～0.25mg/L 的 $ClO_2$ 可在几分钟内将其去除。

（3）二氧化氯的杀生能力受 pH 值影响较小，适应 pH 值范围宽，在碱性水质中杀生力不下降。pH 值在 6～10 范围内杀生均有效。氯在碱性条件下主要以 $ClO^-$ 形式存在，难以接近表面带负电的细菌，在 pH 为 8～9 时，杀生力仅为酸性条件下的 44%～45%。

(4) 二氧化氯不与氨或多数有机胺起反应，在氨污染的情况下不受干扰，杀生能力不下降。而氯与氨起反应生成杀生能力较低的氯胺。

(5) 二氧化氯作用后不产生异味和有毒物质，不产生致癌物质三氯甲烷，可以去除水中的铁、锰离子和色、味等，处理酚类污染的水不会产生氯酚气味。

二氧化氯的处理费用虽高于氯，但综合来看杀生效果最好，有利于环保，处理饮用水最安全。

二氧化氯与液氯、臭氧和紫外线的综合比较如下表所示。

| 综合比较项目 | 液氯 | 二氧化氯 | 臭氧 | 紫外线 |
|---|---|---|---|---|
| 消毒效果 | 较好 | 很好 | 很好 | 一般 |
| 除臭去味 | 无作用 | 好 | 好 | 无作用 |
| pH 的影响 | 很大 | 小 | 不等 | 无 |
| 水中的溶解度 | 高 | 很高 | 低 | 无 |
| 三卤甲烷的形成 | 极明显 | 无 | 当溴存在时有 | 无 |
| 水中的停留时间 | 长 | 长 | 短 | 短 |
| 杀菌速度 | 中等 | 快 | 快 | 快 |
| 等效条件所用的剂量 | 较多 | 少 | 较少 | — |
| 处理水量 | 大 | 大 | 较小 | 小 |
| 使用范围 | 广 | 广 | 水量较小时 | 水量较小，悬浮物较少时 |
| 除铁、锰效果 | 不明显 | 很好 | — | 不明显 |
| 氨的影响 | 很大 | 无 | 无 | 无 |
| 原材料 | 易得 | 易得 | — | — |
| 管理简便性 | 简便 | 简便 | 复杂 | 较复杂 |
| 自动化程度 | 一般，可高 | 高 | 较高 | 较高 |
| 投资 | 低 | 低 | 高 | 较高 |
| 设备安装 | 简便 | 简便 | 复杂 | 较复杂 |
| 占地面积 | 大 | 小 | 大 | 小 |
| 维护工作量 | 较小 | 小 | 大 | 较大 |
| 电耗 | 低 | 低 | 高 | 较高 |
| 运行费用 | 低 | 较低 | 高 | 较高 |
| 维护费用 | 低 | 低 | 高 | 高 |

### 200 制备二氧化氯有哪些方法？

二氧化氯的生产方法分为电解法和化学法两种。

其在工业上用量大（如纸浆漂白等），生产规模也大。生产的方法也很多，其中有Persson法、Kesting法等。

在水处理上应用的电解法，是将食盐溶液电解，产生 $ClO_2$、$Cl_2$、$O_3$ 及 $H_2O_2$ 混合气体。食盐溶液电解装置中电解槽是由不锈钢圆筒和塑料圆筒组成的。不锈钢内壁与塑料筒之间的部分为阴极室，不锈钢圆筒为阴极。塑料筒体内部为阳极室，阳极室内有阳极和中性电极，以高密度石墨为中性电极。金属阳极表面涂有一层有较低氧化电位的金属氧化物，阳极室与阴极室由离子隔膜隔开。电解后阴极室得到烧碱溶液，阳极室得到含有氯、二氧化氯、过氧化氢和臭氧的混合消毒剂。

此法以食盐为原料电解生成复合消毒剂，原材料易得且低廉，产品纯度低，其中二氧化氯仅占 10%左右，大多数为氯气。电极、隔膜的使用寿命不长，维护费用高。因此，该法目前已逐渐被化学法所取代。

在水处理上应用比较多的是化学法，是以氯酸钠或亚氯酸钠为原料经化学反应来制取 $ClO_2$ 的方法，与电解法的综合比较如下。

| 综合比较项目 | 电　解　法 | 化　学　法 | |
|---|---|---|---|
| | | 氯酸钠法 | 亚氯酸钠法 |
| 产品先进性 | 第一代产品 | 第二代产品 | 第三代产品 |
| 二氧化氯产率 | <10% | 30%左右 | >95% |
| 消毒液成分 | 90%氯气 | 30% $ClO_2$，30% $ClO_3^-$，30% $Cl_2$ | 95%以上 $ClO_2$ |
| 操作管理 | 复杂，劳动强度大 | 较复杂 | 简单 |
| 使用寿命 | 短 | 较长 | 长 |
| 制造成本 | 高 | 中 | 低 |
| 技术性能 | 不够稳定 | 不够稳定 | 稳定 |
| 自动化程度 | 低 | 低 | 高 |
| 产品系列 | 单一 | 齐全 | 齐全 |
| 应用领域 | 原料来源不便的偏远地区 | 医院污水等 | 饮用水等各种场合 |

根据以上的比较可知，亚氯酸钠工艺应是水处理用小型二氧化氯发生装置的主流工艺，这主要是由于其原料转化率高、产品纯净、产量调节方便的原因。

化学法以 $NaClO_3$ 为原料时，生产 $ClO_2$ 的基本反应式为：

$$NaClO_3 + \text{酸化剂} + \text{还原剂} \longrightarrow ClO_2 + \frac{1}{2}Cl_2 + \text{钠盐} + H_2O$$

式中的酸化剂可用 HCl 或 $H_2SO_4$，催化及还原剂有 $SO_2$、NaCl、HCl、$Cl_2$、$H_2O_2$、$CH_3OH$、$Na_2SO_4$ 等。钠盐的酸根视所用酸化剂而定。氯酸钠法的工艺流程见图 2-4-11。

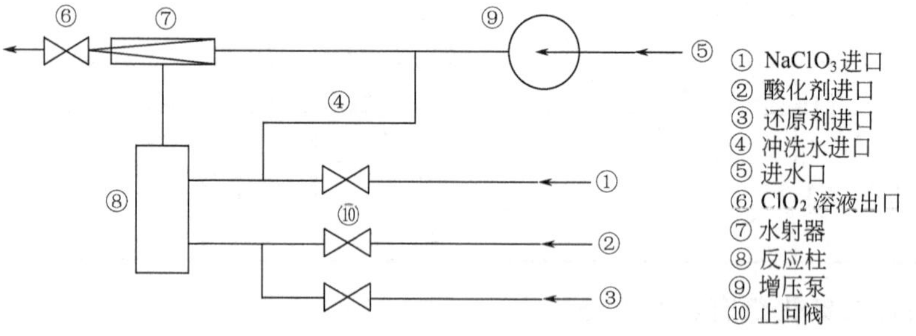


图 2-4-11　$ClO_2$ 的制备流程（以氯酸钠为原料）

以 $NaClO_2$ 为原料时，主要有两种方法，一种是与 HCl 反应；另一种是与 $Cl_2$ 反应，反应式如下：

$$5NaClO_2 + 4HCl \longrightarrow 4ClO_2 + 5NaCl + 2H_2O$$

$$2NaClO_2 + Cl_2 \longrightarrow 2ClO_2 + 2NaCl$$

亚氯酸钠法的工艺流程见图 2-4-12。

固体的二氧化氯产品大都是以亚氯酸钠为主要原料生产的。

目前市场上 $ClO_2$ 发生装置产出的 $ClO_2$ 纯度变化很大。这里有很多原因，如反应物的

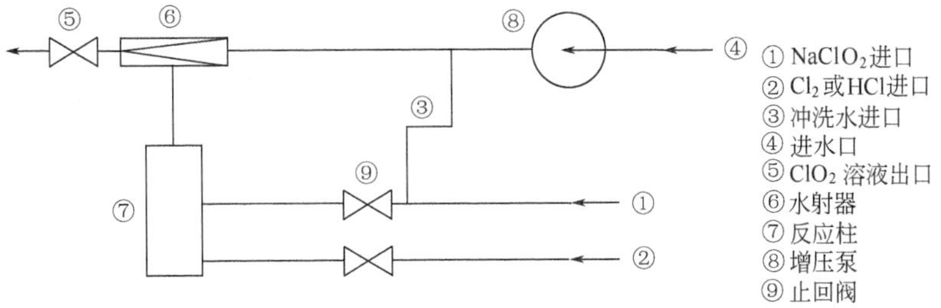


图 2-4-12 $ClO_2$ 制备流程（以亚氯酸钠为原料）

转化率不高，反应物的残留和发生各种副反应，使得 $ClO_2$ 与一定量的 $ClO_2^-$、$ClO_3^-$、$Cl^-$、$Cl_2$ 共存，只能称为氯制剂。要提高 $ClO_2$ 纯度必须优化生产系统的各个步骤和提高发生器系统的科技含量。实践证明，$ClO_2$ 纯度达到 95％以上，转化率达 70％以上的 $ClO_2$ 发生器是完全能够做到的。

**201 对投加二氧化氯有什么要求？**

投加二氧化氯的要点如下：

（1）二氧化氯化学性质活泼、易分解，生产后不便贮存，必须在使用地点就地制取，因此，制取及投加设备往往是连续的。

（2）在水处理中投加二氧化氯的地点，视投加目的而异。如主要为了杀菌则应在滤后投加；如要求配水系统中保持杀灭微生物的余氯量，在配水系统中补充投加也是必要的；如主要为去除三卤甲烷，则应在滤前投加；如果要求去锰，则在投加后应有足够时间使二氧化锰沉淀；如果为了控制臭和味，则在若干点分散投加。

（3）在设备的建设和运转过程中，本身必须要有特殊的防护措施，因为盐酸和亚氯酸钠等药剂如果使用不当，或二氧化氯水溶液浓度超过规定值，会引起爆炸。因而其水溶液的质量浓度应不大于 6～8g/L，并避免与空气接触。

（4）二氧化氯的投加量与原水水质及使用目的有关，一般在 0.1～1.5mg/L 范围内，需通过试验确定。

在制备二氧化氯的过程中，除了可以调节浓度以外，还可以改变投加量，以适应水质、水量的变化。

**202 影响二氧化氯稳定的因素有哪些？**

由于二氧化氯的化学性质极不稳定，不便于运输和贮存，因此，要在现场发生和使用。但加入稳定剂之后，使二氧化氯性质稳定，便于贮存和使用，这就是稳定性二氧化氯，保质期可达二年。影响二氧化氯的稳定有较多因素，如 pH 值、温度、光、杂质离子（特别是重金属离子）等。要使二氧化氯稳定可以采取以下措施：

（1）二氧化氯在 pH8.5～9.5 时十分稳定，因此采用增加缓冲液的方法来控制 pH 值。

（2）由于温度、光、热会引起 $ClO_2$ 分解，因此，用过氧化氢于碱性条件下，在某些非金属催化剂作用下能形成诸如过氧化碳酸钠一类化合物，对 $ClO_2$ 产生物理、化学的稳定作用。

（3）由于杂质离子（主要是有些重金属离子）具有催化剂作用，而与强氧化剂 $ClO_2$ 起反应，引起不稳定，故工艺用水应用除盐水。

（4）如果工艺水中微生物过多也会使 $ClO_2$ 不稳定，故应用热杀菌法对工艺水进行处理。

经过上述处理后，就成为稳定性二氧化氯。

### 203 什么是紫外线消毒?

紫外线是光谱中介于可见光的紫色光和X射线之间波段范围内的光波。其波长范围为100～400nm。其中又可分为长波紫外线、中波紫外线、短波紫外线和真空紫外线四个波段，也可称为A波、B波、C波、D波紫外线。

A波紫外线（长波紫外线），315～400nm；

B波紫外线（中波紫外线），280～315nm；

C波紫外线（短波紫外线），200～280nm；

D波紫外线（真空紫外线），100～200nm。

紫外线杀菌的原理是生物细胞内含有的脱氧核糖核酸（DNA）能吸收240～280nm范围内的光波，而对260nm波长的光波吸收达到最大值，使DNA受到破坏导致细菌死亡。

紫外线杀菌的强度单位是微瓦·秒/平方厘米（$\mu W \cdot s/cm^2$）。下表为杀伤各种微生物所需剂量。

**各种微生物杀伤剂量**

| 微生物名称 | 紫外线强度/($\mu W \cdot s/cm^2$) | 微生物名称 | 紫外线强度/($\mu W \cdot s/cm^2$) |
|---|---|---|---|
| 伤寒菌 | 7600 | 溶血性链球菌 | 5500 |
| 大肠杆菌 | 6100 | 绿色链球菌 | 3800 |
| 沙门菌 | 10000 | 金黄色葡萄球菌 | 6600 |
| 菌痢杆菌 | 4200 | 黄曲霉菌 | 9900 |
| 霍乱弧菌 | 6500 | | |

紫外线消毒特点是：杀生能力强，接触时间短；设备简单，操作管理方便，处理后的水无色、无味、无中毒的危害；不会增加像氯气杀生时出现的氯离子。然而，紫外线没有游离余氯那样的持续杀生作用，而且汞灯使用寿命短，价格贵，处理水量也小。

### 204 紫外线杀菌装置是怎样的?

在饮用水生产中应用的紫外线杀菌装置由低压汞灯、壳体、电气装置组成。通电后可产生波长为254nm的紫外线。这种波长的紫外线辐射能量应占灯管总辐射能量的80%以上。

紫外线灯管外套有石英管，要求能耐高温，对254nm的紫外线通过率为90%以上。

紫外线灯管的壳体常用不锈钢材料制成。壳体内壁要求有很高的光洁度，对紫外线的反射率至少达85%以上。

水在通过装有紫外线灯管的壳体时受紫外线辐射，实现对水的消毒杀菌。壳体有立式、卧式两种，壳体直径的选用应根据流量决定。上海市地方标准DB 314.2—89《紫外光消毒器》中规定见下表。

**紫外线灯功率和水流量**

| 功率/W | 15 | 20 | 30 | 60 | 90 |
|---|---|---|---|---|---|
| 最大出水量/($m^3/h$) | 0.2 | 0.6 | 1.0 | 2.0 | 3.0 |

紫外线杀菌装置的电气装置包括电源开关、指示灯、时间计数器、事故报警装置等，见图2-4-13。

### 205 紫外线杀菌效果与哪些因素有关?

影响紫外线杀菌效果的因素主要有灯管的功率、水流速度、水层受辐射的距离。

紫外线灯管的功率随着使用时间的增加其辐射能量随之降低，杀菌效果下降，如图2-4-14所示，灯管使用时间到2000h，发射强度下降25%左右，使用时间为10000h，发射强度只有额定的55%左右。为保证产品质量，紫外灯管使用时间到1000h后应及时调换新灯管。

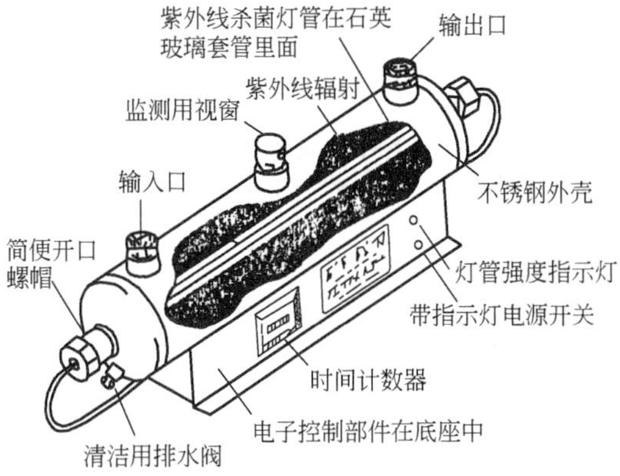


图 2-4-13　紫外线杀菌装置

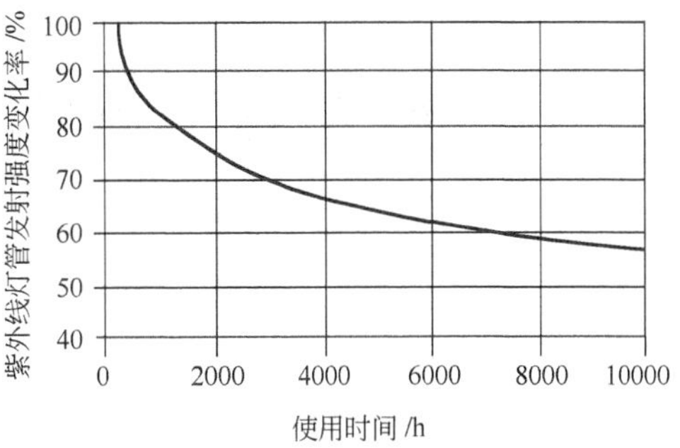


图 2-4-14　253.7nm 紫外线灯管发射强度变化率与使用时间关系

应保证供电电压的稳定以使辐射能量的稳定。

当水流量一定时，过流面积大，水流速度慢，水体在壳体内有足够长的停留时间，有利于杀菌。但是，壳体直径越大，水层厚度也越厚，离灯管的距离也就越远，杀菌效果也就差。据资料介绍，30W 紫外灯对 1cm 的水层灭菌效率为 90%，对 4cm 水层灭菌效率只有 40%左右。为保证水体在壳体内有足够的停留时间，又不致水层过厚，可在壳体内加装折流板以提高灭菌效果。

**206　用紫外线消毒要注意些什么？**

用紫外线消毒，在运行中要注意：

(1) 紫外线消毒不像氯气消毒有游离余氯能保持作用，因而消毒后的水要加强管理，防止再污染。

(2) 使用紫外线汞灯消毒时，灯管点燃后须有 5～15min 的稳定时间。

(3) 电气方面要采取措施，以保证灯管的额定功率和电压稳定，否则点燃功率不足时，将影响杀菌效果。

(4) 紫外线消毒的设备和管理均较简单，但目前灯管使用寿命较短、价格较贵。紫外线消毒的应用场所是一些给水量较小的场所和小规模的工业用水的水厂，采用的大都是紫外线低压汞灯消毒。给水量较大的是采用紫外线高压汞灯消毒，目前在试用阶段，运行中需精心操作。

# 第三章　水的软化和除盐处理

## （一）离子交换剂

### 207　什么叫离子交换剂？可分哪几类？

凡是具有能够与溶液中的阳离子或阴离子交换能力的物质都称为离子交换剂。

离子交换剂分无机质类和有机质类两大类。无机质类又可分天然的，如海绿砂；人造的，如合成沸石。有机质类又分碳质类和合成树脂类两类。其中碳质类如磺化煤等；合成树脂类分阳离子型（如强酸性和弱酸性树脂）和阴离子型［如强碱性（Ⅰ、Ⅱ型）和弱碱性树脂］。其他类型的有氧化还原型树脂、两性树脂和螯合树脂等类。

### 208　离子交换树脂发展的简况怎样？

离子交换现象早在18世纪中期就为汤普森（Thompson）所发现。直至1935年亚当斯（Adams）和霍姆斯（Holmes）研究合成了具有离子交换功能的高分子材料，即第一批离子交换树脂——聚酚醛系强酸性阳离子交换树脂和聚苯胺醛系弱碱性阴离子交换树脂。离子交换树脂的大发展主要是在第二次世界大战以后，当时美国和英国一些公司成功地合成了聚苯乙烯系阳离子交换树脂，在此基础上又陆续开发了交换容量高，物理、化学稳定性好的其他聚苯乙烯系离子交换树脂，相继又开发了聚丙烯酸系阳离子交换树脂。20世纪60年代，离子交换树脂的发展又取得了重要突破，美国罗姆-哈斯公司（Rohm and Hass）和德国拜耳公司（Bayer）合成了一系列物理结构和过去完全不同的大孔结构离子交换树脂。这类树脂除具有普通离子交换树脂的交换基团外，同时还有像无机和碳质吸附剂及催化剂那样的大孔型毛细孔结构，使离子交换树脂兼具了离子交换和吸附的功能，为离子交换树脂的广泛应用开辟了新的前景。

离子交换树脂和它的应用技术的发展一直是相互促进、相互依赖的。随着离子交换树脂的发展，树脂应用技术也在不断改善，开始是间歇式工艺，很快就发展到固定床工艺，20世纪60年代后逆流技术及连续式离子交换工艺、双层床技术等获得了很快的发展，这些新的应用技术和工艺的开发，使离子交换树脂在许多领域的应用更加有效和经济。20世纪70年代后，人们正以极大的兴趣，注意着热再生离子交换技术的发展。

### 209　磺化煤、天然绿砂及人造沸石有什么主要性能？

无机离子交换剂磺化煤、天然绿砂及人造沸石为阳离子交换剂，可用于水的软化。

将无烟煤粉碎过筛，用发烟硫酸（或浓硫酸）处理后，除去多余的酸，即得到磺化煤。

磺化煤有如下主要性能：

（1）外观　磺化煤为黑色、不规则的细粒，粒径一般为0.3～1.6mm左右。

（2）湿视密度　一般为0.55～0.65g/mL之间。

（3）溶胀性　为多孔物质，具有吸水能力，吸水后体积膨胀10%～15%。

（4）交换容量　磺化煤的全交换容量$Q_V^a\left(\frac{1}{x}A^{x+}\right)$为500mol/m$^3$左右，工作交换容量$Q_V^o\left(\frac{1}{x}A^{x+}\right)$为200～380mol/m$^3$之间。

（5）稳定性　磺化煤的稳定性较差，最高耐热温度不超过40℃。一般年损耗率为10%～15%。

某些产地生产的磺化煤、天然绿砂及人造沸石的性能如下表。

**无机离子交换剂的产品性能表**[1],[30]

| 品　　种 | 磺化煤 | 天然绿砂 | 人造沸石 |
| --- | --- | --- | --- |
| 产地举例 | 大连 | 抚顺 | 上海 |
| 外观 | 黑色 | 淡绿色 | 白色 |
| 粒度②/mm | 0.3～1.2[1] | 0.42～0.84 | — |
| 平均粒径/mm | 0.48 | 0.6 | 0.67 |
| 真密度/$(g/cm^3)$ | 1.4 | 1.8 | 1.6 |
| 视密度/$(g/cm^3)$ | 0.6～0.7<br>(0.55～0.65)① | 1.0～1.2 | 0.65～0.72 |
| 允许pH值 | ≤8.5 | 6～8 | 6～8 |
| 允许温度/℃ | 40～60 | 30 | 30 |
| 膨胀度/% | 15～30 | — | — |
| 全交换容量 $Q_V^a\left(\frac{1}{x}A^{x+}\right)/(mol/m^3)$ | 约500(>250)① | 300～350 | 约570 |

① 括号内为《水处理商品手册》的数据；

② 磺化煤颗粒分布，0.5～1.6mm>80%（质量分数），<0.5mm<10%（质量分数）[30]。

## 210　磺化煤在使用时应注意什么？

磺化煤在使用时应注意以下几点：

（1）磺化煤在使用前应进行筛分，以清除碎末。使用的筛子依次为55目和12目，筛分后的粒度为0.3～1.6mm。

（2）磺化煤最好用水力装罐，初次使用可能杂质、碎末较多，为了反洗方便可考虑分两次装填：第一次先装至0.9m高，第二次再装至预定高度。每次装完，应用清水反洗至出水清澈时为止。

（3）磺化煤的反洗流速应在15～20m/h，时间为30～45min。

（4）磺化煤的再生可采用10%食盐溶液，盐耗按200g/mol估算，再生流速为3～4m/h为宜。

（5）正洗流速为10～15m/h，正洗终点为出水硬度0.25mmol/L。

## 211　磺化煤为什么会“脱色”？应如何处理？

磺化煤“脱色”是磺化煤的高分子骨架产生“胶溶”的一种现象，此时交换床出水呈黄褐色。

磺化煤产生“脱色”有两种情况：

（1）磺化煤中部分低分子有机物产生溶解，并被水带出。这种脱色现象比较轻微，一般正洗几分钟即可消除。

（2）一种情况是由于进水温度（或pH值）较高，较高的水温（或pH值）会使磺化煤遭到“降解”破坏，出水带色严重。

交换床刚投入运行时，出水稍有带色现象时，可以稍微加长正洗时间，待出水正常后即可投入运行。

如交换床出水带色严重，加长正洗时间也不见减轻，此时应尽快查明原因，进行处理。

## 212　什么是离子交换树脂？可分哪几类？

离子交换树脂是一类具有离子交换功能的高分子电解质。离子交换树脂是由结构骨架、固定离子基团和反离子三部分组成。骨架具有交联结构，固定离子基团以化学键结合在骨架上，反离子所带的电荷与固定离子基团相反，在溶液中可以与同号离子进行交换。

离子交换树脂分类如下。

（1）按功能分

① 强酸性树脂　其交换基团如磺酸基—$SO_3H$。

② 强碱性树脂　其交换基团如季铵基（Ⅰ）型—$CH_2N(CH_3)_3OH$；季铵基（Ⅱ）型—$CH_2N(CH_3)_2C_2H_4OH \cdot OH$。

③ 弱酸性树脂　其交换基团如羧酸基—COOH；膦酸基—$PO_3H_2$。

④ 弱碱性树脂　其交换基团如伯胺基—$CH_2NH_2$；仲胺基—$CH_2NHR$[1]；叔胺基—$CH_2NR_2$。

⑤ 氧化还原树脂　其交换基团如—$CH_2SH$；$Ar(OH)_2$。

⑥ 两性树脂　其交换基团如—$NR_2$；—COOH。

⑦ 螯合树脂　其交换基团如 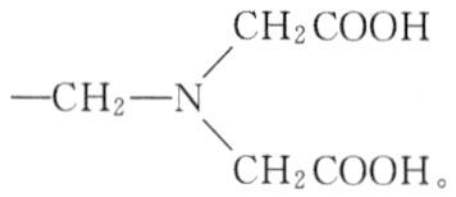



（2）按结构分　凝胶型和大孔型树脂。

（3）按聚合物的单体分　苯乙烯类；丙烯酸类；酚醛类；环氧类；乙烯基吡啶类；脲醛类和氯乙烯类等。

（4）按用途分　工业级；食品级；分析级；核子级；双层床用树脂；高流速混床用树脂；移动床用和覆盖过滤器用树脂等类。

## 213　离子交换树脂有哪些主要性能？

离子交换树脂是高分子化合物，所以它的性能因制造工艺、原料配方、聚合温度、交联剂等的不同而不同，其主要性能分为两部分。

（1）物理性能

① 外观　树脂是一种透明或半透明的物质，因其组成不同，颜色各异，如苯乙烯树脂呈黄色，也有呈黑色和赤褐色的，但对性能影响不大。一般情况下，原料杂质多或交联剂多，树脂的颜色稍深（但树脂在运行过程中，因为各种原因有时颜色也会变化）。树脂外形呈球状，要求圆球率达到90%以上。

② 粒度　树脂颗粒的大小将影响交换速度、压力损失、反洗效果等。颗粒大小不能相差太大。用于水处理的离子交换树脂的颗粒多在0.32～1.25mm范围内。粒度可以有效粒径和不均匀系数来表示。

③ 密度　关系到水处理工艺和树脂装填量。密度的表示方法有：干真密度（一般1.6g/$cm^3$左右）、湿真密度（一般1.04～1.30g/$cm^3$之间）、湿视密度（一般在0.60～0.80g/$cm^3$之间）。

④ 含水量　树脂的含水量越大，表示孔隙率越大，交联度越小。树脂被氧化或被有机物污染会使含水量发生变化。

⑤ 溶胀性　树脂浸水之后要溶胀，它与交联度、活性基团、交换容量、水中电解质密度、可交换离子的性质等有关。树脂在交换与再生过程中会发生胀缩现象，多次胀缩树脂易碎裂。

⑥ 耐磨性　反映树脂的机械强度。它应保证每年树脂耗量不超过7%，可以磨后圆球率或渗磨圆球率表示。

---

[1] R为烃基。

⑦ 溶解性　树脂内含有低聚合物要逐渐溶解，在树脂使用过程中也会发生胶溶。

⑧ 耐热性　阳树脂耐温 100～110℃，强碱性阴树脂可耐 60℃，弱碱性阴树脂可耐温 90℃。但树脂在低于或等于 0℃时，易结冰而破碎。

⑨ 导电性　干树脂不导电，湿树脂可导电。

(2) 化学性能

① 离子交换树脂的交换反应具有可逆性，因此既可以交换，也可以再生，可反复使用。

② 具有酸、碱性。H 型阳离子交换树脂和 OH 型阴离子交换树脂等的性能与电解质酸、碱相同，在水中能电离出 $H^+$ 和 $OH^-$。

③ 具有中和与水解性能。因它具电解质性质，能与酸、碱进行中和反应，也能进行水解。

④ 离子交换树脂吸着各种离子的能力不一，具有选择性。

⑤ 交换容量，表示其交换离子量的多少，可分平衡交换容量、全交换容量、工作交换容量等。

**214　离子交换树脂的结构是怎样的？**

离子交换树脂结构主要由高分子骨架和活性基团两部分组成。

(1) 高分子骨架　也称母体结构，它具有网状结构，是不溶于酸或碱的高分子物质。高分子骨架按其聚合单体可以分为苯乙烯系、酚醛系及丙烯酸系等。

(2) 活性基团　它牢固地结合在高分子骨架上，由不能自由移动的官能团离子和可以自由移动的可交换离子两部分组成。其中：①官能团离子决定离子交换树脂的“酸”、“碱”性和交换能力的强弱；官能团离子是强酸的（$—SO_3^-$），就叫强酸性离子交换树脂；是强碱的（$\equiv N^+$），就叫强碱性离子交换树脂。同样，按官能团离子的性质，还可以有弱酸（$—COO^-$）、弱碱（$—NH_2^+$）和其他类型的离子交换树脂；②可交换离子，现代交换理论把离子交换树脂看做是一种胶体型物质：高分子骨架是“胶核”，活性基团作为高分子骨架表面的“双电层”，官能团和部分可交换离子组成吸附层，另一部分可交换离子组成扩散层。由于可交换离子是可以自由移动的，因而可以与水中同符号的离子发生交换反应。

如果离子交换树脂上的可交换离子为阳离子，例如 $H^+$，就叫 H 型阳离子交换树脂；如果可交换离子为阴离子，例如 $OH^-$，就叫 OH 型阴离子交换树脂。其余可依此类推。

H 型强酸性离子交换树脂结构可示意如下：

$$R—\overbrace{SO_3^-—H^+}^{\text{活性基团}}$$

高分子骨架　官能团离子　可交换离子

OH 型强碱性阴离子交换树脂：

$$R\overbrace{\equiv N^+—OH^-}^{\text{活性基团}}$$

高分子骨架　官能团离子　可交换离子

**215　什么是交联度？**

交联度是苯乙烯系树脂的重要性质之一。凝胶型树脂的骨架是苯乙烯，在制作过程中需加入适量交联剂二乙烯苯。交联度是指在苯乙烯树脂中所含二乙烯苯的质量分数。如树脂中含二乙烯苯 7%，则交联度数为 7。交联度影响树脂结构中的微孔大小、含水量、强度、交换容量、溶胀性等性能。交联度高时，交联网孔小，孔隙率低，含水量低，树脂强度高，抗氧化性能好；交联度低时，交换速度快，交换容量高，溶胀性能好。化学除盐处理使用的苯乙烯系树脂，其交联度数一般在4～14，以7左右性能较理想，应用最广。

### 216 离子交换树脂为什么制成球形？

离子交换树脂根据需要，可以制成粉状、不规则的颗粒状或球状。但在化学水处理中使用的离子交换树脂是球状的。由于球状树脂制造简单，在采用悬浮聚合时，可以直接制成球形。在体积相同的情况下，球状树脂的表面积最大，有利于提高交换能力。

球状树脂充填性好，阻力较均匀，使树脂层各处的流量较均匀；而且水通过球状树脂层压力损失小，树脂的磨损也小。

树脂成球状的质量分数通常用圆球率表示，一般要求圆球率在90%以上。

### 217 离子交换树脂的粒度及均匀性对水处理有什么影响？

树脂粒度的大小，对水处理工艺有较大的影响，树脂颗粒过大，则使交换速度减慢；树脂颗粒过小，又会使水通过树脂层的压力损失增大。树脂的粒度应均匀，否则会由于小颗粒树脂堵塞了大颗粒间的孔隙，使水流不均和阻力增大。

另外，树脂粒度不均匀也使反洗操作不易控制；反洗流速过大会冲掉小颗粒树脂；而反洗流速过小，又不能松动大颗粒树脂，使反洗效果变差。一般水处理使用的树脂粒度以20～40目为宜，也就是0.3～1.2mm。在高流速装置中要求粒度范围更窄，约0.45～0.65mm，这可使流体阻力更小，同时树脂球粒的耐压强度较一致。

### 218 什么叫离子交换树脂的溶胀性？它与什么因素有关？

离子交换树脂是亲水性高分子化合物，当将干的离子交换树脂浸入水中时，其体积常常要变大，这种现象称为溶胀，使离子交换树脂含有水分。

影响离子交换树脂溶胀的因素主要有：

(1) 交联度　高交联度树脂的溶胀能力较低。

(2) 活性基团　活性基团越易电离，即交换容量愈高，树脂的溶胀性越大。

(3) 溶液浓度　溶液中电解质浓度越大，树脂内外溶液的渗透压差反而减小，树脂的溶胀就小，所以对于"失水"的树脂，应将其先浸泡在饱和食盐水中，使树脂缓慢膨胀，不致破碎，就是基于上述道理。

树脂的离子型不同，吸收水分的能力不同，因而树脂体积也不同。这种变化称为转型膨胀，如001×7强酸性阳离子交换树脂由Na型变成H型，体积增加5%～10%，201×7强碱性阴离子交换树脂由Cl型变成OH型，其体积增加18%～22%。

由于树脂具有这种性能，因而在其交换和再生过程中会发生胀缩现象，多次的胀缩就容易促使颗粒破裂。

### 219 什么叫离子交换？

所谓离子交换，就是水中的离子和离子交换树脂上的离子所进行的等电荷摩尔量的反应。

离子交换的反应过程可以用H型阳离子交换树脂HR和水中$Na^+$交换反应过程为例：

$$HR^{❶} + Na^+ \rightleftharpoons NaR + H^+$$

从上式可知：在离子交换反应中，水中的阳离子（如$Na^+$）被转移到树脂上去了，而离子交换树脂上的一个可交换的$H^+$转入水中。$Na^+$从水中转移到树脂上的过程是离子的置换过程。而树脂上的$H^+$交换到水中的过程称游离过程。因此，由于置换和游离过程的结

---

❶ 此处R表示离子交换树脂的交换基团。

果，使得 $Na^+$ 与 $H^+$ 互换位置，这一变化，就称为离子交换。

### 220　什么叫离子交换反应的可逆性？

离子交换树脂主要的化学性质之一就是能进行离子交换反应，并且这个反应是可逆的。

当含有 $Na^+$ 的水与 H 型树脂相遇时，即产生下述反应：

$$RH + Na^+ \longrightarrow RNa + H^+$$

这个反应实际上是离子交换的制水过程，这个过程是遵循"等电荷摩尔量"（即等当量）进行的；反之，当用盐酸（或硫酸）通过 Na 型树脂时，则会有下面的反应：

$$RNa + H^+ \longrightarrow RH + Na^+$$

这个反应实际上是阳离子交换树脂失效后的再生反应。

需要说明的是，上述两个反应向哪个方向进行，决定于当时水中各种离子的浓度。

将上述两个反应式合并表示如下：

$$RH + Na^+ \underset{\text{再生}}{\overset{\text{运行}}{\rightleftharpoons}} RNa + H^+$$

离子交换反应的可逆性是离子交换树脂能够反复使用的重要原因。

### 221　失效树脂为什么可以通过再生重新获得交换能力？

为了说明上述问题，以 Na 型树脂交换水中 $Ca^{2+}$，制取软化水来加以说明。

当把含有 $Ca^{2+}$ 的水通入 Na 型离子交换树脂时，Na 型树脂即吸着水中的 $Ca^{2+}$，并把本身含有的 $Na^+$ 释放出来：

$$2RNa + Ca^{2+} \longrightarrow R_2Ca + 2Na^+$$

交换反应的结果，除去了水中的 $Ca^{2+}$。

当上述交换反应达到平衡时，根据质量作用定律，可得出：

$$K_{Na}^{Ca} = \frac{[R_2Ca][Na^+]^2}{[RNa]^2[Ca^{2+}]}$$

式中　$K_{Na}^{Ca}$——平衡常数；

$[R_2Ca]$、$[RNa]$——分别表示反应达到平衡时，树脂中 $Ca^{2+}$、$Na^+$ 的浓度，mol/L；

$[Ca^{2+}]$、$[Na^+]$——分别表示反应达到平衡时，水中的 $Ca^{2+}$、$Na^+$ 浓度，mol/L。

当运行到出水中 $Ca^{2+}$ 含量开始上升时，表示树脂失效了。为了使树脂重新获得交换能力，就要用 NaCl 对树脂进行再生：

$$2NaCl + R_2Ca \longrightarrow 2RNa + CaCl_2$$

此时，尽管 $K_{Na}^{Ca} > 1$，不利于树脂的再生，但由于再生时，NaCl 的浓度很高，而 $Ca^{2+}$ 的浓度又很小，就可以使再生反应进行下去。

所以在化学水处理中，就是通过提高再生剂的浓度，反复利用离子交换平衡的移动，使失效的树脂重新获得交换能力。

### 222　什么是离子交换树脂的选择性？有什么规律性？

由于离子交换树脂对于水中各种离子吸着（或吸附）的能力不相同，其中一些离子很容易被吸着，而另一些离子却很难被吸着。被树脂吸着的离子，在再生的时候，有的离子很容易被置换下来，而有的却很难被置换。离子交换树脂的上述这种性能称之为选择性。树脂的选择性在实际水处理运行中，将影响离子交换过程和树脂的再生过程。

离子交换树脂的选择性有其一定的规律性，例如，水中离子载的电荷越大，就越易被离子交换树脂吸着。反之，如果离子的电荷越小，就越不容易被吸着，如二价的离子比一价的离子更易被吸着。但如果离子载有相同的电荷时，原子序数大的元素所形成的离子的水合半径小，就容易被离子交换树脂所吸着。

在含盐量不太高的水溶液中，常见离子的选择性次序如下。

(1) 对于强酸性阳离子交换树脂：

$Fe^{3+}>Al^{3+}>Ca^{2+}>Mg^{2+}>K^{+}\approx NH_4^{+}>Na^{+}>H^{+}>Li^{+}$；

(2) 对于强碱性阴离子交换树脂：

$SO_4^{2-}>NO_3^{-}>Cl^{-}>OH^{-}>F^{-}>HCO_3^{-}>HSiO_3^{-}$；

(3) 对于弱酸性阳离子交换树脂：

$H^{+}>Fe^{3+}>Al^{3+}>Ca^{2+}>Mg^{2+}>K^{+}>Na^{+}>Li^{+}$；

(4) 对于弱碱性阴离子交换树脂：

$OH^{-}>SO_4^{2-}>NO_3^{-}>PO_4^{3-}>Cl^{-}>HCO_3^{-}>HSiO_3^{-}$。

但必须指出，选择性能还与离子交换树脂的活性基团有关。

### 223 怎样识别离子交换树脂的牌号？

按我国国家标准（GB 1631—89）规定，离子交换树脂的牌号，以三位阿拉伯数字组成，数字从左到右，如下所示：

| 第一位数字 | 第二位数字 | 第三位数字 |
|---|---|---|
| 代表产品分类 | 代表骨架（或基团）名称 | 代表顺序号 |

如果用图解可以表示如下：

凝胶型离子交换树脂

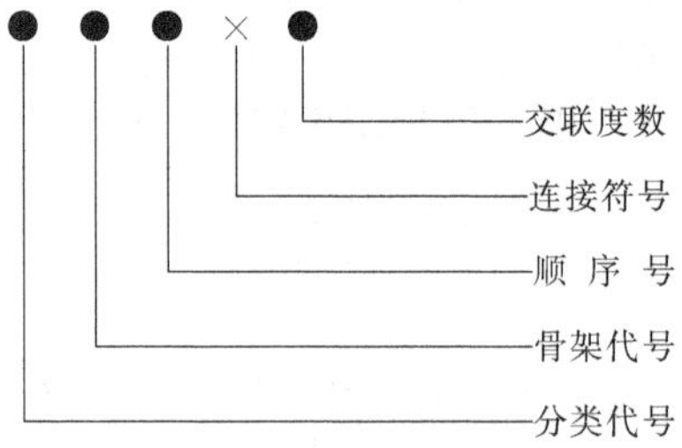


大孔型离子交换树脂

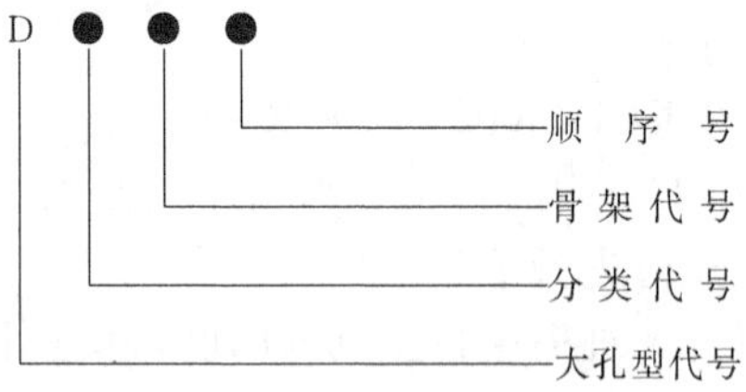


离子交换树脂的牌号三位阿拉伯数字组成的各位数意义如下。

第一位数字的代号与分类名称如下：

| 代 号 | 分类名称 | 代 号 | 分类名称 |
|---|---|---|---|
| 0 | 强酸性 | 4 | 螯合性 |
| 1 | 弱酸性 | 5 | 两性 |
| 2 | 强碱性 | 6 | 氧化还原性 |
| 3 | 弱碱性 | | |

第二位数字的代号与骨架名称如下：

| 代号 | 骨架名称 | 代号 | 骨架名称 |
|---|---|---|---|
| 0 | 苯乙烯系 | 4 | 乙烯吡啶系 |
| 1 | 丙烯酸系 | 5 | 脲醛系 |
| 2 | 酚醛系 | 6 | 氯乙烯系 |
| 3 | 环氧系 | | |

第三位数字是表示离子交换树脂的顺序。

此外，凡大孔型离子交换树脂，首位字母用“D”表示，凡凝胶型离子交换树脂的交联度值用“×”号连接阿拉伯数字来表示。

举例来说明：

如201×7型离子交换树脂：“2”表示强碱性树脂；“0”表示苯乙烯系的离子交换树脂；“1”表示顺序号为1；“×”表示连接符号；“7”表示交联度为7。

如D113型离子交换树脂：“D”表示大孔型离子交换树脂；“1”表示弱酸性树脂；“1”表示丙烯酸系；“3”表示顺序号为3。

**224 如何选择离子交换树脂？**

选择离子交换树脂的一般原则是选择交换容量大、容易再生，而且使用耐久的树脂。具体来说：

(1) 交换容量是离子交换树脂性能的一个重要指标，交换容量越大则能吸附的离子越多，一个交换周期的制水量也越大。一般来说，弱酸或弱碱性树脂比强酸或强碱性的树脂交换容量大。另外，在同类树脂中，由于树脂的交联度不同，交换容量也不同。一般交联度小的树脂交换容量大；交联度大的树脂交换容量小。因此在选择树脂时要注意。

(2) 要根据原水中需要去除离子的性质来选择树脂。如果只需要去除水中交换吸附性弱的离子，则必须选用强酸或强碱性树脂。

(3) 要根据出水水质要求来选择树脂。如果只需要部分除盐的系统，可以选用强酸性阳离子交换树脂和弱碱性阴离子交换树脂配合使用。对于必须完全除盐的纯水或高纯水系统，则要选择吸附性最强的强酸性阳离子交换树脂和强碱性阴离子交换树脂配合使用，以去除较难吸附的离子。

(4) 要根据原水中杂质的成分来选择树脂。如原水中有机物较多，或去除离子的半径较大时，应选用交联网孔直径较大的树脂。尽量选择高强度多孔性树脂。

(5) 用于混合床的树脂，较多的是强酸-强碱性树脂的组合。但要考虑混合床树脂再生时分层容易，因此，要求两种树脂的湿真密度之差应大一些，一般应不小于15%～20%。另外，还要考虑到混合床运行时交换流速比较大，树脂磨损较为严重的情况，故应选择耐磨性好的树脂。

(6) 要根据除盐水工艺要求来选择树脂。例如双室床，选用强性、弱性树脂配合使用，因为弱性树脂容易再生，对再生剂的质量要求也比较低，可以利用强性树脂再生后的再生液来再生弱性树脂，这样，再生剂的消耗低，制水成本低。

**225 如何计算离子交换树脂的用量？**

离子交换树脂用量的计算是先进行初算，再进行复算调整。计算步骤如下。

(1) 树脂的体积用量计算：

$$V=\frac{Q\sum I}{E}$$

式中 $V$——树脂体积，$m^3$；

$Q$——周期制水量，$m^3$ 或 t；

$\sum I$——原水中阳离子或阴离子的浓度，$c\left(\frac{1}{x}A^{x+}\right)$或$c\left(\frac{1}{x}B^{x-}\right)$，mmol/L，取分析最高值；

$E$——离子交换树脂的工作交换容量，$Q_V^o\left(\frac{1}{x}A^{x+}\right)$或$Q_V^o\left(\frac{1}{x}B^{x-}\right)$，mmol/L。

（2）树脂的质量计算：

$$w_1 = V\gamma$$

式中 $w_1$——树脂质量，t；

$\gamma$——树脂的视密度，g/mL。

第二步进行复算调整。

因为

$$V=\frac{1}{4}\pi d^2 \times H$$

式中 $d$——离子交换塔内径，m；

$H$——树脂的填装高度，m。

注意：$H$ 的选择，对一级除盐水处理，当交换塔径在 2m 以上时，树脂层高度不低于 1.5m（一般选择 1.8m）；对塔径＜2m 时，高度可适当放低。混合床的塔径在 1.5m 以上时，树脂总高度不低于 1m，不高于 1.5m；塔径＜1.5m 时，高度可适当放低。混合床的阴、阳树脂体积比例原则上可按 2∶1。使用上可根据具体情况适当调整。

由上式

$$d=\sqrt{\frac{4V}{\pi H}}$$

计算的 $d$，常有小数，因此，要调整为设备加工模数的整数 $D$。此时，离子交换树脂的实际体积用量 $w$：

$$w=\frac{1}{4}\pi D^2 \gamma H$$

离子交换树脂的实际用量，也就是离子交换塔内树脂的填充量（有的称树脂装填量），与离子交换设备的出力（产水量）有密切关系，大致如下表所示。

**离子交换设备的出力与树脂填充量**

| 参数 / 设备直径 $\phi$/mm 与面积 $F/m^2$ | 流速/(m/h) | | | 树脂层高/m | | |
|---|---|---|---|---|---|---|
| | 15 | 20 | 25 | 1.6 | 2.0 | 2.5 |
| | 流量/($m^3$/h) | 流量/($m^3$/h) | 流量/($m^3$/h) | 树脂体积/$m^3$ | 树脂体积/$m^3$ | 树脂体积/$m^3$ |
| $\phi$800,$F$=0.5 | 7.5 | 10 | 12.5 | 0.8 | 1.0 | 1.25 |
| $\phi$1000,$F$=0.785 | 11.8 | 15.7 | 19.6 | 1.256 | 1.57 | 1.96 |
| $\phi$1250,$F$=1.23 | 18.4 | 24.6 | 30.8 | 1.97 | 2.46 | 3.08 |
| $\phi$1600,$F$=2.0 | 30 | 40 | 50 | 3.2 | 4.0 | 5.0 |
| $\phi$1800,$F$=2.54 | 38.1 | 50.8 | 63.5 | 4.06 | 5.08 | 6.35 |
| $\phi$2000,$F$=3.14 | 47.1 | 62.8 | 78.5 | 5.02 | 6.28 | 7.85 |
| $\phi$2200,$F$=3.80 | 57 | 76 | 95 | 6.08 | 7.6 | 9.5 |
| $\phi$2500,$F$=4.9 | 73.6 | 98.2 | 122.7 | 7.84 | 9.8 | 12.25 |
| $\phi$2800,$F$=6.15 | 92.3 | 123 | 153.8 | 9.84 | 12.30 | 15.38 |
| $\phi$3200,$F$=8.04 | 120.6 | 160.8 | 201 | 12.06 | 16.08 | 20.1 |

## 226 如何保管好离子交换树脂？

离子交换树脂的保管工作十分重要，应注意以下方面。

（1）防冻　离子交换树脂应贮藏于室内，要保持周围环境温度在5～40℃。树脂在出厂时都含有一定的水分，如果温度在0℃以下，会使树脂中的水结冰，并使体积增大，造成树脂的粉碎和崩裂，从而损失了离子交换能力。如果树脂周围的环境温度可能低于5℃，为了防止树脂结冰，可以把树脂储存于食盐水溶液中。但是食盐水的浓度要根据气温条件进行配制，不同的气温要配制不同浓度的盐水，以防止食盐水结冰，使树脂免遭破损。配制时，可参照下表所示的食盐水冰点与浓度的关系：

| 食盐含量/% | 10℃时的相对密度 | 冰点/℃ |
| --- | --- | --- |
| 5 | 1.04 | −3.0 |
| 10 | 1.07 | −7.0 |
| 15 | 1.11 | −10.8 |
| 20 | 1.15 | −16.3 |
| 23.5 | 1.18 | −21.2 |

（2）防干　离子交换树脂由于受热和太阳晒，水分蒸发而干燥，或是在贮运和使用过程中水分消失，使树脂的体积忽缩忽胀，从而造成树脂破碎或树脂机械强度下降，丧失或降低离子交换能力。在发生此种情况时，切不可把树脂直接投入水中，而应先将其浸泡于饱和的食盐水中，使树脂缓慢膨胀才不致破碎。离子交换树脂切忌露天堆放。

此外，离子交换树脂也不宜长期贮存，一般不得超过5年。否则，特别是阴离子交换树脂可能因交换基团的分解，而明显降低其交换容量。

（3）防霉　离子交换树脂长期放置在交换器内不用，会滋长青苔和繁殖细菌，从而使其发霉造成树脂污染。因此，必须定期进行换水和反冲洗。也可以用1.5%的甲醛溶液浸泡消毒。

保管离子交换树脂，必须将不同牌号树脂，特别是阴离子交换树脂和阳离子交换树脂分开堆放，挂上标签，切不可混杂。

### 227　什么是离子交换树脂的全交换容量和工作交换容量？

将离子交换树脂中所有的活性基团都变成可交换离子之后，把这些可交换离子全部交换下来的容量称为全交换容量。因此，全交换容量也即表示离子交换树脂中能够起交换作用的活性基团的总数。

离子交换树脂的工作交换容量是在水处理的实际运行条件下（或模拟条件下），也就是离子交换树脂在动态的工作状态下测得的交换容量。运行工况和再生工况不同，测得的工作交换容量也就不同，影响工作交换容量的因素很多，例如，水的离子浓度、温度、交换终点的控制指标、树脂层的高度、交换速度、交换基团的形式以及再生剂的纯度、用量等。在实际使用中，树脂的工作交换容量更有意义，但全交换容量与工作交换容量没有固定的比值关系，因此，不能以全交换容量去推算工作交换容量。

此外，还有平衡交换容量，也就是离子交换树脂在水溶液中到达交换平衡状态时的交换容量。

离子交换树脂的交换容量单位可用重量法和容积法两种方法表示。重量法是指单位质量的干树脂所具有的交换容量 $Q_m\left(\frac{1}{x}A^{x+},\frac{1}{x}B^{x-}\right)$，单位为mmol/g树脂，也可用mol/g树脂来表示；容量法是指单位体积的湿树脂所具有的交换容量 $Q_V\left(\frac{1}{x}A^{x+},\frac{1}{x}B^{x-}\right)$，单位为mmol/L树脂，也可用mol/L树脂来表示。但要注意，重量法指的是干树脂的质量，容积法指的是充分膨胀后湿树脂的体积。交换容量常用容积法表示。

### 228　各类离子交换树脂交换容量利用率有什么不同？

各类离子交换树脂的交换容量利用率因树脂的性能不同、再生度不同，以及交换的残余容量不同而有差异。这是由于再生度不能很高，也不能等树脂完全失效后再生，而是残留一定的交换容量以确保出水水质，因此树脂交换容量利用率不可能很高，其情况如下表：

**各类离子交换树脂交换容量利用率的比较**

| 树脂类别 | 全交换容量 | 可利用率 | 再生度 | 失效度 | 残留容量 | 实际利用率 |
|---|---|---|---|---|---|---|
| 强酸性树脂 | 1 | 1 | ≈0.65 | ≈0.85 | ≈0.15 | ≈0.5 |
| 弱酸性树脂 | 1 | 1 | ≈0.95 | ≈0.60 | ≈0.40 | ≈0.55 |
| 强碱性树脂 | 1 | ≈0.93 | ≈0.40 | ≈0.85 | ≈0.15 | ≈0.25 |
| 弱碱性树脂 | 1 | ≈0.82 | ≈0.80 | ≈0.95 | ≈0.05 | ≈0.75 |

从上表可见，弱碱性树脂交换容量的实际利用率最高。

### 229　什么叫离子交换树脂的饱和度、再生度？

离子交换过程中，离子交换树脂上的交换基团被水中离子置换而失去交换能力时，即称为“失效”。离子交换树脂失效时的工作交换容量占全交换容量的比值称为离子交换树脂的饱和度。

离子交换树脂的再生度，就是在树脂失效之后，经过再生处理重新获得交换能力的程度。再生度可以表示为：

$$T=\frac{RH\text{ 或 }ROH}{Q_V^{a}}\times 100\%$$

式中　$T$——离子交换树脂的再生度，%；

$RH$——阳离子交换树脂中的 $H^+$ 总浓度，mol/L；

$ROH$——阴离子交换树脂经过再生后测得的全交换容量，或是阴离子交换树脂中的 $OH^-$ 总浓度，mol/L；

$Q_V^{a}$——该树脂的体积全交换容量$Q_V^{a}\left(\frac{1}{x}A^{x+}，\frac{1}{x}B^{x-}\right)$，mol/L。

再生度越高，说明再生效果越好，一般情况下逆流再生比顺流再生的再生度高。再生度与再生剂的用量、浓度、流速、温度、正洗流速和水质等都有关系。

### 230　树脂的密度有哪几种表示形式？

树脂的密度有三种表示形式：

（1）干真密度　即在干燥的状态下，组成树脂合成材料的本身密度，即：

$$\text{干真密度}=\frac{\text{干树脂质量}}{\text{树脂颗粒的真体积}}\quad g/mL$$

此值一般为 1.6g/mL 左右，通常只用于树脂性能的研究方面。

（2）湿真密度　即树脂在水中，经过充分膨胀之后，树脂颗粒本身的密度，也即单位体积湿树脂中树脂骨架的质量。

$$\text{湿真密度}=\frac{\text{湿树脂质量}}{\text{湿树脂颗粒体积}}\quad g/mL$$

此值一般在 1.04～1.30g/mL 之间，阳树脂的湿真密度常比阴树脂大。在离子交换树脂用于混合床和双层床操作工艺时，为了使两种离子交换树脂能按湿真密度的不同而分层，必须使搭配树脂的湿真密度有足够的差值。

（3）湿视密度　树脂在水中充分膨胀之后的树脂堆积密度，即：

$$\text{湿视密度}=\frac{\text{湿树脂质量}}{\text{湿树脂的堆体积}}\quad g/mL$$

此值一般在 0.60～0.85g/mL 之间。此密度用于计算离子交换树脂交换塔中装填湿树脂的量。

## 231　弱酸、弱碱性树脂有什么特性？如何应用？

弱酸、弱碱性树脂的特性和应用范围如下。

(1) 弱酸性阳离子交换树脂　此树脂不能与中性盐所分解的离子起离子交换反应（中性盐即强酸阴离子如 $SO_4^{2-}$、$Cl^-$、$NO_3^-$ 等所形成的盐类），只能同弱酸盐类（亦即碳酸氢盐碱度）起离子交换反应，例如与水中常见的弱酸盐类碳酸氢盐的反应如下：

$$R(COOH)_2+\left.\begin{matrix}Ca\\Mg\\Na_2\end{matrix}\right\}(HCO_3)_2 \rightleftharpoons R(COO)_2\left\{\begin{matrix}Ca\\Mg\\Na_2\end{matrix}\right.+2H_2CO_3$$

交换之后，不产生强酸。弱酸性树脂在失效之后容易进行再生，酸的耗量也低，通常约为理论值的 1.1 倍左右，因此比较经济，排废酸造成污染也比较小。

弱酸性阳离子交换树脂，应用于原水中碱度比较高的除盐系统，从而减轻强酸性树脂的负担。

(2) 弱碱性阴离子交换树脂　此类树脂只能吸附强酸根离子，例如水中 $SO_4^{2-}$、$Cl^-$、$NO_3^-$；对于弱酸根离子如 $HCO_3^-$ 的吸附能力很差；对于更弱的酸根离子如 $HSiO_3^-$，吸附能力几乎没有。此外，弱碱性 OH 型树脂，对于能吸附的酸根也是有条件的，只能在酸性水溶液中进行。

弱碱性树脂极易用碱再生，不论是用强碱如 NaOH、KOH 和弱碱 $Na_2CO_3$、$NH_4OH$ 都可以。

弱碱性阴离子交换树脂，常和强碱性阴离子交换树脂联合使用，甚至还可以用强碱性树脂再生之后的废液来再生，所以耗碱量很低。另外，弱碱性阴离子交换树脂由于交联度低、孔隙大，因此，所吸附的有机物质可以在再生时被清洗出去。

弱碱性阴离子交换树脂常应用于原水中强酸性阴离子及有机物质含量比较高的除盐系统。

## 232　强碱Ⅰ型、Ⅱ型阴离子交换树脂有什么特点？

强碱Ⅰ型阴离子交换树脂是用三甲胺[$(CH_3)_3N$]进行胺化处理得到的树脂，例如国产的 201×7 等阴树脂；强碱Ⅱ型阴离子交换树脂是用二甲基乙醇胺[$(CH_3)_2NC_2H_4OH$]进行胺化处理得到的，例如国产的 D202 阴树脂等。

Ⅰ型阴树脂比Ⅱ型的碱性强，热稳定性好，氧化性能稳定，并且其季铵基团能在长时间内保持稳定。Ⅱ型阴树脂的耐热性能稍差，且季铵基团在所使用的过程中会转化为弱碱基团，从而降低了强碱的交换能力。Ⅰ型的除硅能力比Ⅱ型强，如果水中 $SiO_2$ 含量占阴离子总量四分之一以上时，宜选用Ⅰ型阴树脂，不宜采用Ⅱ型树脂。Ⅰ型树脂还可以用在水质要求较高的除盐系统中。但Ⅱ型树脂的工作交换容量比Ⅰ型大得多，再生时碱耗也低，而且水中氯离子对其交换容量的影响很小。当水中有较多氯离子存在时，Ⅰ型阴树脂的交换容量会明显降低。

## 233　大孔型树脂有什么特点？

大孔型树脂是在凝胶型树脂制备的基础上改进发展制得的，它的特点：

(1) 树脂的骨架上，存在永久性微孔。其大小、孔道的数量和分布情况，是根据需要在制备过程中通过致孔剂来调节的，不是仅仅通过交联度来控制的，树脂无论在干、湿情况下都永久性地存在孔道。

（2）树脂的表面积，由于内部为多孔海绵状，其表面积可以人为调节到 $1000m^2/g$ 以上。

（3）交换速度，由于大孔型树脂内部微孔多而大，表面积大，离子交换扩散速度增大，交换速度加快，有的比凝胶型树脂大 10 倍。

（4）应用范围，扩大到非水体系，甚至气体也可以用。

（5）稳定性、耐溶胀收缩性能好；有好的耐化学性能和耐辐照性能，耐磨损性能也较好；有良好的耐热和耐冷热变化性能；有较强的抗有机物污染性能；流动性能好，对流体阻力小；一般用于吸附和分离分子量大的物质。

但大孔型树脂的价格贵，体积交换容量低，再生剂耗量略高。

### 234 凝胶型与大孔型树脂有什么区别？

凝胶型树脂与大孔型树脂的主要区别在于它们的孔隙度不同。

用普通聚合法制成的离子交换树脂，是由许多不规则的网状高分子所组成的，类似凝胶，所以称为凝胶型树脂。常见的凝胶型树脂，有苯乙烯系列的 001、201 等。

凝胶型树脂的孔隙度很小，一般都在 3nm 以下，而且严格地讲，这些孔隙并不是真正的孔，而是交联与水合多聚物凝胶结构之间的距离，它随运行条件而改变，在干的凝胶型树脂中，这种“孔”实际上是消失了。

凝胶型树脂浸入水中会发生溶胀，体积变大。这种溶胀性会使树脂的机械强度降低；同时当凝胶型树脂在不同离子形态时，其膨胀率也会发生变化，这样就会因为树脂的反复膨胀、收缩而使树脂颗粒破裂。

大孔型树脂则不同：它的“孔”大于原子距离，而且不是凝胶结构的一部分，所以这个孔是真正的孔，其大小及形状不受环境条件而改变，因而在水溶液中不显示溶胀。

由于无机物离子的直径都很小（0.3～0.7nm），用普通的凝胶型树脂完全可以除去；但当水中有有机物分子存在时，由于其分子很大（胶硅化合物的粒径可大于 50nm，某些蛋白质分子为 5～20nm），用普通凝胶型树脂除去它们则有困难。而且再生时，这些被吸附的有机物也不易被再生下来，所以凝胶型树脂易于被有机物所污染。

由于大孔型树脂的孔径较大，在 10～200nm 以上，因此它能够比较容易地吸着高分子有机物，并且容易再生，所以有较好的抗污染性。

大孔型树脂有交换容量较低、再生时酸碱用量大及价格较高等问题。

凝胶型树脂在聚合的时候，需要加入交联剂，并要控制交联剂数量上的变化，使得在树脂中形成相应的微孔，孔径在 0.5～5nm 之间。其主要是用于吸附水中阴、阳离子，对有机物的吸附能力很弱；易污染老化，比表面积 $<0.1m^2/g$ 干树脂。外观呈透明球状颗粒。

大孔型树脂是在合成的过程中，添加芳香烃、脂肪烃、醇类等有机溶剂，即所谓致孔剂，当树脂聚合后，除去上述溶剂，即在树脂里形成许多大孔。大孔型树脂在湿态时不透明或呈乳白色，内表面积在 $5m^2/g$ 以上，湿真密度与湿视密度之差大于 $0.5g/cm^3$。大孔型树脂在水处理中能起吸附、过滤作用，能去除有机物质、腐殖酸、木质磺酸等；还可除铁、去色，并保护离子交换树脂免受污染，而延长交换树脂的使用寿命。在纯水制备过程中，如果主要起过滤作用，大孔型树脂要装在离子交换树脂或反渗透装置的前面；如果主要是用于吸附，大孔型树脂宜于酸性水中进行吸附。

### 235 树脂对使用的温度有何要求？

各种树脂均具一定的耐热性能，在使用中对温度要求都有一定的界限，过高或过低都会严重影响树脂的机械强度和交换容量。温度过低如小于或等于 0℃时，树脂易冻结，使机械强度降低，颗粒破碎，从而影响树脂的使用寿命、降低交换容量；温度过高，会引起树脂热分解，也影响树脂的交换容量和使用寿命。各种树脂的耐热性能应由鉴定试验来确定。但一般来说，阳树脂比阴树脂的耐热性能好。盐型树脂比 H 型或 OH 型好，而盐型又以 Na 型树脂耐热性能最好。一般的阳树脂可耐 100～110℃，阴树脂可耐 50～60℃（强碱性）。而弱碱性阴树脂的耐热性能要比强碱性的好，一般可耐 80～90℃。因此，树脂在使用时，对于水温要有严格的控制。

### 236　对离子交换树脂要检测哪些项目?

检测离子交换树脂的目的：一是检验新树脂的质量；二是掌握树脂使用后的质量变化情况。故树脂使用前应有检测数据，使用后也应定期（半年）进行检测。

离子交换树脂检测之前要清洗和转型，阳树脂转为钠型，阴树脂转为氯型，以便于在统一的基础上分析比较。检测的项目有：

（1）离子交换树脂的全交换容量　全交换容量是树脂性能的重要标志，交换容量愈大，同体积的树脂能吸附的离子愈多，周期制水量愈大，相应的酸、碱耗量也就低，检测全交换容量也为了便于选择树脂。

（2）离子交换树脂的工作交换容量　工作交换容量是树脂交换能力的重要技术指标。是指动态工作状态下的交换容量，工作交换容量的大小与进水离子浓度、终点控制、树脂层高、交换速度、再生工况等有关。因此，工作交换容量的测定具有重要的实用价值。

（3）离子交换树脂的机械强度　树脂在使用过程中相互摩擦，以及每一运行周期树脂的膨胀与收缩和表面承受压力，会使树脂破裂、粉碎，所以树脂机械强度的检测，关系树脂的使用寿命。模拟树脂颗粒受摩擦力的情况，取一定量的湿树脂，放入装有瓷球的滚筒中滚磨，磨后树脂圆球颗粒占样品总量的分数，为树脂的磨后圆球率。将树脂用酸、碱反复转型，然后测得的磨后圆球率，称为渗磨圆球率。

（4）离子交换树脂的密度检测　检测树脂的湿视密度用来计算离子交换塔所需湿树脂的用量。湿视密度一般为 0.6～0.85g/mL。检测树脂的湿真密度是便于确定反冲洗强度大小，并且与混合床树脂分层有很大关系。湿真密度一般为 1.04～1.30g/mL 左右。

（5）离子交换树脂所含的水分　离子交换树脂的含水率与树脂类别、结构、酸碱性、交联度等因素有关。交联度越小，孔隙率则越大，含水率也增大。阴树脂被有机物污染，含水率会下降。检测树脂水分计算出含水率，可以间接反映出树脂交联度的大小，并判断树脂是否受污染，一般树脂含水率约 50%左右。

（6）离子交换树脂的粒度　颗粒大小对树脂交换能力、树脂层中水流分布的均匀程度、水通过树脂层的压力降以及交换与反洗操作等都有很大影响。树脂的粒度越小，其交换速度越大，水力损失也大，进、出水压差也越大。因此，有效粒径和均一系数与运行操作有很大的关系。有效粒径 $d_{90}$ 是指筛上保留 90%（体积分数）树脂样品的筛孔孔径（mm）。均一系数 $K_{40}$ 是指筛上保留 40%（体积分数）树脂样品的筛孔孔径 $d_{40}$（mm）与 $d_{90}$ 的比值，即 $K_{40}=d_{40}/d_{90}$。均一系数越接近 1.0，颗粒越均匀。

（7）离子交换树脂的中性盐分解容量　检测树脂中性盐的分解容量主要是测定树脂中的强酸或强碱基团的组成。因为树脂交换基团的组成不同，使水中离子交换和吸附强度也不相同。另外，检测中性盐的分解也是测定树脂交换基团的离解能力。离解能力强的，离子交换速度快，否则，就慢。检测树脂中性盐分解容量对选用树脂很重要。

（8）离子交换树脂中灰分及铁含量　灰分和铁会沉积在树脂表面，堵塞孔隙，不易洗脱，长期积累会影响树脂交换能力和使用寿命。因此需要及时检测，采取措施。

（9）离子交换树脂的耗氧量　耗氧量主要是反映树脂受有机物污染的程度。树脂受有机物污染之后，清洗水耗量剧增，工作交换容量降低，出水水质差。检测树脂耗氧量，以判断树脂被污染的程度，及时采取有效措施。

**237 为什么强酸性树脂以钠型出厂，而强碱性树脂以氯型出厂？**

强酸性阳离子交换树脂是将聚苯乙烯白色球状颗粒磺化而得，过量的硫酸用氢氧化钠中和成钠型，并用清水洗涤，因此强酸性树脂通常以钠型出厂。

强碱性阴离子交换树脂是将聚苯乙烯甲基化，然后用叔胺（ R≡N ）胺化，最后用盐酸中和过量的胺成氯型，并用清水洗涤之。因此强碱性阴树脂通常以氯型出厂。

**238 新树脂为什么也要进行处理？如何处理？**

新的离子交换树脂，常含有少量低聚合物和未参加聚合反应的物质，除了这些有机物外，还往往含有铁、铝、铜等无机物质。因此，当树脂与水、酸、碱或其他溶液相接触时，上述可溶性杂质就会转入溶液中而影响水质。所以，新树脂在使用之前要进行处理。

具体的处理方法如下。

(1) 用食盐水处理　用10%的食盐水溶液，约等于被处理的树脂体积2倍，浸泡20h以上，然后放尽食盐水，用清水漂净，使排出水不带黄色。如果有杂质及细碎树脂粉末也应漂洗干净。

(2) 用稀盐酸处理　用2%～5%浓度的HCl溶液，约等于被处理树脂体积2倍，浸泡4～8h以上，然后，放尽酸液，用清水洗至中性为止。

(3) 用稀氢氧化钠溶液处理　用2%～4%的NaOH溶液，约等于被处理树脂体积2倍，浸泡4～8h，然后放尽碱液，用清水洗至中性为止。

上述处理，也可反复进行2～3次，如采用3m/h流速的流动方式处理，效果会更好。

新树脂经处理之后，稳定性能会显著提高。有的树脂在使用时尚需转型处理。

**239 如何鉴别失去标签（志）的树脂？**

在实际工作中，有时会由于对树脂保管不善，或是其他原因，失去了标签（志），分不清是阴树脂还是阳树脂，这时切不可贸然使用，必须设法予以鉴别，常用方法及步骤如下。

(1) 取被鉴别的树脂样品2mL，置于30mL的试管中，并用吸管吸去树脂层上部的水。

(2) 加入1mol/L的HCl溶液5mL，摇动1～2min，并将树脂上部的清液吸去，重复操作2～3次。

(3) 加入纯水清洗，摇动1min，将树脂上部的清液吸去，重复操作2～3次，以去除过剩的HCl。

经过上述操作之后，阳树脂转为H型树脂，阴树脂转为Cl型树脂。

(4) 加入质量分数为10%的$CuSO_4$水溶液5mL（其中含1%$H_2SO_4$，以酸化），摇动1min，并按步骤(3)充分用纯水清洗。

经过上述处理之后，鉴别方法如下：

如果树脂变成浅绿色，则加入2mL 5mol/L $NH_4OH$溶液，摇动1min。用纯水充分清洗，经此处理如果树脂颜色变为深蓝色，即为强酸性阳离子交换树脂；如果树脂的颜色仍为浅绿色，则为弱酸性阳离子交换树脂。

但如果经上述步骤(1)～(4)处理时树脂颜色不变，那么，需要采取下面方法及步骤：

(1) 加入1mol/L NaOH溶液5mL，摇动1min，用倾泻法充分清洗；

(2) 加入酚酞溶液5滴，摇动1min，用纯水充分清洗。

经上述处理后，鉴别方法如下：

此时树脂的颜色有两种可能，一是仍然不变；二是变为红色。

如果是变为红色时，即为强碱性阴离子交换树脂。如果仍然不变颜色时，需要采取下面的方法：

（1）加入 1mol/L 的盐酸 HCl 溶液 5mL 摇动 1min，然后用纯水清洗 2～3 次。

（2）加入 5 滴甲基红，摇动 1min，用纯水充分清洗。经上述处理后，鉴别方法如下：

如果树脂呈桃红色，则为弱碱性阴离子交换树脂。如果树脂的颜色仍然不变，则为无离子交换能力的共聚物颗粒。

### 240　阴、阳离子交换树脂混杂后如何分离？

在实际工作中，常会遇到树脂混杂，需要设法分离。分离方法：将混杂的树脂浸泡在饱和食盐水溶液中，经过一定时间的搅拌，因为阴、阳树脂的相对密度不同，所以在饱和食盐水溶液中的浮、沉性能也不同。强碱性阴离子交换树脂会浮在上面，强酸性阳离子交换树脂会沉于底层，以此予以分离。

### 241　离子交换树脂的强度为什么会降低？

离子交换树脂的强度降低造成破碎的原因主要有：

（1）离子交换树脂的结构由于强氧化剂的作用而分解，降低了树脂强度。这种情况大都发生在阳树脂，例如由于进水余氯使树脂氧化产生水溶性的磺酸，重金属离子也是树脂氧化的催化剂。阴树脂受有机物的严重污染也会降解，影响其强度。从运行的经验表明，有必要使进水的耗氧量降低至 1mg/L 以下（27℃，高锰酸钾法氧化 4h），国外有的规定进水耗氧量＜0.3mg/L。

（2）离子交换树脂由于反复的机械摩擦而损坏，如经常反冲洗、快速水力输送、交换流速过大、空气及超声波的擦洗等，影响树脂强度。

（3）由于离子交换树脂有时在高压力、高流速状况下运行，进、出水压差太大，树脂受到挤压碎裂而损失其强度。

（4）由于在运行操作中树脂的容积膨胀太大，例如树脂在转型时的膨胀速度过快过大，反复胀缩而使树脂强度降低。

（5）树脂的热稳定性能差，使用时水温过高，例如凝结水回收水温较高，往往会引起树脂碎裂，使强度降低。

（6）由于树脂保管不当，失水干燥，一旦遇水就会胀裂；或是环境温度低于 0℃，因树脂内部水分冻结而胀裂、破碎，造成树脂的强度降低。

### 242　离子交换树脂使用后颜色变深说明什么？

离子交换树脂是一种半透明或透明的物质，依其组成的不同，其颜色也不一样。苯乙烯系树脂均呈黄色；丙烯酸系树脂有的无色透明，有的呈乳白色。一般讲，交联剂多，原料中杂质多，制出的树脂颜色则深。

离子交换树脂在使用一段时间后，由于水中的铁质或有机物的污染，其颜色也会变深；失效的离子交换树脂的颜色，比再生好的树脂要稍深一些。

因此有时候可以从树脂颜色的变化，看出树脂的“失效”程度。

### 243　树脂受到污染的原因是什么？

离子交换树脂在运行的过程中，如果发现颜色变深、树脂交换容量不断地下降、清洗水不断地增加、出水水质变差、周期性制水量不断下降等现象，可以认为树脂受到污染。污染的原因主要有：

（1）有机物引起的污染　有机物质在水中往往带有负电，成为污染阴离子交换树脂的主要物质。有机物主要是存在于天然水中的腐殖酸、胶团性的有机杂质、相对分子质量从 500 到 5000 的高分子化合物以及多元有机羧酸等，这些物质吸附在树脂上，有的占据或者结合了树脂上的活性基团，有的使树脂的强碱活性基团碱性降低而降解，使树脂离子交换能力降低。这类污染从COD的监测中可以检出。

（2）油脂引起的污染　水中往往含有油类物质，形成膜状物，堵塞或包裹了树脂的微孔，阻碍树脂微孔中的活性基团进行离子交换。

（3）悬浮物引起的污染　水中悬浮物质，紧裹着树脂表面的液膜层，从而隔绝了树脂的离子交换过程，使树脂受到污染。这种污染以阳离子交换树脂为多。

（4）胶体物质引起的污染　水中胶体颗粒常带负离子，使阴离子交换树脂受到污染。胶体物质中以胶体硅对树脂的危害最大，它吸附并在树脂的表面上聚合，阻止树脂进行离子交换。

（5）高价金属离子引起的污染　原水中的高价金属离子（如混凝剂中高价金属离子的后移等），如 $Al^{3+}$、$Fe^{3+}$ 等扩散进入阳离子交换树脂的内部，由于这些高价金属离子的交换势能高，与树脂中的固定离子—$SO_3^-$ 牢固结合形成 $Al(SO_3)_3$、$Fe(SO_3)_3$ 等，从而使这部分的固定离子失去作用，丧失了离子交换能力。

（6）再生剂不纯引起的污染　离子交换树脂的再生剂不纯往往混有许多杂质，尤其是苛性钠（NaOH）中的杂质甚多，如 $Fe^{3+}$、NaCl、$Na_2CO_3$ 等，对阴离子交换树脂的污染最为严重。

此外，细菌、藻类以及水中含氮、氨基酸之类物质等也会不同程度地使树脂受到污染。

### 244　阴离子交换树脂有机物中毒有些什么典型症状？

阴离子交换树脂易受有机物污染中毒，如果在操作运行中掌握其典型症状，判断其污染状况，能及时再生与复苏处理。其典型症状大致如下。

（1）阴离子交换树脂的冲洗用水量逐渐增大。这是由于有机物中的羧酸基团与再生剂苛性钠起作用而产生—COONa。而要使—COONa水解恢复至—COOH形式需要大量的冲洗水。

（2）阴床出水电导率逐渐增加，pH值逐渐下降（可低至5.4～5.7）。因为再生时未除去的有机物，在恢复运行后会游离（即泄漏）出来而进入出水中。由于这种污染是累积性的，泄漏会一个周期比一个周期严重。

（3）二氧化硅过早泄漏。有机物存在于树脂床的强碱交换部位，使阴离子交换树脂的除硅容量下降。

（4）经过一段时间后，交换容量全面下降。

### 245　什么叫树脂污染指数？不同的污染指数情况下采用什么措施？

污染指数是化学需氧量 $COD_{Mn}$（mg/L）与总阴离子含量（mg/L），或与溶解固形物（mg/L）的比值。对不同的比值（污染指数）采取的措施不同。如下表：

**在不同污染指数下可采用的措施**

| 污染指数表示方式 | 比　值 | 可采用的措施 |
|---|---|---|
| （化学需氧量 $COD_{Mn}$，mg/L）/（总阴离子量，mg/L） | <0.004 | 不需处理 |
| | 0.004～0.008 | 采用大孔型树脂 |
| | 0.008～0.015 | 采用专门除有机物的树脂 |
| | >0.015 | 加氯、凝聚、澄清和过滤 |
| （化学需氧量 $COD_{Mn}$，mg/L）/（溶解固形物，mg/L） | <0.002 | 不需处理 |
| | 0.002～0.005 | 复床系统：不需处理<br>混合床系统：采用抗污染性能好的树脂或保护措施（如前面有一级除盐，且复床系统中用大孔型强碱性树脂） |
| | 0.005～0.015 | 复床系统：采用抗污染性能好的树脂<br>混合床系统：采用抗污染性能好的树脂并考虑预处理保护措施 |
| | 0.015～0.03 | 除上述措施外，还应增加预处理保护措施 |
| | >0.03 | 除上述措施外，必须用加氯或凝聚、澄清 |

### 246 如何防止树脂受污染和怎样进行处理?

要防止树脂遭受污染必须控制好各项水处理工艺指标，层层把关。例如：

(1) 要搞好混凝澄清处理，必须正确选择混凝剂，并由试验确定最佳的药剂投加量，防止铝盐、铁盐后移，严格控制砂滤器、活性炭过滤器出水中的浑浊度。$Al^{3+}$、$Fe^{3+}$要小于0.3mg/L；并通过活性炭过滤来吸附有机物质及过量余氯。化学需氧量$COD_{Mn}$小于1mg/L。

(2) 搞好预处理的杀菌灭藻工作，控制好进入阳离子交换器前的余氯量，使其≤0.1mg/L。

(3) 为了防止再生剂中的杂质对树脂引起的污染，除了要选用优质再生剂之外，对再生剂的运输和贮存过程中的容器要采取防腐措施，同时要避免混杂装货，要有专用车辆及装贮容器。

(4) 对于可能接触树脂的压缩空气，要净化除油；要防止从脱除二氧化碳器的鼓风机中吸入未净化的空气；水源吸水口附近，必须禁止设立油脂码头或油船停靠站，防止油脂污染水体。

(5) 定期用压缩空气吹洗树脂，以去除悬浮物、有机物和铁等，这样既可以清除又可以防止树脂沾上污染物。

虽然用各种措施来防止树脂受到污染，但经过一段时间运行之后，树脂有时还会受到污染，这是除盐水处理中常见的。这时可采用以下措施进行处理。

(1) 阴离子交换树脂最容易受污染，污染程度也最为严重。当阴离子交换树脂受污染时，可以用碱性食盐水法进行处理，其要求如下：

| 食盐水质量分数 | pH值 | 浸泡方式 | 循环流动方式 |
|---|---|---|---|
| 10% | 10 | 40h，40℃ | 20h，流速2.5m/h |

碱性食盐水法处理加苛性钠是为增加腐殖酸之类物质的溶解度，并以NaCl与NaOH之比为5的配方来调节pH值为10。此法能除去90%以上的有机物质。水溶液适当加热，处理效果会更好。

如果是阳离子交换树脂受到污染，可用盐酸或食盐水法除去污染物，处理条件如下：

| 盐酸或食盐水质量分数 | 浸泡时间/h | 流动方式 |
|---|---|---|
| 10% HCl | 6 | 4h，速度2m/h |
| 15% NaCl | 30 | 15h，速度2m/h |

(2) 当严重污染时，在碱性食盐水的溶液中加入适量的次氯酸钠（一般<0.5%），来氧化腐殖酸有机物，使其分解。

(3) 改变阴离子交换树脂高分子骨架憎水性为亲水性。苯乙烯系的高分子骨架，是憎水性的，与腐殖酸相同，这两个高分子的吸引力都很强，难以解吸。因此，可以用亲水性的丙烯酸系高分子骨架，分子间吸引力比较弱，这样进入树脂的有机物经过碱再生处理容易解吸出来。

为防止树脂污染，使离子交换过程处于良好状态，经常有计划地进行树脂的再生复苏处理是很有必要的。

### 247 为什么阴离子交换树脂容易变质?

阴离子交换树脂的化学稳定性要比阳离子交换树脂差，所以阴离子交换树脂对于氧化剂和高温的抵抗能力较弱。阴离子交换树脂最易受到侵害的部位是分子中的氮，如季铵型的强碱性阴树脂在受到氧化剂侵蚀时季铵逐渐变为叔胺、仲胺、伯胺，使得碱性减弱，最后降解为非碱性物质。这就是阴离子交换树脂的氧化变质过程。在此过程中，强碱性交换基团逐渐降解减少，弱碱性交换基团比例增加，阴树脂总的交换基团也在减少。开始时阴树脂氧化变质的速度最大，随后逐渐降低，约两年之后，氧化变质速度几乎恒定。许多厂曾发现强碱Ⅱ型阴离子交换树脂更容易发生强碱性交换基团减少，转化为弱碱性交换基团，转化率常高达百分之几十。这就使树脂的中性盐分解的离子交换能力下降。如果水中阴离子中弱酸根离子（如 $HCO_3^-$、$HSiO_3^-$）的比例不大，对树脂交换容量的影响并不明显；但比例大时则影响明显，使除硅能力降低。有时候不得不更换树脂。为了防止阴树脂氧化变质，在进入阴离子交换塔之前，要尽力将水中氧化剂除去。运行中，要切实控制好水温。有的厂为了提高阴树脂的除硅效果将再生剂溶液加温，但要注意切不可过高。

### 248 树脂受到铁的污染应当如何处理？

树脂受铁的污染颜色变深，由深褐色直至完全变黑。分析树脂中铁含量，如果 Fe<0.01%，没有问题；如果 Fe>0.10%表示受到严重污染；当 Fe 在 0.01%～0.10%时为中等污染。铁污染时，可用 4%的亚硫酸钠（$Na_2SO_3$）溶液浸泡 4～12h，或用 10%HCl 接触树脂 5～12h，但在处理之前需用食盐水处理，使其树脂失效（转型）。

### 249 什么情况下树脂应该报废？

离子交换树脂可使用多年不更换。一般情况下每年补充破碎流失树脂 5%左右。当树脂受到污染中毒时，经复苏处理后仍可继续使用。但当树脂经过长期使用因氧化断链、树脂再生转型时胀缩、水流磨损，致使树脂结构受到破坏时则应报废。在树脂交换容量、制水批量严重下降，再生剂用量明显增加，经济上已不合理时，也应报废。

电力行业对强酸、强碱性离子交换树脂的报废标准可作为参考。

电力行业标准《火电厂水处理用 001×7 强酸性阳离子交换树脂报废标准》（DL/T 673—1999）规定，树脂的技术指标达到下表值时应予报废。

| 项　　目 | 报废技术指标 | 项　　目 | 报废技术指标 |
|---|---|---|---|
| 含水量(钠型)/% | ≥60 | 铁含量(湿树脂)/(μg/g) | ≥9500 |
| 体积交换容量下降分率(与新树脂比) | ≥0.25 | 圆球率/% | ≤80 |

电力行业标准《火电厂水处理用 201×7 强碱性阴离子交换树脂报废标准》（DL/T 807—2002）规定，树脂的技术指标达到下表值时应予报废。

| 项　　目 | 报废技术指标 | 项　　目 | 报废技术指标 |
|---|---|---|---|
| 工作交换容量下降/% | ≥16 | 圆球率/% | ≤80 |
| 强碱基团容量下降/% | ≥50 | 有机物含量($COD_{Mn}$)/(mg/L) | ≥2500 |
| 含水量/% | ≤40 | 铁含量(湿树脂)/(mg/kg) | ≥6000 |

标准规定，树脂报废的经济指标应按回收年限考虑。更换新树脂所需费用与更换后一年内减少的运行费用的比值称为回收年限。回收年限≤3 年时，树脂应报废。回收年限为 3～4 年时，应根据具体情况酌情处理。

### 250 怎样判断树脂受油污染？

树脂受到油的污染，会产生“抱团”现象，这类污染大都发生在阳离子交换树脂。油附着于树脂上增加了树脂颗粒的浮力。被油污染的树脂颜色呈棕色至黑色。判断树脂是否受到油的污染，只要取少许树脂加水摇动 1min，观察水面是否有“彩色”出现，如果有“彩色”说明是油的污染。受油污染的树脂，用非离子型表面活性剂为主的碱性清洗剂处理最为有效。

**251　有哪些类别的专用树脂？**

随着离子交换树脂应用技术的发展，以水处理技术为中心，国内外相继研制出众多类别的专用树脂。它们是：高纯树脂；双层床用树脂；移动床用树脂；混合床用树脂；惰性树脂；高流速用树脂；高强度树脂；耐氧化树脂；抗污染树脂；抗冻树脂；大颗粒树脂；粉状树脂；液态树脂；浸渍树脂；带指示剂树脂；催化反应用树脂；核级树脂；食品、医药专用树脂；农用树脂；色谱用树脂；吸附树脂以及其他应用树脂（包括分析用、精制用、碳化、磁性、酶载体用、热再生、去除有害气体用树脂等）。这些专用树脂，已被广泛应用于各个领域里。

## （二）水的软化处理

**252　为什么要进行水的软化处理？**

天然水中含有各种盐类，这些盐类溶解为阳离子和阴离子，主要有 $Ca^{2+}$、$Mg^{2+}$、$Na^{+}$ 和 $HCO_3^-$、$SO_4^{2-}$、$Cl^-$ 等。含有这些盐类的水，在加热蒸发浓缩的过程中（如锅炉用水），$Ca^{2+}$、$Mg^{2+}$ 等离子不断地与水中某些阴离子结合成难溶物质而析出，并生成水垢（俗称水锈），附在锅炉的受热面上。由于水垢的导热性能很差，从而阻碍了热交换，大大降低了锅炉的热效率，既浪费燃料又易烧坏部件，并危及安全，造成不良后果。为了消除或减少这些危害，就要把水中能形成水垢的硬度成分予以去除。因此，就需要进行水的软化处理。成垢离子有：钙、镁离子，还有其他高价金属离子如铁、铝、锰等（因含量很少，虽然成垢，可略去不计）。

**253　什么是原水、软化水、除盐水、纯水和超纯水？**

（1）原水　是指未经过处理的水。从广义来说，对于进入水处理工序前的水也称为该水处理工序的原水。例如由水源送入澄清池处理的水称为原水。

（2）软化水　是指将水中硬度（主要指水中钙、镁离子）去除或降低一定程度的水。水在软化过程中，仅硬度降低，而总含盐量不变。

（3）除盐水　是指水中盐类（主要是溶于水的强电解质）除去或降低到一定程度的水。其电导率一般为 1.0～10.0$\mu$S/cm，电阻率（25℃）（0.1～1.0）$\times10^6\Omega\cdot$cm，含盐量为 1～5mg/L。

（4）纯水　是指水中的强电解质和弱电解质（如 $SiO_2$、$CO_2$ 等），去除或降低到一定程度的水。其电导率一般为：1.0～0.1$\mu$S/cm，电阻率（1.0～10.0）$\times10^6\Omega\cdot$cm。含盐量 $<$1mg/L。

（5）超纯水　是指水中的导电介质几乎完全去除，同时不离解的气体、胶体以及有机物质（包括细菌等）也去除至很低程度的水。其电导率一般为 0.1～0.055$\mu$S/cm，电阻率（25℃）$>10\times10^6\Omega\cdot$cm，含盐量 $<$0.1mg/L。理想纯水（理论上）电导率为 0.05$\mu$S/cm，电阻率（25℃）为 18.3$\times10^6\Omega\cdot$cm。

**254　为什么离子交换法软化和除盐水处理前要除去过量的余氯？采用什么方法？**

软化和除盐水处理所用的离子交换树脂是高分子的有机化合物，如果被氧化，就会破坏树脂的交联键，从而使树脂发生化学降解而降低交换能力。预处理时所加的氯是强氧化剂，因此，必须在除盐水处理的阳离子交换塔进水前（或是炭滤器的出水）将过量余氯去除。

但是，如果阳离子交换塔的进水余氯被除净，虽然树脂被氧化可以得到控制，可是这时的水质失去了持续杀菌能力，容易受到污染，又有可能在阳离子交换树脂的进水表层滋长微生物，使树脂受到有机物的侵害，权衡得失，还需保持一定的余氯量。一般保持余氯为

0.02～0.1mg/L。

去除余氯的方法大都采用活性炭吸附法。水中的游离余氯（HClO、$ClO^-$）进入活性炭装置后，与活性炭 $C_{活}$ 发生化学反应：

$$HClO + C_{活} \longrightarrow C_{活}O + H^+ + Cl^-$$

$$ClO^- + C_{活} \longrightarrow C_{活}O + Cl^-$$

这是一种表面化学反应，余氯被 $C_{活}$ 表面吸附进行分解，生成的 O 将 $C_{活}$ 氧化，生成炭的氧化物$C_{活}O$，余氯被还原为 $Cl^-$ 而除去。为此，活性炭过滤必须设在阳离子交换塔前面。

**255　水的软化处理有哪些基本方法？**

软化处理的基本方法有三种。

（1）化学软化法　就是在水中加入一些药剂，从而把水中的钙、镁离子转变为难溶的化合物，并使其沉淀析出，如石灰软化法等。

（2）离子交换软化法　利用离子交换剂活性基团中的 $H^+$、$Na^+$ 等阳离子与水中的硬度成分 $Ca^{2+}$、$Mg^{2+}$ 进行离子交换，从而除去 $Ca^{2+}$、$Mg^{2+}$ 以达到软化的目的。

（3）热力软化法　就是将水加热到 100℃或 100℃以上，在煮沸过程中，使水中的钙、镁的碳酸氢盐转变为 $CaCO_3$ 和 $Mg(OH)_2$ 沉淀去除。热力软化法只能基本上除去碳酸盐硬度，而不能去除非碳酸盐硬度。

此外，还有电渗析软化法等，但通常使用的主要方法是离子交换软化法和化学软化法。

**256　化学软化处理常用哪些药剂？**

化学药剂软化处理大多是和凝聚、沉淀或澄清过程同时进行的，这种过程也称沉淀软化过程。水中含有的硬度或碱性物质，在添加化学药剂后，会转变成难溶于水的化合物，形成沉淀而除去。可根据原水水质和对出水水质的要求，并结合当地当时的有关规定选用一种药剂或同时使用几种药剂。常用药剂见下表。

**化学软化处理常用的药剂**

| 药　　剂 | 活性组分的化学式 | 相对分子质量 | 可提供或接受 $[H^+]$ 的摩尔数（化合价） | 用　　途 |
|---|---|---|---|---|
| 生石灰 | $CaO$ | 56.1 | 2 | 软化 |
| 熟石灰(又名消石灰) | $Ca(OH)_2$ | 74.1 | 2 | 软化 |
| 白云石 | $CaO$ 及 $MgO$ | 可变的 | 可变的 | 软化和除硅 |
| 氧化镁 | $MgO$ | 40.3 | 2 | 除硅 |
| 纯碱 | $Na_2CO_3$ | 106 | 2 | 软化 |
| 苛性钠 | $NaOH$ | 40.0 | 1 | 软化 |
| 氯化钙 | $CaCl_2$ | 111 | 2 | 脱碱 |
| 石膏 | $CaSO_4 \cdot 2H_2O$ | 172 | 2 | 脱碱 |
| 硫酸铝 | $Al_2(SO_4)_3 \cdot 18H_2O$ | 666 | 6 | 沉淀软化冷法凝聚用 |
| 铝酸钠 | $NaAlO_2$ | 82 | 1 | 冷或热石灰软化 |
| 硫酸铁 | $Fe_2(SO_4)_3$ | 400 | 6 | 沉淀软化冷法凝聚用 |
| 绿矾(硫酸亚铁) | $FeSO_4 \cdot 7H_2O$ | 278 | 2 | 沉淀软化冷法凝聚用 |
| 聚电解质(助凝剂) | 可变的 | 可变的 | 可变的 | 冷或热石灰软化 |
| 磷酸三钠 | $Na_3PO_4 \cdot 12H_2O$ | 380 | 3 | 补充软化用 |
| 磷酸氢二钠 | $Na_2HPO_4 \cdot 12H_2O$ | 358 | 2 | 补充软化用 |
| 硫酸 | $H_2SO_4$ | 98 | 2 | 中和碱性水 |

## 257　石灰软化法的原理是什么?

石灰软化处理是将石灰乳[$Ca(OH)_2$]加入水中，与水中的硬度成分起反应，生成难溶的 $CaCO_3$，或其他难溶的碱性物质[如 $Mg(OH)_2$]，使其沉淀析出，以达到软化的目的。软化反应过程如下所示：

$$Ca(OH)_2+CO_2 \rightleftharpoons CaCO_3\downarrow+H_2O$$

$$Ca(OH)_2+Ca(HCO_3)_2 \rightleftharpoons 2CaCO_3\downarrow+2H_2O$$

$$Ca(OH)_2+Mg(HCO_3)_2 \rightleftharpoons CaCO_3\downarrow+MgCO_3+2H_2O$$

$$Ca(OH)_2+MgCO_3 \rightleftharpoons CaCO_3\downarrow+Mg(OH)_2\downarrow$$

熟石灰加入水中，首先与 $CO_2$ 起化学反应，然后再与$Ca(HCO_3)_2$以及$Mg(HCO_3)_2$起反应。但是$Ca(OH)_2$与$Ca(HCO_3)_2$和$Ca(OH)_2$与 $Mg(HCO_3)_2$ 的反应产物不同，由于$MgCO_3$的溶解度比 $CaCO_3$ 大得多，故要使 $Mg^{2+}$ 反应生成难溶的$Mg(OH)_2$才会沉淀出来，所以石灰的消耗量也大，需增加一倍。

当水中的碱度大于硬度时，此时水中含有钠盐碱度，例如 $NaHCO_3$，因此，通常采用石灰-石膏软化法，在进行软化的同时，还可以降低水的钠盐碱度，反应如下：

$$2NaHCO_3+CaSO_4+Ca(OH)_2 = 2CaCO_3\downarrow+Na_2SO_4+2H_2O$$

石灰软化处理后，残留暂硬可达到 0.4～0.8mmol/L，残留碱度达 0.8～1.2mmol/L，残留铁<0.1mg/L；可除 COD25％，除硅酸盐 30％～35％。

虽然石灰软化除去硬度还不够彻底，操作条件也不大好，但由于石灰价格低廉，来源宽广，因此，常常被用于原水中碳酸盐硬度较高、非碳酸盐硬度较低，且又不要求深度软化的场所。

## 258　为什么石灰软化不能去除非碳酸盐硬度?

水中的非碳酸盐硬度，例如 $CaCl_2$、$CaSO_4$、$MgCl_2$ 和 $MgSO_4$ 等是不能用石灰处理予以去除的。因为熟石灰与 $Ca^{2+}$ 的非碳酸盐硬度根本不起作用；对于 $Mg^{2+}$ 的非碳酸盐硬度虽然起反应，但生成氢氧化镁的同时又产生了等摩尔量的非碳酸盐的钙硬度，例如：

$$MgSO_4+Ca(OH)_2 = Mg(OH)_2\downarrow+CaSO_4$$

$$MgCl_2+Ca(OH)_2 = Mg(OH)_2\downarrow+CaCl_2$$

由此可见，石灰处理是无法消除非碳酸盐硬度的。对于硬度大于碱度的水，可以采用石灰-苏打软化法，即用石灰降低水的碳酸盐硬度，而利用苏打（$Na_2CO_3$）来降低水的非碳酸盐硬度，从而达到软化处理的目的，其反应如下：

$$CaSO_4+Na_2CO_3 = CaCO_3\downarrow+Na_2SO_4$$

$$CaCl_2+Na_2CO_3 = CaCO_3\downarrow+2NaCl$$

$$MgSO_4+Na_2CO_3 = MgCO_3+Na_2SO_4$$

$$MgCl_2+Na_2CO_3 = MgCO_3+2NaCl$$

$$MgCO_3+Ca(OH)_2 = Mg(OH)_2\downarrow+CaCO_3\downarrow$$

此种软化处理的方法，可使水的硬度降低到 0.15～0.20mmol/L，即 $c\left(\frac{1}{2}Ca^{2+}+\frac{1}{2}Mg^{2+}\right)=0.3\sim0.4$mmol/L。

## 259　为什么说石灰软化法处理的水是不稳定的?

因为经石灰软化的水是处于过饱和状态，特别是含有碳酸钙，所以是不稳定的。水中$Ca(HCO_3)_2$ 变成 $CaCO_3$ 和 $H_2O$，但当水中有 $CO_2$ 存在时，根据碳酸平衡方程式：

$$Ca(HCO_3)_2 \rightleftharpoons CaCO_3\downarrow+H_2O+CO_2$$

化学反应从右向左进行时 $CaCO_3$ 溶解，此时，又变成暂时硬度。当反应向生成 $CaCO_3$ 的方向进行时，这时由于 $CO_2$ 生成，使水具有腐蚀性，又因 $CaCO_3$ 的存在产生结垢。因此要控制反应平衡和使水质稳定有一定的难度，所以这时水质是不稳定的。

目前对石灰软化水的水质是否稳定采用不稳定度 $n$ 来评价，见下表。

| 不稳定度①$n$，$c\left(\frac{1}{x}B^{x-}\right)$/(mmol/L) | 评价 | 不稳定度①$n$，$c\left(\frac{1}{x}B^{x-}\right)$/(mmol/L) | 评价 |
|---|---|---|---|
| ≤0.05 | 优 | ≤0.15 | 可 |
| ≤0.10 | 良 | >0.15 | 劣 |

① 编者注：见参考文献［51］。不稳定度应为氢氧根规范运行时的 $OH^-$ 或碳酸氢根规范运行时的 $HCO_3^-$ 的波动值。

有的采用两倍酚酞碱度 $P$ 减去甲基橙碱度 $M$ 来评价：

| $2P-M$，$c\left(\frac{1}{x}B^{x-}\right)$/(mol/L) | 评　价 |
|---|---|
| =0 | 稳　定 |
| >0 | 结　垢 |
| <0 | 腐　蚀 |

除此之外，还有用悬浮物含量来评价：

| 悬浮物含量/(mg/L) | 评　价 | 悬浮物含量/(mg/L) | 评　价 |
|---|---|---|---|
| ≤5 | 优 | ≤20 | 可 |
| ≤10 | 良 | >20 | 劣 |

### 260　为什么石灰软化常和混凝处理同时进行？

石灰软化常和混凝处理同时进行，是取混凝处理之长，来补石灰处理之短的巧妙方法。因为，石灰处理可以将水中的 $Ca^{2+}$、$Mg^{2+}$ 分别转变为 $CaCO_3$ 和 $Mg(OH)_2$ 难溶于水的物质。然而这种沉淀物常常不能形成大颗粒，有的呈胶体状态悬浮于水中。这正像其他胶体物质一样，由于带有相同电荷互相排斥，而不能聚合成大颗粒沉淀下来，反而使水中的 $CaCO_3$ 等物质增加，这对于水处理是不利的。为此，必须设法将石灰软化过程生成的难溶物质，经混凝过程使其形成沉淀物而除去。因为混凝过程所形成的凝絮能吸附石灰处理中形成的胶体物质成为大颗粒，在澄清池里沉降下来，从而既除去了硬度，又能使水得到澄清。石灰处理中的混凝剂，一般采用铁盐，如硫酸亚铁 $FeSO_4 \cdot 7H_2O$。硫酸亚铁在使用过程中，pH 值需在 8.5 以上，以便将 $Fe^{2+}$ 氧化为 $Fe^{3+}$，而石灰处理过程，恰好可以提高水的 pH 值，将亚铁盐氧化为铁盐。但铝盐混凝剂要求 pH 值在 5.5～8.5 范围内，因此，不宜与石灰处理同时使用。

### 261　怎样控制石灰软化水的处理？

石灰水能够除去水的碳酸盐硬度，即暂时硬度，使水得到部分软化。软化的效果与石灰用量的关系很大。石灰用量过小，生成 $CaCO_3$ 沉淀量少；用量过大，水的 pH 值升得太高，生成的 $CaCO_3$ 容易形成胶体而影响沉淀效果。石灰软化的效果是通过酚酞碱度 $P$ 与甲基橙碱度 $M$ 的变化来检验的，也就是用水的碱度和 pH 值变化来控制石灰软化处理。但在实际操作中，要稳定控制碱度和 pH 值，使 $2P-M=0$ 是困难的。因此，实际生产中，是以 $2P-M$ 为控制指标，使其尽量接近零运行。控制方法有以下三种：

（1）控制 $2P-M$ 在一定的正值范围，如 0～20mg/L（以 $CaCO_3$ 计），这样软化得比较完全。一般推荐这种控制方法，$2P-M$ 值最好在 5～20mg/L（以 $CaCO_3$ 计）。

（2）控制 $2P-M$ 在一定的负值范围，如 0～－20mg/L（以 $CaCO_3$ 计），这样水中

$CaCO_3$ 处于不饱和状态，水不易结垢，但有腐蚀性。

(3) 控制 $2P-M$ 在正负值上下波动，如±10mg/L（以$CaCO_3$计）。一般不推荐这种控制方法，因为出水不稳定，反而容易造成后沉淀，在过滤器或脱盐装置中结垢。

除 $2P-M$ 之外，往往将 pH 值作为辅助指标进行控制，软化后的 pH 值因原水水质而异，生产厂往往根据实际情况制定指标，一般控制 pH 值在 10.0 左右。

### 262 什么是后沉淀？如何防止？

石灰软化后的水不稳定，因为水中碳酸钙处于过饱和状态。水中析出的碳酸钙结晶有时候来不及在澄清池中完全沉淀下来，而被带出澄清池，在系统其他地方沉积，这就是石灰软化的“后沉淀”。碳酸钙往往在通过过滤池时沉积在石英砂的表面，使砂粒增大，影响过滤效果，同时很难清理。

虽然“后沉淀”一般是指碳酸钙，但其他高价金属离子也可能发生后沉淀。当石灰软化采用铝盐混凝时，可能发生铝盐后沉淀。铝盐可能带入砂滤池，与碳酸钙一起产生白色沉淀。特别是当石灰软化水作为补充水进入循环冷却水系统中时，易产生白水，并在水冷器上产生沉积。铝盐的后沉淀常常危害循环冷却水系统。

过量的铝盐混凝剂在水中生成两性的 $Al(OH)_3$ 化合物，既能溶于酸，又能溶于碱。当 pH 值大于 8.5 时，发生以下反应：

$$Al(OH)_3 \rightleftharpoons AlO_2^- + H_2O + H^+$$

氢氧化铝生成溶解的铝酸盐。故在石灰软化的碱性条件下（一般 pH>9.5），澄清水中带有大量溶解性铝。当水的 pH 值降低时，以上反应向左进行，铝酸盐又会生成溶解度很低的氢氧化铝，约在 pH 值为 7.5 时溶解铝最低。循环冷却水的 pH 值多在 6.5～8.5，故澄清水补入循环水中后因 pH 值下降会使过饱和的氢氧化铝结晶、沉淀，往往使水色变白，产生黏性很强的铝垢。

为稳定石灰软化水，防止产生后沉淀，宜采取以下措施。

(1) 严格控制运行 pH 值或 $2P-M$ 值。控制 $2P-M$ 在负值（以 $CaCO_3$ 计，0～－20mg/L）或 pH 值在 9.5 运行时，水中$CaCO_3$处于不饱和状态，不易产生后沉淀。如果控制 $2P-M$ 为正值，软化虽较完全，但水中 $CaCO_3$ 容易过饱和，故操作时应注意稳定指标，避免上下大幅波动。$2P-M$ 值最好不要在正负之间波动，这样最不稳定。

(2) 石灰软化不宜采用铝盐混凝，应采用铁盐混凝，一般采用硫酸亚铁。

(3) 延长澄清池运行的沉降时间，使泥渣循环更充分，令第一反应室有更大的表面积，使反应更充分。在水向上流的装置中保持较高的泥渣层。

### 263 如何制备稳定的石灰浆液？

石灰消化系统是由石灰贮槽、加料机、消化器、排渣机及石灰浆槽等设备组成的。石灰粉经过这些设备后可制成2%～3%浓度的石灰浆。要制备浓度稳定的石灰浆必须把握以下环节：选用纯度合格的石灰粉，其 CaO 含量在 85%以上；石灰加料速度要均匀，不可过量或断料；控制好进入消化器的石灰层厚度；控制抽雾水的流量，以便利用水力引射把生石灰消化时放出的热气、粉尘抽走；调整好喷淋水，使水直接喷淋在消化室出口灰浆分离堰处，以防止石灰渣堆积影响消化器及桨叶的正常工作；水量的控制与调节，要注意消化器加水量不能超过桨叶马达的负荷，保持桨叶转动灵活。在制备过程中，浆液与石灰消化后的渣子要分开，以免渣进入澄清池而影响正常运行。石灰渣经水洗之后用排渣机排出。也可用滤网分离石灰渣，但应注意不要浪费石灰粉和影响浆液的浓度。

### 264 石灰软化处理的石灰加量如何估算？

石灰软化处理中所发生的全部反应很复杂，除主要沉淀反应外还有共沉淀及吸附反应。

所以石灰加量难以计算得十分精确。但可以根据主要反应估算，能基本满足生产需要。在实际处理时可以根据估算量通过调整试验确定最佳加量。处理的目的与要求不同，加量也不同。当不加混凝剂时，估算如下：

（1）只要求消除 $Ca(HCO_3)_2$，不要求除 $Mg(HCO_3)_2$。石灰主要与 $CO_2$ 及 $Ca(HCO_3)_2$ 起反应，则石灰加量 $D_1$ 为：

$$D_1=[CO_2]+[Ca(HCO_3)_2]\quad \text{mmol/L 或 mol/m}^3$$

式中，$[CO_2]$、$[Ca(HCO_3)_2]$分别为 $CO_2$ 和 $Ca(HCO_3)_2$ 在原水中的物质的量浓度，mmol/L 或 $mol/m^3$。

（2）要求消除 $Ca(HCO_3)_2$ 及 $Mg(HCO_3)$（原水中碱度大于硬度）。石灰除与 $CO_2$ 和 $Ca(HCO_3)_2$ 反应之外，还与 $Mg(HCO_3)_2$ 及 $NaHCO_3$ 起反应。则石灰加量 $D_2$ 为：

$$D_2=[CO_2]+[Ca(HCO_3)_2]+[NaHCO_3]+2[Mg(HCO_3)_2]\ \text{mmol/L 或 mol/m}^3$$

式中，$[CO_2]$、$[Ca(HCO_3)_2]$、$[NaHCO_3]$、$[Mg(HCO_3)_2]$分别为各自在原水中的物质的量浓度，mmol/L 或 $mol/m^3$。

（3）要求消除 $Ca(HCO_3)_2$ 和 $Mg(HCO_3)_2$（原水中硬度与碱度大致相等）。石灰只与 $CO_2$、$Ca(HCO_3)_2$ 和 $Mg(HCO_3)_2$ 反应，不与 $NaHCO_3$ 反应。故石灰加量 $D_3$ 为：

$$D_3=[CO_2]+[Ca(HCO_3)_2]+2[Mg(HCO_3)_2]\quad \text{mmol/L 或 mol/m}^3$$

以上计算得出的 $D_1$、$D_2$ 或 $D_3$ 需再加上过剩石灰用量（一般为 0.1mmol/L）后，方为估算的石灰加量。

当石灰软化处理同时加入混凝剂时，需再加上混凝剂消耗的石灰用量 $D_A$。$D_A$ 随原水水质而有差别，分两种情况：

（1）原水中$\frac{1}{2}Ca^{2+}$（mmol/L）近似等于 $HCO_3^-$（mmol/L）时，混凝剂中的铁离子发生以下反应：

$$Fe^{3+}+\frac{3}{2}Ca(OH)_2 \longrightarrow Fe(OH)_3+\frac{3}{2}Ca^{2+}$$

$$D_A\approx\frac{3}{2}[Fe]\quad \text{mmol/L}$$

其中［Fe］为混凝剂的铁离子在水中的物质的量浓度，mmol/L。

（2）原水中 $HCO_3^-$（mmol/L）$\geqslant\frac{1}{2}Ca^{2+}+\frac{1}{3}Fe^{3+}$（mmol/L）时，发生以下反应：

$$Fe^{3+}+3HCO_3^- \longrightarrow Fe(OH)_3+3CO_2$$

$$3CO_2+3Ca(OH)_2 \longrightarrow 3CaCO_3\downarrow+3H_2O$$

$$D_A\approx3[Fe]\quad \text{mmol/L}$$

因此，加混凝剂时估算的石灰总加量 $D$ 为：

$$D=(D_1、D_2 \text{ 或 } D_3)+D_A+0.1\quad \text{mmol/L 或 mol/m}^3$$

以上的 $D_1$、$D_2$、$D_3$、$D_A$ 及 $D$ 的石灰加量均按 100%CaO 计，实际加量需按石灰产品的纯度进行折合。

### 265 什么是石灰-纯碱软化处理？

石灰一般用于去除水中的碳酸盐硬度，纯碱用于除去非碳酸盐硬度。石灰-纯碱软化可以是冷法、温热法或热法。冷法温度为原水温度；热法温度为 98℃或以上；温热法温度介于二者之间，通常为 50℃。化学反应式如下：

$$Ca(HCO_3)_2+Ca(OH)_2 = 2CaCO_3\downarrow+2H_2O$$

$$Mg(HCO_3)_2+2Ca(OH)_2 = Mg(OH)_2\downarrow+2CaCO_3\downarrow+2H_2O$$

$$MgCl_2 + Ca(OH)_2 = Mg(OH)_2 \downarrow + CaCl_2$$
$$MgSO_4 + Ca(OH)_2 = Mg(OH)_2 \downarrow + CaSO_4$$
$$CO_2 + Ca(OH)_2 = CaCO_3 \downarrow + H_2O$$
$$4Fe(HCO_3)_2 + 8Ca(OH)_2 + O_2 = 4Fe(OH)_3 \downarrow + 8CaCO_3 \downarrow + 6H_2O$$
$$Fe_2(SO_4)_3 + 3Ca(OH)_2 = 2Fe(OH)_3 \downarrow + 3CaSO_4$$
$$H_2SiO_3 + Ca(OH)_2 = CaSiO_3 \downarrow + 2H_2O$$
$$H_2SiO_3 + Mg(OH)_2 = Mg(OH)_2 \cdot H_2SiO_3 \downarrow$$
$$CaSO_4 + Na_2CO_3 = CaCO_3 \downarrow + Na_2SO_4$$
$$CaCl_2 + Na_2CO_3 = CaCO_3 \downarrow + 2NaCl$$
$$Ca(OH)_2 + Na_2CO_3 = CaCO_3 \downarrow + 2NaOH$$

石灰-纯碱法也可用硫酸亚铁作凝聚处理，其反应类似石灰法。

此法适用于全碱度小于全硬度的水，可用于无水冷壁低压锅炉的补给水处理。当用于离子交换的预处理时，如软化采用的是热法，则需将处理后水的温度降至约40℃。

用石灰-纯碱法时，药剂剂量必须正确，氢氧化钙或碳酸钠过量会发生自反应而增加水中氢氧化钠含量。过量的纯碱本身在蒸汽锅炉中会水解而生成氢氧化钠和二氧化碳：

$$Na_2CO_3 + H_2O \overset{\triangle}{=} 2NaOH + CO_2 \uparrow$$

水解生成的氢氧化钠可能成为锅炉苛性脆化或碱性腐蚀的一个因素。二氧化碳则会导致凝结水管路发生腐蚀。

在含二氧化碳高的原水中用此法时，可在软化前先进行脱气处理，就更为经济。

石灰-纯碱软化法所产生的碳酸钙和氢氧化镁，虽然是难溶的，但实际上还会有少量钙、镁剩留于溶液中。出水硬度在用冷法时通常为0.5～0.8mmol/L；温热法时为0.3～0.6mmol/L；热法时为0.05～0.2mmol/L。硬度还可能更高，这与所用药量及软化要求达到的程度有关。

出水中维持过剩的碳酸盐和氢氧化物碱度，可以调节钙和镁的溶解度。在本法中，是以纯碱控制碳酸盐的过剩量，过剩碳酸盐 $c\left(\frac{1}{x}B^{x-}\right)$ 一般维持在0.4～1.2mmol/L。氢氧化物碱度的过剩量是由石灰剂量来控制，一般维持在 $c\left(\frac{1}{x}B^{x-}\right) < 0.8$mmol/L以下。在实际运行中，过剩量应根据运行温度和对出水的具体要求而决定。这与单独用石灰作为软化剂时不一样，在单纯的石灰软化中不维持过剩的碳酸盐，而且，氢氧化物碱度的过剩量也是低的。

对过滤后的软化出水应进行控制试验，分析其硬度（$H$）、酚酞碱度（$P$）和甲基橙碱度（$M$）。分析结果用来计算各个药剂的过剩程度。采用热石灰-纯碱法的典型控制可按下式计算。

石灰控制：

$$2P - M = 5 \sim 15\text{mg/L（以 } CaCO_3 \text{ 计）}$$

纯碱控制：

$$M - H = 20 \sim 40\text{mg/L（以 } CaCO_3 \text{ 计）}$$

**266　什么是苛性钠和纯碱-苛性钠软化处理？**

苛性钠软化可以除去水中碳酸盐和非碳酸盐硬度，反应如下：

$$Ca(HCO_3)_2 + 2NaOH = CaCO_3 \downarrow + Na_2CO_3 + 2H_2O$$
$$Mg(HCO_3)_2 + 4NaOH = Mg(OH)_2 \downarrow + 2Na_2CO_3 + 2H_2O$$
$$CO_2 + 2NaOH = Na_2CO_3 + H_2O$$

$$CaCl_2 + Na_2CO_3 = CaCO_3 \downarrow + 2NaCl$$
$$CaSO_4 + Na_2CO_3 = CaCO_3 \downarrow + Na_2SO_4$$
$$MgSO_4 + 2NaOH = Mg(OH)_2 \downarrow + Na_2SO_4$$
$$MgCl_2 + 2NaOH = Mg(OH)_2 \downarrow + 2NaCl$$
$$4Fe(HCO_3)_2 + 16NaOH + O_2 = 4Fe(OH)_3 \downarrow + 8Na_2CO_3 + 6H_2O$$

苛性钠软化处理，在碳酸盐和非碳酸盐硬度比例合适时最为有效。如果碳酸盐硬度所占比例太低，可改用纯碱-苛性钠软化处理，即在投苛性钠的同时适量投加一些纯碱。

由于纯碱和苛性钠价格较贵，因此一般较少采用。此法用于无水冷壁的低压锅炉。

### 267 如何估算化学软化处理方法的药剂用量？

化学软化处理方法的纯药剂用量按以下公式估算，实际用量按药剂的纯度进行折合。

（1）石灰软化法：

$$CaO = 56D \quad mg/L 或 g/m^3$$

式中 $D$ 为加入水中石灰的物质的量浓度，mmol/L。计算方法见 264 题。

（2）石灰-纯碱软化法，同时加混凝剂：

$$CaO = 56\{[CO_2] + 2A + [H_{Mg}] + D_A + 0.1\} \quad mg/L 或 g/m^3$$

$$Na_2CO_3 = 106\left\{[H_F] + \frac{1}{2}A_c\right\} \quad mg/L 或 g/m^3$$

（3）苛性钠软化法，同时加混凝剂：

$$NaOH = 40\left\{2[CO_2] + 2[H_T] + 2[H_{Mg}] + 2D_A + \alpha\right\} \quad mg/L 或 g/m^3$$

式中 $A$——原水总碱度 $c\left(\frac{1}{x}B^{x-}\right)$，mmol/L 或 mol/m$^3$；

$[CO_2]$——原水中 $CO_2$ 浓度 $c(CO_2)$，mmol/L 或 mol/m$^3$；

$[H_T]$——原水中碳酸盐硬度 $c(Ca^{2+} + Mg^{2+})$，mmol/L 或 mol/m$^3$；

$[H_F]$——原水中非碳酸盐硬度 $c(Ca^{2+} + Mg^{2+})$，mmol/L 或 mol/m$^3$；

$[H_{Mg}]$——原水中镁硬度 $c(Mg^{2+})$，mmol/L 或mol/m$^3$；

$D_A$——因加入混凝剂多消耗的石灰量，mmol/L 或mol/m$^3$，计算方法见 264 题；

$A_c$——残余碱度 $c\left(\frac{1}{x}B^{x-}\right)$，mmol/L 或 mol/m$^3$，一般为 0.5～0.75mmol/L；

$\alpha$——苛性钠过剩量 $c\left(\frac{1}{x}B^{x-}\right)$，mmol/L 或 mol/m$^3$，可取 0.13～0.18mmol/L。

### 268 用钠离子交换树脂进行软化处理的原理和特点是什么？

钠离子交换软化处理的原理是将原水通过钠型阳离子交换树脂，使水中的硬度成分 $Ca^{2+}$、$Mg^{2+}$ 与树脂中的 $Na^+$ 相交换，从而吸附水中的 $Ca^{2+}$、$Mg^{2+}$，使水得到软化。如以 RNa 代表钠型树脂，其交换过程如下：

$$2RNa + Ca^{2+} = R_2Ca + 2Na^+$$
$$2RNa + Mg^{2+} = R_2Mg + 2Na^+$$

即水通过钠型阳离子交换树脂后，水中的 $Ca^{2+}$、$Mg^{2+}$ 被置换成 $Na^+$。水经过一级 $Na^+$ 交换后，残余硬度一般小于 $1.5 \times 10^{-2}$mmol/L，可供低压锅炉使用。

当钠型阳离子交换树脂失效之后，为恢复其交换能力，就要进行再生处理。再生剂为价廉货广的食盐溶液（可因地制宜、就地取材，如亦可用海水或 $NaNO_3$ 废液等），再生过程的反应如下：

$$R_2Ca + 2NaCl = 2RNa + CaCl_2$$
$$R_2Mg + 2NaCl = 2RNa + MgCl_2$$

经上述处理，树脂即可恢复原来的交换性能。

钠离子交换树脂软化处理的特点是：

(1) 除去水中的硬度而碱度不变，只不过是 $Ca^{2+}$、$Mg^{2+}$ 与 $Na^+$ 进行等电荷摩尔量交换而已；

(2) 在一般天然水中 $Mg^{2+}$ 的含量都比较少，主要起交换作用的是 $Ca^{2+}$ 与 $Na^+$，而钙的摩尔质量 $M\left(\frac{1}{2}Ca\right)$ 是 20，钠的摩尔质量 $M(Na)$ 是 23，基本接近，因此，钠离子交换树脂软化处理的水中含盐量基本不变，水中溶解固形物也没有多大变化；

(3) 在再生过程中，有时由于正洗不彻底，或者是再生剂系统阀门的泄漏，使软化处理后的水中氯根反而比原水有所增加，但通过精心操作是可以避免的。

**269　钠离子交换软化处理的盐耗如何计算？**

所谓盐耗是对已经失效的树脂，使其再恢复交换能力所消耗的再生剂量。即每恢复 1mol 树脂交换能力 $M\left(\frac{1}{x}A^{x+}, \frac{1}{x}B^{x-}\right)$ 时，所消耗再生剂（NaCl）的质量。

在实际生产中，为简便起见，用下式来计算：

$$盐耗 = \frac{2G}{VH} \quad g/mol$$

式中　$G$——再生一次所消耗的 NaCl 的量，g；

$V$——周期制水量，$m^3$；

$H$——被处理水的硬度，$mol/m^3$。

从理论上来说，每除去 0.5mol 的硬度需要消耗 1mol 的 NaCl，即 58.5g。然而，实际生产运行中盐耗是上述理论值的 3 倍左右。这主要与操作管理及工艺等有关。

**270　二级钠离子软化有什么特点？**

所谓二级钠离子软化，是指将原水经过一级钠离子软化后，再进入钠离子软化器进行再次软化。

二级钠离子软化有如下特点：

(1) 由于一级钠型软化床的“拦阻”作用，二级钠型软化床的入口水硬度已经很低，所以二级钠型软化床的树脂高度不需要很高，一般为 1.5m 左右；

(2) 二级钠型软化床的交换水流速可以允许较高，当采用一般凝胶型树脂时可为 40～60m/h；

(3) 由于二级钠型软化床作“后盾”，所以一级钠型软化床的失效硬度可以允许高一些，例如为 $c\left(\frac{1}{2}Ca^{2+}\right)200\mu mol/L$；

(4) 因为采用二级钠型软化床软化，所以一级钠型软化床的盐耗可以低一些，为 100～110g/mol$\left(\frac{1}{2}Ca^{2+}\right)$，二级钠型软化床为 250～350g/mol$\left(\frac{1}{2}Ca^{2+}\right)$。

**271　什么是 H-Na 离子交换软化法？**

钠离子交换软化处理只能除去水中的硬度，而不能除去碱度。但是，在水处理中有时既要除去硬度，又要除去碱度。于是，在水处理系统中同时设置 H 离子交换和 Na 离子交换，这样就可以达到同时除硬度和碱度的目的。这种方法叫做 H-Na 离子交换软化法。

H-Na 离子交换软化法的 H 型离子交换剂 RH，遇水中的碳酸盐和非碳酸盐硬度，发生反应，具有除盐软化作用，例如：

$$Ca(HCO_3)_2+2RH = CaR_2+2H_2CO_3$$
$$Mg(HCO_3)_2+2RH = MgR_2+2H_2CO_3$$
$$CaSO_4+2RH = CaR_2+H_2SO_4$$
$$MgSO_4+2RH = MgR_2+H_2SO_4$$
$$CaCl_2+2RH = CaR_2+2HCl$$
$$MgCl_2+2RH = MgR_2+2HCl$$

上述反应，产生的游离酸，与钠离子交换后的碱度中和，从而也达到除碱的目的。因为钠离子交换后，只不过是水中的硬度成分 $Ca^{2+}$、$Mg^{2+}$ 被置换成 $Na^+$，碱度 $Ca(HCO_3)_2$、$Mg(HCO_3)_2$ 变成碱度 $NaHCO_3$。此时遇到游离酸有如下反应：

$$2NaHCO_3+H_2SO_4 = Na_2SO_4+2H_2CO_3$$
$$NaHCO_3+HCl = NaCl+H_2CO_3$$

于是水中的碱度转化为 $CO_2$ 通过除碳器被除去，即

$$H_2CO_3 = H_2O+CO_2\uparrow$$

**272　H-Na 离子交换软化法有哪几种方式？**

H-Na 离子交换软化法通常有三种方式。

（1）强酸性 H 离子交换树脂的 H-Na 离子交换软化法　此法可将水中的各种阴离子转化成为相应的酸并中和水中的碱，这与直接加酸不同，因其不增加水的含盐量。有并联系统和串联系统两种。

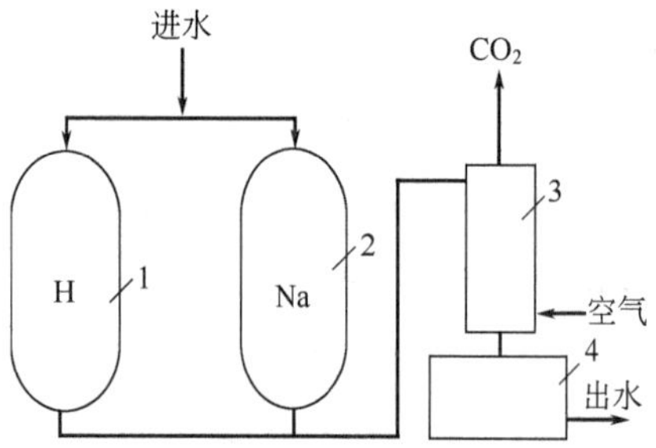


图 3-2-1　并联 H-Na 离子交换软化法示意图

1—H 型离子交换器；2—Na 型离子交换器；3—除碳器；4—水箱

① 并联 H-Na 离子交换软化法　这种系统如图3-2-1 所示。

水同时进入两个交换器，出水进行混合。中和之后所产生的 $CO_2$ 从除碳器中除去。

H 型离子交换器的交换反应，可将水中阳离子变成 $H^+$。如 H 型树脂用 RH 表示，其反应如下：

$$2RH+\left.\begin{matrix}Ca\\Mg\\Na_2\end{matrix}\right\}\left\{\begin{matrix}(HCO_3)_2\\Cl_2\\SO_4\end{matrix}\right. = R_2\left\{\begin{matrix}Ca\\Mg\\Na_2\end{matrix}\right. + \left\{\begin{matrix}2H_2CO_3\\2HCl\\H_2SO_4\end{matrix}\right.$$

Na 型离子交换器的交换反应，可将水中各种阳离子转变为 $Na^+$，如 Na 型树脂以 RNa 表示，反应过程如下：

$$2RNa+\left.\begin{matrix}Ca\\Mg\end{matrix}\right\}\left\{\begin{matrix}(HCO_3)_2\\Cl_2\\SO_4\end{matrix}\right. = R_2\left\{\begin{matrix}Ca\\Mg\end{matrix}\right. + Na_2\left\{\begin{matrix}(HCO_3)_2\\Cl_2\\SO_4\end{matrix}\right.$$

H 型、Na 型离子交换器的出水进行中和，其反应如下：

H 型离子交换器的出水酸　　Na 型离子交换器的出水碱

$$\left.\begin{matrix}H_2SO_4\\2HCl\\H_2CO_3\end{matrix}\right\} + 2NaHCO_3 = \left\{\begin{matrix}Na_2SO_4+2H_2O+2CO_2\uparrow\\2NaCl+2H_2O+2CO_2\uparrow\\Na_2CO_3+2H_2O+2CO_2\uparrow\end{matrix}\right.$$

为了确保软化水不出酸性水，一定要控制好 H 型、Na 型离子交换器出水量的相互比例。在实际操作时，保持水中含残余碱度 $c\left(\frac{1}{x}B^{x-}\right)$ 为 0.3～0.5mmol/L，作为中和控制的终点。

② 串联 H-Na 离子交换软化法　这种系统布置如图 3-2-2 所示。

(2) 弱酸性 H 离子交换树脂的 H-Na 离子软化法　由于弱酸性 H 离子交换树脂仅与弱酸盐类（碳酸氢盐碱度）反应，故不会产生强酸。例如弱酸性树脂丙烯酸型树脂 $R(COOH)_2$ 和碳酸氢盐反应如下：

$$R(COOH)_2+\left.\begin{matrix}Ca\\Mg\\Na_2\end{matrix}\right\}(HCO_3)_2 = R(COO)_2\left\{\begin{matrix}Ca\\Mg\\Na_2\end{matrix}\right. +2H_2CO_3$$

此软化法可利用废酸进行再生以降低酸耗，因此比较经济。

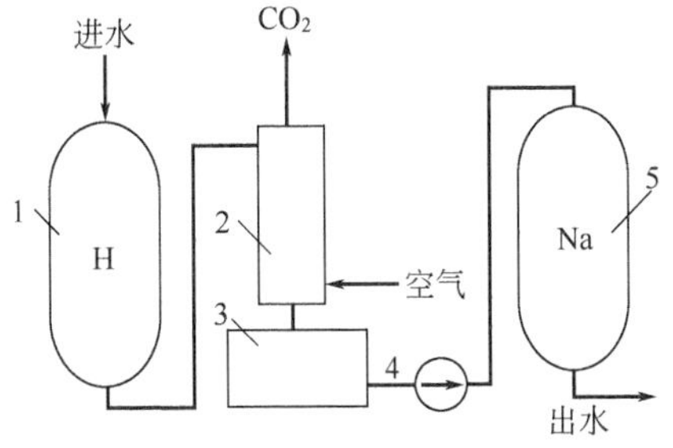


图 3-2-2　串联 H-Na 离子交换软化法示意图

1—H 型离子交换器；2—除碳器；3—水箱；4—泵；5—Na 型离子交换器

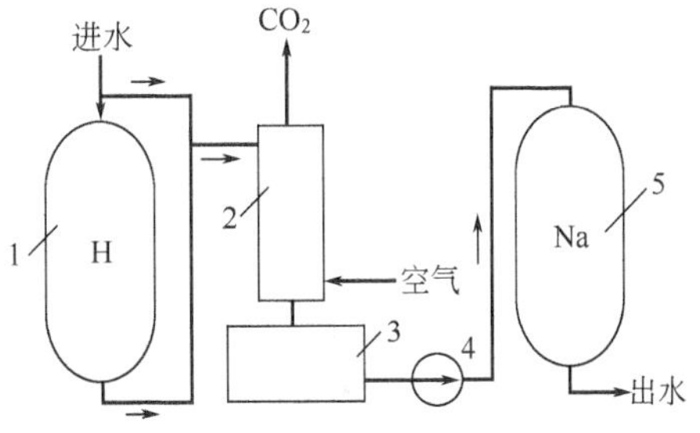


图 3-2-3　H 型离子交换树脂采用贫再生方式的 H-Na 离子交换软化法示意图

1—H 型离子交换器；2—除碳器；3—水箱；4—泵；5—Na 型离子交换器

(3) H 型离子交换树脂采用贫再生方式的 H-Na 离子交换软化法　所谓贫再生方式，就是用不足量的酸进行再生（相当于接近理论量的酸进行再生），使交换器的上部树脂变成 H 型，而下部仍为 Ca、Mg、Na 型树脂。因此，运行时水在上层，会产生大量的强酸，当水流到下层时，强酸中的 $H^+$ 又与 $Ca^{2+}$、$Mg^{2+}$、$Na^+$ 进行交换。

H 型离子交换树脂采用贫再生方式的 H-Na 离子交换软化法系统见图 3-2-3。

这样，经过这种贫再生的 H 型离子交换器之后，只是降低了水的碳酸盐硬度，而非碳酸盐硬度基本上不发生变化。

### 273　什么是氢离子交换加碱中和法？

经氢离子交换后，原水中的 $Ca^{2+}$、$Mg^{2+}$、$Na^+$ 被 $H^+$ 置换，降低了水的硬度。可是，水中的 $Ca^{2+}$、$Mg^{2+}$、$Na^+$ 的硫酸盐及氯化物，被 $H^+$ 交换时，生成相应的酸，使出水呈酸性。所以，必须进一步处理。

氢离子交换加碱中和法，是在将 $H^+$ 交换水除碳后，加碱中和至过剩碱度 $c\left(\frac{1}{x}B^{x-}\right)$ 为 0.36mmol/L 时止。由于氢离子交换的出水是酸性水，先在除碳器中除去二氧化碳。否则，在加碱中和时，二氧化碳将被固定。每中和 1mmol/L 酸度，需用碱量 40mg/L（折合成 100%纯度的 NaOH）。此法适用于低压锅炉用水的处理。

### 274　什么是加热软化法？

当将水加热到 100℃以上时，水中碳酸盐硬度受热分解，形成沉淀，降低硬度。反应如下：

$$Ca(HCO_3)_2 = CaCO_3\downarrow + CO_2\uparrow + H_2O$$

$$Mg(HCO_3)_2 = MgCO_3 + CO_2\uparrow + H_2O$$

$$MgCO_3 + H_2O = Mg(OH)_2\downarrow + CO_2\uparrow$$

此法的缺点是 $CaCO_3$ 及 $Mg(OH)_2$ 的溶解度虽小，却仍有一定的溶解量。如 18℃时，$CaCO_3$ 溶解度为 13mg/L，$Mg(OH)_2$ 溶解度为 8.4mg/L。所以，残余硬度仍较高，而且沉淀产物都留在锅炉内。

### 275 离子交换法软化处理有哪些常见故障？如何处理？

对水进行离子交换软化处理常见故障和产生的原因及其消除方法如下。

（1）离子交换剂的工作交换容量很低

| 产生的原因 | 消除方法 |
|---|---|
| ① 再生剂(NaCl)的质量差 | 用化学分析法检验食盐质量，选用合格的食盐 |
| ② 耗盐量太少，再生不充分 | 增加食盐(NaCl)用量 |
| ③ 离子交换剂的颗粒被悬浮物所污染 | 用洁净的过滤水来清洗并用空气擦洗离子交换剂。需改进预处理的混凝和过滤工况，降低进水浑浊度 |
| ④ 原水中高价金属离子 $Al^{3+}$、$Fe^{3+}$ 等量多，使离子交换剂"中毒" | 用 2%～3%浓度的酸定期活化离子交换剂 |
| ⑤ 食盐溶液浓度配制太低 | 增加食盐溶液浓度，控制在 3%～5% |
| ⑥ 排水装置损坏，造成水偏流 | 检修排水装置，重新装填树脂层 |
| ⑦ 反洗强度不够，或不完全 | 精心操作，调整反洗压力和水量 |
| ⑧ 再生流速太快，与离子交换剂的接触时间太短 | 调整再生流速至 3～6m/h；或者延长再生时间为 1h |
| ⑨ 正洗不彻底，残留再生液未冲洗清净就进入水箱 | 测定正洗出水硬度是否合格，不合格时，将正洗水排掉，不进入水箱 |
| ⑩ 正洗时间过长，消耗离子交换剂的交换能力 | 调整正洗水量，控制好正洗时间 |

（2）离子交换器的周期制水量不足

| 产生的原因 | 消除方法 |
|---|---|
| ① 离子交换剂的层高太低 | 增高离子交换剂，使层高在 1.5m 以上 |
| ② 进水及排水系统的阻力过大 | 改进排水和进水系统，尽力减少水头损失 |

（3）反洗过程中，有离子交换剂漏失

| 产生的原因 | 消除方法 |
|---|---|
| ① 中间排水管损坏；排水管网套损坏；排水管法兰松动 | 更换排水管；检查并修好网套；将排水管连接法兰拧紧 |
| ② 反洗强度太大，离子交换剂从反排管漏失 | 降低反洗强度；反排管装一塑料网套 |
| ③ 交换器内，交换剂截面上的流速分布不均匀，局部短路，交换剂被水流携带出去 | 改善配水系统，重新装填离子交换剂层，消除短路 |
| ④ 交换剂质量差，耐磨性能差，以致粉碎，被反洗水带出 | 选用耐磨性能好、强度高的离子交换剂 |

（4）再生食盐耗量大

| 产生的原因 | 消除方法 |
|---|---|
| ① 再生流速过大，废液排出浓度高，造成食盐溶液浪费 | 调整再生流速，控制食盐水浓度 |
| ② 食盐水中杂质过多，包围交换剂，使食盐水的耗量大 | 改善食盐水的沉淀和过滤系统，增强冲洗强度，清洗交换剂 |

(5) 软水中出现交换剂颗粒

| 产生的原因 | 消除方法 |
|---|---|
| 排水装置损坏 | 修好排水装置，或在软水管上装一树脂捕捉器 |

(6) 出水硬度较高

| 产生的原因 | 消除方法 |
|---|---|
| ① 原水中 $Ca^{2+}$、$Mg^{2+}$ 含量高 | 采用二级软化 |
| ② 再生剂系统的阀门泄漏 | 修理好阀门，避免泄漏 |
| ③ 正在再生的交换器的出水阀门关不严，造成再生液渗漏 | 关闭或修好出水阀门 |
| ④ 交换剂层高不够；交换流速太快，交换不完全 | 增加交换剂的层高，调整交换流速 |
| ⑤ 水温过低(低于 5℃)，交换效果差 | 设法提高原水温度至 10℃以上 |

(7) 软水氯根 ($Cl^-$) 增高

| 产生的原因 | 消除方法 |
|---|---|
| ① 置换操作或正洗不彻底 | 改善置换或正洗操作 |
| ② 再生剂盐水阀漏 | 修好盐水阀 |
| ③ 操作有误，如制水时开启盐水阀；再生时却开启出水阀门 | 加强操作技能教育，提高操作水平 |

## 276 什么是铵-钠离子交换软化处理?

阳离子交换剂如果是用铵盐再生的，那么，交换剂就变成了铵型交换剂 ($RNH_4$)，在软化处理时，原水经过铵型交换剂处理后，水中的阳离子就交换成铵离子，其反应如下：

$$2RNH_4+\left.\begin{matrix}Ca\\Mg\\Na_2\end{matrix}\right\}\left\{\begin{matrix}(HCO_3)_2\\Cl_2\\SO_4\end{matrix}\right. = R_2\left\{\begin{matrix}Ca\\Mg\\Na_2\end{matrix}\right.+\left\{\begin{matrix}2NH_4HCO_3\\2NH_4Cl\\(NH_4)_2SO_4\end{matrix}\right.$$

如果在软化处理时，水中的阳离子一部分交换为钠离子，一部分交换为铵离子，这样的两种水混合在一起，就称为铵-钠离子交换软化处理。

经过铵离子交换后的生成物，受热分解，如下所示：

$$NH_4HCO_3 \xrightarrow{\triangle} NH_3\uparrow + CO_2\uparrow + H_2O$$

$$NH_4Cl \xrightarrow{\triangle} NH_3\uparrow + HCl$$

$$(NH_4)_2SO_4 \xrightarrow{\triangle} 2NH_3\uparrow + H_2SO_4$$

由上可见，$NH_4HCO_3$ 分解为 $NH_3$、$CO_2$ 而逸出，不再组成锅炉水的碱度；而 $NH_4Cl$ 和 $(NH_4)_2SO_4$ 分解的 $NH_3$ 逸出的同时，还生成盐酸和硫酸。然后再与 Na 离子交换后的水中碱度 $NaHCO_3$ 相中和，从而也降低了水中的碱度，反应如下：

$$2NaHCO_3 \longrightarrow Na_2CO_3 + CO_2\uparrow + H_2O$$

$$2NaHCO_3 \longrightarrow 2NaOH + 2CO_2\uparrow$$

$$Na_2CO_3 + H_2SO_4 \longrightarrow Na_2SO_4 + CO_2\uparrow + H_2O$$

$$NaOH + HCl \longrightarrow NaCl + H_2O$$

从以上反应可以看出，经过铵离子和钠离子交换的水要控制好，比例要适中，否则，锅炉水的碱度还是降不下来的，或者会出现酸性水。因此，根据水质情况，在软化处理时，保持两者的适当比例很重要。

铵-钠离子交换软化法对水处理设备的防腐蚀要求不高，但此法因 $NH_3$ 在系统中循环有可能造成铜合金部件的腐蚀，所以只用于低压锅炉水处理。

### 277 铵-钠离子交换软化处理系统有哪几种形式？

铵-钠离子交换软化处理适用于原水中钠离子与全部阳离子之比小于 25%，或是钠离子与总硬度之比小于 30%～35%，以及铵的交换程度在 40%～85%之间时，可以应用铵-钠离子交换软化处理。出水的水质适用于低压锅炉补给水。

铵-钠离子交换软化处理系统有两种形式，即综合和并联两种，如图 3-2-4 和图 3-2-5 所示。

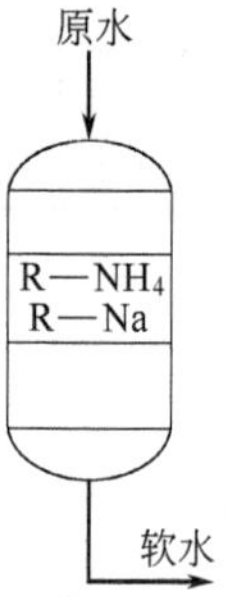


图 3-2-4 $NH_4$-Na 离子交换综合系统

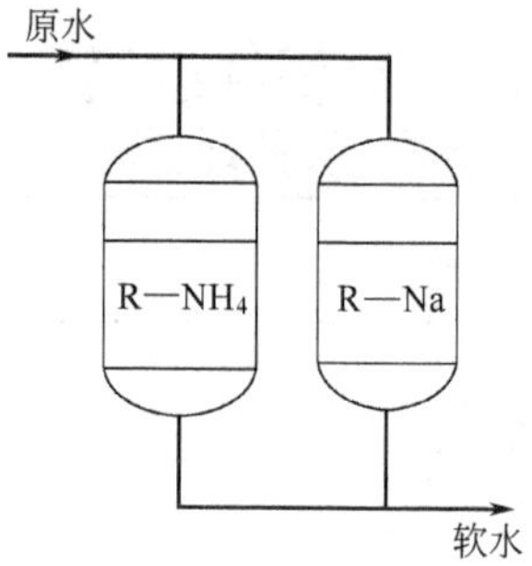


图 3-2-5 $NH_4$-Na 离子交换并联系统

并联系统即原水分别进铵型树脂交换器和钠型树脂交换器，出水汇合在一起。综合系统是在原有的钠离子交换器内，利用硫酸铵和食盐的混合液作为再生剂进行再生的，然后，在同一交换器内进行铵-钠离子交换，达到软化和降低碱度的目的。

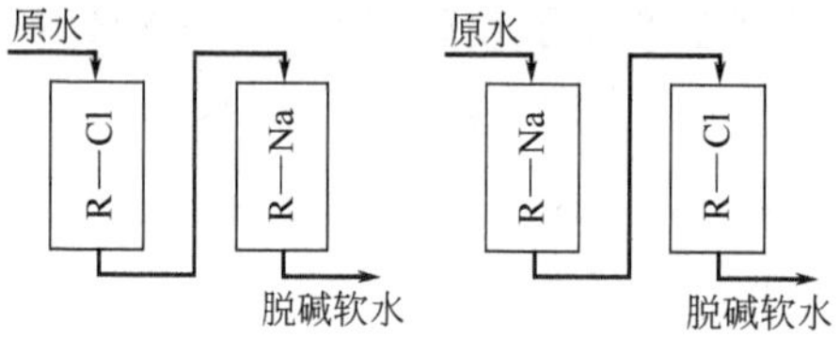


图 3-2-6 钠-氯（或氯-钠）离子交换系统

### 278 什么是钠-氯离子交换处理？

钠-氯（或氯-钠）离子交换处理如图 3-2-6 所示。

原水在经过氯型树脂的阴离子交换器时，进行下列反应：

$$2RCl + Ca(HCO_3)_2 \longrightarrow 2RHCO_3 + CaCl_2$$

$$2RCl + Mg(HCO_3)_2 \longrightarrow 2RHCO_3 + MgCl_2$$

$$RCl + NaHCO_3 \longrightarrow RHCO_3 + NaCl$$

$$2RCl + CaSO_4 \longrightarrow R_2SO_4 + CaCl_2$$

$$2RCl + MgSO_4 \longrightarrow R_2SO_4 + MgCl_2$$

$$2RCl + Na_2SO_4 \longrightarrow R_2SO_4 + 2NaCl$$

从上可知，原水通过氯型阴离子交换器后，树脂转型，水中盐类的阴离子都转换为氯离子。所以，水的碱度降低了。这时，水再经过钠离子交换器时，进行如下反应：

$$2RNa + CaCl_2 \longrightarrow RCa + 2NaCl$$

$$2RNa + MgCl_2 \longrightarrow RMg + 2NaCl$$

这时，水中的硬度也变为氯化钠了。因此氯-钠离子交换处理既除碱又可起软化作用。

当氯型阴离子交换剂失效之后，可用食盐溶液再生，其反应如下：

$$RHCO_3 + NaCl \longrightarrow RCl + NaHCO_3$$

$$R_2SO_4 + 2NaCl \longrightarrow 2RCl + Na_2SO_4$$

由此可知，氯-钠离子交换处理，不必用酸，无需防酸腐蚀的措施，不需设置脱碳器，运行操作简单。并可以利用钠离子交换器的再生废液来再生氯离子交换剂，因而也可降低运行费用。但此法选用强碱性阴树脂（一般都采用强碱Ⅱ型阴树脂），价格贵，虽有除碱、软化作用，但是水中的含盐量（以 mmol/L 计）并未降低，而且又将水中的阴离子转换为氯离子，对防止钢材腐蚀（特别是不锈钢）十分不利。

**279　软化床再生时其树脂层上部为什么要有一定厚度的水层？**

有三个作用：

(1) 缓冲作用。当再生液以一定流速通过树脂层时，由于水层的缓冲作用，不至于使再生液直接冲刷树脂层表面，造成其凸凹不平，这就避免了再生液因此而短路通过树脂层，从而影响再生效果。

(2) 有使再生液均匀分配的作用。

(3) 隔断作用。水层会隔断空气与树脂层的接触，避免了再生液通过树脂层时，由于其冲击作用而将空气挤压进树脂，而形成“空气栓”区，影响软化床的运行和再生效果。

树脂层上部的水层厚度一般为 200～300mm。

## （三）水的化学除盐处理

**280　什么是水的化学除盐处理？**

水的化学除盐处理是用离子交换法（DI）将水中盐类基本除尽，以达到高温高压锅炉对补给水的质量要求。化学除盐的原理如下：

经过预处理的清洁水与 H 型阳离子交换树脂进行交换，水中的各种阳离子（如 $Ca^{2+}$、$Mg^{2+}$、$Na^{+}$ 等）被树脂吸附，树脂中的 $H^{+}$ 则进入水中，与水中的阴离子组成相应的无机酸。反应式如下：

$$2RH+\left.\begin{matrix}Ca\\Mg\\Na_2\end{matrix}\right\}\left\{\begin{matrix}SO_4\\Cl_2\\(HCO_3)_2\\(HSiO_3)_2\end{matrix}\right.\longrightarrow R_2\left\{\begin{matrix}Ca\\Mg\\Na_2\end{matrix}\right.+\left\{\begin{matrix}H_2SO_4\\2HCl\\2H_2CO_3\\2H_2SiO_3\end{matrix}\right.$$

含有无机酸的水再通过 OH 型阴离子交换树脂进行交换，水中的各种阴离子（如 $SO_4^{2-}$、$Cl^-$、$HCO_3^-$、$HSiO_3^-$ 等）被树脂吸附，树脂上的 $OH^-$ 被置换到水中，并与 $H^+$ 结合成水。反应式如下：

$$2ROH+\left\{\begin{matrix}H_2SO_4\\2HCl\\2H_2CO_3\\2H_2SiO_3\end{matrix}\right.\longrightarrow R_2\left\{\begin{matrix}SO_4\\Cl_2\\(HCO_3)_2\\(HSiO_3)_2\end{matrix}\right.+2H_2O$$

这样，经过阳、阴离子交换树脂交换之后，水中的盐类被除去，变成了化学除盐水。这种工艺就是水的化学处理。

**281　水的离子交换软化和化学除盐处理有什么不同？**

有三个不同。

(1) 要除去水中的离子不同　软化仅要求除去水中的硬度离子，主要是 $Ca^{2+}$ 和 $Mg^{2+}$；而化学除盐则必须把水中全部的成盐离子（阳、阴离子）都除掉。

(2) 处理中使用的交换树脂有些不同　因为水的软化只要求除去水中的硬度离子，所以它可以使用阳离子交换树脂，也可以使用磺化煤做交换剂。

水的化学除盐是要除去水中的全部成盐离子，所以它必须同时使用强酸性阳离子交换树脂和强碱性阴离子交换树脂，而且不能使用 RNa、RCl 一类的盐型树脂。

因为盐型树脂虽然可以除去水中原来的成盐离子，但又生成新的成盐离子，使水的含盐量基本不变。

例如： $RNa + KHSiO_3 = RK + NaHSiO_3$

再比如： $RCl + NaHSiO_3 = RHSiO_3 + NaCl$

所以它除去水中的成盐离子必须同时使用强酸性阳树脂和强碱性阴树脂：

$$\left.\begin{matrix} RH \\ ROH \end{matrix}\right\} + NaHSiO_3 = \left.\begin{matrix} RNa \\ RHSiO_3 \end{matrix}\right\} + H_2O$$

(3) 使用的再生剂不同 水的离子交换软化，其交换剂失效后可以用盐类来再生。比如再生 Na 型离子交换剂就可以用食盐做再生剂。

$$R_2Ca + 2NaCl = 2RNa + CaCl_2$$

化学除盐工艺其交换剂失效后，其再生剂必须为强酸（HCl 或 $H_2SO_4$）和强碱；不使用盐类做再生剂。例如：

$$RNa + KCl = RK + NaCl$$

再生的结果使 H 型离子交换树脂变成了盐型树脂，会影响化学除盐效果。

对阴离子交换树脂的再生也是如此。即：

$$RCl + NaHSO_4 = RHSO_4 + NaCl$$

再生的结果也使 OH 型离子交换树脂变成了盐型树脂，其结果也会影响化学除盐的效果。

### 282 什么是一级复床除盐处理？

原水通过阳离子交换剂时，水中的阳离子如 $Ca^{2+}$、$Mg^{2+}$、$K^+$、$Na^+$ 等被交换剂所吸附，而交换剂上可以交换的 $H^+$ 被置换到水中，并且和水中的阴离子生成相应的无机酸。其反应如下式：

$$RH^+ + \left.\begin{matrix} \frac{1}{2}Ca^{2+} \\ \frac{1}{2}Mg^{2+} \\ Na^+ \\ K^+ \end{matrix}\right\}\left\{\begin{matrix} \frac{1}{2}SO_4^{2-} \\ Cl^- \\ HCO_3^- \\ HSiO_3^- \end{matrix}\right. = R\left\{\begin{matrix} \frac{1}{2}Ca^{2+} \\ \frac{1}{2}Mg^{2+} \\ Na^+ \\ K^+ \end{matrix}\right. + H^+\left\{\begin{matrix} \frac{1}{2}SO_4^{2-} \\ Cl^- \\ HCO_3^- \\ HSiO_3^- \end{matrix}\right.$$

当含有无机酸的水，通过阴离子交换剂时，水中的阴离子如 $SO_4^{2-}$、$Cl^-$、$HCO_3^-$ 等被交换剂所吸附，而交换剂上的可交换离子 $OH^-$ 被置换于水中，并和水中的 $H^+$ 结合成为 $H_2O$。其反应如下式：

$$ROH^- + H^+\left\{\begin{matrix} \frac{1}{2}SO_4^{2-} \\ Cl^- \\ HCO_3^- \\ HSiO_3^- \end{matrix}\right. = R\left\{\begin{matrix} \frac{1}{2}SO_4^{2-} \\ Cl^- \\ HCO_3^- \\ HSiO_3^- \end{matrix}\right. + H_2O$$

经过上述阴、阳离子交换器处理的水，水中的盐分被除去，此即为一级复床的除盐处理。一级复床除盐的处理过程，通常是由强酸性 H 型离子交换器、除碳器以及强碱性 OH 型离子交换器组成的，如图3-3-1所示。

在一级复床除盐系统中，一般在阴离子交换器前面设有除碳器，以去除水中 $CO_2$（即去除 $HCO_3^-$），减轻阴离子交换器的负担。通常出水水质可达到：硬度约 0μmol/L，$SiO_2 \leqslant$

100μg/L，电导率≤5～10μS/cm。如需进一步纯化水质需再经过二级（如混合床）除盐处理。

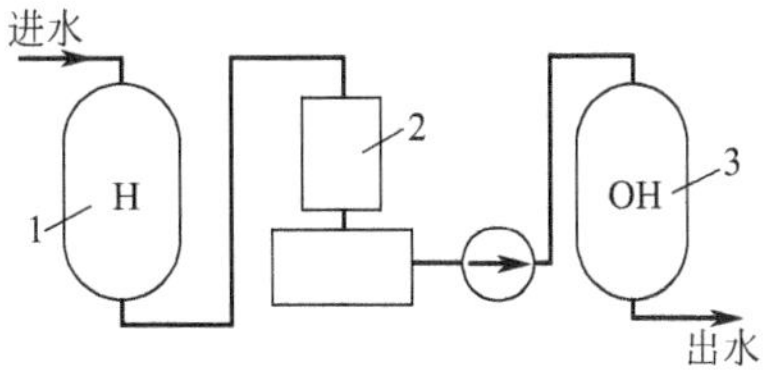


图 3-3-1　一级复床除盐系统示图
1—强酸性 H 型离子交换器；2—除碳器；3—强碱性 OH 型离子交换器

### 283　为什么一级复床除盐处理不以阴床-阳床的顺序排列？

一级复床的除盐处理是以阳床-阴床的顺序排列，不可以颠倒为阴床-阳床的顺序排列，原因如下。

(1) 阴离子交换树脂失效再生时，是用 NaOH 再生的，如果阴床放在前面，那么再生时再生剂中的 $OH^-$ 被吸附在阴树脂上，在运行时，遇到水中的阳离子 $Ca^{2+}$、$Mg^{2+}$、$Fe^{3+}$ 等产生反应，其结果是生成 $Ca(OH)_2$、$Mg(OH)_2$、$Fe(OH)_3$、$Ca(HSiO_3)_2$ 等的沉淀，附着在阴树脂的表面，阻塞和污染树脂，阻止其继续进行离子交换，而且难以清除。

(2) 阴离子交换树脂的交换容量比阳离子交换树脂低得多，又极易受到有机物的污染，因此，如果阴床放在阳床之前，势必有更多机会遭受到有机污染，交换容量还会更低，对除盐水处理不利。

(3) 除盐水处理最难点之一是除去水中的硅酸根（$HSiO_3^-$），是由强碱性阴离子交换树脂去除的。但是 $HSiO_3^-$ 在碱性水中是以盐型（$NaHSiO_3$）存在的，而 $HSiO_3^-$ 在酸性水中是以硅酸（$H_2SiO_3$）形式存在的。强碱性阴离子交换树脂对于硅酸的交换能力要比硅酸盐的交换能力大得多，即最好是在酸性水的情况下进行交换，而阳离子交换器的出水刚好是呈酸性的水，因此，阴床设置在阳床之后，对去除水中的硅酸根十分有利。

(4) 离子交换树脂的交换反应有可逆现象存在。这是反离子作用，所以要有很强的交换势，离子交换才能比较顺利进行。把交换容量大的强酸性阳树脂放在第一级，交换下来的 $H^+$ 迅速与水中的阴离子生成无机酸，再经过阴树脂交换下来的 $OH^-$，使 $H^+$ 与 $OH^-$ 生成 $H_2O$，消除了反离子影响，对阴离子交换反应十分有利。

(5) 阳离子交换器的酸性出水可以中和水中的碱度（$HCO_3^-$），生成的 $H_2CO_3$ 可通过除碳器除去。所以阳床在前能够减轻阴床的负荷。

### 284　什么叫离子交换平衡及平衡常数？

离子交换剂和水中离子之间的离子交换反应是可逆的，并按等电荷摩尔量进行。它们之间的离子交换根据质量作用定律，当正反应速度和逆反应速度相等的时候，溶液中各种离子的浓度就不再改变而达到平衡，即称为离子交换平衡。

离子交换反应的通式为：

$$a\mathrm{RB}+b\mathrm{A} \rightleftharpoons b\mathrm{RA}+a\mathrm{B}$$

式中　$a$、$b$——A、B 离子的价数，则平衡常数的通式为：

$$K_{\mathrm{B}}^{\mathrm{A}}=[\mathrm{RA}]^b[\mathrm{B}]^a/[\mathrm{RB}]^a[\mathrm{A}]^b$$

例如 H 型强酸性阳离子交换树脂 RH，同水中 $Na^+$ 进行交换，其反应式如下：

$$\mathrm{RH}+\mathrm{Na}^+ \rightleftharpoons \mathrm{RNa}+\mathrm{H}^+$$

按照质量作用定律，在离子交换反应达到平衡时，树脂中含 $Na^+$ 浓度和 $H^+$ 浓度的比值[RNa]/[RH]，与水中 $Na^+$ 浓度与 $H^+$ 浓度的比值$[Na^+]/[H^+]$成正比关系。其比值在一定的温度条件下是一个常数，称为平衡常数或离子交换选择性系数，以 $K$ 表示：

$$K=\frac{[\mathrm{RNa}]/[\mathrm{RH}]}{[\mathrm{Na}^+]/[\mathrm{H}^+]}=\frac{[\mathrm{RNa}][\mathrm{H}^+]}{[\mathrm{RH}][\mathrm{Na}^+]}$$

式中　$K$——离子交换平衡常数；

[RNa]——反应平衡时交换剂中 $Na^+$ 浓度，mol/L；
[RH]——反应平衡时交换剂中 $H^+$ 浓度，mol/L；
[$H^+$]——反应平衡时水溶液中 $H^+$ 浓度，mol/L；
[$Na^+$]——反应平衡时水溶液中 $Na^+$ 浓度，mol/L。

从平衡常数 $K$ 的大小，可以看出交换剂上的 $H^+$ 变成 $Na^+$ 的难易程度。如果 $K>1$，则 $Na^+$ 容易到交换剂上去，而把 $H^+$ 放出来，$K$ 越大，就越容易吸附 $Na^+$ 而放出 $H^+$。对于一定的树脂来说，与水中不同的离子，有不同的交换能力。因此，$K$ 值的大小各不相同。如 H 型强酸性阳离子交换树脂，对水中常见的几种阳离子的平衡常数 $K$ 如下：

| 水中的阳离子 | $Li^+$ | $H^+$ | $Na^+$ | $NH_4^+$ | $K^+$ | $Mg^{2+}$ | $Ca^{2+}$ |
|---|---|---|---|---|---|---|---|
| 平衡常数 $K$ 值 | 0.8 | 1.0 | 2.0 | 3.0 | 3.0 | 26.0 | 42.0 |

Na 型强酸性阳离子交换树脂对水中几种阳离子的平衡常数 $K$ 如下：

| 水中的阳离子 | $K^+$ | $Mg^{2+}$ | $Ca^{2+}$ |
|---|---|---|---|
| 平衡常数 $K$ 值 | 1.7 | 1.0～1.5 | 3～6 |

OH 型强碱性阴离子交换树脂（Ⅰ型）对水中常见的几种阴离子的交换平衡常数 $K$ 如下：

| 水中的阴离子 | $HCO_3^-$ | $Cl^-$ | $HSO_4^-$ | $NO_3^-$ |
|---|---|---|---|---|
| 平衡常数 $K$ 值 | 6.0 | 22.0 | 35.0 | 65.0 |

Cl 型强碱性阴离子交换树脂（Ⅰ型）对水中几种阴离子的平衡常数 $K$ 如下：

| 水中的阴离子 | $F^-$ | $SO_4^{2-}$ | $HCO_3^-$ | $CN^-$ | $HSO_4^-$ | $Br^-$ | $NO_3^-$ |
|---|---|---|---|---|---|---|---|
| 平衡常数 $K$ 值 | 0.1 | 0.15 | 0.5 | 1.5 | 1.6 | 3 | 4 |

## 285 离子交换的过程是如何进行的？

离子交换进行的过程，可以用 H 型树脂对于水中 $Na^+$ 进行交换为例，如图 3-3-2 所示。

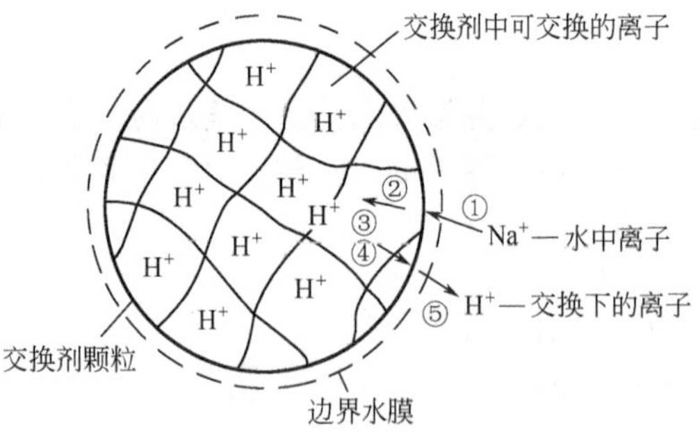


图 3-3-2 离子交换过程示意图

从图中可知，离子交换的过程分为以下五步进行。

① 水中的 $Na^+$ 逐步扩散至树脂颗粒表面的边界水膜处，这步称为膜扩散。

② $Na^+$ 进入树脂颗粒内部的交联网孔，并进行扩散，这步称为内扩散。

③ $Na^+$ 与树脂中的交换基团相接触，并与交换基团上可交换的 $H^+$ 进行离子交换。

④ 被交换下来的 $H^+$ 从树脂颗粒内部的交联网孔中向树脂的表面扩散。

⑤ $H^+$ 进一步扩散至树脂颗粒表面的边界膜处，并进入水溶液中。

从此可见，整个交换过程的速度取决于 $Na^+$、$H^+$ 的扩散速度。因此，要使离子交换过程迅速而有效地进行，就得设法使交换与被交换的离子扩散速度加快。

## 286 什么叫离子交换过程的分层失效原理？

固定床的运行方式，通常是使水自上而下地不断通过树脂层。由于水和树脂层上、下部接触的先后次序不同，在树脂层的不同高度处的交换作用也就不同。

下面以 $Ca^{2+}$ 交换 Na 型树脂层为例加以说明。当水通过再生好的 Na 型树脂层时，水中的 $Ca^{2+}$ 首先与处于表面层的树脂进行离子交换，所以这树脂层很快就失去了交换水中 $Ca^{2+}$ 的作用，此后的水再通过该树脂层时，水中的 $Ca^{2+}$ 就不再与这层树脂进行交换了，交换作用进入到下一层的树脂层，由于处于上部的树脂层其交换树脂已呈 Ca 型，水通过该层后，水质没有变化，故这一层称为“失效层”。

在失效层的下一层树脂称为工作层，水在通过这一层时，水中的 $Ca^{2+}$ 就与树脂层中 $Na^{+}$ 进行交换作用，直至达到交换的平衡。

为了保证一定的出水质量，处于交换床最下面的一层离子交换树脂（相当于工作层的厚度）不能发挥其全部的离子交换作用，只能起到保护出水水质，使出水中的 $Ca^{2+}$ 不超过规定的标准，故这一层树脂称为“保护层”。

在交换床的整个交换过程中，工作层自上而下不断地移动，直至工作层的下缘与保护层下缘相重合时，因为交换的不完全，出水水中的 $Ca^{2+}$ 残留量增加，并很快地上升，这称之为失效。树脂失效后需要进行再生，以恢复其交换能力。在交换过程中，整个树脂层就是这样从“分层”达到交换“失效”，这就是一般所说的“分层失效”原理。

**287　什么叫离子交换过程的分层吸附原理？**

在离子交换过程中，被吸附离子在树脂中是按吸附能力大小分层吸附的。现以阳离子交换树脂说明分层吸附原理。天然水中不会只含单纯一种阳离子，通常都含有多种阳离子。为了说明问题，以含有 $Fe^{3+}$、$Ca^{2+}$ 和 $Na^{+}$ 的水通过刚再生好的 H 型离子交换树脂为例，其分层吸附原理见图 3-3-3。

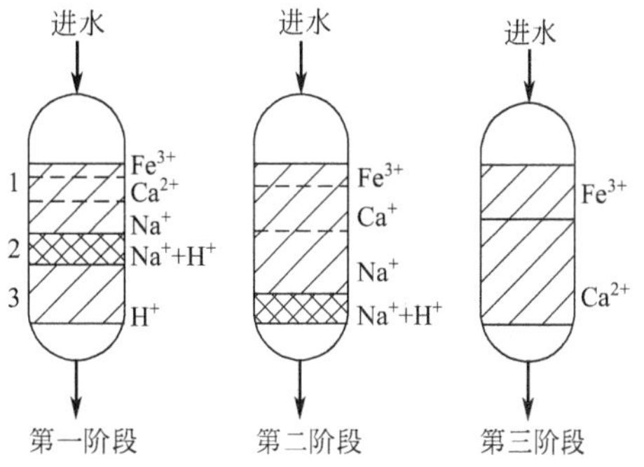


图 3-3-3　分层吸附原理

1—失效层；2—工作层；3—保护层

进水的初期，由于交换树脂是 H 型，故水中各种阳离子都与树脂上的 $H^{+}$ 相交换。但因各种阳离子选择性的不同，交换树脂吸附的离子在树脂层中有分层现象。即依据离子被树脂吸附能力的大小，自上而下依次被吸附的顺序为 $Fe^{3+}$、$Ca^{2+}$、$Na^{+}$。

第一阶段当交换床不断进水时，由于 $Fe^{3+}$ 比 $Ca^{2+}$ 和 $Na^{+}$ 更易被吸附，于是进水中的 $Fe^{3+}$ 可与已吸附了 $Ca^{2+}$ 的树脂层进行交换，$Ca^{2+}$ 被 $Fe^{3+}$ 置换下来，使吸附 $Fe^{3+}$ 的交换层不断扩大；而被置换下来的 $Ca^{2+}$ 会连同进水中的 $Ca^{2+}$ 一起，又进入已吸附了 $Na^{+}$ 的树脂层，将 $Na^{+}$ 置换下来，使吸附 $Ca^{2+}$ 的交换层不断扩大和下移。

同理，吸附 $Na^{+}$ 的交换层也会不断扩大和下移。

在吸附 $Na^{+}$ 的树脂层下面，有一层树脂层是 $Na^{+}$ 和 H 型树脂进行交换的区域，可以把它看作是“工作层”。第二阶段当此层移动到交换床树脂层下沿时，若再运行，则进水中交换能力较小的 $Na^{+}$ 就会首先出现在水中。第三阶段，如继续运行，$Na^{+}$ 离子全部转移至水中，当 $Ca^{2+}$ 的工作层移至树脂最下沿时，$Ca^{2+}$ 也会出现在出水中。

所以当含有 $Fe^{3+}$、$Ca^{2+}$、$Na^{+}$ 的水自上而下地通过 H 型交换树脂时，它们在树脂层中的分布规律大体如下：

（1）被吸附离子在树脂层中的分布，是按其被树脂吸附能力的大小，自上而下依次分布，最上部是吸附能力最大的离子，最下部是吸附能力最小的离子。依据以上原理，交换后的树脂层中的离子，按自上而下的顺序排列为 $Fe^{3+}$、$Ca^{2+}$、$Mg^{2+}$、$Na^{+}$ 和 $H^{+}$。

(2) 各种离子被吸附能力的差异越大，则它们在树脂层中的分布就越明显（例如对化合价不同的离子）。

(3) 对于交换能力差异较小的不同离子（例如化合价相同的离子），在树脂层中的分布差异并不明显，仅在同一树脂层上，表现出上、下部吸附离子含量的比例的不同。

**288　什么叫固定床？有什么特点？**

所谓固定床，就是指水在交换床中不断地流过，进行离子交换，而床内树脂层是固定在一个交换器中，一般不将交换剂转移到床体外部进行再生。

固定床工艺有两个特点：①所用树脂量较大，但其利用率低，因为当交换床运行时，只有工作层树脂在工作，其余大部分树脂则经常充当“支撑”作用。而且当床内树脂需要再生前，其上部树脂已呈失效状态；②固定床的运行不是连续的，而是呈周期性的，从失效到再生合格前这段时间不能供水，所以需要备用供水设施。

从目前情况看，固定床工艺应用时间较长，工艺和技术都比较成熟，而且对水质的适应性强，树脂的损耗也比较小，所以固定床工艺仍旧是目前化学水处理的主要方法。

**289　固定床离子交换剂的再生有哪些方式？**

固定床离子交换剂的再生方式，按照再生和运行的形式，主要分为顺流再生和逆流再生两种。

顺流再生方式运行时水流的方向和再生时再生液流动的方向是一致的，通常运行时的水流方向和再生液是由上而下流动的。顺流再生有的增设空气搅拌。逆流再生方式是运行时水流的方向和再生时再生液流动的方向相反。通常交换时水的流向是自上而下流动的；而再生时再生液的流向是从下而上流动的。它们都各自有其特点，但以逆流再生的方式比较好。固定床离子交换剂的再生方式如图 3-3-4 所示。

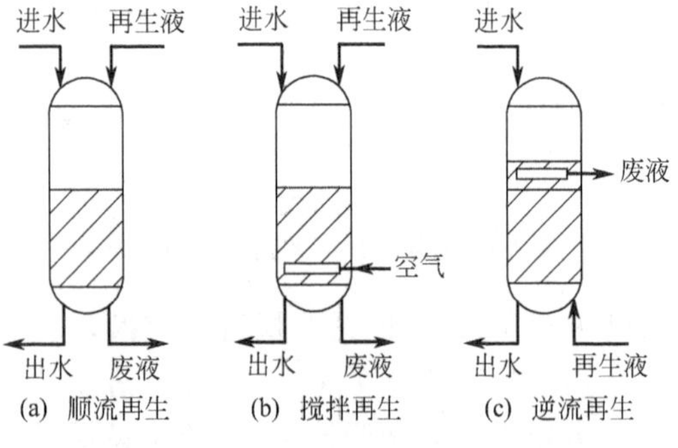


图 3-3-4　固定床离子交换剂的再生方式示意图

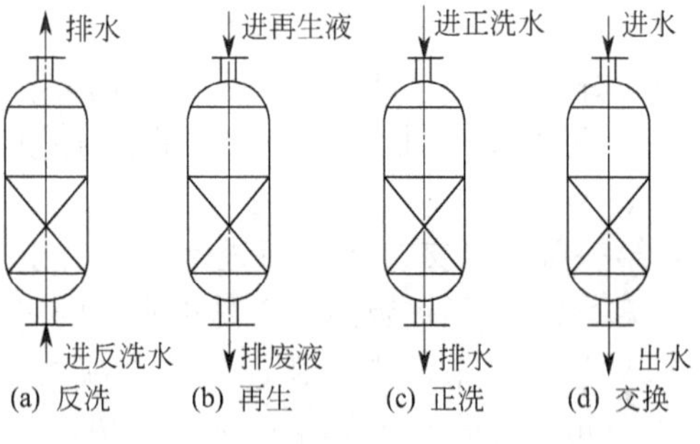


图 3-3-5　固定床顺流再生示图

**290　固定床顺流再生的操作如何进行？**

固定床顺流再生操作控制通常是分为四个步骤进行的，如图 3-3-5 所示。

(1) 反洗　在离子交换剂失效之后，进行一次自下而上的对交换剂的反冲洗，为的是使离子交换剂能够松动一下，使得再生时再生液分布均匀，再生效果好一些。另外，通过反洗，可以消除离子交换剂上层部位在运行时所截留的悬浮物质。反洗用的水一般是：第一级交换器可用过滤水清洗；第二级交换器可用第一级交换器的出水。反洗的操作控制：反洗之初的几分钟，阀门要开大，然后迅速关小，反冲洗强度控制在 12～15$m^3/(m^2 \cdot h)$。反洗的控制终点是水质清净为止，时间约 15～20min。操作时应注意不使交换剂颗粒冲至床体外。

(2) 再生　再生液的浓度控制在 2%～6%，再生流速为3～7m/h，时间约 45min，再生液的耗量约为理论值的 2～5 倍。

(3) 正洗　经再生之后，为了清除残留的再生剂及其再生时的生成物质，需要进行正洗操作。正洗的流速控制在 3～6m/h，时间约 30min 左右。

(4) 交换　操作时要控制一定的交换流速，这与运行方式有很大的关系，一般控制在 15～20m/h，直至失效。

**291　顺流床在再生时会出现哪些异常现象？应如何处理？**

顺流床在再生时易出现的异常现象及处理方法见下表：

| 序号 | 异常现象 | 原　因 | 处理方法 |
|---|---|---|---|
| 1 | 再生时床子打不进再生液 | (1)床内压力过大<br>(2)进再生液的管路堵塞<br>(3)进再生液阀打不开<br>(4)再生计量箱出口阀打不开或污堵<br>(5)水力引射器真空度低 | (1)检查并开大再生排水阀，降低床内压力<br>(2)检查进再生液管路：阀门是否损坏等，并及时排除之<br>(3)检查进再生液阀情况并打开<br>(4)打开计量箱出口阀或疏通污堵<br>(5)检查水力引射器是否正常，水压是否太低，喉管是否堵塞，并排除故障 |
| 2 | 再生时往计量箱"返水" | (1)床内压力大<br>(2)水力引射器真空度低<br>(3)运行床再生液阀不严，压力高的水从运行床向再生系统返水 | (1)调整再生床排水阀，适当降低再生床内压力<br>(2)检查水力引射器真空度低的原因；如系水压低，应提高水力引射器入口水压力；如系喉管堵塞，应及时清污等<br>(3)关严运行床再生液阀 |
| 3 | 往计量箱放再生液特别慢 | (1)从储罐到计量箱的管路堵塞<br>(2)室温低于 15℃时，浓碱易结晶凝固 | (1)及时清除污物，并采取措施减少再生剂中杂质<br>(2)提高室温至 15℃以上 |
| 4 | 离子交换树脂交换容量下降 | (1)树脂再生时析出沉淀物<br>(2)再生时再生剂量不足或浓度低<br>(3)反洗不彻底，树脂层中的悬浮物没有反洗掉<br>(4)正洗时间过长消耗了树脂交换容量<br>(5)床内因偏流产生"窝酸"或"窝碱"，致使废液上返，将再生好的树脂污染了 | (1)化验原水中重金属离子情况，加强预处理工作，对沉淀物可用 3%～5% HCl 清洗之<br>(2)检查再生剂用量，严格控制再生液浓度<br>(3)加强反洗工作，调整反洗时间和反洗强度<br>(4)调整正洗时间，防止过度冲洗<br>(5)检查偏流产生原因，并及时消除 |

**292　顺流床反洗跑树脂应怎样处理？**

顺流床反洗跑树脂有如下原因。

(1) 反洗流速过大　床子的反洗流速应为 12～15m/h，树脂的膨胀率，阳树脂为 60%，阴树脂为 80%～100%。当反洗操作超过上述数值时，容易造成跑树脂。

发现跑树脂时，应立即关闭反洗入口阀，待树脂落实后，再重新反洗。

(2) 树脂层严重污染　由于树脂的粒度一般均在 0.325～1.25mm 之间，比较均匀，所以入床水中的悬浮物大都集中在树脂层表面，并形成污泥层，易造成"沟流"短路。

在操作时，尽管反洗水流量不大，但由于水流从狭窄的沟缝中流出，这样就造成水流不能均匀地通过树脂层，使局部树脂的反洗流速很高。高速的水流将尚未严重污染的树脂颗粒冲刷下来带走，也会造成反洗跑树脂。

发现这种情况，应适当缩短反洗周期，延长反洗时间，并加大反洗强度和做好入床水的预处理工作。

如树脂层污染严重，应考虑打开交换床上人孔，观察树脂层的情况，必要时进行人工清淤。

(3) 偏流　有两种情况可能产生树脂层的“偏流”。一是前面讲过的树脂层污染；另一种情况是下部配水装置损坏或污堵。这种情况会产生局部反洗流速过高而造成反洗跑树脂。

(4) 反洗操作不当，上部树脂有空气　若树脂中有空气，会从监视镜中看到一层树脂漂在水面。这是由于树脂层上部有空气，而树脂又未充分湿润，即被反洗水托起来所致。此时如不停止反洗，也会造成跑树脂。因此应停止反洗，从入口阀进水将漂在水上的那层树脂“湿润”下来，把空气排走，然后再进行反洗。

## 293　固定床逆流再生如何进行操作控制？

固定床逆流再生的操作可分气顶压法、水顶压法、低流速法及无顶压法四种，操作控制原理基本相同。以气顶压法为例，其步骤如图 3-3-6 所示。

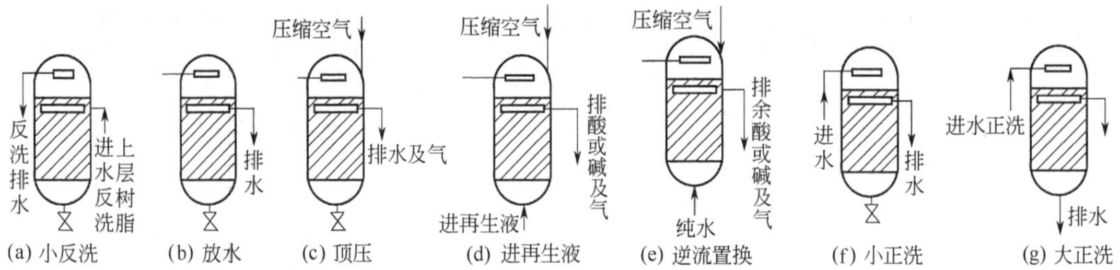


图 3-3-6　气顶压法固定床逆流再生示意图

逆流再生的具体操作控制如下。

(1) 小反洗操作　当交换器运行失效之后，即行停运。小反洗水从中间排管进入，首先把在运行中附着在压脂层的污物和黏附在中间排管网套上的杂质，用小反洗水冲洗干净。这些杂质大都是悬浮物质和有机物质，如果不及时清洗，就会渗入压脂层下部，影响树脂交换性能。操作控制小反洗流速约 15m/h，清洗至排出水的浑浊度小于 1NTU 为止。

(2) 上部放水操作　目的是为了使压脂层在小反洗后均匀沉降一下，使树脂压脂层面平整。操作是将中间排管上部的水从中间排管放尽为止。

(3) 顶压操作　从交换器顶部送入压缩空气。对压缩空气的要求是要除油以避免污染树脂。顶压的目的是为了再生时再生液能均匀上升，并使树脂不乱层，顶压操作要控制压力稳定在 29～49kPa (0.3～0.5kgf/cm$^2$)；

顶压除用压缩空气之外，也可以用水，压力控制在 19.6～39.2kPa (0.2～0.4kgf/cm$^2$)。也可以不用压缩空气和水顶压，而采用再生低流速法或无顶压法，再生流速在 2m/h 左右，在用无顶压法时，中间排水管上的小孔流速要调整到 0.1m/s 左右，这样不会产生乱层。

(4) 酸 (碱) 再生操作　再生剂是从交换器的底部进入，中间排管排出。再生液酸的质量分数 (如盐酸) 2%左右，碱 (如苛性钠) 3%左右，再生液流速 3～5m/h。再生时间控制在 40～45min。再生操作时要特别注意中间排水管的排出液中气、水是否混合正常。如果只是排气，说明再生液的压力不足；如果只是排水 (再生液)，说明再生液的压力太高或是顶压的空气压力太低，这时会造成树脂乱层，或是造成再生液从塔顶溢出事故。

(5) 置换操作　在再生结束之后，停止进再生液，用除盐水以 3～5m/h 的流速进行置换操作。通过置换，可以把残留在树脂中的再生液排出，也可以达到充分利用再生液的目的。置换操作的终点控制：如果是强酸性阳离子交换树脂的交换器，排出水酸度应小于 5mmol/L，含钠小于 200μg/L；如果是强碱性阴离子交换树脂的交换器，排出水的电导率小于 15μS/cm，或是碱度 $c\left(\frac{1}{x}B^{x-}\right)$小于 0.5mmol/L，置换操作时间需 40min 左右。

（6）小正洗或小反洗操作　目的是为了清洗压脂层残留的废再生液，直至干净。小正洗时水是从中间排管排出，时间约 15min，流速约 10m/h。

（7）大正洗操作　操作时从顶部进水，底部排出，直到阳离子交换器出水钠离子浓度稳定并小于 200μg/L，阴离子交换器出水电导率小于10μS/cm，硅（以 $SiO_2$ 计）小于 100μg/L 为止。

（8）正常运行操作　大正洗操作合格之后，关闭排水阀，打开出水阀，即可使水进入水箱，投入正常运行，流速约 15～20m/h。

（9）大反洗操作　当阳离子交换器经过 10 次左右制水周期之后，或阴离子交换器经过 20 次左右制水周期之后，要进行一次大反洗操作。操作时从底部进水，顶部排出水，将整个树脂层松动一下。大反洗流速从小到大，但要密切注意树脂不要从交换器顶流失，在此原则下，大反洗流速要大一点好，一般约为 5～7m/h。同时还要注意不要造成中间排水管弯曲和断裂。大反洗结束之后，即转入再生处理，此时再生剂的浓度应适当提高一些。

**固定床逆流再生几种再生方法比较**

| 操作方式 | 条　　件 | 优　　点 | 缺　　点 |
|---|---|---|---|
| 气顶压法 | ① 压缩空气压力 29～49kPa，压力稳定，不间断<br>② 气量 0.2～0.3m³/(m²·min)<br>③ 再生液流速 3～5m/h | ① 不易乱层，稳定性好<br>② 操作容易掌握<br>③ 耗水量少 | 需设置净化压缩空气系统 |
| 水顶压法 | ① 水压 19.6～39.2kPa<br>② 压脂层厚 300mm<br>③ 顶压水量为再生液流量的1～1.5倍 | 操作简单 | 再生废液量大，增加废水中和处理的负担 |
| 低流速法 | 再生液流速 2～3m/h 左右 | 设备及辅助系统简单 | 不易控制，再生时间较长 |
| 无顶压法 | ① 中排液装置小孔流速应不大于 0.1m/s<br>② 压脂层厚 280mm，再生时处于干的状态<br>③ 再生流速 2～3m/h | ① 操作简便<br>② 外部管系简单<br>③ 不需要任何顶压系统，投资省 | 再生时间稍长 |

### 294　固定床逆流再生工艺有什么特点？

（1）水质好　由于固定床逆流再生，进水自上而下，与进再生液自下而上方向相反。故新鲜的再生液首先与失效程度比较低的树脂相接触，从而使下部的树脂有充分的机会进行再生，可使这部分树脂的工作交换容量大为提高，未能充分再生的树脂却留在交换器上部，首先与进水相接触进行离子交换，从而减少了反离子作用，而对出水水质影响大的关键部位树脂——即出水前的“把关”树脂层是再生良好的树脂，所以出水水质好。实际生产中可得到证实。例如，我们都知道：阳床出水水质的好坏，可以看水中 $Na^+$ 量的多少，$Na^+$ 含量越小，水质越好。据测定，在同样情况相同运行条件下，顺流再生要比逆流再生工艺出水的 $Na^+$ 量大 6～10 倍。

（2）再生树脂不乱层　固定床逆流再生设有中间排水管，以及有 150～200mm 的压脂层，加上 29～49kPa 压力的压缩空气顶压，因此，再生时树脂处于压实状态，不会乱床（层），再生液的分布也均匀，使树脂得到比较高的再生度，再生效果好。

（3）再生液消耗低　固定床在树脂失效后，根据离子选择性原理，如对于阳床，$Na^+$ 分布在下部，上部是 $Ca^{2+}$、$Mg^{2+}$ 等离子。再生时，从底部进再生剂时，新鲜的再生液很容易

把树脂中的 $Na^+$ 置换出来。被置换出来的 $Na^+$ 又可与上部树脂中的 $Ca^{2+}$ 相交换，依此连锁反应，使再生迅速，再生效率又高。因此，再生液的浓度可以适当降低，利用率可提高，损失又少，使再生液耗量大为降低。据实际生产测定，逆流再生的再生剂耗量比起顺流可以减少 50%左右，比耗可达到 1.1～1.3。

（4）水耗低　逆流再生的流速比较低，废再生液也少，反冲洗效率又高，容易清洗干净，耗水量大为减少。据实测，逆流再生的阳床再生水耗可减少 25%左右，阴床再生水耗可减少 45%左右。

（5）树脂的再生度高　经实际测定，逆流再生的底层树脂再生度可达 90%以上，而顺流再生只有 50%左右。虽然逆流再生的顶层树脂再生度稍低，然而，顶层树脂首先接触进水，水中的反离子浓度很低，因而能充分利用这部分树脂的交换容量，以提高离子交换的经济性。

## 295　逆流床的中间排水装置有什么作用？有什么要求？

中间排水装置是指设在逆流床床层表面上的排水系统。

中间排水装置有三个作用：①使再生液和冲洗水上流时，能均匀地从中间排水装置排出，避免由于液流的流动使树脂“乱层”；②再生时，收集废再生液和顶压介质（顶压空气或顶压水）；③反洗压实层。

对于中间排水装置的要求是：

（1）中间排水装置的主管或支管应能在水流的冲击下不弯曲变形。

为此，中间排水装置应采用高强度材料，如不锈钢或碳钢管衬胶，并需有加强措施，同时要有固定装置，不能使用塑料管。

（2）再生时防止交换树脂颗粒漏出。一般都要采用在支管处包缝一层为 10 目（2.0mm），一层为 50 目（0.3mm）的尼龙网，或套塑料网套。塑料套须经蒸汽或热开水烫缩，紧固在中排支管上。

（3）布液均匀。由于支管通常包缝尼龙网，水流在支管中流动时受到限制。为了保证流速的均匀性，应做下述考虑：①支管开孔的总面积应为进水管的 4～6 倍，开孔面积太小时，布液不易均匀；②支管间隔一般为 200～300mm，间隔太大可能使配水不均匀，太小时安装又不方便；③开孔的位置应采用支管两侧开水平孔、交叉排列，同一排的孔眼应在同一水平线上。

## 296　pNa 计测定阳床出水含钠量应注意什么？

除盐水处理阳床出水质量的控制主要是含钠量，是采用 pNa 计来测定的。因此在操作控制时，要用好 pNa 计，除了仪器的正确定位，按规定进行电极清洗之外，应注意下列几点：

（1）电极的处理。新电极或久置未用的电极，应用蘸有四氯化碳或乙醚的棉花揩净电极头部，然后用纯水清洗，再在 pNa4（即 pNa=4 的标准液）定位液中浸泡 1～2h 后再使用。如 pNa 电极长时间不用，一般以干燥存放为宜。

（2）使用 pNa 计遇到酸性水样时（阳床出水是酸性水），必须先滴加 0.2mol/L 二异丙胺，使 pH 达到 10 左右。使用温度以20～40℃为宜，不宜在 15℃以下使用。

（3）电极内芯参比溶液应浸满，否则，使用时无信号。

（4）使用 pNa 计时，仪器附近不应有强磁场，不宜将 pNa 计置于电源总开关附近。不使用时，应保持仪器干燥。

## 297　阴床出水电导率始终较高是什么原因？

阴床经过再生后投入运行，但电导率始终较高，要使其降下来也比较难，发生此种情况的原因可能是：

（1）阳床的出水 $Na^+$ 含量太高，当超过 500μg/L 时，阴床出水电导率升高比较明显。$Na^+$ 高，可能是阳床产生偏流泄漏 $Na^+$，或是制水周期将结束，树脂将要失效引起的。

（2）阴床前设有脱碳器的，要检查一下脱碳效率。有时可能由于 $CO_2$ 未能去除，水中 $HCO_3^-$ 含量高，增加了阴床的负荷，致使电导率升高。此外，还要检查一下周围的空气是否受到污染，因为这些污染物质，可由鼓风机吸入溶于水中。如是氨厂，有时大气中有可能含氨，当鼓风机吸入后，在除碳器中溶于水，因而使水中 $NH_4^+$ 增加，以致影响阴床出水使电导率升高。

（3）阴床用 NaOH 再生后，没有置换好，或是正洗不彻底，$Na^+$ 残留于阴树脂中，当制水时释放于水中，也会使出水的电导率升高。

（4）由于疏忽，阴床混入了阳离子交换树脂，在阴床再生时，变成钠型树脂混杂在阴树脂中，而在制水时放出 $Na^+$，因此，阴床的出水电导率始终较高。

### 298　影响电导率测定的有哪些因素？

电导率可定性地反映水中离子的多少，但还不能定量地反映水中离子的成分和数量。其大小与水中离子的多少、离子的摩尔电导、离子的电荷数以及离子的迁移速度都有关系。影响电导率测定准确性的因素主要有：①与水的温度变化有关，因为水温升高，水的黏度降低，离子的迁移速度加快，因此测得电导率偏高，反之就偏低，因而要进行校正，以水温20℃时为参比；②与水的流速有关，因为测定电导率时将电极插入被测的水中，水的流速如果很低，水中杂质会容易黏附在电极上，造成电极污染，因此，就影响所测电导率的准确性；③与水质污染影响有关，主要是水接触空气，受到空气中 $CO_2$、尘埃等的污染，水质越纯其稳定性越差，越容易被污染，从而使水的电导率升高。有的纯水贮槽因没有保护好，从而使电导率升高。为了有统一的标准，便于对比，二级除盐水的电导率的测定点，选在混合床出水的母管处，进行连续性的测定分析。

### 299　复床的串联与组联排列运行有什么不同？

复床的组联排列是令原水进入每台阳床，而每台阳床出水混合在一个公共集水总管，然后，从集水总管再分配到每一台阴床。组联排列又称母管式组合。这种排列运行的优点是比较充分地利用各交换器的制水能力，对于各阴、阳床的再生或者水质监测，可以根据生产的需要进行比较灵活的控制。然而，监测的项目相应比较多，如阳床出水的钠度、酸度；阴床出水的电导率、硅根等，所以比较麻烦。复床组联排列运行如图 3-3-7。

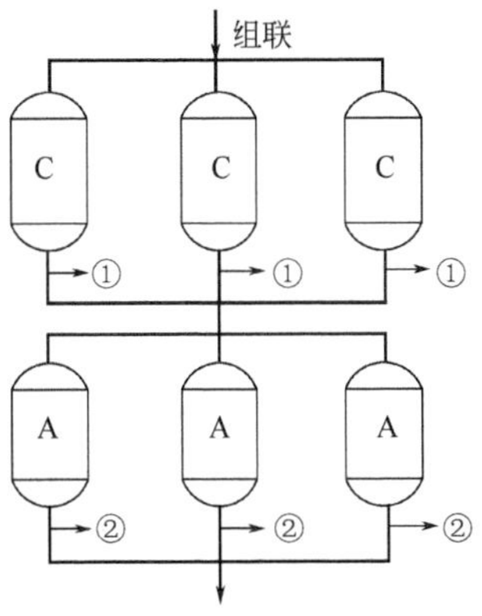


图 3-3-7　复床组联排列运行示意

C—阳床；A—阴床；①，②—监测点

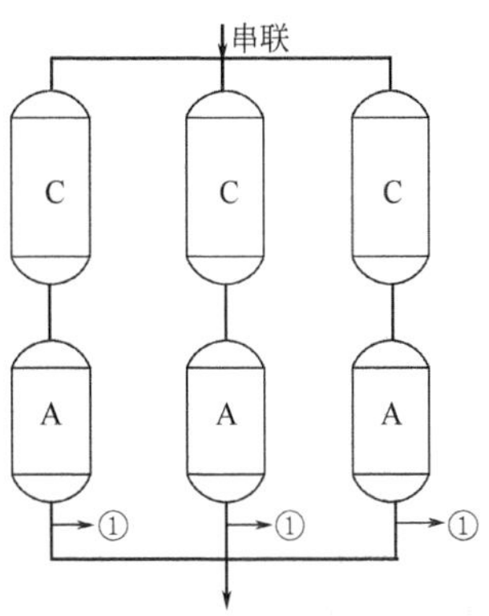


图 3-3-8　复床串联排列运行示意

C—阳床；A—阴床；①—监测点

复床的串联排列是原水从一公共的集水总管分别进入阳床和阴床的串联排列运行，每一阳、阴床成为一个系列，然后，各阴床的出水重新混合进入另一公共集水总管。串联排列又称单元式组合。这种排列的优点是一个系列的复床可以同时进行再生，监测也比较方便。然而其缺点是阳、阴床不一定会同时失效，往往是阴床先失效，而阳床仍有一定交换能力没能充分利用，致使再生频繁，制水成本增加。复床串联运行如图 3-3-8 所示。

从串联排列图可知，此种系列监测控制比较方便，只需要监控阴床出水水质即可。

**300　如何从水质变化情况来判断阴、阳床即将失效？**

在实际生产中，根据水质变化情况来判断阴、阳床的失效，以便及时采取必要的措施，是很有意义的。如在阴、阳床串联运行的系统中，阳床先失效，那么，阴床出水的水质由于阳床的漏钠量增加，而使碱性（NaOH）增强，pH 会升高，阴床去硅的效果显著降低，从而使阴床出水的硅含量升高，这时水的电导率也会升高，当发现上述水质情况变化时，表明阳床已失效。这种失效前引起的水质变化，可以从水质监控测定的变化曲线图 3-3-9 中看到。在图中，当运行至 *a* 点后，各组水质监控的曲线都向上，这时应停止运行，进行再生处理。

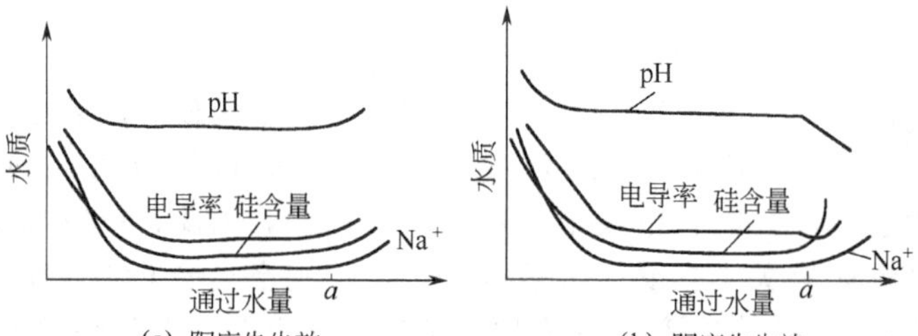


(a) 阳床先失效　　(b) 阴床先失效

图 3-3-9　水质监控变化曲线示意

如果在运行中阴床先失效，这时，由于有阳床出水的酸性水通过，因此，阴床出水的 pH 下降，与此同时，集中在交换床下部的硅也释放出来，使得出水硅含量增加，此时，电导率的曲线会出现一个奇特的现象：先是向下降（误认为水质转好），十几分钟后，出现迅速上升，如图 3-3-10 所示。

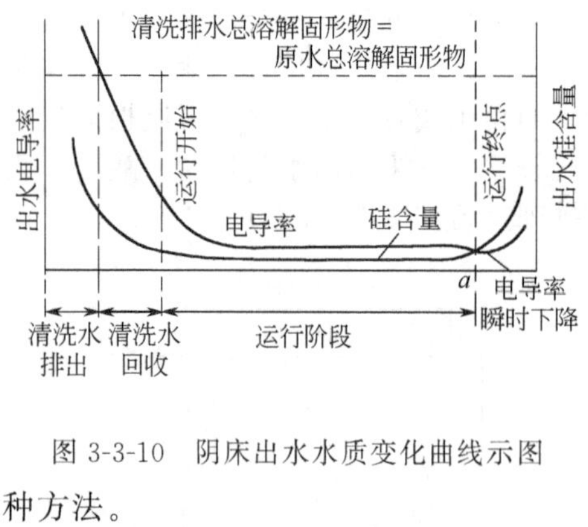


图 3-3-10　阴床出水水质变化曲线示图

从图 3-3-10 可见，当运行到达 *a* 点之后，阴床出水的各项水质监控指标都会上升，这时应立即停止运行，进行再生处理。

**301　控制除盐水的运行终点有哪些方法？**

控制除盐水的运行终点目前采用的主要有三种方法。

(1) 制水批量法　即制水达到规定的批量后停止运行，进行再生。其特点是可以主动调节制水量，安排各树脂床定时错开轮流再生。但是制水量往往与水质变化及树脂再生度有密切关系。因此，在没有进行各种工况下的批量终点测试时，批量往往定得比较低而偏于保守，即当批量到达终点时，实际上距离树脂失效还有相当长的时间，树脂还有较大的交换能力未能利用，导致再生频繁，酸、碱耗量增加，而且由于树脂转型次数过多，引起膨胀、收缩的次数过多而影响使用寿命，所以往往是不经济的。

(2) 控制电导率或含硅量的失效法　根据水质标准，当出水的电导率或硅酸根（以

$SiO_2$ 计），其中之一达到或接近失效值时，即停止运行。这方法能够充分利用树脂的交换能力。但从阳、阴床串联运行中得到的经验表明：往往是阴床先失效，而阳床尚有余量。同时，有的硅酸根分析仪表的质量还不稳定，作为终点控制仪表还不够完善，故用电导率控制比较好。

（3）树脂的工交容量法　此法是规定阳床及阴床工作交换达到一定容量时，即停止运行，进行再生。例如某厂规定对阳床的出水终点控制是：水的总阳离子浓度 $c\left(\frac{1}{x}A^{x+}\right)$乘以制水量，其乘积控制在 11000mol 左右；对阴床的出水终点控制是：水的总阴离子浓度 $c\left(\frac{1}{x}B^{x-}\right)$乘以制水量，其乘积控制在 5500mol 左右。此法要以分析为基础，也比较麻烦。

其中以（2）法控制，比较合理也比较简单，但电导仪、硅酸根分析仪表要可靠。

此外，阳床的终点控制也有用 pNa 表示的，以控制 $Na^+$ 小于 200μg/L；有的正在研制以电导率与制水量的乘积为信号的终点控制器。混合床还有以进出水的压差来控制的，但是，压差与交换流速、树脂的性能有关，要根据具体情况通过试验确定，当压差超过一定值时，即停止运行，进行再生处理。

**302　什么是混合床除盐处理?**

在同一个交换器中，将阴、阳离子交换树脂按照一定的体积比例进行填装，在均匀混合状态下，进行阴、阳离子交换，从而除去水中的盐分，称为混合床除盐处理。

混合床的阴、阳离子交换树脂在交换过程中，由于是处于均匀混合状态，交错排列，互相接触，可以看做是由许许多多的阴、阳离子交换树脂而组成的多级式复床，可相当于1000～2000 级。因为是均匀混合，所以，阴、阳离子的交换反应几乎是同时进行的，所产生的 $H^+$ 和 $OH^-$ 随即合成 $H_2O$，交换反应进行得很彻底，出水水质好。阴、阳离子几乎全部除尽。用于复床之后作二级除盐处理时，出水电导率可达＜0.1μS/cm，$SiO_2$ 可达＜10μg/L。混合床的阳树脂用 RH 表示，阴树脂用 R′OH 表示，其工作原理可用下列反应式表示：

$$RH+R'OH+\begin{matrix}\frac{1}{2}Ca^{2+}\\ \frac{1}{2}Mg^{2+}\\ Na^{+}\\ K^{+}\end{matrix}\left\{\begin{matrix}\frac{1}{2}SO_4^{2-}\\ Cl^{-}\\ HCO_3^{-}\\ HSiO_3^{-}\end{matrix}\right.=R\left\{\begin{matrix}\frac{1}{2}Ca\\ \frac{1}{2}Mg\\ Na\\ K\end{matrix}\right.+R'\left\{\begin{matrix}\frac{1}{2}SO_4\\ Cl\\ HCO_3\\ HSiO_3\end{matrix}\right.+H_2O$$

混合床中的树脂失效之后，应先将阴、阳树脂进行分离，然后分别进行再生。

混合床中阴、阳树脂的正确选择是确保出水水质和提高再生水平的关键，因此，树脂的选择应当遵循以下原则：

（1）为了保证阴、阳树脂在再生时分层良好，就要有一定的相对密度差。要求湿真相对密度阳树脂比阴树脂大 15%～20%，至少不得小于 10%。

（2）当出水水质要求高时，混合床中的树脂必须选用强酸性阳树脂和强碱性阴树脂相配合。如果用强酸性阳树脂和弱碱性阴树脂匹配，或是弱酸性阳树脂和强碱性阴树脂相匹配时，则出水水质就会降低。

（3）由于混合床的交换流速比较高，有时超过 50m/h，树脂的磨损较为严重，必须选用高强度和耐磨性能好的阴、阳树脂。特别是阳树脂，如果磨损破碎后，会使树脂分层造成困难，也影响出水水质和周期制水量。

混合床的除盐处理可以单独使用，例如用于处理回收的锅炉蒸汽凝结水等。但在高参数

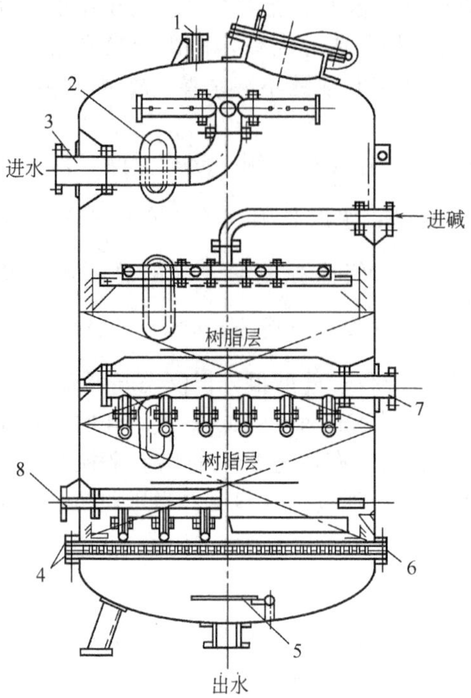


图 3-3-11 固定式混合床离子交换器的结构示图

1—放空气管；2—观察孔；3—进水装置；4—多孔板；5—挡水板；6—滤布层；7—中间排水装置；8—进压缩空气装置

的锅炉中，由于锅炉补给水的用量较大，水质要求又高，所以，往往作二级除盐使用，即在一级复床除盐系统的后面，串联混合床除盐处理，以进一步纯化水质。

**303 固定式混合床离子交换器的结构如何？**

固定式混合床离子交换器，上部装有进水排管装置，材质可用重磅硬塑料管，或用不锈钢管，在管外装塑料网套，但也可以不套，只要操作多留神即可；在混合床的下部设有布水和进酸装置，有的采用伞形布水帽，有的采用两块多孔板之间夹一层涤纶网；中部设有中间排水装置，可以用不锈钢管材，外套1～2层塑料网套，中间排水管道上部设有进碱装置，外套1～2层塑料网套，进碱管可用硬塑料管或不锈钢管材。其结构如图3-3-11所示。

**304 如何进行混合床的操作控制？**

混合床的操作控制按如下步骤进行：

（1）反洗分层操作　当混合床运行失效之后，必须设法将阴、阳树脂分离，以便再生。这是关键的操作步骤。在实际生产中，大都采用水力筛分法，利用阴、阳树脂相对密度的不同，用反洗的水力，将树脂悬浮起来，在到达一定的膨胀率之后，让树脂沉降下来，阳树脂的相对密度大沉于下面，阴树脂的相对密度小浮于上面，使两种树脂明显分开。反洗分层操作时，开始的流速要小，逐渐增大流速至10m/h左右，树脂膨胀率达到50%，时间约15min，然后静置，放水操作，约10～15min，将水放至树脂层上面约100mm为止。

混合床树脂分层有时要2次，甚至3次方才分好，有的时候通以压缩空气反洗，或者通入NaOH溶液，将阴树脂再生成OH型，阳树脂变为Na型，使两者间密度差加大，以增加分层效果。

（2）再生操作　有体外及体内再生两种，而体内再生又有两步法和一步法之分。一步法是分别同时进酸、碱，通过阳、阴树脂，从中间排管排出混合再生废液，然后，分别同时进水对阴、阳树脂进行置换与清洗。一步法的再生时间可以缩短，但再生系统要可靠。通常使用的两步法就是分别进酸、进碱，依次对阳、阴树脂进行再生。两步法再生可用图3-3-12来表示。图上可以看出混合床再生操作步骤：①阴树脂再生，进碱（NaOH）质量分数5%，时间40min，再生流速6m/h左右，废碱从中间排管排放，为防止碱液进入阳树脂内，故从底部进入少量的水与再生碱液

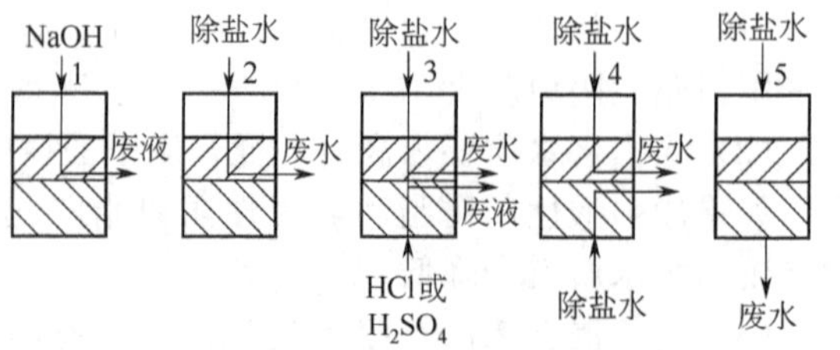


图 3-3-12 混合床两步法再生示图

1—阴树脂再生；2—阴树脂清洗；3—阳树脂再生，阴树脂清洗；4—阴、阳树脂各自清洗；5—串联清洗

一起从中间排管排放；②阴树脂置换，以流速 6m/h 进行置换清洗，废液从中排管排放，直至排出水 $OH^-$ 碱度 $c\left(\frac{1}{x}B^{x-}\right)$小于 0.5mmol/L；③阳树脂再生，进酸（HCl）质量分数 4%，时间 30min，流速 6m/h，废酸从中排管排放，为了防止酸液进入阴树脂，对阴树脂进行小流量清洗，因此，从进碱管进入一定清洗水，与再生酸液一起从中排管排放；④阳树脂置换，以 6m/h 流速进行置换清洗，废液从中排管排放，直至排出水酸度小于 0.5mmol/L 为止；⑤串联清洗，从进碱管进清洗水，对阴、阳树脂进行串联清洗，从底部排放，直至排水电导率小于 1.5μS/cm。

（3）阴、阳树脂混合操作　树脂经再生和清洗之后，将分层的树脂进行均匀混合。从底部通入已经净化除油的压缩空气，时间约 5min，然后从底部迅速排水。

（4）正洗操作　从顶部进水，以 15m/h 流速进行正洗，直至电导率小于 0.2μS/cm，硅根小于 20μg/L，即为正洗合格。

（5）正常运行操作　从顶部进水，底部出水进入水箱，操作控制流速约 40m/h 左右，当电导率超过 0.2μS/cm 或二氧化硅超过 20μg/L，就停止制水，重新再生。

**305　为什么有时混合床的阴、阳树脂分层不明显？如何处理？**

混合床的阴、阳树脂分层不明显的主要原因有：

（1）阴、阳树脂的密度相差太小，难以分离。

（2）反洗分层时的流速太低，树脂的膨胀高度不够。

（3）阳树脂粉碎严重，密度减小，混杂在阴树脂里，难以分离。

（4）与树脂的失效程度有关，失效程度大的，分层就容易，失效程度小的难以分层。这是由于在进行离子交换时，树脂吸附不同的离子之后，密度也各不相同，因此，沉降的速度也不相同。例如对于阳树脂，不同型的密度排列为：

$$\rho_{H}<\rho_{NH_4}<\rho_{Ca}<\rho_{Na}<\rho_{K}<\rho_{Ba}$$

对于阴树脂不同型的密度排列为：

$$\rho_{OH}<\rho_{Cl}<\rho_{CO_3}<\rho_{HCO_3}<\rho_{NO_3}<\rho_{SO_4}$$

由此可见，阴树脂中的 $SO_4$ 型的密度较大，在失效时就沉降下来了。如果此时阳树脂未失效，因 $\rho_H$ 小，则 H 型树脂浮在阳树脂上部，两者密度相差小，就难以分层。此外，H 型阳树脂与 OH 型阴树脂接触，它们电离出的 $H^+$ 和 $OH^-$ 结合成水，而带负电的 $R—SO_3^-$ 与带正电的 $R\equiv N^+$ 发生静电相吸，所以难以分离。

对树脂分层不明显的处理方法是：

（1）在选择树脂时要考虑到所选择的阴、阳树脂有较大的相对密度差异，至少相差 10%以上。例如选用强碱性 201×7 树脂（即 717 树脂）的视密度为 0.65～0.75g/mL；强酸性 001×7 树脂（即 732 树脂）视密度为 0.75～0.85g/mL，相差 12.5%，大于 10%，可以配用。

（2）控制大反洗的分层速度至 10m/h，树脂的膨胀率要保持在 50%以上。

（3）为提高分层效果，在分层之前通以 10%（质量分数）NaOH（至少 6%），使阳树脂转变为 Na 型，阴树脂转变为 OH 型，用以加大两者的相对密度差，同时还可以消除发生静电相吸的现象，达到分层较好的目的。

有时一次分层不明显，还需多次。

**306　混合床出水 pH 值偏低是什么原因？**

（1）阴离子交换树脂被再生酸所污染有三种情况。第一种情况，阳、阴树脂分层不良是引起阴树脂被再生酸污染的一个原因。由于分层不良，阴树脂混杂在阳树脂中，在阳树脂再生时这部分阴树脂被酸所污染。另外由于混合床的流速大，树脂的磨损大，特别是阳树脂经常被磨损，或者破碎，使颗粒变小，密度降低，与阴树脂相互混杂而难以分离。此时的阴树脂就最易被酸污染。第二种情况是设计上的原因。如中间排水管位置设计偏高。使阴树脂在中间排水管的下部；或者由于树脂装填时，阳、阴树脂比例不对，少装了阳树脂，多装了阴树脂；因此也使部分阴树脂在再生时受到酸污染。第三种情况是阴树脂的降解和水解。强碱性阴离子交换树脂在使用过程中，强碱基团不断地降解，弱碱基团不断增加。这些弱碱基团与再生剂接触时，形成盐型弱碱基团，在正洗时，由于 pH 值上升，弱碱基团会发生水解，并放出酸来，使混合床的出水 pH 偏低。

（2）阴离子交换树脂被有机物污染。污染阴树脂的有机物，常见的是腐殖酸和富里酸。这类有机酸带负电荷、吸附在阴树脂上，不仅使阴树脂交换容量大为降低，而且在一定条件下，有机酸会释放出来，致使混合床出水 pH 偏低，电导率增高。

（3）阳、阴离子交换树脂混合不均匀，会引起沉积在下部的阳树脂缓慢地释放出残余的酸再生液，使混合床投用初期有酸性水泄漏。

因此，树脂混合也是比较重要的操作。

（4）再生系统不严，阀门损坏，引起酸再生液泄漏，也会使混合床排出酸性水。

### 307　什么叫树脂的“抱团”现象？它是怎样产生的？如何消除？

树脂的“抱团”现象是指在混合床中，阳离子交换树脂与阴离子交换树脂之间由于静电引力，而出现的不易分层的现象。

关于“抱团”，有一种说法是：当阳、阴树脂混合在一起，彼此接触时，由于阳树脂脱下来的 $H^+$，与阴树脂脱下来的 $OH^-$ 互相结合成水，于是阳树脂由于失去一些阳离子而显负电性，阴树脂由于失去一些阴离子而显正电性，这两种带异性电荷的树脂小球就会互相吸引成团状，而不易分离。

碎树脂末和某些悬浮物会增大树脂的“抱团”作用。

如果在“抱团”的树脂中加入任何电解质（如苛性碱），则带负电的阳树脂就会结合阳离子而显电中性；带正电的阴树脂就会结合阴离子而显电中性，“抱团”的阳、阴树脂就会因此而散开。所以在分层前，向床内树脂通入少量的碱，就可以消除树脂的“抱团”，改善分层效果。

具体方法可参照如下：

反洗完毕后，待树脂落床下来，保持树脂层上部有 200～300mm 厚的水层。开启碱水力引射器向混合床内注入少量（例如 $0.2m^3$）的碱。

众所周知，阳、阴树脂是否分层明显，还与树脂的失效程度有关。使碱液自上而下地通过树脂层，使阴树脂尽可能地转变成 OH 型；使阳树脂转变为 Na 型，也可以增加阳、阴树脂在不同离子型的密度差，收到强化分层的效果。

注碱完后，关闭正洗排水阀，静置 10min，以使注碱反应时间较为充分。

静置完毕，开始分层操作。分层时从监视镜应看到树脂在水力的冲击下，上下扰动。待分层排水中无泡沫时，关闭反洗入口阀，待树脂稳定下来后，阳、阴树脂层间会有一道清澈的分界线，表示分层效果理想。

### 308　什么是体内再生和体外再生？各有什么优缺点？

体内再生就是失效的树脂仍在原交换器内进行的再生；体外再生是把失效的树脂全部压送入专用的再生器进行的再生。两种方法的再生过程和原理是相同的，但各有优缺点。体内再生的优点是管道系统和再生操作简单，设备投资低，树脂的磨损率低。但其缺点是交换流速不能太高，对中间排水装置的机械强度要求较高。体外再生的优点是：①交换与再生在不同的设备内进行，使设备紧凑，更能适合于交换与再生的各自用途；②体外再生在专用的再生器内进行，有利于提高再生效率，再生剂也不会漏入出水中而污染水质；③可以减少备用设备，几台设备合用同一台再生器；④体外再生器的结构简单，可提高运行流速，设备所需要的停车时间可以缩短，效率大为提高。但是体外再生，由于将树脂压进、压出，树脂的磨损率较大，容易粉碎而失去效用。

### 309 如何选择再生剂？

再生剂是根据离子交换树脂的性能不同而有区分地选择。通常用于阳离子交换树脂的再生剂有：HCl、$H_2SO_4$、$NH_3$ 等；用于阴离子交换树脂的再生剂有：NaOH、$Na_2CO_3$、$NaHCO_3$，也可以用 $NH_3$ 等。具体地说，强酸性阳树脂可用 HCl 或 $H_2SO_4$；不宜采用 $HNO_3$，因其具有氧化性；弱酸性阳树脂可以用 HCl、$H_2SO_4$，或者是 $NH_3$；强碱性阴树脂可用 NaOH；弱碱性阴树脂可以用 NaOH，或 $Na_2CO_3$、$NaHCO_3$，也可用 $NH_3$。其中 $NH_3$ 虽再生效率低，但因价格低廉而常被采用。

此外，再生剂的选择，还应根据水处理工艺、再生效果、经济性及再生剂的供应情况综合考虑。例如 HCl 与 $H_2SO_4$ 相比较，HCl 的再生效果好，据测定，同样用 4 倍理论用量的再生剂，同样的再生流速，用 HCl 比用 $H_2SO_4$ 再生可以提高 001×7 树脂的工作交换容量 42%～50%。同时，$H_2SO_4$ 是二元酸，虽然产生二级电离，但离解度小，酸的利用率很低，还会产生“钙化”生成难溶的 $CaSO_4$ 沉积，吸附于树脂表面。阻塞树脂的孔隙，使树脂的交换能力降低，从而也使再生效率降低。但是，$H_2SO_4$ 也有浓度高、价格便宜、腐蚀性相应较低的特点。而 HCl 虽然再生效果好，但有浓度低、价格贵、腐蚀性强等缺点。对强碱性阴树脂来说，由于要求提高除硅能力，通常是用强碱 NaOH。而 $Na_2CO_3$、$NaHCO_3$ 由于碱性低，难以取代树脂中的阴离子，特别是 $HSiO_3^-$ 阴离子大部分仍留在树脂中，使得交换效果降低，出水中硅酸的残留量会增加，影响出水水质。

### 310 用硫酸作为再生剂时应注意些什么？

$H_2SO_4$ 由于价格便宜，对设备管线的防腐蚀要求比较低，所以再生中广为应用。但因再生过程中易生成 $CaSO_4$，且 $CaSO_4$ 在水中的溶解度较小，有生成沉淀的危险，即容易在阳树脂上结钙。故在使用 $H_2SO_4$ 时，是适当采用低浓度，加大再生流速来进行再生的。但应注意：

（1）在一步法再生时，配制 $H_2SO_4$ 的浓度为 0.5%～2.0%，以 8m/h 流速进行再生，并间以 6m/h 流速反洗 10min，以防止 $CaSO_4$ 的沉淀。

（2）分步法再生时是在一次再生中，分别用不同浓度的 $H_2SO_4$ 溶液进行再生的。分步再生又可分为两步法、三步法、四步法三种，其中两步法因操作简便而被广泛应用。再生操作时，可参考下表进行控制操作：

| 再生方法 | 酸量<br>（占 $H_2SO_4$ 总量） | $H_2SO_4$<br>质量分数/% | 流速(m/h) |
|---|---|---|---|
| 两步法再生操作 | 1/2 | 2 | 8 |
| | 1/2 | 4 | 4 |
| 三步法再生操作 | 1/3 | 2 | 12 |
| | 1/3 | 4 | 8 |
| | 1/3 | 6～8 | 4 |
| 四步法再生操作 | 1/4 | 0.5 | 16 |
| | 1/4 | 1.0 | 12 |
| | 1/4 | 2.0 | 8 |
| | 1/4 | 5.0 | 4 |

$CaSO_4$ 虽易形成过饱和溶液，但从过饱和溶液中析出沉积物还需要经过一段时间。因

此，采用加快再生液的流速以防止沉积。在操作的时候应注意观察排出的再生废液是否呈现$CaSO_4$白色浑浊物，如果发现，应调节再生流速。

### 311 为什么有时阴床的再生效率低?

阴床再生效率低的主要原因有：

(1) 再生时碱液的温度比较低，黏度大，化学活动性能差，再生效果差。但是加温也要适中，加温过高会使阴树脂的交换基团分解，树脂也会变质失效。因此，将碱加温的温度范围是：对强碱性阴树脂（Ⅰ型）35～40℃，强碱性阴树脂（Ⅱ型）30～40℃；对于弱碱性阴树脂以25～30℃为宜。在上述温度下，最容易置换阴树脂中的$HSiO_3^-$，并可提高阴树脂的工作交换容量，再生液温度每提高1℃，工作交换容量可以提高0.6%，去硅效果可提高1.7%。

(2) 再生液中的杂质较多，如果碱液中NaCl、$Na_2CO_3$以及重金属等含量很高，也会使阴床的再生效率降低。有时碱在贮存或运输的过程中，进入较多的铁质，会使阴树脂受到污染，也会使再生效率降低。

(3) 阴树脂的有机污染、聚合胶体硅的沉积等很难以再生来消除，因此再生的效率低。

(4) 再生时，碱液的浓度低，再生的流速过慢，都会降低再生效果。

(5) 阴树脂的化学稳定性较差，易受氧化剂的侵蚀，尤其是季铵型的强碱性阴树脂的季铵被氧化为叔胺、仲胺、伯胺，使交换基团降解，碱性减弱，再生效果差。

### 312 再生剂的质量分数和再生液的温度对再生效果有些什么影响?

(1) 再生剂质量分数对再生效果的影响　从理论上说，再生剂的质量分数越高，再生越彻底。但实际上，再生剂的质量分数过高，反而会使树脂的再生度下降。如在水的软化处理时，不同质量分数的NaCl溶液，对阳离子交换树脂进行的再生试验如图3-3-13所示。由图可见，当NaCl质量分数超过10%时，再生效果反而降低。因为再生剂质量分数过高，对一定的再生液量来说，体积就少了，因此，就不能均匀地通过树脂层，并与树脂保持足够的接触时间；而且由于质量分数过高，还会发生离子对树脂交换基团的压缩作用，使得再生效果下降。因此，必须合理地控制再生剂的质量分数。此外，再生剂质量分数对于树脂再生效果的影响，还与树脂吸附离子价数有关，如用一价再生剂来置换树脂中吸附的一价离子时，一般再生剂质量分数的影响较小。但用一价再生剂如HCl，来再生二价离子如$Ca^{2+}$时，浓度对再生效果有显著影响。在实际生产中，再生剂质量分数的控制范围通常如下表所示：

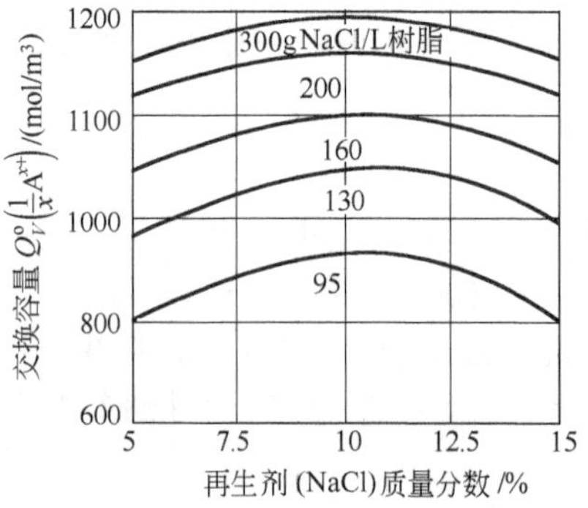


图3-3-13　再生液质量分数与树脂交换容量之间关系

| 再生剂质量分数/% \ 再生方式 | HCl | $H_2SO_4$ | NaOH | $Na_2CO_3$ | $(NH_4)_2SO_4$ | NaCl |
|---|---|---|---|---|---|---|
| 顺流再生 | 4～8 | 1～5 | 4～6 | 4～5 | 4～6 | 4～8 |
| 逆流再生 | 2.5～4.0 | 1～4 | 3～5 | 3～4 | 3～5 | 4～6 |

(2) 再生液温度对再生效果的影响　再生液温度的提高会增加扩散速度，对再生有利。如果把再生液HCl预热至40℃，来再生H型离子交换树脂，就能大大改善树脂中铁及氧化物的清除效果。把再生液NaOH预热，来再生阴离子交换树脂，其效果更加显著，特别对

于硅酸型阴树脂的再生效果有着明显的提高。如将2%浓度的 NaOH，从 16℃加温到 35℃，来再生强碱性阴离子交换树脂（Ⅱ型），经测定其效果如图3-3-14 所示。

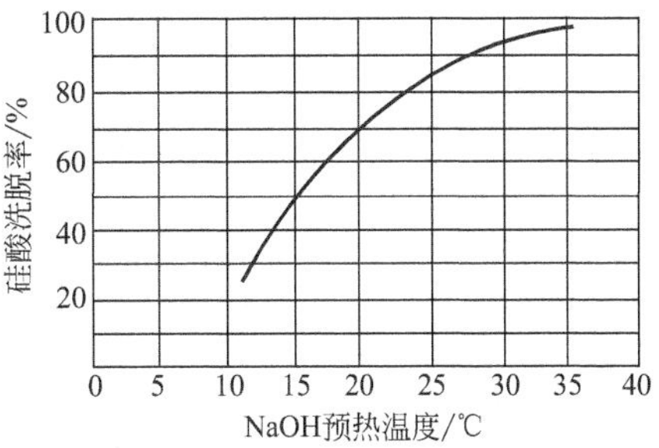


图 3-3-14　碱液加热与脱硅效果

从图 3-3-14 可见，在再生液温度 16℃时，硅酸洗脱率只 50%，而加热至 35℃时，硅酸洗脱率接近100%。然而，必须注意温度过高会造成树脂的交换基团分解，影响其交换容量和使用寿命。因此，在实际生产中，对碱液预热的最佳温度为：对于强碱性Ⅰ型阴树脂是 35～40℃；Ⅱ型阴树脂是35℃±3℃。由于阳树脂的交换容量比较大，因此，再生剂很少进行加热。

**313　再生液的纯度对于再生效果有些什么影响?**

再生液的纯度对于离子交换剂的再生效果和出水水质的影响很大，纯度差的再生液可对再生效果产生如下影响。

(1) 使交换剂的交换容量大为降低　如果 NaOH 溶液中含有 1%～2%氯化物（主要是NaCl），用来再生阴离子交换树脂，再生的效果就很差，可以使树脂的交换容量降低 15%，严重的甚至降低 50%。

(2) 使得交换剂的运行周期大大缩短　如 NaOH 中含氯化物过多时，由于 $Cl^-$ 对于强碱性阴树脂的亲和力是 $OH^-$ 对强碱性阴树脂亲和力的 20 倍左右，因此，被树脂吸附之后，就难以洗脱而残留于树脂中，因而大大降低了树脂的工作交换容量和周期制水量，运行周期大大缩短，而且提高了制水成本。

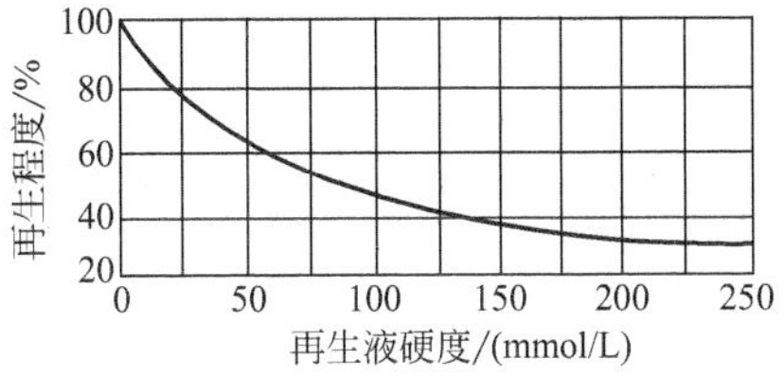


图 3-3-15　再生液中的硬度对再生程度的影响

(3) 使交换剂的再生度（程度）大为降低　如软化处理用 NaCl 溶液再生时，由于食盐溶液中有时含有大量的硬度盐类，杂质的存在，严重时可以使再生程度下降到 30%以下。如用 12%浓度的 NaCl 溶液再生时，再生效果随着再生液中的硬度盐类含量的增加而大为降低，如图 3-3-15 所示。

(4) 影响出水水质　不纯的再生液如含有 $Fe^{3+}$、$SiO_2$ 以及$NaClO_3$、$Al_2O_3$ 等物，不但污染树脂使其中毒，而且有的吸附在树脂表面上，正洗时难以清洗干净，而在制水时释放出来进入水中，影响出水水质。因此，必须根据要求选用纯度较高的再生剂，有的还必须在使用前经过澄清、过滤以去除杂质。

在阴树脂用 NaOH 再生时，为保证出水水质，有条件的地方应尽量使用纯度较高的碱。

为使再生剂保持纯净，必须在运输、贮存、溶化和使用过程中，加强防护，避免杂质混入。特别是对再生剂 NaOH 来说，运输和盛器都比较马虎是目前的通病，需引起重视；固碱在溶化之前要清除铁锈，有的还要配以过滤澄清装置；运送液碱的贮槽要专用，不可混杂使用；贮槽要有防腐措施，如衬胶、涂玻璃钢或是用塑料制品等。纯净的碱液是透明色的，如变成淡红色或红色溶液时说明受到铁污染，就要引起注意。

**314　阴树脂再生剂苛性钠的质量对树脂工作交换容量有什么影响?**

阴树脂再生剂苛性钠的质量对树脂工作交换容量及出水水质有很大的影响。苛性钠中常有氯化物、氯酸盐及铁酸盐等污染物，严重影响苛性钠的质量。不同质量的苛性钠对阴离子交换树脂工作交换容量的影响如下表所示：

| 成分 / NaOH 种类 | NaOH /% | $Na_3CO_3$ /% | NaCl /% | $Fe_2O_3$ /% | 某阴树脂工作交换容量 $Q_V^o\left(\frac{1}{x}B^{x-}\right)$/(mol/m³) |
|---|---|---|---|---|---|
| 化学纯苛性钠 | >95.0 | 3.0 | 0.01 | 0.0029 | 244.3 |
| 进口水银法生产 NaOH | >99.5 | ≤0.45 | ≤1 | ≤0.004 | 231.4 |
| 仿制隔膜法生产 NaOH | >96.1 | 1.65 | 2.2 | <0.01 | 217.5 |
| 工业苛性钠 | 30 | 1.0 | 5.0 | 0.01 | 142.7 |

强碱性Ⅰ型阴离子交换树脂的平衡常数 $K_{OH}^{Cl}$，一般在 15～20，说明树脂对 $Cl^-$ 的亲和力很强。因此，苛性钠中含有氯化钠时，对树脂再生度的影响很大。强碱性Ⅱ型阴离子交换树脂的平衡常数 $K_{OH}^{Cl}$ 为 1.5，说明它对 $Cl^-$ 的亲和力要小得多。因此，同样质量的苛性钠对强碱性Ⅱ型阴离子交换树脂再生度的影响就远较对Ⅰ型树脂的影响小。

苛性钠中如含有氯酸钠，在接触铁制的容器时（如运输槽车、贮槽等）会生成铁酸盐 $FeO_4^{2-}$，它是比高锰酸钾还要强的氧化剂，在碱性溶液中具有强氧化性能，会使阴树脂氧化而降解，降低其工作交换容量。铁酸盐极不稳定，其对树脂的危害程度尚需进一步研究。

## 315 复床再生废水的处理有哪些方法？

（1）回收使用 将复床的反洗后期、正洗后期及再生后期的水引入专用水箱，供下次反洗使用。

这样做有三个好处：一是节约用水，便于降低自用水量；二是由于回收水中有一定量未使用完的再生剂，有利于降低单耗；三是可以减少再生废水排放量，有利于中和处理。

（2）稀释法 将再生废水排至贮水池，然后利用回收水或污水将再生废水稀释至排放浓度后，再行排放。

（3）相互中和法 将阳床和阴床的再生废水，排入一个池中，利用阳床再生废水中的酸性，来中和阴床再生废水中的碱性，然后排放。

这种方法比较简单、经济。中和后废水一般呈碱性。

（4）过滤中和法 将相互中和后的再生废水通过中和过滤器，过滤器中装有碳酸钙，可与再生废水中的废酸起反应，并将其除去。

（5）利用弱酸性树脂处理 将再生废水通过弱酸性树脂，当废酸液通过时，树脂变成 H 型，将水中的酸除去；当废碱液通过时，树脂将 $H^+$ 放出，使水中的废碱被中和，树脂转变成盐型。

由于弱酸性树脂交换容量大，所以用这种方法比较经济，再生废水一般可保持在 pH＝6～9 的范围内。

（6）对于电厂，可用碱性的冲灰水来中和再生废水。

## 316 为什么一、二级交换器对树脂层高有一定的要求？

树脂层高度对离子交换有一定的影响，因为树脂层过低，就没有保护层，在运行时，水中的盐类容易穿透树脂层，使出水水质达不到要求。如果树脂层过高，就会增加树脂层的阻力，同时也是不经济的。因此，对一、二级交换器的树脂层高有一定的要求：一级除盐交换器，如直径在 2m 以上，树脂层高不得低于 1.5m；如直径在 2m 以下，树脂层高不得低于 1.2m；二级除盐交换器（如混合床），树脂层高一般不大于 1.5m，但最低不小于 1m。

## 317 什么叫水垫层？水垫层有什么作用？

所谓水垫层是指树脂层表面到进水装置之间，留有一定高度的空间，这个空间在运行或反洗时被水所占据，故称为水垫层。

固定床装置的水垫层有两个作用：

(1) 提供反洗时树脂的膨胀空间。交换床在反洗时，树脂在反洗水的冲击下，充分膨胀。此时，由于树脂颗粒的互相碰撞和反洗水的冲击，使包围在树脂颗粒表面的污泥剥离下来，并被反洗水带走。

同时为防止细小的树脂颗粒被水带走，留有一个适当的缓冲空间。

(2) 水垫层可以减缓水流对树脂层表面的冲刷，并在一定程度上，可以使水流在交换床截面上均匀分布。

水垫层的高度一般应相当于树脂层高度的60%～100%。

### 318 为什么离子交换器要留有一定的反洗膨胀高度？

在树脂反洗时，都有一定的膨胀率，其大小为反洗树脂时的膨胀高度与反洗前树脂层的高度之比。膨胀率与树脂的颗粒大小、真密度等物理性能以及水温等都有关，与操作时控制反洗流速的大小也有关系。但是，对于一定的树脂，水温高，黏度低，则树脂的反洗膨胀率就越小；反之，水温低，黏度大，则在同样的反洗强度下，膨胀率就越大。在经过运行之后，树脂层的表面上积有悬浮物等杂质，在再生之前，要进行小反洗来冲洗干净，有时为了提高再生效果，有必要定期使整个树脂层松动。为了保证一定的反洗效果，要有一定的反洗膨胀高度，膨胀高度过低，达不到反洗要求，又会造成树脂的流失；过高，也要增加设备的投资。实际生产表明，交换器的反洗膨胀高度为树脂层的80%左右为好。

### 319 进行除盐水处理时，对再生剂稀释水选择有何要求？

阳床的再生是以酸作为再生剂的，以 $H^+$ 来置换出树脂吸附的 $Ca^{2+}$、$Mg^{2+}$、$Fe^{3+}$ 等阳离子，因此再生剂的稀释水中存在少量的 $Ca^{2+}$、$Mg^{2+}$ 等阳离子，对交换反应不会有太大的影响。如果一级除盐水供应紧张，为了降低除盐水的耗量，短期内选择过滤水作为再生剂的稀释水是可以的，因而在系统原始开车时采用过滤水。当然，正常运行时，应以除盐水作为阳床再生剂的稀释水。

阴床是以碱来再生的，再生剂的稀释水必须采用除盐水，不能用过滤水，因为过滤水会使碱液混入 $Ca^{2+}$、$Mg^{2+}$、$Fe^{3+}$ 等阳离子，发生下列反应：

$$Ca(HCO_3)_2+2OH^- = Ca(OH)_2\downarrow+2HCO_3^-$$

$$Mg(HCO_3)_2+2OH^- = Mg(OH)_2\downarrow+2HCO_3^-$$

生成的 $Ca(OH)_2$、$Mg(OH)_2$ 沉淀污染阴树脂，大大地降低阴树脂的交换容量。混合床也用除盐水来稀释再生剂，这样，可以提高再生效果，缩短正洗时间，节约正洗水，提高工作交换容量和混合床出水质量。

### 320 如何计算酸、碱耗量和比耗？什么是再生水平？

(1) 除盐水处理的酸、碱耗量计算　所谓除盐水处理的酸、碱耗量，就是离子交换剂经过再生后，每恢复1mol的交换能力 $M\left(\frac{1}{x}A^{x+},\ \frac{1}{x}B^{x-}\right)$，所需要消耗再生剂酸、碱的质量。可用下式表示：

$$\text{酸、碱耗量}=\frac{G}{VH}\quad \text{g/mol}$$

式中 $G$——离子交换剂在再生时所消耗的酸、碱量（按100%质量分数计），g；

$V$——阴、阳离子交换床的周期制水量，$m^3$；

$H$——被离子交换剂所吸附的离子浓度 $c\left(\frac{1}{x}A^{x+},\ \frac{1}{x}B^{x-}\right)$，mmol/L 或 $mol/m^3$。对于阳床可以近似采用阳床进水的碱度加阳床出水酸度；对于阴床可以近似采用阴床的进水酸度。

（2）除盐水处理的比耗计算　所谓除盐处理的比耗就是再生剂的耗量相当于离子交换剂工作交换容量理论量的倍数；也就是再生时的酸、碱耗量与再生时理论上所需要的酸、碱量的比值。它又是再生效率的倒数。但由于离子交换反应，是按等电荷摩尔量进行的，也就是说，每除去 1mol 的阳离子 $M\left(\frac{1}{x}A^{x+}\right)$，在理论上只需要 1mol 的酸 $M\left(\frac{1}{x}A^{x+}\right)$，每除去 1mol 的阴离子 $M\left(\frac{1}{x}B^{x-}\right)$（或酸度），只需要 1mol 的碱 $M\left(\frac{1}{x}B^{x-}\right)$。所以，酸、碱比耗可用下式表示：

$$\text{酸、碱比耗}=\frac{\text{酸耗量或者碱耗量}}{\text{酸或碱的摩尔质量 } M\left(\frac{1}{x}A^{x+},\ \frac{1}{x}B^{x-}\right)}$$

比耗的单位用倍数或是质量分数来表示。其式中酸的摩尔质量 $M\left(\frac{1}{x}A^{x+}\right)$：HCl 为 36.5g/mol，$H_2SO_4$ 为 49g/mol；碱的摩尔质量 $M\left(\frac{1}{x}B^{x-}\right)$：NaOH 为 40g/mol。

（3）再生水平　酸、碱耗量的计算，还可以用再生水平这一概念来进行。再生水平就是再生一定体积的离子交换剂所消耗再生剂的量（以 100%的浓度计），单位为：$kg/m^3$ 树脂，或 g/L 树脂。

酸、碱耗量，酸、碱比耗和再生水平，都是反映除盐水处理水平高低的重要指标，努力降低酸、碱耗量是提高经济效益的重要途径。

### 321　软化除盐设备对进水杂质有何要求？适用何种水质？

为保证软化除盐设备不受污染，能够经济地连续运行，进入除盐设备的水应该是清洁的水。地下水一般需经过滤。地面水一般需经混凝、澄清、消毒及过滤。水中不应含有油脂类物质及微生物黏泥。

软化除盐设备对进水及杂质的要求。

<table>
<tr><th colspan="3">项　目</th><th>离子交换</th><th>电渗析</th><th>反渗透</th><th>电除盐</th></tr>
<tr><td colspan="3">污染指数 SDI</td><td>—</td><td><5</td><td><5</td><td>—</td></tr>
<tr><td rowspan="2">浑浊度/NTU</td><td colspan="2">顺流再生固定床</td><td><5</td><td rowspan="2"><1.0</td><td rowspan="2"><1.0</td><td rowspan="2">—</td></tr>
<tr><td colspan="2">逆流再生固定床、浮动床、双层床</td><td><2</td></tr>
<tr><td colspan="3">pH 值</td><td>—</td><td>—</td><td>3～11</td><td>5～9</td></tr>
<tr><td colspan="3">水温/℃</td><td>5～40①</td><td>5～40</td><td>5～35</td><td>5～40</td></tr>
<tr><td colspan="3">化学耗氧量 $COD_{Mn}$/(mg/L)</td><td><1②或<2④</td><td><3</td><td><3</td><td>—</td></tr>
<tr><td colspan="3">游离余氯(以 $Cl_2$ 计)/(mg/L)</td><td><0.05②或<0.1</td><td><0.2③或<0.3</td><td>控制值为 0,(允许最大 0.1)</td><td>0.05</td></tr>
<tr><td colspan="2" rowspan="2">含铁量(以 Fe 计)/(mg/L)</td><td>一级除盐</td><td><0.3</td><td rowspan="2"><0.3</td><td rowspan="2"><0.05</td><td rowspan="3">合计<0.01</td></tr>
<tr><td>混合床</td><td><0.1</td></tr>
<tr><td colspan="3">含锰量(以 Mn 计)/(mg/L)</td><td>—</td><td><0.1</td><td>—</td></tr>
</table>

① 强碱性Ⅱ型及丙烯酸型树脂水温应不大于 35℃。

② 大氮肥厂规定值。

③ JSJT—202 规定，见 372 题。

④ $COD_{Mn}$ 指标按凝胶型强碱性阴树脂要求制定。

不同软化除盐设备适用于不同进水水质。

（1）使用强酸性、强碱性离子交换树脂的一级除盐系统适用的进水水质如下：

| 设备名称 | 进　水　水　质 | | |
|---|---|---|---|
| | 含盐量/(mg/L) | 总阳离子(以 $CaCO_3$ 计)/(mg/L) | 强酸阴离子(以 $CaCO_3$ 计)/(mg/L) |
| 顺流再生固定床 | <150 | ≤100 | ≤50 |
| 逆流再生固定床 | <500 | ≤350 | ≤200 |
| 浮动床 | 300～500 | 100～200 | 50～125 |

（2）弱酸离子交换适用于碳酸盐硬度高、碳酸盐硬度与总阳离子之比大于 0.5 的进水。弱碱离子交换适用于强酸阴离子含量大于 100mg/L（以 $CaCO_3$ 计）、强酸阴离子与弱酸阴离子之比大于 2 或有机物过高的进水。

（3）电除盐的进水宜为反渗透装置的产品水。进水 $SiO_2$<0.5mg/L，总硬度<1mg/L（以 $CaCO_3$ 计），总含盐量<10～25mg/L，总有机碳<0.5mg/L。

### 322　怎样选择软化除盐系统？

软化除盐系统的选择应根据进水水质和对出水水质、水量的要求及环保要求等情况，经技术经济比较确定。

（1）软化系统宜按下表选择：

| 系统名称及代号 | 出水水质 | | 进水水质 | | |
|---|---|---|---|---|---|
| | 硬度(以 $CaCO_3$ 计)/(mg/L) | 碱度(以 $CaCO_3$ 计)/(mg/L) | 总硬度(以 $CaCO_3$ 计)/(mg/L) | 碳酸盐硬度(以 $CaCO_3$ 计)/(mg/L) | 碳酸盐硬度与总硬度比值 |
| 石灰-钠，CaO-Na | <2 | 40～60 | — | >150 | >0.5 |
| 单钠，Na | <2 | 与进水相同 | ≤325 | — | — |
| 氢、钠串联，H-D-Na | <0.25 | 25～15 | — | >50 | <0.5 |
| 氢、钠并联，$\left.\begin{matrix}H\\Na\end{matrix}\right]$—D | <2 | 25～15 | — | — | >0.5 |
| 二级钠，Na-Na | <0.25 | 与进水相同 | — | — | — |
| 弱酸，$H_w$ | — | <50 | — | — | >0.5 |

（2）除盐系统可按下表选择：

| 系统名称及代号 | | 出水水质 | | 进　水　水　质 | | | |
|---|---|---|---|---|---|---|---|
| | | 电导率(25℃)/(μS/cm) | $SiO_2$/(mg/L) | 碱度(以 $CaCO_3$ 计)/(mg/L) | 碳酸盐硬度(以 $CaCO_3$ 计)/(mg/L) | 强酸阴离子(以 $CaCO_3$ 计)/(mg/L) | $SiO_2$/(mg/L) |
| 一级除盐，H-D-OH | 顺流再生 | <10 | <0.1 | <200 | — | <100 | — |
| | 逆流再生 | <5 | | | | | |
| 一级除盐加混合床，H-D-OH-H/OH | | <0.2 | <0.02 | <200 | — | — | — |
| 弱酸一级除盐，$H_w$-H-D-OH | 顺流再生 | <10 | <0.1 | — | >150 | <100 | — |
| | 逆流再生 | <5 | | | | | |
| 弱酸一级除盐加混合床，$H_w$-H-D-OH+H/OH | | <0.2 | <0.02 | — | >150 | <100 | — |
| 弱碱一级除盐，H-D-$OH_w$-OH 或 H-$OH_w$-D-OH | 顺流再生 | <10 | <0.1 | <200 | — | >100 | — |
| | 逆流再生 | <5 | | | | | |
| 弱碱一级除盐加混合床，H-D-$OH_w$-OH-H/OH 或 H-$OH_w$-D-OH-H/OH | | <0.2 | <0.02 | <200 | — | >100 | — |

续表

| 系统名称及代号 | 出水水质 | | 进水水质 | | | |
|---|---|---|---|---|---|---|
| | 电导率(25℃)/(μS/cm) | $SiO_2$/(mg/L) | 碱度(以 $CaCO_3$ 计)/(mg/L) | 碳酸盐硬度(以 $CaCO_3$ 计)/(mg/L) | 强酸阴离子(以 $CaCO_3$ 计)/(mg/L) | $SiO_2$/(mg/L) |
| 弱酸、弱碱一级除盐，$H_w$-H-D-$OH_w$-OH | <10 | <0.1 | — | >150 | >100 | — |
| 弱酸、弱碱一级除盐加混合床，$H_w$-H-D-$OH_w$-OH-H/OH | <0.2 | <0.02 | — | >150 | >100 | — |
| 二级除盐，H-D-OH-H-OH | <1 | <0.02 | >200 | — | >100 | — |
| 二级除盐加混合床，H-D-OH-H-OH-H/OH | <0.2 | <0.02 | >200 | — | >100 | — |
| 强酸、弱碱加混合床，H-$OH_w$-D-H/OH 或 H-D-$OH_w$-H/OH | <0.2 | <0.1 | <200 | >150 | >100 | <1 |
| 反渗透(或电渗析)加一级除盐加混合床，RO(或 ED)-H-D-OH-H/OH | <0.1 | <0.02 | — | — | — | — |
| 二级反渗透加电除盐，RO-RO-EDI | <0.1 | <0.02 | pH4～11 | — | — | — |

注：1. 表中代号表示：H—强酸阳离子交换器；$H_w$—弱酸阳离子交换器；OH—强碱阴离子交换器；$OH_w$—弱碱阴离子交换器；Na—钠离子交换器；H/OH—阴阳混合离子交换器（混合床）；D—除二氧化碳器；CaO—石灰处理装置；RO—反渗透装置；ED—电渗析装置；EDI—电除盐装置。

2. 弱酸阳离子交换器单独使用时，用于去除碳酸盐硬度；其出水硬度等于原水非碳酸盐硬度与出水碱度之和。

3. 一般认为进水含盐量>500mg/L 时，采用反渗透加离子交换除盐处理较经济。当对出水有机物、微生物、颗粒等项指标有特殊要求时，也可选用反渗透加离子交换除盐联合系统。

4. 本题内容参考：GB/T 50109—2006《工业用水软化除盐设计规范》。

### 323　什么是移动床除盐处理？

在除盐的过程中，定期地排出一部分已经失效的树脂和补充等量的已经再生好的树脂，被排出的失效树脂在另一专用设备中进行再生和清洗，这样方式的除盐水处理，称为移动床除盐处理。

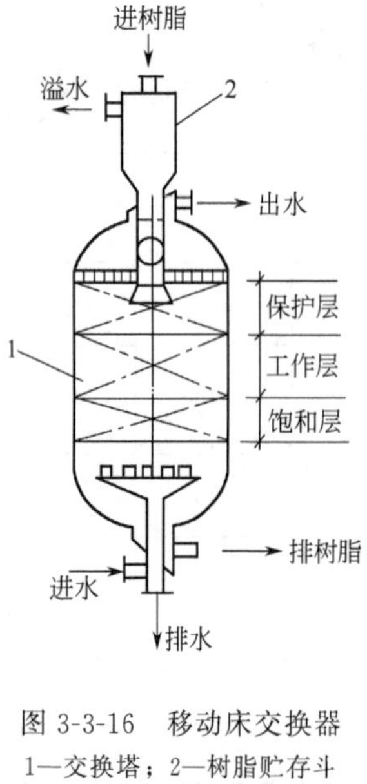


图 3-3-16　移动床交换器
1—交换塔；2—树脂贮存斗

移动床克服了固定床体积大、树脂用量多的缺点。在处理同样水量的情况下，移动床的树脂用量只是固定床的二分之一至三分之一；移动床避免了固定床在再生时间内停止制水的缺点，基本上做到了连续制水。因此，移动床具有设备小、占地少、投资少、交换流速大（是固定床的 2～3 倍）等优点。但移动床由于交换流速大而使树脂磨损较大，对水量、水质变化的适应性比固定床差。

移动床采用快速逆流运行方式，水是从下而上进入交换器的，水流首先接触的是树脂层的下部，先是较慢地渗透流出树脂层，而后流速加快时，整个树脂层就会被水托起，顶在交换器上部，成为压实状态，而后由顶部出水，形成倒置床。在离子交换过程中，塔内树脂依次分为：饱和层、工作层和保护层，如图 3-3-16 所示。

移动床交换系统的形式较多，大致可分：单塔式、两塔式（交换塔和再生清洗塔）和三塔式（交换塔、再生塔和清洗塔）三种，以使用三塔式较多。

### 324 如何进行移动床的操作？

以三塔式移动床为例，其流程如图 3-3-17 所示。操作步骤如下。

(1) 进水托层（床）操作 进水，将进水装置上部的树脂进行托层（床）操作，从塔顶部放空气阀排尽空气，进行离子交换，并出水。控制交换流速为 40～60m/h。与此同时，将进水装置下部的失效树脂压送至再生塔顶，送脂完毕关送脂阀。

(2) 失效树脂再生 送至再生塔的失效树脂，在顶部塔斗经再生废液的预再生，然后藉重力树脂徐徐落下。与此同时，再生塔的底部进水与再生液相混合，配成4%～8%溶液，以8～10m/h的再生流速上升，与从上部下落的树脂相遇进行再生，时间为 30～45min。

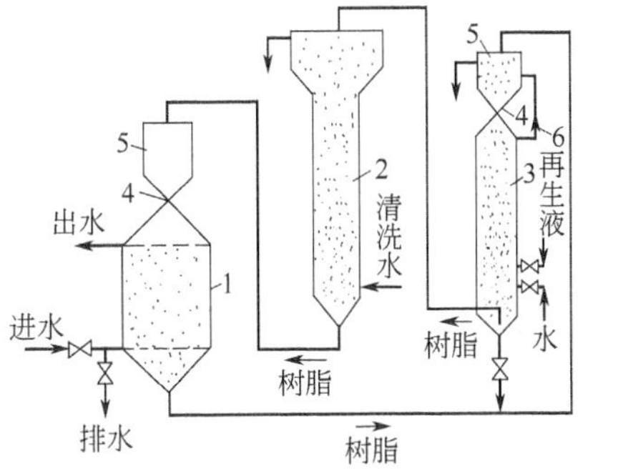


图 3-3-17 三塔式移动床流程示意图

1—交换塔；2—清洗塔；3—再生塔；4—浮球阀；5—贮存斗（漏斗）；6—连通管

(3) 再生树脂清洗 再生好的树脂送至清洗塔斗徐徐落下，塔底部进清洗水，对树脂进行清洗，待树脂落至底部时清洗已经结束，清洗好的树脂存入交换塔的塔斗。

(4) 运行终点控制操作 运行时间约 1h，即为终点，关进出水阀，迅速开大排水阀，打开交换塔顶部放空气阀，空气进入塔体，树脂落床。与此同时，交换塔上塔斗内已经再生清洗好的树脂落入塔内。然后，继续进行进水托层（床）操作。

### 325 什么是流动床离子交换处理？

移动床离子交换处理工艺有托床、落床、送脂等周期性的动作，制水过程不完全是连续的。而流动床离子交换处理是使离子交换过程完全连续，即做到连续性送水、制水、树脂连续性再生与送脂。它具有树脂装载量小、水质好、设备简单、操作方便等特点。流动床又分无压力式和有压力式两类，工艺原理基本相同。流动床的流程如图 3-3-18 所示。

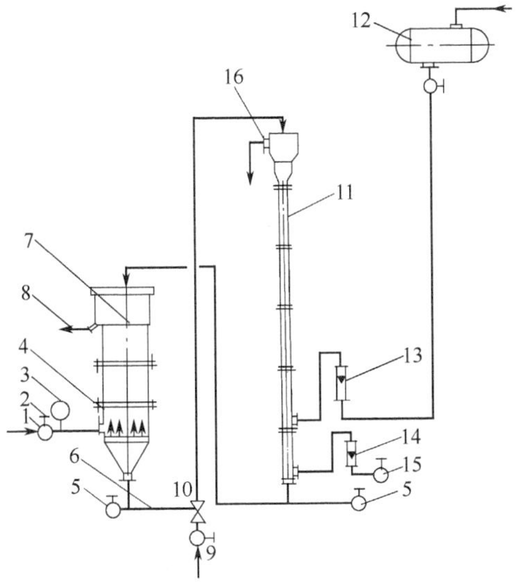


图 3-3-18 流动床流程示图

1—生水管；2—生水阀；3—压力表；4—泄水罩；5—故障排除阀；6—失效树脂输送管；7—交换塔；8—出水管；9—水力喷射器水源阀门；10—水力喷射器；11—再生塔；12—再生液贮槽；13—再生液流量计；14—清洗水流量计；15—清洗水阀门；16—废液排出口

运行的时候，原水由交换塔底部进入向上流动，通过树脂层，并使树脂悬浮，经过离子交换后的水从交换塔的上部溢流出来。因此，水流不能太快，避免带出树脂。经过离子交换失效的树脂质量增加，会自行降落到交换塔的底部，然后，被水力喷射器抽送到再生塔的上部，再渐渐下落。在这过程中，树脂先是与从再生塔中下部上升的再生液相遇进行再生，然后再被向上流动的清洗水进行清洗处理，而成为新鲜的树脂落到再生塔的底部，依靠交换塔与再生塔之间水位差的推动力，树脂被送到交换塔的上部，再投入离子交换处理工作。这一周而复始的水处理过程就称为流动床的离子交换处理。

### 326 什么是浮动床离子交换处理？

浮动床又称浮床，浮动床离子交换处理是在进行离子交换时，水从交换器底部以约30m/h的速度穿过进水装置，由于水流动能的作用，把惰性树脂和离子交换树脂托起，以压缩的状态向上浮动，在交换器的进水装置的上方，形成浮动状态的树脂层。

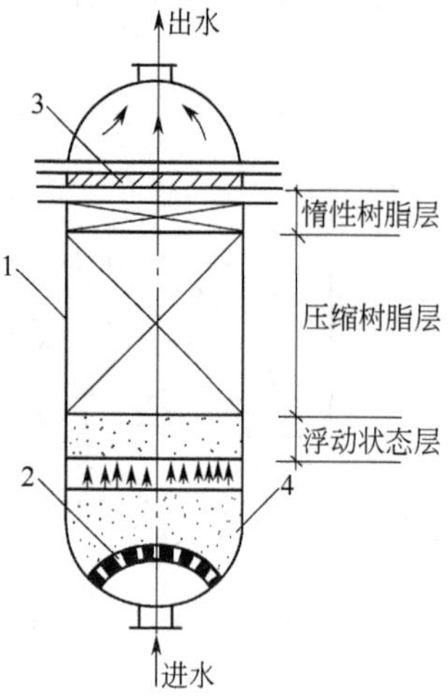


图 3-3-19 浮动床示意图
1—床体；2—进水装置；3—出水装置；4—级配石英砂垫层

如图 3-3-19 所示，在浮动状态层的区间里，树脂在水中呈现自由浮动状态，而在浮动树脂层上部是压缩的树脂层，压缩的树脂层是不会乱床的，但如果在制水过程中，水流在压缩的树脂层中产生偏流短路，那么在这一部位的水流速就会增加，从而使一些树脂颗粒由浮动状态层上升到压缩层中的偏流短路部位，这样，水流就会自动地均匀分布于整个截面上，避免了水中离子的泄漏，确保了出水水质。这就是浮动床自动调节功能。

浮动床大都采用逆流再生，水流从下而上，再生液流向自上而下。因此，浮动床也同样有逆流再生的优点：如出水水质比较好，阳床 $Na^+$ 可以小于 100μg/L，阴床出水的 $SiO_2$ 含量可达到 20～50μg/L，酸、碱比耗约 1.2～1.3，交换流速高达 30～50m/h，是通常固定床交换流速的 2 倍左右，自用水率小于 5%，操作也简便。但对于进水水质要求较严格，浑浊度应小于 2NTU，因为悬浮物进入交换器内会污染树脂，并难以处理。同时由于交换流速高，因此对树脂的强度要求较高。浮动床无法进行反洗，如要求反洗时，需增加体外清洗设备。

### 327 如何进行浮动床的操作控制？

浮动床的操作控制步骤，如图 3-3-20 所示。其操作步骤如下。

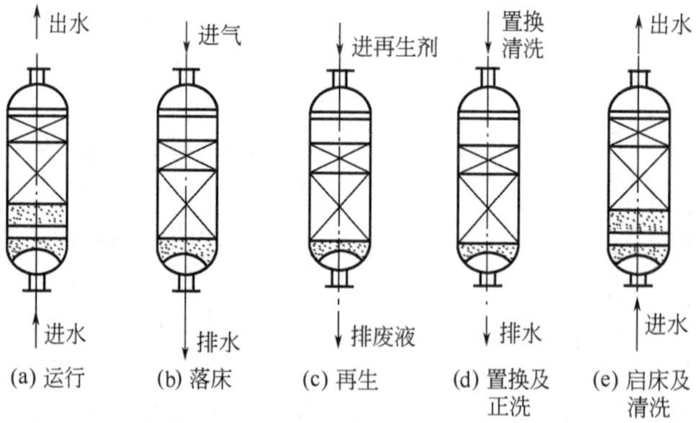


图 3-3-20 浮动床操作控制示意图

（1）运行操作　浮动床运行时，由交换器的底部进水，顶部出水，控制交换流速 30～50m/h。

（2）落床操作　当树脂失效时，进行落床操作。为了避免乱床，采用排水落床方式，即开启进空气阀，迅速打开排水阀。

（3）再生操作　再生时，从交换器顶部进再生液，再生流速控制在 4～7m/h，浓度 2%～4%，时间为 45min。

（4）置换及正洗操作　停进再生液进行置换操作，控制流速5m/h，约 25min，然后转入正洗操作，此时控制流速 15m/h 左右，正洗到阳床出水酸度和阴床出水碱度 $c\left(\frac{1}{x}B^{x-}\right)$ 与进水相比都要小于 0.2mmol/L 为止。

（5）启床及清洗操作　启床时要迅速进水，进行托床，流速 30～50m/h，在 2～3min 内就成床，此时进行清洗，出水排放，清洗 3～5min，取样分析，如果水质合格就进入水箱投入运行。

当阳床运行时间 2～3 个月，阴床运行 4～6 个月后，要进行一次彻底清洗。

## 328　什么叫落床？浮动床对落床有什么要求？落床有几种方法？

落床是指浮动床失效后，利用排水或停止进水的方法使床内树脂层下落的过程。

浮动床落床要求树脂迅速下落，避免“乱层”。因为浮动床失效时，其树脂大部分为失效型，且为有序的排列，下部树脂失效严重，上部树脂特别是保护层树脂，失效较轻。

在落床时，树脂层和床内水作相对运动，树脂颗粒穿过水层逐渐下落时，由于树脂“盐型”（即吸着的离子）不同，产生的微小密度差不同，以及树脂颗粒大小的差异等，都会使树脂层在下落时有小距离的窜动现象，这种窜动，会影响树脂层的平稳下移。所以落床时间越长，树脂就越容易乱层。因此落床时必须尽快关闭出、入口阀，缩短浮动床的落床时间。

浮动床落床有三种方法：

（1）重力落床　浮动床失效后，关闭出、入口阀，树脂依靠自身重力落床。

此种方法落床后树脂层表面平整，但落床时间较长。

（2）压力落床　浮动床失效后，关入口阀，开正洗排水阀，树脂层依靠出口水压力落床。

此种落床方法时间短，树脂层密实。但落床后，常在树脂层表面中部出现凹坑，说明水流在树脂层内分配不均，有乱层情况。

（3）排水落床　浮动床失效后，关出、入口阀，开正洗排水阀，树脂层在水层的作用下落床。

此种落床方法时间短，但树脂层表面中部有凹坑，说明有乱层。而且放水时，容易出现空气进入树脂层的情况。

## 329　备用的浮动床投运前为什么要正洗？

再生合格的浮动床在备用期间会由于种种原因，造成浮动床投运后的一段时间内，出水质量降低。所以为了保证浮动床投运后送出合格的水质，在浮动床投运前要进行短时间的正洗。

造成备用浮动床出水质量降低的原因，通常认为有如下几个方面。

（1）浮动床备用时，床内的水是不流动的，从化学平衡的角度看，会产生如下的逆反应：

$$RH+Na^{+}=\!=\!=RNa+H^{+}$$

逆反应的结果，会使蓄积在床内的水质变差，在浮动床刚投运时，这部分不合格的水排出，会造成出水质量变差。

（2）杂质的污染。关于这个问题，有两种观点。一种认为是蓄积在树脂层中的废再生液和再生产物的污染。由于床内装置和水力分布等问题，加之再生流速较低，会有部分废再生产物和再生废液留在树脂层中。由于运行时的流速远远高于再生流速，所以可能会将部分废再生液和再生产物带到出水水中，造成出水水质变差。

另一种观点则认为是由于系统中的杂物，如铁等的污染。由于除盐水设备、管道、阀门等大都采用铁制成，会有部分铁被带到浮动床中去，从而造成出水水质的污染。所以，备用床在正式投运时，要经过短时间的正洗。

### 330 浮动床在运行中应注意哪些问题?

浮动床在运行中应注意如下几个问题。

(1) 要防止空气进入浮动床。顺流床有约1/3的空间为水垫层，在进入空气后，打开空气阀，就可以用水把空气赶出来。浮动床由于装满树脂，一旦进入空气，就会直接进入树脂中，很难排净。这些空气在树脂层中蓄积，会影响再生效果和运行时的离子交换过程。

浮动床在操作中必须采取措施，严格防止空气进入浮动床中，再生系统应严密；酸、碱计量箱应高于水射器等。浮动床装倒U形管，以防止空气的漏入等。

(2) 应防止阴浮动床中混入阳树脂。阴浮动床中混入少量的阳树脂，会使阴浮动床运行时出水 $Na^+$ 增高，电导率增大，所以应采取措施，防止阴浮动床中混入阳树脂。除了在保管与装卸树脂时应特别注意外，在阳床出口处安装树脂捕捉器也是十分必要的。

(3) 入床水浑浊度要尽量小。浮动床对入床水的浑浊度有较高的要求，一般要求浑浊度小于2NTU；有时会因入床水浑浊度高，造成出水质量变坏，单耗上升。所以要做好入床水的预处理工作。树脂的反洗工作也应及时、彻底。

(4) 水垫层的高度要适宜。

(5) 置换水质量对保护层的再生度影响很大，应尽可能降低其中的杂质离子浓度。

(6) 在进行成床或落床操作时，应使整个床层像活塞那样整体向上成床或落床，防止出现偏流。

(7) 为了使液流向上时不乱层，并减少阻力，不少单位采用了在树脂层的上部加一层300mm高的聚乙烯白球。对这种做法应持慎重态度，因为这方法有两个问题要注意：一个是树脂导出体外反洗时，树脂与白球的分离有一定困难；另一个是在运行时，细树脂颗粒从白球缝中进入白球层中时，再生也洗不下来，给浮床的运行造成了一定的困难。

### 331 什么是半逆流再生?

半逆流再生是四床五塔式除盐系统，离子交换处理的工艺流程为：阳床→脱碳→阴床→阳床→阴床。阴、阳树脂均为强碱、强酸性交换树脂。第一台阳床及阴床装有较多的树脂，可基本上除去所有的离子；第二台阳床及阴床的树脂较少，起精制作用。再生时，酸、碱再生液分别先进入第二台阳床及阴床，再串联至第一台阳床及阴床进行再生。各台交换器均采用顺流再生，操作较简便。此法具有分层再生的意思，由于树脂失效时，其型式排列阳床为：Ca型→Mg型→Na型→H型，当再生时按其反方向进行，即H型→Na型→Mg型→Ca型，这样的再生效率较高，因为H置换出来Na，又可以继而置换出Ca、Mg，因此，大大减轻了由H来置换的负担，取得了逆流再生相似的效益，故称为半逆流再生。此法适用于较高含盐量水的除盐处理，但设备较多，投资较大。

### 332 什么是强弱树脂联合应用工艺?

强弱树脂联合应用工艺是同时使用强型和弱型两种树脂的除盐工艺。强型和弱型树脂具有不同特点。强型树脂具有交换的彻底性，能够去除水中的全部离子。弱型树脂虽不能除去水中的全部离子，但却具有工作交换容量大和再生剂比耗低的优点。二者联合应用可以发挥各自的优点，从而形成一种新型的化学除盐工艺。

联合应用工艺制水时，水先经过弱型树脂交换器，除去水中大部分离子，减轻了强型树脂交换器的负荷，然后进入强型树脂交换器，彻底除去其余离子，从而保证了出水水质，起了把关作用。以阳树脂交换器为例，原水先与弱型阳树脂交换，水中的暂时硬度几乎全部被除去，强型阳树脂可除掉剩余的中性盐分解的阳离子。在阴离子交换器中，水先与弱型阴树脂交换除去大部分强酸性阴离子，再与强型阴树脂交换除去弱酸性阴离子及其他阴离子，这样发挥了强型阴树脂除硅能力强的优点，保证出水质量。因此，强弱树脂联合应用工艺的出水水质好。再生时全部再生剂先通过强型树脂，再生后的废再生液再通过弱型树脂。这样就发挥了弱型树脂易再生、省再生剂的长处，使再生剂的比耗能够降到 1.0～1.2。由于比耗降低，使得在同样比耗下的树脂工作交换容量得到提高。如在经济的比耗下，强酸、强碱性树脂的工作交换容量各为 800～1000mol/$m^3$ 及 250～300mol/$m^3$；而当再生比耗在 1.0～1.2 时，强弱型阳、阴树脂的平均工作交换容量可达到 1300～1700mol/$m^3$ 及 600～900mol/$m^3$。因此，强弱树脂联合应用工艺不仅使树脂工作交换容量提高，使制水批量增大，而且酸碱耗低，制水成本低，排放废液少，对环境污染也减轻。

由于弱型树脂的价格较高，故联合应用技术的投资较高，所以该工艺适合用于中、高含盐量水的处理。一般认为，适用的条件是：阳树脂用于硬度大于 3mmol/L、原水硬碱比为 1.0～2.0 的水；阴树脂用于进水强酸性阴离子含量大于 2mmol/L、强酸性阴离子占总阴离子的 30%以上，或有机物含量较高的水。

强弱树脂联合应用工艺流程常见以下典型组合形式：

① 原水→弱阳→强阳→除碳→弱阴→强阴→除盐水。

② 原水→弱阳→强阳→除碳→强阴→除盐水。

③ 原水→强阳→除碳→弱阴→强阴→除盐水。

④ 原水→弱阳→弱阴→除碳→强阴→除盐水。

以上组合形式可由单床串联组成，还可以由强弱树脂放在同一交换器的双层床、双室床及双室浮动床来组成。

联合应用时，为使强弱树脂的工作交换容量都能得到充分利用，需具有相同的运行周期，两种树脂应保持合适的比例。应根据不同水质所含的不同离子浓度及不同树脂的工作交换容量进行计算确定树脂比例。

阴树脂再生时，再生剂先与强碱性树脂交换。因强碱性树脂主要吸着的是硅酸，故排出的再生液中含有大量硅酸盐胶体物质。用此再生液再去再生弱碱性树脂容易发生胶体硅析出污染弱阴树脂。故运行中需采取措施防止胶体硅析出。措施是提高再生流速至 6～12m/h，采用较低再生液浓度 1%～2%，也可提高再生液的温度至 35～40℃。

如采用大孔弱碱性树脂，对有机物质有较好的吸着能力，可以保护强碱性树脂。应控制好弱碱性树脂运行的终点，宜在酸度刚刚穿透时停止运行，以免有机物污染强型阴树脂。

### 333　什么是双层床离子交换处理？

将强型和弱型两种具有不同的相对密度、不同的粒度和交换特性的树脂放在同一个固定床离子交换器中，进行的离子交换处理称为双层床离子交换处理。由于所放的树脂不同，故又可分为阳双层床和阴双层床两种。弱型树脂密度小，在上部；强型在下部。双层床在运行的时候进水是从上而下的；再生时，再生液是由下而上进行的。双层床的运行、再生状态如图 3-3-21 所示。

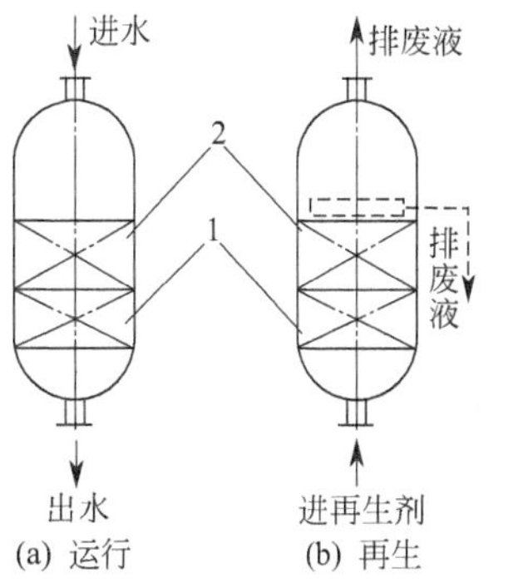


图 3-3-21　双层床运行、再生示意图

1—强型树脂；2—弱型树脂

双层床有如下特点：

（1）有两种树脂同存于一个交换器中，可以充分利用各种树脂的性能。但在树脂的选择上要考虑利于分层和两种树脂的配比关系，一般地弱酸（碱）性树脂层高要占两层树脂总高的 30%以上，如两层树脂总高为 1.6～1.7m，则弱酸（碱）性树脂高度要在 500mm 以上。如果树脂的分层困难，可在两层树脂中间用隔板分开而成为两个室，故又称双室床。

（2）提高了树脂的利用率、工作交换容量和出水水质，并且节约了酸、碱耗量，比耗约 1.0～1.2。再生时，新鲜的再生液先经过难以再生的强酸（碱）性树脂，然后再以废液来再生上层的弱酸（碱）性树脂，再生液能充分利用，排出废液的浓度低，易于中和处理。

（3）节省离子交换设备，减少设备的占地面积和投资。

（4）弱型树脂在上部，可防止树脂遭受有机物污染。但要注意再生时避免 $CaSO_4$ 沉淀（当在阳双层床用 $H_2SO_4$ 再生时）及胶体硅的污染。

（5）为了保证强弱两种树脂分层良好，树脂的真密度应有差别，阳树脂的密度差应大于 0.06g/mL，阴树脂应大于 0.04g/mL。强型树脂的粒径范围为 0.6～1.0mm，有效粒径 0.7mm，弱型树脂的粒径范围为 0.3～0.6mm，有效粒径 0.4mm。

### 334 如何进行双层床的再生操作？

双层床的再生操作有气压法、水压法及低流速法三种，与固定床逆流再生法相似，但操作控制终点有所不同。下面为气压法操作步骤。

（1）小反洗操作　当运行至树脂失效之后，先从中排管道进水进行小反洗以松动树脂层，清除上层树脂污物及中排管的涤纶网（或塑料网）上的悬浮物和碎树脂，清洗至出水清净为止。

（2）放水操作　停止小反洗后，开中排管阀，放水至中排管不出水为止。

（3）顶压操作　进气，维持压力稳定在 39.2～49.0kPa（0.4～0.5kgf/$cm^2$）。

（4）再生操作　再生剂用 HCl 时，浓度 2.5%，流速控制在 5m/h；如用 $H_2SO_4$ 时，先用浓度 0.8%，后用 2%的，流速控制在 5m/h；如用 NaOH 时，先用浓度 1.0%～1.5%的，流速控制在 6m/h，后用浓度 2%～3%的，流速控制在 3m/h，时间要 1h。

（5）置换操作　置换流速与再生时相同，对于阳双层床：置换到酸度小于 10mmol/L，硬度小于 5mmol/L；对于阴双层床：控制流速 3～5m/h，直至电导率小于 100μS/cm，碱度 $c\left(\frac{1}{x}B^{x-}\right)$小于 50μmol/L。

（6）正洗操作　终点控制：对于阳双层床 $Na^+ < 100\mu g/L$，硬度为 0，酸度 $< 0.2mmol/L$；对阴双层床：$SiO_2 < 100\mu g/L$，电导率 $< 10\mu S/cm$。

（7）运行操作　阳双层床出水的 $Na^+ < 500\mu g/L$，或阴双层床出水电导率 $\leqslant 10\mu S/cm$、$SiO_2 \leqslant 100\mu g/L$。

（8）双层床的反洗分层操作　阳双层床运行 10 周期左右，阴双层床运行 20 周期左右，要进行大反洗一次。大反洗初期，强、弱两种树脂发生混合，经过 30min 左右反洗之后，可以见到良好的分层，然后，停止大反洗操作，让树脂沉降下来，分层就更加明显了。

### 335 什么是双室床离子交换处理？

在进行离子交换时，吸附水中的哪种离子与各种树脂的性能有很大的关系。为了提高离子交换效率，有时需要两种树脂相匹配来进行离子交换。但在两种树脂混在一起时，往往分层再生比较困难，当树脂破碎时，就更加不容易了；同时各种树脂都有着不同的特点，其再生或交换条件也各不相同。为了避免这类缺点，可在一个交换器内，把两种树脂相互隔开成为两个室，各室装一种树脂，因此，称为双室床。双室床对树脂的真密度和粒径无特殊要求。不需采取顶压措施，也省去了反洗分层的操作步骤。为了避免各室的碎树脂堵塞布水装置，并使再生剂分布均匀，因此，往往在一个室内，在树脂上层加一层粒度为 1～2mm，密度为 0.12～0.15g/$cm^3$ 的惰性树脂层或聚氯乙烯塑料白球。因而，每个室就由一层是离子交换树脂，另一层为惰性树脂（或聚氯乙烯白球）所组成，故又称为双室双层床，如图

3-3-22所示。

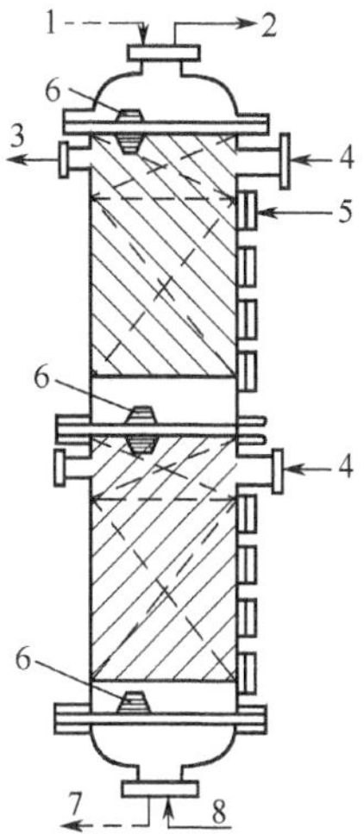


图 3-3-22 双室床示图

1—进再生液；2—运行出水；3—取样；4—装树脂；5—监视孔；6—水帽；7—再生废液排出；8—运行进水

### 336 什么是双室浮动床？

双室浮动床交换器由上、中、下三块多孔板将交换器分为上、下两个室。上下多孔板装有单叠片式水帽，中间多孔板装有双叠片式水帽。下部装弱型树脂，上部装强型树脂，而各室的树脂上部，装有一层惰性树脂，工作时具有浮动床状态，采用逆流再生。故又称为双室双层浮动床。

双室浮动床制水工作原理见图 3-3-23。

运行时，水是从交换器底部进入，经过多孔板及水帽，在水流作用下，先是下室的弱型树脂及惰性树脂被托起，并在布水装置的上部形成一层 100mm 左右厚的浮动层，在浮动层的上部是压紧树脂层，在此，水与弱型树脂进行离子交换后，穿过中间多孔板的双叠片式水帽，在上室形成一定的流速，也同样形成浮动的树脂层，并在其上形成压紧的强型树脂层，水在此再次进行离子交换。经过处理的水从交换器顶部流出。

双室浮动床的再生液是从交换器的顶部进入，以一定的再生流速及浓度通过布水帽，再经过惰性树脂层而使再生液均匀分布，对压紧强型树脂层进行再生。然后通过中间多孔板布水帽，同样地对下室的弱型树脂进行再生，使其恢复交换能力，如图 3-3-24 所示。

双室浮动床的工作与交换时的流向相反，故亦称为逆流再生，但其流向又与固定床逆流再生工艺相反。

要求双室浮动床的进水浑浊度<2NTU，并设体外清洗设备。

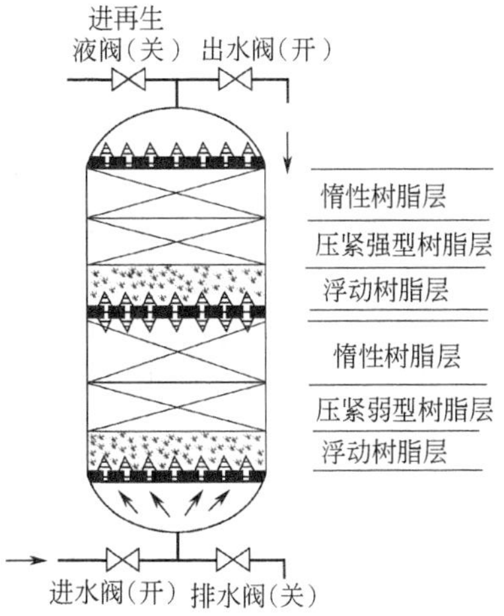


图 3-3-23 双室浮动床工作原理示图

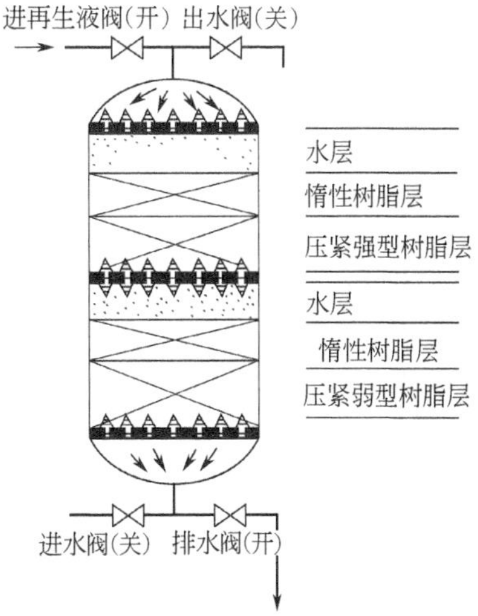


图 3-3-24 双室浮动床再生原理示图

### 337 如何进行双室浮动床的操作控制？

双室浮动床的操作控制如图 3-3-25 所示。其操作控制步骤简述如下。

（1）成床　开出水阀，再开进水阀，控制流速 30～50m/h，约 2min 左右即可成床，此时因水质不稳定要先行排放，经 3～5min 后，取样分析，当阳床出水硬度为 0、钠离子小于 200μg/L、酸度小于 10mmol/L，阴床出水电导率小于 10μS/cm、硅根小于 100μg/L 时，即

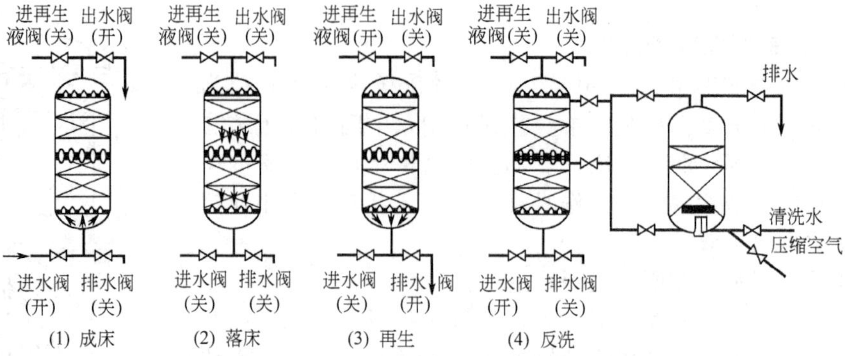


图 3-3-25　双室浮动床操作控制示图

为合格水进入水箱，直至失效。

（2）落床　树脂经过离子交换失效之后，进行再生前的落床操作。落床有压力落床、放压落床及重力落床等方法。为使树脂不乱层和树脂表面分布均匀，以采用重力落床为好。重力落床只需要关闭出水阀和进水阀。树脂藉其重力自动落床，时间约 3～4min。

（3）再生、置换、正洗　先配好 2%左右浓度的再生液，打开排水阀和进再生液阀。控制流速 3～6m/h，时间约 30～40min。然后关再生液阀，维持原来流速置换至再生液完全排出，约 15～30min 再转入正洗：将流速提高至 10～20m/h，正洗终点控制至出水达到合格水为止。

（4）反洗　阳床经过 20 周期左右，阴床经过 60 周期左右的运行后，为了清洗树脂中的悬浮物或微生物以及漂洗细碎树脂，可分别将树脂压入清洗塔进行反洗，流速约 10m/h。为了提高清洗效果，可以通以 29.4kPa 压缩空气（要除油）进行擦洗，直至排出水从锈黄色变为清澈为止。然后再压入交换器中进行再生操作。

### 338　什么叫变径双室浮动床？

变径双室浮动床与普通双室浮动床的结构与原理相同，也是将交换器分成上下两室，但两室的直径不同。下室直径较大，内装弱型树脂；上室直径较小，内装强型树脂。这样设计的原因是弱型与强型树脂的体积比较大。

联合应用工艺适合高含盐量的水质，这种原水一般中性盐含量高，阴床中弱碱性树脂的需要量大，有时弱碱性与强碱性树脂的体积比例达到 4∶1。此时如两室直径相同，必然使层高及流速设计都不合理。弱型树脂的交换速度较慢，要求流速不太高，最好不超过 20m/h，而强型树脂允许流速为 30～40m/h。为解决两种树脂对流速的要求，又要使强型树脂达到最低层高要求，变径双室浮动床是最佳选择。

变径双室浮动床还具有以下优点：

① 更适合负荷波动较大的情况。因缩小了阳树脂室的直径，在低负荷运行时不易乱层。

② 用较小孔板代替大直径浮动床的中间隔板，简化了设备结构。

③ 因弱型树脂体积比强型大得多，故使强型树脂的再生水平得到极大提高，如强碱性树脂的再生水平可提高到 $220kg/m^3$，因而使强型树脂再生更彻底，提高了工作交换容量和出水质量。

### 339　什么是三室床？

在一个交换器内，除了进、出水布水装置之外，用两块多孔板把交换器分成三部分空间（三室），在上下两个室内装阳离子交换树脂，中间一室装阴离子交换树脂，这样的装置称三室床。三室床的简单示图如图 3-3-26。

由于普通混合床的阴阳树脂分层困难，再生剂易使树脂受到污染，有时放钠，有时漏酸，影响水质。因此，用三室床新工艺来代替普通混合床，可以免除树脂分层之难，又可以提高出水水质。

三室床有如下特点：①渗透冲击压力小。因为渗透冲击压力是树脂磨损的主要因素，而混合床在两个树脂分界面附近都受到酸、碱液的渗透压力，但三室床可以避免；②阴树脂受高价离子的污染可能性小。因为污染物在上部阳床部分已经被除去，即使是上部阳床有漏钠，还可以通过底部阳床再除去；③三室床运行中树脂的应力小，因为三室床中树脂分成三层，每层有一块支承隔板，承托树脂的受力，这样，底部树脂可以不承受其他树脂的荷重，因此运行流速可高达 300m/h。

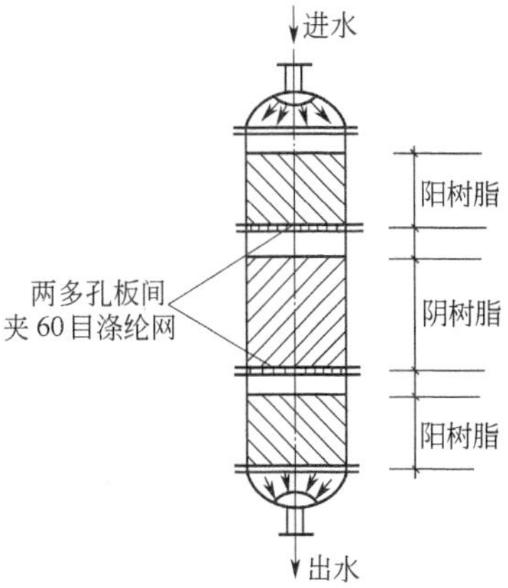

图 3-3-26　三室床示意图

### 340　什么是三层混合床？

我们知道：普通混合床是阴、阳树脂相混，设有中间排水管，再生时，碱液从上而下从中间排水管排出，酸液从下而上也从中间排水管排出。由于阴、阳树脂的分层不清，而中间排水管本身也要占一定的容积，因此，再生时碱液会接触到阳树脂，酸液会接触到阴树脂，形成部分阳树脂变成钠型树脂，部分阴树脂变成氯型，而严重影响出水水质。为了避免混合床的上述缺点，在强酸性、强碱性的阳、阴树脂的中间，加一层惰性树脂。这层惰性树脂的相对密度是在阴、阳树脂之间，这样，在反洗分层转入再生时，就可将树脂从上而下分为三层：阴树脂—惰性树脂—阳树脂，这就称为三层混合床，如图 3-3-27 所示。

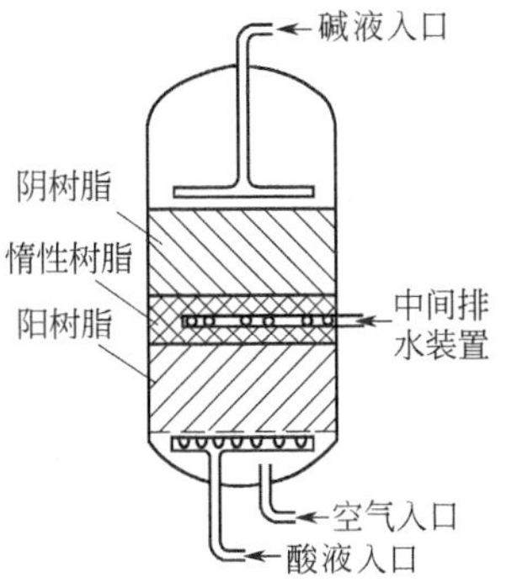

图 3-3-27　三层混合床示意图

其中，惰性树脂是一种偏丙烯酸盐及二乙烯苯的聚合物，呈圆球形，密度为 704～736g/L，粒度 0.42～0.71mm，有效直径 0.45mm，均匀系数为 1.9。

### 341　离子交换塔内加入惰性树脂有什么作用？

离子交换塔内加入一层惰性树脂或是聚氯乙烯白球，可因各种离子交换塔的不同要求而有所不同，其作用有两个方面：

(1) 浮动床内装入的聚氯乙烯白球层，再生时，再生液可沿塔体断面均匀分布，与离子交换树脂接触好，提高再生效果。浮动床运行时，床体被托起，要避免布水帽（或滤帽）的缝隙被碎树脂阻塞，这层聚氯乙烯白球具有拦截细碎树脂的作用。白球在浮动床又具有调节树脂填充率的作用，因为填充率太小，不易成床；填充率过大，对树脂转型膨胀也不利，这时白球起到少量调节作用。

(2) 混合床加入一层惰性树脂是为了避免阴、阳树脂交叉污染，即在混合床再生时，阳树脂或阴树脂分别受到 NaOH 或 $H_2SO_4$(HCl)的污染。因为在装置树脂时，很难精确计算树脂的转型膨胀率，阳树脂不可能刚巧在中排管道的中心线处，同样阴树脂也如此，无法恰到好处。因此，加入的惰性树脂在阳、阴树脂之间，将阴、阳树脂隔开，这样对反洗分层和阴、阳树脂的再生十分有利。否则，树脂受交叉污染，正洗和运行时，会缓慢放出 $Na^+$、$Cl^-$（或 $SO_4^{2-}$），使混床出水电导率居高不下，影响水质。

### 342 什么叫氢离子精处理?

复床出水的电导率一般小于 10～15$\mu$S/cm，而杂质钠离子，会引起复床出水电导率高。为了进一步提高水质，故在复床之后，设置一个氢型阳离子交换器，以便彻底除去复床出水中的 $Na^+$，其反应如下：

$$RH + Na^+ = RNa + H^+$$

这个氢型阳离子交换器即称为氢离子精处理。它的特点是：①出水的电导率可以接近于纯水电导率的理论值（0.04$\mu$S/cm，18℃）；②可以代替混合床，省去混合床树脂分层的复杂操作步骤；③工艺简单，投资少，占地面积小；④出水电导率一直非常稳定。但当阴床泄漏 $SiO_2$ 时，氢离子精处理装置的出水电导率会急剧上升，因此，可以用它来预测阴床 $SiO_2$ 的泄漏，作为硅根表的代用品。目前工业上用硅根表相当昂贵，维修及保养困难，且不能很快得到分析结果，而氢离子精处理出水电导率却反馈十分迅速，检测很方便。

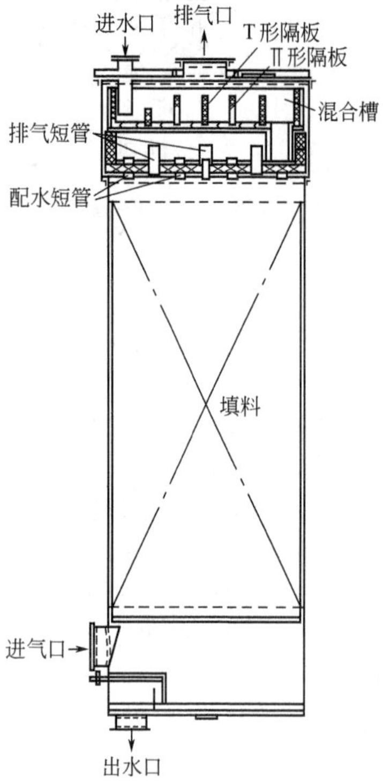

图 3-3-28 除碳器示意图

### 343 什么是除碳器?

除碳器又称二氧化碳脱气塔。由于原水中含有大量的碳酸氢盐碱度，经过 H 型离子交换器处理之后，树脂上所带的 $H^+$ 被置换到水中而成为碳酸，当水的 pH 小于 4.3 时，水中碳酸几乎完全以二氧化碳的形式存在，如下式的变化：

$$H^+ + HCO_3^- = H_2CO_3 = CO_2 + H_2O$$

当 $H^+$ 增加，即 pH 越低时，上述反应就向右进行。此时，用一个装置将水从上喷淋而下，空气从下鼓风而上，经过塔中的瓷环填料，使空气流与水滴充分接触，由于空气中的二氧化碳量很少，分压很低，只占大气压力的 0.03%，根据亨利定律，经过 H 型离子交换器处理的水，由于二氧化碳分压高，逸入分压低的空气流中而被带走，从而除去了水中的二氧化碳，也即除去了水中大量的阴离子 $HCO_3^-$。这种装置称为除碳器，如图 3-3-28 所示。

由于除碳器的作用，可大大地减轻阴床的负担，从而提高了阴床的周期制水量，减少了再生剂的消耗。

经除碳器后，水中的二氧化碳含量小于 5mg/L，每处理 1$m^3$ 水需 15～40$m^3$ 空气，淋水密度为 60$m^3$/($m^2$ · h)。一般情况下，水的碱度大于 40mg/L 时，都需设置除碳器，并大都设在阳床后面，阴床前面。

除碳器的形式，除上述鼓风除碳器之外，还有真空除碳器，如图 3-3-29 所示。被处理的水从除气塔 1 的顶部，经喷淋装置 2 喷洒而下，而于填料层 3 中成膜状，在除气塔顶设有抽真空装置，可以是真空泵，或是 2～3 级蒸汽引射器，使塔体内成为真空状态，真空度可达到 99.3～100.0kPa。水中的二氧化碳及氧气等逸出并被抽走，二氧化碳可除去 96%以上，溶解氧可小于 300$\mu$g/L，并可防止强碱Ⅱ型阴离子交换树脂的氧化，以延长使用寿命。但要注意真空除碳系统必须十分严密而不漏气，否则，不仅真空度达不到要求，而且，已处理好的水会再溶入二氧化碳和氧气。

### 344 影响除碳效果的因素有哪些?

影响除碳效果的因素如下。

(1) 负荷。由于进入除碳器水中的 $CO_2$ 量很高，若除碳器的进水负荷过大，则可能恶化除碳效果。

因此除碳器的进水应连续、均匀且维持额定负荷运行。

(2) 风水比。所谓风水比是指在除碳时每处理 $1m^3$ 除碳水所需要空气的体积 ($m^3$)。

理论上，除去 $CO_2$ 其风水比应维持在 15～$40m^3$ 空气/$m^3$ 水。风水比低于上述数值时，也会使除碳效果受到影响。

(3) 风压。选择鼓风机时，应考虑塔内填料层的阻力以及其他阻力的总和。风压过低会使 $CO_2$ 不能顺利地从风筒处排走，则已脱出的 $CO_2$ 还会重新溶解在水中，使水中 $CO_2$ 含量增高。

(4) 填料。填料主要影响水的分散度，分散度大，有利于除碳。

填料不同，其比表面积不同，对水的分散度影响也不同，因而其除碳效果也不同。

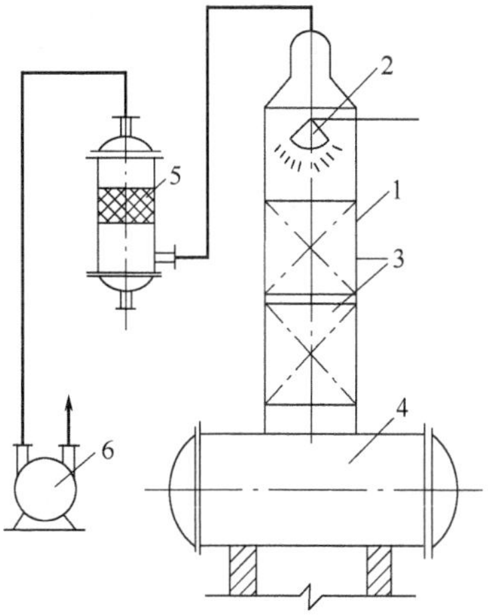


图 3-3-29 真空除碳器示意图

1—除气塔体；2—喷淋装置；3—填料层；4—水箱；5—干燥器；6—真空泵

(5) 水温。提高水温会加快 $CO_2$ 从水中的除脱速度，有利于除碳；同时由于大部分的除碳器都是置于户外，适当提高水温对冬季运行也有利。

除碳水温度受阴离子交换树脂热稳定性的影响，所以水温不超过 40℃ 为适宜。

(6) 除碳器的鼓风机的进风质量要好，要新鲜空气不含灰尘。否则污染气体的杂质（如 $CO_2$、$NH_3$ 等），会随之溶入水中，影响除碳效果和阴塔进水的水质。所以，鼓风机入口最好要有过滤装置。

**345 除碳器在运行中易出现哪些异常现象？应如何处理？**

除碳器在运行中出现的异常现象及处理方法见下表。

| 序号 | 异常现象 | 原 因 | 处 理 方 法 |
|---|---|---|---|
| 1 | 出水 $CO_2$ 含量偏高 | (1)进水量偏大，除碳器超负荷运行<br>(2)进水水温偏低<br>(3)配水装置故障，配水不均<br>(4)除碳风机出力不足<br>(5)填料局部破碎，空气走近路<br>(6)填料高度不够 | (1)调整进水负荷至额定值<br>(2)适当提高进水温度<br>(3)检修故障的配水装置<br>(4)提高风机出力<br>(5)重新筛选填料<br>(6)补充填料至适宜高度 |
| 2 | 除碳器顶部排风量小 | (1)除碳风机风压低<br>(2)除碳风机进风口堵塞<br>(3)填料破碎，阻力大<br>(4)除碳器内壁防腐涂料大片脱落 | (1)提高除碳风压<br>(2)清除进风口的堵塞物<br>(3)重新筛选填料<br>(4)检查除碳器内防腐涂层情况，及时清除脱落物 |
| 3 | 除碳风机运行中振动 | (1)风机出入口机壳螺钉松动<br>(2)风机基础不牢固<br>(3)机壳腐蚀严重，变形变薄<br>(4)叶轮组装时不正 | (1)紧固机壳上松动的螺钉<br>(2)检查风机基础情况，对症处理<br>(3)检修或更换腐蚀机壳<br>(4)重新组装叶轮并找正之 |
| 4 | 风机皮带跳动 | 两皮带轮距离较近或皮带过长 | 重新调整皮带轮距离或改换较短的皮带 |

**346 多面空心球填料有什么优点？**

近年来开发的多面空心球是塑料制品除碳器填料，具有比表面积大、易于堆放、不易破碎等优点。有关的特性数据如下。

| 规格 | 比表面积/($m^2/m^3$) | | | 孔(空)隙率/($m^3/m^3$) | | | 堆积系数/(个/$m^3$) | | | 堆积密度/($kg/m^3$) | | |
|---|---|---|---|---|---|---|---|---|---|---|---|---|
| | A | B | C | A | B | C | A | B | C | A | B | C |
| ϕ25 | 500 | 460 | 460 | 0.80 | 0.81 | 0.80 | 85000 | 85000 | 85000 | 210 | 210 | 200 |
| ϕ38 | 300 | 300 | 325 | 0.86 | 0.86 | 0.89 | 22800 | 23000 | 25000 | 100 | 100 | 105 |
| ϕ50 | 230 | 236 | 230 | 0.90 | 0.91 | 0.90 | 11500 | 11500 | 11500 | 95 | 90 | 91 |

拉希瓷环填料（ϕ25×25×2.5mm）和ϕ50多面空心球填料在除碳器中的除碳效果对比试验见下表。

| 拉　希　瓷　环 | | | 多　面　空　心　球 | | |
|---|---|---|---|---|---|
| 负荷/(t/h) | 出水 $CO_2$/(mg/L) | 风水比/($m^3$ 空气/$m^3$ 水) | 负荷/(t/h) | 出水 $CO_2$/(mg/L) | 风水比/($m^3$ 空气/$m^3$ 水) |
| 100 | 3.3 | 101 | 100 | <2.2 | 147.2 |
| 150 | 4.4 | 73.6 | 150 | 2.2 | 98.1 |
| 200 | 8.8 | 55.2 | 200 | 3.3 | 73.6 |
| 250 | 24 | 44.16 | 250 | 4.8 | 58.83 |
| 300 | 55 | 36.8 | 300 | 5.0 | 49.06 |

注：试验条件为入口水碱度 140～150mg/L，水温 15℃，填料均为 2m 高。

从表中可以看出：

(1) 采用拉希瓷环作填料的除碳器，当流量低于 150t/h、风水比高于 50$m^3$ 空气/$m^3$ 水时，其出水 $CO_2$ 可维持低于 5mg/L；当流量超过 200t/h 时，除碳效果即迅速恶化。

(2) 当采用多面空心球作填料的除碳器，当流量达 300t/h、风水比为 49.06$m^3$ 空气/$m^3$ 水时，仍能维持正常运行，出水中 $CO_2$ 为 5mg/L，达到了预期值。

(3) 在风水比相近的情况下（对拉希瓷环填料为 250t/h，对空心球填料为 300t/h），空心球的除碳效果是拉希瓷环的 4 倍，证明空心球填料由于比表面积大，在相同的风水比的情况下，有着更好的除碳效果和布水性能。

### 347　对离子交换器排水装置垫层的石英砂应有什么要求？

用石英砂做垫层，要求 $SiO_2$ 含量在 99%以上，并要求尽力选用圆形的，避免使用片状的。在使用前要用 15%～20%（质量分数）的盐酸处理 24h 以上，以溶解部分可溶性杂质。此外，还要求严格按级配进行铺装，见下表。

| 石英砂粒径/mm | 厚度(Ⅰ型)/mm | 厚度(Ⅱ型)/mm |
|---|---|---|
| (顶层)1～2 | 150 | 200 |
| 2～4 | 100 | 100 |
| 4～8 | 100 | 150 |
| 8～16 | 150 | 200 |
| (底层)16～32 | 200 | 250 |
| 合　计 | 700 | 900 |

注：交换器直径较大时选Ⅱ型。

### 348　如何防止盐酸贮槽上发生酸雾？

用盐酸作为阳离子交换剂的再生剂时，常见盐酸的贮槽上飘浮着酸雾，不仅严重腐蚀设备，而且造成大气污染。防止酸雾发生通常有两种方法：

(1) 设置酸雾吸收器　其结构如图 3-3-30 所示。

从盐酸贮槽引出的酸雾管道进入酸雾吸收器，并被从顶部喷淋而下的水所吸收。吸收器内装有填料，以增加吸收效果。

(2) 石蜡油液封　石蜡油（或称白油）的化学性质稳定，一般不与酸、碱起化学反应，在常温下不易氧化，对水的亲和力较小。因此，在盐酸的贮槽中，加入 10～12cm 厚的白油层覆盖在盐酸的表面，能够阻止酸雾的发生。选用的石蜡油为 18 号白油，闪点不低于 200℃，凝固点不高于 −15℃，相对密度 $d_4^{20}$ 0.86 左右，分子直径约 7～10Å（0.7～1nm）。在使用的过程中，即使白油不慎漏入树脂层，也没有影响。石蜡油液封使用十分方便，效果显著。

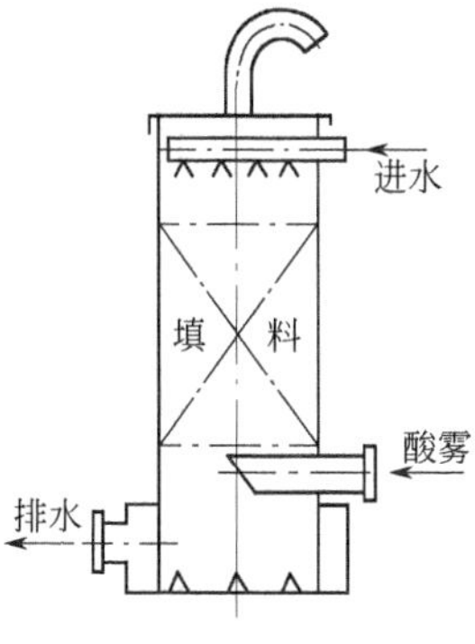


图 3-3-30　酸雾吸收器结构示图

**349　什么是超声波树脂清洗器？**

超声波树脂清洗器是采用超声波的方法使树脂得到净化的装置，如图 3-3-31 所示。

这种净化装置可以清除树脂颗粒表面的污染物。清洗时，被污染的树脂从顶部进入，经过中间的超声波场之后，由底部排出；冲洗水由底部进入，上部流出，从树脂分离出的污染物及树脂的碎屑随冲洗水从顶部溢出。应控制好树脂的进入和排出速度，要避免树脂的流失。

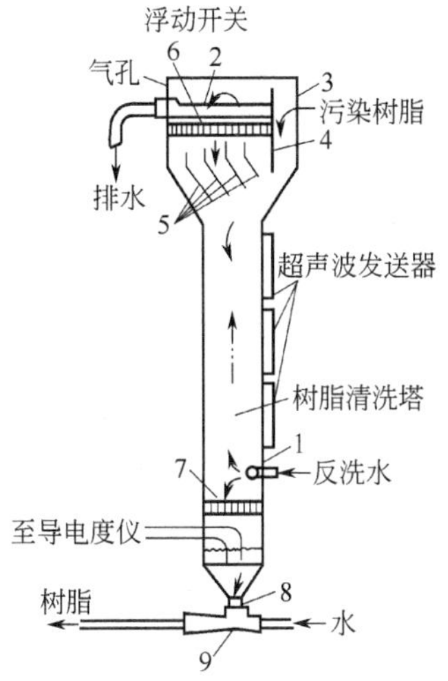


图 3-3-31　超声波树脂清洗器

1—反洗水；2—排除污物罩帽；3—污染树脂进入；4—转向装置；5—导向板；6，7—流通隔板；8—出口漏斗；9—抽出器

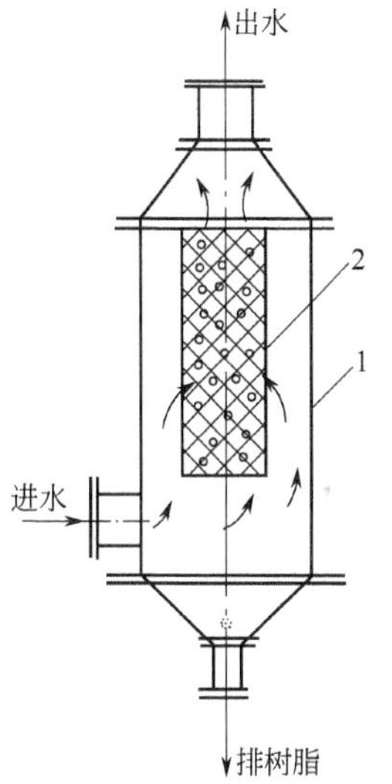


图 3-3-32　树脂捕捉（集）器示意图

1—壳体；2—外包 50 目（0.3mm）塑料网套出水管

**350　什么是树脂捕捉（集）器？**

为了防止交换器在运行过程中因排水装置的损坏，而引起树脂流失，为此在交换器的出水管上，安装一个流失树脂的收集装置，叫做树脂捕捉（集）器。其结构如图 3-3-32 所示。

应定期检查捕集器是否存有树脂，如发现有，应分析原因，并检修交换器的排水装置。

**351　如何去除胶体硅？**

除盐水中的胶体硅一旦进入锅炉，在高温高压的作用下，会转化为活性硅，在锅炉和蒸汽系统形成硅垢。因此，胶体硅的去除十分重要。经测定，澄清池除胶体硅的效率可达 50%～80%，过滤除硅能力达 10%～20%，而复床和混合床除硅都不到 5%。因此，除硅应当以澄清池为主。

由于胶体硅的颗粒十分微小，粒径约 $10^{-6}$～$10^{-5}$mm；表面常有负电的胶粒存在，其自然沉降速度十分缓慢，每秒钟只有 10Å（1nm），因而靠自然沉降除胶体硅是不可能的。因此，必须根据胶体物质的特性，在水中加入一种带正电胶体的高价离子，或利用增大水溶液中盐类浓度等方法，使其发生电中和，降低胶体硅的吸附层和水溶液间的电位差。为达到此目的，一般是在水的澄清处理中，加入一定量的带正电荷的混凝剂胶体如 $Al(OH)_3$、$Fe(OH)_3$，或加入镁剂如 MgO，与胶体硅异电相吸，聚凝成大颗粒，藉其重量由沉淀而除去。据试验，除硅处理的混凝剂投加量为 40～60mg/L；对于 MgO 加量，其估算方法是每去除 1 份 $SiO_3^{2-}$ 约加 15 份 MgO 量。

### 352 测定水中硅酸时为什么要严格控制酸度？

以比色法测定水中的溶解硅时应严格控制酸度。溶解硅与钼酸铵$(NH_4)_2MoO_4$ 产生硅钼酸络合物而生成钼黄，在酸度大于 0.6mmol/L 时，不能形成钼黄，并在一定的酸度下，被还原成钼蓝，用钼蓝的蓝色程度通过比色来测定水中溶解硅的含量，其反应如下：

$$H_4SiO_4 + 3Mo_4O_{13}^{2-} + 6H^+ \longrightarrow H_4[Si(Mo_3O_{10})_4] + 3H_2O$$

当在测定炉水的溶解硅时，因常有一定量的磷酸根 $PO_4^{3-}$ 与钼酸铵生成磷钼酸黄色复盐，会干扰分析的结果，但磷钼酸复盐在酸度大于 1.2～1.5mmol/L 时就分解了，因此，测定水中溶解硅时要严格控制酸度。所以，在测定时，先将酸度控制在 0.10～0.25mmol/L，此时，形成稳定的黄色的硅钼酸复盐和磷钼酸复盐，然后再加入硫酸，将酸度控制在 2.2～3.0mmol/L，即 pH 在 1.5～3.0 左右，以破坏其中的磷钼酸复盐，并在此条件下，将黄色硅钼酸复盐还原成蓝色。实践证明 pH＝1.5～3.0 时，硅酸的测定最好。

水中胶体硅的测定，目前的方法是用氢氟酸（HF）在 100℃下加热，使形成可溶性 $H_2SiF_6$，然后根据上述要求控制在一定的酸度下，再按溶解硅的方法进行测定，但要注意隐蔽过剩的氟离子。当测定水中微量硅的操作时，应注意：分析器皿要先用盐酸洗净，然后用含硅量小于 3μg/L 的无硅水充分洗净，用滤纸拭干，避免污染。器皿的材质可用塑料或有机玻璃；试剂应保持新鲜，尤其是还原剂保藏时间最多不能超过两周。

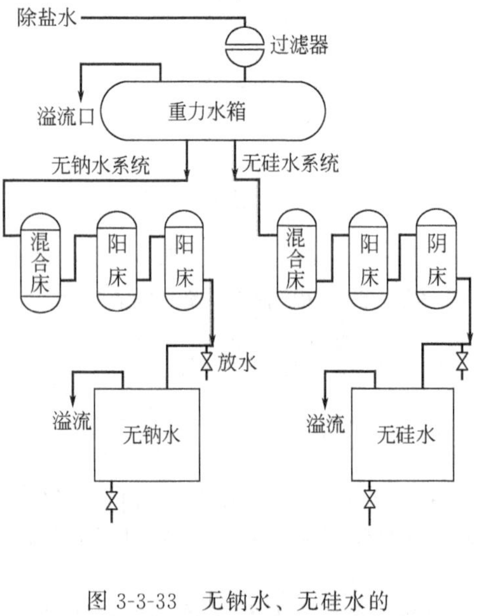


图 3-3-33 无钠水、无硅水的制备工艺流程示图

### 353 无钠水、无硅水是怎样制备的？

在测定阳床出水的钠离子、复床和混合床出水的硅根时，需要使用无钠水和无硅水。无钠水、无硅水的制备工艺流程如图 3-3-33 所示。

由图 3-3-33 可知，除盐水先通过过滤器，以便除去铁等杂质，流入重力水箱。重力水箱是起缓冲作用，并保持一定的水量。

无钠水的制备：重力水箱里的除盐水，先经过混合床处理（大都是用有机玻璃做的交换柱），然后再进二级阳床进行离子交换，使出水的钠离子小于 2μg/L，即称为无钠水，进入无钠水箱。

无硅水的制备：重力水箱里的除盐水，先经混合床处理，再进入阳床除去水中残留的阳离子，然后再进入阴床，除去水中残留的阴离子，使出水的硅根（以 $SiO_2$ 计）小于 3μg/L，即称为无硅水，并进入无硅水箱。

## （四）膜分离除盐处理

### 354　什么是膜分离？膜分离过程的推动力是什么？

没有经过处理的水实际上是混合物，混合物之所以能被分离，是由于它们之间的物理或化学性质有所差异。我们就是利用这些差异将其分开的。性质愈相近，分离就愈困难，反之亦然。膜分离是利用一张特殊制造的、具有选择透过性能的薄膜，在外力推动下对混合物进行分离、提纯、浓缩的一种分离方法。这种薄膜必须具有使有的物质可以通过、有的物质不能通过的特性。膜可以是固相或液相。目前使用的分离膜绝大多数是固相膜。

物质透过分离膜的能力可以分为两类：一种借助外界能量，物质发生由低位向高位的流动；另一种是以化学位差为推动力，物质发生由高位向低位的流动。下表列出一些主要膜分离过程的推动力。

主要膜分离过程的推动力

| 推　动　力 | 膜　过　程 |
|---|---|
| 压力差 | 反渗透、超滤、微滤、气体分离 |
| 电位差 | 电渗析 |
| 浓度差 | 透析、控制释放 |
| 浓度差（分压差） | 渗透汽化 |
| 浓度差加化学反应 | 液膜、膜传感器 |

### 355　我国膜分离技术在水处理领域的应用情况怎样？

我国膜分离技术是从1958年开始开发的，其研究和应用大致可分为三个阶段。

第一个阶段是20世纪60年代的开创时期。这个时期电渗析是我国最早得到推广应用的膜分离过程，其应用领域涉及苦咸水淡化；电厂锅炉补给水预除盐；电子、医药行业超纯水制造等。离子交换膜、隔板、电极及其他配套设备已能自己制造，并几经换代使电渗析装置日趋完善。

第二个阶段是20世纪70年代。这一时期，电渗析、反渗透、超滤和微滤等各种膜和相应组件、装置都在研究中，或已开发出来，除电渗析外。其他膜组件仍未得到应用。

第三个阶段是20世纪80年代以后。这一时期我国膜分离技术跨入应用阶段，一些技术上较为成熟的膜过程开始得到应用。在自己研制成功的醋酸纤维素（CA）膜与复合膜生产装置的基础上，又相继引进了外国有关公司的反渗透膜生产线。反渗透技术已在我国电厂锅炉补给水预除盐、超纯水制造、海水和苦咸水淡化等方面大规模推广应用，并取得很好的技术效益和经济效益。

### 356　膜分离的基本原理是什么？机理如何？

由于分离膜具有选择透过的特性，所以它可以使混合物质有的通过、有的留下。分离膜之所以能使混在一起的物质分开，基于两个方面的原理：

（1）根据它们物理性质的不同　主要是质量、体积大小和几何形态差异，用过筛的办法将其分离。

（2）根据混合物的不同化学性质　物质通过分离膜的速度取决于以下两个步骤的速度：首先是与膜表面接触的混合物进入膜内的速度（称溶解速度）；其次是进入膜内后从膜的表面扩散到膜的另一表面的速度。二者之和为总速度。总速度愈大，透过膜所需的时间愈短；总速度愈小，透过时间愈长。溶解速度完全取决于被分离物与膜材料之间化学性质的差异；扩散速度除化学性质外还与物质的分子量有关。混合物中各物质透过的总速度相差愈大，则分离效率愈高；若总速度相等，则无分离效率可言。

但是，由于膜分离的过程不同，它们的分离机理也不完全相同。各种主要水处理过程的膜分离机理如下表所示。

**各种主要水处理过程的膜分离机理**

| 膜过程 | 分离体系① | | 推动力 | 分离机理 | 渗透物 | 截留物 | 膜结构 |
|---|---|---|---|---|---|---|---|
| | 相1 | 相2 | | | | | |
| 微滤(MF) | L | L | 压力差(0.01～0.2MPa) | 筛分 | 水、溶剂溶解物 | 悬浮物、颗粒、纤维和细菌(0.01～10μm) | 对称和不对称多孔膜 |
| 超滤(UF) | L | L | 压力差(0.1～0.5MPa) | 筛分 | 水、溶剂、离子和小分子(相对分子质量<1000) | 生化制品、胶体和大分子(相对分子质量1000～300000) | 具有皮层的多孔膜 |
| 纳滤(NF) | L | L | 压力差(0.5～2.5MPa) | 筛分+溶解/扩散 | 水和溶剂(相对分子质量<200) | 溶质、二价盐、糖和染料(相对分子质量200～1000) | 致密不对称膜和复合膜 |
| 反渗透(RO) | L | L | 压力差(1.0～10.0MPa) | 溶解/扩散 | 水和溶剂 | 全部悬浮物、溶质和盐 | 致密不对称膜和复合膜 |
| 电渗析(ED) | L | L | 电位差 | 离子交换 | 电解离子 | 非离解和大分子物质 | 离子交换膜 |
| 渗析 | L | L | 浓度差 | 扩散 | 离子、低分子量有机质、酸和碱 | 相对分子质量大于1000的溶解物和悬浮物 | 不对称膜和离子交换膜 |
| 渗透蒸发(PV) | L | G | 分压差 | 溶解/扩散 | 溶质或溶剂(易渗透组分的蒸气) | 溶质或溶剂(难渗透组分的液体) | 复合膜和均质膜 |
| 膜蒸馏(MD) | L | L | 温度差 | 汽-液平衡 | 溶质或溶剂(易汽化与渗透的组分) | 溶质或溶剂(难汽化与渗透的组分) | 多孔膜 |
| 气体分离(GS) | G | G | 压力差(1.0～10.0MPa)，浓度差(分压差) | 溶解/扩散 | 易渗透的气体和蒸气 | 难渗透的气体和蒸气 | 复合膜和均质膜 |
| 液膜 | L | L | 化学反应与浓度差 | 反应促进和扩散传递 | 电解质离子 | 非电解质离子 | 载体膜 |
| 膜接触器 | L<br>G<br>L | L<br>L<br>G | 浓度差<br>浓度差(分压差)<br>浓度差(分压差) | 分配系数 | 易扩散与渗透的物质 | 难扩散与渗透的物质 | 多孔膜和无孔膜 |

① 分离体系中L表示液相，G表示气相或蒸气。

### 357 膜分离技术有些什么特点？

膜分离技术与蒸馏、吸附、萃取等传统的分离技术相比具有以下特点。

(1) 膜分离是一个高效的分离过程。例如以重力为基础的分离技术最小极限颗粒是微米(μm)，而膜分离可以做到将颗粒大小为纳米(nm)的物质进行分离。

(2) 膜分离过程的能耗比较低。大多数膜分离过程都不发生潜热很大的“相”变化，所以能耗低。以海水淡化为例，膜技术反渗透比其他分离方法能耗低，见下表：

**几种方法淡化海水能耗比较**

| 分离方法 | 需要消耗的动力/(kW·h/m³) | 需要消耗的热量/(kJ/m³) |
|---|---|---|
| 理论值 | 0.72 | 2577 |
| 反渗透(水回收率40%) | 3.5 | 16911 |
| 冷冻 | 9.3 | 33472 |
| 溶剂萃取 | 25.6 | 92048 |
| 多级闪蒸 | 62.8 | 225936 |

(3) 多数膜分离过程的工作温度与室温接近，因此，特别适用于对热敏物质的处理。如用膜分离处理水可以在室温或更低温度下进行，确保不发生局部过热现象，大大提高了药品使用的安全性。

(4) 膜分离设备本身没有运动的部件，工作温度又在室温附近，所以维护工作量减少，操作简便，开、停车方便。

(5) 膜分离过程的规模和处理能力可以在很大范围内变化，而它的效率、设备单价、运行费用等都变化不大。

(6) 膜分离由于分离效率高，通常设备的体积比较小，占地较少。

(7) 膜分离不同于水的澄清和除盐过程，不需要消耗大量的混凝剂和酸、碱等化学药品，所以不致造成对环境的危害。

### 358　工业水处理使用的膜有哪些类型？

工业水处理采用的膜分离技术主要有反渗透（RO）、超滤（UF）和电渗析（ED）三种，以反渗透的应用最为广泛。但近年来，纳滤（NF）和微滤（MF）技术也开始应用于水处理的各个领域。

反渗透膜主要有纤维素和非纤维素两类。其中纤维素膜有醋酸纤维素膜、三醋酸纤维素膜等；非纤维素膜主要是芳香族聚酰胺膜。反渗透使用的都为半透膜，只对水具有选择性的高度渗透性，而对水中大部分溶质的渗透性很低。反渗透膜在使用时要制成组件式装置，其型式有涡卷式、管式、板框式、中空纤维式和条束式等。膜厚为几个微米至0.1mm左右。

超滤膜与反渗透膜都是不具备离子交换性质的中性膜，属于压力推动的滤膜。两膜基本相似，主要有醋酸纤维素和非纤维素聚合物膜，组件装置可以做成涡卷式、管式和板式等。

超滤膜和反渗透膜中的纤维素膜有：①超薄式膜，为非对称性构造的醋酸纤维素膜，如0.06～0.3μm的二乙酰纤维素膜；②复合膜，如硝酸纤维素和醋酸纤维素复合为0.1μm的三乙酰纤维素膜；③混合膜，将二乙酰和三乙酰纤维素混合制膜；④中空纤维膜，做成内径24～30μm，外径45～65μm的中空纤维管式。

超滤膜和反渗透膜中的非纤维素膜有：①芳香族聚酰胺中空纤维膜（最初是使用尼龙66，后改为芳香族聚酰胺）；②带电膜，如磺化2,6-二甲基次苯基醚离子膜；③聚咪唑并吡喃酮膜；④聚间二氮茚膜；⑤玻璃膜，如 $Na_2O \cdot B_2O_3 \cdot SiO_2$ 制成中空纤维膜；⑥动态膜。

电渗析膜是离子交换膜，为电力推动式滤膜。主要有异相膜、均相膜和半均相膜三种类型。电渗析的组件装置有压滤式和水槽式两类。其中压滤式又有垂直型和水平型两种。

纳滤膜介于反渗透膜和超滤膜之间，是近十多年发展较快的膜品种，在水的软化、不同价阴离子分离等方面有独特优点而广泛应用。

微滤又称为精过滤，其基本原理属于筛网状过滤，在静压差作用下，小于膜孔的粒子通过滤膜，大于膜孔的粒子则被截留在膜面上，使大小不同的组分得以分离。

### 359　什么叫渗析？什么叫电渗析？

渗析是属于一种自然发生的物理现象。如将两种不同含盐量的水，用一张渗透膜隔开，就会发生含盐量大的水的电解质离子穿过膜向含盐量小的水中扩散，这个现象就是渗析。这种渗析是由于含盐量不同而引起的，称为浓差渗析。渗析过程与浓度差的大小有关，浓差越大，渗析的过程越快，否则就越慢。因为是以浓差作为推动力的，因此，扩散速度始终是比较慢的。如果要加快这个速度，就可以在膜的两边施加一直流电场。电解质离子在电场的作用下，会迅速地通过膜，进行迁移过程，这就称为电渗析。电渗析膜是用高分子材料制成的一种薄膜，上面有离子交换活性基团。膜内含有酸性活性基团的称为阳膜；有碱性活性基团的称为阴膜。从膜的结构上分，又可分为异相膜、均相膜、半均相膜三种。

### 360　电渗析的除盐原理是什么？

电渗析的除盐原理示意图见图 3-4-1。

电渗析器主要由阴、阳离子交换膜，浓、淡水隔板，正负电极，导水板和夹紧装置（或称压紧装置）组成。用压紧装置把上述各部件压紧后，即形成多膜对、紧固型的装置。这就是工业上实用的多隔室电渗析器。电渗析器的水分三路进，三路出。在运行时，先通水，再将电渗析器两端的电极接上直流电。水溶液就发生导电现象，在直流电场的作用下，水中的阴、阳离子各自向一定方向迁移。阴离子向阳极方向移动，阳离子向阴极方向移动。由于电渗析器内设有多组交替排列的阴、阳离子交换膜，在电场的作用下，膜显示电性。阳膜显示负电性，排斥水中阴离子而吸附阳离子；阴膜显示正电性，排斥水中阳离子而吸附阴离子。所以，阳离子可以穿过阳膜向阴极方向移动，但受到阴膜排斥，阻其通过；阴离子可以穿过阴膜向阳极方向移动，但受到阳膜排斥，阻其通过。因此，凡是阳极侧是阴膜、阴极侧是阳膜的隔室，其水中的阴、阳离子都向室外迁移，水中电解质离子浓度减少，所以此隔室称为淡水室（或淡室）。同理，凡是阳极侧是阳膜、阴极侧是阴膜的隔室，其水中的阴、阳离子不仅迁移不出去，而且隔室的离子还会迁入，水中电解质离子浓度增加，因而此隔室称为浓水室（或浓室）。

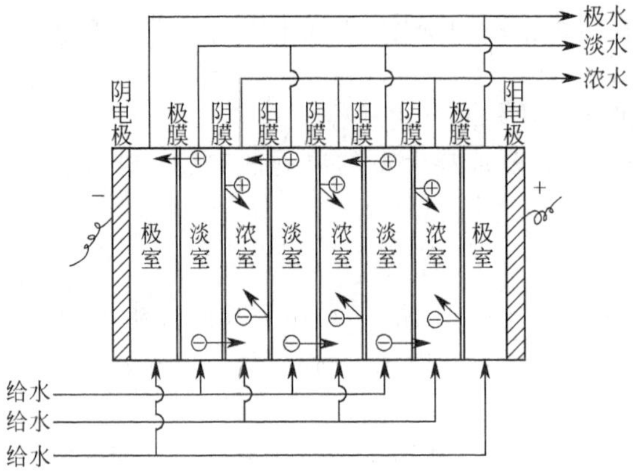


图 3-4-1　电渗析的除盐原理示意图

直接和电极相接触的隔室，称为极水室（简称极室）。极水室中的水称为极水。在极水室中会发生电化学反应。阳极上会产生初生态的氧和氯，变成氧气和氯气逸出，水溶液呈酸性。阴极上会产生氢气，水溶液呈碱性，水中如有硬度离子时，此室易生成水垢。临近极水室的第一张膜称为极膜，是由特别的耐氧化性较强的材质制成，有时也选用阳膜作极膜。

浓、淡室中的水浓度随着水流方向不断地发生变化，形成了浓水和淡水。从淡水室出来的水为淡水，即为除盐水。从浓水室出来的水为浓水，被排放。

### 361　电渗析的除盐处理过程如何？

电渗析除盐处理发生七个物理化学过程。

（1）反离子迁移过程　阳膜上的固定基团带负电荷，阴膜上的固定基团带正电荷。与固定基团所带电荷相反的离子穿过膜的现象称为反离子迁移。如在电渗析器中，淡室中的阳离子穿过阳膜、阴离子穿过阴膜进入浓室就是反离子迁移过程，这也是电渗析的除盐过程。

（2）同性离子迁移过程　与膜上固定基团带相同电荷的离子，穿过膜的现象称为同性离子迁移。由于交换膜的选择透过性不可能达到 100%，因此，也存在着浓室中的阴离子会少量穿过阳膜，或阳离子穿过阴膜而进入淡室，数量虽少，但降低了除盐效率。

（3）电解质的浓差扩散过程　这是由于浓水室与淡水室的浓度差而引起的。其结果是浓室的离子向淡室扩散，从而使淡室的含盐量增加，降低了除盐效率。

（4）压差渗透过程　由于浓、淡室的压力不同，由压力高的向压力低侧进行离子渗透，因此，如果浓室的压力过高，也会降低除盐效率。

（5）水的渗透过程　由于淡室中水的压力比浓室要大，因此，会向浓室渗水，使产水量降低。

（6）水的电渗透过程　由于水中离子是以水合离子的形式存在，因此伴随着离子的迁移，故有水的电渗透发生，使淡水产量降低。

（7）在运行时，由于操作不良而造成极化现象，使淡水室水量的水电离，在直流电场的作用下，水电离产生的 $H^+$ 穿过阳膜，$OH^-$ 穿过阴膜进入浓水室，在那里与 $Ca^{2+}$、$Mg^{2+}$ 生成沉淀，也称为极化沉淀。故此，不仅电耗增加，而且还会造成沉淀等后果。

**362　如何确定电渗析器的运行参数？**

对电渗析器要经过一段时间的调试才能制定出最佳运行参数，这对于实现稳定和长周期运行关系很大。需要确定的参数主要有：

（1）流速和压力　电渗析器有一定的额定流量，不能过大或过小。过大，使进水压力过高，会发生装置的泄漏和变形。过小，悬浮物会黏附于电渗析器中，造成水流压力上升，除盐率下降，造成水流死角和局部极化结垢。因此水流过通道时的线速度控制在50～200mm/s。

（2）电流和电压　电渗析器以电位差为动力进行除盐，要控制一定的直流电压，以得到一定的工作电流。工作电流应低于极限电流。工作电流高，有利于提高设备效率；工作电流低，有利于防止极化。一般控制工作电流为极限电流的 90%。如果选定的工作电流发生变化，要查清原因，不可贸然采用提高电压的办法来处理。

（3）倒极和酸洗　倒极就是为消除极化沉淀将运行的电渗析器阴、阳极互换一下。根据调试和运行情况来确定倒极和酸洗的时间间隔。但在水质和温度变化时，可根据具体情况来更改间隔周期。

（4）水的回收率　运行实践表明，为得到 1t 淡水，约需 2.2～2.5t 原水（包括极水），水的回收率控制在 40%～45%左右。国外现在采用的倒极电渗析器，水的回收率大约在50%～95%范围内。

**363　如何处理电渗析器的常见故障？**

电渗析器在实际运行中常见的故障原因及其处理方法如下。

（1）电渗析器的水压高、出水量低或水流不畅　故障的原因可能是：①开车前管路未冲洗干净，致使杂质堵塞水流通道；②在组装时，隔板和膜的进出水孔未对准，或是部分隔板框网收缩变形，或是隔板框和隔网厚度配合不适当；③级段间的水流倒向时，进出水孔错位。

上述故障的处理方法是：①拆开电渗析器清除出水孔、布水槽等处杂物，然后重新组装，或在进水管道加设过滤器；②变形的隔板要调换，对隔板加工要注意厚度均匀，与框网厚度的配合要良好；③对进出水孔错位的，要仔细检查并重新组装测试。

（2）电渗析器的除盐效果差、电流偏低　故障原因是：①部分阴、阳膜可能装错；或是部分浓、淡室隔板装错，以及膜破裂；②电路系统接触不良，树脂膜受到污染，性能变坏。

处理方法是：①重新组装，并去除已损坏的隔板或膜；②检查电路，使接触良好。定期用酸、碱液对树脂膜进行复苏处理。

（3）电渗析器电流不稳、出水流量不稳及压力表抖动等　故障原因是：①电渗析器内的空气未排尽，或水泵吸口管路漏气使水带气；②流量计及压力表离泵出口太近，受水泵冲击而抖动，或是系统阻力太大。

处理方法是：①设法使装置内部空气排尽，修好系统漏气处；②改装流量计和压力表的位置，并尽力减少系统阻力。

（4）电渗析器的出水水质下降，或是某一段水质特别差　故障原因是：①原水预处理效果差，膜堆和极室沉淀结垢严重；②某段的树脂膜破裂，或是浓、淡室间泄漏。

处理方法是：①改进预处理，重新拆开电渗析器，清洗膜、隔板和极框；②拆开电渗析器检查，调换隔板和膜。

（5）淡室水质突然下降，电耗增加，转子流量计上有黄褐色铁锈　故障原因是：①个别膜破裂（尤其是靠近极室的膜），电极腐蚀断裂，电极接线柱松动；②原水含铁量较多，或管网有腐蚀，铁溶入水中。

处理方法是：①及时调换破膜或断极，电极的接触始终要良好；②加强原水预处理，管路尽量不使用铁管，而要有防腐措施，开车时管网存水要排放干净，受铁污染处要及时清洗。

（6）电渗析器本体漏或变形　故障原因是：①组装时螺杆未拧紧；②隔板边框夹有杂物和隔板破裂，或是隔板和膜厚薄不均匀；③开车时速度过快，电渗析器骤然升压，使隔板受冲击而变形，或停车过速，使失压过快，膜堆也会变形。

处理方法是：①检查和拧紧螺杆；清除边框杂物或调换破裂隔板，在漏水处垫以石棉绳或塑料薄片后重新拧紧；②开车时要缓慢，随时监视压力表及流量计，小心调节，停车时也不可过速，并及时打开放空气阀门，不使电渗析器本体受负压。

### 364　电渗析的极化沉淀如何防止和消除？

由于水中离子在膜中的迁移速度大于在水溶液中的迁移速度，而且，淡室膜面上离子的浓度，也总是低于溶液中的浓度。如果电流密度越高，浓度差也越大，当电流密度上升到某一数值时，膜面上的离子浓度会低到零，这时发生膜面上大量水的电解现象，称为极化现象。

电渗析过程中产生的浓差极化，会产生很多不利因素和危害如下：

（1）电阻增大，电流下降，除盐率下降；

（2）浓水和淡水的 pH 发生变化，常称之为中性扰乱；

（3）电流效率下降；

（4）膜表面上出现沉淀或结垢，这主要在阴膜的浓水室一侧。

由于极化，淡水室的 $OH^-$ 富集在阴膜浓水一侧，因此这滞流层内溶液的 pH 值变大，呈碱性。同时，淡水室内的阴离子 $HCO_3^-$、$SO_4^{2-}$ 等迁过阴膜，也富集在这里，还有浓水室中的硬度离子也被阻挡在这滞流层中，这样当这些正负离子的离子积大于它们组成 $Mg(OH)_2$、$CaCO_3$ 或 $CaSO_4$ 的溶度积时，就在阴膜浓水室一侧滞流层内产生沉淀或污垢。

防止和消除极化沉淀，有下列方法：①极限电流法，要严格控制电渗析器的工作电流，始终低于产生极化时的极限电流，从而避免极化的产生；②倒换电极法，定时倒换电极，使离子的迁移方向改变，从而使浓、淡室也相应倒换，约 2～4h 倒极一次，这样，即使有轻微沉淀也会得到消除；③清洗法，定期用 1%～2%浓度的盐酸循环清洗 1h 左右，并使沉淀物清除排出；④拆洗法，电渗析器经半年或一年运行之后，将装置拆开，把隔板和膜片等清洗干净。

### 365　什么叫电渗析的电流密度、除盐效率和电流效率？

（1）电渗析的电流密度是在运行时，每单位面积膜所通过的平均电流，用下式表示：

$$I=\frac{A\times 1000}{F}$$

式中　$I$——电流密度，$mA/cm^2$；

$A$——工作电流，A；

$F$——膜的有效面积，$cm^2$。

（2）除盐效率是表示电渗析法除去水中含盐量的效果，是电渗析器的重要技术指标，可用下式表示：

$$N=\frac{W_{进}-W_{出}}{W_{进}}\times 100\%$$

式中　$N$——除盐率，%；

$W_{进}$——淡室进口水的含盐量 $c\left(\frac{1}{x}A^{x+},\ \frac{1}{x}B^{x-}\right)$，mmol/L；

$W_{出}$——淡室出口水的含盐量 $c\left(\frac{1}{x}A^{x+},\ \frac{1}{x}B^{x-}\right)$，mmol/L。

（3）电流效率就是电渗析器在运行过程中的电流利用率。由于电渗析器的耗电量较大，因此电流效率也是重要的技术指标，可用下式表示：

$$\eta=\frac{26.8\times Q\times (W_{进}-W_{出})}{\sum I}$$

式中　$\eta$——电流效率，%；

$Q$——淡水产量，$m^3/h$；

$\sum I$——工作电流总量，A；

26.8——常数。

**366　为什么电渗析器的电极会腐蚀和结垢？**

电渗析器通电之后，电极表面就会产生电化学反应，在阳极处有初生态氧[O]和 $H_2$ 产生，极水呈酸性，具有强烈的氧化作用，从而腐蚀电极。而在阴极处的极水是呈碱性的，当水中有 $Ca^{2+}$、$Mg^{2+}$ 和 $HCO_3^-$ 存在时，就会产生 $CaCO_3$ 和 $Mg(OH)_2$ 的水垢沉积。为此，目前采取在钛丝电极外面涂以钌来提高耐腐蚀性能，并选择适宜的极框，使得极水有足够的流量和湍动作用，促使沉积物排出。目前国内除上述电极之处，还有石墨电极、铅板电极和不锈钢电极等。

**367　如何使用和保存电渗析器的离子交换膜？**

如果是新膜，在使用前需要先在清水中浸泡 24h 再进行裁膜。例如聚乙烯异相膜，在使用中会发生阳膜缩短、阴膜伸长的现象，故最好将膜放在 1% NaOH 溶液中浸泡 4～6h，然后用清水冲洗后再裁膜，这样，运行时膜的尺寸变化小。

已经使用过的旧膜暂不使用时，需要晾干后存放。存放时应平摊，避免阳光照射，不要受潮，不沾油污。

在运行时，水温不能太低，以 5～40℃为宜，水温过高膜会溶胀，水温过低膜会收缩引起破裂。

在检修拆装时，要防止膜的机械损伤或折裂。

**368　电渗析器开、停车时应注意哪些事项？**

（1）电渗析器在开车时，应先通水，后通电；在停车时，应先停电后停水。

（2）浓水、淡水、极水的阀门应做到同时缓慢开启，要均匀，切勿猛开猛关，并控制好压力。通常使淡水压力比浓水、极水压力高出 4.9～9.8kPa（0.05～0.1kgf/$cm^2$）。

（3）通电时，电压应逐步升高，直到电流稳定在工作点为止。

（4）运行期间，应定期测定淡水、浓水、极水的流量和压力；记录工作电压、电流；测定原水、淡水、浓水的电阻率、温度；定期分析原水浑浊度、耗氧量、游离氯、氯根、硬度和含盐量等。

（5）在暂停运行时，应保持膜在湿润状态，避免干缩；如果长期停运时，应将设备解体，并按规定保存好各部件。

### 369 什么是频繁倒极电渗析？

由于单向电渗析膜堆内部极化沉淀和阴极区沉淀，影响电渗析的正常运行，为了克服这个缺陷，采取的方法是使电渗析频繁倒电极，这就成了频繁倒极电渗析（EDR）。每小时倒电极3～4次。这样，由于电极的变化，有效地破坏了极化层，从而防止了因浓差极化引起的膜堆内部的沉淀结垢，也减少了黏性污泥和微生物在膜面上的黏着和积累。同时也减少了原来清除沉积物时需使用的酸和防垢剂等的用量，减少了环境污染，提高水的回收率，降低运行和维修费用。

### 370 电渗析有些什么特点？

电渗析作为膜分离技术有其自己特点。

（1）能量消耗不大　电渗析运行过程中，不发生相的变化，仅是用电能来迁移水中已解离的离子，一般它耗用的电能是和水中含盐量成正比的。因此对含盐量3000～4000mg/L以下的水的淡化，电渗析被认为是耗能少的比较经济的技术。

（2）药剂耗量少，环境污染小　电渗析运行时不需要加入药剂，仅在定期清洗时用少量酸，输液时不需要高压泵。所以和离子交换法比较，耗用药剂量少得多，因此废酸、废碱少。

（3）操作简便，易于向自动化方向发展　电渗析通常都是控制在恒定的直流电压下运行。运行时只要在恒定电压下，控制好浓水、淡水、极水的流量和压力，定期倒换电极，因此易于进行自动化操作。

（4）设备紧凑，占地面积不大　电渗析器辅助设备不多，占地面积小，规模较小的可以把辅助设备组合在一起。

（5）设备经久耐用，预处理简便　膜和电渗析器的隔板等都是高分子材料制成的，国外对比的看法，认为离子交换膜比反渗透膜抗污染好，电渗析器设备材质比蒸馏法所用的金属材料耐腐蚀性强。另外，由于在电渗析器中水流方向是和膜面平行，不像反渗透器中水流要垂直通过膜面，所以一般认为电渗析对进水水质指标要求没有反渗透那样高。

（6）水的利用率高，排水处理容易　浓水和极水可以考虑循环使用或套用，所以水的利用率高。

（7）设备规模、除盐浓度的范围适应性大　从小型到大型的不同隔板的组装形式和多台的串联、并联可以适应不同大小的水处理规模和除盐程度的要求。

电渗析存在的主要缺点是：耗水量较大；电极的腐蚀和结垢问题未获彻底解决；有机物对膜的污染常使除盐率迅速下降。

### 371 选用电渗析时要注意哪些问题？

（1）电渗析是利用电能来迁移离子进行膜分离的，当水中含盐量较低时，水的电阻率就较高，此时电渗析器的极限电流值也较小，电渗析运行易于产生极化。因此一般认为水中含盐量小于10～50mg/L时，不宜用电渗析除盐；换言之，电渗析器出口淡水的含盐量不宜低于10～50mg/L。不像离子交换法可以深度除盐，获得超纯水。

（2）电渗析对离解度小的盐类和不离解的物质难以去除。例如对水中的硅酸就不能去掉，对碳酸根的迁移率就小一些，对不离解的有机物就去除不掉。不像离子交换法可以去除硅酸盐，不像反渗透去除物质的范围要广泛得多。

（3）某些高价金属离子和有机物会污染离子交换膜，降低除盐效率。

（4）电渗析器是由几十到几百张极薄的隔板和膜组成的，部件多，组装较繁，一个部件局部出问题即要影响到整体。

（5）电渗析是使水流在电场中流过，当施加到一定电压后，靠近膜面的水的滞流层中，电解质的含量变得极小，从而水的离解度增大，易产生极化、结垢和中性扰乱现象。这是电渗析运行中较难掌握又必须重视的问题。

### 372　对进入电渗析器的水质有何要求？

进入电渗析器的水质，根据“全国通用建筑标准设计 JSJT—202,〈电渗析器〉91S430，1991”，技术标准如下：

(1) 水温：5～40℃；

(2) 耗氧量（高锰酸钾法）：<3mg/L；

(3) 游离氯：<0.2mg/L；

(4) 铁：<0.3mg/L；

(5) 锰：<0.1mg/L；

(6) 浑浊度：1.5～2mm 隔板 <3NTU；
　　0.5～0.9mm 隔板 <1NTU；

(7) 淤泥密度指数值 SDI<3～5(ED)；SDI<7(EDR)。

### 373　什么是电去离子净水技术？

电去离子净水技术（EDI）是一种将电渗析和离子交换树脂相结合的除盐新工艺，我国也称电除盐或填充床电渗析。

电去离子净水技术就是在电渗析器的淡水室中填装混合的阴、阳离子交换树脂，将电渗析和离子交换结合在一个装置中，成为一个联合体，其工艺见图 3-4-2。

由于淡水室中，离子交换剂的颗粒不断地发生交换作用与再生作用，而构成了“离子通道”，活跃的离子活动，使淡水室的电导率大大增加，从而减弱了电渗析的极化现象，提高了电渗析器的极限电流，达到了水质的高度净化。此外，由于淡水室填装了离子交换剂，使淡水室中的水流速度要比普通电渗析中的大大增加，而且离子交换剂颗粒又起着滚动搅拌作用，促进了离子的扩散，改善了水力学状况，也导致淡水室电导率的增加。

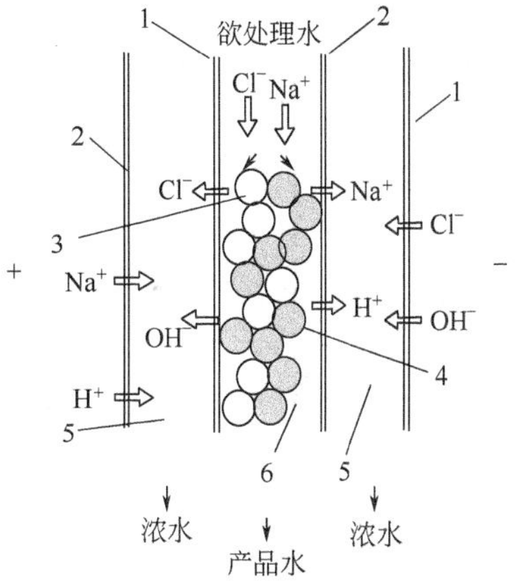


图 3-4-2　EDI 工艺示意图

1—阴离子交换膜；2—阳离子交换膜；3—阴离子交换剂；4—阳离子交换剂；5—浓水室；6—淡水室

EDI 除盐工艺过程如下：①在外电场的作用下，水中电解质离子通过离子交换膜（阴、阳膜）进行选择性迁移的电渗析过程；②阴、阳离子交换树脂上的 $OH^-$ 和 $H^+$ 对水中电解质离子进行离子交换，从而加速去除淡水室中的离子；③电渗析的极化过程所产生的 $H^+$、$OH^-$ 和离子交换树脂进行了电化学再生过程，这一过程既能保证高质量的纯水，又能达到离子交换剂的自行再生。

电渗析与混合床离子交换，两者错综地结合一起的电去离子过程，既利用离子交换的深度除盐克服了电渗析过程因发生浓差极化作用而除盐不彻底，又利用电渗析的极化作用产生电离，产生的 $OH^-$ 和 $H^+$ 用来实现离子交换剂的自身再生，克服了离子交换树脂失效后通常需要化学再生剂来进行再生的缺点，从而，使 EDI 基本上能够去除水中的全部离子，为制备纯水、超纯水等创造条件。

### 374　如何测定污染指数 FI 或淤泥密度指数 SDI？

污染指数 FI 或淤泥密度指数 SDI，用来表示反渗透进水中悬浮物、胶体物质的浓度和

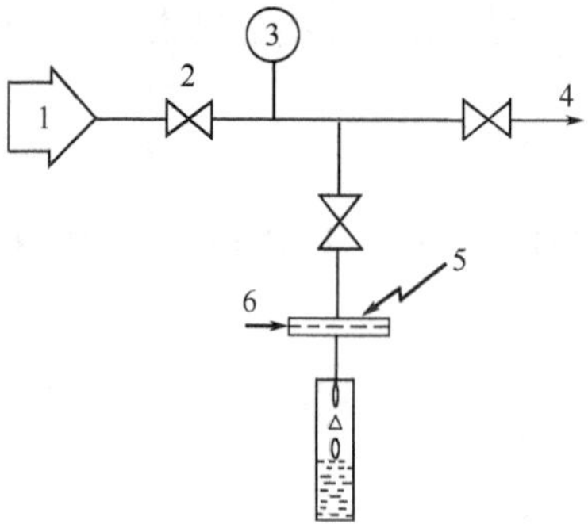


图 3-4-3 污染指数测定装置示意图
1—进水；2—阀门；3—压力表；
4—放气；5—过滤器；6—微孔滤膜

过滤特性，是反渗透进水检测指标之一，以确保反渗透的安全运行。其测定装置的示意图见图 3-4-3。

水样在压力为 0.2MPa 条件下，通过一标准过滤器，过滤器直径为 47mm，内装 0.45μm 孔径的滤膜。将开始通水时流出 500mL 水所需要的时间 $t_1$ 记录下来，继续通水至 15min 后再记下通入 500mL 水所需要的时间 $t_2$，总的测试时间（$T$）为 15min，则污染指数 FI 或淤泥密度指数 SDI 用下式计算：

$$\text{FI(或 SDI)}=\frac{(1-t_1/t_2)\times 100}{T}$$

FI 值越大，水质越差。对进入卷式反渗透组件水的污染指数以不大于 3 为宜。

**375 反渗透除盐原理是什么？反渗透膜如何分类？**

反渗透是 20 世纪 60 年代发展起来的一项新的薄膜分离技术，是依靠反渗透膜在压力下使溶液中的溶剂与溶质进行分离的过程。

要了解反渗透法除盐原理，先要了解“渗透”的概念。渗透是一种物理现象，当两种含有不同浓度盐类的水，用一张半渗透性的薄膜分开时就会发现，含盐量少的一边的水分会透过膜渗到含盐量高的水中，而所含的盐分并不渗透，这样，逐渐把两边的含盐浓度融合到均等为止。然而，要完成这一过程需要很长时间，这一过程也称为自然渗透。但如果在含盐量高的水侧，施加一个压力，其结果也可以使上述渗透停止，这时的压力称为渗透压力。如果压力再加大，可以使水向相反方向渗透，而盐分剩下。因此，反渗透除盐原理，就是在有盐分的水中（如原水），施以比自然渗透压力更大的压力，使渗透向相反方向进行，把原水中的水分子压到膜的另一边，变成洁净的水，从而达到除去水中盐分的目的，这就是反渗透除盐原理，如图 3-4-4 所示。

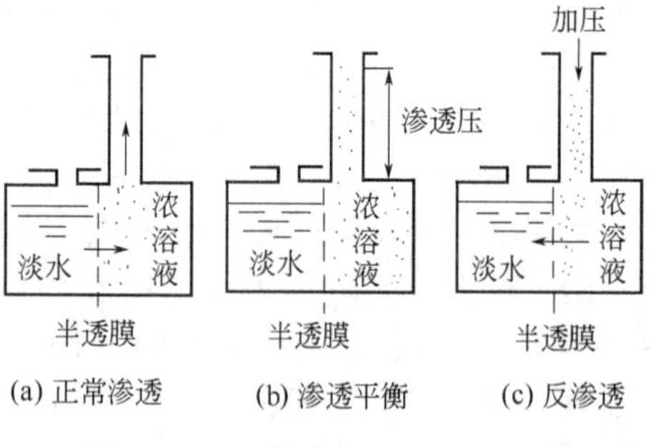


图 3-4-4 反渗透除盐原理示意图

目前，反渗透膜如以其膜材料化学组成来分，主要有纤维素膜和非纤维素膜两大类。如按膜材料的物理结构来分，大致可分为非对称膜和复合膜等。

在纤维素类膜中最广泛使用的是醋酸纤维素膜（简称 CA 膜）。该膜总厚度约为 100μm，其表皮层的厚度约为 0.25μm，表皮层中布满微孔，孔径约 0.5～1.0nm，故可以滤除极细的粒子，而多孔支撑层中的孔径很大，约有几百纳米，故该种不对称结构的膜又称为非对称膜。在反渗透操作中，醋酸纤维素膜只有表皮层与高压原水接触才能达到预期的除盐效果，决不能倒置。

非纤维素类膜以芳香聚酰胺膜为主要品种，其他还有聚哌嗪酰胺膜、聚苯并咪唑膜、聚砜酰胺膜、聚四氟乙烯接枝膜、聚乙烯亚胺膜等。近年来发展起来的聚酰胺复合膜，是由一层聚酯无纺织物作支持层，由于聚酯无纺织物非常不规则并且太疏松，不适合作为盐屏障层的底层，因而将微孔工程塑料聚砜浇铸在无纺织物表面上。聚砜层表面的孔控制在大约 15nm。屏障层采用高交联度的芳香聚酰胺，厚度大约在 200nm。高交联度的芳香聚酰胺由苯三酰氯和苯二胺聚合而成。由于这种膜是由三层不同材料复合而成的，故称为复合膜。

### 376　反渗透膜的分离机理是什么？

反渗透是属于一种压力推动的膜滤方法，所用的膜不具离子交换性质，可以称为中性膜。反渗透用半透膜为滤膜，必须在克服膜两边的渗透压下操作，过去使用醋酸纤维素膜时的操作压力为5～6MPa（50～60atm），现今所用的聚酰胺复合膜的操作压力为1.5MPa（15atm）左右。

半透膜是指只能使溶液中某种组分通过的膜。对水处理所用的半透膜要求只能通过水分子。当然，这种对水的透过选择性并不排斥少量的其他离子或小分子也能透过膜。

对膜的半透性机理有以下各种解释，但都不能解释全部渗透现象。

一种解释认为这是筛除作用。即膜孔介于水分子与溶质分子之间，因此水能透过，而溶质不能透过。但这不能解释和水分子的大小基本一样盐分离子不能透过的原因。

第二种解释是认为反渗透膜是亲水性的高聚物，膜壁上吸附了水分子，堵塞了溶质分子的通道，水中的无机盐离子（$Na^+$、$K^+$、$Ca^{2+}$、$Mg^{2+}$、$Cl^-$等）则较难通过。

最后，有一种机理认为是由于水能溶解于膜内，而溶质不能溶解于膜内。

### 377　膜分离器有哪些形式？它应具备哪些条件？

工业应用中通常需要较大面积的膜。安装膜的最小单元被称为膜组件，或称为膜分离器。它是在外界驱动力作用下能实现对混合物中各组分分离的器件。其主要形式有：板框式、圆管式、螺旋卷式、中空纤维式4种类型。

一种性能良好的膜组件应具备以下条件：

（1）膜在容器内能得到合理的和足够的机械支撑并可使高压原料液和低压透过液严格分开；

（2）原料液在膜面上的流动状态均匀合理，以减少浓差极化；

（3）单位体积的膜组件中应填充较多的有效膜面积，并使膜的安装和更换方便；

（4）装置牢固并保证有足够的强度、运行安全可靠、价格低廉和容易维护。

### 378　板框式膜组件的形式怎样？

板框式膜组件是膜分离历史上最早问世的一种膜组件形式，其外观很像普通的板框式压滤机。与其他膜组件相比，板框式膜组件的最大特点是构造比较简单而且可以单独更换膜片。

板框式膜组件又分系紧螺栓式和耐压（压力）容器式。

（1）系紧螺栓式　如图3-4-5所示，系紧螺栓式膜组件是先由圆形承压板、多孔支撑板和膜，经黏结密封构成脱盐板，再将一定数量的这种脱盐板多层堆积起来并放入O形密封圈，最后用上、下头盖（法兰）以系紧螺栓固定而成。原水由上头盖进口流经脱盐板的分配孔，在诸多脱盐板的膜面上逐层流动，最后从下头盖的出口流出。与此同时，透过膜的淡水在流经多孔支撑板后，分别于承压板的侧面管口处流出。

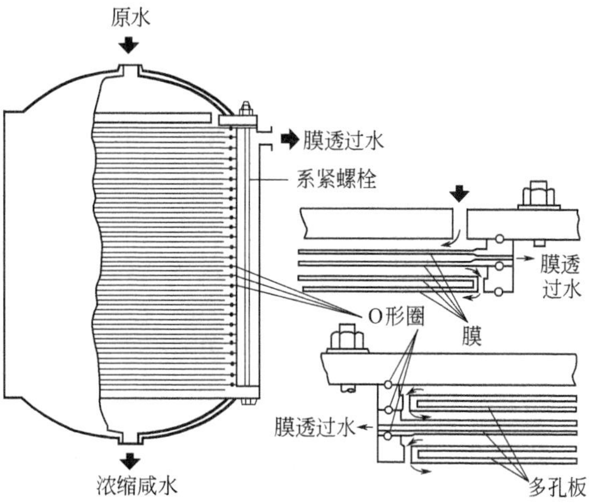

图3-4-5　系紧螺栓式板框式膜组件

（2）耐压容器式　如图3-4-6所示，耐压容器式膜组件主要是把多层脱盐板堆积组装后，放入一个耐压容器中而成。

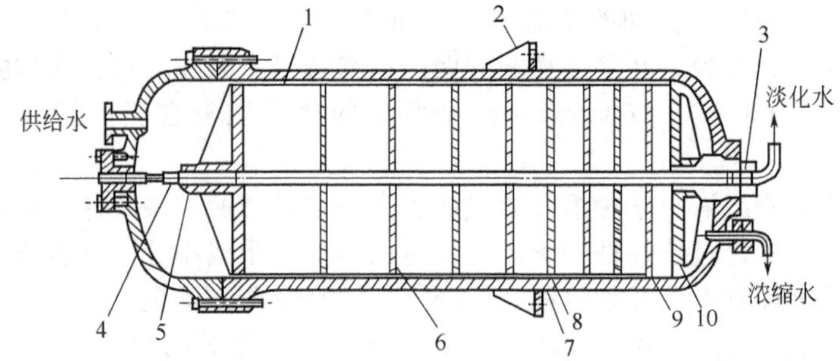


图 3-4-6 耐压容器式板框式膜组件

1—膜和支撑板；2—安装支架；3—支撑座；4—淡化水顶轴；5—淡水管螺母；6—开口隔板；7—水套；8—封闭隔板；9—周边密封；10—基板

原水从容器的一端进入，分离后的浓水和淡水则由容器的另一端排出。容器内的大量脱盐板是根据设计要求串、并联相结合构成，其板数从进口到出口依次递减，目的是保持原水的线速度变化不大以减轻浓差极化影响。

### 379 圆管式膜组件的结构怎样？

圆管式膜组件其结构主要是把膜和支撑体均制成管状，使两者装在一起，或者将膜直接刮制在支撑管内（或管外），再将一定数量的这种膜管以一定方式连成一体而组成，其外形极似列管式换热器。

圆管式膜组件分内压型和外压型两种。

（1）内压型管 分内压型单管式和内压型管束式两种。

① 内压型单管式 图 3-4-7 为内压型单管式膜组件的结构示意图。其中膜管是被裹以尼龙布、滤纸一类的支撑材料并被镶入耐压管内。膜管的末端被做成喇叭口形，然后以橡皮垫圈密封。原水是由管式组件的一端流入，于另一端流出。淡水透过膜后，于支撑耐压管中汇集，再由管上的细孔中流出。具体使用时是把许多这种管式组件以并联或串联的形式组装成一个大的膜组件。

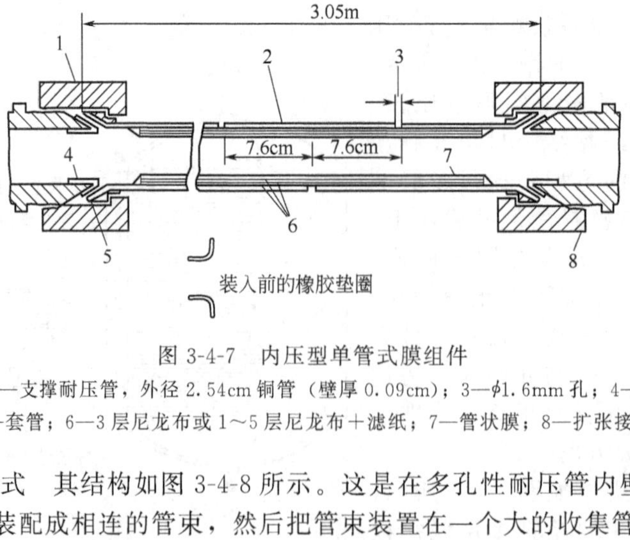


图 3-4-7 内压型单管式膜组件

1—螺母；2—支撑耐压管，外径 2.54cm 铜管（壁厚 0.09cm）；3—$\phi$1.6mm 孔；4—橡胶垫圈；5—套管；6—3 层尼龙布或 1～5 层尼龙布＋滤纸；7—管状膜；8—扩张接口

② 内压型管束式 其结构如图 3-4-8 所示。这是在多孔性耐压管内壁上直接喷注成膜，再把许多耐压膜管装配成相连的管束，然后把管束装置在一个大的收集管内，构成管束式淡化装置。原水由装配端的进口流入，经耐压管内壁的膜管，于另一端流出，淡水透过膜后由

收集管汇集。

(2) 外压型　与内压型圆管式相反，分离膜是被刮制在管的外表面上的。水的透过方向是由管外向管内的。

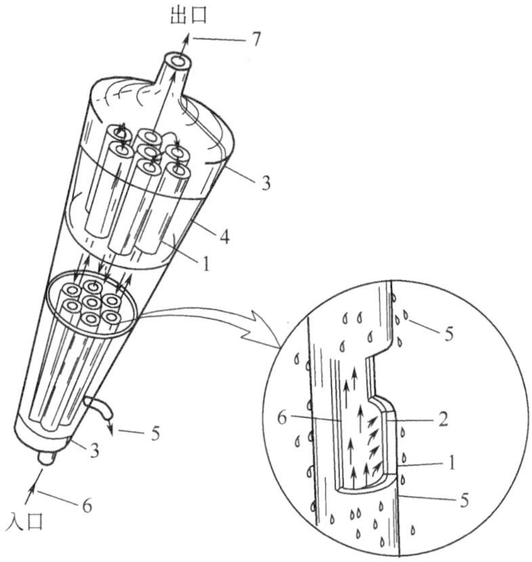


图 3-4-8　内压型管束式膜组件

1—玻璃纤维管；2—反渗透膜；3—末端配件；4—PVC 淡化水搜集外套；5—淡化水；6—供给水；7—浓缩水

## 380　螺旋卷式膜组件是怎样的一种结构？

螺旋卷式膜组件又称卷式膜组件，是由美国于 1964 年研制成功的，是目前反渗透、超滤及气体分离过程中最重要的膜组件形式，在反渗透领域中占据了大部分市场份额（高达 75%左右）。

螺旋卷式膜组件的结构是由中间为多孔支撑材料，两边是膜的“双层结构”装配组成的。也就是把膜—多孔支撑体—膜—原水侧隔网依次叠合，绕中心集水管紧密地绕卷在一起，形成一个膜元件，再装进圆柱形压力容器里，构成一个螺旋卷式膜组件。被处理的水沿着与中心管平行的方向在隔网中流动，浓缩液由压力容器的另一端引出，而渗透液（淡水）汇集到中央集水管中被引导出来，如图 3-4-9 所示。

在实际应用中，通常是把几个膜元件的中心管密封串联起来，再安装到压力容器中，组成一个单元。

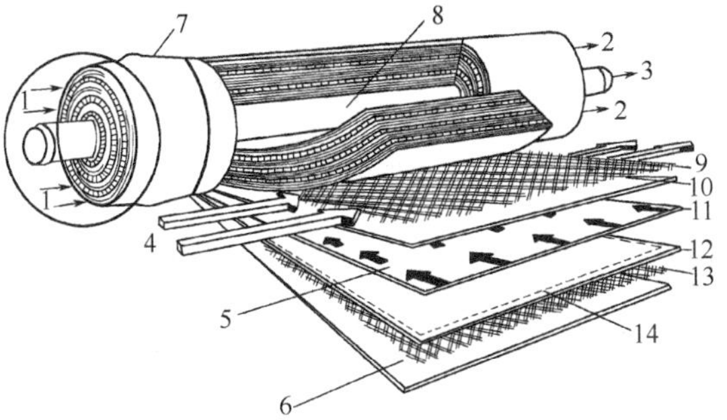


图 3-4-9　螺旋卷组件

1—原水；2—废弃液；3—渗透水出口；4—原水流向；5—渗透水流向；6—保护层；7—组件与外壳间的密封；8—收集渗透水的多孔管；9—隔网；10—膜；11—渗透水的收集系统；12—膜；13—隔网；14—连接两层膜的缝线

## 381　中空纤维式膜组件的结构怎样？

中空纤维式膜是一种极细的空心膜管，它本身不需要支撑材料就可以耐很高的压力。它实际上是一根厚壁的环柱体，纤维的外径有的细如人发，约为 50～200μm，内径为 25～42μm。其特点是具有在高压下不产生形变的强度。

中空纤维膜组件的组装是把大量（有时是几十万或更多）的中空纤维膜，如图 3-4-10 那样弯成 U 形而装入圆筒形耐压容器内。纤维束的开口端用环氧树脂浇铸成管板。纤维束的中心轴部安装一根原水分布管，使原水径向均匀流过纤维束。纤维束的外部包以网布使纤维束固定并促进原水的湍流状态。淡水透过纤维的管壁后，沿纤维的中空内腔，经管板放出；被浓缩了的原水则在容器的另一端排掉。

中空纤维式装置的主要优点是：单位体积内的有效膜表面积比率高，故可采用透水率较低而物理化学稳定性好的尼龙中空纤维。该膜不需要支撑材料，寿命可达 5 年。

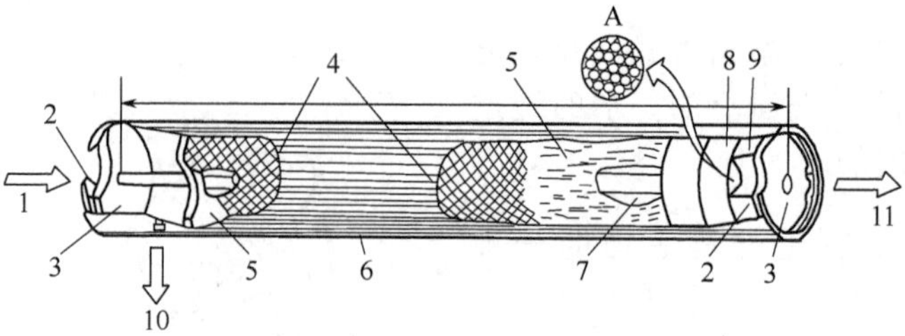


图 3-4-10 中空纤维式膜组件结构

1—原水进口；2—O 环密封；3—端板；4—流动网格；5—中空纤维膜；
6—壳；7—原水分布管；8—环氧树脂管板；9—支撑管；
10—浓缩水出口；11—透过水出口；A 为中空纤维膜放大断面图

## 382 各类膜分离器有哪些优缺点？其特性如何？

各类膜分离器的优缺点如下表。

| 类型 | 优 点 | 缺 点 | 使 用 状 况 |
| --- | --- | --- | --- |
| 板框式 | 结构紧凑、简单、牢固、能承受高压；<br>可使用强度较高的平板膜；<br>性能稳定，工艺简便 | 装置成本高，流动状态不良，浓差极化严重；<br>易堵塞，不易清洗，膜的堆积密度较小 | 适于小容量规模；<br>已商业化 |
| 管式 | 膜容易清洗和更换；<br>原水流动状态好，压力损失较小，耐较高压力；<br>能处理含有悬浮物的、黏度高的，或者能析出固体等易堵塞流水通道的溶液体系 | 装置成本高；<br>管口密封较困难；<br>膜的堆积密度小 | 适于中小容量规模；<br>已商业化 |
| 螺旋卷式 | 膜堆积密度大，结构紧凑；<br>可使用强度好的平板膜；<br>价格低廉 | 制作工艺和技术较复杂，密封较困难；<br>易堵塞，不易清洗；<br>不宜在高压下操作 | 适于大容量规模；<br>已商业化 |
| 中空纤维式 | 膜的堆积密度大；<br>不需外加支撑材料；<br>浓差极化可忽略；<br>价格低廉 | 制作工艺和技术复杂；<br>易堵塞，清洗不易 | 适于大容量规模；<br>已商业化 |

它们的特性比较如下表。

| 类 型 | 膜比表面积 /($m^2/m^3$) | 操作压力高限 /MPa | 透水率① /[$m^3/(m^2 \cdot d)$] | 单位体积的透水量 /[$m^3/(m^3 \cdot d)$] |
| --- | --- | --- | --- | --- |
| 板框式 | 492 | 5.49 | 1.00 | 502 |
| 内压管式 | 328 | 5.49 | 1.00 | 335 |
| 外压管式 | 328 | 6.86 | 0.61 | 220 |
| 螺旋卷式 | 656 | 5.49 | 1.00 | 670 |
| 中空纤维式 | 9180 | 2.64 | 0.73 | 670 |

① 指以 $5000 \times 10^{-6}$ NaCl 溶液作为原水，除盐率达 92%～96%时的透水率。

## 383 对反渗透膜性能有何要求？醋酸纤维素膜与聚酰胺复合膜的性能如何？

反渗透分离过程的关键是要求膜具有较高的透水速度和除盐性能，故对反渗透膜要求具有下列性能：

(1) 单位膜面积的透水速度快、除盐率高；

(2) 机械强度好，压密实作用小；

(3) 化学稳定性好，能耐酸碱和微生物的侵袭；

（4）使用寿命长，性能衰减小。

醋酸纤维素膜是最先发展起来的反渗透膜，但由于醋酸纤维素是一种酯类，易发生水解，水解的结果将降低乙酰基的含量，使膜的性能受到损害，同时膜也更易受到生物的侵袭。近年发展起来的聚酰胺复合膜，由于各种性能优越，已逐渐取代醋酸纤维素膜，该两种膜的性能对比如下表：

| 序号 | 聚酰胺复合膜 | 醋酸纤维素膜 |
|---|---|---|
| 1 | 化学稳定性好，不会发生水解，除盐率基本不变 | 不可避免地会发生水解，除盐率会衰减 |
| 2 | 除盐率高，＞98％ | 除盐率95％，逐年衰减 |
| 3 | 生物稳定性好，不受微生物侵袭 | 易受微生物侵袭 |
| 4 | 有较宽的pH值适用范围，可在pH值3～11中运行 | 只能在pH值4～7范围内运行 |
| 5 | 膜在运行中不会被压紧，因此产水量不随使用时间而改变 | 在运行中膜会被压紧，因而产水量会不断下降 |
| 6 | 膜透水速度高，故工作压力低，耗电量也较低 | 膜透水速度较小，要求工作压力高，耗电量也较高 |
| 7 | 使用寿命较长，一般使用五年以上性能仍基本不变 | 使用寿命一般仅三年 |
| 8 | 抗氯性较差，价格较高 | 价格较便宜 |

### 384　为什么反渗透膜的性能会下降？如何处理？

反渗透膜的性能下降主要原因是由于膜表面受到了污染，如表面结垢，膜面堵塞；或是膜本身的物理化学变化而引起的。物理变化主要是由于压实效应引起膜的透水率下降；化学变化主要是由于pH值的波动而引起的，如使醋酸纤维素膜水解；游离氯也会使芳香聚酰胺膜性能恶化。反渗透膜污染堵塞的主要原因是由于膜面沉积和微生物的滋长而引起的。其中微生物不仅堵塞膜，还对醋酸纤维素有侵蚀损害作用。因此，在膜内必须保持一定的余氯量，但是余氯太高，又会引起膜性能下降，故在醋酸纤素膜前保持余氯0.1～0.5mg/L，而在芳香聚酰胺膜前余氯要小于0.1mg/L。

反渗透膜的清洗处理是一个细致而又繁杂的工作，目前国产膜的质量还不够高，多次清洗膜易损坏。为了减轻清洗工作，必须要搞好前处理，严格把好水质关，否则“后患无穷”。

处理的方法是：定期用0.1％甲醛溶液，或100mg/L质量浓度的新洁尔灭循环清洗处理至少1h。已经污染的膜要用2％柠檬酸铵溶液（pH＝4～8）进行清洗，或用亚硫酸氢钠、六聚偏磷酸钠、稀盐酸等来防止锰、铁及碳酸盐的结垢。有时也用酶洗涤剂对有机物进行清洗。清洗压力控制在0.34～0.98MPa（3.5～10kgf/$cm^2$），清洗流速为原来水处理流速的2～3倍。

### 385　反渗透技术有什么用途？

反渗透技术通常用于海水、苦咸水的淡化；水的软化处理；废水处理以及食品、医药工业的提纯、浓缩、分离等方面。此外，反渗透技术应用于预除盐处理也取得较好的效果，能够使离子交换树脂的负荷减轻90％以上，树脂的再生剂用量也可减少90％。因此，不仅节约费用，而且还有利于环境保护。反渗透技术还可用于除去水中的微粒、有机物质、胶体物质，对减轻离子交换树脂的污染、延长使用寿命都有着良好的作用。

### 386　反渗透的透水率、除盐率、回收水率如何计算？

$$透水率=\frac{V}{F}\quad L/(m^2 \cdot h)$$

式中　$V$——单位时间内渗透的水量，L/h；

$F$——单位膜面积，$m^2$。

$$除盐率=\frac{E_i-E_o}{E_i}\times 100\%$$

式中　$E_i$——反渗透处理进水中的含盐量，mg/L；

$E_o$——反渗透处理出水中的含盐量，mg/L。

$$回收水率=\frac{V_o}{V_i}\times 100\%$$

式中　$V_o$——渗透出水水量，L/h；

$V_i$——进水量，L/h。

### 387　反渗透处理有哪些组合形式？

反渗透处理的组合形式大致有下列几种。

（1）多级串联处理　当水源水中含盐量较高，同时对反渗透出水水质要求又比较高时，可采用多级串联方式，即将第一级出水作为第二级进水。在这种处理方式下，第二级的排水（浓水）水质远较第一级的进水水质为优，可与第一级的进水混合作为进水。在几级串联型式中，需有中间贮水箱及高压水泵等，如图 3-4-11 所示。

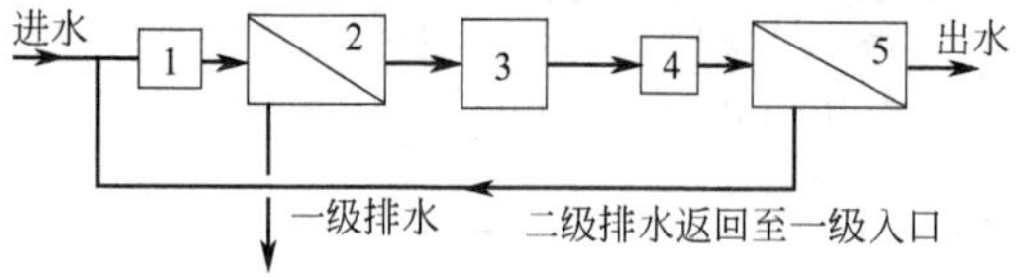


图 3-4-11　多级串联型式

1，4—高压水泵；2—一级反渗透装置；3—中间贮水箱；5—二级反渗透装置

（2）多段组合处理　当水源水中含盐量不太高时，为了获得较高的回收水率，可采用如图 3-4-12 所示的多段组合型式。第一段的浓水进入第二段作为进水，然后将两段的渗透出水混合作为产品水。必要时，可再增加一段，即将第二段浓水作为第三段的进水，第三段渗透出水与前两段出水汇合成产品水（即淡水）。

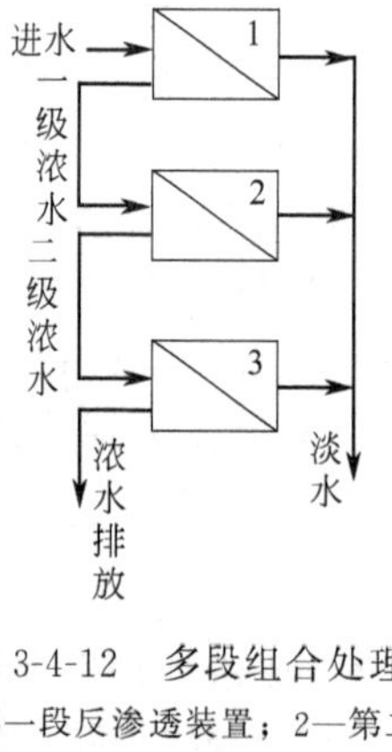


图 3-4-12　多段组合处理

1—第一段反渗透装置；2—第二段反渗透装置；3—第三段反渗透装置

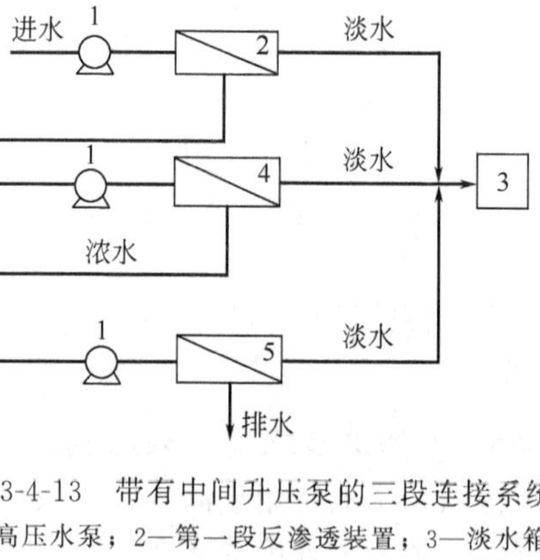


图 3-4-13　带有中间升压泵的三段连接系统

1—高压水泵；2—第一段反渗透装置；3—淡水箱；4—第二段反渗透装置；5—第三段反渗透装置

这种方式的优点是可降低水耗，提高回收水率。

（3）带中间升压泵的三段连接方式　在水特别缺乏的地区，为了尽可能节约用水，即使水源水质较差，含盐较高，也希望获得较高的回收水率。此时，在多段组合的各段之间（由于每一级进水的含盐量都很高），必须设置高压水泵，以保证压差达到要求值。这种连接方式原理如图 3-4-13 所示，第一、二段的浓水作为下一段的进水而进一步处理，只有第三段的浓水排出系统。同时，各段反渗透设备的除盐量要逐段递增，才能保证最终出水水质。

### 388　各种反渗透膜的主要功能有什么不同？

各种反渗透膜其主要功能比较如下。

各种反渗透膜主要功能的比较[32]

| 项目＼膜件型式 | 螺旋卷式 | | 中空纤维式 | 管式 |
|---|---|---|---|---|
| | 醋酸纤维素膜 | 合成膜 | | |
| 盐去除率 | 中 | 高 | 中～高 | 中 |
| 透过水量 | 中 | 中～大 | 大 | 小 |
| 回收水率 | 大 | 大 | 中 | 低 |
| 耐久性 | 良 | 良 | 中 | 良 |
| 耐热性 | 中 | 良 | 中 | 中 |
| 耐压性 | 中 | 良 | 中 | 中 |
| 耐药品性 | 中 | 良 | 中 | 中 |
| 预处理 | 普通 | 普通 | 复杂 | 简易 |
| 耐故障性 | 好 | 好 | — | 好 |
| 制水价格 | 低 | 低 | 低 | 高 |

## 389 反渗透膜受到污染的原因是什么？有什么特征？

反渗透膜受到污染的主要原因是金属氧化物的沉积，还有微生物黏泥、水中的悬浮物与胶体物质在膜表面的沉积，以及碳氢化合物和硅酮基的油及酯类覆盖膜面等。其特征如下表所示：

反渗透膜组件污染的一般特征

| 污染原因 | 一般特征 | | |
|---|---|---|---|
| | 盐透过率 | 组件的压损 | 产水量 |
| 金属氧化物（Fe、Mn、Ni、Cu等氧化物） | 增加速度快①<br>≥2倍 | 增加速度快①<br>≥2倍 | 急速降低①<br>20%～25% |
| 钙沉淀物（$CaCO_3$、$CaSO_4$） | 增加<br>10%～25% | 增加<br>10%～25% | 稍微减少<br><10% |
| 胶体物质（如胶体硅等） | 缓慢增加②<br>≥2倍 | 缓慢增加②<br>≥2倍 | 缓慢减少②<br>≥50% |
| 混合胶体（Fe+有机物等） | 增加速度快①<br>2～4倍 | 缓慢增加②<br>≥2倍 | 缓慢减少②<br>≥50% |
| 细菌③ | 增加<br>≥2倍 | 增加<br>≥2倍 | 减少<br>≥50% |

① 24h内发生。
② 2～3周以上发生。
③ 在无甲醛保护液情况下。

## 390 反渗透-离子交换联合除盐处理有何优点？

反渗透-离子交换联合处理方式，可以降低水源水质多变所带来的影响，并可减少再生频率，从而提高了水处理装置运行的灵活性和可靠性，在水源的选择上也有了更大的余地。例如，原水含盐量从1000mg/L增至1500mg/L，反渗透设备工作压力2.75MPa，出力仅降低1%～2%；而离子交换设备遇此情况，必然会严重地降低交换容量。这说明，反渗透设备的出力与水质（原水含盐量）的关系不大，只同工作压力差及水质成分所决定的渗透压差成比例变化。这是反渗透工艺的一个很大的优点。

在电厂锅炉补给水处理上使用反渗透-离子交换联合系统有不少优点。

（1）离子交换设备的再生剂用量可以降低90%～95%，再生剂贮放场地可以大大减小。

（2）由于反渗透装置可将原水含盐量降低到原来的5%～10%，因此除盐设备的盐泄漏可以减小，运行周期可以延长。

（3）原来不适宜采用离子交换除盐的水（如含盐高的原水、经处理过的城市污水、受酸污染的水等）都可能用来作为该系统的进水。

（4）除盐系统可以简化，有的水源甚至在反渗透后用混合床处理就可满足锅炉用水的要求。

（5）原水中用一般处理方法不易除去的物质如胶体物质、有机物、铁离子、二氧化硅等也可被除去。

（6）延长了离子交换树脂的使用寿命。

（7）通常混合床出水电导率为 0.1μS/cm，反渗透-离子交换联合系统约为 0.07μS/cm。

（8）提高了对水源水质变化的适应性和出水质量的可靠性。

（9）由于除盐设备排放的废液量减少了，有利于环境保护。

### 391 以反渗透-离子交换生产除盐水其经济效益如何？

20 世纪 60 年代发展起来的反渗透膜技术已为世人所瞩目，但由于价格昂贵国内少有问津。随着反渗透技术的发展和相对价格的下降，20 世纪 80 年代后应用者已愈来愈多，尤其是聚酰胺复合膜以其优异的性能使过去的醋酸纤维素膜相比之下大为逊色。在原水含盐量较高的地区，以反渗透作前处理除盐，虽然一次性投资大一些，但该装置在节约酸、碱、水、电等方面的经济效益是十分诱人的，投资很快就可收回。尤其是保护水环境方面，它是离子交换法所不能比拟的。离子交换床排出的酸、碱等废液，常使江河污染，鱼虾人畜遭殃。因此，根据各地不同的水质情况，选择合理的水处理方式，不但会收到很好的经济效益，且有利于环境保护，造福于民。

现以某大型化肥厂对除盐水系统的改造为例，来说明以反渗透作除盐水预处理的经济效益。

该厂以地下水为水源，井水含盐量高达 900mg/L 左右，过去以电渗析作为离子交换床的预处理，但仍然不能保证除盐水的安全生产，酸、碱消耗量十分惊人。在 1995 年初着手进行以反渗透作为除盐水预处理的设计，以代替过去使用的电渗析，改造前后的流程示意图见图 3-4-14。

（a）改造前流程

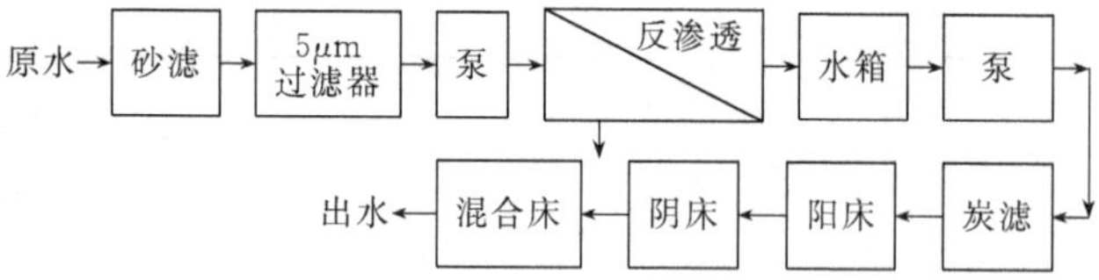


（b）改造后流程

图 3-4-14 改造前后流程对比

增加的反渗透预除盐系统采用的两套 7-4 排列螺旋卷式膜组件结构的反渗透装置，处理水量为 120t/h。反渗透装置费用为 380 万元，加以其他配套装置如细砂过滤器、水箱、配电系统等，总投资约 500 万元。该套系统在 1995 年 12 月即投入生产，装置运行正常，出水能力、除盐率和耗水率均能达到设计保证值，其出水水质如下表。

**原水水质和经反渗透后出水水质**

| 分析项目 | 原水水质 | 出水水质 | |
|---|---|---|---|
| | | 设计值 | 实际值 |
| pH | 8.3 | | 6.6 |
| $Na^+$/(mg/L) | 248 | 10 | 2 |

续表

| 分析项目 | 原水水质 | 出水水质 | |
|---|---|---|---|
| | | 设计值 | 实际值 |
| $Ca^{2+}$/(mg/L) | 10 | | 0 |
| $Mg^{2+}$/(mg/L) | 6 | | 0 |
| $Cl^-$/(mg/L) | 126 | 10 | 2.32 |
| $SO_4^{2-}$/(mg/L) | 120 | 1.5 | 0 |
| $HCO_3^-$/(mg/L) | 350 | 8 | 6.1 |
| $SiO_2$/(mg/L) | 12 | | 0.028 |
| 电导率/(μS/cm) | 1050 | | 17 |

反渗透系统投用后所取得的经济效益是十分可观的，现将投产前后各项指标和节约价值列表如下。

**流程改造前后指标对比**

| 项目 | 实际发生 | | 年节约量 | 年节约价值/万元 |
|---|---|---|---|---|
| | 1995年 | 1996年 | | |
| 硫酸 | 2018t | 228t | 1790t | 80.55 |
| 苛性钠 | 1962t | 236t | 1726t | 138.08 |
| 原料运输费 | 56万元/年 | 12万元/年 | | 44.0 |
| 树脂 | 101.75万元/年 | 14.54万元/年 | | 87.21 |
| 电渗析维修费 | 35万元/年 | — | | 35.0 |
| 电渗析人工费 | 15万元/年 | — | | 15.0 |
| 节水 | | | 470000t | 94.0 |
| 节电 | | | 96万度 | 45.12 |
| 总节约价值 | | | | 538.96 |

从上表中可以看出，反渗透装置投用后，年节约价值十分显著，其投资费用不到一年即可收回。但这种情况是发生在高含盐量水的系统，究竟采用反渗透-离子交换流程处理时含盐量最低值以多少为经济合理，美国DOW化学公司经过不断地研究，从1978年的325mg/L降低到1982年的130mg/L，以后又降低到75mg/L。值得注意的是，DOW公司不仅制造反渗透膜，同时也生产离子交换树脂。我国一般认为含盐量＞500mg/L时，采用反渗透-离子交换系统较经济。

### 392　反渗透装置的运行要注意哪些事项?

反渗透装置的运行注意事项如下。

(1) 醋酸纤维素膜的水解易造成反渗透装置的性能恶化，为此，必须严格控制水的pH值，给水的pH值必须维持在5～6，而复合膜可以在给水pH3～11范围下运行。

(2) 当注入的次氯酸钠量不足而使给水中的游离氯不能测出时，在反渗透装置的膜组件上会有黏泥发生，反渗透装置的压差将增大。但对于复合膜和聚酰胺膜来讲，必须严格控制进入膜组件的游离氯量，超过规定值将导致膜的氧化分解。

(3) 若把FI值超标的水供给反渗透装置作为给水，在膜组件的表面将附着污垢，这样必须通过清洗来去除污垢。

(4) 过量的给水流量将使膜组件提前劣化，因此给水流量不能超过设计标准值。此外浓水的流量应尽量避免小于设计标准值，在浓水流量过小的条件下运转，会使反渗透装置的压力容器内发生不均匀的流动及由于过分浓缩而在膜组件上析出污垢。

(5) 反渗透装置的高压水泵即使有极短的时间中断运转都可能使装置发生故障。

(6) 反渗透装置入口压力要保持有适当的裕度，否则由于没有适当的压实，除盐率会降低。

(7) 反渗透装置停止时应用低压给水来置换反渗透装置内的水。这是为了防止在停运时二氧化硅的析出（在冬季时水温下降之故）。

(8) 需经常注意精密过滤器的压差。出现压差急剧上升的原因主要是精密过滤器浑浊度的泄漏。相反，出现压差急剧下降的原因是精密过滤器元件的破损，以及精密过滤器元件紧固螺丝松动等。

(9) 当反渗透装置入口和出口的压差超过标准时，说明膜面已受污染或者是给水流量在设计值以上。如经流量调整尚不能解决压差问题，则应对膜面进行清洗。

(10) 在夏天给水温度高，产水的流量又过多，有时不得不降低操作压力，这样做将导致产水水质下降。为了防止这点，可减少膜组件的数量，而操作压力仍保持较高的水平。

### 393 为什么反渗透装置的产水量会下降？如何处理？

反渗透装置的产水量会下降，要查明原因，制订处理对策。根据运行经验，产水量下降原因主要有以下几点。

| 序号 | 原　因 | 对　策 |
|---|---|---|
| 1 | 膜组件数量的减少 | 按照设计的膜组件数量运行 |
| 2 | 低压力运转 | 按照设计的基准压力运行 |
| 3 | 发生膜组件的压密 | 当在大大超过基准压力的条件下运转就会发生膜组件的压密，必须更换膜组件 |
| 4 | 运转温度的降低 | 按照设计温度25℃运行 |
| 5 | 在较高的回收率条件下运转 | 当在75%以上回收率条件下运转时，浓水的水量就减少，这样膜组件内水的浓缩倍率就上升，结果造成给水水质严重下降。由于这种给水的渗透压上升，导致透过水量的减少。严重时，将在膜面上析出盐垢。必须按设计回收率产水 |
| 6 | 金属氧化物和污浊物附着在膜面上 | 每天进行低压冲洗 |
| 7 | 在运转中反渗透装置压差上升 | 改进预处理装置的运行管理，改善进反渗透装置水质<br>用药品清洗膜组件 |
| 8 | 油分的混入 | 注意油绝对不能进入给水<br>更换膜组件 |

### 394 如何对反渗透膜进行化学清洗？

膜清洗频率与预处理措施的完善程度是紧密相关的。预处理越完善，清洗间隔越长；反之，预处理越简单，清洗频率越高。一般膜清洗是遵循“10%法则”——当校正过的淡水流量与最初200h运行（压紧发生之后）的流量相比，降低了10%和（或）观察到压差上升了10%～20%时就需进行清洗。尽可能在除盐率下降显示出来以前采取措施。正规安排的保护性维护清洗不足以保护反渗透系统，譬如，由于预处理设备运行不正常，进水条件在短时间内就会发生变化。

反冲洗对于防止大颗粒对某些型式反渗透膜组件的堵塞是有效的。但不是所有的污染都可通过简单的反冲洗就能清除掉，还需要有周期的化学清洗。化学清洗除需增加药剂和人工费用外，还有污染问题，所以也不可过于频繁，每月不应超过1～2次，每次清洗时间约1～2h。

化学清洗系统通常包括一台化学混合箱和与之相配的泵、混合器、加热器等。化学清洗常是根据运行经验来决定（可以根据每列设备压降读数与运行时间的关系曲线，或是依据产水量、淡水水质和膜的压降等）。

化学清洗所用的药剂和方法，需根据污染源来决定。下表可供参考，但更应重视积累和应用本单位的经验。为了保证效果，在化学清洗前要进行冲洗。冲洗前先降压，再用2～3倍正常流速的进水冲洗膜，靠流体的搅动作用将污物从膜面剥离并冲走。然后针对污染特征，选择清洗液对膜进行化学清洗。为了保护反渗透膜组件，液温最好不超过35℃。

系统若停用5天以上，最好用甲醛冲洗后再投用。如果系统停用两周或更长一些时间，需用0.25%甲醛浸泡，以防微生物在膜中生长。化学药剂最好每周更换一次。

**针对各种污染物采用的清洗剂**

| 污染原因 | 清　洗　液 | 药剂用量(L/台膜组件) | 清　洗　方　法 |
|---|---|---|---|
| 金属氧化物沉淀 | (1)0.2mol/L 柠檬酸铵，pH 4～5<br>(2)4%亚硫酸氢钠 | ≈100 | (1)维持0.4MPa压力，15L/mim流量，循环2h<br>(2)保持1MPa压力，水冲洗30min<br>(3)正常运行 |
| 钙沉淀物 | (1)盐酸，pH=4<br>(2)柠檬酸，pH=4 | ≈100 | (1)维持0.4MPa压力，15L/min流量，循环2h<br>(2)保持1MPa压力，水冲洗30min<br>(3)正常运行 |
| 有机物、胶体物 | (1)柠檬酸，pH=4<br>(2)盐酸，pH=2<br>(3)氢氧化钠，pH=12<br>(4)中性洗净剂 | ≈200 | (1)维持0.4MPa压力，40L/min流量，循环2h<br>(2)保持1MPa压力，水冲洗30min<br>(3)正常运行 |
| 细菌及黏泥 | 1%甲醛溶液 | ≈100 | (1)维持0.4MPa压力，15L/min流量，循环2h<br>(2)保持1MPa压力，水冲洗30min<br>(3)正常运行 |

### 395　如何防止反渗透系统出现浓差极化现象？

反渗透膜表面上因溶质或其他被截留物质形成浓差极化时，膜的传递性能以及分离性能均将迅速衰减。为了减小浓差极化的影响，除工艺设计要充分考虑外，具体运行中也可采取一些改善对策，以防止反渗透系统出现浓差极化现象。具体作法如下。

(1) 增高流速　首先可以采用化工上常用的增加骚动的措施。也就是说设法加大流体流过膜面的线速度，其中也包括采用层流薄层流道法。

(2) 填料法　如将29～100μm的小球放入被处理的液体中，令其共同流经反渗透器以减小膜边界层的厚度而增大透过速度。小球的材质可用玻璃或甲基丙烯酸甲酯制作。此外，对管式反渗透器来说，也可向进料液中填加微形海绵球，不过，对板框式和螺旋卷式膜组件而言，加填料的方法是不适宜的，主要是因为有将流道堵塞的危险。

(3) 装设湍流促进器　所谓湍流促进器一般是指可强化流态的多种障碍物。例如对管式膜组件而言，内部可安装螺旋挡板。对板框式或螺旋卷式的膜组件可内衬网栅等物以促进湍流。实验表明，这些湍流促进器的效果很好。

(4) 脉冲法　主要作法是在流程中增设一脉冲发生装置，使液流在脉冲条件下通过膜分离装置。脉冲的振幅和频率不同，其效果也不一样。对流速而言，振幅越大或频率越高，透过速度也越大。虽然动力增加了25%～50%，但是，换来了透过速度提高了70%的得益，有相当的经济价值。

(5) 搅拌法　是目前应用广泛，特别是在测试装置中必定使用的一种方法。其主要作法是在膜面附近增设搅拌器，也可以把装置放在磁力搅拌器上回转使用。实验表明，传质系数与搅拌器的转数成直线关系。

（6）加分散阻垢剂　为防止反渗透膜结垢，某厂过去曾以加硫酸或盐酸来调节 pH 值，但因酸系统的腐蚀和泄漏使操作者很感麻烦。现在改用一种 PTP-0100 的高效分散阻垢剂可免去加酸的麻烦，并使系统运行正常。

### 396　为什么说给水处理对反渗透的安全运行至关重要？

因为给水的原水——地表水或地下水，都含一些可溶或不可溶的有机和无机物质，虽然反渗透是能够截留这些物质的。但是，反渗透主要是用于除盐，如果反渗透的给水处理不完善，那么给水中有过高的浑浊度、悬浮物质等，会淤积在反渗透膜的表面上，使表面结垢，堵塞水流通道，造成膜组件压差增加，产水量下降，除盐率降低，危害反渗透器的使用寿命。

因此，要规定反渗透的给水水质标准，不合标准的给水不可向反渗透装置供水。反渗透给水水质标准如下表。

| 项目 \ 常用膜的品种与型式 | 螺旋卷式（醋酸纤维素膜） | 中空纤维式（芳香聚酰胺膜） | 螺旋卷式（FT-30 复合膜） |
|---|---|---|---|
| 浑浊度 | | | 0.5FTU |
| 污染指数(FI) | <4 | <3 | <5 |
| 水温 | 15～35℃ | 15～35℃ | <45℃ |
| pH 值 | 5～6 | 3～11 | 2～11 |
| $COD_{Mn}$(高锰酸钾法以 $O_2$ 计) | <1.5mg/L | <1.5mg/L | <1.5mg/L |
| 游离氯(以 $Cl_2$ 计) | 0.2～1mg/L | <0.1mg/L | <0.1mg/L |
| 含铁量(以 Fe 计) | <0.05mg/L | <0.05mg/L | <0.05mg/L |

由于反渗透膜的材质不同，使其有不同的化学稳定性。所以，对给水中 pH、余氯、水温、微生物以及其他化学物质等的忍耐程度也有很大差异。给水的浑浊度、悬浮物质和胶体物质的含量要严格控制。污染指数 FI 的指标不要超出，FI 越低越好。总之，严格按上表给水水质标准执行，对反渗透装置的运行是有好处的。

### 397　超滤与反渗透有何区别？

超滤（UF）是利用一种压力活性膜，除去水中的胶体、颗粒和分子量高的物质。与反渗透一样，受压溶液是在压力下通过膜（图 3-4-15），膜的设计可使一定大小的分子被除去。

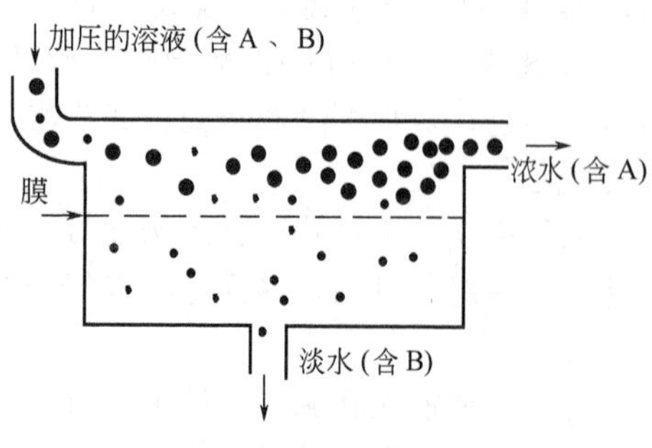


图 3-4-15　超滤的原理示意图

超滤膜的孔结构与反渗透膜不同之处在于：它可使盐和其他电解质通过，而胶体与相对分子质量大的物质通不过（图 3-4-16）。

由于胶体物质和分子量大的物质的渗透压力低，所以，超滤所需的压力比反渗透低，在一般情况下所用压力为 0.07～0.7MPa，最高不超过 1.05MPa。超滤的压力虽低，所用的膜却比较厚实。以中空纤维膜为例，反渗透用的膜不能反洗，而超滤用的膜则可以通过反洗来有效地清洗膜面，以保持其高流速。

其次，超滤与反渗透膜组件特性上也有区别，表现在膜材质、运行参数等有所不同，主要特性比较如下表：

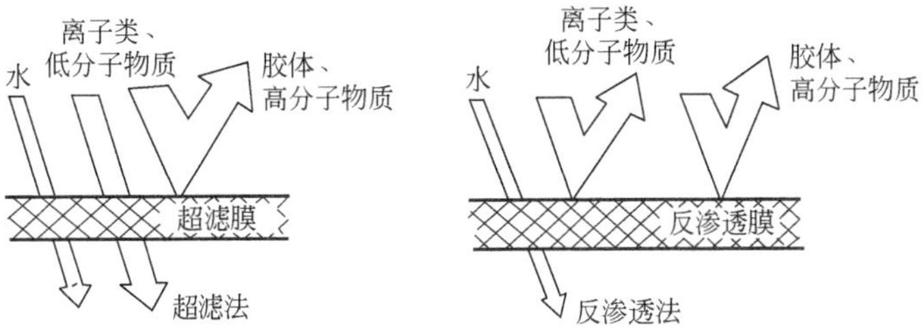


图 3-4-16　超滤膜与反渗透膜作用上的差别

**反渗透和超滤膜组件特性对比**

| 项　　目 | 反　渗　透 | 超　　滤 |
| --- | --- | --- |
| 膜材 | 醋酸纤维素，芳香聚酰胺 | 纤维素或非纤维素聚合物 |
| 外壳结构 | 玻璃纤维或环氧衬里钢 | 聚砜 |
| 最高运行温度/℃ | 30 | 45 |
| 最高运行压力/MPa | 淡水　2.8<br>海水　5.6 | 淡水 0.7<br>海水 1.05 |
| 名义上相对分子质量的界限 | 200 | 80000 |
| pH 值 | 4～11 | 1.5～13 |

超滤膜是由纤维素或非纤维素的聚合物注塑于多孔的支撑材料上所构成，孔径大小约 0.002～0.02μm。膜组件主要型式为中空纤维式和螺旋卷式，也有采用管式的。中空纤维式超滤装置的运行示图如图 3-4-17 所示。

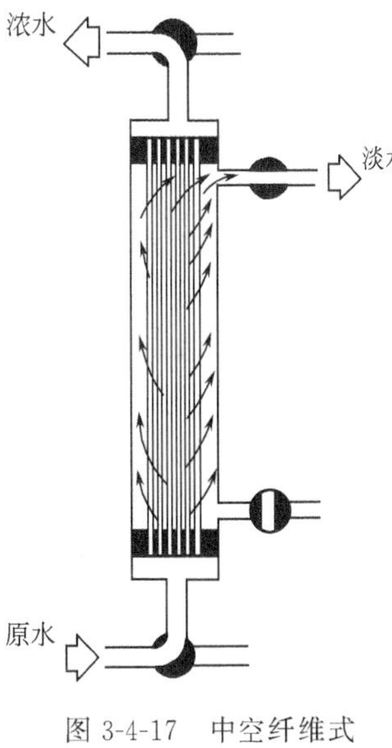


图 3-4-17　中空纤维式超滤装置的运行

### 398　超滤膜污染后如何清洗？

超滤膜的污染是指水中的微粒、胶体粒子或溶质分子与膜发生物化相互作用或因浓差极化使某些溶质在膜的表面的浓度超过溶解度，以及机械作用而引起在膜表面或膜孔内吸附、沉积而造成膜孔径变小或堵塞，使膜产生透过流量与分离特性的不可逆变化现象。

超滤膜被污染需要清洗时，必须了解污染物的性质和组成，然后筛选有效的清洗方法。一般采用物理方法、化学方法或物理与化学同时使用的方法。

物理清洗法最常用的是水力冲洗。水力冲洗又分等压冲洗（即膜的两侧无压力差）和压差冲洗（即膜的两侧有压力差）。一般来说，压差冲洗比等压冲洗效果好。

化学清洗法是采用化学清洗剂清洗。因污染的性质而异可分为：酸性清洗剂、碱性清洗剂、氧化性清洗剂和生物酶清洗剂等。

酸性清洗剂常用：0.1mol/L HCl、0.1mol/L 草酸、1%～3%柠檬酸、1%～3%柠檬酸铵、EDTA 等，这类清洗剂对去除 $Ca^{2+}$、$Mg^{2+}$、$Fe^{3+}$ 等金属盐类及其氢氧化物、无机盐凝胶层是较为有效的。

碱性清洗剂主要是：0.1%～0.5% NaOH 水溶液，它对去除油脂类污染物有较好效果。

氧化性清洗剂如 1.0%～1.5% $H_2O_2$、0.5%～1.0% NaClO、0.05%～0.1%叠氮酸钠等，对去除有机物污染有良好效果。

生物酶制剂如1%胃蛋白酶、胰蛋白酶等对去除蛋白质、多糖、油脂类的污染是有效的，清洗时温度控制在55～60℃处理效果更好，但要注意所用膜的耐温性能。

化学清洗法一定要防止对膜性能的破坏。

超滤膜的清洗步骤如下，可供参考。

(1) 先用清水冲洗整个超滤系统，水温最好采用膜组件所能承受的较高温度。

(2) 选用合适的清洗剂进行循环清洗，清洗剂中可含EDTA或六聚偏磷酸钠等络合剂。

(3) 用清水冲洗，去除清洗剂。

(4) 在规定的条件下校核膜的透水通量，如未能达到预期数值时，重复第二步、第三步清洗过程。

(5) 用0.5%的甲醛水溶液浸泡消毒并贮存。

**399 什么是纳滤？**

纳滤（NF）是其分离膜具有纳米级的孔径的分子级分离技术。其是介于反渗透（RO）和超滤（UF）之间的膜分离技术。反渗透几乎可以截留水中所有的离子，但要求操作压力高，水通量也受到限制；而超滤能截留水中分子量较大的有机物、细菌等，但对低分子量物质、离子则不起截留作用；对于那些水处理要求有较高的水流量，而对某些物质（如单价盐类）的截留无严格要求的情况下，需要一种介于RO和UF之间的膜分离技术，这就是纳滤技术。

纳滤膜与其他分离膜的分离性能比较，它恰好填补了超滤与反渗透之间的空白，它能截留透过超滤膜的那部分小分子量的有机物，透析被反渗透膜所截留的无机盐。

纳滤类似于反渗透与超滤，均属压力驱动型膜过程，但其传质机理却有所不同。一般认为，超滤膜由于孔径较大，传质过程主要为孔流形式，而反渗透膜通常属于无孔致密膜，溶解-扩散的传质机理能够很好地解释膜的截留性能。由于大部分纳滤膜为荷电型，其对无机盐的分离行为不仅受化学势控制，同时也受到电势梯度的影响。

由于无机盐能透过纳滤膜，使其渗透压远比反渗透膜的低。因此，在通量一定时，纳滤过程所需的外加压力比反渗透的低得多；而在同等压力下，纳滤的通量则比反渗透大得多。此外，纳滤能使浓缩与除盐同步进行。所以用纳滤代替反渗透时，浓缩过程可有效、快速地进行，并达到较大的浓缩倍数。

纳滤膜组件的操作压力一般为0.7MPa左右，最低的为0.3MPa。它对相对分子质量大于300的有机溶质有90%以上的截留能力，对盐类有中等程度以上的脱除率。

纳滤膜材料基本上和反渗透膜材料相同，主要有醋酸纤维素（CA）、醋酸纤维素-三醋酸纤维系（CA-CTA）、磺化聚砜（S-PS）、磺化聚醚砜（S-PES）和芳香聚酰胺复合材料以及无机材料等。目前，最广泛用的为芳香聚酰胺复合材料。

商用的纳滤膜组件多为螺旋卷式，另外还有管式和中空纤维式。

**400 纳滤膜有何特点？**

纳滤膜的一个很大特征是膜本体带有电荷。这是它在很低压力下具有较高除盐性能和截留相对分子质量为数百的物质，也可脱除无机盐的重要原因。

目前纳滤膜多为薄层复合膜和不对称合金膜。纳滤膜有如下特点。

(1) NF膜主要去除直径为1nm左右的溶质粒子，故被命名为“纳滤膜”，截留物相对分子质量为200～1000。

(2) NF膜对二价或高价离子，特别是阴离子的截留率比较高，可大于98%，而对一价离子的截留率一般低于90%。

(3) NF膜的操作压力低，一般为0.7MPa左右，最低的为0.3MPa。

(4) NF膜多数为荷电膜，因此，其截留特性不仅取决于膜孔大小，而且还有膜静电作用。

## 401　什么是微滤?

微滤（MF）又称为微孔过滤，它属于精密过滤，其基本原理是筛分过程，在静压差作用下滤除 0.1～10μm 的微粒，操作压力为 0.7～7kPa。除此以外，还有膜表面层的吸附截留和架桥截留，以及膜内部的网络中截留，如图 3-4-18 所示。

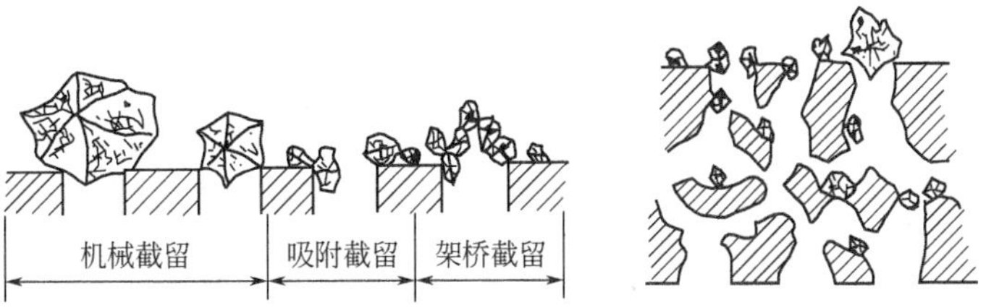


(a) 膜的表面层截留　　(b) 膜内部的网络中截留

图 3-4-18　微滤膜各种截留作用示意图

微滤操作有死端过滤和错流过滤两种方式，如图 3-4-19 所示。

死端过滤又称死端流动过滤，或无流动过滤；错流过滤又称错流流动过滤。在死端过滤时，溶剂和小于膜孔的溶质在压力驱动下透过膜，大于膜孔的颗粒被截留，通常堆积在膜面上。随着操作时间的增加，膜面上堆积的颗粒越来越多，膜的渗透速率将下降，这时必须停下来清洗膜表面的污染层或更换膜。错流过滤是在压力推动下料液平行于膜面流动，与死端不同的是料液流经膜面时会把膜面上的滞留物带走，从而使污染层保持在一个较薄的水平。近年来微滤的错流操作技术发展很快，在许多领域有代替死端过滤的趋势。

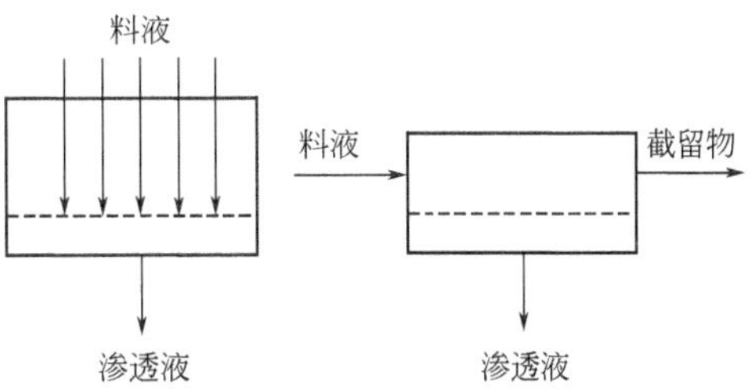


(a) 死端过滤　　(b) 错流过滤

图 3-4-19　死端过滤和错流过滤示意图

目前市场上微滤膜的材质可分为有机和无机两大类。有机聚合物有纤维素酯、聚碳酸酯、聚砜、聚酰胺、聚丙烯等很多品种。但由于聚合物材料固有的局限性，使得有机材质的微滤膜不能在某些极端条件下应用，而无机膜有良好的化学热稳定性，它的孔径可以被很好地控制在较窄的范围内，所以人们把注意力转向了陶瓷、金属等无机材料。

微滤膜广泛应用于制药行业的除菌过滤和电子工业用高纯水的制备。随着水资源的日趋紧张及社会生活水平的提高，苦咸水-海水淡化的预处理，以及饮用水生产和城市污水处理是微滤技术的潜在市场。

## 402　膜分离技术在水处理方面的应用情况如何?

膜分离技术的微滤（MF）、超滤（UF）、反渗透（RO）、纳滤（NF）、电渗析（ED）、膜蒸馏（MD）以及无机膜等在水处理方面的应用情况如下。

（1）微滤　微滤属于精密过滤，是滤除 0.1～10μm 微粒的过滤技术。在水处理的应用领域和状况见下表。

| 领　域 | 应　用　状　况 |
| --- | --- |
| 高纯水的制备 | 小型的无流动微滤器被广泛用于高纯水的分水系统，是目前微滤应用的第二大市场 |
| 城市污水处理 | 费用可低于超滤，能除去病毒，目前经济性和技术上还存在一些问题 |
| 饮用水的生产 | 若市场能顺利接受，其经济性优于砂滤。大规模应用将取代氯气消毒法 |
| 工业废水的处理 | 含油废水处理等 |

（2）超滤　在水处理中UF分离技术是分子级的，能截留水中大分子溶质。在水处理的应用情况见下表。

| 应用领域 | 应用状况 |
|---|---|
| 高纯水的制备 | 已广泛用于电子工业集成电路生产过程中。主要采用中空纤维式组件。膜渗透流率大，能耗低，也用作医药工业用水 |
| 城市污水处理 | |
| 家庭污水处理 | 在旅馆、办公楼、住宅楼已被采用。在新建的500户以上大的住宅楼有可能实现小规模的水循环，即用超滤处理过的生活污水冲洗厕所等，可减少40%的家庭用水 |
| 阴沟污水处理 | 正处于与其他非膜技术的竞争之中。经济性和技术是主要障碍 |
| 饮用水的生产 | 水得率比较低，如不解决好将面临纳滤的竞争和可能的限制 |
| 工业废水的处理 | 造纸和含油废水处理等 |

（3）反渗透　最早应用的反渗透膜醋酸纤维素和芳香聚酰胺非对称膜是按照海水和苦咸水除盐要求开发的，对NaCl的截留率高达99.5%以上，操作压力高达10.5MPa，称之为高压RO，以后开发的一些高压RO复合膜使海水反渗透除盐的操作压力可降至6.5MPa。1995年以后开发的低压RO膜可在1.4～2MPa下进行苦咸水除盐，对NaCl的截流率仍高达99%以上。

RO技术于20世纪80年代初在我国得到应用，首先用于电子工业超纯水及饮料业用水的制备，而后用于电厂用水处理，20世纪90年代起在饮用水处理方面获得普及。应用情况如下表。

| 应用领域 | 应用状况 |
|---|---|
| 海水和苦咸水淡化 | 这是RO技术应用规模最大，技术也相对比较成熟的领域，到1995年12月，全世界RO淡化工厂产水量达7293079$m^3/d$，占总淡化生产量的35%，占当年世界淡化市场88%。建于沙特阿拉伯Jeddah市的世界最大的海水反渗透工厂，二期工程总生产能力达到2×56800$m^3/d$，RO技术将成为21世纪淡化技术的主要方法 |
| 超纯水生产<br>纯净水生产<br>锅炉用水软化 | 反渗透装置是超纯水和纯净水生产中的主要设备。用膜法生产电子工业半导体生产用的超纯水有流程简单、水质优良等特点。美国电子工业已有90%以上用反渗透和离子交换树脂结合的工艺生产超纯水。用反渗透膜技术代替传统的离子交换技术生产热电厂、化工厂、石化厂及其他锅炉用水是一种必然趋势。这三方面应用的前景都很好 |
| 废水处理<br>工业废水处理<br>市政废水处理 | 对废水排放来说，反渗透、纳滤等膜技术是极佳的选择。但工业废水成分复杂，往往给反渗透膜和操作带来困难。下面列举几个废水处理的应用例子。从电镀漂洗水中回收重金属离子和清洗水已成功用于生产，国外处理镀镍废水的反渗透装置已有几百套，规模可达2300$m^3/d$，有较好应用前景。从金属加工中所形成的含油废水中回收乳化油及水，可采用UF或RO进行深度处理，在许多国家都有工业应用，装置能力可达2500L/h，有一定应用前景。将NF、RO等膜技术与生物处理、絮凝、沉降等技术结合处理城市废水，可提高出水水质 |

（4）纳滤　纳滤膜的传递性能介于RO与UF之间，是在反渗透膜的基础上发展起来的，它可截留相对分子质量为200～1000的物质。对NaCl的截留率一般只有40%～90%，但对二价离子特别是阴离子截留率>99%，NF膜对一价、二价阴离子截留率上的差别，使NF膜在低价和高价离子的分离方面有独特功能，所以纳滤更适用于水的净化和软化以及某些工业废水、市政废水的处理。

（5）电渗析　电渗析在水处理方面应用比较广泛，状况如下表。

| 领域 | 应用状况 |
|---|---|
| 饮用及工业过程用水的制备<br>苦咸水除盐 | 是电渗析最早，至今仍是最重要的应用领域，1988年销售额5亿美元，占总额的1/3左右，估计以后年增长率为10% |

续表

| 领　　域 | 应 用 状 况 |
|---|---|
| 海水除盐 | 因耗电量大而未广泛使用，发展趋势为高温电渗析，需研制低电阻、热稳定性好(温度>80℃)的膜 |
| 锅炉进水等工业过程用初级纯水的制备 | 为电渗析第二大应用领域，1988年销售额3亿美元，估计年增长率为15% |
| 高纯水的制备 | 处于实验室规模。1988年销售额0.2亿美元，估计年增长率将很大。混合床离子交换树脂电渗析过程已实现工业化，被用于半导体工业用高纯水的制备，关键在于该过程的可靠性及膜电阻，增强隔板空间的导电性及减薄膜厚是未来研究方向 |

（6）膜蒸馏　在水处理中主要用于海水、苦咸水淡化。

（7）无机膜　无机膜多为有孔膜，孔径在0.004～100μm之间，起微滤和纳滤的作用，在水处理中用于低浑浊度饮用水的制备，如用无机膜生产0.1～0.2NTU低浑浊度饮用水。

### 403　膜技术如何应用于超纯水制备？

超纯水用于电子工业、电厂高压锅炉、制药等。水的电阻率要求接近18MΩ·cm，电解质含量10～20μg/L，水的纯度为99.99999%。超纯水的制备一般包括预处理、除盐及后处理三道工序，目前反渗透（RO）、离子交换（DI）和超滤（UF）联合技术是超纯水制备最佳系统。反渗透能除去90%以上的总溶解盐、95%以上的溶解有机物、98%以上的微生物及胶体。超滤和微滤（MF）可将系统中产生的微粒、细菌除去，有效地保证终端用水的水质。从超纯水制造的典型的超纯水制造工艺流程（图3-4-20）和基本流程（图3-4-21）可见，膜技术在超纯水制造中至关重要。预处理通常是由凝聚、过滤和杀生组成的，近年来以微滤、超滤来替代，大大简化预处理过程。

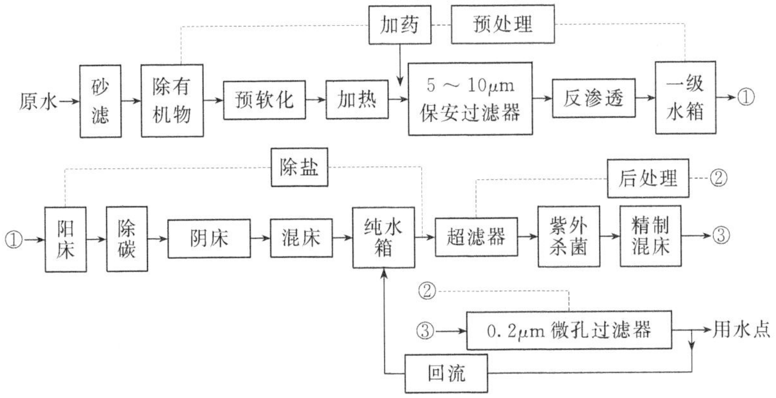


图3-4-20　典型的超纯水制造工艺流程

超纯水制造中RO膜以聚酰胺螺旋卷式组件为主，在操作压力为1.47MPa的低压下可除盐99.5%以上。二级纯水系统要求能脱除TOC的复合膜。

### 404　膜技术如何在高压锅炉补给水处理上应用？

膜技术，特别是反渗透技术在制备高压锅炉补给水方面国外已普遍采用，我国从20世纪70年代末开始引进国外技术，目前已建成多套100t/h以上的反渗透装置，广泛应用于电厂、炼油、石化、化肥等行业的高压锅炉补给水处理，发展前景广阔。例如某发电厂超高压锅炉补给水的制备，见图3-4-22所示。

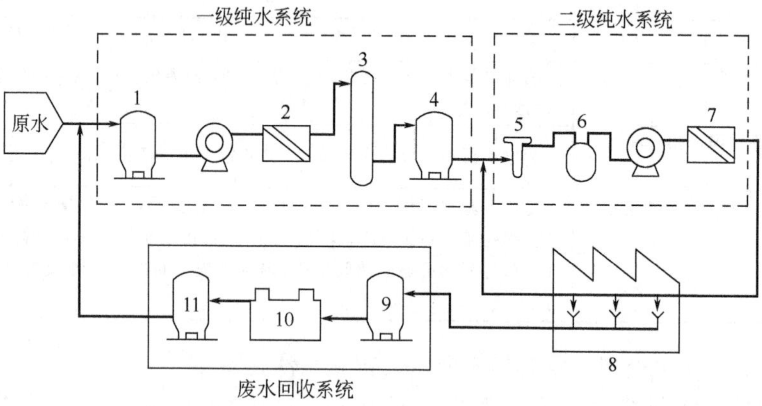


图 3-4-21 超纯水制造的基本流程

1—过滤装置；2—反渗透膜装置；3—脱氯装置；4，9—离子交换装置；5—紫外线杀菌装置；6—非再生型混合床离子交换器；7—UF 过滤膜装置；8—用水点；10—紫外线氧化装置；11—活性炭过滤装置

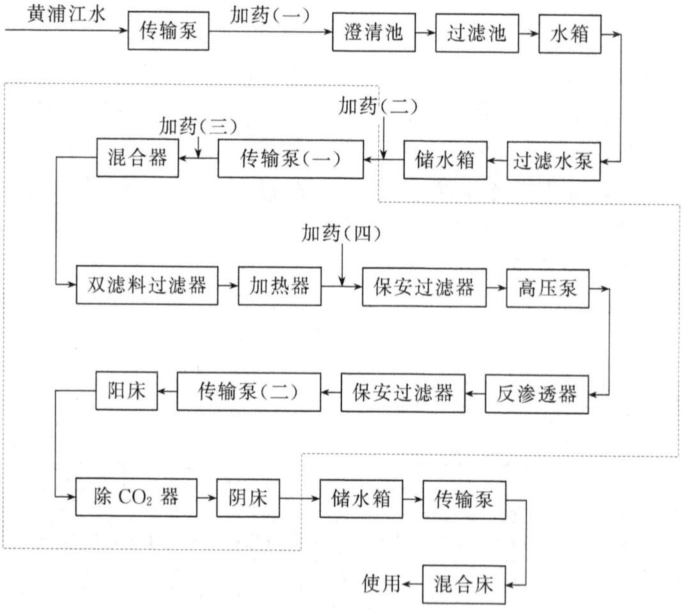


图 3-4-22 超高压锅炉补给水制备工艺流程图

加药（一）为 PAC、$Cl_2$；加药（二）为 $Cl_2$；

加药（三）为 $FeCl_3$、HCl；加药（四）为 $Na_2SO_3$

该工艺采用 SC-4200B 型螺旋卷式膜反渗透器，产水量 50t/h，回收率 75%。原水为黄浦江水，经预处理。产水水质，阴床出口：电阻率$>100k\Omega\cdot cm$，$SiO_2<20\times10^{-9}$，硬度=0；混合床出口：电阻率$>5M\Omega\cdot cm$，$SiO_2<10\times10^{-9}$。

### 405 纯净水的生产是怎样利用膜技术的？

纯净水主要是居民饮用水。纯净水的生产工艺与膜技术的应用密切相关。我国第一个纯净水制造工艺流程就是以反渗透为主，采用 RO-DI-MF 工艺，如图 3-4-23 所示。

图 3-4-24 是纯净水生产采用电渗析、离子交换、超滤的 ED-DI-UF 联合工艺，该工艺最大优点是运行低压化。

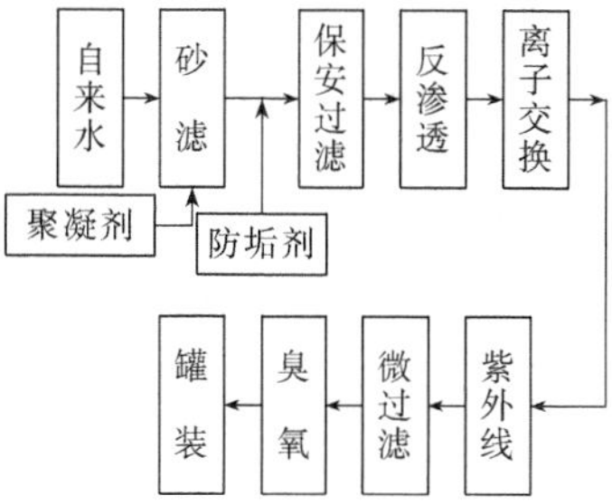


图 3-4-23　RO-DI-MF 制纯净水工艺图

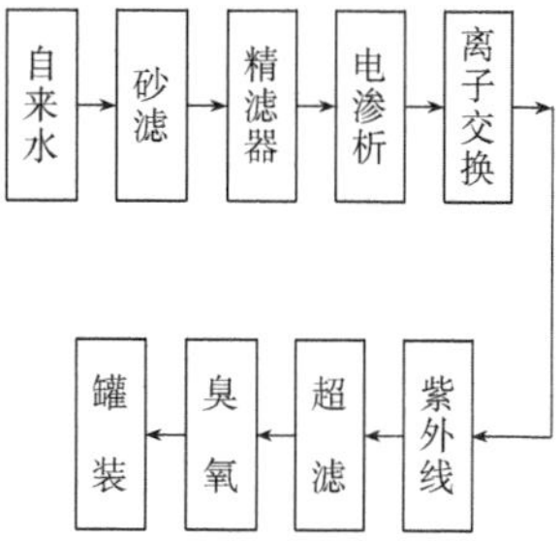


图 3-4-24　ED-DI-UF 制纯净水工艺图

图 3-4-25 是电渗析与反渗透（PA 膜）联合制纯净水工艺，其优点是对污染程度较高的地表水适应性较强。

图 3-4-26 是根据现行国家纯净水标准，以我国多数城市自来水水质为设计依据而开发的二级反渗透制取纯净水工艺，是目前比较先进的工艺，并被许多著名纯净水制造厂所采用。

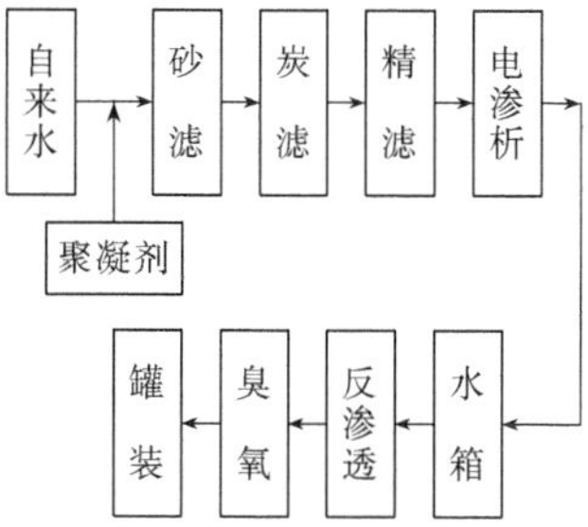


图 3-4-25　ED-RO 制纯净水工艺图

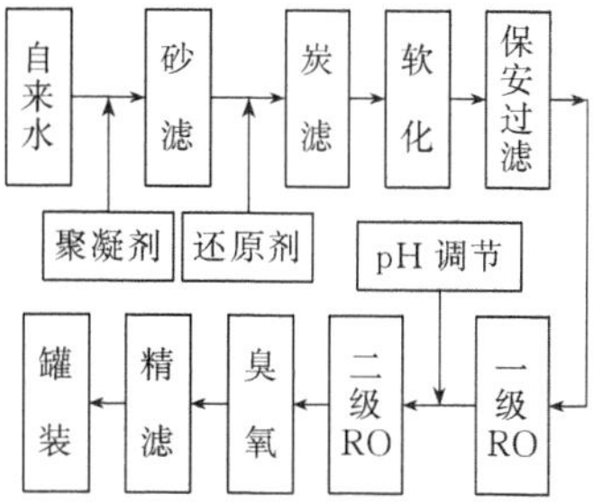


图 3-4-26　二级 RO 制纯净水工艺图

**406　矿泉水的生产是如何使用膜技术的？**

应用膜技术生产矿泉水主要有两种方法，一是微滤，二是超滤。微滤可以采用多级微滤膜串联工艺，但也可以用超滤和微滤组合工艺，应根据水源的水质情况而选定。微滤用于胶体、微粒含量少，浑浊度较低，水质比较稳定的矿泉水水源。而超滤适用于胶体、微粒较多的水源。MF 和 UF-MF 制矿泉水的工艺如图 3-4-27 和图 3-4-28 所示。

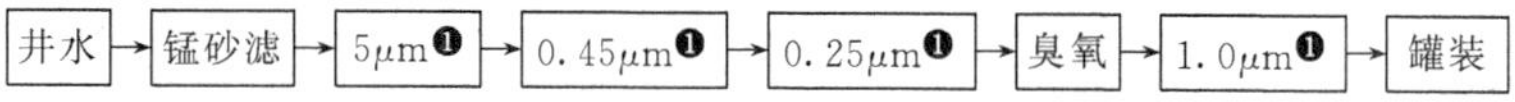

图 3-4-27　MF 制矿泉水工艺图

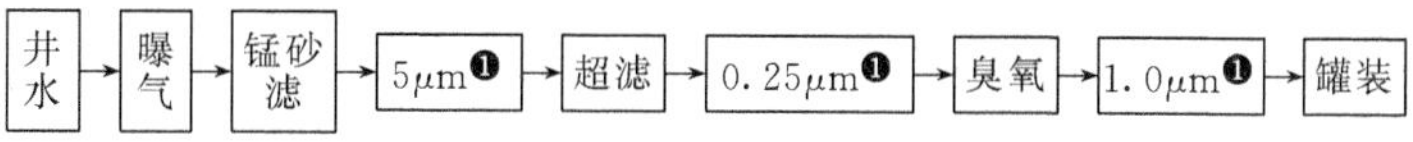


图 3-4-28　UF-MF 制矿泉水工艺图

在矿泉水制造中，有效控制细菌指标是膜过滤技术的关键。而膜本身品质的优劣直接影响矿泉水产品是否合格。孔径分布、孔隙率和膜的完整性是矿泉水过滤膜的关键指标。

## （五）海水、苦咸水淡化处理

**407　何谓海水、苦咸水淡化？**

苦咸水的含盐量高于 1000mg/L，并在 15000mg/L 以下，海水的含盐量在 40000mg/L

❶ 微滤器及其膜微孔的尺寸。

左右。将这种高含盐量的水，经过净化或淡化处理，去除其中大部或全部的盐分，达到生活饮用水的卫生标准或工业用水标准，这一处理过程称为海水、苦咸水淡化。

苦咸水问题在我国西部地区比较突出，那里年降雨量低，水资源十分贫乏。地表水和浅水井溶解着大量的杂质，常年干旱缺雨，水源补给水又少，使水质矿化度高，水味苦涩，危害人体健康；我国有广大的干旱地区和近海以及岛屿，缺乏淡水，严重影响人们的生活用水及工农业生产。

海水淡化难度是很大的，因为含盐量很高，其中含 NaCl 几万毫克每升；其次还有硫酸盐、$Ca^{2+}$、$Mg^{2+}$、$K^{+}$等。海水水质的平均值如下表所示。

**海水水质平均值**[1]　　单位：mg/L

| 成分 | 含量 | 质量分数/% | 成分 | 含量 |
|---|---|---|---|---|
| $Cl^{-}$ | 18980 | 55.17 | B | 4.6 |
| $Na^{+}$ | 10560 | 30.70 | F | 1.4 |
| $SO_4^{2-}$ | 2560 | 7.44 | Rb | 0.2 |
| $Mg^{2+}$ | 1272 | 3.70 | Al | 0.16～1.9 |
| $Ca^{2+}$ | 400 | 1.16 | Li | 0.1 |
| $K^{+}$ | 380 | 1.10 | P | 0.001～0.1 |
| $HCO_3^{-}$ | 142 | 0.41 | Ba | 0.05 |
| $Br^{-}$ | 65 | 0.19 | I | 0.05 |
| $Sr^{2+}$ | 13 | 0.04 | Cu | 0.001～0.09 |
| $SiO_2$ | 6 |  | Fe | 0.002～0.02 |
| $NO_3^{-}$ | 2.5 |  | Mn | 0.001～0.01 |
| 总含盐量 | 34400 | Σ99.94 | As | 0.003～0.02 |

海水中盐分的组成大致如下表。

**海水中主要盐分的组成**[8]

| 盐的分子式 | 1kg 海水中的盐分量/g | 盐分的质量分数/% |
|---|---|---|
| NaCl | 27.213 | 77.752 |
| $MgCl_2$ | 3.807 | 10.878 |
| $MgSO_4$ | 1.658 | 4.737 |
| $CaSO_4$ | 1.260 | 3.600 |
| $K_2SO_4$ | 0.863 | 2.465 |
| $CaCO_3$ | 0.123 | 0.351 |
| $MgBr_2$ | 0.076 | 0.217 |
| 合计 | 35.000 | 100.00 |

面对这样高含盐量水进行的淡化处理，在过去一般是用蒸馏方法，而现在大都采用膜分离技术。

### 408　海水和苦咸水淡化有哪些主要方法?

海水、苦咸水淡化的方法主要有：电渗析法、反渗透法和蒸馏法等。据 1995 年 12 月底统计，全世界海水、苦咸水淡化处理还是以蒸馏法为多，且又以多级闪蒸为主。与蒸馏法相比，反渗透法由于投资费用低，能耗低，占地少，生产成本低，建造周期短，已有后来者居上的趋势。近年来，反渗透方法的市场占有率已处于优势地位。

### 409　什么是海水淡化蒸馏法？

海水淡化蒸馏法是把海水、苦咸水加热，使水沸腾蒸发，变成蒸汽，然后再将蒸汽冷凝成为淡水的过程。这个过程中，需要把海水加热沸腾，消耗能量大，如将废热利用，则较为经济。蒸馏法的特点是设备结构简单，操作容易，淡水质量好。

海水淡化蒸馏方法大致可分为：太阳能蒸馏法；多效真空蒸馏法；闪蒸（急骤）蒸馏法；蒸汽压缩蒸馏法。

### 410　什么是太阳能海水淡化技术？

利用太阳能产生的热能，直接或间接以驱动海水的相变过程，使海水蒸馏淡化；或是利用太阳能发电以驱动渗析过程，这是利用太阳能间接使海水淡化技术。

由于海水淡化要消耗大量的燃料或电力，从我国国情出发，我国广大农村、孤岛等地区至今缺乏电力，因此用太阳能进行海水淡化受到青睐。它的突出优点是利用自然能，运行费用低，设备简单。但产水规模小并受自然条件的制约是其缺点。

当前太阳能海水淡化中以蒸馏法为主，有三种方式：①被动式太阳能蒸馏系统，如单级或多级倾斜盘式太阳能蒸馏器；回热式、球面聚光式太阳能蒸馏器等；②主动式太阳能蒸馏系统，有单级或多级附加集热器的盘式、自然或强迫循环式太阳能蒸馏器；③与常规海水淡化装置相结合的太阳能系统，太阳能系统可与多数常规海水淡化系统相结合，如利用太阳能发电进行反渗透法或冷冻法来淡化海水。此外，还有太阳能多级闪蒸、太阳能多级沸腾蒸馏等技术。

目前，太阳能蒸馏法海水淡化产水率低，同时还存在一些问题：其一是蒸汽的凝结潜热未被重新利用而损失于大气中；其二是传统太阳能蒸馏器是自然对流的换热模式，限制了热能利用率提高；其三是蒸馏器中待蒸发的海水比热容太大，限制了运行温度的提高，减弱了蒸发的驱动力。因此，必须研制和开发新型的太阳能海水淡化技术，如目前设计了最新颖的降膜蒸发和降膜凝结新技术，使太阳能直接作用在降膜海水上，使海水迅速升温并蒸发，蒸汽冷凝后即得淡水。

### 411　何谓海水淡化多效蒸发蒸馏法？

蒸馏法最简单的是只有一个蒸发器，如图 3-5-1(a) 所示，该种流程因为只用一个蒸发器，所以叫做单效蒸馏。单效蒸馏没有回收蒸发蒸汽里的热量，所以是不经济的。在单效蒸馏的基础上发展起来的多效蒸发蒸馏法（MED），从热量回收利用的角度来看，它是比较经济的，因为蒸发蒸汽中的热量是经过多次回收利用。图 3-5-1(b) 是一个三效蒸

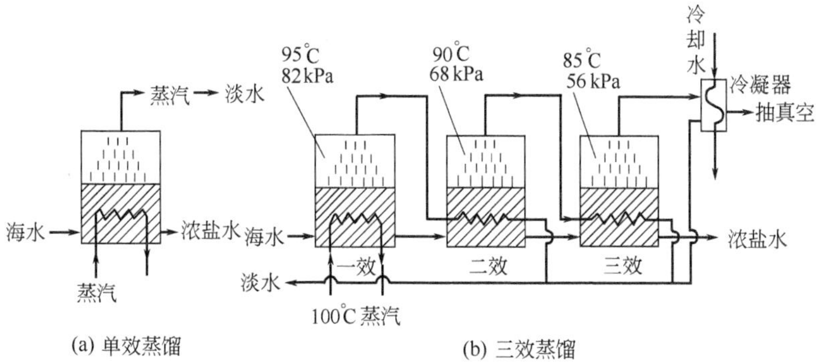


图 3-5-1　蒸馏法原理

馏的原理图，并给出水温的实际数字为例子。为了避免高温所产生的水垢，所以蒸馏温度都低于100℃。进入蒸发器内的蒸汽的温度都比器内沸腾的海水温度高出几度，以保证蒸汽管和海水之间有足够的传热率。在一效蒸发器内，用100℃蒸汽把海水加热到95℃并使之沸腾，这时必须保持器内压力为0.082MPa，同时需把蒸发的95℃蒸汽及时排出到二效蒸发器内，并用于加热二效蒸发器内的海水，二效蒸发器内的蒸汽又进入三效蒸发器内用于加热三效蒸发器内的海水。如此，二效、三效蒸发器内的蒸汽在加热海水的过程中被冷凝为淡水并产生一定的真空度，以维持淡水不断地流出。三效蒸发器内海水生成蒸汽进入冷凝器内凝结成淡水，冷凝器内真空度应小于三效蒸发器内的真空度，以保证冷凝器的淡水进到淡水管内。实际运转资料给出每吨蒸汽在单效、二效、三效蒸馏系统中生产的淡水量，分别为0.9t、1.75t、2.5t，这可以看出蒸汽热量的利用效率随着效数的增加而逐渐提高。

多效蒸发器按结构可分为垂直、水平管膜蒸发器和塔式多效蒸发器等。按运行温度可分为高温多效（112℃左右）和低温多效（70℃左右蒸发）。

多效蒸发蒸馏海水淡化法，虽使用较早，但目前存在结垢和腐蚀问题，因此市场占有率低。但由于能耗低，近几年来在结构、材料、工艺等方面正在不断地研究与改进。

**412　海水淡化多效蒸发蒸馏法有些什么技术改进？**

由于多效蒸馏技术的海水淡化法易产生蒸发器结垢和腐蚀，设备投资和维修费用较高，故不利于大规模推广。经研究和改进，发展了低温多效蒸发蒸馏技术。它有以下特点：浓海水的蒸发温度在70℃左右，低温下大大减少设备的结垢和腐蚀；由于蒸发温度低，换热器可以选用廉价材料，同样的投资规模，可以得到更多的换热面积，提高了造水比（每消耗1t蒸汽可产生的淡水吨数），降低产水的成本。

**413　什么是多级闪蒸法海水淡化技术？**

多级闪蒸法海水淡化技术（MSF）是将经加热的海水，通过节流孔引入压力较低的蒸发室，由于热海水的饱和蒸汽压力大于蒸发室的压力，并迅速扩容，热海水就急速汽化，沸腾蒸发。由于汽化吸热，蒸发室内温度下降，直至海水温度和蒸汽温度基本平衡，这个过程叫做闪蒸，蒸发室也称闪蒸室。把多个闪蒸室串联起来，热海水依次进入压力逐级降低的闪蒸室中，逐级进行闪蒸和冷凝，这就是多级闪蒸的海水淡化。产生的蒸汽在海水预热管外侧冷凝而得淡水。

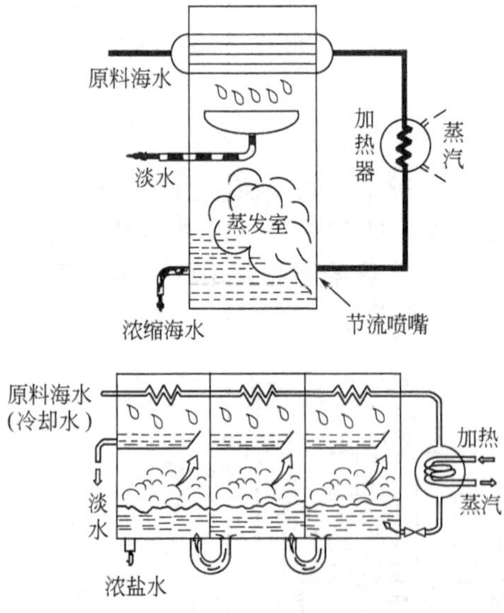


图 3-5-2　多级闪蒸原理

每个闪蒸室包括节流孔、汽水分离器、冷凝器、淡水集中盘等。其多级闪蒸原理见图3-5-2所示。

多级闪蒸的级间温差2～3℃，由于级间温差而相应地产生饱和蒸汽压差，使热海水每进入下一级就闪蒸一次，多级闪蒸的造水比与多效蒸发蒸馏相近，一般在8左右。

多级闪蒸的冷凝器可分为短管式和长管贯流式两种。

多级闪蒸法的特点是加热与蒸发过程分离，结垢和腐蚀有所缓解，设备构造简单，适于大规模生产，所以应用比较广泛，但是海水循环量大，操作费用较高。

### 414 什么是海水淡化压汽蒸馏法？

压汽蒸馏法也称蒸汽压缩蒸馏法（VC），利用压缩机的动能，把海水在蒸发器中的蒸汽抽出进行压缩，使其升压和升温（温度可升高 10℃左右），将此温度的蒸汽作为热源送回蒸发器中来加热海水，再使海水蒸发。而经过压缩机压缩的蒸汽进入蒸发器后冷凝得到淡水。压汽蒸馏法的原理如图 3-5-3 所示。

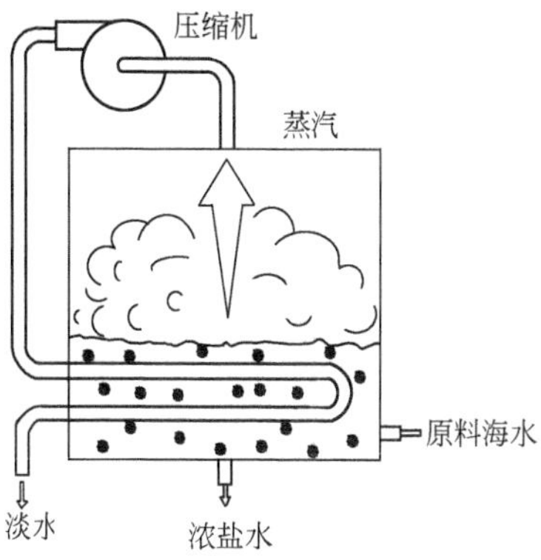

图 3-5-3 压汽蒸馏原理

压缩蒸馏法在运行时，不需要外部提供加热蒸汽（有的在启动时需用辅助热源预热海水），靠机械能转化为热能。其特点是热效率高，能耗较低，结构紧凑。但压缩机的造价也高，腐蚀和结垢状况仍然严重，故难以大型化，只用于中、小型蒸馏淡化。因此，又开发了低温负压的压汽蒸馏技术，在真空状态下进行海水蒸发，系统操作温度低于 70℃，降低了造水成本，延长了设备使用寿命。

### 415 什么是膜蒸馏？

膜蒸馏是近年来发展起来的一种新型膜分离技术，它主要是利用高分子膜的某些结构上的功能，来达到蒸馏的目的。由于它具有某些膜技术所不具备的优点，可望成为一种廉价的高效分离手段。

膜蒸馏法的分离原理如图 3-5-4 所示。疏水性多孔膜的一侧与高温原料水溶液相接（即暖侧），而在膜的另一侧则与低温冷壁相邻（即冷侧）。正是借助这种相当于暖侧与冷侧之间温度差的蒸汽压差，促使暖侧产生的水蒸气通过膜的细孔，再经扩散到冷侧的冷壁表面被凝缩下来，而液相水溶液由于多孔膜的疏水作用无法透过膜被留在暖侧，从而达到与气相水分离的目的。

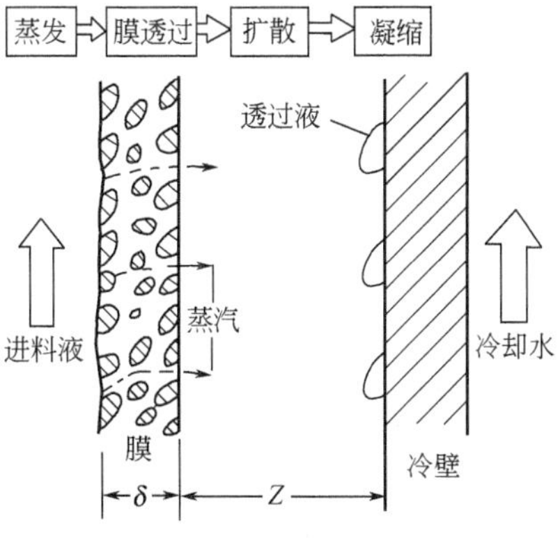

图 3-5-4 膜蒸馏法的分离原理
$\delta$—膜的厚度；$Z$—扩散层厚度

在非挥发性溶质水溶液的膜蒸馏过程中，只有水蒸气能透过膜孔，所以蒸馏液十分纯净，可望成为大规模、低成本制备超纯水的有效手段。

膜蒸馏应选用那些没有亲水基团的高分子材料。目前所采用的膜材料中普遍认为聚四氟乙烯最好，聚偏氟乙烯和聚丙烯等也是较好的可选用材料。膜的孔径一般在 0.2～0.4$\mu$m 之间较为合适。孔径太小时，蒸馏通量太低；孔径太大时，本体溶液将通过膜孔进入另一侧，从而降低溶质的截留系数。

膜蒸馏用组件通常有平板式、螺旋卷式及中空纤维式三种形式。

### 416 什么是核能海水淡化技术？

核能海水淡化技术是利用核供热堆和多效蒸馏的结合来实现海水淡化的技术。我国在摩洛哥坦坦地区建设的核能海水淡化示范工程即为一例。我国提供一座核供热堆（NHR-10）和一座高温多效蒸馏工艺相结合。NHR-10 输出 105～135℃饱和蒸汽，作为海水淡化厂的热源。

海水淡化厂采用竖管塔式布置高温多效蒸馏器，共 28 效，日产淡水 4080m$^3$/d。新蒸汽在第一效内被海水冷凝后作为给水返回蒸汽发生器，而海水被加热并部分蒸发成二次蒸汽，这些蒸汽作为下一效主要热源去加热海水，如此蒸发-冷凝直至最后一效。自第二效以后的凝结水即为生产的淡水。

### 417 各种海水淡化方法的投资费用和运行费用相比究竟怎样？

海水淡化方法很多，沿用至现在其投资费用和运行费用究竟怎样是大家关心的问题。由于国内海水淡化规模较小，应用时间也不长，所以目前还无法得到这方面的统计数据。现将国外的各种淡化法费用列表如下。

各种淡化法的费用

| 方法 | 容量/($m^3$/d) | 1961年费用/[美元/($m^3$·d)] | 折算到1994年费用/[美元/($m^3$·d)] | 1994年的费用/[美元/($m^3$·d)] |
|---|---|---|---|---|
| 投资费用 | | | | |
| MSF | 3785 | 560 | 2668 | 2114～2668 |
| 高温 MED | 3785 | 552 | 2631 | 2114～2668 |
| 低温 MED | 3785 | — | — | 1057～1612 |
| VC | 379～757 | 608 | 2896 | 1321～2642 |
| ED | 946 | 523 | 2491 | 528～793 |
| RO | 946 | — | — | 528～793 |
| 运行费用 | | | | |
| MSF | 3785 | 0.285 | 1.36 | 1.59～2.11 |
| 高温 MED | 3785 | 0.304 | 1.45 | 1.59～2.11 |
| 低温 MED | 3785 | — | — | 1.06～1.61 |
| ED | 946 | 0.264 | 1.26 | 0.26～0.52 |
| RO | 946 | — | — | 0.26～0.52 |

注：MSF为多级闪蒸；MED为多效蒸发蒸馏；VC为压汽蒸馏；ED为电渗析；RO为反渗透。

由上表可以看出反渗透海水淡化装置其投资费用和运行费用为最低。目前，海水反渗透（SWRO）淡化工厂大多建在高温、干旱的中东产油国，其中沙特阿拉伯的Jeddah SWRO淡化厂为目前世界上最大的SWRO工厂，它的第一期工程建成于1989年4月。第二期工程建成于1994年3月，两期工程的淡化能力各为56800$m^3$/d。

### 418 海水反渗透淡化对引水和预处理有何要求？

海水中有很多浮游生物和悬浮物，直接自海表层中取水，这些杂质易给水的预处理带来困难。较理想的引水体系是在海岸附近钻井，自海水井中取水。因为通过地下地层过滤，海水已得到了极好的机械净化。从海水井得到的进水悬浮物和有机物含量少，溶解氧浓度低（溶解氧会使膜受到损伤，并增加设备的腐蚀），而海水井的水生物活性低，季节变化对水温的影响小，甚至可避免。这样就大大减少了对预处理的要求。

海水反渗透（RO）除盐进水的杂质所引起的问题及预处理方法综合列于下表中。

用于海水及苦咸水除盐的预处理方法

| 组分 | 问题 | 预处理方法 |
|---|---|---|
| 悬浮固体 | 膜被粒子污染，引起通量下降 | 砂滤；多滤材过滤；絮凝过滤；微孔过滤筒（5～25μm）；超滤 |
| $CaCO_3$，$MgCO_3$，$CaSO_4$，$SiO_2$，$BaSO_4$，$SrSO_4$，$CaF_2$ | 膜被沉淀或结垢所污染，引起通量下降 | 在低水回收率下操作（使其中成垢物浓度不超过饱和溶解度）；加入酸或螯合剂以防沉淀；加入可溶性组分，以进行化学沉淀（如石灰软化）；加入抗垢剂（如SHMP①）；砂滤以脱除 $SiO_2$ |
| 胶体[黏泥，$Al(OH)_3$，铁的胶体化合物] | 胶体污染膜，通量下降 | 絮凝后，用UF脱除 |

续表

| 组 分 | 问 题 | 预 处 理 方 法 |
| --- | --- | --- |
| 微生物 | 膜面上形成黏液层，引起通量下降，某些膜（如醋酸纤维素膜）会被微生物降解 | 氯化（间歇式或连续加入②）；亚硫酸氢钠（间歇式或连续加入）；UF处理；臭氧；投加$CuSO_4$③（对藻类、浮游生物）；投加氯铵 |
| 氯 | 为消毒而投加的氯，对很多膜有损坏作用 | 投加亚硫酸氢钠④，用活性炭过滤 |
| 硫化氢 | 不能用膜脱除 | 氧化成硫酸盐，空气吹扫 |
| 有机物 | 吸附在膜面上，可引起通量下降，某些高分子量有机物可絮凝成胶体 | 活性炭过滤，若使用阳离子聚合物（聚凝剂）可减少腐殖酸之类有机物对膜的污染 |
| 溶氧 | 氧会损坏某些膜，氧可增加腐蚀 | 投用亚硫酸氢钠，真空除气 |
| pH | 若不控制在允许的操作范围内膜将受损伤 | 加酸（HCl，$H_2SO_4$）或碱（石灰，NaOH） |

① SHMP为六聚偏磷酸钠；

② 间歇式加入是指每8h以5～10mg/L浓度投氯15min，连续加入是指连续投入氯，使进水中氯浓度保持0.5～2mg/L；

③ 在大多数情况下加入$CuSO_4 \cdot 5H_2O$<0.5mg/L就够了；

④ 余氯浓度为1mg/L，投加1.5～6mg/L亚硫酸氯钠与之反应。

近年用微滤（MF）、超滤（UF）作为RO除盐进水预处理的研究和应用已有很多报道，以MF作为海水淡化的预处理与常规表面水处理相比，在经济上具有很强的竞争能力。

### 419 沙特阿拉伯的Jeddah海水反渗透工厂的工艺流程怎样？

Jeddah SWRO工厂Ⅰ期、Ⅱ期工程生产能力各为56800$m^3$/d，总生产能力达到113600$m^3$/d，两期工程性能如下表所示。

**Ⅰ期、Ⅱ期工程的性能**（测定时间1995年4月）

| 项 目 | Ⅰ期 | Ⅱ期 | 设计规定值 |
| --- | --- | --- | --- |
| 透过液EC/(μs/cm) | 538 | 281 | — |
| 透过液$Cl^-$/(mg/L) | 157 | 82 | 625 |
| 投产运行时间/a | 6 | 1 | — |
| 膜的平均年更换率/% | 16.7 | 0 | 10(Ⅱ期) |

SWRO工厂流程示于图3-5-5，Ⅰ期工程所有设备紧凑地安置在200m长、100m宽空间内。

取自红海表面下9m深处的海水，经拦污栅和带式移动筛除去较大的碎屑、浮游生物等，进入海水蓄水池，池内加入次氯酸钠灭菌，以防体系受细菌和海藻污染，次氯酸钠由电解氯化装置制造。氯化灭菌后的海水在进入双介质过滤器（DMF）前还需加入絮凝剂$FeCl_3$以加强过滤作用，DMF底上为碎石层，上面为无烟煤及砂层。每期工程使用14只DMF，依次每天有一只进行反冲洗，即每只DMF两周清洗一次。

从DMF出来的过滤水进入中间贮槽，在泵入微保安过滤器（MGF）之前，先加$H_2SO_4$调pH，以防结垢和膜降解，经MGF脱除大于10μm的粒子，MGF是对高压泵及RO膜组件的最后保护线。产生的淡水最后加次氯酸钙和石灰水以灭菌、调pH，防止配送水管道的腐蚀。

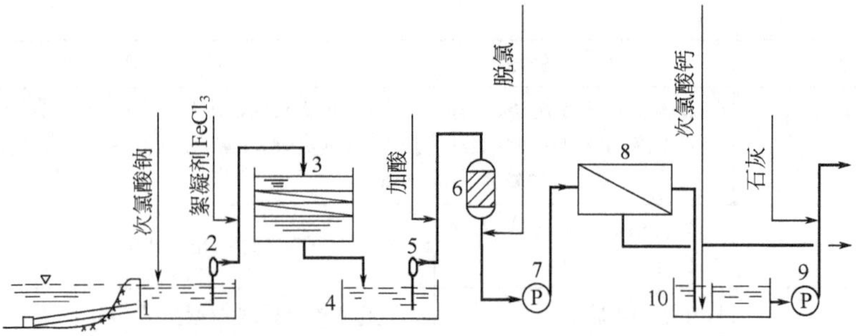


| 编号 | 设备名称 | 标准能力 | 设备使用数 | 备用数① |
|---|---|---|---|---|
| 1 | 海水蓄水池 | | | |
| 2 | 海水原水泵 | $4374m^3/h$ | 2 | 1 |
| 3 | 双介质过滤器 | | 14 | |
| 4 | 过滤水贮槽 | | | |
| 5 | 过滤水泵 | $3380m^3/d$ | 2 | 1 |
| 6 | 微保安过滤器 | | 10 | 2 |
| 7 | 高压泵 | $16224m^3/d$ | 10 | |
| 8 | RO组件 | | 148×10 | |
| 9 | 产水泵 | $28388m^3/d$ | 2 | 1 |
| 10 | 产水槽 | | | |

① 设备使用数和备用数是对Ⅰ期工程。

图 3-5-5 Jeddah SWRO 工厂流程

## 420 我国西部地区典型的水质情况怎样？

我国西部陕西、甘肃、宁夏、青海、新疆五省区终年干旱少雨，是属于国内严重的缺水的地区。地表水和浅井水是西部省区主要饮用水资源。除新疆外，流经以上四省区的黄河水，携带大量泥沙，溶解大量杂质，水源补给少，再加三废污染的影响，所以，西部地区地表水多为水质已有不同程度污染的苦咸水，地下水几乎都是高矿化、高氟苦咸水。下列两表为西部地区典型水质。

中国西部省区地表水典型水质主要指标　　单位：mg/L

| 水　源 | 陕西洛河(吴旗段) | 甘肃环江河(庆阳段) | 新疆塔里木河 |
|---|---|---|---|
| pH值 | 7.5 | 7.6 | |
| $K^+$ | 5.9 | 3.7 | 580.0($K^+ + Na^+$) |
| $Na^+$ | 316.0 | 310.5 | |
| $Ca^{2+}$ | 99.8 | 96.2 | 121.0 |
| $Mg^{2+}$ | 143.2 | 85.1 | 220.0 |
| $Cl^-$ | 499.9 | 298.8 | 791.0 |
| $SO_4^{2-}$ | 628.8 | 576.4 | 680.0 |
| $HCO_3^-$ | 186.1 | 280.1 | 172.0 |
| $NO_3^-$ | 28.0 | 27.5 | |
| 总硬度(以$CaCO_3$计) | 846.2 | 595.1 | 1207.6 |
| TDS | 1904.0 | 1618.5 | 2450.0 |
| 水化学类型 | $SO_4$·Cl-Na·Mg | $SO_4$·Cl-Na·Mg | $SO_4$·Cl-Na·Mg |

中国西部省区地下水典型水质主要指标　　单位：mg/L

| 水　源 | 陕西朝邑 69m井水 | 甘肃陇东 73m井水 | 宁夏银川 井水 | 青海茫崖 井水 | 新疆若羌 井水 |
|---|---|---|---|---|---|
| pH值 | 8.3 | 7.7 | 8.1 | 7.5 | 7.3 |
| $K^+$ | 994.8 ($K^+ + Na^+$) | 3.4 | 11.5 | 403.2 ($K^+ + Na^+$) | 3.3 |
| $Na^+$ | | 550.0 | 296.8 | | 360.0 |

续表

| 水　源 | 陕西朝邑 69m 井水 | 甘肃陇东 73m 井水 | 宁夏银川 井水 | 青海茫崖 井水 | 新疆若羌 井水 |
|---|---|---|---|---|---|
| $Ca^{2+}$ | 80.6 | 121.2 | 90.2 | 399.0 | 379.2 |
| $Mg^{2+}$ | 141.5 | 88.8 | 40.1 | 117.3 | 113.9 |
| $Cl^-$ | 1174.2 | 399.6 | 346.4 | 494.9 | 499.2 |
| $SO_4^{2-}$ | 879.0 | 1173.5 | 417.9 | 1041.0 | 1326.2 |
| $HCO_3^-$ | 454.6 | 137.3 | 302.0 | 187.3 | 181.8 |
| $F^-$ | 1.6 |  | 1.8 | 2.1 | 2.0 |
| 总硬度(以 $CaCO_3$ 计) | 783.2 | 668.1 | 390.3 | 1479.3 | 1422.6 |
| TDS | 3739.0 | 2506.0 | 1425.6 | 3038.0 | 2810.0 |
| 水化学类型 | $SO_4$ · Cl-Na | $SO_4$ · Cl-Na | $SO_4$ · Cl-Na | $SO_4$ · Cl-Ca · Na | $SO_4$ · Cl-Ca · Na |

苦咸水作为饮用水不仅影响居民身体健康，同时又制约着人类的社会经济活动。因此，选用适当技术措施，净化、淡化苦咸水，就地制取符合卫生标准的生活饮用水和工业用水，是当前迫切需要解决的问题。

### 421　用电渗析法进行苦咸水淡化存在哪些问题？

20 世纪 50 年代美国、英国开始将电渗析法（ED）用于苦咸水淡化，80 年代我国在苦咸水淡化方面得到迅速发展，中国西部省区油田几乎都用电渗析法制取生活饮用水，至今仍有不少单位在使用，长期困扰人们的生活饮用水问题初步得到解决。但是，电渗析法在苦咸水淡化工程中也有其局限性。电渗析法的除盐率不是很高，尤其对耗氧量、氨氮及硅的去除率仅 15%～45%，由于原水中上述指标含量较低，去除率虽低，仍能满足生活饮用水卫生要求；电渗析对 $SO_4$-Na 型和 Cl-Na 型水去除率较低，而苦咸水中 $SO_4^{2-}$ 和 $Cl^-$ 均较高，因此，很难满足生活饮用水卫生要求。此外，由于电渗析不能去除水中有机物和细菌；加之设备运行能耗及水耗均较大；电极腐蚀和膜污染问题未获彻底解决，使之维修工作较困难。以上因素均影响了电渗析在苦咸水淡化中的应用，而逐渐被反渗透（RO）装置取而代之。

### 422　嵊泗镇的海水淡化装置的工艺流程怎样？

我国浙江省嵊泗镇采用反渗透装置淡化海水。海水取自海滩沉井，海水预处理有 NaClO 发生器杀灭微生物，3 台自动加药设备，分别投加混凝剂 $FeCl_3$、还原剂 $NaHSO_3$、阻垢剂 $H_2SO_4$（调 pH），其工艺流程如图 3-5-6 所示。

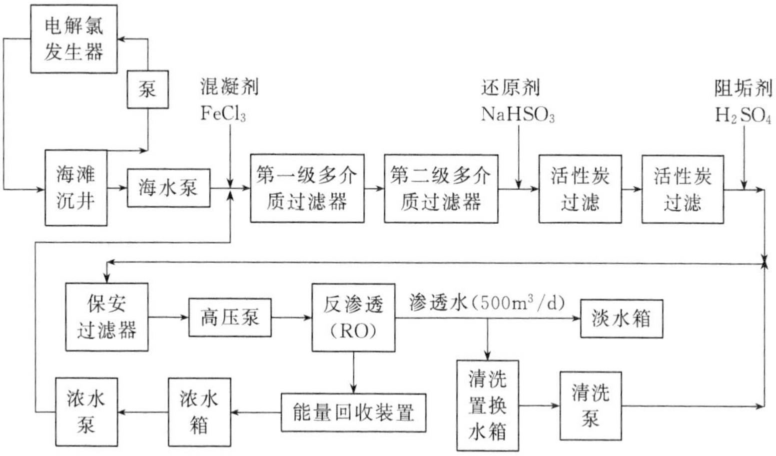


图 3-5-6　浙江省嵊泗镇 500m³/d 反渗透海水淡化的工艺流程

设计海水取水量 60t/h，产水量 20.8t/h，TDS＜500mg/L（淡水水质），淡水回收率 35%。实际运行时，海滩沉井海水及淡化水的水质如下。

| 项　　目 | 海滩沉井海水 | 淡化水 |
|---|---|---|
| 电导率(25℃)/(μS/cm) | 31100 | 318 |
| TDS/(mg/L) | 26776 | 162.8 |
| pH 值 | 7.69 | 6.31 |
| 总碱度(以 $CaCO_3$ 计)/(mg/L) | 133.6 | 3.77 |
| 总硬度(以 $CaCO_3$ 计)/(mg/L) | 5303 | 8.77 |
| $Na^+$ | 8064.5 | 55.6 |
| $Cl^-$ | 14850 | 96.3 |

## 423　长岛苦咸水淡化站的工艺流程是怎样的？

我国山东长岛县南长山岛苦咸水淡化站的原水是地下 17m 的井水，浑浊度 0.7～0.9NTU，pH 值 7.1，总硬度（以 $CaCO_3$ 计）1098.9mg/L，总溶解固体 2900～4300mg/L，水温 18～20℃。其苦咸水淡化的工艺流程如图 3-5-7 所示。

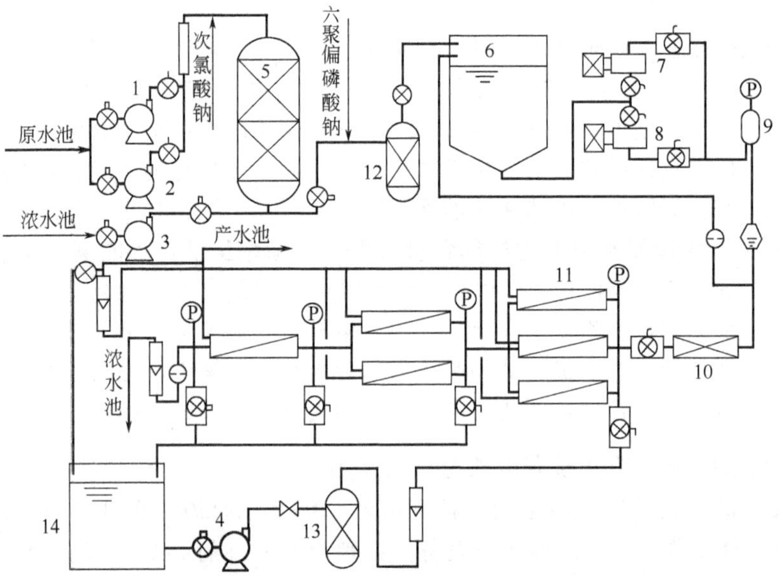


图 3-5-7　长岛淡化站工艺流程图

1—预处理主泵；2—预处理备用泵；3—反冲洗泵；4—清洗泵；5—双层滤料过滤器；6—过滤水箱；7—反渗透主泵；8—反渗透备用泵；9—不锈钢缓冲器；10—高压滤器；11—SRC-0414 组件（6 根）；12，13—精密滤器；14—清水箱

预处理水量 84t/d，污染指数 1.3～3.9，余氯 0.2～0.4mg/L。反渗透采用螺旋卷式组件，为海洋局杭州水处理中心研制，型号 SRC-0414，RO 操作压力 2.5MPa，产水量（25℃）60t/d，除盐率84%～90%，水回收率 66.7%～72.7%，水质达到饮用水标准。

# 第四章 炉水处理

### 424 为什么说锅炉将水转化为动力?

水是大自然赐给人类的生存命脉。水既是自然资源，又是经济资源和战略资源。由于水的特性，不仅能直接供人类生活用，在工业上也有很多重要用途。水除了广泛用作冷却介质和化学溶剂之外，还广泛用作传能介质。水在锅炉中经热交换得到能量，从而转化为动力。

锅炉是将水转化为蒸汽（或热水）的换热设备。通过煤、油或天然气燃料在炉膛内燃烧，释放出热能，再通过传热过程把热能传递给水，使水变成蒸汽（或热水）。

蒸汽的用途十分广泛，可以说从生产到生活都离不开蒸汽。蒸汽能够直接供给工业生产中所需的热能，也能在生活上作采暖的热能。蒸汽热能可以转化为机械能，又可以转化为电能，火力发电厂以蒸汽为动力发电。目前我国发电仍以火力发电为主，所以蒸汽锅炉对电力事业和国计民生都是不可缺少的重要设备。在化工、石化等工业部门，蒸汽除作动能、热能利用之外，还能作为氢源成为化工原料。例如，在催化剂的作用下，蒸汽与一氧化碳反应生成氢，氢与氮合成氨，成为氮肥工业的基本产品。动力用蒸汽在做功之后变成冷凝液，可以回收再利用，经处理后返回锅炉再制汽。

锅炉的容量和参数相差很大，类型很多。按用途可分为工业锅炉、船舶锅炉和电站锅炉等；按蒸汽压力可分为低压锅炉、中压锅炉、高压锅炉、亚临界锅炉和超临界锅炉；按燃料可分为燃煤锅炉、燃油锅炉和燃气锅炉；按燃烧方式可分为火床炉、煤粉炉、沸腾炉等；按水汽流动的情况可分为自然循环锅炉、强制循环锅炉和直流锅炉。此外，在化工、石化等工业企业中有许多反应需要在高温下进行，为利用高温流体的余热，往往将其通入废热锅炉生产蒸汽。废热锅炉没有燃烧系统，结构略简单一些，但有的容量较大，压力比较高，管理方面也同样要求严格。

总之，上述各种锅炉都是通过水进行能量的转换与输送，锅炉离不开水。本章涉及的是炉水处理，水是供锅炉使用的，所以水质应满足锅炉的要求。

### 425 锅炉的水汽系统是怎样的?

锅炉的型式不同，构造也不尽相同，现以一台普通的汽包炉来介绍锅炉水汽系统的组成和工作关系，见图 4-0-1。

经过处理合格并预热之后的给水送至省煤器，在省煤器中被加热之后进入汽包（又称锅筒或汽鼓），然后沿下降管至水冷壁联箱。水在水冷壁内吸收炉膛内的辐射热而形成汽水混合物上升回到汽包中。蒸汽经汽水分离之后离开汽包进入过热器中，在过热器中饱和蒸汽被加热变为过热蒸汽，送至用户。如果是火力发电厂，则直接送至汽轮机。

水被加热变为蒸汽的过程是与烟气热交换的过程。进入炉膛的燃料和空气燃烧后产生高温的火焰与烟气，烟气通过在炉膛中的辐射热使水冷壁中的水转化为蒸汽。烟气的温度极高，甚至在炉膛出口处温度仍高达 1000～1200℃。为充分利用烟气的热能，烟气继续与过热器、再热器、省煤器和空气预热器进行热交换，经过除尘器和引风机后排空。因为烟气中含有二氧化硫污染环境，故近年多增脱硫装置，脱硫后排入大气。图 4-0-2 为烟气、水、汽流程示意图。

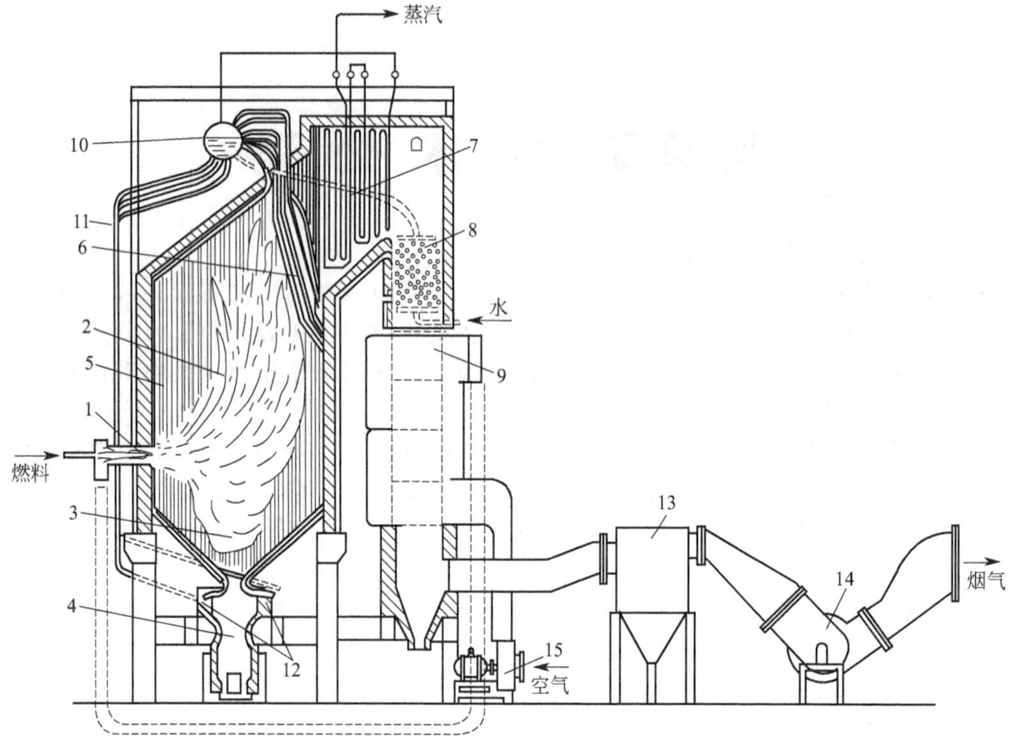


图 4-0-1 锅炉设备示意图

1—喷燃器；2—炉膛；3—冷灰斗；4—灰渣斗；5—水冷壁；6—防渣管；7—过热器；8—省煤器；9—空气预热器；10—汽包；11—下降管；12—联箱；13—除尘器；14—引风机；15—送风机

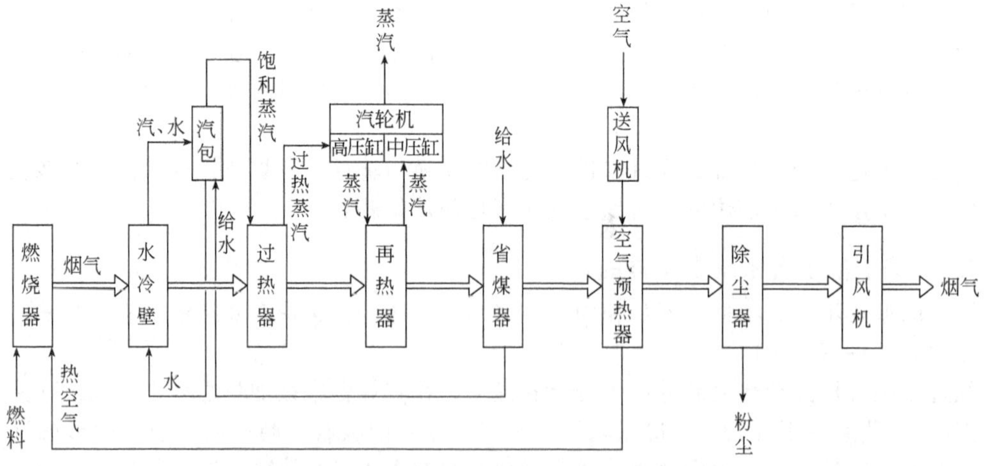


图 4-0-2 汽包锅炉的烟气、水、汽流程示意图

## 426 什么是水冷壁、过热器、再热器、省煤器和空气预热器？

水冷壁、过热器、再热器、省煤器和空气预热器都是与锅炉烟气进行热交换的热交换器。它们利用了烟气的余热，使锅炉降低了能耗。同时又与水系统是密切相关的。

(1) 水冷壁　在炉膛四周内壁上竖立布置很多直径为 50～80mm 的管子，组成水冷壁。它的作用是吸收烟气辐射的热量，同时起到保护炉墙的作用。在烟道前方的后墙水冷壁上部拉稀成数列管束，称为防渣管。它的作用是防止结渣，同时保护后方的过热器。从汽包来的炉水经下降管进入联箱，再分布到水冷壁管组，水在水冷壁管内一边上升一边被加热，变为水汽混合物，再回到汽包中。

（2）过热器和再热器　为蛇管式换热器，一般由直径为30～50mm管组成。由汽包来的饱和蒸汽通过过热器管内与烟气热交换被加热成为过热蒸汽。烟气离开炉膛与过热器热交换之后，温度降至500～600℃。在超高压系统常设再热器，又称二次过热器或中间过热器。由汽轮机高压缸来的蒸汽进入再热器与烟气热交换之后升温送往汽轮机中压缸再使用。

（3）省煤器　为蛇管式换热器，管外径一般为25～38mm。由给水泵送来的给水送入管内与管外的烟气进行热交换之后提高温度，然后送入汽包。

（4）空气预热器　通常布置在锅炉出口。空气在此与烟气进行热交换，加热后的空气送至燃烧器助燃。空气预热器分管式及回转式两种。管式为间壁传热，由两端设管板的多根平行管组成，烟气走管内，空气由送风机送来从管间通过，与烟气热交换。离开锅炉的烟气大约100～200℃。回转式空气预热器利用蓄热板传热。在旋转的转子周围装有许多蓄热板。当蓄热板转到烟气通道时，吸收了热量，温度升高；当蓄热板转到空气通道时，放出热量，温度下降，同时使空气被加热到300～400℃。

### 427　为什么要严格控制锅炉给水水质？

严格控制锅炉给水的水质有着十分重要的意义，它是防止热力系统设备的结垢、腐蚀和积盐的必要措施，并对锅炉安全、蒸汽品质及经济运行提供有力的保证。对锅炉给水水质进行严格监督的目的，具体地说有三条：

（1）防止结垢　如果进入锅炉的水质不符合标准，而又未及时正确处理，则经一段时间运行后，在和水接触的受热面上，会生成一层固体的附着物——水垢；由于水垢的导热性能很差，比金属要差几十至几百倍。因此，使得结垢部位温度过高，引起金属强度下降，局部变形，产生鼓泡，严重的还会引起爆裂事故，危及安全运行；结垢还会严重影响锅炉换热效果，大大地降低锅炉运行的经济性，如在省煤器中结有1mm厚水垢，燃料就得多耗1.5%～2.0%；由于结垢会使汽轮机凝汽器内真空度降低，从而使汽轮机的热效率和出力降低。严重时，甚至要被迫停产进行检修。因此，控制水质防止结垢十分重要。

（2）防止腐蚀　锅炉给水水质不良，会造成省煤器、水冷壁、给水管道、过热器以及汽轮机冷凝器等的腐蚀。腐蚀不仅要缩短设备的使用寿命，造成经济损失，同时腐蚀产物又会转入水中污染水质，从而加剧了受热面上的结垢，结垢又促进了垢下腐蚀，造成腐蚀和结垢的恶性循环。

（3）防止积盐　锅炉给水中的超量杂质和盐分，随蒸汽带出而沉积于过热器和汽轮机中，这种现象称为积盐。过热器的积盐会引起金属管壁过热，甚至爆裂；汽轮机内积盐会降低出力和效率，严重的会造成事故。

由上可见，对于锅炉给水水质的严格控制是十分必要的。

### 428　什么叫锅炉补给水、给水、凝结水、疏水、工艺冷凝水、炉水？

补给水是指原水经净化处理后，用来补充锅炉汽水损失的水。补给水按其净化方法可分为软化水、蒸馏水和除盐水。

给水是指送进锅炉的水。给水通常由补给水、凝结水及工艺冷凝水等组成。

凝结水是指在汽轮机中做完功后的蒸汽，经冷凝而成的水。有的称透平冷凝水或蒸汽冷凝液。

疏水是指各种蒸汽管道和用汽设备中的蒸汽凝结而成的水。

工艺冷凝水是指蒸汽用户返回的蒸汽冷凝水。

炉水是指在锅炉本体系统中流动的水。

### 429 什么是低压、中压、高压和超高压锅炉？对水质要求及控制方法上有何区别？

所谓低压、中压、高压、超高压锅炉是由锅炉产生蒸汽的压力大小不同而划分的。按照表压力分等级如下。

低压锅炉：$<$2.45MPa($<$25kgf/cm$^2$)；

中压锅炉：3.82～5.78MPa(39～59kgf/cm$^2$)；

高压锅炉：5.88～12.64MPa(60～129kgf/cm$^2$)；

超高压锅炉：12.74～15.58MPa(130～159kgf/cm$^2$)；

亚临界锅炉：15.68～18.62MPa(160～190kgf/cm$^2$)；

超临界锅炉：$>$22.45MPa($>$229kgf/cm$^2$)。

由于锅炉的工作压力不同，对于水质要求以及控制方法上也有所不同。工作压力越高的锅炉，对水质的要求也越高，控制也越严。水质控制的目的是防止锅炉及其附属水、汽系统中的结垢和腐蚀，确保蒸汽质量，汽轮机的安全运行，并在保证上述条件下，减少锅炉的排污损失，提高经济效益。低压锅炉可以进行炉内水处理，但目前一般是采用炉外水处理的方式，以软化水作为补给水；中压锅炉及部分高压锅炉，通常采用脱碱、除硅、除盐和钠离子交换（中压锅炉）后的软化水作为补给水，而在炉内主要采用磷酸盐处理。对于高压及亚临界锅炉，现在一般都是用化学除盐水补给，而在炉内采用磷酸盐处理或是挥发性处理。对于直流锅炉必须采用挥发性处理。此外，对给水处理中的溶解氧、炉水的含盐量、$SiO_2$ 和 pH 值的调节等，也因锅炉压力的提高而要求更严。

### 430 什么是汽包锅炉、直流锅炉、超临界锅炉和废热锅炉？

(1) 汽包锅炉　锅炉给水经省煤器提高水温后进入汽包，然后由下降管经下联箱进入上升管（即水冷壁或炉管），在上升管中，吸收炉膛里的热量成为汽水混合物又回到汽包中，汽水混合物在汽包中进行汽、水分离，分离出的饱和蒸汽导入过热器内被加热为过热蒸汽送去做功。这一类型炉称汽包锅炉。

(2) 直流锅炉　是从管束的一端供水，并经长束管子内加热、蒸发、过热，然后在管的另一端产生过热蒸汽的锅炉。

(3) 超临界锅炉　工作压力超过 22.45MPa 的锅炉。在临界压力下，汽水的密度差等于零，因此，无法像汽包锅炉那样利用汽水的密度差建立压头，进行自然循环流动，只有用直流锅炉型式，依靠外部动力（如水泵）进行强制循环流动，所以超临界锅炉实际上都是直流锅炉。

(4) 废热锅炉　是利用各种工艺过程所产生的废热作为热源来生产蒸汽或热水的锅炉。

### 431 锅炉给水与炉水有哪些控制项目？

锅炉给水与炉水的控制项目是根据锅炉工作压力的不同而异。

(1) 低压锅炉的给水与炉水控制项目，详见国家标准 GB 1576—2001。

低压锅炉的给水控制项目：

悬浮物、总硬度、pH 值、溶解氧、含油量；

低压锅炉的炉水控制项目：

总碱度、溶解固形物、pH 值。

(2) 中、高压锅炉的给水与炉水控制项目

给水控制项目：

硬度、溶解氧、铁、铜、钠、二氧化硅、pH 值、联氨、油；

炉水控制项目：

总含盐量、电导率、$SiO_2$、pH 值、氯离子（$Cl^-$）、磷酸根（$PO_4^{3-}$）。

### 432 为什么水未经除盐处理不能用做锅炉给水？

锅炉给水要求一定纯净的水质，以确保锅炉的安全经济运行。所以要经除盐处理，这是因为：未经除盐处理的水中除含有少量悬浮杂质外，还存在 $Ca^{2+}$ 、$Mg^{2+}$ 、$Na^{+}$ 等阳离子和 $SO_4^{2-}$ 、$Cl^{-}$ 、$HCO_3^{-}$ 、$HSiO_3^{-}$ 等阴离子所组成的溶解盐类及 $O_2$、$CO_2$ 等气体杂质。这些杂质随水进入锅炉中，会在锅炉及蒸汽系统中产生以下危害：

（1）$O_2$、$CO_2$ 等气体在给水管路和热力设备中造成腐蚀。

（2）含有溶解盐类的水进入锅炉受热后，水不断被蒸发，盐类逐渐浓缩，超过其溶度积而析出产生沉积物。又由于钙镁盐类的溶解度随温度升高而降低及碳酸氢盐受热分解产生沉积物。反应式如下：

$$Ca(HCO_3)_2 \longrightarrow CaCO_3\downarrow + H_2O + CO_2\uparrow$$
$$Mg(HCO_3)_2 \longrightarrow Mg(OH)_2\downarrow + 2CO_2\uparrow$$

由于上述原因，盐类物质在锅炉系统中极易生成水垢或水渣。水垢的热导率只有金属的几十至几百分之一，从而导致锅炉受热面热阻增加，使受热面受热不匀或局部过热，直至爆管的危险。这样就使设备寿命缩短，燃料消耗高。

（3）污染蒸汽。盐类及杂质进入锅炉系统后，由于水滴携带或蒸汽的溶解携带，水中钠盐、硅酸盐杂质会带入蒸汽系统。锅炉的压力等级越高，携带量越大。这些杂质会造成热力设备的腐蚀。盐类物质会沉积在蒸汽通过的各个部位，如过热器、汽轮机等，影响机组的安全经济运行。

由于上述原因，未经除盐处理的水不能作为锅炉给水。

给水处理是根据锅炉压力等级的不同而有所不同。等级越高，对给水的纯度要求越高。用于低压锅炉的给水，要经过软化处理或部分除盐处理，主要是除去水中的硬度，通常是以 H 型或 Na 型离子交换树脂软化或石灰软化法处理。对于中压以上锅炉的给水，要经过化学除盐处理，将水中的阳离子如 $Ca^{2+}$ 、$Mg^{2+}$ 、$Na^{+}$ 和阴离子中的 $Cl^{-}$ 、$SO_4^{2-}$ 、$HCO_3^{-}$ 、$HSiO_3^{-}$ 等，以及溶解气体全部除去或降低到一定程度。通常采用离子交换或膜分离技术等方法。

### 433 什么是水垢和水渣？

由于炉水水质的不良，在经过一段时间的运行之后，与水接触的受热面上会形成一层固态附着物，这就是水垢。但从炉水中析出的固体物质，有时还会呈悬浮状态存在，或者是以沉渣状态沉积在汽包和下联箱底部等流速缓慢处，这些呈悬浮状态和沉渣状态的物质就称为水渣。

### 434 常见的锅炉水垢有哪些？

常见的锅炉水垢主要有 5 种：

（1）碳酸盐水垢　主要成分是钙镁的碳酸盐，以碳酸钙为主，有时高达 50%以上。

（2）硫酸盐水垢　主要成分是 $CaSO_4$，常达 50%以上。

（3）磷酸盐水垢　主要成分是 $Ca_3(PO_4)_2$。

（4）硅酸盐水垢　主要成分是 $SiO_2$，有时达 20%以上。

（5）混合水垢　是各种水垢的混合物。

常见水垢可能存在的组分如下：

方解石　$\lambda$-$CaCO_3$（结晶型 $CaCO_3$）；

方解石　$\beta$-$CaCO_3$（结晶型 $CaCO_3$）；

硬石膏　$CaSO_4$；

单硅钙石　$2CaO\cdot 2SiO_2\cdot 3H_2O$；

硬硅钙石　$5CaO \cdot 5SiO_2 \cdot H_2O$；

硅灰石　$\beta$-$CaSiO_3$；

羟钙石　$Ca(OH)_2$；

磷钙土　$Ca_3(PO_4)_2 \cdot H_2O$(碱度低时产生)；

锥辉石　$Na_2O \cdot Fe_2O_3 \cdot 4SiO_2$。

查明水垢及其组分，就可以采取有效的预防措施。

**435　锅炉水渣的组成是怎样的?**

锅炉水渣的组成有：碳酸钙、氢氧化镁、蛇纹石($3MgO \cdot 2SiO_2 \cdot 2H_2O$)、铁的氧化物($Fe_2O_3$、$Fe_3O_4$)、碱式磷灰石[$Ca_{10}(OH)_2(PO_4)_6$]、氢氧化铁、碱式碳酸镁[$Mg(OH)_2 \cdot MgCO_3$]、磷酸镁 $Mg_3(PO_4)_2$、镁橄榄石($2MgO \cdot SiO_2$)和铜的氧化物($CuO \cdot Cu_2O$)等。知道水渣的组成后，就可以制定防止措施。

**436　锅炉系统中常见的腐蚀原因有哪些?**

金属腐蚀对锅炉系统的危害很大。腐蚀产物氧化铁及氧化铜常与水垢一起附着在设备上形成氧化铁垢物，不仅影响设备的寿命，而且可能发生泄漏或爆炸等安全事故。其危害由各种不同形式的局部腐蚀所造成，可参考本书的542～552题。在锅炉系统中最常见的腐蚀原因有以下几种：

(1) 氧腐蚀　是因水中含有溶解氧而形成的腐蚀。因电化学反应生成氧化亚铁，进一步被氧化生成 $Fe_3O_4$。

$$2Fe+O_2+2H_2O \longrightarrow 2Fe(OH)_2$$
$$4Fe(OH)_2+O_2+2H_2O \longrightarrow 4Fe(OH)_3$$
$$Fe(OH)_2+2Fe(OH)_3 \longrightarrow Fe_3O_4+4H_2O$$

其特征是在腐蚀部位有突起的腐蚀产物，下部有局部点蚀坑。常发生在省煤器和过热管中，热强度较高处容易发生。在水中存在其他电解质（如电导率$>0.15\mu S/cm$时）的情况下，水中氧含量越高，腐蚀速度越快。

(2) 酸性腐蚀　是由 $H^+$ 的去极化所产生的腐蚀：

$$2H^+ + Fe \longrightarrow Fe^{2+} + H_2$$

酸腐蚀产生的 $Fe_3O_4$ 能牢固地附着在钢的表面上，呈多孔状层状结构，下部有蚀坑。多发生在凝汽器、除氧器、凝结水系统和疏水系统。系统呈现酸性的原因有以下几方面：

① 碳酸化合物和重碳酸化合物受热后分解产生 $CO_2$，$CO_2$ 产生 $H^+$。

$$CO_2+H_2O \rightleftharpoons H^+ + HCO_3^- \rightleftharpoons 2H^+ + CO_3^{2-}$$

当水中同时含有 $CO_2$ 和溶解氧时使钢的腐蚀速度加快，同时会使黄铜管脱锌和腐蚀。

② 给水中带入有机物质，受热分解成酸性物质。

③ 凝汽器泄漏，带入氯化物及硫酸盐类，分解产生 HCl、$H_2SO_4$ 等酸性物质。

(3) 碱性腐蚀　是由于游离氢氧化钠在垢下被浓缩而引起的腐蚀。多发生在水冷壁管的向火侧热强度较高处的沉积物下。将沉积物和腐蚀产物去除之后，管壁上出现凹槽，管壁变薄，严重时会穿透。省煤器管、过热器管及减温器也可能发现碱性腐蚀。

(4) 氢损坏或氢脆腐蚀　酸性物质所产生的氢在沉积物下渗入金属内部，与钢中的碳结合成甲烷，在钢内产生压力，引起晶界裂缝，使金属破坏。

$$2H^+ + 2e \longrightarrow H_2$$
$$Fe_3C+2H_2 \longrightarrow 3Fe+CH_4$$

这种腐蚀易发生在水冷壁管的向火侧，特点是脆性破裂。

（5）碱脆或苛性脆化腐蚀　是钢在氢氧化钠水溶液中产生的应力腐蚀破裂，多发生在锅炉汽包铆接孔及炉管胀管处。炉水中 NaOH 有机会浓缩及存在应力是发生的条件，即［NaOH］/含盐量＞0.2，有振动和周期性摆动产生应力，并有温度和压力的改变。

（6）铜管的氨腐蚀　由于给水采用氨及联氨处理，使蒸汽中含氨，当蒸汽在凝汽器中冷凝时在液膜处发生氨富集，使局部氨浓度很高（有可能超过 1000mg/L），使凝汽器铜管容易受腐蚀变薄，或在管壁上形成横向沟槽。氨对铜合金的腐蚀是由于以下反应会形成可溶性的铜氨络合物。

$$2Cu+8NH_3+O_2+2H_2O \longrightarrow 2Cu(NH_3)_4^{2+}+4OH^-$$

（7）镀铜腐蚀　在水溶液中 $Cu^{2+}$ 较高时，由于电位作用，铜会在钢铁表面析出，发生以下反应使钢铁腐蚀。

$$Cu^{2+}+Fe \longrightarrow Fe^{2+}+Cu\downarrow$$

这种腐蚀发生在酸洗设备时，沉积物中铜垢含量较多的情况。其特征是酸洗的腐蚀率增加，同时洗后钢铁表面粗糙。故有人建议清洗液中［$Fe^{3+}+2Cu^{2+}$］宜控制在小于 1000mg/L。

### 437　锅炉系统钢铁腐蚀产物的特性如何？

特性如下表。

| 组成 | 颜色 | 晶体类别 | 磁性 | 相对密度 | 热稳定性 |
|---|---|---|---|---|---|
| $Fe(OH)_2$ | 白色 | — | 顺磁性 | 3.40 | ① 100℃时分解为 $Fe_3O_4+H_2$；② 脱水形成 FeO；③ 在室温下和氧化合形成 $\gamma$-FeO(OH)、$\alpha$-FeO(OH)、$Fe_3O_4$ |
| $Fe(OH)_3$ | | — | — | — | 是不稳定的铁的氢氧化物，很快脱水形成铁氧化合物 |
| FeO | 黑色 | 立方晶系 | 顺磁性 | 5.40～5.73 | 低于 570℃时分解形成 Fe 和 $Fe_3O_4$，在 1371～1424℃时熔化 |
| $Fe_3O_4$ | 黑色 | 立方晶系 | 铁磁性 | 5.20 | 在 1597℃熔化，在使用联氨处理系统的凝结水系统中出现 |
| $\alpha$-FeO(OH) | 黄色 | 斜方晶体 | 顺磁性 | 4.20 | 在 200℃左右脱水形成 $\alpha$-$Fe_2O_3$ 并在低温条件中存在，这种形式的水合氧化物，在高 pH 条件下可在凝结水系统中出现 |
| $\gamma$-FeO(OH) | 黄橙色 | 斜方晶体 | 顺磁性 | 3.97 | 在 200℃左右脱水形成 $\alpha$-$Fe_2O_3$，在水中低温条件下亦能转变为 $\alpha$-$Fe_2O_3$ |
| $\alpha$-$Fe_2O_3$ | 砖红色 | 三角晶系 | 顺磁性 | 5.25 | 在 1457℃分解为 $Fe_3O_4$，这是工业系统中常见的氧化铁形式 |
| $\beta$-FeO(OH) | 浅棕色 | — | — | — | 在约 230℃脱水形成 $\alpha$-$Fe_2O_3$，有水时会加强其脱水作用 |
| $\gamma$-$Fe_2O_3$ | 棕色 | 立方晶系 | 铁磁性 | 4.88 | 高于 250℃时会转化为 $\alpha$-$Fe_2O_3$，有水时会促进其转化 |

### 438　为什么要监督锅炉给水的硬度？

硬度超标的水容易在锅炉中结垢。钙镁的碳酸盐因受热分解由易溶盐转化为难溶盐，从水中析出。

$$Ca(HCO_3)_2 \xrightarrow{\triangle} CaCO_3\downarrow+CO_2\uparrow+H_2O$$

$$Mg(HCO_3)_2 \xrightarrow{\triangle} Mg(OH)_2\downarrow+2CO_2\uparrow$$

随着炉水水温升高，部分反常溶解度盐类如 $CaCO_3$、$CaSO_4$ 的溶解度下降。又因炉水不断被蒸发浓缩，使硬度所形成的盐类也相应浓缩成垢。

为了防止锅炉系统和给水系统中生成钙、镁水垢，以及避免增加炉内磷酸盐处理的用药量，不使锅炉水中产生过多的水渣，要监督锅炉给水的硬度，以便采取有效措施，控制硬度不得超过指标。

### 439 锅炉给水的硬度为什么有时不合格？如何处理？

锅炉给水硬度不合格的原因主要是：①组成锅炉给水的补给水、凝结水、疏水及工艺冷凝水中渗入了杂质，使得硬度增大，这样水质也会变得浑浊；②未经除盐处理的水由于阀门等的不严密，泄漏至给水系统，造成硬度增高。

处理的方法是加强锅炉水及汽质的监督，查明污染的来源，及时进行处理；同时要对各管线、阀门进行检查，特别是补给水系统，以防止硬水渗入给水中。

### 440 锅炉水质浑浊的原因是什么？如何处理？

锅炉水质浑浊的主要原因与处理方法如下：

| 锅炉水质浑浊的主要原因 | 处理方法 |
|---|---|
| 由于给水水质浑浊或硬度太高 | 查明来源，分别进行处理 |
| 锅炉长期未排污，或是排污量不够 | 严格按排污规定进行定期排污，调整好排污量 |
| 锅炉检修后启动的初期，或新炉投用时，炉水会产生浑浊 | 此种情况下，要适当增加锅炉排污量 |

### 441 给水水质不合格是什么原因？应如何处理？

给水水质不合格的主要原因如下。

(1) 组成锅炉给水的凝结水、疏水、工艺冷凝水及补给水漏进杂质，使其水质劣化。造成水质劣化的原因及处理方法见下表。

| 异常现象 | 原因 | 处理方法 |
|---|---|---|
| 组成锅炉给水的凝结水、疏水、工艺冷凝水及补给水劣化，使炉水中含钠量、电导率等控制项目超标 | (1) 凝汽器有泄漏，生水漏到凝结水中 | (1) 对凝汽器进行堵漏 |
| | (2)疏水水质超标 | (2)放掉疏水箱中不合格的水，查找污染来源并消除之 |
| | (3)工艺冷凝水水质超标 | (3)放掉不合格的工艺冷凝水，查找污染原因并消除之 |
| | (4)除盐水水质劣化 | (4)查找除盐水劣化原因并消除之 |
| | (5)有关水泵填料漏水 | (5)检修有关水泵 |

(2) 由于锅炉连续排污扩容器产生的蒸汽严重带水。

在通常情况下，排污扩容器所产生的蒸汽是返回除氧器作为加热汽源，如果蒸汽中夹带了含盐量较高的排污水，必然会造成给水的污染。

排污扩容器产生蒸汽带水的最大可能是水位过高，所以应及时调整排污扩容器的运行方式，降低其水位，避免蒸汽带水现象的发生。

(3) 未经处理的原水由于阀门等的不严密，泄漏到给水系统中，也是造成给水水质不合格的原因。

### 442 锅炉给水中带油有什么危害性？

由于给水中带油，会给锅炉系统产生严重的危害。例如：①油质附着在炉管管壁上，受热的时候就会分解生成热导率很小的附着物，只有 0.093～0.1163W/(m·K)[0.08～0.10kcal/(m·h·℃)]，严重影响管壁的传热，造成管壁金属的变形，危及炉管安全；②给水中的油会使炉水形成泡沫及生成水中漂浮的水渣，促使蒸汽品质的恶化；③油沫水滴会被蒸汽带到过热器中，受热分解产生热导率很小的附着物，导致过热器管的过热损坏。

### 443 锅炉给水中含有铜和铁时有什么危害？

锅炉给水中含有铜和铁时，会在金属受热面上形成铜垢或铁垢，由于金属表面与铜垢、铁垢沉积物之间的电位差异，从而会引起金属的局部腐蚀，这种腐蚀一般是坑蚀，容易造成金属穿孔或爆裂，所以危害性很大。因此，严格控制给水中铜和铁的含量，是防止锅炉腐蚀的必要措施。给水中的铜与铁，一般来源于凝结水、补给水以及生产回水系统，因此必须防止以上水系统的腐蚀。给水中铜和铁的含量，也是作为评价热力系统金属腐蚀程度的依据之一。

### 444 中、高压锅炉常用哪些炉内水处理剂？其作用如何？

中、高压锅炉常用炉内水处理剂及作用如下表。

| 药剂 | | 作用 |
|---|---|---|
| 名称 | 分子式 | |
| 苛性钠(氢氧化钠)<br>碳酸钠(苏打)<br>磷酸钠(磷酸三钠)<br>磷酸二氢钠(磷酸一钠)<br>六聚偏磷酸钠<br>磷酸<br>三聚磷酸钠<br>硫酸 | $NaOH$<br>$Na_2CO_3$<br>$Na_3PO_4$<br>$NaH_2PO_4$<br>$(NaPO_3)_6$<br>$H_3PO_4$<br>$Na_5P_3O_{10}$<br>$H_2SO_4$ | 调整pH值、碱度<br>(调整锅炉水、给水的碱度,防止锅炉的结垢和腐蚀) |
| 苛性钠<br>磷酸三钠<br>磷酸三钾<br>磷酸氢二钠<br>聚磷酸盐 | $NaOH$<br>$Na_3PO_4$<br>$K_3PO_4$<br>$Na_2HPO_4$ | 除硬<br>(使锅炉水的硬度成分变成不溶性沉淀物,防止结垢) |
| 合成高分子化合物<br>丹宁<br>木质素<br>淀粉 | <br><br><br>$(C_6H_{10}O_5)_n$ | 分散淤渣<br>(使淤渣分散悬浮在水中,容易经排污排出,防止结垢) |
| 亚硫酸钠<br>亚硫酸氢钠(重亚硫酸钠)<br>联氨(肼)<br>丹宁 | $Na_2SO_3$<br>$NaHSO_3$<br>$N_2H_4$ | 除氧<br>(除去给水中的溶解氧,防止腐蚀) |
| 消泡剂(酰胺类、醇类等) | | 防止锅炉水起泡沫 |
| 氨<br>吗啉<br>环己胺<br>烷基胺<br>其他胺类 | $NH_3$<br>$C_4H_8ONH$<br>$C_6H_{11}NH_2$<br>$RNH_2(R=C_{10}\sim C_{12})$ | 中和、形成保护膜<br>(防止冷凝水管路因 $CO_2$ 引起的腐蚀) |

### 445 低压锅炉常用哪些炉内水处理剂？其作用如何？

低压锅炉常用炉内水处理剂及作用如下：

| 药剂名称 | 作用 |
|---|---|
| 苛性钠(NaOH) | 用于防锅炉结垢处理,与水中碳酸盐、镁盐等反应,去除硬度:<br>$Ca(HCO_3)_2+2NaOH \longrightarrow CaCO_3\downarrow+Na_2CO_3+2H_2O$<br>$MgSO_4+2NaOH \longrightarrow Mg(OH)_2\downarrow+Na_2SO_4$<br>分散 $CaCO_3$ 微粒,阻止 $CaCO_3$ 吸附在金属表面而结垢 |

续表

| 药剂名称 | 作用 |
| --- | --- |
| 纯碱($Na_2CO_3$) | 用于防止水中硫酸钙、硅酸钙等在炉内结成硬垢：<br>$CaSO_4+Na_2CO_3 \longrightarrow Na_2SO_4+CaCO_3\downarrow$<br>$CaSiO_3+Na_2CO_3 \longrightarrow Na_2SiO_3+CaCO_3\downarrow$<br>$Na_2CO_3$ 可部分水解为 NaOH，起到防垢作用 |
| 磷酸三钠($Na_3PO_4$) | 用于增加炉内泥渣的流动性，使生成磷酸钙高度分散的胶体质点，阻止水垢结成，去除镁垢，并对老水垢有松散作用。还可以生成磷酸铁的金属保护膜，防止氧腐蚀 |
| 栲胶 | 可在炉内金属表面生成单宁酸铁的电中性绝缘层，阻止水垢黏附在金属表面；阻止晶体生长，并减轻氧的腐蚀 |
| 腐殖酸钠 | 防垢 |
| 膦酸及聚羧酸类阻垢剂 | 这些阻垢消垢剂主要有 ATMP、EDTMP、HEDP、PAA、聚马来酸等，用于炉内处理的消垢阻垢作用 |

### 446 为什么要监督炉水中的含盐量（或含钠量）、含硅量？

限制炉水中的含盐量（或含钠量）和含硅量是为了保证蒸汽品质。因蒸汽带水，使炉水中的钠盐和硅酸带入蒸汽。当炉水含盐量在一定范围时，蒸汽带水量基本一定。但当含盐量或含硅量超过一定数值时，蒸汽带水量会明显增加，使蒸汽品质明显变坏。

当炉水含盐量增加到一定程度时，炉水黏度增加，炉水中小气泡不易长大，同时可能产生泡沫层，使蒸汽带水量增加，蒸汽中含盐量也增加。

在高压锅炉中，蒸汽对水中某些物质（如硅酸）有选择性溶解性携带现象，又称选择性携带。蒸汽对硅酸的选择性携带量与炉水中硅酸含量成正比。即炉水中含硅量越大，蒸汽中含硅量也就越高。蒸汽中含硅量超标可能造成 $SiO_2$ 在汽轮机中沉积。

### 447 锅炉给水和炉水的 pH 值应控制在什么范围？

为了防止给水系统的腐蚀，给水的 pH 值应为碱性，低压炉要求>7，中压炉要求控制在 8.8～9.2，高压炉有铜系统为 8.8～9.3，无铜系统为 9.0～9.5。如果给水 pH 值超过 9.3，虽对钢材防止腐蚀有利，但是，因为给水中 pH 的提高通常是采用加氨的方法，pH 值高，就意味着水、汽系统中氨的量较多。这样，在氨富集的地方，会引起铜的氨蚀。为了避免上述情况发生，所以有铜系统的给水 pH 值应低于 9.3。通常给水中的氨量需根据实际运行情况调试调整，约控制在 1～2mg/L 以下。

炉水中的 pH 值控制应不低于 9，这是因为：①pH 值低时，水对锅炉钢材的腐蚀性增强；②炉水中的磷酸根与钙离子的反应，只有在 pH 值足够高的条件下，才能生成容易排污的水渣；③为了抑制炉水中硅酸盐的水解，减少硅酸在蒸汽中的溶解携带量，pH 值应控制得高一些。但是炉水的 pH 值也不能太高，否则，游离 NaOH 较多，容易引起碱脆腐蚀。按炉型和炉压有不同规定。低压炉要求 pH 为 10～12，中压炉为 9.0～11.0，高压炉为 9.0～10.5，超高压炉及亚临界炉为 9.0～10.0。

### 448 如何调节锅炉给水中的 pH 值？

为了防止给水对锅炉系统金属的氢去极化作用而引起的腐蚀，以及防止金属表面的保护膜遭到腐蚀破坏，通常是在给水中加氨（或胺）来调节 pH 值，氨溶于水呈碱性的氨水（$NH_4OH$）与水中的碳酸起中和反应：

$$NH_4OH+H_2CO_3 \longrightarrow NH_4HCO_3+H_2O$$

$$NH_4OH+NH_4HCO_3 \longrightarrow (NH_4)_2CO_3+H_2O$$

如加入的氨量将 $H_2CO_3$ 中和至 $NH_4HCO_3$ 时，pH 值约为 7.9；如果中和至 $(NH_4)_2CO_3$ 时，水中 pH 值约为 9.2。由于给水 pH 调节值大致在 8.8～9.3，因此加氨量稍多于第一步反应而接近第二步反应。通常将 $NH_4OH$ 配成 0.5%（质量分数）与 $N_2H_4$ 一起加入除氧器的出口给水管中。实际所需的加氨量，尚须通过运行过程的调试来决定。

**449　锅炉水中的碱度过高有什么危害？**

锅炉水中碱度过高时，可能会引起水冷壁管的碱性腐蚀和应力腐蚀破裂，还可能使炉水产生泡沫而影响蒸汽品质。对于铆接或胀接锅炉，碱度过高也会引起苛性脆化。因此，需要对锅炉水进行碱度监督。

**450　炉水中的有机物质有何危害？**

炉水中的有机物质是由于原水中的有机物（腐殖酸类物质）形成稳定的水溶性胶体，离子交换无法去除，因而由补给水系统进入锅炉；有时也有树脂类高分子有机化合物以粉末状进入锅炉，这些有机物在炉水蒸汽循环的高温和高压作用下，大部分发生热水解，由于其离解作用而产生酸性物质，导致炉水 pH 值降低。有的工厂，长期炉水 pH 值难以达标，经多方检测，方知是由有机酸引起的。树脂粉末，特别是磺酸型阳树脂经高温、高压作用分解生成硫酸，使炉水 pH 值降低。由此，产生腐蚀的危害。有时，有的还会从炉水系统进入蒸汽中，引起蒸汽循环系统的腐蚀，危害很大。有机物质一旦造成炉水危害，除了搞好炉内水处理，尽力确保水汽品质合格外，主要的解决方法是搞好补给水处理以及水的预处理。

**451　锅炉给水为什么需进行除氧处理？**

氧在电化学腐蚀过程中起去极化作用，产生以下反应：

$$2H_2O+O_2+4e \longrightarrow 4OH^-$$

水中溶解氧推动电化学腐蚀反应，会使锅炉系统形成严重的氧腐蚀。因此，给水在进入锅炉之前需进行除氧处理。

除氧处理一般用物理方法，即热力除氧。将给水用蒸汽加热至沸腾，使溶解氧脱出。

不同压力等级的锅炉对给水溶解氧含量的要求不同。例如，高压锅炉要求≤7μg/L，中压锅炉要求≤15μg/L，低压锅炉要求≤0.05～0.1mg/L。因此，经热力除氧之后，有时候还不能达到要求。故往往需要再进行化学除氧，即在给水中加入化学药剂除氧，如加联氨或亚硫酸钠等。化学除氧的目的是消除热力除氧后的残余溶解氧和除去由于水泵及给水系统不严密而漏入给水中的溶解氧。

**452　热力除氧的工作原理是什么？**

热力除氧是以加热的方式除去水中溶解氧及其他气体的方法。即将蒸汽通入除氧器内，把水加热到沸腾温度，使溶于水中的气体解析出来，随余汽排出。

根据气体溶解定律（亨利定律），任何气体在水中的溶解度与该气体在气水界面上的分压力成正比例。在敞开的设备中（即大气压力下），随着水温升高，蒸汽的分压升高，各种溶解气体的分压降低。当水沸腾时，水界面上的蒸汽压力与大气压力相等。此时各种溶解气体的分压均等于零，即气体在水中的溶解度等于零，水不再具有溶解气体的能力。这时候氧就会从水中解吸出来，这就是热力除氧的原理。热力除氧法不仅能除去水中的溶解氧，也可以除去其他各种溶解气体，包括游离二氧化碳。因此热力除氧器也可称为热力除气器。

热力除氧必须将水加热到沸点。不同压力下水的沸点不同。在标准大气压下，水的沸点为 100℃，热力除氧器应在 100℃运行。压力大于标准大气压时在高于 100℃运行。负压时则在低于 100℃运行。

水中溶解氧的含量与温度及压力的关系

| 含氧量/(mg/L)<br>水面上的绝对压力/MPa | 水温/℃ | | | | | | | | | | |
|---|---|---|---|---|---|---|---|---|---|---|---|
| | 0 | 10 | 20 | 30 | 40 | 50 | 60 | 70 | 80 | 90 | 100 |
| 0.1 | 14.5 | 11.2 | 9.1 | 7.5 | 6.4 | 5.5 | 4.7 | 3.8 | 2.8 | 1.6 | 0 |
| 0.08 | 11 | 8.5 | 7.0 | 5.7 | 5.0 | 4.2 | 3.4 | 2.6 | 1.6 | 0.5 | 0 |
| 0.06 | 8.3 | 6.4 | 5.3 | 4.3 | 3.7 | 3.0 | 2.3 | 1.7 | 0.8 | 0 | 0 |
| 0.04 | 5.7 | 4.2 | 3.5 | 2.7 | 2.2 | 1.7 | 1.1 | 0.4 | 0 | 0 | 0 |
| 0.02 | 2.8 | 2.0 | 1.6 | 1.4 | 1.2 | 1.0 | 0.4 | 0 | 0 | 0 | 0 |
| 0.01 | 1.2 | 0.9 | 0.8 | 0.5 | 0.2 | 0 | 0 | 0 | 0 | 0 | 0 |

## 453　热力除氧器如何分类？

热力除氧的设备称为热力除氧器，简称除氧器。

按其进水方式可分为混合式和过热式两类。在混合式除氧器内，需要除氧的水直接与蒸汽接触，使水加热到运行压力下的沸点；过热式除氧器的运行方式是：需要除氧的水先在压力较高的表面式加热器中加热，使其温度超过除氧器压力下的沸点，再引入除氧器内。这样一部分水会自行汽化，其余的水就处于沸腾温度下。

按其工作压力分类，混合式除氧器可分为真空式、大气式和高压式三种。真空式除氧器是在低于大气压下运行的，大气式是在稍高于大气压下工作的，一般为 0.12MPa（绝对压力）。高压式是在较高压力下工作，一般可达 0.6MPa（绝对压力）。

除氧器由除氧头（或称除氧塔）和贮水箱两部分组成。除氧头的功能是除氧，需除氧的给水和加热蒸汽均进入除氧头，水除氧后由除氧头下部落入贮水箱，经过贮水箱将除氧后的水送至锅炉。一般情况下，贮水箱主要起贮水作用。但有些设计为了增强除氧效果，在贮水箱内靠下部装一根蒸汽管，管上开孔或者装几只喷嘴，送入较高压力的蒸汽，使箱内水一直保持沸腾状态，这种装置称为再沸腾装置。由于蒸汽的搅拌作用，残余气体进一步解吸出来，所以贮水箱也起了再除氧保证水质的作用。再沸腾用汽量一般为除氧器加热用汽量的10％～20％。再沸腾装置的缺点是，操作较复杂，易发生振动，水位波动大。

按除氧头的结构不同，混合式热力除氧器可分为若干形式。除氧器的效果是否良好与除氧头的结构是否合理密切相关。其结构应使水和汽在器内分布均匀、流动通畅并使水汽有足够的接触时间。水必须高度分散，有很大的比表面积，才能有利于氧的逸出。不同结构的除氧头使水分散成不同状态，如喷雾式将水喷成雾状，填料式使水形成水膜状，淋水盘式将水分散成细流状，旋膜式使水形成旋膜状。应用较多的是喷雾填料式、淋水盘式和旋膜填料式。不同压力的混合式热力除氧器均可采用这些形式的除氧头。应用于真空式除氧器时，除氧头外部需设抽真空装置，有蒸汽喷射及水喷射两种。

真空除氧还可以利用电力系统的凝汽器来实现。凝汽器总是在真空下运行，其中凝结水的温度通常处于运行压力的沸点，条件和热力除氧器相似。故可以利用这种条件使凝汽器兼作热力除氧器。为达此目的，首先在运行时需保证水温不能低于相应压力下的沸点，同时还需在凝汽器添加某些类似淋水盘的装置，使凝结水成为细流和水滴，增加水汽接触面积，有利于除氧。除去的气体则随抽风机排出系统。为了利用凝汽器真空除氧的能力，还可以将补给水引入凝汽器在此一起除氧。

## 454　什么是喷雾填料式、淋水盘式及旋膜填料式热力除氧器？

常见的混合式热力除氧器介绍如下：

（1）喷雾填料式热力除氧器　水先进入除氧头上部，通过喷嘴喷成雾状，与上进汽管的蒸汽混合加热并初步除氧。经过初步除氧的水往下流动时和填料层相接触，使水在填料表面成水膜状态，与填料下部进入的蒸汽接触再次除氧。再次除氧后合格的水落入贮水箱。图 4-0-3 为喷雾填料式热力除氧器的除氧头。

喷雾除氧大约可使 90%溶解气体变为小气泡逸出，但雾状小水滴中的溶解气体不容易扩散到水滴表面，所以除氧不彻底，一般出水氧含量只能达到 50～100μg/L。喷雾除氧之后，再经过填料层除氧则效果更好，出水氧含量可达到 7μg/L 以下。常用的填料有 Ω 形、圆环形和蜂窝式等多种。要求用不腐蚀和不污染水质的材料制成，经验证明 Ω 形不锈钢填料效果最好。

喷雾填料式除氧器的除氧效果好，当负荷在大范围变化及进水温度从常温至 80℃变化时，均能适应，结构简单，维修方便；同样出力的设备，其体积小；汽水混合速度快，不易产生水击，是应用较多的除氧器。

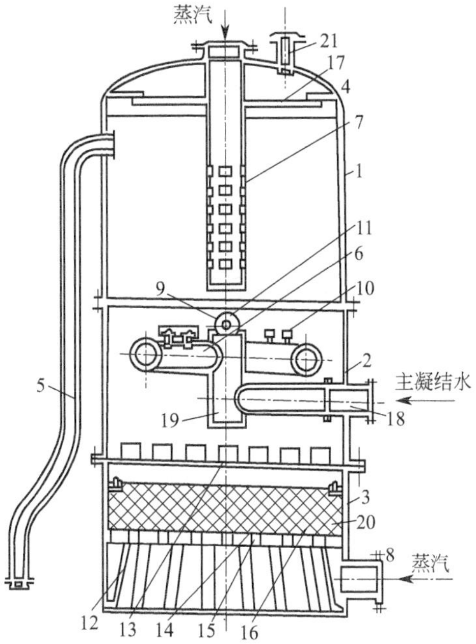


图 4-0-3　喷雾填料式热力除氧器除氧头

1—上壳体；2—中壳体；3—下壳体；4—椭圆形封头；5—接安全阀的管；6—环形配水管；7—上进汽管；8—下进汽管；9—高压加热器疏水进口管；10，11—喷嘴；12—进汽管；13—淋水盘；14—上滤板；15—填料下支架；16—滤网；17—挡水板；18—进水管；19—中心管段；20—Ω 形填料；21—排汽管

（2）淋水盘式热力除氧器　见图 4-0-4。在除氧头中设有若干层筛状多孔板。水经过配水盘和多孔板，分散成许多股细小水流，层层下淋。加热蒸汽从除氧头下部引入，穿过淋水层向上流动。汽水接触时就发生了水的加热和除氧过程。水中析出的氧和其他气体随余汽经上部的排汽阀排走。除氧后的水流入下部贮水箱中。

这种除氧器对负荷和温度的适应性较差。有的在贮水箱中加入再沸腾装置来提高除氧效果。淋水盘容易发生损坏、脱落和倾斜的故障。

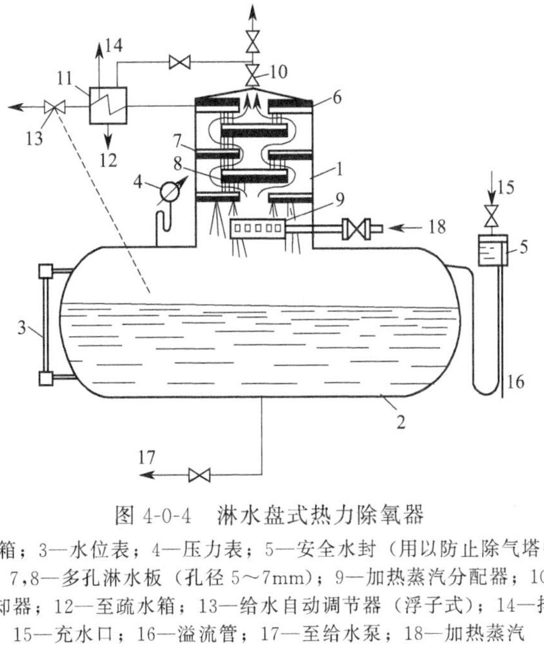

图 4-0-4　淋水盘式热力除氧器

1—除气塔；2—贮水箱；3—水位表；4—压力表；5—安全水封（用以防止除气塔中压力过高或过低）；6—配水盘；7，8—多孔淋水板（孔径 5～7mm）；9—加热蒸汽分配器；10—排汽阀；11—排汽冷却器；12—至疏水箱；13—给水自动调节器（浮子式）；14—排气至大气；15—充水口；16—溢流管；17—至给水泵；18—加热蒸汽

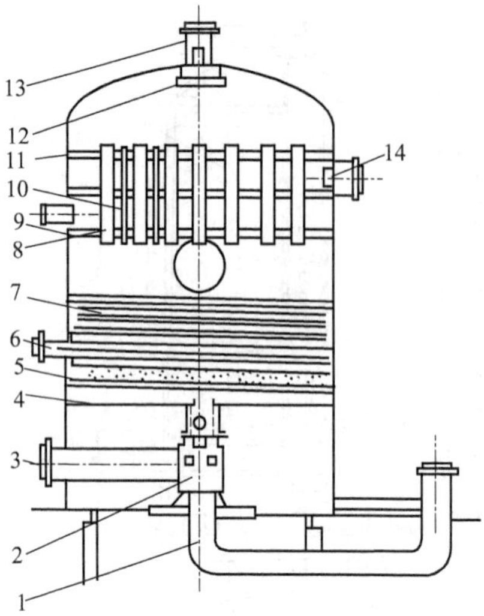


图 4-0-5 旋膜填料式热力除氧器除氧头

1,3—蒸汽进口管；2—蒸汽喷汽口；4—支承板；5—填料；6—疏水进口管；7—淋水箅子；8—起膜器管；9—汽室下挡板；10—连通管；11—水室上挡板；12—挡水板；13—排气管；14—进水管

(3) 旋膜填料式热力除氧器 其除氧头结构见图4-0-5。由起膜器、淋水箅子和波网状填料层组成。起膜器是用一定长度的无缝钢管制成，在钢管的上下两端沿切线方向钻有若干个下倾的孔，用隔板将起膜器分隔成水室和汽室。运行时，欲除氧的水经水室沿切线方向进入起膜器，水在管内沿管壁旋转流下，在管的出口端形成喇叭口状的水膜，称为水裙；汽室的蒸汽从起膜器的下端进入管内，在水膜的中空处旋转上升，汇同从除氧头下部进来的蒸汽排出除氧器外。水裙落入淋水箅子和填料层，又与下部进入的蒸汽进行热交换，最后落入水箱中。

## 455 热力除氧器运行应注意什么？

热力除氧器的除氧效果是否良好，除了需要合理的设备结构之外，在运行时需保持良好工况。应注意以下方面：

(1) 水必须加热至沸点。沸点随水面压力而变化，应根据除氧器的运行压力查对相应的沸点。例如，运行压力为 0.172MPa（绝对压力）时沸点为 115℃，0.28MPa（绝对压力）时沸点为 130.6℃，低于沸点运行效果就不好。在标准大气压下，水的沸点是100℃，如果只加热到 99℃，氧在水中的残余量可达 0.1mg/L。因此，在运行过程中，应该注意汽量和水量的调节，确保水在沸腾状态。送入的水量应连续稳定均匀，加热蒸汽流量及参数应维持稳定。人工调节很难保证始终效果良好，最好安装进汽和进水的自动控制装置。

(2) 解吸出来的气体应能通畅地排出除氧器，否则除氧器中蒸汽的氧含量会增多，会影响水中氧气的扩散速度，从而使水中氧含量增加。大气式除氧器的排气是依靠除氧头的压力与外界大气压力之差来进行的。由于除氧头的压力不可避免地有些波动，应维持不低于0.02MPa（表压）才能保证排气通畅。排气时不可避免地要同时排出一部分蒸汽。为避免造成大量热损失，又能保证除氧效果，排气阀的开度应通过调节试验来确定，通常排汽量约为其进水量的 0.2%～0.3%。

(3) 运行工况必须保持稳定，避免突然大幅变化。给水负荷突然加大、温度突然降低及加热蒸汽压和蒸汽量突然降低可能恶化除氧效果，影响出水品质。虽然喷雾填料式除氧器可以适应负荷和水温的一定变化，但也应防止突然大幅变化。当若干台除氧器并列运行时，各台的水、汽应分配均匀，防止个别除氧器负荷过大等因素使氧含量剧增。为了使水、汽分布均匀，各贮水箱的蒸汽空间和容水空间应用平衡管连接起来。

## 456 为什么锅炉给水中要加联氨？

为了防止锅炉水系统及管路遭受氧腐蚀，确保完全消除热力除氧之后而残留的溶解氧和由于泵及给水系统的不严密而漏入给水的氧，有必要在给水中加入适当量的联氨。联氨（$N_2H_4$）又称肼，常用的为其水合物水合肼（$N_2H_4 \cdot H_2O$）。

由于联氨在碱性的水溶液中是一种很强的还原剂，它与水中溶解氧产生如下反应：

$$N_2H_4 + O_2 \longrightarrow N_2 + 2H_2O$$

因而加联氨的作用是用化学方法除去溶解氧，反应的生成物 $N_2$ 和 $H_2O$，对热力系统没有任何危害。

此外，在大于200℃高温下，联氨还可将$Fe_2O_3$还原成$Fe_3O_4$或Fe，以防止炉内形成铁垢，其反应如下：

$$N_2H_4+6Fe_2O_3 \longrightarrow 4Fe_3O_4+N_2+2H_2O$$
$$N_2H_4+2Fe_3O_4 \longrightarrow 6FeO+N_2+2H_2O$$
$$N_2H_4+2FeO \longrightarrow 2Fe+N_2+2H_2O$$

联氨还能将CuO还原成$Cu_2O$或Cu，以防止炉内结铜垢。

实际生产中，通常使用质量分数40%的联氨（$N_2H_4 \cdot H_2O$），加在锅炉给水泵的吸入口，或是除氧器的出口管处。加量的控制通常是以省煤器入口给水中含$N_2H_4$不超过50μg/L为准。$N_2H_4$有毒、易燃、易挥发，使用时应特别注意。$N_2H_4 \cdot H_2O$在<40%（质量分数）时不易燃烧。

联氨除氧反应在温度大于150℃时速度很快，但温度低时反应速度慢。故有时采用催化联氨。即在加联氨时，同时加入促进反应的添加剂，如对苯二酚、醌化合物、1-苯基-3-吡唑烷酮、对氨基苯酚等。

### 457 炉内水处理为什么要加亚硫酸钠？要注意什么？

锅炉水系统腐蚀的主要原因是水中的溶解氧。锅炉补给水中的氧，虽然经过除氧器的脱除，然而由于除氧深度的限制，以及给水系统设备和管路的泄漏，渗入了氧气，进入炉内。为了消除残存的氧气，需要加入亚硫酸钠（$Na_2SO_3$），与氧起化学反应并生成硫酸钠而除去，反应式如下：

$$2Na_2SO_3+O_2 \longrightarrow 2Na_2SO_4$$

亚硫酸钠虽能除氧，但会增加水中含盐量，通常只用于低压锅炉，不能用于高压锅炉。因其在炉内分解，产生有害的$SO_2$气体：

$$Na_2SO_3+H_2O \rightleftharpoons 2NaOH+SO_2$$

在使用时，必须严格控制给水中亚硫酸钠的含量，使之不超过5～12mg/L，如果过量，会引起炉内产生二氧化硫和硫化氢等腐蚀性气体，使金属受到腐蚀。所以，监督给水中的亚硫酸钠是十分必要的。

### 458 为什么除氧器内水的含氧量有时会升高？

除氧器内水的含氧量升高的主要原因有：①进水量过大，超过除氧器的处理能力；②进水的含氧量过大，且有漏空气现象；③进水温度过低，进水位置过低；④除氧器的压力未及时调整；⑤排气阀门开度过小；⑥除氧器的喷水装置损坏，淋水托盘倾斜、腐蚀或脱落，水流不能均匀分配；⑦取样系统泄漏空气，使测定数据不准，含氧量高。

### 459 中高压锅炉有哪些炉内水处理方法？

炉内水处理是锅炉补给水、凝结水及工艺冷凝水处理的补充。中高压锅炉的给水在炉外已经过严格处理，但仍含有微量的成垢物质。炉内水处理是向炉内加入适量化学药剂，与成垢物质（主要是钙、镁的盐类）发生作用，生成呈分散状态的水渣，使其通过锅炉排污排出系统，或使其成为溶解状态存在系统中，避免垢物沉积，以达到减轻或防止结垢的目的。也有一些处理方法主要是提高给水质量，加入氧化性化学药剂，使金属表面形成保护膜，降低腐蚀率，也同时减少了沉积。有以下几种方法。

（1）磷酸盐处理及协调磷酸盐处理法　向炉水中加入磷酸三钠或同时加入磷酸二氢钠，在碱性条件下使钙、镁及硅酸根成垢离子生成水渣，还可以生成磷酸铁的保护膜，防止氧腐蚀。其适用于中压、高压及超高压锅炉，是目前最广泛采用的方法。其缺点是容易出现盐类暂时消失的异常现象。

（2）平衡磷酸盐处理法（EPT） 由加拿大开发，将磷酸盐（$PO_4^{3-}$）控制在临界浓度以下，以克服磷酸盐暂时消失。超过临界浓度时，在沉积物下面浓缩的 $PO_4^{3-}$ 会与氧化铁反应。平衡 $PO_4^{3-}$ 最大不超过 2.4mg/L，一般在 100～2000μg/L。并保持 $Na^+/PO_4^{3-}$ 物质的量比大于 3.0，游离 NaOH 大于 1mg/L。运行 pH 值为 9.0～9.7，有铜系统为 8.6～9.0。临界浓度需根据工况由试验确定。

（3）全挥发性处理法（AVT） 只在给水中加氨和联氨，不在炉水中加磷酸盐，以防止腐蚀，从而减少沉积物。要求给水的纯度高，电导率小于 0.2μS/cm。只用于超高压的汽包炉和直流炉。这种处理的炉水没有缓冲性，容易引起 pH 降低，当给水质量下降时，容易结水垢，需立即投加磷酸盐处理。

（4）中性水处理法（NWT） 给水为电导率小于 0.15μS/cm 的高纯水，pH 值 6.5～7.5，加入适量氧化剂 $H_2O_2$ 或气态氧，使溶解氧浓度为 30～150μg/L，可在金属上生成耐蚀的保护膜。当给水质量下降时，腐蚀率增大。

（5）联合水处理法（CWT） 给水电导率小于 0.15μS/cm，加入适量氨使 pH 值为 8.0～8.5，再加入溶解氧为 50～250μg/L，适用于直流炉，可抑制碳钢腐蚀。

（6）螯合剂处理法 在给水管道中加入乙二胺四乙酸（EDTA）或氨基三己酸（NTA）螯合剂，使管壁上生成薄且致密的磁性氧化铁 $Fe_3O_4$ 和 $Fe_2O_3$ 保护膜，减少金属腐蚀。但要求使用前锅炉进行化学清洗，并要求给水中无钙镁离子，使用条件较苛刻。同时药剂价格昂贵。

（7）聚合物处理法 利用阻垢分散剂的分散和晶格畸变作用来减少炉内水垢的沉积。常用的阴离子聚电解质有聚丙烯酸、聚甲基丙烯酸、水解聚马来酸酐和羧甲基纤维素，相对分子质量在 $10^3$～$10^4$ 范围。也采用有机磷化合物，如 ATMP、EDTMP、HEDP 等。此法仅用于中低压锅炉。

**460 什么是锅炉水的磷酸盐处理？**

锅炉水的磷酸盐处理是在炉水中加入磷酸盐，以防止在锅炉中产生水垢和碱性腐蚀。在碱性条件下（一般 pH 为 10～11）加入磷酸盐与钙离子生成碱式碳酸钙（又称水化磷灰石），碱性使水中少量的镁离子与硅酸根生成蛇纹石，反应如下：

$$10Ca^{2+} + 6PO_4^{3-} + 2OH^- \longrightarrow Ca_{10}(OH)_2(PO_4)_6 \downarrow \text{（碱式碳酸钙）}$$

$$3Mg^{2+} + 2SiO_3^{2-} + 2OH^- + H_2O \longrightarrow 3MgO \cdot 2SiO_2 \cdot 2H_2O \downarrow \text{（蛇纹石）}$$

碱式碳酸钙和蛇纹石在炉水中形成分散、松软状的水渣，不会附着在受热面上形成水垢，容易随排污水排出系统。

磷酸盐还能在金属上生成磷酸铁保护膜，所以也具有防腐蚀作用。炉水中的 $PO_4^{3-}$ 浓度应按锅炉压力的要求控制：压力小于 5.80MPa 时为 5～15mg/L，压力为 5.9～12.6MPa 时为 2～10mg/L。加量不宜过多或过少。加入量过多时，会与镁离子结合生成磷酸镁，能够黏附在受热面上，转化成为二次水垢。试验证明，维持 $[PO_4^{3-}]/[SO_4^{2-}] > 0.01$ 时，可防止产生硫酸钙水垢，$[PO_4^{3-}]/[SiO_3^{2-}] > 0.1$ 时，可防止产生 $CaSiO_3$ 水垢。

磷酸盐处理一般用磷酸三钠（$Na_3PO_4 \cdot 12H_2O$），当补给水用软水、碱度较大时，可采用磷酸氢二钠（$Na_2HPO_4 \cdot 12H_2O$）中和一部分游离 NaOH：

$$NaOH + Na_2HPO_4 \longrightarrow Na_3PO_4 + H_2O$$

通常将磷酸三钠或磷酸二氢钠配制成 5%～8%的水溶液，经过滤除渣，再用补给水配成 3%水溶液直接加入锅炉水中，或者加入给水中。加药量根据锅炉水容积及排污量进行初步估算，但还需根据成垢离子的多少经过调试确定。

**461 什么是协调磷酸盐处理？**

对那些以除盐水或蒸馏水为补给水的和凝结水回收水质很好的锅炉，向炉内添加 $Na_3PO_4$ 的同时加入酸式磷酸盐 $Na_2HPO_4$ 或 $NaH_2PO_4$，使得锅炉水中维持一定量的 $PO_4^{3-}$ 浓度，并消除炉水中的游离碱 NaOH，这就称为协调磷酸盐处理，也称磷酸盐-pH 协调控制。

游离碱 NaOH 是产生碱性腐蚀的原因。其主要来源有以下三个方面。

（1）碳酸氢钠和碳酸钠受热分解：

$$NaHCO_3 \longrightarrow CO_2\uparrow + NaOH$$

$$Na_2CO_3 + H_2O \longrightarrow CO_2\uparrow + 2NaOH$$

（2）碳酸盐硬度与磷酸盐的化学反应产生：

$$3Ca(HCO_3)_2 + 2Na_3PO_4 \longrightarrow 6CO_2\uparrow + Ca_3(PO_4)_2\downarrow + 6NaOH$$

（3）一级除盐水的 H 型离子交换器漏 $Na^+$ 过多，或是由于阴床再生正洗不好而放出 $Na^+$，使得复床出水呈弱碱性，也会有少量的游离碱。

在协调磷酸盐处理时，炉内添加了酸式磷酸盐之后，可消除游离 NaOH，其化学反应如下：

$$Na_2HPO_4 + NaOH = Na_3PO_4 + H_2O$$

$$NaH_2PO_4 + 2NaOH = Na_3PO_4 + 2H_2O$$

但是，炉水中的磷酸三钠在蒸发浓缩的过程中也会水解产生少量的 NaOH。

$$Na_3PO_4 + 0.15H_2O \longrightarrow Na_{2.85}H_{0.15}PO_4\downarrow + 0.15NaOH$$

协调磷酸盐处理主要要求控制炉水中 $Na^+/PO_4^{3-}$ 的物质的量比 $R$ 在一定范围。$R=2.13\sim2.85$ 时，不产生游离 NaOH；$R>2.85$ 时，产生游离 NaOH，有碱腐蚀的危险，这时候应向炉水中加入磷酸三钠和酸式磷酸钠两种药剂；$R<2.13$ 时，pH 值过低，也容易腐蚀，这时炉水中除加磷酸三钠之外，还可在水中加一些 NaOH。故应该控制 $R$ 在 $2.13\sim2.85$ 之内，操作上控制 $R=2.5\sim2.8$ 更安全。pH 值应大于 9.0，$PO_4^{3-}$ 一般控制在 2～10mg/L。

比起磷酸盐处理法来，协调磷酸盐处理法操作上较难控制，并存在磷酸盐暂时消失问题。

**462 为什么会出现炉水盐类暂时消失的异常现象？**

炉水中某些易溶钠盐（$Na_2SO_4$、$Na_2SiO_3$、$Na_3PO_4$ 等）在锅炉负荷增高时，浓度明显降低，使人产生错觉，但当负荷减少或停炉时，钠盐的浓度会重新升高，这种炉水水质异常现象称为盐类暂时消失现象。产生这种现象是由锅炉负荷增加时炉管局部过热和某些盐类的特性所决定的。如上述三种钠盐在炉水中的溶解度先是随炉水温度升高而增大，当温度升至一定的数值后，继续升高时，其溶解度就会下降，这种变化以 $Na_3PO_4$ 最为明显，尤其当水温超过 200℃后，它的溶解度随着炉水温度的升高而急剧下降，这时钠盐就析出并附着在炉管的管壁上，而炉水中的钠盐浓度却在降低；但当锅炉负荷减小或停炉时，沉积于管壁上的钠盐又被溶解下来，使其在炉水中的浓度增加。判断盐类暂时消失现象，可以分析炉水中 $PO_4^{3-}$ 与酚酞碱度的关系。如果锅炉的负荷急增，炉水的 $PO_4^{3-}$ 减少，酚酞碱度升高；而锅炉负荷减小时，$PO_4^{3-}$ 增加，酚酞碱度降低，就可以肯定发生了盐类暂时消失现象。这是因为当盐类暂时消失时，炉水中的磷酸盐以 $Na_{2.85}H_{0.15}PO_4$ 形态沉积在炉管管壁上，而此时伴有游离 NaOH 产生，故酚酞碱度上升：

$$Na_3PO_4 + 0.15H_2O \rightleftharpoons Na_{2.85}H_{0.15}PO_4 + 0.15NaOH$$

反之，当 $Na_{2.85}H_{0.15}PO_4$ 被炉水中 NaOH 溶解时，炉水 $PO_4^{3-}$ 增加，酚酞碱度减小。

磷酸盐暂时消失对系统产生腐蚀的危害。当盐类“暂时消失”时，炉水中的 $PO_4^{3-}$ 减少，使金属上形成的磷酸铁保护膜受到破坏而出现腐蚀。当锅炉负荷和温度下降时，附着在管壁上已“暂时消失”的磷酸盐又会“返回”炉水中，使水中的 $PO_4^{3-}$ 增加，pH 值下降。这时候沉积层下部的 $Na^+/PO_4^{3-}$ 物质的量比可能低到 $R<1.0$，所造成的酸性腐蚀更为严重。

发生磷酸盐暂时消失之后，有的采取以下解决办法：立即向炉水中加入少量 NaOH，使沉积物溶解，$PO_4^{3-}$ “返回”炉水。

### 463　锅炉水的磷酸根有时为什么会不合格？如何处理？

锅炉水的磷酸根不合格主要是由于磷酸盐的加量过大或不足引起的，有时也因加药设备管道的堵塞，或是加药设备不完善造成的。处理此类故障时，首先要检修好加药设备，疏通好管道，调整好磷酸盐的加量。当锅炉水磷酸根过高时，应注意对蒸汽质量的监督，并加大排污量。有时，由于给水硬度较高，消耗了部分磷酸盐而引起磷酸根的不足，此时，应对给水进行软化处理，以使磷酸盐的消耗不致过多。

### 464　为什么要对蒸汽品质进行监督？

从锅炉汽包送出的饱和蒸汽所含有的盐类物质，有的会沉积在过热器内，有的则被过热蒸汽带出而沉积在汽轮机中。一般来说，饱和蒸汽中的钠盐主要沉积在过热器内；硅化合物主要沉积在汽轮机内，生成不溶于水的 $SiO_2$ 沉积物，因而会严重地影响汽轮机的运行。因此，为了防止蒸汽的流通部分，特别是在汽轮机内积盐，所以要对蒸汽品质进行监督。一方面要检查蒸汽品质的恶化原因，另一方面是判断饱和蒸汽中盐类在过热器中的沉积量。

### 465　蒸汽为什么会携带杂质？

炉水中含有许多杂质，如氯化钠、磷酸钠、硅酸盐等盐类以及有机物质类。蒸汽会将炉水中的部分杂质携带出炉，有以下两方面原因：

(1) 机械携带　就是汽包送出的饱和蒸汽中夹带了许多水滴，这些水滴中含有钠盐和硅酸盐等杂质，因而污染了蒸汽。炉水中含有有机物时，与碱作用发生皂化，沸腾蒸发时在液面产生泡沫，泡沫膜破裂后产生含盐量很高的水滴不断被蒸汽带走，这就是汽水共沸（或共腾）现象产生的蒸汽携带。尤其在锅炉运行不当时更容易携带杂质，如汽阀开启过快、锅炉水位过高、水位波动大、蒸发量突增、炉压突降等因素。此外，汽包的内径越小越容易带水。锅炉压力越高，蒸汽密度越大，蒸汽和炉水的性质也越接近，蒸汽携带水滴的能力越强。因此，一般高参数锅炉的汽包均设有汽水分离装置，可以减少带水，一般可使蒸汽湿分降至 0.01%～0.03%。

(2) 溶解携带　饱和蒸汽本身有溶解某些物质的能力，蒸汽压力越高，溶解能力越强。在压力一定的条件下，蒸汽对不同物质的溶解能力有很大差别，即溶解携带有选择性。对硅酸的溶解能力最大，其次是 NaOH 和 NaCl，对 $Na_2SO_4$、$Na_3PO_4$、$Na_2SiO_3$ 的溶解能力最差。

炉水的 pH 值对蒸汽携带硅酸量有影响，pH 值高时携带量减少，pH 值低时增加。原因是蒸汽溶解携带的主要是硅酸而不是硅酸盐。炉水中溶解的硅化合物有硅酸和硅酸盐，其平衡式如下：

$$SiO_3^{2-}+H_2O \rightleftharpoons HSiO_3^-+OH^-$$

$$HSiO_3^-+H_2O \rightleftharpoons H_2SiO_3+OH^-$$

当炉水 pH 值增高时，$OH^-$ 浓度增加，反应向左进行，使炉水中硅酸量减少，蒸汽溶解携带量也因此减少。

### 466 为什么要监督蒸汽中的含钠量？

由于蒸汽中的盐类主要是钠盐，所以蒸汽中的含钠量可以近似表示含盐量的多少。含钠量也作为蒸汽品质的主要指标之一。由过热蒸汽带入汽轮机的钠化合物，一般为 $Na_2SO_4$、$Na_2SiO_3$、NaCl 和 NaOH 等，由于这类杂质在过热蒸汽中的溶解度不大，而且随着蒸汽压力的下降，溶解度也会很快下降。所以在汽轮机内，当蒸汽压力稍有降低时，它们在蒸汽中的含量就高于溶解度，因此，很容易从蒸汽中析出而沉积在汽轮机内，不仅影响汽轮机的出力，而且还危及安全运行。为了避免此类故障的发生，一定要监督蒸汽中的含钠量，以便及时发现蒸汽品质的恶化状况，迅速采取有效措施。中压汽包炉的蒸汽要求控制钠含量 $\leqslant 15\mu g/kg$，高压炉要求控制钠含量 $\leqslant 5 \sim 10\mu g/kg$。

### 467 硅酸化合物有何危害？

硅酸化合物在水中的溶解度很小，其中溶解性的硅酸称为活性硅（或溶硅），而大部分却在水中进行聚合而成为双分子或三分子聚合物，最后成为完全不溶解的多分子聚合物，即称为胶体硅。它们在水中处于动平衡状态，并随 pH 值而变化，当 pH 值高时，较多转变为可溶性硅。硅酸化合物存在于水和蒸汽中的危害很大，一旦进入锅炉后，胶体硅随着温度、压力及 pH 值升高而转化为溶硅，从而使炉水中的含硅量不断增加，有时即使加大排污量也难以改变炉水含硅量。同时，硅酸在高温的蒸汽中有较大的溶解度，并随压力、温度的升高而溶解度不断增大。因此，进入锅炉的硅酸在炉内的沉积虽然不多，却大部分被蒸汽带走。硅酸随着蒸汽的做功过程，温度、压力的降低，而溶解度降低，因此就沉积在汽轮机的叶片或喷嘴中形成质硬的硅酸盐垢。严重时，可使汽轮机效率大幅度下降，阻塞通道，限制出力，影响汽轮机的生产安全。为此，必须在炉外水处理中，尽力把硅酸化合物除尽。高中压汽包锅炉的蒸汽要求控制二氧化硅含量 $\leqslant 20\mu g/kg$。

### 468 为什么要进行炉水排污？怎样确定排污量？

为了使锅炉水的含盐量、含硅量控制在规定的范围内，避免汽质的不良，或造成炉管阻塞，危及锅炉的安全运行，需要定期按照运行工况，放掉一部分锅炉水（即炉水排污），并补充等量的除盐水，这就需要定期定量进行炉水排污，或者连续排污。

锅炉的排污量是按照不同参数的锅炉，由测得的含盐量、含钠量、含硅量以及氯离子等计算而定的，例如，高压或超高压锅炉，其排污率可如下计算：

$$P=\frac{S_{GE}-S_B}{S_P-S_{GE}}\times 100\%$$

式中 $P$——锅炉排污率，%；

$S_{GE}$——锅炉给水中的含盐量，含钠量或含硅量，mg/kg；

$S_B$——蒸汽中的含盐量，含钠量或含硅量，mg/kg；

$S_P$——排污水中的含盐量，含钠量或含硅量，mg/kg。

在实际操作控制时，是选取计算结果中最大的一组排污率来确定排污量。

对于软化水作为补充水的锅炉，可以用含盐量或氯离子来计算排污率。由于当以软化水作为补给水时，锅炉蒸汽中的含盐量（或 $Cl^-$ 量）远远小于给水中的含量，故可以略去。可用下式计算：

$$P=\frac{S_{GE}}{S_P-S_{GE}}\times 100\%$$

式中符号同上。

必须指出，为了防止炉内水渣的积聚，锅炉排污率应不小于 0.3%。排污也同时带走了热量，浪费了燃料，因此，在保证汽质合格的前提下，应尽量减少锅炉排污率，不超过下表的规定：

| 补给水性质 | 锅　　炉 | 排污率最高值 |
|---|---|---|
| 化学软化水 | 热电厂锅炉 | <5% |
| 化学软化水 | 凝汽式电厂锅炉 | <2% |
| 除盐水或蒸馏水 | 热电厂锅炉 | <2% |
| 除盐水或蒸馏水 | 凝汽式电厂锅炉 | <1% |

**469　为什么蒸汽中的含钠量或含硅量有时会不合格？如何处理？**

蒸汽中含钠量或含硅量不合格的主要原因及处理方法如下。

| 主　要　原　因 | 处　理　方　法 |
|---|---|
| 由于锅炉水中的含钠量、含硅量超过规定指标 | 查明不合格水的来源，并予及时处理，或减少其使用量，以降低浓度 |
| 由于锅炉的负荷、水位、汽压变化过快 | 按照热化学试验测定结果，严格控制锅炉的运行方式 |
| 由于设有蒸汽减温器的降温喷水水质不良，或是表面式减温器泄漏 | 查漏和堵漏。喷淋水质的凝结水要合格方可使用 |
| 由于锅炉加药浓度过大，或加药速度太快 | 降低锅炉加药的浓度或速度 |
| 由于汽水分离器效率低，或是各分离元件的接合处不严密 | 及时消除汽水分离器的缺陷 |

**470　为什么凝结水会受到污染？**

凝结水和补给水组成锅炉的给水，对水质要求是非常高的。凝结水是由蒸汽做功之后凝结而成的，水质应该是非常纯的，但是实际上往往受到污染。这是因为：

（1）蒸汽系统的凝汽器渗漏　通常在凝汽器的管子与管板结合的地方，会出现不严密处，使得冷却水渗漏到凝结水中；或是由于系统的腐蚀而出现裂纹、穿孔、损坏等造成凝汽器的泄漏，使凝结水受到污染。

（2）金属腐蚀产物的污染　凝结水系统的设备和管路由于某种原因被腐蚀，金属腐蚀产物进入凝结水中，其中主要是铁和铜的腐蚀产物的污染。

（3）热用户返回水的杂质污染　热用户返回的凝结水中，往往含有许多杂质，随着不同的应用场合与生产工艺，杂质的成分与污染的途径也不同。有时也有未经处理的原水、油类等漏入蒸汽的凝结水中。

因此需要经常对凝结水进行水质分析和检测，发现水质受污染时，查明原因，及时处理。

**471　凝结水除盐处理有些什么特点？**

凝结水的回收，特别是高参数、大容量锅炉机组的凝结水，通常具有数量大和含盐量低的特点。因此，凝结水的除盐处理要求设备在流通量大和含盐量低的情况下运行。此外，在凝汽器泄漏等的特殊情况下，要求设备具有应急应变能力。根据上述特点，宜采用高速运行的混合床，其流速一般为50～70m/h，最高可达130～140m/h。由于流速高，要防止树脂磨损，因此，必须选择有比较好的机械强度和颗粒均匀的树脂，其粒径为0.45～0.65mm。考虑到锅炉给水采用加氨处理，凝结水中若有较多的氨会影响交换能力，以及考虑到水温比较高和泄漏对树脂（特别是阴树脂）的影响，在选择强酸、强碱性树脂的比例时，阳树脂：阴树脂＝1：1.5为宜。树脂的再生方式以体外再生为好。

**472　凝结水的溶解氧超指标应如何处理？**

要根据凝结水溶解氧超指标的原因，采取相应的处理措施，见下表。

| 溶解氧超指标的原因 | 处 理 方 法 |
|---|---|
| 凝结水泵运行中填料函泄漏，空气漏入 | 调换填料、搞好轴封，消除泄漏 |
| 凝汽器的真空部位漏气 | 查漏和堵漏 |
| 凝汽器的过冷却度太大 | 调整好凝汽器的过冷却度 |

**473　凝结水中，所带氨影响混合床出水电导率测定时应如何处理？**

为避免锅炉系统碳钢的腐蚀，对锅炉给水和炉水的 pH 值有严格的规定，特别是中、高压锅炉是采用加氨或加联氨等方法来调节 pH 值的，因此锅炉的蒸汽系统往往带有一定的氨，凝结水处理的混合床出水也含有氨。由于氨的存在干扰电导率的测定，数据偏高很多。根据国标规定，氨引起的电导率超标，水质仍然是合格的，可以使用，不必排放，因为锅炉给水就需要加氨。这时，将测定电导率的流程稍作改变，即在凝结水处理的混合床出水取样处，加 $H^+$ 交换柱（内装 001×7 强酸性阳离子交换树脂），使取样水通过 $H^+$ 交换柱再测定电导率。这时水中的 $NH_4^+$ 被交换，电导率如果合格，则可认为混合床出水水质也合格，可以继续回收。

氨浓度对于电导率的影响，经过大量试验测定，重现性很好，下表可以作为实际使用时参考。

| 氨质量浓度/(mg/kg) | 未经 $H^+$ 交换柱的电导率/(μS/cm) | 经 $H^+$ 交换柱的电导率/(μS/cm) | | | | | |
|---|---|---|---|---|---|---|---|
| | | 序号 1 | 序号 2 | 序号 3 | 序号 4 | 序号 5 | 平均 |
| 1 | 6.6 | 1.9 | 1.9 | 2.0 | 2.0 | 1.9 | 1.94 |
| 3 | 14.0 | 2.1 | 2.1 | 2.1 | 2.2 | 2.1 | 2.12 |
| 10 | 27.0 | 2.3 | 2.2 | 2.3 | 2.2 | 2.3 | 2.26 |
| 30 | 49.0 | 2.5 | 2.5 | 2.5 | 2.4 | 2.5 | 2.48 |
| 100 | 84.0 | 2.8 | 2.7 | 2.7 | 2.7 | 2.8 | 2.74 |
| 300 | 150.0 | 3.1 | 3.0 | 3.0 | 3.1 | 3.0 | 3.04 |
| 1000 | 275.0 | 3.5 | 3.4 | 3.4 | 3.5 | 3.4 | 3.44 |
| 3000 | 465 | 3.7 | 3.6 | 3.6 | 3.6 | 3.6 | 3.62 |

**474　什么是覆盖过滤器？其作用如何？**

覆盖过滤器用于汽轮机凝结水回收中去除悬浮态、胶态金属腐蚀产物，特别是除铁。由于凝结水中这些很微小的悬浮物和胶体颗粒大都能穿透普通的粒状滤粒，而无法截留，一旦它们进入凝结水处理的除盐系统，则会污染树脂使其交换容量下降，工作周期缩短。所以就用覆盖过滤器的过滤元件（称滤元），以及助滤剂——极细的粉状物质（如纸浆）作为滤料而形成的滤膜，用以过滤凝结水中的上述物质。由于滤料是极细小的粉状物，因此，在失效时，不能以水流反冲洗的办法来恢复其过滤能力，因为，这些粉状物质很容易被水流冲走。所以，在失效后就更换新的滤料。使用的时候，凝结水从管外通过膜层和管孔进入管内，进行过滤处理。由于起过滤作用的是覆盖在滤元上的滤料，因此也就称为覆盖过滤。

**475　对覆盖过滤器的滤料有什么要求？**

覆盖过滤器的滤料，要求呈粉末状，化学稳定性好，质地均匀，亲水性强，杂质含量少，滤料本身有孔隙，吸附能力强等。常用的滤料为棉质纤维素纸粉，是将干纸板经粉碎，再用 30 目（0.6mm）筛子过筛而成。如果是专用于凝结水除油的覆盖过滤器，可以采用活性炭的粉末（0.07～0.15mm）作滤料，除要求化学稳定性好、多孔、吸附能力强外，还要有良好的除油性能。

覆盖过滤器的滤料其特性列举如下，以供选用参考。

| 项　目 \ 牌　号 | BW-40 | BW-100 |
|---|---|---|
| 颜色 | 白　色 | 白　色 |
| 筛分 | | |
| 0.425mm 以上/% | 0.8～1.0 | 1.0 |
| 0.15mm 以下/% | 83～90 | 92～95 |
| 0.07mm 以下/% | 25 | 75～80 |
| 纸浆膜的密度/(g/mL) | 0.17～0.21 | 0.27～0.30 |
| 水分/% | 5～7 | 5～7 |
| 铁质/% | <0.015 | <0.020 |
| 铜/% | <0.0006 | <0.0006 |

**476　何谓磁力过滤器？**

凝结水中铁的腐蚀产物 $Fe_3O_4$ 和 $\gamma$-$Fe_2O_3$ 是磁性物质，利用磁力的吸引来清除或滤去这些磁性物质，这种过滤设备称为磁力过滤器。

磁力过滤器分为永磁和电磁两种。如图 4-0-6 所示是永磁过滤器的示意图。永磁过滤器是在圆形过滤器的壳体内，布置有若干层的永久磁铁，每层又有若干呈辐射状排列的磁棒，垂直连接在中心立轴上。立轴可以旋转，通水流速为 500m/h。永久磁铁吸附了一定量的铁质后，磁性吸力减弱，需要进行清洗。这种设备的除铁效率只有 30%～40%。

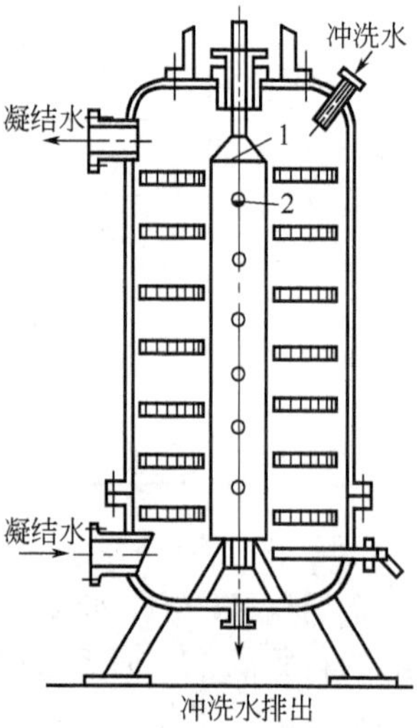


图 4-0-6　永磁过滤器内部示意

1—轴；2—磁棒

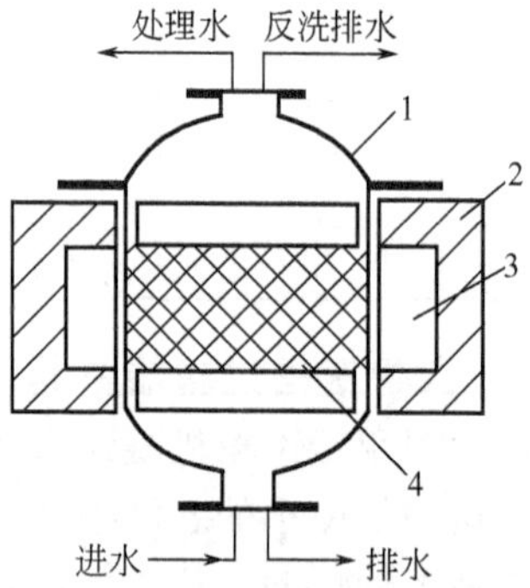


图 4-0-7　电磁过滤器结构示意

1—压力容器；2—屏蔽罩；3—空心线圈；4—填料

电磁过滤器如图 4-0-7 所示。它是高梯度的磁性分离器，壳体用非磁性材料制成，内部充填强磁性材料（如钢丝棉、钢纤维、铁球等）。铁球为 6～8mm 软铁或纯铁小球，小球层高可达 1000～2000mm；过滤器壳外是能改变磁场强度的电磁线圈。通直流电时，线圈产生强磁场，使填充料磁化。需清洗时，停止向线圈送电，使磁场消除，再用空气和水反洗。电磁过滤器的特点是流速高，可用于高温除铁，其除铁效率可达 65%～85%，运行参数如下表所示。

| 项　目 | 参　数 | 项　目 | 参　数 |
|---|---|---|---|
| 运行流速/(m/h) | 1000,最高 1500 | 反洗时间/s | 50～60 |
| 磁场强度/(A/cm) | 500～1000 | 除铁效率/% | 65～85 |
| 氧化铁吸附量/(g 铁/kg 球) | 2 | 机炉启动期间除铁效率/% | 45～60 |
| 反洗流速/(m/h) | 800 | 铜和镍除去率/% | <50 |

### 477 什么是粉末树脂覆盖过滤器？

覆盖过滤器的滤料是采用高纯度、高剂量的再生剂进行再生的、完全转型的强酸性阳树脂和强碱性阴树脂，粉碎至一定细度经混合而制成的粉末树脂，这种过滤器称为粉末树脂覆盖过滤器。粉末树脂与大颗粒树脂具有同样的选择性，并且每单位质量（干）树脂的最大交换容量相同。普通离子交换树脂珠粒的粒径通常为 300～1000$\mu$m，而粉末树脂的粒径在 70$\mu$m 以下，因此粉末树脂具有较大的比表面积。由于粉末树脂的粒径小，静电作用也突出，因此，当阳、阴两种粉末树脂在纯水处理中均匀混合时，由于相反电荷的作用而相互凝聚黏结，体积发生膨胀形成不带电荷的、多孔的、过滤性能好的絮凝体，这种絮凝体含有较多不易释出的水而保持弹性，在运行中不致被压实。絮凝体可以除去凝结水中的杂质（包括 80%～90%的胶体硅或放射性物质在内），但由于滤速过高，不能截留粒径小于 5$\mu$m 的细小颗粒。

粉末树脂覆盖过滤器的运行特性如下，可供选用时参考。出水质量：Fe 残余量 5～10$\mu$g/L；Cu 残余量 1～3$\mu$g/L；$SiO_2 \leqslant 15\mu g/L$（除硅效果开始阶段好，后来差一些，高温下除硅效果不太理想）；电导率 0.1～0.15$\mu$S/cm。

粉末树脂单位耗量：用于过滤时为 0.4kg/$m^2$ 过滤面积；用于除离子时为 0.8～1.0kg/$m^2$ 过滤面积。滤膜厚度为 3～6mm 时，一般可运行 1～2 星期；在 6～10mm 时，可运行 2～3 星期。运行流速为 8～10m/h。运行终点由周期累计出水量、离子穿透或极限压差三者决定。例如在机组启动时，过滤负荷大，就要注意极限压差；在冷凝器泄漏时要注意水质防止穿透；机组正常运行时，凝结水质量好，要注意周期出水量。

粉末树脂在干燥状态下，保存于气密性能良好的袋中，使用时再开封。

粉末树脂覆盖过滤器具有设备简单、出水水质好、适用温度较高（最高可达 100℃）等优点，但存在运行费用高、粉末树脂价格贵、运行周期短等不足。

### 478 为什么要进行锅炉的化学清洗？

锅炉的化学清洗，是保持受热面内表面清洁，防止受热面因结垢、腐蚀引起事故，以及提高锅炉水汽品质的必要措施之一。

锅炉的化学清洗，要求能除去新建锅炉在轧制、加工过程中形成的高温氧化轧皮以及在存放、运输、安装过程中所产生的腐蚀产物、焊渣和泥沙污染物等；除去运行锅炉在金属受热面上积聚的氧化铁垢、钙镁水垢、铜垢、硅酸盐垢和油垢等。

### 479 锅炉化学清洗的步骤和方式如何？

锅炉化学清洗的步骤一般是：系统水冲洗、碱洗或碱煮、碱洗后水冲洗、酸洗、酸洗后的水冲洗和钝化。

锅炉化学清洗的方式可分为：

（1）循环清洗　清洗液全循环。

（2）开式清洗　又称开路清洗，清洗液半循环，多点排放。

（3）浸泡清洗　清洗液不循环。

一般情况下，采用循环清洗或开式清洗。

### 480 新建锅炉的化学清洗范围有哪些？

新建锅炉的化学清洗范围：

（1）直流炉和过热蒸汽出口压力为 9.8MPa 及以上的汽包炉，在投产前必须进行化学清洗；压力在 9.8MPa 以下的汽包炉，除锈蚀严重者外，一般可不进行酸洗，但必须进行碱煮。

(2) 再热器一般不进行化学清洗，但出口压力为 17.4MPa 机组的锅炉再热器可根据情况进行化学清洗。清洗时，必须保证管内流速达 0.15m/s 以上。过热器进行化学清洗时，必须有防止立式管产生气塞和腐蚀产物在管内沉积的措施。

(3) 容量为 $20\times10^4$kW 及以上的火力发电机组，凝结水及高压给水系统必须进行化学清洗（不包括高压加热器）；容量为 $20\times10^4$kW 以下的火力发电机组，凝结水及高压给水管道的化学清洗，应根据管道内壁的腐蚀产物情况决定。

### 481 运行锅炉的化学清洗是如何确定的？

运行锅炉化学清洗的确定，一般可参考电力部门有关规定确定。当水冷壁管内的沉积物量或锅炉化学清洗的间隔时间超过下表中的极限值时，就应安排化学清洗。锅炉化学清洗的间隔时间，还可根据运行水质的异常情况和大修时锅炉内的检查情况，作适当变更。

以重油和天然气为燃料的锅炉和液态排渣炉，应按下表中规定的提高一级参数锅炉的沉积物极限量确定化学清洗。一般只需清洗锅炉本体。蒸汽通流部分是否进行化学清洗，应按实际情况决定。

**确定需要化学清洗的条件**

| 炉　型 | 汽　包　锅　炉 | | | 直流炉 |
|---|---|---|---|---|
| 主蒸汽压力/MPa($kgf/cm^2$) | <5.88<br>(<60) | 5.88～12.64<br>(60～129) | >12.74<br>(>130) | |
| 沉积物量/($g/m^2$) | 600～900 | 400～600 | 300～400 | 200～300 |
| 清洗间隔年限/a | 一般 12～15 | 10 | 6 | 4 |

沉积物量，是指水冷壁管热流密度最高处向火侧 180°部位割管取样，用洗垢法测得的沉积物量。

### 482 为什么酸洗能够除锈除垢？

酸洗是化学清洗的关键步骤，是锅炉除锈除垢的必然环节。酸洗除锈除垢是一个物理化学过程，以化学过程为主，其机理十分复杂，各种酸洗液的作用也不完全相同，但主要是由于酸的溶解、剥离和疏松作用。以无机酸盐酸为例，与钙镁水垢能产生以下反应而使其溶解：

$$CaCO_3+2HCl \longrightarrow CaCl_2+H_2O+CO_2\uparrow$$

$$MgCO_3\cdot Mg(OH)_2+4HCl \longrightarrow 2MgCl_2+3H_2O+CO_2\uparrow$$

盐酸对附着在金属表面上的氧化物有溶解和剥离双重作用，使铁锈从金属上脱落下来。

$$FeO+2HCl \longrightarrow FeCl_2+H_2O$$

$$Fe_2O_3+6HCl \longrightarrow 2FeCl_3+3H_2O$$

盐酸也会与裸露的金属起作用而产生腐蚀：

$$Fe+2HCl \longrightarrow FeCl_2+H_2\uparrow$$

所以为抑制酸洗的腐蚀作用，在酸洗液中必须加一定量的酸洗专用的缓蚀剂。

某些水垢成分（如硅酸盐、硫酸盐等）不能溶于盐酸，但也可能由于盐酸对垢的疏松作用使其脱落。如以碳酸盐为主的水垢，在其主要成分被酸溶解时，产生大量 $CO_2$ 气泡，起到搅拌作用。夹在其中少量不溶水垢也可能一起除去。

柠檬酸对氧化铁的溶解反应与无机酸相似，但同时又能与溶解产物 $Fe^{3+}$ 作用生成络合物，所以具有酸洗能力强和附加腐蚀轻的优点。

氢氟酸溶解氧化铁的能力很强，是因为 $F^-$ 的络合能力强，能和 $Fe^{3+}$ 生成 $FeF_6^{3-}$。氢氟酸能与 $SiO_2$ 生成可溶性的 $H_2SiF_6$。所以用其他酸很难清洗的硅酸盐垢也能用其洗去。

**483　常用酸洗介质的特点如何？**

可供选用作锅炉酸洗介质的无机和有机酸有多种，常用的几种适用条件和优缺点介绍如下：

（1）盐酸（HCl）　由于金属的氯化物多为易溶物质，故盐酸不仅能够溶解多种水垢，也能溶解铁锈、铜锈、铝锈等，溶解速度很快。由于它价格相对便宜、处理费用低、废液处理简单等优点，应用非常广泛，是锅炉酸洗最常选用的介质。但由于氯离子对奥氏体不锈钢材可能造成应力腐蚀开裂，所以不能用于不锈钢设备的清洗。盐酸对硅酸盐的清洗作用不强，故清洗硅酸盐为主的水垢时，清洗液中应加入氟化物。盐酸有强腐蚀性，清洗液中除需加入缓蚀剂外，酸洗后残液必须用清水冲洗，然后钝化。

（2）硫酸（$H_2SO_4$）　硫酸的价格最低，清洗腐蚀产物的能力很强。由于 $CaSO_4$ 的溶解度不高，所以在清洗以钙为主的水垢时，有再沉积的可能。一般用于含钙少的铁化合物的清洗，常用于新建炉的清洗。

（3）硝酸（$HNO_3$）　由于硝酸盐的溶解度大，硝酸又有氧化性，故清洗水垢和金属氧化物的能力均很强，对铜锈清洗效果尤好。因其不含氯离子，对奥氏体不会损坏，常用于清洗不锈钢、铝、铜及铸铁设备。硝酸清洗能够自钝化，不会出现点蚀。

（4）氢氟酸（HF）　适用于各种材质的清洗，时间短，腐蚀率低，清洗面有暂时的钝化膜。因为 $F^-$ 有很强的络合能力，与 $Fe^{3+}$ 形成 $FeF_6^{3-}$，溶解快，又能避免大量 $Fe^{3+}$ 的腐蚀；能与硅酸生成可溶的 $H_2SiF_6$，所以对硅垢有特殊的清洗能力。但清洗后废液处理较麻烦。

（5）柠檬酸（$C_6H_8O_7 \cdot H_2O$）　对 $Fe^{3+}$ 有络合作用，腐蚀性不大。适用于清洗奥氏体钢材，但无除硅能力。清洗温度需大于 90℃，流速大于 0.5m/s。价格贵，废液处理较复杂。

（6）乙二胺四乙酸（EDTA）　清洗效果好，时间短。可用于奥氏体钢材的清洗和钝化，不需单独钝化。清洗温度 120～130℃，140℃左右开始分解。价格贵，用后可回收，回收率约 60%～70%。清洗工艺有协调 EDTA 及 EDTA 铵盐两种。

（7）氨基磺酸（$NH_2SO_3H$）　具有不挥发、无臭味、毒性小、对金属腐蚀性小的特点，对钙镁垢溶解快，对铁锈作用慢，一般只适用于中低压锅炉。

**484　锅炉酸洗的条件是如何确定的？**

锅炉酸洗的条件是这样确定的。

（1）酸洗介质的选择，一般根据垢的成分，锅炉设备的构造、材质，清洗效果，缓蚀效果，经济性的要求，药物对人体的危害以及废液排放和处理要求等因素进行综合考虑。一般应通过试验选用清洗介质，以及确定清洗参数。可选用的酸洗介质有盐酸、硝酸、硫酸、氢氟酸、柠檬酸、乙二胺四乙酸（EDTA）等。

应根据清洗介质和炉型来选择清洗方式。盐酸、柠檬酸、EDTA 一般可采用循环清洗，氢氟酸可采用开式清洗。

（2）酸洗液的浓度可由试验确定。用盐酸清洗水垢时可由垢厚选择酸液浓度。

| 水垢厚度/mm | ≤0.5 | 0.5～1.0 | 1.0～1.5 | 1.5～2.0 | 2～5 | 5～10 | >10 |
|---|---|---|---|---|---|---|---|
| HCl 质量分数/% | 3～5 | 5～6 | 6～7 | 7～8 | 10 | 12 | 15 |

为了减少酸洗液对金属的腐蚀，盐酸的最大质量分数一般不应大于 10%，最好<5%；氢氟酸不宜超过 3%，有机酸不宜超过 10%。

（3）选择性能良好稳定的酸洗缓蚀剂。缓蚀效率至少>95%，最好>98%；易溶于酸；不易变质易保存；对环境污染小，废液易处理。

（4）循环酸洗应维持炉管中酸液的流速为0.2～0.5m/s，不得大于1m/s。开式酸洗应维持炉管中酸液的流速为0.15～0.5m/s，不得大于1m/s。

（5）酸液温度越高，清洗效果越好，但金属的腐蚀速度也随之增加，缓蚀剂的效果随温度升高而降低。在酸洗时，酸液温度不可过高，无机酸的清洗温度一般采用40～70℃，柠檬酸的清洗温度为90～98℃，EDTA的清洗温度为120～140℃。

清洗时盐酸液与金属接触的时间一般不超过12h。

（6）三价铁离子会加速钢铁的腐蚀。故酸洗废液，即使其酸的浓度仍较高，一般不能再用来清洗第二台锅炉。为抑制 $Fe^{3+}$ 的影响，可加入还原剂如 $Na_2SO_3$、$N_2H_4$、$SnCl_2$、$NH_4CNS$ 等。

（7）若氧化铁垢中含铜量较高时，应采取防止金属表面产生镀铜的措施。可采用485题表中序号4或5的方法清洗。

## 485 常用的锅炉化学清洗（酸洗）工艺有哪些？

锅炉酸洗的介质应根据不同成分的垢和不同的清洗条件来选定，具体请见下表。

常用的锅炉化学清洗工艺

| 序号 | 清洗工艺名称 | 清洗介质 | 添加药品 | 适用于清洗垢的种类 | 清洗的工艺条件 | 适用炉型及金属材料 | 优缺点 |
|---|---|---|---|---|---|---|---|
| 1 | 盐酸清洗 | 4%～7% HCl | | $CaCO_3$>3%<br>$Fe_3O_4$>40%<br>$SiO_2$<5% | 温度:55～60℃<br>流速:0.2～1m/s<br>时间:一般4～6h | 汽包炉<br>碳钢② | 清洗效果好,价格便宜,货源广,废液易于处理 |
| 2 | 盐酸清洗清除硅酸盐垢 | 4%～7% HCl | 0.5%氟化物 | $Fe_3O_4$>40%<br>$SiO_2$>5% | 温度:55～60℃<br>流速:0.2～1m/s<br>时间:一般4～6h | 汽包炉<br>直流炉<br>碳钢② | 对含硅酸盐的氧化铁垢清洗效果好,价格便宜,货源广 |
| 3 | 盐酸清洗清除碳酸盐垢、硫酸盐垢和硅酸盐硬垢 | 4%～7% HCl | 清洗前必须用 $Na_3PO_4$、NaOH 碱煮。然后清洗液中加入0.2% $NH_4HF_2$ 或0.4% NaF及0.5% $(NH_2)_2CS$(无CuO不加) | $CaCO_3$>3%<br>$CaSO_4$>3%<br>$Fe_3O_4$>40%<br>$SiO_2$>20%<br>CuO<5% | 温度:55～60℃<br>流速:0.2～1m/s<br>时间:一般4～6h,不超过12h | 汽包炉<br>碳钢及低合金钢② | 对坚硬的硅酸盐、氧化铁垢(CuO<5%)有足够的清洗能力,价格便宜,货源广,清洗工艺简单,易于掌握。废液较难处理 |
| 4 | 盐酸清洗后氨洗除铜 | 1.32%～1.5% $NH_3\cdot H_2O$ | 盐酸清洗后用1.3%～1.5% $NH_3\cdot H_2O$ 及0.5%～0.75% $(NH_4)_2S_2O_3$ 清洗除铜 | $Fe_3O_4$>40%<br>CuO>5% | 温度:25～30℃<br>流速:0.2～1m/s<br>时间:1～1.5h | | 适用于含CuO>5%的氧化铁垢的清洗。清洗后除铜效果好,但工艺步骤多 |
| 5 | 盐酸清洗,硫脲一步除铜钝化 | 4%～7% HCl | 0.2% $NH_4HF_2$ 或0.4% NaF及6～8倍铜离子浓度的 $(NH_2)_2CS$ | $Fe_3O_4$>40%<br>CuO>5% | 温度:55～60℃<br>流速:0.2～1m/s<br>时间:一般4～6h,不超过12h | | 适用于含CuO>5%的氧化铁垢的清洗。工艺简单,效果好 |
| 6 | 盐酸清洗,硫脲一步除铜钝化还原铁工艺 | 4%～7% HCl | 0.2% KCNS(若 $Fe^{3+}$<500mg/L不加),0.2% $NH_4HF_2$ 或0.4% NaF及6～8倍铜离子浓度的 $(NH_2)_2CS$ | $Fe_3O_4$>40%<br>CuO>5% | 温度:55～60℃<br>流速:0.2～1m/s<br>时间:一般4～6h,不超过12h | 汽包炉<br>碳钢及低合金钢② | |

续表

| 序号 | 清洗工艺名称 | 清洗介质 | 添加药品 | 适用于清洗垢的种类 | 清洗的工艺条件 | 适用炉型及金属材料 | 优缺点 |
|---|---|---|---|---|---|---|---|
| 7 | 盐酸清洗后微酸性除铜钝化 | 0.2%～0.3% $H_3C_6H_5O_7$ | HCl洗后漂洗时，在0.2%～0.3% $H_3C_6H_5O_7$溶液中添加① 1.5%～2% $NaNO_2$并保持100～200mg/L $CuSO_4$，50～100mg/L $Cl^-$ | $Fe_3O_4$>40%<br>CuO>5% | 温度：35～55℃<br>流速：0.2～1m/s<br>时间：4～6h | 汽包炉<br>直流炉 | 适用于含CuO和$Fe_3O_4$垢的清洗，在pH值为4～5的条件下漂洗，除铜效果好。但当pH值控制不当时，易产生$NaNO_2$分解造成二次污染 |
| 8 | 柠檬酸清洗 | 2%～4%<br>$H_3C_6H_5O_7$ | 在$H_3C_6H_5O_7$中添加氨水调pH值至3.5～4 | $Fe_3O_4$>40% | 温度：90～98℃<br>(不小于85℃)<br>流速：0.2～1m/s<br>时间：4～6h | 直流炉<br>过热器为奥氏体钢 | 清洗系统简单，不需对阀门采取防护措施，危险性较小，清除氧化铁垢能力较差 |
| 9 | “协调乙二胺四乙酸(EDTA)”清洗 | EDTA浓度2%～10%，根据小型试验定，清洗后残余EDTA应在1.5%左右 | 根据垢样确定 | $CaCO_3$>3%<br>$Fe_3O_4$>40%<br>CuO<5% | 温度：120～140℃<br>流速：0.1m/s<br>时间：一般8～12h | 汽包炉<br>奥氏体钢 | 清洗系统简单，时间短，清洗水量少，但药品价格昂贵，废液必须回收，废液回收率为80%左右 |
| 10 | 氢氟酸开式清洗 | 1%～1.5% HF | | $Fe_3O_4$>40%<br>$SiO_2$>20% | 温度：55～60℃<br>流速：0.15～1m/s<br>时间：开式2h<br>开式+浸泡不大于4h | 直流炉<br>过热器为奥氏体钢 | 对氧化铁垢溶解能力强，反应速度快，清洗时间短。废液处理较麻烦，需用石灰中和 |

① 盐酸清洗，微酸性除铜钝化溶液中含有$Cl^-$时，应事先用盐酸将水的pH值调到5，当水温升至56℃时，按照$H_3C_6H_5O_7$、$NaNO_2$和$CuSO_4$的先后顺序依次加入，并搅拌均匀。

② 不能用于清洗奥氏体不锈钢及对氯离子敏感的合金钢；也不宜用于过热器和炉前系统的清洗。

## 486 常用的锅炉酸洗缓蚀剂有哪些？性能如何？

国产酸洗缓蚀剂的品种、牌号很多，其类别及特点大致如下：

(1) 醛-胺缩聚物类 由甲醛、苯胺合成，工艺简单，可以现场配制，水溶性较好。但有一定毒性，存放后性能不很稳定。

(2) 硫脲及其衍生物类 缓蚀性能好，但水溶性能略差。使用时需先用少量温软化水调成糊状，否则易结块。

(3) 吡啶及其衍生物类 具有较好的缓蚀性能和酸溶解性能。有的略带吡啶臭味。

(4) 化工、医药产品的残料加工的缓蚀剂 成分复杂，多为含硫、氮的高分子化合物经改性处理后的产品。一般都具有较高的缓蚀效率。

缓蚀剂的用量需根据清洗酸的性质及缓蚀剂的缓蚀效率来确定。一般用量多不超过酸洗液质量的5%，常用量是0.2%～0.3%。

常用的酸洗缓蚀剂如下：

| 牌　　号 | 主　要　成　分 | 研制或生产单位 | 适用的清洗酸 |
|---|---|---|---|
| 02-钢铁缓蚀剂 | 醛-胺聚合物 | 现场配制 | HCl |
| 天津若丁801 | 二邻甲苯硫脲 | 河北工学院化工厂 | HCl、$H_2SO_4$、$H_3PO_4$、HF、HAc |
| 抚顺改型若丁FHX-2 | 吡啶及喹啉的衍生物 | 抚顺工农兵化工厂 | HCl、$H_2SO_4$ |
| SH-415 | 安乃静、氨基吡啉副产品的胶体 | 陕西省化工研究院 | HCl |
| SH-416 | 杂环酮胺类化合物 | 陕西省化工研究院 | HF |
| IS-129 | 咪唑啉类 | 陕西省化工研究院 | HCl |
| IS-156 | 咪唑啉类 | 陕西省化工研究院 | HCl |
| LAN-5 | 六亚甲基四胺(乌洛托品)、苯胺、硫氰酸钾 | 蓝星化学清洗集团公司清洗剂总厂 | $HNO_3$ |
| LAN-826 | | 蓝星化学清洗集团公司清洗剂总厂 | 各种有机及无机酸 |

在国产商品缓蚀剂中以蓝星化学清洗集团公司清洗总厂生产的LAN-826和LAN-5缓蚀剂应用最广。LAN-826为多用酸缓蚀剂，适用于各种无机或有机酸的清洗，但不能用于系统中有奥氏体钢材的清洗。LAN-5适用于硝酸酸洗，能够用于含奥氏体钢材的系统。有关试验数据如下。

**LAN-826缓蚀剂在各种介质中对20号钢的缓蚀效果参考数据**

| 序号 | 清　洗　剂 | 酸浓度/% | 温度/℃ | LAN-826/% | 腐蚀率/(mm/a) | 缓蚀率/% |
|---|---|---|---|---|---|---|
| 1 | 加氨柠檬酸 | 3 | 90 | 0.05 | 0.31 | 99.6 |
| 2 | 加氨柠檬酸-氟化氢铵 | 0.24～1.8 | 90 | 0.05 | 0.39 | 99.3 |
| 3 | 氢氟酸 | 2 | 60 | 0.05 | 0.69 | 99.4 |
| 4 | 盐酸 | 10 | 50 | 0.20 | 0.74 | 99.4 |
| 5 | 硝酸 | 10 | 25 | 0.25 | 0.13 | 99.9 |
| 6 | 硝酸-氢氟酸(8∶2) | 10 | 25 | 0.25 | 0.24 | 99.9 |
| 7 | 氨基磺酸 | 10 | 60 | 0.25 | 0.46 | 99.7 |
| 8 | 羟基乙酸 | 10 | 85 | 0.25 | 0.38 | 99.4 |
| 9 | 羟基乙酸-甲酸-氟化氢铵 | 0.25～2.1 | 90 | 0.25 | 0.74 | 99.2 |
| 10 | EDTA | 10 | 90 | 0.25 | 0.16 | 99.2 |
| 11 | 草酸 | 5 | 60 | 0.25 | 0.40 | 96.4 |
| 12 | 磷酸 | 10 | 85 | 0.25 | 0.93 | 99.9 |
| 13 | 醋酸 | 10 | 85 | 0.25 | 0.52 | 98.9 |
| 14 | 硫酸 | 10 | 65 | 0.25 | 0.67 | 99.9 |

LAN-5可应用于硝酸酸洗碳钢、铸铁、铝等金属及与不锈钢相互焊接或组合材料。在40℃的7% $HNO_3$ 中浸泡6h，腐蚀速率如下。

| 材　　质 | 紫铜 | 黄铜 | 高纯铝 | 碳钢 | 不锈钢 | 碳钢-不锈钢焊件 |
|---|---|---|---|---|---|---|
| 空白试验/(mm/a) | 1.64 | 12.8 | 4.2 | 9.57 | 0.78 | 1530 |
| 0.6%LAN-5/(mm/a) | 0.04 | 0.01 | 1.68 | 0.97 | 0.06 | 1.87 |

**487　什么是漂洗?**

漂洗是酸洗后水冲洗到钝化之前的一道工序，但并非一定不可省略的工序。

当运行锅炉系统中的沉积物较多时，酸洗后有较多未溶解的沉渣堆积在系统的死角。这时需将冲洗液排尽，将设备打开人工除渣。由于接触了空气，金属容易产生二次锈蚀，故需漂洗后再进行钝化工序。

漂洗的方法一般是采用浓度为0.1%～0.3%的柠檬酸溶液，加入0.1%的缓蚀剂，用氨水调pH值至3.5～4.0，温度维持在75～90℃，循环清洗2h。漂洗液中总铁量应小于300mg/L。如超过此值，可用热除盐水更换部分漂洗液。漂洗结束时，可直接用氨水调pH值至9～10，再加入钝化剂进行钝化。

是否需要进行漂洗，需根据冲洗水量和冲洗方式确定。如能确认冲洗过程中无二次锈蚀，冲洗液中铁含量小于100mg/L，则可省去漂洗工序。例如在酸洗结束时，采用纯度大于97%的氮气在0.021～0.035MPa压力下、1h内将废酸液连续顶出；或者用除盐水顶出废酸液。这样冲洗水中含铁量少，金属不与空气接触，无二次锈蚀的危险，可不经漂洗工序，直接进入钝化工序。

### 488 什么是钝化？有哪些常用的钝化方法？

钝化是化学清洗的重要步骤之一。酸洗后因金属表面活化，暴露在大气中，会很快受到腐蚀。钝化处理是在酸洗及水冲洗或漂洗之后立即向系统中加入钝化剂，使金属表面形成保护膜，避免在锅炉投运后生锈。当锅炉启动时再进行高温造膜，提高钝化膜的质量，使钝化膜转化为永久膜，有利于提高水汽品质。常用的钝化工艺及其控制条件见下表。

**钝化工艺的控制条件**

| 序号 | 钝化工艺名称 | 药品名称 | 钝化液浓度 | 钝化液温度/℃ | 钝化时间/h |
|---|---|---|---|---|---|
| 1 | 磷酸三钠 | $Na_3PO_4 \cdot 12H_2O$ | 1%～2% | 80～90 | 8～24 |
| 2 | 联氨 | $N_2H_4$ | 常压处理法300～500mg/L，用氨水调pH值至9.5～10 | 90～95 | 24～50 |
| 3 | 亚硝酸钠 | $NaNO_2$ | 1.0%～2.0%，用氨水调pH值至9～10 | 50～60 | 4～6 |
| 4 | 微酸性除铜钝化 | $NaNO_2$①<br>$H_3C_6H_5O_7$<br>$CuSO_4$<br>$Cl^-$ | 1%～2%<br>0.2%～0.3%<br>100～200mg/L<br>50～100mg/L | 50～60 | 4～6 |
| 5 | 多聚磷酸钠 | $H_3PO_4$<br>$Na_5P_3O_{10}$ | 0.15%～0.25%<br>0.2%～0.3%<br>用氨水调pH值至9.5～10 | 维持43～47℃漂洗1h左右，pH值2.5～3.5，流速0.2～1m/s，加氨调pH值至9.5～10后再升温至80～90℃，再循环1～2h | |
| 6 | 过氧化氢 | $H_2O_2$② | 0.3%～0.5%<br>pH值9.5～10 | 53～57 | 4～6 |
| 7 | 丙酮肟 | $(CH_3)_2CNOH$ | 500～800mg/L<br>用氨水调pH≥10.5 | 90～95 | ≥12 |
| 8 | 乙醛肟 | | 500～800mg/L<br>用氨水调pH≥10.5 | 90～95 | 12～24 |
| 9 | EDTA充氧钝化 | EDTA、$O_2$ | 游离EDTA 0.5%～1.0%<br>pH值8.5～9.5<br>氧化还原电位－700mV | 60～70 | 氧化还原电位升至－100～－200mV终止 |

① 在0.2%～0.3% $H_3C_6H_5O_7$溶液中直接加入1%～2%的$NaNO_2$，并添加100～200mg/L $CuSO_4$维持$Cl^-$含量在50～100mg/L。

② 过氧化氢钝化前采用$H_3PO_4$（0.15%）＋$Na_5P_3O_{10}$（0.2%）＋酸洗缓蚀剂（0.05%～0.1%）漂洗液，pH值2.9左右，维持43～47℃，漂洗1～2h。

**489 什么是碱洗或碱煮？方法如何？**

碱洗或碱煮是为去除新建锅炉内部涂层防锈剂及运行炉内垢层表面的油污等附着物，改善清洗表面的润湿性，为下一步酸洗创造有利条件。

新建锅炉需碱煮，即将锅炉点火升温，升至一定压力，维持时间 8～12h。高中压锅炉一般升至 0.98～1.96MPa（10～20atm），低压锅炉一般为 0.29～0.49MPa（3～5atm）。

运行锅炉多采用碱洗，温度为 90～95℃，时间为 8～24h。碱洗步骤可视清洗表面情况有选择地进行。如主要是碳酸盐水垢，且表面润湿性较好时，可不进行碱洗而直接酸洗。

为改善清洗表面的润湿性，通常在清洗液中添加 0.05%的润湿剂。常用的有：烷基苯磺酸盐、OP-15、JX-1（一种中性表面活性洗涤剂）或海鸥洗涤剂。

**常用的碱洗或碱煮配方**

| 碱洗液名称 | 清洗液组成 | 适 用 范 围 |
|---|---|---|
| 磷酸盐 | $Na_3PO_4$ 0.2%～0.5%<br>$Na_2HPO_4$ 0.1%～0.2% | 高中低压炉 |
| 磷酸盐、苛性钠 | $Na_2HPO_4$ 0.2%～0.5%<br>NaOH 0.5%～0.8% | 中低压炉① |
| 磷酸盐、苛性钠 | $Na_3PO_4\cdot 12H_2O$ 0.5%～1.0%<br>NaOH 0.2% | 中低压炉① |
| 纯碱、苛性钠 | $Na_2CO_3$ 0.3%～0.5%<br>NaOH 0.2% | 低压炉 |

① 清洗范围内有奥氏体钢制部件时，一般不用 NaOH 碱洗。

**490 如何进行锅炉化学清洗？**

锅炉化学清洗的工艺过程如下。

（1）应做好化学清洗前的准备工作：

机组热力系统应安装或检修完毕，并经水压试验合格；

清洗系统已安装好，经试压合格，各种转动设备应试运转无异常；

备好化学清洗用水量；

排放系统应畅通，并能有效处理废液装置；

配好化学清洗药品，并有化验仪器；

参加化学清洗人员应培训完毕；

腐蚀挂片及监测仪器齐备；

不进行清洗的设备、系统要有效隔离；

应在汽包水位监视点、加药点、清洗泵等处设岗，并装通讯联系。

（2）确定化学清洗方案，计算好药品用量。

（3）对新机组在化学清洗前必须进行水冲洗，冲洗流速 0.5～1.5m/s，冲洗终点以出水达到透明无杂物为准。

（4）碱洗或碱煮。煮炉过程中需由底部排污 2～3 次，最后进行大量换水。至排水 pH 值降至 9 左右，水温降至 70～80℃，即可将水全排出。

（5）碱洗后用过滤水、软水或除盐水冲洗，洗至出水 pH≤9.0，水质透明。

（6）加缓蚀剂加酸进行酸洗。当酸洗液中铁离子浓度趋于稳定，监视管内基本清洁，再循环 1h 左右，便可停止酸洗。

（7）酸洗后水冲洗。冲洗至排出液 pH 值为 4～4.5，含铁量<50mg/L 为止。

（8）钝化。漂洗液含铁量<300mg/L，用氨水调 pH 值至 9～10 后再加钝化药剂进行

钝化。

**491　锅炉化学清洗有些什么质量要求?**

化学清洗的质量应达到下列要求。

（1）被清洗的金属表面应清洁，基本上无残留氧化物和焊渣，不出现二次浮锈，无点蚀，无明显金属粗晶析出的过洗现象，不允许有镀铜现象并应形成完整的钝化保护膜。

（2）腐蚀挂片(指示片)的平均腐蚀速度，应小于 $10g/(m^2 \cdot h)$。

（3）固定设备上的阀门，不应受到损伤。

**492　锅炉化学清洗的药剂用量是如何估算的?**

锅炉化学清洗常用的药剂是盐酸、柠檬酸、氢氟酸和乙二胺四乙酸（EDTA）等。药剂用量的估算如下。

（1）盐酸及氢氟酸用量　对于清洗新投产的锅炉及运行锅炉的氧化物及金属氧化物时的盐酸和氢氟酸的用量：

$$G_s = \alpha \frac{VC\rho}{K} \quad t$$

式中　$\alpha$——过剩系数，新投入运行锅炉采用 1.2，运行锅炉采用 1.4～1.6；

$V$——清洗液体积，$m^3$；

$C$——清洗所用酸液的质量分数,%；

$K$——工业酸的质量分数,%；

$\rho$——清洗液密度，$t/m^3$。

（2）盐酸清洗钙垢时的用量

$$G_s = (0.73F\delta\gamma + d)\frac{100}{K} \quad kg$$

式中　$F$——被清洗面积，$m^2$；

$\delta$——垢的平均厚度，m；

$\gamma$——$CaCO_3$ 的密度，一般为 $1550kg/m^3$；

$d$——清洗后溶液中残存酸量，kg，一般排酸的质量分数为 1%左右；

$K$——工业盐酸的质量分数,%；

0.73——与每千克 $CaCO_3$ 反应所需盐酸的数量，kg。

（3）柠檬酸的用量　常采用柠檬酸铵作为清洗介质，浓度一般为 2%～4%，其用量：

$$G_v = \beta \frac{W_G F \times 10^{-4}}{K} \quad t$$

式中　$W_G$——锅炉水冷壁单位面积上的垢量，$g/m^2$；

$F$——被清洗面积，$m^2$；

$\beta$——每克氧化铁耗用的药剂量，g/g，对于柠檬酸铵 $\beta$=2.5～3.0g/g；

$K$——工业酸（或药剂）的质量分数,%。

（4）EDTA 的用量

$$G_E = G_1 + G_2 + G_3 \quad t$$

式中　$G_1$——应维持的 EDTA 宽裕量，通常取 1.5%$Q$，t；

$Q$——锅炉清洗容积，$m^3$；

$G_2$——清洗 $W_Z$ 量垢时，按 $Fe_3O_4$ ∶ EDTA=1 ∶ 1 络合所需 EDTA 量，络合换算系数为 3.8，所以 $G_2$=3.8$W_Z$，t；

$W_Z$——锅炉水冷壁上的总垢量，t；

$G_3$——综合各种因素，化学清洗时应考虑的药剂宽裕量，根据经验取$(G_1+G_2)\times10\%$,t。

所以
$$G_E=\left(\frac{1.5}{100}Q+3.8W_Z\right)\times1.1$$

**493　什么是锅炉的蒸汽加氧吹洗？**

蒸汽加氧吹洗工艺是用高温汽流和氧气通入锅炉的管道和设备中，使机组在安装过程发生的污物和氧腐蚀产物从管路中排出，并在金属表面形成牢固的保护膜，是一种不用化学清洗的清洗方法。它使低价氧化铁氧化成高价氧化铁，发生以下反应：

$$4FeO+O_2 \longrightarrow 2Fe_2O_3$$
$$6FeO+O_2 \longrightarrow 2Fe_3O_4$$
$$6Fe(OH)_2+O_2 \longrightarrow 2Fe_3O_4+6H_2O$$

使沉积物因组成改变而发生松动，在一定压力、温度的过热蒸汽高速通过时，沉积物会被冲刷，机械地带出系统。同时在金属表面形成牢固的钝化膜。

$$4Fe+3O_2 \longrightarrow 2Fe_2O_3$$
$$3Fe+2O_2 \longrightarrow Fe_3O_4$$

该工艺为我国电力部门某热工研究院的专利技术，已经在许多电厂应用，证明吹洗效果良好，成膜牢固。因为吹洗是结合锅炉启动吹管工序进行的，不需另外安排时间，而且还可以减少吹管次数，因而可以缩短开车工时3～4d。用吹洗取代酸洗工艺，对奥氏体钢不产生应力腐蚀，既节省了工时又节省了药剂费用，无废液排放，无污染环境和治理问题。所以，吹洗工艺从多方面看都能节省开支，经济效益很明显，是方便、安全、经济、可靠的技术。

吹洗工艺应控制一定的氧气浓度和过热蒸汽的压力、温度、流速，以保证处理效果。一般在常规的变压或稳压吹管的基础上，向各级过热器，再热器的汽侧同步通入氧气。氧气浓度为蒸汽量的0.03%～0.1%，过热蒸汽温度为300～550℃，吹洗速度为350～600kg/(s・$m^2$)。其适用于主蒸汽系统（汽包→低温过热器→高温过热器→主蒸汽管段至排汽总管）及再热蒸汽系统（冷段管→低温再热器→高温再热器→再热器出口导管→临时再热器中联门至排气总管）。

使用吹洗工艺应严格按工艺要求防火、防爆、防冻，吹管系统的连接应避免存在盲肠管段。

**494　锅炉设备停备用时怎样进行保护？**

锅炉停运期间如不进行保护，会与空气接触，造成严重的氧腐蚀，故必须采取有效的防锈蚀措施。保护的方法有干法和湿法两类。

各种干法均须将系统中的水分排尽、烘干。干法的保护机理为：①在干燥的金属表面，控制空气的相对湿度$\psi<60\%$，实验证明$\psi<60\%$时，金属腐蚀率很低；②充惰性气体（氮气）保护；③充气相缓蚀剂保护。

各种湿法均须将系统满水，避免空气进入。湿法的保护机理为：①控制含氧量符合水质标准；②加入除氧剂；③加入钝化剂。

常用的停炉保护方法见下表。

**常用的锅炉系统停备用保护方法**

| 保护方法 | | 保护要点 | 适用设备 | 保护时间 |
|---|---|---|---|---|
| 干法 | 热炉放水余热烘干法 | 炉温降至100～120℃，放水，利用余热将系统烘干，也可以用真空泵将系统中的水蒸气抽出，控制空气的相对湿度。要求系统无积水，系统严密 | 锅炉 | 一周以内 |
| | 负压余热烘干法 | | 锅炉 | 一周到一季度 |

续表

| 保护方法 | | 保护要点 | 适用设备 | 保护时间 |
|---|---|---|---|---|
| 干法 | 干燥剂去湿法 | 系统烘干后放入干燥剂，控制空气湿度 $\varphi<50\%$ 或 $<30\%$。常用的干燥剂有无水氯化钙、生石灰、硅胶等。干燥剂放入盘中，防止落入锅炉，定期检查是否失效，失效后应更换 | 中小型锅炉、汽机 | 一季度以上 |
| | 邻炉热风干燥法 | 利用邻炉热风的余热，连续供风，控制空气相对湿度 | 锅炉 | 一周到一月 |
| | 干燥空气法 | 烘干后有专门空气供给冷空气，控制空气相对湿度 $\varphi<50\%$ 或 $<30\%$ | 锅炉、汽机及热力设备 | 三天到一季度以上 |
| | 充氮法 | 烘干后充氮，氮气压力 0.03～0.05MPa，纯度 $>99.9\%$ | 锅炉及其他可密闭设备 | 一周以上 |
| | 气相缓蚀剂法 | 烘干后充入气相缓蚀剂，常用的是碳酸环己胺 | 锅炉及其他可密闭设备 | 一季度以内 |
| 湿法 | 氨水法 | 氨溶液浓度 800～1000mg/L 充满锅炉 | 锅炉及给水系统 | 长期 |
| | 联氨法 | 联氨过剩量 $>200$mg/L，用氨调 pH 值 $>10.0$ | 锅炉及给水系统 | 一季度 |
| | 给水压力法（正压保护） | 用给水保持锅炉炉水压力为 0.5～1.0MPa 以上，充满除氧合格的水，需检测溶解氧 | 锅炉 | 一周之内 |
| | 蒸汽压力法 | 间断升压，防止外界空气进入 | 中低压锅炉 | 一周之内 |
| | 二甲基酮肟法 | 加入除氧剂二甲基酮肟 200～300mg/L，用氨调 pH 值 $>10.6$ | 高参数锅炉 | 长期 |
| | 乙醛肟法 | 加入除氧剂乙醛肟 800mg/L，用氨调 pH 值 $>10.5$ | 热力设备 | 长期 |

# 第五章　循环冷却水处理

## （一）循环冷却水

### 495　什么是工业冷却水？冷却水系统通常可分哪几种型式？

化学工业、石油工业、电力工业、冶金工业及建筑的空调系统中常需要将热工艺介质进行冷却，水的特性很适合用作冷却介质。工业冷却水通过换热器（或称热交换器、水冷却器、水冷器）与工艺介质间接换热。热的工艺介质在热交换过程中降低温度，冷却水被加热而温度升高。工业冷却水的用量往往很大，在不重复利用的情况下，在化学工业许多企业中占到工业用水总量的90%～95%以上，因此要进行回收循环使用。

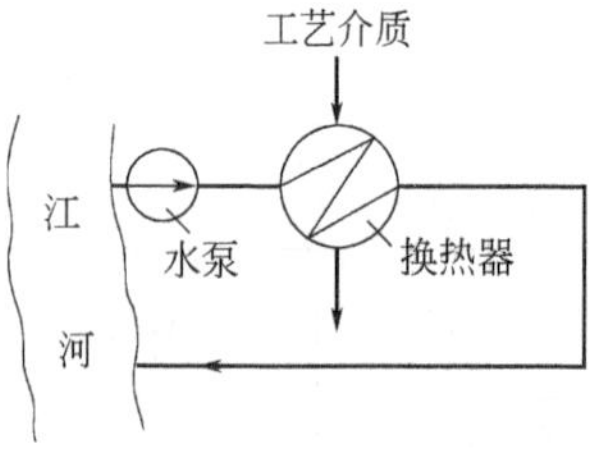


图 5-1-1　直流水系统示意图

冷却水系统基本可分为直流水系统和循环水系统。

在直流水系统中，冷却水只经换热器一次利用后就被排掉了，所以直流水又称为一次利用水。直流冷却水系统通常用水量很大，水经换热器后的温升较小，而排出水的温度也较低，水中的含盐量基本上不浓缩。一般只有在具有可供大量使用的低温水，并且水费便宜的地区采用这种系统。但由于排水对环境的污染问题，所以现在即使在水量丰富的地区也不提倡采用直流水系统。图 5-1-1 为直流水系统的示意图。

在循环水系统中，冷却水可以反复使用。水经换热器后温度升高，由冷却塔或其他冷却设备将水温降低下来，再由泵将水送往用户，水在如此不断地进行重复使用，所以采用循环水系统可提高水的重复利用率。随着节约用水的需要，许多工业正逐渐转向采用循环水系统。

### 496　什么是密闭式循环冷却水系统和敞开式循环冷却水系统？

在密闭式循环冷却水系统中，水不暴露于空气中，水的再冷是通过一定类型的换热设备用其他的冷却介质（如空气、冷冻剂）进行冷却的。冷却水损失极小，不需要大量补充水，没有水被蒸发或浓缩。内燃机的冷却水系统是密闭式循环系统的代表，如图 5-1-2 所示。

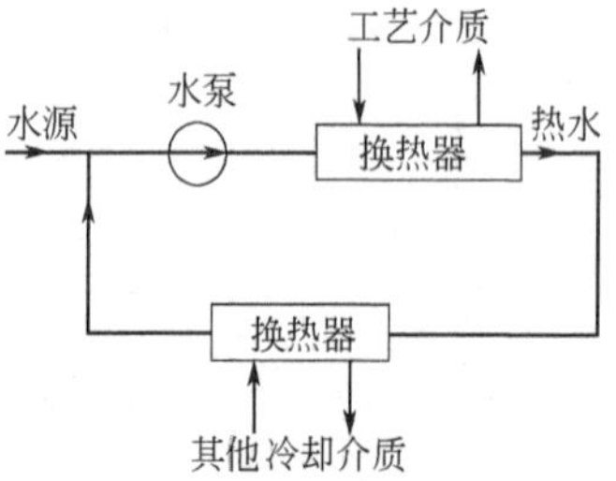


图 5-1-2　密闭式循环冷却水系统

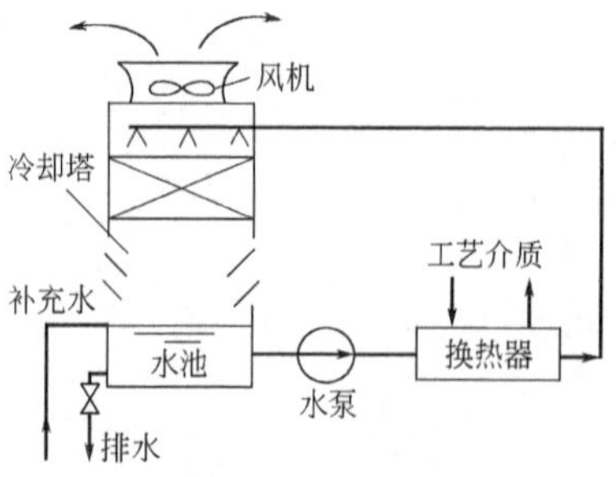


图 5-1-3　敞开式循环冷却水系统

在敞开式循环冷却水系统中，冷却水通过换热器后水温提高成为热水，热水经冷却塔曝气与空气接触，由于水的蒸发散热和接触散热使水温降低，冷却后的水再循环使用。敞开式循环冷却水系统一般又叫冷却塔系统，因为它常用冷却塔作为水的冷却设备，这种系统在工厂中得到广泛使用，如图 5-1-3 所示。

这种敞开式循环冷却水系统，由于在循环过程中要蒸发掉一部分水，还要排出一定的浓缩水，故要补充一定的新鲜水，以维持循环水中的含盐量或某一离子含量在一定值上。比较起来，循环水补充的新鲜水是很有限的，一般只是直流用水量的 2%～5%以下。

**497 敞开式循环冷却水系统可分为哪几类？**

敞开式循环冷却水系统是目前应用最广、类型最多的一种冷却系统。根据热水与空气接触的不同方式，冷却系统可分为两大类，即冷却池和冷却塔，分类如下。

- 冷却设备
  - 冷却池
    - 自然冷却池
    - 喷水冷却池
  - 冷却塔
    - 自然通风冷却塔
      - 开放式
        - 喷水式、点滴式 → 横流式
      - 风筒式
        - 点滴式、薄膜式、点滴薄膜式、喷水式 → 逆流式
    - 机械通风冷却塔
      - 鼓风式
        - 点滴式、薄膜式、点滴薄膜式、喷水式 → 逆流式
      - 抽风式
        - 点滴式、薄膜式 → 横流或逆流式
        - 点滴薄膜式、喷水式 → 逆流式

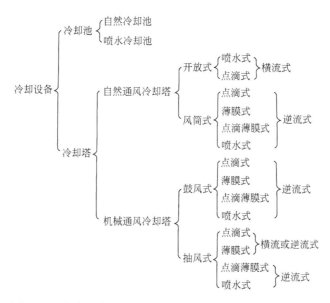

冷却池分自然冷却池与喷水冷却池两种。

自然冷却池又称天然冷却池。冷却水取自天然水池，换热后排回原水体自然冷却；藉池面水与空气接触，以接触、辐射和蒸发传热的过程散热；适用于冷却水量大、冷却幅宽（即冷却前后温差）不大的循环系统。排出水的水温和水质变化对工农业及渔业影响不大。所在地区还必须具备可利用的天然湖泊、洼地或人工水库的条件。其常用于火力发电厂。

喷水冷却池是利用人工或天然水池，在池上布置水管和喷嘴将热水喷出，使水分散成细小水滴。这样增加了水和空气的接触面积，使水的蒸发速率增加，单位水池面积的冷却效率比自然冷却池提高了。该种冷却池适用于冷却水量较小、冷却幅宽不大的系统，并且须有足够开阔场地、洼地或池塘可以利用的地方，常用于小型化工厂。

冷却池的特点是冷却过程缓慢、效率低、冷热水温差小，需要很大的贮水量和占地面积。同时水池露天，水质易受污染。冷却池是最早采用的冷却系统，目前已多采用冷却塔作冷却设备了。

冷却塔又称凉水塔，是塔形建筑物，水气热交换在塔内进行，可以人工控制空气流量来加强空气与水的对流作用以提高冷却效果。冷却塔分为自然通风与机械通风两大类。逆流式自然通风冷却塔为钢筋混凝土结构，风筒高，塔体高大；特点是不需要动力，单塔处理量大，可达到每小时水量数千立方米，甚至 27000$m^3/h$，多用于火力发电厂。机械通风冷却塔用风机通风，需要动力，但冷却效果好，多为方形或长方形结构，可以多塔并列布置，能节省占地面积。机械通风冷却塔又分鼓风式与抽风式两种。鼓风式冷却塔的风机设在塔的旁侧进风口内，只用于冷却水腐蚀性较大的情况。抽风式冷却塔的风机设在塔顶排风口处，是

目前应用最广泛的塔型，尤以化工系统最常用。大中型抽风式冷却塔单塔处理水量为1000～6000$m^3/h$。

### 498 各种冷却构筑物的特点及适用条件？

各种冷却构筑物的优缺点及适用条件比较如下。

| 名称 | 优点 | 缺点 | 适用条件 |
|---|---|---|---|
| 冷却池 | 1. 取水方便，运行简单<br>2. 可利用已有的河、湖、水库或洼地，投资省 | 1. 受太阳辐射热影响，夏季水温高<br>2. 易淤积，清理较困难<br>3. 会给环境带来热污染 | 1. 所在地区有可利用的河、湖、水库或洼地，距离工厂不远<br>2. 冷却水量大<br>3. 夏季对冷却水温的要求不甚严格 |
| 喷水池 | 1. 结构简单，维护方便<br>2. 造价比冷却塔低<br>3. 可利用周围洼地或水池 | 1. 占地面积较大<br>2. 风吹损失率大<br>3. 喷水形成的水雾对环境有影响，冬季使附近建筑物上结冰霜<br>4. 周围的尘土容易带入系统形成污泥沉积 | 1. 周围有足够开阔的场地<br>2. 冷却水量较小，冷却幅宽不大<br>3. 有可利用的洼地或水池 |
| 开放式冷却塔 | 1. 设备简单，维护方便<br>2. 造价较低，用材易得<br>3. 冷却效果比喷水池高 | 1. 冷却效果受风速、风向影响<br>2. 冷却幅高较大，冷却幅宽较低<br>3. 风吹损失率较大，冬季形成水雾，污染环境，在大风多沙地区不宜采用<br>4. 占地面积较大 | 1. 气候干燥，具有稳定风速的地区<br>2. 建造场地开阔<br>3. 冷却水量 $Q$ 较小，喷水式 $Q<100m^3/h$，点滴式 $Q<500m^3/h$<br>4. 对冷却后的水温要求不太严格 |
| 风筒式自然通风冷却塔 | 1. 冷却效果稳定，受风的影响小<br>2. 风吹损失率小<br>3. 风筒高，空气回流和水雾影响少<br>4. 无风机，运行费用低 | 1. 施工周期长，造价高<br>2. 冬季防冻维护较复杂<br>3. 冷却幅高偏大，在高温、高湿、低气压地区不宜采用<br>4. 占地面积较大 | 1. 冷却水量大<br>2. 建造场地较开阔<br>3. 北方湿度较低地区及其他湿球温度不高（<22℃）的地区 |
| 机械通风冷却塔 | 1. 冷却效果好，稳定，可达到较高的冷却幅宽和较低的冷却幅高<br>2. 风吹损失率小<br>3. 布置紧凑，可设在厂区建筑物和泵站附近<br>4. 施工周期较短，造价较风筒式低 | 1. 有风机，比风筒式耗电多、运行费用高<br>2. 机械设备维修较复杂<br>3. 鼓风式冷却塔的冷却效果易受塔顶排出湿热空气回流的影响<br>4. 噪声较大 | 1. 适合不同冷却水量<br>2. 适合不同地区，并适合气温、湿度较高地区<br>3. 对冷却后的水温及其稳定性要求严格的工艺<br>4. 建筑场地狭窄 |

各种冷却构筑物的一般技术指标如下。

| 名称 | | 淋水密度/[$m^3/(m^2\cdot h)$] | 冷却水温差 $\Delta t=t_1-t_2$/℃ | 冷却幅高 $t_2-\tau$/℃ |
|---|---|---|---|---|
| 自然冷却池 | | <1 | <5～10 | 大于水温差 |
| 喷水冷却池 | | 0.7～1.2 | <5～10 | 大于水温差 |
| 开放式冷却塔 | 喷水式<br>点滴式 | 1.5～3.0<br>2.0～4.0 | <10～15<br><10～15 | |
| 风筒式自然通风冷却塔 | 喷水式<br>点滴式<br>薄膜式 | ≤4<br>≤4～5<br>≤6～7 | >6～7<br>一般 6～12 | >7～10 |

续表

| 名称 | | 淋水密度/[$m^3/(m^2 \cdot h)$] | 冷却水温差 $\Delta t=t_1-t_2$/℃ | 冷却幅高 $t_2-\tau$/℃ |
|---|---|---|---|---|
| 机械通风冷却塔 | 喷水式 | 4～5 | >10～14 | 4～6(或 3～5) |
| | 点滴式 | 3～8 | | |
| | 薄膜式 | 4～8 | | |
| | 点波 | 10～12 以上 | | |
| | 斜波交错 | 10～15 以上 | | |
| | 折波 | 横流塔 15～20 | | |

注：$\tau$ 为空气的湿球温度。

逆流式和横流式机械通风（抽风式）冷却塔的优缺点比较如下。

| 项目 | 逆流式冷却塔 | 横流式冷却塔 |
|---|---|---|
| 效率 | 水与空气逆流接触，热交换效率高（可保持最冷的水与最干燥、温度低的空气接触，最热的水与最潮湿、温度高的空气接触） | 如水量和容积散质系数相同，填料容积要比逆流塔约大15%～20% |
| 配水设备 | 对气流有阻力，配水系统维护检修不便 | 对气流无阻力影响，维护检修方便 |
| 风阻 | 因水气逆向流动，加上配水对气流的阻挡，风阻较大，为减少进风口的阻力降，往往提高风口高度，以降低进风速度 | 比逆流塔低，进风口高度即为淋水填料高度，故进风风速低，风阻较小 |
| 塔高度 | 因进风口高度和除水器水平布置等因素，塔总高度较高 | 填料高度接近塔高，除水器不占高度，塔总高度低。相应进塔水压较低 |
| 占地面积 | 淋水填料平面面积基本同塔面积，故占地面积比横流塔小 | 平面面积较大 |
| 空气回流 | 排出空气回流比横流塔小 | 因塔身低，进风窗与排风口近，风机排气回流影响较大 |

### 499 冷却塔塔体的结构材料是怎样的？

塔体是冷却塔的外部护围结构，是封闭的，起到支撑、围护和合理通风的作用。根据不同塔型和具体条件，应附有下列设施。

(1) 通向塔内的人孔。

(2) 从地面通向塔内和塔顶的扶梯或爬梯。

(3) 配水系统顶部的人行道和栏杆。

(4) 塔顶的避雷保护装置和指示灯。

(5) 运行监测的仪表。自然通风冷却塔大都采用钢筋混凝土结构和木结构，也有用钢结构外加玻璃钢等其他材料护面。

大型机械通风冷却塔一般采用钢筋混凝土结构或钢结构（玻璃钢围护），也有用经防腐处理的木结构。

中小型机械通风冷却塔一般用玻璃钢、型钢作为塔体结构材料，外壁用聚酯玻璃钢、塑料板、带隔热层彩钢板或不锈钢板作为围护。

选择塔体结构材料应保证塔结构稳定，防大气和水腐蚀，经久耐用，组装配合精确。

近年我国冷却塔的设计和制造技术发展很快，值得关注。玻璃钢结构及带护面的钢结构技术发展很快。它具有耐腐蚀、梁柱断面小、空气流通状况好及冷却效果好的优点。同时有各种类型定型产品可供选购。过去定型产品的单塔冷却水量较低，多用于中小型冷却塔。近年向大型化发展，机械通风冷却塔单塔能力可达 5000t/h，选用的用户越来越多。

钢筋混凝土结构的机械通风冷却塔也在向大型化发展，单塔能力达 5000t/h 及 6000t/h 的塔已广泛应用。由于其有牢固、耐用的优点，仍旧受到用户重视。

国外采用木结构冷却塔较广泛。采用定型木结构进行搭接安装，故施工周期短，在安装之前，木结构经过化学药剂防腐处理，故很耐腐蚀，寿命很长，可达数十年。木结构也有梁柱断面小、空气流动好的优点。虽然木结构具有很多优点，但国内限于资源情况很难推广。

### 500　冷却塔的工艺构造包括哪些部分？

冷却塔除塔体之外还包括通风筒、配水系统、淋水装置、通风设备、收水器和集水池等部分。

（1）通风筒　通风筒的作用是创造良好的空气动力条件，减少通风阻力，并将塔内的湿热空气送往高空。机械通风冷却塔采用强制通风，故一般风筒较低；而自然通风冷却塔的通风筒起抽风和送湿热空气的作用故筒体较高。

（2）配水系统　将热水均匀分布到整个淋水装置上。热水分布均匀与否对冷却效果影响很大。如水量分配不好，不仅直接降低冷却效果，也会造成冷却水滴飞溅到塔外。配水系统一般有槽式、管式和池式三种。此外，还有旋转配水系统，但不多用。

（3）淋水装置　淋水装置也称填料，是冷却设备中的一个关键部分，其作用是将需要冷却的热水多次溅散成水滴或形成水膜，以增加水和空气的接触面积，促进二者热交换。水的冷却过程主要是在淋水装置中进行的。根据在淋水装置中水被淋洒成的表面形式，一般可将淋水装置分成点滴式、薄膜式及点滴薄膜式三种。

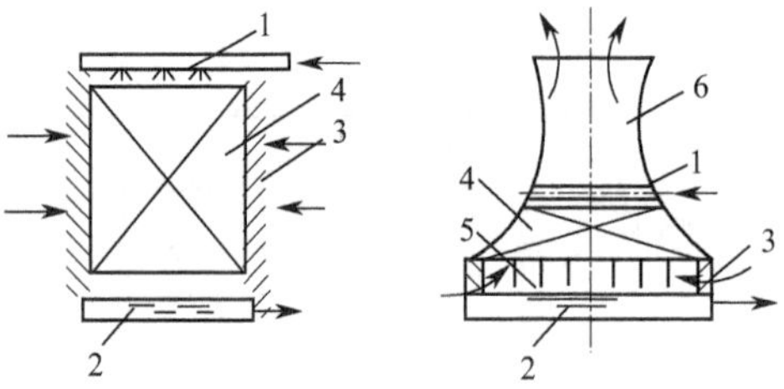


(a) 开放点滴式冷却塔　(b) 风筒式冷却塔

图 5-1-4　自然通风冷却塔示意

1—配水系统；2—集水池；3—百叶窗；4—淋水装置；5—空气分配区；6—风筒

（4）通风设备　在机械通风冷却塔中利用通风机产生预计的空气流量，以保证要求的冷却效果。常用的是轴流式风机，这种风机的特点是风量大，风压较小，还可以作短时间反转以融化冬季进风处的冰凌，同时通过调整叶片角度可得到合适的风量和风压。根据风机安装所在位置，又可分为鼓风式和抽风式。

（5）收水器　将排出湿热空气中所携带的水滴与空气分离，减少逸出水量损失和对周围环境的影响。

（6）集水池　设于冷却塔下部，汇集淋水装置落下的冷却水。有时集水池还具有一定的储备容积，起调节流量作用。

图 5-1-4 为自然通风冷却塔示意图，图 5-1-5 为各式机械通风冷却塔构造的示意图。

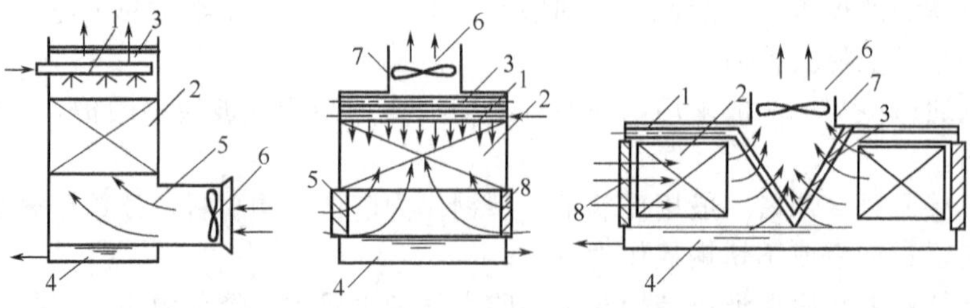


(a) 鼓风逆流式冷却塔　(b) 抽风逆流式冷却塔　(c) 抽风横流式冷却塔

图 5-1-5　机械通风冷却塔示意

1—配水系统；2—淋水装置；3—收水器；4—集水池；5—空气分配区；6—风机；7—风筒；8—百叶窗

### 501 冷却构筑物应如何布置？

冷却塔、喷水池、冷却池等构筑物在总图布置方面均应注意与其他建筑物保持一定距离，并考虑风向对彼此的影响。这是由于以下原因。

（1）冷却设施排出的飘滴、水雾和噪声对周围建筑有污染，一般认为冷却设施应布置在其他建筑物的下风向，并保持一定距离。这方面国家并无统一规定。根据 NDGJ5—88《火力发电厂水工设计技术规定》及 GBJ49—83《小型火力发电厂设计技术规范》所规定的冷却塔与建筑物的最小距离，可作为参考，见下表。当冷却塔未设除水器时，与建筑物的净距离可适当加大。

冷却塔与建筑物的最小间距　　单位：m

| 建筑物 / 冷却塔 | 丙、丁、戊类建筑 | 屋外配电装置 | 露天卸煤装置或贮煤场 | 厂外铁路（中心线） | 厂内铁路（中心线） | 厂外道路（路边） |
|---|---|---|---|---|---|---|
| 自然通风冷却塔 | 20 | 40 | 30 | 25 | 15 | 25 |
| 机械通风冷却塔 | 35 | 60 | 45 | 35 | 20 | 35 |
| **建筑物 / 冷却塔** | **厂内道路（路边）** | **行政、生活、福利类建筑** | **其他建筑①** | **围墙** | **自然通风冷却塔** | **机械通风冷却塔** |
| 自然通风冷却塔 | 10 | 30 | 20 | 10 | 0.5*D*② | 40～50 |
| 机械通风冷却塔 | 15 | 35 | 25 | 15 | 40～50 | ③ |

①“其他建筑”包括：锻工、铸工、铆焊车间，制氢站，制氧站，乙炔站，危险品库，露天油库。

②$D$ 为逆流式自然通风冷却塔零米处的直径，取相邻较大塔的直径。

③机械通风冷却塔之间的距离：

a. 当主导风向平行于塔群长边方向时，根据前后错开的情况，可取 0.5～1.0 倍塔长；

b. 当主导风向垂直于塔群长边方向且两列塔呈一字形布置时，塔端净距离不得小于 9m。

（2）冷却塔的布置应有利于塔区的通风。为减少湿热空气回流，影响冷却效率，应尽量避免冷却塔多排布置，避免使冷却塔夹在高大建筑物中间的狭长地带，相邻的塔净距应符合规定。塔的进风口应考虑风向影响，使进风顺畅。单侧进风的机械通风冷却塔的进风口宜面向夏季主导风向。双侧进风的机械通风冷却塔的进风口宜平行夏季主导风向。

（3）冷却塔的布置应尽量避免使循环冷却水受到污染。冷却塔应避免布置在热源、废气、烟气发生点和工艺泄漏点附近，避免布置在化学品堆放处和煤堆附近。冷却塔设计布置不合理，可能使循环冷却水受到环境污染，给系统带来长期诸多难以解决的问题。例如，布置在氨水站或含氨尾气的冷却系统常受氨污染，使循环冷却水 pH 值波动、微生物很难控制。布置在煤场附近的冷却系统，浑浊度和沉积物都增高。布置在工艺炉烟囱或高炉附近的冷却系统常受到废气污染，废气中的烟尘及硫化氢和二氧化硫气体使循环冷却水的 pH 值波动、浑浊度上升。为此，冷却塔的布置既要注意与污染源保持距离，又要注意风向。从防止循环冷却水污染的角度，冷却塔宜布置在污染源的上风向。

### 502 为什么工业用水有必要采用循环冷却水系统？

在 20 世纪初，随着工业的迅速发展，工业用水越来越多，但是，几乎没有一家工厂用循环冷却水。到了 40 年代，人们生活用水、农田用水和工业用水之间出现了矛盾，直流水系统已受到了水资源的限制，于是为另觅用水的出路而发展了循环冷却水系统。例如一套冷却水用量约为 20000t/h 左右的装置，如采用循环冷却水系统，每小时补充四五百吨新鲜水就够了，节约的水量非常可观。

我国淡水资源并不丰富，且分配甚不均衡，北方缺雨少水，更显水源紧张，严重影响工农业的发展和人们的生活用水，节约用水日益迫切。在水源上得天独厚的长江流域和江南水乡，由于不注意排水的处理，江河湖泊遭受不同程度的排水污染，影响人们饮用水的质量和鱼类的生存。为保护生态环境不被破坏，环保部门对排出水的温度、pH值及其他污染物都有规定。为使有害成分达到排放标准，只有减少污水的流量才能适合处理和降低污水处理的费用。因此，无论从节约水源还是从经济观点和保护环境的观点出发，都应设法减少取水量，降低冷却水排污量，限制使用直流水系统，尽可能推广采用敞开式循环冷却水系统，这是大势所趋。

循环水比起直流水，除了节约新鲜水量、减少排污水量之外，还可以防止热污染，因为 $1m^3$ 直流排放水每升高1℃就要带出 $4.1868\times10^6$J（焦耳）的热量。循环水经化学处理后能控制换热器的污垢热阻而提高传热效果和生产效率，减少设备体积，节约钢材；有效控制系统中设备的腐蚀，从而提高设备的使用寿命。

### 503 什么是循环冷却水系统容积？

循环冷却水系统容积包括冷却塔水池、旁滤池、循环水管道、换热器、集水井等空间体积。

“系统容积”与“保有水量”数量相近，二者有时混用，但严格说二者概念不同。保有水量是系统正常运行时水的总体积，是动态的，有波动的。系统容积则是静态的，甚至把水池上部20～30cm水面上的体积也计算在内，如果现场的保有水量与系统容积相差较多时，在计算药剂消耗量时可采用“保有水量”代替“系统容积”。

系统容积大小，对系统的化学清洗、预膜、正常运行等的初始投药量和水处理药剂在系统中停留时间有很大影响。

如果系统容积（$V$）过小，则每小时水在系统内循环次数就增加，因而水被加热的次数就增多，药剂被分解的概率变高。如果系统容积过大，则药剂在系统中停留的时间长，药剂分解的概率也高。同时初始加药量多，特别是间断投加的杀生剂消耗大。因而系统容积不可太大，也不可过小。一般系统容积（$V$）按所投加的药剂允许停留时间计算求得，或按循环水小时循环量的1/3或1/5确定。

### 504 什么是循环冷却水在系统内的平均停留时间？

循环水在系统内的平均停留时间可以用下式表示：

$$T=\frac{V}{B+D}$$

式中 $V$——循环冷却水系统容积或保有水量，$m^3$；

$B$——循环冷却水排污水量，$m^3/h$；

$D$——风吹损失水量，$m^3/h$；

$T$——系统容积 $V$（$m^3$）的水排完所需的时间，h。

实际上，停留时间这个概念很复杂也很笼统，有些水可能在塔内循环一次就排出了，而另一些水可能要循环多次，所以 $T$ 只能表示平均停留时间，它与实际情况有出入。

为了使各种药剂在系统内保持应有的效力并防止沉淀，对停留时间 $T$ 应加以限制，不能过大，一般不超过50h。如采用聚磷酸盐药剂，在系统中停留时间太长了，不仅使药剂失效，而且水解后能直接转化为正磷酸盐，形成磷酸钙沉淀，从而增加换热器的热阻。近年开发的某些有机药剂水解率低或不水解，可允许停留时间长于50h。水在系统中停留时间愈长，微生物愈易繁殖。反之停留时间 $T$ 也不能太短，因药剂还未在水处理中发挥作用就被排掉，造成药剂的浪费。所以停留时间是选择水处理药剂时需注意的重要因素。

### 505 循环冷却水的冷却原理是什么？

循环水的冷却是通过水与空气接触，由蒸发散热、对流散热和辐射散热三个过程共同作用的结果。

（1）蒸发散热　水在冷却设备中形成大小水滴或极薄水膜，当与不饱和的空气接触时，使部分水蒸发，水汽从水中带走汽化所需的热量，从而使水冷却。蒸发量与空气湿度有关，湿度低，湿球温度低时蒸发散热则增大。

（2）对流散热　水与空气对流接触时，如果空气的温度低于水的温度，则水中的热量会直接传给空气，使空气温度升高，水温降低。二者温差越大，传热效果越好。

（3）辐射散热　辐射散热不需要传热介质的作用，而是由一种电磁波的形式来传播热能的现象。辐射散热只是在大面积的冷却池内才起作用。在其他类型的冷却设备中，辐射散热可以忽略不计。

这三种散热过程在水冷却中所起的作用，随空气的物理性质不同而异。春、夏、秋三季内，室外气温较高，表面蒸发起主要作用，最炎热夏季的蒸发散热量可达总散热量的 90% 以上，故水的蒸发损失量最大，需要的补充水量也最多。在冬季，由于气温降低，对流散热的作用增大，从夏季的 10%～20%增加到 40%～50%，严寒天气甚至可增加到 70%左右，故在寒冷季节水的蒸发损失量减少，补充水量也就随之降低。

### 506　什么是空气的干球温度和湿球温度？它对冷却塔的冷却效率有何影响？

干球温度和湿球温度是测定冷却塔冷却效率的主要气象资料。干球温度是温度计水银球干燥时所测的温度，即用一般温度计所测得的气温。湿球温度是在温度计水银球上盖上一层很薄的湿布，湿布中的水分必然要蒸发进入空气中，其蒸发所需的汽化热则由水温降低所散发的热来供给，水温不断下降直至稳定在 $\tau$ 时，该时的温度就是湿球温度。空气的干、湿球温度一般可从干、湿球温度计中测得。

湿球温度与冷却塔中水的冷却效率密切相关，其效率系数可用下式表示：

$$\eta=\frac{t_1-t_2}{t_1-\tau}=\frac{1}{1+\frac{t_2-\tau}{\Delta t}}$$

式中　$\eta$——冷却塔的效率系数；

$t_1$——进塔水温，℃；

$t_2$——出塔水温，℃；

$\Delta t$——进塔水温和出塔水温之差（即冷却幅宽），℃；

$\tau$——进塔空气的湿球温度，℃；

$t_2-\tau$——冷却幅高，℃。

从上式可以看出，当进塔和出塔水温差确定时，效率系数 $\eta$ 是冷却幅高（$t_2-\tau$）的单元函数，因此出塔水温 $t_2$ 愈接近湿球温度 $\tau$ 时，效率系数值就愈高。湿球温度 $\tau$ 由干球温度和空气的湿度而决定，它代表在当地气温条件下，水可能被冷却的最低温度，也是冷却设备出水温度的理论极限值。但冷却幅高过低时，基建投资也增大。故一般设计采用冷却幅高值为 4～6℃。

### 507　冷却水在循环过程中有哪些水量损失？

冷却水在循环过程中共有四部分水量损失。

（1）蒸发水量 $E$　冷却水在冷却塔中与空气接触对流换热，使部分水蒸发逸入大气。这部分损失的水量为蒸发水量。

$$E=\alpha\Delta tR/100\quad m^3/h$$

其中　$R$——系统中循环水量，$m^3/h$；

$\Delta t$——冷却塔进出水温差，℃。

$\alpha$——蒸发损失系数，%/℃。

$\alpha$ 随季节而变化，与空气的干球温度 $\theta$ 相关。根据统计资料，$\alpha$ 值大致如下：

| $\theta$/℃ | −10 | 0 | 10 | 20 | 30 | 40 |
|---|---|---|---|---|---|---|
| $\alpha$/(%/℃) | 0.08 | 0.10 | 0.12 | 0.14 | 0.15 | 0.16 |

如粗略计算，可按下式：

$$E=(0.1+0.002\theta)\Delta tR/100 \quad \mathrm{m^3/h}$$

（2）风吹损失水量 $D$　空气从冷却塔中带出部分水滴，称为风吹损失水量。对于强制通风的冷却塔，$D$ 值一般按循环水量的 0.1%估算。但近年冷却塔经过结构改进，较先进的塔型实际可达到 0.05%以下。

（3）排污水量 $B$　为了控制冷却水循环过程中因蒸发损失而引起含盐量浓缩，必须人为地排掉一部分水量，即排污水量。

$$B=\frac{E}{N-1}-D \quad \mathrm{m^3/h}$$

式中　$N$——浓缩倍数。

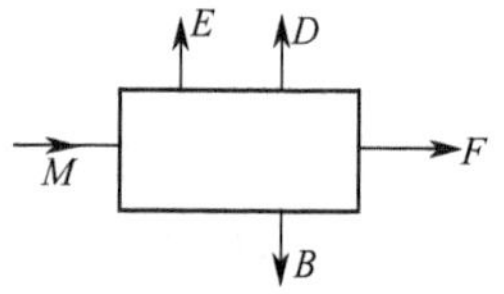

图 5-1-6　循环水系统水量平衡示意图 $M=E+D+B+F$

（4）渗漏损失 $F$　在管道、阀件和贮水系统中因渗漏而损失的水量。

在敞开式循环冷却水系统，为维持系统的水量平衡，补充水量 $M$ 应是蒸发水量 $E$、风吹损失水量 $D$、排污水量 $B$ 和渗漏损失 $F$ 各项水量损失之和，如图 5-1-6 所示。

在上式这些值中间，补充水量 $M$ 和排污水量 $B$ 可以直接用流量计测定，蒸发水量 $E$ 和风吹损失水量 $D$ 按上述方法求得，渗漏损失 $F$ 因水量较小一般可忽略不计。

## 508　什么是循环水的浓缩倍数？

循环冷却水通过冷却塔时水分不断蒸发，因为蒸发掉的水中不含盐分，所以随着蒸发过程的进行，循环水中的溶解盐类不断被浓缩，含盐量不断增加。为了将循环水中含盐量维持在某一个浓度，必须排掉一部分冷却水，同时要维持循环过程中水量的平衡，为此就要不断地补充新鲜水。新鲜水的含盐量和经过浓缩过程的循环水的含盐量是不相同的，两者的比值 $N$ 称为浓缩倍数，并以下式表示：

$$N=\frac{S_{循}}{S_{补}}$$

式中　$S_{循}$——循环水的含盐量，mg/L；

$S_{补}$——补充新鲜水的含盐量，mg/L。

用含盐量计算浓缩倍数比较麻烦，同时因倍数提高之后有些盐类沉积，故用含盐量算出的倍数也有误差。因此，一般选用在水中比较稳定的离子来计算倍数。这种离子在浓缩过程中不应受外界条件干扰，不分解、不沉积，投加的药剂中不应含有此离子。往往选择循环水中某种不易消耗而又能快速测定的离子浓度或电导率来代替含盐量计算浓缩倍数。一般常以补充水及循环水中的氯离子浓度来计算浓缩倍数。但循环水中以液氯杀生而引入氯离子时，则不宜采用氯离子计算倍数。一般不宜用钙离子作计算基准。因钙多少会沉积，计算的倍数偏低。故通常选用 $SiO_2$、$K^+$ 及电导率来计算浓缩倍数，有时也可采用几种离子所测定的浓缩倍数的平均值来作倍数的基准。总之，浓缩倍数计算基准的选择需根据不同系统水质的情况确定。

**509　为什么提高浓缩倍数可以节约用水和药剂费用？**

根据循环水系统的水量平衡和物料衡算，浓缩倍数 $N$ 可按下式求得：

$$N=\frac{E+D+B}{D+B} \quad \text{或} \quad N=\frac{M}{M-E}$$

由上面的公式还可以得出 $M/E$ 的比值和浓缩倍数 $N$ 的关系，如图 5-1-7 所示。

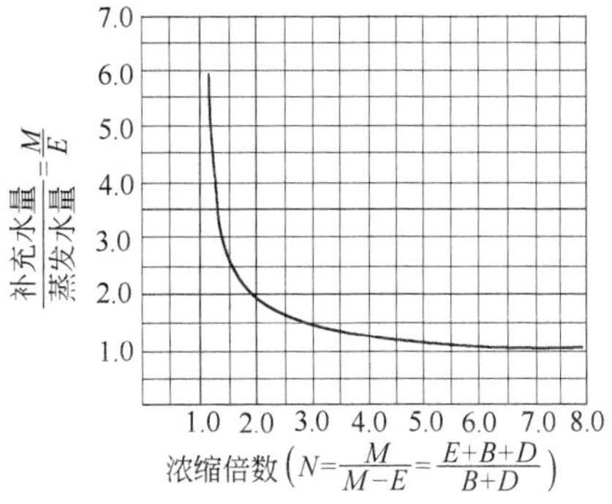


图 5-1-7　$\frac{M}{E}$比值和浓缩倍数 $N$ 的关系

从图 5-1-7 可以看出，浓缩倍数 $N$ 值越大，$M/E$ 比值越小，即在蒸发水量 $E$、风吹损失水量 $D$ 不变，排污水量 $B$ 越小的条件下，补充水量 $M$ 就越小。说明为了节约补充水和减少排污水量，应该尽量采用大的浓缩倍数。当 $N=1\sim2$ 时，随着浓缩倍数增加，补充水量 $M$ 和排污水量 $B$ 迅速减少，但当浓缩倍数大于 5～6 以后，$M/E$ 曲线变得很平缓，因此排污水量 $B$ 的进一步减小，节水数量就不大了。

不同浓缩倍数时，补充水量及排污水量占循环水量的百分率大致如下表。

| 冷却塔进出口水温差/℃ | 蒸发水率/% | M或B | 浓缩倍数 | | | | | | |
|---|---|---|---|---|---|---|---|---|---|
| | | | 1.5 | 2.0 | 2.5 | 3.0 | 3.5 | 4.0 | 5.0 |
| | | | 补充水率或排污水率/% | | | | | | |
| 5 | 0.85 | M | 2.6 | 1.7 | 1.4 | 1.3 | 1.2 | 1.13 | 1.06 |
| | | B | 1.6 | 0.8 | 0.5 | 0.33 | 0.24 | 0.18 | 0.11 |
| 8 | 1.36 | M | 4.1 | 2.7 | 2.3 | 2.0 | 1.9 | 1.8 | 1.7 |
| | | B | 2.6 | 1.3 | 0.9 | 0.6 | 0.44 | 0.35 | 0.24 |
| 10 | 1.70 | M | 5.1 | 3.4 | 2.8 | 2.6 | 2.4 | 2.3 | 2.1 |
| | | B | 3.3 | 1.6 | 1.0 | 0.8 | 0.6 | 0.5 | 0.33 |
| 12 | 2.04 | M | 6.1 | 4.1 | 3.4 | 3.1 | 2.9 | 2.7 | 2.6 |
| | | B | 4.0 | 1.9 | 1.3 | 0.9 | 0.7 | 0.6 | 0.4 |
| 14 | 2.38 | M | 7.1 | 4.8 | 4.0 | 3.6 | 3.3 | 3.2 | 3.0 |
| | | B | 4.7 | 2.3 | 1.5 | 1.1 | 0.9 | 0.7 | 0.5 |

注：假定风吹损失水量占循环水量的 0.1%，入塔空气干球温度为 35℃。

提高浓缩倍数不但可以节约用水，而且也可减少随排水而流失的药剂量，因而节约了药剂费用。敞开式循环水系统应在控制系统腐蚀、结垢及微生物的前提下尽量提高浓缩倍数运行。至少达到 3～5 倍。近年因缓蚀阻垢药剂的发展，许多系统可达到 5 倍以上，有的已达到 7～8 倍。

操作时若保持浓缩倍数不变，蒸发量大时，要增大补充水量；操作时若保持水平衡，增大补充水量 $M$ 或排污水量 $B$，都要影响浓缩倍数下降，因而操作时，不能任意改变 $M$、$B$ 值。

**510　如何计算间断加药的循环冷却水系统中药剂的消耗量？**

某些循环冷却水系统采用间断加药方式，如每日或每班（8h）向系统中投加一次缓蚀阻垢药剂。由于排污水带走了部分药剂，所以循环水中药剂的浓度会逐步降低。如果补充水及排污水都是连续进行的，而且其水量大致稳定，则循环水中药剂浓度与时间变化的关系式如下：

$$C=C_0 e^{-B(t-t_0)/V} \quad 或 \quad \ln C=\ln C_0-\frac{B}{V}(t-t_0)$$

式中 $V$——系统容积或保有水量，$m^3$；

$B$——排污水量（包括渗漏、风吹损失），$m^3/h$；

$C_0$——药剂初始质量浓度，mg/L；

$C$——药剂变化后质量浓度，mg/L；

$t_0$——形成 $C_0$ 时的时刻，h；

$t$——形成 $C$ 时的时刻，h；

e——自然对数底数，约为 2.718。

例如，某系统容积为 $6000m^3$，连续排污量为 $300m^3/h$，每 8h 加药一次，加药后初始浓度为 10mg/L，则 8h 后药剂浓度为：

$$C=10e^{-300(8-0)/6000}=10e^{-0.4}=6.70mg/L$$

8h 需补充的药量为：

$$(C-C_0)V/1000=(10-6.70)\times 6000/1000=19.8kg$$

掌握药剂浓度与时间变化的关系，一方面可以计算间断加药每次的加药量，另外可掌握每个加药间隔期间药剂的最高及最低浓度范围。如上例，每 8h 加药一次，药剂浓度范围为 6.7～10.0 mg/L。实际上起缓蚀阻垢作用的浓度是 6.7mg/L 而不是 10.0mg/L。如果这个浓度起不到应有的作用，则应提高初始浓度（如将 10.0mg/L 提高到 12.0mg/L 或其他浓度）或者降低加药间隔时间（如将 8h 降到 4h）。

以上计算式未考虑药剂的化学降解或沉积，所以实际上变化后药剂浓度要比以上计算值低一些。这部分因降解、沉积等原因造成的药剂损失与药剂的性质、停留时间、水质等因素都有关系，很难用理论式来计算。一般多由现场实测或进行该药剂的专门试验，归纳成损耗率公式进行计算。有时可用以上浓度与时间关系的理论式计算结果与实际药剂损耗率进行对比来估计某些易水解药剂（如聚磷酸盐）的水解率。

### 511 循环冷却水中溶解离子浓度随浓缩倍数的变化是如何计算的？

假设循环冷却水系统为连续补充水和连续排污，其水量基本稳定。并假设水中溶解离子浓度的变化与大气无关，冷却水中某些能导致结垢的离子浓度在使用阻垢分散剂所允许的极限浓度范围之内，不析出沉积。这样，溶解离子只由补充水带入，只从排污水带出。在运行一段时间之后，浓缩倍数会达到一个稳定值，因而水中溶解离子也基本稳定在一定浓度。

运行过程中由于各种原因有时需要提高或降低浓缩倍数，调整补充水或排污水量，则会引起水中溶解离子浓度的变化，其关系式为：

$$C=NC_M-(NC_M-C_0)e^{-B(t-t_0)/V}$$

式中 $V$——系统容积或保有水量，$m^3$；

$B$——排污水量（包括渗漏、风吹损失水量），$m^3/h$；

$C_M$——某离子在补充水中的质量浓度，mg/L；

$C_0$——某离子在循环冷却水中的初始质量浓度，mg/L；

$C$——某离子在循环冷却水中变化后的质量浓度，mg/L；

$t_0$——形成 $C_0$ 时的时刻，h；

$t$——形成 $C$ 时的时刻，h；

$N$——要求达到的浓缩倍数；

e——自然对数底数，约为 2.718。

当 $NC_M > C_0$ 时，离子浓度增高，为浓缩过程。当 $NC_M < C_0$ 时，离子浓度降低，为稀释过程。

用该关系式可以大致计算出从冷态运行到一定浓缩倍数所需的时间。例如，某系统容积为 4800m$^3$，排污水量为 480m$^3$/h，补充水中氯离子为 50mg/L，该系统未使用氯型杀生剂，故氯离子浓度只受浓缩影响，无其他增加因素，要求计算从冷态运行达到 3 倍时大约所需时间。

冷态时 $C_M = C_0 = 50$mg/L，$t - t_0 = 5$h 时，$C = 3\times50-(3\times50-50)e^{-480\times5/4800} = 150 - 100e^{-0.5} = 89.4$mg/L，按此法计算的 $t - t_0$ 与氯离子质量浓度 $C$ 的关系如下表：

| $t-t_0$ /h | 0 | 5 | 10 | 15 | 20 | 25 | 30 | 35 | 40 | 50 | 60 |
|---|---|---|---|---|---|---|---|---|---|---|---|
| $C$ /(mg/L) | 50 | 89.4 | 113.2 | 122.7 | 136.5 | 141.8 | 145.0 | 147.0 | 148.2 | 149.3 | 149.8 |

由该式计算结果，浓缩到 $N=3$ 时，时间为无穷长。如果取达到 0.95$N$ 时的时间，即 $C=142.5$mg/L 时，约为 25～30h。

用该式也可计算降低浓缩倍数所需的大致时间。例如系统容积为2000m$^3$的系统，补充水的钙离子质量浓度为 40 mg/L。该系统已浓缩至 5 倍，即循环水中钙离子为200mg/L。为减少碳酸钙结垢倾向，希望将钙离子降至 160mg/L，即 4 倍。如果排污水量为220m$^3$/h，计算降至 4 倍大约需要的时间。

$t - t_0 = 5$h 时，$C = 4\times40-(4\times40-200)e^{-220\times5/2000} = 160 + 40e^{-0.55} = 183.1$mg/L，不同 $t - t_0$ 与钙离子质量浓度 $C$ 的关系如下表：

| $t-t_0$/h | 0 | 5 | 10 | 15 | 20 | 25 | 30 |
|---|---|---|---|---|---|---|---|
| $C$/(mg/L) | 200 | 183.1 | 173.3 | 167.7 | 164.4 | 162.6 | 161.5 |

该式计算结果达到 4 倍时，时间也为无穷长，如取达到 4.05 倍，即钙离子为 162mg/L 的时间，则约需 25～30h。

### 512　敞开式循环冷却水中悬浮物浓度随浓缩的变化关系是如何计算的？

敞开式循环冷却水系统中的悬浮物一部分来源于补充水。由于补充水多是经过预处理的水，所以其悬浮物含量大致一定。另一部分来源于空气中的尘埃。空气中的含尘量随地区和季节不同有较大差异，其带入循环水中的悬浮物往往要比补充水所带进的高许多倍。如果空气尘埃在冷却塔中的淋洗效率为 1.0，由空气带入系统的尘埃量（g/h）为：

$$尘埃量 = R_A C_A$$

$$R_A = 1000\lambda R/\gamma_A$$

式中　$R_A$——冷却塔空气流量，m$^3$/h；

$C_A$——空气中含尘量，g/m$^3$；

$R$——循环冷却水量，m$^3$/h；

$\gamma_A$——空气密度，kg/m$^3$；

$\lambda$——冷却塔的气水比，即每千克（kg）水冷却到预定温度所需要的空气（kg）。$\lambda$ 值根据冷却塔的设计计算确定，一般大致范围如下：

| 冷却塔的进出水温差 $\Delta t$/℃ | 3 | 5 | 10 | 15 |
|---|---|---|---|---|
| 气水比 $\lambda$ 值 | 0.3～0.7 | 0.5～0.9 | 0.9～1.2 | 1.2～2.1 |

空气带入系统的尘埃大部分沉积在冷却塔池底部，可通过塔池池底排污排出系统。悬浮在循环水中的只占空气尘埃量的一小部分，约为1/5～1/2。即由空气带入系统的悬浮物量$=\beta R_A C_A$，$\beta$为悬浮物沉降系数，应通过试验确定。一般$\beta=0.2$～$0.5$。当无试验资料时，可选用$\beta=0.2$。

系统中的悬浮物由补充水及空气带入，经过浓缩，又通过连续排污排出一部分，其浓度变化为以下关系式：

$$C=NC_M+\beta R_A C_A/B-(NC_M+\beta R_A C_A/B-C_0)e^{-B(t-t_0)/V}$$

式中　$V$——系统容积或保有水量，$m^3$；

$B$——排污水量（包括渗漏、风吹损失水量），$m^3/h$；

$C_M$——补充水中悬浮物质量浓度，mg/L；

$C_0$——循环水中悬浮物初始质量浓度，mg/L；

$C$——循环水中悬浮物变化后质量浓度，mg/L；

$t_0$——悬浮物形成$C_0$时的时刻，h；

$t$——悬浮物形成$C$时的时刻，h；

$N$——要求达到的浓缩倍数；

e——自然对数底数，约为2.718。

根据上式可大致计算系统在不同倍数、不同运行时间的悬浮物浓度。例如，某系统的系统容积$V$为$2000m^3$，循环水量$R$为$10000m^3/h$，循环水中悬浮物初始浓度$C_0$为3mg/L，补充水悬浮物$C_M$为2mg/L，空气含尘量$C_A$为$0.45mg/m^3$，冷却塔气水比$\lambda$为1.0，空气密度$\gamma_A$为$1.2kg/m^3$，如选$\beta=0.2$，则：

$$R_A=1000\times1.0\times10000/1.2=8.333\times10^6 m^3/h$$

$$\beta R_A C_A=0.2\times8.333\times10^6\times0.45/1000=750g/h$$

如不同倍数时的排污水量$B$及补充水量$M$已经算出，则可根据$B$值计算不同时间的悬浮物浓度，如$N=1.5$、$B=348.8m^3/h$时，以$C_{24}$表示24h后的浓度，则：

$$C_{24}=1.5\times2+750/348.8-(1.5\times2+750/348.8-3)e^{-348.8(24-0)/2000}=5.13mg/L$$

如果浓缩过程无限期延长，则$t=\infty$，$e^{-B(t-t_0)/V}$趋近于0。此时$C$值为$C_C$，趋近于平衡，$C_C=NC_M+\dfrac{\beta R_A C_A}{B}$。

计算倍数$N$与循环水最终悬浮物浓度$C_C$的关系见下表：

| $N$ | $M$ /($m^3$/h) | $B$ /($m^3$/h) | $C_C$ /(mg/L) |
|---|---|---|---|
| 1.5 | 523.2 | 348.8 | 5.15 |
| 2 | 348.8 | 174.4 | 8.30 |
| 3 | 261.6 | 87.2 | 14.60 |
| 4 | 232.5 | 58.1 | 20.91 |
| 5 | 218.0 | 43.6 | 27.20 |

$C_C$随$N$、$C_M$及$C_A$升高而升高。当浓缩倍数升高时，空气含尘量$C_A$对$C_C$的影响大于补充水悬浮物$C_M$的影响，当遇到风沙天气，$C_A$可能突然猛增，会使循环水中悬浮物猛增。这时悬浮物会在系统中流速低的部位沉积下来。例如壳程水冷却器的管间即常有悬浮物沉积。在这种情况下应考虑改善冷却塔的环境，使$C_A$降低，或者在系统中加旁滤器除掉部分悬浮物。

### 513　冷却水循环使用后易带来什么问题?

冷却水在循环使用过程中，水在冷却塔内和空气充分接触，使水中的溶解氧得到补充，所以循环水中溶解氧总是饱和的。水中溶解氧是造成金属电化学腐蚀的主要原因。加上水浓缩后含盐量增加，电导率上升，也增加了腐蚀倾向。这是冷却水循环使用后易带来的问题之一。

水浓缩之后成垢离子成倍增加。特别由于碳酸氢盐是很不稳定的盐类，它在换热器表面上受热会分解为碳酸盐和二氧化碳。碳酸钙的溶解度很低，使传热面上结碳酸钙水垢的倾向增加，这是问题之二。

冷却水和空气接触，吸收了空气中大量的灰尘、泥沙、微生物及其孢子，使系统的污泥增加。冷却塔内的光照、适宜的温度、充足的氧和养分都有利于细菌和藻类的生长，从而使系统黏泥增加，在换热器内沉积下来，造成了黏泥的危害，这是水循环使用后易带来的问题之三。

冷却水的循环使用对换热器带来的腐蚀、结垢和黏泥问题要比使用直流水严重一些或严重得多。因此，循环冷却水如果不加以处理，则以上问题的发生将使换热器的水流阻力加大，水泵的能耗增加，传热效率降低，并使生产工艺条件处于不正常状况。现代的一些工厂，为了提高传热效率的需要，换热器的管壁很薄，并且严格控制污垢的厚度，换热器一旦发生腐蚀或结垢，尤其是局部腐蚀的发生，将使换热器很快泄漏并导致报废，给生产带来巨大的损失。因此，循环冷却水系统必须综合解决腐蚀、结垢和黏泥（微生物）三个问题。

### 514　对循环冷却水及其补充水的杂质控制有些什么要求?

要搞好循环冷却水取得良好的效果，对于循环冷却水和补充水的各种杂质应有限制性的要求。水中的钙离子和碱度并非有害杂质，但过高或过低均有害，需根据稳定指数及药剂情况规定限制指标。原则上其他杂质越少越好，但限于去除难度等问题，一些有害杂质不能完全除去，只能控制在缓蚀阻垢剂所能允许的范围内。这些限制指标随近年缓蚀阻垢技术的发展而逐步放宽。以新鲜淡水为补充水时各种杂质的允许含量如下，仅供参考。

**补充水为新鲜淡水时，循环冷却水系统中各种离子或杂质的允许含量**

| 名　称 | 允许含量 | 过高或过低时的危害 |
|---|---|---|
| 浑浊度 | 一般要求≤20mg/L,使用板式、翅片式和螺旋式换热器时宜≤10mg/L① | 污垢沉积 |
| 含盐量(以电导率计) | 投加缓蚀阻垢剂时,一般不宜>3000～5000μS/cm | 腐蚀或结垢 |
| 钙离子(以$CaCO_3$计) | 根据碳酸钙稳定指数和磷酸钙饱和指数进行控制,大致要求≥50mg/L,≤500～1000mg/L | 过高结水垢,过低则腐蚀 |
| 总碱度(以$CaCO_3$计) | 根据碳酸钙稳定指数选定pH值指标,总碱度根据pH值自然平衡,大致要求≥50mg/L,≤500mg/L | 过高结水垢,过低则腐蚀 |
| 钙离子加总碱度(均以$CaCO_3$计) | 采用全有机配方时,大致要求二者之和≤1100mg/L① | 过高可能结水垢 |
| 铁和锰(总铁量) | ≤0.5mg/L | 过高表明系统有腐蚀,可形成黏性污垢,导致局部腐蚀 |
| 铜离子 | 对碳钢换热器,要求$Cu^{2+}$≤0.1mg/L① | 过高产生点蚀 |

续表

| 名　　称 | 允许含量 | 过高或过低时的危害 |
|---|---|---|
| 铝离子 | $Al^{3+}$≤0.5mg/L | 过高促进污垢沉积 |
| 硅酸(以 $SiO_2$ 计) | ≤175mg/L① | 过高使硅酸镁垢沉积 |
| 镁离子与硅酸 | $Mg^{2+}$(mg/L,以 $CaCO_3$ 计)×$SiO_2$(mg/L,以 $SiO_2$ 计)＜15000 | 过高使硅酸镁垢沉积 |
| 氯离子 | 根据换热器的材质、壳程或管程、结构、应力及药剂、配方情况决定,一般碳钢换热器系统及不锈钢管程换热器≤1000mg/L,不锈钢壳程换热器的系统≤700mg/L①(壁温≤70℃,出口水温≤45℃) | 过高促进局部腐蚀,对碳钢主要是点蚀,对不锈钢主要是应力腐蚀开裂 |
| 硫酸根加氯离子 | $SO_4^{2-}+Cl^-$≤2500mg/L① | 过高促进腐蚀 |

①GB 50050—2007 规定。

### 515　对再生水用于冷却系统有何要求?

根据国家环保节水的要求，近年已提出将污水再生后回用，作为直流冷却水或循环冷却水系统的补充水使用。已有一些冷却系统正在试用，但未见大量成熟使用的实例。仅将有关标准规定汇集如下，供参考。

标准（1）：GB 50050—2007《工业循环冷却水处理设计规范》；

标准（2）：GB/T 19923—2005《城市污水再利用工业用水水质》；

标准（3）：GB 50335—2002《污水再生利用工程设计规范》；

标准（4）：HG/T 3923—2007《循环冷却水用再生水水质标准》。

**再生水用于冷却系统时的水质标准**

| 项目 \ 标准及用水类别 | | (1) 补充水 | (2) 直流水 | (2) 补充水 | (3) 直流水 | (3) 补充水 | (4) 再生水 |
|---|---|---|---|---|---|---|---|
| pH 值 | | 7.0～8.5 | 6.5～9.0 | 6.5～8.5 | 6.9～9.0 | 6.0～9.0 | 6.0～9.0 |
| 悬浮物/(mg/L) | ≤ | 10 | 30 | — | 30 | — | 20 |
| 浑浊度/NTU | ≤ | 5 | — | 5 | — | 5 | 10 |
| 色度/度 | ≤ | — | 30 | 30 | — | — | — |
| $BOD_5$/(mg/L) | ≤ | 5 | 30 | 10 | 30 | 10 | 5 |
| $COD_{Cr}$/(mg/L) | ≤ | 30 | — | 60 | — | 60 | 80 |
| Fe/(mg/L) | ≤ | 0.5 | — | 0.3 | — | 0.3 | 0.3 |
| Mn/(mg/L) | ≤ | 0.2 | — | 0.1 | — | 0.2 | — |
| $SiO_2$/(mg/L) | ≤ | — | 50 | 50 | — | — | — |
| 总硬度(以 $CaCO_3$ 计)/(mg/L) | ≤ | 250 | 450 | 450 | 850 | 450 | 700（总硬度与总碱度合计） |
| 总碱度(以 $CaCO_3$ 计)/(mg/L) | ≤ | 200 | 350 | 350 | 500 | 350 | |
| $Cl^-$/(mg/L) | ≤ | 250 | 250 | 250 | 300 | 250 | 500 |
| 硫酸盐($SO_4^{2-}$)/(mg/L) | ≤ | — | 600 | 250 | — | — | 0.1(硫化物) |
| 氨氮/(mg/L) | ≤ | 5 | — | 10① | — | 10 | 15 |
| 总磷/(mg/L) | ≤ | 1(以 P 计) | — | 1(以 P 计) | — | 1(以 P 计) | 5(以 $PO_4$ 计) |
| 总溶解固体/(mg/L) | ≤ | 1000 | 1000 | 1000 | 1000 | 1000 | 1000 |
| 石油类/(mg/L) | ≤ | 5 | — | 1 | — | — | 0.5 |
| 阴离子表面活性剂/(mg/L) | ≤ | — | — | 0.5 | — | — | — |
| 游离余氯(末端)/(mg/L) | | 0.1～0.2 | ≥0.05 | ≥0.05 | — | — | — |
| 细菌总数/(个/mL) | ≤ | 1000 | — | — | — | — | $1\times10^4$ |
| 粪大肠杆菌/(个/L) | ≤ | — | 2000 | 2000 | — | — | — |

① 系统中有铜质热交换器时应≤1mg/L。

城市污水或工业废水经过生化等处理后作为再生水供冷却系统使用，其中含有较多的难被微生物分解的有机物（$COD_{Cr}$）以及一定数量的其他有害成分（如氨氮、悬浮物等），对循环冷却水的运行不利。有的反映采用再生水时系统容易污染。由于污水的水量和水质一般不稳定，故污水处理系统的再生水水量和水质也往往不稳定。一般认为采用再生水作补充水时应有新鲜水作备用，以保持循环冷却水稳定运行。

### 516　海水冷却有什么特点？

淡水资源紧缺，开发海水的利用是解决沿海地区经济可持续发展的重要途径。海水具有取之不尽、成本低廉、水温低、冷效高等许多优点，很适合用作冷却水。早在20世纪30年代，我国就有应用海水作冷却水的经验。近年各国进一步解决海水冷却方面的技术问题，使海水冷却技术的应用日益广泛。用海水作冷却水主要有以下不利因素。

（1）海水的含盐量极高，见本书407题。含盐量约30000～35000mg/L，其中$Cl^-$含量在10000～20000mg/L，$Na^+ + K^+$ 10000mg/L以上，$Mg^{2+}$和$Ca^{2+}$含量也远远高于一般淡水。海水中主要的盐分是NaCl，其次是$MgCl_2$，因为含盐量高，所以海水的电导率达到40000μS/cm左右。含盐量高、氯化物高、导电性强，使海水有着严重的电化学腐蚀倾向。因此海水冷却带给循环冷却水系统的是严重的腐蚀性。据一些沿海地区的实践，一般碳钢的腐蚀速度达到0.7～1.0mm/a。所以解决海水冷却系统的腐蚀问题是成功的关键。

（2）海水中海生生物繁多，容易造成水系统堵塞。海洋中寄居着约4万种海洋动物、浮游生物、植物、细菌、藻类等海生生物。对冷却水系统危害最大的是软体贝壳类生物，主要是绿贝、滕壶（海蛎子）、水螅等。雌性绿贝在春秋季繁殖高峰时可产卵30000～100000个，然后变幼体。虽然成年贝类不能游动，但以浮游生物形式存在的幼体移动性很强，很容易通过流动的水体进行传播，进入水系统，生长区域可遍布冷却水系统。在我国大连海水管网及装置中最易繁殖的贝类是贻贝（俗称海虹）。产卵温度约8～16℃，幼虫体长超过210μm即分泌黏液，遇海水即凝为很强的足丝，牢固地附着在管道和设备上。附着盛期水温为16～23℃，多在5～8月。一年后体长可达30～40mm，即可繁殖后代。由于提取海水的主管道中温度、水速、氧气、营养物、光线等自然环境比天然状况更适宜贻贝生长，运行一两年后，管壁上的附着厚度即可达150～200mm。使供水管径大幅缩小，管网水头损失增大，供水量明显下降。海水冷却系统中的贻贝堵塞问题是个很伤脑筋的难题，解决不好会影响生产。

（3）海水冷却也像淡水冷却一样，在系统中也有污垢、盐垢及微生物危害问题，但比较起来不像腐蚀和贻贝堵塞问题那样突出，可以用阻垢剂及杀生剂来解决。由于海水含盐量高，一般采用直流水。采用循环冷却水时，浓缩倍数一般不高，仅在1.2～1.5范围，不超过2.0。

### 517　防止海生生物附着有哪些方法？

贻贝类海生生物堵塞问题是海水冷却系统中很难彻底解决的问题，需要采用预防及杀生等多种方法综合解决。

（1）预防海生生物进入系统　在海水入口处设格栅等过滤网。一般在水泵入口处设过滤网，在取水管入口处也设过滤网。过滤能够减少海生生物进入系统，但无法杜绝贻贝的幼虫进入系统。故有的国家采用深海取水方法，有的在海岸附近钻井取水，这样可减少浮游生物和悬浮物进入系统。

（2）在海生生物易附着的地方涂以防生涂料。如在管道或水池等处使用杀贝剂涂层处理，能有效防止贝类附着。常用的有铜盐、三丁基氧化锡（TBTO）、醋酸铅等。

(3) 投加杀生（贝）剂　常用的氧化性杀生剂有氯、次氯酸钠、强氯精、优氯净、二氧化氯、溴化物、臭氧、过氧化氢、高锰酸钾等。非氧化性杀生杀贝剂有多种：

① 聚季铵盐 WSCP，聚[氧化乙烯(二甲基铵基)乙烯-(二甲基氨基)二氯乙烯]（美国巴克曼公司 Bulab 6002）；

② 氯化二癸基二甲基铵（DDMAC，Calgon H-130M）；

③ 季铵盐类，如烷基二甲基苄基氯化铵（ADBAC，GE-Betz CT 系列，Nalco 9380），排放时必须用硅藻土中和；

④ 2,2-二溴-3-次氮基丙酰胺（DBNPA）；异噻唑啉酮（Nalco 7330）；2-硫氰甲基硫代苯并噻唑（TCMTB）；

⑤ 铜盐、钾盐等金属盐类。

贝类具有坚硬的外壳，能起到良好的保护作用，杀灭需要较大剂量杀生剂。单靠杀贝剂很难消灭成年贝类。杀贝剂能够杀死浮游的幼体，防止幼体向设备附着。如果能在幼体繁殖季节控制好贝类幼体，则收效明显。目前我国某些厂采用 SW98-04 杀生剂，加药量 50mg/L。美国推荐在海水直流冷却系统控制生物用的非氧化性杀生（贝）剂为 CT1300，GE 生产，加量 4～6mg/L，控制回水浓度在 1mg/L 左右，对软体贝类杀灭可达 95%以上。

近海海洋和人类生存关系密切，需注意保护生态。排放应符合规定，尽量使用低毒杀生（贝）剂。

(4) 其他人工或物理方法　还可以使用加热、增加流速、超声波振动、电场等辅助手段杀灭贝类。停车检修时，用机械方法去除金属表面的贝类，如用高压水枪、逆流冲洗、胶球冲洗、人工洗刷刮等方法。对付输水管道堵塞问题，现场有一些人工或物理方法也在使用。例如，在海水干管上的适当位置开清扫孔，人工清扫贻贝。有的采用双管道交替运行，使贻贝在停输的封闭管道内因空气殆尽而不杀自灭。还有一种热水法是考虑了贻贝的繁殖规律和生长习性，经试验研究贻贝在 40.8℃的热水中 5min 可全部死亡，而贻贝每年五月份大量繁殖，6 月集中附着量占全年的 96.6%。所以在七月下旬投放热水，杀幼贝于附着初期，效果良好。

### 518　贝类的日常控制和管理有哪些内容？

对海水冷却来说，科学控制贝类至关重要。日常控制管理主要有以下内容：

(1) 了解水生物和贝类的繁殖周期和生长特性，以及生物污染的潜在风险大小，以便找到最佳杀生（贝）剂的投加时间。例如，贝类产卵期是投加杀生（贝）剂的最佳时机，可以有效防止卵虫成长为成年贝类。

(2) 定期投加杀生（贝）剂对系统进行维护。预防幼贝吸附到设备表面是控制贝类大规模污染的关键。

(3) 根据污染潜在风险的大小及时调整加药周期及加药量。例如，发现水中幼体增加时及时增加杀生（贝）剂浓度。

(4) 提出应急方案，系统发生贝类（生物）严重污染时进行彻底清除。

### 519　怎样监测贝类？

以下方法可用以监测取水管道附近海域的贝类生长繁殖情况。

(1) 浮游生物捕集网　见图 5-1-8，为 63μm 网孔、直径 30cm 的浮游生物捕集网，与本章 658 题的生物过滤网类似，可以捕集贝类的卵虫，利用电子显微镜可以判别种类，根据捕集量可了解卵虫在海水中的密度。

(2) 载玻片　见图 5-1-9，为 $15cm^2$ 的玻璃片，可以测定幼年贝类的吸附情况。

图 5-1-8　浮游生物捕集网

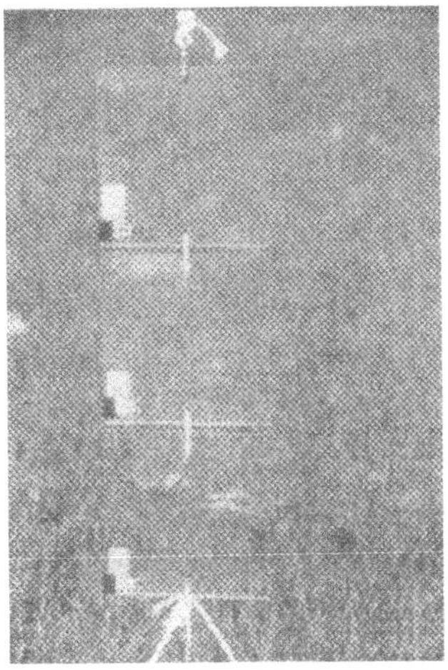

图 5-1-9　载玻片

（3）贝类监测盒　见图 5-1-10，可监测幼年贝及成年贝的生长情况和杀生（贝）剂的效果。

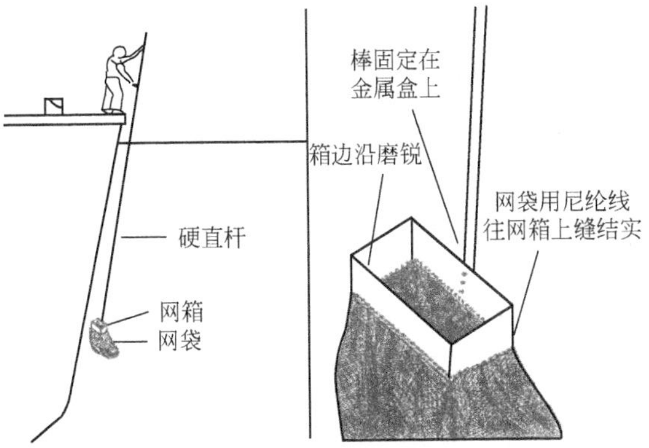


图 5-1-10　贝类监测盒

## 520　如何控制海水冷却系统的腐蚀与结垢？

海水的腐蚀性极强。直流冷却系统主要是从耐蚀材质选用、涂层、衬里和电化学保护等措施重点解决腐蚀问题，循环冷却系统还要应用缓蚀阻垢剂全面解决腐蚀和结垢问题。

（1）材质选用　针对海水的强腐蚀性，整个海水冷却系统，包括管道、滤网、水泵、水冷器，以及冷却塔、仪器、仪表等都要选择使用耐腐蚀材质。耐海水腐蚀的材质有铸铁，海军黄铜、铝黄铜、锌黄铜、镍黄铜、特种合金钢、钛钢等。取水管道常采用特种铸铁管，有的前段用水泥管道，后段用铸铁管。冷却系统内的管道有的采用碳钢涂料或衬里管。铜合金和钛钢适合制作海水泵的零部件，常用的是磷青铜。目前海水冷却（凝）器多采用铜合金，如黄铜、铜镍合金（70/30Cu-Ni），但正逐渐被更耐海水腐蚀的新材质代替。钛钢的性能良好，很耐海水腐蚀，使用寿命长，过去由于价格贵，应用不多。近年来其成本在不断降低，又能制成薄壁，作为冷却（凝）器的换热管材使用日益增多。一般选用工业纯钛或钛钯合金，钛钯合金含钯 0.1%～0.5%，如 Ti-0.15Pd 合金。近年选用 254SMO 全奥氏体不锈钢制造海水冷凝器的也增多。这种材质中加入了适量的 Cr、Ni、Mo、Cu、N，使其耐蚀性、传热性能及机械性能均优于铜合金，寿命比铜合金长，成本比钛钢低，是铜合金冷凝器改造可选的材质。

(2) 涂层与衬里　常用的涂料有环氧沥青漆、环氧树脂漆、富锌底漆涂料等。衬里用材有玻璃钢、耐腐橡胶、浸渍石墨板、耐酸瓷板、辉绿岩板等。

(3) 电化学保护——阴极保护　在海水冷却设备和金属管道上安装牺牲阳极材料来保护阴极。根据海水的电阻率大小选择牺牲阳极的材质，如铝合金、锌合金、高硅铬铁（HSCI）等。为防止海水腐蚀钢筋，对预应力钢筋混凝土管和钢筋混凝土冷却塔也采取电化学保护措施。

(4) 应用缓蚀阻垢剂　海水循环冷却系统的腐蚀、结垢和黏泥问题比淡水的循环水系统严重得多，解决起来更为复杂。所以一般运行的浓缩倍数不高，约在1.2～1.5倍，排污量不宜过低。一般控制 pH<8，以减少沉积。如果冷却（凝）器材质的耐腐蚀性很高（如钛钢），可以不加缓蚀剂，但需加入合适的阻垢分散剂。对于系统中有碳钢、不锈钢或铜材时，需采用高效缓蚀剂的缓蚀阻垢配方。国内外研究及应用的配方中，效果较好的如：

① 钼酸盐、有机磷、唑类和锌盐的复合配方，缓蚀率可达97%以上。

② 钼酸钠和硅酸钠复配，比例1∶4。当复配的药剂中钼酸钠100mg/L、硅酸钠400mg/L，加入量为200mg/L时，缓蚀率达96%以上。有时加入 $ZnCl_2$，效果更好。

③ 钼酸钠、多元醇磷酸酯和磷酸二氢锌复配，加入量200mg/L，缓蚀率达98%。

④ 钨酸盐、HEDP、葡萄糖酸钠、木质素磺酸盐及锌盐复配，加入量200mg/L，缓蚀率97%以上。

海水循环冷却系统也应加杀生剂控制微生物，方法与淡水的循环冷却系统相同。

### 521　冷却水的化学处理方法有什么优点？其处理方法如何分类？

冷却水处理虽然有较多的方法，可以是物理法、物理化学法、化学法，但迄今为止，许多方法都没有在冷却水处理中得到普遍应用，不是效果不好，就是成本太高，或使用有一定的局限性。独有化学处理方法得到日益广泛的应用，因为比较起来，化学处理方法的操作简单，综合效果也令人满意。提高循环水的浓缩倍数后，化学药品的消耗可以大大降低，在经济上也能为用户所接受。因此，其他的方法如阴（阳）极保护法、物理除垢方法等使用得还较少。

冷却水的化学处理是用加入化学药品的方法来防止循环冷却水系统腐蚀、结垢和黏泥等问题的产生。常用的处理药剂有缓蚀剂、阻垢剂和杀生剂等。目前习惯用处理药剂中的缓蚀剂的种类来划分缓蚀阻垢配方的系列。但在20世纪80年代开发的全有机系实际上是碱性运行以阻垢为目的的配方。循环冷却水化学处理的缓蚀阻垢配方的系列大致如下图。

- 铬系
  - 铬-锌系
  - 铬-锌-磷系
  - 铬-磷系
  - 铬-硅系
- 磷系
  - 聚磷或正磷
  - 聚磷或正磷＋锌
  - 聚磷或正磷＋有机磷
  - 聚磷或正磷＋锌＋有机磷
- 硅系　硅酸盐＋有机磷
- 钼钨系
  - 钼＋聚磷＋有机磷
  - 钨＋有机磷
- 全有机系
  - 有机磷
  - 有机磷＋锌

### 522　我国常用的缓蚀阻垢复合配方有哪些？

我国在敞开式循环冷却水系统中广泛使用化学处理方法始于20世纪70年代。尽管铬系配方有缓蚀效果好、易控制微生物等优越性，但考虑其排污对环境的危害，所以在我国没有推广应用。我国一开始就采用了磷系配方。初期有的厂采用了单一聚磷酸盐配方，在长期使用中证明其效果良好、费用低，可以满足生产的要求，但其存在以下不足。

（1）聚磷酸盐容易水解产生正磷酸盐，并和钙离子生成磷酸钙水垢。故要求水中钙离子和 pH 值都不能太高，控制较严格。

（2）水中钙离子一般需控制＜100mg/L（以 $CaCO_3$ 计），故限制了浓缩倍数的提高。如果要求提高倍数运行，则需将补充水进行软化处理，除去部分钙离子。

（3）由于运行时需加酸调 pH 值，在 6.0～7.0 的低 pH 值下，操作需十分谨慎，如加酸过量，可能造成低 pH 值腐蚀。

（4）配方中无高效阻垢剂。药剂对水冷器换热管的热端与冷端的缓蚀效果有差别，有可能产生热端结垢或冷端腐蚀的情况。

为此目前单一聚磷酸盐配方已基本不用，多已采用磷系、钼系、硅系、钨系等复合配方或全有机配方，常用的有：

① 锌盐/聚磷酸盐　二者协同效应好，缓蚀效果比单一聚磷酸盐好。pH 值宜在中性范围，水中钙离子含量也不宜过高。

② 聚磷酸盐/膦酸盐/聚羧酸盐　20 世纪 70 年代以来广泛应用的磷系复合配方，兼有良好的缓蚀与阻垢作用。药剂用量少、费用低。可在偏碱性 pH 值 8.0 左右运行。允许水中钙离子含量＞100mg/L（以 $CaCO_3$ 计），甚至达到 200～300mg/L（以 $CaCO_3$ 计）。

③ 锌盐/聚磷酸盐/膦酸盐/聚羧酸盐　这种 20 世纪 80 年代开发推广的磷系复合配方的特点是聚磷酸盐的比例较少，聚羧酸盐采用阻垢性能较好的二元或三元共聚物。运行 pH 值＜8.5，钙离子含量一般允许＜400mg/L（以 $CaCO_3$ 计）。

④ 锌盐/多元醇磷酸酯/聚羧酸盐/磺化木质素　这种 20 世纪 80 年代开发的配方可以很好地控制水中的硬垢和污泥。运行 pH 值一般＜8.5，允许钙离子含量＜600mg/L（以 Ca-$CO_3$ 计）。

⑤ 膦酸盐/聚羧酸盐或锌盐/膦酸盐/聚羧酸盐　这种 20 世纪 80 年代开发推广的全有机配方适用于结垢性水质，允许在较高的 pH 值 8.5～9.0 下运行，钙硬加总碱度＜900mg/L（均以 $CaCO_3$ 计）。

⑥ 膦酸盐/膦羧酸盐/聚羧酸盐　这种 20 世纪 90 年代开发出来的全有机配方适用于结垢性水质，允许在自然 pH 值 8.5～9.3 下运行，钙硬加总碱度＜1100mg/L（均以 $CaCO_3$ 计）。

⑦ 聚磷酸盐/钼酸钠/葡萄糖酸钠　这种 20 世纪 80 年代开发的配方已成功地应用于大型装置，其含磷低，利于环保。

⑧ 聚磷酸盐/钼酸盐/膦酸盐/聚羧酸盐　这种 20 世纪 90 年代开发的配方中钼酸盐和聚磷酸盐以某种聚合形态存在，缓蚀效果优于聚磷酸盐，并具有用药少的优点。

⑨ 硅酸钠/膦酸盐　这种配方价格低廉，排放无污染，已成功应用于中小型装置的低倍数循环水系统。

⑩ 钨酸钠/膦酸盐　这种配方的特点是无公害，已经应用于某些系统。

### 523　哪些系统需要使用密闭式循环冷却水？

（1）关键（重要）工艺要求传热面很干净，热交换器表面不允许垢形成，需要使用密闭式循环冷却水系统。因为关键工艺系统如失败将造成严重问题，如核电厂、感应炉冷却循环及连铸机浇铸之类的极端高温工艺。还有冷媒体温度在 0℃ 附近或以下时也需使用密闭式系统，如冷冻机系统、卤盐水系统。总之，控制要求高的冷却水系统应采用密闭式。

（2）排放受到限制的系统应采用密闭式，如环境对排污水中的化学药剂或热量有限制，并缺乏废水处理设备时。

(3) 水资源受限制的系统应采用密闭式，如使用空气冷却更方便或移动的交通工具。

(4) 为延长设备寿命而采用密闭式，如制冷系统不需要大量冷却水，并期望获得水侧腐蚀的控制。

(5) 由于工艺特点，系统水质限制常用的水处理剂的使用，因而选择密闭式，如感应炉要求水质具有很低的电导率。

(6) 一些非冷却系统如密闭储热的热水锅炉、与空气隔离的储水槽或设备可以作为密闭系统处理。

### 524 密闭式循环冷却水系统有什么特点?

密闭式循环冷却水在冷却工艺介质之后，水的温度上升，是通过换热器由冷却介质间接冷却的。冷却介质可以用空气，也可以采用多种多样的无机或有机冷却（冻）剂。但循环冷却水并不和这些冷却介质直接接触。在密闭式系统中一次充水之后，系统中没有蒸发，不浓缩，不排污，水量基本保持不变。这是密闭式与敞开式循环冷却水系统的区别。两种系统中都存在腐蚀、沉积和微生物问题，但处理方法不全相同，各自有其不同特点。

(1) 密闭式系统的水质以腐蚀倾向为主，结垢倾向不严重。这是由于水基本不浓缩，循环后易结垢的钙离子不增加。随补充水带入系统的氧气在腐蚀过程中虽有消耗，但变化不充分，系统中仍存在溶解氧。此外，密闭系统的冷泵及膨胀器等部位可能会有氧漏入系统。溶解氧会对系统产生氧腐蚀。还有些密闭系统采用软化水或除盐水，更易腐蚀。因此，系统中应加入以缓蚀为主的水处理剂。

(2) 一次性充水及一次性投加缓蚀阻垢剂。这是由于系统不排污、不蒸发，水和药剂基本不损失。虽然从设计意图上是完全密闭，但实际上系统中总是存在不同程度的泄漏损失。因此，还是需要定期或不定期向系统中补充水及水处理剂。

(3) 密闭系统中通常存在非常小的孔和冷却通道，常有低流速部位，并有较多的管道死角，容易发生局部沉积和腐蚀问题。

(4) 在一个系统中存在多种金属介质，如铜、铜合金、铝、铝合金、碳钢、不锈钢、铸铁、镀锌钢等，可能发生电偶腐蚀。

(5) 密闭系统有各种类型，其操作温度各不相同，从0℃以下到116℃的高温都有。操作温度不同的系统需要不同方案。例如，空调系统的冷冻水一般在1～20℃之间变化，多数在2～6℃之间；而采暖水一般在80℃左右。

(6) 严重的微生物问题。这是由于密闭系统水温合适，水停留时间长，有时工艺介质也漏入循环水中。常见微生物滋生繁殖，造成严重的黏泥问题。而使用非氧化性杀生剂又会使费用增高。

(7) 密闭系统常有间歇式运行或设备长时间停运的情况，如保护不当会使腐蚀、沉积和微生物控制变得困难。

### 525 密闭式循环冷却水系统如何进行化学处理?

密闭式循环冷却水系统的主要倾向是腐蚀问题，所以化学处理主要是解决腐蚀问题。早年曾采用铬酸盐处理，使用量为500～1000mg/L，效果很好。但因高浓度铬酸盐具有很大毒性，已限制使用。近年通常使用亚硝酸盐、钼酸盐、正磷酸盐、硅酸盐、硝酸盐、硼酸盐、锌盐等无机盐类，以及葡萄糖酸、山梨糖醇、巯基苯并噻唑、苯并三氮唑、羟基亚乙基二膦酸、羟基膦酰基乙酸（HPA）、膦基羧酸（PCA）、烷基三嗪、三乙醇胺等有机物。

(1) 亚硝酸盐　是优良的碳钢阳极缓蚀剂，能氧化碳钢表面，形成非常薄并致密的、附着性好的氧化膜，是目前密闭系统使用较多的缓蚀剂。使用时要求剂量较大，如果剂量不足以钝化全部阳极表面，将会造成严重的点蚀。适用的 pH 值范围是 8～11，最佳 8.5～9.5。一般与硼酸盐复配以缓冲 pH 值，使 pH 值保持在 8.5～10.5，以控制碳钢及铜的腐蚀速度。

亚硝酸盐处理要求清洁的系统和控制好微生物，与卤素不兼容，不能用于卤水冷冻系统，但与乙二醇兼容。使用温度超过 150℃时，亚硝酸钠会分解。密闭系统中有多种金属共存时，需复合铜和铝缓蚀剂（如巯基苯并噻唑、苯并三氮唑、硅酸盐、硝酸盐）防止铜合金及铝合金腐蚀。

（2）钼酸盐　阳极型氧化膜型缓蚀剂，使用时需要一个氧化环境，水中至少需有 1mg/L 氧气。在密闭系统单独使用时是相当弱的抑制剂，需要较高的浓度，加药量在 1000～1500mg/L。在采用复合配方时，适量加入有机磷、聚羧酸及其共聚物、锌盐等，则钼酸盐加入量可减少至 600～1000mg/L。钼酸盐无毒，不污染环境，能耐高温而不分解，在采暖的热水系统也可使用，但需使用高剂量。钼酸盐对氯的浓度非常敏感，不建议在氯离子 500mg/L 以上使用。由于钼酸盐价格贵，所以常和亚硝酸盐同时使用。二者有良好的协同作用，并可减少使用量。钨酸盐的性质和钼酸盐相同，可以代替钼酸盐使用，但价格比钼酸盐贵。

（3）硅酸盐　阳极型沉淀膜型缓蚀剂，能与阳极溶解下来的金属离子反应生成胶状集合体沉积在金属上。对碳钢、镀锌钢、铜、海军黄铜和铜镍合金都有腐蚀抑制作用，对铝和铝合金是优秀的腐蚀抑制剂。适用于碱性条件下，pH 值在 7.5～9.0 之间，加药量为 50～60mg/L（以 $SiO_2$ 计），多采用复合配方。注意系统中 $SiO_2$ 浓度不宜过高，镁离子浓度不宜大于 250mg/L，以免生成难以清洗的硅酸镁垢。使用硅酸盐时，系统补充水应采用软水。应通过分析监测水中硅酸盐含量。由于溶解的铁离子能够以硅酸铁的形式形成沉积，消耗硅酸盐，因此水中溶解的铁离子必须控制在 1.0mg/L 以下。

（4）硝酸盐　阳极和阴极缓蚀剂，可在铝的表面形成氧化保护层，主要用于发动机冷却液抑制铝腐蚀。在没有亚硝酸盐的情况下，对碳钢和铸铁有腐蚀性。

（5）有机抑制剂　唑类为铜缓蚀剂，常用的是巯基苯并噻唑（MBT）、苯并三氮唑（BZT）及甲基苯并三氮唑（TTA），通过化学反应被吸附到金属表面形成薄膜保护金属。BZT 更稳定，不易挥发，不易被生物降解。

有机磷、BZT 和聚合物分散剂的复合剂在一定条件下可以代替钼酸盐。其优点是不会增加电导率，适用于要求电导率低的密闭系统。应用 pH 值范围广，在 pH7.5～8.5 条件下可在含铝的系统使用。在不含铝的系统中，最佳使用 pH 值为 8.5～9.5。

葡萄糖酸、山梨糖醇等可应用在特殊系统，如盐水冷冻系统。

其他有机类抑制剂如三乙醇胺等可和其他抑制剂复合使用。

密闭系统的腐蚀控制评价可参考以下指标。

| 碳钢挂片腐蚀速度 | | 铜合金挂片腐蚀速度 | | 评　价 |
|---|---|---|---|---|
| μm/a | mpy | μm/a | mpy | |
| ＜2.5 | ＜0.1 | ＜1.3 | ＜0.05 | 极好 |
| 2.5～12.5 | 0.1～0.5 | 1.3～5 | 0.05～0.2 | 很好 |
| 12.5～25 | 0.5～1.0 | 5～8.8 | 0.2～0.35 | 好 |
| 25～75 | 1.0～3.0 | 8.8～12.5 | 0.35～0.5 | 不良 |
| ＞75 | ＞3 | ＞12.5 | ＞0.5 | 不允许 |

密闭式循环冷却水系统的微生物问题有时也很严重。采用非氧化性杀生剂控制微生物，常用的是戊二醛、异噻唑啉酮、二溴次氨基丙酰胺等。

### 526　密闭式循环冷却水系统常见类型有哪些？如何处理？

每种类型系统有不同特点，处理方案应根据系统的特点选择。

(1) 高温系统　如热水加热、发动机夹套冷却、注坯吹模、铝锭铸模冷却、工业工艺及反应器冷却等系统。

热水加热系统的典型温度为94～230℃。由于温度较高，应使用除盐水，化学处理采用亚硝酸盐方案最适合。但亚硝酸盐不能用在高于150℃的系统。高温（>150℃）系统采用类似低压锅炉的处理方法，采用除氧器对补充水除氧，还要添加除氧剂和有机分散剂处理。

发动机夹套冷却系统一般温度在90～110℃，需要用高浓度的硼酸盐、亚硝酸盐、硅酸盐和唑类处理。如果加有乙二醇等防冻液，特别需要高缓冲性药剂来中和介质分解产生的酸性物质。

(2) 高热通量系统　如钢厂连铸机浇铸、电磁搅拌和内部滚筒冷却、钢厂高炉密闭循环系统、注模和挤出冷却、电弧炉冷却（电极及炉组件冷却）或电感应炉冷却、熔融物溜槽冷却、纸厂废热锅炉冷却等系统。这类系统的热通量（热流密度）很高，通常在1580～3150kW/$m^2$，水的温度为38～50℃，但换热器的壁温却很高，结垢倾向严重。

钢厂连铸密闭循环冷却水系统传热的热通量和壁温极高，故需要使用低硬度水（总硬度<1mg/L），最好用除盐水，使用亚硝酸盐、钼酸盐和唑类抑制腐蚀，使用非氧化性杀生剂控制微生物。

电弧炉或电感应炉冷却系统要求电导率必须非常低，一般<0.5μS/cm。因此，不能使用亚硝酸盐和钼酸盐，必须使用对电导率增加小的药剂，如有机磷或有机磷酸酯等药剂。并采取类似锅炉处理的除氧钝化处理。

熔融物溜槽冷却可以使用亚硝酸盐或亚硝酸盐与钼酸盐复合处理。

(3) 制冷系统　如低温盐水系统。盐水冷冻系统，通常以氯化钙或氯化钠为介质，在水中适宜的浓度大约为20%。这种系统不能使用亚硝酸盐和钼酸盐为缓蚀剂，而应以有机缓蚀剂替代，如磷酸酯、聚羧酸及其共聚物、葡萄糖酸、山梨糖醇等。用苛性钠调节pH值为9～10。由于低温时氧的溶解度增加，会加速腐蚀，所以盐水槽采用氮封以减少氧进入系统。

其他介质低温系统，如介质为乙二醇、丙二醇或乙醇。乙二醇浓度为30%～35%，适合使用亚硝酸盐和钼酸盐为缓蚀剂。应严格监测pH值，因pH值下降是乙二醇降解的指示。

(4) 其他类型　如核电厂冷却、热能存储系统等。

### 527　密闭式循环冷却水系统为什么一定要有旁滤器?

一般密闭系统是不设计排污管的，所以旁滤器尤为重要。

旁滤器能够有效去除腐蚀产物、悬浮固体、有机体，包括微生物黏泥。过滤系统不需要全系统过滤，仅需过滤全系统的30%左右。旁流处理能够清洁换热器表面，减轻垢下腐蚀，延长设备寿命，起着很重要的作用。

使用补充水反洗旁滤器，可使系统水和抑制剂损失降至最小。

### 528　密闭式循环冷却水系统怎样进行预处理?

敞开式循环冷却水系统在正常运行之前要进行清洗和预膜，清洗和预膜工作被称为循环冷却水系统化学处理的预处理。密闭式系统也同样需要进行预处理。

(1) 预处理的目的是清洗系统，去除油脂、泥沙和其他污物，钝化管道和设备表面，建立保护膜，减少腐蚀；减少系统中的微生物，减轻微生物腐蚀。

(2) 清洗和钝化可根据不同系统和有无热负荷等情况，采用碱洗、有机酸洗、聚磷酸盐清洗钝化、亚硝酸盐清洗钝化及消毒杀生等措施。

(3) 在整个清洗过程，包括清洗期间和清洗之后，旁滤器都必须保持在线运行，确保悬浮固体的去除，这有助于减少腐蚀产物和黏泥沉积问题。

可参考本章（五）清洗与预膜。

**529 间歇运行的密闭式循环冷却水系统如何处理？**

分短期停运和长期停运两种情况。

(1) 短期停运，少于1～2周，进行以下处理。

① 抑制剂用量增加25%；

② 停机前添加杀生剂；

③ 每天至少循环1h。

(2) 长期停运，1～6个月，进行以下处理。

① 抑制剂用量为平时的2倍；

② 停机前加杀生剂，并进行微生物监控；

③ 每周循环1h。

**530 中央空调的水处理系统是怎样的？**

中央空调的作用是夏季供冷，即向室内送冷空气；冬季供暖，即向室内送热空气；所以夏季和冬季的水处理流程不同。夏季分为循环冷却水系统和冷冻水（或称冷媒水）系统，并有一套制冷系统。冷冻水系统为密闭式。图5-1-11为夏季中央空调的水处理系统图。密闭式循环冷却水系统中的冷水送至换热器与热风进行热交换使热风变为冷风，冷水被加热成热水，送至蒸发器被制冷剂冷却，循环使用。制冷剂在制冷系统中被敞开式循环冷却水冷凝后循环使用。

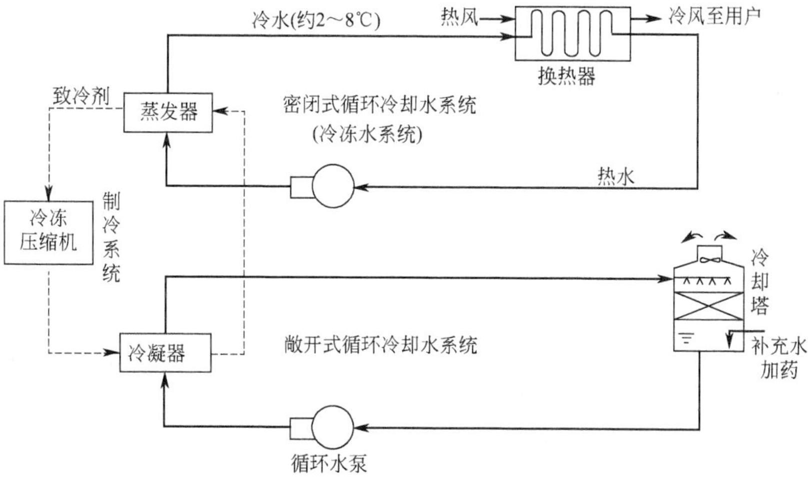


图5-1-11 中央空调水处理系统示意图

冬季的采暖水系统为密闭式系统，一般与冷冻水系统为同一系统，夏天走冷冻水，冬天走采暖水。

密闭式冷冻水、采暖水循环系统和敞开式循环冷却水系统这三种系统都存在腐蚀、结垢和微生物黏泥问题。因为各系统特点不同，解决的侧重点也不同。密闭式循环冷却水系统的特点见524题，可以用化学方法或物理方法处理，见525及531题。虽然冷冻水和采暖水均为密闭式系统，但二者的系统温度不同，处理措施和药剂配方也有差异。冷冻水的水温较低，一般在1～20℃之间，大多为2～8℃；采暖水的水温较高，在60～80℃，故需采用耐温的水处理剂。

冷冻水系统采用亚硝酸盐处理效果较好。用于碳钢系统时药量为600～1200mg/L，成膜后可降为200～500mg/L；系统含铜材时需要5000～7000mg/L。由于顾虑亚硝酸盐可能有致癌作用，故多采用钼钨系复合配方，总加药量约300mg/L，其中$Na_2MoO_4 \cdot 7H_2O$ 200～300mg/L、$ZnSO_4$ 4～10mg/L、聚丙烯酸2～4mg/L，HEDP 2～4mg/L及苯并三氮唑1～3mg/L。有的采用磷系配方加入除氧剂，一般用量500mg/L，成本较低但效果不如钼钨系。近年有的采用全有机磷缓蚀剂配方，如PBTC 10mg/L加HEDP 8mg/L。以上配方可供参考，还需根据水质情况通过试验选择最佳配方。

采暖水选用水处理剂需考虑防腐、防垢和耐温，故不宜选用无机磷和锌盐，宜选择亚硝酸盐、有机磷或钼钨系复合配方。如钼酸盐与磷酸酯、羧酸-磺酸盐等复配，药剂浓度在1500～2000mg/L左右。

### 531　密闭式循环冷却水系统的物理处理方法如何？

循环冷却水的物理处理方法国内外都有应用，主要是采用超声波、磁化等方法。密闭式循环冷却水系统的物理处理方法以磁化为主，按磁场形式可分为永磁式和电磁式；按磁场位置可分为内磁式和外磁式。

磁化技术的作用原理既有阻垢作用又有防腐作用。水在磁场作用下，水中正负离子按洛伦兹力（Lorentsforce）的作用原理向磁场阴、阳极运动，产生两极间电位差、微小电子流。$O_2$因得到电子，产生$O_2^-$，反应如下：

$$O_2 + e \longrightarrow O_2^-$$

从而减少了水中溶解氧$O_2$，腐蚀性减少了。在管壁上的腐蚀产物因得到电子，发生以下反应：

$$3Fe_2O_3 \cdot nH_2O + H_2O + 2e \longrightarrow 2Fe_3O_4 + 2OH^- + 3nH_2O$$

生成的磁性氧化铁膜$Fe_3O_4$具有防止腐蚀作用。在磁场的作用下，水中$HCO_3^-$、$CO_3^{2-}$在电极放电，失去电子，使$CO_2$减少，pH值上升0.1～1.0，使腐蚀减轻。磁场改变了碳酸钙结晶的结构，使坚硬的方解石向松散的文石（霰石）转化，防止了结垢的趋势。磁化水改变了微生物的生存环境，抑制了微生物滋长。

密闭式循环冷却水的冷冻水系统一般以腐蚀趋势为主，而采暖水系统中结垢、腐蚀倾向都有。磁化技术的缓蚀阻垢性能如能发挥出来，对冷冻水和采暖水系统应是很适用的。但实际情况是：磁化技术在我国应用已有多年，效果有好有坏，总体说效果并不理想。其原因是磁化技术应用需要一定的条件。例如：①要有一定流量的水去垂直切割相应磁场强度和密度的磁力线，显示水量与足够磁场强度的关系；②水流在切割磁力线时应有足够速度，无流速、低流速效果不好；③水应有一定的导电性，如果密闭式循环冷却水采用去离子水，则磁化技术无效果。上述三条件缺一都不行。由于应用磁力技术的条件不同，处理效果往往相差很大。

虽物理处理总体上不理想，但也有很多成功的范例。如M管路水处理器在某大型中央空调水处理中，已使用十年，各项指标能达到国家标准。它是由真空粉末冶炼的特殊钕铁硼永久磁铁，设备尺寸56mm×54mm×62mm。安装很简单，只需去除管外油漆，涂导电油脂，吸上即可。无外接电源，无人操作。M选型时要注意管壁厚度；同时配置时，要根据一定流速下的管径大小来选定个数。如<$\phi$80管道，只要配置一个就够了；但$\phi$150管道须配置2个。中央空调系统的M管路水处理器的布置示意图见图5-1-12。

### 532　什么是换热器、水冷却器？为什么水处理工作者应了解水冷却器的有关情况？

换热器又称热交换器，是工艺系统中工艺介质通过间壁（管壁或板壁）互相进行换热的设备。换热器中的热介质与冷介质进行热交换，使热介质温度降低、冷介质温度升高。冷介质可能是水，也可能是其他物料。用水作冷介质的换热器称为水冷却器，或称水冷器。在水

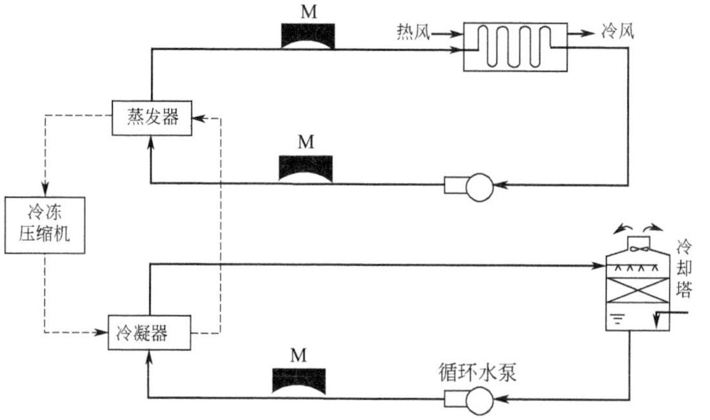


图 5-1-12　中央空调系统的 M 管路水处理器的布置示意图

冷却器中热介质与水进行热交换，使热介质温度降低、水的温度升高。

在化工、石油化工、炼油、火力发电等工艺系统中水冷却器不可缺少，数量较多。按水冷却器在工艺过程中的用途常可分为以下三类：①冷却工艺介质的水冷却器，其热介质为液体或气体；②回收并冷凝蒸汽透平机所排出蒸汽的水冷却器，使蒸汽变为冷凝水，又称蒸汽冷凝器、表面冷凝器或表冷器；③冷却润滑油的水冷却器，俗称油冷器。

水冷却器消耗水量很大。冷却热介质中的每 1kJ 热量需要 0.02388kg 冷却水（水温升以 10℃计）。例如某大型化肥厂水冷却器共 77 台，总热负荷约 $1130\times10^6$kJ/h（$270\times10^6$kcal/h)，冷却水如温升 10℃，则需冷却水 27000$m^3$/h。系统中有一台表面冷凝器的热负荷为 $347.5\times10^6$kJ/h，仅此一台就需冷却水 8300$m^3$/h。因此，可以说水冷却器确实是用水大户。如果采用直流水，水资源浪费太大。采用循环冷却水则能大大节约水资源。所以，从根本上说，设置循环冷却水系统是为了保证水冷却器用水，是为水冷却器服务的。循环冷却水系统中的腐蚀、结垢、微生物等危害也主要表现在水冷却器上。其换热管壁很薄，容易腐蚀穿孔；污垢沉积又极易影响其换热效率。故化学处理的效果也集中表现在水冷却器上。因此，在进行循环冷却水化学处理时，必须始终关注水冷却器的全面情况。在考虑化学处理方案时也应同时了解水冷却器的不同特点，如设备结构、应力消除情况、管程或壳程、材质、涂层性质、热流密度、工艺介质的性质等。

换热器的型式有夹套式、蛇管式、套管式、列管式、板式、螺旋板式等类型。水冷却器以列管式最常用，蛇管式中的喷淋换热器及螺旋板式换热器也很常见。

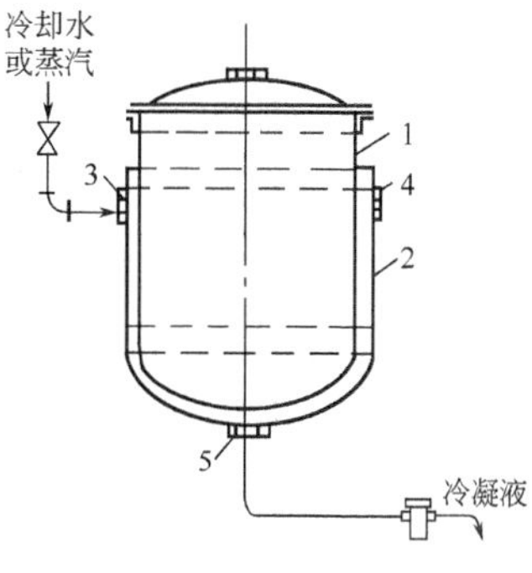


图 5-1-13　夹套式换热器
1—反应器；2—夹套；
3，4—蒸汽或冷却水接管；
5—冷凝水或冷却水接管

**533　什么是夹套式换热器?**

夹套式换热器用于控制反应器的温度。用作加热时，从反应器外的夹套中通蒸汽；用作冷却时，可在夹套内通冷却水。夹套式水冷却器除常见的反应器夹套之外，往复式压缩机水夹套也属此类。由于其结构的限制，传热面积都不大，热流密度也不高。见图 5-1-13。

**534　什么是蛇管式换热器?**

蛇管式换热器分为沉浸式和喷淋式两种。

(1) 沉浸式蛇管换热器　见图 5-1-14。热交换管可由肘管连接的直管 [图 5-1-14(a)]

或盘成螺旋形的蛇形管［图 5-1-14(b)］构成。蛇管安装在容器中，运行时容器中充满液体（或冷却水），故称为沉浸式。其优点是结构简单，便于防腐，能承受高压。缺点是传热面有限，管外流体流动性差，传热效率低。

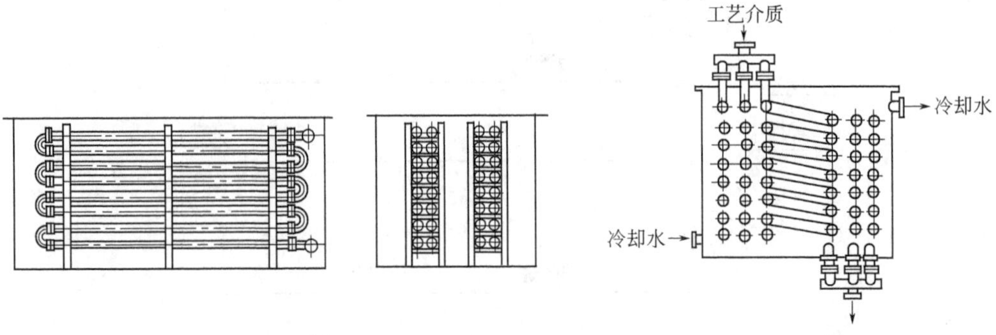


图 5-1-14　沉浸式蛇管换热器

（2）喷淋式蛇管换热器　见图 5-1-15。工艺介质在管内流动，冷却水由管上方的水槽分布后，淋至排管各层管子的表面，最后落入水池中。喷淋式水冷器结构简单，造价低，能承受高压，同时便于清洗和检修。由于喷淋的冷却水部分汽化，冷却水用量少。其在中小氮肥厂中应用很广。主要缺点是喷淋不易均匀；只能安装在室外，易积垢和长藻类。

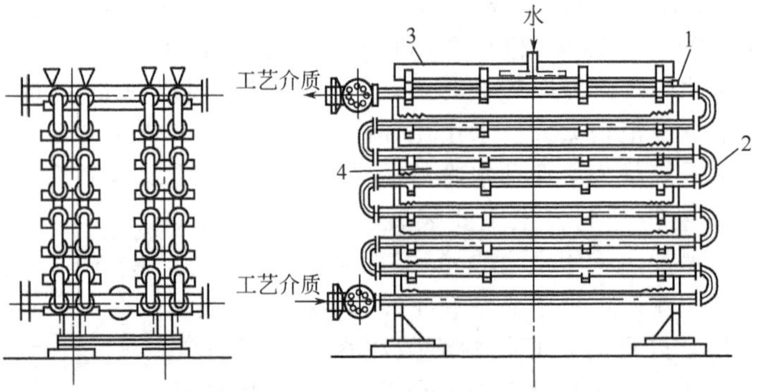


图 5-1-15　喷淋式蛇管换热器

1—直管；2—U 形管；3—水槽；4—齿形檐板

## 535　什么是套管式换热器？

其结构见图 5-1-16。将两种直径不同的直管装成同心套管，每一段套管称为一程，每程的内管与下一程的内管顺序地用 U 形肘管相连接，而外管之间也互连，即为套管换热器。一种流体在内管内流动，另一种流体在套管间的环隙中流动，进行热交换。套管换热器是用标准管与管件组合而成，构造较简单，加工方便，排数和程数可根据需要确定，伸缩性大。主要缺点是接头多，易漏，占地较多，单位面积消耗金属量大。适用于流量和换热量不大的场合。

## 536　什么是列管式换热器？

列管式换热器主要由壳体、管束、管板（又称花板）和顶盖（又称封头）等部件构成。管束安装在壳体内，两端用胀接或焊接方式固定在管板上，两种流体分别流经管内外进行换热。水流经管内的称为管程水冷却器，流经管外的称壳程水冷却器。

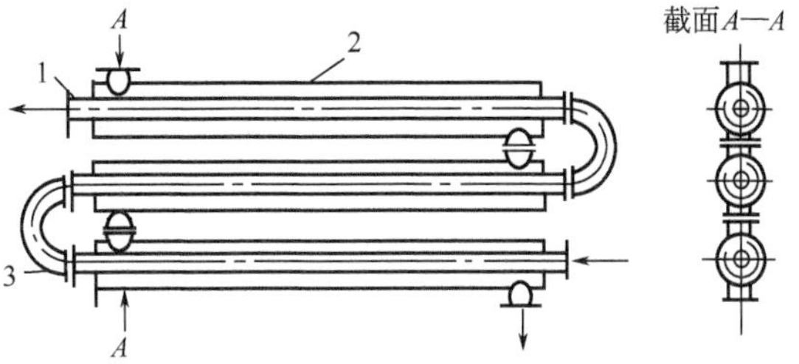


图 5-1-16　套管式换热器
1—内管；2—外管；3—U形肘管

为提高流体的流速常在壳程设折流挡板。常用挡板有两种：圆缺形（也称弓形）和交替排列的环形及圆盘形。

目前广泛使用的列管式换热器主要有以下几种。

（1）固定管板列管式换热器　见图 5-1-17 及图 5-1-18。两端管板是和壳体连为一体的。其特点是结构简单，适用于管内外温差小、管外物料较清洁、不易结垢的情况。管内外温差大于50℃时，因壳体和管束的热膨胀程度不同，可能将管子拉弯或拉松，损坏换热器。这时如壳体承受压力不太高，则可采用在壳体上具有补偿圈（或称膨胀节）的固定管板式换热器。

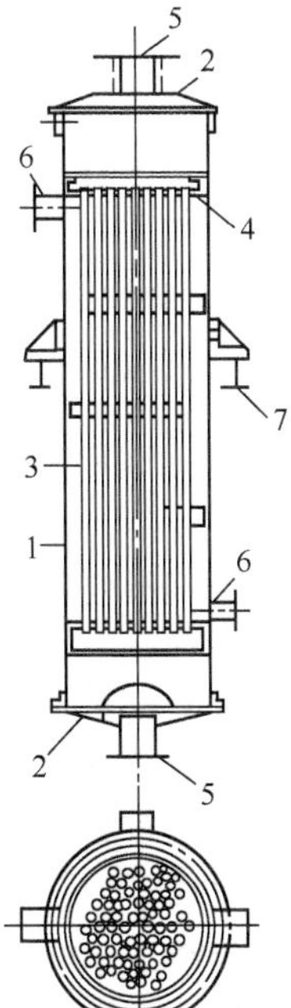


图 5-1-17　单程列管式换热器
1—壳体；2—顶盖；
3—管束；4—管板；
5，6—接管；7—支架

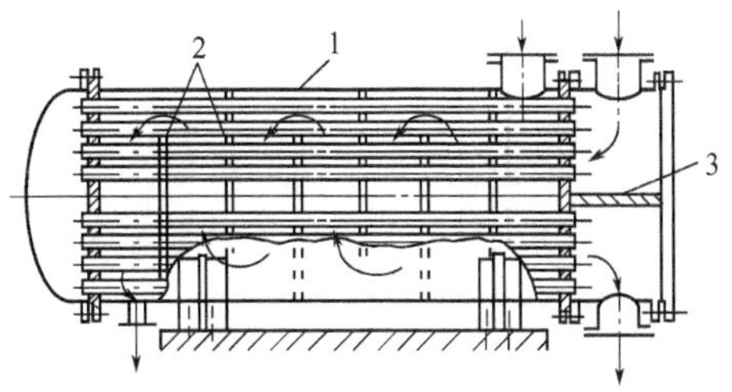


图 5-1-18　有折流挡板的双程列管式换热器
1—壳体；2—挡板；3—隔板

管内流体通过一程管束就流出的称单程换热器，如图 5-1-17。有时为提高管内流体的流速，可设计成双程、四程或六程换热器。如图 5-1-18 为双程换热器，流体通过第一程后，再折回，流过第二程管束后才流出。

（2）浮头列管式换热器　见图 5-1-19。该种换热器一端的管板不与壳体相连，便于自由伸缩。适用于管内外温差较大、需常拆卸清洗的情况。其结构较复杂。

（3）U 形列管式换热器　见图 5-1-20。该种换热器只有一端设管板，U 形管的两端分别装在管板两侧，封头用隔板隔成两室，管子可以自由伸缩。其结构比浮头式简单，化工厂中常见。

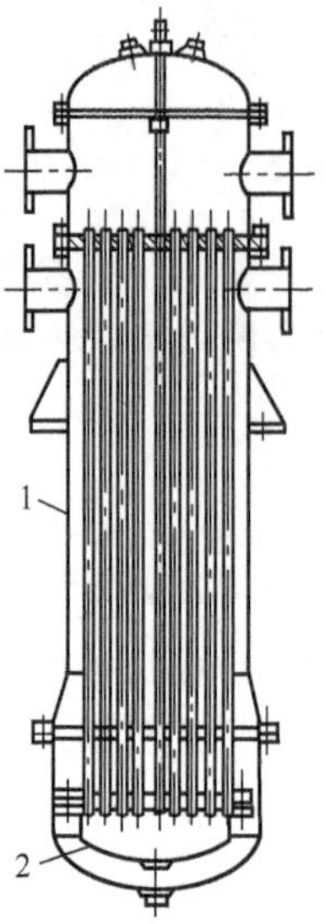


图 5-1-19　浮头列管式换热器

1—壳体；2—浮头

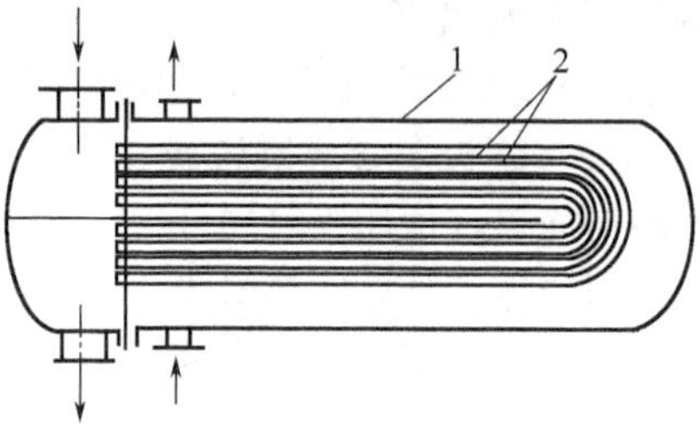


图 5-1-20　U 形列管式换热器

1—外壳；2—U 形管

列管式水冷却器几乎是最常见的型式。与前几种型式相比，其单位体积所能提供的传热面积要大得多，传热效率高，结构紧凑、坚固、能选用多种材质，可以用于高温、高压的大型装置。

### 537　列管式水冷却器容易发生哪些问题？

列管式水冷却器是应用最广的水冷却器。其优点很多，如化学处理方法得当，不仅能够满足工艺系统高效传热的要求，也能保证长周期运行，使用寿命也很长，碳钢管程水冷却器的寿命往往达到 10 年以上。但也有些水冷却器损坏的原因与列管式水冷却器的结构等因素有关，这是化学处理方法难以解决的，故应加以注意。常见的有以下几种情况。

（1）碳钢壳程水冷却器的积垢与垢下腐蚀　水流经壳程或是管程常根据工艺系统的要求而定。设计时一般尽量使温度高、压力高、腐蚀性强的工艺介质流经管内，这样壳体材质可以不考虑耐温、耐压和耐蚀的要求而选用普通材质，这样就迫使冷却水流经壳程。因壳程水冷却器的水流速低，又有很多折流板形成死角，极易积污垢。污垢造成垢下腐蚀，容易穿孔泄漏。故碳钢壳程水冷却器的使用寿命一般为 3～5 年，很难达到 10 年。近年来国内外的设计者为解决此问题，尽量多采用管程水冷却器，少用壳程水冷却器。

（2）不锈钢壳程水冷却器的应力腐蚀开裂　应力腐蚀开裂的特点是换热管突然成批发生破裂。发生应力腐蚀开裂的奥氏体不锈钢水冷却器的寿命比碳钢壳程水冷却器的寿命还短，有的甚至只使用一两个月就报废。产生应力腐蚀开裂的三个条件是：设备结构上存在拉应力；有氯离子富集；有较高的壁温为诱导。调查发现，发生应力腐蚀开裂的均为壳程水冷却器。这是因为壳程水冷却器管板及折流板的缝隙处容易富集氯离子，氯离子的浓缩区往往是开裂的起点。同时发现固定管板的水冷却器不利于热膨胀、易产生热应力，比 U 形管水冷却器更易发生开裂。壁温和水温是开裂的主要诱导因素。开裂起点常发生在工艺介质达200℃左右或更高时，均发生在热端。工艺介质和水温低的水冷却器未发现过开裂。开裂的出现与水中氯离子的浓度无相关性，氯离子浓度从 20～300mg/L 均发生过开裂。所以控制氯离子浓度没有实际意义，反而使缺水地区的冷却水系统的浓缩倍数受到限制。解决开裂问题，除应注意消除设备制造中的应力外，主要应稳定操作温度。严格按设计要求控制水冷器出口水温，不应超过 45℃。

(3) 管板渗漏 这种泄漏不是由于管壁受腐蚀穿孔，而是由于管板与换热管之间密封不严造成的渗漏。其特点一般是由小至大，开始只有少量工艺介质漏入水中，继而逐步增加泄漏量。当泄漏严重时，往往也需更换水冷却器，其寿命一般达不到 10 年。其原因是由于管膨胀引起的热应力所致。出现这种渗漏的为碳钢管程固定管板列管式水冷却器，管束较长，温差也较大。

(4) 电偶腐蚀 是水冷却器中不同材质的电位不同引起的腐蚀。某厂一台水冷却器的换热管为黄铜，壳体为碳钢。碳钢的电位较负，成为阳极，运行不足 2 年，壳体穿孔报废。某厂一台壳程水冷却器的换热管为铜镍合金（70/30CuNi），折流板为碳钢。约 3 年后发现折流板已被腐蚀得不存在了。

(5) 换热管磨损 一般因换热管震动，受折流板摩擦而穿孔。这种损坏的特点是：工艺介质突然大量漏入水中，但泄漏的换热管数并不多。一般停车堵漏后，水冷却器仍可继续使用。

### 538 什么是板式换热器？

板式换热器由传热板片（见图 5-1-22）、密封垫片和压紧装置 3 部分组成，其流向示意见图 5-1-21。

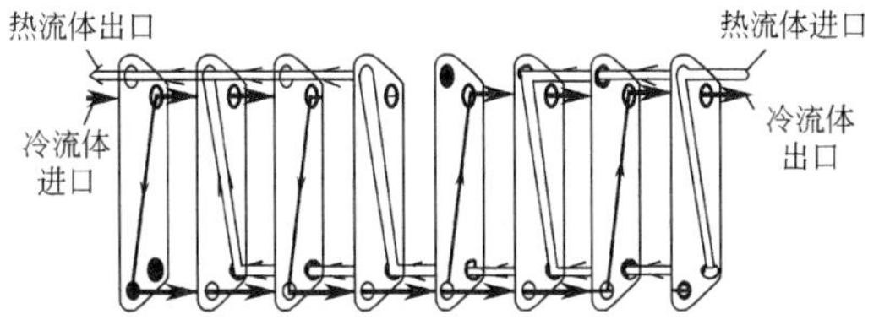


图 5-1-21 板式换热器流向示意图

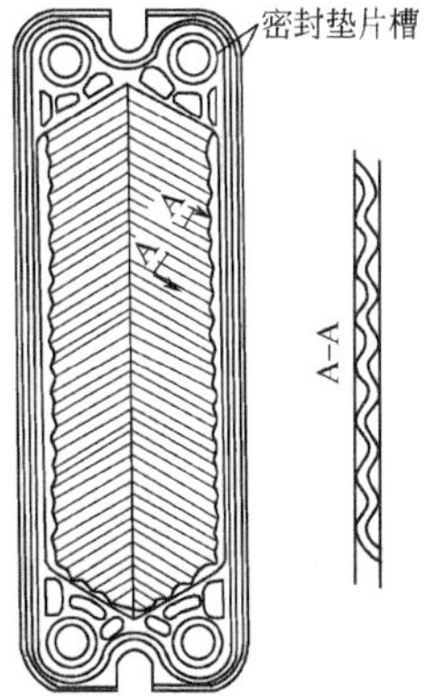


图 5-1-22 板式换热器的传热板片
（人字形波纹板片结构）

与各种管式换热器不同，板式换热器是通过传热板片换热的。冷热流体分别在板片的两侧流过进行传热。传热板片由 0.5～3mm 的金属薄板压制成型，材质有不锈钢、黄铜或铝合金等。为增强刚度、避免变形，一般将板片压成波纹形，如图 5-1-22 为人字形波纹。波纹既增大了传热面积，又增强了流体的湍流程度。板片的四个角上各开一孔，作为冷热流体的进出口。板片四周及孔周围压有密封垫片槽，可贴入密封垫片。垫片可根据流体流动的需要来放置，从而起到允许或阻止流体进入板面之间通道的作用。按传热需要将若干块传热板片排列在支架上，由压板借压紧螺杆压紧后，相邻板间就形成了流体通道。藉助垫片的恰当布置，使冷、热流体在传热板片的两侧流过进行传热。不同厚度的垫片可以调节板间距（一般 4～6mm），即调节流量。

板式换热器的主要优点是在低流速下即能达到湍流，传热效率比列管式换热器高，设备紧凑，操作灵活性大，板片制造、检修及清洗都比较方便。其缺点主要是处理量不大，同时受板片刚度及垫片性能的限制，允许的操作压力和温度都不能太高。操作表压一般低于1.5MPa，最高不超过2MPa。用合成橡胶垫片时，操作温度应低于130℃，用压缩石棉垫片应低于250℃。

### 539 什么是螺旋板式换热器?

螺旋板式换热器由两张薄板平行卷制而成，这样就形成两个互相隔开的螺旋形通道，分别通入冷热流体进行逆流换热。两板之间焊有定距柱，用以保持板间距及增强板的刚度。在换热器中心，装有隔板，使两个螺旋通道分开，见图5-1-23。

螺旋板式换热器的优点是结构紧凑，制作简便；因流体流向不断改变，易形成湍流，且允许流速达2m/s，故传热效率好；由于流道长，又可在逆流条件下传热，所以可在较小温差下运行，能够充分利用温度较低的热源；因流速较大，且螺旋流动，对污垢起冲刷作用，故不易结垢和堵塞。其主要缺点是操作压力和温度不能太高，一般要求表压<2MPa，温度<300～400℃；不易检修；阻力损失较大。

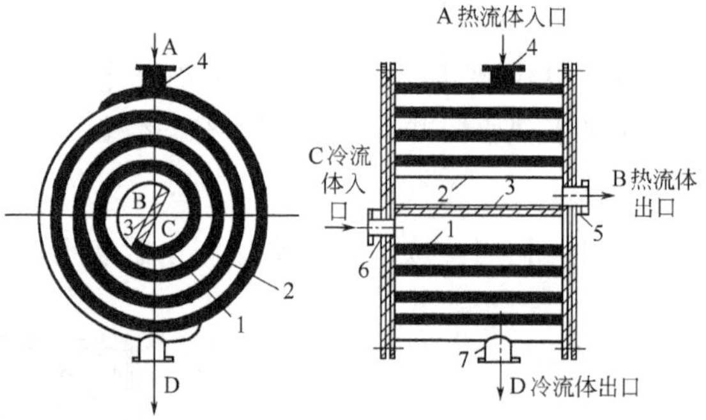


图5-1-23 螺旋板式换热器

1，2—金属片；3—隔板；4，5—热流体连接管；6，7—冷流体连接管

### 540 水冷却器是如何传热的?

水处理工作者应该了解水冷却器如何传热，以便掌握每台水冷却器的特点。水冷却器单位传热面上的传热速率称为热流密度，或称热强度。它决定水冷却器腐蚀或结垢的倾向。热流密度高的水冷却器壁温较高，较倾向结垢。

水冷却器为间壁传热，是通过管壁进行传热的。间壁传热包括对流传热和热传导两种形式。水冷却器工艺侧的热流体到管垢表面及水侧管垢表面到冷却水的传热属于对流传热，由介质和水的对流传热系数和至管垢表面的温差决定。工艺侧污垢，管壁及水侧污垢的传热为热传导，由污垢及管壁材质的热导率和各自温差决定，假定热流体在管外，冷却水在管内则热流密度计算如下：

$$\underset{\text{热流密度}}{\frac{Q}{F_1}}=\underset{\text{热流体至工艺侧污垢表面的对流传热}}{\frac{T-T_{w1}}{\frac{1}{\alpha_1}}}=\underset{\text{工艺侧污垢的热传导}}{\frac{T_{w1}-T_{w2}}{r_1}}=\underset{\text{管壁的热传导}}{\frac{T_{w2}-t_{w2}}{\frac{b}{\lambda}\times\frac{F_1}{F_m}}}=\underset{\text{水侧污垢的热传导}}{\frac{t_{w2}-t_{w1}}{r_2}}=\underset{\text{水侧污垢表面至水的对流传热}}{\frac{t_{w1}-t}{\frac{1}{\alpha_2}\times\frac{F_1}{F_2}}}$$

$$\frac{Q}{F_1}=\frac{T-t}{r}=K(T-t) \tag{1}$$

式中 $Q$——传热速率，J/s（W）；

$K$——水冷却器的总传热系数，W/（m² · K）；

$r$——水冷却器的总热阻，$m^2 \cdot K/W$；

$r_1$，$r_2$——工艺侧及水侧污垢热阻，$m^2 \cdot K/W$；

$\alpha_1$，$\alpha_2$——热流体及水的对流传热系数，$W/(m^2 \cdot K)$；

$F_m$，$F_1$，$F_2$——水冷却器平均、热流体（管外）及水（管内）的传热面积，$m^2$；

$b$——管壁厚度，m；

$\lambda$——管壁金属的热导率，$W/(m \cdot k)$；

$T$，$t$——热流体及水的温度，℃；

$T_{w1}$，$T_{w2}$——热流体侧污垢表面及管壁表面温度，℃；

$t_{w1}$，$t_{w2}$——水侧管壁表面及污垢表面温度，℃。

$$r=1/K=1/\alpha_1+r_1+bF_1/\lambda F_m+r_2+F_1/\alpha_2 F_2 \tag{2}$$

$T-t$ 为热流体与水的温差。在水冷却器中，温差随交换断面而变化，故 $T-t$ 应以平均温差 $\Delta t_m$ 代替，即式(1) 应改为式(3)：

$$Q/F_1=\Delta t_m/r=K\Delta t_m \tag{3}$$

$$\Delta t_m=(\Delta t_1-\Delta t_2)/\ln(\Delta t_1/\Delta t_2)$$

热流体与水并流传热时，

$$\Delta t_1=T_1-t_1, \Delta t_2=T_2-t_2$$

热流体与水逆流传热时，

$$\Delta t_1=T_1-t_2, \Delta t_2=T_2-t_1$$

式中　$T_1$，$T_2$——热流体进、出口温度，℃；

$t_1$，$t_2$——水进、出口温度，℃。

式(1)、式(2)、式(3) 中的 $K$ 及 $r$ 计算较麻烦，特别是热流体多种多样，其对流传热系数 $\alpha_1$ 尤难计算。传热速率也可以按式(4) 计算。

$$Q=m_1 C_{P_1}(T_1-T_2)=m_2 C_{P_2}(t_2-t_1) \tag{4}$$

式中　$m_1$，$m_2$——热流体、水的质量流率，kg/s；

$C_{P_1}$、$C_{P_2}$——热流体、水的比热容，$J/(kg \cdot K)$。

$t_1$ 及 $t_2$ 可在现场实测，水的 $C_{P_2}$ 及 $m_2$ 值容易查得，计算较方便。

### 541　怎样计算水冷却器的管壁温度？

水冷却器的管壁温度高低影响腐蚀结垢的倾向。对奥式体不锈钢而言，壁温过高也可能产生应力腐蚀开裂。壁温很难测定，可以通过计算了解大致情况，按上题水侧对流传热及水侧污垢热传导式计算。

水流经管程，有水侧污垢时的壁温：

$$t_{w_2}=\frac{Qr_2}{F_1}+\frac{Q}{\alpha_2 F_2}+t$$

水入口处壁温

$$t_{w_{21}}=\frac{Qr_2}{F_1}+\frac{Q}{\alpha_2 F_2}+t_1 \tag{1}$$

水出口处壁温

$$t_{w_{22}}=\frac{Qr_2}{F_1}+\frac{Q}{\alpha_2 F_2}+t_2 \tag{2}$$

无水侧污垢时的壁温：

水入口处

$$t_{w_{11}}=\frac{Q}{\alpha_2 F_2}+t_1 \tag{3}$$

水出口处

$$t_{w_{12}}=\frac{Q}{\alpha_2F_2}+t_2 \tag{4}$$

水流经壳程，有水侧污垢时的壁温：

水入口处

$$t_{w_{21}}=\frac{Qr_2}{F_2}+\frac{Q}{\alpha_2F_2}\times\frac{d_1}{d_2}+t_1 \tag{5}$$

水出口处

$$t_{w_{22}}=\frac{Qr_2}{F_2}+\frac{Q}{\alpha_2F_2}\times\frac{d_1}{d_2}+t_2 \tag{6}$$

无水侧污垢时的壁温：

水入口处

$$t_{w_{11}}=\frac{Q}{\alpha_2F_2}\times\frac{d_1}{d_2}+t_1 \tag{7}$$

水出口处

$$t_{w_{12}}=\frac{Q}{\alpha_2F_2}\times\frac{d_1}{d_2}+t_2 \tag{8}$$

式中　$Q$——传热速率，J/s（W）；

$r_2$——水侧污垢热阻，$m^2\cdot K/W$；

$\alpha_2$——水的对流传热系数，$W/(m^2\cdot K)$；

$F_1$，$F_2$——热流体、水的传热面积，$m^2$；

$d_1$，$d_2$——换热管外径、内径，m；

$t_{w_{11}}$，$t_{w_{12}}$——无水侧污垢时的壁温，℃；

$t_{w_2}$，$t_{w_{21}}$，$t_{w_{22}}$——有水侧污垢时的壁温，℃。

在已知 $Q$、$d_1$、$d_2$、$t_1$、$t_2$ 及 $\alpha_2$ 值的情况下，可以由式(3)、式(4) 或式(7)、式(8) 计算得无水侧污垢时的管壁温度，其中 $t_1$ 及 $t_2$ 可由现场实测，然后再由 540 题中的式(4) 计算得 $Q$ 值。

计算有水侧污垢时的壁温还需要有污垢热阻值 $r_2$ 的数据。按 592 题：

$$r_2=\frac{1}{K}-\frac{1}{K_C}$$

式中　$K_C$，$K$——清洁管、结垢管的总传热系数，$W/(m^2\cdot K)$。

可以由监测换热器的试验求得，也可以按现场换热器实测清洁和结垢时的 $t_1$、$t_2$ 值，按 540 题中的式(4)、式(3) 分别计算得清洁和结垢时的 $Q$ 值及 $K$ 值，再按上式计算出 $r_2$ 值。

由计算式可见，出口水温 $t_2$ 与壁温成直线关系，$t_2$ 每增加 1℃，壁温也同时增加 1℃。运行时每台水冷却器的出水温度都不应过多超过设计温度。

水的对流传热系数 $\alpha_2$ 由普朗特数 $Pr$ 与雷诺数 $Re$ 计算而得。

$$Pr=C_p\mu/\lambda$$

$$Re=lu\rho/u$$

式中　$\mu$——水的［动力］黏度，$Pa\cdot s$；

$C_p$——水的比热容，$J/(kg\cdot K)$；

$\lambda$——水的热导率，W/（m·K）；

$\rho$——水的密度，$kg/m^3$；

$u$——水的流速，m/s；

$l$——水冷却器的定性长度，m。

$\alpha_2$ 的计算式见下表：

| 水冷却器类别 | $\alpha_2$ 计算式 | 定性长度 $l$ 计算式 |
|---|---|---|
| 管壳式，水走管程 | $\alpha_2=0.023\times\frac{\lambda}{d}Re^{0.8}Pr^{0.3}$ | $l=d$，$d$ 为管内径 |
| 管壳式，水走壳程 | $\alpha_2=0.36\times\frac{\lambda}{d_0}Re^{0.55}Pr^{\frac{1}{3}}(\frac{\mu}{\mu_w})^{0.14}$ | 管正方形排列：$l=d_e=\frac{4t^2-\pi d_0^2}{\pi d_0}$ 管正三角形排列：$l=d_e=\frac{2\sqrt{3}t^2-\pi d_0^2}{\pi d_0}$ $t$ 为管中心距，$d_0$ 为管外径 |
| 板式换热器 | $\alpha_2=0.52\times\frac{\lambda}{d_e}Re^{0.61}Pr^{\frac{1}{3}}(\frac{\mu}{\mu_w})^{0.14}$ | $l=d_e=\frac{4Bb}{2(B+b)}\approx 2b$ $B$ 为板宽度，$b$ 为板间距 |
| 螺旋板式换热器 | $\alpha_2=0.04\times\frac{\lambda}{de}Re^{0.78}Pr^{0.4}$ | |

注：计算式中水的物理性质数据 $\mu$、$C_p$、$\lambda$、$\rho$ 随温度而变化，应选择进出口水温算术平均温度时的数据。$\mu_W$ 为壁温时的［动力］黏度，Pa·s。

## （二）腐蚀的抑制

### 542　什么是腐蚀？

由于和周围介质相作用，使材料（通常是金属）遭受破坏或使材料性能恶化的过程称为腐蚀。

腐蚀是一种电化学过程，通过腐蚀，一种金属可以恢复到它原来自然的状态。例如：铁的腐蚀过程即是由铁回复到赤铁矿（$Fe_2O_3$）、磁铁矿（$Fe_3O_4$）的状态。

### 543　什么叫做全面腐蚀和局部腐蚀？

在水中金属的腐蚀是电化学腐蚀。电化学腐蚀又分为全面腐蚀和局部腐蚀。全面腐蚀相对较均匀，在金属表面上大量分布着微阴极和微阳极，故这种腐蚀不易造成穿孔，腐蚀产物氧化铁可在整个金属表面上形成，在一定情况下有保护作用。当腐蚀集中于金属表面的某些部位时，则称为局部腐蚀。局部腐蚀的速度很快，往往在早期就可使材料腐蚀穿孔或龟裂，所以危害性很大。垢下腐蚀、缝隙腐蚀、晶间腐蚀等均属局部腐蚀。

全面腐蚀的阴、阳极并不分离，阴极面积等于阳极面积，阴极电位等于阳极电位。局部腐蚀的阴、阳极互相分离，阴极面积大于阳极面积，但阳极电位小于阴极电位，腐蚀产物无保护作用。

### 544　什么是金属的腐蚀电化学过程？碳钢在冷却水中的腐蚀机理是什么？

金属的腐蚀电化学反应实际上是这样的过程：首先是在溶液中的金属释放自由电子（通常把释放自由电子的氧化反应称为阳极反应）；自由电子传递到阴极（接受电子的还原反应称为阴极反应）；电子再由阴极传递到溶液中被其他物质吸收。因此腐蚀过程是一个发生在金属和溶液界面上的多相界面反应，同时也是一个多步骤的反应。由以上叙述中可以看出，一个腐蚀过程至少由一个阳极（氧化）反应和一个阴极（还原）反应组成。

碳钢在冷却水中的腐蚀是一个电化学过程。由于碳钢组织表面的不均一性，因此，当它浸入水中时，在其表面就会形成许多微小的腐蚀电池。其腐蚀过程用图 5-2-1 示意说明。

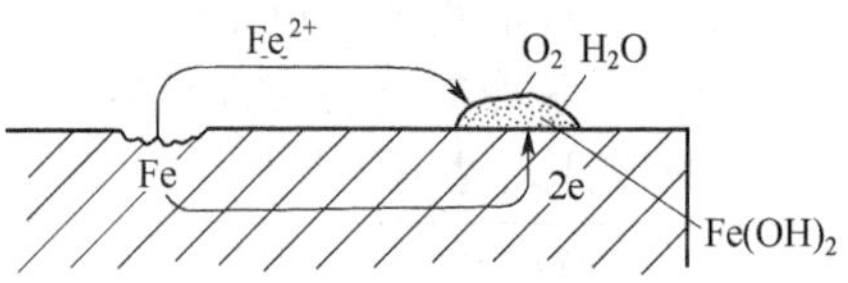


图 5-2-1 铁的电化学腐蚀

在阳极： $Fe \longrightarrow Fe^{2+} + 2e$

在阴极： $O_2 + 2H_2O + 4e \longrightarrow 4OH^-$

在水中： $Fe^{2+} + 2OH^- \longrightarrow Fe(OH)_2$

阳极区域 Fe 不断失去电子，变成 $Fe^{2+}$ 进入溶液，也即铁不断被溶解腐蚀，留下的电子，通过金属本体移动到阴极渗碳体的表面，与水和溶解在水中的 $O_2$ 起反应生成 $OH^-$。在水中，阴、阳极反应生成的 $Fe^{2+}$ 与 $OH^-$ 相遇即生成不溶性的白色 $Fe(OH)_2$ 堆积在阴极部位，铁的表面不再和水直接接触，这就抑制了阳极过程的进行。但当水中有溶解氧时，阴极部位的反应还要进行下去，因 $Fe(OH)_2$ 这种物质极易被氧化为 $Fe(OH)_3$，即铁锈。由于铁锈基本不溶于水，所以只要水中不断有 $O_2$ 溶入，这种腐蚀电池的共轭反应也就不断进行。换言之，也就是碳钢的腐蚀会不断地进行下去。

上述腐蚀电池中，阳极氧化反应和阴极还原反应必须同时进行，如其中一个反应被停止，则整个反应就会停止，故称之为共轭反应。因此，如果能设法控制其阴极过程或阳极过程，则整个腐蚀过程也就会相应的得到控制。反之，如果在阳极不断除去 $Fe^{2+}$ 或在阴极表面不断充分供给 $O_2$，则共轭反应也就会加速进行，也即腐蚀过程变快。因此，采取不同的方式控制其阴极或阳极过程，就是控制冷却水系统腐蚀的各种方法的依据。

### 545 什么叫极化和去极化作用?

金属腐蚀过程中，电流在阳极部位和阴极部位间流动，这说明阳极部位和阴极部位间有电位差。如果水中不含氧，阳极腐蚀反应的电子在阴极发生以下反应：$2e + 2H^+ \longrightarrow 2H \longrightarrow H_2$

生成的原子态氢和氢气覆盖在阴极表面，产生了与腐蚀电位相反的电压，称为氢气的超电压，使电位差起了变化，阻止了电流的流动，也就是停止了腐蚀过程的进行。这种由于反应生成物所引起的电位差变化称为极化。氢气在腐蚀过程中起了极化作用，极化作用起了抑制腐蚀过程的作用。

当水中有溶解氧存在时，阴极反应按下式进行：

$$H_2 + \frac{1}{2}O_2 \longrightarrow H_2O \text{ 或 } \frac{1}{2}O_2 + H_2O + 2e \longrightarrow 2OH^-$$

由于氧参加了反应，夺走了覆盖在阴极表面上的原子态氢和氢气，因而使氢气的极化作用遭到破坏。排除极化的作用称为去极化，氧在腐蚀过程中起了去极化作用，去极化作用起了助长腐蚀过程的作用。

### 546 什么叫电偶腐蚀?

不同金属偶合后所形成的电偶腐蚀又称为双金属腐蚀或接触腐蚀。很多生产装置是用不同的金属或合金制造而成，这些材料是互相接触的。由于不同金属电位间存在着差异，在水溶液（电介质）中形成电偶电池。较活泼的电位较负的金属是阳极，腐蚀速度要比未偶合时高；电位较正的金属是阴极，受到保护，腐蚀速度下降或停止。在系统中，常见的电偶腐蚀有铁和黄铜、铁和不锈钢、铝和钢、锌和钢以及锌和黄铜等，不论在哪种情况下，都是前一种金属遭受腐蚀。如在海水中碳钢和锌都会受腐蚀，但如将二者相偶接，则锌成为阳极被腐蚀，而保护了阴极碳钢。现场水冷却器电偶腐蚀的例子见本书537题。

某些金属在海水中的电偶序如下[10]：

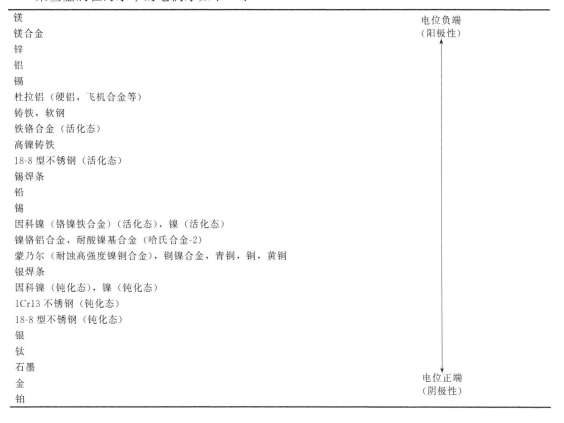

| | |
|---|---|
| 镁 | 电位负端（阳极性） |
| 镁合金 | ↑ |
| 锌 | |
| 铝 | |
| 镉 | |
| 杜拉铝（硬铝，飞机合金等） | |
| 铸铁，软钢 | |
| 铁铬合金（活化态） | |
| 高镍铸铁 | |
| 18-8型不锈钢（活化态） | |
| 锡焊条 | |
| 铅 | |
| 锡 | |
| 因科镍（铬镍铁合金）（活化态），镍（活化态） | |
| 镍铬铝合金，耐酸镍基合金（哈氏合金-2） | |
| 蒙乃尔（耐蚀高强度镍铜合金），铜镍合金，青铜，铜，黄铜 | |
| 银焊条 | |
| 因科镍（钝化态），镍（钝化态） | |
| 1Cr13不锈钢（钝化态） | |
| 18-8型不锈钢（钝化态） | |
| 银 | |
| 钛 | |
| 石墨 | ↓ |
| 金 | 电位正端 |
| 铂 | （阴极性） |

### 547 什么是氧浓差腐蚀电池？

氧浓差腐蚀电池是金属在水中腐蚀时最普遍、危害最大，但又是最难防治的一种腐蚀电池。氧浓差电池是介质浓度影响阴极反应而产生电位差。最常见的氧浓差电池有两种类型，一种是在不同深度的水中由于溶解氧浓度不同而造成氧浓度梯度产生的氧浓差电池，如水线腐蚀；另一种则是冷却水系统中最常见，也是危险最大的污垢下腐蚀或叫做沉积物腐蚀。在沉积物下面会形成缝隙区，在这些缝隙区的溶液中，氧要得到补充是非常困难的；而缝隙外的金属表面上的溶液，氧的供应很充分，因而缝隙外是富氧区——阴极，而缝隙内则是贫氧区——阳极。缝隙区形成的氧浓差电池造成的腐蚀部位在缝隙之内，或在沉积物下面。

### 548 什么是缝隙腐蚀？

所谓缝隙腐蚀是金属表面被覆盖部位在某些环境中产生局部腐蚀的一种形式。大量换热器的腐蚀穿孔，其中最主要的原因是污垢下的腐蚀——缝隙腐蚀的一种类型。

缝隙腐蚀的产生要有两个条件：一是要有危害性阴离子（如 $Cl^-$）存在；二是要有滞留的缝隙。作为一个腐蚀部位，缝隙要宽到足够能使液体进入，但又要窄到能保持一个滞留区。一般认为宽度在千分之一英寸（1英寸＝25.4mm）以下就会导致腐蚀，宽度在1/8英寸（3.175mm）以上腐蚀很少产生。

### 549 什么是点蚀？

点蚀过去又称为坑蚀、孔蚀，但现在比较统一的叫法称点蚀。点蚀是一种特殊的局部腐蚀，导致在金属上产生小孔。若用 $P$ 表示腐蚀孔的深度，$d$ 表示腐蚀孔的宽度，当 $P/d \leqslant 1$ 时称为局部腐蚀；当 $P/d > 1$ 时称为点蚀。产生点蚀的原因主要是水中离子或黏泥在金属表面产生沉积，这些沉积物覆盖在金属表面使水中溶解氧和缓蚀剂不能扩散到金属表面上，从而造成局部腐蚀。水中 $Cl^-$ 对点蚀也有影响，点蚀倾向随着 $Cl^-$ 浓度的升高而增加。温度对点蚀影响较大，升高温度会使钝化膜的保护性能下降，还可能导致应力腐蚀开裂。因此，点蚀经常发生在换热器的高温区和流速缓慢发生沉积的部位，增加水的流速有利于氧的扩散，有利于钝化膜的修补，而且亦可带走小孔上的沉积物，有利于控制点蚀的发生。

点蚀是潜伏性和破坏性最大的一种腐蚀类型。点蚀都是大阴极小阳极，有自催化特性。小孔内腐蚀，使小孔周围受到阴极保护。孔越小，阴、阳极面积比越大，穿孔越快。点蚀发生有时往往是在材料的一侧开始，在另一侧扩大穿孔，使得检测很困难。由于点蚀极强的破坏性，现在已愈来愈引起人们的重视。

### 550　什么是应力腐蚀开裂？

应力腐蚀开裂是指金属或合金在应力和腐蚀的共同作用下所引起的开裂，多见于奥氏体不锈钢，也见于钛合金、铜合金和铝合金。金属在制造过程中往往处于应力状态，因而会在垂直于应力的方向开裂。高温、氯化物及其腐蚀条件的存在，都会促使应力腐蚀开裂。因此，应力腐蚀开裂是电化学作用和机械作用的综合结果。压应力不会导致开裂，相反有抑制的作用；张应力对开裂产生作用比较明显，像冷加工时的剩余应力、热应力、焊接应力、外加应力等都会产生张应力。

为防止应力腐蚀开裂，常用的防止方法是：

（1）设计换热器时应尽力避免应力集中现象。

（2）消除或减少设备上存在的残余应力。

（3）尽量将金属表面由张应力变为压应力。

（4）尽量控制水中有害离子浓度，对水中氯离子浓度要特别注意。

（5）控制冷却水的温度，使水冷器壁温控制在安全温度内。

### 551　什么是磨蚀和空化作用？

磨蚀是由于腐蚀流体和金属表面间的相对运动，引起金属的加速破坏或腐蚀，这类腐蚀常与金属表面上的湍流程度有关。湍流使金属表面液体的搅动比层流时更为剧烈，使金属与介质的接触更为频繁，故通常叫做湍流腐蚀。湍流腐蚀实际上是一种机械磨耗和腐蚀共同作用的结果。磨蚀的外表特征是槽、沟、波纹、圆孔和山谷形，还常常显示有方向性。在工厂中，像泵的叶片、阀、弯管、肘管、透平叶片、喷嘴等流速变化较大的部位，易产生磨蚀。

空化作用又称空泡腐蚀，它是磨蚀的一种特殊形式，是由金属表面附近的液体中蒸气泡的产生和破灭所引起的。在高流速液体和压力变化的设备中易发生这类腐蚀，如水力透平机、船用螺旋桨、泵叶轮等。空泡腐蚀的外表十分粗糙且蚀孔分布紧密，它是腐蚀和机械作用两者引起的。

对于防止磨蚀和空化作用一般都采用以下方法：

（1）选用硅铁、硅铜等较耐磨蚀的材料来代替一般材料。

（2）适当改变设计，使介质液流更合理以减轻这类腐蚀的破坏。

（3）改变环境，降低温度，去除介质中悬浮粒子也是很有效的办法。

（4）采用有弹性的较耐蚀的涂层。

除上述方法外，防止空泡腐蚀另有一些特殊办法，如：改变设计使流程中流体动压差减小；抛光泵叶轮和螺旋桨的表面以减小破坏。

### 552　什么是微生物腐蚀?

微生物腐蚀是一种特殊类型的腐蚀，它是由于微生物直接或间接地参加了腐蚀过程所起的金属毁坏作用。微生物腐蚀一般不单独存在，往往总是和电化学腐蚀同时发生的，两者很难截然分开。引起腐蚀的微生物一般为细菌及真菌，但也有藻类及原生动物等，在大多数场合下都可看作是各种细菌共同作用而造成危害的。微生物影响腐蚀主要是通过使电极电位和浓差电池发生变化而间接参与腐蚀作用这条途径，其方式大体分以下几类：

(1) 由于细菌繁殖所形成的黏泥沉积在金属表面，破坏了保护膜，构成局部电池；

(2) 由细菌代谢作用引起氧和其他化合物的消耗，形成浓差电池，在局部电池中发生去极化作用；

(3) 由细菌代谢产物的作用引起以下变化：

① 影响 pH 值或酸度；

② 影响氧化还原电位；

③ 使环境的化学状况发生变化（包括氨、硝酸盐、亚硝酸盐、硫酸盐、硫化物等其他离子，在反应中起催化作用）；

④ 生成或消耗氧而影响氧的浓度。

微生物腐蚀是一种局部腐蚀，其危害是极其严重的。微生物参与的腐蚀比一般电化学腐蚀速度快得多。可能使新的换热器仅几个月就因点蚀泄漏而停产。详见本章（四）微生物的控制。

### 553　控制金属腐蚀有哪些方法?

冷却水对金属的腐蚀主要是电化学腐蚀。大部分控制方法不能完全消除这种腐蚀，只能减缓腐蚀，使其控制在一个可接受的程度。常用以下方法。

(1) 化学处理法——添加缓蚀剂　即在循环冷却水系统中加入低剂量的缓蚀剂（又称腐蚀抑制剂），使金属的腐蚀受到抑制。缓蚀剂在水中的浓度一般保持几毫克到几十毫克每升。

缓蚀剂的缓蚀机理可从电化学腐蚀抑制和形成金属保护膜两个角度来看。从电化学腐蚀角度看，缓蚀剂抑制了阳极或阴极过程，在金属表面产生极化作用，使腐蚀电流减小，达到缓蚀作用。从成膜理论角度看，缓蚀剂在金属表面上形成一层难溶的保护膜，阻止了冷却水中氧的扩散和金属的溶解。

添加缓蚀剂的化学方法能将金属的腐蚀速度控制在允许的范围，可对全系统进行保护，且经济实用，是目前应用最广泛的方法。

(2) 提高运行 pH 值　提高循环冷却水系统运行的 pH 值可以降低碳钢的腐蚀速度。这是因为天然水中均含有一定量的碳酸氢盐及碳酸盐，pH 值提高之后碳酸盐碱度提高了，容易在金属表面形成碳酸盐保护膜。同时当 pH 值达到 8.0 以上时，溶解氧能使碳钢表面生成一层钝化膜（$\gamma$-$Fe_2O_3$）。提高 pH 值不需在水中加碱。由于循环冷却水在曝气和提高浓缩倍数时，水的 pH 值会自然增长，一般在 8.0～9.5 之间，故可尽量在自然 pH 值下运行，系统中可不加酸或少加酸；也不宜在 pH＞9.5 运行。

(3) 涂料覆盖法　这种方法是在碳钢换热器的传热表面或封头上涂上防腐涂料，形成一层连续的牢固附着的薄膜，使金属与冷却水隔绝，避免受到腐蚀。此法可应用于系统中部分换热器的防腐蚀。只要涂料选择合适、涂敷的质量好，换热器的使用寿命可以很长，已发现有的使用已超过 20 年。在实际应用中证明在以下情况时，涂料覆盖换热器有特殊的效果。

① 系统中不锈钢换热器比率大，碳钢换热器可全部采用涂料涂覆。这样可以不考虑全系统的腐蚀问题，系统中可不加缓蚀剂。

② 碳钢壳程水冷却器的管外极易结污垢而造成严重的垢下腐蚀，平均寿命约为 30 个月

左右。采用涂料涂覆可解决污垢问题，寿命大大提高，有的已使用10年以上。

③ 用海水冷却的碳钢水冷却器，其腐蚀速度极高。因海水中氯离子含量可高达20000mg/L左右，对不锈钢也可能产生应力腐蚀开裂。采用涂料涂覆的碳钢水冷器，既可避免海水腐蚀又可降低造价，所以很有前途。

（4）采用耐蚀材料的换热器　即采用比碳钢耐蚀的材料来制造换热器。常采用的金属耐蚀材料有铜合金、不锈钢、铝和钛合金，非金属耐蚀材料有石墨、搪玻璃、氟塑料、聚丙烯、石墨改性聚丙烯等。金属材料比起非金属材料来有热导率高、强度高、耐压力高、耐温度高的特点，适合于大型的换热器。

（5）电化学保护法——阴极保护法　从电化学腐蚀反应看，阳极的金属受到腐蚀，而阴极上的金属并未受到腐蚀。如果改变设备的外部条件，使其整个变为一个大阴极，则设备就会被保护不被腐蚀。这就是牺牲阳极保护。即利用电偶腐蚀的原理，牺牲电位较低的一种金属来保护另一种金属。有以下两种方法。

① 护屏保护　在需要保护的碳钢或铜换热器上，用电位较低的锌、镁或其合金作为阳极，使换热器受到保护。被护屏保护的范围称为护屏作用的半径。介质的电导率愈大，则护屏的作用半径愈大。故此法更适用于海水，最适用于保护换热器的管板和封头。

② 外加电流保护　将需要保护的碳钢设备接到直流电源的负极上，在正极上接上辅助阳极，如石墨、碳精等，使碳钢设备在外加电流的作用下变成阴极而受到保护。这种保护法需要耗电能，只适用于形状简单的换热器，如蛇管式换热器之类。

以上防蚀方法中，（5）法不常用，（1）、（2）、（3）、（4）法均常用。可以单独采用其中一种，也可以几种方法共用。

**554　CH-784涂料的特点如何？**

涂料覆盖法对碳钢防腐蚀是一种很有效的方法。它所形成的连续的牢固薄膜使碳钢与水完全隔绝，实际上是使碳钢不产生电化学腐蚀。用于碳钢换热器水侧的涂料一般是环氧树脂类的涂料，有热固型或冷固型。目前国内广泛使用效果较好的是CH-784涂料，是一种热固型涂料。故以此为例介绍涂料覆盖的方法。

（1）CH-784涂料的组成　它是一种改性环氧树脂，主成分是环氧树脂与丁酯化三聚氰胺甲醛树脂。二者在加热烘烤下交联固化成膜。在180～200℃烘烤时，环氧基发生开环反应，使各层涂料结合成为致密的整体。所形成的膜强度好、附着力强、光滑致密、抗水渗透性好。

该涂料的底漆中加入了磷酸锌及铬酸锌，起钝化缓蚀作用；加入了铝粉及氧化铁红，能增加膜的封闭作用并提高耐热性。面料中加入了三氧化二铬，使涂料的化学稳定性增强，耐酸碱腐蚀、封闭性好。

（2）涂料的涂覆　涂料总厚度要求200～250μm，一般涂底漆2层、面漆4层。涂敷工序大致为：清理、除锈、除油等表面处理；涂底漆、面漆，烘烤，修整。管程换热器一般采用灌注法。即换热器整体组装后使其直立，灌入漆。这种方法用漆量少，管下流出的漆可循环使用。壳程换热器可以整体在喷淋槽中滚动喷淋，也可单根喷涂（或涂刷）后再组装。

（3）涂料的热固化　涂料涂覆之后需烘烤加热固化，在140℃以上开始发生交联反应，在180～200℃完全固化。这种热固型涂料适合于大多数水冷器。因大多数水冷却器的工艺介质入口温度在100～200℃，有的达200℃以上，所以水侧壁温可能近100℃，热固型涂料牢固耐热，使用安全，不易脱落。冷固型涂料的适用性不够广，当水冷器的入口工艺介质温度＞100℃时，曾发生涂料脱落，造成局部小阳极腐蚀、加速泄漏的情况。

但在入口工艺介质温度为 60 余摄氏度的一台壳程水冷却器上使用了冷固型涂料，效果却良好，多年未损坏。

(4) 涂料的传热效果 CH-784 涂料的热导率为 0.49W/(m·K)，如按涂敷厚度为 200～250μm 计，会增加热阻 $4.1\times10^{-4}\sim5.1\times10^{-4}m^2\cdot K/W$。按敞开式循环冷却水系统对换热器水侧污垢热阻值的要求，只允许增加 $1.72\times10^{-4}m^2\cdot K/W$ 或 $3.44\times10^{-4}m^2\cdot K/W$，显然涂敷涂料后增加的热阻是会影响传热效果的。故新设计水冷却器如采用涂料防腐时，应考虑涂料影响传热的因素，适当增加传热面积。但是涂料又有其对传热十分有利的一面，即其表面光滑疏水，不易滞留沉积物。特别是对壳程水冷器的传热非常有利。因为未涂敷涂料的壳程水冷却器往往积垢很厚，其污垢热阻值实际上大于 $1.72\times10^{-4}m^2\cdot K/W$ 或 $3.44\times10^{-4}m^2\cdot K/W$ 很多倍，有可能达到 $40\times10^{-4}m^2\cdot K/W$ 或更高，所以涂敷涂料之后实际上会提高壳程水冷却器的传热效率。

用 CH-784 涂料的换热器使用寿命的长短关键在于涂敷质量，应由有经验和有条件有资质的单位涂敷。国内外的换热器都曾有使用该种涂料的经验，并获得很好的效果。

### 555 为什么在有铜和铜合金设备的冷却水系统中还要考虑加铜缓蚀药剂？

铜是贵金属，在腐蚀过程中通常不析氢。因此，除非有氧或其他氧化剂如硝酸存在，否则它不受酸的腐蚀。铜和铜合金的阴极反应主要是氧还原为氢氧根离子。铜基合金耐中性和弱碱性溶液腐蚀，但含氨溶液例外。氨对铜合金的腐蚀是由于铜、氧和氨反应会形成可溶性铜氨络合物所致，反应如下：

$$H_2O+Cu+\frac{1}{2}O_2+4NH_3 \xlongequal{} Cu(NH_3)_4^{2+}+2OH^-$$

由于铜和铜合金有良好的耐蚀性、高电导率和热导率、成形性能、机械加工性能，所以常常应用于冷却水系统换热设备中。在有铜和铜合金设备的冷却水系统中，应该注意其腐蚀问题，尤其是合成氨工厂冷却水系统中常常有氨。此外，聚丙烯酸盐对铜合金也有侵蚀趋势。为了防止这种侵蚀作用，在配方中常加入苯并三氮唑、甲基苯并三氮唑或巯基苯并噻唑之类的铜缓蚀剂。铜缓蚀剂除了保护铜设备以外，也相应地保护了碳钢设备。因一旦铜设备未得到保护而受到腐蚀时，水中的铜离子会置换出化学活泼性大的铁，使铜离子被还原而沉积在碳钢上，造成碳钢的缝隙腐蚀和点蚀。反应如下：

$$Cu^{2+}+Fe \longrightarrow Fe^{2+}+Cu\downarrow$$

因此，凡冷却水系统中碳钢与铜或铜合金设备共存时，都必须考虑投加铜缓蚀剂，一般加量为 0.5～2mg/L。

### 556 水中溶解氧对腐蚀有什么影响？

在冷却水中含有较丰富的溶解氧，在通常情况下，水中含 $O_2$ 6～10mL/L。氧对钢铁的腐蚀有两个相反的作用：

(1) 参加阴极反应，加速腐蚀；

(2) 在金属表面形成氧化物膜，抑制腐蚀。

一般规律是在氧浓度低时起去极化作用，加速腐蚀，随着氧浓度的增加腐蚀速度也增加。但达到一定值后，腐蚀速度开始下降，这时的溶解氧浓度称为临界点值。腐蚀速度减小的原因是由于氧使碳钢表面生成氧化膜所致。溶解氧的临界点值与水的 pH 值有关，当水的 pH 值为 6 时，一般不会形成氧化膜。所以溶解氧愈多，腐蚀愈快。当 pH 值为 7 左右时，溶解氧的临界点含量为 20mL/L，pH 值升高到 8 时，其临界点含量为 16mL/L。因此，碳钢在中性或微碱性水中时，腐蚀速度起先随溶解氧的浓度增加而增加，但过了临界点，腐蚀速度随溶解氧的浓度继续升高而下降，这也是碳钢在碱性水中腐蚀速度比在酸性水中要低的原因。

一般来说，循环冷却水在30℃左右时，溶解氧只有8～9mL/L，往往不会超过临界点值，所以溶解氧常是加速腐蚀的主要因素。在换热器中，当水不能充满整个换热器时，在水线附近特别容易发生水线腐蚀，这是因为在换热器中，水温升高，溶解氧逸到上部空间，在水线附近产生氧的浓差电池，导致并加速这种局部腐蚀。

**557　水中溶解盐类的浓度对腐蚀有什么影响?**

水中溶解盐类的浓度对腐蚀的影响，综合起来有以下三个方面。

(1) 水中溶解盐类浓度很高时，将使水的导电性增大，容易发生电化学作用，增大腐蚀电流使腐蚀增加。

(2) 影响 $Fe(OH)_2$ 的胶体状沉淀物的稳定度，使保护膜质量变差，增大腐蚀。

(3) 可使氧的溶解度下降，阴极过程减弱，腐蚀速度变小。

上面综合作用的结果，一般来说是使腐蚀增加。

关于水中不同离子与腐蚀的关系，一般有以下原则性认识：

(1) 水中 $Cl^-$、$SO_4^{2-}$ 等离子的含量高时，会增加水的腐蚀性。$Cl^-$ 不仅对不锈钢容易造成应力腐蚀，而且还容易破坏金属上的氧化膜，因此，$Cl^-$ 也是使碳钢产生点蚀的主要原因。

(2) 水中的 $PO_4^{3-}$、$CrO_4^{2-}$、$WO_4^{2-}$ 等离子能钝化钢铁或生成难溶沉淀物覆盖金属表面，起到抑制腐蚀的作用。

(3) $Ca^{2+}$、$Zn^{2+}$、$Fe^{2+}$ 等离子能与阴极产物 $OH^-$ 生成难溶的沉淀沉积于金属表面，起到防腐蚀作用。而 $Cu^{2+}$、$Fe^{3+}$ 等具有氧化性的阳离子，由于能促进阴极去极化作用，因而是有害的。

**558　水的温度对腐蚀有什么影响?**

像大多数化学反应一样，腐蚀的速率随水温的升高而成比例地增加。一般情况下，水温每升高10℃，钢铁的腐蚀速率约增加30%。这是由于当温度升高时：①氧扩散系数增大，使得溶解氧更容易达到阴极表面而发生去极化作用；②溶液电导率增加，腐蚀电流增大；③水的黏度减小，有利于阳极和阴极反应的去极化作用。所有这些将使得腐蚀速度加大。但是另一方面，水温度的提高可使水中溶解氧浓度减少。因此，以上多方面的因素对实际装置的影响表现也不一样。

在密闭容器内，腐蚀率随温度的升高而直线上升。但在开放系统中，起先随温度上升腐蚀率变大，到80℃时，腐蚀率最大。以后即随温度的升高而急剧下降，这是因为温度升高所引起的反应速率的增大不如溶解氧浓度减少所引起的反应速率的下降来得大。

冷却水中如含有侵蚀性离子 $Cl^-$ 时，则随温度增加对奥氏体不锈钢的腐蚀性急剧增大，应力腐蚀开裂的可能性大大增加。

**559　水的pH值对腐蚀的影响如何?**

在自然界，正常温度下，水的pH值一般在4.3～10.0之间，碳钢在这样的水溶液中，它的表面常常形成 $Fe(OH)_2$ 覆盖膜。此时碳钢腐蚀速度主要决定于氧的扩散速度而几乎与pH值无关，在pH值为4～10之间，腐蚀率几乎是不变的。pH在10以上时，铁表面被钝化，腐蚀速度继续下降。当pH低于4.0时，铁表面保护膜被溶解，水中 $H^+$ 浓度增加因而发生析氢反应，腐蚀速度将急剧增加。

实际上，由于水中钙硬的存在，碳钢表面常有一层 $CaCO_3$ 保护膜，当pH值偏酸性时，则碳钢表面不易形成有保护性的致密的 $CaCO_3$ 垢层，故pH值低时，其腐蚀率要比pH值偏碱性时高些。

### 560　水流速度对腐蚀的影响如何？

碳钢在冷却水中被腐蚀的主要原因是氧的去极化作用，而决定腐蚀速度的又与氧的扩散速度有关。流速的增加将使金属壁和介质接触面的层流层变薄而有利于溶解氧扩散到金属表面。同时流速较大时，可冲去沉积在金属表面的腐蚀、结垢等生成物，使溶解氧更易向金属表面扩散，导致腐蚀加速，所以碳钢的腐蚀速度是随着水流速度的升高而加大。随着流速进一步的升高，腐蚀速度会降低，这是因流速过大，向金属表面提供氧量已达到足使金属表面形成氧化膜，起到缓蚀的作用。如果水流速度继续增加，则会破坏氧化膜，使腐蚀速度再次增大。当流速很高时（大于 20m/s），腐蚀类型将转变为以机械破坏为主的冲蚀。

一般来说，水流速度在 0.6～1m/s 时，腐蚀速度最小。当然水流速度的选择不能只从腐蚀角度出发，还要考虑到传热的要求，流速过低会使传热效率降低和出现沉积，故水走管程的换热器的冷却水流速不宜小于 0.9m/s。水走壳程时，流速无法达到上述要求，故宜尽量避免采用壳程换热器。如工艺必须采用壳程时，流速不应小于 0.3m/s。当受条件限制不能达到上述流速时，应采取防腐涂层、反向冲洗等措施。

### 561　何谓缓蚀剂？缓蚀剂分为几类？

缓蚀剂又叫腐蚀抑制剂。凡是添加到腐蚀介质中能干扰腐蚀电化学作用，阻止或降低金属腐蚀速度的一类物质都称为缓蚀剂。其作用均是通过在金属表面上形成保护膜来防腐蚀的。

缓蚀剂种类很多，通常有以下分类方法：

（1）按药剂的化学组成，一般可分为无机缓蚀剂和有机缓蚀剂两大类。

（2）按药剂对电化学腐蚀过程的作用不同，可分阳极缓蚀剂（如铬酸盐、亚硝酸盐等）和阴极缓蚀剂（如聚磷酸盐、锌盐等）以及两极性缓蚀剂（如有机胺类）三种。阳极缓蚀剂和阴极缓蚀剂能分别阻止阳极或阴极过程的进行，而两极性缓蚀剂能同时阻止阴、阳极过程的进行。

**常用缓蚀剂的种类**

| 无机缓蚀剂 | | 有机缓蚀剂 |
|---|---|---|
| 阳极缓蚀剂 | 阴极缓蚀剂 | |
| 铬酸盐 | 聚磷酸盐 | 有机胺 |
| 钼酸盐 | 锌盐 | 醛类 |
| 钨酸盐 | 亚硫酸盐 | 膦酸盐 |
| 正磷酸盐 | 三氧化二砷 | 杂环化合物 |
| 硅酸盐 | | 有机硫化合物 |
| 硼酸盐 | | 咪唑啉类 |
| 亚硝酸盐 | | 葡萄糖酸盐 |
| 亚铁氰化物 | | |

（3）按药剂在金属表面形成各种不同的膜，则可分为氧化膜型、沉淀膜型和吸附膜型，如下表及图 5-2-2 所示。

（4）按缓蚀剂的特殊用途分类：按照保护系统可分为锅炉缓蚀剂、冷却水缓蚀剂、油田（注水）缓蚀剂、饮用水缓蚀剂、盐水缓蚀剂、酸洗缓蚀剂等；按被保护的材质可分为碳钢缓蚀剂、铜缓蚀剂、钛缓蚀剂、水泥浆（混凝土）缓蚀剂等。

| 缓蚀剂分类 | | 缓蚀剂举例 | 保护膜的特点 | 形成的保护膜，图 5-2-2 |
|---|---|---|---|---|
| 氧化膜型 | | 铬酸盐、钼酸盐、钨酸盐、亚硝酸盐 | 致密、膜较薄 3～20nm，与金属结合紧密 |  |
| 沉淀膜型 | 水中离子型 | 聚磷酸盐、锌盐、硅酸盐、磷酸盐、有机磷酸酯、苯甲酸盐 | 多孔、膜厚、与金属结合不太紧密 |  |
| | 金属离子型 | 巯基苯并噻唑、苯并三氮唑、甲基苯并三氮唑 | 比较致密、膜较薄 |  |
| 吸附膜型 | | 硫醇类有机胺类<br>木质素类化合物<br>葡萄糖酸钠<br>其他表面活性剂 | 在非清洁表面上吸附性差，成膜效果不良 | 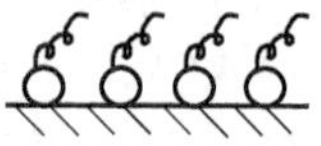 |

**562　氧化膜型缓蚀剂有什么特性？**

氧化膜型缓蚀剂又叫钝化膜型缓蚀剂。它能使金属表面氧化，形成一层致密的耐腐蚀的钝化膜而防止腐蚀。如铬酸盐在溶液中使碳钢表面生成一层极薄的 $\gamma$-$Fe_2O_3$ 金属氧化物的膜，它紧密牢固地黏附结合在金属表面，改变了金属的腐蚀电势，并通过钝化现象降低腐蚀反应的速度。氧化膜型缓蚀剂的防腐作用是很好的，但是这类缓蚀剂如果加入量不够，不足以使阳极全部钝化，则腐蚀会集中在未钝化完全的部位进行，从而引起危险的点蚀，所以这类缓蚀剂往往用量较多。当水中含有还原性物质时，更需多消耗缓蚀药剂。

氧化膜型缓蚀剂在成膜过程中会被消耗掉，故在投加这种缓蚀剂的初期，需加入较高的浓度，待成膜后就可减少用量，加入的药剂只是用来修补破坏的氧化膜。氯离子、高温及高的水流速度都会破坏氧化膜，故应用时要考虑适当提高其浓度。

**563　沉淀膜型缓蚀剂有什么特性？**

沉淀膜型缓蚀剂能与水中某些离子或和腐蚀下来的金属离子相互结合沉淀在金属的表面上，形成一层难溶的沉淀物或表面络合物，从而阻止了金属的继续腐蚀。这种防蚀膜较厚，可达 0.1μm，没有和金属表面直接结合，它是多孔的，常表现出对金属的附着不好。因此，从缓蚀效果来看，这种缓蚀剂稍差于氧化膜缓蚀剂。目前在水处理技术中最具代表性并应用较多的聚磷酸盐，例如六聚偏磷酸钠、三聚磷酸钠等就属于沉淀膜型缓蚀剂。

**564　吸附膜型缓蚀剂有什么特点？**

吸附膜型缓蚀剂都是有机化合物，含有 N、P、S、O 等。它们之所以能起缓蚀作用是因为在它的分子结构中具有可吸附在金属表面的亲水基团和遮蔽金属表面的疏水基团。如有机胺类，氨基为亲水基团，烃基为疏水基团。亲水基团定向地吸附在金属表面，而疏水基团则阻碍水及溶解氧向金属扩散，从而达到缓蚀的作用。当金属表面呈活性的和清洁的时候，吸附膜型缓蚀剂形成满意的吸附膜和表现出很好的防蚀效果。但如果在金属表面有腐蚀产物覆盖或有垢沉积物，就不能提供适宜的条件以形成吸附膜型防蚀膜。所以这类缓蚀剂在使用时，可加入润湿剂，以帮助缓蚀剂向铁锈覆盖的金属表面渗透，提高缓蚀效果。循环冷却系统中未见使用这类缓蚀剂。

**565　铬酸盐缓蚀剂的特点是什么？**

常用的铬酸盐缓蚀剂是铬酸钠（$Na_2CrO_4$）、铬酸钾（$K_2CrO_4$）和重铬酸钠（$Na_2Cr_2O_7 \cdot 2H_2O$）或重铬酸钾（$K_2Cr_2O_7 \cdot 2H_2O$）。这种缓蚀剂是阳极型、氧化膜型缓蚀剂，起缓蚀作用的是阴离子。当它加入到水中，可产生下列反应：

$$CrO_4^{2-}+3Fe(OH)_2+4H_2O \longrightarrow Cr(OH)_3+3Fe(OH)_3+2OH^-$$

所形成的两种水合氧化物，随后脱水生成 $Cr_2O_3$ 和 $Fe_2O_3$ 的混合物，在阳极上形成极薄（几 nm，<0.1μm）的钝化膜，阻滞了阳极过程的进行。铬酸盐形成的钝化膜中约含 10% 的 $Cr_2O_3$ 和 90%的 $\gamma$-$Fe_2O_3$。

铬酸盐是阳极缓蚀剂，在相当高的剂量时，是一种很有效的钝化缓蚀剂，不仅对碳钢能有效保护，对铜、锌、铝及其合金均能保护。但在低剂量使用时，则有点蚀的危险，故单独使用铬酸盐时，$CrO_4^{2-}$ 剂量应保持在 150mg/L，有的认为应在 200mg/L 以上，初始质量浓度应为 500～1000mg/L。若与其他阴极缓蚀剂（如聚磷酸盐、锌盐等）配伍，其剂量便可大大降低。

铬酸盐使用的 pH 值范围较广，可在 6～9.5 使用。在碱性水中成膜效果最好，故一般推荐 pH 值在 7.5～8.5 运行。

使用铬酸盐最主要的问题是排污水对自然环境引起的污染。因为铬和其他重金属一样，对许多水生物和人体有毒性。现在国际上多规定，排放水中 $Cr^{6+}$ 离子的含量不得超过 0.05mg/L，这是一般的污水处理方法所不易达到的标准。因此，铬酸盐作为缓蚀剂，虽然有着缓蚀效果好和不易滋生菌藻的优点，但由于排水的污染问题，故目前尚未在国内推广使用。

**566　铬酸盐排污水有什么处理方法？**

铬酸盐作为循环冷却水系统的缓蚀剂，由于环保方面的原因其使用受到严格的限制。我国环保规定六价铬最高允许排放质量浓度为 0.5mg/L，而有些国家限制到 0.05mg/L。但铬酸盐诱人的缓蚀效果促使人们寻求对铬酸盐排水进行处理和循环使用的方法，现简单介绍几种可以使用的处理方法。

（1）化学还原法　用化学方法从冷却塔排污水中除铬可分为两步，首先将六价铬还原为三价铬，然后再将三价铬以氢氧化铬的形式沉淀下来，这样就将铬从排污水中分离出来。六价铬还原为三价铬时，最合适的 pH 值应控制在 2.0～3.0 的范围内，还原剂可用二氧化硫、硫酸亚铁、亚硫酸氢钠。其还原反应用下式表示：

$$3SO_2+Na_2Cr_2O_7+H_2SO_4 = Cr_2(SO_4)_3+Na_2SO_4+H_2O$$

铬酸盐被还原后，应使用石灰或氢氧化钠将铬酸盐转化成氢氧化铬从水中沉淀下来。

$$Cr_2(SO_4)_3+3Ca(OH)_2 = 2Cr(OH)_3\downarrow+3CaSO_4$$

（2）电化学还原法　在这种除铬系统中，将直流电通入铁阴极和铁阳极以产生氢氧化亚铁。然后，氢氧化亚铁将铬酸盐从六价铬还原为不溶解的三价铬。

在电化学过程中所发生的反应如下式：

阳极　$$Fe = Fe^{2+}+2e^-$$

阴极　$$2H_2O+2e^- = H_2+2OH^-$$

水中　$$3Fe^{2+}+CrO_4^{2-}+4H_2O = 3Fe^{3+}+Cr(OH)_3\downarrow+5OH^-$$

电化学法除铬的优点在于它能在水的 pH 值为 6.0～9.0 这样广阔的范围内应用。

（3）离子交换法　冷却塔排污水中的铬酸根是一种相当稳定和易溶的阴离子。但是，铬酸根离子可以离子形式被特殊树脂中的氯离子、硫酸根离子或氢氧根离子所交换而有选择地从排污水中除去，铬酸盐还可以回收重复使用。

最早的工业除铬装置，使用的是强碱性阴离子交换树脂，但该树脂易被有机物污染，同时抵抗氧化的能力也不如弱碱性树脂。因此，在以后的除铬装置中，大都采用弱碱性树脂。

采用弱碱性阴离子交换树脂的除铬系统，除了回收铬酸盐的价值之外，与化学还原法相比，主要优点在于它没有处理污泥的问题，正洗水和反洗水都可以再送回冷却水系统重复使用。

### 567 聚磷酸盐缓蚀剂的缓蚀机理是什么？

聚磷酸盐是传统的、广泛应用的缓蚀剂，是磷酸盐的无机聚合物。其分子通式为$Na_{n+2}P_nO_{3n+1}$，结构通式为：

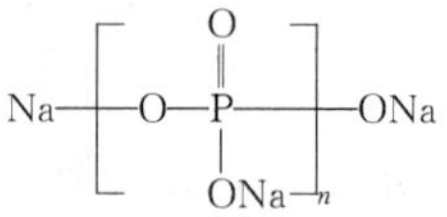

工业上常用的六聚偏磷酸钠和三聚磷酸钠是一些$n$值在一定范围的聚磷酸盐的混合物。三聚磷酸钠的$n$值约为3，分子式为$Na_5P_3O_{10}$；六聚偏磷酸钠的$n\neq6$，而是不同$n$值的混合物。一般$n=10\sim16$。聚磷酸盐主要起缓蚀作用，同时也有阻垢作用。

一般认为聚磷酸盐是阴极型、沉淀膜型缓蚀剂。聚磷酸盐的负离子能够和水中溶解的钙离子形成胶状带正电荷的络合物，并在金属表面再与腐蚀下来的$Fe^{2+}$络合形成聚磷酸钙铁沉淀膜，保护了阴极。有人认为聚磷酸盐也有阳极缓蚀剂的作用，因膜的成分中含有$\gamma$-$Fe_2O_3$。

聚磷酸盐缓蚀的必要条件是活化的金属表面、水中一定量的钙离子和溶解氧。因沉淀膜中含有一定$Fe^{2+}$离子，故需要一定溶解氧以促进电化作用。溶解氧低于2mg/L时，成膜不牢固，缓蚀效果不好。因敞开式循环冷却水系统中溶解氧是饱和的，可满足成膜要求。含钙量少的软水不宜用聚磷酸盐作缓蚀剂，循环水中的钙离子含量需>20mg/L（如以$CaCO_3$计，则为50mg/L）才能达到良好的缓蚀效果。

聚磷酸盐在水垢中有晶格畸变作用，故兼有阻垢作用。

### 568 什么是聚磷酸盐的水解或降解？聚磷酸盐水解对冷却水系统有何影响？

聚磷酸盐在有水存在的情况下，重新分解生成正磷酸盐的现象称为聚磷酸盐的水解。而聚合度较大的较长链聚磷酸盐分子加水降解为较短链的聚磷酸盐以及一部分正磷酸盐称为降解。

聚磷酸盐的水解是使用聚磷酸盐作为水处理剂中一个关键的问题，它关系到冷却水系统中正磷酸根的含量、磷酸钙垢的析出、缓蚀阻垢效果、系统停留时间和排污等一系列问题。水解或降解后生成的正磷酸盐虽然有一定的缓蚀作用，但它是一种阳极型缓蚀剂，用量不足时易产生局部腐蚀，而且与水中的钙离子会生成磷酸钙$Ca_3(PO_4)_2$和羟基磷灰石$Ca_{10}(PO_4)_6(OH)_2$沉淀，使换热器结垢。正磷酸盐又是微生物的营养品，能促进微生物生长。因此，为避免聚磷酸盐水解危害系统，需要选择合适的运行条件，循环水中的正磷酸盐也往往作为指标来控制。

影响聚磷酸盐水解的主要因素有以下几点：

（1）温度　一般水温增高水解转化成正磷酸盐的量也将增多，所以有人用热水熔化玻璃态聚磷酸盐是错误的。

（2）pH值　聚磷酸盐在酸性溶液中的水解速度比中性溶液快，因此，控制好水中pH值很关键。

（3）微生物　当水中有微生物存在时，由于微生物的活性，也会使水解速度加快。

某国外资料认为聚磷酸盐水解转化为正磷酸盐的速率受pH值、温度和溶液离子浓度等因素的影响。经实测，当加六聚偏磷酸钠的循环水中总磷酸盐为25mg/L时，日平均水解率为以下值[$PO_4^{3-}$/(mg/L)]：

| pH值 | 43.3℃（110°F） | 48.9℃（120°F） | 54.4℃（130°F） |
|---|---|---|---|
| 6.0 | 0.70 | 1.9 | — |
| 7.5 | 0.26 | 0.56 | 1.6 |

一般认为三聚磷酸钠比六聚偏磷酸钠的水解速度更快。此外，循环冷却水中的实际正磷酸盐含量还与聚磷酸盐的加入量及其在系统中的停留时间等因素有关。因此，聚磷酸盐缓蚀剂浓度高的系统结磷酸盐水垢的可能性要大一些。聚磷酸盐水溶液不宜长期存放，应在使用时在现场溶解。

### 569 什么是磷系配方的酸性处理?

磷系配方的酸性处理又可称为低 pH 值高磷酸盐处理，这是国外循环冷却水较古老的一种经典处理方法，采用单一聚磷酸盐缓蚀剂。酸性处理一般加硫酸，将循环冷却水的 pH 值调至 6.0～7.0 左右。在这个 pH 值范围内，可稳住 $Ca(HCO_3)_2$ 而没有碳酸钙析出的危险，从而防止换热器中水垢的形成。酸性处理将使结垢的可能性减小，但腐蚀的倾向却增加了，可以将缓蚀剂的用量增大来抑制腐蚀，一般要加入 20～40mg/L 的聚磷酸盐。

酸性处理一般可以取得较好的缓蚀、阻垢效果，同时药剂费用也较为经济。但它也有一定的缺点：① 低 pH 值加酸时，如操作不慎可能会使 pH 值过低，而引起设备的腐蚀；②高剂量的磷排放也会引起对环境的污染；③需严格控制水中钙含量，$Ca^{2+}$ 高时容易结碳酸钙垢，也可能与聚磷酸盐水解的正磷生成磷酸钙垢，故一般控制 $Ca^{2+}$＜100mg/L（以 $CaCO_3$ 计）。补充水含钙量高时，需进行软化处理。④ 配方中无阻垢剂，对换热管热端与冷端处理效果有差别，有可能产生热端结垢或冷端腐蚀的情况。

### 570 什么是磷系配方的碱性处理?

磷系配方的碱性处理又可称为高 pH 值低磷酸盐法。碱性处理是 20 世纪 60 年代末国外提出的一种处理方法。这是使循环冷却水的 pH 值保持在碱性范围，一般控制在 7.5～8.5 左右。碱性处理和酸性处理相比，水的腐蚀性减轻，但结垢的可能性增加了。所以碱性处理除加酸量减少外，缓蚀剂量也减少很多，一般聚磷酸盐加入量为 5～20mg/L。同时采用了磷系复合配方，即配方中除加入聚磷酸盐之外，还加入高效的阻垢剂和分散剂以抑制水垢和污泥的形成。碱性处理允许水中钙含量适当提高，一般＞100mg/L（以 $CaCO_3$ 计），有的达到 200～300mg/L（以 $CaCO_3$ 计）。

碱性处理比酸性处理的适应性广，但影响处理效果的因素很多，如水的 pH 值、钙离子含量、正磷酸盐含量、阻垢分散剂的质量和用量等，因而各项指标都需严格控制。

### 571 什么是聚磷酸盐/膦酸盐/聚羧酸盐复合配方?

这是 20 世纪 70 年代以来广泛应用的典型的磷系复合配方。这种配方兼有良好的缓蚀和阻垢作用，优于单一聚磷酸盐配方及锌盐/聚磷酸盐复合配方，在偏碱性条件下运行。缓蚀剂及阻垢剂用量都不大。因此该配方除缓蚀阻垢效果良好之外，突出的特点是药剂费用低，有的甚至低到每立方米循环水的药剂费用只需 0.001～0.002 元，所以至今应用仍较广泛。

聚磷酸盐一般采用六聚偏磷酸钠。膦酸或膦酸盐均可使用，常用的膦酸盐为羟基亚乙基二膦酸（HEDP）、氨基三亚甲基膦酸（ATMP）或乙二胺四亚甲基膦酸（EDTMP）。聚羧酸盐过去均采用聚丙烯酸或其钠盐，但近年有的已改用聚甲基丙烯酸、水解聚马来酸酐或丙烯酸的二元共聚物。水中总无机磷酸盐指标一般在 8～14mg/L（以 $PO_4^{3-}$ 计）范围，有的低至 4～6mg/L（$PO_4^{3-}$）。总无机磷酸盐实际代表了水中聚磷酸盐及其水解的正磷酸盐含量。有机磷酸盐代表膦酸盐含量，其指标一般在 1.5～4.0mg/L（以 $PO_4^{3-}$ 计）。水中聚丙烯酸的含量一般在 1～4mg/L（100%计）范围，有的达 6～10mg/L。系统中水冷器如兼有碳钢及铜材，可在复合配方中另加铜缓蚀剂杂环化合物，如巯基苯并噻唑、苯并三唑或甲基苯并三唑，用量为 0.5～2.0mg/L。

运行 pH 值一般在 7.2～8.4 范围内，多<8.0，即适当加酸调节 pH 值至腐蚀状态。

水中钙含量一般均>100mg/L（以 $CaCO_3$ 计），高限为 200～300mg/L（以 $CaCO_3$ 计）不等。由于配方中含有阻垢剂，所以对钙含量的控制不像单一聚磷酸盐配方那样严格。但由于配方中阻垢剂的含量不多，也不允许钙含量太高。当补充水含钙量低，循环水中钙含量<100mg/L（以 $CaCO_3$ 计）时，这种配方的缓蚀效果不太好，可在配方中加入锌盐增强缓蚀效果，锌离子含量一般在1.0～2.5mg/L 范围。

为防止磷酸钙水垢沉积，仍需控制正磷酸盐在水中的量。控制指标根据运行 pH 值、聚磷酸盐加入量等因素而定，一般为<2～6.5mg/L（以 $PO_4^{3-}$ 计），或控制小于总无机磷酸盐指标的 50%。

用这种配方时，要求补充水中的含钙量不高，如低碱软水（长江水系）、中硬中碱水经石灰软化后的水。用极软极低碱水或中碱软水（负硬度水）为补充水时，配方中需加锌。由于补充水含钙量低，利于浓缩倍数提高，常可达 3～5 倍或更高。补充水含钙量高、结垢倾向严重的水不宜采用这种复合配方。

**572　什么是锌盐/聚磷酸盐/膦酸盐/聚羧酸盐复合配方？**

这种配方是 20 世纪 80 年代开发出来的。其药剂虽与前题所述的聚磷酸盐/膦酸盐/聚羧酸盐复合配方相似，但配比和运行条件则有差异。其特点是：配方中聚磷酸盐的比例较少，而聚羧酸盐的比例较多。聚羧酸盐不是采用均聚物聚丙烯酸或其钠盐，而是采用了阻垢性能较好的二元或三元共聚物。药剂用量约为 45～65mg/L（商品质量浓度）。这种配方的阻垢性能比前题的磷系复合配方好。运行 pH 值为碱性，一般<8.5，多为 7～8，可少量加酸或不加酸调 pH 值。稳定指数一般<7.5，在轻微腐蚀状态下运行。允许水中的钙含量及碱度适当提高。例如某些厂的控制指标为：钙硬度<400mg/L（以 $CaCO_3$ 计），总碱度<300mg/L（以 $CaCO_3$ 计）。因此，这种配方适合用于以中硬水质为补充水的系统。这种配方实际上又可作为全有机配方的补充配方。当全有机配方在冷态或低倍数下运行时，常在配方中增加低含量的锌盐和聚磷酸盐，实际上就是这种配方。

**573　正磷酸盐缓蚀剂的性能和应用情况如何？**

正磷酸盐缓蚀剂起作用的是正磷酸离子，即 $PO_4^{3-}$。一般使用的是磷酸三钠，$Na_3PO_4 \cdot 12H_2O$。

正磷酸盐的主要作用是阳极缓蚀剂，其机理是正磷酸盐与溶解二价铁离子 $Fe^{2+}$ 生成溶解度很小的磷酸铁化合物，沉积在阳极区，在有氧存在的条件下，磷酸铁化合物促进二价氧化铁转变成致密的伽马氧化铁——坚固的钝化膜，这种钝化膜还能减少阴离子的穿透性，起到阳极保护作用。正磷酸盐生成的磷酸钙是溶度积很小的物质，它也能起到阴极缓蚀的作用。

由于磷酸钙的溶度积仅为 $10^{-33}$，在水中很容易生成沉积，会极大影响传热能力，如何才能使正磷酸盐既能充分发挥其缓蚀作用，又能恰到好处地控制其不出现大量沉积而影响传热效率，这是能否使用正磷酸盐及其他无机磷酸盐作为缓蚀剂的关键所在。早期的磷系配方多采用聚磷酸盐缓蚀剂，聚磷酸盐水解后产生正磷酸盐。为防止正磷酸盐结垢，需要根据水的 pH 值和钙含量等条件限制其含量，一般要求水解后的正磷盐含量不得超过聚磷酸盐的 50%。因此，早期磷酸盐缓蚀剂的使用受到限制。直到近年开发出对磷酸盐分散能力很好的阻垢剂——聚羧酸的二元和多元共聚物，能有效控制磷酸钙的沉积，帮助发挥正磷酸盐的缓蚀作用。由此，磷酸盐成为继铬酸盐后最重要的缓蚀剂，在国内外得以广泛应用。

根据磷酸盐数十年的应用，一般是采用正磷酸盐、膦酸盐、锌盐和对磷酸钙、悬浮物、锌沉积物、氧化铁有优良分散能力的聚合物协同使用。其优点是适用水质范围广，调控容易，成本较低，处理效果好，符合大多数国家的环保要求。

磷酸盐在水域中易促进藻类生长，故环境对它也有限制，据文献报道，在德国从冷却水系统外排的磷酸盐高限为4mg/L（以P计）；意大利向湖中排放的高限为0.5mg/L（以P计）。我国污水排放标准GB 8978—1996，将磷列为第二类污染物。排放标准分三级，第一级（指向二类海域等直接排放）高限为0.5mg/L（以P计）；第二级（指向Ⅲ、Ⅴ类水域或三类海域等直接排放）高限为1.0mg/L（以P计）；第三级（指排向设置二级污水处理厂的城镇排水系统的污水）则无排磷限制。

采用磷酸盐复合配方时，由于有高效阻垢剂的匹配，一般处理效果均很好，不仅可以在碱性条件下运行，也允许较高的正磷酸盐含量，但考虑到环境的要求，仍以采用低正磷酸盐含量为宜。以下为国内实例，采用磷酸盐、锌盐及多功能阻垢剂复合配方。系统中水冷器的材质为碳钢、不锈钢等，浓缩倍数为3～4，杀生以氯为主。使用该配方的循环冷却水控制条件及参数如下：

水温　≤70℃

pH值　8.2～8.7

总溶解固体量（TDS）　≤2500mg/L

悬浮物　≤30mg/L

$SiO_2$　≤120mg/L

总铁　≤3mg/L

钙硬度（以$CaCO_3$计）　150～400mg/L

总碱度（以$CaCO_3$计）　150～400mg/L

氯离子　≤1000mg/L（碳钢），≤400mg/L（不锈钢）

正磷酸盐（以$PO_4^{3-}$计）　3.5～4.5mg/L（可溶解正磷酸盐60%～90%）

锌（以$Zn^{2+}$计）　0.3～2.5mg/L（可溶解锌40%～90%，最低溶解锌0.3mg/L）

余氯　0.2～0.5mg/L（连续加氯）或0.3～0.8mg/L（间断加氯，每天至少1h）

## 574　作为缓蚀剂的锌盐有什么特性？

在循环冷却水系统中，锌盐是最常用的阴极型缓蚀剂，起作用的是锌离子。锌离子在阴极部位的高pH值区能迅速形成氢氧化锌沉淀膜。锌盐的阴离子一般不影响它的缓蚀性。常用的锌盐是一水硫酸锌（$ZnSO_4 \cdot H_2O$）、七水硫酸锌（$ZnSO_4 \cdot 7H_2O$）或氯化锌（$ZnCl_2$）。

锌盐成膜很迅速，故在系统初开车时常用作预膜剂。但锌膜质地松软不耐久，所以不宜单独使用，必须和其他缓蚀剂复合使用。锌的特点是可以和许多缓蚀阻垢剂复合使用，能够起很好的增效作用。例如，锌与聚磷酸盐复合使用可加速形成沉淀膜，膜的成分是磷酸钙铁、$\gamma$-$Fe_2O_3$、磷酸锌和氢氧化锌，比单一聚磷酸盐所形成的膜更致密。当水中含钙量低时，锌和聚磷酸盐复合使用时缓蚀效果能够提高。除聚磷酸盐之外，锌还可以和铬酸盐、膦酸盐及有机磷酸酯等缓蚀阻垢剂复合使用，都有增效作用，所以应用极广泛。

锌的一个缺点是在pH值较高时有产生沉淀的倾向，某大化肥厂曾有过锌在蒸汽冷凝器中结垢的情况。一般认为应控制pH值≤8.3。当低剂量锌离子与优良阻垢剂复合使用时，也允许pH值在>8.3下运行。锌的另一缺点是对水生生物有一定毒性，在排放时受到限制。我国农田灌溉水要求$Zn^{2+}$≤2.0mg/L，渔业水要求≤0.1mg/L。污水排放的一级标准为$Zn^{2+}$≤2.0mg/L，二级标准为≤4.0mg/L，三级标准为≤5.0mg/L。故循环水中的锌离子浓度以低剂量为宜，应低于环保规定的排放浓度，这样也可减少锌垢沉淀倾向。

## 575　什么是有机胺类缓蚀剂？

有机胺类缓蚀剂是指胺类、环胺类、酰胺类、酰胺羧酸类等缓蚀剂，它们都有一个亲水基团氨基和亲油的长碳链$C_8$～$C_{20}$的烷基。而亲水基团的氨基具有化学吸附和物理吸附作用，能吸附在金属表面上形成一层保护膜或与金属表面的离子形成一种螯合物的保护膜，这层膜对金属起着一定的缓蚀作用和保护作用。有机胺类药剂，不仅是缓蚀剂而且也是表面活性剂，对于污泥和垢层有着一定的渗透剥离和杀生作用，其主要产品有：

| 胺　类 | 环　胺　类 | 酰　胺　类 | 酰胺羧酸类 |
|---|---|---|---|
| 伯　胺<br>仲　胺<br>叔　胺<br>季铵盐 | 烯胺类<br>吗啉类<br>哌嗪类<br>咪唑啉类 | 烷基取代酰胺<br>吗啉酰胺 | 单羧酸类<br>二羧酸类 |

有机胺的应用很广泛，可用于腐蚀性溶液的防腐蚀（如乙醇胺）、低压锅炉防腐蚀（如吗啉、十八胺）、酸洗缓蚀剂（如苯胺）、油田防腐（如双十六胺）及循环冷却水的杀生（如季铵盐、二溴次氨基丙酰胺）。国外有些报道，某些有机胺（如二甲胺、乙胺、二乙胺）曾用于循环冷却水，可作为缓蚀阻垢复合配方之组成，但未见具体应用实例的报道。国内未在循环冷却水中作缓蚀剂使用。

## 576　唑类化合物缓蚀剂有什么特性？常用的有哪几种？

有机杂环化合物中的唑类化合物为抑制铜腐蚀的缓蚀剂，对铜和铜合金具有特殊的缓蚀性，故被称为铜缓蚀剂。常用的有巯基苯并噻唑（MBT）、苯并三氮唑（BTA）及甲基苯并三氮唑（MBTA、TTA）三种，其分子式与结构式为：

$C_7H_5S_2N$　　$C_6H_5N_3$　　$C_7H_7N_3$

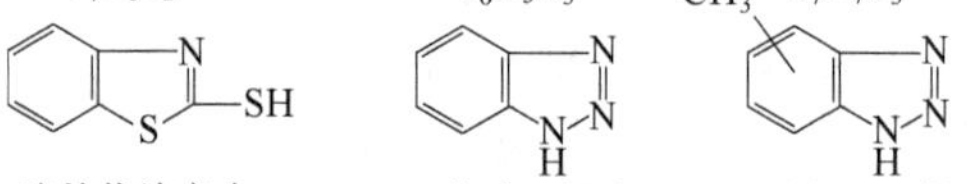

巯基苯并噻唑　　苯并三氮唑　　甲基苯并三氮唑

唑类化合物在水中能游离出 $H^+$，其负离子能与金属铜表面上的活性铜原子或腐蚀下来的铜离子结合成十分稳定的络合物，能修补铜金属表面自然形成的氧化亚铜保护膜。其所形成的膜十分致密牢固，虽其厚度只有几个分子，约数百纳米厚，但缓蚀效果很好。以巯基苯并噻唑为例，在水中离解式为：

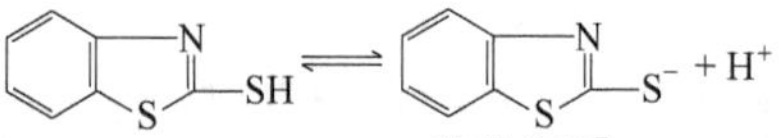

$C_7H_4S_2N^-$

其负离子与铜生成 $Cu(C_7H_4S_2N)_2$ 保护膜。

在碳钢及铜设备同时存在的系统中一般需加入唑类缓蚀剂。它既保护了铜设备，也保护了碳钢设备。因一旦铜受到腐蚀，铜离子会被化学活泼性大的铁还原，使铜沉积在钢材上，形成电偶腐蚀。

$$Cu^{2+} + Fe \longrightarrow Fe^{2+} + Cu\downarrow$$

唑类的加药量一般是 1～2mg/L，比较保证的浓度是 2mg/L。

巯基苯并噻唑在 pH 值 8～11 时较有效。有人认为除非在磷系配方中加入 $Zn^{2+}$，否则 MBT 会影响聚磷酸盐的缓蚀作用。另外，MBT 的抗氯性较差，当有氯存在时，易被氯氧化成硫化物，使保护膜破坏。MBT 水溶性差，使用时需将粉剂在 pH>10 的碱液中溶解。

苯并三氮唑及甲基苯并三氮唑的抗氯性能比巯基苯并噻唑好，pH 值在 5.5～10 时缓蚀作用都很好，但它们的价格比巯基苯并噻唑贵得多。

## 577　硅系水质稳定剂的特点是什么？

作缓蚀剂用的硅酸盐为硅酸钠，又称水玻璃（俗称泡花碱）。其分子式为 $Na_2O \cdot mSiO_2$，$m$ 为水玻璃的模数，以 $m$=2.5～3.0 为宜。

硅酸钠在水中呈一种带电荷的胶体微粒，与金属表面溶解下来的$Fe^{2+}$结合，形成硅酸等凝胶，覆盖在金属表面起到缓蚀作用，故硅酸盐是阳离子型、沉淀膜型缓蚀剂。溶液中的腐蚀产物$Fe^{2+}$是形成沉淀膜必不可少的条件，因此，在成膜过程中，必须是先腐蚀后成膜，一旦膜形成，腐蚀也就减缓。

硅酸盐用于抑制碳钢、镀锌铁板、黄铜和铝金属的腐蚀已有半个多世纪，主要用于生活饮用水的给水管的防腐。硅酸盐作为缓蚀剂，其最大的优点是：操作方便；在正常使用浓度下完全无毒，因为加入水中的都是天然水中本来就存在的物质，所以不会产生排污水污染问题；药剂来源丰富，价格低廉。近年在循环冷却水系统中使用硅酸盐缓蚀剂是将其和聚磷酸盐、膦酸盐或聚羧酸盐复合使用。

硅系水质稳定剂的缺点是药剂用量大，特别是会在硬度高的水中生成硅酸钙或硅酸镁水垢，一旦水垢生成就很难消除，故硅系水质稳定剂目前只在少数厂使用，还没有使用在浓缩倍数高或换热器热流密度大的装置。

## 578 近年硅系配方有哪些发展？

单一硅酸盐的使用在国内外虽已有历史，但主要用于供水管道的防腐蚀，在有传热面的冷却系统很少采用。近年我国对硅系的药剂及配方研制已有一定成果，使硅系药剂应用逐渐广泛。

（1）硅酸盐被膜缓蚀剂 为微溶性玻璃状固体，由硅酸盐为主的药剂制成。其溶于水后能在金属表面生成1$\mu m$厚的保护膜，可以防蚀防垢。已用于海洋船舶柴油机的缸套冷却水防止海水腐蚀，海水供水及冷却水系统的防蚀、防垢和防海生物（如海虹）以及热水锅炉防“红锈水”等。使用时将该固体块置于补充水槽中使其缓慢溶解。利用药剂在不同温度下溶解度不同（水温高溶解度大）的特点，控制水温使药剂保持在一定浓度。作防腐蚀剂用时，水温45℃以下$SiO_2$浓度需保持0.2～1.0mg/L，45～95℃需5～10mg/L。

（2）磷硅系固体水处理剂 为玻璃态固体，有的制成小球状。为防止产生硅垢，在硅酸盐中加入了磷系药剂，使其保持了磷硅两种药剂的优点。有的药剂以硅为主，加入少量聚磷酸盐等药，有的以聚磷酸盐为主，加入少量$SiO_2$、CaO、MgO或分散剂等。药剂的组分不同溶解速度及缓蚀阻垢性能也有差异。这种药剂的商品名称较多，如复方硅酸盐被膜水处理剂、可控释放玻璃水处理剂、缓溶固体缓蚀阻垢剂等。现已用于热水系统、蒸汽系统、海水冷却及循环冷却水系统的缓蚀和阻垢。

（3）硅系复合水质稳定配方 用单一硅酸钠试验时，水温25℃时腐蚀率低，50℃时高。这说明单一硅酸钠不宜用于循环冷却水系统，但几个单位的试验研究证明：以硅酸盐为主复合少量膦酸盐或聚丙烯酸钠的配方可以用于循环冷却水系统作缓蚀阻垢剂，并已用于循环量4000$m^3$/h的系统多年。该配方为：硅酸钠（以$SiO_2$计）45～55mg/L、HEDP 3～5mg/L、BTA 1.5～2.5mg/L，自然pH值约8～9，浓缩倍数>2.0。该配方的特点是价廉、无公害、易控制微生物，特别适用于高硅水质。但如在高浓缩倍数或高热流密度系统使用需慎重，因壁温高或有碳酸钙垢的系统均有可能结硅垢。一些试验还证明：硅酸盐预膜效果不理想，推荐用聚磷酸盐和硫酸锌预膜，复合硅系运行。

## 579 钼系水质稳定剂的特点是什么？

钼系水质稳定剂采用钼酸盐为缓蚀剂，常用的是钼酸钠（$Na_2MoO_4 \cdot 2H_2O$）。钼酸盐与铬酸盐一样也是阳极型、氧化膜型缓蚀剂，它在铁阳极上生成一层具有保护膜作用的亚铁-高铁-钼氧化物的络合物的钝化膜。这种膜的缓蚀效果接近高浓度铬酸盐或硝酸盐所形成的钝化膜，但是在成膜过程中，它又与聚磷酸盐相似，必须要有溶解氧存在。

钼酸盐单独使用需要投加较高剂量才能获得满意的缓蚀效果。故为了减少钼酸盐的投加浓度、降低处理费用和提高缓蚀效果，常与其他药剂如聚磷酸盐、葡萄糖酸盐、锌盐等复合使用。

钼系水质稳定剂的主要优点是：缓蚀效果较好，尤其是和其他药剂共用可大大地抑制点蚀的发生。热稳定性高，可用于热流密度高及局部过热的系统。不会与水中钙离子生成钼酸钙沉淀。对碳钢、紫铜、黄铜和铝均有缓蚀作用。毒性较低，不像铬、锌对环境有严重的污染，也不像磷对水体有富营养化作用。

钼系缓蚀剂单独使用时需要 400～500mg/L（$Na_2MoO_4$），使用剂量大，处理费用高，因此国内应用不广泛。

**580　近年钼系配方有何发展？**

钼系水质稳定剂用于循环冷却水系统虽有缓蚀优良、热稳定性好、不产生钙垢及无公害的优点，但因用量大、药剂费用高，故尚不能代替磷系。近年来国内外复合钼系配方的研究为钼系应用开拓了前景，已经在国内推广应用。今后在严格限制磷排污地区和腐蚀型水质的处理方面更有推广前途。

（1）钼酸钠加葡萄糖酸钠或聚磷酸钠。钼酸钠加葡萄糖酸钠复合配方已成功地用于大型循环水系统多年。碱性运行，复合药剂用量 140～180mg/L，其中 $MoO_4^{2-}$ ＞20mg/L。缓蚀阻垢效果良好，缺点是费用较高，同时葡萄糖酸钠中未彻底转化的葡萄糖，为微生物提供营养，对控制微生物增加了一定困难。因此，有的厂已取消葡萄糖酸钠改用其他药剂来替代。

（2）近年国内外开发的低钼复合配方已将 $MoO_4^{2-}$ 用量由以往的 20mg/L 降至 4～6mg/L，已在一些系统成功应用。例如美国 Drew 公司的钼酸盐、正磷酸盐、芳香唑类复合配方使用时不调 pH 值，可在 8.5～9.5 运行，其特点是控制点蚀极佳，药费下降。国内研制的钼酸盐、膦酸盐及羧酸聚合物缓蚀效果也较好。为节约预膜费用，也可采用磷系预膜、复合钼系日常处理。

（3）国内外在密闭系统中用 200mg/L 钼酸钠加 100mg/L 亚硝酸钠处理的效果及费用均优于用 800～1500mg/L 亚硝酸钠加硼酸盐的配方。

（4）国内近年较突出的成果是以磷钼聚合物为主的系列缓蚀阻垢剂的研制和应用。磷钼聚合物可以和膦酸盐（如 HEDP）、聚羧酸（如聚丙烯酸钠）和芳香唑（如苯并三氮唑）等药剂复合产生协同效应。其合成工艺独特，为阴阳极混合型缓蚀剂，既具有磷系的阴极缓蚀作用，又具有钼系的阳极缓蚀作用，使金属上形成沉淀及钝化两种膜。因而钼及磷的用量均极低，缓蚀效果又优于磷系。该复合缓蚀阻垢剂的日常总用量为 10～60mg/L，一般用量＜15mg/L。运行 pH 值适应性广，可以不调 pH 值在碱性条件下运行。对碳钢、紫铜、黄铜的缓蚀效果均良好。预膜时采用复合缓蚀阻垢剂 280mg/L 加 300mg/L 助剂，时间为 30～48h。其效果优于磷加锌预膜剂。也可以用钼酸盐、聚磷酸盐、锌及芳香唑复合剂 60mg/L 作基础处理，投药 48h。

**581　钨系水质稳定剂有何特点？近来发展怎样？**

钨系水质稳定剂是近年开发的新型非铬非磷缓蚀阻垢剂，主要由我国研制开发，采用钨酸钠（$Na_2WO_4 \cdot 2H_2O$）等钨酸盐为缓蚀剂。钨酸盐的性能类似钼酸盐，也是阳极型缓蚀剂。它能吸附于金属表面与二价铁离子形成保护性络合物。二价铁被溶解氧氧化成三价铁，从而使亚铁-钨酸盐络合物转化成钨酸铁，在金属上形成钝化保护膜。该钝化膜形成的前提是有溶解氧存在。

钨酸盐缓蚀剂的优点是无公害，缓蚀性能优于钼系及磷系，可在碱性下运行，操作方便，对碳钢、紫铜、铜合金、铝、锌均有缓蚀作用，对防止氯离子对碳钢腐蚀及对不锈钢的应力腐蚀均有很好作用。

用单一钨酸盐为缓蚀剂时加药量较大，约需 $WO_4^{2-}$ 200mg/L 以上，费用高。故钨系推广应用的关键是降低加药量，开发优良的钨系复合配方。现已有不少复合配方试验成功并用于生产。

钨酸钠与葡萄糖酸钠系列复合剂的缓蚀阻垢效果较好，有时可加入少量锌或聚羧酸（水解聚马来酸酐或聚丙烯酸）。这种配方能使 $WO_4^{2-}$ 用量减少，但日常运行配方中不宜低于 20mg/L，预膜剂中约为 150mg/L。钨系与有机酸有协同效应，与膦酸盐复合效果也较好。国内某系统原来用磷系配方，系统磷酸钙垢严重，后改用钨系，配方钨含量 5mg/L，膦酸盐 4mg/L，大大减轻了结垢。

### 582　亚硝酸盐及硼酸盐缓蚀剂有何用途？

亚硝酸盐为阳极型缓蚀剂，常用的是亚硝酸钠或亚硝酸铵，它可以在碳钢上形成 $\gamma$-$Fe_2O_3$ 钝化膜，抑制金属腐蚀。这种钝化膜极薄，约 4nm，容易被氯离子或硫酸根离子穿透而形成点蚀，故药剂的投加量高。

亚硝酸盐对人类和哺乳动物有较大毒性，是可疑的致癌物质，在冷却水中是微生物的氮营养源，易被硝酸细菌氧化成硝酸盐。同时由于亚硝酸根的存在，使氧化性杀生剂杀菌变得困难，容易产生严重的微生物危害，所以，亚硝酸盐不能用于敞开式循环冷却水系统，只能用于密闭式循环冷却水系统。

亚硝酸盐在碱性条件下对碳钢的缓蚀有效，但对非铁金属不是有效的缓蚀剂。亚硝酸根在钝化过程中自身转化为铵，会使铜腐蚀。故铜或铜合金设备不宜采用亚硝酸盐缓蚀剂，用于铝或锡金属的防护时，须添加硅酸盐或硼酸盐，目前在密闭式循环冷却水系统中仍有的应用亚硝酸盐，在 $pH>7$ 的条件下，用量为 600～1200mg/L，有时与硼酸盐复合使用。

常用的硼酸盐为硼砂，又称四硼酸钠，分子式为 $Na_2B_4O_7 \cdot 10H_2O$，也是阳极型缓蚀剂。其对铸铁的缓蚀作用特别好，对硬水有较好的软化作用，一般可与亚硝酸盐、苯甲酸盐、磷酸盐、各种有机缓蚀剂复配，用于内燃机、汽车密闭系统。其在空调的密闭循环冷却水系统中常与亚硝酸盐复合使用。硼酸盐有稳定 pH 值的作用，可使水保持在碱性运行。

### 583　什么是硫酸亚铁造膜处理？

二价金属铁盐对铜和铜合金具有缓蚀作用，常用的是硫酸亚铁（$FeSO_4 \cdot 7H_2O$）；可用于铜合金做造膜处理，使铜合金在水系统中受到保护。硫酸亚铁水溶液在通过铜合金管时，在管壁上形成一层含有铁化合物的保护膜，防止铜管腐蚀。这种方法广泛用于火力发电厂凝汽器铜合金冷却管的造膜处理。典型的处理方法：新凝汽器投运之前，先通入流速为 1～2m/s 的冷却水，用胶球进行清洗，使铜合金管内壁表面保持清洁；然后加入硫酸亚铁，使 $Fe^{2+}$ 浓度保持 2～3mg/L，连续处理 96～150h；在此过程中每隔 6～8h 进行一次胶球清洗，每次 0.5h 左右。装置正常运行时，间断加药；每 1～2d 加药一次，使水中 $Fe^{2+}$ 浓度保持 1～2mg/L，0.5～1.0h。

用硫酸亚铁造成的膜呈绿色或黑色，金相断面是双层膜结构。以铁的氧化物为主的保护膜致密地结合在红色 $Cu_2O$ 基底上，从而防止水对铜的腐蚀。水中含硫化氢或还原性物质较多时，成膜效果较差。

硫酸亚铁造膜方法只用于铜合金，不能用于碳钢材质。

### 584　什么叫做缓蚀剂的增效作用？

当采用两种以上的药剂组成缓蚀剂时，往往比单用这些药剂的缓蚀效果好且用量少，这个现象叫做缓蚀剂的增效作用或协同效应。例如单用铬酸盐为缓蚀剂时需要很高的剂量，至少需要 150mg/L 以上，单用锌盐作为缓蚀剂时效果较差，但当两者联合低剂量使用时，5～

10mg/L 的 $Na_2Cr_2O_7$ 及 5～10mg/L 的 $Zn^{2+}$ 就可以得到很好的缓蚀效果。由于复方缓蚀剂的增效作用，同时还节约了药剂，因此目前很少采用单一的缓蚀药剂。如现在使用较普遍的磷系配方中，除了聚磷酸盐外，还添加膦酸盐或锌盐等药剂。同样，钼系或钨系配方也因复合其他缓蚀剂，使钼酸盐或钨酸盐用量大大降低，费用下降，有利于推广。

### 585 腐蚀速度的表示方法有哪些？

腐蚀速度又称腐蚀率，通常表示的是单位时间的平均值。有以下表示方法。

（1）质量变化表示法　用单位时间单位面积上质量的变化来表示腐蚀速度。常用的单位是毫克/(分米$^2$·天)[mg/(dm$^2$·d)]，简写为 mdd；有时也用克/(米$^2$·时)[g/(m$^2$·h)]或克/(米$^2$·天)[g/(m$^2$·d)]来表示。

（2）腐蚀深度表示法　用单位时间内的腐蚀深度来表示腐蚀速度。常用的单位是毫米/年（mm/a）。在欧美常用的单位是密耳/年（mil/a，mpy），即毫英寸/年。

1mil（密耳）$=10^{-3}$in（英寸）；1in=0.0254m；1mpy=0.0254mm/a。

（3）机械强度表示法　适用于表示某些特殊类型的腐蚀，即用前两种表示法都不能确切地反映其腐蚀速度的，如应力腐蚀开裂、气蚀等。这类腐蚀往往伴随着机械强度的降低。因此可测试腐蚀前后机械强度的变化，如用张力、压力、弯曲或冲击等极限值的降低率来表示。

（4）采用腐蚀电流密度表示腐蚀速度　是电化学测试方法。常用的单位是微安/厘米$^2$（$\mu A/cm^2$）。$1\mu A/cm^2=0.0117$mm/a。

上述四种方法中，现场一般采用（1）、（2）两种。几种常用腐蚀速度的单位换算关系如下表。

| 项　目 | g/(m$^2$·h) | g/(m$^2$·d) | mdd | mm/a | mpy | in/a |
|---|---|---|---|---|---|---|
| g/(m$^2$·h) | 1 | 24 | 240 | 8.76/$\gamma$ | 345/$\gamma$ | 0.345/$\gamma$ |
| g/(m$^2$·d) | 0.042 | 1 | 10 | 0.365/$\gamma$ | 14.4/$\gamma$ | 0.0144/$\gamma$ |
| mdd | 0.0042 | 0.1 | 1 | 0.0365/$\gamma$ | 1.44/$\gamma$ | 0.00144/$\gamma$ |
| mm/a | 0.114$\gamma$ | 2.74$\gamma$ | 27.4$\gamma$ | 1 | 39.4 | 0.0394 |
| mpy | 0.0029$\gamma$ | 0.0695$\gamma$ | 0.695$\gamma$ | 0.0254 | 1 | 0.001 |
| in/a | 2.9$\gamma$ | 69.5$\gamma$ | 695$\gamma$ | 25.4 | 1000 | 1 |

注：$\gamma$ 为金属的相对密度。

### 586 如何测算和评定金属的腐蚀速度？

通常采用的腐蚀速度评定方法有电化学测定法、失重法等。对于冷却水处理缓蚀效果的评定，最常用的是失重法。

失重法是将金属试件（试片或试管）置于循环冷却水系统的旁路中，测算其被腐蚀之后的失重，以评定金属的腐蚀速度。根据金属腐蚀原理可知金属被腐蚀的过程就是金属阳极过程，因此，金属被腐蚀的结果就是失去质量，当然金属表面的腐蚀产物必须清除干净，否则不是失重而是增重。根据金属在单位面积上和单位时间内失去的质量可计算出质量变化表示法的腐蚀速度（$V_W$）及深度表示法的腐蚀速度（$V_L$）。

$$V_W=\frac{W_1-W_2}{Ft} \quad g/(m^2\cdot h)$$

$$V_L=8.76V_W/\gamma \quad mm/a$$

式中　$W_1$——试件未腐蚀前质量，g；

$W_2$——试件经过腐蚀并除去表面腐蚀产物后的质量，g；

$F$——试件暴露在冷却水中的表面积，m$^2$；

$t$——试件受腐蚀的时间，h；

$\gamma$——金属的密度，$g/cm^3$；

几种常用金属的密度 单位：$g/cm^3$

| 金属 | 碳钢 | 不锈钢 | 黄铜 H80 | 紫铜 | 钛 |
|---|---|---|---|---|---|
| 密度 | 7.85 | 7.92 | 8.65 | 8.92 | 4.54 |

以失重法测得的腐蚀数据是平均腐蚀速度，但在有些情况下，特别是缓蚀剂对点蚀抑制效果不大时，点蚀就会严重，因此，根据金属腐蚀失重而算出来的平均腐蚀速度并不能代表点蚀的深度，所以在点蚀发生较多的情况下，除测定其平均腐蚀速度外，还应测出最大点蚀深度和单位面积上的点蚀数目，并求出点蚀系数，即最大点蚀深度与平均腐蚀速度之比，若比值为1，则表示腐蚀是均匀的，比值愈大，则点蚀愈严重。碳钢管壁的平均腐蚀速度一般应控制在≤0.125mm/a，铜、铜合金和不锈钢则应≤0.005mm/a。

## （三）结垢的防止

### 587 冷却水系统中的水垢是如何形成的？

在循环冷却水系统中，水垢是由过饱和的水溶性组分形成的。水中溶解有各种盐类，如碳酸氢盐、碳酸盐、硫酸盐、氯化物、硅酸盐等，其中以溶解的碳酸氢盐如 $Ca(HCO_3)_2$、$Mg(HCO_3)_2$ 最不稳定，极容易分解生成碳酸盐。因此，当冷却水中溶解的碳酸氢盐较多时，水流通过换热器表面，特别是温度较高的表面，就会受热分解，其反应如下：

$$Ca(HCO_3)_2 \xrightarrow{\triangle} CaCO_3\downarrow + H_2O + CO_2\uparrow$$

当循环水通过冷却塔，溶解在水中的 $CO_2$ 会逸出，水的 pH 值升高，此时，碳酸氢盐在碱性条件下也会发生如下的反应：

$$Ca(HCO_3)_2 + 2OH^- \longrightarrow CaCO_3\downarrow + 2H_2O + CO_3^{2-}$$

如水中溶有适量的磷酸盐与钙离子时，也将产生磷酸钙的沉淀：

$$2PO_4^{3-} + 3Ca^{2+} \longrightarrow Ca_3(PO_4)_2\downarrow$$

上述一系列反应中生成的 $CaCO_3$ 和 $Ca_3(PO_4)_2$ 等均属难溶性盐，它们的溶解度比起 $Ca(HCO_3)_2$ 来要小得多。同时，它们的溶解度与一般的盐类还不同，其溶解度不是随着温度的升高而加大，而是随着温度的升高而降低，属反常溶解度的无机盐。如 $CaCO_3$ 的溶度积为：20℃为 $5.22\times10^{-9}$；25℃为 $4.8\times10^{-9}$；40℃为 $3.03\times10^{-9}$。水温升高更易饱和。因此，在换热器传热表面上，这些难溶性盐很容易达到过饱和状态而从水中结晶析出，尤其当水流速度小或传热面较粗糙时，这些结晶沉淀物就会沉积在传热表面上，形成了通常所称的水垢。由于这些水垢结晶致密，比较坚硬，又称之为硬垢。常见的水垢成分有：碳酸钙、硫酸钙、磷酸钙、镁盐、硅酸盐等。

### 588 沉积物有哪些组分？什么是污垢？什么是水垢？

循环冷却水系统经常遇到污垢沉积问题。沉积物附着在换热器上危害很大。沉积物的组分很复杂，不同文献对沉积物的分类不完全一致。有的将沉积物统称为污垢，污垢中包括了水垢。有的将沉积物分为污垢和水垢两大类，污垢中不包括水垢。如按前者分类，沉积物的组分可按以下划分。

- 沉积物（污垢）
  - 水垢
  - 污泥
    - 淤泥
    - 黏泥
    - 腐蚀产物

各类沉积物的组成大致如下：

（1）水垢　又称硬垢或无机垢，为补充水中带入的难溶或微溶盐在循环水中条件变化时所形成的垢。常见的有碳酸钙、磷酸钙或羟基磷灰石、硫酸钙、氢氧化镁、硅酸镁等。

（2）污泥　相对水垢而言较疏松，又称软垢。常含有泥渣、粉尘、沙粒、腐蚀产物、有机物、微生物菌落和分泌物、氧化铝、磷酸铝、磷酸铁、各种碎屑等。

（3）淤泥　以泥沙、粉尘为主的软垢。

（4）黏泥　又称生物沉积物。由微生物及其分泌物和残骸组成，为具有滑腻感的胶状黏泥或黏液。

（5）腐蚀产物　由于设备腐蚀而产生的金属氧化物，主要为氧化铁、氧化铜等。

**589　冷却水系统中的沉积物（污垢）来自哪些方面？**

（1）来自补充水　未经预处理或预处理不良的补充水会使泥沙、悬浮物、微生物带入系统。即使澄清、过滤、消毒良好的补充水也会有一定浑浊度并带有少量微生物。澄清过程中还可能将混凝剂的水解产物如铝或铁离子留在补充水中。另外，不管是否经过预处理，补充水中都会带入易形成水垢的溶解盐。

（2）来自空气　泥沙、粉尘、微生物及其孢子会随空气从冷却塔带入循环系统。有时候昆虫（如甲壳虫）也会大量带入系统，引起换热器堵塞。当冷却塔周围空气受到污染时，硫化氢、二氧化硫、氨等腐蚀性气体有可能随空气进入循环水中产生腐蚀。

（3）来自化学处理药剂　如在循环水中加锌盐或聚磷酸盐缓蚀剂，则有结锌垢或磷酸盐水垢的可能性。

（4）来自工艺介质泄漏　换热器泄漏，特别是漏油、漏氨或某些有机物会导致或促进污泥沉积。

（5）来自系统腐蚀所形成的腐蚀产物。

**590　为什么要进行垢样分析？垢样分析有哪些项目？**

对循环冷却水系统的污垢和腐蚀产物进行分析，目的是从一个角度评价系统的腐蚀和结垢倾向，是对系统监测的方法之一，即在系统检修期间对有代表性的设备和部位采垢样分析其组成，主要采样部位是水冷却器的换热管壁，有时也在管板、封头及冷却塔池等处采样。往往对重点水冷却器每年在同一部位取样分析，以便积累资料逐年对比。采样后应记录采样日期、设备及部位、水冷却器的工况及垢样特征等，并在采样的同时测定该部位的垢厚，必要时进行拍照。

供分析用的试样需经50～60℃干燥6～8h，然后研磨至全部通过0.125mm（120目）分样筛，保存在干燥器中供分析用，分析项目一般有：

① 水分含量。105～110℃干燥6h以上至恒重测得。

② 550℃灼烧失重。(550±10)℃灼烧至恒重测得，包括有机物、水分、化合水和硫化物等物质。

③ 550～950℃灼烧失重。主要代表垢样中的二氧化碳（即碳酸盐垢）含量，由950℃灼烧失重减去550℃灼烧失重而得。

④ 酸不溶物。代表$SiO_2$及部分铁、铝、钙等不溶性化合物。

⑤ 除测定腐蚀产物（$Fe_3O_3$、FeS、$SO_3$）及水垢（CaO、MgO）含量等外，往往要根据系统的配方特点分析$P_2O_5$、ZnO或$Cr_2O_3$，或根据预处理所用混凝剂的情况分析$Al_2O_3$，如系统中有铜材水冷却器还要分析CuO。

⑥ 对微生物黏泥较多的垢样，往往同时分析垢中好气异养菌、铁细菌及硫酸盐还原菌等细菌的数量，以每克垢样的菌数表示。

## 591 什么是水冷却器的热流密度？

水冷却器是用冷却水与工艺介质进行热交换的换热设备，又称换热器或热交换器。水冷却器的设计和运行都应保证冷却水带走一定的热量，以满足工艺的需要，即

$$Q=KF\Delta t_{m}$$

式中 $Q$——水冷却器的传热速率，J/s(W)；

$F$——水冷却器的传热面积，$m^2$；

$\Delta t_{m}$——工艺介质与冷却水的平均温差，℃；

$K$——水冷却器的总传热系数，$W/(m^2 \cdot K)$。

水冷却器的热流密度又称传热强度或热强度，是水冷却器单位面积的传热速率，代表水冷却器的传热效率。热流密度$=Q/F=K\Delta t_{m}$。

在设计水冷却器时，要求达到规定的 $Q$ 和 $\Delta t_{m}$，$K$ 值如能增大则水冷却器的传热面积 $F$ 可减少，热流密度增大，可以节省水冷却器的材料。对已设计好的水冷却器 $F$ 为定值，同时要求 $\Delta t_{m}$ 一定，则 $K$ 值增加时热流密度及传热速率均能提高。

从提高传热效率的角度，热流密度当然是越高越好。但总传热系数 $K$ 与传热介质有关，如气体与水传热的 $K$ 值一般为 12～60$W/(m^2 \cdot K)$，煤油与水约 350$W/(m^2 \cdot K)$左右，水与水一般为 800～1800$W/(m^2 \cdot K)$，冷凝蒸汽与水一般为290～4700$W/(m^2 \cdot K)$。$K$ 值如提不高，热流密度就不可能太高。故一般蒸汽冷凝器的热流密度很高，而润滑油冷却器的热流密度很低。

热流密度高时，水侧结水垢的可能性增大，这是因为热流密度高时，水侧壁温也高，二者成正比关系。管壁的温度越高，结水垢的倾向越大。在同一冷却系统的水冷却器中，结垢倾向往往不同，如蒸汽冷凝器的水侧管壁容易结垢，而润滑油冷却器一般不结垢，有时偏于腐蚀。同一台水冷却器的工艺介质热端的水侧容易结垢，而冷端不易结垢。系统的管道和水冷却器的封头没有传热，所以几乎不结水垢。考虑到热流密度过大会带来易结水垢的不利因素，国外有些研究认为热流密度最好不超过 $5.82\times10^4 W/m^2$[$5\times10^4 kcal/(m^2 \cdot h)$]，有的认为 $1.40\times10^4$～$2.56\times10^4 W/m^2$ 较合适。

## 592 什么是水冷却器的污垢热阻值和极限污垢热阻值？

水冷却器的总传热系数为 $K$。$K$ 的倒数称为水冷却器的总热阻，即 $R=\frac{1}{K}$。管壁上热的传导路线是通过工艺介质、工艺介质侧的污垢、传热管壁金属、冷却水侧的污垢然后到冷却水中的。故总热阻 $R$ 为工艺介质给热热阻、工艺介质侧污垢热阻、管壁的热传导热阻、冷却水侧污垢热阻和冷却水给热热阻五项之和。在系统稳定运行时，工艺介质和冷却水给热热阻和管壁热传导热阻均较稳定，可视为常数。工艺介质侧的污垢热阻也较稳定或可忽略。只有冷却水侧污垢热阻 $r$ 决定于管壁的污垢，影响总热阻 $R$ 很大。冷却水侧污垢热阻 $r$ 即通常所称的水冷却器的污垢热阻值。$r$ 的高低是评价循环冷却水系统处理优劣的重要数据。水稳处理应尽量控制 $r$ 在较低值，使总传热系数 $K$ 在较高值，以保证水冷却器能有较高的传热效率。

污垢热阻值 $r$ 一般由试验或监测换热器进行测定。该换热器初运行时，水侧无垢，运行一段时间之后产生污垢，则：

$$r=\frac{1}{K}-\frac{1}{K_{C}} \quad m^2 \cdot K/W$$

式中 $K_{C}$——清洁管的总传热系数，$W/(m^2 \cdot K)$；

$K$——结垢管的总传热系数，$W/(m^2 \cdot K)$。

$K_{C}$、$K$ 可由当时工艺介质和进出口温度或冷却水的流量和进出口温度算出。

以上所测得的 $r$ 是某时刻的瞬时污垢热阻值，使用价值不大，不能作为设计水冷却器的直接根据。只有极限污垢热阻 $r^*$ 才能作为比较的依据。在实践中证明：当冷却水中投加具

有阻垢性能的水处理剂时，改变了垢层的形态，使坚硬和致密的硬垢变成了软垢，水流剪切力的作用可使垢层脱落，因此污垢层并不是无限制增长。当污垢增长速度与脱落速度相等时的污垢热阻值基本上不变化，则称为极限污垢热阻 $r^*$ 。$r^*$ 可通过实验，由多个不同时刻的瞬时 $r$ 值近似计算得出。

极限污垢热阻 $r^*$ 应按工艺要求规定指标并严加控制。当工艺无特殊要求时，应符合以下规定：敞开式系统宜低于$(1.72 \sim 3.44) \times 10^{-4} m^2 \cdot K/W[(2 \sim 4) \times 10^{-4} m^2 \cdot h \cdot K/kcal]$；密闭式系统宜低于 $0.86 \times 10^{-4} m^2 \cdot K/W(1.0 \times 10^{-4} m^2 \cdot h \cdot K/kcal)$。

### 593　什么是污垢附着速度？

污垢附着速度又称污垢沉积速率，它表示水冷却器换热面上污垢的增长速度。由于水冷却器在运行期间无法测定，所以常用监测换热器测定污垢附着速度。以单位时间单位面积上污垢附着的质量来表示，常用的单位是毫克/(厘米$^2$ · 30 日）[$mg/(cm^2 \cdot 30d)$，mcm]或毫克/(分米$^2$ · 日)[$mg/(dm^2 \cdot d)$，mdd]。

其计算方法为：

$$月污垢沉积速率=\frac{(W-W')\times 1000}{F\dfrac{t}{24\times 30}\times 10000}$$

$$=72\times\frac{W-W'}{Ft}\quad mg/(cm^2 \cdot 30d)$$

式中　$W$——试验后经烘干处理的传热管质量，g；

$W'$——经酸洗去污垢并烘干的传热管质量，g；

$F$——与冷却水接触的传热管面积，$m^2$；

$t$——试验时间，h。

由本法测得的污垢沉积速率包括水垢、腐蚀产物及黏泥等各种污垢在内。该数据可与污垢热阻值及垢厚等数据对照，从一个角度定量地评定系统的传热效果，是监测污垢沉积的经常项目。

### 594　污垢热阻值与污垢附着速度有何相应关系？

在系统设计时一般规定了水侧污垢热阻值的高限。但污垢热阻值的测定和计算都较麻烦，故常希望测定监测换热器的污垢附着速度来了解污垢热阻值的数值。

污垢沉积量与垢厚和污垢热阻值有大致相应的关系。

$$平均垢厚\ \delta=r\lambda\quad m$$

式中　$r$——污垢热阻值，$m^2 \cdot K/W$；

$\lambda$——污垢层的热导率，$W/(m \cdot K)$。

$$污垢沉积量=10^5\delta\rho\quad mg/cm^2$$

式中　$\rho$——污垢层的密度，$g/cm^3$。

但污垢的密度及热导率与污垢的组成有关，往往差异很大，需要根据实验才能取得可靠的数据。以下介绍某国外研究单位提出的看法以供参考。

根据实验积累的数据，监测换热器在运行的头一个月污垢沉积量急剧增长，以后不再大量增加。大约第一个月的沉积量为年沉积量的 50%～60%左右。如以 50%计，可用第一个月连续运行时间 30d 所测得的沉积量乘以 2 倍，大致等于一年的沉积量。如果污垢热阻值要求控制在 $1.72 \times 10^{-4} \sim 3.44 \times 10^{-4} m^2 \cdot K/W$，则可根据污垢密度和热导率估算出年垢厚及第一个月运行 30d 的污垢附着速度控制值。

当碳钢材质的污垢组成为腐蚀产物时（即 $Fe_2O_3 \cdot H_2O$），污垢的热导率如以 0.58W/(m · K)计，允许的年垢厚应低于0.1～0.2mm。污垢密度约为 1.7～2.5g/cm$^3$。如密度按

1.7g/$cm^3$ 计，则年沉积量应控制在 17～34mg/$cm^2$ 以下。30d 的污垢附着速度应控制在 8.5～17mg/$cm^2$ 以下。

当碳钢材质的污垢组成主要是多组分水垢时（$Fe_2O_3$ <17%），污垢热导率约为 0.58～1.16W/(m·K)，允许的年垢厚应低于0.1～0.4mm。污垢密度约为 1.3g/$cm^3$，则年沉积量应控制在13～52mg/$cm^2$ 以下，30d 的污垢附着速度应控制在 6.5～26mg/$cm^2$ 以下。

由于污垢密度及热导率数据要根据千变万化的污垢成分来确定，所以难以规定一个统一的垢厚和污垢附着速度控制值。但各单位可根据自己的经验制定控制指标。GB 50050—2007《工业循环冷却水处理设计技术规范》规定，污垢附着速度应小于 15～20mg/($cm^2$·月)，可供参考。

冷却水系统中各种污垢的大致平均热导率（导热系数）[4],[5] 如下表。

| 名称 | 热导率 | | 污垢热阻/($m^2$·K/W) | |
|---|---|---|---|---|
| | kcal/(m·h·℃) | W/(m·K) | 垢厚为 0.1mm 时 | 垢厚为 1.0mm 时 |
| 钙镁的碳酸盐垢($CaCO_3$·$MgCO_3$ 量>50%) | 0.5～0.6 | 0.58～0.70 | 0.00017～0.00014 | 0.0017～0.0014 |
| 硫酸钙垢 | 0.5～2.5 | 0.58～2.91 | 0.00017～0.000034 | 0.0017～0.00034 |
| 硅酸盐垢($SiO_2$ 量>20%) | 0.05～0.2 | 0.058～0.23 | 0.0017～0.00043 | 0.017～0.0043 |
| 氧化铁垢 | 0.1～0.2 | 0.12～0.23 | 0.00083～0.00043 | 0.0083～0.0043 |
| 钙、镁的碳酸盐与硅酸盐混合物 | 0.7～3.0 | 0.81～3.49 | 0.00012～0.000029 | 0.0012～0.00029 |
| 生物黏泥垢 | 0.2～0.4 | 0.23～0.47 | 0.00043～0.00021 | 0.0043～0.0021 |

假定污垢密度为 1.3g/$cm^3$、污垢热导率为 0.58～1.16 W/(m·K)，则控制的污垢热阻值与允许厚度和允许的污垢年附着速度可大致按下表。

| 控制的污垢热阻值 /($m^2$·K/W) | 允许平均厚度 /mm | 允许的年污垢附着速度 /[mg/($cm^2$·a)] |
|---|---|---|
| 0.0001 | 0.058～0.12 | 7.5～15 |
| 0.0002 | 0.12～0.23 | 15～30 |
| 0.0003 | 0.17～0.35 | 23～45 |
| 0.0004 | 0.23～0.46 | 30～60 |
| 0.0005 | 0.29～0.58 | 38～75 |
| 0.0006 | 0.35～0.70 | 45～90 |

### 595 判断水垢组成有什么简便定性方法?

要简便地判断循环水系统中水垢的主要组成可采用酸溶法。即用垢样加酸之后观察其溶解和反应情况，以此定性地判断其主要成分，见下表。

| 水垢主要成分 | 颜色 | 加酸后的现象 |
|---|---|---|
| 碳酸钙垢（$CaCO_3$ >60%） | 白色 | 加 5%HCl 后，大部分可溶解，并产生大量气泡，$CaCO_3$ 含量越高，气泡越多 |
| 硫酸钙垢（$CaSO_4$ >40%） | 黄白色或白色 | 加 HCl 后溶解很少，很少气泡。加 10%氯化钡后，溶液浑浊，生成大量白色沉淀 |
| 磷酸钙垢 | 白色 | 加 HCl 后溶解很少，很少气泡。加入 10%钼酸铵试液，再加 $HNO_3$，产生黄色磷钼黄沉淀，再加氨水使溶液呈碱性，则沉淀物溶解 |
| 硅酸盐垢($SiO_2$>20%) | 灰白色 | 加 HCl 不溶，加热后部分其他成分溶解，有透明状沙粒沉积物产生，加入 1%HF 则溶解 |
| 氧化铁垢（铁氧化物>80%） | 棕褐色 | 加 HCl 可缓慢溶解，呈黄绿色溶液。加 $HNO_3$ 快速溶解，呈黄色溶液 |
| 氧化铜垢(Cu>20%～30%) | 表面有发亮的金属颗粒 | 加 HCl 难溶，加 $HNO_3$ 溶解，溶液呈黄绿色或淡蓝色。加 5%硫氰酸铵溶液数滴，溶液变红色。或加 5%铁氰化钾溶液数滴，溶液变蓝色 |

### 596 如何根据垢样分析结果判断水质的腐蚀或结垢倾向？

根据设备上垢层状况及垢样分析结果，可以大致判断冷却水系统的水冷却器属于腐蚀型、结垢型、污垢型还是良好型。垢样中的各种成分的质量分数均反映某种倾向，例如：550℃灼烧失重为污泥因子，反映微生物情况和污泥危害；氧化钙、氧化镁、二氧化碳、五氧化二磷含量为结垢因子，反映结垢情况，其中二氧化碳和五氧化二磷含量可分别表示碳酸盐和磷酸盐垢的数量；三氧化二铁含量为腐蚀因子，表示腐蚀情况；二氧化硅和三氧化二铝表示原水中泥沙沉积和预处理情况；三氧化硫表示有无硫酸盐还原菌活动。但是如何根据垢样分析结果来划分类型及等级却是困难的工作，需要有丰富的经验才能科学划分，由于不同的水质条件、药剂配方和水冷却器工况都会影响垢层组分的比例，所以并没有统一的划分标准。

国内一些工厂参考国外经验，有以下判别方法可供参考。

（1）根据换热管表观情况、垢厚及孔蚀深度评价水冷却器的等级。

| 等　级 | 水冷却器换热管表观情况 | 参考指标/mm | |
|---|---|---|---|
| | | 年垢厚(硬垢) | 点蚀深度 |
| 优　级 | 管内外干净，很少见到污垢和腐蚀产物，清洗周期可以二年以上 | <0.2 | <0.2 |
| 良好级 | 管内外较干净，个别部位有些污垢和腐蚀产物，可不清洗或简单冲洗后即可使用 | 0.2～0.3 | 0.2～0.3 |
| 一般级 | 管内外污垢和腐蚀产物较多，需清洗后方可投运 | 约 0.4 | 约 0.4 |
| 差　级 | 管内外污垢和腐蚀产物严重，甚至有大量管泄漏或阻塞，清洗极为困难 | >0.5 | >0.5 |

（2）按垢样的腐蚀因子、结垢因子和污垢因子的比例判别水冷却器或冷却水系统的类型和等级。下表是使用磷系配方及季铵盐剥离剂时的半定量判定规律，有一定参考价值，但还需结合其他监测手段综合进行判断才能做出更精确的判定。

| 名　　称 | 垢样组成 | 良好型 | 腐蚀型 | 结垢型 | 污泥型 |
|---|---|---|---|---|---|
| 污泥因子 | 550℃灼烧失重 | 10%～25% | 10%左右 | 10%～25% | 30%～60% |
| 腐蚀因子 | $Fe_2O_3$ | 60%～85% | 90%左右 | 15%～55% | 20%～50% |
| 结垢因子 | $CaO+MgO+P_2O_5$ | 10%～25% | 10%左右 | 35%～75% | 20%～45% |

除此，国外还介绍用垢样中某些成分与 $SiO_2$ 的比值来判别。用 $CaO/SiO_2$ 表示结垢倾向，当>2 时有产生沉积的倾向；用 $Fe_2O_3/SiO_2$ 表示腐蚀倾向，当<2 时良好，>5 时腐蚀，2～5 时需注意。还有人认为垢样中 $SiO_2$<6%时没有硅垢危害。

### 597 判断水质的腐蚀或结垢倾向有哪些常用方法？

准确判断水质的腐蚀或结垢倾向应该根据各种试验结果。在试验之前往往先根据水质及某些运行条件进行计算，做出对结垢或腐蚀倾向的初步判断，以便考虑试验方案。目前的计算方法都是根据水中某种盐类的溶解平衡关系提出的，就是说水中某种盐类达到能够析出的数量，即有结水垢的倾向。如果该盐类在水中能全部溶解，则在金属表面上完全没有水垢作保护层，即有腐蚀倾向。循环冷却水中最易成垢的是碳酸钙，如使用磷系配方的常有磷酸钙垢，某些水质还可能产生硫酸钙、硅酸镁等水垢，故常以这几种盐类分别判断结垢或腐蚀倾向。

（1）以碳酸盐为主的结垢趋势

① 朗格利尔（Langelier）饱和指数（$I_S$）法；

② 赖兹纳（Ryznar）稳定指数（$S$ 或 $RSI$）法；

③ 极限碳酸盐硬度判断法；

④ 临界 pH 值（$pH_C$）结垢指数法；

⑤ 帕科拉兹（Puckorius）结垢指数（$PSI$）法；

⑥ 经验饱和指数法。

经验饱和指数法修正了朗格利尔法的判断指标，即

$$I_{S(经验)} = pH - pH_S$$

式中　$I_{S(经验)}$——经验饱和指数；

pH——水的实际 pH 值；

$pH_S$——水的饱和 pH 值。

若饱和指数 $I_{S(经验)}$ 处于 0.5～2.5 范围内，即该水质不会腐蚀也不结垢；

若饱和指数 $I_{S(经验)} < 0.5$，则将会产生腐蚀；

若饱和指数 $I_{S(经验)} > 2.5$，则将会产生结垢。

（2）磷酸钙垢的判断　根据磷酸钙在水中溶解和离解的平衡关系，推导出正磷酸根（$PO_4^{3-}$）、钙离子和 pH 值的计算关系式，以此来判断磷酸钙的结垢趋势。

（3）硫酸钙结垢倾向的判断　一般资料认为，循环水中 $Ca^{2+}$、$SO_4^{2-}$ 离子含量（mg/L）的乘积大于 $5\times10^5$ 时，可能产生硫酸钙垢。当使用阻垢剂时，二者的乘积应小于$7.5\times10^5$。

（4）硅酸镁结垢倾向的判断　为避免硅酸盐水垢，$SiO_2$ 不宜超过 175mg/L。当镁含量大于 40mg/L 时，一般应控制 $Mg^{2+}$ 与 $SiO_2$ 的乘积<15000，$Mg^{2+}$ 以 $CaCO_3$ 计，单位 mg/L。有的资料认为二者乘积应<35000。

以上计算方法均有一定的参考价值，也均有其不同程度的局限性，因为以上算法都是以单一盐类来考虑的，实际上水中离子错综复杂、互有影响，并非单一盐。另外，在计算中无法考虑微生物对腐蚀和结垢的影响，但作为初步判断还是可用的，可以在使用中结合考虑其他因素适当修正。应注意的是：以上计算是针对未加药系统的，但系统加入水处理剂之后，使水质的腐蚀或结垢倾向改善，上述方法对加药系统只能作参考。

### 598　什么是碳酸钙饱和 pH 值（$pH_S$）？什么是碳酸钙饱和指数（$I_S$）？

天然水中最易成垢的化合物是碳酸盐，而碳酸盐在水中是极不稳定的。

1936 年，朗格利尔（Langlier）根据水中碳酸的平衡关系，提出了饱和 pH 值和饱和指数的概念，以判断 $CaCO_3$ 水垢在水中是否会析出，并据此提出用加酸或加碱等办法来控制水垢的析出。所谓饱和 pH 值，即是碳酸钙在水中呈饱和状态时的 pH 值（$pH_S$）。这时水中的碳酸氢钙不分解成 $CaCO_3$，碳酸钙也不会继续溶解。朗格利尔推导出计算饱和 pH 值（$pH_S$）的公式，$pH_S$ 可由水的硬度、总溶解固体量、碱度和水温计算得出，并以水的实际 pH 值与 $pH_S$ 值的差值来判断水垢的析出，此差值朗格利尔称它为饱和指数，以 $I_S$ 表示之。他提出当 $I_S>0$ 时，水中的碳酸钙（$CaCO_3$）必定处于过饱和状态，就有可能析出沉淀，这种水属结垢型水；当 $I_S<0$ 时，此时水中碳酸钙（$CaCO_3$）必定处于不饱和状态，则原来附在传热面上的 $CaCO_3$ 垢层会被溶解掉，使金属表面裸露在水中而受到腐蚀，故而他把这种水称作腐蚀型水；当 $I_S=0$ 时，$CaCO_3$既不析出，原有 $CaCO_3$ 垢层也不会被溶解掉，这种水属于稳定型，即不腐蚀也不结垢。如以式表示，则可写成：

$$I_S = pH - pH_S > 0 \qquad 结垢$$

$$I_S = pH - pH_S = 0 \qquad 不腐蚀不结垢$$

$$I_S = pH - pH_S < 0 \qquad 腐蚀$$

### 599 碳酸钙饱和指数在实用上有何参考价值？它有什么局限性？

冷却水系统中结垢主要是由碳酸钙引起的。碳酸钙饱和指数能够反映水的结垢或腐蚀的倾向，故目前国内外都用来对水定性，作为选择处理措施的参考。有人认为，在直流冷却水系统中，饱和指数（$I_S$）在±(0.25～0.30)范围内可认为是稳定的。在循环冷却水系统中，为了降低钢的腐蚀，有人建议 $I_S$ 在 0.75～1.0 的范围内。但是另外一种看法是+0.5 的饱和指数是令人满意的，大于该值可能会导致过剩的 $CaCO_3$ 沉淀结垢，特别是在温度升高情况下。在采用磷系缓蚀剂高 pH 法的循环冷却水系统中，$CaCO_3$ 的饱和指数可以允许到+2.5，而仍能控制 $CaCO_3$ 垢。

虽然饱和指数是一个比较常用的指数，它对原水的性质可以起到定性的预示作用，在一定温度下也可以起到某些控制作用，但是，它也有着如下的局限性。

(1) 冷却水流经换热器时进口和出口水温是不同的，那么在计算碳酸钙饱和指数时，如果选用热端温度做依据，控制热端不结垢，则冷端必然腐蚀；反之，控制冷端不结垢，则热端必然结垢。在这样一些复杂情况下，饱和指数对许多因素均未考虑进去，只按某一点温度计算其 $pH_S$ 作为控制操作指标是不够全面的。

(2) 如果冷却水中含有胶态二氧化硅或有机体（例如藻类），那么 $CaCO_3$ 可能沉淀在胶体或有机体上，而不沉淀在金属表面上。如果情况是这样的话，即使饱和指数是正数，腐蚀仍会发生。

(3) 如果络合离子投加到已经处理的水中，例如聚磷酸盐、膦酸盐，它们妨碍了 $CaCO_3$ 沉淀，在这种情况下，饱和指数不能用作判断冷却水腐蚀性或结垢趋势的指标。人们从长期实践中积累的经验证明，按饱和指数控制冷却水的操作是偏保守的，特别是在加有阻垢剂时，甚至还会得出相反的结论。

### 600 什么是稳定指数（$S$，$RSI$）？它有什么局限性？

1944 年，赖兹纳（Ryznar）提出，利用饱和指数（$I_S$）判断水质时，经常出现错误。因此，他提出用经验式 $S=2pH_S-pH$ 来代替饱和指数（$I_S$）作为判断水质的依据，并把 $2pH_S-pH$ 的差值称作稳定指数。这个指数表明在特定条件下，一种水引起结垢或腐蚀程度。赖兹纳通过实验，用比较定量的数值来表示水质稳定性，提出了利用稳定指数做如下的判断。

| | |
|---|---|
| $2pH_S-pH<3.7$ | 严重结垢 |
| $3.7<2pH_S-pH<6.0$ | 结垢 |
| $2pH_S-pH\approx6.0$ | 稳定 |
| $6.0<2pH_S-pH<7.5$ | 腐蚀 |
| $2pH_S-pH>7.5$ | 严重腐蚀 |

赖兹纳稳定指数和碳酸钙饱和指数一样，在近代冷却水处理工作中仍被用来作为预示水结垢或腐蚀的标志，并用以指导冷却水系统的操作。赖兹纳稳定指数是由经验公式计算的，在定量上与长期实践结果相一致，因而比碳酸钙饱和指数准确，但它有着如下的局限性。

(1) 它只反映了化学作用，没有涉及电化学过程和严密的物理结晶过程。

(2) 没有考虑到水中表面活性物质或络合离子的影响。

(3) 忽略了其他阳离子的错综平衡关系。

因此，赖兹纳稳定指数也不能作为表示水的腐蚀或结垢的绝对指标。在使用中还要考虑其他因素给予修正。

### 601 碳酸钙饱和 pH 值（$pH_S$）是如何计算的？

碳酸钙饱和 pH 值是根据碳酸钙的溶解平衡和碳酸平衡状态确定的。碳酸钙在水中溶解时：

$$CaCO_3\ (固) \rightleftharpoons Ca^{2+} + CO_3^{2-}$$

水中各级碳酸平衡反应式为：

$$CO_2+H_2O \rightleftharpoons H_2CO_3 \rightleftharpoons H^+ + HCO_3^- \rightleftharpoons 2H^+ + CO_3^{2-}$$

$$[Ca^{2+}][CO_3^{2-}]=K_S=4.8\times10^{-9}(25℃)$$

$$[H^+][HCO_3^-]/[H_2CO_3]=K_1=4.45\times10^{-7}(25℃)$$

$$[H^+][CO_3^{2-}]/[HCO_3^-]=K_2=4.69\times10^{-11}(25℃)$$

式中　$K_S$——碳酸钙的溶解平衡常数或称碳酸钙的溶度积；

$K_1$、$K_2$——碳酸盐的一、二级电离常数。

碳酸平衡及碳酸钙溶解平衡反应可综合为下式：

$$\begin{array}{c} HCO_3^- \rightleftharpoons CO_3^{2-} + H^+ \\ + \\ Ca^{2+} \rightleftharpoons CaCO_3(固) \end{array}$$

当达到饱和 pH 值时：

$$[H^+]_S=K_2[HCO_3^-]/[CO_3^{2-}]=K_2[Ca^{2+}][HCO_3^-]/K_S$$

两边取 p 值（$-\lg$ 值），则

$$p[H^+]_S=pH_S=p[Ca^{2+}]+p[HCO_3^-]+pK_2-pK_S \tag{1}$$

式中的［$H^+$］、［$Ca^{2+}$］与［$HCO_3^-$］均表示离子活度，［$Ca^{2+}$］与［$HCO_3^-$］需根据分析值进行换算。

$$离子活度=分析值(mol/L)\times\alpha_j$$

$$=分析值(mg/L,以\ CaCO_3\ 计)\times\alpha_j/(50\times10^3\times Z_j)$$

式中　$\alpha_j$——活度系数；

$Z_j$——电荷数；

50——$\frac{1}{2}CaCO_3$ 的摩尔质量，g/mol。

故 ［$Ca^{2+}$］ $=Ca(分析值,mg/L,以\ CaCO_3\ 计)\times\alpha_{Ca}/(50\times10^3\times2)$

按碱度定义，总碱度 $c\left(\frac{1}{x}B^{x-}\right)(mol/L)=[OH^-]+2[CO_3^{2-}]+[HCO_3^-]$。在循环水的条件下，一般 pH 值<9，$OH^-$ 及 $CO_3^{2-}$ 可忽略不计，故可认为总碱度 $M\approx$ ［$HCO_3^-$］。从而

$$[HCO_3^-]=M(分析值,mg/L,以\ CaCO_3\ 计)\times\alpha_{HCO_3^-}/(50\times10^3\times1)$$

则（1）式可改为：

$$pH_S=9.699-\lg Ca-\lg M+(p\alpha_{Ca^{2+}}+p\alpha_{HCO_3^-})+(pK_2-pK_S) \tag{2}$$

$Ca^{2+}$和 $HCO_3^-$ 的活度系数 $\alpha_{Ca^{2+}}$ 及 $\alpha_{HCO_3^-}$ 由水的离子强度决定，为总溶解固体量（TDS，mg/L）的函数。令 $A=(p\alpha_{Ca^{2+}}+p\alpha_{HCO_3^-})$，为总溶解固体系数，可按下式计算：

$$A=2.5TDS^{1/2}/(200+5.3TDS^{1/2}+0.0275TDS)$$

当 TDS<3200mg/L，可简化为以下经验式：

$$A=0.1\times\lg TDS-0.1$$

令 $B=pK_2-pK_S$，$K_2$、$K_S$ 均随温度而变化，故 $B$ 为温度系数，可按以下回归式计算：

$T$<20℃时

$$B=2.596-0.0256T$$

20℃≤$T$<30℃时

$$B=2.512-0.0212T$$

30℃≤$T$<54℃时

$$B=2.368-0.0164T$$

54℃≤$T$<66℃时

$$B=2.242-0.014T$$

66℃≤T≤76℃时

$$B=2.042-0.011T$$

为此碳酸钙饱和 pH 值可按以下推荐公式计算。

$$pH_S=9.699+A+B-C-D$$

或

$$pH_S=9.70+A+B-C-D$$

式中 $A$——总溶解固体系数；

$B$——温度系数；

$C$——钙硬系数，等于 lgCa；

$D$——碱度系数，等于 lg$M$。

因此，$pH_S$ 可根据循环冷却水的总溶解固体量、水温（或典型换热器的壁温）、钙离子含量及碳酸氢根碱度（或近似用总碱度）计算。

国外另一个计算公式的计算结果也与上式相近，即：

$$pH_S=9.5954+\lg\left[\frac{0.4TDS^{0.10108}}{CA\times TA}\right]+1.84e^{(0.547-0.00637t+0.00000358t^2)}$$

式中 TDS——总溶解固体量，mg/L；

CA——钙硬，以钙离子计，mg/L；

TA——碳酸盐碱度，以 $CaCO_3$ 计，mg/L；

$t$——温度，℉（℉=1.8×℃+32）；

e——自然对数底数，约为 2.718。

### 602 如何用查表法计算碳酸钙饱和 pH 值（$pH_S$）?

上题的 $pH_S$ 公式计算法，可以用列表将 $A$、$B$、$C$、$D$ 值算出，改为查表法计算，其计算结果与公式法相同。

$$pH_S=9.70+A+B-C-D$$

$A$ 为总溶解固体系数，由循环水的 TDS（总溶解固体量，mg/L）查得：

| TDS/(mg/L) | 45 | 60 | 80 | 105 | 140 | 175 | 220 |
|---|---|---|---|---|---|---|---|
| A 值 | 0.07 | 0.08 | 0.09 | 0.10 | 0.11 | 0.12 | 0.13 |
| TDS/(mg/L) | 275 | 340 | 420 | 520 | 640 | 800 | 1000 |
| A 值 | 0.14 | 0.15 | 0.16 | 0.17 | 0.18 | 0.19 | 0.20 |
| TDS/(mg/L) | 1250 | 1650 | 2200 | 3100 | ≥4000 或≤13000 | | |
| A 值 | 0.21 | 0.22 | 0.23 | 0.24 | 0.25 | | |

$B$ 为温度系数，由循环水的水温（℃）查得。

$B$ 值：

| 水温/℃ | 尾数 | | | | | | | | | |
|---|---|---|---|---|---|---|---|---|---|---|
| | 0 | 1 | 2 | 3 | 4 | 5 | 6 | 7 | 8 | 9 |
| 0 | 2.60 | 2.57 | 2.54 | 2.52 | 2.49 | 2.47 | 2.44 | 2.42 | 2.39 | 2.37 |
| 10 | 2.34 | 2.31 | 2.29 | 2.26 | 2.24 | 2.21 | 2.19 | 2.16 | 2.14 | 2.11 |
| 20 | 2.09 | 2.07 | 2.05 | 2.02 | 2.00 | 1.98 | 1.96 | 1.94 | 1.92 | 1.90 |
| 30 | 1.88 | 1.86 | 1.84 | 1.83 | 1.81 | 1.79 | 1.78 | 1.76 | 1.74 | 1.73 |
| 40 | 1.71 | 1.70 | 1.68 | 1.66 | 1.65 | 1.63 | 1.61 | 1.60 | 1.58 | 1.57 |
| 50 | 1.55 | 1.53 | 1.52 | 1.50 | 1.49 | 1.48 | 1.46 | 1.44 | 1.43 | 1.42 |
| 60 | 1.40 | 1.39 | 1.37 | 1.36 | 1.35 | 1.33 | 1.32 | 1.31 | 1.29 | 1.28 |
| 70 | 1.27 | 1.26 | 1.25 | 1.24 | 1.23 | 1.22 | 1.21 | | | |

$C$为钙硬系数，由循环水的钙含量（mg/L，以$CaCO_3$计）查得或计算得。$C=\lg Ca$(钙含量)。

$D$为碱度系数，由循环水的总碱度（mg/L，以$CaCO_3$计）查得或计算得。$D=\lg M$(碱度)。

$C$或$D$值由下表可以查得。

| 钙硬或碱度（以$CaCO_3$计）/(mg/L) | 尾数 | | | | | | | | | |
|---|---|---|---|---|---|---|---|---|---|---|
| | 0 | 1 | 2 | 3 | 4 | 5 | 6 | 7 | 8 | 9 |
| 0 | | 0.00 | 0.30 | 0.48 | 0.60 | 0.70 | 0.78 | 0.85 | 0.90 | 0.95 |
| 10 | 1.00 | 1.04 | 1.08 | 1.11 | 1.15 | 1.18 | 1.20 | 1.23 | 1.26 | 1.28 |
| 20 | 1.30 | 1.32 | 1.34 | 1.36 | 1.38 | 1.40 | 1.41 | 1.43 | 1.45 | 1.46 |
| 30 | 1.48 | 1.49 | 1.51 | 1.52 | 1.53 | 1.54 | 1.56 | 1.57 | 1.58 | 1.59 |
| 40 | 1.60 | 1.61 | 1.62 | 1.63 | 1.64 | 1.65 | 1.66 | 1.67 | 1.68 | 1.69 |
| 50 | 1.70 | 1.71 | 1.72 | 1.72 | 1.73 | 1.74 | 1.75 | 1.76 | 1.76 | 1.77 |
| 60 | 1.78 | 1.79 | 1.79 | 1.80 | 1.81 | 1.81 | 1.82 | 1.83 | 1.83 | 1.84 |
| 70 | 1.85 | 1.85 | 1.86 | 1.86 | 1.87 | 1.88 | 1.88 | 1.89 | 1.89 | 1.90 |
| 80 | 1.90 | 1.91 | 1.91 | 1.92 | 1.92 | 1.93 | 1.93 | 1.94 | 1.94 | 1.95 |
| 90 | 1.95 | 1.96 | 1.96 | 1.97 | 1.97 | 1.98 | 1.98 | 1.99 | 1.99 | 2.00 |
| 100 | 2.00 | 2.00 | 2.01 | 2.01 | 2.02 | 2.02 | 2.03 | 2.03 | 2.03 | 2.04 |
| 110 | 2.04 | 2.05 | 2.05 | 2.05 | 2.06 | 2.06 | 2.06 | 2.07 | 2.07 | 2.08 |
| 120 | 2.08 | 2.08 | 2.09 | 2.09 | 2.09 | 2.10 | 2.10 | 2.10 | 2.11 | 2.11 |
| 130 | 2.11 | 2.12 | 2.12 | 2.12 | 2.13 | 2.13 | 2.13 | 2.14 | 2.14 | 2.14 |
| 140 | 2.15 | 2.15 | 2.15 | 2.16 | 2.16 | 2.16 | 2.16 | 2.17 | 2.17 | 2.17 |
| 150 | 2.18 | 2.18 | 2.18 | 2.18 | 2.19 | 2.19 | 2.19 | 2.20 | 2.20 | 2.20 |
| 160 | 2.20 | 2.21 | 2.21 | 2.21 | 2.21 | 2.22 | 2.22 | 2.22 | 2.22 | 2.23 |
| 170 | 2.23 | 2.23 | 2.24 | 2.24 | 2.24 | 2.24 | 2.25 | 2.25 | 2.25 | 2.25 |
| 180 | 2.26 | 2.26 | 2.26 | 2.26 | 2.26 | 2.27 | 2.27 | 2.27 | 2.27 | 2.28 |
| 190 | 2.28 | 2.28 | 2.28 | 2.29 | 2.29 | 2.29 | 2.29 | 2.29 | 2.30 | 2.30 |
| 200 | 2.30 | 2.30 | 2.31 | 2.31 | 2.31 | 2.31 | 2.31 | 2.32 | 2.32 | 2.32 |
| 钙硬或碱度（以$CaCO_3$计）/(mg/L) | 尾数 | | | | | | | | | |
| | 0 | 10 | 20 | 30 | 40 | 50 | 60 | 70 | 80 | 90 |
| 200 | | 2.32 | 2.34 | 2.36 | 2.38 | 2.40 | 2.42 | 2.43 | 2.45 | 2.46 |
| 300 | 2.48 | 2.49 | 2.51 | 2.52 | 2.53 | 2.54 | 2.56 | 2.57 | 2.58 | 2.59 |
| 400 | 2.60 | 2.61 | 2.62 | 2.63 | 2.64 | 2.65 | 2.66 | 2.67 | 2.68 | 2.69 |
| 500 | 2.70 | 2.71 | 2.72 | 2.72 | 2.73 | 2.74 | 2.75 | 2.76 | 2.76 | 2.77 |
| 600 | 2.78 | 2.79 | 2.79 | 2.80 | 2.81 | 2.81 | 2.82 | 2.83 | 2.83 | 2.84 |
| 700 | 2.85 | 2.85 | 2.86 | 2.86 | 2.87 | 2.88 | 2.88 | 2.89 | 2.89 | 2.90 |
| 800 | 2.90 | 2.91 | 2.91 | 2.92 | 2.92 | 2.93 | 2.93 | 2.94 | 2.94 | 2.95 |
| 900 | 2.95 | 2.96 | 2.96 | 2.97 | 2.97 | 2.98 | 2.98 | 2.99 | 2.99 | 3.00 |

另一种查表法用电导率代替总溶解固体量粗略计算，如下（适用于生产现场）：

$$pH_S=C_1+C_2+C_3$$

式中 $C_1$——水的总碱度系数；

$C_2$——水的钙硬系数；

$C_3$——水的电导率系数。

$C_1$、$C_2$、$C_3$可以分别由下表来查取。

**用来计算 $pH_S$ 值的常数表**

| 总碱度 $c\left(\frac{1}{x}B^{x-}\right)$ /(mmol/L) | $C_1$ | 钙硬 /°G (德国度) | $C_2$ | 电导率 /(μS/cm) | $C_3$ |
|---|---|---|---|---|---|
| 0.1 | 3.8 | 5.0 | 3.06 | 300 | 1.68 |
| 0.2 | 3.7 | 5.6 | 3.01 | 320 | 1.69 |
| 0.3 | 3.6 | 6.8 | 2.94 | 400 | 1.70 |
| 0.4 | 3.4 | 7.8 | 2.87 | 520 | 1.71 |
| 0.5 | 3.33 | 9.0 | 2.80 | 600 | 1.72 |
| 0.6 | 3.23 | 10.0 | 2.76 | 800 | 1.73 |
| 0.7 | 3.15 | 11.2 | 2.70 | 900 | 1.74 |
| 0.8 | 3.10 | 12.0 | 2.67 | 1000 | 1.75 |
| 0.9 | 3.06 | 13.4 | 2.63 | 1200 | 1.76 |
| 1.0 | 3.00 | 14.4 | 2.60 | | |
| 1.2 | 2.91 | 15.6 | 2.56 | | |
| 1.4 | 2.85 | 16.6 | 2.52 | | |
| 1.6 | 2.80 | 18.0 | 2.49 | | |
| 1.8 | 2.74 | 20.0 | 2.46 | | |
| 2.0 | 2.70 | 22.0 | 2.38 | | |
| 2.4 | 2.63 | | | | |
| 2.8 | 2.56 | | | | |
| 3.2 | 2.50 | | | | |
| 3.6 | 2.45 | | | | |

注：钙硬 1 德国度＝0.178mmol/L＝17.8mg/L $CaCO_3$。

### 603　如何用查图法计算碳酸钙饱和 pH 值（$pH_S$）?

$pH_S$ 也可由查图法（见图 5-3-1）计算。该法由以下简化公式计算。

$$pH_S=(pK_2-pK_S)+p[Ca]+p[碱度]$$

式中　$pK_2-pK_S$——含盐量和水温的函数；

$p[Ca]$——钙离子（mg/L）的函数；

$p[碱度]$——总碱度 $c\left(\frac{1}{x}B^{x-}\right)$(mmol/L)的函数。

由于图的尺寸关系，视觉有一定误差，故精确程度不如公式法和查表法。现举例说明该图的用法。

［例］　某循环冷却水系统的水温为 30℃，钙离子含量 72mg/L，总碱度 $c\left(\frac{1}{x}B^{x-}\right)$ 3mmol/L，总溶解固体量为 240mg/L，计算 $pH_S$ 值。

从图 5-3-1 中查得：

$pK_2-pK_S$　2.04，含盐量 240mg/L 与温度 30℃交点的纵坐标；

$p[Ca]$　2.76，$Ca^{2+}$ 72mg/L 与 $p[Ca]$线交点的纵坐标；

$p[碱度]$　2.54，碱度 $c\left(\frac{1}{x}B^{x-}\right)$ 3 mmol/L 与 $p[碱度]$线交点的纵坐标。

$$pH_S=2.04+2.76+2.54=7.34$$

### 604　敞开式循环冷却水浓缩之后 pH 值会怎样变化?

敞开式循环冷却水在浓缩过程中由于碳酸盐碱度发生变化使 pH 值也发生变化，主要有以下反应：

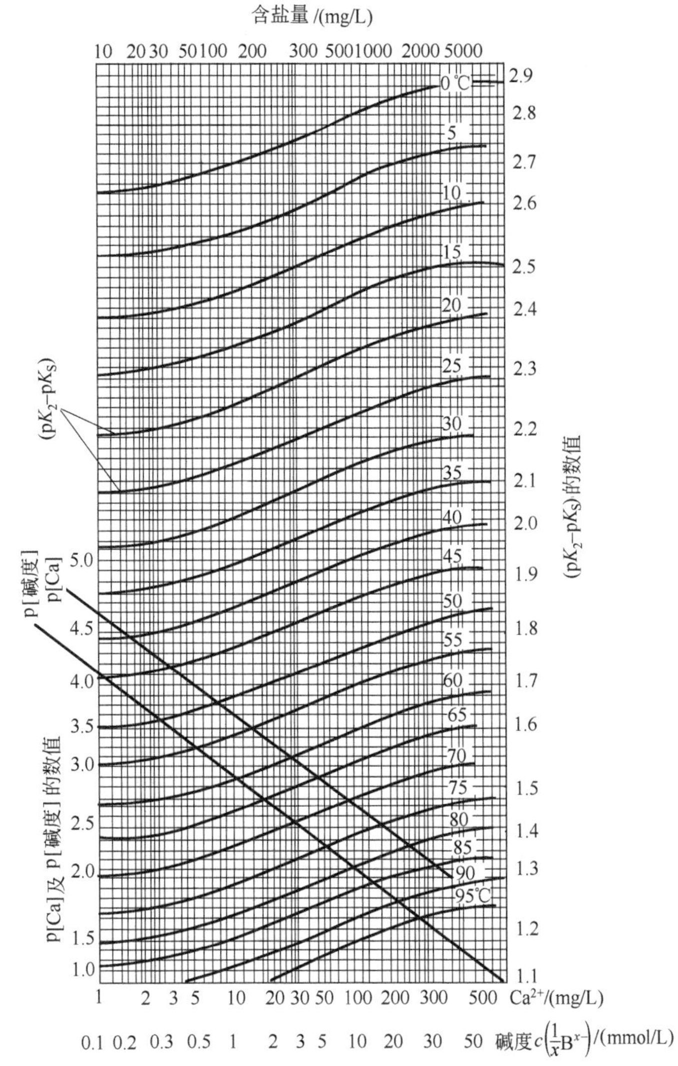


图 5-3-1　$pH_S$ 值计算图

$$2HCO_3^- \rightleftharpoons CO_3^{2-} + CO_2\uparrow + H_2O$$

一部分碳酸氢盐受热分解为碳酸盐和二氧化碳，部分溶解二氧化碳被空气带走，使水中酸性物质减少。因而浓缩水如不加酸调节而任其自然变化，pH 值会上升。浓缩后的自然 pH 值应由现场实测。判断循环冷却水的腐蚀结垢倾向需要了解浓缩之后水的 pH 值和碱度，但在考虑化学处理方案阶段大都无条件实测，只能依据补充水质进行估算。

理论上 pH 值与 $\lg[HCO_3^-]$成正比，和 $\lg[CO_2]$成反比，但实际上循环冷却水中的碱度和溶解二氧化碳均为未知数，所以用理论式难以计算。大都根据试验结果或现场数据归纳成经验式计算。经验证明影响循环冷却水自然 pH 值的主要因素是浓缩倍数、补充水碱度及补充水 pH 值，不同水质难以用一个公式计算，为此将其分为四种类型考虑。低碱或中碱水从冷态开始浓缩时，pH 值迅速上升。当倍数达到 1.3 左右后，pH 值平稳上升，一般不超过 9.3。石灰软化水的 pH 值一般在 9.0～11.0，虽然其碱度不低，但碳酸盐碱度不高，不全为 $HCO_3^-$，还含有部分 $CO_3^{2-}$ 甚至 $OH^-$ 碱度。而循环冷却水在碱度平衡时主要是含 $HCO_3^-$ 碱度。所以当以石灰软化水为补充水时，在初浓缩的短暂期间会先吸收一些空气中的 $CO_2$

来中和 $CO_3^{2-}$ 或 $OH^-$ 碱度，这时 pH 值会迅速下降。待碱度基本转化为 $HCO_3^-$ 之后，继续浓缩 pH 值才会上升。因此，用石灰软化水为补充水的系统自然 pH 值一般不会超过 8.5。用极软极低碱水为补充水的系统自然 pH 值多不超过 8.0。

以下公式由试验和现场数据归纳而得，可作近似计算式。

**不同类型补充水的循环冷却水自然 pH 值的计算式**

（适用于 $N=1.3\sim5.0$）

| 计算式类型 | 类型 A | 类型 B | 类型 C | 类型 D |
|---|---|---|---|---|
| 补充水类型 | 中硬中碱水 A 及低碱软水 | 中硬中碱水 B 及负硬度(中碱软)水 | 极软极低碱水 | 石灰软化水 |
| 计算公式 | $pH=6.78+0.204pH_{补}+0.094N+0.0022M_{补}$ | $pH=6.75+0.204pH_{补}+0.0819N+0.0022M_{补}$ | $pH=pH_{补}+0.1N+0.8$ | $pH=7.90+0.1N+0.0055M_{补}$ |
| 公式适用范围 | $pH_{补}=6.8\sim8.3$<br>$TH=50\sim300$<br>$M_{补}=50\sim200$ | $pH_{补}=7.5\sim8.5$<br>$TH=50\sim300$<br>$M_{补}=200\sim300$ | $pH_{补}=6.5\sim7.5$<br>$TH<50$<br>$M_{补}<50$ | $pH_{补}=9.0\sim11.0$<br>$TH<150$<br>$M_{补}<150$ |
| 备注 | 计算公式为实验式，代表的水质是长江水系 | 计算公式为实验式，代表的水质是黄河流域水及负硬度水 | 计算公式为归纳式，代表的水质是华南及吉林水 | 计算公式为归纳式 |

注：1. $TH$ 为补充水总硬度，$M_{补}$ 为补充水总碱度，单位均为 mg/L（以 $CaCO_3$ 计）；$pH_{补}$ 为补充水 pH 值；$N$ 为浓缩倍数。

2. 中硬中碱水 A，$TH=150\sim300$mg/L，$M_{补}=150\sim200$mg/L；中硬中碱水 B，$TH=150\sim300$mg/L，$M_{补}=200\sim300$mg/L。

除补充水质和浓缩倍数之外，还有其他因素影响循环水的 pH 值。采用氯系杀生剂时，氯最终变为 HCl 使 pH 值降低。据统计，加氯可使系统 pH 值降低 0.1～1.1，夏季影响很大。粗算时可用计算值减去 0.2。此外，冷却塔的环境影响也不可忽视。当空气中含有 $H_2S$、$SO_2$ 等酸性化合物时，循环水 pH 值偏低，含 $NH_3$ 等使 pH 值偏高。需根据具体情况调整计算值。

### 605　敞开式循环冷却水浓缩之后碱度会怎样变化？

循环冷却水的总碱度随浓缩倍数增加而增加，但敞开式系统中部分碳酸盐碱度分解为二氧化碳逸出，故循环水自然 pH 值时的总碱度不等于浓缩倍数乘以补充水总碱度（$NM_{补}$），而是小于 $NM_{补}$。如果用酸调低 pH 值，则总碱度就更大大低于 $NM_{补}$ 了，甚至可能大大低于 $M_{补}$。

敞开循环冷却水系统的总碱度 $M$ 有以下两种理论计算式：

① 根据亨利定律计算。水与大气交换时水中 $CO_2$ 的平衡由空气中 $CO_2$ 的分压决定。推导出：

$$M=K_h p_{CO_2}(a_1+2a_2)/a_0$$

式中　$K_h$——亨利系数，根据水温可查得；

$a_0$、$a_1$、$a_2$——$H_2CO_3$、$HCO_3^-$、$CO_3^{2-}$ 的碳酸盐分配系数，根据水的 pH 值可查得；

$p_{CO_2}$——空气中 $CO_2$ 的分压，农村中可取 0.03%，城市中可取 0.06%，工业区可取 0.1%。

② 根据溶解 $CO_2$ 平衡导出：

$$pH=\lg(0.88M/CO_2)+6.35$$

式中　pH——循环冷却水的 pH 值；

$M$——循环冷却水的总碱度（以 $CaCO_3$ 计），mg/L；

$CO_2$——循环冷却水溶解 $CO_2$ 量，mg/L。

机械通风时取 $CO_2=5mg/L$，则 $\lg M=pH-5.60$

自然通风时取 $CO_2=10mg/L$，则 $\lg M=pH-5.29$

因用理论式计算结果不理想，故国内外均有人用现场实际数据作 pH-$M$ 曲线，再换算成经验计算式。例如，国外的 Kunz 曲线可换算为：

$$\lg M=0.619pH-2.663(适用于 pH 值 4.3\sim8.3)$$

国外不少水处理公司多有各自的经验公式或 pH-$M$ 曲线，均可在一定条件下用来近似计算，使用时应注意其适应条件。

国内有人将 22 套大型冷却系统的数据归纳为经验计算式。其冷却塔均为机械通风，循环水温为 30～40℃。

理论式与经验式的共同之处是：$M$ 主要决定于循环冷却水的 pH 值。$\lg M$ 与 pH 有直接关系，pH 高，$M$ 也高。$M$ 与补充水的 $pH_补$、$M_补$ 及浓缩倍数 $N$ 均无直接关系。自然 pH 由 $pH_补$、$M_补$ 及 $N$ 计算出，故自然 $M$ 与之有间接关系。但用酸调过 pH 值的水的 $M$ 可以说与补充水的 $pH_补$、$M_补$ 和 $N$ 毫无关系。

补充水的水质也对 $M$ 有影响。常见的中硬中碱水和低碱软水的硬度和碱度大体平衡，其浓缩后的 pH-$M$ 关系大致接近。极软极低碱水与石灰软化水浓缩后的 pH-$M$ 关系很相近，因其 $M_补$ 很低，浓缩后在相同 pH 值下 $M$ 比中硬中碱水低。负硬度水的碱度大大超过硬度，浓缩后在相同 pH 值下 $M$ 比中硬中碱水要高。故将其归纳为三种类型，根据补充水的类型选择经验计算式。计算结果比较近似，可以据此判断水的腐蚀结垢倾向和估算运行中的加酸量。已投产的装置可以积累现场的 pH 值和 $M$ 值分析数据，将其归纳为本装置的 pH-$M$ 曲线和计算式，则可算得更准确些。

**不同类型补充水的循环冷却水总碱度 $M$ 的计算式**

| 项　目 | 类型Ⅰ | 类型Ⅱ | 类型Ⅲ | |
|---|---|---|---|---|
| 补充水类型 | 中硬中碱及低碱软水 | 中碱软水(负硬度水) | 极软极低碱水及石灰软化水 | |
| 计算式 | $\lg M=0.629pH-3.027$ | $\lg M=0.608pH-2.542$ | $\lg M=0.679pH-3.67$ | |
| 适用范围 | | | 极软极低碱水 | 石灰软化水 |
| 补充水 pH 值 | 6.8～8.5 | 7.5～8.5 | 6.5～7.5 | 9.0～11.0 |
| 补充水硬度(以 $CaCO_3$ 计)/(mg/L) | 50～300 | 50～150 | <50 | <150 |
| 补充水总碱度(以 $CaCO_3$ 计)/(mg/L) | 50～300 | 200～300 | <50 | <150 |

注：1. $M$ 为循环冷却水的总碱度，mg/L（以 $CaCO_3$ 计）。

2. pH 为循环冷却水的 pH 值。当 pH 等于自然 pH 值时，计算所得 $M$ 为自然 pH 值时的总碱度。自然 pH 值可由 $pH_补$、$M_补$ 及 $N$ 计算得，加氯时应减去加氯降低值。当加酸调节 pH 值时，pH 等于规定的（即运行条件下的）pH 值，计算所得 $M$ 为运行条件下的总碱度，见 604 题。

3. 以上公式适用于循环冷却水 pH<9.0，pH>9.0 时误差渐增大。

为便于使用，以上计算公式列表或制成图表查用。见下表及图 5-3-2。

**循环冷却水总碱度 $M$ 计算值**(以 $CaCO_3$ 计)　　　　单位：mg/L

| 循环水 pH 值 | 补充水类型Ⅰ | | 补充水类型Ⅱ | | 补充水类型Ⅲ | |
|---|---|---|---|---|---|---|
| | $\lg M$ | $M$ | $\lg M$ | $M$ | $\lg M$ | $M$ |
| 6.5 | 1.0615 | 11.5 | 1.4100 | 25.7 | 0.7435 | 5.5 |
| 6.6 | 1.1244 | 13.3 | 1.4708 | 29.6 | 0.8114 | 6.5 |
| 6.7 | 1.1873 | 15.4 | 1.5316 | 34.0 | 0.8793 | 7.6 |

续表

| 循环水 pH 值 | 补充水类型Ⅰ | | 补充水类型Ⅱ | | 补充水类型Ⅲ | |
|---|---|---|---|---|---|---|
| | lg*M* | *M* | lg*M* | *M* | lg*M* | *M* |
| 6.8 | 1.2502 | 17.8 | 1.5924 | 39.1 | 0.9472 | 8.9 |
| 6.9 | 1.3131 | 20.6 | 1.6532 | 45.0 | 1.0151 | 10.4 |
| 7.0 | 1.3760 | 23.8 | 1.7140 | 51.8 | 1.0830 | 12.1 |
| 7.1 | 1.4389 | 27.5 | 1.7748 | 59.5 | 1.1509 | 14.2 |
| 7.2 | 1.5018 | 31.8 | 1.8356 | 68.0 | 1.2188 | 16.6 |
| 7.3 | 1.5647 | 36.7 | 1.8964 | 78.8 | 1.2867 | 19.4 |
| 7.4 | 1.6276 | 42.4 | 1.9572 | 90.6 | 1.3546 | 22.6 |
| 7.5 | 1.6905 | 49.0 | 2.0180 | 104 | 1.4225 | 26.5 |
| 7.6 | 1.7534 | 56.7 | 2.0788 | 120 | 1.4904 | 30.9 |
| 7.7 | 1.8163 | 65.5 | 2.1396 | 138 | 1.5583 | 36.2 |
| 7.8 | 1.8792 | 75.7 | 2.2004 | 159 | 1.6262 | 42.3 |
| 7.9 | 1.9421 | 87.5 | 2.2612 | 182 | 1.6941 | 49.4 |
| 8.0 | 2.0050 | 101 | 2.3220 | 210 | 1.7620 | 57.8 |
| 8.1 | 2.0679 | 117 | 2.3828 | 241 | 1.8299 | 67.6 |
| 8.2 | 2.1308 | 135 | 2.4436 | 278 | 1.8978 | 79.0 |
| 8.3 | 2.1937 | 156 | 2.5044 | 319 | 1.9657 | 92.4 |
| 8.4 | 2.2566 | 181 | 2.5652 | 367 | 2.0336 | 108 |
| 8.5 | 2.3195 | 209 | 2.6260 | 423 | 2.1015 | 126 |
| 8.6 | 2.3824 | 241 | 2.6868 | 486 | 2.1694 | 148 |
| 8.7 | 2.4453 | 279 | 2.7476 | 559 | 2.2373 | 173 |
| 8.8 | 2.5082 | 322 | 2.8084 | 643 | 2.3052 | 202 |
| 8.9 | 2.5711 | 372 | 2.8692 | 740 | 2.3731 | 236 |
| 9.0 | 2.6340 | 431 | 2.9300 | 851 | 2.4410 | 276 |
| 9.1 | 2.6969 | 498 | 2.9908 | 979 | 2.5089 | 323 |
| 9.2 | 2.7598 | 575 | 3.0516 | 1126 | 2.5768 | 377 |
| 9.3 | 2.8227 | 665 | 3.1124 | 1295 | 2.6447 | 441 |
| 9.4 | 2.8856 | 768 | 3.1732 | 1490 | 2.7126 | 516 |
| 9.5 | 2.9485 | 888 | 3.2340 | 1714 | 2.7805 | 603 |

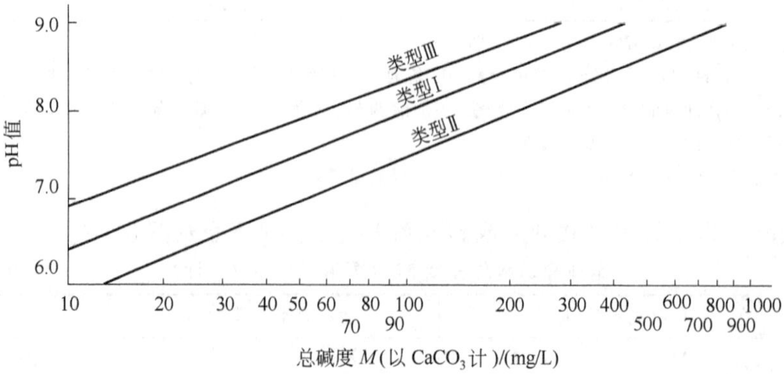


图 5-3-2 循环水的 pH-*M* 关系

### 606　什么是极限碳酸盐硬度法？如何测算？

极限碳酸盐硬度是指循环冷却水所允许的最大碳酸盐硬度值，超过此值即会引起碳酸盐结垢。过去常利用此法判断低浓缩倍数的循环冷却水或直流式冷却水系统的结垢倾向。

极限碳酸盐硬度应做相似条件的模拟试验后决定，如无上述条件时，也可按下述经验公式测算：

$$H_n=\frac{1}{2.8}\left[8+\frac{[O]}{3}-\frac{t-40}{5.5-\frac{[O]}{7}}-\frac{2.8H_y}{6-\frac{[O]}{7}+\left(\frac{t-40}{10}\right)^3}\right]$$

式中　$H_n$——循环水的极限碳酸盐硬度 $c\left(\frac{1}{x}A^{x+}\right)$，mmol/L；

$H_y$——补充水的非碳酸盐硬度$c\left(\frac{1}{x}A^{x+}\right)$（永久硬度），mmol/L；

$t$——冷却水温度，℃；如 $t<40$℃，仍按 40℃计算；

[O]——补充水的耗氧量，mg/L。

上式适用于耗氧量≤25mg/L、最高温度 $t=30\sim65$℃的循环冷却水，不适合计算含过剩碱度（即碳酸钠型）的水质。当水中不含非碳酸盐硬度和耗氧量时，$H_n c\left(\frac{1}{x}A^{x+}\right)$近似为2.86mmol/L。

当用硫酸或烟气处理，$t<40$℃，近似式为：

$$H_n=2.9-0.1H_y$$

用聚磷酸盐处理，$t<40$℃，近似式为：

$$H_n=7.0-0.1H_y$$

求得极限碳酸盐硬度后，可按下式判断循环水是否发生碳酸钙沉淀。

$$NH_m>H_n \quad \text{结垢}$$

$$NH_m<H_n \quad \text{稳定，不会结垢}$$

式中　$N$——循环水的浓缩倍数；

$H_m$——补充水的碳酸盐硬度 $c\left(\frac{1}{x}A^{x+}\right)$，mmol/L。

### 607　什么是碳酸钙的临界 pH 值（$pH_C$）？测定 $pH_C$ 有何意义？

1972 年法特勒（Feitler）提出用临界 pH 值（$pH_C$）代替饱和指数中的饱和 pH 值（$pH_S$）。对于难溶或微溶性盐如碳酸钙在沉淀前必须出现一定的过饱和度才能析出沉淀。那么，在碳酸钙发生沉淀析出的 pH 就称为碳酸钙临界 pH 值，以 $pH_C$ 表示。如果把 $pH_C$ 和用计算得到的 $pH_S$ 作一比较，可发现 $pH_C>pH_S$。$pH_C$ 可用实验方法求得。

当水的实际 pH 值超过它的 $pH_C$ 时即结垢，小于 $pH_C$ 时就不发生结垢。临界 pH 相当于饱和指数中的 $pH_S$，不同的是 $pH_S$ 是计算值，而 $pH_C$ 是实验测定值，在计算 $pH_S$ 时许多因素未考虑进去，而实测的 $pH_C$ 因是实验数据已包括各种影响因素在内，其数值显然要比 $pH_S$ 值高。据实验测定结果，在实际操作中水的 pH 值，一般可以用$pH_C=pH_S+(1.7\sim2.0)$。

临界 pH 值高于饱和 pH 值，也就是说临界 pH 允许冷却水在更高的钙离子浓度和碱度下运转，不过在实际操作中，由于 pH 值、水温和水质等方面的波动，因此不能在这个极限上操作。

### 608　什么是结垢指数（*PSI*）？

1979 年帕科拉兹（Puckorius）提出用平衡 pH 值（$pH_{eq}$）代替实际 pH 值，以修正

Ryznar 指数。他认为水的 pH 值受到缓冲，往往不能与 $HCO_3^-$ 始终存在正确的对应关系。而水的总碱度不易受到缓冲，因而更能准确地指示水的腐蚀或结垢倾向。$pH_{eq}$不是实际 pH 值，而是由总碱度 $M$ 校正过的 pH 值，与水的总碱度相匹配。对数百例循环水进行研究，总结出 $M$ 与 $pH_{eq}$的关系式如下。

$$pH_{eq}=1.465\ \lg M+4.54$$

式中　$M$——总碱度，mg/L（以 $CaCO_3$ 计）。

结垢指数按下式计算：

$$PSI=2pH_S-pH_{eq}$$

判断指标如下：

$PSI>6$　腐蚀

$PSI\approx6$　稳定

$PSI<6$　结垢

Puckorius 认为，当 pH>8.0 时，pH 值受缓冲更明显，用 $PSI$ 比 Ryznar 指数更准确。使用 $PSI$ 法，总碱度 $M$ 值必须为已知数。藉助下表可由总碱度查得平衡 pH 值（$pH_{eq}$）。

**由总碱度查平衡 pH 值**（$pH_{eq}$）

| 总碱度 $M$（以 $CaCO_3$ 计）/(mg/L) | 尾数 | | | | | | | | | |
|---|---|---|---|---|---|---|---|---|---|---|
| | 0 | 10 | 20 | 30 | 40 | 50 | 60 | 70 | 80 | 90 |
| 0 | | 6.00 | 6.45 | 6.70 | 6.89 | 7.03 | 7.14 | 7.24 | 7.33 | 7.40 |
| 100 | 7.47 | 7.53 | 7.59 | 7.64 | 7.68 | 7.73 | 7.77 | 7.81 | 7.84 | 7.88 |
| 200 | 7.91 | 7.94 | 7.97 | 8.00 | 8.03 | 8.05 | 8.08 | 8.10 | 8.13 | 8.15 |
| 300 | 8.17 | 8.19 | 8.21 | 8.23 | 8.25 | 8.27 | 8.29 | 8.30 | 8.32 | 8.34 |
| 400 | 8.35 | 8.37 | 8.38 | 8.40 | 8.41 | 8.43 | 8.44 | 8.46 | 8.47 | 8.48 |
| 500 | 8.49 | 8.51 | 8.52 | 8.53 | 8.54 | 8.56 | 8.57 | 8.58 | 8.59 | 8.60 |
| 600 | 8.61 | 8.62 | 8.63 | 8.64 | 8.65 | 8.66 | 8.67 | 8.68 | 8.69 | 8.70 |
| 700 | 8.71 | 8.72 | 8.73 | 8.74 | 8.74 | 8.75 | 8.76 | 8.77 | 8.78 | 8.79 |
| 800 | 8.79 | 8.80 | 8.81 | 8.82 | 8.82 | 8.83 | 8.84 | 8.85 | 8.85 | 8.86 |
| 900 | 8.87 | 8.88 | 8.88 | 8.89 | 8.90 | 8.90 | 8.91 | 8.92 | 8.92 | 8.93 |

### 609　什么是磷酸钙饱和 pH 值（$pH_P$）？如何用查表法计算？

磷酸钙在水中有以下溶解及电离关系：

$$Ca_3(PO_4)_2(固)\rightleftharpoons 3Ca^{2+}+2PO_4^{3-}$$

$$H_3PO_4\rightleftharpoons H^++H_2PO_4^-$$

$$H_2PO_4^-\rightleftharpoons H^++HPO_4^{2-}$$

$$HPO_4^{2-}\rightleftharpoons H^++PO_4^{3-}$$

磷酸钙的溶度积常数 $K_S=[Ca^{2+}]^3[PO_4^{3-}]^2=10^{-28}\sim10^{-33}$

报道的 $K_S$ 数据相差很大，可能因磷酸钙容易过饱和，难测准。一般多采用 $K_S=5\times10^{-30}$。

磷酸的一级电离常数 $K_1=\dfrac{[H^+][H_2PO_4^-]}{[H_3PO_4]}=7.6\times10^{-3}$（25℃）

磷酸的二级电离常数 $K_2=\dfrac{[H^+][HPO_4^{2-}]}{[H_2PO_4^-]}=6.2\times10^{-8}$（25℃）

磷酸的三级电离常数 $K_3=\dfrac{[H^+][PO_4^{3-}]}{[HPO_4^{2-}]}=4.4\times10^{-13}$（25℃）

当温度一定时，$K_1$、$K_2$、$K_3$ 及 $K_S$ 均为固定值。当 $H^+$ 浓度（即 pH 值）变化时，电离平衡发生变化。$H^+$ 增加（即 pH 值降低）时，电离平衡式向左进行；$PO_4^{3-}$ 减少，溶解平衡式向右进行。即 $Ca_3(PO_4)_2$ 在水中处于不饱和状态，固体 $Ca_3(PO_4)_2$ 会继续溶解。反之，当 $H^+$ 减少（即 pH 值升高）时，电离平衡式向右进行；$PO_4^{3-}$ 增加，溶解平衡式向左进行。则 $Ca_3(PO_4)_2$ 在水中呈过饱和状态，倾向于沉积，即可能结 $Ca_3(PO_4)_2$ 水垢。$pH_P$ 为 $Ca_3(PO_4)_2$ 的饱和 pH 值，在此 pH 值下 $Ca_3(PO_4)_2$ 处于饱和状态，既不溶解也不沉积。$pH_P$ 由 $Ca_3(PO_4)_2$ 的溶解及电离平衡常数推导计算。

令
$$[\Sigma]=[H_3PO_4]+[H_2PO_4^-]+[HPO_4^{2-}]+[PO_4^{3-}]$$
经推导后得出下式：
$$[Ca^{2+}]^3\left[\frac{[\Sigma]K_1K_2K_3}{K_1K_2K_3+K_1K_2[H^+]+K_1[H^+]^2+[H^+]^3}\right]^2=K_S$$
两边取对数，并经整理得到下面的计算式。
$$2\lg\left[\frac{K_1K_2K_3}{K_1K_2K_3+K_1K_2[H^+]+K_1[H^+]^2+[H^+]^3}\right]-\lg K_S$$
$$=-3\lg[Ca^{2+}]-2\lg[\Sigma]$$

该式的左侧二项统称为 pH-温度因数（$F_{pH-t}$），因 $K_1$、$K_2$、$K_3$ 及 $K_S$ 均随温度而变，$[H^+]$ 决定 pH 值。式中右侧二项各为钙因数（$F_{Ca}$）和磷酸盐因数（$F_{PO_4}$）。即 $F_{Ca}=-3\lg[Ca^{2+}]$，$F_{PO_4}=-2\lg[\Sigma]$。当水中磷酸钙达到饱和时，水的 pH 值应为饱和 pH 值，即 $pH_P$。此时 $F_{Ca}+F_{PO_4}=F_{pH-t}$。通常将这三种因数的数据列成表格，以方便计算。

钙因数（$F_{Ca}$）可根据水中钙离子含量（mg/L，以 $CaCO_3$ 计）由钙因数表查出，也可按下式计算。
$$F_{Ca}=15.00-3\lg(\text{钙离子})$$
式中　钙离子——水中钙离子质量浓度，mg/L（以 $CaCO_3$ 计）。

磷酸盐因数（$F_{PO_4}$）可根据水中总正磷酸盐含量（mg/L，以 $PO_4^{3-}$ 计）由磷酸盐因数表查出，也可按下式计算。
$$F_{PO_4}=9.955-2\lg(\text{正磷})$$
式中　正磷——总正磷酸盐含量，mg/L（以 $PO_4^{3-}$ 计）。

$F_{pH-t}=F_{Ca}+F_{PO_4}$，根据 $F_{Ca}+F_{PO_4}$ 及水的温度由 pH 值-温度因数表查得的 pH 值即为 $pH_P$ 值。

**钙因数表**

| $Ca^{2+}$(以 $CaCO_3$ 计)/(mg/L) | $F_{Ca}$ | $Ca^{2+}$(以 $CaCO_3$ 计)/(mg/L) | $F_{Ca}$ | $Ca^{2+}$(以 $CaCO_3$ 计)/(mg/L) | $F_{Ca}$ |
|---|---|---|---|---|---|
| 1 | 15.00 | 40 | 10.19 | 350 | 7.37 |
| 2 | 14.10 | 50 | 9.90 | 400 | 7.19 |
| 4 | 13.19 | 60 | 9.67 | 500 | 6.90 |
| 6 | 12.67 | 80 | 9.29 | 600 | 6.67 |
| 8 | 12.29 | 100 | 9.00 | 800 | 6.29 |
| 10 | 12.00 | 120 | 8.76 | 1000 | 6.00 |
| 12 | 11.76 | 140 | 8.56 | 1200 | 5.76 |
| 14 | 11.56 | 160 | 8.39 | 1400 | 5.56 |
| 16 | 11.38 | 180 | 8.23 | 1600 | 5.39 |
| 18 | 11.23 | 200 | 8.10 | 1800 | 5.23 |
| 20 | 11.10 | 250 | 7.81 | | |
| 30 | 10.57 | 300 | 7.57 | | |

磷酸盐因数表

| $PO_4^{3-}$ /(mg/L) | $F_{PO_4}$ | $PO_4^{3-}$ /(mg/L) | $F_{PO_4}$ | $PO_4^{3-}$ /(mg/L) | $F_{PO_4}$ |
|---|---|---|---|---|---|
| 1 | 9.96 | 12 | 7.80 | 60 | 6.40 |
| 2 | 9.35 | 15 | 7.60 | 65 | 6.33 |
| 3 | 9.00 | 20 | 7.35 | 70 | 6.26 |
| 4 | 8.75 | 25 | 7.16 | 80 | 6.15 |
| 5 | 8.56 | 30 | 7.00 | 90 | 6.05 |
| 6 | 8.40 | 35 | 6.87 | 100 | 5.96 |
| 7 | 8.26 | 40 | 6.75 | 110 | 5.87 |
| 8 | 8.15 | 45 | 6.65 | 120 | 5.80 |
| 9 | 8.05 | 50 | 6.56 | | |
| 10 | 7.96 | 55 | 6.47 | | |

pH 值-温度（$F_{pH-t}$）因数表[7]

| pH 值 | 10℃ (50)① | 20℃ (68) | 30℃ (86) | 40℃ (104) | 50℃ (122) | 60℃ (140) | 70℃ (158) | 80℃ (176) | 90℃ (194) | 100℃ (212) |
|---|---|---|---|---|---|---|---|---|---|---|
| 6.0 | 13.64 | 14.00 | 14.32 | 14.64 | 14.86 | 15.04 | 15.30 | 15.42 | 15.58 | 15.68 |
| 6.1 | 14.02 | 14.38 | 14.69 | 15.02 | 15.44 | 15.56 | 15.69 | 15.81 | 16.02 | 16.04 |
| 6.2 | 14.40 | 14.76 | 15.07 | 15.38 | 16.90 | 16.04 | 16.05 | 16.20 | 16.46② | 16.42② |
| 6.3 | 14.78 | 15.13 | 14.45 | 15.74 | 16.30 | 16.46② | 16.44② | 16.57 | 16.89② | 16.81② |
| 6.4 | 15.14 | 15.51 | 15.82 | 16.14 | 16.68 | 16.84② | 16.81② | 16.94 | 17.32② | 17.19② |
| 6.5 | 15.52 | 15.87 | 16.18 | 16.50 | 17.04 | 17.20② | 17.18② | 17.32 | 17.73② | 17.59② |
| 6.6 | 15.90 | 16.24 | 16.53 | 16.88 | 17.38 | 17.56② | 17.54② | 17.70 | 18.13② | 17.94② |
| 6.7 | 16.24 | 16.61 | 16.88 | 17.24 | 17.70 | 17.88 | 17.91 | 18.06 | 18.50② | 18.30② |
| 6.8 | 16.58 | 16.95 | 17.22 | 17.60 | 18.00 | 18.18 | 18.25 | 18.40 | 18.87② | 18.68② |
| 6.9 | 16.94 | 17.29 | 17.57 | 17.92 | 18.31 | 18.49 | 18.60 | 18.73 | 19.20② | 19.02② |
| 7.0 | 17.30 | 17.61 | 17.92 | 18.24 | 18.59 | 18.78 | 18.92 | 19.06 | 19.52② | 19.38② |
| 7.1 | 17.62 | 17.92 | 18.25 | 18.55 | 18.88 | 19.08 | 19.25 | 19.40 | 19.83② | 19.70② |
| 7.2 | 17.94 | 18.23 | 18.57 | 18.86 | 19.18 | 19.36 | 19.57 | 19.70 | 20.12② | 20.02② |
| 7.3 | 18.24 | 18.53 | 18.86 | 19.14 | 19.44 | 19.66 | 19.87 | 20.00 | 20.39② | 20.34② |
| 7.4 | 18.54 | 18.81 | 19.13 | 19.42 | 19.72 | 19.94 | 20.16 | 20.30 | 20.65② | 20.64② |
| 7.5 | 18.83 | 19.08 | 19.40 | 19.70 | 19.96 | 20.20 | 20.44 | 20.56 | 20.90 | 20.93 |
| 7.6 | 19.10 | 19.35 | 19.66 | 19.96 | 20.22 | 20.46 | 20.71 | 20.84 | 21.14 | 21.20 |
| 7.7 | 19.38 | 19.60 | 19.92 | 20.20 | 20.46 | 20.70 | 20.96 | 21.10 | 21.36 | 21.47 |
| 7.8 | 19.62 | 19.84 | 20.17 | 20.44 | 20.69 | 20.94 | 21.20 | 20.34 | 21.59 | 21.72 |
| 7.9 | 19.86 | 20.08 | 20.40 | 20.68 | 20.92 | 21.18 | 21.43 | 21.58 | 21.82 | 21.96 |
| 8.0 | 20.10 | 20.32 | 20.64 | 20.92 | 21.16 | 21.40 | 21.67 | 21.80 | 22.04 | 22.20 |
| 8.1 | 20.32 | 20.54 | 20.86 | 21.14 | 21.37 | 21.64 | 21.89 | 22.03 | 22.26 | 22.44 |
| 8.2 | 20.54 | 20.76 | 21.08 | 21.36 | 21.58 | 21.86 | 22.12 | 22.24 | 22.47 | 22.66 |
| 8.3 | 20.76 | 20.98 | 21.29 | 21.58 | 21.81 | 22.06 | 22.33 | 22.46 | 22.69 | 22.88 |
| 8.4 | 20.97 | 21.19 | 21.50 | 21.78 | 22.02 | 22.28 | 22.54 | 22.68 | 22.90 | 23.10 |
| 8.5 | 21.18 | 21.41 | 21.72 | 22.00 | 22.23 | 22.50 | 22.75 | 22.90 | 23.11 | 23.32 |
| 8.6 | 21.38 | 21.62 | 21.94 | 22.22 | 22.44 | 22.70 | 22.96 | 23.10 | 23.31 | 23.52 |
| 8.7 | 21.60 | 21.83 | 22.15 | 22.42 | 22.66 | 22.90 | 23.17 | 23.31 | 23.52 | 23.72 |
| 8.8 | 21.80 | 22.04 | 22.36 | 22.62 | 22.86 | 23.10 | 23.36 | 23.51 | 23.73 | 23.94 |
| 8.9 | 22.00 | 22.25 | 22.56 | 22.83 | 23.08 | 23.30 | 23.57 | 23.72 | 23.93 | 24.15 |
| 9.0 | 22.20 | 22.46 | 22.76 | 23.02 | 23.28 | 23.52 | 23.76 | 23.93 | 24.13 | 24.36 |
| 9.1 | 22.43 | 22.66 | 22.96 | 23.26 | 23.48 | 23.71 | 23.97 | 24.12 | 24.35 | 24.56 |
| 9.2 | 22.64 | 22.86 | 23.17 | 23.46 | 23.69 | 23.92 | 24.17 | 24.32 | 24.54 | 24.76 |
| 9.3 | 22.84 | 23.06 | 23.37 | 23.66 | 23.90 | 24.12 | 24.36 | 24.53 | 24.74 | 24.97 |
| 9.4 | 23.04 | 23.27 | 23.57 | 23.86 | 24.10 | 24.32 | 24.56 | 24.74 | 24.93 | 25.18 |

续表

| pH 值 | 10℃ (50)① | 20℃ (68) | 30℃ (86) | 40℃ (104) | 50℃ (122) | 60℃ (140) | 70℃ (158) | 80℃ (176) | 90℃ (194) | 100℃ (212) |
|---|---|---|---|---|---|---|---|---|---|---|
| 9.5 | 23.24 | 23.47 | 23.77 | 24.06 | 24.30 | 24.54 | 24.75 | 24.93 | 25.13 | 25.38 |
| 9.6 | 23.45 | 23.67 | 23.97 | 24.26 | 24.51 | 24.74 | 24.95 | 25.12 | 25.32 | 25.58 |
| 9.7 | 23.65 | 23.87 | 24.17 | 24.45 | 24.71 | 24.94 | 25.14 | 25.32 | 25.52 | 25.78 |
| 9.8 | 23.86 | 24.07 | 24.37 | 24.65 | 24.91 | 25.14 | 25.33 | 25.52 | 25.71 | 25.98 |
| 9.9 | 24.06 | 24.27 | 24.56 | 24.85 | 25.10 | 25.34 | 25.52 | 25.71 | 25.91 | 26.18 |
| 10.0 | 24.26 | 24.46 | 24.76 | 25.04 | 25.30 | 25.53 | 25.70 | 25.91 | 26.09 | 26.37 |
| 10.1 | 24.45 | 24.66 | 24.96 | 25.23 | 25.50 | 25.73 | 25.89 | 26.10 | 26.28 | 26.57 |
| 10.2 | 24.65 | 24.86 | 25.14 | 25.42 | 25.70 | 25.92 | 26.07 | 26.29 | 26.47 | 26.76 |
| 10.3 | 24.84 | 25.05 | 25.35 | 25.62 | 25.89 | 26.12 | 26.25 | 26.48 | 26.66 | 26.94 |
| 10.4 | 25.03 | 25.24 | 25.54 | 25.82 | 26.09 | 26.32 | 26.44 | 26.66 | 26.85 | 27.15 |
| 10.5 | 25.22 | 25.44 | 25.73 | 26.01 | 26.28 | 26.50 | 26.62 | 26.85 | 27.03 | 27.35 |
| 10.6 | 25.42 | 25.64 | 25.93 | 26.21 | 26.46 | 26.69 | 26.80 | 27.04 | 27.23 | 27.55 |
| 10.7 | 25.62 | 25.84 | 26.12 | 26.40 | 26.64 | 26.88 | 26.98 | 27.23 | 27.41 | 27.74 |
| 10.8 | 25.82 | 26.03 | 26.32 | 26.59 | 26.83 | 27.06 | 27.16 | 27.42 | 27.60 | 27.94 |
| 10.9 | 26.00 | 26.23 | 26.51 | 26.78 | 27.01 | 27.24 | 27.34③ | 27.61 | 27.79 | 28.14 |
| 11.0 | 26.20 | 26.43 | 26.70 | 26.98 | 27.19 | 27.44 | 27.51 | 27.80 | 27.96 | 28.35 |

① 括号内数字为华氏温度，℉。

② 原资料来自美国 Nalco 公司资料，原文数据有些异常，也许有误差。

③ 原文为 27.14。

计算例：如循环水中的钙离子含量为 64mg/L（以 $CaCO_3$ 计为 160mg/L），磷酸盐以 $PO_4^{3-}$ 计为 5mg/L，温度为 40℃，则从钙因数表查得钙因数 $F_{Ca}=8.39$，从磷酸盐因数表查得磷酸盐因数 $F_{PO_4}=8.56$。则 $F_{pH-t}=F_{Ca}+F_{PO_4}=16.95$。查 pH 值-温度因数表，在 40℃ 栏下，$F_{pH-t}$ 为 16.95 时，pH 值为 6.62，即 $pH_P$ 为 6.62。

还有另一种查表法计算 $F_{pH-t}$，即令 $F_{pH-t}=F_{pH}+F_t+17.5$，分别从指数表或公式中查得或计算得 $F_{pH}$ 及 $F_t$。这种查表法不如前法精确，但其优点是 $F_{pH}$ 和 $F_t$ 可以分别计算，便于输入计算机计算。

**温度指数（$F_t$）表**

| 温度/℃ | 10 | 20 | 30 | 40 | 50 | 60 | 70 | 80 | 90 | 100 |
|---|---|---|---|---|---|---|---|---|---|---|
| $F_t$ | 0 | 0.31 | 0.62 | 0.93 | 1.32 | 1.51 | 1.64 | 1.77 | 2.15 | 2.08 |

$F_t$ 回归计算式为：

$10\leqslant t<50$℃时，$F_t=0.031t-0.031$

$F_{pH}$ 回归计算式为：

pH 值 $\leqslant 6.1$ 时，$F_{pH}=3.8pH-26.44$

$6.1<$ pH 值 $\leqslant 6.6$ 时，$F_{pH}=3.72pH-25.90$

$6.6<$ pH 值 $\leqslant 6.9$ 时，$F_{pH}=3.466pH-24.23$

$6.9<$ pH 值 $\leqslant 7.3$ 时，$F_{pH}=3.05pH-21.34$

$7.3<$ pH 值 $<7.7$ 时，$F_{pH}=2.65pH-18.41$

$7.7\leqslant$ pH 值 $<8.1$ 时，$F_{pH}=2.35pH-16.11$

$8.1\leqslant$ pH 值 $<8.5$ 时，$F_{pH}=2.15pH-14.44$

$8.5\leqslant$ pH 值 $<8.9$ 时，$F_{pH}=2.075pH-13.80$

pH 值 $\geqslant 8.9$ 时，$F_{pH}=1.9pH-12.28$

**pH 指数（$F_{pH}$）表**

| pH 值 | 6.0 | 6.1 | 6.2 | 6.3 | 6.4 | 6.5 | 6.6 | 6.7 | 6.8 | 6.9 |
|---|---|---|---|---|---|---|---|---|---|---|
| $F_{pH}$ | −3.70 | −3.06 | −2.87 | −2.48 | −2.09 | −1.72 | −1.35 | −1.00 | −0.66 | −0.33 |
| pH 值 | 7.0 | 7.1 | 7.2 | 7.3 | 7.4 | 7.5 | 7.6 | 7.7 | 7.8 | 7.9 |
| $F_{pH}$ | 0 | 0.32 | 0.62 | 0.92 | 1.20 | 1.47 | 1.73 | 1.98 | 2.22 | 2.45 |
| pH 值 | 8.0 | 8.1 | 8.2 | 8.3 | 8.4 | 8.5 | 8.6 | 8.7 | 8.8 | 8.9 |
| $F_{pH}$ | 2.70 | 2.95 | 3.16 | 3.40 | 3.63 | 3.84 | 4.05 | 4.24 | 4.45 | 4.63 |

## 610 如何用查图法计算磷酸钙饱和 pH 值（$pH_P$）？如何判断磷酸钙结垢的倾向？

磷酸钙饱和 pH 值（$pH_P$）除可采用上题的查表法之外，还可用查图法计算。其原理与查表法相同，但不如查表法精确。各种因数的数据用图表示，见图 5-3-3。

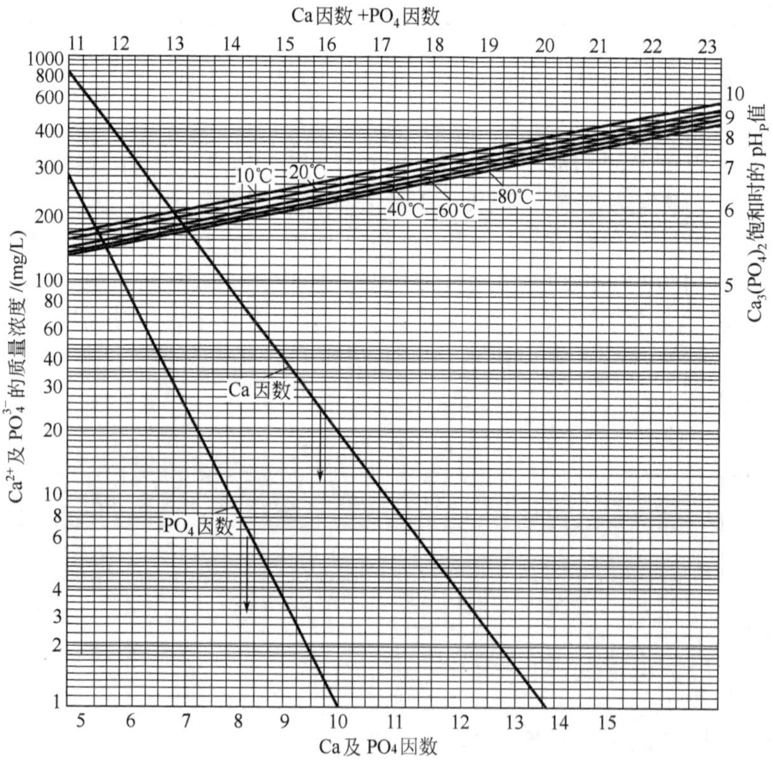


图 5-3-3 $Ca^{2+}$、$PO_4^{3-}$ 浓度与 $pH_P$ 的关系

计算例：已知某冷却水的 $Ca^{2+}$ 含量为 24mg/L，正磷酸根（$PO_4^{3-}$）为 6mg/L，水温 $t=40℃$，求磷酸钙的 $pH_P$。

在图的左边纵坐标上找出 $Ca^{2+}=24mg/L$ 的点，以水平线向右延长，与 Ca 因数（钙因数）线相交后再向下做垂线交于图中下方的横坐标得到“Ca 因数”为 9.7。

求 $PO_4$ 因数（磷酸盐因数）与求 Ca 因数的方法相同，当 $PO_4^{3-}$ 为6mg/L 时查得“$PO_4$ 因数”＝8.3。

“Ca 因数”＋“$PO_4$ 因数”＝9.7＋8.3＝18.0

根据“Ca 因数”与“$PO_4$ 因数”之和 18.0，在图中上方的横坐标上查出 18.0 时，垂直向下与 40℃的温度线相交，再以水平线向右交于图中的右方纵坐标上即得到磷酸钙的饱和 $pH_P$ 为 6.9。

此计算结果说明，在以上水质条件下，pH 值如低于 6.9，磷酸钙不饱和，不会结垢。如果 pH 值大于 6.9，则有结垢倾向。但因水垢是在超过过饱和区之后才会析出，所以实际上 pH 值在 6.9 时并不会结磷酸钙垢，控制 pH＜6.9 则偏于保守。根据经验，当水中加阻垢剂时，可允许 pH 值比 $pH_P$ 高 1.5 左右。即一般控制运行 pH＜$pH_P$＋1.5。故本例水质的运行 pH 值应控制在 8.4 以下，否则可能结磷酸钙水垢。

实际上循环水的 pH 值控制指标多半是根据水质稳定处理方案确定的，并不是根据磷酸钙结垢的倾向而定的。所以经常是根据 pH 值控制指标来确定应控制的 $PO_4^{3-}$ 含量。假如将上例的运行 pH 值定为 8.6，则其 $pH_P$ 应控制在 8.6－1.5＝7.1 。查图可知 Ca 因数加 $PO_4$ 因数约为 18.6，减去 Ca 因数 9.7 之后，则 $PO_4$ 因数应为 8.9。查图可得，$PO_4^{3-}$ 应为 3.4mg/L 左右。即在该水质下，如果要在 pH 值 8.6 运行，则水中的正磷酸盐应控制在 3.4mg/L 以下。

### 611　防止结水垢有什么方法？

防止或控制水垢的方法有化学方法和物理方法。国内已使用的物理方法有磁化处理及静电处理。目前物理方法多应用在单台设备或小型水系统中，其技术尚待掌握。对于大中型循环冷却水系统来说，采用化学方法处理较成熟、经济和有效。因最常见的水垢是碳酸钙，所以各种方法的重点是解决碳酸钙沉积问题。以下是常采用的化学方法。

（1）除去部分成垢离子。碳酸钙水垢的成垢离子是钙及碳酸根（由碳酸氢根转化来）离子。在补充水中钙离子及碱度较高时，可在预处理工序中除掉部分硬度和碱度，即采用软化补充水。软化水的成垢离子较低，有利于提高循环水的浓缩倍数。常用的软化方法有离子交换法及石灰软化法两种，见本书第三章（二）水的软化处理。

（2）加酸或二氧化碳，降低循环水的 pH 值，稳定碳酸氢盐。

（3）在循环水中加入少量阻垢剂，破坏碳酸钙等成垢盐类的结晶生长，防止水垢沉积。

### 612　什么是水的磁化处理？

利用磁场效应对于水的处理作用，称为水的磁化处理。

磁化处理的过程，如图 5-3-4 所示，当水在两块永久磁铁的 NS 极间隙间，垂直于磁力线的方向流过磁铁后，即完成磁化处理的过程。从这个示意图也可以看出，水流必须切割磁力线，才能起磁化处理的作用。经过磁化处理的水称为磁化水，磁化处理的设备称为磁水器。

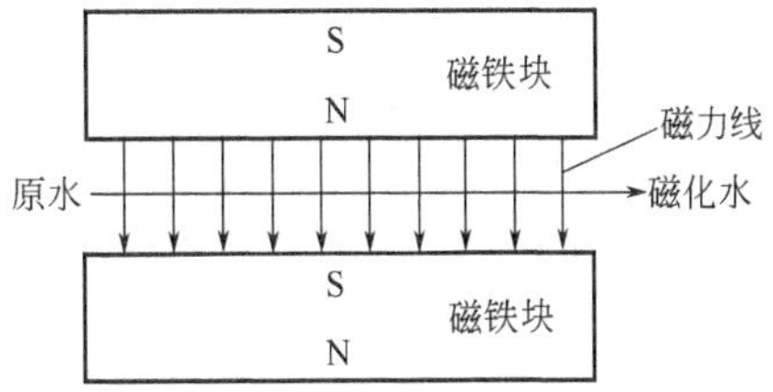

图 5-3-4　水的磁化处理示意

我国在水的磁化处理中，特别是在锅炉水的磁化处理应用，几经反复，到目前为止仍处于实践和研究初始阶段。在水处理中，磁化处理可以作为一种简易的缓垢处理方法，经磁化处理的水，只形成细粒的泥渣沉积物，可通过排污水排掉，因此不易在管壁或金属表面产生黏结性的结垢物。另一方面，磁化水还可能使旧的结垢脱落下来。

应用磁化处理时，注意下列两点。第一，磁化处理主要起缓垢的作用，不能代替锅炉给水及冷却水处理的全部处理内容。因此，在应用磁化处理的同时，必须考虑如何解决其他处理问题。第二，根据目前的经验，磁化处理是否能够起缓垢作用，还与使用条件、水质情况等有关。

### 613 什么是电子式水处理器？有哪些主要类型？

电子式水处理器利用物理场（高频电磁场、高压静电场或低压电场）对水进行处理，并根据需要来设定相应的电子参数，以达到阻垢、缓蚀、杀菌和灭藻的目的。

按照电场的种类可分为：①高频电磁场（GP）水处理器；按输出电磁场的频率又有普通型固定磁场（T型）水处理器和智能型可变磁场（G型）水处理器；②高压静电场（GJ）水处理器；③低压电场（DD）水处理器。

按照结构形式可分为筒体式和棒式。筒体式串接在管道中，主要由电控器、电极、主管道、进出水口等组成。棒式以锥管螺纹与管路连接，分普通型与隔爆型（隔离防爆型），主要由电控器、电极（探头、中心棒、安装头）、信号线等组成。

对高压静电场电极的材料要求是：电阻率＜$5\times10^{-7}\Omega\cdot m$；绝缘材料抗拉强度＞25MPa；交流击穿电压＞12kV；腐蚀电位＞－200kV。

电子式水处理器性能参数：阻垢率＞85％，杀菌率＞95％，杀藻率＞95％，碳钢腐蚀速度＜0.075mm/a，铜、铜合金和不锈钢腐蚀速度＜0.005mm/a。

### 614 什么是水的静电处理？

静电水垢控制器是使水在一定强度的静电场中进行处理的设备。当水通过静电水垢控制器时，水在其电场的作用下产生极化，并使水偶极子的正极端趋向静电场的阴极，负极端趋向静电场的阳极，且按正、负的次序被整齐地排列起来。当水中含有溶解盐时，这些盐类的正、负离子就被若干水偶极子所包围，使其不能在水中自由游动，这样这些溶解盐的离子就不能接触器壁，因而达到控制水垢生成的目的。当热交换装置中已存在老垢时，因水的极化作用，使水分子趋向器壁，从而使老垢龟裂、变形，逐渐脱落。当老垢致密坚实时，由于水能够进入金属与水垢底层之间，这时水垢就在其与水的接触面徐徐溶解，直至完全去除为止。

经静电水垢控制器处理的水，还可以杀灭循环水系统中的藻类和菌类。有人经过实验：经静电处理的水，对斜生栅列藻的杀伤率，14d即可达100％；对埃希大肠杆菌的杀菌率，6.5h后达92.9％。

静电水垢控制器由直流高压发生器和控制器组成，图5-3-5所示为高压静电场筒体式水处理器。高压发生器的输入电为交流220V，输出为直流3400～6000V，在控制器中，用绝缘的聚四氟乙烯卷线铁芯作为阳极，以控制器的金属外壳为阴极。水从控制器的壳体与以聚四氟乙烯包裹的阳极之间通过，经受静电场处理后再进入用水设备。

静电水垢控制器是利用物理方法进行水处理的一个实例，它具有简单易行，操作管理方便，处理费用低，不给环境带来污染等优点，尤其是适用于较小的循环冷却水系统。但应用静电水处理时，需要注意以下几点：①静电水处理只起阻垢和杀灭菌藻作用，对于腐蚀性的水，还应考虑缓蚀措施；②循环水中的悬浮物、泥、沙等仍要严格控制，静电水垢控制器不起处理泥、沙等悬浮物质的作用。

### 615 离子棒静电水处理器有什么特点？

离子棒（Ion-Stick）静电水处理器是棒式电子水处理器，与筒体式有所不同。结构上除电控器之外，还有一个棒式电极探头，如图 5-3-6 所示。

离子棒静电水处理器具有杀菌灭藻、防垢除垢、防腐蚀的功能。

① 使水中菌藻的生态环境发生变化，因生存条件丧失而死亡。因为任何一种生物都须在其特定的生物场内生存。电场强度的改变，影响菌藻的新陈代谢。同时外电场破坏了细胞上的离子通道，改变了调节细胞功能的内控电流。菌藻通过强电场的瞬间，细胞被高速运动的电子冲击。同时，电场处理使水中溶解氧得到活化，产生的活性氧自由基具有强氧化作用。以上因素使菌藻的生存环境变恶劣而导致死亡。

② 通过 12～18kV 高压静电场的直接作用，改变了水分子中的电子结构，水偶极子将水中的阴阳离子包围，不能自由运动，阻止钙镁离子形成水垢。同时在静电作用下，破坏了分子之间的结合力，改变了晶体结构，使硬垢疏松，达到了阻垢防垢目的。

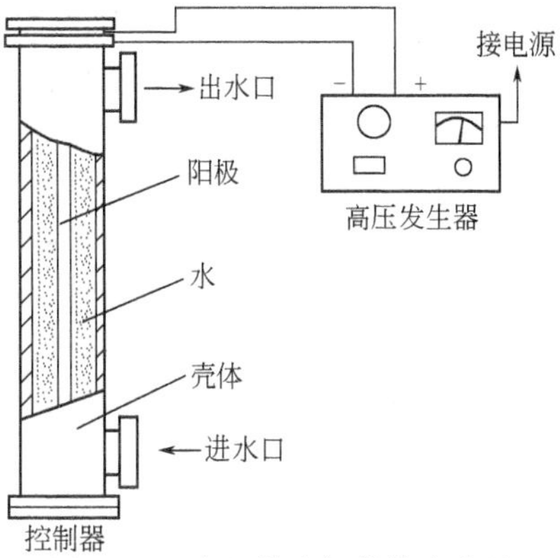

图 5-3-5 高压静电场筒体式水处理器示意图

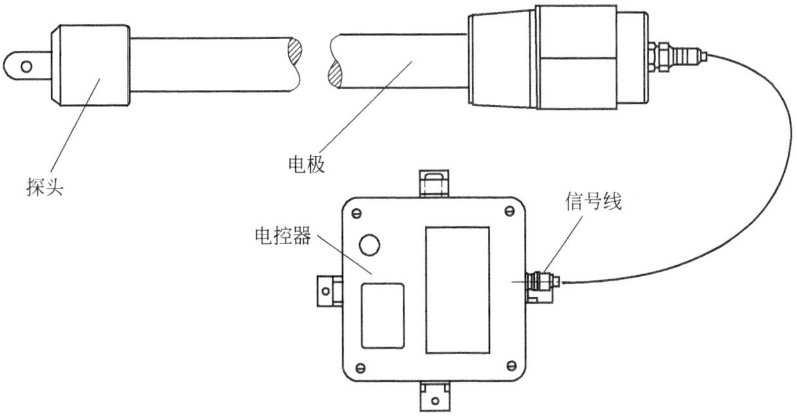

图 5-3-6 离子棒静电水处理器示意图

③ 活性氧在管壁上生成氧化铁膜，具有防腐蚀作用。

离子棒静电水处理器必须安装在总管的中心线上，保证系统中所有的水都能流经电子棒。尽量逆水流安装，但不要离水泵出口端太近，至少 3m 以上，离高压电器装置至少 5m。选择安装在循环冷却水系统中管道的直角、三通或弯头部位，如图 5-3-7 所示。安装时注意不要损坏离子棒表面特氟龙涂覆层。安装位置尽量靠近被保护的换热器附近。

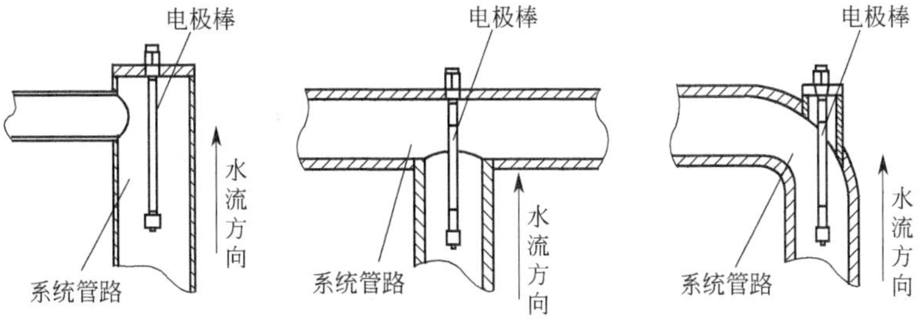

图 5-3-7 离子棒静电子水处理器安装示意图

离子棒静电水处理器的化工行业标准见 HG/T 4083—2009。

### 616 内磁式水处理器有哪两种结垢形式？

内磁式水处理器是筒体式水处理器，安装在水的管路中，管内的水以一定流速切割磁力线，使各种分子、离子都获得一定的磁能而发生形变，改变了其晶体结构，降低了其结垢能力，使其生成松散的软垢，以达到防垢阻垢的目的。内磁式水处理器有两种结构形式。一种是套筒式内磁水处理器，如图 5-3-8 所示。

套筒式内磁水处理器是一种全封闭式的结构。在内筒体的外表面和中筒体的内表面之间至少有 5 对位置对称的极性相反的磁铁，即 5 对以上对称的 N 极和 S 极。当水流经过内、外筒体和环形通道时，经过切割磁力线，水分子产生一系列的物理变化，使溶解盐类晶格细化。如处理前晶体为 3.39μm，处理后仅 2.4μm。使水的电导率上升，渗透压下降，溶解度增大，结垢倾向减弱。由于水中产生微小电子流，形成 γ-氧化铁保护膜层，可减轻腐蚀。套筒式内磁水处理器的磁场稳定，防垢效果好。外壳屏蔽，减少了对外界仪表的干扰。

另一种结构形式是框架式内磁水处理器，如图 5-3-9 所示。其是为适应大流量系统创新的产品，既保留了套筒式产品的特点，又可以更大范围提高中心磁场的均匀度和可靠性；减少了多焊接点，质量更可靠。设备运行时对仪表、数码产品无磁场干扰。

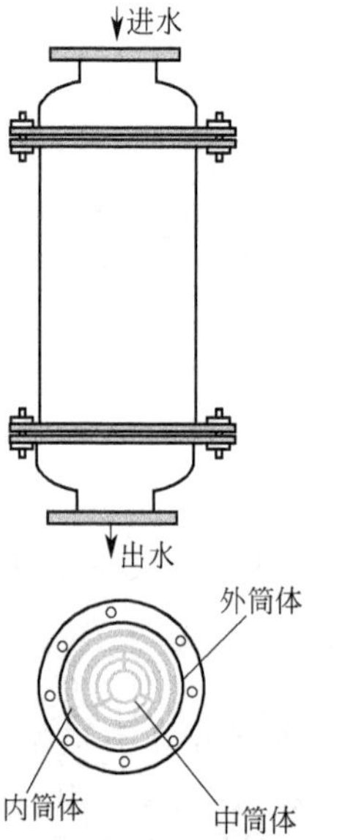


图 5-3-8 套筒式内磁水处理器示意图

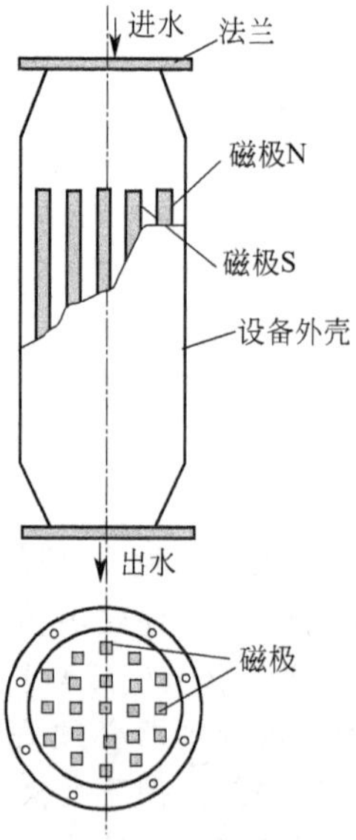


图 5-3-9 框架式内磁水处理器示意图

### 617 什么是外磁式水处理器？

外磁式水处理器是用磁力线聚合技术结合高性能的钕铁硼稀土永磁材料制成的。它吸贴在水管外壁，不用截管，不需焊接，不必停机，安装极为方便，如图 5-3-10 所示。

由于外磁式水处理器是以磁性贴在管外，必须具有强磁性才能穿透管道在管腔形成磁场，所以外磁的磁感应强度应在 20000GS[1] 以上。作为导电体的水在一定流速下，垂直切割管腔内的磁力线而形成第三方向电流，在管壁与水之间形成电位差，使管壁呈稳定持续的相对负电性，具阴极保护作用，与一切呈负电性物质相斥，使其不能附着管壁，故具有阻垢缓蚀作用。由于水流经高梯度磁场时，溶解盐类的结构发生变化，形成分散的微小晶体，水被

---

[1] 磁感应强度即磁通［量］密度，国际单位制为 T（特斯拉），1GS（高斯）$=10^{-4}$T。

极化使表面张力下降，盐类的溶解度增加，盐类分子间的亲和力降低，所以不容易结垢。

外磁式水处理器对环境无污染，不耗能，无人值守，免修；适用工作环境温度为－10～220℃，循环冷却水温度在0～80℃，流速＞1m/s。对循环冷却水水质要求：TDS＜5000mg/L，pH＝8～9，总碱度＜500mg/L，总硬度＜2000mg/L（以$CaCO_3$计），$Fe^{2+}$＜0.5mg/L。

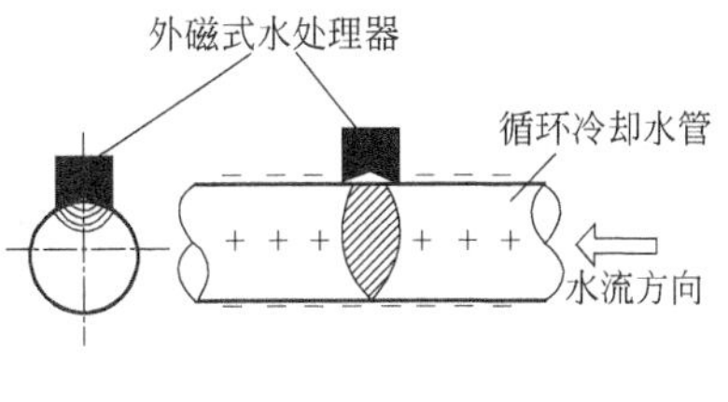


图 5-3-10 外磁式水处理器安装示意图

**618 为什么加酸或加二氧化碳能防止结垢？**

(1) 酸化法 即在循环水中加酸（一般是加硫酸），将水中碳酸盐钙硬度转变为溶解度较大的非碳酸盐钙硬度，如下式：

$$Ca(HCO_3)_2 + H_2SO_4 \longrightarrow CaSO_4 + 2CO_2\uparrow + 2H_2O$$

加酸后水中钙含量虽未减少，但碳酸盐碱度减少了，因而碳酸钙结垢的可能性就人为地降低了。碱度降低之后，pH值也相应下降。当pH值降至≤$pH_S$，或$2pH_S - pH \geqslant 6.0$时，则不结碳酸钙水垢。

酸化法是早期应用的方法。早期时，循环冷却水中不加水质稳定剂，只加酸以改变水的性质。后来开发了磷系缓蚀配方，酸化法则发展成为磷系配方的酸性处理法。近年虽开发了许多优良的阻垢分散剂，循环冷却水可以在碱性下运行，但许多系统仍适当加酸调节pH值以防自然pH值过高。这虽与早期单纯加酸的酸化法不同，但加酸后降低碳酸盐碱度、减少结垢倾向的意义是相同的。

(2) 碳化法 是一种较古老的阻垢方法。一般是利用某些工厂烟道废气或某些化工厂废气中的二氧化碳通入循环水冷却系统中，使其发生以下反应：

$$CaCO_3 + CO_2 + H_2O \longrightarrow Ca(HCO_3)_2$$

因碳酸氢钙的溶解度大大高于碳酸钙，可避免碳酸钙在换热器上结垢。

从碳酸平衡关系看，当pH值确定之后，水中游离二氧化碳与$HCO_3^-$和$CO_3^{2-}$的比例即固定，即使通入的二氧化碳浓度很高，吸收量也有限。另外，循环水在通过冷却塔时，部分过饱和的二氧化碳从水中逸出，使碳酸钙在冷却塔中析出，堵塞填料，即发生钙垢转移。为解决此问题，有的在冷却塔中适当补充一些二氧化碳，并控制好pH值。为此，一般认为碳化法是一种较难掌握的方法，只适用于有二氧化碳废气可利用，并且阻垢要求不太高的系统。

**619 何谓阻垢剂？常用的有哪些阻垢剂？**

阻垢剂是能够控制产生水垢和污泥的水处理化学药剂。常将阻垢剂与缓蚀剂共同称为循环冷却水的水质稳定剂，或缓蚀阻垢剂。通常的水处理剂往往同时具有缓蚀和阻垢两种性能，所以有时不能截然区分缓蚀剂和阻垢剂，只能按其主要性能区分。例如，通常认为有机磷酸盐是阻垢剂，也有缓蚀作用；聚磷酸盐为常用的缓蚀剂，也有阻垢作用。

早期采用的阻垢剂都是经过加工的天然聚合物产品，如淀粉、葡萄糖酸钠、丹宁、磺化木质素等。天然阻垢剂具有价格低廉、无公害等优点，但其阻垢率较低，故药剂用量较多，一般在循环冷却水中的浓度需保持50～100mg/L以上，葡萄糖酸钠约需200～500 mg/L。由于天然聚合物的阻垢效果不能满足生产上越来越高的要求，不利于循环水浓缩倍数的提高，所以使用者渐少，并多不单独使用，而是与人工合成的缓蚀阻垢剂复合使用。

20世纪60年代以来开发的新型阻垢剂均为人工合成或聚合产品，比天然阻垢剂的阻垢率高，能够满足更高的阻垢要求。其使用浓度仅为几个毫克每升，一般＜10mg/L。常用的阻垢剂有以下几类。

(1) 聚羧酸类 常用的均聚羧酸有聚丙烯酸、聚甲基丙烯酸及水解聚马来酸酐。近年已开发出多种二元或三元共聚物，如丙烯酸-丙烯酸酯、丙烯酸-水解聚马来酸酐、丙烯酸-甲基丙烯酸酯-甲基丙烯酸羟酯、丙烯酸-甲基丙烯酸-AMPS等共聚物。

(2) 膦酸类 常用的有羟基亚乙基二膦酸（HEDP）、氨基三亚甲基膦酸（ATMP）及乙二胺四亚甲基膦酸（EDTMP）。

(3) 有机磷酸酯类 如六元醇磷酸酯、聚氧乙烯基磷酸酯。

(4) 膦羧酸类 如2-膦酸基丁烷-1,2,4-三羧酸(PBTCA)。

**620 阻垢剂的阻垢机理是什么？**

阻垢剂不仅能够控制水垢，也能在一定程度上控制腐蚀产物、黏泥和淤泥。加入很少量的阻垢剂即能控制大量的成垢物质，一般认为其阻垢机理如下：

(1) 晶格畸变 无机垢（如碳酸钙）晶体在成长时，是按照一定晶格排列的，结晶致密，比较坚固。在水中含有聚羧酸或有机磷酸酯等阻垢剂时，阻垢剂的基团具有对金属离子（如 $Ca^{2+}$）的螯合能力，对无机垢的结晶形成了干扰，使晶格发生歪曲，成为不规则的晶体，这就是晶格畸变作用。晶格畸变使硬垢变为无定型的软垢。这种垢的结晶不易长大，垢层中有大量空隙，彼此黏结力差，在水流中容易被冲走，可以随排污水一起排掉。

(2) 络合增溶 聚磷酸盐、有机磷酸酯或聚羧酸等药剂在水中能够夺取钙镁离子，形成稳定的络合物。这实际上等于降低了水中钙镁离子的浓度，即减少了 $Ca^{2+}$ 与 $CO_3^{2-}$ 结合形成 $CaCO_3$ 的机会。也就是说，相当于提高了水中钙镁离子的允许浓度，即增大了钙镁盐的溶解度。络合增溶的作用可以使更多的碳酸钙稳定在水中不析出。

(3) 凝聚与分散 阴离子型阻垢剂（如聚羧酸类）在水中所离解的负离子能够吸附成垢盐（如碳酸钙）的微晶粒，首先使微晶粒形成双电层，并进而吸附在负离子的分子链上，使微晶粒带负电。由于分子链上的多个微晶粒带有相同电荷，彼此相斥，不能结成大晶粒，使成垢盐难以沉积在金属传热面上形成垢层。阴离子阻垢剂的负离子对微晶粒既有凝聚作用，又能将其分散到整个水系统中，使其呈平均分散状况。这种凝聚和分散作用使成垢盐微晶粒稳定地悬浮在水中，实际上减少了微晶粒碰撞长大、形成晶核、进而析出的机会，使水中能容纳更多的成垢盐。

**621 什么叫聚合电解质？**

聚合电解质是指各种单体经过聚合反应生成的聚合物。从聚合物在水中能电离的这个意义上来说，聚合物又被称为聚合电解质。

聚合物的性质主要由其链长或分子量和它链上的特性基团而定。特性基团所具有的电荷性能，将决定聚合物在水中的性质。根据其主链上的不同特性基团，聚合物可分为三类。

(1) 聚合物在水中电离后，带有正电荷的，称为阳离子型，其典型的特性基团是胺和季铵。

(2) 聚合物在电离后，带有负电荷的，称为阴离子型，其典型的特性基团是羧酸和磺酸。

(3) 聚合物在水中不能离子化的，称非离子型，其典型的特性基团是酰胺和醇。

这类聚合物有些用在水处理系统中作为阻垢分散剂或絮凝剂。

**622 什么是共聚物？应用于冷却水处理中的共聚物有什么特点？**

由一种单体聚合的产物为均聚物。两种或多种单体经共聚反应而成的产物叫共聚物。

冷却水化学处理在过去的三十多年中经历了较大的变化，从高效铬系配方转向磷系配方，现在又多选用全有机配方。导致这些变化的原因在于含有铬、磷冷却水的排放受到环保严格的控制。磷、锌盐配方不仅存在排放问题，也存在磷酸钙垢和锌垢的问题，以致这些配方难以在苛刻的条件下运转。因此，共聚物类药剂被大量地研究和使用，是与以上情况紧密相关的。用于冷却水处理上的共聚物有以下特点：

（1）可以利用不同的单体或它们不同的构成比，共聚成具有特殊水处理功能的共聚物，如具有分散、阻垢功能的共聚物，具缓蚀功能或者兼具两种功能的共聚物；

（2）目前所研究和应用的共聚物，尚未产生公害问题，符合环保排放要求；

（3）和其他水处理药剂复合应用时，产生协同效应，大大提高了水处理效果；

（4）适用的水质范围宽，能应用于条件苛刻的冷却水系统中。

**623　近年阻垢分散用的聚合物是如何发展的？**

20 世纪 60 年代以来，低分子量的水溶性聚丙烯酸作为阻垢分散剂率先应用于循环冷却水的化学处理，开创了聚合物在此领域应用的先河。聚合物起到络合增溶和分散作用，既抑制了难溶盐类在金属面上结垢，又使其他缓蚀剂能更好发挥作用。均聚物聚丙烯酸的应用，对碳酸钙起到良好的分散作用，提高了水的钙容忍度，使运行的浓缩倍数得以提高，并使碱性运行配方得以推广，减少了磷对环境的污染。它价廉有效，无疑是优良的阻垢剂。

随着浓缩倍数的提高，大家对聚合物又有了进一步的要求，不仅希望能够分散碳酸钙、碳酸镁、磷酸钙、磷酸镁及硅酸盐等，而且还要求能稳定、分散氢氧化铁、氢氧化锌、氧化锰及无机颗粒等。均聚物聚丙烯酸的性能显得不够完美，虽然对碳酸钙的阻垢能力较好，但对磷酸钙的阻垢能力较差。继而开发的均聚物水解聚马来酸在对碳酸钙及磷酸钙的阻垢分散能力上比聚丙烯酸都有所提高，但其价格较贵，在应用上不易推广，仍不能取代聚丙烯酸。

由于均聚物聚丙烯酸和水解聚马来酸对磷酸钙的阻垢性能不理想，研究人员随即开发多元共聚物来改善聚合物的性能。共聚物使聚合物的分子结构上引入不同功能的基团，改善了性能。这些基团包括弱酸（—COOH）、强酸（—$SO_3H$）、非离子（—COOR）、膦酸基（—$PO_3H_2$）、羟基（—OH）、酰基（—$CONH_2$）等。例如，弱酸基团对多价阳离子亲和力强，易吸附粒子；强酸基团能增强水溶性，使链在水中伸展，可提高渗透力或静电斥力；非离子基团可与水分子氢键缔合而增强水溶性，并提供空间斥力，使链伸展。试验证明，共聚物中既有弱酸基团又有强酸基团，且比例恰当时，阻止磷酸钙沉积最有效。

近年不断开发的共聚物有以下特点：

（1）不含强酸基团的二元共聚物　如丙烯酸-马来酸共聚物（AA/MA）、丙烯酸-丙烯酸羟酯共聚物（AA/HPA）等，性能优于均聚物聚丙烯酸及水解聚马来酸，除能抑制碳酸钙垢之外，还有优良的抑制磷酸钙垢的能力。

（2）含强酸基团的二元或多元共聚物　如磺化苯乙烯-马来酸共聚物（SS/MA）、丙烯酸-丙烯酰胺基甲基丙基磺酸共聚物（AA/AMPS）、马来酸-丙烯酸-丙烯酰胺基甲基丙基磺酸共聚物（MA/AA/AMPS）及国外开发的丙烯酸-烯丙醇基羟基丙基磺酸共聚物（AA/AHPS）等，能抑制磷酸钙、膦酸钙垢，对锌离子有稳定作用，对氧化铁和黏泥有分散能力。

（3）含膦二元或多元共聚物　如聚膦基羟酸类（PCA）、膦酰基羧酸类（POCA）、膦酰基聚丙烯酸（PPCA）等为国外开发的含膦基的共聚物，其特点是除具备阻垢功能之外，并有一定的缓蚀作用。PCA（以膦基与马来酸的聚合物为例）的结构式为：

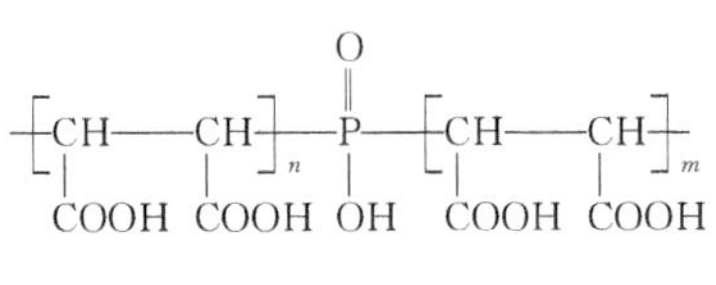

其膦基处于聚合物的中间位置，对抑制 $CaCO_3$、$CaSO_4$、$Ca_3(PO_4)_2$ 垢有效，并能分散黏泥及 $Fe_2O_3$。POCA 类及 PPCA 的结构式为：

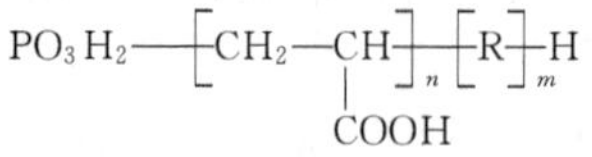


POCA

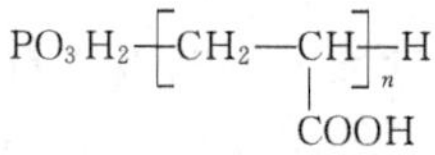


PPCA

PPCA 为 POCA 类的特例，该类的膦基处于聚合物的端基位置，既能阻垢又能缓蚀，与氯几乎不起作用，有很高的钙容忍度，为多功能药剂。

为适应环境保护需要，20 世纪 90 年代又研制出环境友好型易降解聚合物。目前在我国有产品的两种均为均聚物，即聚天冬氨酸（PASP）及聚环氧琥珀酸（PESA）。其中 PESA 的性能优于 PASP，特点是无毒，能耐氯耐温，有优良的碳酸钙阻垢性能，与锌复配有一定缓蚀能力，已经应用于水系统。

### 624　什么是聚丙烯酸阻垢剂？

聚丙烯酸（PAA）是阴离子型聚合电解质，为丙烯酸的均聚物，是循环水中最常用的聚羧酸阻垢剂。其结构式为：

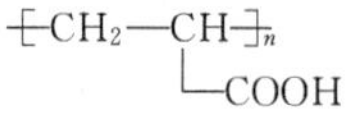


低分子量的聚丙烯酸是无色透明固体，商品一般为25％～30％的水溶液或其钠盐。水溶液呈酸性，是一种比碳酸强的弱酸。在水中对强酸、强碱、氧化剂、还原剂是稳定的。聚丙烯酸在水中起阻垢作用的是聚合物的负离子，有絮凝、分散和晶格畸变作用，对 $Ca^{2+}$、$Mg^{2+}$、$Fe^{3+}$、$Cu^{2+}$ 等离子有很好的螯合能力。除对水垢有良好的阻垢性能之外，还能对非晶状的泥土、粉尘、腐蚀产物和生物碎屑等起分散作用。

用于阻垢剂的聚丙烯酸应为低分子量的产品，分子量较大时阻垢率降低。数均相对分子质量在 $1\times10^3$ 左右（即聚合度 $n=10\sim15$）时阻垢效果较好。聚丙烯酸水溶液的黏度随分子量和浓度增加而增加。故一般是测定水溶液的黏度来计算相对分子质量，这样测定的黏均相对分子质量比数均相对分子质量略高。所以阻垢率较高时，产品的黏均相对分子质量常在数千（最佳为 3000，最佳范围为 2000～4000）。由于分子量对阻垢率的影响很大，所以对聚丙烯酸商品的分子量应加强监测。

聚丙烯酸的使用质量浓度常在 2～10mg/L（以 PAA 100％计）范围内，一般 2～4mg/L。在复合配方中与聚磷酸盐、膦酸盐、锌盐、芳香族唑类有较好的协同效应。

### 625　什么是聚甲基丙烯酸阻垢剂？

聚甲基丙烯酸（PMAA）的性能和结构都与聚丙烯酸相似，均为阴离子型聚合电解质，也是较常用的均聚聚羧酸阻垢剂。其结构式为：

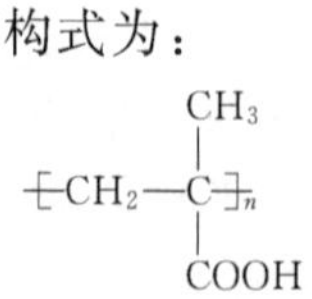


阻垢性能与聚丙烯酸相似，但在耐温方面比聚丙烯酸有所提高。所以除可以用于循环冷却水的阻垢之外，也可用于低压锅炉阻垢。相对分子质量为 500～2000 时，阻垢率较高。其价格较聚丙烯酸贵。

### 626　什么是水解聚马来酸酐阻垢剂？

水解聚马来酸酐（HPMA）为阴离子型聚合电解质，与聚丙烯酸的作用机理和性能相类似，也是较常使用的均聚聚羧酸阻垢剂。水解聚马来酸酐是聚马来酸酐分子部分水解的产物。

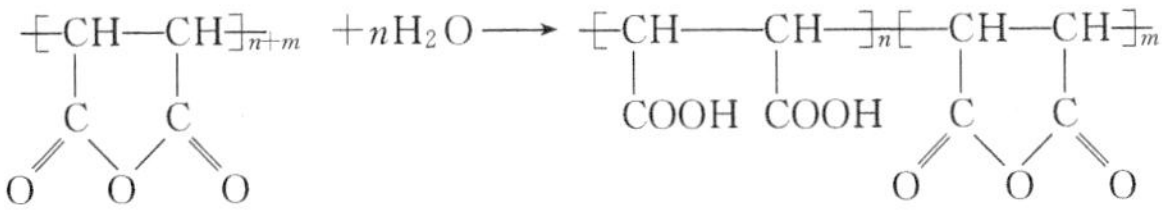


据介绍，约60%～70%的酸酐结构被水解为羧酸。其结构实际上比上式复杂，上式只是简化的分子结构示意。其在水中具有晶格畸变和分散作用。由于其羧基数量较多，阻垢性能及耐温性能均优于聚丙烯酸和聚甲基丙烯酸。在循环冷却水系统中，不仅能抑制碳酸钙及硫酸钙垢，在高pH值下对磷酸钙也有较好的阻垢效果，同时与锌配合有很好的协同效应，能起良好的缓蚀作用。因其能在175℃的高温仍能保持优异的阻垢性能，故可用于蒸汽机车及海水淡化闪蒸装置的阻垢。

水解聚马来酸酐是淡黄色固体，水溶性好。水溶液呈淡棕色。商品是质量分数约为50%的水溶液，数均相对分子质量约为1000。

### 627　什么是聚环氧琥珀酸和聚天冬氨酸阻垢剂？

聚环氧琥珀酸（PESA）及聚天冬氨酸（PASP）为均聚物阻垢剂。它们是无磷、无毒、易生物降解的化合物，有利于环境保护，故被称为绿色水处理剂。国内近年开发，已有应用。

聚环氧琥珀酸（盐）的结构式如下：

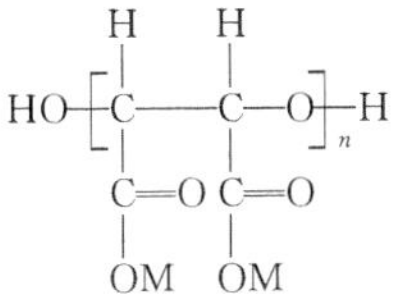

$M=H^+$、$Na^+$、$NH_4^+$、$Ca^{2+}$、$K^+$，产物$n=3$的占10%，$n=4$的占13%，$n>4$的占69%

其主要用于循环冷却水作阻垢分散剂；适用于高硬度、高碱度、高温条件；与氯的相容性好，与聚磷酸盐、膦酸盐及膦羧酸等多种药剂有较好的协同效应。在高硬度、高碱度条件下对碳酸钙的阻垢效果优于ATMP及HEDP。相对分子质量为400～800时阻垢性能最好。与锌盐复配对碳钢有缓蚀作用，并能有效抑制氢氧化锌沉积。

聚天冬氨酸的结构式如下：

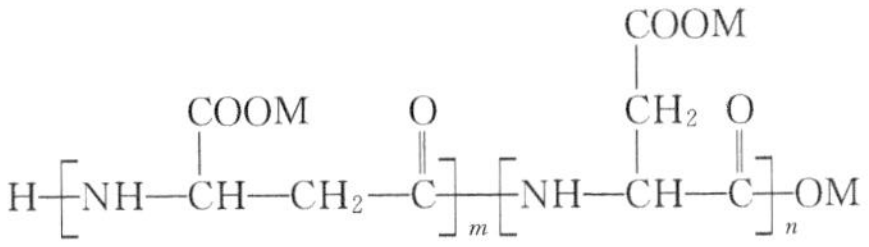

$m \geqslant n$，M为$H^+$、$Na^+$、$K^+$、$NH_4^+$ 等。

其可以分散水中的$CaCO_3$、$CaSO_4$、$BaSO_4$、$Fe_2O_3$、$Zn(OH)_2$、$Ca_3(PO_4)_2$、黏土颗粒等沉积物，用于循环冷却水、锅炉水、油田回注水、反渗透、闪蒸器等方面的防垢阻垢。研究报道认为：对不同盐类阻垢时PASP的最佳相对分子质量不同，阻碳酸钙时为2000～5000，使用浓度为3～5mg/L；阻硫酸钙时为1000～4000，使用浓度为2～3mg/L；阻硫酸钡时为3000～4000，使用浓度为4～5mg/L。

PASP毒性低，并具有良好的生物降解性。其分子结构具有类似蛋白质的酰胺键结构，可被生物降解成氨基酸小分子，最终降解成为水和二氧化碳。用相对分子质量为4500的PASP作生物降解试验，10d时降解率为44.1%，28d时为83.0%，与葡萄糖的降解性能相近。试验标准是：10d 降解率＞10%，28d 达到 60%时即可认为该物质在环境中能够完全迅速降解。故认为 PASP 对环境无害。

PASP 的结构单一，阻垢性能尚待改进。故国内外进行的改性研究是制成含有磺酸基、膦酰基、羟基等侧基的聚天冬氨酸。

### 628　常用的聚羧酸二元或三元共聚物有哪些？

近年开发出多种聚羧酸的二元或三元共聚物，由于其具有两种以上的基团，所以改善了聚丙烯酸等均聚物的性能。已开发的共聚物品种繁多，国内已有生产并应用于生产上的有代表性的品种如下。

（1）丙烯酸-丙烯酸甲（乙）酯共聚物　其结构式为：

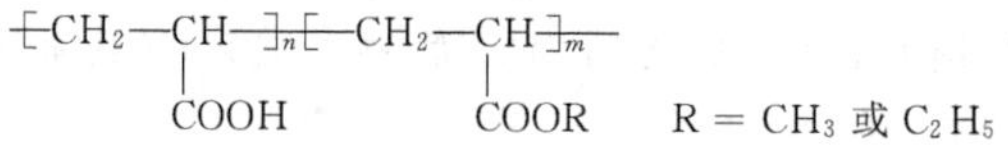

该二元共聚物可适应碱性运行、水温较高及含钙量较高的水质，对磷酸钙、磷酸锌、氢氧化锌和氢氧化铁有良好的抑制和分散作用，常与聚磷酸盐、有机磷酸酯和锌盐等药剂复配使用。

（2）丙烯酸-丙烯酸羟丙酯共聚物　其结构式为：

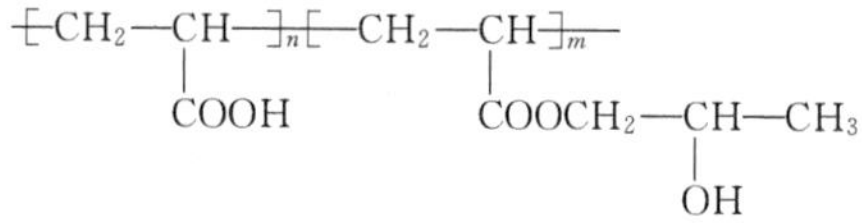

这种二元共聚物的特点是在碱性条件下对磷酸钙、磷酸锌、氢氧化锌、水合氧化铁等有很好的抑制和分散作用，但对碳酸钙的抑制和分散能力不如聚丙烯酸。除可用于循环冷却水系统之外，还用于油田注水及低压锅炉阻垢。

（3）丙烯酸-马来酸酐共聚物　其结构式为：

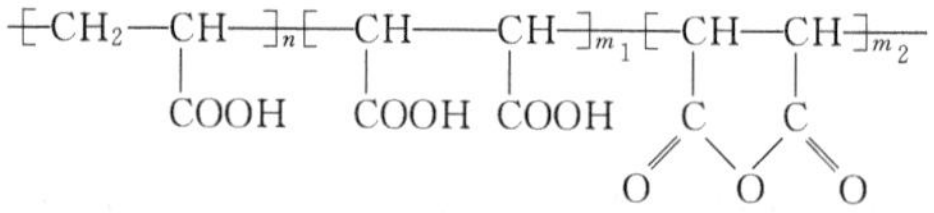

这种二元共聚物的性能与水解聚马来酸酐相似，比聚丙烯酸的热稳定性强，又比水解聚马来酸酐的价格低。可应用于循环冷却水的碱性运行，加药量范围为 1～5mg/L（100%）。也能用于蒸汽机车及低压锅炉阻垢。

（4）苯乙烯磺酸-马来酸共聚物　其结构式为：

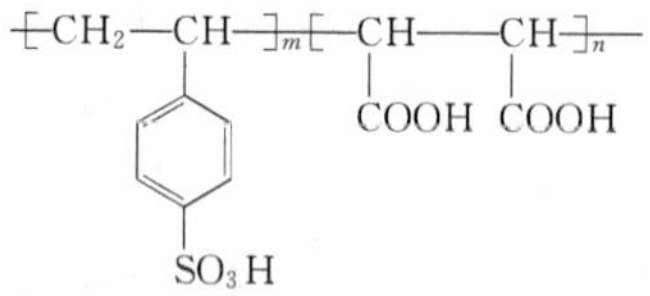

这种二元共聚物的热稳定性及分散作用均比聚丙烯酸有所提高，常用于循环冷却水及低压锅炉系统中控制碳酸钙、磷酸钙、硅酸盐、氧化铁及污泥沉积。共聚物的物质的量比 $n:m$ 为 1∶（2～4），最好为 1∶3。

（5）二元共聚物丙烯酸钠-甲基丙烯酸甲酯及三元共聚物丙烯酸钠-甲基丙烯酸甲酯-甲基丙烯酸羟乙酯共聚物　三元共聚物的结构式为：

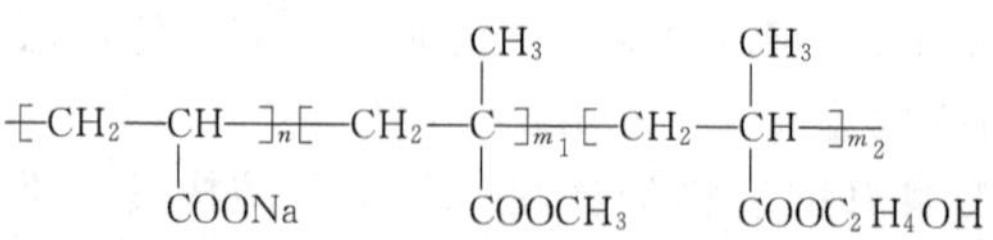

这种共聚物的阻垢性能优于丙烯酸-丙烯酸羟丙酯共聚物。适应碱性运行及含钙量较高的水质，并对磷酸钙、氧化铁及悬浮粒子有较好的分散作用，允许适当提高循环冷却水中正磷酸

盐含量。商品的相对分子质量为 1500～4000。

（6）丙烯酸-丙烯酸羟丙酯-丙烯磺酸钠共聚物　其结构式为：

$$\left[CH_2-CH\right]_n\left[CH_2-CH\right]_{m_1}\left[CH_2-CH\right]_{m_2}$$
$$COOH \quad COOCH_2-CH-CH_3 \quad CH-SO_3Na$$
$$OH$$

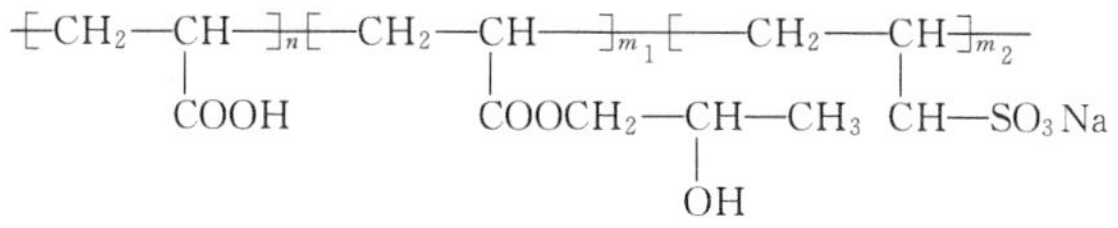

这种三元共聚物是近年开发的优良阻垢剂，更加适应碱性运行和含钙量高的水质。

（7）丙烯酸与 AMPS 的二、三元共聚物　如丙烯酸-甲基丙烯酸-AMPS 共聚物、丙烯酸-AMPS 共聚物及马来酸-丙烯酸-AMPS 共聚物。AMPS 单体为 2-丙烯酰胺基-2-甲基丙基磺酸。丙烯酸-甲基丙烯酸-AMPS 共聚物结构式为：

$$\left[CH_2-CH\right]_n\left[CH_2-\underset{\underset{COOH}{|}}{\overset{\overset{CH_3}{|}}{C}}\right]_{m_1}\left[CH_2-CH\right]_{m_2}$$
$$COOH \quad COOH \quad CO-NH-\underset{CH_3}{\overset{CH_3}{\underset{|}{\overset{|}{C}}}}-CH_2-SO_3H$$

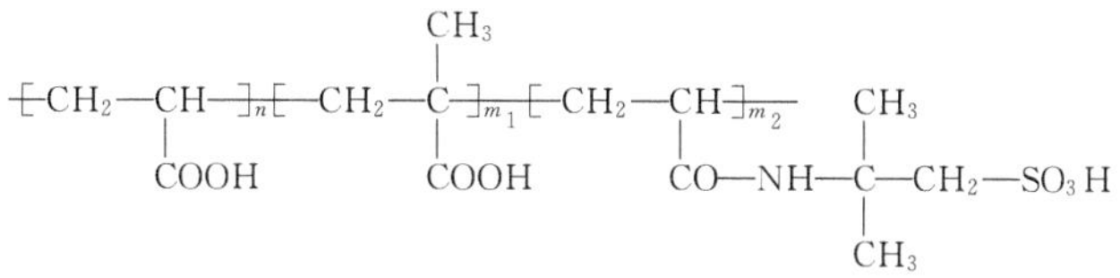

这种近年开发的优良三元共聚物更加适应碱性运行和含钙量高的水质，对 $Zn^{2+}$、$Mn^{2+}$、$Fe^{2+}$、黏泥、氧化铁和 $PO_3^{3-}$ 均有良好的分散作用。丙烯酸-AMPS 共聚物中丙烯酸含量为 80% 时，对 $CaCO_3$ 阻垢效果最好。丙烯酸/AMPS 为 2∶1 时对 $Ca_3(PO_4)_2$ 阻垢效果最佳。

（8）丙烯酸与衣康酸的二、三元共聚物　丙烯酸-衣康酸共聚物及丙烯酸-丙烯酸乙酯-衣康酸共聚物。二元共聚物的结构式为：

$$\left[CH_2-CH\right]_n\left[CH_2-\underset{\underset{CH_2-COOH}{|}}{\overset{\overset{COOH}{|}}{C}}\right]_m$$
$$COOH$$

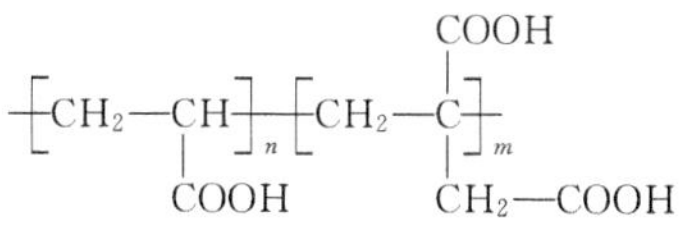

相对分子质量为 3000～5000 的二元共聚物用于锅炉和水系统清洗除垢。三元共聚物的阻垢率高于 PBTCA 及 HEDP 等药剂。

**629　什么是膦酸？常用的有哪些品种？**

膦酸是 20 世纪 70 年代以来循环冷却水化学处理中广泛应用的重要的缓蚀阻垢剂。其结构式中磷原子和碳原子直接连接，膦酸可以看做是磷酸分子中的一个羟基被烃基 R 所取代的产物。

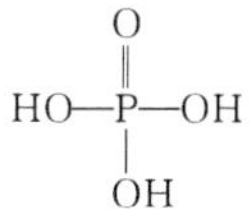

$$\underset{\text{磷酸的结构式}}{HO-\overset{\overset{O}{\|}}{\underset{\underset{OH}{|}}{P}}-OH} \qquad \underset{\text{膦酸的结构式}}{R-\overset{\overset{O}{\|}}{\underset{\underset{OH}{|}}{P}}-OH}$$

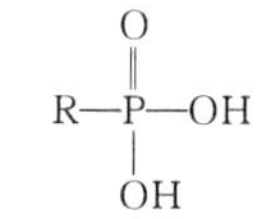

由于膦酸结构中有这种碳磷相接的 C—P 键，所以具有良好的化学稳定性，有一定程度的耐氧化性能，不易水解，能耐较高温度等优点。

多元膦酸为阴极性缓蚀剂，又是一类非化学当量的阻垢剂，对许多金属离子，如 $Ca^{2+}$、$Mg^{2+}$、$Cu^{2+}$、$Zn^{2+}$ 等有优异的螯合能力，阻垢效率好，使用剂量少。一般阻垢用量多为 1.5～5.0mg/L（100%），用于缓蚀则剂量较高。其阻垢机理主要是具有明显的晶格畸变作用和络合增溶作用。起缓蚀阻垢作用的为其负离子，膦酸或其钠盐均有效。产品多为30%～50%的水溶液，有时也制成白色粉状，分酸型及钠型两种。多元膦酸的品种很多，最常用及有代表性的品种如下。

（1）氨基三亚甲基膦酸（ATMP）　旧称氨基三甲叉膦酸。对碳酸钙的阻垢效果很好，在循环冷却水中很常用。其结构式为：

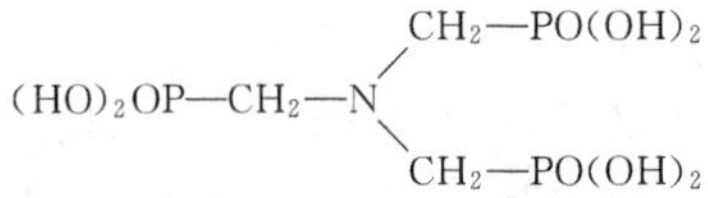

$$(HO)_2OP—CH_2—N \begin{array}{c} CH_2—PO(OH)_2 \\ \\ CH_2—PO(OH)_2 \end{array}$$

（2）亚乙基二胺四亚甲基膦酸（EDTMP）或乙二胺四亚甲基膦酸　旧称乙二胺四甲叉膦酸。能与多价离子如钙、镁、铁、铝、锌等形成稳定的络合物。除在循环冷却水中常用之外，在低压锅炉的炉内处理也常用。其结构式为：

$$\begin{array}{c} (HO)_2OP—CH_2 \\ \\ (HO)_2OP—CH_2 \end{array} N—CH_2—CH_2—N \begin{array}{c} CH_2—PO(OH)_2 \\ \\ CH_2—PO(OH)_2 \end{array}$$

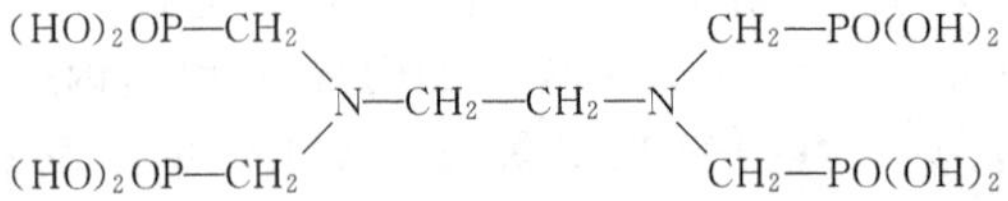

（3）羟基亚乙基二膦酸（HEDP）　旧称羟基乙叉二膦酸，其结构式为：

$$(HO)_2OP—\overset{\overset{\displaystyle CH_3}{|}}{\underset{\underset{\displaystyle OH}{|}}{C}}—PO(OH)_2$$

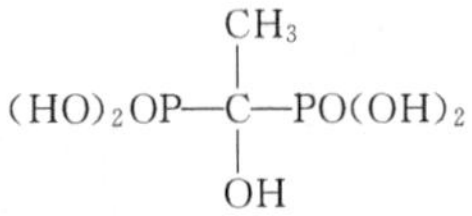

由于其分子结构中没有C—N键，所以比 ATMP 及 EDTMP 的抗氧化性能好，不易被活性氯氧化而水解成正磷酸盐，更加适合与氧化性缓蚀阻垢剂和杀生剂配合使用，在循环冷却水中很常用。

（4）二亚乙基三胺五亚甲基膦酸（DETPMP）　其特点是与 $Mn^{2+}$ 复合使用时，对碳钢和铜合金均有良好的缓蚀效果。应用尚不广泛。其结构式为：

$$\begin{array}{c} (HO)_2OP—CH_2 \\ \\ (HO)_2OP—CH_2 \end{array} N—CH_2—CH_2—N—CH_2—CH_2—N \begin{array}{c} CH_2—PO(OH)_2 \\ \\ CH_2—PO(OH)_2 \end{array} \quad \overset{\displaystyle CH_2—PO(OH)_2}{|}$$

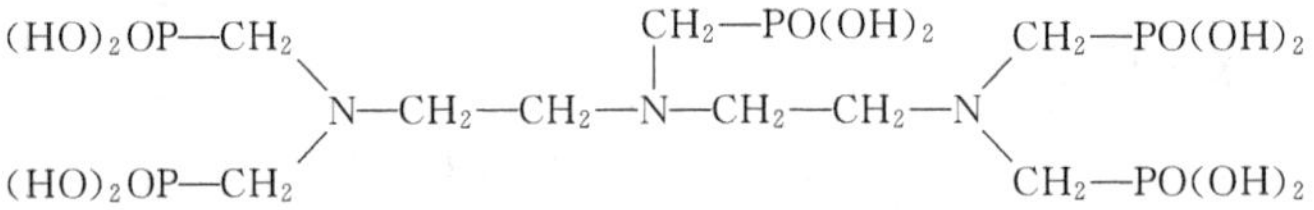

**630　什么是有机磷酸酯？什么是锌盐/多元醇磷酸酯/聚羧酸盐/磺化木质素复合配方？**

有机磷酸酯是 20 世纪 70 年代开发的另一种有机磷酸盐缓蚀阻垢剂。其结构中含有 C—O—P 键，碳原子与磷原子不直接连接，而是通过氧原子相连的。因此，有机磷酸酯可以看作磷酸分子羟基中的氢原子被烃基 R 取代的产物。磷酸中三个羟基中的氢都可以被取代，所以可制成磷酸一酯、二酯或三酯。其结构式为：

$$R—O—\overset{\overset{\displaystyle O}{\|}}{\underset{\underset{\displaystyle OH}{|}}{P}}—OH \qquad R—O—\overset{\overset{\displaystyle O}{\|}}{\underset{\underset{\displaystyle OH}{|}}{P}}—O—R \qquad R—O—\overset{\overset{\displaystyle O}{\|}}{\underset{\underset{\displaystyle O—R}{|}}{P}}—O—R$$

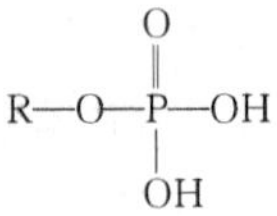

$$\text{磷酸一酯} \qquad\qquad \text{磷酸二酯} \qquad\qquad\qquad \text{磷酸三酯}$$

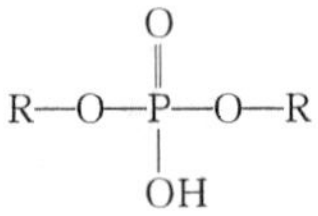

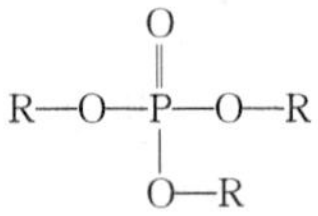

水处理中常用的是磷酸一酯和磷酸二酯。

由于有机磷酸酯中的 C—O—P 键不如 C—P 键牢固，所以其耐氧化性能及抗水解性能都比膦酸差。特别在温度较高、碱性较强时，容易水解生成正磷酸。但比起聚磷酸盐来，水解速度要慢些，药剂用量少些，所以水解造成的危害不如聚磷酸盐大。有机磷酸酯用于循环冷却水中控制硫酸钙垢，消除硬垢，稳定锌盐和分散污泥、油垢方面有较好的效果。其阻垢机理主要是晶格畸变。在用量较大时，能在金属上形成化学吸附膜，为阳极性缓蚀剂。较有代表性的品种如下。

（1）六元醇磷酸酯　为有代表性的多元醇磷酸酯。其结构式为：

$$\begin{array}{c} CH_2—O—PO(OH)_2 \\ | \\ [CH—O—PO(OH)_2]_4 \\ | \\ CH_2—O—PO(OH)_2 \end{array}$$

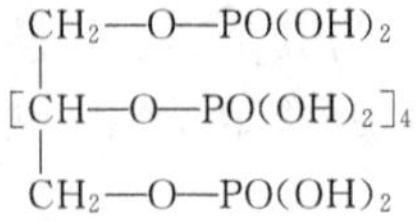

（2）聚氧乙烯基磷酸酯　在有机磷酸酯中接入几个氧乙烯基，可提高阻垢和缓蚀性能。其结构式为：

$$R\!-\!\!\left[O-CH_2-CH_2\right]_n\!-O-PO(OH)_2$$

当 R= $C_8H_{17}$— 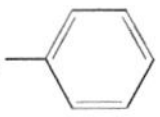 时，产品则为聚氧乙烯醚辛基苯磷酸酯。

锌盐/多元醇磷酸酯/聚羧酸盐/磺化木质素是 20 世纪 80 年代开发出来的缓蚀阻垢配方。多元醇磷酸酯兼有阻垢和缓蚀作用，能稳定锌离子。磺化木质素是污垢和铁垢的有效分散剂。聚羧酸盐一般采用丙烯酸的二元或三元共聚物或其钠盐。这几种药剂联合使用时可以很好地控制循环冷却水中的硬垢和污泥，甚至可使已沉积的钙垢逐渐疏松消解。锌盐/多元醇磷酸酯/磺化木质素复合剂的商品用量一般为 30～50mg/L，聚羧酸盐的商品用量一般为 10～15mg/L。这种复合配方适用于结垢性水质，一般稳定指数＜6.0。运行 pH 值一般＜8.5，钙硬度＜600mg/L（以 $CaCO_3$ 计）。

## 631 什么是膦羧酸阻垢剂？

膦羧酸既含有膦酸基—$PO(OH)_2$，又含有羧基—COOH，具有两种基团的特点，故其阻垢性能优于常用的多元膦酸。其在高温、高钙含量和碱性水质条件下，不易形成难溶的膦酸钙，与锌盐和聚磷酸盐有良好的协同效应。在高剂量使用时，是一种高效缓蚀剂。较典型的膦羧酸产品为 2-膦酸基丁烷-1,2,4-三羧酸（PBTCA）及 2-羟基膦酰基乙酸（HPAA）。其结构式为：

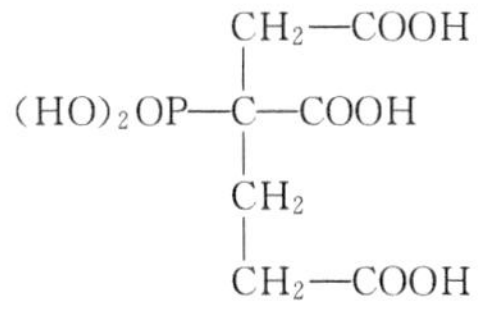

PBTCA

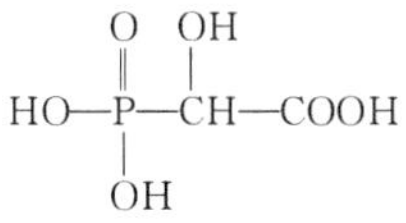

HPAA

都是近年开发的优良产品。

## 632 什么是全有机配方？

全有机配方于 1967 年由国外开发，20 世纪 80 年代在我国开始应用，目前在我国已成为磷系配方之后又一类广泛使用并较成熟的配方了。

全有机配方是碱性运行配方，一般不加酸调 pH 值。由于浓缩使循环冷却水的硬度、碱度和 pH 值自然升高，使水的腐蚀倾向降低、结垢倾向增加。循环水主要依靠自身性质形成自限制性保护膜而得到缓蚀。药剂的作用以阻垢分散为主，不需要加入聚磷酸盐之类的缓蚀剂。但当碳钢和铜材同在一系统时，仍需加入唑类铜缓蚀剂。有时候在配方中加少量复合锌离子，可显著增加缓蚀效果。这种配方适用于结垢性水质，稳定指数＜6.0，多在 4～5 左右。

根据阻垢药剂的发展情况，全有机配方也在发展，配方的药剂和适应性也在变化。以下是两类配方的简单介绍。

（1）膦酸盐/聚羧酸盐或锌盐/膦酸盐/聚羧酸盐复合配方　这是 20 世纪 80 年代开发并推广的全有机配方。采用的膦酸盐为羟基亚乙基二膦酸、氨基三亚甲基膦酸、乙二胺四亚甲基膦酸的钠盐。采用的聚羧酸盐为均聚羧酸（聚丙烯酸、聚甲基丙烯酸或水解聚马来酸酐）或聚羧酸的二、三元共聚物的钠盐。药剂用量根据水质而定，相差很多。以十多个厂的数据为例，用量大致如下：

| | | | |
|---|---|---|---|
| 膦酸盐(100%) | 1.5～8mg/L | 铜缓蚀剂 | 0.5～2mg/L |
| 聚羧酸盐(100%) | 1～8mg/L | 锌离子 | 1～2mg/L |

商品复配药剂量为30mg/L、60mg/L或75～85mg/L不等。

运行pH值多为自然pH值，常在8.0～9.5范围内。允许水中的钙含量及碱度均较高。一般控制钙硬加总碱度<900mg/L（以$CaCO_3$计），$SO_4^{2-}+Cl^-<1000$mg/L。

（2）膦酸盐/膦羧酸盐/聚羧酸盐复合配方　这是20世纪90年代开发并推广的全有机配方。其配方中除了加入阻垢性能较好的2-膦酸基丁烷-1,2,4-三羧酸之外，聚羧酸盐采用了丙烯酸的二、三元共聚物，有时甚至采用两种共聚物复配，例如丙烯酸-丙烯酸羟丙酯-丙烯磺酸钠共聚物及丙烯酸-甲基丙烯酸-AMPS共聚物。为此，这种配方的阻垢分散能力更好，对钙硬度的容忍性更高。这种配方也多在自然pH值下运行，一般在8.5～9.3范围内。商品复合药剂的总加入量约为40～60mg/L。适用于高钙高碱高盐水质。如有的规定：钙硬度加总碱度<1100mg/L（以$CaCO_3$计），$SO_4^{2-}+Cl^-<2000$mg/L。

应说明的是：不论（1）或（2）类全有机配方均只适用于结垢性水质，而不适用于腐蚀性水质。另外，其处理费用高于磷系配方。

由于循环冷却水在冷态或低浓缩倍数运行时，系统的pH值、温度及钙含量均较低，多倾向腐蚀，故全有机配方在这时常另加少量锌及聚磷酸盐，当提高浓缩倍数转入热态运行之后则停加聚磷酸盐，减少锌或停加锌。

全有机配方虽一般在自然pH值下运行，但有时也适当加酸调pH值。因在补充水中钙硬度和碱度很高又在高浓缩倍数运行时，钙硬度和总碱度可能超标。故有的规定pH值大于一定值（如>9.0）时加酸调节，有的则规定总碱度大于一定值[如>400mg/L（以$CaCO_3$计）]时加酸调节。

## （四）微生物的控制

### 633　什么是微生物？如何分类？

微生物是一群形体极小、结构简单的生物，能够生长繁殖和进行各种生命活动。其种类极多，在自然界中，无处不在，土壤、矿山、水体、空气及动植物上都有其存在。微生物分属于动物界和植物界，可按下表大致理解其分类关系。

- 微生物
  - 病毒（寄生微生物）
  - 属植物的微生物
    - 菌类（无叶绿素）
      - 细菌
      - 放线菌
      - 真菌❶
        - 酵母菌
        - 霉菌
    - 藻类（有叶绿素）❷
  - 属动物的微生物——原生动物

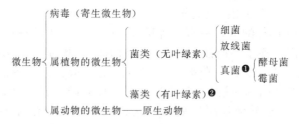

菌藻类又从大类至小类依次分为门、纲、目、科、属、种，种是基本分类单位。

各种类型微生物的基本营养需要是水分、碳源、氮源、无机盐和生长因素。碳素化合物是细胞的主要成分、能量来源。氮源是细胞蛋白质和核酸的主要元素，并可提供能量。无机盐一般包括硫酸盐、磷酸盐、氯化物和钠、钾、镁、铁等元素的化合物。也常常需要一些微量元素，如硼、铜、钙、锰、锌、钴、钼、碘、镍、溴、钒等。生长因素是指维生素、氨基酸等。但不同类型微生物对营养需要和生存条件又有不同。

按营养来源不同，微生物可分为异养型和自养型两种。异养型微生物又称有机营养型或

❶ 香蕈、蘑菇等大形菌也属于真菌范围，但不属于微生物范围；

❷ 海带类大形藻也属于藻类范围，但不属于微生物范围。

化能营养型微生物，以有机碳为碳源。自养型微生物又称无机营养型微生物，能够利用二氧化碳或碳酸盐为主要的、甚至唯一的碳源。

**自养型和异养型微生物对营养和能源的要求**

| 类型 | 碳源 | 能源 | 氮源 |
| --- | --- | --- | --- |
| 自养型 | 二氧化碳或碳酸盐 | 无机物氧化或光能 | 无机氮化物($NH_3$,$NO_2^-$) |
| 异养型 | 有机碳化合物 | 有机物氧化 | 无机或有机氮化物 |

按呼吸类型，微生物可分为三种类型；好气性呼吸，又称好氧性呼吸，需在有氧条件下生存；厌气性呼吸，又称嫌气性或厌氧性呼吸，对有机物氧化（也叫发酵作用）获得能量，需在无氧条件下生存；兼性呼吸，在有氧和无氧条件下均可生存。

微生物生长的温度一般在5～80℃之间，分低温性、中温性和高温性三类。微生物在最低生长温度以下就停止生长，但很少致死，故可在4～6℃保存。高于最高生长温度则停止生长或死亡。一般在100℃干热2～3h可杀死。

**不同类型微生物的生长温度范围**

| 类别 | 最低生长温度/℃ | 最适生长温度/℃ | 最高生长温度/℃ | 代表微生物 |
| --- | --- | --- | --- | --- |
| 低温性(嗜冷性) | −5～0 | 10～20 | 25～30 | 水体及冷藏库的微生物 |
| 中温性(嗜温性) | | | | |
| 室温性 | 10～20 | 18～28 | 40～45 | 腐生菌 |
| 体温性 | 10～20 | 约37 | 40～45 | 病原菌 |
| 高温性(嗜热性) | 25～45 | 50～60 | 70～85 | 温泉菌,某些土壤菌 |

不同微生物有不同的最适生长pH值。多数细菌和放线菌最适中性偏碱，pH值7～8。酵母菌及霉菌最适偏酸性，pH值5～6。

一般微生物不需要光线可以生存，且阳光中的紫外线对某些微生物（如霉菌）还有杀灭作用。而光能自养菌则依赖光线生存。如藻类含叶绿素能利用阳光将二氧化碳合成有机碳营养物。

微生物细胞中含水量约73%～90%，生存和繁殖均需要水分，干燥时生长能力减弱，甚至停止生长。不同微生物对干燥的抵抗能力也不同。

### 634 什么是细菌？

细菌极其微小，其直径一般只有0.5～1.0μm，有的达到2μm；其长度一般为3～5μm，少数也可达80～150μm。据估计，10亿～50亿个细菌的干重约1mg，即每个细菌的质量约$0.2\times10^{-12}\sim1\times10^{-12}$g。它们的形状各异，有球状的、杆状的、弧状的和螺旋状的。它们通常都是以单细胞或多细胞的菌落生存。细菌细胞由荚膜（或黏液膜）、细胞壁、鞭毛、细胞膜、细胞质、细胞核以及芽孢等构成。

细菌对生存条件的要求各有很大的差别，如对温度的要求，有的喜冷（0～25℃），有的喜热（45～75℃），更多的是喜中等温度（20～45℃）。又如对空气的需要，有的需空气，有的则厌气，而有的又是兼性的，有空气能生存，没有空气也能生存。

细菌的繁殖是非常快的，其繁殖靠细胞分裂，一般每隔20～30min分裂一次，在24h内可获72代，如果条件适宜，经过10h就可繁殖数亿个。

### 635 什么是藻类？循环冷却水中常见的有哪些藻类？

藻类是由单细胞或多细胞构成的植物群体，形状多样，有丝状、膜状、带状、管状等。没有真正的根、茎、叶分化，是其区别于高等植物的特征。能够利用所含的色素，特别是利用叶绿素吸收光能，将二氧化碳和水合成所需要的有机碳营养物。细胞内含有叶绿素，能进行光合作用，维持无机自养生活，是其区别于菌类植物的特征。藻类生长的三要素是空气、水和阳光，三者缺一就会抑制藻类生长，其中以光的影响尤为重要。藻类根据其所处的环境，有“着生”和“浮游”之别，“着生”即附着在其他物体上生长；“浮游”者则一般都是微小且绝大多数是肉眼看不见的藻类。藻类细胞都有明显的细胞壁，在细胞壁内即为原生质，除蓝藻外都具有明显的细胞核。蓝藻的繁殖则完全靠细胞分裂，亦有少数会形成孢子，所以也称它为“裂殖藻”。

藻类存在于土壤和水体中，常随空气和补充水带入冷却水系统，循环冷却水系统中的温度、pH值和营养源非常适宜藻类的生长，而冷却塔的配水池和塔壁正好是藻类生存繁殖的一个良好的环境。下表是冷却水系统常见到的一些藻类，以及它们生长所需的温度和pH值。

**冷却水系统常见的一些藻类及生长条件**

| 藻的门类 | 常见属类 | 生长条件 | |
|---|---|---|---|
| | | 温度/℃ | pH值 |
| 绿藻门 | 小球藻、绿球藻、栅列藻、丝藻 | 30～35 | 5.5～8.9 |
| 蓝绿藻门(含蓝色素层) | 微囊藻、微胞藻、颤藻、席藻 | 32～40 | 6.0～8.9 |
| 硅藻门(细胞内含有棕色色素及二氧化硅) | 脆杆硅藻、舟形硅藻、直链硅藻、针杆硅藻 | 18～36 | 5.5～8.9 |
| 裸藻门(无细胞壁) | 眼虫藻(常在污泥中) | 常温 | |

## 636 什么是真菌？循环冷却水中常见的有哪些真菌？

真菌是不含叶绿素的单或多细胞呈丝状或卵形的简单植物，它不分化出根、茎和叶，是不能进行光合作用的真核生物，多生活在土壤中不能移动。大部分菌体都是寄生在动植物的遗骸上，菌丝则以此为营养而生长。菌丝有数微米大小，大都无色，少数呈暗色。真菌产生的孢子可随空气进入冷却塔繁殖生长。水生真菌也可随水源进入冷却系统，能在冷却水中形成软泥。有些真菌能利用木材的纤维素作为碳源，将其转变为葡萄糖和纤维二糖，从而破坏冷却塔中的木结构。它还可能参与氨化、硝化和反硝化作用，引起电化学和化学腐蚀。在循环冷却水中，真菌的监控指标每毫升不得超过10个。

真菌最宜生长的温度为25～30℃，pH为6左右。然而在冷却塔中发现的许多菌种却能在34℃或甚至更高的温度下良好生长，它们常以生成孢子进行繁殖。下表是冷却水系统中常见的真菌，以及它们生长的适宜条件。

**冷却水系统常见的真菌及其适宜的生长条件**

| 真菌类型 | 生长条件 | | 特性 | 产生的问题 |
|---|---|---|---|---|
| | 温度/℃ | pH | | |
| 丝状霉菌 | 0～38 | 2～8<br>最适宜为<br>5～6 | 黑、黄褐、棕、蓝、黄、绿、白、灰等色附在木头表面 | 产生黏泥及木腐病 |
| 酵母菌 | 0～38 | 2～8<br>最适宜为<br>5～6 | 皮革状或橡胶状的生长物，通常带有色素 | 产生黏泥，使水和木材变色 |
| 担子菌属 | 0～38 | 2～8<br>最适宜为<br>5～6 | 白色或棕色 | 木材内部产生腐蚀 |

## 637 黏泥和污垢有什么区别？

黏泥是由微生物群体及其分泌物所形成的胶黏状物。好气性荚膜细菌能够在细菌周围产生荚膜，即能分泌由多糖和多肽类物质所组成的黏性外壳。荚膜能保护细胞并能黏结营养物。细菌的这种黏性外壳使它具有特殊的黏结作用，既具有内聚性，又具有黏着性。内聚性是指微生物之间有互相聚合在一起的能力，使微生物容易黏结在一起。黏着性是指黏泥能够黏附水中的各种黏性物质，连成片的黏泥和金属表面具有极强的牢固的结合能力。因此，黏泥极易附着在设备上，造成沉积物的危害。多种细菌都能产生黏泥，通常分不出黏泥是由何种细菌产生的。一般水中好气异养菌数量高时，容易产生黏泥。故水中的好气异养菌数量应作为控制指标。

污垢的组成包括水垢、黏泥、腐蚀产物、淤泥等。黏泥为污垢的一部分，是由微生物形成的软垢。黏泥的外表有一种黏液具有黏性，手摸有滑腻感。实际上，系统中的沉积物不会是单一的微生物黏泥，而是含有其他污垢成分的。习惯上所说的黏泥是指在换热器、冷却塔、水槽壁、池底、管道上沉积的胶黏状软泥。其组成以微生物黏泥为主，也含有一部分水垢、腐蚀产物、淤泥、悬浮物等。软垢区别于硬垢的是其较软，垢的组成中 600℃的灼烧减量[1]＞20％，一般为 40％～60％。而硬垢的手感较硬，600℃的灼烧减量＜20％。

**638　为什么黏泥会加速金属设备的腐蚀?**

细菌聚集形成的菌落，附着在金属壁上，微生物不仅本身分泌黏液构成沉积物，而且也粘住在正常情况下可以保持在水相的其他悬浮杂质形成黏泥团。在黏泥团的周围和黏泥团的下方形成氧的浓差电池，黏泥团的下部因缺氧而成为活泼的阳极，铁不断被溶解引起严重的局部腐蚀。

微生物黏泥除了会加速垢下腐蚀外，有些细菌在代谢过程中，生成的分泌物还会直接对金属构成腐蚀。如氧化硫细菌其氧化产物硫酸，可使局部区域的 pH 值降到 1.0～1.4，对这部分金属直接发生氢的去极化作用，加快了金属的腐蚀；又如厌气性硫酸盐还原菌，其还原产物 $H_2S$ 可直接腐蚀钢铁，生成硫化铁，硫化铁沉积在钢铁表面与没有被硫化铁覆盖的钢铁又构成一个腐蚀电池，加速金属的腐蚀；铁细菌则直接将亚铁氧化成高铁，在阳极表面上直接起了阳极去极化作用，从而加速了腐蚀。因此，细菌促进腐蚀过程是多种多样的，在大多数情况下，可以认为细菌引起的腐蚀，常是各种细菌共同作用的结果。

**639　微生物黏泥对循环冷却水系统会造成哪些危害?**

微生物对循环冷却水系统的危害主要是其所产生的黏泥造成的，具体对系统的影响如下：

（1）微生物的黏附特性促进污垢沉积　一般认为水垢和污垢形成的过程可分为盐的结晶、聚合和沉积三步。水中难溶盐的浓度达到过饱和时，不一定立即沉积在设备上，而是先在水中形成细小的悬浮晶粒。水中的胶体物质、微生物黏泥、悬浮物、腐蚀产物等能起架桥、絮凝作用使晶粒长大，再借重力作用沉降到设备上，并黏附成垢。微生物的黏着性使其起了黏合剂的作用，促进了污垢沉积。所以，微生物数量多和黏泥含量高的系统，更容易形成污垢。

（2）黏泥附着易造成严重的局部腐蚀　黏泥附着最严重的危害在于因垢下缺氧而产生的电化学腐蚀，即垢下腐蚀。这种腐蚀是非均匀性的，往往高度集中于局部部位，腐蚀速度快，容易使换热管穿孔，甚至报废。

（3）黏泥附着影响传热　黏泥附着使换热器的污垢热阻值增加，换热效率降低，工艺介质超温，生产能耗增加，严重时会影响产量。水垢附着虽也影响传热，但其结垢速度比黏泥

[1] 微生物为有机物组成，600℃灼烧减量代表垢样中的有机物含量。

附着速度慢得多，影响也略低。

（4）影响浓缩倍数提高　系统在黏泥危害期间需要大量排污以降低水中黏泥含量，使系统的浓缩倍数不容易提高，既浪费水资源，又浪费了缓蚀阻垢药剂。

### 640　为什么说控制微生物是循环冷却水系统化学处理的关键？

循环冷却水的化学处理是使用化学药剂达到控制系统腐蚀和结垢的目的，使生产得以正常安全地长周期运行。加入的药剂有缓蚀剂、阻垢剂和杀生剂三类，分别解决缓蚀、阻垢和控制微生物三方面问题。虽然三者都是不可缺少的环节，但比较起来控制微生物更加关键。对化学处理来说，微生物控制工作可说是“一荣俱荣，一败俱伤”。这从许多厂的实践经验可以证实，曾经发生过的微生物危害都是很严重且很难对付的。这是因为：

（1）微生物的危害实际上是污垢沉积和局部腐蚀，这从上题清楚可见。微生物所形成的黏泥既能使换热器降低效率、增加能耗，又能引起局部性腐蚀，严重时使换热管腐蚀穿孔，甚至造成停产，影响长周期运行，造成经济损失。加入杀生剂、控制微生物实际上也是在缓蚀阻垢，其作用是缓蚀剂和阻垢剂所不能及，也不可代替的。

（2）微生物黏泥的产生、沉积及腐蚀作用十分快速。与一般电化学腐蚀和水垢的危害比较起来，微生物黏泥危害的严重性更胜一筹，可以在很短时间内使换热器效率下降或腐蚀穿孔，更像是系统中的急性病。所以，控制微生物需要以预防为主，将危害控制在苗头。稍有疏忽或不及时采取措施则有可能因黏泥量超标造成危害。

（3）当发生污垢沉积时，在污垢沉积的部位实际上已经无法接触缓蚀剂和阻垢剂。因此，往往使很好的缓蚀阻垢配方也难发挥作用。由此可见，优良的缓蚀阻垢配方也是必须在微生物控制较好的条件下才能发挥正常的作用。

### 641　真菌是怎样破坏冷却塔中木材的？

木材是由纤维素、半纤维素和20%～30%木质素所组成。纤维素是一种多糖物质$(C_6H_{10}O_5)_n$，是木材细胞壁的组成部分，木质素是一种聚合的非多糖物质，它似一种黏合剂，能将纤维素黏结在一起。

真菌的半知菌纲和子囊菌纲中的某些属种容易寄生在连续受潮或浸泡在水中的如填料板条或其他结构木材上，它分泌出的消化酶能将纤维素作为碳源而消耗破坏掉，木材中的纤维素被破坏了，只留下起结合作用的木质素，因此降低了木材的结构强度，当木材表面细胞被水冲掉时，它就失去了基本部分，如果木材仍然处于潮湿状态，木材将出现易碎和变黑，而在干燥时出现裂缝，这种破坏情况是在木材表面发生的，故又称之为木材患了“软腐病”。而“白腐病”和“棕腐病”则是木材内部受到侵蚀、腐烂，它是真菌的担子菌纲中的卧孔菌属和伏革菌属寄生的结果，它们可以破坏木质素或纤维素，使木材变朽，表面看来，木材似乎仍然完好，相当坚固，但内部已经腐朽，很容易被锐利的物体戳穿或者压碎。

### 642　藻类对循环冷却水系统有何危害？

藻类对循环冷却水系统的危害主要有：

（1）冷却塔中是藻类生长的理想环境，它们会在塔壁、水槽中、配水池里繁殖，通过碳的同化作用，借助阳光，使水中的$CO_2$和$HCO_3^-$进行光合作用，并吸收碳作营养而放出氧。藻类的大量繁殖，会使水中溶解氧增加，有利于氧的去极化作用，腐蚀性也就随着增大。

（2）许多藻类在其细胞中产生具有恶臭的油类和环醇类，藻类死亡后成为污泥会产生臭味并使水变色。

(3) 冷却塔的配水槽和喷嘴上也常因藻类繁殖，堵塞孔口，影响配水的均匀性使塔的冷却效率下降。塔壁上大片藻类脱落也可能造成滤网和系统堵塞。

(4) 硅藻由于其细胞壁上充满着聚合的二氧化硅，将引起硅污垢。

**643　循环冷却水中微生物来自哪些方面？为什么循环水的微生物危害比直流水严重得多？**

循环冷却水中的微生物来自两个方面：一是冷却塔在水的蒸发过程中需要引入大量的空气，微生物也随空气带入冷却水中；二是冷却水系统的补充水或多或少都会有微生物，这些微生物也随补充水进入冷却水系统中。

循环水的温度、pH 值和营养成分都有利于微生物的繁殖，冷却塔上充足的日光照射更是藻类生长的理想地方。而直流水系统没有空气冷却的蒸发过程，只有随水流带入的微生物，而且直流水系统所提供的微生物繁殖的条件不如循环水，即适宜的水温、pH 值和营养成分。循环水加入的药剂和工艺泄漏物有时也会成为微生物的营养成分，促进微生物生长。最关键的是，循环水排出的污水，又返回系统循环，造成恶性循环，而在直流水中繁殖起来的微生物立即排走了。故循环水的微生物危害比直流水严重得多，而且浓缩倍数越高越严重。如有些循环水系统，补充水中的好气异养菌总数只有 $10^2 \sim 10^3$ 个/mL，但循环水中的好气异养菌总数可达 $10^5$ 个/mL 以上，如杀生不利甚至高达 $10^8$ 个/mL，这就造成系统中微生物的严重危害。

**644　循环冷却水中有哪些常见的危害细菌？**

循环冷却水中存在的细菌门类极多，但基本上属革兰（Gram）阴性类细菌，多能产生黏泥危害。下表是循环冷却水系统中常见的一些危害细菌，以及其适宜的生长条件。

冷却水系统中常见的细菌及其生长条件

| 细菌类型 | 生长条件 | | 产生的问题 |
|---|---|---|---|
| | 温度/℃ | pH 值 | |
| 好气性荚膜细菌 | 20～40 | 4～8<br>最适宜为<br>7.4 | 形成严重的细菌黏泥 |
| 好气性芽孢细菌 | 20～40 | 5～8 | 产生黏泥，并生成难以消灭的芽孢 |
| 硫氧化细菌 | 10～37<br>最适宜为<br>25～30 | 0.6～7.8<br>最适宜为<br>2.0～7.2 | 使硫化物被氧化为硫或硫酸 |
| 厌气性硫酸盐还原菌 | 0～70<br>最适宜为<br>20～55 | 5.5～9.0<br>最适宜为<br>7.0～7.5 | 在好气菌黏泥下生长，引起腐蚀，导致硫化氢的形成 |
| 铁细菌 | 0～40<br>最适宜为<br>20～30 | 6～8<br>最适宜为<br>微酸性<br>6～7 | 在细菌的外膜沉淀氢氧化铁，形成大量的黏泥沉积物 |
| 硝化菌群 | 5～40<br>最适宜为 25～30 | 6.0～9.5<br>最适宜为偏碱性 | 产生 $NO_2^-$，使水质变酸性，并严重影响氧化性杀生剂的作用，使水质全面恶化 |

**645　什么是自养菌和异养菌？**

按碳的营养来源不同，微生物分为自养菌和异养菌两大类。

(1) 自养菌（无机营养型） 能直接利用无机物如空气中二氧化碳及无机盐类作为营养物来源，合成细胞所需要的碳源的微生物，叫自养菌。自养菌又分光能自养菌与化能自养菌。如藻类含叶绿素能够利用叶绿素吸收光能，从二氧化碳合成所需化合物，是光能自养菌。而化能自养菌能氧化一定的无机化合物，利用产生化学能还原二氧化碳合成有机物，这类细菌如硝化菌群、铁细菌、硫氧化细菌等。自然界中的化能自养菌分布较光能自养菌普遍，对于自然界中氮、硫、铁等物质转化有很大作用。

(2) 异养菌 利用环境中的有机物进行氧化发酵得到细胞所需的营养物的菌种叫异养菌。它是不含叶绿素的。其中有些细菌生活在动植物尸体上吸收养料，这种营养方式叫腐生；有些细菌生活在活动的动、植物上吸收养料，这叫寄生。异养菌有好气性和厌气性之分。在循环冷却水中的异养菌多为好气性，能够利用水中的有机碳化合物进行繁殖。一般常将用特定异养菌培养基培养出的细菌统称为好气异养菌。经有关研究人员监测分析，循环冷却水中的好气异养菌约分 60 个属。其优势菌属为假单孢菌属、不动细菌属及芽孢杆菌属等。

### 646 为什么应测定循环冷却水中的好气异养菌数？

在循环冷却水中好气异养菌的数量多、繁殖快，危害最大。大多数好气异养菌的细胞壁外分泌有黏性的荚膜，使细菌具有特殊的内聚性和黏着性，容易在水中产生黏泥。因此，好气异养菌是循环冷却水中危害最大的细菌。经验证明，水中好气异养菌数量增加时黏泥的危害性也相应增加，故要求其在循环冷却水中的监控指标为$\leqslant 1\times10^5$ 个/mL。每周至少应监测一次。

有时候常将好气异养菌的数量当作水中细菌总数。严格说二者是不等的。循环冷却水系统中的细菌种类很多，不能用一种培养基来测定各种细菌的总量。目前一般所监测的细菌种类仅 8 种，远未测定所有种类。在微生物控制得不好的情况下，有时候氨化菌、硫氧化细菌、铁细菌、反硝化菌、亚硝酸菌和硝酸菌的数量也很多，甚至与好气异养菌数相近。以好气异养菌数作为细菌总数明显误差很大。但在多数情况下，好气异养菌常常是循环冷却水中最多的细菌，可以说是在循环冷却水中具有指示性和代表性的细菌种类。通过对它的监测可以了解微生物危害的总趋势。

### 647 什么是动胶菌属？

动胶菌属或称菌胶团，属假单孢菌科，为严格好气的化能异养菌，革兰染色阴性。与普通好气异养菌不同的是：它是无数短杆菌所组成的肉眼可见的团块。细胞杆状，(0.5～1.0)μm×(1.0～3.0)μm，无芽孢或孢囊。在自然水或培养基中，细胞可凝集成肉眼可见的棉絮状物、自由浮物，或附着在设备上。棉絮状物具有指状或树枝状突出物。有的资料认为短杆菌是由分泌物黏集在一起的。但有的资料介绍，没有发现荚膜和黏质，棉絮状物是硬的，因胞外有小纤毛，使细胞互相交织在一起。动胶菌属一般存在于水中有机物丰富时，水中含氧高时增殖较快。最适温度 28～30℃，生长温度 10～45℃；最适 pH 值 7～7.5，生长 pH 值 4.5～9.6。

动胶菌属的模式菌种为生枝动胶菌，或称有枝菌胶团。它的分枝规则显著，胶团的形状固定，可达到直径 1.0～1.5cm。菌落为黄褐色到稻草色，波状，干的为皱褶、坚韧皮革状，菌落顶端有一明显的小涡；在工业用水系统中常出现。

其他菌种有：垂丝状菌胶团没有明显分枝，胶体状物可形成较细的长条状或丛状，一般垂挂在水管壁等处；分枝状芽殖菌胶团常见在池底，特别好气，含氧高时易生长；还有指状分枝菌胶团。这些菌种都在循环冷却水系统中发现过。

### 648　铁细菌有什么特性和危害？

铁细菌不是细菌的科名或属名，而是分散在不同目、科、属中的有一定特性的细菌，在自然界分布很广。铁细菌为好气化能自养菌，一般能生活在含氧少但溶有较多铁质和二氧化碳的弱酸性（pH 值 6～7）水中，在碱性条件下不易生长。例如在 pH 值为 7.8～8.3 的海水中通常不存在铁细菌。但 pH 值下降时，可能存在铁细菌。铁细菌在亚铁转化为高铁的过程中起催化作用，能将细胞内的亚铁氧化为高铁，从而获得能量。

$$4FeCO_3+O_2+6H_2O \longrightarrow 4Fe(OH)_3+4CO_2+\text{能量}$$

$$2Fe^{2+}+(x+2)H_2O+\frac{1}{2}O_2 \longrightarrow Fe_2O_3\cdot xH_2O+4H^{+}+\text{能量}$$

式中以碳酸盐为碳素来源，反应产生的能量很小。它们为了满足对能量的需要，必须要产生大量的高铁，如 $Fe(OH)_3$ 的形成。这种不溶性铁化合物排出菌体后形成某种定型结构，其质量和体积总量要超过有生活力的微生物原生质的好几倍。铁化合物在细菌周围形成大量棕色黏泥，从而引起供水管道堵塞，同时它们在铁管管壁上形成锈瘤细节，产生点蚀。

冷却水中有铁细菌繁殖时，常出现浑浊度和色度增加，有时 pH 值也发生变化，发出异臭，铁的含量增加，溶解氧减少，水管等设备中有棕色沉淀物，水的流量减少。如果采集悬浮物进行显微镜下检查时，可以发现铁细菌的菌落或氢氧化铁鞘层。铁细菌是循环冷却水中重要危害微生物之一，是水处理监控的重要对象，监控指标每毫升小于 100 个。

### 649　硫氧化细菌有什么特性和危害？

在土壤中硫化物的循环反应如下：

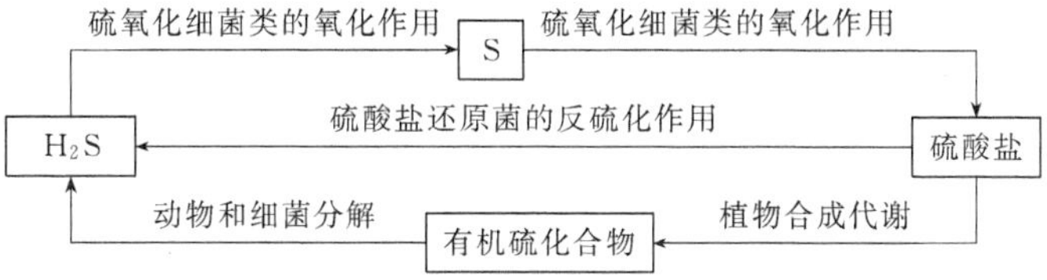


硫氧化细菌能氧化一种或多种还原态或部分还原态的硫化物，包括元素硫、硫代硫酸盐、连多硫酸盐、亚硫酸盐和硫化氢，从中获取能量，其最终产物是硫酸。

$$2H_2S+O_2 \longrightarrow 2H_2O+2S+\text{能量}$$

$$5Na_2S_2O_3+H_2O+4O_2 \longrightarrow 5Na_2SO_4+H_2SO_4+4S+\text{能量}$$

$$2S+3O_2+2H_2O \longrightarrow 2H_2SO_4+\text{能量}$$

因其过程产生强酸，容易在局部区域内使 pH 值降到很低，从而造成金属腐蚀或水泥建筑物遭侵蚀。在循环冷却水系统中，硫酸盐还原菌产生硫化氢，有利于硫氧化细菌繁殖生长，二者的氧化还原循环作用使二者常在水中共存。有的硫氧化细菌能同时氧化硫化物和亚铁离子，也常和铁细菌共存。

硫氧化细菌在分类上归在硫杆菌属，细胞为杆状，为革兰染色阴性。目前已发现的约有 8 个菌种，一般严格好气，多数为严格化能自养菌。其中排硫硫杆菌是硫杆菌属中的典型菌，在污泥、土壤、河水及其他淡水资源中都有分布，能够氧化硫代硫酸盐（$S_2O_3^{2-}$）、元素硫粒（S）、连多硫酸盐（$S_4O_6^{2-}$）等，在某些培养条件下可以氧化硫化氢，有的菌株能氧化硫氰酸盐。

由于不同硫氧化细菌的特性不同，对培养基的成分和 pH 值要求都不同。所以用一种培养基监测到的菌数并不是硫氧化细菌的总数。目前常用的培养基在近中性条件下测得的细菌可能多为排硫硫杆菌和那不勒斯硫杆菌，在循环冷却水中要求＜$10^3$ 个/mL。

部分硫杆菌的特性

| 菌种 | 呼吸类型 | 营养类型 | 氮源 | 可氧化的化合物 | 温度范围/℃ | | pH值范围 | |
|---|---|---|---|---|---|---|---|---|
| | | | | | 最适 | 生长 | 最适 | 生长 |
| 排硫硫杆菌 | 严格好气 | 严格自养 | $NO_3^-$ 或 $NH_4^+$ | S、$S_2O_3^-$、$S_4O_6^{2-}$、$H_2S$、$CNS^-$ | 28 | | 6.6～7.2 | 4.5～7.8 |
| 氧化硫硫杆菌 | 严格好气 | 严格自养 | $NO_3^-$ 或 $NH_4^+$ | S及其他还原态硫化物 | 28～30 | 10～37 | 2.0～3.5 | 0.5～6.0 |
| 氧化铁硫杆菌 | 严格好气 | 严格自养 | $NH_4^+$ | 硫化物及亚铁化合物 | 12～20 | ＞25 | 2.5～5.8 | 1.4～6.0 |
| 新型硫杆菌 | 严格好气 | 兼性自养 | | 硫化物(不氧化元素硫)，无硫化物时可利用有机碳异养 | 30 | | 7.8～9.0 | 5.0～9.2 |
| 脱氮硫杆菌 | 兼性厌气 | 严格自养 | $NO_3^-$ | 在 $NO_3^-$ 存在时可氧化 S、$S^{2-}$、$S_2O_3^-$、$S_4O_6^{2-}$ | | | 近中性或微碱性 | |
| 那不勒斯硫杆菌 | 严格好气 | 严格自养 | $NH_4^+$ 或 $NO_3^-$ | S、$H_2S$ | 28 | 8～37 | 6.2～7.0 | 3.0～8.5 |

### 650 硫酸盐还原菌有什么特性和危害?

硫酸盐还原菌在分类上归去磺弧菌属及斑去磺弧菌属，为革兰染色阴性，既能利用有机碳化合物进行化能异养，又能利用矿物质进行化能自养，后者为次要。它是一种弧状的厌氧性细菌，体内有一种过氧化氢酶，能将硫酸盐（亚硫酸盐、硫代硫酸盐）还原成硫化氢，从中获得生存的能量，其反应如下：

$$H_2SO_4+8H^++8e \longrightarrow H_2S+4H_2O+能量$$

$$CaSO_4+8H^++8e \longrightarrow Ca(OH)_2+2H_2O+H_2S+能量$$

硫酸盐还原菌在土壤、海水和淡水中广泛存在。在土壤中埋设的设备和管道容易受其危害，如油井套管、深井泵套管等。在缺氧或水饱和富有机物的土壤中及污泥下均见生长。循环冷却水系统为它提供了良好的厌氧环境，常生存在黏泥及硫氧化细菌的沉积物之下。在有氧条件下，失去繁殖能力，但并不死亡。一旦再次进入厌氧环境，则可重新获得繁殖能力。

硫酸盐还原菌很适应在冷却水系统中繁殖生长，潜在危险很大。这种菌最适宜生长温度是25～35℃，而且有的还可在高达55～70℃的温度下存活，生存的pH值范围是5.5～9.0，最适pH值为7.0～7.5，加上冷却水中含有一定的硫酸盐，特别是在加硫酸调pH的系统中，硫酸根含量更高，一旦其他细菌形成的黏泥较多，或水的浑浊度很高，产生了较多的沉积物时，这就给硫酸盐还原菌提供了良好的生长环境。

冷却水系统中如果有大量硫酸盐还原菌繁殖生长时，则会使系统发生严重的腐蚀，因为这种菌还原生成的$H_2S$有臭味并会腐蚀钢铁，形成黑色的硫化铁沉积物，这些沉积物又会进一步引起垢下氧的浓差电池腐蚀和电偶腐蚀。

当这种菌大量发生时，仅加入氯气杀菌效果不好，因$Cl_2$会与$H_2S$起反应而被消耗掉，所以需投加其他的杀生剂。循环冷却水中硫酸盐还原菌的监控指标是每毫升不得超过50个。

### 651 什么是氮化细菌和硝化菌群？有什么特点和危害？

氮化细菌即亚硝酸细菌、硝酸细菌、反硝化细菌及氨化细菌。其中亚硝酸细菌、硝酸细菌及硝化细菌常被称为硝化菌群。在自然界中生物残体及排泄物质是土壤中有机氮的来源。氮化细菌参与了含氮物质的互相转化。这些微生物也随水体带入生活用水及工业用水中，含氮物质也在水中循环转化，造成危害。

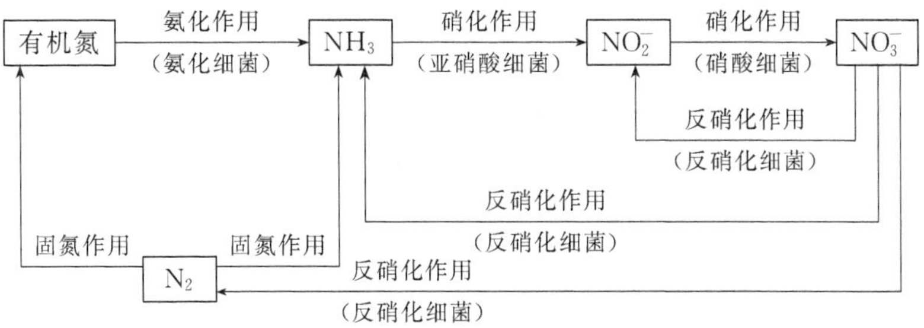


(1) 氨化细菌　微生物分解有机氮化合物产生氨的过程称为氨化作用。许多细菌、放线菌和霉菌都能够分解蛋白质和氨基酸，并将其转化成氨。氨化细菌为化能异养菌，有的好气，有的厌气。有的氨化细菌能够产生尿素酶而分解尿素，进行以下反应：

$$(NH_2)_2CO+2H_2O \longrightarrow (NH_4)_2CO_3 \longrightarrow 2NH_3+CO_2+H_2O$$

这类细菌有尿小球菌属、尿八叠球菌属、尿素产气杆菌属等。

氨化细菌在循环冷却水系统中数量相当多，与好气异养菌的数量级相当，实际上包括了相当数量的好气异养菌。氨化细菌的危害是：所产生的氨氮为硝化菌群提供了营养物，同时又产生黏泥。

(2) 亚硝酸细菌及硝酸细菌　二者都能起硝化作用，统称硝化细菌。亚硝酸细菌能将氨或铵盐氧化成亚硝酸：

$$2NH_3+3O_2 \longrightarrow 2HNO_2+2H_2O+\text{能量}$$

在碱性条件下发生以下反应：

$$OH^-+NH_3+\frac{3}{2}O_2 \longrightarrow NO_2^-+2H_2O+\text{能量}$$

硝酸细菌能将亚硝酸氧化成硝酸：

$$2HNO_2+O_2 \longrightarrow 2HNO_3+\text{能量}$$

亚硝酸细菌包括亚硝酸杆菌属、亚硝酸囊菌属、亚硝酸黏菌属、亚硝酸螺菌属、亚硝酸球菌属等。硝酸细菌包括硝化菌属、硝化囊菌属等。亚硝酸细菌和硝酸细菌均为严格好气性的自养菌；生长温度为5～40℃，最适温度为25～30℃；生长pH值为6.0～9.5，适合偏碱性环境，在强酸条件下（pH＜5.8）不能生长；能够生长在污泥中。有的资料认为硝化囊菌属及亚硝酸黏菌属能形成菌胶团。亚硝酸细菌能大量产酸，使水的pH值下降。比较起来，亚硝酸细菌的危害性更大，它产生的$NO_2^-$有还原性质，能大量消耗氧化性杀生剂，使水中微生物难控制。

(3) 反硝化细菌　是指能够进行反硝化作用的细菌。广义的反硝化作用是指一切对硝酸盐的还原作用，包括将硝酸盐还原成亚硝酸盐及其他还原态氮化物。许多反硝化细菌能进行以下反硝化反应。

$$HNO_3+2[H] \longrightarrow HNO_2+H_2O$$

$$HNO_3+8[H] \longrightarrow NH_3+3H_2O$$

狭义的反硝化作用是指硝酸盐因微生物作用生成分子态氮的作用。但能进行这类反硝化作用的细菌不多。某些反硝化细菌，如反硝化杆菌、反硝化硫细菌可进行这种反应，但必须在缺氧的条件下才能进行。故在循环冷却水系统中不大可能发生生成分子态氮的反硝化作用。

反硝化细菌为兼性营养菌，多为异养菌，但硫杆菌属及氮硫杆菌属为自养菌。反硝化细菌的危害是生成$NH_3$或$NO_2^-$为硝化细菌提供营养，特别是生成的$NO_2^-$对控制微生物很不利。

在循环冷却水中的控制指标应为：亚硝酸细菌＜100个/mL，反硝化细菌＜1000个/

mL，氨化细菌$<1\times10^5$个/mL。

### 652 什么是军团菌？

军团菌是能够传染军团病的细菌。军团病是一种急性呼吸道炎症，感染者会出现高烧、头痛、呕吐、咳嗽、浑身乏力等症状，严重时会致死。1976 年美国建国 200 周年之际，一批退伍老兵在费城“斯特拉福美景饭店”参加会议，180 人被感染，死亡多人。医学专家分离出的致病病菌被命名为军团菌。经调查证实：因军团菌在饭店的冷却水系统大量繁殖，通过空调系统进入呼吸道而使人致病。

军团菌属，已确定的有 37 种，其中嗜肺军团杆菌与军团菌爆发关系最密切。其为革兰阴性短小杆菌，广布于自然界，可在江、河、湖、泊，泥和砂土及冷却塔的水和黏泥中找到。适宜的生长温度是 20～45℃，最佳繁殖温度是 37℃，高于 60℃ 难生存。军团菌在流动缓慢的死水区繁殖，在有藻类和原生动物（如纤毛虫类、变形虫类——阿米巴）的地方更容易繁殖。

水生军团菌是通过雾或细小水滴，即气溶胶传入空气，然后传入人的呼吸道的。虽然至今有关军团病的报道主要涉及空调冷却水系统，但工业冷却水系统所带出的水滴也完全可能传播军团菌。为此，国内外的科学家都十分重视并提醒水处理工作者认真关注工业冷却水系统的军团菌防治问题。

目前国外对军团菌的检测方法是镜检法，有的不定期测，有的每月或每季度测一次。当冷却水中菌数达到 10～99 个/mL 时，应引起一定程度的重视；100～999 个/mL 时，应引起足够的重视；≥1000 个/mL 时，应高度重视，这很可能引起军团病的爆发。

控制军团菌的方法与控制其他微生物的方法相同，一般推荐以氧化性杀生剂为主，结合使用非氧化性杀生剂。但建议在军团菌数>100 个/mL 时采用连续加氯法。同时保持系统清洁，控制黏泥量，防止系统的死角聚集污垢尤为重要。必要时需对系统剥离清洗。

为预防军团菌危害，在设计、维修、管理等方面都应采取必要的措施。设计时冷却塔的总图布置应处于户外公共场所的下风向；空气入口远离有机物等污染物；采用有效的收水器，减少运行时的雾滴损失，并定期检修或更换收水器。在操作人员进行系统清洁、维护或排污等操作时，应配备劳动保护用具，如戴过滤的净化空气面罩、橡胶手套、护目镜等，防止气雾伤害。

### 653 循环冷却水中含氨有何危害？

循环冷却水中的氨是由水源和环境空气带入的，或因含氨及含尿素的水冷却器泄漏带入系统的。尿素可被微生物转化成氨。其造成的危害如下。

（1）产生硝化菌群，生成亚硝酸，大量消耗氧化性杀生剂　加氯杀生时硝化菌群互相转化的关系如下：

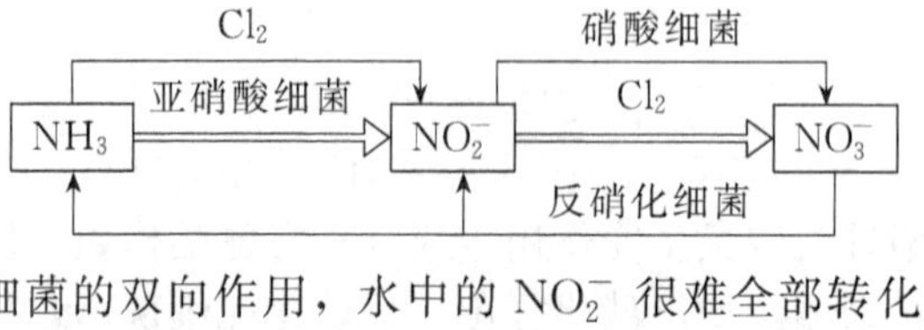


由于反硝化细菌与硝酸细菌的双向作用，水中的$NO_2^-$很难全部转化为$NO_3^-$。$NO_2^-$的危害在于其具有强还原性，能够消耗大量氧化性杀生剂。以氯杀生为例，在水中的游离余氯和$NO_2^-$不共存。也就是说，$NO_2^-$要靠氯氧化成$NO_3^-$，在$NO_2^-$未被全部氧化成$NO_3^-$之前，水中不会产生游离余氯，也就达不到杀生的目的。氯与$NO_2^-$的反应式为：

$$Cl_2+H_2O \rightleftharpoons HClO+HCl$$

$$NO_2^-+HClO \rightleftharpoons NO_3^-+HCl$$

将 1mol $NO_2^-$ 氧化成 1mol $NO_3^-$ 需要 1mol $Cl_2$，即每千克 $NO_2^-$ 需要消耗 1.54kg $Cl_2$。

(2) 使系统 pH 值下降　如果环境偶尔含氨，因风向使循环冷却水短暂含氨，则因氨的碱性会使水的 pH 值短时间升高。但持续含氨必然导致硝化菌群繁殖，引起水的 pH 值下降。这是因为氨不断转化为亚硝酸及硝酸，均为强酸。由于工艺介质泄漏造成的氨污染均为持续性的，均会造成 pH 值下降。氨污染严重时，下降幅度很大，有时甚至不能在正常 pH 值指标下运行，有时需加碱以保持正常 pH 值。

(3) 容易导致水中微生物全面失控　氨污染严重时，水中 $NO_2^-$ 很多，微生物很难控制。使用氯杀生时，很难达到游离余氯要求的指标。这就容易使各种细菌都繁殖超标。往往随着 $NO_2^-$ 的增加，硝化菌群数会猛增，同时还会带动好气异养菌、硫氧化细菌、硫酸盐还原菌、铁细菌、氨化细菌数也猛增。随之，水中产生大量黏泥，COD 增加甚至水发黑变臭。工厂习惯称这种微生物失控现象为“水质恶化”。在氮肥厂中几乎每次“水质恶化”都是由漏氨造成的。

(4) 与氯生成氯胺化合物，降低了氯的杀生能力　当系统含氨时，部分由亚硝酸细菌转化为 $NO_2^-$，$NH_3$ 与 $NO_2^-$ 在水中共存。未转化的氨与氯反应成一氯胺（$NH_2Cl$），每千克氨消耗 4.18kg $Cl_2$。有人认为一氯胺的杀生力为氯的 1/50，因此使氯的杀生力大大降低。应说明的是：从现场数据发现，水中只有一小部分氨转化为一氯胺，大部分没有转化。笔者认为，氨转化为一氯胺的反应速度较慢，而 $NO_2^-$ 的氧化速度较快。在快速加氯的条件下，$NO_2^-$ 可较快消失，很快产生游离余氯，使游离余氯可以与氨和化合性氯共存。因此，在循环冷却水系统中氯胺对氯杀生虽有影响，但并不像传统资料介绍的那样严重，可参考本章 666 题。

### 654　怎样解决氨污染带来的微生物危害?

氨污染是氮肥厂循环冷却水系统中微生物危害的特殊矛盾。经常性的水中含氨使 $NO_2^-$ 及亚硝酸细菌增高，由此带动的微生物失控情况带有急性病的特点，困扰水处理工作者。一般认为 $NH_4^+$ >10mg/L，$NO_2^-$ >1mg/L 时控制起来就有困难，认为应将其规定为控制指标。实际上泄漏多少氨，并不由水处理工作者的意志而定，定了指标也难执行。有的厂受环境影响甚至长期含氨量超过 80mg/L，但可以控制得很好。许多氮肥厂的解决办法归纳如下：

(1) 快速加氯　通氯杀生时，氯既要氧化 $NO_2^-$，又要杀灭微生物。其在水中大致反应如下：

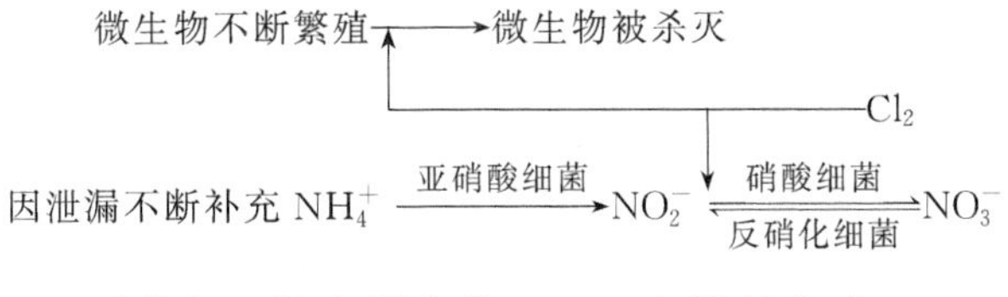


在水中游离余氯与 $NO_2^-$ 不共存，氯必须先将 $NO_2^-$ 全部氧化成 $NO_3^-$ 之后才能产生游离余氯。也就是氯氧化 $NO_2^-$ 的速度必须快于亚硝酸细菌产生 $NO_2^-$ 的速度才能达到杀生目的。通氯时，水中的微生物还在繁殖，更由于水中还在不断漏氨，又在不断产生 $NO_2^-$，所以必须快速加氯才能达到压倒 $NO_2^-$ 产生游离余氯的目的。我们的目的并不是彻底消灭 $NO_2^-$。事实上在氨污染时只能暂时消灭 $NO_2^-$，一旦停氯，亚硝酸细菌又会繁殖，$NO_2^-$ 又会上升。我们所希望的只是在通氯期间 $NO_2^-$ 短暂消失，利用此短暂的机会使微生物更多被杀灭，更快达到游离余氯指标。只有速战速决才能达到目的。

快速加氯的先决条件是加氯机的设计能力必须足够大。加氯机能力小时对微生物失控的情况完全无力解决。有的不得不全日连续通氯，但游离余氯仍不达标，有时甚至几个月游离余氯为零。像这样通氯，实际上是打氯的消耗战，氯和 $NO_2^-$ 处于相持状态，既消耗了氯，又使水中氯离子大量增加，更没能有效杀生。所以氮肥厂必须加大加氯机能力。由于各厂应对氨的能力不同，效果也不同。有的经常含氨 80mg/L 以上，因为有足够的加氯能力，$NO_2^-$ 常<0.5mg/L，微生物、黏泥量、COD 都在正常范围。有的经常含氨<10mg/L，但往往 $NO_2^-$>1.0mg/L，微生物、黏泥量、COD 也有时超标。

以上以氯为例说明用氧化性杀生剂解决氨污染危害时的原则，即大剂量、快速，宜速战速决，不打消耗战。如采用其他氧化性杀生剂也应采用同样原则。有些厂采用次氯酸盐或漂白粉来解决氨污染问题，效果也很好。

（2）使用非氧化性杀生剂　非氧化性杀生剂与氧化性杀生剂作用机理不同，它不与 $NO_2^-$ 作用，可以绕开 $NO_2^-$ 直接杀灭各种微生物，使各种菌数、黏泥量、COD、浑浊度都下降。由于亚硝酸细菌大部分被消灭，$NO_2^-$ 含量也随之下降。这种方法效果明显，各种非氧化性杀生剂均可选用。因为费用高，所以一般在微生物失控状态下作救急用。待水质出现好转，$NO_2^-$ 下降之后，日常仍恢复氯杀生。

（3）加强监测，控制泄漏　结合氮肥厂的特点，除需监测微生物的数量和黏泥量之外，还应加强监测必要的化学项目。如分析水中的氨、亚硝酸根及化学需氧量 COD，这些项目分析起来比分析细菌快速，能更快反映氨危害的趋势，便于及时采取杀生措施；应列入经常分析项目，每周分析一次。如发现氨泄漏，则加大分析频率，$NH_4^+$ 和 $NO_2^-$ 每日分析一次。有的厂在发现 $NH_4^+$>10mg/L 或 $NO_2^-$>1mg/L 时，就每日分析一次。发现漏氨后尽快对全系统进行调查，直到查清是哪一台或哪几台水冷却器泄漏。查清之后，应尽可能争取系统停车的机会更换或修复。如果暂时没有停车机会，可以采取临时性的就地排污措施。即将在冷却塔的排污口关闭，临时在泄漏水冷却器的水出口排污。这样可减少泄漏的氨返回系统，以减轻氨污染的危害。

## 655　怎样全面监测循环冷却水中的微生物？

循环冷却水中微生物所造成的危害是十分严重的，如果要在微生物造成危害之后采取措施往往是事倍功半还要耗费大量的杀生剂和金钱。因此，事先全面监测循环冷却水的微生物情况是十分必要的。全面监测包括：①物理观测；②化学分析；③黏泥测定；④微生物监测四方面，微生物监测又分藻类、真菌及细菌三方面。只有通过全面监测才能对冷却水中微生物的情况作出正确的判断，有时仅仅依靠某一项监测结果还不能反映冷却水中微生物的真实情况。

## 656　通过哪些化学分析项目可以了解循环冷却水中微生物的动向？

了解循环冷却水中微生物的动向，需根据不同工艺流程的特点通过易泄漏的化学分析项目进行观察：

（1）余氯（游离余氯）　加氯杀菌时要注意余氯出现的时间和余氯量，如余氯出现的时间较正常时间长得多，或余氯量总是达不到规定的指标，这时就要密切注意循环冷却水中微生物的动向，因为微生物繁殖严重时就会使循环冷却水中耗氯量大大地增加。

（2）氨及其他含氮化合物　循环冷却水中一般不含氨，但由于工艺介质泄漏或吸入空气中的氨时也会使水中含氨，这时不能掉以轻心，除积极寻找氨的泄漏点外，还要注意水中是否含有亚硝酸根，水中的氨含量最好是控制在 10mg/L 以下。其他含氮化合物，如尿素、乙醇胺等都能促进微生物繁殖。

（3）$NO_2^-$　当水中出现含氨和亚硝酸根时，说明水中已有亚硝酸菌将氨转化为亚硝酸根，这时循环冷却水系统加氯将变为十分困难，耗氯量增加，余氯难以达到指标，水中

$NO_2^-$ 含量最好是控制在<1mg/L。

(4) 化学需氧量(COD) 水中微生物繁殖严重时会使COD增加，因为细菌分泌的黏液增加了水中有机物含量，故通过化学需氧量的分析，可以观察到水中微生物变化的动向，正常情况下水中COD最好<5mg/L($KMnO_4$ 法)。

(5) 石油类碳氢化合物 为微生物碳源，促进微生物繁殖，并容易黏附在系统中的集水池、滤网、水冷器等处，很难清除，最好<5～10 mg/L。

(6) 单环芳香族碳氢化合物 如苯、甲苯、二甲苯、苯乙烷、乙苯、丙苯等容易使菌数增长，并产生黏泥。

(7) 醇类及醛类 如甲醇、乙醇、乙二醇、乙醛等易使菌数增长，并产生黏泥。

(8) 硫化氢或二氧化硫 产生异味，使pH下降，为还原性，消耗氯，并促进好气异养菌及硫氧化细菌繁殖。

### 657 怎样通过物理观测了解循环冷却水系统中微生物的动向?

循环冷却水系统中微生物的动向除了用化学分析进行观测外，还可以通过以下物理观测了解其动向。

(1) 色 循环冷却水中的微生物如能控制在正常指标以下时，一般水色比较透明、清澈，如有微生物危害时则水色变暗、变黑，色度较大。

(2) 嗅 在正常情况下循环水不会有异味，当发现循环水发臭或带有一种腥味时，则水中的微生物已开始危害了。

(3) 观察冷却塔黏泥 冷却塔上的配水池和配水槽是水中黏泥和菌胶团最易沉积的地方。正常情况下可以清楚地看见各个出水孔，有危害时这些部位会出现黏泥或菌胶团，严重时配水池和配水槽上会有一层厚厚的黏泥甚至堵塞出水孔，这说明水中的微生物繁殖已很严重了。

(4) 观察藻类 冷却塔顶部配水装置和塔的内壁、支撑构件上是藻类最易生长的地方，对这些部位应经常观察是否出现藻类，因为藻类用肉眼还是可以观察到的。

(5) 观察挂片 如果循环冷却水系统中的腐蚀挂片是装在透明的有机玻璃管里，则通过观察挂片也可以了解水中微生物的动向，正常情况挂片上不会出现黑色的黏泥或菌胶团，但当微生物危害时，则挂片上也会布满黏泥或菌胶团。

(6) 测定循环水中的黏泥量 这是一个行之有效的办法，它对于观测、判断水中微生物的动向起了主要的作用。

### 658 循环冷却水中的黏泥量是如何测定的?

循环冷却水中黏泥量的多少直接反映出系统中微生物的危害情况，因此黏泥量的测定非常重要，一般是采用生物过滤网法。生物过滤网是用网孔67μm(163目)的筛绢制成漏斗。水量$1m^3$的循环冷却水可用小泵经转子流量计以一定的流速(通常为1m/s)通过生物过滤网。生物过滤网需浸入水箱中，以免水流冲击。水中的黏泥物质被截留在生物过滤网滤斗内，然后将这些被截留的物质移入100mL的量筒中，静置30min，读出沉降在量筒底部黏泥状捕集物的容积(mL)，那么，黏泥量由下式计算得($mL/m^3$):

$$黏泥量=\frac{沉降捕集物容量(mL)}{进生物过滤网的通水量(m^3)}$$

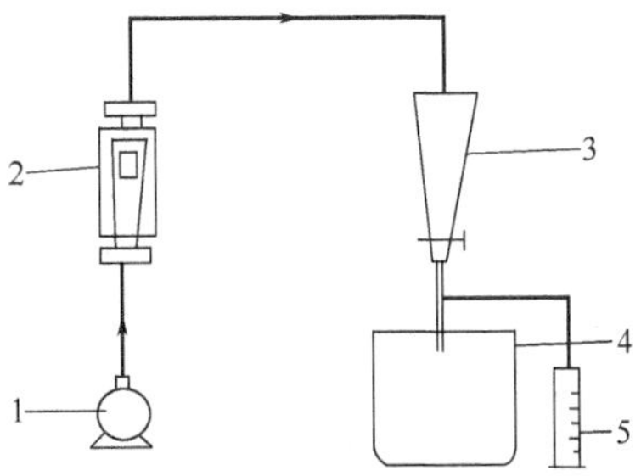

图5-4-1 生物过滤网法黏泥量测定流程示意图

1—小水泵；2—流量计；3—生物过滤网；4—水箱；5—量筒

对生物黏泥量应每天测定一次，其监控指标应小于$3mL/m^3$或$4mL/m^3$。HG/T 20690—2000《化工企业循环冷却水处理设计技术》将监控指标定为＜4mL/$m^3$。图 5-4-1 是生物黏泥量测定流程示意图。

### 659 黏泥附着量是如何测定的？

黏泥附着量是另一种生物黏泥的测定方法，并不测定水中所含黏泥的数量，而是测定黏附在物体上的好气异养菌数来判断黏泥的附着程度，即载玻片法。

载玻片法：将数片载玻片插入采样器，采样器置于冷却塔水池中，当水流经载玻片时，细菌与黏泥一起会不同程度地附着在载玻片上，放置一定时间后（如 24h，48h，72h 等）取下载玻片，测定附着的好气异养菌数。根据所附着的好气异养菌数判断黏泥的附着程度，即黏泥附着量。

每次取下运行时间相同的载玻片两片。一片用无菌水 10mL 将附着的黏泥洗下，用平皿计数法测好气异养菌数，另一片用染色剂做微生物染色，染色剂可用复红、品红、快绿、桃红等。经多次重复后，将阴干的染色片与好气异养菌数进行对照，可得到不同好气异养菌数的相应色谱。待积累数据完成本装置的色谱之后，以后取出的载玻片只需经风干、染色，与色谱对照比较就可得到好气异养菌数，就可了解黏泥附着的程度。

### 660 循环冷却水系统中的藻类怎样监测？

在循环冷却水系统或贮水池中都有各种藻类生长，尤其是使用磷酸盐的系统如不注意对微生物的控制，藻类的繁殖生长要造成极大危害。循环冷却水系统中的藻类常生长在冷却塔的配水装置、塔的内壁、淋水板和支撑构件上，在换热器内则不会生长藻类。

藻类微生物的分析测定，通常是在专门的分析室内进行，一般用以下方法进行检测。

（1）设备表面藻类的测定　将从设备表面取来的藻样少许，放在载玻片上滴上一滴水，用镊子和解剖针把藻团尽量分开，盖上盖玻片，然后放在生物显微镜下观察，根据形态定出属名和种类。

（2）循环冷却水中藻类的测定　取循环冷却水样 1L，倒入离心管中经过离心沉淀，用细的移液管把离心管底的浮游生物取出来放在载玻片上，再用移液管取一滴离心管中部的清液滴于载玻片上，盖上盖玻片，放在生物显微镜下观察，根据形态定出属名和种类。

### 661 菌藻检测有哪些基本方法？

检测循环冷却水或污垢中的菌藻种类及数量方法相同，水样中的菌藻数以个/mL 表示，污垢需先用生理盐水稀释到一定稀释度的水样，测出水样中菌藻数之后，再折合为每克湿污垢的菌藻个数。有以下三种基本的检测方法。

（1）镜检法　用血球计数板在生物显微镜上直接计数或判别属种。血球计数板是一种载玻片，上有 0.1$mm^3$ 的空间，面积为 1$mm^2$，刻有 400 小格便于计数。将水样置入后可根据小格内的菌藻数和水样稀释度计算出菌藻每毫升的个数，此法多用于藻类属种判别及计算，也可用于测细菌总数，但因其误差大，多不用此法测。

（2）标准平皿计数法　又称平板法，即将不同稀释度的水样接种到无菌培养皿中，加入培养基，在培养箱中培养，这种培养基中加有凝固剂，冷却后为固体，使活菌不移动，每个活菌经培养后增殖成肉眼可见的菌落，易于计算。由于不同菌藻所要求的培养基成分和 pH 值不同，所以一种培养基不可能检出水中总细菌量，只能用某种特定培养基检测某一特定菌藻，通常用此法检测的有好气异养菌、真菌、氨化菌。培养温度影响菌落生长速度和准确度，规定培养温度为（29±1)℃。培养时间不宜过短，否则菌落生长不均，影响准确度，应为 72h。培养基成分及 pH 值见下表。

**平皿计数法培养基成分与 pH 值**

| 成分及 pH 值 | 好气异养细菌①（黏液形成菌） | 好气异养细菌②（土壤菌群） | 氨化菌 | 真菌③（土壤真菌） | 真菌（察氏培养法） |
|---|---|---|---|---|---|
| 蒸馏水/mL | 1000 | 1000 | 1000 | 1000⑤ | 1000 |
| 琼脂/g | 15.0 | 15.0 | 15～20 | 20.0 | 20.0 |
| 牛肉膏/g | 3.0 | 1.5 | 3 | | |
| 蛋白胨/g | 10.0 | 5.0 | 5 | | |
| NaCl/g | 5.0 | 2.5 | | | |
| $NaNO_3$/g | | 2.5 | | | 3.0 |
| 糖/g | | 20.0（蔗糖） | | 20.0（葡萄糖） | 20.0（蔗糖） |
| KCl/g | | 0.2 | | | 0.5 |
| $MgSO_4\cdot7H_2O$/g | | 0.25 | | | 0.5 |
| $K_2HPO_4$/g | | 0.5 | | | 1.0 |
| $FeSO_4$/g | | 0.005 | | | 0.01 |
| 土壤浸出液/mL④ | | 5 | | | |
| pH 值 | 7.0±0.2 | 7.0±0.2 | 7.0±0.2 | 4.0±0.1（用乳酸调） | 4.5～5.5 |

① GB/T 14643.1—93，适用于黏泥、悬浮物、原水等水中菌的测定。

② GB/T 14643.2—93，适用于循环冷却水、原水中菌的测定。

③ GB/T 14643.4—93，适用于循环冷却水、原水中菌的测定。

④ 土壤浸出液制备：取 100g 花园或菜园土置于 300g 水中，用蒸汽压力灭菌，(121±1)℃，15min，静置 24h。反复 3 次，取清液。

⑤ 培养液为马铃薯-葡萄糖-琼脂液。取马铃薯 200g，水约 1000mL，加热煮沸 10min，不断搅拌，趁热过滤，取清液约 900mL 待用。加入琼脂及葡萄糖各 20g，补充水达到 1000mL。

(3) 液体稀释法　将不同稀释度的水样加入试管，用某种特定液体培养基培养，使细菌在生命活动中产生一定化学物质，根据有无这种物质，判断有无这种细菌。由于采用稀释绝迹法，水样是按一系列的 10 倍稀释的（如稀释度 $10^{-1}$、$10^{-2}$、$10^{-3}$、$10^{-4}$…）。低稀释度的试管生长细菌，高稀释度的不生长细菌，则可根据稀释法测数统计表得到每毫升的菌数。为判定不同细菌，不仅培养基的成分和 pH 不同，而且往往要加入不同的指示剂。下表中七种菌是用此法检测的，培养温度均为 28～30℃，检测频率一般每月一次。

| 名　称 | 培养时间/d | 鉴定有无该细菌的方法 |
|---|---|---|
| 硫氧化细菌 | 14 | 加入 $BaCl_2$ 试剂有白色沉淀，证明有 $SO_4^{2-}$ 产生 |
| 硫酸盐还原菌 | 21 | 试管中有黑色沉淀，并有 $H_2S$ 味 |
| 铁细菌 | 14 | 原液棕红色消失，产生褐、黑色沉淀，并用镜检验证 |
| 氨化菌 | 7 | 加入萘氏试剂，出现黄或褐色沉淀，证明有氨存在 |
| 亚硝酸细菌 | 14 | 加入格里斯试剂溶液呈红色，证明有 $NO_2^-$ 存在 |
| 硝酸细菌 | 14 | 加入二苯胺试剂溶液呈蓝色，证明 $NO_2^-$ 已氧化成 $NO_3^-$ |
| 反硝化菌 | 7 | 管中有气体，加入萘氏试剂，出现黄或褐色沉淀，证明有氨存在 |

**液体稀释法七种菌的培养基成分及 pH 值**

| 成分及 pH 值 | 硫氧化细菌 | 铁细菌② | 硫酸盐还原菌① | 亚硝酸细菌 | 硝酸细菌 | 反硝化菌 | 氨化菌 |
|---|---|---|---|---|---|---|---|
| $NaH_2PO_4$/g | 0.2($Na_2HPO_4$) | | | 0.25 | 0.25 | | |
| $K_2HPO_4$/g | | 0.5 | 0.5 | 0.75 | 0.75 | 0.5 | 0.5 |
| $MgSO_4\cdot7H_2O$/g | 0.1($MgCl_2\cdot6H_2O$) | 0.5 | 2.0 | 0.03 | 0.03 | | 0.5 |
| $MnSO_4\cdot4H_2O$/g | | | | 0.01 | 0.01 | | |
| 铵盐/g | 0.1($NH_4Cl$) | 0.5[$(NH_4)_2SO_4$] | 1.0($NH_4Cl$) | 2.0[$(NH_4)_2SO_4$] | | | |
| 钙盐/g | | 0.2($CaCl_2$) | 0.1($CaCl_2$) | 5.0($CaCO_3$) | | 0.5($CaCl_2$) | |

续表

| 成分及 pH 值 | 硫氧化细菌 | 铁细菌② | 硫酸盐还原菌① | 亚硝酸细菌 | 硝酸细菌 | 反硝化菌 | 氨化菌 |
|---|---|---|---|---|---|---|---|
| 钠盐/g | 1.0($NaHCO_3$) | | 0.5($Na_2SO_4$) | | 1.0($Na_2CO_3$) | | |
| 硝酸盐/g | | 0.5($NaNO_3$) | | | | 1.0($KNO_3$) | |
| $NaNO_2$/g | | | | | 1.0 | | |
| $Na_2S_2O_3$/g | 5.0 | | 0.4(维生素 C)③ | | | | |
| 铁铵盐/g | | 10<br>(柠檬酸铁铵) | 1.2<br>(硫酸亚铁铵)③ | | | | |
| 葡萄糖/g | | | 3.5(乳酸钠) | | | 10.0 | |
| 蛋白胨/g | | | 1.0(酵母汁) | | | | 5.0 |
| 蒸馏水/mL | 1000 | 1000 | 1000 | 1000 | 1000 | 1000 | 1000 |
| pH 值 | 6.0～6.2 | 6.8±0.2 | 7.2±0.2 | 7.2 | 7.2 | 7.0～7.2 | 7.0 |

① GB/T 14643.5—93，适用于黏泥、循环冷却水及原水中菌的测定。

② GB/T 14643.6—93，适用于黏泥、循环冷却水及原水中菌的测定。

③ 测定时加入无菌水中。

## 662 细菌检测有什么简易新方法？

近年来国内外研制了许多细菌检测的简易新方法，这些方法多是针对平板法、稀释法和镜检法存在的缺点加以改进的。用平板法和稀释法需在实验室消毒、配制各种培养基等，工作耗时量大，新的方法多使这些工作商品化，用新的检测仪器或器皿方便现场使用，提高了工效，但随之会使检测费用增加。平板法和稀释法虽相对较准确，但培养时间长，出数据慢，新的方法则多能缩短检测时间，但有的准确度略差，并需与标准平皿计数法或稀释法作对比试验校正检测数据，新的方法如下。

(1) 浸片法　这是一种用已消毒并载有培养基的试片代替标准平皿的方法，将测试片浸入水中 5s，取出放入无菌培养袋密封，经 12～24h 培养，纸片上出现微红色的菌落，即数得好气异养细菌数。或是用一种两面分别涂以 BHI 和改良 DHL 培养基的生物测试片浸入水中片刻，再放入套管中培养 48h，根据菌落密度和颜色，判定细菌总数。

(2) 测试瓶法　又称小瓶法，用已消毒并装有培养基的密封小瓶代替稀释法的试管，采用稀释绝迹法按规定注入水样，并置于 30～37℃下培养 1～3d，有的为 7d，进行细菌计数。

(3) 亚甲基蓝法　又称褪色法，利用蓝色亚甲基蓝（又称美蓝）作为受氢体，根据亚甲基蓝褪色时间来测定脱氢酶的活力高低的原理测好气异养菌数，按褪色时间与平皿计数法的标准曲线得出水中含菌数，可使培养时间缩短到几至十几小时。

(4) 比浊法与比色法　根据细菌生长引起菌液浑浊度或颜色变化而检测。

(5) 阻抗法　由细菌生长引起培养基的化学变化，并以阻抗的变化形式测知。

(6) 电位法　利用细菌在培养液中的生长和代谢作用，发生电极电位随时间变化来测定。

(7) 发光法　ATP（三磷酸腺苷）存在于菌体内，与荧光素酶相互作用而发出生物光这一原理，制造 ATP 光度计检测细菌总数。

(8) 截留法　用涂有一种特殊着色溶液的微孔过滤膜来截留水中细菌，由薄膜变色来快速检测细菌数。

此外，还有如 JLQ-$S_1$ 型半自动菌落计数器、美国 Biotren Ⅲ型全自动菌落计数器、全自动螺旋菌落计测器等。

## 663 控制循环冷却水系统中的微生物有哪些方法？

控制微生物不是消灭微生物，只是将其控制在不引起危害的一定数量之内。控制微生物的数量不是根本目的，主要的目的是控制微生物黏泥及其带来的污垢和腐蚀的危害。控制好循环水中的微生物有以下原则。

（1）循环水系统中的杀生措施不可缺少。循环水的环境使微生物以极快的速度繁殖生长。即使补充水中微生物很少，循环水中微生物也可能造成危害。

（2）加强补充水的前处理，严防危害物质进入系统。即避免大量微生物，特别是黏泥进入系统，也就是以预防为主。因为浓缩倍数提高后使黏泥浓缩，一旦有黏泥危害，很难排出系统外。

（3）合理排污，尽力设法将有害物质排出系统外。

控制微生物需采取多种方法综合处理。以下是控制的主要方法，可以单独采用，也可多种方法齐用。

① 混凝沉降法　用地表水作补充水时，一般需经混凝处理。混凝处理的主要作用是使悬浮物沉淀，降低水的浑浊度。与此同时，细菌、藻片、黏泥、有机物等也能随混凝过程除去一部分。据调查，约可除去微生物的80%以上，好气异养菌数可降至$10^3$个/mL以下。有机物（COD）也可除去50%左右。当石灰软化与混凝沉淀同时进行时，水的pH值一般控制在9～11的范围。在此高pH值下，一部分微生物不能适应，而难以生存繁殖。

② 过滤法　地面水或地下水一般均经过滤后再补入循环水系统。过滤器在滤除悬浮物质的同时，也滤除了部分微生物和黏泥。有些厂经考核，原水经混凝沉淀及过滤之后，各种菌数均减少90%以上。

循环冷却水系统中常进行旁流处理，一般是安装旁滤池。旁滤池为装有石英砂的过滤器。通常是将循环系统中2%～5%的水量通过旁滤池过滤之后再返回系统。旁滤池定期或不定期进行反洗，将过滤的脏物（悬浮物、微生物、黏泥等）排出系统之外，减少其对系统的危害。反洗水往往很脏很臭，含大量微生物及黏泥。旁滤池如使用得当，比无旁滤系统的浑浊度减少50%以上，黏泥量也约减少50%以上。

③ 化学杀生法　化学杀生法是向循环冷却水系统中投加无机或有机的化学药剂，杀死或抑制微生物生长繁殖，从而控制微生物。该化学药剂为杀生剂，或称杀菌剂、抑菌剂或杀菌灭藻剂。各种杀生剂以各种方式杀伤微生物。有的能穿透其细胞壁，破坏细胞体内的蛋白质，使微生物死亡。有的能破坏微生物中的酶，使其新陈代谢失调，从而窒息死亡或抑制繁殖。有的阳离子表面活性剂能降低细胞壁的可透性，影响微生物吸收营养物及体内废物的排泄，使微生物死亡。

化学杀生法是控制微生物的通用的有效方法。一般为间歇加药。杀生后因菌数降低，黏泥量也相应降低。不论补充水在前处理中是否已经除过微生物，在循环系统中都有必要使用杀生剂。即使系统未进行缓蚀阻垢的化学处理，也有必要进行化学杀生。污染严重的原水，也可先进行化学杀生，再补入循环水系统。

控制微生物应采取多种综合措施。例如，冷却塔周围植树种草坪防风沙，冷却塔及水池加盖遮阳光防藻，冷却塔涂料防藻，池底排污排除黏泥，泄漏的换热器就地排污减少污染物等。这许多措施都是控制微生物的辅助方法。

### 664　原生动物、小型动物及昆虫在循环冷却水系统中有何危害？如何防止？

循环冷却水系统中出现的原生动物有纤毛虫、鞭毛虫、肉足虫及轮虫四类。小型动物有小型甲壳类。原生动物也有着生和自由生活类之分，可以生活在水中，也可以生活在污垢中，冷却塔壁的污垢中最常见，水池的污垢中也常见，偶尔在水冷却器的污垢中也能见到。因为原生动物和小型 动物的食物是菌藻，所以多出现在菌藻繁殖快、数量多的季节。如某厂在好气异养菌、藻类和真菌较多的季节就出现原生动物和小型动物，当菌藻不太多时就不出现。目前生产厂对循环冷却水系统中的原生动物和小型动物多未监测。它们有消灭菌藻的作用，如轮虫是杂食微型动物，被称为清道夫，可以食用一切杂虫、有机碎渣、菌藻和动胶菌属。所以，很难说原生动物和小型动物是否会对循环冷却水系统造成明显危害。但它们对污水处理系统确有影响。在某些曝气池的污泥中有大量原生动物，数量由每毫升数千到数万个。

昆虫虽不属于微生物的范畴，但在循环冷却水系统中造成的生物危害也与微生物相似，有时危害也很严重。有些环境中昆虫较多，特别在南方地区夏季昆虫大量繁殖，往往随空气带入冷却塔进入循环系统。较常见的甲壳虫类危害较大。某种甲壳虫的直径约 10～20mm，大小与水冷却管的内径相近，长度约 20～30mm，能够堵塞管程换热器的管口，阻止水流通，也能沉积在壳程换热器的管间，因而影响传热，使换热器超温，同时造成垢下腐蚀。昆虫的生物性质带来的特殊危害是：在水中缓慢解肢腐烂，腐殖质使水中产生咖啡色的泡沫，水中的有机物质（COD）含量增高。有时候甚至在甲壳虫进入系统之后两个月才发生大量泡沫，泡沫甚至影响到系统中液位计的准确性。

防止昆虫危害最有效的措施是严格灯火管制。即在塔区（冷却塔附近）夜间不能开灯，或在塔周围设杀虫灯或探照灯将昆虫引离冷却塔。就是说，预防昆虫进塔最重要。其次是，必须加强循环水泵前滤网的管理，滤网如有破损需及时检修。还应随时清理附着在滤网上的昆虫尸体。甲壳虫虽不能穿过滤网，但长期附着在滤网上会慢慢解肢腐烂，最后还会随水流进入循环系统，造成危害。

当甲壳虫已经进入系统时，要在不停车的情况下将其清除出系统是十分困难的工作。采取的措施可用换热器反向冲洗或壳程换热器空气搅动，然后就地排污。但彻底清除还需停车处理。使用杀生剂不能清除甲壳虫。

### 665 杀生剂如何分类？什么是氧化性和非氧化性杀生剂？

化学杀生法所用的杀生剂可从不同角度进行分类。按其对微生物杀生的程度可分为微生物杀生剂和微生物抑制剂。前者能在短时间内产生各种生物效应，真正杀死微生物，多为强氧化剂。后者不能大量杀死微生物，而是阻止其繁殖，以达到控制微生物数量的目的。按照杀生剂的化学成分可分为无机杀生剂和有机杀生剂。按照杀生剂的杀生机制可分为氧化性杀生剂和非氧化性杀生剂。

氧化性杀生剂是具有氧化性质的杀生药剂，通常是强氧化剂，能氧化微生物体内起代谢作用的酶，从而杀灭微生物。卤素中的氯、溴、碘和臭氧、双氧水、过氧乙酸、过一硫酸盐、高铁酸钾等都属于氧化性杀生剂。但在循环冷却水中最常用的只是氯及其化合物，如液氯、次氯酸钠、次氯酸钙、漂白粉、氯化异氰尿酸及二氧化氯[1]。近年溴化合物已用于循环冷却水系统，其发展也越来越受到重视。

非氧化性杀生剂不以氧化作用杀死微生物，而是以致毒剂作用于微生物的特殊部位，以各种方式杀伤或抑制微生物。非氧化性杀生剂的杀生作用不受水中还原性物质的影响，一般对 pH 值变化不敏感。非氧化性杀生剂的品种很多。按其化学成分有氯酚类、有机硫类、胺类、季铵盐类、醌类、烯类、醛类、重金属类等。考虑其杀生力、排放余毒及费用等各方面的情况，实际在循环冷却水系统中常用的品种并不多。最常用的是季铵盐、二硫氰酸甲酯、异噻唑啉酮、戊二醛等。

循环冷却水系统的杀生一般以氧化性杀生剂为主，多采用氯或氯化异氰尿酸为经常性杀

---

[1] 二氧化氯的性质、杀生效果及特点见本书第二章（四）消毒部分的 198～202 题。

生剂，辅助使用非氧化性杀生剂。氧化性杀生剂的杀生力强、价廉，其不足之处是在水中还原性物质含量多时药剂消耗量大、效率降低。非氧化性杀生剂可以弥补氧化性杀生剂之不足，它对污垢的渗透及剥离作用也优于氯。非氧化性杀生剂如作为主要杀生手段经常地使用则费用很高，故一般与氧化性杀生剂配合使用，常常在单用氧化性杀生剂有困难的时候辅助使用。

### 666　氯与溴杀生剂各有何特点？

氯与溴都是氧化性杀生剂。二者溶解在水中，和水反应生成次氯酸或次溴酸：

$$Cl_2 + H_2O \rightleftharpoons HClO + HCl$$

$$Br_2 + H_2O \rightleftharpoons HBrO + HBr$$

次氯酸或次溴酸在水中发生以下离解反应：

$$HClO \rightleftharpoons H^+ + ClO^-$$

$$HBrO \rightleftharpoons H^+ + BrO^-$$

一般认为，起杀生作用的主要是 HClO 或 HBrO，而 $ClO^-$ 或 $BrO^-$ 的杀生作用很低。电离的程度取决于水的 pH 值。由图 5-4-2 可见，在 pH 值为 6.5～9.0 范围内 HClO 发生强烈电离。当 pH<6.5 时，游离氯几乎完全以次氯酸形式存在。而 pH>9.0 时，游离余氯大部分以次氯酸根形式存在，次氯酸含量很少。HBrO 也随 pH 值升高而离解，但离解同样摩尔分数时，HBrO 的 pH 值要高些。按电离常数为 $K_{HClO}=3.2\times10^{-8}$（20℃）、$K_{HBrO}=2.06\times10^{-9}$计，HClO 及 HBrO 的摩尔分数见下表。

| pH 值 | 5.0 | 5.5 | 6.0 | 6.5 | 7.0 | 7.5 | 8.0 | 8.5 | 9.0 | 9.5 |
|---|---|---|---|---|---|---|---|---|---|---|
| HClO 含量(摩尔分数)/% | 99.7 | 99.0 | 96.9 | 90.8 | 75.8 | 49.7 | 23.8 | 9.0 | 3.0 | 0.98 |
| HBrO 含量(摩尔分数)/% | 100.0 | 99.9 | 99.8 | 99.4 | 98.0 | 93.9 | 82.9 | 60.5 | 32.7 | 13.3 |

由此可见，pH 值在酸性时氯的杀生效果较好，pH 值升高时效果下降，氯耗增加。如用溴杀生，不仅酸性时杀生效果好，碱性运行时效果也很好。所以，在碱性运行时，溴杀生比氯有利。

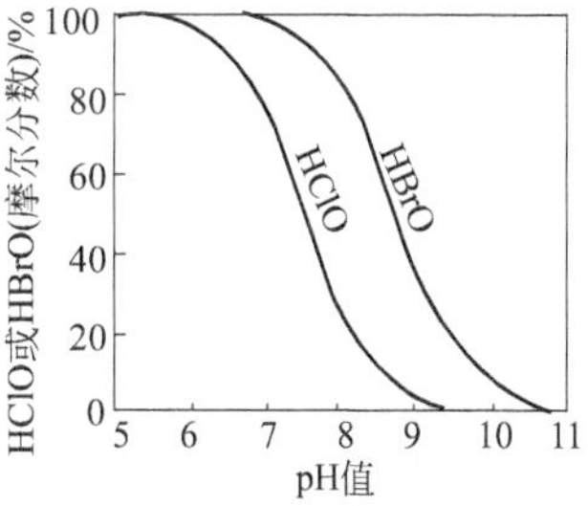

图 5-4-2　次氯酸及次溴酸含量与 pH 值的关系

在实际使用时，还有其他因素影响氯耗及杀生效率。氯的杀生效果不全由 pH 值决定。氯与微生物的接触时间也是影响杀生效果的因素。$ClO^-$ 虽然杀生速度低于 HClO，但是加氯过程一般时间很长，总是在一小时或数小时以上，在如此长的接触时间下，杀生速度的缺点可以被弥补，pH 值的影响就不大了。另一种看法认为 pH 值高时，微生物的繁殖减慢，pH 值低时，微生物黏泥分泌量增加。因此，实际上许多循环冷却水的运行 pH 值达到 8.5 以上时，氯的杀生效果仍很好。也有不少装置 pH 运行值达到或超过 9.0 时仍能用氯杀生，可以达到控制微生物的要求。

水中含氨时，HClO 与氨会起作用，产生氯胺类化合物，称为化合性氯。其成分随水的 pH 值而定。反应式如下：

pH>7.5　　$HClO + NH_3 \rightleftharpoons NH_2Cl + H_2O$

pH=5.0～6.5　　$2HClO + NH_3 \rightleftharpoons NHCl_2 + 2H_2O$

pH<4.4　　$3HClO + NH_3 \rightleftharpoons NCl_3 + 3H_2O$

$NH_2Cl$、$NHCl_2$ 及 $NCl_3$ 分别为一氯胺、二氯胺及三氯胺。水在碱性运行时主要存在一氯胺，酸性运行时则产生二氯胺（见图 5-4-3）。当水中不含 HClO 时，氯胺会缓慢离解放出 HClO，因而也有持久性的杀生作用。但其杀生作用比氯差得多。所以水中含氨实际上是消

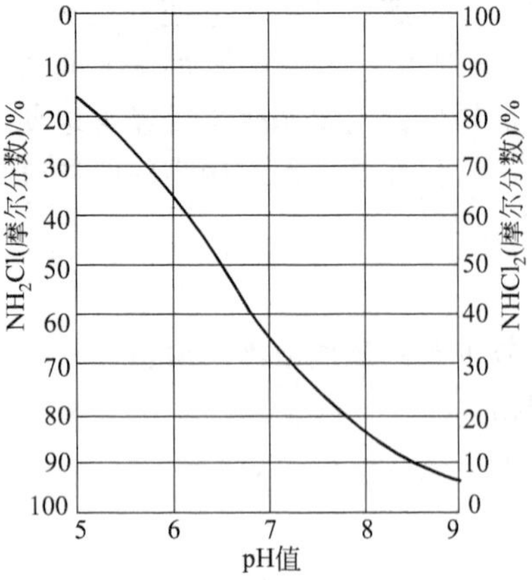


图 5-4-3 一氯胺与二氯胺所占的摩尔分数与 pH 值的关系

耗了氯，使氯效大大降低。

溴也能与氨生成溴胺化合物，但一溴胺和二溴胺的杀生力与次溴酸相近，故一般认为含氨的水用溴杀生有利，溴耗不增加。但含氨水中如存在硝化菌群会将氨转化成 $NO_2^-$，仍会多消耗溴剂。

溴的杀生速度比氯快，对金属的腐蚀性低，特别对铜和铜合金的腐蚀远比氯低。从环保角度看，溴的衰减速度快，排放后无污染。环保对余氯量有严格要求，而对余溴量无要求，这方面也优于氯。

虽然溴杀生比起氯杀生具有许多优点，但由于氯的价格低，使用方便有效，目前仍然是循环冷却水系统中应用最广泛的杀生剂。

使用溴杀生需要在现场发生，因使用不便及价格等原因，未见用于循环冷却水中。近年国内外均研制生产了多种氧化性溴化合物以及氯、溴联合使用方法，已经用于循环冷却水系统，其发展越来越受到人们的重视。

### 667 循环冷却水系统怎样进行液氯杀菌？

氯加入水中要消耗在微生物或黏泥等产生的有机物质上，还要被含活性氮的化学物质如氨、聚丙烯酰胺等所消耗而形成氯胺，因此，只有满足了这些需氯的消耗后，水中才会出现游离有效氯，这个过程称为“转效点氯化”，也即往水中加氯，只有过了转效点后，加入的氯才会产生多余的游离有效氯，该游离的剩余氯，常简称为余氯，见第二章 184 题及 185 题。

为保证杀生效果，在冷却水系统中要保持一定的余氯量和维持一定的接触时间，余氯量和接触时间要视系统的情况而定，一般循环冷却水的回水余氯量保持在 0.2～1.0mg/L。

投氯的方式有连续和间歇两种。连续加氯是在水中经常保持一定的余氯量。间歇式加氯是在一天中间歇地加 1～3 次，或每两天加氯一次，每次达到规定的余氯量后维持一定接触时间后停氯。

加氯装置有两种：一种是干的气体氯化器，它利用合适的扩散器供给系统氯气；另一种液体氯化器是利用水射器将水和氯气混合后，再加入系统中。在敞开式循环冷却水系统中一般是将氯加入冷水池的水面下，在正常水位下 2/3 水深处，并远离水泵的吸水口，这样可使氯在水池中有充分的接触时间。

余氯量的监测应在系统的终端进行，即在入塔的回水管上采样，因为终端如能保持一定的余氯量，则整个系统都可保证有余氯存在。

氯加入系统，会与水中碱度中和，而消耗于有机物产生的 $H_2S$ 和 $SO_2$ 时，会产生氢离子，其反应如下：

$$Cl_2 + H_2O \longrightarrow HCl + HClO$$

$$Ca(HCO_3)_2 + 2HCl \longrightarrow CaCl_2 + 2H_2O + 2CO_2$$

$$H_2S + 4Cl_2 + 4H_2O \longrightarrow 10H^+ + 8Cl^- + SO_4^{2-}$$

$$Cl_2 + SO_2 + 2H_2O \longrightarrow 4H^+ + 2Cl^- + SO_4^{2-}$$

碱度减少和反应生成的 $H^+$ 会降低循环冷却水 pH 值，因此，在加氯的过程中，为避免循环水 pH 值过于偏低，必须中断或减少为调 pH 而投入的酸量。

**668 连续式加氯与间歇式加氯的特点如何？**

早期国外在循环冷却水系统中曾采用过连续式及间歇式两种加氯方式，后来多采用间歇式。国内从 20 世纪 70 年代开展循环冷却水化学处理工作以来，基本采用间歇式，已有几十年的使用经验。近年外商推荐连续加氯，已有部分厂采用。应该说两种方法均可行，二者均经过实践考验，证明杀生效果都是良好的，可以有效控制微生物。但进一步评价还缺乏充足的现场数据，按现有资料比较如下：

（1）杀生效果 国外早期资料认为间歇冲击式加氯对微生物杀生力强，又可避免细菌与氯长期接触而产生对氯的抵抗效应。主张连续加氯者的观点认为间歇式加氯时前后菌数相差大；而连续式的菌数平稳、波动小。实际上两种方式都能将菌数控制在规定范围。

（2）适应的 pH 值范围 连续式加氯时，水中游离余氯不间断，所以在碱性条件下也能发挥作用，适应的 pH 值为 5～9.5。以往的室内试验证明，低 pH 值时杀菌速度快，仅几秒钟就可将细菌杀死。但在高 pH 时只要加长时间也可杀死细菌。间歇式加氯每次通氯时间至少 1h，常常在 2h 以上，接触时间已足够长。多年实践已经证明，间歇式加氯是能够在碱性条件下控制好微生物的。可以说，连续式和间歇式的 pH 值适应范围都很广。间歇式加氯对系统 pH 值有影响，加氯期间或多或少使系统 pH 降低。

（3）曝气损失 敞开式循环冷却水系统的冷却塔有曝气作用。回水通过冷却塔后，氯会与水作用释放出氧气，使游离余氯损失。

$$Cl_2 + H_2O \longrightarrow HClO + H^+ + Cl^- \longrightarrow 2Cl^- + 2H^+ + \frac{1}{2}O_2$$

余氯消失的速度与紫外线强度及气候等因素有关。有资料介绍，约三分之一的余氯损失于曝气。连续式加氯时，全天都有曝气损失，比间歇式的曝气时间长。但连续式的游离余氯指标为 0.2～0.5mg/L 或 0.1～0.5mg/L，比间歇式浓度低，单位时间的曝气量较低。有可能连续式加氯的曝气损失会多一些，但也不能一概而论。

（4）耗氯量 连续式加氯是在游离余氯已达到指标的情况下维持小剂量加氯以保持指标，单位时间内通氯量少。间歇式加氯时，每次需将系统容积（保有水量）的水从游离余氯为零加到指标（一般＞0.3mg/L），在冲击时间内单位时间比连续式的通氯量高得多。二者的总耗氯量很难比较。如果加氯的间隔时间长，每天或每两天加氯一次，则间歇式的总耗氯量低得多。这方面尚缺充足的比较资料。据某公司在两个系统试验，在微生物受控的前提下，连续加氯控制余氯 0.2～0.4mg/L，运行一个月；然后改为间歇式加氯运行一个月，每天加氯 3 次，每次 2h；间歇式比连续式耗氯量减少三分之一。因此，也使水中氯离子增量减少。

（5）连续式加氯有利于 ORP 在线监测，自动控制。系统余氯量较低并平稳。对金属，特别是铜腐蚀较轻。间歇式加氯只能做到定时定量自动加氯。

（6）连续式加氯不适合用于工艺介质泄漏量大、含还原性物质多、需氯量大的水质，这是国外资料早期总结的经验，因为系统泄漏的还原性物质要消耗大量氧化性杀生剂。间歇式只在冲击时间内消耗，不是被连续消耗，耗氯量少得多。可参考本书 651 题、653 题、654 题及 667 题。

**669 什么是次氯酸盐杀生剂？**

次氯酸盐也是氯型氧化性杀生剂。常用的有次氯酸钠（$NaClO$）、次氯酸钙［或称漂粉精，$Ca(ClO)_2$］及漂白粉［$CaCl(ClO)$］。次氯酸盐为固体药剂，由于比氯的价格较贵，过去多用于小规模饮用水的消毒。近年来在大型循环冷却水系统也有应用。当用较高浓度次氯酸盐时，对系统有良好的剥离作用，可以用来处理设备上沉积的黏泥。

次氯酸盐溶于水中后能离解产生次氯酸，因此其杀生作用与氯相似。

$$NaClO + H_2O \rightleftharpoons HClO + NaOH$$

$$Ca(ClO)_2 + 2H_2O \rightleftharpoons 2HClO + Ca(OH)_2$$

$$2CaCl(ClO) + 2H_2O \rightleftharpoons 2HClO + Ca(OH)_2 + CaCl_2$$

HClO 的离解百分率与 pH 值有关。故次氯酸盐的杀生效果也与 pH 值有关。pH 值低时，杀生能力较强。

循环冷却水质是结垢型时，为避免结钙垢，一般选用次氯酸钠。水中含钙量少的腐蚀型水则宜选用次氯酸钙或漂白粉。

次氯酸盐价廉、来源方便，运输和使用都比较安全。但贮存期不宜长，以防分解失效。

次氯酸盐加入系统的方式有固态和液态两种。有的将固态次氯酸盐放入带网孔的容器中，放置在冷却塔池水流动的部位，使其随水流而溶解。也可用贮罐将次氯酸盐溶液输入系统。另有一种是采用现场发生器，在国外已有使用。这种现场电解发生器在特定状态下可输出氯气或次氯酸钠。用食盐与水电解可产生约 1%浓度的次氯酸钠溶液，存于贮罐，送入系统。该发生器由水软化器、食盐饱和器、电解槽、整流器及次氯酸钠贮罐组成。生产每公斤有效氯需消耗 2.5kg 食盐、92L 水及 4.4kW・h 电。现场发生器可使工厂免于采购氯或次氯酸钠，但费用会增加。

### 670 什么是氯锭?

氯锭是一种锭剂氯型杀生剂，分钙型及钠型两种。钙型氯锭加入水系统后水解成次氯酸（HClO）和氢氧化钙，钠型水解成次氯酸和氢氧化钠。次氯酸为有效氯，起氧化杀生作用。

氯锭由一定组分的原料压制而成。一般为 $\phi$30 的白色锭剂，每锭质量 20g 左右，含有效氯为 55%～60%。加工好的锭剂在真空下密封于小塑料袋中，一般每袋 2kg。20～25 小袋装入大塑料袋，并用铁桶密封包装，便于长期贮存。

氯锭可以代替液氯、次氯酸钠、次氯酸钙杀生，有使用方便的优点。可以不设加氯设备及计量装置，使用时按小袋计量，拆去塑料袋放入带孔篮筐或网袋中，悬挂浸于循环冷却水池中使其逐渐水解。由于锭剂缓缓溶解，故可使余氯保持时间长，投药间隔可以延长。加药周期钠剂可 24h 以上，钙剂可 48h 以上。每次加药剂约10mg/L。一般钙剂宜在 pH 值<8.3 时使用。硬度高易结垢或 pH 值高的水宜选用钠剂。由于钙剂溶解较慢，投药时宜将药挂在水流湍急处，钠剂宜在水流平缓处。

氯锭虽有药性持久、计量包装、便于贮存、使用安全方便等优点，但价格贵是其不足。

### 671 什么是氯化异氰尿酸杀生剂?

氯化异氰尿酸又称氯化三聚异氰酸，为白色粉末状或颗粒状氧化性杀生剂。氯化异氰尿酸由异氰尿酸氯化后制得。通常使用的是二氯化异氰尿酸钠（商品名称为优氯净，SDC)、二氯化异氰尿酸（商品名称消防散，DCCA）及三氯化异氰尿酸（商品名称为强氯精）三种。氯化异氰尿酸在水中能水解生成次氯酸与异氰尿酸，其杀生作用与氯相同。其结构式如下：

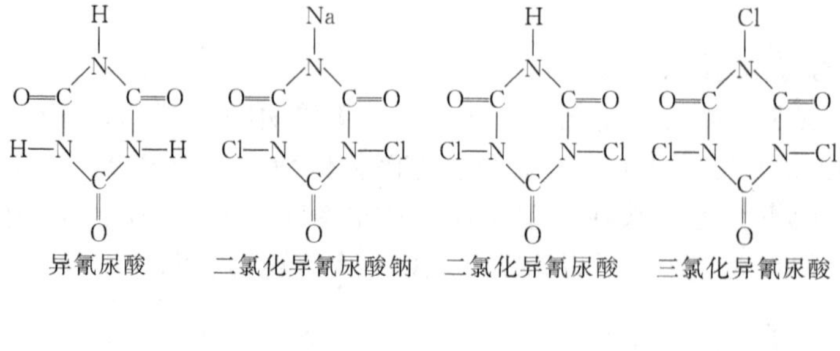

异氰尿酸　二氯化异氰尿酸钠　二氯化异氰尿酸　三氯化异氰尿酸

**异氰尿酸、二氯化异氰尿酸、二氯化异氰尿酸钠及三氯化异氰尿酸的物理化学性质**

| 项目 | 异氰尿酸 | 二氯化异氰尿酸 | 二氯化异氰尿酸钠 | 三氯化异氰尿酸 |
|---|---|---|---|---|
| 缩写名 | ICA | DCCA | SDC | TCCA |
| 分子式 | $C_3O_3N_3H_3$ | $C_3O_3N_3Cl_2H$ | $C_3O_3N_3Cl_2Na$ | $C_3O_3N_3Cl_3$ |
| 相对分子质量 | 129.08 | 197.97 | 219.98 | 232.44 |
| 有效氯理论值/% |  | 71.1 | 64.5 | 91.5 |
| 有效氯代表值/% |  | 70.0 | 61.0 | 90.0 |
| 熔点(分解)/℃ | 330 | 225～235 | 240～250 | 225～230 |
| 密度/(g/cm³) |  |  |  |  |
| 粉末状 | 0.50～0.65 |  | 0.50～0.65 | 0.55～0.70 |
| 颗粒状 | 0.80～0.85 |  | 0.90～0.96 | 0.92～0.98 |
| 1%溶液的 pH 值 | 3.5～4.3 | 2.7～2.8 | 5.5～6.5 | 2.8～3.2 |
| 溶解度(25℃水)/(g/100g) | 0.3 | 0.8 | 25 | 1.2 |
| 大鼠 $LD_{50}$/(mg/kg) | >5000 | 745 | 1670 | 750 |

氯化异氰尿酸贮存稳定性好、使用方便、溶解性好，在中小型循环冷却水系统中有的用来代替氯作杀生剂，使用剂量一般为20～25mg/L。氯化异氰尿酸也可制成片剂，直接投入冷却塔水池中作缓溶杀生剂。因其处理费用较氯高，故在大型系统中应用较少。

### 672 哪些溴化合物可用于循环冷却水?

循环冷却水中尚未见使用溴杀生，但近年国内外已有多种氧化性溴化合物用于循环水系统，较有发展前景的有以下品种。

(1) 卤化海因类 已有报道的品种见下表。

**卤化海因类杀生剂**

| 名称 | 别名 | 缩写名 | 分子式 |
|---|---|---|---|
| 1-溴-3-氯-5,5′-二甲基代乙内酰脲 | 溴氯二甲基海因 | BCDMH | $C_5H_6O_2N_2BrCl$ |
| 1,3-氯-5,5′-二甲基代乙内酰脲 | 二氯二甲基海因 | DCDMH | $C_5H_6O_2N_2Cl_2$ |
| 1,3-溴-5,5′-二甲基代乙内酰脲 | 二溴二甲基海因 | DBDMH | $C_5H_6O_2N_2Br_2$ |
| 溴-氯-甲基乙基代乙内酰脲 | 溴氯甲乙基海因 | BCMEH | $C_6H_8O_2N_2BrCl$ |

其中较有代表性的是 BCDMH，其结构式为：

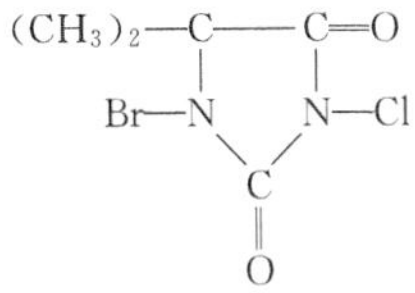

卤化海因类为缓慢释放型氧化性杀生剂。商品为粉剂或片剂。BCDMH在水中水解，以次溴酸和次氯酸的形式释放溴和氯。释放次溴酸的反应很快发生，而释放次氯酸的反应很慢，后释放的次氯酸在水中又与溴离子发生以下反应：

$$Br^- + HClO(或\ ClO^-) \longrightarrow HBrO(或\ BrO^-) + Cl^-$$

次溴酸是杀生的关键活性组分。用此类缓慢释放型产品比单质溴的杀生效率高，pH 值的适用范围广，在去除和防止生物黏泥方面的效果也比氯好得多。

国内商品名称为菌藻清的产品，系白色结晶粉末，熔点>158℃，含量≥97%，干燥失重≤0.5%，溴含量≥30%，氯含量≥14%。推荐每日加药量为 1.2～2.4mg/L。

(2) 活性溴化合物 是由溴盐（如 NaBr）与氯反应制得的水溶液。$Br^-$易被氯氧化反应生成 HBrO，次溴酸起杀生作用。这种溴氯结合的处理方法可减少氯的投加量，提高杀生处理效果，减少对环境的污染。配制时一般要求 $Br^-/Cl_2$ 的物质的量比略高于 1∶1。国内已在使用这种活性溴商品。有的还在使用各种氯剂（液氯、次氯酸盐、氯化异氰尿酸等）的同时，适当加入溴盐以增效。

(3) 氯化溴（BrCl） 为低沸点（5℃）液体，在水中可释放 HBrO，发生以下反应：

$$BrCl + H_2O \longrightarrow HBrO + H^+ + Cl^-$$

国外已有商品供应，需用较大的容器贮运，使用时需配备费用较高的供给装置，有一定危险性。故国外也只用于大型装置。

**673 二氧化氯杀生剂怎样在循环冷却水中使用？**

二氧化氯（$ClO_2$）为强氧化性杀生剂，其性质、制备及应用情况在本书 198～202 题中已有介绍。国内外在饮用水消毒方面二氧化氯的应用早已比较普遍，从 20 世纪 90 年代开始又逐渐在循环冷却水系统中推广应用。

由于二氧化氯气体不便运输，所以现场使用的二氧化氯是以以下三种方式输入系统的：① 采用成品稳定性二氧化氯水溶液，一般质量浓度为 2%；添有硼酸钠、过硼酸钠等稳定剂，性质稳定，便于运输及贮存；使用前先加柠檬酸结晶活化，2% $ClO_2$ ∶ $C_6H_8O_7$ = 50∶1；或用盐酸活化，2%$ClO_2$ ∶ HCl=9∶1，活化时间 3～5min；②成品粉末状 $ClO_2$，纯度 90%以上，备有专用活化剂，活化后使用；③使用二氧化氯发生器，在现场一边生产一边使用，$ClO_2$ 发生器多采用化学法，以亚氯酸钠（$NaClO_2$）为原料与氯或盐酸反应，生成纯度>90%的 $ClO_2$。用压力水直接将发生的 $ClO_2$ 送至冷却塔水池的循环泵吸入口附近。控制 $ClO_2$ 质量浓度小于 6～8g/L，避免与空气接触，可以根据水质、水量的变化自动调节。多数厂是检测回水余氯指标，要求达到 0.3～0.5mg/L，并要求循环冷却水中好气异养菌数不超过 $10^5$ 个/mL。

目前 $ClO_2$ 在循环冷却系统中使用的方法有以下四种：①全部使用二氧化氯，不使用其他杀生剂，定时定量投入系统；如某些石化厂夏季每 3 天投入商品 2%稳定性 $ClO_2$ 20mg /L；其他季节每月投加 60mg/L，好气异养菌数可控制在 $10^3$ 个/mL 以内；②以使用 $ClO_2$ 为主，辅助适量加氯；如某氮肥厂试用期间每周投 $ClO_2$ 二次，余氯两日内耗尽，在余氯降低期间补充 $Cl_2$，控制在 0.5～0.8mg/L，增强协同杀生作用，降低药剂费用；③以氯为主，定期或非定期投加 $ClO_2$；如每月一次或水质恶化时投用，即以 $ClO_2$ 代替非氧化性杀生剂使用；如某氮肥厂以前常投用 1227 杀生剂，后改为每月加一次 $ClO_2$，30mg/L；④$ClO_2$ 与非氧化性杀生剂轮替，定期或非定期投加，如某厂 $ClO_2$ 与 1227 轮替投加。

由于二氧化氯的使用与系统水质、水温、含还原性物质多少、水处理剂、浓缩倍数以及系统的其他条件等多因素都有关系，仅从少数用例难以完整总结二氧化氯用于循环冷却水系统的优缺点。以下评价仅供参考。

(1) $ClO_2$ 的优点是反应速度快，余氯消失比氯慢。使用后普遍效果好，可以达到控制微生物的目的，好气异养菌数能够达到控制指标要求。同时剥离效果也很好，如某石化厂投加 $ClO_2$ 35mg/L，24h 清洗剥离，循环水的浑浊度从 5 NTU 增至 35NTU，总铁从 0.4mg/L 增至 53mg/L，说明对污垢、铁锰的剥离效果均好。因为余氯消失较慢，所以投用 $ClO_2$ 的间隔时间一般比氯长。有些厂试用 $ClO_2$ 之后塔顶的藻类比加氯时增长快一些，可能与加药浓度和加药间隔有关。

(2) $ClO_2$ 另外的优点是以初生态氧［O］消毒，不像氯主要通过次氯酸 HClO 消毒，因此杀生不受 pH 影响，在高 pH 值下杀生效果也很好，不会与氨形成氯胺，因此在水中含氨的情况下，不影响杀生效果。一般认为这两点是 $ClO_2$ 优于氯的关键。但许多氮肥厂的长期实践证明，氯在碱性条件下杀生效果同样很好。在循环冷却水受到氨污染的情况下，主要矛盾是硝化菌群产生的还原性物质 $NO_2^-$，$NO_2^-$ 要多消耗氧化性杀生剂，包括氯及 $ClO_2$。

所以 $ClO_2$ 在还原性物质的消耗不容忽视。水中含氨时，小部分氨会与氯作用生成氯胺，用 $ClO_2$ 则会节省这部分消耗。可参考本书 653 题、654 题及 666 题。

（3）使用 $ClO_2$ 的费用比氯高。使用成品稳定性 $ClO_2$，浓度仅 2%，运输量大，费用较高，人工加药，多有不便。如系统采用以氯为主时，多采用 $ClO_2$ 发生器，可实现加药自动化，降低费用。因原料 $NaClO_2$ 价格较高，故费用仍比加氯高。因为这个原因，某些国外水处理公司并不推荐在循环冷却水中用二氧化氯。

（4）使用 $ClO_2$ 同样有安全问题。$ClO_2$ 及制造的原料 $NaClO_2$ 均有毒性。使用 $ClO_2$ 也形成副产品，如亚氯酸根 $ClO_2^-$ 也有毒性。不仅应注意生产中的安全问题，也应注意排放后对环境的影响。世界卫生组织（WHO）1998 年规定饮用水中 $ClO_2^-$ 不得超过 200μg/L。美国 2001 年饮用水标准强制规定，$ClO_2 \leqslant 0.8$mg/L，$ClO_2^- \leqslant 1.0$mg/L。我国国标中尚无此规定，城镇建设行业饮用净水水质标准 CJ 94—2005 规定 $ClO_2^- \leqslant 0.7$mg/L，$ClO_3^- \leqslant 0.7$mg/L。

### 674 臭氧处理循环冷却水的原理和成效如何？

臭氧为强氧化剂，其性质、制备及应用情况见本书 191～197 题及 772 题、773 题。臭氧用于饮用水消毒已有较长历史，20 世纪 70 年代末美国已开始应用在循环冷却水处理，继而欧美国家正式推广。至今已成功应用的有 1000 多套循环冷却水系统，最大循环量已达 10000$m^3$/h。我国从 20 世纪 80 年代开始试验试用，近年已在北京、上海等地成功应用。未能广泛应用的主要原因是国内的臭氧发生器初投资高、臭氧制造的能耗（电耗）高，所以成本高。目前制造商已在改进设计，向更有效、更经济的方向发展。

臭氧处理循环冷却水的原理可以理解为：

（1）$O_3$ 与紫外线（UV）、过氧化氢（$H_2O_2$）等联合作用并催化，在水中可能产生自由基 OH·、$HO_2^-$、$O_2^-$、$O_3^-$ 和 [O] 等。高强的氧化性能使水中的微生物和化合物产生直接的氧化反应，以及 OH·产生的间接氧化反应，使大多数有机物氧化分解、断裂，快速、广谱直接杀灭细菌、病毒、藻类等，使其变成 $O_2$、$H_2O$、$CO_2$ 等无害物质，净化水质，不产生二次污染。经 $O_3$ 处理的水中好气异养菌数可降到 100～1000 个/mL。

（2）经低浓度处理的循环冷却水可减轻金属腐蚀速度，碳钢可降低 1/2～1/3。由于 $O_3$ 消除了生物膜和生物垢，减轻了垢下腐蚀；$O_3$ 产生的 [O] 与亚铁反应生成 γ-氧化铁钝化膜；处理后的水自动稳定在 pH8～9 的碱性条件，减轻了腐蚀倾向。

（3）由于 $O_3$ 的强氧化性能可消除氧化垢基质中的有机物，去除污垢中的黏结性，使垢层松动，陈垢脱落；$O_3$ 在氧化破坏生物体的不饱和脂肪酸和蛋白质时，会产生有阻垢缓蚀作用的羧酸、二羧酸和羟基等。据美国能源部（DOE）和航空航天局（NASA）研究，$O_3$ 处理过的循环冷却水还有微量硝酸生成，并发现 $O_3$ 具有使 $CaCO_3$ 向 $Ca(HCO_3)_2$ 方向转化的能力，能减轻结垢，使传热效率提高 5%～15%。

臭氧不仅是强氧化性杀生剂，同时具有缓蚀和阻垢作用。研究人员正进一步研究利用臭氧处理将再生水，甚至废水直接用于循环冷却水系统的可能性。

应用实例：某厂冷冻机的敞开式循环冷却水系统，循环水量 1000$m^3$/h，补充水为上海自来水，浓缩倍数 6～10。2006 年 5 月至今用臭氧处理。测定循环冷却水的主要指标如下：污垢热阻值$(0.3 \sim 1.0) \times 10^{-4} m^2 \cdot K/W$，碳钢腐蚀速度 0.03～0.07mm/a，铜和不锈钢腐蚀速度 0.004～0.006 mm/a，生物黏泥量 1～2.5mL/$m^3$，好气异养菌数 20～500 个/mL，军团菌未检出，$COD_{Cr}$ 5～18mg/L，$BOD_5$<2 mg/L，总铁 0.1 mg/L（$Fe^{2+}$未检出），悬浮物 4～5mg/L，浑浊度 1～5 NTU。

### 675 常用的氯酚类杀生剂有哪些？有何特性？

国外早年在循环冷却水中作为非氧化性杀生剂使用得最多的是氯酚类，有五氯苯酚钠和三氯苯酚钠。关于苯酚的杀菌机理有两种说法：一种认为酚能溶于苯酯类，从而渗透到菌体内部与细胞质作用形成胶体溶液，并使蛋白质变性，从而杀死微生物；另一种说法是认为在有氧存在下，酚被氧化为醌，再与生物体蛋白质的羰基和氨基进行加成反应，从而使生物体组织变性。由于其余毒高，对环境有危害，现已不用，我国未使用过。

20 世纪 70 年代以来，我国使用较多的氯酚类杀生剂为 2,2′-亚甲基双(4-氯苯酚)，又称双氯酚，其分子式为：$C_{13}H_{10}Cl_2O_2$，结构式为：

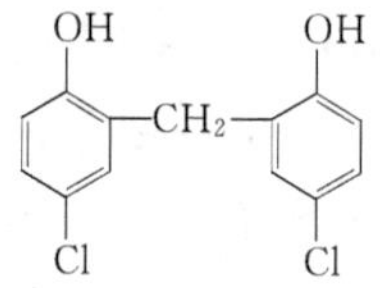

双氯酚是高效广谱的杀生剂，在氯酚类中杀生力最强，排放余毒相对较轻，对各类细菌及藻类均有很强的杀生和抑制作用，对真菌的杀生效果尤为显著。故在大检修期间常用其对木结构进行喷药处理，以杀灭真菌，防止侵蚀木材。双氯酚的商品代号为 NL-4，含量约为 30%。循环冷却水中用药量一般为 NL-4 100mg/L。

双氯酚的毒性等级对哺乳动物为低毒，但对鱼类为高毒。使用后毒性可被生物降解，但仍有余毒。故投药后一般停止排污，循环 24h 后排放。因此，近年双氯酚的应用已逐渐减少。

### 676 什么是季铵盐类杀生剂？有何特性？

季铵盐是长碳链含氮的阳离子型表面活性剂类化合物。其结构通式为：

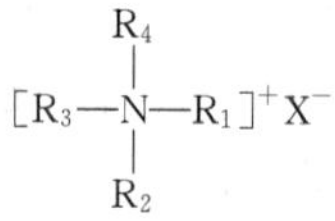

$R_1$、$R_2$、$R_3$ 及 $R_4$ 为烃基，X 为卤素 Cl 或 Br。季铵盐在水中电离后带正电荷，容易吸附在带负电的微生物表面，并渗透入微生物内部干扰其细胞结构，使微生物死亡。季铵盐的品种非常多，都可以起到同样的杀生作用。但最常用的是氯化十二烷基二甲基苄基铵（LDBC）及溴化十二烷基二甲基苄基铵（LDBB）。近年又推出应用的一种是氯化十二烷基三甲基铵。它们的结构式为：

氯化十二烷基二甲基苄基铵 ($C_{21}H_{38}ClN$)

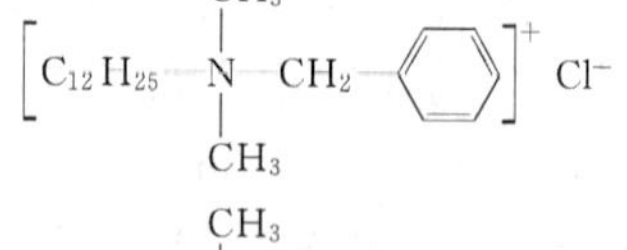

溴化十二烷基二甲基苄基铵 ($C_{21}H_{38}BrN$)

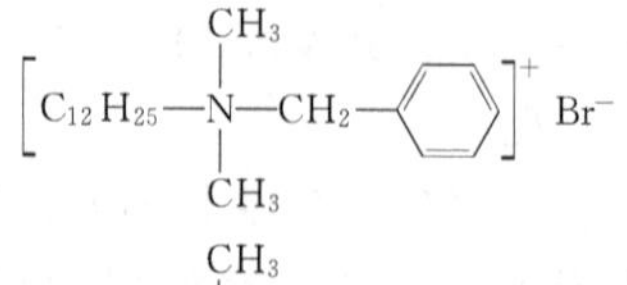

氯化十二烷基三甲基铵 ($C_{15}H_{34}NCl$)

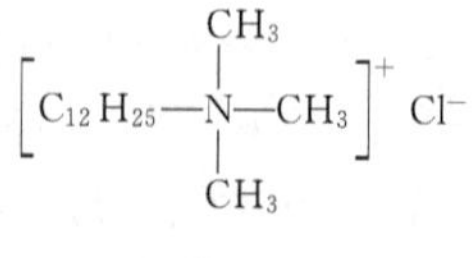

除以上三种季铵盐之外，国内常用的季铵盐商品还有 T-801 及 TS-802。

季铵盐对哺乳动物及鱼类的毒性均为低毒，药效最佳时间为 24h，24h 后自然降解，可安全排放。其突出的优点是剥离污泥、油污的效果比许多药剂好，既是杀生剂，又是很好的污泥剥离剂。其缺点是杀生力不很强，药效持续时间短，使用后水中微生物的数量回升快，高剂量使用时易起泡。水中含阴离子表面活性剂时可能产生浑浊或沉淀而失效。季铵盐常与二硫氰酸甲酯或双三丁锡氧化物复合使用，能起到较好的增效作用。

**几种季铵盐商品的成分、含量、使用浓度及适宜 pH 值**

| 商品名称 | 药　剂　成　分 | 药剂含量/% | 使用质量浓度/(mg/L) | 适宜 pH 值 |
|---|---|---|---|---|
| 1227 | 氯化十二烷基二甲基苄基铵 | 40～45 | 100 | 7～9 |
| 洁尔灭 | 氯化十二烷基二甲基苄基铵 | 90 | 50～100 | 7～9 |
| 1231 | 氯化十二烷基三甲基铵 | | 100 | 5.5～9.5 |
| 新洁尔灭 | 溴化十二烷基二甲基苄基铵 | 85～90 | 50～100 | 7～9 |
| T-801 | 聚季铵盐 | | 50～100 | 7～9 |
| TS-802 | 几种季铵盐复合物 | | 100～150 | 7～9 |

## 677　什么是二硫氰酸甲酯杀生剂?

二硫氰酸甲酯又称二硫氰基甲烷或亚甲基（甲叉）二硫氰酸酯，其分子式为：$CH_2(SCN)_2$，结构式为：

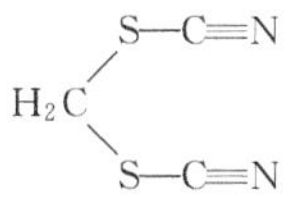

二硫氰酸甲酯是一种浅黄色或近于无色的针状结晶，有恶臭和刺激味。它是一种广谱杀生剂，对细菌、真菌、藻类及原生动物都有较好的杀生效果，它比一般的杀生剂杀菌能力都强，特别是对硫酸盐还原菌效果最好，故其使用浓度较低。

二硫氰酸甲酯中的硫氰酸根可阻碍微生物呼吸系统中电子的转移。在正常呼吸作用中，三价铁从初级细胞色素脱氢酶接受电子，当加入二硫氰酸甲酯后，硫氰酸根与高铁离子形成弱酸盐$Fe(CNS)_3$,使高铁离子失去活性，从而引起细胞死亡。因此凡含细胞色素的微生物均能被杀死，硫酸盐还原菌之所以能被杀死，就是因为这种细菌含有含铁细胞色素。

二硫氰酸甲酯适宜在中性条件下运行，高 pH 值（>8.0）下容易降解。其毒性等级对哺乳动物为中等毒性，对鱼类为中、高毒。又因其不溶于水，所以一般不单独使用，通常与一些特殊分散剂、渗透剂或其他杀生剂复合使用，以增强其对黏泥的穿透力。

国内生产的二硫氰酸甲酯复合药剂水溶液的商品牌号为 SQ8 及 S15，都是应用广泛、经济、高效的杀生剂。商品的投药质量浓度一般为 25～30mg/L。SQ8 约含二硫氰酸甲酯 10%，氯化十二烷基二甲基苄基铵 20%，既保持了前者杀生力强的性能，又具备了后者剥离能力强的性能，二者的复合起了增效作用。S15 约含二硫氰酸甲酯 10%及溶剂和助剂。

## 678　什么是异噻唑啉酮杀生剂?

异噻唑啉酮是 20 世纪 90 年代在我国推广应用的杀生剂。目前广泛应用的是 2-甲基-4-异噻唑啉-3-酮（$C_4H_5NOS$）和 5-氯-2-甲基-4-异噻唑啉-3 酮（$C_4H_4NOSCl$）二者的混合物，二者的物质的量比约为 1∶3，其结构式为：

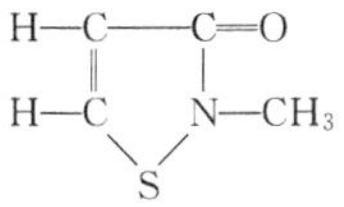

2-甲基-4-异噻唑啉-3-酮

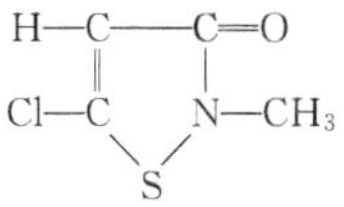

5-氯-2-甲基-4-异噻唑啉-3-酮

商品的有效成分为 13.9%或 1.5%。它是一种黄绿色或橙黄色透明液体。我国的该类商品牌号有 SM-103、NC-905、JH-706 等，有效成分为 1.5%。

异噻唑啉酮是高效广谱杀生剂，在水中投药量含有效成分0.5～1.0mg/L，即可有效地抑制各种细菌、真菌和藻类。对 pH 值的适应范围广（5.5～9.5），水溶性好，能和许多药剂复配。

纯异噻唑啉酮的毒性等级应为中毒或高毒。但因其杀生力极强，投药量很低，且降解后成为乙酸，所以实际上毒性很低。商品 SM-103 对哺乳动物的毒性等级为低毒，在水中投药质量浓度为 20～100mg/L。

**679 什么是酰胺类杀生剂？**

某些酰胺类化合物对微生物具有很强的杀灭能力。例如，水杨酸对菌、藻都有很强的杀灭能力。将水杨酸在结构上改进为[*N*-(2,2-二氯乙烯基)]水杨酰胺，既保留了水杨酸的强杀生力，又能降低对动物的毒性。国内外已用于循环冷却水系统的酰胺类化合物为 2,2-二溴-3-次氨基丙酰胺（DBNPA），又名 2，2-二溴-3-次氮基丙酰胺，其分子式为：$C_3H_2Br_2N_2O$，结构式为：

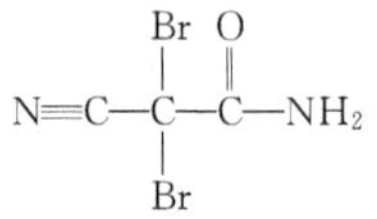


DBNPA 为高效广谱杀生剂，易水解，高 pH 值、加热、紫外照射均可加速降解，容易被还原剂脱溴变为无毒的氰乙酸胺而失去杀生活性。在碱性条件下不稳定，一般限用于 pH<7.5 或<8.0 的情况。国内已使用的有效成分含量约为 18.3%，溶剂为聚乙二醇 200。

DBNPA 与氯的协同效应很强。国外介绍某实例，DBNPA 2.5mg/L 及氯 0.5mg/L 合用效果很好，甚至在高 pH 值（8～9）时杀生速度也很快，比单独使用时效果好得多。这可能是 DBNPA 在水中脱溴所产生的 $Br^-$ 与氯作用的结果。

**680 什么是戊二醛杀生剂？**

戊二醛[$(CH_2)_3(CHO)_2$]于 20 世纪 90 年代在我国开发应用，已应用于循环冷却水系统的杀生。

戊二醛为高效广谱杀生剂，水溶性良好，能与水以任何比例互溶，加入水中无色无味无臭，无腐蚀性，使用的 pH 值范围较广。商品纯度为 15%及 45%两种。商品纯度为 15%时，使用质量浓度一般为 100mg/L。戊二醛可以和季铵盐复合使用。复合商品为 15%的戊二醛及适量的季铵盐。

由资料查得，2%戊二醛水溶液（相当于 20000mg/L）的小白鼠口服毒性试验的 $LD_{50}$ 值为 12.6mL/kg。故纯戊二醛对动物的毒性等级应为高毒。但其使用后会被生物降解，毒性有一定降低。戊二醛与氨、铵盐及伯胺类化合物会发生化学反应，降低其杀生能力。

**681 重金属盐类杀生剂有哪些？有什么特性？**

早期使用的重金属盐类杀生剂是铜盐和汞盐。铜的化合物主要是硫酸铜，其次是氯化铜。用硫酸铜来杀菌除藻的历史悠久。汞的化合物有汞的氧化物（如 $Hg_2O$、HgO）和汞的卤化物（如 HgCl、$HgCl_2$、$HgF_2$ 等），而常用的有机汞有苯基汞盐、磷酸乙基汞盐和吡啶汞盐等。

硫酸铜对细菌微生物有较强的杀生作用，一般认为铜离子能凝结菌体的胶体物质，从而破坏了细胞的呼吸和代谢作用，致使细胞死亡。硫酸铜控制菌、藻的有效浓度不仅比氯气的用量低，而且杀生速度也快，如循环冷却水中菌藻类繁殖严重时，可采用冲击式投加硫酸铜 0.2～1.0mg/L，如需防止污泥的形成亦可投加 2mg/L 的硫酸铜。

汞的化合物均属有毒物质，都具有较强的杀生作用，一般来说，凡具有渗透性的有机汞化合物比无机汞化合物的毒性大，而无机汞离子的杀菌力比有机汞为强。

由于这些重金属离子对水生生物和哺乳动物都有相当的危害，特别是对鱼类的毒性仍较严重，以及铜离子、汞离子等可以沉积到钢铁表面上，常引起金属的电偶腐蚀，所以我国在循环冷却水系统中未曾使用过铜离子或汞离子杀生。

在循环冷却水中，国内外唯一尚在使用的重金属杀生剂为有机锡化合物。

常见的有机锡化合物是 *n*-氯化三丁基锡[$(C_4H_9)_3SnCl$]、*n*-氢氧化三丁基锡[$(C_4H_9)_3SnOH$]和双(*n*-氧化三丁基锡){[$(C_4H_9)_3Sn]_2O$,TBTO}。这些化合物为广谱杀生剂，不仅对各种细菌、真菌和藻类均能控制，同时有抑制污泥增长的功能。

由于有机锡对鱼类及动物有毒，故常与季铵盐复配。常用的是双(*n*-氧化三丁基锡)与氯化十二烷基二甲基苄基铵的复配物。如前者含量 5%、后者含量 24%时，投药质量浓度为 20～40mg/L，适合于偏碱性水使用。

### 682　乙基大蒜素杀生剂有什么特性？

大蒜能防治某些疾病，这是我国人民早就熟悉的。大蒜中具有杀菌作用的主要成分是大蒜素，大蒜素的化学结构式是：

$$CH_2{=}CH{-}CH_2{-}\overset{\overset{\displaystyle O}{\|}}{S}{-}S{-}CH_2{-}CH{=}CH_2$$

20 世纪七八十年代用于循环冷却水中作杀生剂的是乙基硫代亚磺酸乙酯，即乙基大蒜素，分子式为 $C_4H_{10}S_2O$，与大蒜素有相似的结构：

$$CH_3{-}CH_2{-}\overset{\overset{\displaystyle O}{\|}}{S}{-}S{-}CH_2{-}CH_3$$

它的杀生作用，主要是靠其分子结构中的 $-\overset{\overset{O}{\|}}{S}-S-$ 与微生物细胞中含硫物质起作用，抑制菌体的正常代谢，导致菌体细胞死亡。乙基大蒜素的商品名称为 401 及 402。401 的含量为 15%，投加质量浓度为 100～300mg/L；402 的含量为 80%，投加质量浓度为 50～100mg/L。乙基大蒜素杀生效果好，药效可维持 24h 左右，适用于酸性条件，在碱性条件下易降解。它对动物的毒性很强，但投用后能被生物降解。因其有很浓的大蒜气味，且货源存在问题，故近年已不使用。

### 683　什么是洗必泰杀生剂？

洗必泰为双(正-对氯苯双胍)已烷的醋酸盐、盐酸盐、葡萄糖酸盐或柠檬酸盐。醋酸洗必泰的结构式为：

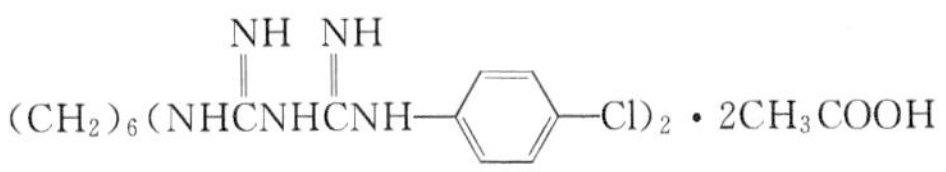

洗必泰的杀生效果好，对动物为低毒，可适用于碱性运行。因醋酸洗必泰的溶解性能好，国外较常用，投加质量浓度约为 40～50mg/L。盐酸洗必泰的溶解性能较差，但投加质量浓度较低，处理费用低，国内某厂已在现场使用过，投加质量浓度为 20mg/L。

### 684　什么是季鏻盐杀生剂？

其结构式为：

$$\left[R_2{-}\overset{\overset{\displaystyle R_1}{|}}{\underset{\underset{\displaystyle R_3}{|}}{P^+}}{-}R_4\right]X^-$$

式中 $R_1$、$R_2$、$R_3$ 及 $R_4$ 为烃基，$X^-$ 为卤素。季鏻盐杀生高效，对黏泥有强渗透剥离作用，是近年国外已应用于循环冷却水系统的新品种。国内正在研制开发，在几个厂试用后效果很好，估计有开发前途。品种有氯化十二烷基三丁基鏻（DTPC）及氯化十四烷基三丁基鏻（TTPC）。

**685 什么是生物分散剂？**

生物膜是附在固体表面的微生物的代谢物质。

生物膜的存在不仅导致每年工业生产力十几亿美元的损失，而且还是能源损耗和设备损坏的重要原因。例如，生物膜会导致导管堵塞、腐蚀、降低传热效率以及水污染。有时导致腐蚀的直接原因就是生物膜下的微生物，而且它很容易影响缓蚀剂的效果，使之无法渗透到金属表面。无论在上述哪种情况下，结果是相同的——腐蚀的侵害。生物膜的污染与沉积几乎发生在所有以水为基础的工业运行过程中。最近新发现了生物膜是如何为有机体如军团菌提供一个安全的避风港，在其保护下，这些微生物通过工艺水将污染的产品复制到各个层面，使得操作人员不可避免或者直接受到感染。

很少有生物膜只由一种有机物组成，通常它聚集了细菌、真菌、酵母菌、原生动物及其他一些微生物组分。此外，生物膜也会含有一些无机物质，如：污垢、泥土、淤泥、腐蚀产物以及一些有机成分（花粉、植物纤维等）。生物膜像一层铠甲，将其中的微生物保护起来，杀生剂很难对生物膜内的微生物起作用。

生物分散剂是一种表面活性剂或者有机渗透剂，它能降低水的表面张力，能瓦解弱的氢键，与菌膜或沉积物中的一些颗粒结合，将他们分散出来，这样就破坏生物膜，使之脱落、降解并释放膜内微生物重新进入水体，使得杀菌剂能很轻易地杀灭他们。生物分散剂使黏泥分散，维持换热面的清洁。

生物分散剂本身并没有杀生效果，但通过它的渗透性和分散能力，能大大加强杀生剂的效率，对严重污染的系统，非常有效。特别是在高浓缩倍数下运行，以及回用水的使用，微生物生物膜控制是防止大量沉积和腐蚀问题出现的关键。成功的生物膜控制需要正确使用杀菌剂和生物分散剂 。

生物分散剂以非离子表面活性剂为主，如环氧乙烷、环氧丙烷的共聚物，以及酰胺类的非离子聚合物。它既可以与氧化性杀生剂也可以和非氧化性杀生剂一起使用。

生物分散剂使用量依系统中沉积物的量而定，一般 2～10mg/L，严重时，高达 40～50mg/L。有些种类的生物分散剂在使用时会产生泡沫，可以加少量消泡剂消泡。

**686 为什么要测定非氧化性杀生剂的毒性？**

非氧化性杀生剂均有一定的毒性，故对微生物有很强的杀生能力，当加入冷却水系统杀生之后，会有一定未反应的残余量，会有一定余毒。这些残余杀生剂通过排污进入江河后，会对自然水体造成污染。为保护环境，排污水中的含毒量需符合国家标准的规定。因而在选用非氧化性杀生剂时，需了解其毒性等级。毒性物质排入水体后，直接危害水生生物，可能造成水生生物死亡或渔业减产。故一般需作鱼类的急性中毒试验，测定杀生剂的 $LC_{50}$ 值。水体中的残余杀生剂还会直接或间接危害牲畜及人类。故还需进行哺乳动物毒性试验，一般试验的动物是小白鼠或大白鼠，测定杀生剂的 $LD_{50}$ 值。$LC_{50}$ 及 $LD_{50}$ 值均需由专业研究机构测定。

**687 什么是药剂的 $LD_{50}$？**

$LD_{50}$ 是药剂对哺乳动物毒性的数据，由动物的急性中毒试验测得。$LD_{50}$ 表示动物使用该药剂之后的半致死量，其单位是 mg/kg。例如某药剂的 $LD_{50}$ 为 10mg/kg，就表示动物使用该药剂量每公斤体重为 10mg 时会造成 50％死亡（或存活）。

试验所用的动物一般为小白鼠或大白鼠。中毒途径有三种，即服药、皮肤接触及经呼吸系统吸入。服药方式有两种：一种是注射法，即药剂经腹腔注射注入试验动物；另一种是经口染法，即口服药剂。两种服药方法试验所得的 $LD_{50}$ 数据不同。毒性分级时，一般经口染法的 $LD_{50}$ 为注射法的 3.5～5 倍。如注射法的试验结果 $LD_{50}$ 为 10mg/kg，则经口染法的 $LD_{50}$ 大约是 35～50 mg/kg。故毒性试验的结果除需注明试验的动物名称之外，还需注明染毒途径。

按 GB 5044—85 我国职业性接触毒物危害程度分级及化学物质急性毒性分级如下：

**职业性接触毒物危害程度分级**

| 毒性分级 | 危害程度 | 急性中毒 $LD_{50}$ | | |
|---|---|---|---|---|
| | | 经口/(mg/kg) | 经皮/(mg/kg) | 吸入/(mg/m³) |
| Ⅰ | 极度 | ＜25 | ＜100 | ＜200 |
| Ⅱ | 高度 | 25～500 | 100～500 | 200～2000 |
| Ⅲ | 中度 | 500～5000 | 500～2500 | 2000～20000 |
| Ⅳ | 轻度 | ＞5000 | ＞2500 | ＞20000 |

### 688 什么是药剂的 $LC_{50}$ 和 $TL_m$？

鱼类急性中毒试验所测得的半致死药剂浓度称为 $LC_{50}$，或称半忍耐限度 $TL_m$。$LC_{50}$ 或 $TL_m$ 以药剂质量浓度 mg/L 表示。如果说某药剂的 $LC_{50}$ 或 $TL_m$ 等于 5mg/L，那么该药剂在水中质量浓度为 5mg/L 时会使试验的鱼死亡（或存活）50%。

试验多选用莫桑比克非洲鲫鱼或中华红鲤。将尺寸合适、健康的试验鱼置于试验水中加药观察鱼的生存情况，试验的水质、水量和水温等条件均需按规定控制稳定。试验的时间为 24h、48h、96h，有时长达 7d，一般多为 96h。由于试验时间不同，$LC_{50}$ 或 $TL_m$ 值也不同，故鱼类急性中毒试验结果除需注明鱼的品种之外，更需注明试验的时间[1]。

世界卫生组织 1975 年的农药毒性分级见下表。

**鱼类试验，48h**

| 毒性分级 | $TL_m$/(mg/L) |
|---|---|
| 剧　毒 | ＜0.5 |
| 中等毒 | 0.5～10 |
| 低　毒 | ＞10 |

**白鲢鱼试验，96h**

| 毒性分级 | $TL_m$/(mg/L) |
|---|---|
| 剧　毒 | ＜0.1 |
| 高　毒 | 0.1～1.0 |
| 中等毒 | 1.0～10 |
| 低　毒 | ＞10 |

根据《全球化学品分类和标签协调手册》（GHS）对受试物质的急性环境毒性进行的分级判定如下。

**鱼类试验，96h**

| 急性水环境毒性分级 | $LC_{50}$ 值 |
|---|---|
| 类型:急性Ⅰ | $LC_{50}$≤1mg/L |
| 类型:急性Ⅱ | 1mg/L＜$LC_{50}$≤10mg/L |
| 类型:急性Ⅲ | 10mg/L＜$LC_{50}$≤100mg/L |

考虑到环境安全，药剂的排放浓度应低于 $LC_{50}$ 或 $TL_m$ 的安全浓度。

$$安全浓度=96LC_{50}\times 应用系数$$

安全浓度的计算式有多种。有的推荐式为：

[1] 注：$24TL_m$、$48TL_m$、$96TL_m$（或 $LC_{50}$）各代表试验时间为 24h、48h、96h 的 $TL_m$（或 $LC_{50}$）。

$$安全浓度=48TL_m \times 0.3/(24TL_m/48TL_m)^2$$

商业上常近似采用：安全浓度$=96TL_m \times 0.1$，即应用系数为0.1。

## 689 常用杀生剂的毒性试验数据是多少？

常用杀生剂的毒性试验数据

| 杀生剂名称 | 试验生物 | $LD_{50}$/(mg/kg) | $LC_{50}$/(mg/L) |
|---|---|---|---|
| 2,2′-亚甲基双(4-氯苯酚)(双氯酚) | | | |
| 双氯酚(含量100%) | 非洲鲫鱼及中华红鲤 | | 0.66(96h) |
| NL-4(含双氯酚29%～30%) | 小白鼠(口服) | 1580 | |
| | 非洲鲫鱼及红鲤 | | 2.193(96h) |
| 季铵盐 | | | |
| 氯化十二烷基二甲基苄基铵单水化合物 | 小白鼠(口服) | 910±160(24h) | |
| 1227(含量45%) | 鱼 | | 8.1 |
| 新洁尔灭(溴化十二烷基二甲基苄基铵) | 鱼 | | 15(96h) |
| T-801(聚季铵盐) | 小白鼠(口服) | 2062±65 | |
| | 金鱼 | | 12.4(96h) |
| TS-802(复合季铵盐) | 小白鼠(口服) | 4571±87 | |
| 二硫氰酸甲酯 | 小白鼠(口服) | 50.19 | |
| | 非洲鲫鱼/丰鲤 | | 1.159/1.622(24h) |
| | | | 0.959/1.199(48h) |
| | | | 0.938/0.849(96h) |
| SQ8(含二硫氰酸甲酯约10%,氯化十二烷基二甲基苄基铵约20%) | 小白鼠(口服) | 247.4 | |
| | 非洲鲫鱼/白鲢鱼 | | 6.31/2.85(24h) |
| | | | 5.94/2.58(48h) |
| | | | 5.75/2.50(96h) |
| S15(含二硫氰酸甲酯约10%) | 非洲鲫鱼/白鲢鱼 | | 8.4/3.5(24h) |
| | | | 7.6/2.2(48h) |
| | | | 7.4/2.0(96h) |
| 2%戊二醛溶液 | 小白鼠(口服) | 12.6mL/kg | |
| SM-103(两种异噻唑啉酮混合物,有效成分1.5%) | 小白鼠(口服) | 3000～3500 | |
| 二氯二甲基海因(DCDMH) | 小白鼠经口 | 1470～2710 | |
| 50%DCDMH | 鱼 | | 10(90～96h) |
| 溴氯二甲基海因(BCDMH) | 小白鼠经口 | 929 | |
| 双三丁基氧化锡 | 小白鼠经口 | 194 | |
| J12(含双三丁基氧化锡5%,氯化十二烷基二甲基苄基铵24%) | 金圆腹雅罗鱼 | | 0.05mL/L(48h) |
| | 鱼 | | 0.1(90～96h) |
| 氯化三丁基锡 | 金圆腹雅罗鱼 | | >45mL/L(48h) |
| 异氰尿酸 | 大白鼠 | >5000 | |
| 二氯化异氰尿酸 | 小白鼠 | 745 | |
| 优氯净(二氯化异氰尿酸钠) | 大白鼠 | 1670 | |
| | 小白鼠 | 1229.84±82.59 | |
| 强氯净(三氯化异氰尿酸) | 大白鼠 | 750 | |
| D-284(含*N*-二甲基甲酰胺45%,二硫氰酸甲酯10%) | 非洲鲫鱼/白鲢鱼 | | 9.7/4.0(24h) |
| | | | 8.2/2.4(48h) |
| | | | 7.8/2.3(96h) |

续表

| 杀生剂名称 | 试验生物 | $LD_{50}$/(mg/kg) | $LC_{50}$/(mg/L) |
|---|---|---|---|
| D-244[主成分 2,2-二溴-3-次氨基丙酰胺(DBNPA)] | 豚鼠(雌) | 118 | |
| 盐酸洗必泰 | 小白鼠 | 110 | |
| 醋酸洗必泰 | 大白鼠(口服) | 2000 | |

### 690　选择杀生剂应注意什么?

杀生剂最好通过本单位试验筛选，进行杀生试验，再应用于现场。选择杀生剂一般需考虑以下因素。

(1) 广谱高效　杀生剂应能有效控制种类广泛的微生物，对各种细菌、真菌和藻类均应有效。使用后，杀生率一般应在90%以上。药效应维持24h以上。

(2) 与其他化学药剂和使用条件相容　杀生剂应与缓蚀阻垢剂及其他杀生剂匹配相容，不互相干扰。例如，季铵盐与阴离子表面活性剂共用时，易产生沉淀；季铵盐也不宜和氯酚类杀生剂共用；当水中含氨或还原性物质时，会影响氧化性杀生剂的效果。杀生剂的适应pH值应与运行pH值范围相近。

(3) 不危害环境　为防止排污水对环境造成公害，应了解杀生剂的毒性等级，同时还需了解当地环保部门的规定，以及允许排放的指标。对杀生剂的降解性能也应作调查或测定。非氧化性杀生剂投用之后，本身可被微生物分解，余毒随时间而降低。投用非氧化性杀生剂时，一般停止排污24h，要排污时，余毒应达到环保要求。

(4) 经济实用　杀生剂最好既高效又价廉，来源方便，溶解性能好，使用安全方便。在循环冷却水系统中，杀生剂的种类虽可随时改变，但应作一定的设计规划，选择一个较好的方案。例如采用以氯为主，辅助使用非氧化性杀生剂的方法是经济合理的方法。单独使用非氧化性杀生剂的费用要高出许多倍。从药品经济性这一条来说，任何非氧化性杀生剂都不能与氯相比。因此非氧化性杀生剂不宜长期经常使用，最好是非定期辅助使用。又如两种或两种以上非氧化性杀生剂复合使用可以增效，使杀生剂用量减少、降低费用。

(5) 要注意微生物的抗药性　有资料介绍微生物对氯无抗药性，但一般试验均证明微生物对非氧化性杀生剂有抗药性。故应避免长期单独使用一种非氧化性杀生剂，最好两三种杀生剂交替使用。但如偶尔使用非氧化性杀生剂，则不必顾虑抗药性问题。

### 691　为什么使用杀生剂时应注意安全防护?

所有杀生剂不仅都有毒性，而且均为危险化学品，能给人的身体带来伤害。以氯为例，有强烈的刺激臭味和腐蚀性，有剧毒，特别对呼吸器官有刺激作用，并刺激黏膜导致眼睛流泪，使眼、鼻、咽部有烧灼、刺痛和窒息感。吸入后可引起恶心、呕吐、上腹痛、腹泻等症状。吸入过多甚至可能死亡。除氯之外，溴、氯化溴、二氧化氯、臭氧、过氧化氢和丙烯醛也具有强刺激性和毒性，其导致的症状也与氯相似。次氯酸盐能使皮肤烧伤，黏膜腐蚀，食管、气管穿孔，喉部水肿，支气管灼烧，肺水肿。溴氯二甲基海因（BCDMH）对皮肤、眼睛有强烈刺激。几乎所有常用的非氧化性杀生剂对皮肤、眼睛及呼吸系统都有不同程度的刺激性，如双(氧化三丁基锡)、戊二醛、二硫氰酸甲酯、季鏻盐、二溴次氨基丙酰胺、异噻唑啉酮、季铵盐等。为此在处理和使用杀生剂时需非常小心，特别注意防止皮肤、眼睛和呼吸系统受到伤害。应穿着遮盖手臂、腿部的衣物，戴橡皮手套及护目镜。为防止氯气之类泄漏等事故，应配有呼吸设备。

**部分杀生剂可能对人体的伤害**（国外资料）

| 杀生剂名称 | 使用浓度/% | $LD_{50}$/(mg/kg) | 穿透皮肤 | 结膜炎 | 皮肤灼伤 | 伤害眼角膜 |
|---|---|---|---|---|---|---|
| 氯气 | 100 | | | | | + |
| 二氧化氯 | 6 | | | + | + | + |
| 丙烯醛 | 90 | 40 | + | | + | + |
| 五氯苯酚 | 100 | 200 | + | + | + | + |
| 二硫氰酸甲酯 | 10 | 230 | + | + | + | + |
| 双(氧化三丁基锡) | 5 | 190 | + | + | + | + |
| 十二烷基胍盐酸盐 | 35 | 700 | + | + | | |
| 二溴次氮基丙酰胺 | 20 | 130 | | + | + | |
| 二甲基二硫化氨基甲酸钠 | 30 | 500 | + | + | | |
| 季铵盐 | 50 | 2000 | + | + | | |

注:"+"号表示可能造成的伤害。

在冷却塔集水池的污泥中含有大量微生物及其吸附的丰富的杀生剂。在厌气条件下，杀生剂因难被分解而积累增多。当人工清池时，也会对皮肤造成伤害，如发炎、起泡。故清池人员的穿着需能保护皮肤。

为了操作人员的安全，在选用每种杀生剂之前必须了解杀生剂的毒害性能及其对策，准备必要的劳动保护设施，制定好安全操作规程。在事事有准备的情况下，安全防护是有保障的。

### 692　如何防止杀生剂对环境的污染？

非氧化性杀生剂都有一定毒性，如排污不当不仅影响河道中鱼类的生存，也影响人类及哺乳动物饮用水的安全性。对其排污应采取相应的措施。

（1）循环冷却水暂停排污　非氧化性杀生剂虽有毒性，但在与微生物作用之后毒性都会有不同程度的降解。水中微生物越多、作用时间越长，降解量越多，水中杀生剂含量越少，排污水对环境的危害越少。所以目前一般采用循环冷却水系统暂停连续排污的措施。即在加入杀生剂之前适当加大排污量，使集水池的液位适当降低。加入杀生剂之后停止排污并停止或减少补充水，循环一定时间之后（一般是24h）再排污并补充水。这样排污水中的杀生剂含量降低很多，对环境影响会减轻。至于停排24h是否最合适，则需根据杀生剂的性质、用量等因素做适当测定后才能判断。必要时还可延长停排时间。

1980年某研究单位曾对含磷量11mg/L、30℃、含好气异养菌量$10^7$个/mL的循环冷却水加入双氯酚，对其降解速度做测定，如下：

| 时间/h | 0 | 8 | 24 | 48 | 72 |
|---|---|---|---|---|---|
| 双氯酚含量/(mg/L) | 28 | 14 | 13 | 9 | 3 |

此例说明使用单位应测定杀生剂的降解速度，以做到排污有数。近年开发的许多新型杀生剂也应测定。

（2）稀释排放　厂区如有不含杀生剂的排放水可作为稀释水与含杀生剂水混合排放。

（3）设缓冲排污池　一些研究单位曾建议设缓冲排污池或利用某些已设的水池，将排污水存放后缓慢排放。池中需有碳源，保持好气异养菌数在$10^7$个/mL以上。杀生剂与细菌作用后自然降解。但要求池的体积大，占地面积大。

### 693 如何有效地使用氯杀生？

氯杀生虽具有杀生力强、广谱、费用低等优点，但要有效地发挥氯杀生的长处，也需要掌握氯杀生的规律，注意科学用氯。

（1）严格管理 加氯工作最要紧的是严字当头。这包括氯的安全措施、供应工作及指标控制等一系列工作。必须按规定的加氯间隔时间及余氯指标加氯，避免氯供应中断或加氯不认真。中断加氯或长期加氯不达标，都会使系统中黏泥剧增，某些受氨污染严重的系统断氯两三天即可能细菌猛升、黏泥剧增，达到难以控制的恶化状况。

（2）间歇式加氯的间隔时间和通氯时间 加氯的间隔时间和通氯时间都要根据具体情况而定，即主要由停氯后好气异养菌数回升到加氯前的数量所需的时间而定。例如，国内某石化厂水质较好，无氨污染，经测定停氯后好气异养菌数回升到加氯前约需 48h 以上，故定为两天加氯一次，每次通氯 1h。某氮肥厂系统受氨污染严重，测定停氯后好气异养菌数回升到加氯前仅为 10h。该厂规定加氯间隔时间为 12h（即每日通氯 2 次），每次达到游离余氯指标约 2h，然后再小剂量通氯维持余氯 2h，这样可保证停氯后至下次加氯开始约为 8h，$<$10h。因此，污染物（还原性物质）含量高的水，间隔时间应缩短。冬季菌数较低，间隔时间可长些。目前间隔时间一般为 8h、12h、24h，少数为 48h。间隔 8h 过于保守，没有必要。因通氯次数过多不仅氯耗高，还会使系统中氯离子大量增加，同时 pH 值下降并增加水的腐蚀性。

（3）加氯机能力 应根据水质实际的需氯量适当选择较富裕的加氯能力，以便较快达到游离余氯指标。经验证明：每次冲击加氯均宜速战速决，不宜拖延时间。尽可能在 2h 之内达到余氯指标，最好 1h 达到。以水系统中氨污染为例，亚硝酸菌会将氨转化为亚硝酸根。通氯杀生时，必先氧化 $NO_2^-$，$NO_2^-$ 基本消灭之后才能达到杀生目的。由于水中的微生物在不断繁殖，更由于水中还在不断地漏进氨，所以 $NO_2^-$ 是在不断地产生，低速通氯只能互相相持，不能压倒 $NO_2^-$，水中很难产生余氯，以致无法彻底杀生。为此加氯机的能力应适当加大，以便提高加氯速度。这样可以减少氯耗，提高杀生效率。

某国外资料认为，加氯量需按最大水流量和最大氯耗估算，加氯机能力应按实际加氯量的 2～3 倍设计，以防不测。实际加氯量 $G$ 计算式如下：

$$G=R(\text{循环冷却水量},m^3/h)\times C(\text{氯耗},mg/L)\times 0.001 \quad kg/h$$

如 $R=20000m^3/h$，$C=1.0mg/L$，则 $G=20kg/h$。加氯机能力应为$(2\sim3)\times20=40\sim60kg/h$。由于氯耗 $C$ 随系统的污染情况变化很大，所以加氯量 $G$ 很难算准。以上计算式可作参考。作者提出加氯设施的设计应有余量，这与我国经验完全一致。

（4）游离余氯指标及分析方法 各种系统加氯的余氯指标为 0.2～0.8mg/L、0.3～0.8mg/L、0.4～0.8mg/L、0.5～0.8mg/L、0.5～1.0mg/L 不等。应说明，余氯的指标与分析方法互相相关。一般采用邻联甲苯胺法分析余氯，余氯使其氧化成黄色化合物，根据比色得到余氯数值。这种分析方法也受到水中其他物质的干扰。例如水中含 $NO_2^-$ 两性物质时也能将邻联甲苯胺氧化成黄色化合物，使余氯分析出现假象。故系统中含 $NO_2^-$ 时，应采用 DPD 法（*N*,*N*-二甲基-1,4-苯二胺硫酸盐法），测得的余氯是真实的。微生物是否有效杀灭，与余氯是否真正达到低限指标有关。只要分析数据是准确真实的，低限指标定为 0.2mg/L 也是合理的。余氯过高对木结构及混凝土结构都有侵蚀，一般认为高限应不超过 1.0mg/L。有的国外资料认为，为保护木结构，余氯的高限指标应为 0.8mg/L。总之，只要真正保证分析方法准确，余氯并不需要太高。

### 694 如何有效地使用非氧化性杀生剂？

非氧化性杀生剂的杀生机理与氧化性杀生剂不同，它不受水中还原物质的干扰，对黏泥的剥离作用好，可以弥补氧化性杀生剂的某些不足。其缺点主要是有一定毒性，对环境不利，同时费用较高。国内外有些设计在循环冷却水中不用氧化性杀生剂，只定期投加非氧化性杀生剂，例如每周或每两周加一次。这种方法费用很高，不够有效，也不够科学。所以，目前国内多不采用“定期加药”方式，而是在必要时采用冲击式的不定期加药。要做到用药有效合理，需要积累经验，根据本单位的实际情况确定。但以下原则是普遍应注意的。

(1) 根据监测数据对症下药　应建立对微生物的监测手段和监测制度，对各种有害微生物的数量、黏泥量、有关化学污染物含量（如 COD、$NH_4^+$、$NO_2^-$ 等）进行监测，根据监测数据判断是否应投加非氧化性杀生剂。例如，有的系统平时只用氯杀生，仅在微生物失控或有其他困难时才使用非氧化性杀生剂，一般多在夏季使用3～5 次。如水质较好，一年只用 1～2 次，甚至全年不用非氧化性杀生剂。这样既控制了微生物，又降低了费用。

(2) 将微生物危害控制在苗头，适时加药　即在水质有失控倾向时及时加药，对微生物“先发制胜”，将微生物控制在大量黏泥产生之前，才能达到事半功倍的效果。因为系统中产生大量黏泥之后，就很难在不停车状态下将其清除出系统。要掌握这个原则并不容易。需要积累多年的监测数据，不断总结自己的经验和吸取其他单位的经验。掌握微生物危害的规律之后，则可将非氧化性杀生剂用得巧妙适时。例如，某厂的经验是：当 $NO_2^- > 1mg/L$、黏泥量$> 4mL/m^3$，在连续三次加氯，余氯均不合格时就投加非氧化性杀生剂。有的厂在发现有黏泥沉积倾向时采取先剥离后“围歼”的办法，先使用剥离效果好的季铵盐类杀生剂剥离黏泥，24h 后进行排污处理，然后再投加 SQ8 之类的高效杀生剂，杀灭剥离下来浮于水中的菌藻，把微生物控制在较低数量。许多厂在系统漏油时，多采用季铵盐类杀生剂。还有的厂在停车前加药剥离系统黏泥，使水冷器及冷却塔填料上的黏泥剥落，以减少停车后清理的工作量。总之，要根据本系统的规律，掌握加药时机，千万不能拖到黏泥危害严重时才加药。

## （五）清洗与预膜

### 695　为什么要进行循环冷却水系统的清洗和预膜?

循环冷却水系统，无论是新系统或是老系统，在开车正常投药之前都要进行系统清洗和预膜工作。清洗和预膜工作被称为循环冷却水系统化学处理的预处理。对于新系统来说，设备和管道在安装过程中，难免会有碎屑、杂物和尘土留在系统之中，有时冷却设备的锈蚀和油污也很严重，这些杂物和油污如不清洗干净，将会影响下一步的预膜处理。老系统的冷却设备还常有垢、黏泥和金属腐蚀产物，严重影响设备寿命和换热效率。因此，清洗工作做得好，对新系统来说，可以提高预膜效果，减少腐蚀和结垢的产生；对已投产的老系统来说，可以提高换热效率，改善工艺操作条件，保证长的生产周期，降低能耗和延长设备使用寿命。所以，清洗工作是循环水系统开车必不可少的一个环节。清洗方法分为物理方法及化学方法两类。物理方法是用较大的水流速冲掉垢物。化学方法是用化学药剂溶解或分散垢物。按系统及运行情况可分为单台清洗或系统清洗，停车或不停车清洗。

预膜处理又称为基础处理，是在系统清洗之后、正常运行之前化学处理的必要步骤。循环冷却水系统的预膜是为了提高缓蚀剂的成膜效果，即在循环冷却水开车初期投加较高的缓蚀剂量，待成膜后，再降低药剂浓度维持补膜，即所谓的正常处理。这种预膜处理，其目的是希望在清洗后的金属表面上能很快地形成一层保护膜，防止产生腐蚀速度很大的初腐蚀。实践也证明在同一个系统中，经过预膜和未经预膜的设备，在用同样的缓蚀剂情况下，其缓蚀效果却相差很大。因此，对开车初期的预膜工作必须要给以高度重视。

循环冷却水系统除了在开车时必须要进行预膜外，在发生以下情况时也需进行重新预膜：①年度大检修系统停水后；②系统进行酸洗之后；③停水 40h 或换热设备暴露在空气中 12h；④系统 pH 下降至＜4 达 2h。

**696　怎样进行循环冷却水系统开车前的系统清洗？系统清洗常用哪些化学药剂？**

新系统开车前或老系统检修后，一般按水冲洗、化学清洗的步骤进行清洗，然后进行预膜处理，再转入正常的化学处理运行。

（1）系统水冲洗　这是最常用的物理清洗方法。即通过较大的水流速度冲掉系统中较疏松的沉积物和碎片。水冲洗无法清除大块的建筑材料、焊渣、硬垢、腐蚀产物及大量泥沙等物。故在水冲洗之前应先进行人工清扫，先清除管道、冷却塔、水池及换热器中的杂物。水冲洗时向循环水池中充入清洁的工业用水，开循环水泵进行循环冲洗，并不断少量排污及补充水。冷却塔应设有回水旁路管，这样回水可以不经塔进行循环，可避免污染或损坏塔填料。如果水清洗时，浑浊度很高，水很脏，则各换热器也应接旁路管，水走旁路而避免污染换热器，待水清后再进换热器。循环水泵入口应设过滤网。水流速度应高于 1.5m/s。为保证高水流速度，必要时可同时开启备用循环水泵。水冲洗过程中应对水中的浑浊度不断进行监测。初循环时，水中的浑浊度会增加数倍或数十倍，经过不断排、补水，浑浊度逐步降低并稳定，当补充水与循环水的浑浊度基本相等、循环水的浑浊度连续维持 3h 以上不再增长时，停止补充水及排水，水冲洗即完成。水冲洗一般需要 24～48h。

（2）系统化学清洗　系统化学清洗的目的是清除水冲洗难以去除的油污、微生物及少量水垢和浮锈等沉积物，使金属露出活性表面。加入的药剂主要是表面活性剂或阻垢分散剂。同时加入杀生剂，并加酸适当调低 pH 值，有时还需加入消泡剂。

当水冲洗合格后，随即向系统投入硫酸，调节 pH 值，一般控制在 5.5～6.5，有的控制为 6.0～7.0。同时连续加氯，控制一定游离余氯量（如＞0.3mg/L），直到化学清洗结束。加入清洗剂之后，每 2h 需对水中的浑浊度、铁离子或钙离子含量监测一次，当其增长缓慢并趋于稳定时，可停止清洗。一般待浑浊度维持 3h 不再增加，同时循环泵出水和回水的铁离子含量不变时，结束清洗。清洗时间大约 24～48h。清洗阶段不排水、不补水。清洗结束时立即大量排水并补水，进行系统水的置换。当浑浊度降至 10NTU 以下时，可开始下一步的预膜工作。

（3）常用的系统清洗药剂及配方　应根据系统中垢物的组成选择化学药剂及配方。

新系统清洗的主要目的是除油污。宜采用表面活性剂清洗。常用的表面活性剂有：琥珀酸二烷酯磺酸钠（即渗透剂 T）、十二烷基磺酸钠、聚氧乙烯山梨糖醇酐油酸酯（即吐温-80）等。较有代表性的国内外清洗剂组成如下：

| | | | |
|---|---|---|---|
| 琥珀酸二烷酯磺酸钠 | 16% | 乙醇 | 2% |
| 异丙醇 | 30%～31% | 水 | 50%～51% |

其使用质量浓度为 40～100mg/L，控制 pH 值为 5.5～6.5。国内类似的清洗剂商品为 TS-101。琥珀酸二烷酯磺酸钠又称丁二酸二酯磺酸钠，其结构式如下：

$$\mathrm{ROOC{-}CH_2{-}\underset{\displaystyle |\atop \displaystyle SO_3Na}{CH}{-}COOR}$$

一般 R 为 $C_8H_{17}$，称为琥珀酸二异辛酯磺酸钠；有的 R 为 $C_2H_5$。国内商品名称为渗透剂 T。

以上清洗剂除油污的效果很好，但不能除掉水垢和腐蚀产物。故国内对新旧系统清洗有的采用表面活性剂与阻垢分散剂复合使用，目的是在除去油污的同时，能够除去部分水垢和浮锈。但这种全系统的化学清洗方法也不可能彻底清除水垢，特别是难以清除腐蚀产物。系统化学清洗的配方多种多样，常用的典型复合配方如下。

a. TS-101 100mg/L，吐温-80 50mg/L，六聚偏磷酸钠 50mg/L。

b. TS-101 100mg/L，六聚偏磷酸钠 100mg/L。

c. 吐温-80 50mg/L，羟基亚乙基二膦酸（以 100%计）25mg/L，聚丙烯酸钠（以 100%计）10mg/L。

d. 羟基亚乙基二膦酸（以 100%计）20～25mg/L，聚丙烯酸钠（以 100%计）8～10mg/L。

使用表面活性剂清洗时，系统中可能产生大量泡沫，故常需投入消泡剂。循环冷却水系统中常用的消泡剂主要含液体石蜡和硬脂酸类。某种消泡剂的大致组成如下：

| | | | |
|---|---|---|---|
| 液体石蜡 | 82% | 硬脂酸 | 3% |
| 聚乙二醇硬脂酸 | 6% | 异丙醇 | 1% |
| 聚丙二醇硬脂酸 | 6% | | |

一般使用质量浓度为 3～5mg/L，根据现场实际情况调整用量。

某些旧系统中附着有黏泥，故有的在加入清洗剂之前先加入剥离效果较好的杀生剂（如季铵盐）剥离 4～8h。

低 pH 值有利于分散垢物，故化学清洗时均加硫酸调节 pH 值至微酸性。

### 697 什么是表面活性剂?

在日常生活中，如将油和水一起加入烧杯，静置后就会分成两层，上层是油，下层是水，但在烧杯中加入少量表面活性剂，例如肥皂或洗衣粉，再搅拌混合则就呈一种乳状液很难分层了。因为表面活性剂的分子通常是由易溶于油的亲油基团和易溶于水的亲水基团部分所组成，这两个基团有把油水两相连接起来不使它们分离的能力。也就是说，原来油和水两相之所以不相溶而分成两层，是由于两种液面间存在一种力即表面张力，加入表面活性剂后，通常表面张力就降低了，所以一般凡由亲水基团和亲油基团组成的具有降低表面张力能力的化合物称为表面活性剂。如清洗剂中所用的琥珀酸二烷酯磺酸钠就是表面活性剂中的一种，利用它可以清洗设备及管道中的油脂。

### 698 不停车清洗有什么方法?

循环冷却水系统在运行状况下进行清洗的方法有以下两类：

（1）不停车单台清洗　为物理清洗方法，可在不停车状况下对个别水冷却器进行处理，清除附着的软垢，恢复传热效率。

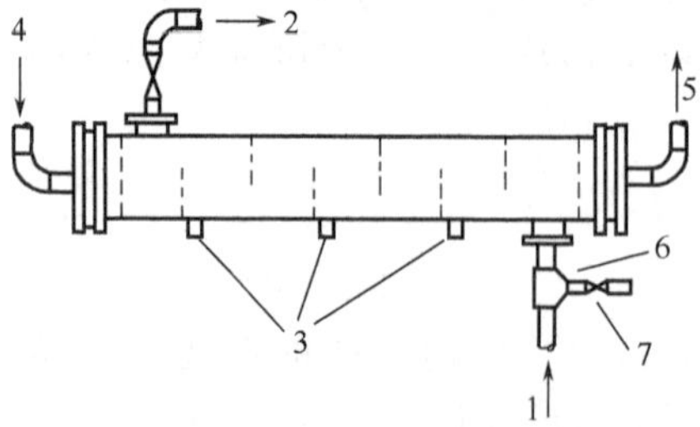


图 5-5-1　空气搅动法示意图

［列管式水冷却器（水走壳程）］

1—冷却水进口；2—冷却水出口；3—压缩空气进入点；4—工艺介质进口；5—工艺介质出口；6—压缩空气管；7—快速启动空气阀

① 空气搅动法　在单台水冷却器正常运行期间，将压缩空气（或者是氮气）通入水冷却器水侧。空气使冷却水的流动处于紊流状态，可以松散黏附在管壁上的沉积物，使其随水流带出。压缩空气的压力应比冷却水压力大 0.15～0.18MPa。这种方法常用以处理壳程水冷却器中的软垢。可在壳程水冷却器的壳下部接多个空气管口，并在冷却水出口管处接就地排污口。定期或不定期进行空气搅动，污水就地排放，以免污垢再返回系统。这样处理之后，往往能使工艺介质的温差大幅增加。

图 5-5-1 为列管式水冷却器（水走壳程）空气搅动法示意图。

② 反冲洗法　反冲洗又称回洗。通过定期或不

定期改变水的流向冲洗水冷却器上附着的软垢。适用于壳程及管程水冷却器。反冲洗法示意图见图 5-5-2。

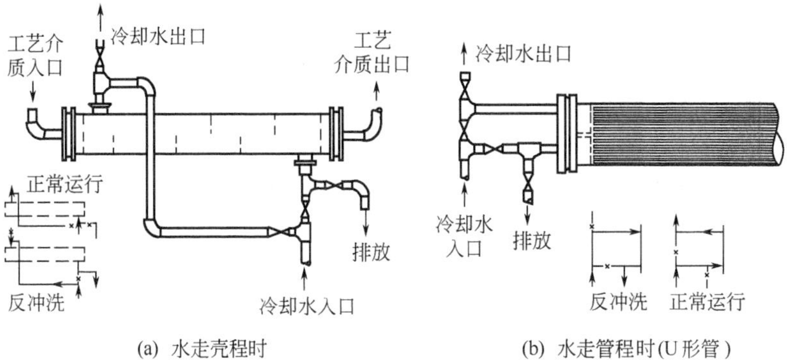


图 5-5-2　反冲洗法示意图

③ 胶球清洗法　胶球清洗是将海绵状橡胶球通过螺旋式水泵随冷却水压入水冷却器的管子中，利用胶球的挤擦作用除去管内壁的沉积物。胶球从水冷却管的另一端流出后，用粗筛截住回收，循环使用。胶球有吸水性，吸水后密度与水相同。球的直径需比管内径大 1.0mm，使用一段时间后，如因受摩擦直径变小，则应废弃更换。此法在我国电力企业应用较广，适用于管程铜水冷却器的软垢清洗。

(2) 不停车的系统清洗　为化学清洗方法，是在不停车的情况下向循环冷却水中加入化学药剂对系统中沉积的污垢进行清洗，通过排污水将污垢排出系统。采用不停车的系统清洗时，应在处理之前根据监测数据掌握污垢障碍的原因，针对污垢的性质提出合适的处理方案。如果污垢是以微生物为主的黏泥软垢，则应使用杀生剂进行剥离。不停车处理微生物软垢，一般效果很好。如果污垢的组成主要是水垢，则应使用阻垢分散剂进行处理。不停车处理水垢的效果不如停车单台酸洗彻底。不宜用不停车系统清洗方法处理腐蚀产物，因阻垢分散剂对铁锈的作用很小。

### 699　怎样不停车清洗水冷却器中的黏泥？

结垢或黏泥沉积都可能使水冷却器的换热效率下降。如果循环冷却水的色、味异常，菌数及黏泥量超标，又在监测水冷却器表面沉积黏泥，则可推断微生物黏泥为主要危害。这时系统不停车清洗的目的是将水冷却器表面的黏泥剥离下来并排出系统外。这种系统清洗实际上是强化了的杀生处理。采用较大的杀生剂量，特别是加入剥离效果较强的非氧化性杀生剂进行杀生，使黏泥剥落入水系统中，再通过排污使黏泥排出系统。这种清洗方法如应用得当，可将系统中大部分黏泥排出系统，水冷却器的换热效率立即改善。其基本方法是“杀生剥离—排污”或“杀生剥离—排污—再杀生—排污”。水中加入杀生剂后一般运行 24h 不排污，24h 之后开排污阀，排污水量适当加大以利黏泥排出系统。例如，某厂水冷却器黏泥沉积使换热效率下降。处理方法是向循环冷却水中加入双(氧化三丁基锡）与氯化十二烷基二甲基苄基铵的复合剂约 50mg/L，循环 24h 不排污，剥离下来大量黏泥块漂浮在水中。黏泥块经分析，600℃灼烧减量为 73%，好气异养菌数＞$10^8$ 个/g。进行排污后水中菌数及黏泥量仍较高，故再在水中加入 SQ8 杀生剂，24h 后进行排污，经这样处理后菌数及黏泥量均在合格范围内，同时水冷器换热效率也恢复正常。杀生剥离的杀生剂常用季铵盐（1227、洁尔灭或新洁尔灭），有的也使用大量次氯酸盐（次氯酸钠、次氯酸钙或漂白粉）剥离。有的在杀生剥离期间加强氯杀生，改为连续加氯，同时将游离余氯指标提高（如原为 0.3～

0.7mg/L，改为0.7～0.9mg/L）。有的适当加酸，使pH值在微酸性运行（如6.0～6.5）1～2d。在再杀生时多采用杀生力更强的二硫氰酸甲酯复合杀生剂（SQ8、S15）等。

不停车清洗黏泥有时除加强杀生之外还加入清洗剂或阻垢剂，即在杀生的同时，加强了对黏泥及水垢的分散作用，有利于排出系统。其方法是"杀生剥离—分散—排污"或"杀生剥离—分散—再杀生—排污"。例如，有的在杀生剥离24h之后，加TS-101或吐温-80清洗剂运行24～48h，有的将正常运行的缓蚀阻垢配方的使用浓度加大，运行24～48h，然后开始排污。如果清洗的效果不够满意，有时可再进行一个"杀生剥离—分散—再杀生—排污"的清洗循环。总之，不停车系统清洗黏泥的方法很灵活，药剂、时间都没有固定不变的模式。系统清洗的总时间大约需3～5d，有时达7d。某些单位在停车检修之前有时也进行一次类似的"杀生剥离—分散—排放"的系统清洗，目的是减少停车后人工清洗水冷却器的工作量。某些单位停车检修之后的系统化学清洗过程中也往往增加了杀生剥离工序，即"杀生剥离—分散—排放"，目的是更好地清除系统中积存的黏泥。

应提醒注意的是：杀生剥离下来的黏泥必须尽快清除出系统之外。经验证明黏泥碎块很容易再沉积到设备上，成为微生物的养料。会促进微生物和黏泥迅速回升。如能将剥离下来的黏泥彻底排出系统，则可保持微生物和黏泥量长时间不回升。清除的方法有：①人工捞掉黏泥，或提高水池液位，使其溢出池外；②清扫塔顶布水器；③发挥旁滤池的作用，加强反洗；④大量排污、置换。

当系统水冷却器漏油时，其危害也类似黏泥沉积，也可能在水冷却器上形成软垢影响传热。解决油污问题也与黏泥沉积相同，一般采用季铵盐处理，用"杀生剥离—排污"方法可恢复换热效率。近年来，在含油的循环冷却水中加入生物酶，以消除油的污染取得了很好效果。

### 700 怎样不停车清洗水冷却器中的水垢？

当水冷却器的换热效率下降时，应通过监测查明原因。如果腐蚀率、菌数及黏泥量均不超标，而在监测换热器发现水垢，则可推断水垢为主要危害。

处理水垢的主要方法是将其溶解和分散。一般是加大阻垢剂量及加酸调低pH值。如果长期处于结垢状态，就应考虑调整缓蚀阻垢配方。在不停车情况下清除水垢不如停车单台酸洗彻底和容易，但为保证生产仍必须采取一定处理措施。

处理措施之一是增加阻垢剂量、减少缓蚀剂量。一般是增加膦酸盐及聚羧酸盐阻垢剂的用量，减少聚磷酸盐及锌盐的用量。但单纯采用这种措施，要想在不停车情况下清除碳酸钙、磷酸钙、磷酸锌、氢氧化锌等水垢还达不到目的，还必须加酸降低pH值运行。因降低pH值会改变各种离子的平衡关系（如改变碳酸钙饱和指数、稳定指数、磷酸钙饱和指数），使水垢的溶解度增加。加酸消垢的方法有以下两种。

一种方法实际上是改变运行条件，少量加酸，使pH值略降低运行，使水垢缓慢溶解。例如，原来运行pH值为8.0～8.5，可改为7.5～8.0、7.0～7.5，甚至6.5～7.0运行。这样运行半个月、一个月或者两三个月，使水垢逐渐消失，直到监测数据正常为止。这种方法实际上是让水质在腐蚀状态下运行。如果主要结磷酸钙垢，可以暂时减少聚磷酸盐投加量。如主要结锌垢，可暂停加锌盐。也可在降低pH值的同时，适当增加阻垢剂用量。

另一种方法是不停车系统酸洗。就是加酸，将pH值降到5.5左右，在1～3d内将水垢洗下。同时加大分散剂量或同时停加聚磷酸盐和锌盐。清洗结束时，大量排污。采用这种方法应极其慎重。因为循环冷却水系统中有混凝土、木材等结构，低pH值会使其受到侵蚀。系统中已使用多年的水冷却器也有可能因此泄漏。调pH值万一不慎降到4.3以下，则会破坏金属上的保护膜，使全系统腐蚀。原则上这种方法不宜提倡。应该提倡加强对系统腐蚀结垢情况的监测，在结水垢的苗头发现时，尽可能采用前一种方法解决。有的单位采用 pH 值为 2～3 的低 pH 值系统清洗方法除水垢，这是更不宜推广的。在不得已需采用这种方法时，尽可能控制 pH 值不低于 5.0。其前提是：对全系统水冷却器的完好状况心中有底，能够确保清洗后无水冷却器泄漏。

某厂多次发生蒸汽表面冷凝器结水垢，使真空度下降，如有时从 54.66kPa（410mmHg）降到零，使生产受到影响。该厂采取降低 pH 值清洗，控制 pH 为 5.5，3d 后真空度恢复如初。该厂表面冷凝器的材质为不锈钢，无腐蚀泄漏的危险。该厂将临时加酸点设在表面冷凝器冷却水入口处，控制表面冷凝器的冷却水出口 pH 值为 5.5 左右。这部分低 pH 值的出水与全系统的循环水汇合之后，pH 值会提高到 5.5 以上，因此不会造成系统腐蚀。

不停车的系统酸洗只适用于清洗水垢，不适用于清洗腐蚀产物。如以碳酸钙水垢为例，pH 值为 5～6 时，碳酸的形态以 $H_2CO_3$、$HCO_3^-$ 为主，$CO_3^{2-}$ 已不存在。故碳酸钙水垢被转化为可溶的碳酸氢钙。而铁的氧化物要在更低的 pH 值下才能溶解，一般 pH 值在 4～5 时开始溶解，pH<3 时大量溶解。因此，腐蚀产物宜采用单台酸洗，而不宜采用系统酸洗的方法。

### 701　为什么需要对水冷却器进行单台清洗？单台清洗有哪些方法？

单台清洗是指停车状态下对水冷却器的清洗。清洗的对象可以是新水冷却器，也可以是旧水冷却器。新水冷却器在并入系统之前有两种情况需进行化学清洗。一种是涂有防腐油、表面有油垢，一般需碱清洗。另一种是保管不良、表面产生浮锈，一般需酸清洗。旧水冷却器清洗是运行后停车检修期间的单台清洗。其目的是除去运行期间水冷却器表面的沉积物。单台清洗可以弥补循环冷却水系统化学处理方案之不足。由于系统中各台水冷却器的工况不同，沉积情况也不同。例如，有些热强度极高的水冷却器（多为蒸汽冷凝器）更容易结水垢，壳程水冷却器的水速低，极易积污垢。尽管缓蚀阻垢配方可适应系统中多数水冷却器，但对某些特殊水冷却器的适应性可能不足，仍会产生一些沉积。这些水冷却器的沉积物在积累一、二年或数年之后，换热效率会下降或产生垢下腐蚀。系统化学清洗往往也不能解决个别特殊问题。所以，利用每年系统停车检修的机会有计划地进行单台清洗十分必要，以恢复水冷却器的换热效率，保证生产。

现场常用的单台清洗方法如下：

(1) 人工清洗　一般为机械捅刷与水冲洗相结合。管程水冷却器拆除封头后，用螺旋钢钎、尼龙刷等工具逐根管进行捅刷，并用自来水或消防车水冲洗。壳程水冷却器需拆除外壳，对管间捅刷或冲洗。这种方法劳动量大、费时间、效率低、除垢不彻底，同时所使用的工具还会伤害换热管；对壳程水冷却器管间的硬垢和铁锈很难清除。近年来多已尽量不用这种方法。

(2) 水力清洗　即采用专用的高压水枪对管程水冷却器的换热管逐根进行冲洗。冲洗水由柱塞泵加压到 10MPa 以上，采用与管径相应的特别喷嘴冲洗，水流速应不小于 2.0～2.5m/s。其清洗速度比人工清洗高，耗劳动力较少，清洗效果好，能够除去较硬的垢锈沉积物，近年已被广泛采用。但此法不适用于清洗壳程水冷却器。

(3) 酸清洗　或称酸洗，是清除垢物的化学方法。酸洗能够除去水垢及铁锈等硬垢，主要是由于氢离子与金属化合物的反应，对垢物起到溶解作用及剥离、疏松作用。反应如下：

$$CaCO_3(s)+2H^+ \longrightarrow Ca^{2+}+H_2O+CO_2\uparrow$$

$$FeO(s)+2H^+ \longrightarrow Fe^{2+}+H_2O$$

$$Fe_2O_3(s)+6H^+ \longrightarrow 2Fe^{3+}+3H_2O$$

由于酸的良好溶解作用，几乎能将水垢和腐蚀产物全部除去，这是人工清洗和水力清洗无法做到的。酸能够洗到任何角落，能够将壳程水冷却器清洗干净。因此，酸洗是最彻底的清洗方法，应用十分广泛。

(4) 碱清洗　或称碱洗，是清除油污的化学清洗方法。一般用烧碱及磷酸盐水溶液作为清洗液，少量加入润湿剂，多用于清洗新水冷却器除防锈剂。

(5) 钝化处理　酸洗或碱洗之后，金属表面处于活化状态，极易产生浮锈。水冷却器酸洗或碱洗之后，如果不能及时并入系统进行预膜处理，则需进行钝化处理。即用化学药剂浸泡或循环冲洗，使其表面形成一层保护膜，避免在存放期间生锈。存放时还需充氮保护。

### 702　如何进行水冷却器的单台酸清洗？

水冷却器单台酸清洗是清除腐蚀产物和水垢的最佳方法。确定酸清洗方案时主要需考虑以下问题。

(1) 酸清洗用酸的选择　可用于酸洗的无机和有机酸很多，有盐酸、硝酸、硫酸、氨基磺酸、氢氟酸、磷酸、柠檬酸、乙二胺四乙酸（EDTA）等。水冷却器清洗主要采用盐酸、硝酸及硫酸三种，最常用盐酸。不锈钢及铝水冷却器宜用硝酸清洗。硝酸有氧化性及钝化作用，酸中不含氯离子，不会使水冷却器产生应力腐蚀开裂。硫酸清洗腐蚀产物的能力很强，但溶解钙垢后，生成的大量硫酸钙有再沉积的危险。故沉积物中以碳酸钙水垢为主时，需慎用。碳钢水冷却器多采用盐酸清洗，但盐酸清洗硅酸盐水垢能力较差，如遇这种特殊情况，可用氢氟酸与盐酸或硝酸复合处理。酸洗液的质量分数随沉积物的厚度而定，一般为5%～10%。

(2) 酸清洗用缓蚀剂　酸洗会腐蚀金属，产生以下反应：

$$Fe+2H^{+}\longrightarrow Fe^{2+}+H_2\uparrow$$

故酸洗时需投加缓蚀剂以减少金属腐蚀。经试验及监测，加入缓蚀剂之后，多能使腐蚀速度降到 1mm/a 以下。如以酸洗时间 6h、腐蚀速度为 1mm/a 计，腐蚀深度只有 $0.7\times10^{-3}$ mm，可以忽略不计。因此，酸洗是安全可靠的方法。酸洗缓蚀剂可以现场配制，也可采用商品缓蚀剂。酸洗缓蚀剂的牌号很多，其类别及特点大致如下。

① 醛-胺缩聚物类　由甲醛、苯胺合成。工艺简单，可以现场配制。水溶性较好，但有一定毒性，存放性能不很稳定。

② 硫脲及其衍生物类　缓蚀性能好，但水溶性能略差。使用时需先用少量温软化水调成糊状，否则易结块。

③ 吡啶及其衍生物类　具有较好的缓蚀性能和酸溶解性能。有的略带吡啶臭味。

④ 化工、医药产品的残料加工成的缓蚀剂　成分复杂，多为含硫、氮的高分子化合物经改性处理后的产品。一般具有较高的缓蚀性能。

(3) 酸清洗配方　化工企业常用的典型酸清洗配方如下。

| 酸洗液 | 盐酸，5%～10% | 硫酸，5%～10% | 硝酸，5%～10% |
|---|---|---|---|
| 清洗金属 | 碳钢、铜 | 碳钢 | 不锈钢、铝、铜、铸铁 |
| 缓蚀剂配方 | 1. 乌洛托品（六亚甲基四胺）0.5%<br>2. 苯胺 0.2%<br>乌洛托品 0.3%<br>3. 苯胺 0.5%<br>乌洛托品 0.5%<br>醋酸 0.5%<br>4. 若丁缓蚀剂 0.3%～0.5% | 若丁缓蚀剂（硫脲或吡啶衍生物） 0.5%～1.0% | 1. 乌洛托品 0.3%<br>苯胺 0.2%<br>硫氰酸钾 0.1%<br>2. LAN-5 缓蚀剂 0.6% |

(4) 酸清洗的进行 酸清洗的方式有浸泡及循环清洗两种，以循环方式效果较好。停车期间需设酸槽及循环酸泵，用临时管线与水冷却器相接，可进行循环清洗。水冷却器中酸液流速应维持 0.2～0.5m/s，<1.0m/s。用无机酸清洗时，酸液温度一般需维持 40～70℃。在酸洗系统中应设腐蚀挂片，监测酸洗的腐蚀速度。清洗过程中需不断监测酸液中的酸度及铁或钙离子的含量。酸洗过程中酸度不断下降，当酸含量<4%时，可适当补充一定量的酸。此外，酸洗过程中铁或钙离子不断增加，浑浊度也增加。酸洗过程所生成的三价铁离子也有氧化（腐蚀）铁的能力，发生以下反应：$2Fe^{3+} + Fe \longrightarrow 3Fe^{2+}$，一般认为 $Fe^{3+}$ 应控制在 300mg/L 以下，否则腐蚀率会明显增加。如果 $Fe^{3+}$ 浓度过高或酸液太脏，也可以排掉一部分酸液，另补充一部分新酸液。当铁或钙离子含量稳定，基本不增长，1h 后可停止酸洗。一般酸洗时间约为 4～6h。水冷却器在酸洗前后均应试压、堵漏。旧水冷却器的换热管可能被腐蚀而泄漏，酸洗前如不堵漏则酸液会串至工艺侧。部分已穿孔的换热管可能被腐蚀产物堵塞，酸洗前可能并不表现泄漏，酸洗之后则暴露泄漏问题。所以，酸洗前后的试压、堵漏均不可忽略。酸洗之后，金属表面很活泼，容易产生浮锈。故酸洗结束排出酸洗液之后，应立即用清洁水冲洗，并需用 0.2%左右的氢氧化钠溶液进行中和。如水冷却器不能及时投入运行进行预膜处理时，则应进行钝化处理。

### 703 如何进行水冷却器的单台碱清洗？

碱清洗或称碱洗，常用此法清洗锅炉。化工系统的新水冷却器也常用碱洗防锈剂等油污。清洗液一般用烧碱（NaOH）及磷酸盐水溶液，同时加入少量（如 0.05%）的润湿剂。常用的润湿剂有烷基苯磺酸盐、OP-15、JX-1 或海鸥洗涤剂等。化工企业常用的碱清洗配方如下。

| 项　目 | 1 | 2 | 3 |
|---|---|---|---|
| 配方/% | NaOH 3～6<br>$Na_3PO_4 \cdot 12H_2O$ 2～5<br>水玻璃(模数 3.2) 1～2<br>洗衣粉 1～2 | NaOH 0.5～0.8<br>$Na_2HPO_4$ 0.2～0.5<br>润湿剂 | NaOH 0.2<br>$Na_3PO_4 \cdot 12H_2O$ 0.5～1.0<br>润湿剂 |
| 清洗温度/℃ | 80～90 | 90～95 | 90～95 |
| 清洗时间/h | 2～3 | 8～24 | 8～24 |

碱洗可采用浸泡或循环清洗方法，以循环清洗的效果为好。碱洗结束排出碱洗液后需用水清洗 10～15min，至 pH 值≤8.4。如水冷却器不能及时投入运行进行预膜处理时，则应进行钝化处理。

### 704 如何进行水冷却器的钝化处理？

酸清洗或碱清洗之后，金属表面处于活化状态，极易产生浮锈。钝化处理就是用化学药剂溶液浸泡或循环清洗水冷却器，使其表面形成一层保护膜，避免在存放期间生锈。化工企业曾用的参考配方如下。

① 用氨水调 pH 值至 9.5，加入 $NaNO_2$ 0.5%～0.6%，常温钝化 3h 左右。

② 尿素 3.5%、$NaNO_2$ 3.5%、苯甲酸钠 0.4%及 $Na_2CO_3$ 1%，常温钝化 3～5h。

③ $NaNO_2$ 0.4%、$H_3PO_4$ 0.5%～1.0%、$ZnSO_4$ 0.5%～1.0%及 $Na_2SiO_3$ 0.5%～2.0%，常温或<60℃钝化 30～60min。此配方钝化效果好，但时间过长有可能产生 $SiO_2 \cdot xH_2O$ 白色胶状沉积。

④ $Na_3PO_4 \cdot 12H_2O$ 1%～2%，80～90℃，钝化 8～24h。

钝化结束后，排液、吹干、封存。钝化后可存放多日，效果好的可存放一个月左右，如果再用氮气封存，则存放时间还可以长一些。

### 705 常用的预膜剂及配方有哪些?

预膜药剂及配方多种多样。习惯上预膜剂多采用与正常配方中相同的缓蚀剂，其用量为正常运行用量的数倍或数十倍。例如，磷系配方采用以聚磷酸盐为主的预膜剂；铬、钼、钨或硅系分别采用铬酸盐、钼酸盐、钨酸盐或硅酸盐为主的预膜剂，并复合聚磷酸盐。由于锌离子具有快速成膜的特点，所以各类预膜剂中多复合锌离子。为防止高浓度缓蚀剂沉积，需适当加酸，调低 pH 值。某些预膜剂中也复合少量阻垢分散剂，实际上同时起了清洗作用。预膜有时也采用与正常运行配方不同的缓蚀剂，如磷系预膜、其他系运行。敞开式循环水系统常用的典型预膜剂配方介绍如下。

(1) 单一聚磷酸盐预膜剂　即采用单一六聚偏磷酸钠或三聚磷酸钠，用量约为正常运行时缓蚀剂量的 7 倍，约 200mg/L。预膜 pH 值为 6.0±0.5 或 6.0±0.3。预膜水温为常温。预膜时间＞24h，一般为 48h。要求循环冷却水中钙含量不低于 125mg/L(以 $CaCO_3$ 计)。

(2) 磷-锌复合预膜剂　为聚磷酸盐与锌盐的复合剂。一般六聚偏磷酸钠与一水硫酸锌 ($ZnSO_4 \cdot H_2O$) 的比例为 4∶1，折合成六聚偏磷酸钠与七水硫酸锌 ($ZnSO_4 \cdot 7H_2O$) 的比例为 4∶1.6。复合剂用量为 400～800mg/L。预膜 pH 值为 5.5～6.5。预膜水温为常温。预膜时间随水温升高而减少，一般为 12～48h。预膜时要求循环水中钙含量不小于 125mg/L (以 $CaCO_3$ 计)。

(3) 磷-锌-阻垢剂复合预膜剂　六聚偏磷酸钠加锌盐用量约 200mg/L，另加商品阻垢剂量约 100～200mg/L。阻垢剂一般为聚羧酸盐、膦酸盐等。预膜 pH 值一般为 6.0～7.0，常温预膜，约 24～48h。

### 706 影响聚磷酸盐预膜效果的有哪些因素?

在碳钢系统中基本上采用磷系预膜，特别是磷-锌复合预膜剂应用最广。磷、锌在金属表面上所形成的是沉淀膜。除了金属表面的清洁程度影响预膜的效果之外，以下因素都影响预膜的效果。

(1) 钙离子含量　聚磷酸盐形成沉淀膜时需要钙、铁等二价离子存在，故预膜时要求水中有足够的钙离子。一般在水中钙离子含量为 250～500mg/L(以 $CaCO_3$ 计)时预膜效果较好。预膜剂中加锌可弥补钙离子之不足。锌离子成膜快,但不牢固,不能代替钙离子。实践证明,不管预膜剂中是否含锌,水中钙离子含量都不得低于 125mg/L(以 $CaCO_3$ 计)。钙离子不足时，应在水中加氯化钙或次氯酸钙。

(2) 预膜剂浓度　预膜剂浓度高则成膜速度快、质量好。浓度降低时，预膜时间需相对延长。使用磷-锌复合预膜剂时，新系统首次开车的用量一般为 400～800mg/L。常用量是 800mg/L，其中六聚偏磷酸钠为 640mg/L，一水硫酸锌为 160mg/L，即锌离子含量为 58mg/L。经使用证明，预膜效果好、时间短。因旧设备的金属表面已有一定钝化，故有的在停车检修后预膜时的复合预膜剂用量可为 200～300mg/L。在上述预膜剂浓度下，一般预膜时间为12～48h。

(3) pH 值　pH 值过高可能产生磷酸盐或锌盐沉积，影响膜的致密性及其与金属的结合力。pH 值过低使膜因增溶而被破坏，造成金属腐蚀。最佳的预膜 pH 值范围是 5～7。一般常选择 5.5～6.5 或 6.0～7.0。

(4) 预膜温度及预膜时间　水温高成膜速度快，预膜时间短。最佳预膜温度为 50～60℃，预膜时间只要 4～8h，膜的质量也较好。但系统要达到此温度是不现实的，只能采用常温预膜。系统初开车时水温低，且受季节限制，故只能根据当时的水温适当延长预膜时间。例如，有的根据试验确定，水温大于 20℃时，预膜时间为 24～36h；水温 10～20℃时，48h。当然，还要根据预膜剂类型、用量及其他条件确定预膜时间。预膜时间也不宜过长。

（5）流速　水流处于湍流状态时，可加快预膜剂的扩散速度，有利于电沉积过程，因此有利于成膜，使成膜快、质量好。故预膜时水流速不宜过低，流速加大也可以防止污垢沉积。但流速过大会起冲刷作用。故要求水流速在 0.5～3.0m/s 范围内，最好＞1.0m/s。

（6）浑浊度和铁离子　这类物质易沉积，使生成的膜松散，抗腐蚀性能差。故要求水的浑浊度≤10 NTU，总铁含量应≤0.5mg/L。

### 707　怎样进行预膜处理的运行与监测？

预膜处理的先决条件是金属表面清洁无沉积物。故循环冷却水系统必须在系统清洗之后进行预膜，这样才能使防护膜均匀致密、附着牢固，发挥较好的缓蚀效果。当系统清洗结束后，浑浊度＜10NTU时，预膜处理即可开始，为节约药剂，可降低水池水位运行，使保有水量降至正常的 2/3 左右，停止补充水及排污水。循环冷却水通过旁路循环，不经过冷却塔填料。预膜剂一般为固体药剂，可将其直接缓慢地加入水池，使其在水流中溶解，同时加酸调低 pH 值。对水的 pH 值、温度、钙离子、铁离子、浑浊度和药剂浓度应严格监测、分析和控制，防止处理不当产生结垢或腐蚀。预膜时间可根据水温等因素确定。

预膜处理在循环冷却水开车初期进行，一般没有工艺热负荷，故水温为补充水的温度，一般不升高。如在特殊情况下，预膜期间系统已开始有热负荷，则应随时注意热负荷的变化，根据水温、药量和正磷酸盐的监测数据，考虑缩短预膜时间等相应的措施，防止水冷却器结垢。预膜结束时，要大量排水、补水，尽快转入正常运行时的配方和条件。

系统中预膜的效果一般不易观察到，故检查预膜效果一般是根据对挂片的肉眼判断，质量好的膜看起来均匀致密，有蓝色的色晕。另有两种用化学溶液的检验方法，能做定性检验，适合现场进行。

（1）硫酸铜溶液法　又称红点法。将 4.1g$CuSO_4 \cdot 5H_2O$、3.5gNaCl 和 1.3g0.1mol/L HCl 溶于 100mL 蒸馏水中配成硫酸铜溶液。将此溶液滴于预膜和未预膜的挂片上，测定挂片上出现红点的时间，二者的时差愈大，表示预膜的效果愈好。红点是硫酸铜与铁反应置换出的铜所致。故预膜质量好的挂片，出现红点的时间长。其用于碳钢钝化膜测定。

（2）蓝点法　分为铁氰化钾溶液法及亚铁氰化钾溶液法两种。将溶液滴到预膜和未预膜的挂片上，测定出现蓝点的时间，预膜质量好的不易出现蓝点，二者时差越大，表示效果越好。

① 铁氰化钾溶液法　将 5g $K_3[Fe(CN)_6]$、5mL 36% HCl 及 1mL 98%$H_2SO_4$用蒸馏水稀释至 100mL 溶液。铁氰化钾又称赤血盐，为深红色，与亚铁离子生成滕氏蓝沉淀，反应如下：

$$2K_3[Fe(CN)_6]+3Fe^{2+}\longrightarrow Fe_3[Fe(CN)_6]_2\downarrow+6K^+$$

也可用此法测定奥氏体不锈钢钝化膜的质量。

② 亚铁氰化钾溶液法　由 15g 氯化钠及 5g 亚铁氰化钾溶于 100mL 水中配成亚铁氰化钾溶液。亚铁氰化钾又称黄血盐，为浅黄色，与铁离子反应生成普鲁士蓝沉淀。反应式如下：

$$4Fe^{3+}+3K_4[Fe(CN)_6]\longrightarrow Fe_4[Fe(CN)_6]_3\downarrow+12K^+$$

### 708　什么是循环冷却水的冷态运行？

冷态运行是指系统中的水冷却器处于无热负荷的状态。即循环冷却水系统虽已开始循环，但工艺系统尚未运行或尚未正常运行。这时循环冷却水的温度尚未升高，浓缩倍数也未升高。当工艺系统正常运行，水冷却器正常进行换热时，即进入热态运行阶段。一般从预膜阶段转入热态运行阶段的中间总有一个冷态运行阶段。当开车计划周密并执行顺利时，预膜到热态运行阶段完全可以衔接得很好，冷态运行阶段很短，一般只有几小时或一两天时间。

但在特殊情况下冷态运行时间可能长达数日、半个月或一两个月。这种情况往往是因工艺系统中的原因所造成的。冷态运行时水温低，水中溶解氧含量高、钙离子含量低，自然 pH 值提不高，因此水的腐蚀性强。如果采用热态运行时的缓蚀阻垢配方和条件，则有可能破坏保护膜，造成金属腐蚀。所以在冷态运行阶段较长时，往往采用一个过渡的冷态运行的缓蚀阻垢配方和条件，一般缓蚀剂用量需增加一些，阻垢剂减少一些，运行 pH 值需提高一些，必要时经试验筛选确定。预膜之后是否需要增加一个冷态运行配方的阶段，要根据冷态运行时间的长短确定。冷态运行配方的目的是防止预膜形成的保护膜被破坏，并防止因此造成严重的初腐蚀。以下举例介绍某些厂的热态和冷态运行配方及运行条件。

**[例 1]** 腐蚀型水质，浓缩至 2.1 倍时钙离子含量约 50～60mg/L（以 $CaCO_3$ 计）。热态运行时调 pH 值至 8.0～8.4，加入六聚偏磷酸钠，控制总磷酸盐为 5～7mg/L（以 $PO_4^{3-}$ 计）$Zn^{2+}$ 1～2mg/L，并加入商品聚羧酸盐 3mg/L。冷态运行时采用自然 pH 值约为 8，总磷酸盐则加大到 25mg/L（以 $PO_4^{3-}$ 计）。

**[例 2]** 某原水浓缩至 3 倍以上时为偏结垢型水质，钙离子含量约 160～200mg/L（以 $CaCO_3$ 计）。热态运行时调 pH 值至 7.5～8.0，加入六聚偏磷酸钠控制总磷酸盐为 8～11mg/L（以 $PO_4^{3-}$ 计），并加入商品膦酸盐和聚羧酸盐共 22mg/L。冷态运行时调 pH 值至 7.8～8.2，总磷酸盐为 18～22mg/L(以 $PO_4^{3-}$ 计)，商品膦酸盐和聚羧酸盐共 15mg/L。

**[例 3]** 结垢型水质，浓缩至 3 倍时钙离子含量约 210mg/L(以 $CaCO_3$ 计)。热态运行时采用自然 pH 值约 8～9。只加入商品膦酸盐及二元聚羧酸盐复合阻垢剂 50～60mg/L。冷态运行时仍采用自然 pH 值约为 8。除按以上量加入复合阻垢剂之外，另加入六聚偏磷酸钠和锌的复合剂约 15mg/L。

## （六）试验及运行管理

### 709 筛选缓蚀阻垢配方之前应作哪些调查?

筛选循环冷却水化学处理的缓蚀阻垢配方一般需要通过旋转挂片试验、动态模拟试验，甚至动态模拟中型试验等步骤。但掌握现场实际情况是筛选配方的基础，所以首先应对要处理的循环冷却水系统进行全面的调查，要尽可能全面、详细。

（1）水质情况

① 水源情况　了解原水是地表水还是地下水，是否受到污染。地下水需收集不少于一年的逐季水质全分析资料。如水源有几口井，则每口井的水质都应了解。地表水需收集不少于一年的逐月水质全分析资料。

② 补充水质　了解原水是否经过预处理及预处理方法，所采用絮凝剂或混凝剂的品种。需收集不少于一年的逐月水质全分析资料。

③ 循环冷却水质　如循环系统已经运行，则可直接采用现场的循环水水质资料作筛选配方的依据。但应选用浓缩倍数稳定时的数据，至少一年逐月的数据。并应尽可能了解自然 pH 值时的数据。

（2）循环冷却水系统的设计数据　需了解冷却塔的型式、循环水量（$m^3/h$）、系统容积 $V$（$m^3$）、设计进塔及出塔水温（℃）。还应了解该系统可能达到的浓缩倍数及运行倍数下的排污水量 $B$($m^3/h$)、风吹损失水量 $D$($m^3/h$)和补充水量 $M$($m^3/h$)。并了解全年中气温、湿度和水温的变化趋势。

为防止药剂分解或水解产生沉淀，药剂在系统中的平均停留时间 $T[V/(B+D)]$最好不超过 50h。

(3) 水冷却器的数据与工艺系统的特点 需了解系统中全部水冷却器的数据：水冷却器的台数，各台水冷却器的型式、结构、材质、热强度、工艺介质、冷却水进出口温度、水流速等。如水冷器材质不同，对缓蚀阻垢剂的要求也不同。壳程水冷却器单靠缓蚀阻垢剂不易处理好，有时还需采取一些其他措施。

应了解设计允许的极限污垢热阻值及要求控制的污垢沉积量。还应了解水冷却器中工艺介质的性质，即了解泄漏的工艺介质可能带给系统哪些危害。

(4) 排放环境及大气污染情况 需了解排污水排出后流经地区的环境，如有无农作物、水产作物及最终排入的水域等，当地环境保护部门对排放的有关规定和要求。

应了解冷却塔周围环境及临近的生产装置是否有废气污染大气，当地的主导风向，以及大气污染对冷却塔的影响。

### 710 为什么要进行旋转挂片试验？

为了尽可能考虑流速的影响，作为水腐蚀测试第一步的筛选测试往往采用旋转挂片法。旋转挂片测试是在实验室的给定条件下，来筛选和评价水处理药剂配方缓蚀效果的测试方法，但旋转挂片测试不能评定水质的结垢程度和药剂的阻垢程度。试验装置如图5-6-1所示。

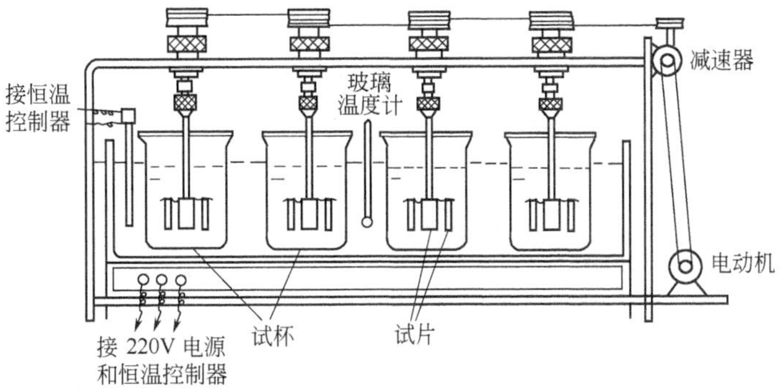


图 5-6-1 旋转挂片试验装置示意图

试片固定在试验架上，用电动机带动试验架在水中旋转，使挂片与水保持一定的相对运动。一般试验架的旋转速度为 45～75r/min（转/分），试片与水的相对速度为 0.3～0.5 m/s。几个试杯中分别装入空白及不同配方的水样，置于恒温水浴中。试验水样模拟现场循环冷却水的水质成分、浓缩倍数及 pH 值。试验水温为 (50±1)℃，也可选用生产装置中典型水冷却器的最高水温。试验的材质应与现场水冷却器的管材一致。试验时间一般为 72h。

试验停止后，根据试片失重计算每个试杯中试片的腐蚀速度，效果良好的配方可作为初选配方，进一步在动态模拟试验中验证。

### 711 什么是动态模拟试验？如何进行？

动态模拟试验是一种对循环冷却系统腐蚀、结垢状况进行研究的测试方法。这种试验装置是动态的、有传热面的，为单管或三管式换热器，模拟生产上水冷却器的材质、壁温和水流动状态等，是试验室内评定水稳配方和工艺条件的一种较理想的综合性测试方法，试验数据可为中试及现场使用提供依据。动态模拟试验的参考流程如图 5-6-2 所示。

循环冷却水进入模拟换热器的换热管内，加热之后的冷却水进入冷却塔，经冷却后循环使用。热介质在换热管外加热，一般采用低压蒸汽或热水加热，图 5-6-2 的加热介质为热水，热水由其他热源（蒸汽或电）加热。换热管材一般采用管外电镀的 20 号碳钢或与现场水冷却器换热管相同的材质（如不锈钢、黄铜等）。管规格为 $\phi$10mm×1mm 或 $\phi$19mm×2mm。

试验用水一般模拟生产现场冷却水质进行配制，有条件的可直接用现场水。设计管内水流速约1.0m/s，换热管入口水温为25～45℃，进出口水温差约5℃，入口水温波动为±0.02℃，浓缩倍数为3～5倍或更高。试验周期一般7～14d，有的达一个月。试验结束后对试管进行剖管检查，测定污垢热阻平均值、不同温度端的垢层厚度和点蚀数据、管及挂片的腐蚀率，并对垢样成分进行分析，综合判断循环冷却水的腐蚀和结垢倾向。

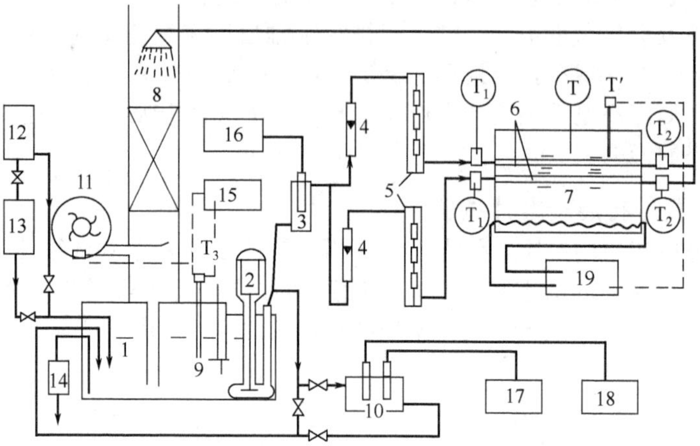


图 5-6-2 动态模拟试验流程图

1—凉水池；2—循环水泵；3—快速腐蚀测试阱电极；4—转子流速计；5—挂片器；6—试验换热管；7—热水浴；8—冷却塔；9—挂片器、挂片；10—测试阱电极；11—送风机；12—计量加药器；13—计量补水器；14—计量排水器；15—继电器；16—Fc快速腐蚀测试仪；17—电导率仪；18—pH计；19—恒温控制器；T、$T_1$、$T_2$—玻璃温度计；T′、$T_3$—触点温度计

动态模拟试验一般要根据旋转挂片、动态污垢监测等试验对配方筛选的初步结果，选择几种配方和工艺条件的试验与空白（不加药）试验进行对比，以便筛选出最经济合理的配方。因此，往往需要进行多轮动态模拟试验，为节省试验时间，有的动态模拟试验装置往往设计成两套或四套并联，可在一轮试验中得出两组或四组数据。

### 712 为什么要进行动态模拟中型试验？

动态模拟中型试验一般称中型试验，是一种比普通动态模拟试验规模大、模拟更加完善的试验装置，用于进一步验证经动态模拟试验筛选出来的配方和工艺条件，运行周期一般三个月以上。

中型试验的流程与动态模拟试验的流程基本相同，见图5-6-3。为与不加药的空白试验对比，一般两套换热器并联试验，每套装置设一台冷却塔和两台换热器，冷却塔安装在室外，通常水循环量是30～50$m^3$/h，补充水采用生产现场水，换热器由12根管组成，可分别装入不同材质的换热管，水流速0.6～1.0m/s，换热管可以每月拆卸检查，测定综合数据，判断配方的缓蚀阻垢效果。

中型试验在以下几方面的模拟优于动态模拟试验：

① 用现场水作补充水，水质与现场更相近；

② 冷却塔的运行条件，如水气比、排污率、补水率、风吹损失率都可以模拟；

③ 运行pH值及药剂停留时间等均可模拟现场实际；

④ 微生物和污泥状况较接近现场实际，可以综合评定缓蚀、阻垢、杀生及抗污泥的效果。

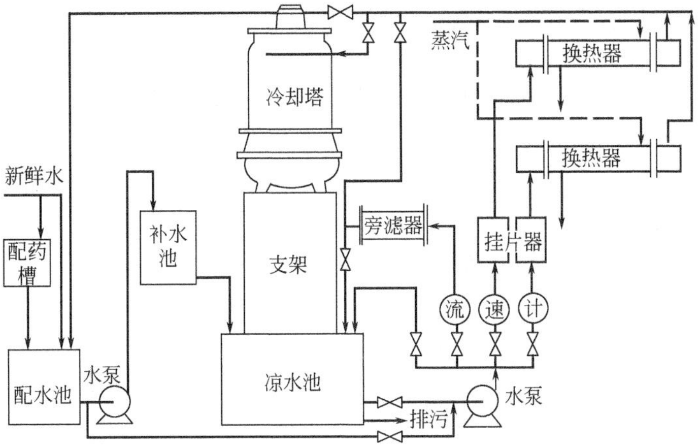


图 5-6-3　中试装置工艺流程示意图

为此，中型试验是一种比动态模拟试验更完善的测试方法，大中型循环冷却水系统用的水质稳定配方应尽可能经过中型试验验证。

### 713　如何对模拟试验结果进行评价？

循环冷却水动态模拟试验、中试以及现场监测试验，其结果要进行评价，下表的数据可作为参考的评价指标。

| 项目 | 评价内容 | 动态模拟试验指标 | 中型试验指标 | 现场监测试验指标 | 评价级别 |
|---|---|---|---|---|---|
| 碳钢腐蚀控制① | 平均腐蚀速度/mdd②<br>(mm/a) | 0～6<br>(0～0.028) | 0～8<br>(0～0.037) | 0～10<br>(0～0.046) | 很好 |
| | | 6～12<br>(0.028～0.056) | 8～15<br>(0.037～0.070) | 10～20<br>(0.046～0.093) | 好 |
| | | 12～15<br>(0.056～0.070) | 15～20<br>(0.070～0.093) | 20～25<br>(0.093～0.116) | 可以允许 |
| 污垢附着控制① | 黏附速度/mcm③<br>极限污垢热阻值/$10^{-4}m^2\cdot K/W(10^{-4}m^2\cdot h\cdot ℃/kcal)$ | 0～6<br>0～0.86<br>(0～1.0) | 0～10<br>0～1.29<br>(0～1.5) | 0～15<br>0～1.72<br>(0～2.0) | 很好 |
| | | 6～15<br>0.86～1.72<br>(1.0～2.0) | 10～20<br>1.29～2.58<br>(1.5～3.0) | 15～30<br>1.72～3.44<br>(2.0～4.0) | 好 |
| | | 15～20<br>1.72～2.58<br>(2.0～3.0) | 20～30<br>2.58～3.87<br>(3.0～4.5) | 30～40<br>3.44～5.16<br>(4.0～6.0) | 可以允许 |
| 细菌控制 | 好气异养菌总数/($10^4$ 个/mL) | 1～10 | 1～10 | 1～10 | 很好 |
| | | 10～50 | 10～50 | 10～50 | 好 |
| | | 50～100 | 50～100 | 50～100 | 可以允许 |

① 碳钢传热面上如有坑蚀，则腐蚀评价应降低一级。
② mdd 为 $mg/(dm^2\cdot d)$。
③ mcm 为 $mg/(cm^2\cdot 30d)$。

## 714 什么是动态污垢监测试验?

动态污垢监测试验是一种对循环冷却系统中结垢状况进行测试的方法,是一种动态的、有传热面的试验方法,适用于结垢型水质的评选。动态污垢监测装置又称 D.D.M. 装置,由循环冷却水系统及污垢监测系统两部分组成。循环冷却水系统设有冷却塔、风机、水池、循环水泵等。污垢监测系统是该装置的核心,是由一根内装管状电加热元件的不锈钢换热管和有机玻璃外套管组成。不锈钢管和有机玻璃管之间保持一定的环隙以通过冷却水。在不锈钢管壁内埋藏几根铠装式热电偶,以此反映管壁的温度。根据壁温变化可了解换热管的污垢热阻值。通过有机玻璃管可观察不锈钢管外垢物附着情况。

该装置的冷却水在环隙中的流速一般为 0.3~0.6m/s,水温为 40~60℃。运行时应控制电加热元件的电功率不变,使换热管的热流量为恒定值。同时需严格控制冷却水的流速和温度保持恒定。这样水侧瞬时污垢热阻值可由该时刻的壁温与清洁管的壁温差计算得出。当冷却水温恒定时:

$$\text{水侧瞬时污垢热阻值}=\frac{1}{K_f}-\frac{1}{K_c}=\frac{F}{Q}(T_f-T_c)\quad m^2\cdot K/W$$

式中 $Q$——换热管的热流量,W;

$F$——换热管的外表面积,$m^2$;

$K_c$——换热管清洁时的总传热系数,$W/(m^2\cdot K)$;

$K_f$——换热管结垢时的总传热系数,$W/(m^2\cdot K)$;

$T_c$——换热管清洁时的管壁温度,℃;

$T_f$——换热管结垢时的管壁温度,℃。

上式中 $F$ 为固定值,在电加热功率不变时,$Q$ 为恒定值,瞬时污垢热阻值可由 $(T_f-T_c)$ 的变化关系在自动记录仪器上得到,也可以根据 $T_f$ 变化曲线得到极限污垢热阻。配方的阻垢率可根据极限壁温差计算得出。

$$\text{阻垢率}=100(\Delta t_0-\Delta t)/\Delta t_0\quad \%$$

式中 $\Delta t_0$——空白试验时的极限壁温差,℃;

$\Delta t$——加药试验时的极限壁温差,℃。

试验时首轮先作空白试验,然后采用旋转挂片试验时初评较优配方进行加药试验。每轮试验时间为 7~14d。

动态污垢监测试验利用试验过程中壁温的变化来反映污垢沉积情况,并便于自动记录,可直接得出污垢热阻值和阻垢率。该装置还可以调节加热元件的功率,改变加热管的热流量,以模拟不同热流密度和壁温的水冷却器条件。故这种试验方法具有快速、方便和灵敏的特点。但由于采用的是不锈钢换热管,故不能反映碳钢腐蚀对污垢热阻的影响。虽能通过挂片测得碳钢的腐蚀速度,但不能反映热负荷条件下的腐蚀状况。故该法主要适用于结垢型水质的评定。腐蚀型水质应采用动态模拟试验评定。

近年国内又研制成功腐蚀结垢监测仪,它的原理和结构与上述的动态污垢监测装置相同,只是内管的材质选用与现场水冷却器相同的材质,如碳钢、铜或不锈钢等。这样,不仅能评定动态、有热负荷时的结垢状况,也能评定其腐蚀状况。其作用与动态模拟试验相同。其区别是:腐蚀结垢监测仪的换热管直接由电加热,同时冷却水流经换热管外(环隙)。

## 715 对循环冷却水的腐蚀试片有些什么要求?

挂片测试是测定循环冷却水对于金属腐蚀的最常用的方法之一。化工行业标准 HG/T 3523—2008《冷却水化学处理标准腐蚀试片技术条件》对挂片即金属腐蚀试片的材质、规格、表面处理及安装有一定的要求。

（1）材质　根据循环冷却水系统的热交换器材质，可采用碳钢、不锈钢、铝材、铜等。

（2）试片的尺寸、加工及封装　为了消除边界效应的影响，减少暴露的端晶以减少试片试验的误差，故要求试片单位质量的表面积要大，边缘面积比例小，即要求薄形试片，一般厚度为1～3mm，推荐的标准腐蚀试片尺寸（长×宽×厚）有以下两种。

Ⅰ型：(50.0 ±0.1)mm×(25.0 ±0.1)mm×(2.0 ±0.1)mm；

Ⅱ型：(72.4 ±0.1)mm×(11.5 ±0.1)mm×(2.0 ±0.1)mm。

表面光洁度全部▽7。挂孔 $\phi$(4.0 ±0.1)mm，光洁度▽4。由于规定了加工公差，试片面积为固定值，且为整数，便于计算腐蚀速度。Ⅰ型面积为 28.00$cm^2$，Ⅱ型为 20.00$cm^2$。试片加工后经编号除油再用航空防锈纸或兵器防锈纸包装，有效期一年半。

（3）试片表面处理　加工成一定规格的试片需经以下步骤处理：去除表面油污→抛光或用零号金相砂纸磨光→水冲洗→甲醇、丙酮脱脂→干燥→称重→编号→放入干燥器内。如果使用按标准技术条件加工和封装的试片，只需先经蒸馏水擦洗再用无水乙醇浸洗，然后吹干即可备使用。

对使用过的试片处理：去除表面腐蚀产物→甲醇、丙酮浸泡→干燥→称重。

去除腐蚀产物用酸洗方法，不同材质试片的处理方法也不同：低碳钢是 15% HCl + 0.5%缓蚀剂常温下浸泡 15s；不锈钢是以 15% $HNO_3$ 在常温下浸泡 5min；铜及铜合金用 10% $H_2SO_4$ 在常温下浸 5min；铝及铝合金用重铬酸钾 20g+磷酸 28mL 于 1L 水中浸泡 30s。

**716　循环冷却水的监测换热器有什么作用？**

循环冷却水的监测换热器又称监测热交换器，是安装在现场的监测装置，用以监测系统中水冷却器的腐蚀和结垢情况。监测换热器的位置一般在冷却塔附近的回水管线上，有时与重点水冷却器并联安装。

监测换热器的设计应模拟现场重点水冷却器的条件，主要是模拟材质、壁温及水的流动状态，一般为水走管程，有单管式或多管式，根据现场情况，管子可经预膜或不预膜，管子可采用 $\phi$19mm×2mm 或 $\phi$(8～10)mm×1mm，长度为 400～500mm 或 700～1000mm。管内水流速约保持 0.6～1.0m/s。换热器单位传热面积的热流密度与壁温密切相关，对结垢程度是关键性的影响因素，故除了模拟冷却水的进出口温度之外，更主要是水冷却器热端的介质温度。监测换热器的热源多采用常压蒸汽，这对模拟热流密度高的水冷却器是适当的，对热流密度低的宜用热水，有的引用现场的工艺介质就更加符合实际。

有些现场采用动态污垢监测装置的污垢监测系统代替监测换热器，换热管由电加热。调节加热元件的电功率来选择不同的热流密度及壁温。水走管外（环隙）适用于监测结垢型水质的系统。

监测换热器的运行周期一般是 1～3 个月，由于腐蚀和结垢的程度随运行周期而有差异，为便于数据对比，多固定每月[(30±1)d]取管一根剖管检查，观察腐蚀结垢情况。监测换热器是有换热面的监测方法，测出的是完整的综合数据，可测污垢热阻、垢层厚度、垢样成分、平均腐蚀速度和点蚀深度等，能全面了解腐蚀、结垢和微生物状态，所以比监测挂片更加接近生产实际，同时由于每月都能拆卸观察和分析情况，能及时发现问题，所以对指导生产运行更有参考价值。

**717　点蚀的深度用什么方法测定？**

测量点蚀深度有以下方法。

① 孔深仪，可用千分表改装成孔深仪，在测量端上焊接一个硬而细的尖针，利用针尖测点蚀深度，如图 5-6-4 所示。

② 金属切削法，对管状式样的外壁可用精密机床切削外圆的方法，可测单位面积上的

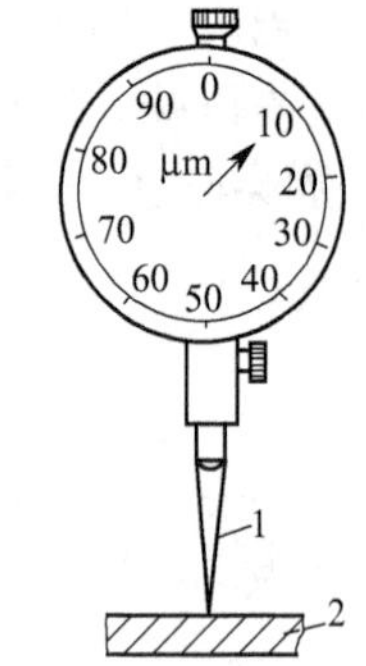


图 5-6-4 用千分表改装的孔深仪
1—针尖；2—金属表面

点数和最大点蚀深度。

③ 金相显微测试方法，先将换热管沿纵向剖开，用带显微刻度的金相显微镜进行观察，测出点深及垢厚。

④ 显微聚焦测量，采用 50～60 倍聚焦显微镜，使点蚀孔的表面和底部在显微镜的视场中两次清晰成像，然后根据目镜焦距的变化测得点蚀深度，可达微米（μm）的数量级。

⑤ 采用 ES-200B 型 X 光电子能谱仪的 XPS 仪，离子剥蚀技术。

### 718 为什么模拟试验应该模拟现场水冷却器的热流密度？

动态模拟试验和监测换热器试验结果有时不能准确模拟现场水冷却器腐蚀结垢的实际情况。经验证明，最关键的问题是应该模拟水冷却器的水侧管壁温度。壁温高时容易结碳酸钙垢，壁温低时无碳酸钙保护膜容易腐蚀。如果壁温模拟不当，试验和现场情况可能不相符。

经有关研究人员核算，水侧壁温的高低基本上由水冷却器的热流密度高低而定。水流经管程无污垢时水侧壁温计算式为：

$$t_w = t + \frac{d_1}{d_2} \times \frac{K\Delta t_m}{\alpha_2} = t + \frac{d_1}{d_2} \times \frac{Q}{F\alpha_2}$$

式中 $d_1$，$d_2$——换热管的外径、内径，m；

$t$——冷却水温度，℃；

$\Delta t_m$——热流体与水的平均温差，℃；

$Q$——水冷却器的传热速率，W；

$K$——水冷却器的总传热系数，W/（$m^2$·K）；

$\alpha_2$——水的对流传热系数，W/（$m^2$·K）；

$F$——水冷却器换热管外的总表面积，$m^2$。

由计算式可知，影响壁温的因素除水温之外就由 $d_1Q/d_2F\alpha_2$ 而定，影响后者的因素有热流密度 $Q/F$、$\alpha_2$ 及 $d_1/d_2$。

$$\begin{aligned}\alpha_2 &= 0.023\frac{\lambda}{d_2}Re^{0.8}Pr^{0.4}\\ &= 0.023\frac{\lambda}{d_2}\left(\frac{d_2u\rho}{\mu}\right)^{0.8}\left(\frac{C_p\mu}{\lambda}\right)^{0.4}\\ &= 0.023\left(\frac{u^{0.8}}{d_2^{0.2}}\right)\left(\frac{\lambda^{0.6}\rho^{0.8}C_p^{0.4}}{\mu^{0.4}}\right)\end{aligned}$$

设水温为 40℃，则其物理性质数据为：热导率 $\lambda=0.634$W/(m·K)；比热容 $C_P=4174$J/(kg·K)；密度 $\rho=992.2$kg/$m^3$；动力黏度 $\mu=0.653\times10^{-3}$Pa·s；则 $\alpha_2=2302u^{0.8}/d_2^{0.2}$。如取试验管管径为 $\phi$19mm×2mm，则 $d_1/d_2=1.27$，$d_2^{0.2}=0.4317$，$\alpha_2=5332u^{0.8}$（$u$ 为水流速，m/s）。按此计算壁温 $t_w$ 如下表：

**壁温 $t_w$ 计算表**

| $u$/(m/s)<br>$\alpha_2$/[W/($m^2$·K)] | 0.5<br>3062 | 0.6<br>3543 | 0.8<br>4460 | 1.0<br>5332 | 1.5<br>7375 | 2.0<br>9284 |
|---|---|---|---|---|---|---|
| $Q/F$/(W/$m^2$) | $t_w$/℃ | | | | | |
| $0.5\times10^4$ | 42.1 | 41.8 | 41.4 | 41.2 | 40.9 | 40.7 |
| $1.0\times10^4$ | 44.1 | 43.6 | 42.8 | 42.4 | 41.7 | 41.4 |
| $1.5\times10^4$ | 46.2 | 45.4 | 44.3 | 43.6 | 42.6 | 42.0 |
| $2.0\times10^4$ | 48.3 | 47.2 | 45.7 | 44.8 | 43.4 | 42.7 |

续表

| $u$/(m/s) $\alpha_2$/[W/(m²·K)] | 0.5 3062 | 0.6 3543 | 0.8 4460 | 1.0 5332 | 1.5 7375 | 2.0 9284 |
|---|---|---|---|---|---|---|
| $Q/F$/(W/m²) | $t_w$/℃ | | | | | |
| $2.5\times10^4$ | 50.3 | 48.9 | 47.1 | 45.9 | 44.3 | 43.4 |
| $5.0\times10^4$ | 60.7 | 57.9 | 54.2 | 51.9 | 48.6 | 46.8 |
| $10\times10^4$ | 81.4 | 75.8 | 68.4 | 63.8 | 57.2 | 53.6 |
| $15\times10^4$ | 102.1 | 93.6 | 82.6 | 75.6 | 65.8 | 60.5 |

从上表可见，流速 $u$ 与热流密度 $Q/F$ 对壁温均有影响，但流速的影响相对小一些。一般设计流速均大于 1.0m/s，故试验流速应按 1.0m/s 或采用重点水冷却器的设计流速。

试验管径对管壁温度也有影响，但影响更小。如果试验管采用 $\phi$10mm×1mm，则 $d_1/d_2=1.25$，$d_2^{0.2}=0.3807$，$\alpha_2=6046u^{0.8}$。当 $u=1.0$m/s 时，与试验管 $\phi$19mm×2mm 的数据比较如下：

| 试验管 | $\alpha_2$/[W/(m²·K)] | $t_w$/℃($u$=1.0m/s) | | | | | | | |
|---|---|---|---|---|---|---|---|---|---|
| | | $Q/F$/(W/m²) $0.5\times10^4$ | $Q/F$/(W/m²) $1.0\times10^4$ | $Q/F$/(W/m²) $1.5\times10^4$ | $Q/F$/(W/m²) $2.0\times10^4$ | $Q/F$/(W/m²) $2.5\times10^4$ | $Q/F$/(W/m²) $5.0\times10^4$ | $Q/F$/(W/m²) $10\times10^4$ | $Q/F$/(W/m²) $15\times10^4$ |
| $\phi$10mm×1mm | 6046 | 41.0 | 42.1 | 43.1 | 44.1 | 45.2 | 50.3 | 60.7 | 71.0 |
| $\phi$19mm×2mm | 5332 | 41.2 | 42.4 | 43.6 | 44.8 | 45.9 | 51.9 | 63.8 | 75.6 |

所以，在水温和流速选定之后，热流密度的高低就决定了壁温的高低。如果以壁温为准计算 $pH_s$，则高热流密度时的 $pH_s$ 要比低热流密度时的 $pH_s$ 降低 0.5 或更多，也就是高热流密度时更容易结垢。这就是应该模拟现场水冷却器热流密度的原因。

怎样模拟热流密度更合理？热流密度 $Q/F=K\Delta t_m$，即由热流体与水的平均温差 $\Delta t_m$ 和水冷却器的总传热系数 $K$ 决定。应说明的是 $K$ 值与介质性质及其流动状况有密切关系。一般资料介绍的列管换热器的 $K$ 值如下：

| 进行换热的流体 | $K$/[W/(m²·K)] | 进行换热的流体 | $K$/[W/(m²·K)] |
|---|---|---|---|
| 由气体到水 | 12～60 | 由水到水 | 800～1800 |
| 由煤油到水 | 350 左右 | 由冷凝蒸汽到水 | 290～4700 |

查阅氮肥厂使用的 200 多台列管式水冷却器的热流密度设计资料的范围为：

| 进行换热的流体 | 热流密度 $Q/F$ 的范围/(W/m²) |
|---|---|
| 由润滑油、石脑油到水 | $(0.075\sim1.0)\times10^4$，大部分$<0.35\times10^4$ |
| 由气体到水① | $(0.2\sim4.3)\times10^4$，大部分为$(0.8\sim1.7)\times10^4$ |
| 由溶液、氨水到水 | $(0.13\sim3.6)\times10^4$，大部分$<1.5\times10^4$ |
| 由冷凝蒸汽到水 | $(0.93\sim7.7)\times10^4$，大部分$>2.5\times10^4$，有 2 台突出高，为 $12\times10^4$ 及 $33.6\times10^4$ |

①气体为空气、天然气、氨、二氧化碳及其他工艺气体。

从以上数据可见，由于蒸汽的传热性质使其更适合模拟热流密度高的水冷却器的热介质。如果系统中主要的或大部分的水冷却器的热流密度较低，应用热水（冷凝液）作模拟换热器的热介质。有人认为采用电加热法，控制加热元件的功率，可在同一台模拟换热器中获得几组不同热流密度的数据。

由于现场水冷却器的水温差很大，可能达 10～14℃，如果完全模拟现场的进出口水温则需要很长的试验管，一方面使试验不方便，另一方面也不容易准确模拟热流密度。要模拟整台水冷却器的水温和热流密度是不可能的，所以有人认为应缩小进出口温差，只模拟现场水冷却器的某一区间水温（如热端或平均）及壁温，可以缩短试验管长度在 0.3m 左右。

**719　为什么循环冷却水系统一定要注意综合治理？综合治理要注意哪些问题？**

循环冷却水系统的水垢附着、腐蚀、微生物黏泥等危害问题的发生，大多是由于各种因素引起的或多种因素综合作用的结果，有些问题并不是化学药剂所能解决的，所以仅注意循环冷却水的化学处理而忽视其他工作，就不能解决系统的所有问题。

循环冷却水系统综合治理需要做的工作很多，内容广泛。归纳起来大体上是抓好以下四方面的工作。

① 防止污染物通过补充水带入系统；

② 防止大气污染物通过冷却塔带入系统；

③ 尽量设法排除系统中的污染物；

④ 尽力减少工艺泄漏物的危害。

以下列举一些常见的综合治理措施。

(1) 严格把好补充水的质量关　补充水中的机械杂质、悬浮物、胶体物、有机物、铁、锰、微生物等带入循环冷却水中，均可能造成危害。补充水进入循环系统后，因浓缩倍数提高使这些杂质的浓度也成倍增加。因排污水量很低，故这些杂质很难排出系统，在系统积累后可能产生沉积或腐蚀。对超标的杂质，化学处理也无能为力。化学处理的前提是要清洁的补充水，不能处理脏水。故要搞好循环冷却水的化学处理，必须首先把好预处理质量关，防止杂质进入系统。

根据水质情况，一般预处理的方法有预沉、混凝、澄清、过滤、消毒等工序，可使杂质达到质量要求。对于有结垢倾向的水质，必要时可进行软化处理，除去部分碳酸盐硬度及部分碱度。软化方法采用石灰软化法或离子交换法。

(2) 种植草坪和水池加盖防风沙　经验证明，冷却塔系统在风沙之后浑浊度立即增加一倍，沉积物也相应增加。为防风沙，一般应在冷却塔周围种草坪阻风沙。风沙常见地区一般水池上加盖防沙，有的在塔顶也加盖。加盖还能起到遮阳光阻止藻类生长的作用。在沙尘暴常发生地区安排以上措施更为重要。

(3) 合理安置冷却塔，防止环境危害　在设计时就应考虑到环境对冷却塔的影响，使塔位置距离污染源远些，避免在其下风向。某些设置不当的冷却塔会多年受环境的危害，得不到解决。如某些冷却塔离煤场、锅炉或高炉很近，常受到煤粉、烟尘、高炉粉尘等污染。环境中的工艺泄漏物或排放物（如酸性气体、氨、有机物等）如吹入冷却塔会使系统腐蚀加重或受到微生物的危害。

(4) 加强滤网管理，防止机械杂质危害　系统中的塑料布、木块、塔填料、锈蚀物等机械杂质和昆虫等常会堵塞水冷却器影响传热。故加强循环水泵前的滤网管理十分重要。对滤网应及时清理和检修。有的将碳钢滤网改为不锈钢网以防腐蚀。

(5) 灯火管制防昆虫　有些环境中夏季昆虫大量繁殖，往往随空气带入冷却塔进入循环系统。某种甲壳虫的粗细与换热管的内径相近，当滤网有漏洞时，会进入水冷却器堵住管口，不仅影响传热又造成垢下腐蚀。如果滤网无漏洞，甲壳虫也会附着在滤网上，慢慢解肢进入系统造成沉积和腐蚀，并形成咖啡色泡沫。解决的办法主要是严格灯火管制，即夜间在塔区不能开灯，或在塔周围设杀虫灯或探照灯将昆虫引开。

(6) 旁滤池除去系统内杂质　旁流处理就是从循环冷却水系统中抽出循环水量的2%～5%的水，经旁滤池过滤之后再返回系统。旁滤池可以过滤掉水中大部分悬浮固体、黏泥、微生物等。当旁滤池反洗时，这些杂质随反洗水排出系统。反洗水常是黑色脏水，故排出的杂质比系统排污水多得多，使系统中的杂质不易积累和危害。许多实例说明，设旁滤池后浑浊度降低50%以上，黏泥量和微生物也大量降低。

旁滤池多采用重力式无阀滤池，滤料多用石英砂，也可用无烟煤。滤料上杂质增多后，水头压力损失增加，可使过滤自动停止，进行反洗。

旁滤池不适用于含油污过多的水。油垢容易使滤料堵塞。

(7) 池底排污和就地排污　池底排污是将排污管深入池底最低处，利用虹吸原理排污。可排出池底含沉积物较多的水，优于溢流排污。就地排污就是临时将系统排污口改在某台因泄漏受污染的水冷却器出口处，以减少其对整个系统的污染。为清除壳程水冷却器的沉积物，有时采用空气搅动措施或反冲洗措施使沉积物悬浮起来，这时也宜就地排污，使悬浮起来的沉积物不再返回系统。这些减少系统污染物的措施应在设计时考虑，以便随时采用。

(8) 工艺泄漏物的管理　工艺介质（如氨、硫化物、有机物、油类等）泄漏均能造成危害。故应加强对泄漏物的监测，及时对水冷却器堵漏。如无条件停车堵漏，则需采取就地排污等措施。

**720　为什么循环冷却水的化学处理技术不易完全解决壳程水冷却器的腐蚀和结垢问题?**

化工生产中用的换热器种类较多，应用最广泛的是列管式换热器。列管式换热器根据水流流程又可分为管程和壳程，水走换热管内的称为管程水冷却器，水走换热管外的称为壳程水冷却器。为了提高壳程水冷却器的传热效率，在壳内往往设有折流板，迫使水的流速与方向不断改变，这就形成了折流板附近的涡流区和滞流区。在这些流向改变和流速慢的地方，水中的污泥和黏泥就容易沉积下来，垢下出现坑蚀会使换热管很快锈穿。

由于壳程水冷却器中换热管外的空间较大，故壳程水冷却器的平均水流速度都较低，一般只有 0.3～0.6m/s，死角处甚至基本不流动，流速过低容易引起沉积，沉积物不仅隔绝药剂对金属表面的作用，且易发生垢下腐蚀。

壳程水冷却器的换热管要穿过管板和折流板，管与板之间的缝隙易于氯离子富集，如果换热管是不锈钢材质，氯离子的富集易使不锈钢材遭受应力腐蚀开裂。有时在设备制造上选用了不同材质的折流板和换热管，电位较负的金属就遭受电偶腐蚀。

综上所说，由于壳程水冷却器的特点容易产生沉积和沉积下的腐蚀，不锈钢材质的壳程水冷却器还存在应力腐蚀开裂和电偶腐蚀的可能，以上问题都不是单纯用化学处理技术所能解决的。故相对来说，壳程水冷却器的腐蚀和结垢都比管程水冷却器严重，使用的寿命也比管程水冷却器短。

**721　如何解决壳程水冷却器的腐蚀和沉积问题?**

根据一些工厂的经验，综合起来有以下几种方法。

(1) 空气扰动　在壳程水冷却器的滞流区增添空气管，定期地通以压缩空气（或氮气），空气扰动的结果，可以将沉积下的黏泥和污泥随水流带出，特别在夏季微生物黏泥增多时，此法效果明显。

(2) 涂料保护　由于化学处理技术不能彻底解决壳程水冷却器的腐蚀问题，因此有不少厂使用涂料保护方法已取得良好的效果。性能好的涂料不仅具有良好的防腐作用，而且由于涂料表面光洁，故不易形成污泥和黏泥的沉积。

(3) 单台酸洗　壳程水冷却器内的沉积和结垢不易避免，用机械方法又不能清除这些沉积物，但在停车期间采用单台酸洗可以取得很好的效果，酸洗过程因加有缓蚀剂，故腐蚀轻微不会损伤设备。相反地，因清除沉积物后消除了垢下腐蚀的隐患，使水冷却器的寿命得以延长。

(4) 注意选材　壳程不锈钢水冷却器中的折流板与换热管的材质往往不一致，两种不同材质的接触与偶合，组成宏观的电偶腐蚀电池，电位较负的为阳极，受到腐蚀，如碳钢折流板腐蚀就很严重。故从防腐的角度来看，两者的材质最好选用一致。工艺介质低于 150℃的碳钢壳程水冷却器改为不锈钢材质也可提高寿命。

(5) 消除应力　设备上应力的存在是应力腐蚀的内因条件，消除应力是减少应力腐蚀的必要措施。奥氏体不锈钢经过冷变形、加工或焊接存在内应力，水中氯离子含量过高或氯离子的富集，就可以引起材料的应力腐蚀开裂，消除应力后可使水冷却器的寿命大大提高。频繁地开停车，特别是突然停车，会造成非稳定的热应力与拉力，此种应力很大，为防止对不锈钢设备的损坏，保持连续稳定的操作是很有意义的。

### 722 什么是循环冷却水系统的旁流处理？

旁流处理就是针对水中有害物质的情况，将循环冷却水按适当比例取出一部分，去除有害物质之后再返回系统，使总的有害物质在水中符合水质要求。旁流处理技术实际上是污水回用技术。旁流处理可以按处理物质的形态分为悬浮固体处理和溶解固体处理两类。

悬浮固体旁流处理是用过滤的方法除悬浮物质，一般称为旁滤处理，所采用的过滤设施称为旁滤池。旁滤处理所针对的是循环冷却水系统中普遍存在的问题，所以应用十分广泛。由补充水和空气带入系统的悬浮物质因浓缩而成倍增加，微生物繁殖产生大量黏泥，在高浓缩倍数运行时排污量少，容易使浑浊度和黏泥量超标，在系统中积累而沉积。采用旁滤处理则可解决此问题。例如，有的系统浑浊度经常在20～30NTU，影响水冷却器的传热和腐蚀。增设了旁滤池之后，浑浊度可以保持在10NTU以下，微生物黏泥量约减少50%。观察旁滤池的反洗水往往是又黑又臭，可见系统中的有害污浊物已通过反洗水大量排出系统。旁滤池运行之后，可以减少冷却塔的排污水量，甚至完全不排，由反洗水代替排污水，可以提高浓缩倍数运行。实践证明旁滤处理的效果明显，特别对于空气中含尘量较多的地区和微生物黏泥严重的系统效果尤为显著。

旁滤池一般设在冷却塔池旁，在回水总管进冷却塔之前接一支管进入旁滤池，过滤后进入冷却塔集水池。旁滤池可采用重力式无阀滤池、虹吸滤池、反向过滤滤池、重力单阀滤池、压力式过滤池、自动清洗过滤器等型式的滤池。过滤介质用得最多的是石英砂，有的也用石英砂与无烟煤等双层滤料。水中悬浮物质被滤料截留，在旁滤池反冲洗时被排出系统。水中有油污时会使滤料堵塞，故旁滤池不适用于含油污水。

旁流处理溶解固体比处理悬浮固体在技术上和流程上都要复杂得多。一般采用以下物理或化学方法：用石灰软化法絮凝澄清，既能除硬、除碱、除硅又能同时除掉悬浮物质，还能除去部分微生物黏泥和有机物COD。出水经过滤之后，还可用电渗析、反渗透或加压蒸发法除盐，以及用酸化法除碱，也可以几种方法并用。旁流处理的技术和流程需按水质情况进行选择。例如，国外某电厂根据补充水质及设计要求循环冷却水应保持的极限水质选择了旁流水量和旁流技术。该补充水浓缩后硬度、碱度和二氧化硅都很高，故选择了澄清、过滤和中和的流程。旁流水先进入泥渣接触澄清池，在池中加入石灰除硬度，加入纯碱除碱度，并加入活性氧化镁除二氧化硅，去除的杂质随泥渣排至系统外（原理可参考第三章257～265题）。澄清后的水再送至重力式过滤池过滤，达到浑浊度<2NTU，然后加硫酸调pH后返回循环冷却水系统。目前国内采用旁流处理溶解固体的尚不普遍，但不少缺水地区的工厂已经在用各种方法进行处理。

### 723 如何计算循环冷却水的旁滤量？

确定循环冷却水系统的旁滤量，比较简单的做法是按循环冷却水量的一个百分数（如2%～5%）来假设，并以此来设计旁流处理装置的容量。但这样决定的旁滤池不是偏大，就是偏小，如果用计算的方法来确定旁滤量，则比较科学和切合现场的实际情况。计算旁滤量以水中的浑浊度为计算根据。有以下两种计算方法：

(1) 系统已运行，已知循环冷却水中的浑浊度 $C_R$。可用设置旁滤池前的浑浊度和设置旁滤池后要求循环冷却水的浑浊度为设计依据，前者可由运行时的操作数据得出。附有旁流处理装置的冷却水系统如图5-6-5所示。

设循环冷却水系统的补充水流量为 $M$（$m^3/h$），补充水的浑浊度为 $C_M$（$g/m^3$）；进入

冷却塔的空气量为 $R_A$(m³/h)；空气中所含悬浮物为 $C_A$(g/m³)；排污水量为 $B$（包括风损及漏损）(m³/h)；循环冷却水浑浊度在没有使用旁滤池时为 $C_R$(mg/L)；设置旁滤池后要求水浑浊度为 $C$(mg/L)；出旁滤池的水浑浊度为 $C_S$(mg/L)；旁滤量为 $S$(m³/h)。

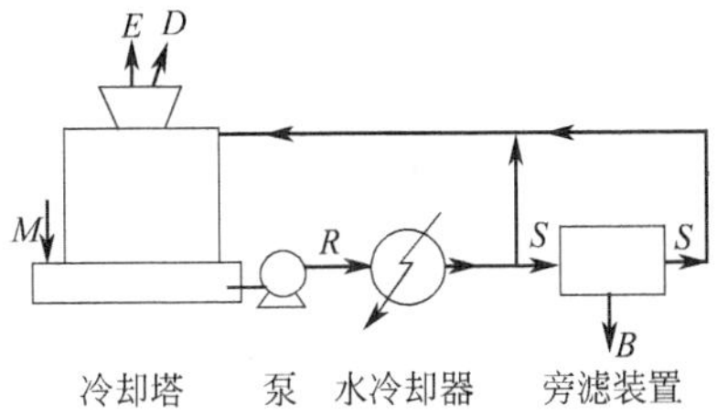


图 5-6-5　附有旁流处理装置的冷却水系统

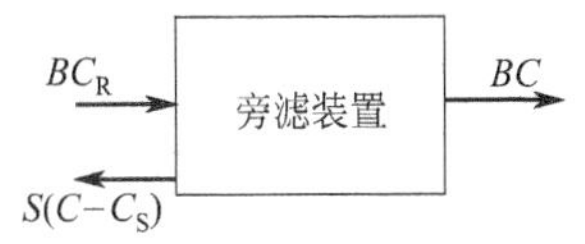


图 5-6-6　旁滤装置的物料平衡图

在没有设置旁滤池时，系统带出的悬浮物为 $BC_R$，在设置旁滤池后，水中排出的悬浮物，为 $BC+S(C-C_S)$，而带入的悬浮物量基本不变，根据图 5-6-6 的物料平衡得

$$BC_R=S(C-C_S)+BC$$

$$S=\frac{B(C_R-C)}{C-C_S}\quad \text{m}^3/\text{h}$$

［例］　某厂循环冷却水系统循环水量 $R=8000\text{m}^3/\text{h}$，排污水量 $B=30\text{m}^3/\text{h}$，循环冷却水浑浊度 $C_R=100\text{mg/L}$，今要求设置旁滤池，并使循环冷却水浑浊度 $C=20\text{mg/L}$，出旁滤池的浑浊度 $C_S=5\text{mg/L}$，求旁滤量 $S$。

解：由上式

$$S=\frac{B(C_R-C)}{C-C_S}=\frac{30(100-20)}{20-5}=160\text{m}^3/\text{h}$$

旁滤量与循环水量之比为 $\frac{S}{R}=\frac{160}{8000}=2\%$

（2）系统尚未运行，尚不了解循环冷却水中浑浊度时，根据补充水及空气带入系统中的浑浊度为设计依据核算。进入系统的悬浮物为 $MC_M+\beta R_A C_A$，排出系统的悬浮物为 $BC+S(C-C_S)$。则

$$S=(MC_M+\beta R_A C_A-BC)/(C-C_S)\text{m}^3/\text{h}$$

其中 $\beta$ 为悬浮物沉降系数，表示空气中带入的尘埃能够在循环冷却水中悬浮的部分。$\beta$ 约为 0.2～0.5，与地理环境，颗粒大小等因素有关，应通过试验确定。当无试验资料时，可选用 $\beta=0.2$。

### 724　什么是循环冷却水系统的零排污？

零排污又称零排放。零排污技术就是旁流处理技术，是将循环冷却水系统的排污水全部通过旁滤处理，进行除浊、除硬、除碱、除盐，处理后的水返回系统作补充水使用，而系统完全不进行连续排污，即 $B=0$。国外一种典型的处理流程如图 5-6-7 所示。

旁流水先经过石灰软化法絮凝澄清，然后经过滤和加酸除碱，再通过反渗透或电渗析除盐，返回系统。从以上流程可见，零排污并不是完全没有排水，石灰渣软泥和除盐的浓缩液（含盐量达 20%以上）都需排放，只是没有冷却水排放。要达到完全不排污，可将石灰渣焙烧得到优质石灰，浓缩液可经蒸发塘脱水或焚烧处理。

零排污的重要意义在于：

① 最大地节约了水资源，尤其对缺水地区意义重大。

② 减少了排放，保护了环境。

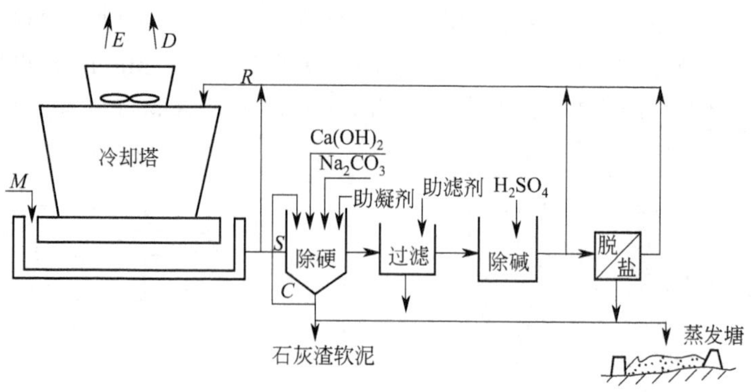


图 5-6-7　零排污典型流程图

M—补充水量，$m^3/h$；E—蒸发水量，$m^3/h$；D—风吹损失水量，$m^3/h$；R—循环水量，$m^3/h$；S—旁流水量，$m^3/h$；C—泥渣回流量

③ 节约了缓蚀阻垢剂及杀生剂等药剂。有些药剂（如铬酸锌）在软化系统中基本不损失，有些药剂部分损失，如膦酸盐和聚丙烯酸损失 50%～70%。

④ 如处理得当，可能使一些毒性较严重的并被禁用的缓蚀剂（如铬酸盐）和非氧化性杀生剂也能被使用。

零排污是一个很复杂的技术设计和经济核算问题。如最佳旁流量、最佳流程和最佳配方、药剂量的确定，可以有很多方案达到同一目的，做起来有很多困难。但根据我国水资源的实际情况，有必要多关注这项技术。国内这方面经验虽不多，但有的已经采取了一些措施，做到接近零排污。

①循环冷却水系统的排污水经过降浊和除盐处理，返回系统作为补充水使用。

②采用极软极低含盐的水作补充水，或者用经过预处理除硬、除碱、除盐的水作补充水，这样循环冷却水系统可以在高浓缩倍数下运行。当旁滤反洗水量、风吹损失水量和渗漏损失水量与补充水量达到动态平衡时，也可能达到零排污。

③国内有些厂采用石灰软化絮凝沉降的过滤水作补充水，可将浓缩倍数提高到 5 倍或更高，这样排污水量很少。当设有旁滤池时，如果反洗水量与排污水量基本相等，也可达到或接近零排污。

### 725　为什么冷却塔内木结构要定期喷药进行灭菌处理？

冷却塔运行一定时间后，塔的木结构会因受真菌侵蚀而腐蚀。这些微生物滋生在水浸不到的地方，因这些部位水中的杀生剂达不到。收水器、通风筒、配水池以及强制通风的其他部分，尤易受到真菌的侵蚀。有些木质冷却塔通常是用有抗真菌性能的红杉心木建成，塔内所用的木材在安装成构筑物之前用杀真菌的木材防腐剂加压处理。但是这些防腐剂在使用多年之后将从木材内沥滤出，或是在运输和安装过程中，木材防腐剂受损，从而易受真菌感染，真菌可导致木材严重损坏。常见的侵害有表面腐烂软化的软腐病，以及从内部破坏纤维素的白腐病。所以对于木质冷却塔进行定期的检查和喷药灭菌处理是很有必要的。喷药的部位为全部木质结构，特别要注意平时水浸不到的地方。现在国内很多工厂已对木质冷却塔每年进行一次喷洒药剂处理。

冷却塔喷洒药剂的工作一般是在停车大检修中进行，塔内停水并清扫冲洗干净后开始喷洒药剂。常用的是含双氯酚的溶液（即 NL-4 灭菌剂）。因该药剂有毒性并能刺激皮肤和呼吸道，故工作人员在喷洒时要做好防护措施。

喷药处理虽达不到彻底消除真菌危害的目的，但可防止局部受侵蚀的木材加速侵蚀，适当延长使用寿命。特别是喷药处理时彻底清除了塔中附着的黏泥，进行了较彻底的全面杀菌，故大检修后相当长时间内（几个月）系统中微生物危害程度往往大幅降低，菌数较少。

### 726　什么是冷却塔木结构的补充性防腐措施？

我国在20世纪70年代引进了美国马利公司的木质冷却塔，其中的木构件是用铜、铬、砷水载复合防腐剂进行防腐处理，按其标准规定防腐剂的最低浸注深度应为9.5mm，但经过检查测定普遍只有1～3mm，距最低浸注深度还差得很远。因此，为使木质冷却塔延长使用寿命必须要进行补充性防腐措施。补充性防腐是为了提高木材表层的药剂吸收量，在木材表面、开裂面、腐朽面内层形成一个木材表面薄膜，防止木材表面腐败或继续腐败。木质冷却塔的补充性表面防腐处理大都由木材防腐专业施工单位来进行。在进行处理前，先要对木构件上残留的泥、尘土、沉积盐进行清除，以利木材对药剂的吸收，然后对木构件的败坏情况作全面的检查，以便采取相应的措施，最后是对清除了表面附着物的木构件在表面干爽的情况下喷刷含有六价铬、二价铜、五价砷含量为8%的防腐剂，喷刷次数为1～2遍，对败坏严重的地方则用大防腐剂量喷刷。喷刷之后的木构件宜干燥数日再投入运行。

### 727　为什么要加强循环冷却水系统的监测工作？

监测工作的作用就是依靠各种监测手段，收集由生产反映出的有关信息，随时修正冷却水水质所出现的弊病，并推断和考察运行结果。首先，必须通过分析监测了解化学处理是否严格按规定的指标运行。此外，监测工作还用以验证试验室有关试验结果，因为经试验提供的配方，受到各方面条件的限制，与生产实际还有一定的差异，所以必须接受生产的检验。尽管监测装置也不能完全模拟实际生产条件，但毕竟还是要接近一些。通过监测可以发现一些新的问题，反过来为试验提出新的课题。

总之，监测工作在整个水质控制管理中是一个重要的环节，严格的监测工作是冷却水处理的可靠和必要保证，没有严格的监测工作就没有良好的冷却水处理效果，只有通过长期、严格、细致的监测工作，才能掌握冷却水水质的脉搏，通过水质的微小变化洞察其后果，从而可提前采取预防措施，以免引起不良的后果。

### 728　对循环冷却水系统应作哪些必要的监测工作？

化学处理的监测工作是生产管理的必要内容，主要包括以下方面。

(1)水质分析　应对原水、补充水及循环冷却水每月进行一次全分析以积累历史资料。对循环冷却水中主要指标应进行经常性的控制项目分析，如pH值、浑浊度、溶解固体量(或电导率)、碱度、钙离子、镁离子、氯离子、硫酸根、二氧化硅、总铁含量、化学耗氧量、缓蚀阻垢剂含量等。为测定浓缩倍数，对补充水和循环冷却水中相应项目均应分析，如钾离子、二氧化硅、电导率等。系统中可能含有的泄漏物应定期分析，如氨、油、有机物等。

(2)挂片　在水池或在循环冷却水管旁路上设置挂片，运行一定时间后取出，测定它的腐蚀速度。由于挂片管理简单，如将挂片安置在有机玻璃管里，观察起来更为方便和直观。缺点是挂片不带换热面，对生产设备的模拟性较差。

(3)监测换热器　这种监测换热器的运行条件较为接近生产实际，能同时取得腐蚀速度和结垢的数据。缺点是一台监测换热器难以反映不同条件的各台工艺换热器的实际情况。可考虑设置两台监测换热器分别监测两种有代表性的工艺水冷却器。

(4)工艺水冷却器的监测　在生产正常的情况下，循环水量、工艺介质流量、工艺介质进口温度一般是稳定的，因此，工艺介质出口温度和进出口冷却水的温差，可以直接反映水冷却器换热效果，从而评定冷却水质量好坏。这个方法简便适用，且能直接反映生产实际效果。

(5)微生物活动的监测　冷却水中需经常监测微生物活动情况，如好气异养菌数、铁细菌数、硫酸盐还原菌数、黏泥量等。同时还需监测与微生物活动密切相关的化学项目，如游离余氯、亚硝酸根、化学需氧量(COD)等。

(6) 年度大检修期间的综合考察　年度大检修期间是检验化学处理效果的极好机会，水冷却器拆开之后，效果一目了然。考察之后应结合全年运行的监测数据进行总结，作为下一个年度调整配方及运行条件的参考资料。对水冷却器主要是外观检查、垢样分析及点蚀数和深度。外观检查时应在清洗前摄像留档，记录锈或垢的特征、厚度和分布。垢样分析取样以管壁为主，分别取热端及冷端垢样。对重点水冷却器应每年在同一部位取样以积累资料逐年对比。除水冷却器之外，还应对循环冷却水系统全面考察，如配水系统、填料、水池、塔结构等。水池中的污泥沉积量往往直接反映化学处理的效果，必要时需取样测定菌种及菌数。对木结构塔应检查塔体藻类附着情况和检查真菌侵蚀情况。

### 729 何谓药剂的活性组分浓度？

在循环冷却水处理中，使用化学药剂来抑制腐蚀、结垢、污泥和微生物问题，我们通常称这些药剂为缓蚀剂、阻垢剂 、分散剂和杀生剂。在处理过程中，药剂会被消耗，或失效。只有还能起到作用的（即有效的）那部分药剂 ，称之为活性组分浓度。活性组分浓度＝投加浓度－消耗。在传统的处理的过程中，经常会忽视消耗，常常导致水中药剂的活性组分浓度不够，处理失败。特别是分散剂浓度不易测定，在日常监测中基本不测定循环水中分散剂的浓度，在处理有结垢倾向的系统或高浓缩倍数运行下的系统，往往发生严重的结垢问题。

有这么一个例子，有一台温度和热强度很高的水冷却器，介质进口温度 180℃，出口 90℃，循环水钙离子为 650mg/L，对进出该设备的循环水进行了分散剂活性组分、钙离子浓度的测试，结果是：进水，活性组分 5.1mg/L，钙离子 650mg/L；出水，活性组分 2.5mg/L，钙离子 590mg/L。仅经过这台结垢倾向明显的水冷却器，分散剂的消耗达到 50%。这说明当循环冷却水处理处在不利的物理因素影响下（如介质温度高），则使处理的应力增加，结垢使活性组分消耗，见图 5-6-8。

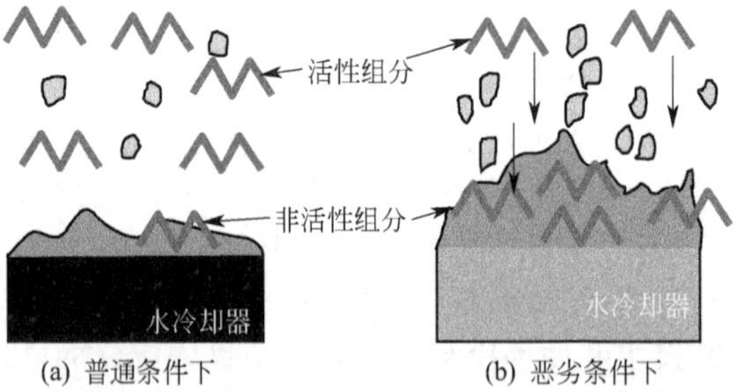


图 5-6-8　恶劣（高应力）条件下，污垢和水垢使活性组分的消耗增加

其实，在水处理的实践中，我们经常观察到这一现象，当进行各种药剂的活性组分监测时，就会发现，有腐蚀倾向时，缓蚀剂的消耗非常明显；而有结垢倾向时，阻垢分散剂的消耗也非常明显，甚至超过预计的 2 倍；系统微生物总数高并有黏泥出现时，你会发现必须加更大量的氧化性杀生剂，才能获得余氯。如果不重视药剂在处理过程的消耗，不维持足够的活性组分，水处理一定会失败。所以水处理过程中，不仅仅要按设计浓度连续加药，还要监测循环水中药剂的活性组分，以便及时补充。美国纳尔科公司将荧光示踪剂接在聚合物的分子上，失去活性的分散剂荧光会减弱，通过荧光光度计检测，就能直接获得药剂的活性组分浓度。

### 730 如何科学地做好循环冷却水的现场管理？

要从物理（mechanical，M）、操作管理（operational，O）、化学药剂（chemical，C）三个方面对循环水处理进行全方位、全过程的管理。整个管理过程都要围绕这三方面进行，这是一个很重要的科学管理思路。具体说来就是要从物理、操作和化学药剂三方面同时着手，简称 MOC，这是美国纳尔科（Nalco）公司努力创导的，而且在许多现场成功地解决了存在的问题。

（1）物理方面　包括换热设备的工况、型式、流速、表面温度、特殊工艺、旁滤器、系统泄漏（水和工艺）、环境状况等。

（2）操作管理　是指围绕水处理所进行的活动——加药、水质调节、指标检测等。

（3）化学药剂　根据水质的特性，设备的材质，工艺工况温度、流速以及环保要求选择合适的药剂及使用浓度和控制条件，选择高性能的药剂会提升处理效果。

循环冷却水处理的应力❶来自许多方面，例如，我们必须重视换热设备的流速、温度。低流速常常引起严重的沉积和腐蚀问题，所以要监测换热器流速、温度，通过优化水量分配，或采取其他物理方法改善低流速带来的问题。工艺介质的泄漏污染循环水质，使微生物控制变得非常困难；还使水质恶化、腐蚀、沉积都随之而来。还有补充水水质变化、工艺工况改变、环境变化都会给循环水处理带来影响，有的影响远远超过常规药剂的能力，因此，人们不得不高度重视，做出相应的对策处理。

加药操作不稳定，水质调节不及时，缺少水质监测，不能保证水中药剂有足够的活性组分，也会造成处理失败。循环水的腐蚀、结垢和微生物的控制主要靠药剂，因此系统加药的平稳、准确至关重要；其次，水质调节也非常重要，所有药剂都要求与之相配合、相适应的水质条件（包括浓缩倍数、钙离子、碱度等）才能发挥其效果。比如以膦分散剂为主体的全有机药剂方案，处理低硬度、低碱度的水质时，缓蚀效果不佳，如果及时调节碱度等条件，状况就会扭转。除此之外，还需有相应的水质监测以确保药剂活性浓度和水质指标受控，没有监测就如“瞎子摸象”。

所以 M、O、C 都要重视，都要管理好，缺一不可。

**731　以聚磷酸盐为缓蚀剂的冷却水系统，在正常运行时要控制哪些主要项目？**

冷却水系统经预膜处理转入正常运行后，应按设计规定严格控制各项工艺指标和不断监测系统中换热设备的结垢、腐蚀情况，以便及时发现问题加以解决。一般地说，采用磷系配方的冷却水系统要控制以下项目。

（1）pH 值　磷系配方中，pH 值是一个极为重要的项目，必须严格按设计的指标加以控制，这有助于聚磷酸盐膜的生成和维持。pH 值控制过高，容易结垢；pH 值偏低，对膜有破坏作用，且使腐蚀倾向增加。因此，pH 值的控制应稳定，波动范围要小。如在系统中设置 pH 自动记录和自动调节加酸装置，对提高处理效果会有很大的作用。

（2）$Ca^{2+}$　聚磷酸盐螯合水中的 $Ca^{2+}$ 沉积在阴极表面形成一层保护膜而起到缓蚀作用，故水中必须要有足够的 $Ca^{2+}$，但 $Ca^{2+}$ 过高，易于生成碳酸钙和磷酸钙的垢。$Ca^{2+}$ 控制适当才能达到缓蚀和阻垢的效果。

（3）$Cl^-$　$Cl^-$ 高了对膜有破坏作用，对不锈钢容易产生点蚀和应力腐蚀。应根据系统的具体运行条件和原水含 $Cl^-$ 情况确定指标。

（4）浑浊度　浑浊度高是冷却水系统形成沉积的主要原因，因此要求浑浊度越低越好。发现浑浊度有较大变化时，应及时查找原因采取措施，因浑浊度的变化反映了冷却水质的变化。菌藻的繁殖，补充水的水质都会影响浑浊度。

（5）总铁　水中总铁的变化，反映了系统中腐蚀抑制的情况，如总铁不断上升，说明系统中铁在不断的溶解，腐蚀在加重，应引起注意。

（6）总无机磷酸盐　它反映聚磷酸盐的含量，说明投加的药量是否适当。

---

❶ 循环冷却水处理的应力可理解为各种不利的物理因素对循环冷却水处理的作用力。

(7) 总磷酸盐　是有机膦酸盐和无机磷酸盐的总和。

(8) 正磷酸盐　聚磷酸盐的水解产物，正磷酸盐高了容易结成磷酸钙垢。

(9) 游离余氯　正确控制余氯量对保证杀菌灭藻和保护木质塔具有重要意义。如果通氯后，连续测不出余氯，则说明系统中出现异常情况，如有机物增加、漏氨或有 $NO_2^-$ 存在，因为这些物质都会与氯作用而消耗大量的氯。因此，通过余氯测定，也可及时发现系统中的问题，便于及时采取措施。

(10) 浓缩倍数　浓缩倍数的测定是依靠测定循环冷却水和补充水中某些离子含量来实现的，浓缩倍数高于或低于规定值，应加大或减小排污量，使其稳定在规定值范围内。控制好浓缩倍数对节约用水和降低药剂费用的意义很大。

(11) 加入其他的药剂　如聚丙烯酸钠、聚马来酸、杀生剂等。

### 732　化学示踪剂在循环冷却水处理中有何作用？

化学示踪剂配以电脑微机，在循环冷却水处理中有多方面的作用。

① 利用示踪剂测定水中的药剂浓度，并自动进行加药操作。实现此技术，只需引一股循环冷却水的旁流水，流进一台带微机萤光仪的流动槽。一束特定光源透过该流动槽，以激发随药剂加入循环水中的示踪剂，反馈出来的信号被送到微机中，就能确定水中药剂的浓度。当药剂浓度低于设定值时，系统会自动启动加药泵，加入水处理剂；当药剂浓度高于设定值时，加药泵自动停止。

② 利用示踪剂可测定循环冷却水系统的保有水量 $V$。在水中加入一定量的示踪剂，测定其在水中的浓度，可计算得：

$$V=G/C$$

式中　$V$——保有水量，$m^3$；

$G$——加入化学示踪剂的量，g；

$C$——化学示踪剂在水中的浓度，mg/L 或 $g/m^3$。

③ 利用示踪剂来测量循环冷却水系统平均排污量 $B$($m^3/h$)：

$$B=\ln\left(\frac{C_0-C_1}{C_T-C_1}\right)\times\frac{V}{T}$$

式中　$C_0$——投入化学示踪剂的初始浓度，mg/L；

$C_T$——投入化学示踪剂 $T$ 时间后的浓度，mg/L；

$C_1$——长时间运行之后（至少 120h 以上）化学示踪剂的浓度，mg/L；

$T$——形成 $C_T$ 的时间，h。

一段时间 $T$ 的总排污量 $=BT$，$m^3$。上述数据可以自动检测，也可以连续显示。上述方法也称为化学示踪剂“衰减”法。

④ 利用化学示踪剂能检测循环冷却系统的泄漏情况和泄漏位置。

⑤ 利用化学示踪剂能够进一步确认并检查其他分析方法的正确性，并可测量水的流量、流速等。

### 733　对循环冷却水处理用的化学示踪剂有什么要求？

化学示踪剂不仅用于水处理，也用在生物化学、医学等方面。作为诊断工具和手段，应视使用对象不同而有不同要求。循环冷却水系统中使用的化学示踪剂有以下要求。

① 化学示踪剂应无毒，不污染环境。排放时应为环保规定所允许。

② 有益于循环冷却水中的阻垢、缓蚀、抑制微生物的作用，不会在水中造成沉积或腐蚀，不会影响其他化学水处理剂的效能，示踪剂本身不降解或起其他化学变化。

③ 在补充水及循环水系统中不存在与示踪剂类似的化学物质，以免干扰、影响示踪剂

的使用效果。

④ 示踪剂应易于监测与分析，便于监控。

⑤ 示踪剂应当是价廉易得。

根据上述要求进行筛选，在循环冷却水系统曾选择绿色颜料、锂（Li）盐、$Br^+$、$Ce^+$等为化学示踪剂。但这些元素在补充水中也有存在，而且使用时投加量较大，不仅不经济，且会使测定时受到干扰。近年筛选出的萤光示踪剂可满足上述要求，目前国内外都已有应用。现在应用的化学示踪剂一般是混合在某种水处理剂中，如混合在阻垢剂中，随阻垢剂一起加入系统。国内已研制了共聚物型示踪剂，骨架为高分子聚合物，示踪剂与其共聚。使用化学示踪剂是一种先进的检测和控制手段，但目前成本仍比较高。

### 734 怎样进行正确地加药?

在化学处理过程中，正确地进行加药是很重要的，加药方式和加药地点不当，往往会使处理效果不好。

（1）加药方式　一般的加药方式是将所用的缓蚀剂和阻垢剂溶解成一定浓度的液体，以计量泵连续地加入水池。这种加药方式较好，可保证冷却水中药剂浓度稳定，波动范围小。但也有采用间断地投加，即每班或每天加 1～2 次，这种投加方式使药剂浓度极不稳定，波动范围大。剂量低了影响缓蚀阻垢效果，剂量高了也易产生不良后果。如某厂曾采用间断地向冷却水池加硫酸锌的方法，结果因浓度波动大和局部过量而产生了锌盐的沉积。

（2）加药地点　药剂加入冷却水池不要靠近排水口，以免药剂直接被排走。药剂在池中要有一个混合的时间，使其混合均匀。不要靠近某一台泵的入口加药，这样会造成药剂浓度分布不均，加酸时更要注意到这一点，酸的局部过量会使腐蚀加剧，选择加药地点时要慎重。

（3）药剂的分析与检验　为保证药剂在水中的含量，应对水中药剂含量进行分析，根据分析数据调整加药量。采用由厂商提供的复合缓蚀阻垢剂时，应由供应厂方提出检验方法，投入水中后应分析控制其主药剂的含量。

加药时，除了要注意以上问题外，还必须充分了解药剂的性能，要注意药剂的共容性，如季铵盐和聚丙烯酸反应会生成沉淀，六聚偏磷酸钠用蒸汽或高温水溶化会水解为正磷酸盐易形成水垢。

### 735 怎样估算缓蚀阻垢剂及非氧化性杀生剂的消耗量?

选择循环冷却水化学处理方案时需根据水费、药费等综合费用进行经济比较，需事先估算药剂消耗量。方案确定之后估算的药剂消耗量则为进货的依据。消耗量的估算随加药方式而不同。

（1）一次性或首次投入药剂　例如，系统初开车时清洗剂或预膜剂均为一次性加入的，往往为冷态运行，不排污不补充水。投加非氧化性杀生剂也属一次性投入，虽多为热态，但往往停止排污 24h。所以，一次性药剂消耗量（即投加量）$T_1$ 与排污水量无关，即

$$T_1=100VC_1/1000S=VC_1/10S \quad \text{kg}$$

式中　$V$——系统容积或保有水量，$m^3$；

$C_1$——循环水中纯药剂的质量浓度，mg/L；

$S$——商品药剂的纯度，%。

系统中日常所用的缓蚀阻垢剂首次加入量可按一次性投入估算，日常维持量按以下两种方法估算。

（2）连续排污并连续加药系统的维持药剂投入量　如系统中缓蚀阻垢剂浓度已达到规定的浓度 $C_2$，设连续加药使药剂质量浓度一直维持 $C_2$（mg/L），则药剂消耗量 $T_2$ 为：

$$T_2=100BC_2/1000S=BC_2/10S \quad kg/h$$

式中　$B$——排污水量、渗漏量及风吹损失水量之和，$m^3/h$。

（3）连续排污但间断加药系统的维持药剂投入量　如加药间隔时间为 $t-t_0$，则

$$C_3=C_0e^{-B(t-t_0)/V} \quad mg/L$$

式中　$C_0$——纯药剂的初始质量浓度，mg/L；

$C_3$——纯药剂变化后的质量浓度，mg/L；

$t_0$——形成 $C_0$ 时的时刻，h；

$t$——形成 $C_3$ 时的时刻，h；

e——自然对数底数，约为 2.718。

药剂消耗量 $T_3=100(C_0-C_3)V/1000(t-t_0)S$

$=(C_0-C_3)V/10(t-t_0)S \quad kg/h$

计算时需特别注意商品药剂纯度问题。循环冷却水中药剂浓度一般以分析测定为根据，以纯药剂量表示。例如，要求维持水中纯聚丙烯酸质量浓度为 3mg/L，而商品聚丙烯酸一般纯度为 30%，即$S=30\%$。故水中商品聚丙烯酸的质量浓度应为 $3\times100/30=10$mg/L。某些商品采用代号，不明确成分，在水中不分析测定。药剂量可以商品浓度表示。这时可令 $S=100\%$进行计算。

有些药剂可能在水中没有完全有效利用。如有些药（如聚磷酸盐）有水解问题，有的固体药剂（如玻璃状聚磷酸盐）难以完全溶解。考虑到这些因素，有时还需在以上计算量上再根据经验增加一些富裕量。进货时，还要考虑运行初期或临时事故因浓缩倍数达不到设计要求可能使药剂消耗量增加的情况。

**736　为什么在确定缓蚀阻垢配方时应选择合适的运行 pH 值？**

pH 值是化学处理法的重要运行条件。在确定缓蚀阻垢药剂的同时，必须选定相应的运行 pH 值，一般应根据补充水质由试验确定控制范围，在运行时应严格执行。

对腐蚀型水质来说，适当提高运行 pH 值可以减轻腐蚀程度、减少缓蚀剂用量。当 pH 值提高到 8.0 以上时，水中溶解氧较易在碳钢表面上形成钝化膜；同时 pH 值提高后使水的碱度提高，更容易在碳钢上形成碳酸钙保护膜。所以，提高 pH 值对腐蚀型水质的运行有利。

提高 pH 值的方法并不是在水中加碱。由于循环冷却水在曝气和浓缩的同时，pH 值会自然增长，一般可达 8.0～9.5 之间（见本章 604 题）。可以利用这种 pH 值自然增长的条件，使循环冷却水升到自然 pH 值运行。近年广泛采用的全有机配方就是浓缩后在自然 pH 值下运行，使配方不用或少用缓蚀剂，因此是较好的配方。

有时候现场运行的实际自然 pH 值达不到试验选定的 pH 值，甚至有时长期比预期的 pH 值低很多。其原因多半是系统中有工艺泄漏物和微生物作用。这时候不可强求提高 pH 值，可以增加缓蚀剂量，以适应现场实际的 pH 值。

对结垢型水质来说，加酸降低 pH 值则是可采用的方法。尽管近年开发出多种有效的阻垢分散剂，但对于严重结垢型水质，一般认为应该适当调低 pH 值运行，这样利于提高浓缩倍数。同时，酸是有效廉价的除垢剂，适当加酸有利于减少阻垢剂量以降低成本。结垢型水浓缩之后 pH 值多>9.0，有时达 9.5。常用的方法是适当加酸，仍保持在碱性运行，并成为全有机配方的另一种形式。

有些看法认为加酸有危险，认为加酸不慎过量会使 pH 值过低而腐蚀。应说明的是：高 pH 值加酸量大，不易过量，是安全的。按本章 605 题及 737 题：

$$加酸量(98\%H_2SO_4)=\Delta M/1000\ kg/m^3\ 循环冷却水$$

$\Delta M$ 为加酸前后的总碱度差（mg/L，以 $CaCO_3$ 计）。pH 值与总碱度的对数值（$\lg M$）成正

比，所以高 pH 值 $\Delta M$ 大，即加酸量大。如以类型Ⅰ水质为例，不同 pH 值下的总碱度差及加酸量如下表：

| 调 pH 值范围 | 总碱度 $M$(mg/L,以 $CaCO_3$ 计) | | | 加酸量(98% $H_2SO_4$)/(kg/$m^3$ 水) |
|---|---|---|---|---|
| | 加酸前 | 加酸后 | 总碱度差 $\Delta M$ | |
| 7.0→6.5 | 23.8 | 11.5 | 12.3 | 0.0123 |
| 7.5→7.0 | 49 | 23.8 | 25.2 | 0.0252 |
| 8.0→7.5 | 101 | 49 | 52 | 0.052 |
| 8.5→8.0 | 209 | 101 | 108 | 0.108 |
| 9.0→8.5 | 431 | 209 | 222 | 0.222 |

由上表可见，高 pH 值（碱性）条件下的加酸量比低 pH 值（酸性）条件下的加酸量多得多，不易加过量，即使过量也不易发生低 pH 值腐蚀。许多厂的实践经验证明，只要加强管理，加酸是安全的。即使在低 pH 值条件下运行，也能控制得平稳。

### 737 怎样估算循环冷却水中的加酸量？

用酸调节循环冷却水的 pH 值，实际上是用酸中和了水中部分碱度，即加酸摩尔量应等于水中降低的碱度摩尔量。

设循环冷却水降低的碱度为 $\Delta M = M_{前} - M_{后}$（以 $CaCO_3$ 计，mg/L）。

如采用 98%的硫酸调 pH 值，则单位循环冷却水所需加酸量 $\Delta A = \frac{\Delta M \times 98}{100 \times 0.98 \times 1000} = \frac{\Delta M}{1000}$，g/L 或 kg/$m^3$。其中 98 为硫酸的相对分子质量。

$M_{前}$、$M_{后}$ 均与补充水的 pH 值和碱度无关。$M_{前}$ 为浓缩至一定倍数时自然 pH 值下的总碱度。$M_{后}$ 为该浓缩水调节至所要求 pH 值下的总碱度。可由现场实测或按本书 604 及 605 题的公式计算得。故

$$系统中的首次加酸量 = \Delta AV = (M_{前} - M_{后})V/1000 \text{ kg}$$

$$系统中的经常加酸量 = \Delta AB = (M_{前} - M_{后})B/1000 \text{ kg/h} \tag{1}$$

式中 $V$——系统容积或保有水量，$m^3$；

$B$——排污水、渗漏水及风吹损失水量之和，$m^3$/h。

有一种粗略的计算式为：

$$系统中经常加酸量 = (M_{补} - M_{循}/N)M/1000 = (NM_{补} - M_{后})B/1000 \quad \text{kg/h} \tag{2}$$

式中 $M_{补}$——补充水的总碱度（以 $CaCO_3$ 计），mg/L；

$M_{循}$——循环冷却水加酸后的总碱度（即 $M_{后}$，以 $CaCO_3$ 计），mg/L；

$N$——浓缩倍数；

$M$——补充水量，$m^3$/h。

式（2）中的 $NM_{补}$ 相当于式（1）中的 $M_{前}$。由 605 题可知，实际上 $NM_{补} > M_{前}$，故式（2）计算出的加酸量偏大。

### 738 循环冷却水的 pH 值是怎样实现自动调节的？

循环冷却水中的 pH 值，经常受各种因素的影响而发生波动，譬如在加氯的时候或补充水质和水量发生变化的时候，都会使 pH 值波动而难以控制。循环冷却水的 pH 值一般是采用定期监测的方法，但这只能是事后发现，pH 值的波动不能得到及时的调节。磷系药剂处理要求 pH 值波动范围要小，而且控制要稳定，这是一项很重要的控制指标，它直接影响药剂的处理效果。因此，实现 pH 值自动调节对稳定 pH 操作、发挥药剂的处理效果会有很大

好处。以下简要地介绍某厂利用国产设备实现 pH 值的自动调节系统。

在该调节系统中，选用了上海第二分析仪器厂出品的 PHGF-22 型压力流通式酸度发送器及其配套的 PHG-21B 型工业酸度计。如图 5-6-9 所示，循环水泵的出口水样经减压阀 3，流经酸度发送器后直接排入地沟。调节水样减压阀 3 使进入酸度发送器的水样压力为 0.01MPa。调节空气减压阀 5 使进入酸度发送器的空气压力略大于循环冷却水样压力，可控制在 0.011～0.012MPa，以使参比电极中的氯化钾溶液缓慢、均匀、连续地渗出玻璃电极，连通测量桥路，以保证仪表正常工作，测量正确。

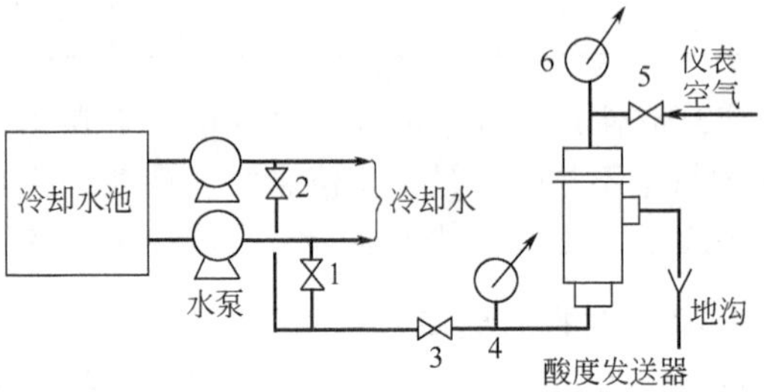


图 5-6-9　酸度发送器安装图

1，2—取样截止阀；3—水样减压阀；4，6—压力表；5—空气减压阀

调节仪表 EWY-303 接收工业酸度计 PHG-21B 送来的 0～10mA 直流测量信号，输出 0.02～0.1MPa 的气压信号，经过气动操作器（遥控板）QFB-100 进行气动功率放大后，加至密闭的低位浓硫酸贮槽，从而将酸压至冷却水池中。当循环水泵出口水的 pH 值变化时，工业酸度计 PHG-21B 的信号、调节仪表 EWY-303 的输出信号使低位酸槽上方的气压随之变化，对加入冷却水池酸量进行控制，从而实现了对循环冷却水 pH 值的调节。图 5-6-10 是循环冷却水 pH 值测量调节系统的示意图，在加入水池的输酸管上还装有限流孔板，它的孔径可根据需酸量和酸槽上方的压力，经过试验后来选择。

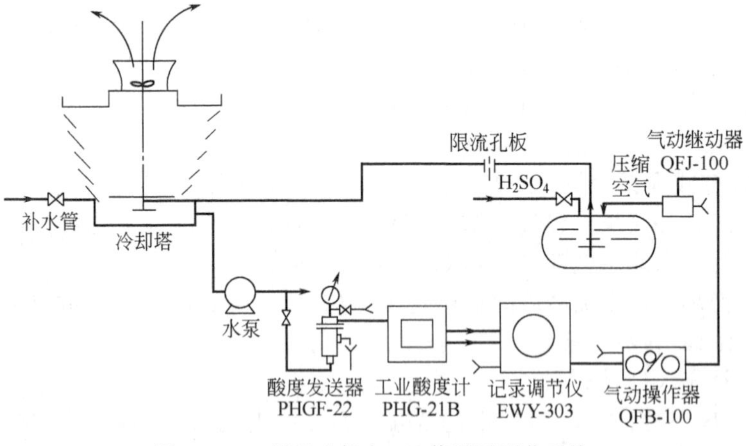


图 5-6-10　循环冷却水 pH 值测量调节系统

## 739　循环冷却水系统的 pH 值降得过低了怎么办？

循环冷却水系统由于操作失误或其他原因，有时会发生 pH 值降得过低的事故，过多的酸漏入水系统其后果是严重的。当 pH 值降到 5 以下时，碳钢表面形成的钝化膜会很快被破坏；在 pH 值为 4 左右时，析氢反应开始，使铁迅速溶解，腐蚀速度就很快。冷却水的 pH 值较低时，混凝土水池也会遭到严重侵蚀，使水的硬度增加。

当发生 pH 值降得过低时，一般的处理方法是停止加酸并开大排污阀增加补充水量，使

pH 值自然回升。如果 pH 值降到 4.5 以下时，除加大排污和增加补充水使 pH 值迅速恢复正常外，还应加入相当于十倍正常浓度的腐蚀抑制剂，并使这种浓度保持一星期或十天，以便重新形成保护膜。

漏酸后切勿加入苛性钠，因为当 pH 值达到 7 左右时，系统中过量的亚铁离子会以氧化亚铁形式沉淀出来。

$$Fe^{2+} + 2OH^- \longrightarrow Fe(OH)_2 \downarrow$$

氢氧化亚铁很快就被水中的氧气氧化成为氢氧化铁，产生严重的污垢。

$$2Fe(OH)_2 + \frac{1}{2}O_2 + H_2O \longrightarrow 2Fe(OH)_3 \downarrow$$

大量难溶的氢氧化铁将在水流速慢的地方沉积，从而产生沉积下的腐蚀。

### 740 传统的循环冷却水自动排污加药系统是怎样的？

使用化学药剂来处理循环冷却水的腐蚀、结垢和微生物问题，连续维持水中有足够的药剂浓度至关重要，是技术管理上一项重要工作。药剂在运行过程中由于水的排污、泄漏而损失，以及处理过程中因抑制腐蚀、结垢、沉积及微生物问题而被消耗，需要及时补充。以往都是人工进行加药，先对药剂进行分析测试，再调整药剂加量。这种加药方式耗费人力，增加了劳动强度，还存在加药时间滞后，药剂浓度波动问题。直接导致处理效果不佳或药剂浪费问题。近年开展了自动排污加药系统的研究，已经用于生产。自动排污加药装置系统图见图 5-6-11，主要由下列部分组成。

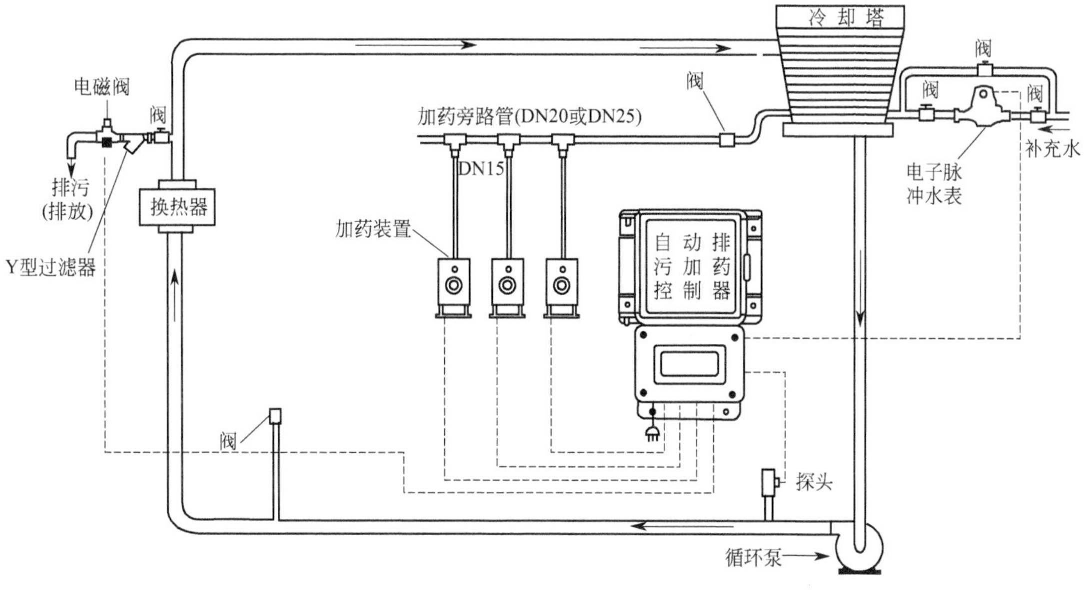


图 5-6-11 自动排污加药系统图

（1）自动排污加药控制器 它的主要功能是：①监测水质情况，如循环冷却水、补充水的电导率，以判明循环冷却水的浓缩倍数；②测定补充水量、排污水量；③根据补充水量及浓缩倍数或根据排污水量确定加药量；④根据循环冷却水的电导率指令排污电磁阀控制排污水量。

（2）加药装量 有药剂贮槽、搅拌器、电子计量加药泵。接受电脑控制器（自动排污加药控制器）编制程序的指令，执行自动控制加药。

（3）电子脉冲水表 对补充水计量。每通过一定水量产生一个电子脉冲，通过自动排污加药控制器发出指令，控制电子计量泵的工作，使水处理药剂与补充水量同步同比例投加，确保循环冷却水的药剂浓度。

(4) 监测探头（测电导率）、电磁阀（排污）等。

该系统的特点是采用电脑控制，通过编制程序控制加药过程，并对系统的故障进行声光报警及远程调控；操作简单，节省人力，可以实现自动排污、自动加药，加药连续均匀。选用可靠的控制部件及计量泵是本系统安全可靠的保证。

该系统自动加药的依据是补充水量（或排污水量），也就是药剂按照设计浓度与补充水同比例加入。这是因为水处理药剂分析通常用化学方法，直接用仪器在线监测比较困难。以补充水或排污水量来计算加药量比较容易。由于补充水和排污水的计量很难做到精确，加药量也无法精确。同时，药剂在水处理过程中有消耗，真正起作用的是药剂的活性组分。按本章 729 题所介绍的活性组分概念，活性组分浓度＝投加浓度－消耗。则依据补充水量或排污水量加药的方法无法及时了解水中药剂的消耗，加量更不准确，也很难控制水中的活性组分。目前，新的自动加药系统是根据在线监测水中药剂活性组分浓度来加药的，精确度高，处理效果也好。

### 741 哪些项目能够实现自动监测和控制？

维持循环冷却水中有足够的药剂浓度至关重要，同时监控水质的特性也十分重要。为了解和控制药剂浓度及水质特性需耗费大量人工，期望实现自动监测、自动加药和控制水质特性以提高处理效果。

实现自动化首先需要实现在线监测。目前能够实现在线监测的项目有：电导率、pH 值、浑浊度、余氯、温度、腐蚀速度及部分药剂浓度。只能在线监测而不能形成控制回路的项目还不能称为自动化。能够实现控制回路的有：

(1) 电导率-排污　电导率仪可以连续测定水的电导率。根据水质特点，计算达到某一浓缩倍数时的电导率，以此设定值维持系统的浓缩倍数。当电导率达到设定值上限时，自动排污加药控制器令电磁阀开大排污；低于设定值下限时关小排污，使系统浓度倍数基本稳定。参见 740 题，图 5-6-11 。

(2) pH 值-酸/碱　用在线 pH 计控制加酸泵，维持系统要求的 pH 值和碱度，见 738 题。

(3) 余氯-氧化性杀生剂　根据余氯测试仪测定的余氯值加入氧化性杀生剂，如氯、次氯酸钠、次溴酸等，见 742 题。

(4) 在线监测药剂浓度自动加药　目前并非所有药剂都能做到在线监测，因此一般测定药剂中的某一种组分，其他组分则是按比例加药的。例如，某国外水处理公司采用的缓蚀阻垢剂中含有聚合物和其他成分。分析仪的分光光度计可测得浑浊度，浑浊度自动换算成聚合物浓度，信号输到加药泵上，将含有聚合物的缓蚀阻垢剂控制在一定浓度。分析仪的分析间隔可以设定在 1～99min。目前最先进的方法是使用示踪剂技术来快速检测水中药剂的浓度。可将荧光示踪剂接到分散剂聚合物的分子上进行“标记”。用荧光光度计对标记物进行检测，直接得到水中药剂浓度，由自动加药装置令加药泵的动作。这种方法测出的药剂浓度是活性组分浓度。因为已经与沉积物结合的药剂，其荧光强度不同，可以屏蔽掉。这种方法检测频率高，可达 6s 一次。因此，可以准确控制需要的活性组分，可以满足苛刻的处理要求。特别在高浓缩倍数运行的系统，很容易出现应力波动引起活性组分大量消耗的情况，准确测定活性组分更有必要。据介绍，美国纳尔科的 3D TRASAR 自动控制加药系统即采用了示踪剂技术。3D TRASAR 对循环冷却水在线监测，取得电导率、pH 值、余氯、药剂浓度各种数据，命令电磁阀排污，同时命令加药泵加药、加酸泵调 pH 值及加氯装置控制余氯等。

### 742　循环冷却水系统是如何自动加氯的？

实现循环冷却水系统自动加氯，首先需要实现余氯的在线监测。余氯的在线监测方法很多，有比色法和电化学方法。常用的有：DPD 比色法、电位计/碘量滴定法、膜分析法、电流滴定法（Amp. 法）和氧化还原电位法（ORP 法）。实际上这几种方法都能够达到在线监测的目的，不过各有优缺点，同时测出的数值也有一定差异。自动加氯所采用的自动分析器要求分析准确、自洁（self-cleaning）和连续。目前采用以上方法的都有，都可行。以 DPD 比色法最流行，该法标准误差为 0.04mg/L，适用范围为余氯 0～5.0mg/L。美国有试验认为 ORP 法在现场使用效果较好。纳尔科公司的 3D Trasar 自动加药装置所采用的是 ORP 法。ORP 法测定氧化还原的微量电位差（以 mV 计），它表示介质氧化性或还原性的相对程度，可用以表示余氯的大小；可以测定氯、次氯酸钠、次溴酸等氧化性杀生剂的浓度。由于地区的水质不同，系统的需氯量不同，要求达到一定的余氯（卤）值（如 0.2mg/L）时，在分析器中的设定值也不同。就每个具体系统而言，开始阶段需要有一个通过分析使余氯（卤）值适合 ORP 设定值的过程。另外 ORP 和余氯（卤）只是正相关，并不是一一完全对应，其数值在一定的小范围变化。还要注意水质的需氯（卤）量也会发生变化。所以，有时要根据系统情况对 ORP 的设定值进行小幅度调整。

循环冷却水的自动加氯，是由自动分析器在线监测水中余氯值，并向自动阀或自动加药泵发出指令控制开关的，见图 5-6-12。

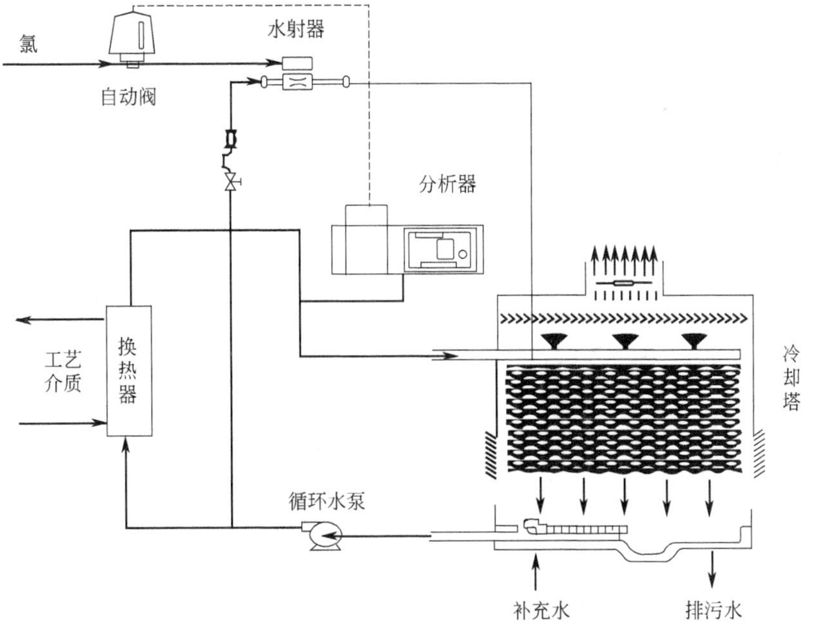


图 5-6-12　自动加氯系统示意图

### 743　为什么大检修期间要对水冷却器进行拆检？

大检修期间是对循环冷却水系统运行一个周期综合考察总结的极好机会，应该争取机会多拆检一些典型的水冷却器，以便准确了解水冷却器的状况。需要对水冷却器的外观进行检查，并进行垢样分析，记录垢或锈的特征、厚度和分布，测定点蚀数和深度。除了文字记录之外，对拆开的水冷却器摄像留档是极好的方法，可以一目了然。这样做可以总结经验教训，做好水处理工作。

（1）通过污垢分析和外观检查可以了解系统腐蚀或结垢的倾向，对化学处理的缓蚀阻垢配方是一次检验，可以作为下一个运行周期调整配方及运行 pH 值的重要依据。

（2）对于一些运行状况不很理想的水冷却器，需要进行适当处理，以改善状况，保证在下一个运行周期处于良好状态。对不清洁的水冷却器应进行水冲洗，对严重黏泥附着、腐蚀或结垢的水冷却器应进行酸洗。对泄漏的管子应进行堵漏。在拆检后对水冷却器全面了解的基础上，对有损坏危险的水冷却器制订更换计划。

（3）发现并改进管理中存在的问题。例如，由于滤网管理不善将碎填料、昆虫及各种杂物带入系统堵塞换热管，影响传热。拆检后也应清理这些杂物。由于杀生措施不利，使黏泥滋生，造成水冷却器垢下腐蚀等问题也应采取改进措施。

（4）发现并改进水冷却器结构、材质和运行条件方面存在的问题。例如，碳钢壳程水冷却器普遍容易积污垢而造成垢下腐蚀穿孔，寿命多在 3 年以下，很少达到 5 年的。各厂将材质改为不锈钢或碳钢，涂热固型涂料以解决此问题，延长了水冷却器的寿命。介质温度较高（200℃或更高）的不锈钢壳程水冷却器有发生氯离子应力腐蚀开裂的危险。发生开裂的水冷却器寿命甚至有的低于碳钢壳程水冷却器。经验教训告诉我们，应严格控制水冷却器的出水温度、防止超温（＜45℃），以避免应力腐蚀开裂。生产上的经验教训可以给今后的设计工作者作借鉴，尽可能采用管程水冷却器。

（5）重点水冷却器的考察资料可以作为档案长期积累保存。资料可以逐年对比，考察缓蚀阻垢配方和管理方面的变化带来的效果。

以下为各种典型水冷却器拆检后的图片（图 5-6-13～图 5-6-26）。

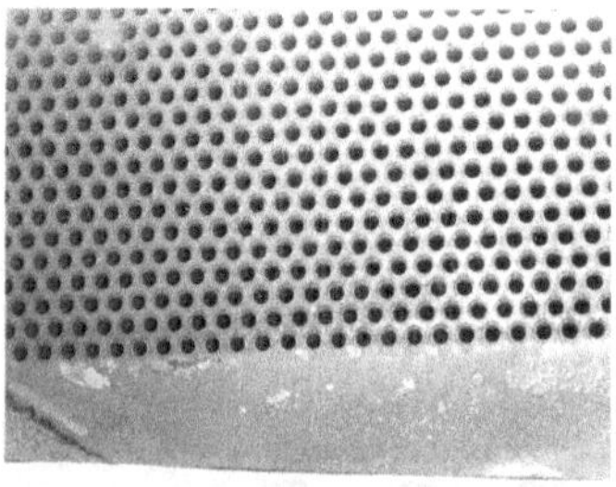

图 5-6-13　碳钢管程水冷却器
（管通畅，不腐蚀，不结垢，处理较好）

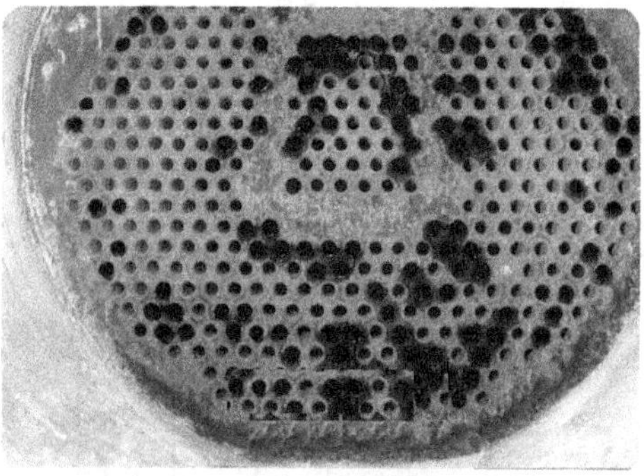

图 5-6-14　碳钢管程水冷却器
（管通畅，有均匀锈蚀）

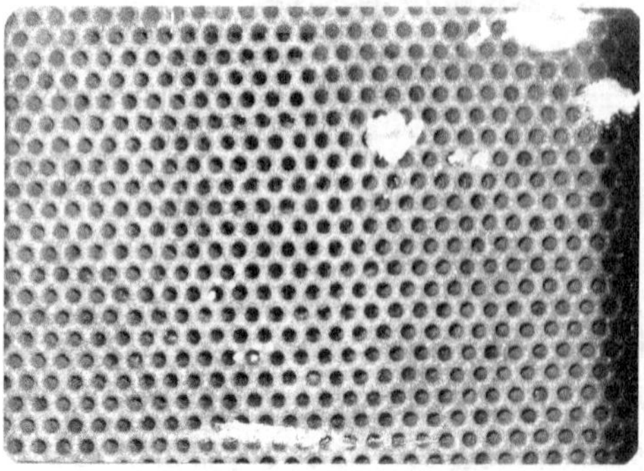

图 5-6-15　碳钢管程水冷却器
（管通畅，少数管有堵塞，有轻微结垢）

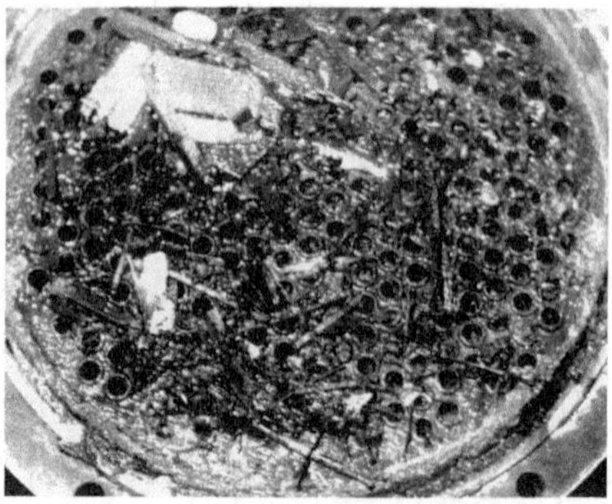

图 5-6-16　碳钢管程水冷却器
（有大量黏泥及杂物堵塞，管不通畅）

图 5-6-17　碳钢管程水冷却器
（有大量黏性污垢堵塞，污垢具有流动性，为典型的微生物危害）

图 5-6-18　碳钢壳程水冷却器
（有一层较均匀的腐蚀产物，是碳钢壳程水冷却器中处理得较好的情况）

(a) 酸洗前黏泥附着及垢下腐蚀

(b) 酸洗后浮锈除去后可见垢下腐痕迹

图 5-6-19　碳钢壳程水冷却器

图 5-6-20　碳钢壳程水冷却器
（部分管壁上有锈瘤，一根管被折流板磨断）

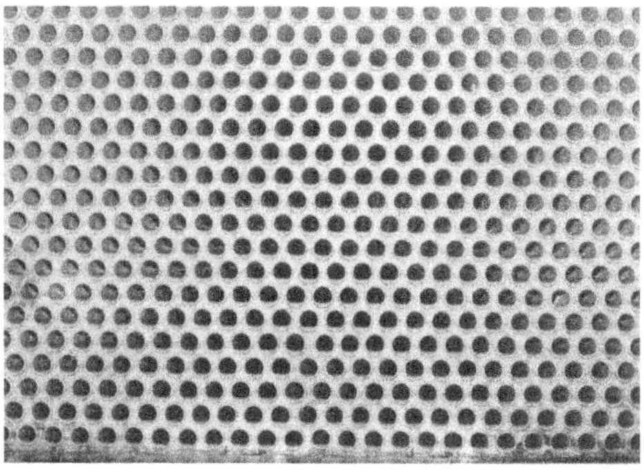

图 5-6-21　不锈钢管程水冷却器
（管通畅，无锈垢，处理较好）

图 5-6-22　不锈钢管程水冷却器
（管通畅，有轻微结垢，部分管内有黏泥）

图 5-6-23　不锈钢壳程水冷却器
（在折流板附近有成堆污垢，在碳钢定距杆上有污垢及腐蚀产物，需经酸洗再投入运行）

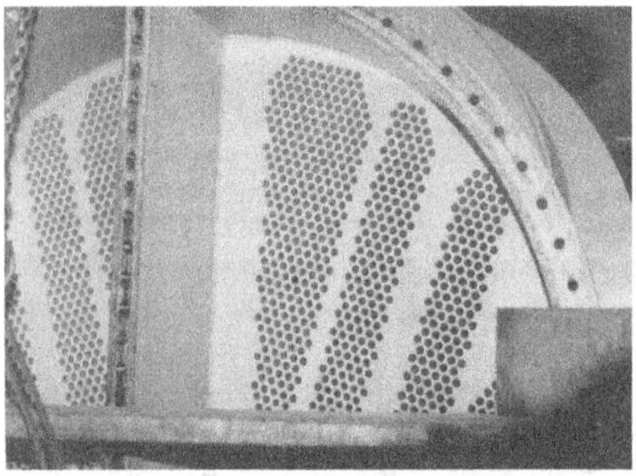

图 5-6-24　敷涂料的碳钢管程水冷却器
（管通畅、管箱、管板及管子极光洁无垢）

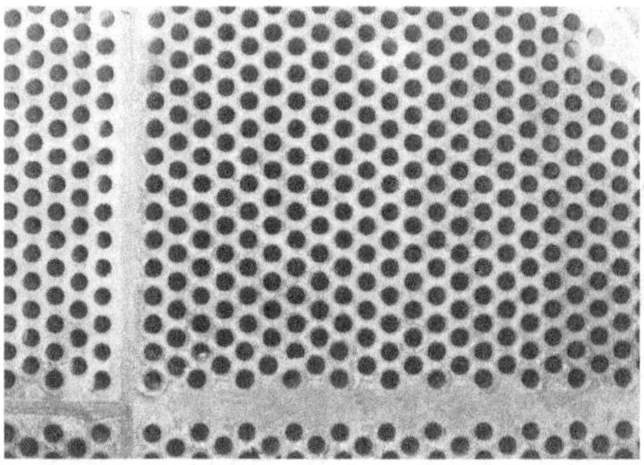

图 5-6-25　敷涂料的碳钢管程水冷却器
（管通畅，管板处有污垢，管内有些软垢）

图 5-6-26　敷涂料的碳钢管程水冷却器
（管通畅，管板及管子极光洁）

# 第六章 废 水 处 理

## （一）废水及危害

### 744 什么是废水?

天然水经过人类利用后，掺入了各种废弃物质而排出来的水称为废水。

天然水经过人类的各种活动，如工业的、农业的、生活的以及社会活动等领域的利用之后，其排出水中夹带了各种污染物，使得水的物理、化学性质都发生了变化而成为废水。

### 745 废水是从何而来的?

废水主要来源于生活污水和工业废水。生活污水是人类日常生活活动中所产生的废水，这种废水主要是被生活废料和人的排泄物所污染，废水的成分及其变化取决于人们的生活状况、生活水平、生活习惯；工业废水是指工业企业生产过程中所排出的废水，废水中有生产过程的废弃物，流失的原材料、中间产品、最终产品、副产品等污染物，是造成水环境污染的主要污染源。根据工业废水污染程度不同，分为生产废水和生产污水，生产废水的污染程度比较轻，可以排放或回用，而生产污水的污染程度比较严重，需经处理后方可排放或回用；此外，农业废水也是重要来源之一，随着化肥和农药的大量使用，除部分被植物吸收外，残留物及农业废弃物的径流排水也成为废水来源。

### 746 废水中有哪些主要的污染物?

废水中主要的污染物有：

（1）无机污染物　如溶于水中的无机盐类、氯化物、硫化物和无机酸碱等；各种重金属如铬（Cr）、镉（Cd）、砷（As）、汞（Hg）、铝（Al）、镍（Ni）、钨（W）等；以及有害化合物质，如氰化物、氟化物等。

（2）有机污染物　如氮化物、膦酸盐、碳水化合物、蛋白质类、脂类、苯酚类、多环芳烃类、有机农药类、高分子聚合物、合成洗涤剂等。

据称工业有害物质有10000种以上，会不同程度地掺入废水中。

（3）固体污染物　废水中的悬浮物（SS）、溶解固体（DS）、总溶解固体（TDS）等。

（4）生物污染物　废水中的病原菌、病毒、藻类等微生物。

（5）放射性污染物　含放射性物质铀（U）、镭（Ra）、钍（Th）、锶（Sr）、铯（Cs）等的废水。

（6）油类污染物　通过各种渠道进入水体的动、植物油类，以及石油类污染物。

（7）热污染物　热水排入水体，水温升高，促使水体溶解氧加快耗尽，菌藻异常生长繁殖，水质恶化，危害水生生物，甚至导致死亡。

（8）感官性、营养性污染物　包括废水中过量的氮、磷、钾、铵盐等物质，以及产生异色、浑浊、泡沫、恶臭、异味等的物质。

### 747 废水对环境的污染有什么危害?

随着工业的发展，废水的排放量日益增加，如不达标的废水排入水体后，会对环境产生严重的危害。

(1) 含有毒物质的有机和无机废水对环境的污染危害极大。例如氰、酚等急性有毒物质，重金属等慢性有毒物质及致癌物质造成的污染，可能引起人们的神经中毒、食物中毒、糜烂性毒害，以及 Ames 致突变性等，严重危害人体健康，影响农作物和渔业的产量和质量，破坏人类生态环境，制约工农业发展，造成经济损失。

(2) 无毒物质的有机和无机废水，对环境的污染也是有害的。有些污染物虽无毒性，但由于量大或浓度高而对水体产生污染。例如大量排入水体的有机物会产生厌氧腐败现象，大量的无机物，会使水体内盐类浓度增高，对水生生物造成不良影响，导致水质恶化，造成对生物的严重危害。

(3) 含有大量不溶性悬浮物废水对环境的污染，造成污染物沉积水底，发生腐败、水体缺氧、破坏鱼类等生存环境。

(4) 含油废水产生的污染，气味难闻，易引起火灾，而动植物油脂又具有腐败性，消耗水体中的溶解氧。

(5) 含高浊度和高色度废水的污染，会引起水体光通量的不足，影响生物的生长繁殖及生态平衡。

(6) 酸性和碱性废水产生的污染，会造成水体危害和造成土壤酸碱化，设备和器材遭腐蚀。

(7) 含有多种污染物质的废水产生的污染，各物质之间会因化学反应而产生新的有害物质，例如硫化钠和硫酸反应产生 $H_2S$，亚铁氰盐经光分解产生 CN 等有毒物质。

(8) 含有氮、磷等工业废水产生的污染是水体产生富营养化的最重要原因，会使水体的藻类及水生生物异常繁殖，使得江河湖泊出现水华现象，海水出现赤潮，危害海洋环境和资源，其产生的藻毒素危及人类健康。

只有所有废水的排放都严格达标，才能避免对环境污染造成危害。

### 748　什么是废水的一级、二级、三级处理?

对废水处理的深度不同，分为一级、二级、三级处理，级数越高处理程度越深。具体内容为：

(1) 一级废水处理　又称为预处理，是将废水中的悬浮和漂浮状态的固体污染物清除，同时调节废水的浓度、pH、水温等，为后续处理工艺作准备。一级处理常用方法有筛滤、沉淀、气浮及预曝气法等，多数为物理处理法。经过一级处理后，可以有效地去除大部分悬浮物（70%～80%），部分 BOD（25%～40%），但一般不能去除废水中呈胶体状态和溶解状态的有机物、氧化物、硫化物等。一般达不到污水排放标准。

(2) 二级废水处理　废水在一级处理后，再进一步深化处理。二级处理常用的方法主要是生物化学处理工艺，包括厌氧及好氧生物处理。近年来也有采用化学或物理化学法作为二级处理主要工艺的，要投加化学药剂。经二级处理可以去除废水中大量的 BOD（80%～90%）和悬浮物质，以及污水中呈溶解状态和胶体状态的有机物、氧化物质等，使水质进一步净化。一般可以达到污水排放标准。

(3) 三级废水处理　又称废水深度处理。将经过二级处理后未能去除的污染物质，包括微生物以及未能降解的有机物和可溶性无机物，进一步净化处理。三级处理如今更有废水回用、中水利用的要求，因此采取的处理工艺流程，其组合单元也有所不同。为了去除水体营养化的目的，可以采用脱氮除磷的三级处理；如果作为城市饮用水之外的生活用水或循环冷却水的补充水等，可以采用脱氮除磷、除毒物、除病菌和病原菌等的三级处理，达到中水利用的要求以充分利用水资源。

**749　为什么污水中污染物的最高允许排放浓度分为第一类、第二类？**

我国的污水综合排放标准（GB 8978—1996），是根据废水中污染物的危害程度及其性质和控制方式把污染物的最高允许排放浓度分为两类：第一类污染物（13 项）和第二类污染物（56 项）。并根据水的各种各样的用途，针对性地制定相应的物理、化学、生物学的污染物最高允许排放浓度。

属于第一类污染物的，是指能在环境或动植物体内会蓄积的，对人体健康产生长远不良影响者。并规定了此类污染物一律在车间或车间处理设施的排出口取样分析。其最高允许排放浓度必须达到标准要求。

属于第二类污染物的，是指为了保护环境，保护水体的正常用途，有一定的限制与要求的污染物。第二类污染物的长远影响小于第一类，规定的取样点为排污单位的排出口。其最高允许排放浓度要按地面水使用功能的要求和污水排放去向，分别执行一、二、三级标准。

**750　为什么有些行业单独规定了废水排放标准？**

有些行业由于污水中污染物成分复杂，或因特殊性，因此单独规定了废水排放标准。行业就按此单独规定的废水排放标准执行，具体请参阅附录 4.2.1 及 3.2.7.3。

**751　废水受有机物污染的程度是以什么指标来表示的？**

有机物对水体的污染，其危害很大。但由于这类有机物的组分复杂，种类繁多，难以采用定量或定性来具体分析，而是利用它们之间的一些共性指标来间接反映其含量，来表示废水受污染的程度。这些指标主要有：

（1）水的溶解氧（DO）　它表示溶解于水中的游离氧。水的溶解氧含量的多少，反映水体遭受污染程度。因为有机污染物氧化时需消耗氧，使水中溶解氧逐渐减少，污染越严重时，DO 越少，直至 DO＝0。它是衡量水体污染程度的一个重要指标。

（2）化学需氧量（COD）　它表示水中还原性物质多少，而还原性物质主要是水中有机物。因此，COD 越大，水体受有机物污染越严重。

（3）生化需氧量（BOD）　它表示水中能分解的有机物完全氧化分解时所消耗的氧量。消耗的氧量越多，表示水中有机物也越多，水质越差，水体受污染程度越严重。

（4）总需氧量（TOD）　由于有机物主要元素有 C、H、O、N、S 等，在高温燃烧时要消耗氧，会产生 $CO_2$、$H_2O$、$NO_2$、$SO_2$ 等。燃烧时，耗 $O_2$ 越多，则 TOD 越高，表示有机物越多，水体污染程度越大。

（5）总有机碳（TOC）　表示以有机物中主要元素碳的量来表示水中有机物的含量。TOC 越高，表示有机物越多，水体污染越严重。但此指标的不足之处是仅以碳元素来反映有机物总量，而其他元素未包括其中，因此，还不能完全反映有机物的真正浓度。但 TOC 分析测定快速，操作应用方便。

**752　什么是耗氧有机物？**

废水中有类有机物，在水中分解时，需要消耗水中的溶解氧，因此称为耗氧有机物，也称需氧有机物。这类有机物质如腐殖酸、蛋白质、酯类、糖类、氨基酸等有机化合物，这些物质以悬浮状态或溶解状态存在于废水中，在微生物的作用下可以分解为 $CO_2$、$H_2O$ 等无机物而消耗水中的溶解氧，从而使水中的溶解氧降低，导致水质发黑变臭而恶化。

这类有机物主要来源于城市生活污水，食品、屠宰、纺织、印染、造纸、石油化工、化纤、制药等企业排放的工业废水。其中造纸业排放的废水耗氧有机物总量最高，城市生活污水排放的水量最大。

**753 什么是难生物降解的有机物？**

微生物对一些有机污染物难以氧化分解，这类有机物被称为难生物降解的有机物。但其中有的采取培养驯化特殊微生物后，再进行处理，可以部分或全部变成可降解的有机物。可是还有一些基本上不能被微生物降解的有机物，这类有机物则称为惰性有机物。废水中的一些有毒大分子有机物，如有机氯化物、有机磷农药、有机重金属化合物、多环芳香族及其长链有机化合物，都属于难生物降解有机物。

这类有机物主要来源于炼油、石油、化工、制药、皮革、造纸、农药、纺织、钢铁、铸造、有色金属、橡胶等企业，都不同程度地排放含有难生物降解的有机物的废水。

**754 废水处理主要有哪些方法？**

废水中的污染物质是多种多样的，十分繁杂，处理的难度也很大。往往不可能用一种方法能够把所有的污染物除尽，有时需要几种方法组合处理，同时要根据废水污染物的种类、性质、含量、排放标准、处理方法的特点等进行方案筛选，结合技术经济比较来确定。有的处理方法还需要进行小试、中试等来确定。这些处理方法，按其作用原理，主要有下列四大类：

① 物理处理法；

② 化学处理法；

③ 物理化学法；

④ 生物化学处理法。

## （二）物理处理法

**755 什么是物理处理法？**

物理处理法是利用物理的作用使废水发生变化的处理过程。例如借助或是通过物理作用来分离和去除废水中呈悬浮状态的不溶固体污染物。物理处理过程中不会改变污染物的化学性质。物理处理法在废水处理中一般作为预处理单元。由于物理处理法设备比较简单，操作方便，效果良好，因此应用十分广泛。废水物理处理法主要有重力分离法，如沉砂池、沉淀池、隔油池、浮选分离等；有筛滤截留法，如格栅、筛网、滤池等；还有离心分离、磁力分离、蒸发分离以及结晶分离等法。

**756 废水的物理处理法中有哪些主要的操作单元？**

废水的物理处理法中主要的操作单元和用途如下：

| 操作单元 | 用　　途 |
|---|---|
| 粗筛滤 | 采用隔栅通过截留去除废水中6～150mm的粗固体物 |
| 细筛滤 | 利用细筛去除小于6mm的小颗粒物 |
| 微筛滤 | 采用微滤去除小于0.5μm的细小固体、漂浮物和藻类 |
| 粉碎 | 以粉碎机破碎固体物以减小颗粒大小 |
| 磨碎 | 用磨碎机来磨碎隔栅截留的固体物 |
| 流量调节 | 用调节池暂时贮存废水，调节流量、BOD及悬浮固体的质量负荷 |
| 混合 | 采用快速搅拌器在废水中加入化学品，使其均匀并使固体颗粒保持悬浮状态 |
| 絮凝 | 在絮凝器中促进小颗粒聚集成大颗粒，利用重力沉淀提高去除率 |
| 加速沉淀 | 沉砂池除砂，以涡流分离器除砂及粗大固体物 |

续表

| 操作单元 | 用途 |
|---|---|
| 沉淀 | 采用初次澄清池或高负荷澄清池去除沉降物；以重力浓缩池来浓缩固体和生物固体；用溶气浮选(DAP)去除分散悬浮固体 |
| 浮选 | 采用吸气式浮选去除油和油脂 |
| 曝气 | 用扩散和机械曝气器向微生物充氧；以及曝气器处理后出水的后曝气 |
| VOC 控制 | 以空气汽提器、扩散空气和机械曝气从废水中去除挥发性和半挥发性的有机物 |
| 深度过滤 | 以深度过滤器去除残留悬浮固体 |
| 膜过滤 | 用反渗透(RO)和其他膜分离技术去除悬浮和胶体颗粒以及溶解的有机物和无机物 |
| 空气汽提 | 用填料塔从废水和消化池上清液中去除氨、硫化氢和其他气体 |

### 757 废水中相对质量比较大的悬浮颗粒是如何处理的？

废水中的无机悬浮物，如砂粒、尘土、渣土、煤粒等，根据其相对质量比较大的特点，采用重力分离处理。利用无机固体颗粒的重力沉降，使固、液分离，废水中的悬浮颗粒得到去除。所采用的设备主要有：

(1) 沉砂池。

(2) 沉淀澄清池。这是广泛应用于废水的预处理设备。先从废水中除去固体颗粒等杂质及部分的有机物质，以减轻后续处理的负荷。有时也称为初沉池。并广泛应用于废水生化处理后，进一步去除残留固体物质及剩余活性污泥，也有的称为二沉池。沉淀池又分自然沉淀澄清池和混凝沉淀澄清池两种。前者是依靠废水中固体颗粒的自重沉降；后者是在废水中投加混凝剂，破坏其稳定（脱稳作用），利用吸附架桥作用，将微小颗粒凝聚为大的胶团颗粒加速沉降，泥水分离。常用的沉淀澄清池有平流沉淀池、辐流沉淀池、竖流沉淀池、斜管（板）沉淀池、加速澄清池和脉冲沉淀池等，可详见本书第二章（二）。

(3) 离心分离法。废水在旋转器内高速旋转产生离心力，废水中的固体颗粒因质量不同，在离心力的作用下，质量大的被甩至外圈，质量小的在内圈，通过不同出口，分别引出，使废水悬浮颗粒被分离。离心分离按产生离心力方式不同分为水力旋流器和高速离心机两种。水力旋流器又有压力式和重力式；高速离心机是依靠转鼓的高速旋转产生离心力，转速越高，效率越高。

### 758 沉砂池在废水处理的作用如何？

沉砂池是利用重力沉淀原理使废水中砂粒、渣土、砾石等相对质量比较大的颗粒与废水分离的处理构筑物。沉砂池一般设置在废水处理装置和提升泵之前，其目的是保护废水处理装置及管网，防止它们堵塞。沉砂池类型有平流沉砂池、竖流沉砂池和曝气沉砂池等。常用的是平流沉砂池和曝气沉砂池。

平流沉砂池如图 6-2-1 所示。它是国内广泛应用、效率较高的沉砂池。平流沉砂池的过水部分是一条明渠，渠的两端用闸板控制水量，进水端一般设有消能和整流设施，渠底有贮砂斗，斗数一般为 2 个。贮砂斗下有排砂管，用以排除积砂，为了保证沉砂效果，应严格控制水流速度，一般水平流速在 0.15～0.30m/s 之间为宜，停留时间不少于 30s，有效池深不大于 1.2m，池宽不小于 0.60m，池高要超出水面 0.30m。

曝气沉砂池如图 6-2-2 所示，普通沉砂池水流分布有时不均，流速多变，截砂效率有时不高，且废水中部分悬浮有机物会随砂沉下来，而使沉砂容易厌氧分解而腐败发臭。而曝气

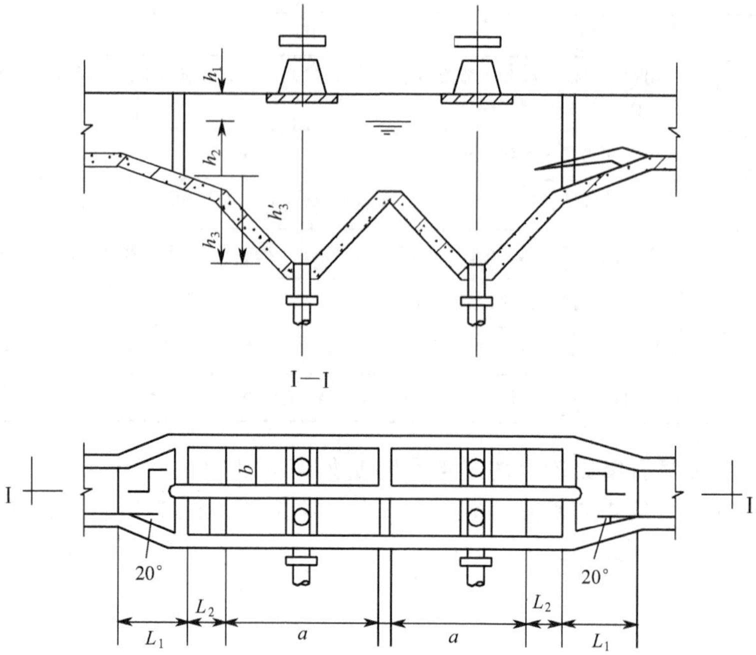


图 6-2-1　平流沉砂池

沉砂池，因曝气而防止沉砂厌氧分解，提高了沉砂效率，而且还有脱臭、除油等多种功能。曝气沉砂池沿池壁一侧设有曝气装置，并因安设了导流挡板而有水流回流作用，改变了水平流动状态而成螺旋运动，旋流使沉砂粒碰撞、摩擦。池深一般为2～3m，宽深比（1～1.5）∶1，长宽比可达5∶1；废水在池内水平流速0.08～0.12m/s，停留时间为4～6min，如作为预曝气时，停留时间可取20min左右，曝气强度一般为0.1～0.3$m^3$空气/$m^3$废水。排砂方式主要有重力水力排砂和机械排砂等。

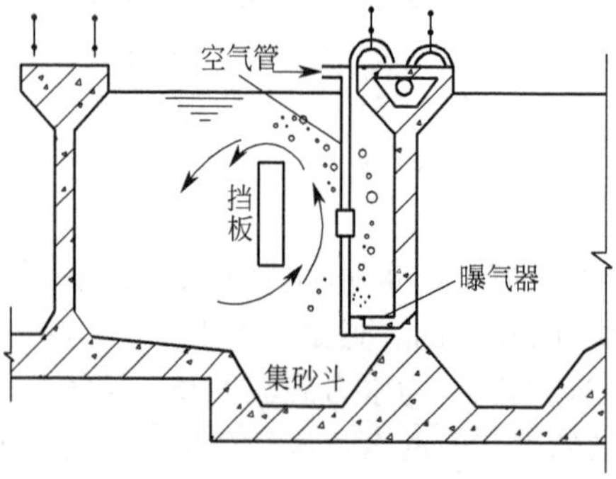


图 6-2-2　曝气沉砂池

### 759　废水处理中主要的筛滤器有哪些？

筛滤器作为废水物理处理的主要方法之一，被广为应用。通常用于废水处理的筛滤器主要有三种类型，其中，有效孔径为6～150mm的粗滤和有效孔径小于6mm的细滤，是用于废水的初级处理；有效孔径小于0.5μm的微滤，是用于处理废水处理后或是废水排出水中的微小固体。筛滤器可以去除废水中的微粒污染物和胶状污染物，不同类型和一定大小的悬浮物质，包括纤维、纸浆以及藻类等。其设备简单，使用方便。筛滤器主要有：

（1）格栅类过滤器。

（2）筛网类过滤器。

（3）颗粒介质过滤器。颗粒介质过滤器也有各种各样形式，有圆形、方形、多边形的；有敞开式和压力式的。不仅适用于废水处理中去除微粒和胶状物质，而且可用于活性炭处理和净水处理、离子交换的前处理，被广为应用。颗粒介质有石英砂、无烟煤、石英石、磁铁石、白云石、陶粒、聚苯乙烯塑料球等。滤料也有单层、双层、多层等。与滤料配套的过滤器有普通快滤池、虹吸滤池、无阀滤池，以及向上流过滤池、平向流过滤池、移动床过滤池、机械过滤器、压力过滤器等，可详见本书第二章（三）部分。

（4）微滤机过滤器。可详见本书158题。

（5）膜过滤器等。详情可参阅本书第二章（三）部分，以及第三章（四）部分。

### 760　如何处理废水中相对质量轻的悬浮物？

废水中相对质量轻的悬浮物，一般是采用筛滤截流法去除的。它是保护后续处理设施能正常运行的一种预处理方法。筛滤的构件由平行的棒或条构成的称为格栅；由金属丝织物或穿孔板构成的称为筛网。前者去除废水中比较粗大的悬浮物，后者主要去除呈悬浮状的细小纤维。

（1）格栅　通常设在泵站集水池的进口处或其他后续处理构筑物之前。格栅的形状有平面和曲面两种，栅条间距有3～10mm、10～35mm、50～100mm的细、中、粗三种。栅条的断面有圆形、正方形、矩形和带半圆的矩形等几种。截留在格栅上的污染物，有采用人工清除的（如图6-2-3所示），用在一些小型、截污量不多的污水处理厂。比较大型的是采用机械自动清污，减轻人工劳动强度。机械格栅的类型也比较多，有回转式、旋转式、齿耙式、履带式、抓斗式机械格栅等。图6-2-4所示是抓斗式机械格栅。图6-2-5所示，为履带式机械格栅，栅条间距一般在20～50mm，倾斜角通常60°～70°，移动速度2m/min左右。

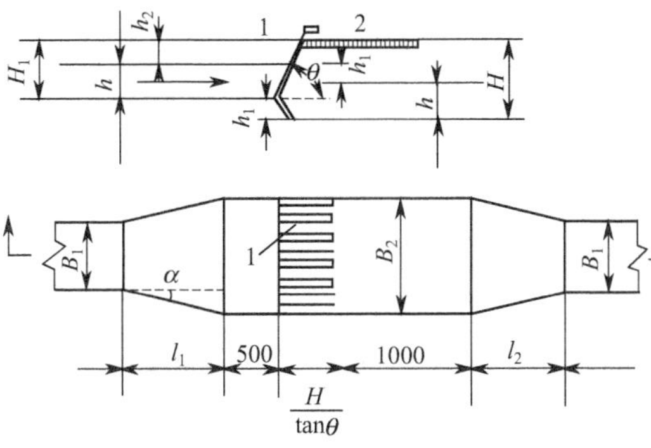


图6-2-3　人工清除污物格栅示意图

1—格栅条；2—工作平台；

$H_1$—栅前槽高，m，$H_1=h+h_2$；$h$—格栅前渠内水深，一般为0.3～0.5m；$h_2$—水通过格栅的阻力损失，m；$h_1$—栅前渠道超高，一般取0.3m；$\theta$—格栅安装倾角，一般取60°～75°；$\alpha$—进水渠展开角，一般为20°；$B_1$—进水、出水渠宽；$B_2$—格栅的建筑宽度；$l_1$、$l_2$—格前（后）扩大（收缩）段长度；$H$—格后槽的总高度，m，$H=h+h_1+h_2$

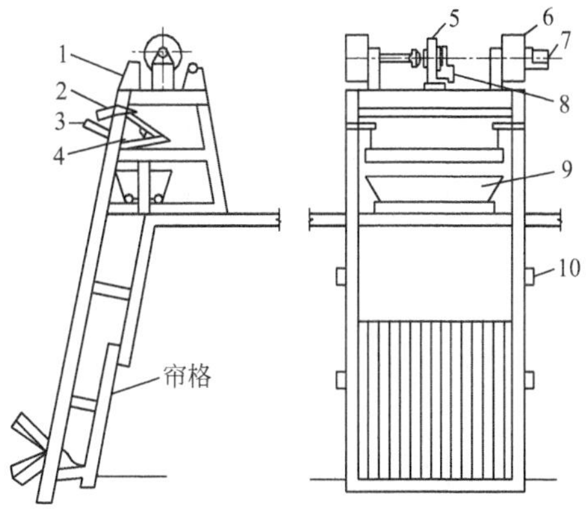


图6-2-4　抓斗式机械格栅

1—钢丝绳；2—刮泥器；3—刮泥器螺杆；4—齿耙；5—减速箱；6—卷扬机构；7—行车传动装置；8—电动机；9—垃圾车；10—支座

（2）筛网　废水中含有比较细小的悬浮物，如纤维类、动植物碎屑等，难被格栅截留，也难以用沉淀法去除，就采用筛网法去除这类污染物。筛网是用金属丝或纤维丝编织而成的，具有简单、高效、运行成本低的特点。筛网装置的种类很多，有振动筛网、水力筛网、转鼓式筛网、转盘式筛网以及微滤机等。图6-2-6所示是一种新型水力驱动的转鼓式筛网。图6-2-7所示为转鼓式筛网。

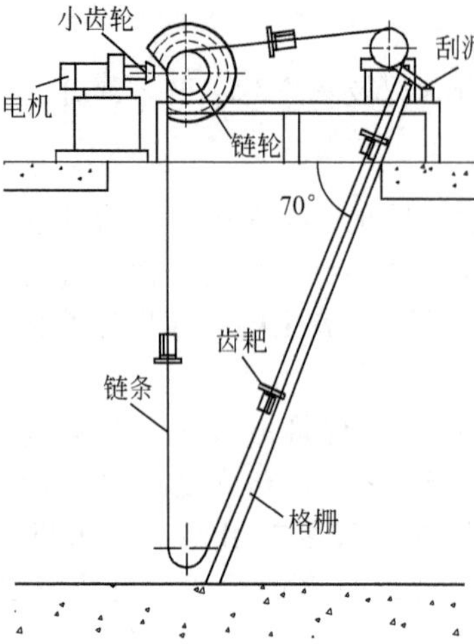


图 6-2-5　履带式机械格栅

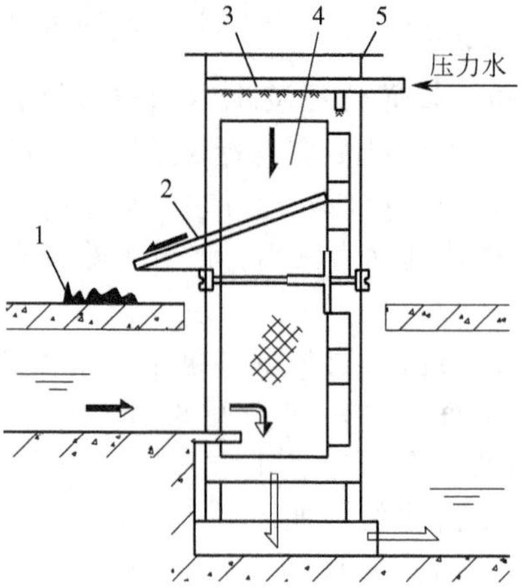


图 6-2-6　水力驱动的转鼓式筛网
1—集纤盘；2—滑纤盘；3—冲网水管；
4—筛网；5—箱体

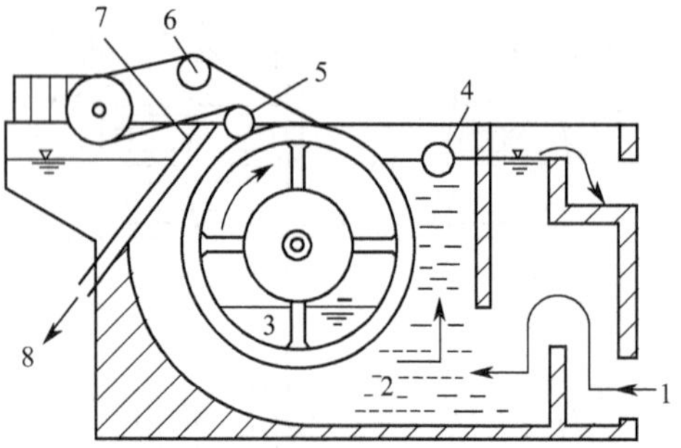


图 6-2-7　转鼓式筛网
1—进水；2—转鼓池；3—滤后水；
4—水位浮球；5—滤渣挤压轮；
6—调整轮；7—刮刀；
8—滤渣回收

### 761　隔油池的原理是什么？

隔油池是物理处理方法，用重力自然上浮法分离去除废水中可浮油的构筑物。目前普遍采用的是平流式隔油池和斜板式隔油池，其原理简述如下。

（1）平流式隔油池　如图 6-2-8 所示，废水从池的一端流入，在流进隔油池的过程中，流速降低，相对密度小于水，而粒径较大的可浮的油粒在浮力作用下，浮到水面。相对密度大于 1 的油粒，随悬浮物沉入池底。在池末端设有集油管，它是直径为 200～300mm 钢管沿长度方向开 60°角的切口制成，可绕轴线转动。平时，切口向上位于水面之上，当油层达到一定厚度后，切口转向油层，浮油溢入管内并导流至池外被收集。为了刮除浮油和沉渣，池内装有回转链带式刮油刮泥机。平流式隔油池一般不少于两个，池深 1.5～2.0m，宽不大于 6m，长宽比不小于 4，水平流速 2～5mm/s，水力停留时间 1.5～2.0h，去除率可达 70%以上。隔油池要有防火、防雨、保温防冻措施。

（2）波纹斜板式隔油池　如图 6-2-9 所示。为了提高处理能力，在池内设立波纹状斜板，一般为聚酯玻璃钢材质。斜板倾斜角不小于 45°，板间距 20～50mm，废水是从上而下流经斜板，油粒沿斜板上浮，而沉淀泥渣则滑落到池底。水力停留时间是平流式隔油池的 1/4～1/2，一般不超过 30min，这样大大减少了隔油池的容积，节省了占地面积。

### 762　磁分离技术是怎样的？

磁分离技术用于废水处理是 20 世纪 70 年代才发展起来的。其基本原理是以磁力的物理吸附，辅以化学絮凝以去除废水中的污染物质，达到净化目的。实施磁分离技术的磁分离装置有永磁式、电磁式和超导体式三种。目前永磁式和电磁式应用比较广泛。

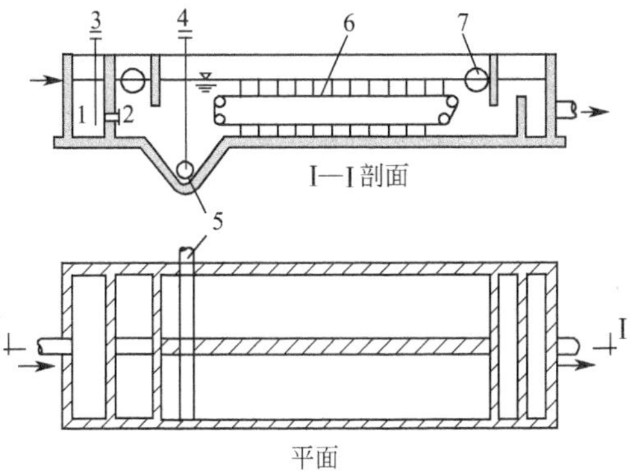


图 6-2-8　平流式隔油池

1—布水间；2—进水孔；3—进水阀；4—排渣阀；5—排渣管；6—刮油刮泥机；7—集油管

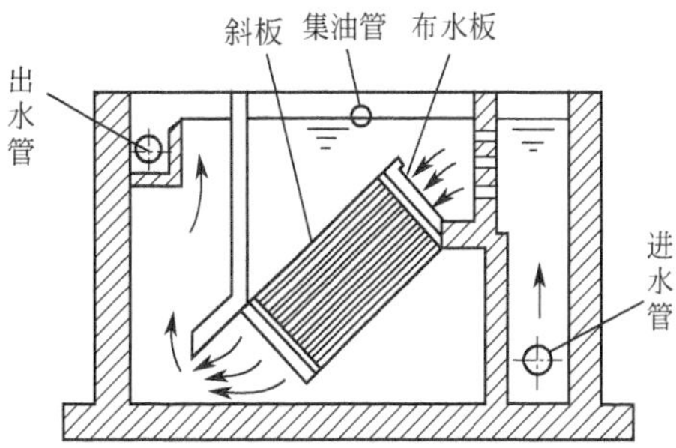


图 6-2-9　波纹斜板式隔油池

永磁式分离器是借助磁盘的磁力作用来吸附废水中的污染颗粒，得以使水净化。而磁盘是用永久磁铁两面覆以不锈钢或铝板精制而成，盘内的永久磁块是南、北极交错排列的，盘片固定在非导磁材料的转轴上，盘片片数根据水量定，片距根据磁盘材料和废水水质而定。盘片是在非导磁材料的污水槽内随转轴缓慢转动的，污水中的磁性悬浮固体颗粒就因磁力吸附在磁盘上，随着磁盘转动，将泥渣带出水面，经刮泥板刮去，磁盘又转入水中，重复吸附，周而复始。对废水中弱磁性和非导磁杂质，先通过旋转线圈磁激化的预磁处理，增加杂质的磁性；磁盘表面的磁感应强度要求为 0.05～0.15T（特斯拉，Tesla）。转速的快慢影响去除效率及泥渣的含水率，一般经试验选定。永磁式分离器效率高，构造简单，运行可靠，净化时间短，据资料介绍：在处理钢铁废水时，废水在磁盘工作区仅需停留 2～5s，通过整个流程仅需 2min 左右。净化效率可达 94%～99.5%。

电磁式分离器去除废水中悬浮颗粒杂质的工作原理与永磁式分离器是一致的。区别在于后者使用的是永久磁铁，磁力相对较弱，而前者是通电铁芯线圈产生的高磁力磁场，可以处理废水中更细小的颗粒，处理能力更强。

## 763　废水结晶法处理的目的是什么？

废水的结晶法处理，是通过蒸发浓缩或者降温，使废水中具有结晶性能的溶质的浓度超过其溶度积达到过饱和状态。先是形成许多微小的晶核，然后再围绕晶核长大，从而将多余的溶质结晶出来。结晶法处理废水的主要目的是分离和回收有用的物质。

结晶的必要条件是溶液达到过饱和，溶质的溶解度是结晶分离的前提，而溶解度又与温度有密切关系；加热蒸发的速度越快，达到过饱和的时间就越短；缓慢搅拌过饱和溶液，有助于晶核加速形成，易于结晶。

结晶法在废水处理上有成熟的应用实例。例如从酸洗钢材的酸洗废液中，用浓缩结晶法回收硫酸亚铁（$FeSO_4 \cdot 7H_2O$）和废酸；从含有氯化钠、硫酸钠、硫代硫酸钠的废水中，利用这三种物质的溶解度随温度变化的规律不同的特性，把它们分离开来，从而回收硫代硫酸钠；并从焦化煤气厂的含氰废水中，用蒸发结晶法处理回收黄血盐等。

## 764　废水处理为什么要设立均和调节池？

均和调节池简称调节池。设立调节池是为尽可能减少水量的波动和控制废水的水质，为后续废水处理提供最佳条件。特别是对于生物处理正常发挥净化作用十分有利。由于调节池的调节作用，提高了对废水有机物负荷变动的缓冲能力，防止生物处理系统造成负荷的剧烈变化，防止高浓度的有毒物质进入生物处理系统，减少废水水量较大波动对处理效果的影响，减少废水水质的波动，而缓解废水处理压力。

根据调节池的功能不同，调节池分为均量池、均质池、均化池和事故池。均量池的主要作用是均化水量。均质池的任务是对不同时间或不同来源的废水进行混合，使流出的水质比较均匀，所以均质池又称水质调节池。而均化池既能调节水量，又能调节水质。事故池是为了防止水质出现恶性事故，或防止发生废水处理厂运行事故时，废水流量或强度的太大变化，其中包括发生偶尔废水倾倒或有毒物质泄漏事故等。

## （三）化学处理法

### 765 化学处理有哪些主要的方法？

化学处理是利用化学反应，使废水中的污染物得到去除或分离。化学处理会改变污染物的化学性质，变有害物质为无害物质。化学处理的主要方法有：

（1）中和法　利用酸碱中和的化学反应，消除废水中过量的酸或碱，使 pH 值达到中性的过程。

（2）化学沉淀法　于废水中投加化学药剂，使得废水中溶解态的污染物发生化学反应，形成难溶的固形物，然后进行固液分离，以去除废水中污染物的方法。

（3）氧化还原法　化学氧化是使废水中的有机物和无机物氧化分解，使废水中的有毒物质无害化，这是去除废水中污染物质的有效方法之一。化学还原是以固体金属和化学药剂作为还原剂，将废水中的有毒物质变成低毒或无毒物质，使废水得到净化。

（4）电解法　是利用电流来进行化学反应过程，使废水中的电解质和污染物生成不溶于水的沉淀物，或生成气体从水中逸出，使废水得到净化。

（5）超声波法　利用超声波的特性，产生空化作用和机械效应，以去除废水中的有机物污染物等。

### 766 酸性废水如何进行处理？

酸性废水在浓度 4%以下，无回收利用价值时，要用碱性物质进行中和处理。

常采用：

① 用石灰水中和处理。

② 废水中投加 NaOH 或 $Na_2CO_3$。

③ 用废碱水中和。

④ 加电石渣、碱渣等。

其中从经济、降低成本角度，最好以碱性废水和废碱渣来中和酸性废水，达到以废治废目的。用烧碱或纯碱成本比较高。另外，以石灰水中和也比较便宜。中和酸时所需要碱数量如下：

| 酸的种类 | 中和 1kg 酸所需碱的量/kg | | | | | | |
|---|---|---|---|---|---|---|---|
| | CaO | $Ca(OH)_2$ | $CaCO_3$ | $MgCO_3$ | $CaMg(CO_3)_2$ | NaOH | $Na_2CO_3$ |
| $H_2SO_4$ | 0.57 | 0.76 | 1.02 | 0.86 | 0.94 | 0.82 | 1.08 |
| HCl | 0.77 | 1.01 | 1.37 | 1.15 | 1.26 | 1.10 | 1.45 |
| $HNO_3$ | 0.44 | 0.59 | 0.79 | 0.67 | 0.73 | 0.64 | 0.84 |
| 醋酸 $CH_3COOH$ | 0.47 | 0.61 | 0.83 | 0.70 | — | 0.67 | 0.88 |

另外，一般对于弱酸废水中和的时间比较长，选用碱时要适当；同时要注意中和时，有

的会产生沉渣，此时，也要考虑沉渣的处理。有时根据酸碱中和的方式要配备适当设备，如废酸碱的中和，往往因为两者量的平衡关系，要考虑是否设立中和池。选用石灰中和时，要考虑干法和湿法投料装置。选用石灰石、大理石、白云石等过滤中和时，还要设立过滤池。中和池的出水，要符合排放标准，pH 值 6～9。

**767 过滤中和法处理酸性废水时应注意些什么？**

过滤中和法仅适用于酸性废水的中和处理，而且只适用于低浓度的酸性废水。当酸性废水通过滤料时，与滤料中碱性物质进行中和反应，这种方法，称为过滤中和法。与药剂法相比，工艺简单，操作方便，滤料易得。主要滤料是石灰石、大理石和白云石等。

使用过滤中和法要注意两点：一是滤料选择与酸的性质有关；二是要限定废水中酸的浓度，避免滤料堵塞。因为滤料的中和反应发生在滤料表面，中和产物会沉淀在滤料表面，因溶解度很小，会引起堵塞，使中和反应中止。另外废酸的浓度要有限定，即提出废水中酸的极限浓度，如过高时，中和反应剧烈，中和产物更多，更易阻塞。这与酸的性质和滤料有关。如处理废水中硫酸时，选用石灰石，建议极限浓度低于 2g/L，选用白云石时，可在 2～5g/L范围内，但要低于 5g/L，因为选用白云石中和时产生硫酸镁易溶于水。对硝酸及盐酸废水，因浓度过高还会造成滤料消耗快，给中和处理造成一定的困难，因此需要限定极限浓度在 20g/L 左右。

常用的中和滤池按水流方向分为平流式、竖流式两种。目前多用竖流式。竖流式又分升流式和降流式两种。其中升流膨胀中和滤池废水是从下而上运动，滤料是悬浮状态，滤层膨胀，碰撞摩擦，沉淀物难以覆盖滤料表面，因此含酸浓度可以适当提高，生成 $CO_2$ 从顶部容易排出，不会使滤床堵塞。

**768 怎样处理碱性废水？**

碱性废水含碱在 2%以下，不能进行经济有效回收利用时，需用酸性物质进行中和处理。处理方法常采用：

① 在碱性废水中加入酸或酸性废水；

② 在碱性废水中加入 $CO_2$；

③ 在碱性废水中通废烟道气（废气 $CO_2$ 利用）。

从经济以及以废治废的角度，首先考虑废酸回用和废烟道气的利用。用废酸中和碱性废水，大都用硫酸或盐酸，硝酸使用极少。硫酸相对价格低，用得比较多，盐酸的价格较高，但反应物溶解度高，沉渣少。中和时要有适当的设备。但要注意利用烟道气时，不仅有 $CO_2$（含量 20%以上），还可能有一定量的 $SO_3$ 和 $H_2S$ 等。在中和时可使用中和塔，废碱水从塔顶喷淋而下，烟气从塔底鼓入，两者在填料层逆向接触，完成中和过程。该法关键是要控制好气液比。但要注意废碱水虽被中和，其排出水有时还有硫化物等污染物尚需进一步处理。中和碱性废水所需酸量如下表所示：

| 碱类名称 | 中和 1kg 碱所需酸的量/kg | | | | | |
|---|---|---|---|---|---|---|
| | $H_2SO_4$ | | HCl | | $HNO_3$ | |
| | 100% | 98% | 100% | 36% | 100% | 65% |
| NaOH | 1.23 | 1.25 | 0.91 | 2.53 | 1.58 | 2.42 |
| KOH | 0.88 | 0.89 | 0.65 | 1.81 | 1.13 | 1.73 |
| $Ca(OH)_2$ | 1.32 | 1.35 | 0.99 | 2.74 | 1.70 | 2.62 |
| $NH_3$ | 2.88 | 2.94 | 2.15 | 5.96 | 3.71 | 5.70 |

### 769 化学沉淀处理主要有哪些方法？

化学沉淀处理是在废水中投加可溶性的化学药剂，使之与废水中呈溶解状态无机污染物发生化学变化，生成不溶于或难溶于水的化合物，产生沉淀析出，使废水净化。能生成难溶的沉淀物需有各种条件，譬如废水 pH 值就有着重要作用，但最关键的条件是要在水中的离子积必须大于溶积度才会沉淀析出。由于投入的化学药剂不同，化学沉淀处理有着许多方法，主要有：

(1) 氢氧化物沉淀法　这是去除废水中重金属的有效方法。废水中加入石灰、碳酸钠、苛性钠、石灰石、白云石等沉淀剂，使生成难溶的氢氧化物沉淀。废水中的一些离子，如 $As^{3+}$、$Al^{3+}$、$Cr^{3+}$、$Fe^{3+}$、$Hg^{2+}$、$Pb^{2+}$、$Zn^{2+}$ 等，加石灰就产生沉淀物，例如：

$$As_2O_3 + Ca(OH)_2 \longrightarrow Ca(AsO_2)_2 \downarrow + H_2O$$

加入碳酸盐也产生沉淀物，如：

$$PbSO_4 + Na_2CO_3 \longrightarrow PbCO_3 \downarrow + Na_2SO_4$$

由于碱土金属（Ca、Mg 等）和重金属（Mn、Fe、Co、Ni、Cu、Zn、Ag、Cd、Pb、Hg、Bi 等）的碳酸盐都难溶于水，所以可以投加碳酸盐将这些金属离子从废水中去除。

(2) 硫化物沉淀法　废水中加入硫化氢、硫化铵或碱金属的硫化物等沉淀剂，会生成难溶的金属硫化物沉淀。由于金属硫化物的溶度积小得多，因此去除废水中的重金属效率高、更完全。例如，去除无机汞，可以全部生成硫化汞析出。

$$2Hg^{+} + S^{2-} = Hg_2S \downarrow$$

但硫化物沉淀法亦要注意 pH 值控制及剩余 $S^{2-}$ 的处理。

此外，化学沉淀处理中还有磷酸盐沉淀法、卤化物沉淀法、铁氧体沉淀法、淀粉黄原酸酯沉淀法、钡盐沉淀法等方法。

### 770 氧化还原法在废水处理中有什么作用？

氧化还原法是使废水中的污染物在氧化还原的过程中，改变污染物的形态，将它们变成无毒或微毒的新物质，或转变成与水容易分离的形态，从而使废水得到净化。用氧化还原法处理废水中的有机污染物 COD、BOD 以及色、臭、味等，以及还原性无机污染物如 $CN^-$、$S^{2-}$、$Fe^{2+}$、$Mn^{2+}$ 等。通过化学氧化，氧化分解废水中的污染物，使有毒物质无害化。而废水中许多金属离子，如汞、铜、镉、银、金、六价铬、镍等，通过还原法以固体金属为还原剂，还原废水中污染物使其从废水中置换出来，予以去除。氧化还原法又分为化学氧化法和化学还原法。

化学氧化法中，还有空气氧化、臭氧氧化、氯氧化、光氧化、湿空气氧化、超临界水氧化、高锰酸钾氧化等方法，在废水处理中得到不同程度的应用。但有的方法处理成本比较高。

化学还原法中，常用的有铁屑还原过滤法、亚硫酸盐还原法、硫酸亚铁还原法等，其中铁屑还原过滤法是将废水流经装有铁屑的过滤器中，废水中的铜、铬、汞等离子相应地与铁屑发生化学反应，通过沉淀去除。废水处理中常用硫酸亚铁和亚硫酸盐还原处理含铬废水等。如先加硫酸亚铁，将废水中六价铬变成三价铬，然后调 pH 为 7.5～8.5，使生成氢氧化铬沉淀，得以去除。

$$6FeSO_4 + H_2Cr_2O_7 + 6H_2SO_4 \longrightarrow 3Fe_2(SO_4)_3 + Cr_2(SO_4)_3 + 7H_2O$$

$$Fe_2(SO_4)_3 + Cr_2(SO_4)_3 + 12NaOH \longrightarrow 2Cr(OH)_3 \downarrow + 2Fe(OH)_3 \downarrow + 6Na_2SO_4$$

## 771 废水处理有哪些常用的氧化剂？其作用如何？

废水处理中最常用的氧化剂，主要有 $O_2$、$Cl_2$、$O_3$ 等，在废水处理中起着重要作用。

（1）$O_2$ 常用 $O_2$ 或空气来氧化废水中的有机物和还原性物质，是废水处理最为常用的方法，但空气的氧化能力比较弱。在处理含硫的废水时还是常用空气来氧化的。空气中的 $O_2$ 与废水中硫化物进行化学反应，生成硫代硫酸盐：

$$2O_2+2HS^- \rightleftharpoons S_2O_3^{2-}+H_2O$$

$$2O_2+2S^{2-}+H_2O \rightleftharpoons S_2O_3^{2-}+2OH^-$$

根据理论计算，每氧化 1kg 硫化物为硫代硫酸盐需 $O_2$ 1kg，约相当于 3.7$m^3$ 空气。由于约 10%硫代硫酸盐会进一步被氧化为硫酸盐，使需空气量约增加到 4.0$m^3$，而实际操作中供气量往往为理论值的 2～3 倍。含硫废水的氧化处理，可以在空气氧化脱硫塔内进行，进一步处理可以回收硫。

（2）$Cl_2$ 氧化剂 $Cl_2$ 通常在废水处理中起消毒杀菌作用。含氯的药剂除液氯外，还有次氯酸钠（NaClO）、次氯酸钙［Ca（$ClO)_2$］、漂白粉［CaCl(ClO)］以及 $ClO_2$ 等，在处理含酚、含氰、含硫化物的废水时都常用。在处理含酚废水时，用含酚量的 10 倍左右 $Cl_2$，将酚分解；在处理含氰废水时，是在碱性条件下（pH 为 10～12），用含氰量 8 倍左右的氯，将氰化物完全氧化。

（3）$O_3$ 强氧化剂 $O_3$ 在废水处理中，不仅消毒杀菌，还降低或去除废水中的 COD、BOD，脱色，除臭，降低浑浊度等，由于 $O_3$ 在水中分解后得到 $O_2$，因此还会增加废水中的溶解氧。

此外，在废水处理中应用的氧化剂，还有氯化异氰尿酸（又称优氯净 SDC 或强氯精）、溴及溴化物（NaBr、BCDMH、BrCl）、双氧水（$H_2O_2$）、过氧乙酸（$CH_3OCOOH$）、过硫酸盐（$K_2SO_5$）、高铁酸钾（$K_2FeO_4$）以及高锰酸钾（$KMnO_4$）等。

## 772 臭氧在处理废水过程中有何效用？

臭氧 $O_3$ 有很强的氧化性能，在天然元素中仅次于氟，氧化作用速度是氯的 300 倍。其密度是 $O_2$ 的 1.5 倍，在常温常压下溶解度为 10mg/L，比 $O_2$ 高 10 倍，比空气高 25 倍；消毒杀菌反应快，投量少，适应范围广（pH 5.6～9.8，水温 0～37℃）；$O_3$ 能破坏生物体不饱和脂肪酸和蛋白质，生成羧酸、二羧酸、过氧化氢、$O_2$、草酸等，继续氧化会变成无害物质。$O_3$ 能脱色、除臭、去味以及除铁、锰、有机物，但 $O_3$ 性能很不稳定。目前，需要现场生产。

$O_3$ 在处理废水无机物过程中，与无机物反应放出原子氧 O，使无机物氧化，转变成无毒或微毒的化合物。例如 $O_3$ 处理废水中 $CN^-$ 时，生成无毒的 $NaHCO_3$ 和 $NH_3$：

$$O_3+NaCN \rightleftharpoons NaOCN+O_2$$

$$O_3+NaCN+2H_2O \rightleftharpoons NaHCO_3+NH_3+O_2$$

又如，当 $O_3$ 处理废水中硫化物 $Na_2S$ 时，放出 O 和 $O_2$ 与硫化物反应，生成无毒、无臭、无味的硫代硫酸钠，或硫酸钠：

$$2Na_2S+2O_3+H_2O \rightleftharpoons Na_2S_2O_3+O_2+2NaOH$$

$$Na_2S+4O_3 \rightleftharpoons Na_2SO_4+4O_2$$

$O_3$ 在处理废水有机物过程中，反应机理比较复杂，解释不一。$O_3$ 与废水中有机物反应，有两条途径：一是直接反应称 D 反应；一是间接反应，即 $O_3$ 分解有机物产生羟基自由基 OH·，间接反应，亦称 R 反应，反应时先生成羟基或过氧化物。例如 $O_3$ 与含乙烯（$C_2H_4$）废水反应，生成过氧化物和甲醛：

$$C_2H_4+O_3+H_2O \rightleftharpoons 2HCHO+H_2O_2$$

然后，$O_3$ 继续反应，使 HCHO 生成无机物 $CO_2$ 和 $H_2O$：

$$3HCHO + 2O_3 \rightleftharpoons 3CO_2 + 3H_2O$$

又如，$O_3$ 处理含酚废水，生成醌，$O_3$ 再氧化醌生成草酸：

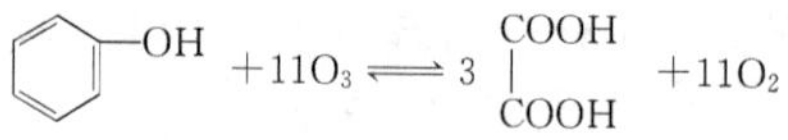

而草酸再经 $O_3$ 氧化，变成无机物，反应如下：

$$\begin{matrix} COOH \\ | \\ COOH \end{matrix} + O_3 \rightleftharpoons 2CO_2 + H_2O + O_2$$

$O_3$ 在处理废水过程中效用十分显著。

### 773　什么是高级氧化技术？有什么特点？

高级氧化技术是指任何以产生羟基自由基 OH· 为目的的过程的工艺技术，简称 AOP (advanced oxidation process)，或称 AOT。

羟基自由基 OH· 的产生是利用 $H_2O_2$、$O_3$ 等在一定的条件下，加入氧化剂、催化剂，或借助紫外线、超声波、电解等的作用而产生的。例如法国科学家 Fenton 提出的以铁盐为催化剂，在 $H_2O_2$ 存在下，能产生 OH·；或用电解法，以铁为阳极，在阴极得到 $H_2O_2$，利用 Fenton 试剂可得到 OH·。新近利用金刚石为阳极，使水在阳极氧化直接产生 OH·。OH· 是活性中间体、强氧化剂，其氧化能力仅次于氟，其标准氧化还原电极电位（25℃）如下：

| 名　称 | F | OH· | O | $O_3$ | $H_2O_2$ | HClO | $Cl_2$ | $ClO^-$ | $O_2$ |
|---|---|---|---|---|---|---|---|---|---|
| 氧化还原电极电位/V | 2.87 | 2.80 | 2.42 | 2.07 | 1.77 | 1.49 | 1.359 | 0.84 | 0.40 |

目前比较好的高级氧化技术有：$H_2O_2/Fe^{2+}$（Fenton 试剂法）；$UV/TiO_2/H_2O_2$（过氧化氢与多相光催化结合）；$UV/TiO_2/O_2$（多相光催化氧化）；$UV/H_2O_2$（过氧化氢加紫外线）等。

高级氧化技术的特点有：

① 由于 OH· 具有极强的氧化性，因此，几乎能与废水中大部分有机物起反应，使其断裂为小分子，或者彻底氧化为 $CO_2$、$H_2O$、$O_2$、无机盐等。一般都不会产生新的污染。尤其处理废水中难降解的有机污染物可优先选用。

② OH· 反应速率快，与废水有机污染物作用非常迅速，去除效果好、速度快。

③ 对废水有机污染物的破坏程度能达到完全或接近完全。对多种有机污染物可以达到十分有效去除。

④ 可以实行自动控制，操作性强。

高级氧化技术已在废水和循环水处理中成功应用。

### 774　什么是光催化氧化处理？

光催化氧化技术是以 N 型半导体作为催化剂（也称光敏化剂），如 $TiO_2$。当低压汞灯产生的紫外线照射在半导体的表面时，通过水中投加这样的光敏半导体材料。电子发生跃迁，受激发后产生电子 ($e^-$)-空穴 ($h^+$)，即：

$$TiO_2 + UV \longrightarrow e^- + h^+$$

在 $TiO_2$ 表面，这些电子和空穴，发生复杂的变化，$e^-$ 具有很强的还原性，$h^+$ 具有很强氧化性。

$$e^- + O_2 \longrightarrow O_2^-$$

$$O_2^- + H^+ \longrightarrow HO_2^{0}$$

$$2HO_2^0 \longrightarrow O_2 + H_2O_2$$

$$H_2O_2 + O_2^- \longrightarrow OH^0 + OH^- + O_2$$

$$h^+ + H_2O \longrightarrow OH^0 + H^+$$

$$h^+ + OH^- \longrightarrow OH^0$$

$$OH^0 + \text{有机物} \longrightarrow CO_2 + H_2O$$

$$h^+ + \text{有机物} \longrightarrow CO_2 + H_2O$$

最终是通过氧化能力极强的 OH·等，将废水中各种有机物无机化，生成 $CO_2$。催化剂常用的是 $TiO_2$，此外，还有 ZnO、CdS、$SnO_2$、$WO_3$ 等。光催化氧化技术，目前尚处于基础研究阶段。随着太阳能化学的发展，可利用太阳能作为光源。在常温常压进行光催化氧化，可以大大降低处理成本，将会成为各类废水处理最有效的方法之一。

## 775 电解法为什么有消毒和净化作用？

电解法在处理废水过程中，具有消毒杀灭微生物和净化的作用。电解时有阴、阳极，两极间产生电位差，废水中负离子移向阳极，在阳极放出电子，即进行氧化反应；废水中正离子移向阴极，在阴极得到电子，即进行还原反应。电解过程是电能转为化学能的氧化还原反应。

如废水中的 $Cl^-$，在电解过程的阳极放电中生成 $Cl_2$，$Cl_2$ 水解产生 HClO、$ClO^-$ 氧化剂，对废水有机物氧化分解有重要作用。此外，电解过程中，如果电极材料选择恰当，有可能产生许多强氧化剂，如 $O_3$、$HO^-$、$HO_2{}^-$、$H_2O_2$、O 等，不仅有氧化有机物的作用，而且有消毒杀灭微生物的作用。

电解时，使水溶液形成一个电场，废水中微生物受电场作用，对细胞形成一个跨膜电位，当电位高于 1V 时，细胞膜会被穿透，导致细胞质外泄而死亡。电场也改变了微生物生存环境，使微生物不适应环境而死亡，或者是电极间电子的频繁传递，造成细胞呼吸系统失调也会导致死亡。废水中许多微生物带有负电，在电场作用下，迁移至阳极，造成生物放电死亡。由此可知，电解是具杀生作用的。

电解时，如果选用碳钢作为阳极，在阳极区，碳钢失去电子以二价离子进入废水中：

$$Fe - 2e^- \longrightarrow Fe^{2+}$$

在阴极区：

$$O_2 + 2H_2O + 4e^- \longrightarrow 4OH^-$$

二价铁在水中反应生成氢氧化铁的白色沉淀：

$$Fe^{2+} + 2OH^- \longrightarrow Fe(OH)_2 \downarrow$$

在阳极上电离形成的氢氧化物对废水的胶体物质起到絮凝作用，产生沉淀而分离，使废水净化。

电解过程中，$H^+$ 迁移到阴极：

$$2H^+ + 2e^- \longrightarrow H_2 \uparrow$$

即阴极放出 $H_2$，以极小的气泡（20～100$\mu$m）上浮，起到电解气浮作用，废水中的悬浮颗粒黏附在氢气泡上，随其上浮至水面而去除，达到净化目的。

利用上述的电解法产生的三种效应，即电解氧化反应、电解絮凝和电解气浮，可以处理废水的多种有机物、重金属等，例如对制药废水、肉类加工废水、电镀废水等的处理都有显著效果。

## 776 超声波有什么效应能去除废水中的有机物和藻类？

超声波（US）是指频率为 20～1000kHz 的弹性波，在传播中能够产生一系列物理、化学、生物等效应，来实施废水有机物和藻类的去除。这些效应归纳起来主要有：

(1) 空化效应　超声空化的产生是存在于液体中的微气泡（空化核）在声场的作用下振

动，当声压达到一定值时，气泡将迅速膨胀，然后突然闭合，在气泡闭合时，产生冲击波，最终崩溃，这种微小气泡振动、膨胀、闭合、崩溃等一系列动力学过程为超声空化，在气泡闭合炸裂瞬间产生一系列高压（局部压力 100MPa）、高热（瞬间温度 4000K）和光电等物理效应，使得废水中有机物在空化泡内发生化学键断裂、水相燃烧、高温分解。同时进入空化泡的水蒸气在高温和高压下发生分裂和链式反应，产生 OH·。亲水性、难挥发的有机物在空化泡气液界面上或水中同 OH·进行氧化反应，有机物被降解。

（2）机械效应　在空化泡破裂的过程中产生高速射流，速度可达 110m/s，从而产生强烈的冲击力。超声波在传播过程中，会引起质点的交替压缩与伸张，引起质点的振动，虽位移不大，但其质点加速度与超声波振动频率的平方成正比，可以达到很高。有时超过重力加速度数万倍，从而造成强大的机械效应。高速射流、强烈冲击波，以及强大的剪切力等导致藻类细胞，特别是藻类的气囊结构受到剧烈的破坏，从而有效地去除水体中的藻类。

超声波还与其他技术联用，如与 Fenton 试剂、光催化、生物催化、电解等联用，能更加有效地去除有机物并产生协同降解效应。超声波技术具有适用领域广泛、操作简便、无污染等特点，是一种前景广阔的水处理技术。

## （四）物理化学处理法

### 777　物理化学处理有哪些主要方法？

利用物理化学作用来处理废水中的污染物质的方法称物理化学法，在废水处理中应用十分广泛。主要的方法有：

（1）吸附法　利用多孔性、有巨大比表面积的固体吸附剂（如活性炭等），使废水中的污染物质吸附在固体吸附剂的表面上，以达到分离目的。

（2）离子交换法　利用离子交换剂的活性基团，与废水中的离子进行交换，以去除废水中的有害污染物，参见本书第三章（一）、（二）、（三）。

（3）膜分离法　利用膜技术将废水中污染物进行分离，其中有 EO、RO、UF、NF、MF 等膜分离法，参见本书第三章（四）。

（4）萃取法　利用废水中的有害溶质在水中和萃取剂中溶解度的不同，使废水中的溶质转溶入另一与水不互溶的萃取剂中，然后使萃取剂与废水分离。

（5）汽提法　利用蒸汽蒸馏去除废水中的挥发性有害物质。

（6）吹脱法　使空气与废水充分接触，使废水中的溶解气体（如 $H_2S$ 等）随空气逸出。

（7）混凝沉淀法　参见本书第二章（一）、（二）。

（8）气浮处理法等　参见本书 116 题～119 题。

### 778　什么是吸附法废水处理？

吸附法的原理是：利用多孔性、有巨大比表面积的固体物质吸附剂，来吸附废水中某些有机物。吸附法的吸附过程是发生在液-固两相界面上的，这其间的作用力有分子间的力、化学键力以及静电吸力，因而产生物理吸附、化学吸附和交换吸附。在废水处理中起主要作用的是物理吸附。

吸附法主要用于废水中用生化处理难以降解的有机污染物，或者是用一般氧化法难以氧化分解的带有溶解性有机污染物，其中包括木质素、余氯、多环芳烃、杂环类化合物、洗涤剂、合成燃料、除锈剂等。吸附法还能使废水脱色、除臭；还对废水中的重金属及其化合物也有很好的吸附作用。资料表明，吸附法对铜、镉、镍、汞、锑、锡、钴等重金属都有很强的吸附能力。同时，还可把废水处理到回用程度。因此，吸附法在处理废水中应用十分广泛。

### 779　选择吸附剂有些什么要求?

用于废水处理的常用吸附剂比较多，如活性炭、焦炭、磺化煤、硅藻土、铝矾土、矿渣、硅胶以及吸附树脂等。对吸附剂选择的总的要求是多孔性、有很大表面积的固体物质，但还必须满足以下要求：

① 吸附能力要强；

② 机械强度要好；

③ 化学性质要稳定；

④ 吸附选择性好；

⑤ 容易再生、再利用；

⑥ 来源广而价格便宜。

其中以活性炭的选用最为广泛。

### 780　萃取法的基本原理是什么? 适用于哪些情况的废水处理?

萃取法的基本原理是向废水中投加一种与水不互溶，但能良好地溶解废水中污染物的溶剂，使其与废水充分混合接触。由于污染物在溶剂中的溶解度大于在废水中的溶解度，因而大部分污染物转移到溶剂相里，然后分离废水和溶剂，即可达到分离、浓缩污染物和净化废水的目的。

采用的溶剂称为萃取剂，被萃取的污染物称为溶质，萃取后的萃取剂称萃取液。要提高萃取速度，可采取增大两相的接触面积、增大传质系数和传质推动力的途径来达到。

萃取法适用于：能形成共沸点的恒沸化合物，而不能用蒸馏、蒸发方法分离回收的废水组分；热敏感性物质，在蒸馏和蒸发的高温条件下，易发生化学变化或易燃易爆的物质；沸点非常接近，难以用蒸馏方法分离的废水组分；难挥发性物质，用蒸发法需要消耗大量热能或需要高真空蒸馏，例如含乙酸、苯甲酸和多元酚的废水；对某些含金属离子的废水，如含铀和钒的洗矿水和含铜的冶炼废水，可以采取有机溶剂萃取、分离和回收。

选择萃取剂的原则是萃取能力要大，分配系数越大越好，不溶或微溶于水，在水中不乳化，挥发性小，化学稳定性好，安全可靠，易于再生，价格低廉，来源较广。

### 781　废水中的易挥发物和废气是如何去除的?

溶解于废水中的易挥发物和废气的去除，采用比较多的方法是汽提法和吹脱法。其原理是：当溶解于废水中的废气，其浓度或者分压大于通过废水的气体中的相应浓度或分压时，溶于废水中的废气就从液相扩散到气流中去，这股混合气就从废水中逸出，从而使废水中的废气得到去除。

通过废水的气体可以是惰性气体、空气或水蒸气，习惯上通空气的称为吹脱法，通蒸汽的称汽提法。这过程通常是逆向进行的，以增加浓度差。一般是在塔体形的脱气装置内进行的，废水从塔顶喷淋而下，气体从下鼓风而上，尽力增大水、气的接触面积。要求气体要纯，更不可含有废气成分。提高水温对汽提有利。

这类脱气装置有汽提式除气器、热力除气器和真空除气器等，其中常用的是汽提式除气器。吹脱法要设法回收废气，否则，排入大气可能造成二次污染。汽提法在含硫废水、含氰废水和含酚废水等的处理中，都有较广泛应用。汽提法偏重于去除废水中挥发性的溶解物质；吹脱法偏重于去除废水中溶解性废气。

### 782　如何采用物理-化学方法去除废水中的磷?

物理-化学法除磷也称化学沉淀法除磷。化学除磷和生物除磷都是去除废水中磷的主要方法。生物除磷相对经济，化学除磷更能稳定保证出水水质达到 0.5mg/L 的标准。

大多数废水中约有 10%不溶性磷，这部分不溶性磷可以通过初次沉淀予以去除。在常温常压下，磷的各种形态（即正磷酸盐、聚磷酸盐等）存在于废水中都不是固体，因此，要去除它们就必须使之变成一种可通过重力沉淀法来去除的不溶性沉淀物。为达到这一目的，主要是投加化学药剂，再采用物理-化学处理方法以絮凝和沉析共同作用去除磷。采用的化学药剂有：铝盐、铁盐和石灰等。在这些药剂的 $Al^{3+}$、$Fe^{3+}$、$Ca^{2+}$ 等离子作用下有如下的化学反应：

$$Al^{3+} + PO_4^{3-} \rightleftharpoons AlPO_4\downarrow \text{（磷酸铝）（最佳 pH 值 6～7）}$$

$$Fe^{3+} + PO_4^{3-} \rightleftharpoons FePO_4\downarrow \text{（磷酸铁）（最佳 pH 值 5～5.5）}$$

$$5Ca^{2+} + 3PO_4^{3-} + OH^- \rightleftharpoons Ca_5(PO_4)_3OH\downarrow \text{（羟基磷灰石）（最佳 pH 值 8.5～10.5）}$$

产生磷酸铝、磷酸铁、羟基磷灰石等沉淀，从而使废水中磷得以去除。如使用二价铁盐时要先将其氧化为三价铁使用。但石灰除磷与铝盐、铁盐除磷不一样，当废水中投加石灰时，是先与废水中重碳酸盐和 $CO_2$ 发生化学反应，消耗掉部分石灰：

$$Ca(HCO_3)_2 + Ca(OH)_2 \rightleftharpoons 2CaCO_3\downarrow + 2H_2O$$

$$CO_2 + Ca(OH)_2 \rightleftharpoons CaCO_3\downarrow + H_2O$$

只有出现过量的 $Ca^{2+}$，再与磷酸盐反应才生成羟基磷灰石。从化学反应方程式中可见，每加入 1mol 的铝盐或铁盐，可以沉淀 1mol 磷酸盐，不过，反应并非如此简单，其中有许多竞争反应，以及 pH 值、碱度等影响。因此，加药量还需通过小试来确定，而加石灰其受影响面更大，因此更加要通过试验来确定。此外，投药点也会影响除磷效果，要根据废水处理工艺情况来确定。特别要注意废水 pH 值对除磷效果影响。

## （五）生物处理法

**783　什么是生物处理法？**

废水的生物处理是利用微生物的新陈代谢作用，氧化降解废水中有机物，对废水中的污染物质进行转化与稳定，使其无机化、无害化的处理过程。这一过程的主体是微生物。常见微生物有植物型和动物型两类。植物型有藻类（主要有蓝藻、绿藻和硅藻）和菌类（主要有细菌和真菌）；动物型有原生动物和后生动物。

由于微生物的来源广，易培养，繁殖快，易发生变异，对环境的适应性强等，在应用上容易采集种菌进行培养，并在特定条件下进行驯化，使之适应废水的水质条件。微生物生存条件相对温和，新陈代谢过程不需要高温高压，不需要催化剂和催化反应，处理费用低，运行管理较为方便。所以生物处理法是废水处理应用最重要、最广泛的方法之一。

**784　废水生物处理的主要目的是什么？**

废水生物处理的主要目的是：

① 去除废水中的有机物组分及化合物，防止城市污水及工业废水对受纳水体中溶解氧的过量亏缺；

② 去除废水中胶体物及悬浮固体，防止固体物在受纳水体中积累，并产生不利的影响；

③ 减少进入受纳水体的病原有机体数量。

**785　什么是异养微生物、自养微生物、光养微生物、化能营养微生物？**

微生物（如细菌）为了正常的活动和繁殖，需要有能源、碳源和无机营养物，如氮、磷、硫、钾、钙和镁等。

微生物是从有机物或二氧化碳中获取细胞生长所需的碳源的。如果微生物是从有机物中的有机碳来合成新细胞组织的有机体，称为异养微生物。而微生物是从二氧化碳中获取碳源来合成新细胞的有机体，就称为自养微生物。从二氧化碳转变为细胞碳化合物，需要经过还原过程，需要摄入能量，因此自养微生物合成过程中必须消耗更多自身的能量，所以与异养微生物相比，细胞质的产量和生长速率较低。

微生物合成所需的能量可由光源提供；也可以由化学氧化反应提供，通过氧化有机物或无机化合物而获得能量。如果是利用光源作为能源的微生物称为光养微生物。从化学氧化反应中获得能量的微生物称为化能营养微生物。光养微生物可以是异养的（某些硫还原细菌），也可以是自养的（如藻类和光合细菌等）；化能营养微生物也可以是异养的（如原生动物、真菌和大多数细菌等），也可以是自养的（如硝化细菌等）。化能异养微生物是通过氧化有机化合物获得能量，而化能自养微生物是通过氧化还原性的无机化合物，如氨、亚硝酸盐、亚铁离子和硫化物等获得能量的。

微生物的生长，除上述碳源和能源外，营养物质也十分重要。微生物需要的主要无机营养物是：N、S、P、K、Mg、Ca、Fe、Na 和 Cl。次要营养物包括：Zn、Mn、Mo、Se、Co、Cu 和 Ni 等。工业废水生物处理，常缺氮和磷，要及时补充。微生物细胞体组成 $C_{60}H_{87}O_{23}N_{12}P$，每 100g 中大约有 12.22g 氮和 2.26g 磷，可见，废水生物处理注意 N、P 量的重要性。

### 786　什么是好氧微生物、厌氧微生物、兼性好氧微生物？

微生物（如细菌）的产能化学反应是氧化-还原反应，涉及电子从电子供体（释放电子）向电子受体（接收电子）的转移，电子供体被氧化，电子受体被还原。由于微生物种类不同，电子的供体和受体可以是有机化合物也可以是无机化合物。

当以氧作为电子受体进行化学反应，也就是只能利用氧来满足自身能量需要的微生物称为好氧微生物。

在无氧环境下，是以其他电子受体进行化学反应，是依靠发酵作用来满足自身能量需要的微生物称为厌氧微生物。

有些微生物能够利用氧作电子受体，但是当没有氧可供利用时，也可以利用硝酸盐和亚硝酸盐作为电子受体，这类微生物称为兼性好氧微生物。

### 787　废水的生物处理过程中有哪些主要的微生物？

废水的生物处理过程中主要的微生物有下列几种：

(1) 细菌　细菌是单细胞的原核生物。细胞内有细胞质，由蛋白质、碳水化合物和其他有机化合物的胶体悬浮液组成。细胞质内还有脱氧核糖核酸（DNA）和核糖核酸（RNA）。细菌包括杆菌、大肠埃希菌、球菌、螺旋菌、弧菌属等。

(2) 原生动物　原生动物是可以活动的微小真核生物，通常为单细胞。大部分原生动物是好氧异养生物，只有少数是厌氧的。原生动物比细菌大一个数量级，并往往以消耗细菌为能源。原生动物有四类：肉足类、鞭毛类、纤毛类和管虫类等。

(3) 真菌/酵母菌　真菌是多细胞、非光合的异养真核生物，大多数真菌是好氧微生物，并具有降解纤维素的能力，对污泥堆肥有重要作用。酵母菌是真菌，但属单细胞生物。

(4) 蠕虫　十二指肠钩虫卵、人蛔虫卵、毛首鞭形线虫卵等。

(5) 病毒　病毒是由核糖核酸核心（DNA 或 RNA）组成，寄生于其他生物的细胞内，包括 MS2、肠道病毒、诺沃克因子、轮状病毒等。

(6) 古菌　古菌大小和细胞成分类似于细菌，对厌氧过程很重要。

(7) 轮虫　轮虫属好氧异养动物的真核生物。它对于消耗分散、絮凝的细菌和小颗粒有机物质非常有用。

(8) 藻类　藻类是单细胞或多细胞，自养光合型的真核生物。在废水处理中，藻类通过光合作用产生氧的能力是水生态环境的生命所在。

### 788　生化处理包括哪些方法？

生化处理是利用微生物，将废水中部分或大部分的有机物氧化分解成无机物，使废水得到到净化。主要的方法有：

（1）活性污泥法　又称好氧生物处理法。在曝气供氧条件下，絮凝体的生物污泥和被处理废水相接触，利用活性污泥去除废水的有机污染物。此时的微生物是悬浮生长的。

（2）生物膜法　利用附着在固体（载体）表面上的微生物膜，废水通过后，微生物膜氧化分解以去除废水中的有机污染物，有生物滤池、生物转盘、接触氧化法等法。此时的微生物主要是附着生长的。

（3）厌氧生物法　普通厌氧池和厌氧接触池、两相厌氧池、厌氧滤池、厌氧流化床等。

（4）生物塘法　需氧塘、兼性塘、厌氧塘、曝气塘等。

（5）自然生物处理土地处理系统　利用土壤中的微生物和植物对污水污染物的综合净化能力来处理废水，利用其中的肥分和水分来促进农作物等的生长，并净化废水。

根据废水处理过程中，起主要作用的微生物对于氧气要求的不同，生化处理的方法总体上可分为好氧生物处理和厌氧生物处理两大类。

## A　活性污泥法

### 789　什么是活性污泥？活性污泥法的基本流程是怎样的？

活性污泥是一种污泥状的絮凝物，是在向废水中连续通入空气，经过一定时间后，因好氧微生物的繁殖而形成的，其上栖息着菌胶团为主的微生物群，具有很强的吸附和氧化有机物的能力，这种污泥状絮凝物称为活性污泥。

活性污泥法，也称活性污泥处理系统。其核心单元是曝气池。此外，还有二次沉淀池、污泥回流、剩余污泥排放以及曝气等系统，如图 6-5-1 所示。

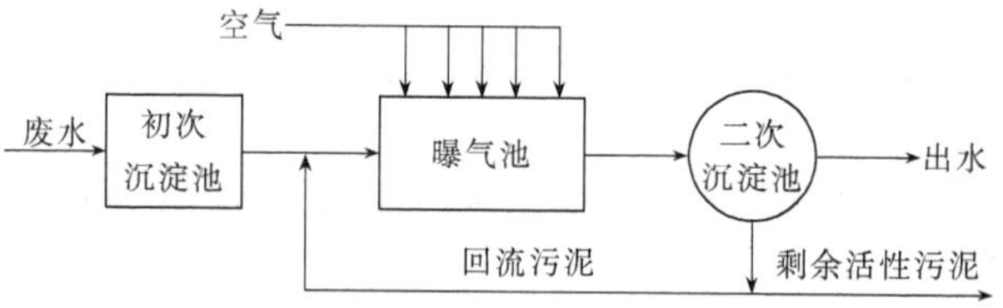


图 6-5-1　活性污泥法工艺流程

其基本流程是：废水经初沉池（初次沉淀池）后和从二沉池（二次沉淀池）回流的活性污泥一起进入曝气池形成混合液。曝气池是一个生物反应器，通过曝气装置通入空气，一方面由曝气向活性污泥混合液供氧，保证活性污泥中的微生物正常代谢。另一方面使混合液得到足够的搅拌，使活性污泥处于悬浮状态，废水与活性污泥得到充分接触。

废水中的有机物在曝气池内被活性污泥吸附，亦被活性污泥中的微生物利用而得到降解，使废水得到净化。然后，混合液流入二沉池，进行固液分离，活性污泥沉淀下来，与水分离。而水从二沉池溢出，为净化处理出水。二沉池底部污泥浓缩，一部分回流至曝气池，另一部分作为剩余污泥排出系统外，再另行妥善处理。

活性污泥法系统有效运行是：废水中含有足够的可溶性的、易降解的有机物作为微生物的营养物质；混合液中含有足够的溶解氧；要使活性污泥在曝气池中呈悬浮状态与废水充分接触；活性污泥要有足量连续回流；剩余污泥亦需及时排出；保持曝气池中稳定的活性污泥浓度；防止对微生物有毒的物质流入。

### 790　初次沉淀池与二次沉淀池的作用是怎样的？

在废（污）水处理系统中，初次沉淀池和二次沉淀池在流程中多不可缺少。初次沉淀池简称初沉池，是一级污水处理厂的主体构筑物，或作为二级污水处理的预处理构筑物，设在生物处理构筑物之前。初沉池的作用是去除污水中约40%～55%的悬浮物质，同时可去除20%～30%的有机物质。因此，可以改善后续生物处理的条件，减轻有机物处理的负荷。初沉池的沉淀物称为初沉污泥。二次沉淀池简称二沉池，设在生物处理构筑物之后，是生物处理系统的重要组成部分，用于沉淀活性污泥法产生的活性污泥或生物膜法所脱落生物膜形成的腐殖污泥。二沉池的沉淀物称为二沉污泥。二沉池的特点有别于初沉池：除分离泥水外，还进行污泥浓缩。进入二沉池的活性污泥浓度高，有絮凝性，成层沉淀，污泥质轻，易被水带走。在设计上与初沉池有所不同，需要的沉淀面积也大于初沉池。

初沉池及二沉池对悬浮物SS及有机物$BOD_5$的总去除率大致如下：

| 项　　目 | SS去除率/% | $BOD_5$去除率/% |
|---|---|---|
| 生物膜法 | 60～90 | 65～90 |
| 活性污泥法 | 70～90 | 70～95 |

常用的沉淀池有平流沉淀池、竖流沉淀池、辐流沉淀池及斜板（管）沉淀池四种类型，见本书87～95题。平流沉淀池在大中小型处理厂均适用。辐流沉淀池适用于大中型厂。竖流沉淀池主要适用于小型厂。当用地受限、厂扩容改造时，斜板（管）沉淀池常作为初沉池使用，但不宜用作二沉池。因活性污泥容易黏附在斜板（管）上，影响沉淀效果，甚至堵塞。如用在厌氧反应器后，消化产生的气体上升会干扰污泥沉淀，甚至会将板（管）上脱落下来的污泥带至水面结成污泥层。对于城镇污水处理厂，初沉池或二沉池都不应少于二座，并考虑一座发生故障时，其余的沉淀池能够负担全部流量。主要设计参考数据如下。

（1）平流沉淀池

**城市污水沉淀池设计参考数据**

| 沉淀池用途 | | 沉淀时间 $t$ /h | 表面水力负荷 $q$ /[$m^3/(m^2\cdot h)$] | 最大水平流速 $v$ /(mm/s) | 污泥含水率 /% |
|---|---|---|---|---|---|
| 初沉池 | | 1.0～2.0 | 0.8～3.0 | 7 | 95～97 |
| 二沉池 | 生物膜法 | 1.5～2.5 | 0.8～2.0 | 5 | 96～98 |
| | 活性污泥法 | 1.5～2.5 | 0.8～1.5 | 5 | 99.2～99.6 |

**设计的主要计算项目及计算式**

| 项目名称 | 符号 | 单位 | 计　算　式 |
|---|---|---|---|
| 最大设计流量 | $Q_{max}$ | $m^3/h$ | |
| 沉淀区总面积 | $A$ | $m^2$ | $A=Q_{max}/q$ |
| 沉淀区有效水深 | $h_2$ | m | $h_2=qt$ |
| 沉淀区有效容积 | $V$ | $m^3$ | $V=Q_{max}t=Ah_2$ |
| 池长 | $L$ | m | $L=3.6vt$ |
| 沉淀区总宽度 | $B$ | m | $B=A/L$ |
| 每座或每格宽度 | $b$ | m | $b=B/n$，一般5～10m |
| 座数或格数 | $n$ | | $n$值为整数，不应小于2 |
| 泥斗贮量 | $V_1$ | | $V_1$一般取2d污泥量 |

（2）辐流沉淀池

$$每座沉淀池的表面积\ A_1=Q_{max}/nq_0\quad m^2$$

$$每座沉淀池的池径\ D=\sqrt{\frac{4A_1}{\pi}}\quad m$$

表面水力负荷$q_0$，对生活污水一般为2.0～3.6$m^3/(m^2\cdot h)$。

$$沉淀池有效水深\ h_2=q_0t\quad m$$

沉淀池沉降时间 $t$，对生活污水一般为 1.5～2.0h。

辐流沉淀池的池径一般为 20～40m，最大可达 100m，池中心深度为 2.5～5.0m。表面负荷 $q_0$ 和沉降时间 $t$ 应通过沉降试验确定。

（3）竖流沉淀池

设计的主要计算项目及计算式

| 项目名称 | 符号 | 单位 | 计 算 式 |
|---|---|---|---|
| 每池最大设计流量 | $q_{max}$ | $m^3/s$ | |
| 中心管流速 | $v_0$ | m/s | $v_0 \leqslant 0.03 \sim 0.04$ |
| 沉淀区上升流速 | $v$ | m/s | $v=0.0005 \sim 0.001$ |
| 中心管面积 | $f_1$ | $m^2$ | $f_1=q_{max}/v_0$ |
| 中心管直径 | $d_0$ | m | $d_0=\sqrt{\frac{4f_1}{\pi}}$ |
| 沉淀区面积 | $f_2$ | $m^2$ | $f_2=q_{max}/v$ |
| 沉淀区总面积 | $A$ | $m^2$ | $A=f_1+f_2$ |
| 沉淀区的有效沉淀高度 | $h_2$ | m | $h_2=3600vt$ |
| 沉淀时间 | $t$ | h | |
| 沉淀池直径 | $D$ | m | $D=\sqrt{\frac{4A}{\pi}}$ |

（4）斜板（管）沉淀池 斜板（管）沉淀池分为异向流、同向流和横向流三种。目前主要采用异向流。

$$沉淀池水表面积\ A=Q_{max}/0.91nq_0 \quad m^2$$

$q_0$ 一般为 $4 \sim 6m^3/(m^2 \cdot h)$，二沉池取 $0.8m^3/(m^2 \cdot h)$。

$$沉淀池平面尺寸：圆形直径\ D=\sqrt{\frac{4A}{\pi}} \quad m$$

$$方形边长\ a=\sqrt{A} \quad m$$

$$池内停留时间\ t=(h_2+h_3)\times 60/q_0 \quad min$$

$h_2$ 为斜板（管）区上部清水高度，一般取 0.7～1.0m；

$h_3$ 为斜板（管）的自身垂直高度，一般为 0.8～1.0m。

**791 活性污泥处理废水的过程分哪两个阶段？**

活性污泥处理是利用悬浮状态生长的微生物絮体来处理废水的方法，这种微生物絮体即称为活性污泥。这是一类好氧微生物处理方法。活性污泥的组成由好氧微生物（包括细菌、原生动物、后生动物、真菌、藻类等）、新陈代谢的产物和吸附的有机物、无机物等组成。活性污泥对废水中有机污染物具有很强的吸附和氧化分解的能力。

活性污泥处理废水的过程主要包括两个阶段组成，即：

（1）生物吸附阶段 首先使废水与活性污泥微生物充分接触，形成悬浮絮体混合液。这时废水中的污染物被比表面积巨大，而且表面上含有多糖类黏性物质的微生物絮体所吸附和粘连。大分子有机物被吸附后，在水解酶的作用下分解为小分子物质，然后这些小分子物质与溶解性有机物又在酶的作用下或在浓度差的推动下，选择性地渗入到细胞体内，从而使废水中的有机物含量下降而得到净化。这阶段进行非常迅速，一般在 10～40min 内，BOD 可下降 80%～90%。

（2）生物氧化阶段 在有氧的条件下，被活性污泥吸附和粘连的有机物被氧化分解获取能量，并合成新的细胞。这一个过程就是从废水中去除有机物的过程。这阶段时间较长，进行缓慢。在生物氧化阶段合成的菌体形成絮凝体，通过重力沉淀从水中分离出来，使水质得到净化。

这两个阶段是不能截然分开的，但有主次之分。如生物吸附阶段，随着有机物吸附量的增加，污泥的活性逐渐减弱。当吸附饱和后，污泥就失去吸附能力。此时经过生物氧化阶段吸附的有机物当被氧化分解之后，污泥又呈现活性，恢复吸附能力。

## 792　活性污泥的性能以什么指标来表示？

衡量活性污泥的数量和活性污泥的性能主要指标如下：

(1) 活性污泥的浓度（MLSS）　又称混合液悬浮固体浓度，是指1L曝气池的混合液中所含悬浮固体的量，单位g/L或mg/L。活性污泥浓度的多少，可以间接反映废水中所含微生物的浓度。一般情况下，MLSS保持2～6g/L。

(2) 挥发性悬浮固体浓度（MLVSS）　是指曝气池内混合液活性污泥中有机物固体物质的浓度，包括非活性的难降解的有机物质，但不包括无机物。它所表示的是活性污泥的相对数值。一般情况下，MLVSS/MLSS比值（$f$）比较稳定，生活污水为0.75左右。

(3) 活性污泥沉降比（SV或$SV_{30}$）　是指一定量的曝气池内混合液静置30min后，沉淀污泥与混合液的体积比，用%表示。其大小反映活性污泥沉淀和凝聚性能的好坏。沉降比越大，越有利于泥水分离。性能良好的污泥，一般沉降比可达15%～30%。以此可以控制、调节剩余污泥的排放量，并通过它及时发现污泥膨胀等现象的发生。

(4) 污泥容积指数（SVI）　又称污泥指数，是指一定量的曝气池混合液经30min沉淀后，1g干污泥所占有沉淀污泥的体积，单位为mL/g。实质是反映活性污泥的松散程度，SVI越大，则污泥越松散。表面积越大，越有利吸附和氧化分解，提高废水处理效果；但污泥过于分散，则污泥沉淀性就差了，因此一般控制在70～150mL/g为宜。但根据废水性质不同，指数也有所不同。SVI值能够反映活性污泥的凝聚、沉降性能，SVI值过低（<50），说明泥粒细小、无机质含量高、缺乏活性使污泥解体；过高，污泥的沉降性能不好，有产生污泥膨胀现象的可能。SVI＝SV(mL/L)/MLSS(g/L)。

(5) 活性污泥的比耗氧速率（SOUR或OUR）　是指单位质量的活性污泥在单位时间内所能消耗的溶解氧量。这是衡量活性污泥生物活性的一个重要指标，单位$mgO_2$/（g MLSS·h)。此值与许多因素有关，但从运行管理上可反映出有机物降解的速率以及活性污泥是否中毒。如果SOUR值迅速下降，一般来说，与废水中难降解的有机物增多或有毒物质突增有关，要及时处理。SOUR一般为8～20$mgO_2$/(g MLSS·h)。由于温度对SOUR影响很大，因此一般都在20℃测定。

## 793　预曝气有什么作用？

预曝气就是在废水进入沉淀池之前，首先进行约10～20min的短时间的曝气。产生如下作用：

① 可产生自然絮凝或生物絮凝的作用，使废水中的微小颗粒凝聚成大颗粒，以便沉淀分离；

② 可氧化废水中的还原物质；

③ 增加废水中的溶解氧，减轻废水的腐败，提高废水的稳定度；

④ 可以吹脱废水中溶解的挥发物。

以上，对废水都具有净化作用。

预曝气有两种类型，一是单纯曝气，产生自然絮凝；二是在曝气同时加入生物污泥，产生生物絮凝，以提高沉淀池的分离效果，使悬浮物的去除率可达80%以上，$BOD_5$的去除率也有15%以上。

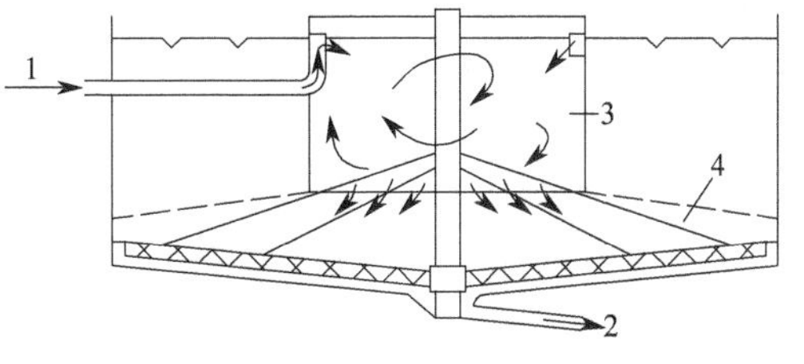


图6-5-2　预曝气澄清池

1—污水入口；2—污泥排出管；3—预曝气室；4—污泥悬浮层

预曝气通常都在一专设的预曝气池构筑物内进行。预曝气池可以与平流沉淀池合并（前部为曝气部分，后部为沉淀部分），也可以与澄清池合并，这时，强曝气部分大都设在池中央部分，如图6-5-2所示。

### 794　什么是曝气池？

曝气池是废水和活性污泥的混合器，又是活性污泥微生物处理的反应器。曝气池在活性污泥处理中是主体，是关键设备。活性污泥法是一种好氧生物处理法，废水中的有机污染物的氧化分解要有好氧的微生物参与，这种微生物的生长繁殖就需要有充足的氧气。另外，废水中的有机污染物与微生物需要有充分接触的机会，而曝气池就是提供了这个需要和机会。由此可见，曝气池的作用：一方面使活性污泥处于悬浮状态，使废水与活性污泥能够充分接触；另一方面通过曝气，向活性污泥微生物提供必要的氧气，保持好氧状况与条件，促使微生物的正常生长与繁殖，又为废水中有机污染物被活性污泥吸附、氧化分解提供了良好的条件。

曝气池在活性污泥生物处理中一直发挥非常重要的作用，也是当前污水处理领域中最为应用广泛的处理技术和设备之一。但也有不足之处，池体庞大，占地面积大，电耗比较高，管理复杂。

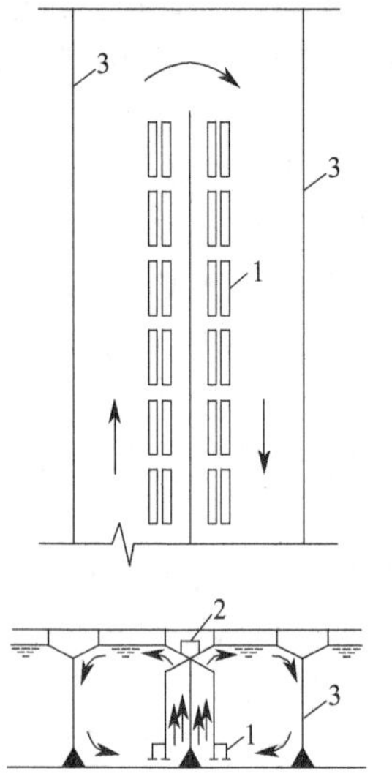


图 6-5-3　鼓风曝气式曝气池
1—扩散器；2—空气管；3—隔墙

### 795　曝气池有哪些型式？

曝气池的型式，按照水力特性，可以分为推流式、完全混合式和循环混合式三种；从平面形状分长方廊道形、圆形或方形、环形跑道形三种；从曝气池与二沉池关系可分为分建式和合建式。

按采用曝气方法分又可分为鼓风曝气式、机械曝气式和两者联合式三种。

（1）鼓风曝气式曝气池　如图 6-5-3 所示，这种鼓风曝气为推流式，长方廊道形曝气池。扩散装置布置安放在池子一侧，水流在池中呈螺旋状前进，以增加气泡与水接触时间，并帮助水流旋转。

（2）机械曝气式曝气池　如图 6-5-4 所示，这是完全混合式表面叶轮曝气沉淀池，由曝气区、导流区、沉淀区、回流区四个区组成。原理同加速澄清池类似，可参考本书 97 题。

（3）鼓风和机械联合式曝气池　如图 6-5-5 所示。叶轮靠近池底主要起搅拌作用。而叶轮下部有压缩空气的扩散装置供氧。

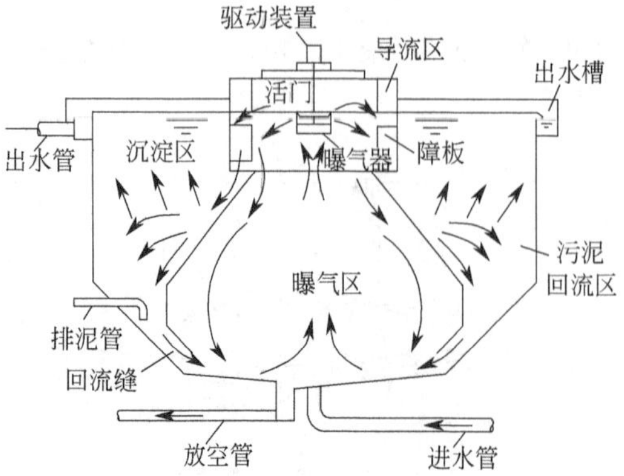


图 6-5-4　机械曝气式曝气池

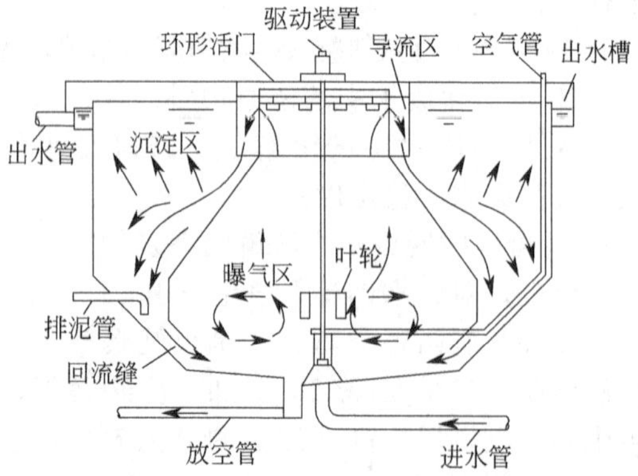


图 6-5-5　鼓风和机械联合式曝气池

### 796　曝气装置有哪些方式？

曝气装置又称空气扩散装置，也称曝气头。曝气池内的充氧和混合搅拌功能，是由曝气装置来实现的，是活性污泥系统生物处理反应器的关键设备。曝气装置的曝气方式主要分为鼓风曝气和机械曝气两大系统。

（1）鼓风曝气系统　是鼓风机将空气通过管道输送到安装在曝气池底部的空气扩散装置，在扩散装置的出口处形成不同尺寸的气泡，气泡经过上升和随水循环流动，最后在液面处破裂。在这一过程中，空气中的氧转移到混合液中。鼓风曝气系统的空气扩散装置主要有：微小气泡、中气泡、大气泡扩散器以及水力剪切、水力冲击和空气升液等类型。

（2）机械曝气系统　机械曝气装置安装在曝气池的水面上下，在动力的驱动下进行转动，通过3个作用使空气中的氧转移到废水中去：①曝气装置转动，水面上的污水不断地以水幕状由曝气器周边抛向四周，形成水跃，液面呈剧烈的搅动状，使空气卷入；②提升液体的作用，使混合液连续地上、下循环流动，气液接触界面不断更新，不断使空气中的氧向液体内转移；③曝气装置转动，其后侧形成负压区，能吸入部分空气。

机械曝气有竖轴式和卧轴式机械曝气装置两类。其中竖轴式机械曝气装置又称竖轴叶轮曝气机或称叶轮表曝机，在我国工业废水处理中应用比较广泛，常用的表曝机叶轮有泵形、倒伞形和平板形等。如图6-5-6所示。

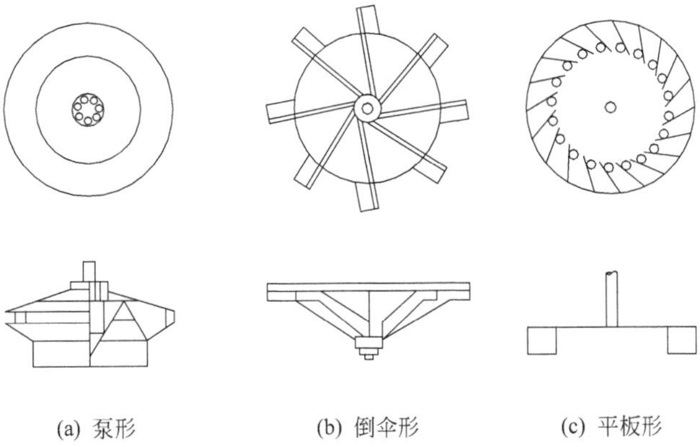


图6-5-6　表面曝气叶轮

卧轴式机械曝气有转刷曝气装置和盘式曝气装置等，主要用于氧化沟。

除鼓风曝气和机械曝气系统外，还有混合曝气型，将空气或纯氧送进混合液内，通过搅拌机作用，剪切成微小气泡，从而增加气、液接触面，以提高充氧效率。

### 797　纯氧曝气法有何优缺点？

纯氧曝气池的构造如图6-5-7所示。纯氧曝气法实际上是活性污泥法的一种主要变形，它是以纯氧代替空气，采用密闭池子。

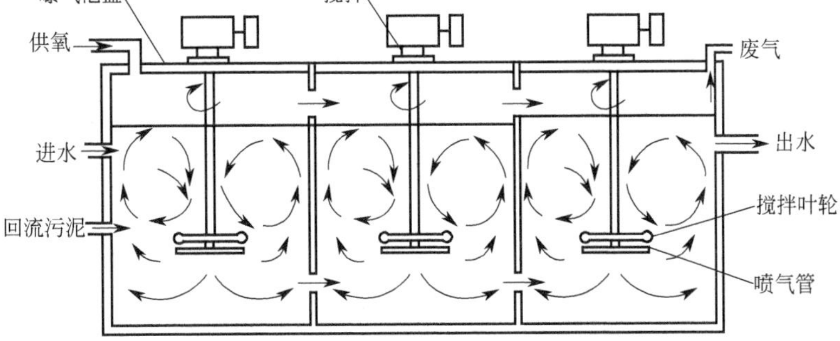


图6-5-7　纯氧曝气池的构造

纯氧曝气法的优点是可以大大提高生物处理的速度，用纯氧，曝气的时间可以缩短，只需1.5～3.0h；MLSS较高，约4～8g/L，而普通曝气只有1.5～2.5g/L。由于在密闭的容器中，氧的本身纯度在98%以上，所以溶解氧饱和浓度可以提高，使得氧溶解的推动力也随着提高，氧的传递速率也增加了，因此处理效果好，污泥的沉淀性能也好，使微生物充分发挥了作用。但纯氧曝气的缺点是装置复杂、管理麻烦、密闭容器的结构要求高。一旦混入易挥发的碳氢化合物，容易引起爆炸，安全有隐患。同时，由于生物代谢中生成$CO_2$，当气体分压上升时会有更多$CO_2$气体溶于水中，使pH值下降，要影响生物处理的正常运行和处理效率，所以给运转管理增加了麻烦，要经常进行pH的监控与调节，以及适时排气措施等。

### 798 曝气过程的需氧量和供气量是如何计算的?

好氧生物处理的曝气过程中，活性污泥对有机物的氧化分解及微生物自身氧化活动均需要氧气。计算时首先算出需氧量，再根据需氧量计算供气量。

（1）需氧量计算　仅脱碳的系统与同时除有机物、反硝化脱氮的系统计算方法不同。

① 根据有机物降解的需氧率和内源代谢需氧率计算。适合只脱除有机物不脱氮的系统。

$$O_2=a'QS_r+b'VX$$
$$\Delta O_2=a'+b'/N_r$$

式中 $O_2$——混合液需氧量，kg $O_2$/d；

$\Delta O_2$——每除去1kg底物的需氧量，kg $O_2$/(kg $BOD_5$)；

$Q$——曝气池进水流量，$m^3$/d；

$V$——曝气池容积，$m^3$；

$X$——曝气池内底物浓度，kg VSS/$m^3$；

$N_r$——BOD-污泥去除负荷率，kg $BOD_5$/(kg VSS·d)；

$S_r$——进出水底物浓度差，$S_r=S_0-S_e$，kg $BOD_5$/$m^3$；

$a'$——微生物对底物氧化分解过程的需氧率，kg $O_2$/kg $BOD_5$；

$b'$——微生物自身氧化的需氧率，kg $O_2$/(kg VSS·d)。

$a'$、$b'$由试验确定。按经验生活污水的$a'$值范围为0.42～0.53，$b'$值为0.19～0.11。

**不同活性污泥系统处理城市污水的$a'$、$b'$值**

| 运行方式 | $a'$ | $b'$ | $\Delta O_2$ |
|---|---|---|---|
| 完全混合 | 0.42 | 0.11 | 0.7～1.1 |
| 生物吸附 | ↓ | ↓ | 0.7～1.1 |
| 传统曝气 | ↓ | ↓ | 0.8～1.1 |
| 阶段曝气 | 0.53 | 0.188 | 1.4～1.8 |

**部分工业废水好氧处理系统的$a'$、$b'$值**

| 废水类型 | $a'$ | $b'$ | 废水类型 | $a'$ | $b'$ |
|---|---|---|---|---|---|
| 含酚废水 | 0.56 | — | 合成纤维 | 0.55 | 0.142 |
| 漂染废水 | 0.5～0.6 | 0.065 | 制浆造纸 | 0.38 | 0.092 |
| 炼油废水 | 0.55 | 0.12 | 石油化工 | 0.75 | 0.16 |
| 制药废水 | 0.35 | 0.354 | 亚硫酸浆粕 | 0.40 | 0.185 |

$\Delta O_2$随$N_r$值而变化。$N_r$又随废（污）水流量和$BOD_5$浓度而变化。$N_r$低时，曝气池具有较大缓冲能力。$N_r$高时需氧量变化较大。

② 根据对有机物的氧化分解量及剩余污泥量计算。适合只脱除有机物不脱氮的情况。

需氧量＝去除的 bCOD－合成微生物 COD，即：

$$O_2=Q(\mathrm{bCOD}_0-\mathrm{bCOD}_e)-1.42\Delta X \quad \mathrm{kg\ O_2/d}$$

式中　$(\mathrm{bCOD}_0-\mathrm{bCOD}_e)$——进出水可生物降解 COD 浓度差，$\mathrm{kg/m^3}$；

$\Delta X$——剩余污泥量，kg VSS/d；

1.42——污泥的氧当量系数，完全氧化 1 个单位的细胞（以 $C_5H_7NO_2$ 计）碳化合物，需要 1.42 单位的氧。

③ 同时除有机物、硝化并脱氮时的需氧量计算，如氧化沟。总需氧量为废水中 $BOD_5$ 和氨氮硝化需氧量之和，扣除硝态氮释放氧量及剩余污泥中相当的有机物量，即

$$O_2=QS_r/(1-10^{-kt})-1.42Q'_w(\mathrm{VSS/SS})+Q[4.6(N_0-N_e)]-0.56Q'_w(\mathrm{VSS/SS})-2.6Q\Delta NO_3 \quad \mathrm{kg\ O_2/d}$$

式中　$k$——BOD 降解速率常数，1/d；

$t$——BOD 试验天数，$t=5$d；

$N_0-N_e$——进出水氨氮浓度差，$\mathrm{kg\ NH_3\text{-}N/m^3}$；

$\Delta NO_3$——还原的 $NO_3^-$-N，$\mathrm{kg\ NO_3^-\text{-}N/m^3}$；

$Q'_w$——剩余污泥排放量，kg SS/d；

4.6——硝化 1kg 氨氮需氧 4.57kg，取 4.6kg；

2.6——1kg 硝态氮放出 2.6kg 氧；

$0.56Q'_w$——剩余污泥中含氮物质需氧量，$\mathrm{kg\ O_2/d}$。

令 $a=1/(1-10^{-kt})$，根据经验，取 $a=1$。设 VSS/SS＝0.7。则

$$O_2=QS_r+4.6Q(N_0-N_e)-1.4Q'_w-2.6Q\Delta NO_3 \quad \mathrm{kg\ O_2/d}$$

（2）供气量计算　曝气过程是空气中的氧从气相到液相的传质过程。影响的因素有：溶解氧的饱和度、水温、水中溶解物等。故实际供气量大于以上计算的需氧量。在标准状况下，转移至混合液中的氧为 $R'_0$。标准状况是指气温 20℃，气压为 $1.013\times10^5$ Pa（大气压），测定用水为脱氧清水。

$$R'_0=\frac{R'c_{s(20)}}{\alpha(\beta\cdot\rho\cdot c_{s(T)}-c)\times1.024^{(T-20)}} \quad \mathrm{kg\ O_2/d}$$

式中　$c_{s(20)}$——清水 20℃时氧的饱和浓度，mg/L；

$c_{s(T)}$——清水在运行温度 $T$ 时的氧饱和浓度，mg/L；

$c$——实际运行时混合液中氧浓度，一般为 2mg/L；

$\alpha$——修正系数，一般取值为 0.8～1.0；

$\beta$——氧饱和浓度修正系数，一般取 0.9～0.97；

$R'$——实际转移到反应池中的氧气量，$\mathrm{kg\ O_2/d}$。即 $R'$＝需氧量。$R'_0/R'$ 为供氧安全系数，一般取 1.33～1.61，有的高达 2.5。

采用空气曝气时，因氧占空气的体积为 21%，另外考虑空气扩散利用效率因素，则

$$\text{供气量 } G_S=\frac{R'_0}{(0.28-0.3)E_A}\times100\% \quad \mathrm{m^3\ 空气/d}$$

式中，$E_A$ 为空气扩散装置的转移效率。由生产厂商提供的标准状况下的 $E_A$ 值一般为 6%～12%。

可根据计算供气量 $G_S$ 及管道、设备的阻力计算，选择所需的鼓风机。

### 799　曝气池出现异常现象如何进行原因分析？

曝气池生物处理系统的管理需定期巡视检查，如果发现曝气池出现异常现象时，要及时分析原因，采取措施，避免运行故障。曝气池常常会出现下列异常现象：

| 异常现象 | 原因分析 | 对　策 |
|---|---|---|
| 曝气池产生恶臭 | 曝气池供氧不足,DO浓度较低 | 增加供氧,使曝气池DO浓度高于2mg/L |
| 曝气池污泥颜色变黑 | 曝气池DO浓度过低,有机物厌氧分解产生$H_2S$,它与Fe作用生成FeS,颜色变黑 | 增加供氧或加大污泥回流量 |
| 曝气池污泥颜色变白 | 丝状菌或固着型纤毛虫大量繁殖,进水pH过低,曝气池pH<6时,丝状菌会大量繁殖 | 投加化学药剂;提高进水pH值 |
| 曝气池表面出现浮渣覆盖 | 浮渣中诺卡菌或纤发菌过量生长,或进水中洗涤剂含量过高 | 清除浮渣,避免浮渣继续留在系统内循环;增加排泥 |
| 曝气池泡沫过多呈白色 | 进水中洗涤剂量过多 | 投加消泡剂,或用水将泡沫冲走 |
| 曝气池泡沫不易破碎,发黏 | 进水负荷过高,有机物分解不完全,起泡微生物(如某些诺卡菌)大量繁殖 | 降低负荷;将浮渣引流池外,加化学药剂抑制起泡微生物繁殖;用水冲 |
| 曝气池泡沫呈茶色或灰色 | 污泥老化;泥龄过长;解絮污泥附着在泡沫上 | 加大排泥量 |

## 800　二沉池污泥情况异常可能是什么原因?

二沉池污泥异常发生，通常有下列情况：

| 异常情况 | 可能的原因 | 解决方法 |
|---|---|---|
| 二沉池有块状黑色污泥上浮 | 二沉池局部积泥厌氧分解,释放$CH_4$、$CO_2$等气体附着于污泥絮凝体上使之上浮 | 防止二沉池有死角,排泥后在发生死角处用压缩空气冲洗 |
| 二沉池泥面升高,初期出水很清澈,流量大时污泥成层外溢 | $SV_{30}$、SVI偏高,丝状菌占优势,产生污泥膨胀 | 投加液氯、次氯酸钠,杀死丝状菌;提高pH;加颗粒炭、黏土、消化污泥等;增加供氧量;间歇进水 |
| 二沉池泥面过高 | MLSS过高 | 增加排泥 |
| 二沉池表面积累一层解絮污泥 | 微型动物死亡,污泥解絮,出水水质恶化;COD、BOD升高,SOUR远低于8mg $O_2$/(g MLSS·h) | 停止进水,排泥后投加营养物质,如有可能引进生活污水使污泥复壮或引进新污泥菌种 |
| 二沉池有细小污泥不断外漂 | 污泥缺乏营养,SOUR远低于8mg $O_2$/(g MLSS·h);进水氨氮浓度高,C/N不合适;池温超过40℃,翼轮转速过高使絮粒破碎 | 投加营养物质,或引进高BOD废水,使$F/M>0.1$[①],停开一座曝气池 |
| 二沉池上清液浑浊,出水水质差 | SOUR>20mg $O_2$/(g MLSS·h),污泥负荷过高;有机物氧化不完全 | 减少进水流量,减少排泥 |
| 污泥未成熟,絮粒细小;出水浑浊,水质差 | 水质成分及浓度变化过大,废水中营养不平衡或不足;废水中毒物多或pH不合适 | 使废水成分、浓度和营养均衡化;适当补充营养物;调节好pH |

① $F/M$为食微比表示营养物与微生物的比率，即活性污泥中的有机物与活性污泥的质量比，也即单位质量的活性污泥（kg MLVSS），在单位时间内（d）所能处理的有机物量（kg $BOD_5$），kg $BOD_5$/(kg MLVSS·d)。$F/M$也称为活性污泥负荷$N_S$。

## 801　运行中活性污泥出现的异常情况应如何处理?

活性污泥法系统的运行过程中，有时会出现种种异常情况，导致污泥流失、处理失效、效率低下、出水水质恶化等，必须采取相应的措施及时处理，主要有：

(1) 污泥的膨胀现象　活性污泥的SVI值如超过150时，应高度重视，预示污泥膨胀即将到来。污泥膨胀分丝状菌膨胀和非丝状菌膨胀，绝大部分为前者引起的。污泥膨胀的原因很多，如废水有机物含量过多、碳水化合物含量过高，或者氮、磷含量不平衡，或者遇上含毒物质废水，以及pH和水温过高、过低等原因，都会引起污泥膨胀。其处理方法分三类：一是临时控制措施；二是工艺运行调控；三是环境调控。临时控制措施可以采用污泥助沉法，投加混凝剂或助凝剂增大污泥密度，便于固液分离，使污泥下沉。另一个措施是投加杀菌剂，杀灭或抑制丝状菌，从而达到控制丝状菌污泥膨胀。工艺运行调控是用于运行操作不当引起的污泥膨胀，调节好供氧与DO关系，调节好pH大小以及氮磷等营养物质。环境调控，通过曝气池生态环境改变，造成微生物生长繁殖的良好环境。

（2）污泥的解体现象　当污泥处理系统出现处理水质浑浊、污泥絮凝体细化、处理效果变坏时，即为污泥解体现象。可能是运行不当，曝气过量，营养平衡遭破坏或是废水混入有毒物质使微生物受到伤害而引起污泥解体。发生污泥解体应立即对废水量、回流污泥量、供气量、有毒物、排泥量、DO、MLSS、SV等进行检测，查清原因，加以调整。

（3）污泥腐化现象　主要是在二沉池长期滞留而厌氧发酵产生$H_2S$、$CH_4$等致使大块污泥上浮，变黑并有恶臭。采取清除二沉池死角，加强排污处理。

（4）污泥上浮现象　主要是曝气池内污泥泥龄过长，硝化进程太快而没有很好反硝化。为此要增加污泥回流量，及时排除剩余污泥，还要防止曝气过度。

（5）泡沫现象　常见有乳白色化学泡沫和显褐色的生物泡沫。前者是由于废水中混入洗涤剂或表面活性剂经曝气形成，后者是由诺卡菌形成的。消除泡沫的方法：喷消泡剂，约0.5～1.5mg/L即可消除。

**802　如何进行活性污泥的培养驯化？**

活性污泥法处理要得到良好的效果，活性污泥的培养驯化运行操作管理非常重要。要做好这一点，应注意下列几方面：

（1）活性污泥的培养驯化是处理装置投产前的首要工作　目的是使活性污泥能适应所处理废水的特点而对微生物进行培养和驯化。这方面又可归纳为异步培驯法、同步培驯法和接种培驯法。异步法即先培养后驯化，采取措施培养出足量的活性污泥，然后将其进行驯化；同步培驯法是将培养和驯化合并进行，在培养活性污泥的过程中，逐步加入一定量的废水，使污泥在增长过程中不断适应；接种培驯法是在有条件的地方引入污水处理厂的剩余污泥，以此作为种泥进行曝气培养。培养污泥需要有菌种和加入需要的营养物质，特别是适量投入氮、磷等物质，同时要及时换水以排除微生物增长的代谢产物。

（2）活性污泥常用的培养驯化方法

① 间歇培养　将曝气池注满废水，然后停水，开始闷曝。闷曝2～3d后停止曝气，静沉1h，排去部分上清液；然后再进部分新废水，这部分废水约占池容1/5。以后经循环闷曝、静沉和进水三个过程，每次进水量有所增加，每次闷曝时间有所缩短，进水次数也不断增加。当废水温度为15～20℃时，此法经过15d左右，即可使曝气池中的MLSS超1000mg/L，就可停止闷曝，改为连续进水、连续曝气、污泥回流，回流最初为25%，随着MLSS的升高，将回流比增到设计值。

② 低负荷连续培养　将曝气池注满废水，闷曝1d，然后改连续进水连续曝气，进水量控制在设计水量的1/5或更低，同时开始回流，取回流比25%左右，逐步增加进水量，直至MLSS超过1000mg/L时，开始按设计水量进水，使MLSS升至设计值时，以设计的回流比来回流，并开始排放剩余污泥。

③ 接种培养　将曝气池注满废水，然后大量引入其他污水处理厂的正常污泥，开始满负荷连续培养。此法能大大缩短污泥培养时间。

当曝气池内混合液的30min沉降比达到15%～20%，污泥具有良好的凝聚沉淀性能，污泥内含有大量的菌胶团和纤毛虫原生动物等时，可使BOD的去除率达到90%左右，就可认为活性污泥已培养驯化正常，可投入试运行。

**803　活性污泥法的操作控制要注意些什么？**

活性污泥法的操作控制，包括试运行阶段的试验、正常运行的工艺控制以及运行过程中的检测等。应注意的着重点如下：

(1) 试运行阶段的试验，用来确定运行参数，是件非常重要的工作，对正常运行具有指导作用。当然在正常运行时，还可以根据具体情况进行调整。当活性污泥培养驯化结束后，开始试运行。试运行的目的，是要通过调试确定最佳的运行条件和最佳的运行方式。在试运行中，将 MLSS、供气量、废水的注入量（及注入方式）、回流污泥量和剩余污泥量的调节等变量，组合成几种运行条件分阶段进行试验，观测各种条件的处理效果，以确定最佳的运行条件，其中还应确定微生物的养料配制，氮、磷投加量的确定。此外，还应对各种运行方式的处理效果，在试运行中进行观测和比较，以确定最佳的运行方式。

(2) 正常运行阶段的工艺控制。根据试运行确定的最佳运行条件和最佳运行方式转入正常运行，正常运行过程中应注意对活性污泥系统采取控制措施：主要是曝气系统、污泥回流系统、剩余污泥的排放系统的控制，以保证合格的处理水的水质。具体做法：

① 对供气量（曝气量）的调节　对供气量的控制方法有定量供气量控制、与流入废水量的比例控制、DO 控制和最佳供气量的控制。对曝气池出口处的溶解氧浓度应控制在 1.5mg/L 左右；同时要满足混合液的混合搅拌要求，其搅拌程度应通过测定曝气池表面、中间、池底各点的污泥浓度是否均匀而定。当采用定量供气量时，一般情况下，要求早晚各调节一次供气量，大型废水处理厂应根据曝气池中的溶解氧情况，要求每周调节一次。

② 回流污泥量的调节　目的是使 MLSS 浓度保持相对稳定。控制方法有定回流污泥量控制、定 MLSS 浓度控制、与进水量成比例控制以及定 $F/M$ 控制等。

③ 剩余污泥排放量调节　原则是在保持曝气池内 MLSS 稳定的基础上，将不断增长的污泥量作剩余污泥量排放。

### 804　活性污泥法在运行过程中需检测哪些项目?

活性污泥法处理系统运行过程的效果要定期检测：

(1) 反映运行处理工况的项目　进出水总的 BOD、COD 和溶解性的 BOD、COD；进出水总悬浮物 TSS 和挥发性的 VSS；进出水的有毒有害物质。

(2) 反映污泥情况的项目　污泥沉降比（SV）、MLSS、MLVSS、SVI、微生物的镜检观察等。

(3) 反应微生物营养和环境条件的项目　氮、磷、pH、DO、水温等。

一般 SV 和 DO 最好 2～4h 测定一次或至少每班一次。微生物镜检观察每班一次。除氮、磷、MLSS、MLVSS、SVI 可以定期检测外，其他各项应每天一次。水样均取混合液水样。DO 可采用在线监测。每天还要记录进水量、回流污泥量、剩余污泥排放量、排放时间、曝气设备状况、空气量、电耗等。上述检测项目尽可能自动检测和自动控制，以节省人力，便于管理。

### 805　如何对水质及活性泥性状出现异常现象进行原因分析?

| 异常现象 | 原因分析 | 对策 |
| --- | --- | --- |
| 出水 pH 下降 | 好氧生化处理中负荷过低；氨氮硝化影响 | 增加负荷 |
| 出水浑浊度偏高 | 负荷过高，污泥凝聚性差；污泥解絮；污泥中毒；有机物分解不完全 | 增加营养污泥复壮；停止进水；降低负荷 |
| 出水色度偏高 | 污泥解絮；进水色度高 | 改善污泥性状 |
| 出水 BOD 或 COD 升高 | 进水污染物浓度过高；进水中无机还原物质过多（如 $S_2O_3^{2-}$、$H_2S$ 等）；COD 测定受 $Cl^-$ 干扰 | 提高 MLSS；增加曝气强度；排除 $Cl^-$ 干扰 |
| ESS[①] 升高 | 污泥中毒；污泥膨胀；排泥不足；MLSS 过高；二沉池积泥；发生反硝化或腐败 | 增加营养污泥复壮；适当降低 MLSS 值；加大排泥量 |
| $SV_{30}$ 升高 | 污泥膨胀；或排泥不足 | 投加化学药剂；适当增加排泥量 |

续表

| 异常现象 | 原因分析 | 对策 |
| --- | --- | --- |
| 污泥灰分高，大于50% | 沉砂池、初沉池运行不佳；进水中泥砂过多或盐分过高 | 改善沉砂池、初沉池运行工况 |
| MLSS下降 | 回流泵或翼轮堵塞；污泥膨胀或中毒；污泥大量流失 | 清堵；投化学药剂；适当少排泥 |
| 曝气池DO浓度低 | 进水污染物浓度过高；负荷过高；进水中无机还原性物质过多(如$H_2S$等)；曝气器堵塞；污泥中毒 | 降低负荷；清堵；增加营养污泥复壮 |

① ESS表示出水悬浮物固体量。当污泥老化和中毒，或是自身氧化等，污泥失去了活性，ESS会明显增加。

### 806　什么是膜生物反应器（MBR）？有什么特性？

膜生物反应器，简称MBR（membrane bioreactor），是将膜分离技术（主要包括微滤、超滤、纳滤和反渗透）与生物处理活性污泥法相结合起来的一种新型污水处理技术。综合了膜处理技术和生物处理技术的优点，弥补了生物处理法受污泥浓度限制（最高5～8kg/$m^3$）、活性污泥沉淀性能差、污泥絮体流失的不足。

MBR的特点是：

（1）分离效果好，出水水质好　以膜组件代替活性污泥法中的二沉池，不仅可以完全去除悬浮固体以改善出水水质，而且通过膜分离，将原二沉池无法截留的微生物、大分子有机物完全阻隔在生物池内，使其在曝气池内得到富集，提高了有机物和氮、磷的去除率。

（2）活性污泥浓度高　由于膜的高效分离，活性污泥几乎没有流失，使得曝气池中活性污泥浓度得到很大的提高，可达10～20g/L（好氧型），比传统活性污泥法MLSS浓度高出近10倍，使得容积负荷率高，COD负荷一般为4～5kg/($m^3$·d)，从而缩小池子容积，节省土地，节约投资；由于MBR中生物量大，污泥负荷可以维持低水平，因此污泥产率低，剩余污泥量较少。

（3）容易产生膜污染　对污水前处理要求较高。由于被截留的活性污泥和胶体物质的膜面污染，溶解性有机物会被膜孔吸附，堵塞膜孔，或是微生物在膜面、膜内滋长等原因会产生膜污染。目前除了水流冲洗外，新的措施在探索试验中。

### 807　膜生物反应器（MBR）有哪些形式？

膜生物反应器是由膜分离装置和生物反应器组合而成的。根据微生物生长环境不同，MBR分为好氧和厌氧两大类。根据出水泵与膜组件的相对位置分为加压和抽吸两大类。根据两者的结合方式，MBR的形式大致可分为一体式、分体式和隔离式三大类型。

（1）MBR一体式或内置式　又称膜曝气生物反应器（MABR）。如图6-5-8所示，膜组件是浸没在生物反应器中。水是通过真空泵负压抽出，由膜表面进入中空纤维管内引出反应器。而微生物在曝气池中好氧降解废水中的有机污染物。一体式的特点：体积小、工作压力小、无水循环、节能，一般用于好氧处理。

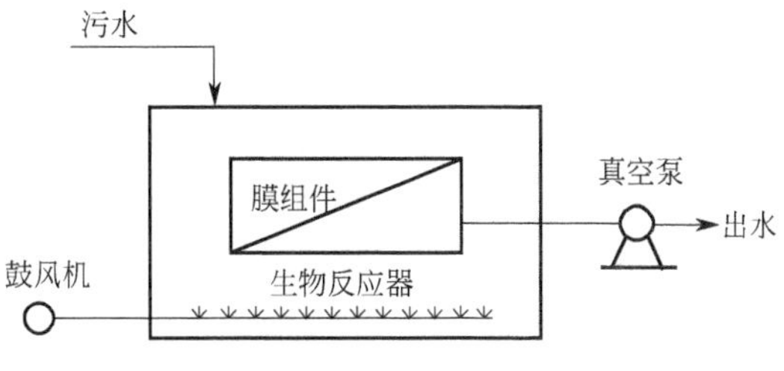

图6-5-8　一体式膜生物反应器

（2）MBR分体式或外置式　又称膜分离生物反应器。如图6-5-9所示，是由相对独立的膜组件与生物反应器通过外加输送泵与相应管线相连而构成的。特点是：彼此之间干扰小。膜组件相当于沉淀池的作用，可与不同的生物反应器结合，它既能用于好氧处理，又可厌氧处理。

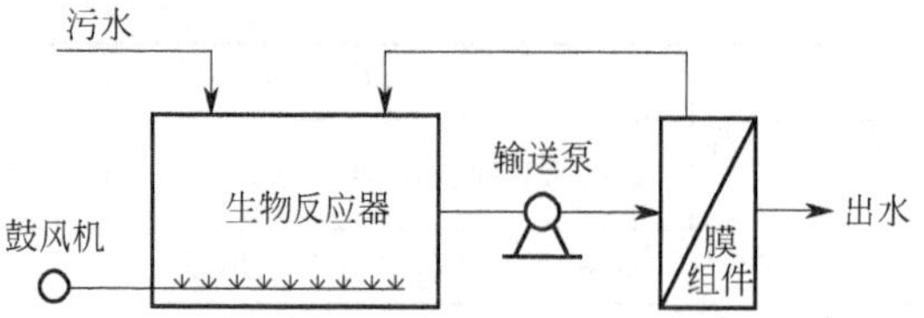


图 6-5-9　分体式膜生物反应器

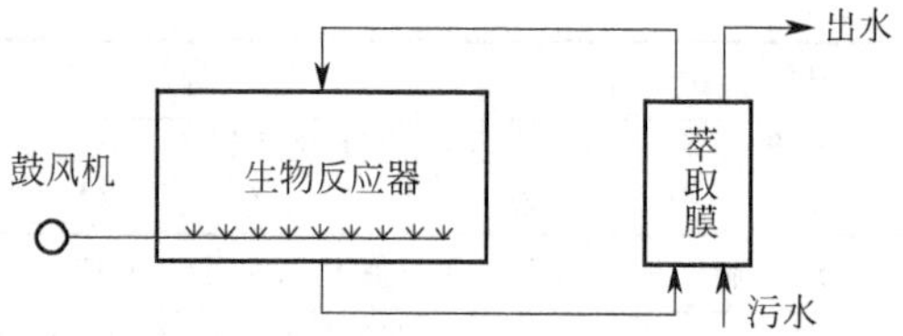


图 6-5-10　隔离式膜生物反应器

（3）MBR 隔离式　又称萃取膜生物反应器。如图 6-5-10 所示，是采用选择性膜组件将污水与生物反应器分开。这种选择性膜只允许一定的目标污染物透过，再进入生物反应器被微生物降解，而其他的对微生物有害物质被隔离在另一侧。

在 MBR 发展过程中，许多传统污泥法的工艺已引入 MBR，以强化除有机物及脱氮除磷功效。新型工艺有：序批式 MBR、间歇曝气 MBR，好氧/缺点/厌氧组合 MBR 等。

## B　序批式活性污泥法（SBR）

### 808　间歇式活性污泥法（SBR 工艺）运行周期分哪五个阶段？

间歇性活性污泥法又称 SBR（sequencing batch reactor）工艺，也称序批式活性污泥法。SBR 工艺的运行工况是以间歇操作为主要特征。运行操作在时间上按次序排列，间歇运行，以计算机和自控技术来实现。SBR 工艺系统采用集有机物降解与混合液沉淀于一体的反应器——间歇曝气池，不设二沉池，不需要污泥回流设备。按运行次序，一个运行周期可分为五个阶段，如图 6-5-11 所示。

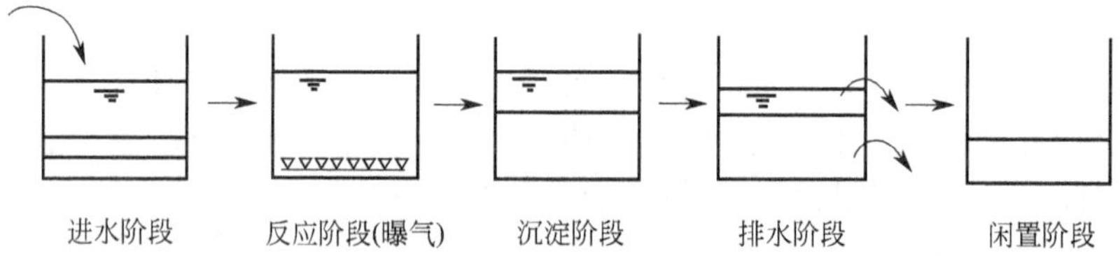


图 6-5-11　SBR 工艺反应池运行程序

（1）废水进水阶段　废水进水之前，反应器内有残留高浓度的活性污泥混合液。可以注满水后再转入曝气，反应器起调节池作用；也可以边进水边曝气起缓冲作用。运行时间一般为 1.0～2.0h。

（2）反应阶段　进行曝气与搅拌混合。利用 SBR 法时间上的灵活控制，为脱氮除磷创造有利条件。运行时间一般为 3.0～3.5h。

（3）沉淀阶段　停止曝气和搅拌，使混合液处于静止状态，促使污水分离。运行时间一般为 1.0～1.5h。

（4）排水阶段　经静止沉淀后，产生的上清液作处理水出水，底部的沉降活性污泥大部分为下周期处理使用。排水后还可根据需要排放剩余污泥。运行时间一般为 0.5～1.5h。

（5）闲置阶段　待机阶段，等待下一个操作运行周期的开始。此阶段根据被处理废水量的变化情况，其时间可长可短，可有可无。

总的每个运行周期时间一般为 6.0～8.5h，但每个运行周期也可以根据具体情况，如负荷变化和出水水质而改变，编制新的 SBR 工艺运行次序时间。SBR 工艺只有一个处理单元，流程简单、管理方便、运行稳定和费用低。通过对运行方式的调节，在单一的曝气池内能够进行脱氮除磷。而且 SBR 工艺耐冲击负荷能力和处理有毒或高浓度有机废水的能力强，也不易产生污泥膨胀现象。

**809　SBR 工艺有什么特点？**

SBR 工艺的主要特点有：

① 运行操作灵活，效果稳定。可以根据废水的水量、水质变化和出水水质要求，调整运行周期的工序，通过时间上的有效控制来满足要求，有很强灵活性。

② 工艺简单，便于自动控制，主要设备就是一个有曝气和沉淀功能的反应器，无需活性污泥回流装置，占地面积小。

③ 对水质、水量变化的适应性强，SBR 工艺的反应器既是调节池，又是曝气池和沉淀池，三位一体的处理工艺，能承受水量、水质的较大波动，处理效果稳定。

④ 反应的推动力大，并能有效地防止污泥膨胀。

⑤ 脱氮除磷的效果好。SBR 工艺在好氧、缺氧及厌氧状态的交替环境下，能有效地去除氮和磷。

⑥ SBR 工艺具有不受干扰的理想静态沉淀，因此固液分离的效果好，容易获得澄清出水。

SBR 工艺的主要设备是：鼓风设备、曝气设备、滗水器、水下推进器、溶解氧自动连续快速在线分析仪和 COD（TOD）自动连续快速分析仪及自动控制系统。

**810　什么是 ICEAS 工艺？**

ICEAS 工艺（intermittent cyclic extended aeration system）的全称为间歇循环延时曝气活性污泥工艺，是由新南威尔士大学与美国 ABJ 公司合作开发的。此工艺的最大特点是：在反应器的进水端增加了一个预反应区，运行方式为连续进水（即使在沉淀期间和排水期间仍保持进水），间歇排水。其反应器的基本构造图如图 6-5-12 所示。

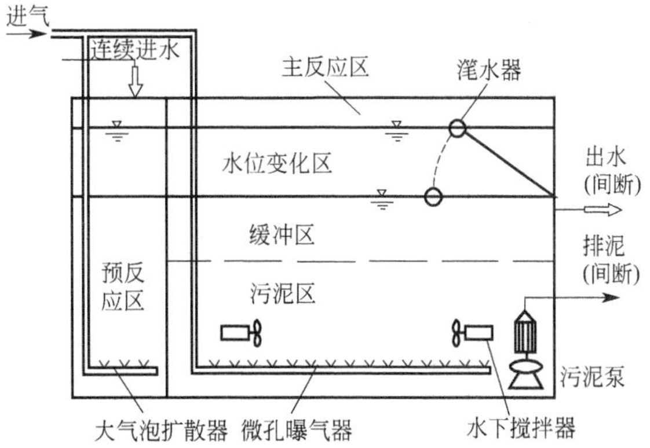

图 6-5-12　ICEAS 反应器的基本构造

反应器由两部分组成，前部为预反应区，也称进水曝气区。污水连续进入，并可根据污水性质进行曝气或缺氧搅拌。后部为主反应区，在主反应区内，依次进行曝气或搅拌、沉淀、滗水、排泥等过程，周期性循环运行，使污水在交替的好氧-厌氧和缺氧-好氧的条件下实现一定的脱氮除磷作用。主、预反应区之间的隔墙底部有孔洞相连，污水以很低的流速 0.03～0.05m/min 由预反应区进入主反应区。

**811　为什么说 DAT-IAT 工艺是 SBR 法的一种变形？**

DAT-IAT 工艺的主体构筑物由两种串联的反应池组成，即需氧池（demand aeration tank，DAT）和间歇曝气池（intermittent aeration tank，IAT）。DAT 池连续进水，连续曝气，出水再进入 IAT 池。为了确保装置连续运行，往往设有 3 台 IAT，相互轮换完成曝气、沉淀、滗水和污泥排放工序。整个工艺过程的后部分 IAT 池与 SBR 工艺基本相近。DAT-IAT 工艺流程如图 6-5-13 所示。

DAT-IAT 工艺的操作过程与 SBR 工艺基本相似，也分五个阶段。在进水阶段是废水连续进入 DAT 池，经曝气之后再进入 IAT 池的；而 SBR 工艺是单一间歇曝气池，也就是进

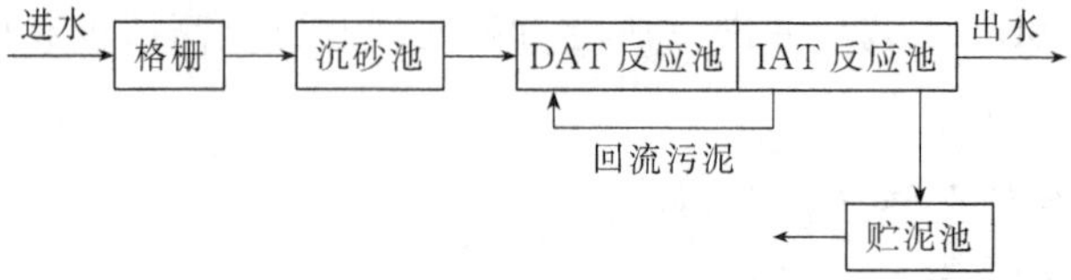


图 6-5-13 DAT-IAT 工艺流程图

水只能进入曝气池中。在反应阶段是分两部分进行的，在 DAT 中连续曝气，绝大部分有机物在该池中降解，另一部分在 IAT 池间歇曝气进一步去除；而 SBR 工艺是在同一个池中进行的。沉淀阶段，工序只发生在 IAT 池，间歇进行，液、固分离，这两者工艺基本相同。在排水阶段，也只发生在 IAT 池里，但有一部分污泥回流至 DAT 池，而 SBR 工艺不设二沉池，也不需污泥回流。两池都有闲置阶段。

从上可见，DAT-IAT 工艺与 SBR 工艺有相似之处，但在流程上，在操作过程中有些变化与不同，可以认为是 SBR 工艺的一个变形。

## 812 CASS 工艺的工作原理怎样？有何特点？

循环式活性污泥系统 CASS（cyclic activated sludge system）反应器的构造如图 6-5-14 所示。工作原理是：在反应器的前部设置了生物选择区，后部设置了可以升降的自动滗水装置。其工作过程可分为曝气、沉淀和排水三个阶段，周期循环进行。废水连续进入预反应区（兼氧区），经过隔墙底部进入主反应区，在保证供氧的条件下，有机物被池中的微生物降解。CASS 反应器可以根据进水水质对运行参数进行调整。每一阶段皆有污泥回流，污泥的回流比约为进水流量的 20%。为了处理连续进水，CASS 一般设两个池子。

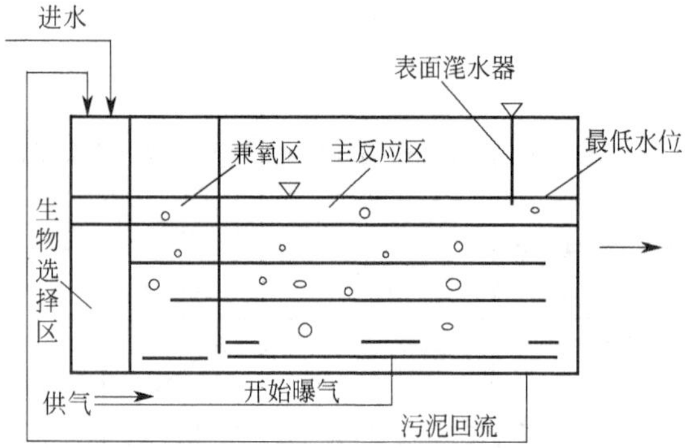


图 6-5-14 CASS 反应器构造

CASS 工艺的特点是：

① 反应器由预反应区和主反应区组成，经两个反应过程，对于难降解有机物去除效果会更好。

② 进水是连续的，排水由可升降式的滗水器来完成，故能均匀地将处理后的水排出，减少排水水流对底部沉淀污泥的干扰。CASS 每个周期的排水量一般不超过池内总水量的 1/3。

③ CASS 工艺设备安装简便，施工周期短；对水质水量变化的适应能力较强，处理效果稳定，出水水质好；自动化程度高，可微机操控。

## 813 不同类型活性污泥法的流程和特点如何？

不同类型活性污泥法的流程和特点

| 类型 | 流程 | 特点 |
|---|---|---|
| 传统推流式活性污泥法 | 废水→曝气池→二沉池→水<br>（回流至曝气池）→污泥 | 推流式，单点进水，处理效果好，适合处理净化和稳定程度要求高的废水 |
| 渐减曝气活性污泥法 | | 推流式，单点进水，沿池逐步减弱曝气强度，改进传统推流式活性污泥法，避免供气不均 |

续表

| 类　型 | 流　程 | 特　点 |
|---|---|---|
| 阶段曝气活性污泥法，分段进水活性污泥法，多段进水活性污泥法 | 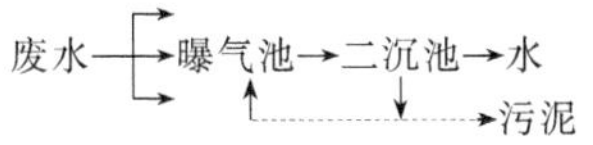 | 推流式，多点进水，改进传统推流式活性污泥法，避免供气不均 |
| 传统完全混合式活性污泥法 | 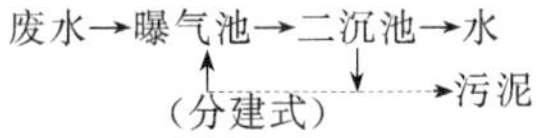 | 完全混合式，鼓风或机械曝气。分合建式与分建式。合建式的曝气池与沉淀池合为一体。对冲击负荷具有很强的适应能力，适于处理浓度高、负荷变化大的工业废水。比推流式出水水质低，易产生活性污泥膨胀 |
| 延时曝气活性污泥法，完全氧化活性污泥法 | | 一般为完全混合式，曝气时间 24h 以上，有机物负荷低，剩余污泥少且稳定，不需消化处理。适于处理水质要求高、水量不超过 $1000m^3/d$ 的废水处理。 |
| 高负荷活性污泥法，短时曝气活性污泥法，不完全处理活性污泥法 | | 有机物负荷高，曝气时间短。一般有机物去除效率为 70%～75%。适用于对水质要求不高的废水处理 |
| 深水曝气活性污泥法及深井曝气活性污泥法 | | 充氧能力强，占地少，处理过程不受气候影响，可省去初沉池。适于处理高浓度浓水。深水处理深度在 7m 以上，一般 10～20m。深井处理的直径为 1～6m，深度达 50～100m |
| 纯氧曝气活性污泥法，富氧曝气活性污泥法 | | 曝气池为密封结构，内分若干小室，互相串联。各小室内为完全混合式。氧利用率高，容积负荷率高，不易发生污泥膨胀，剩余污泥产生量少 |
| 吸附-再生活性污泥法，生物吸附活性污泥法，接触稳定法 | 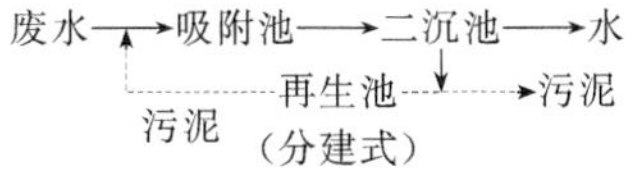 | 推流式改进，分合建式与分建式，合建式的吸附池与再生池合为一体。经过再生池充分再生、活性很强的污泥与废水同步进入吸附池，接触 30～60min，快速吸附并除去有机物，因此吸附池容积小。二沉池的污泥在再生池中进行代谢反应，使活性得到恢复，能起到吸附作用。吸附池与再生池的总体积小于传统推流式活性污泥法的体积，对水质、水量的冲击有一定承受能力。不宜处理含溶解性物质高的水质。处理效果一般低于传统式推流式活性污泥法 |
| 吸附-生物氧化法，吸附-生物降解组合工艺，AB 组合工艺 | 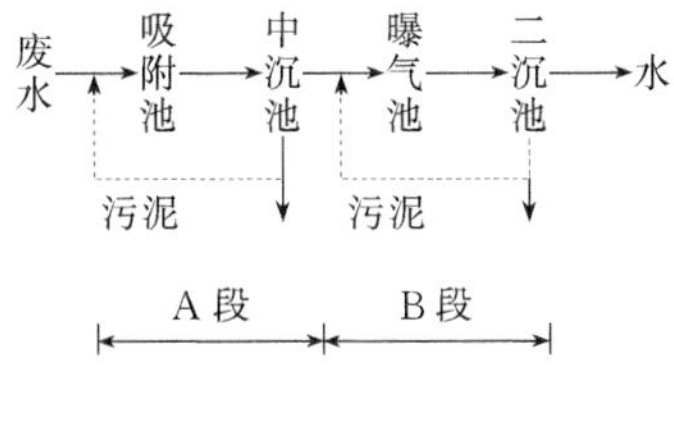 | 分 A、B 两段曝气和沉淀，两段分别回流，使两段的微生物群体分开，保证运行稳定性及较高的处理质量。因不设初沉池，A 段污泥的絮凝、吸附能力强、负荷高，水力停留时间短，微生物繁殖快、适应力强、世代短，抗冲击负荷能力强，为 B 段运行打好基础。B 段的污泥负荷低，泥龄长，利用长世代期的微生物，保证出水水质良好 |

续表

| 类　型 | 流　程 | 特　点 |
|---|---|---|
| 氧化沟,连续循环反应器,无终端曝气系统 | | 为连续长沟道反应器,集推流式及完全混合式的特点,随溶解氧变化,交替出现好氧-缺/厌氧区,能够脱氮。泥龄长,运行稳定,出水水质好。可不设初沉池。剩余污泥量少,有的情况也可不再进行消化处理 |
| 间歇式活性污泥法,序批式活性污泥法,SBR 工艺 | 废水→SBR 反应器→水<br>　　　　　　　└→污泥 | 一体式反应池,间歇运行,不设二沉池,不需污泥回流。运行分进水、反应、沉淀、排水、闲置五个阶段。工艺简单,对水质、水量变化适应性强,处理效果稳定 |
| 间歇循环延时曝气活性污泥法,周期循环延时曝气活性污泥法,ICEAS 工艺 | 废水→预反应区 - 主反应区→水<br>　　　　　　　　└→污泥 | 为改进的 SBR 工艺,反应器前部为预反应区,也称进水曝气区,连续进水。后部为主反应区,间歇运行,分反应、沉淀、排水(同时排泥)三个阶段。预反应区又称进水曝气区,可形成内部缺氧状态,起到生物选择作用,促进菌胶菌繁殖,抑制丝状菌生长,可在缺氧-好氧状态下完成脱氮除磷 |
| 循环式活性污泥法,CASS(或 CAST、CASP)工艺 | 废水→生物选择区 - 兼氧区 - 主反应区→水<br>↑　　　　　　　　　　└→污泥(部分回流至生物选择区) | 为改进的 ICEAS 工艺,在生物选择区与主反应区中间增加了预反应的兼氧区,进水处增加了回流污泥。生物选择区中的污泥加速吸附和水解作用,并能防止污泥膨胀。兼氧区有缓冲作用,并有利于脱氮除磷。主反应区间歇运行,分曝气、沉淀及排水阶段。设可升降的滗水器控制排水 |
| DAT-IAT 工艺 | 废水→DAT 反应池→IAT 反应池 Ⅰ(曝气)→水<br>　　　　　　　→IAT 反应池 Ⅱ(沉淀)→<br>　　　　　　　→IAT 反应池 Ⅲ(排水)→<br>污泥(回流至 DAT 反应池)　　　　　→污泥 | 为 SBR 的另一种改进形式,由需氧池(DAT)与间歇曝气池(IAT)串联运行。由三台 IAT 池轮换进行曝气、沉淀及排水和排污工序,使整个工艺能够连续进水、排水和排泥。部分污泥回流至 DAT 池,使整个工艺调节性改善 |
| 交替式内循环活性污泥法,AICS 工艺 | 1号池 2号池 3号池 4号池<br>1号池:A段进水,C、D段出水;2号池:B、D段进水;3号池:A、B段出水;4号池:C段进水<br>运行阶段　曝气　曝气　曝气　沉淀<br>A 进水→1号→2号→3号→4号→出水<br>B　沉淀　曝气　曝气　沉淀<br>1号—2号→3号→4号→出水(进水↑2号)<br>C　沉淀　曝气　曝气　曝气<br>C 出水←1号←2号→3号←4号←进水<br>D　沉淀　曝气　曝气　沉淀<br>D 出水←1号←2号←3号—4号(进水↑3号) | 为 SBR 的改进形式,由四个相通的反应池组成,2、3 池曝气,1、4 轮换进水及出水。可连续进水与出水。吸取氧化沟工艺循环水力流动特点和稳定的活性污泥特性,污泥分配均匀 |
| 膜生物反应器,MBR | 一体式(膜浸没在反应器中):<br>废水→生物反应器 / 膜分离组件→真空泵→水<br>分体式:<br>废水→生物反应器→加压泵→膜分离组件→水<br>　　　↑　　　　　　　　　↓→污泥 | 反应器与膜分离组件串联组合,以膜分离组件代替二沉池。泥龄长,出水水质好,剩余污泥量低,且无污泥膨胀。膜造价高,易污染或堵塞。 |

## 814 不同类型活性污泥法的运行参数是多少？

不同类型活性污泥法处理城市污水时的运行及设计参数参考值

| 类型 | 污泥负荷 |  | 容积负荷，$N_V$ /[kgBOD$_5$/(m$^3$·d)] | 污泥龄，$Q_C$ /d | 污泥浓度/(mg/L) |  | 污泥回流比，$R$ /% | 曝气时间 /h | 参考文献 |
|---|---|---|---|---|---|---|---|---|---|
|  | $N_S$ /[kgBOD$_5$/(kgVSS·d)] | $N_{TS}$ /[kgBOD$_5$/(kgSS·d)] |  |  | MLSS | MLVSS |  |  |  |
| 传统推流式 | 0.2～0.4 |  | 0.3～0.6 | 3～15 | 1500～3000 | 1200～2400 | 25～75 | 4～8 | [100],[101],[102] |
| 渐减曝气式 | 0.2～0.4 |  | 0.3～0.6 | 3～5 | 1500～3000 | 1200～2400 | 25～75 | 4～8 | [101] |
| 阶段曝气式 | 0.2～0.4 |  | 0.6～1.0 | 3～15 | 2000～3500 | 1600～2800 | 25～75 | 3～5 | [100],[101],[102] |
| 传统完全混合式 | 0.2～0.6 |  | 0.8～2.0 | 3～15 | 3000～6000 | 2400～4800 | 25～100 | 3～5 | [100],[101],[102] |
| 延时曝气式 | 0.05～0.15 |  | 0.1～0.4 | 20～30 | 3000～6000 | 2400～4800 | 75～150 | 18～36 | [100],[101],[102],[104],[105] |
| 高负荷曝气式 | 1.5～5.0 |  | 1.2～2.4 | 0.2～2.5 | 200～500 | 160～400 | 5～15 | 1.5～3.0 | [100],[102],[104] |
| 深井曝气式 | 1.0～1.2 |  | 5.0～10.0 | 5～10 | 5000～10000 |  | 50～150 | ＞0.5 | [100],[102],[104] |
| 纯氧曝气式 | 0.4～0.8 |  | 2.0～3.2 | 5～15 |  |  |  |  | [100],[102],[105] |
|  | 0.25～1.0 |  | 1.6～3.3 | 8～20 | 6000～8000 |  | 25～50 | 1～3 | [101],[104] |
|  | 0.5～1.0 |  | 1.3～3.2 | 1～4 | 2000～5000 |  | 25～50 | 1～3 | [103] |
| 吸附-再生式 | 0.2～0.6 |  | 1.0～1.2 | 5～15 | 吸附池 1000～3000 | 800～2400 | 25～100 | 吸附池 0.5～1.0 | [100],[101],[102],[104] |
|  |  |  |  |  | 再生池 4000～10000 | 3200～8000 |  | 再生池 3～6 |  |
|  | 0.2～0.6 |  | 1.0～1.3 | 5～10 | 接触池 1000～3000 |  |  | 接触池 0.5～1.0 | [103] |
|  |  |  |  |  | 稳定池 6000～10000 |  |  | 稳定池 2～4 |  |
| AB 组合工艺 |  | A 2～6 | 6～10 | 0.3～1 | 2000～3000 |  | 20～50 | ～0.5 | [100],[101],[102],[104],[105] |
|  |  | B 0.1～0.3 | ＜0.9 | 15～20 | 2000～5000 |  | 50～100 | 2～4 |  |
| 氧化沟 | 0.05～0.15 | 脱氮 0.05～0.08 | 0.2～0.4 | 脱氮～30 | 2000～6000 | 2000～4000 | 50～100 | 10～24 | [100] |
|  |  |  |  | 硝化 10～20 |  |  |  |  |  |
|  |  |  |  | 脱碳 5～8 |  |  |  |  |  |
|  |  | 0.03～0.15 | 0.2～0.48 | 10～30 | 3000～8000 |  | 50～150 | 12～36 | [102] |
| SBR 工艺 | 0.05～0.20 |  | ＜0.5 | 20～40 | 2300～5000 | 1500～3500 |  | 1～3 | [100],[101],[102] |
|  |  |  | 0.5,0.1～1.3 |  |  |  |  |  | [104] |
| ICEAS 工艺 | 0.04～0.06 |  |  |  |  |  | 36～50 |  | [102] |
| CASS 工艺 |  | 0.05～0.20 |  |  | 2000～5000 |  | ＞20 | 0.5～2 | [100],[101],[102] |
| AIDS 工艺 | 0.10～0.15 |  |  | 脱氮 13～25 |  |  | 200～300 | 缺氧区 1～2 | [102] |
|  |  |  |  | 脱氮、除磷 12～18 |  |  | 50～100 | 缺氧区 1～2 |  |
|  |  |  |  |  |  |  |  | 厌氧区 1～1.5 |  |
| 膜生物反应器 | kg COD/(kgVSS·d) 0.1～0.4 |  | 4.0～5.0，1.2～3.2 | 5～20 | 5000～20000 | 4000～16000 |  | 4～6 | [100],[102],[103] |

### 815 活性污泥工艺反应器容积是如何计算的？

几种典型活性污泥反应器的计算方法如下：

（1）推流式曝气池

① 以污泥负荷率 $N_S$ 计算池容积：$V=QS_0/XN_S$

② 以容积负荷率 $N_V$ 计算池容积：$V=QS_0/N_V$

③ 以污泥泥龄 $\theta_c$ 进行验算：$V=\dfrac{\theta_c YQ(S_0-S_e)}{X(1+K_d\theta_c)}$

式中 $V$——曝气池有效容积，$m^3$；

$Q$——每台曝气池的设计进水流量，$m^3/d$；

$S_0$，$S_e$——进出水有机物含量，$mgBOD_5/L$；

$X$——池内混合液污泥浓度，mg VSS/L；

$N_S$——污泥负荷率，g $BOD_5$/(g VSS·d)；

$N_V$——容积负荷率，g $BOD_5/(m^3\cdot d)$；

$\theta_c$——污泥龄，d；

$Y$——微生物合成产率系数，g VSS/g $BOD_5$；

$K_d$——微生物衰减系数，$d^{-1}$。

$N_S$、$N_V$、$\theta_c$ 及 $X$ 数据由试验而得。在无试验数据的情况下，采用经验数据。采用 $N_S$ 或 $N_V$ 计算后，用 $\theta_c$ 进行验算。选定 $\theta_c$ 值计算出池容 $V$ 后，反算 $N_S$ 是否在合理范围，必要时进行多次试算。$\theta_c$ 根据曝气所要求的效能选定。硝化菌在 20℃的世代时间为 3d，故要求具备硝化作用的曝气池，$\theta_c$ 应大于 3d。

（2）SBR 序批式工艺　即间歇式活性污泥法，进水是间断性的。

$$V=QS_0/eN_SX,\quad e=nt_A/24$$

式中 $n$——每日周期数，次/d；

$t_A$——每个周期的曝气时间，h。

（3）氧化沟　氧化沟的总容积 $V$ 包括碳氧化氮硝化区（好氧区）容积 $V_1$ 及反硝化脱氮区（缺氧区）容积 $V_2$ 之和。

① 好氧区容积 $V_1$ 计算

$$V_1=\frac{Y\theta_c Q(S_0-S_e)}{X(1+K_d\theta_c)}=\frac{Y_{obs}Q(S_0-S_e)\theta_c}{X}\quad m^3$$

或

$$V_1=\frac{Q(S_0-S_e)}{N_SX}\quad m^3$$

式中 $Y_{obs}$——表观产率系数，$Y_{obs}=Y/(1+K_d\theta_c)$g VSS/g $BOD_5$。

**$Y$ 和 $K_d$ 的参考数据**

| 动力学参数 | 生活污水 | 城市污水 | 牛奶废水 | 合成废水 | 造纸废水 |
|---|---|---|---|---|---|
| $Y$ | 0.50～0.67 | 0.35～0.45 | 0.48 | 0.65 | 0.47 |
| $K_d$ | 0.048～0.06 | 0.05～0.10 | 0.045 | 0.18 | 0.20 |

② 缺氧区容积 $V_2$ 计算

$$W=Q(N_0-N_e)-0.124Y_{obs}Q(S_0-S_e)\quad g\ N/d$$

$$G=W/v_{DN(T)}\quad g\ VSS/d$$

$$V_2=G/X\quad m^3$$

式中 $W$——反硝化脱氮量，g N/d；

$N_0$，$N_e$——进、出水中总氮浓度，mg N/L；

0.124——微生物细胞分子式 $C_5H_7NO_2$ 中，含氮量占 12.4%；

$G$——缺氧区需要的污泥量，g VSS/d；

$v_{DN(T)}$——运行温度 $T$℃时的反硝化速率，$v_{DN(T)}=v_{DN(20)}1.08^{(T-20)}$　g $NO_3$-N/(g VSS・d)；

$v_{DN(20)}$——20℃时的反硝化速率，对城市污水取值为 0.03～0.11g $NO_3$-N/(g VSS・d)；

$X$——池内混合液污泥浓度，常取 4000VSS/L。

③ 总容积 $V$ 计算　对曝气区与沉淀区分建的系统，总容积为：$V=(V_1+V_2)/f_a$　$m^3$

$f_a$ 为具有活性作用的污泥占总污泥量的比例，一般 0.55 左右。

对于曝气区与沉淀区合建的三沟交替氧化沟，则需适当增加沉淀区的容积。

## C 生物膜法

### 816 生物膜法的原理和流程怎样?

生物膜法是使细菌类微生物和原生动物、后生动物类的微型动物附着在滤料或是某些载体上生长繁育，并在其上形成膜状的生物污泥——生物膜，当废水与生物膜相接触的时候，废水中有机污染物作为营养物质，被生物膜上的微生物所吸取，而微生物自身得到繁衍增殖，同时废水也得到了净化，这就是生物膜处理的基本原理。

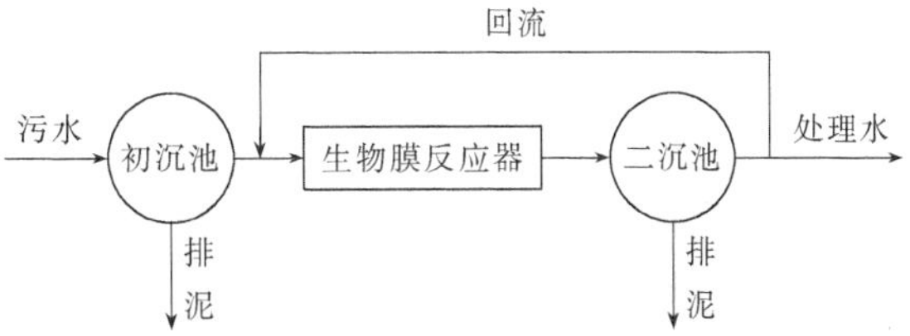


图 6-5-15　生物膜法基本流程

生物膜法处理的基本流程如图 6-5-15 所示。

废水经沉淀池后进入生物膜反应器，在此，经过好氧降解去除有机物，然后进入二沉池排出。初沉池的作用是去除大部分悬浮固体物质，以防止生物膜反应器堵塞；二沉池的作用是去除脱落的生物膜，提高出水水质；二沉池出水回流的主要作用是来稀释进水有机物浓度，同时也提高生物膜反应器的水力负荷，加大水流对生物膜的冲刷作用，以更新生物膜，从而维持良好的生物膜的活性和合适的生物膜厚度。

生物膜法装置的主要形式有：接触氧化池装置、生物转盘、生物活性炭处理装置、生物滤池、生物滤塔、生物流化床等。

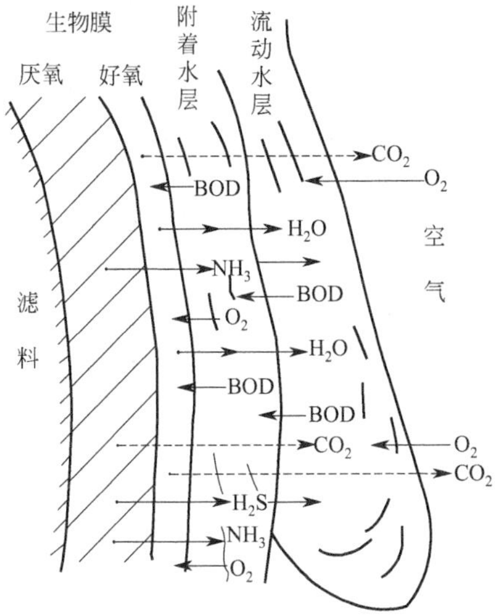


图 6-5-16　生物膜的构造

### 817 生物膜是怎样形成的?

生物膜法是通过废水与生物膜接触，进行物质交换，生物膜中的微生物吸附废水中的有机物作为营养源而生长繁殖，并对有机物进行氧化降解，使废水净化。这一过程良好的生物膜是关键，所以生物膜的形成及其生长是实现废水有效处理的前提。生物膜是附着在生物滤池滤料上的，其构造如图 6-5-16 所示。

生物膜是由微生物群体组成的，内层是厌氧层，外层是好氧层，生物膜外侧是附着水层，再外层是流动水层。生物膜的形成是一系列物理、化学和生物过程的积累，先是废水中的有机物分子向生物膜附着生长的载体表面输送；再是有机物分子被生物膜的微生物群体所吸附而作为营养源生长繁殖，并对有机物氧化分解。

由于微生物的不断繁殖增长而使膜厚不断增加，当到一定厚度后，废水中的氧就不能透入膜内侧，因此，膜的深部转变成厌氧状态，外侧为好氧层，好氧层表面与废水直接接触，吸取营养和溶解氧，因此生长迅速，而内层的营养和溶解氧不足，生长繁殖缓慢，因此厌氧层是生物膜形成达到一定厚度时才出现的，然后随着生物膜的增厚和外伸，厌氧层也随着变厚，但有机物的降解主要是在好氧层内进行的。通过载体外侧微生物与水层之内不断进行各种物质的传递过程而形成良好生物膜，并通过膜的不断更新而保持生物膜的活力，使生物膜具有稳定有效的对废水中有机物的氧化降解的功能。

### 818 选择生物膜的载体材料有哪些要求？

生物膜法在废水处理工程中处理效果的好坏与所用载体材料特性密切相关。废水生物处理中所使用的载体材料有无机和有机两大类。

(1) 无机类载体材料　主要有沙子、卵石、碎石、碳酸盐类、各种玻璃材料类、沸石类、陶瓷类、碳纤维类、矿渣、焦炭、活性炭等。

(2) 有机载体材料　主要有 PVC、PE、PS、PP、各类树脂、塑料、纤维、明胶等。

选择生物膜载体材料的基本要求：

① 要有足够的机械强度，能够抵抗强烈水流剪切力的作用而不致损坏。

② 材料的稳定性要好，主要包括生物稳定性、化学稳定性和热力学的稳定性，不会在使用过程产生化学变化。

③ 材料要有亲水性和良好的表面带电特性，因为通常废水 pH 在 7 左右时，微生物的表面带负电荷，而载体材料表面为正电荷，有利于生物体与载体之间的良好结合。

④ 载体材料对微生物应没有毒性或抑制性，不会影响微生物生长、繁殖。

⑤ 有良好的物理性状，如载体的形态、相对密度、空隙率和比表面积等。

⑥ 就地取材、价格合理。

### 819 生物膜是如何培养与驯化的？

生物膜的培养通常称为挂膜。挂膜的菌种可采用生活污水的活性污泥混合液，或是采用纯培养的特异菌种菌液，或者两者混合使用。

挂膜方法一般有两种：一种是闭路循环法，即将菌液和营养液从生物膜反应器顶部喷淋而下，流出液则收集在一个水槽内，不断曝气，使菌与污泥处于悬浮状态，曝气一段时间后，进入分离池进行沉淀（约 0.5～1.0h），去掉上清液，适当添加营养液或菌液，再回流打入生物膜反应器，如此形成一个闭路循环，这种方法挂膜，一般需要 20h 以上；另一种是连续法，即在菌液和污泥循环 1～2 次后即连续进水，并逐步加大进水量，但要控制好挂膜液的流速，以保证微生物的吸附；如在塔式滤池中，挂膜时水力负荷可采用废水 $4\sim7m^3/(m^3$ 滤料·d)，约为正常运行的 50%～70%，待挂膜后再逐步提高至满负荷。为了能缩短挂膜时间，应保证营养液和污泥量以及要有适宜细菌生长的 pH 值、温度等条件。

挂膜后再对生物膜进行驯化，以适应所处理废水的环境。挂膜驯化后可投入试运行，找到最佳工作运行条件，并在最佳条件下转入正常运行。

### 820 生物膜法运行中应注意哪些问题？

生物膜处理系统要保持良好的运行状态，应注意下列问题：

(1) 要防止生物膜过厚　过厚的生物膜要脱落，滤料要堵塞，污泥变黑变臭，活性降低，出水水质变差。解决方法：要加大回流量，以水力冲脱过厚生物膜；或是二级滤池串联，交替进水，减少营养物质供应量，使生物膜量减少；或采用低频加水，使布水器转速减慢，由于布水器转速慢，不受水的间隔时间就较长，生物膜生长量就会减少。

(2) 维持较高的溶解氧 DO 适当地提高生物膜系统内的 DO，可以减少生物膜中厌氧层的厚度，增大好氧层，可以提高生物膜氧化分解有机物的好氧微生物的活性；DO 增加也促进气流上升，所产生剪切力有助老化的生物膜脱落，从而使生物膜不致过厚，还可防止滤料堵塞；DO 增加还有助于废水的扩散，提高处理效果。但不能无限地加大曝气量以增加 DO，否则不仅增大电耗，而且会冲击生物膜使其脱落。

(3) 减少出水悬浮物的浓度 由于生物膜的脱落，大小不一，相差甚大，而且松散，丝状物又多，要影响到出水水质、处理效果。因此，应控制好二沉池，必要时投加适量絮凝剂，以减少出水悬浮固体浓度，提高处理效果。

(4) 做好生物膜处理系统的运行管理 在操作上要控制好进水量、浓度、温度、pH 值、营养物质（N、P）投放量，并经常检查生物滤池的运行工况，若有堵塞现象，应及时疏通。要定期对生物膜进行微生物检验，观察分层及分级现象。

**821 生物膜法和活性污泥法有什么不同点？**

虽然生物膜法和活性污泥法都是生物处理法，但是它们有许多不同之处。

(1) 生物膜上的微生物固着在载体材料上，而在活性污泥法是悬浮生长的微生物。生物膜能够承受强烈的曝气搅拌冲击，因此生物膜法有利于微生物的生长、繁殖，而且微生物生长泥龄比活性污泥要长，在生物膜上能够存活世代时间较长的微生物，有利于增殖速度很小的微生物生长，如硝化菌和亚硝酸菌等，对废水处理的效率提高十分有利。

(2) 生物膜上存在的微生物有好氧性细菌、兼性细菌、真菌、藻类和原生动物，但和活性污泥上出现的微生物类型、种属和数量上有所不同，如：

| 微生物种类 | 生物膜法 | 活性污泥法 | 微生物种类 | 生物膜法 | 活性污泥法 |
|---|---|---|---|---|---|
| 细菌 | ＋＋＋＋ | ＋＋＋＋ | 其他纤毛虫 | ＋＋＋ | ＋＋ |
| 真菌 | ＋＋＋ | ＋＋ | 轮虫 | ＋＋＋ | ＋ |
| 藻类 | ＋＋ | － | 线虫 | ＋＋ | ＋ |
| 鞭毛虫 | ＋＋＋ | ＋＋ | 寡毛类 | ＋＋ | － |
| 肉足虫 | ＋＋＋ | ＋＋ | 其他后生动物 | ＋ | － |
| 纤毛虫缘毛虫 | ＋＋＋＋ | ＋＋＋＋ | 昆虫类 | ＋＋ | － |
| 纤毛虫吸管虫 | ＋ | ＋ | | | |

由上可见，生物膜上的微生物比活性污泥不仅种类多样化，数量上也多得多。生物膜上生长繁殖的微生物中，动物性营养类所占比例比较大，微型动物的存活率也高。因此，在生物膜上形成的食物链要比活性污泥上的食物链长，所以在生物膜处理系统内产生的污泥量少于活性污泥处理系统，污泥产量低。生物膜法形成的优势菌属，非常有利于微生物新陈代谢功能的充分发挥和有机污染物的降解。

(3) 生物膜法容易滋生滤池蝇。滤池蝇为毛蠓属昆虫，是形体比家蝇小的灰色苍蝇，它的产卵、幼虫、成蛹、成虫过程全部在滤池内进行。幼虫色白透明，头粗尾细，常分布在生物膜表面，成虫则在生物膜周围生息。滤池蝇的存在利弊兼存。滤池蝇及其幼虫以生物膜中的微生物为食，可抑制生物膜的过度生长，具有使膜疏松，促进膜脱落的作用，从而使生物膜保持活性，在一定程度上防止滤床的堵塞。但滤池蝇会飞散在滤池周围，对环境有不良影响。一般生物接触氧化池不产生滤池蝇，而生物滤池在气温高、负荷较低时容易产生滤池蝇。可定期关闭出口阀，让滤池填料淹水一段时间，杀死幼虫。

(4) 生物膜法比活性污泥法有更大的耐冲击负荷变化能力，同时生物膜的微生物固着载体附着生长，使生物膜的含水率低，单位反应器容积内的生物量可高达活性污泥法的 5～20

倍，因此生物膜反应器有较大的废水处理能力和净化能力。

（5）生物膜上脱落的污泥，含动物成分多，密度大；污泥颗粒大，沉降性能好，易于固液分离。生物膜反应器有较高生物量，一般不需要污泥回流。因而不需经常调节反应器内污泥量和剩余污泥排放量，易于运行、维护和管理。而活性污泥法中，常有污泥膨胀、固液分离难等问题，困扰着操作管理者。

（6）生物膜法能够处理低浓度的废水，当进水 $BOD_5$ 是在 20～30mg/L 时，可使出水的 $BOD_5$ 降低至 5～10mg/L；而活性污泥法不适宜处理低浓度的废水，如废水的 $BOD_5$ 长期低于 50～60mg/L 时，会使净化功能降低，处理水水质低下。

但是生物膜法比起活性污泥法也有不足之处，因为需要较多载体材料及结构支撑，常常投资要超过活性污泥法。生物膜法出水常有细小悬浮物分散其中，水的澄清度降低，活性生物量较难控制，在运行方面灵活性较差。

**822 高负荷生物滤池与普通生物滤池有何不同？**

生物滤池是在间隙砂滤池和接触池的基础上发展起来的传统典型的附着生长好氧生物膜法工艺。在生物滤池中，废水从滤池顶部均匀滴洒在滤料表面，当水流过滤料表面的生物膜时，使废水得到净化。生物滤池分为普通生物滤池、高负荷生物滤池和塔式生物滤池三种。普通生物滤池与高负荷生物滤池在构造上基本相同，其工作特点和区别主要在于负荷。高负荷滤池的 BOD 容积负荷和水力负荷分别为普通滤池的 6～8 倍和 10 倍。所以普通滤池又称低负荷滤池。

生物滤池的典型构造见图 6-5-17，由池体、滤料、布水装置和排水装置组成。池体一般为方形、矩形或圆形的钢筋混凝土或砖结构。高负荷滤池多为圆形。布水装置分旋转或固定布水器，高负荷滤池多采用连续工作的旋转式布水器（电动或水力反作用）。普通滤池有的采用虹吸进水，故又称滴滤池。排水装置包括池底、栅板、汇水沟及总排水沟，起到排水、排膜、通风及支撑滤料作用。滤料分为无机滤料（碎石、卵石、炉渣、焦炭）及有机滤料（塑料制品）两类。普通滤池多采用无机滤料，近年已广泛推广有机滤料。滤料层分工作层和承托层两层。采用无机滤料时，一般采用的粒径和厚度如下。

| 项　目 | 普通生物滤池 | | 高负荷生物滤池 | |
|---|---|---|---|---|
| 工作层 | 粒径 30～50mm | 厚度 1.3～1.8m | 粒径 40～70mm | 厚度 1.8m |
| 承托层 | 粒径 60～100mm | 厚度 0.2m | 粒径 70～100mm | 厚度 0.2m |

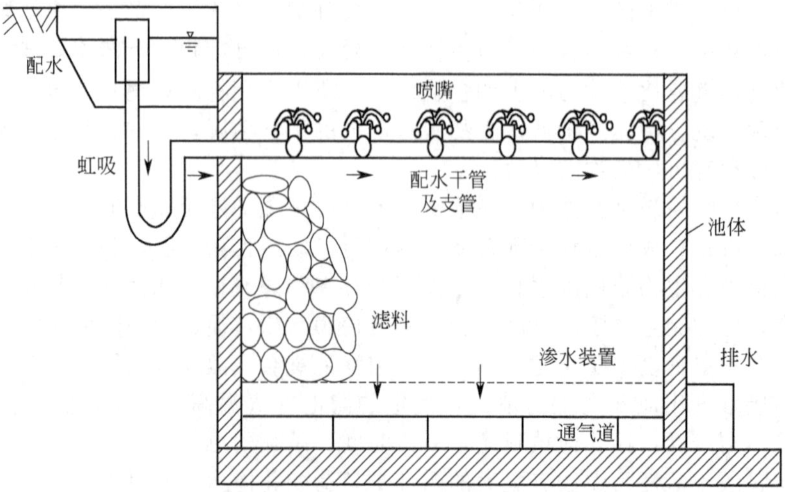


图 6-5-17　普通生物滤池的组成

普通滤池的流程简单，废水经初沉池进入滤池，再经二沉池就出水。高负荷滤池采用了回流系统。回流的方式有多种，有单池、两段串联及交替式多种组合方式。

单池的典型流程如：

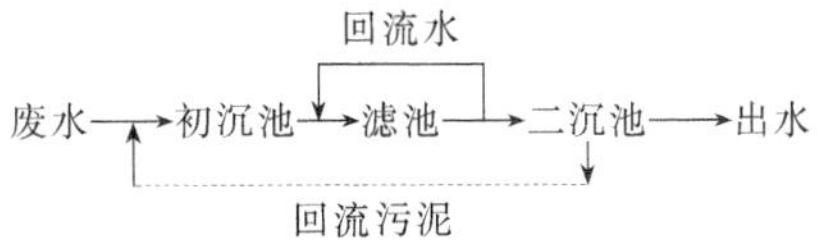


回流污泥有利于生物膜接种，也可以不回流。回流水降低了进水有机物负荷，同时增加了水流量，减轻膜剥落堵塞。回流量一般为 0.3～3 倍，有时达 5～6 倍。回流水的方式有：滤池后至滤池前，二沉池后至初沉池前，滤池后至初沉池前等多种方式。

两段串联的典型流程如下所示：

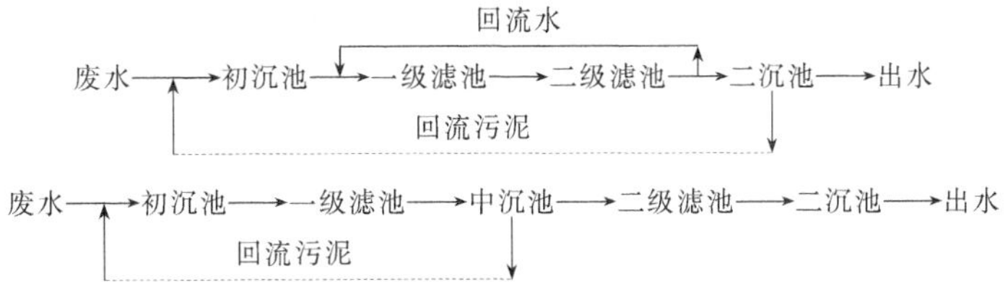


回流水的方式有：二级滤池后至一级和二级滤池前、一级滤池后至初沉池前和二沉池后至二级滤池前等方式。设中沉池的目的是减轻二级滤池的负荷。

两段交替工艺：两段串联系统的主要弊病是因负荷不均造成膜生长不均。两段交替流程则克服了以上弊病。

废水→初沉池→滤池Ⅰ→二沉池Ⅰ→滤池Ⅱ→二沉池Ⅱ→出水

废水通过初沉池后经过两段串联的滤池和二沉池，先经过Ⅰ段再经过Ⅱ段。工作一段时间之后，当Ⅰ段出现膜堵塞时，进行交替。废水改为先经Ⅱ段再经Ⅰ段。这样运行，可比串联流程的负荷提高 3～4 倍。

将普通生物滤池与高负荷生物滤池的单池工艺比较，各有优缺点：

（1）普通滤池运行稳定，易管理，投资省，节能。

（2）普通滤池出水质量好、稳定。一般 BOD 去除率 80%～95%，出水 $BOD_5$＜25mg/L。同时有硝化作用，出水 $NO_3^-$ 约 10mg/L。高负荷滤池 BOD 去除率 75%～90%，出水 $BOD_5$＞30mg/L，没有硝化作用，二沉池的污泥为褐色，未完全氧化，易腐化。

（3）普通滤池负荷低，占地面积大。适合水量＜1000$m^3$/d 的小城镇污水处理，不适合流量大的废水处理。而高负荷滤池体积小，适应性较广。

（4）普通滤池的生物膜容易发生季节性的大规模脱落，容易堵塞设备。而高负荷滤池靠回流水量的冲刷作用，生物膜经常剥落更新，可以连续外排，不易堵塞。但需限制滤池进水＜200mg/L。

（5）普通滤池容易产生滤池蝇。喷嘴喷洒污水，也易产生臭味。而高负荷滤池的冲刷作用，可适当抑制滤池蝇和臭味。

### 823　什么是生物接触氧化法？有何特点？

生物接触氧化法也称淹没式好氧生物滤池，是一种介于活性污泥法与生物滤池之间的生物膜法工艺。即在曝气池中填充填料（大都为蜂窝型硬性填料或纤维型软性填料），经曝气的废水流经填料层，填料表面长满了生物膜，废水和生物膜相接触，在生物膜的作用下，使废水得到了净化。

生物接触氧化法是由氧化池体、池内填料、布水装置和曝气系统等组成的。一般都设初级沉淀池，用以去除废水中悬浮物，改善进水水质以减轻生物接触氧化池负荷；而在氧化池后则设有二次沉淀池，以去除水中携带的悬浮固体和保证出水水质。生物接触氧化池的供氧方法，主要采用鼓风曝气充氧方法（如图 6-5-18 所示）和机械表面曝气充氧方法（如图 6-5-19 所示）。

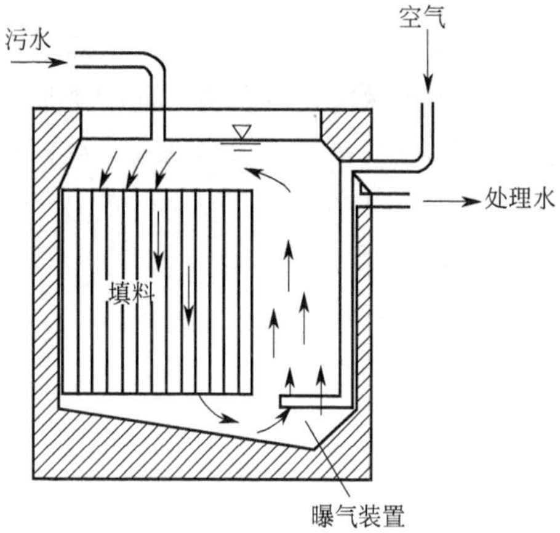


图 6-5-18 鼓风曝气充氧的生物接触氧化滤池

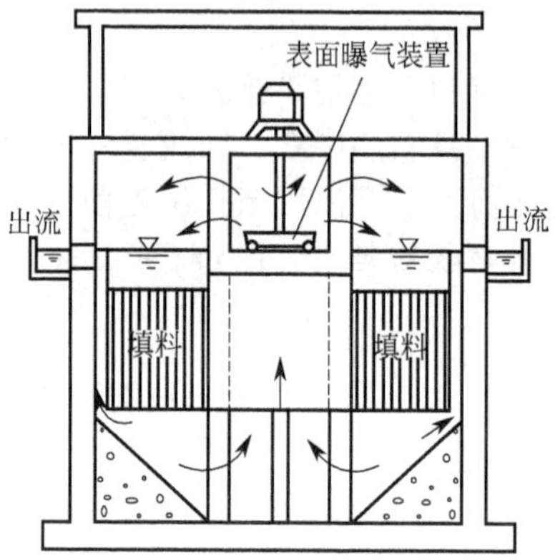


图 6-5-19 机械表面曝气充氧的生物接触氧化滤池

生物接触氧化法有如下主要特点：

① 由于生物接触氧化池内装有填料，填料的比表面积很大，而池内充氧条件又良好，因此，氧化池内单位容积的固体量要高于活性污泥法曝气池和生物滤池，所以，生物接触氧化池具有较高的容积负荷，使得处理废水量大为提高。

② 由于生物接触氧化池相当一部分微生物以生物膜的形式固着生长繁殖在填料的表面上（也有部分微生物以絮状体悬浮生长于水中），氧化池不需要设污泥回流系统，也不会有污泥膨胀问题，因此运行管理方便。

③ 由于生物接触氧化池内微生物固体量多，当有机负荷较高时，其有机负荷比（$F/M$）仍可以保持在一定水平，因此污泥产量可相当于或低于活性污泥法。

④ 生物接触氧化法不产生滤池蝇，也不散发臭气，便于操作维护。

⑤ 生物接触氧化法具有脱氮除磷的功能，可用于三级废水处理。

### 824 生物接触氧化池构造上有哪些形式？

生物接触氧化池的构造形式也比较多，从水流状态可分为分流式（池内循环式）和直流式两种。按曝气方式又可分为鼓风曝气式和表面曝气式。接触氧化池的构造图如图 6-5-20 所示。

生物接触氧化池中分流式在国外使用比较广泛。废水在充氧后，在氧化池内单向或双向循环，而废水在池内则反复充氧，这样，十分有利于微生物的生长繁殖；同时废水与微生物的接触时间比较长，废水处理的效果比较好。其适用于 $BOD_5<100mg/L$，三级废水处理。但氧化池内的耗氧量大，能耗也较大，同时水流穿过填料层的速度较小，冲刷力弱，填料层易堵塞，因此在处理高浓度废水时要注意。直流式生物接触氧化池国内使用比较多，它是直接从填料底部曝气充氧，水力冲刷力较大，填料易堵塞，同时生物膜受到上升气流的冲击，搅动，脱落更新，微生物保持良好的活性。其可适用于 $BOD_5$ 在 100～300mg/L，二级废水处理。

曝气生物滤池也是一种新型高负荷淹没式生物滤池。其原理是：滤池内部曝气，利用滤

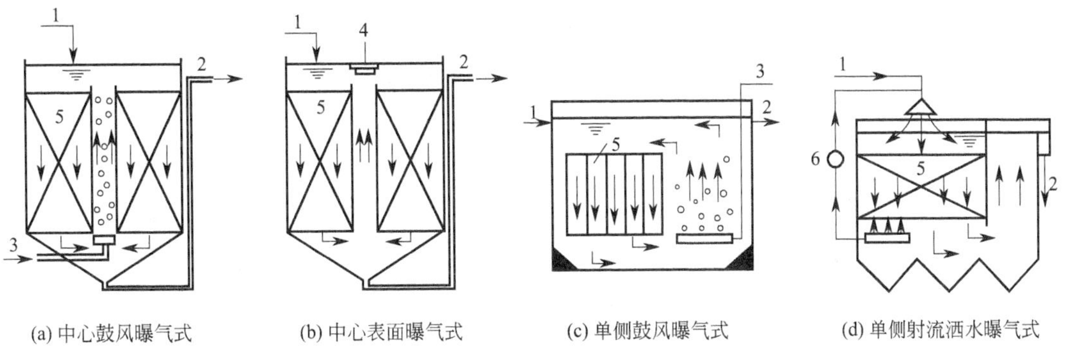


图 6-5-20　生物接触氧化池构造

1—进水管；2—出水管；3—进气管；4—叶轮；5—填料；6—泵

料上高浓度生物量，使污水快速氧化降解，净化水质；利用滤料小（约 3～5mm）及生物膜的絮凝作用可截留大量悬浮物及脱落的生物膜；运行一段时间后，间断进行反冲洗，以释放截留的悬浮物，更新生物膜。其特点是：气、液、固三相充分接触，氧转移率高，动力消耗低；冲洗水返回初沉池处理，不需设二沉池，无需污泥回流，无污泥膨胀，管理方便。但对进水悬浮物要求较严，进水 SS 高时易结团堵塞。反应器分下向流与上向流两种。下向流（BAF）的负荷不够高，上部滤料易堵，用于二级处理的单独碳氧化。上向流可使布水均匀，免除沟流，并可延长反冲洗时间，可用于三级处理的单独碳氧化（BIOFOR）或碳氧化/硝化（BIOSTYR）。一般采用气水联合冲洗。先单独气冲洗，然后气水联合反冲洗，再单独用水冲洗，共三个过程。反冲洗空气强度 10～15L/($m^2$ · s)，反冲洗水强度不宜超过 8L/($m^2$ · s)。

### 825　生物接触氧化池有哪些常用填料?

生物接触氧化池的填料直接影响处理效果。因为填料是微生物栖息的场所，是生物膜的载体，并有截留悬浮物质的作用。因此，选择适宜的填料十分重要。目前我国常用的填料有以下几种。

（1）蜂窝状填料　如图 6-5-21 所示。材料是塑料或玻璃钢。优点是：比表面积大、空隙率高、管壁光滑无死角、衰老生物易脱落。缺点是：易堵塞，蜂窝管内的流速难以连成均一流速，故流速不均匀。

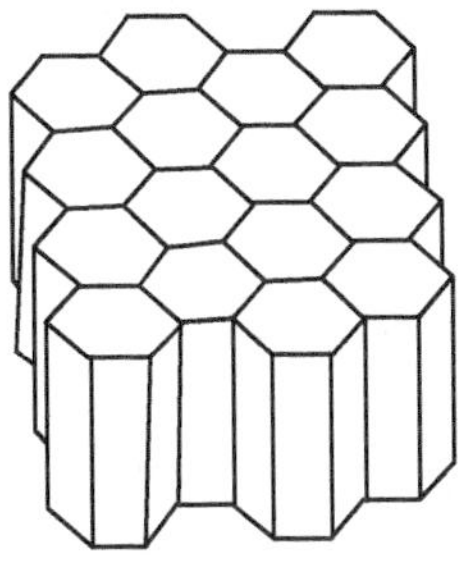

图 6-5-21　蜂窝状填料

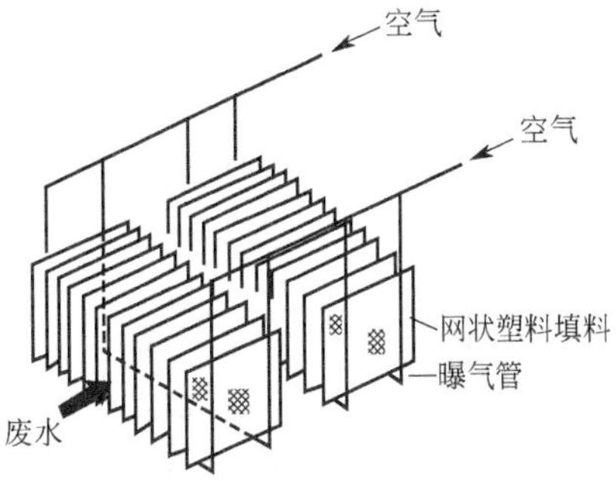


图 6-5-22　网状填料

（2）网状填料　塑料规整，网状填料如图 6-5-22 所示。水流在网状填料中可以四通八达，水气分布均匀，不易堵塞。缺点是：表面光滑，挂膜缓慢，稍有冲击力易于脱落。

（3）软性填料　即软性纤维状填料，如图 6-5-23 所示。一般用尼龙、维纶、涤纶、腈纶等化纤编织成束，再在纵向安设中心绳联结绑扎而成。优点是：比表面积大、强度高、物理和化学性能稳定、组装容易、运输方便、耐腐蚀、耐生物降解、造价低、体积小、质量轻（约 2～3kg/$m^3$）、处理效果好。缺点是：停池时易结块，清洗较困难。

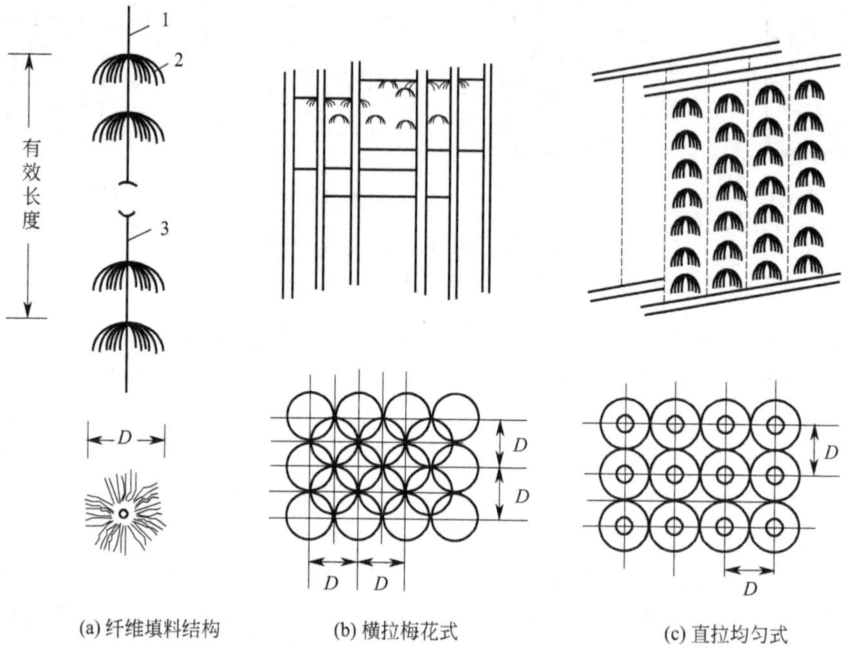


图 6-5-23　软性填料结构示意图

1—拴接绳；2—纤维束；3—中心绳

此外，常用填料还有波纹板状填料、盾形填料、球形填料以及不规则粒状填料等。

## 826　什么是塔式生物滤池？

塔式生物滤池是塔形结构，以塔身为主体，塔内装填料，并有布水系统以及通风排风装置。塔式生物滤池的构造如图 6-5-24 所示。塔式装置使滤池内部形成较强拔风状态，有利于空气流通。废水从上经布水装置喷淋而下，水滴紊动，废水、空气、生物膜三者之间可获得充分接触，加快了物质的传递速度和生物膜的更新速度，是一种新型的大处理量的生物滤池，滤层厚度高，提高了废水的处理能力。塔式生物滤池的进水负荷特别大，自动冲刷能力强，不会出现滤层堵塞现象。塔式生物滤池的负荷比普通生物滤池大好几倍，可承受较高浓度的废水，耐负荷冲击能力也比较强。其滤层厚，塔身高，水力停留时间长，分解有机物数量大，单位滤池面积处理能力高，占地面积小，管理方便，工作稳定性好，投资和运行费用低。

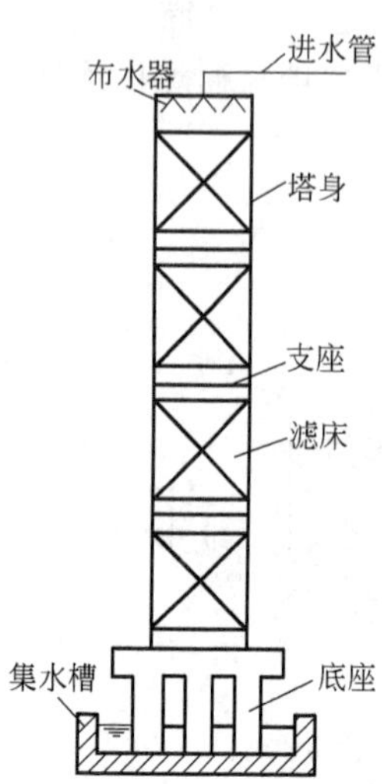


图 6-5-24　塔式生物滤池

塔式生物滤池高度一般约 6～8m，但也有高达 20 多米的，塔径一般约 1m 左右，但也有超过 3m 的，塔径与塔高之比在 1∶6 至 1∶8。水力负荷可达 80～200$m^3$/($m^2$·d)，容积负荷一般可达 1000～2000g $BOD_5$/($m^3$·d)，进水 $BOD_5$ 控制在小于 500mg/L。塔式生物滤池出水水质不够高，有时还有微量的微生物和废水残留物，所以塔式生物滤池用于处理大流量、高负荷而废水处理深度要求不高的场合；适于污染源水的预处理工艺，能有效地降解去除大部分污染物质，但要深度处理，必须要配有合适的后续处理装置。

**827　活性生物滤塔工艺流程是怎样的？**

活性生物滤塔工艺也称 ABF 法。它进一步改进了塔式生物滤池，提高了废水处理效果。活性生物滤塔工艺实质上是由塔式生物滤池和曝气池串联组成的二段生物处理新工艺。其工艺流程如图 6-5-25 所示。

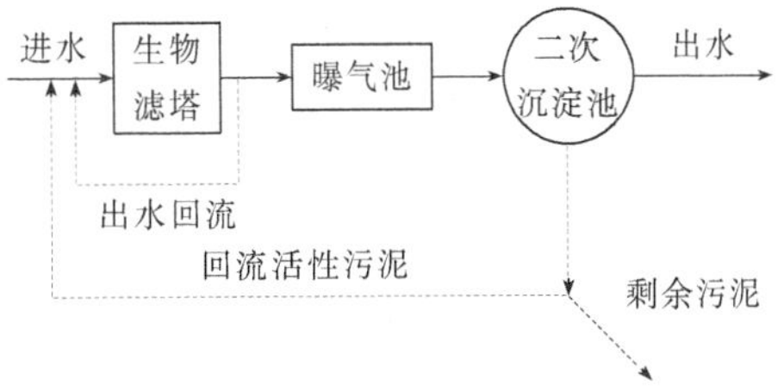


图 6-5-25　活性生物滤塔流程

从图可见，ABF 工艺有两个回流系统，一是滤塔出水的回流系统；二是二次沉淀池的活性污泥回流系统。它们都回流到生物滤塔的进口。生物滤塔由于活性污泥的回流成为活性生物滤塔，因此对生物滤塔来说，进入的被处理的废水不仅同生物滤膜接触反应，同时还和活性污泥接触反应。ABF 工艺不仅有生物滤塔和曝气池串联，还有二沉池以及两个回流系统，因此这不完全是通常二段串联，而是一个混合系统。

ABF 工艺的特点是运作稳定。由于废水先经生物塔的处理，再进入曝气池，因此曝气池的负荷大为减轻，使曝气池的运行条件大为改善，也克服了污泥的膨胀现象，对负荷的变化具有较大的适应能力，整个系统的工作十分稳定。

由于活性污泥的回流，生物滤塔的悬浮固体浓度很高。所以滤塔的滤料需做一些改进，防止污泥堵塞。ABF 法生物滤塔高约 5m 左右，可以采用自然通风，运行费用低，占地面积小。生物滤塔部分的容积负荷为 3～5kg $BOD_5/(m^3 \cdot d)$，相应水力负荷为 120～200$m^3/(m^2 \cdot d)$，去除率可达 65%～70%；曝气池部分的有机负荷为 0.5～0.6kg $BOD_5/(kgMLSS \cdot d)$，相应曝气时间为 1.5～2.0h。整个 ABF 系统的有机负荷可达 1.0kg $BOD_5/(m^3 \cdot d)$ 以上。

**828　生物转盘的构造是怎样的？**

生物转盘（rotating biological contactor）分好氧与厌氧两种，好氧生物转盘又称浸没式生物滤池。生物转盘是由盘片、接触反应槽（氧化槽）、转轴和驱动装置所组成的，如图 6-5-26 所示。盘片平行排列串联成组，中心贯以转轴，轴的两端安设在半圆形接触反应槽的相应两端的支座上。转盘面积 40%左右浸在槽内废水中，转轴高出槽内水面 10～25cm，以此构成一种新颖、应用广泛的废水生物膜法处理装置。在生物转盘中生物膜的形成、生长及其降解有机污染物的机理与生物滤池基本相同，其主要区别是它的一系列转动的盘片代替了固定的滤料。

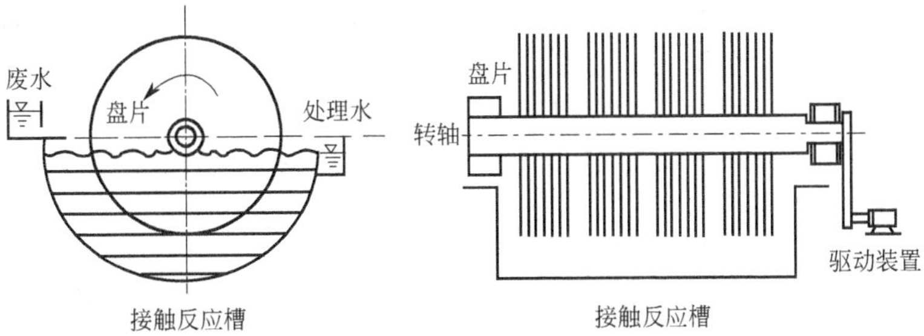


图 6-5-26　生物转盘构造图

**829　生物转盘有哪些布置形式？**

生物转盘的布置形式是多种多样的，但要根据废水的水质情况、水量多少、净化的要求以及现场的条件等因素来决定。一般的布置形式，有单轴单级、单轴多级和多轴多级之分。

如图 6-5-27 所示，一是单轴四级，一是三轴三级。级数的多少是根据废水净化要求达到的程度来确定的。转盘的级数布置可以避免水流短路，改进废水停留时间的分配。随着级数的增加，处理效果也相应提高，但随着级数的递增处理效果的增加率要减慢。这是因为生物酶氧化有机物的速度正比于有机物的浓度，在多级转盘中，转盘的第一级进水口处有机物的浓度最高，氧化速度也最快，随着级数的增加，有机物的浓度逐渐降低，代谢产物逐渐增多，氧化速度也逐渐减慢，因此转盘的分级不宜过多，一般转盘的级数不超过四级。与生物转盘有关的废水进水方式布置也有三种：一是进水方向与转盘旋转方向一致；二是进水方向与转盘旋转方向相反；三是进水方向垂直于盘片。三种布置各有优缺点。转盘的盘片数应根据生物转盘的各级负荷及废水浓度，合理调整。

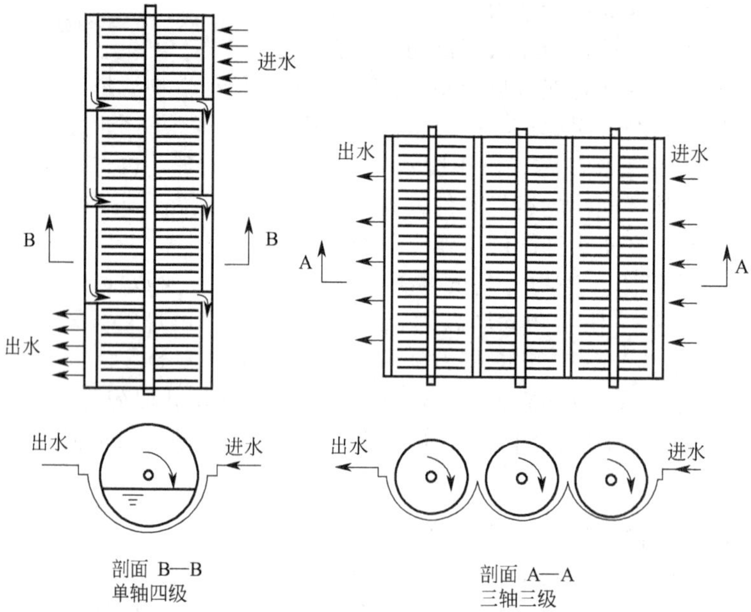


图 6-5-27　生物转盘的不同组合方式

### 830　好氧生物转盘的净化原理是什么？有何特点？

生物转盘的转速一般为 0.8～3.0r/min，以较低的线速度（10～20m/min）在接触反应槽（氧化槽）内转动，槽内充满废水，转盘交替地与空气和废水相接触。经过一段时间循环反复的转动后，在转盘上附着一层有大量微生物的生物膜。微生物逐渐稳定，废水中的有机物污染物被生物膜氧化降解；另一方面由于转盘的不断转动，生物膜随转盘离开水面与空气接触，生物膜上的固着水层从空气中吸收氧气，并将氧传递到生物膜和废水中，使槽内废水中的溶解氧含量达到一定的浓度。在处理过程中，盘片上的生物膜不断地生长，增厚，过剩的生物膜靠盘片在废水中旋转时产生的剪切力剥落下来，残膜进入二沉池进行泥水分离。

生物转盘与生物滤池相比有如下特点：

① 生物膜与水的接触时间和进行稀释都可通过调整转盘转速来达到，因此适应废水负荷变化的能力强，运行稳定。

② 不会发生滤料的堵塞现象，不会产生像活性污泥法中污泥膨胀现象。

③ 生物转盘法的泥龄长，在转盘上能够增殖世代时间长的微生物，如硝化菌等。同时生物膜交替处于好氧或缺/厌氧状态，因此生物转盘法具有一定脱氮除磷功能。

④ 废水与生物膜的接触时间比生物滤池要长，生物转盘上微生物的浓度也高，生物膜

折算成活性污泥曝气池的 MLVSS 可达 40000～60000mg/L。处理废水的效率也提高。污泥负荷量 $N_S$ 可达 0.05～0.1kg $BOD_5$/(kg VSS·d)，可将 $BOD_5$ 10000mg/L 的高浓度有机废水处理到 $BOD_5$<10mg/L。

⑤ 接触反应槽（氧化槽）不需要曝气，因此动力消耗低。但生物转盘的机械转动部件易损坏，盘材较贵，造价高，生物转盘的性能受到环境气温及其他因素影响较大，因此，使用上受到限制。

### 831 对生物转盘的盘片有些什么要求？

盘片是生物转盘的主要部件，要求质轻、高强度、耐腐蚀、耐老化、易于挂膜、不变形、比表面积大、易于取材、便于加工安装等。盘片形状一般为圆形平板，也有采用正多角形、波纹形的。盘片材料：大都为塑料制品，平板片多用聚氯乙烯塑料，波纹片多用聚酯玻璃钢。也有采用聚乙烯、泡沫聚苯乙烯、铝合金等材料的，要求重量轻、成本低。盘片直径：一般多介于 2.0～3.6m 之间。盘片间距：一般为 30mm，如果采用多级转盘时，则前数级的间距为 25～35mm，后数级为 10～20mm，盘片间距要考虑到生物膜增厚不堵，又要便于良好通风。

### 832 生物转盘系统发生异常现象可能是什么原因？

生物转盘是生物膜法中工艺控制相对比较简单的一种处理方法，一般情况下处理效果会比较好。但也常有异常现象发生，其原因如下：

(1) 生物膜严重脱落 据运行经验，生物转盘启动的两周内，盘面上生物膜脱落是正常的，但在正常运行中，膜大量脱落影响稳定运行是很不正常的异常现象，主要原因可能是：

① 进水中含有过量有毒物，如重金属、氯化物、氰化物等抑制微生物生长。发生这种情况，要严格控制好均调池，使有毒物质在允许范围内均匀进入。

② 进水 pH 突变。当进水 pH 在 6.0～8.5 范围内时，膜不大会脱落；若进水 pH 突变，在 pH<5.0，或 pH>10.5 时，将引起生物膜减少。发生这种情况时，应迅速投加化学药剂，调 pH 于正常范围内。

(2) 产生白色生物膜 当进水已经发生腐败；或是进水含硫化物（如 $H_2S$、$Na_2S$ 等）浓度高；负荷过高混合液又缺氧时，生物膜中硫细菌会大量繁殖，加上丝状菌又大量繁殖，这时，盘面生物膜呈白色。发生这种情况，要求对废水进行预曝气，投加氧化剂，以提高废水的氧化还原电位；当含 S 量高时，应进行废水脱 S 处理；消除超负荷状况；调整运行方式。

(3) 处理效率降低 是由于微生物生长环境受影响，例如废水温度偏低，如小于 13℃时，影响微生物的活性；废水水量或有机负荷长期偏高，应总体调整运行工况；pH 不能突变，进水 pH 一般应调整在 6～9 之间；生物转盘的氧化槽大量固体的积累，会产生腐败，发出臭气，影响系统的运行，应控制好沉砂池或初沉池的悬浮固体的去除效果，防止悬浮固体随废水大量进入生物转盘氧化槽内，引起固体的积累，使处理效率降低。

### 833 什么是生物流化床？

生物流化床是固体流态化技术在废水生物处理中的应用。在反应器中加入轻质小颗粒的载体，废水以一定流速自下流动，使载体颗粒在水中呈悬浮状。废水中的有机物通过与载体表面生长的生物膜接触被去除而净化。生物流化床是生物膜化的一种，但因悬浮液中含有一定量的活性污泥，故又具有活性污泥法的特征。

该法的主要特点是：床内微生物浓度高达 40～50g/L，容积负荷率和污泥负荷率高；反应器容积小，占地少；有较强的抗冲击负荷能力，不存在污泥膨胀问题；反应器内可脱膜，在负荷不高、对悬浮物无特殊要求时，可省去二沉池。

生物流化床分为好氧床及厌氧床两类，按结构分为两相床及三相床，见图 6-5-28。

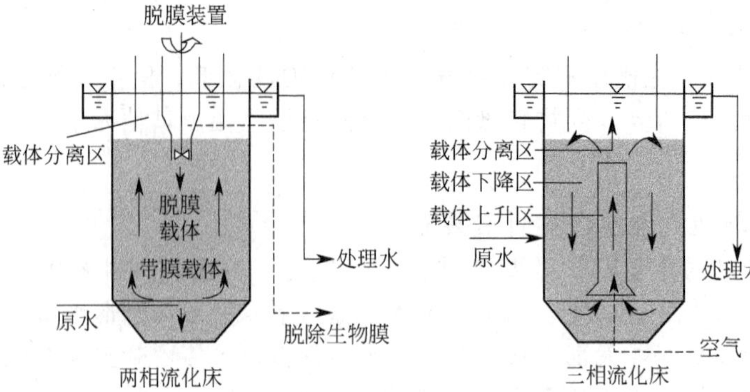


图 6-5-28　生物流化床基本结构

在两相床中进水可预先充氧，以液体动力使床内流态化，床内只有固、液两态反应。在三相床内底部设曝气装置，气体及液体动力使床内流态化，为气、液、固三相反应。在厌氧流化床内产生大量沼气，也呈现三相床特征。为防止载体流失，在流化床的上部设载体分离区。三相床的分离较好，但两相床的载体较难分离，故需另设专门的脱膜装置。常用的脱膜装置有叶轮搅拌器、振动筛和刷形脱膜机等。

生物流化床的不足之处是：为维持床内流化状态，能耗较高，运行费用较高；载体颗粒不均匀时，易出现分层现象；管理技术要求较高。还由于流态化反应器的设计技术较复杂，所以目前国内应用不广。

膨胀床与流化床在机理上相同。其区别在于流体上升速度和载体的膨胀率不同。流化床的膨胀率一般在 50％以上，膨胀床＜30％，一般在 5％～20％。二者的载体均为石英砂、无烟煤、沸石或塑料等，流化床的粒径约为 0.2～1.0mm；膨胀床的颗粒略大，约为 0.3～3.0mm。流化床在好氧及厌氧状态均可应用。膨胀床多用于厌氧反应。

### 834　生物活性炭处理的基本原理是什么？

生物活性炭处理是由臭氧氧化、活性炭吸附结合的新工艺。在生物活性炭滤池前加臭氧 $O_3$，充分利用 $O_3$ 强氧化剂的氧化作用，将废水中难降解的溶解和胶体状的有机物质转化为易生物降解的物质；将废水中的大分子量的腐殖质氧化为低分子量的易降解的物质，如腐殖质氧化为草酸、甲酸、对苯二酸、二氧化碳和酚类等生化性能良好的化合物。臭氧的氧化也提高了水中溶解氧的含量，满足了后继生物活性炭滤池生物的需氧量，极有利于微生物的生长繁殖；其次该工艺又充分利用活性炭巨大的比表面积和优越的吸附性能，加上足够的溶解氧，水中可生化性溶解性的有机物被截留在活性炭表面上，又给微生物的生长繁殖创造了良好的条件，从而使活性炭表面附着的好氧微生物大量生长繁衍，就具有使废水中有机物生物氧化降解作用和生物硝化作用。总之，生物活性炭处理工艺良好地发挥了生物氧化降解有机物的功能、活性炭吸附水中有机物功能、臭氧化学氧化水中有机物的功能三者相结合的协同作用。详情还可参考本书第二章（三）。

### 835　HDK 生物膜反应器的基本原理是什么？

HDK 生物膜反应器技术的核心是固定床。其原理类似于传统污水处理设备中的滤池，关键区别是 HDK 使用的填料不是砂石、塑料等物质，而是专门平炉工艺生产的褐煤焦炭，因而称其为平炉焦炭（HDK）。HDK 生物膜反应器的构造如图 6-5-29 所示。从上到下分为 5 层，层 1 为废气过滤层；层 2 为高负荷层；层 3 为低负荷层；层 4 为优化级层；层 5 为砾石层。焦炭是放置在粗粒度的砾石层上的，该砾石层设有空气管和污水管。需处理的废水由上侧部进入反应器，再由一根立管将其由底部向上导引。反应器的出水口位于焦炭覆盖层以下约 30cm 处。反应器的焦炭只需如期反洗便可重复使用多年。固定床底部（层 5）有大面积鼓风曝气系统和净水汇集系统，两者均结合在砾石层上，以确保良好的液压均匀分布。经过处理的废水通过立管在上部 1/3 处排出，以确保高负荷层完全蓄满。废气经废气过滤器保持干燥，通过焦炭的吸附可将废气彻底除臭，防止气体的二次污染。

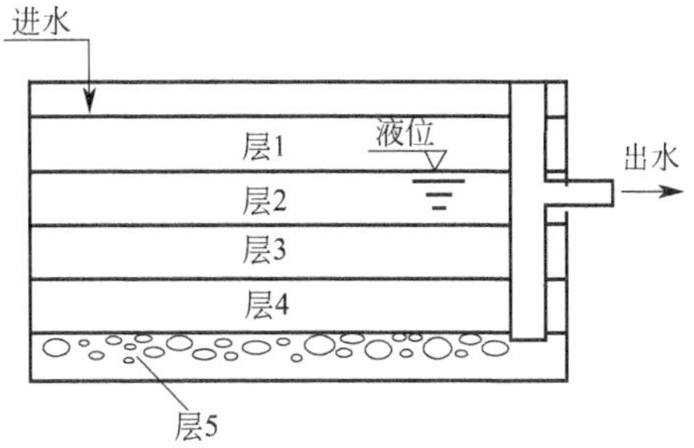


图 6-5-29　HDK 反应器构造

HDK 反应器的褐煤焦炭的良好性能使其适于作为精细过滤器，可以有效阻止未降解污染物直接排出，又可作吸附剂吸附有毒有害物质，使有机物得到极大的矿化，逐步分解。作为微生物载体，有利于微生物生长，可以有效地进行微生物接种。同时，厌氧菌、好氧菌等共生。借助褐煤焦炭的吸附与解吸性能，可稳定 HDK 生物反应器的工作性能。这是一种新型的生物膜法反应器。

## 836　生物膜法反应器的负荷率有多少？

几种生物膜法反应器负荷率参考值

| 反应器名称 | 容积负荷率 $N_V$/[kg $BOD_5$/(m³·d)] | 水力负荷率 $q$/[m³/(m²·d)] | 适用条件 | 参考文献 |
|---|---|---|---|---|
| 普通生物滤池，低负荷生物滤池，滴滤池（碎石滤料） | 0.10<br>0.17<br>0.20 | | 年均气温 3～6℃<br>年均气温 6.1～10℃<br>年均气温＞10℃<br>} 处理生活污水 | [100]，[103]，[105] |
| | 0.1～0.25 | 1～3 | 处理生活污水，$BOD_5$ 去除率 80%～95% | [102] |
| | 0.1～0.3 | 1～3 | 处理生活污水 | [100]，[103]，[104] |
| 高负荷生物滤池，（进水有回流，为防堵，需 $BOD_5$＜200mg/L） | 0.8～1.2 | 10～30 | 处理城市污水，$BOD_5$ 去除率 75%～90% | [102] |
| | ＜1.2 | 10～30 | 处理城市污水，$BOD_5$ 去除率 80%～90% | [100]，[103]，[105] |
| 塔式生物滤池（新型滤料，进水 $BOD_5$＜500mg/L） | 1.0～2.0（或 3.0） | 80～200 | | [100]，[102]，[103]，[101]，[105]，[104] |
| | 1.0～2.5 | 90～150 | $BOD_5$ 去除率 80%～90% | [104] |
| 生物接触氧化池，淹没式好氧生物滤池（进水 $BOD_5$ 100～300mg/L） | 3.0～4.0<br>1.0～2.0 | | 城市污水二级处理参考值<br>处理印染废水参考值 | [102]，[103] |
| | 2.0～2.5<br>6.0～8.0<br>1.5～2.0 | | 处理农药废水参考值<br>处理酵母废水参考值<br>处理涤纶废水参考值 | [102] |
| | 5.0<br>2.0 | | 处理城市污水实例，出水 $BOD_5$ 30mg/L<br>处理城市污水实例，出水 $BOD_5$ 10mg/L | [100]，[102]，[103] |
| | 1.0<br>2.5<br>1.5<br>3.0 | | 处理印染废水实例，出水 $BOD_5$ 20mg/L<br>处理印染废水实例，出水 $BOD_5$ 50mg/L<br>处理黏胶废水实例，出水 $BOD_5$ 10mg/L<br>处理黏胶废水实例，出水 $BOD_5$ 20mg/L | [100]，[102] |
| | 2.5～4.0 | 100～160 | $BOD_5$ 去除率 85%～90% | [104] |

续表

| 反应器名称 | 容积负荷率 $N_V$/ [kg $BOD_5$/($m^3$·d)] | 水力负荷率 $q$/ [$m^3$/($m^2$·d)] | 适 用 条 件 | 参考文献 |
|---|---|---|---|---|
| 曝气生物滤池,BAF(新型淹没式生物滤池,定期反冲洗,不需污泥回流及二沉池) | 0.07～0.02 | 1～4 | 低负荷、碎石滤料实例,$BOD_5$ 去除率 80%～90% | [102] |
| | 0.24～0.48 | 4～10 | 中负荷、碎石滤料实例,$BOD_5$ 去除率 50%～80% | |
| | 0.4～2.4 | 10～40 | 高负荷、碎石滤料实例,$BOD_5$ 去除率 50%～90% | |
| | 0.6～3.2 | 10～75 | 高负荷、塑料滤料实例,$BOD_5$ 去除率 60%～90% | |
| | >15 | 40～200 | 粗滤、碎石或塑料滤料实例,$BOD_5$ 去除率 40%～70% | |
| | 3～6 | 2～10 | 处理城市污水,碳氧化 | [104] |
| | <1.5 | 2～10 | 处理城市污水,硝化,10℃ | |
| | <2.0 | 2～10 | 处理城市污水,硝化,20℃ | |
| | <2 | | 处理城市污水,反硝化,10℃ | |
| | <5 | | 处理城市污水,反硝化,20℃ | |
| 好氧生物流化床,BFB(轻质颗粒载体,流态化) | 3～6 | | | [102] |
| | ～8<br>5 | | 城市污水处理实例,出水 $BOD_5$ 20mg/L | [100] |
| | 5～11 kg $COD_{Cr}$/($m^3$·d) | | 处理生活污水 | [104] |
| | 8～11 kg $COD_{Cr}$/($m^3$·d) | | 处理工业废水 | |
| 曝气生物流化池,ABFT,又称固定化微生物曝气生物滤池,IBAF | 5.0～6.0 | | 只除碳,20℃ | [102] |
| | 1.5～2.0 | | 除碳及凯氏氮,20℃ | |
| | 0.1～0.22 | | 处理微污染水,20℃ | |
| | 0.4～0.9 kg TKN/($m^3$·d) | | 主要污染物为凯氏氮,要求硝化 | |
| 活性生物滤池(塔),ABF(生物滤池-曝气池串联,污水与回流污泥同进滤池) | 3.0～5.0 | 120～200 | $BOD_5$ 去除率 65%～70% | [103] |
| 好氧生物转盘 | 面积负荷率 $N_A$/ [kg $BOD_5$/($m^2$ 盘片·d)] | 水力负荷率 $q$/ [$m^3$/($m^2$ 盘片·d)] | 处理城市污水,国内规定 | [102] |
| | 一般 0.01～0.02 | 一般 0.05～0.20 | | |
| | 一般 0.005～0.02 | 0.08～0.20 | 处理城市污水,参考国外规定 | [100],[103],[102] |
| | 首盘≤0.04～0.05 | 0.05～0.20 | 处理城市污水,参考国外规定 | |
| | 一般 0.02～0.03 | 一般 0.1～0.2 | | [104] |
| | 首盘<0.03～0.04 | 0.04～0.20 | | |
| | 0.02～0.04 | | 国外规定,处理城市污水,出水 $BOD_5$≤60mg/L | [100],[102],[103] |
| | 0.01～0.02 | | 国外规定,处理城市污水,出水 $BOD_5$≤30mg/L | |

注:1. 容积负荷率 $N_V$ 是指单位有效容积每天所能承受的有机底物($BOD_5$ 或 $COD_{Cr}$)。有效容积为滤料容积与悬浮污泥容积之和。普通滤池及塔式滤池的有效容积为滤料容积。

2. 水力负荷率 $q$ 是指单位面积滤池或滤料每天可以处理的水量。如果系统有回流,则水量为废水与回流水量之和。

### 837 生物膜反应器的容积是如何计算的?

几种典型的生物膜反应器的设计计算方法如下。

(1) 普通生物滤池 通常以有机物的容积负荷率 $N_V$ 来计算滤料体积，再根据滤料的高度计算滤池面积。然后用水力负荷率 $q$ 进行校核。

$$V=QS_0/N_V \text{ 或 } V=QS_r/N_V，A=V/H，q=Q/A$$

式中 $V$——滤料体积，$m^3$；

$Q$——每台反应器的废（污）水设计流量，一般采用平均流量，若流量小且变化大时，采用最大流量，$m^3/d$；

$N_V$——容积负荷率，g $BOD_5/(m^3 \cdot d)$；

$S_0$——进水有机物浓度，mg $BOD_5/L$；

$S_r$——进出水有机物浓度差，mg $BOD_5/L$；

$A$——滤池平面面积，$m^2$；

$H$——滤池的有效高度，即滤料厚度，m；

$q$——水力负荷率，$m^3/(m^2 \cdot d)$。

计算之后，用 $q=Q/A$ 式进行验算，看 $q$ 值是否在合理范围。否则需进行重新计算，适当调整。

(2) 高负荷生物滤池 要求进水有机物浓度≤200mg $BOD_5/L$，故需用二沉池出水回流来稀释进水。所以与普通生物滤池的计算式有所不同。需要根据稀释后的流量和有机物浓度计算。废（污）水经稀释后进入滤池的有机物浓度，即喷洒在滤料上的浓度 $S_a$，计算如下：

$$S_a=\alpha S_e \quad \text{mg } BOD_5/L$$

式中 $S_e$——二沉池出水有机物浓度，mg $BOD_5/L$；

$\alpha$——系数，与污水冬季平均温度、年平均气温和滤料高度有关。

**系数 $\alpha$ 值表**

| 废(污)水冬季平均温度/℃ | 年平均气温/℃ | 滤料层高度/m | | | | |
|---|---|---|---|---|---|---|
| | | 2.0 | 2.5 | 3.0 | 3.5 | 4.0 |
| | | α 值 | | | | |
| 8～10 | <3 | 2.5 | 3.3 | 4.4 | 5.7 | 7.5 |
| 10～14 | 3～6 | 3.3 | 4.4 | 5.7 | 7.5 | 9.6 |
| >14 | >6 | 4.4 | 5.7 | 7.5 | 9.6 | 12.0 |

由 $S_0$、$S_e$ 和 $S_a$ 可计算出稀释倍数 $n$，

$$n=(S_0-S_e)/(S_a-S_e)=R+1$$

$R$ 为回流倍数，即回流液量与处理水量的比例，则可按以下方法计算：

① 按容积负荷率计算：$V=Q(R+1)S_a/N_V$，$A=V/H$

② 按面积负荷率计算：$A=Q(R+1)S_a/N_A$，$V=AH$

式中，$N_A$ 为滤料的面积负荷率，一般取 1100～2000g $BOD_5/(m^2 \cdot d)$。

③ 按水力负荷率验算：$A=Q(R+1)/q$，$V=AH$

(3) 生物转盘 计算主要求定所需转盘的总面积，以此为基础求定盘片的片数、反应槽容积、转轴长度等。转盘总面积 $A$ 可由 BOD-盘片面积负荷率 $N_A$ 或 BOD-盘片水力负荷率 $q$ 计算。

$$A=QS_0/N_A \text{ 或 } A=QS_r/N_A \quad m^2$$

$$A=Q/q \quad m^2$$

转盘多为圆形，如选用双面转盘，直径为 $D$，则总片数 $M$ 为：

$$M=A/\left(2\times\frac{\pi}{4}D^2\right)=0.637A/D^2$$

采用 $n$ 级（台）转盘，则每级（台）的盘片数 $m=M/n$。调整 $M$ 及 $n$ 为整数。可计算得每级（台）的转轴长度 $L$。

$$L=m(d+b)k \quad \text{m}$$

式中 $L$——每级（台）转轴的长度，m；

$m$——每级（台）转盘的片数；

$d$——盘片间距，通常进水端为 0.025～0.035m，出水端为 0.010～0.020m，一般取值 0.02m；

$b$——盘片厚度，与转盘材质有关，一般为 0.001～0.013m；

$k$——考虑水流动沟道的系数，取值 1.2。

$$反应槽的有效容积\ V=a(D+2\delta)^2L \quad \text{m}^3$$

$$反应槽的净有效容积\ V'=a(D+2\delta)^2(L-mb) \quad \text{m}^3$$

其中 $\delta$ 为盘片边缘与槽壁的间距，一般为 0.2～0.4m，不小于 0.15m。$a$ 为系数，取决于转轴中心距水面高度 $r$ 与盘片直径之比值。$r$ 一般为 0.15～0.30m。当 $r/D=0.1$ 时，$a$ 取 0.294；当 $r/D=0.06$ 时，$a$ 取 0.335。

## D 厌氧生物处理

### 838 什么是厌氧生物处理？

厌氧生物处理工艺是指在无氧条件下，利用厌氧微生物的生命活动，将各种有机物或无机物加以转化的过程。传统上称之为厌氧消化，也称污泥消化。

厌氧生物处理技术不断发展，现已在废水处理、废物处理及其资源化方面获得广泛应用。厌氧反应器主要处理工艺有以下几种：普通厌氧消化池、厌氧接触消化池、厌氧生物滤池、升流式厌氧生物反应器、厌氧流化床或膨胀床反应器、厌氧挡板式反应器、厌氧生物转盘等。

厌氧生物处理技术作为一种有效地去除废水中的有机物并使其矿化的技术，它将有机化合物转化为甲烷和二氧化碳，与好氧生物处理比较有以下优点：

(1) 处理能耗低　不需充氧曝气，一般动力消耗为好氧工艺的 10%～15%。

(2) 应用范围广　适合处理高、中、低浓度的有机废水及难降解的工业有机废水。而且有一定的杀菌作用，可以杀死废水中的寄生虫卵和病毒等。

(3) 对氮磷的营养需求量低　好氧生化法一般要求 $BOD_5$∶N∶P=100∶5∶1，而厌氧生化法一般要求 $BOD_5$∶N∶P=200∶5∶1。

(4) 污泥剩余量少　约为好氧工艺的 10%～15%。每去除 1kg COD，好氧生化法产生 0.4～0.6kg 污泥，而厌氧生化法只产生 0.02～0.1kg。且污泥的浓缩性和脱水性好。

(5) 有机容积负荷率比好氧工艺高　采用现代化高负荷反应器，可使反应容器更小。

(6) 高、中浓度有机废水可以回收沼气，是一种产生优质、清洁能源的工艺　同时可避免排放污染。

厌氧处理的主要缺点有：

① 操作控制复杂，对环境要求较高、较严格。低温条件下效率低。

② 厌氧微生物增长缓慢，设备启动和处理时间比好氧设备长。

③ 出水难达到排放标准，一般需经好氧设备进一步处理。

**839 厌氧生物处理过程分几个阶段?**

有机物的厌氧生物处理过程是一个复杂的生物化学过程。传统的观点认为，这一过程分为两个阶段，即产酸（或酸化）阶段和产甲烷阶段。1967 年，Bryant 认为厌氧生物处理应划分为：水解酸化阶段、产氢产乙酸阶段、产甲烷阶段。此后人们将第一阶段又分为水解、酸化两阶段。因此，目前厌氧生物处理的过程一般分为四个阶段（如图 6-5-30 所示）：①水解阶段；②产酸发酵阶段；③产氢产乙酸阶段；④产甲烷阶段。

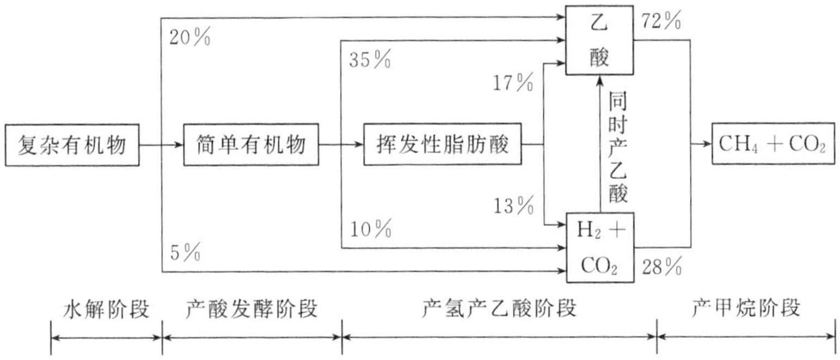


图 6-5-30 厌氧生物代谢过程示意图

**840 厌氧生物处理过程各阶段的功能是什么?**

厌氧生物处理过程四个阶段的功能是：

（1）水解阶段 水解是将复杂的非溶解性的有机物质在产酸细菌胞外水解酶的作用下，转化为简单的溶解性单体或二聚体的过程。非溶解性的有机物分子量大，不能透过细胞膜，因此，不可能为细菌直接利用，它们需在第一阶段被胞外酶分解为小分子有机物，这些小分子的水解产物能够溶解于水并透过细胞膜为细菌所利用。

（2）产酸发酵阶段 发酵是有机物既作为电子受体也作为电子供体的生物降解过程。产酸发酵过程中，产酸发酵细菌将溶解性的受体或二聚体有机物转化为挥发性脂肪酸和醇为主的末端产物，同时产生新的细胞物质。这一过程也称为酸化。末端产物主要有甲酸、乙酸、丙酸、丁酸、戊酸、己酸、乳酸等挥发性脂肪酸和乙醇等醇类，以及 $CO_2$、$H_2$、氨、氮气等。

（3）产氢产乙酸阶段 产氢产乙酸阶段是将产酸发酵阶段 2 个碳及 2 个碳以上的有机酸（除乙酸）和醇转化为乙酸、$H_2$、$CO_2$ 的过程，并产生新的细胞物质。这类细菌称之为产氢产乙酸细菌。

（4）产甲烷阶段 产甲烷阶段是由严格专性厌氧的产甲烷细菌，将乙酸、甲酸、甲醇、甲胺和 $CO_2$/ $H_2$ 等转化为 $CO_2$ 和 $CH_4$（沼气）的过程。

**841 有哪些因素影响厌氧生物处理?**

影响厌氧生物处理的因素主要有下列方面：

（1）pH 值 产酸菌繁殖的增殖倍增时间是以分钟、小时计的，而产甲烷菌却慢达 4～6d，且对 pH 变化的适应性很差。如果消化过程被产酸发酵阶段所控制，则产甲烷菌就被酸性发酵产物所抑制，因此平衡好两类细菌很重要。为此，消化过程的 pH 值控制应尽可能先满足产甲烷菌的需要，最宜的 pH 范围在 6.7～7.2 之间，过高或过低，厌氧消化过程会受到严重的抑制。

（2）温度 温度是影响微生物生命活动最为重要因素之一，对厌氧消化过程的影响十分显著。温度直接影响生化反应速率的快慢。按产甲烷菌的适应性，有一类嗜温性微生物最适宜温度为 30～35℃，另一类嗜热性微生物，可以在高温环境中繁殖，适宜温度为 49～55℃。

采用较高温度进行消化是有利的，可以缩短消化时间，但高温热耗大，还产生臭味，实际很少采用，而是采用中温消化为宜，一般约35℃。

(3) 碳氮比　碳、氮是厌氧菌的生命活动过程中主要营养源。由于厌氧菌的呼吸作用没有氧分子参与，所以，分解有机物所获得的能量仅为需氧条件下的3%～10%，为了满足厌氧菌对于营养的要求，碳氮比十分重要。在高碳氮比进行发酵时，易造成产酸发酵优势；在低碳氮比进行发酵时，则易造成腐解发酵，蛋白质分解，氨释放加快，产甲烷量降低。为使产酸发酵和释氨速度配合得当，碳氮比值控制的适宜范围为(20∶1)～(30∶1)为好。

(4) 有毒物质　有毒物质会使厌氧微生物消化过程受到影响，甚至遭到破坏，是厌氧消化过程的阻抑物。主要的有毒物质有重金属离子和过量阴离子。如重金属离子与酶结合，会产生变性物质或酶沉淀；硫化物超过100mg/L时，会严重影响产甲烷菌的活动，而硫化物是因阴离子$SO_4^{2-}$在硫酸还原菌的作用下产生的。因此，消化过程中$SO_4^{2-}$浓度必经严格控制，不得超过5000mg/L。其他有毒物质还有氰化物等。

(5) 氧化还原电位　厌氧微生物的生命正常活动，需要有一个相应的厌氧环境，这个环境可用氧化还原电位来控制。例如，可以用氧化还原电位来控制环境的含氧浓度，以适合厌氧微生物的生长。又例如产甲烷菌的适宜的氧化还原电位为－400～－150mV，而非产甲烷菌在氧化还原电位为－100～＋100mV的环境下可以进行正常的生命活动。

### 842　什么是普通厌氧消化池？

普通厌氧消化池又称传统厌氧消化池，是完全混合悬浮生长厌氧消化池，如图6-5-31所示。

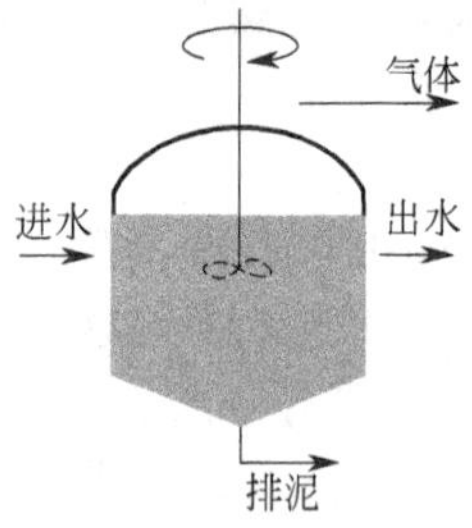

图6-5-31　普通厌氧消化池

消化池采用密闭的圆柱形。池顶一般设有顶盖，以保持良好的厌氧条件，又便于收集沼气，保持池温，并减少地面的蒸发。池底呈圆锥形以利于排泥。废水（或料液）间歇或连续进入池中，经消化的污泥由池底排出，经处理出水由上部排出，产生的沼气由池顶收集引出。消化池内可适当进行搅拌，目的是提高消化效率，增加废水（料液）与微生物的接触，混合均匀，避免分层现象，促进沼气分离。搅拌的方法有机械搅拌；利用循环消化液搅拌；或利用沼气搅拌。消化池中，高温消化时，消化液要进行加热。中温消化的负荷为2～3kg COD/($m^3$·d)，高温时为5～6kg COD/($m^3$·d)。

普通厌氧消化池的特点是：可以直接处理悬浮固体含量较高或颗粒较大的废水（料液）；消化反应和固液分离是在同一池里进行的，结构简单。缺点是无法保持或补充厌氧活性污泥，消化池内难以保持大量的微生物。

### 843　厌氧接触法对普通厌氧消化池工艺有何改进？

厌氧接触法又称厌氧接触消化系统。厌氧接触法克服了普通厌氧消化池无法回流污泥的不足，是在消化池之后设立沉淀池，将沉淀池泥水分离中的沉淀污泥回流到消化池中，如图6-5-32所示。

厌氧接触法实际上是厌氧活性污泥法。这样，保持了消化池内浓度很高的活性污泥。但是消化池排出的混合液中的污泥，还附着大量微小的泥气泡，易引起污泥的上浮，妨碍了沉淀池的泥水分离、污泥沉降。同时发现混合液中污泥仍具产甲烷的活性，到沉淀池的过程中仍继续产气。因此，又做了第二步改进，在消化池出来的混合液进入沉淀池之前，采用真空等方法进行脱气处理（也有用投加絮凝剂的方法处理和增设搅拌器释放气泡的方法处理）。经过改进之后，厌氧接触法处理效果显著提高，出水水质良好，容积负荷率大有提高，水力

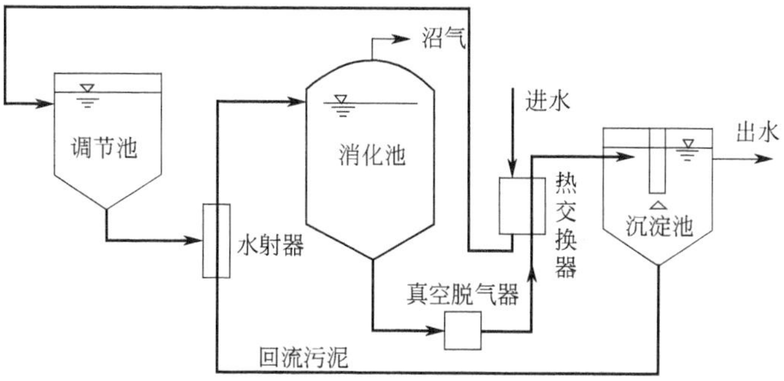


图 6-5-32　厌氧接触法工艺流程

停留时间也大为缩短。普通厌氧消化池的水力停留时间往往需要 20～30d，厌氧接触法可缩短到 1～5d。但厌氧接触法增设了沉淀池和污泥回流系统，又增加了脱气等设备，比起普通厌氧消化增加了投资，工艺也复杂了。

厌氧消化池适宜处理的废（污）水进水水质为 COD＞2000mg/L，悬浮物 SS 10000～20000mg/L。运行时一般容积负荷率 $N_V$ 范围为 2～6kg COD/($m^3$ · d)，最佳污泥负荷率 $N_{TS}$ 0.3～0.5kg COD/(kg MLSS · d)，$N_S \leqslant 0.25$kg COD/(kg MLVSS · d)，MLVSS 值为 3～6g/L，混合液 SVI 值为 70～150mL/g，回流比为 2～4 倍，最小固体停留时间 $(\theta_S)_{min}$ 4～6d（30～40℃）。

**844　两相厌氧消化工艺有什么优点？**

厌氧生物处理的消化过程中最为重要的有产酸和产甲烷两个阶段。而这两个阶段的过程集中在一个厌氧消化池处理时，两类不同生化特性的微生物之间的协调和互相平衡比较困难，涉及众多因素，操作控制也十分不容易。为此，开发了两相厌氧消化工艺，即把产酸和产甲烷分在两个独立的反应器内进行，互不干扰，两反应器串联运行。

这样的优点是：两个独立的反应器分别培养产酸菌和产甲烷菌，各自控制不同的参数，分别满足不同生化特性的微生物最适宜的生命活动所需的条件，从而使反应器的处理能力大为提高，可以在相当高的负荷下进行处理，承受负荷变动的冲击能力增强了，克服了两种微生物的协调和平衡的矛盾。

两相厌氧消化工艺的关键是要做到产酸发酵的反应器中，保持产酸菌的优势；在产甲烷的反应器中保持产甲烷菌的优势。要做到这一点，可以采用的方法有：物理方法，利用选择性半渗透膜实现分离；或采用化学的方法，有选择地投加微生物抑制剂；或是调整氧化还原的电位，改变环境来抑制产甲烷菌在产酸菌中生长；或是采用动力学控制法，利用两菌生长速率上的差异，控制好两个反应器的水力停留时间，使产甲烷菌不可能在停留时间很短的产酸菌反应中存活。其中，以动力学控制法最为简单，故广为采用。

**845　什么是水解酸化池？**

水解酸化池常简称水解池。

根据微生物的分段发酵过程理论，全程发酵可分为厌氧水解酸化和厌氧发酵甲烷化阶段。厌氧水解酸化处理就是控制水解池的运行条件，抑制甲烷化过程，使反应控制在水解酸化阶段，而不发生全程发酵。水解酸化使废水中难降解的大分子有机物转化为易生物降解的低分子有机酸、醇等。生物水解是指复杂的非溶解性有机物被微生物转化为溶解性单体或二聚体的过程。生物酸化是指溶解性有机物被转化为低分子有机酸的过程。

水解池的运行条件应能抑制产甲烷菌的生长。产甲烷菌为古菌类，繁殖速度很慢，而产酸菌繁殖较快。在高污泥负荷和低水力停留时间的条件下，产甲烷菌很难繁殖。产甲烷菌最宜生存的pH值为6.7～7.2，过高或过低都会受到严重抑制。而产酸菌能够在pH 4～8下繁殖。水解池一般控制进水pH 6～9，中温进水（<35℃），出水可控制在pH 5～6。

在水解酸化初期，污泥负荷的大小与出水的pH值直接相关。研究表明，污泥负荷小于1.8kg COD/(kg·MLVSS·d) 时，出水pH>5.0，末端产物主要为丁酸；1.83～3kg COD/(kg MLVSS·d) 时，出水pH在4.0～4.8之间；>3kg COD/(kg MLVSS·d) 时，pH降到4.0以下，甚至3.5左右。由于pH=4.0是所有产酸发酵细菌所能忍受的下限值，所以运行初期污泥负荷不宜超过3kg COD/(kg MLVSS·d)。

水解池可设计成圆形或矩形，设2个或2个以上。池长宽比为2∶1左右，单池宽度宜小于10m，水深一般3～5m。可采用机械搅拌或均匀布管方式混合。水解池的容积一般根据水力停留时间（HRT）进行计算。HRT参考值如下表：

| 废水种类 | HRT/h |
|---|---|
| 城镇污水 | 2.5～3.0 |
| 中高浓度工业废水 | 4～10 |
| 难降解工业废水 | 8～24 |

水解池处理较全程处理具有较多优点。主要是将大分子固体悬浮物降解为可溶性的挥发性有机物（VFA），使$BOD_5$/COD提高，改变了废水的可生化性能，有利于后续的好氧生物处理。水解池的体积小，与初沉池相当，但又比初沉池减少了污泥量。污泥可以一次处理，不需中温消化池。使基建投资节省，便于操作维护。目前，水解-好氧联合处理工艺已经形成一种新工艺，应用日益广泛。典型的流程是：废水经预处理沉砂池之后直接进入水解池，不需要初沉池。在水解池停留2～4h，SS可去除70%～80%，$BOD_5$去除率25%～35%，COD去除率30%～40%，污泥水解率25%～50%（冬季25%）。水解池出水进入后续好氧生物处理系统，如传统曝气池、间歇曝气池（SBR）、氧化沟、接触氧化池、氧化塘等。这种流程适用于悬浮物浓度高或可生化性能差的废水处理。

### 846 厌氧生物滤池的工艺有哪些类型？

厌氧生物滤池又称厌氧固定膜反应器。池内装有滤料，滤料上固着有厌氧生物膜，是在滤料表面以生物形态生长的微生物群体。当废水通过滤料层时，在厌氧生物的作用下，废水中的有机污染物被截留，被微生物吸附、氧化、分解，使废水得到净化。厌氧生物滤池的工艺上，按水流方向主要有三种类型，如图6-5-33所示。

（1）升流式厌氧生物滤池　如图6-5-33(a) 所示，废水由池底的布水系统进入滤池，均匀向上流动，通过滤料层与固定其上的生物膜接触，经净化的水从池上部引出池外，产生的沼气从池顶部排出。这是目前大多采用的类型。

（2）降流式厌氧生物滤池　如图6-5-33(b) 所示，废水进水的布水系统是设在滤料层上部，往下流动，通过滤料层与生物膜接触，经净化的水从池底排出。

（3）升流式混合型厌氧生物滤池　如图6-5-33(c) 所示，其结构上减少了滤料层，在池底布水系统与滤料层之间留出一定空间，以便悬浮污泥在此生长、累积。这时废水经布水系统，依次通过悬浮污泥层及滤料层，废水经与污泥颗粒和生物膜接触得到净化。

厌氧生物滤池的特点是：由于滤料层为微生物附着生长提供较大的表面积，滤池的微生

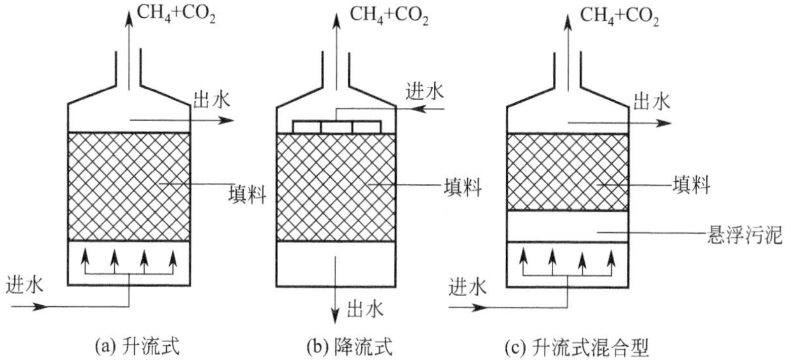


图 6-5-33 厌氧生物滤池工艺流程

物数量较高，浓度也高，可以承受的有机容积负荷高，COD 容积负荷可达 2～16kgCOD/($m^3$·d)；生物膜的停留时间长，平均达 100d 左右，因此可以缩短水力停留时间，故耐冲击负荷能力也较强；运行启动和停运的时间都比较短；也不需污泥回流和搅拌设备；操作方便。但处理含悬浮固体量高的有机废水时，要考虑防止堵塞。

**847 UASB 反应器的工作原理怎样？**

UASB 反应器又称上流式厌氧生物反应器，或称上流式厌氧污泥床（upflow anaerobic sludge blanket）。其工作原理如图 6-5-34 所示。UASB 反应器的上部设有气、固、液三相分离装置，下部的反应区分为污泥悬浮区和污泥床区两部分。废水经配水管均匀地从反应器底部流入，通过反应区，上升流动至反应器顶部流出。这过程中，混合液在沉淀区里进行气、固、液分离，沼气由气室引出，而污泥可以自行回流到污泥床区，使得污泥床区的污泥浓度保持 40～80g MLVSS/L 的很高状态。在反应器上、中、下不同位置设排泥点，排除剩余污泥。UASB 反应器集生物反应与沉淀及气、固、液分离为一体，结构紧凑，反应器不设搅拌设备，上升水流和沼气产生的气流可满足搅拌要求，便于操作管理。UASB 反应器还有一个很大特点是，能在反应器内实现污泥颗粒化，颗粒污泥的粒径一般为 0.1～0.2cm，密度 1.04～1.08g/$cm^3$，具有良好的沉降性能和很高的产甲烷活性。反应器内污泥的平均浓度可达 50g VSS/L 左右，泥龄一般在 30d 以上，反应器的停留时间比较短，所以 UASB 反应器有很高的容积负荷，适于处理高、中浓度的有机废水。

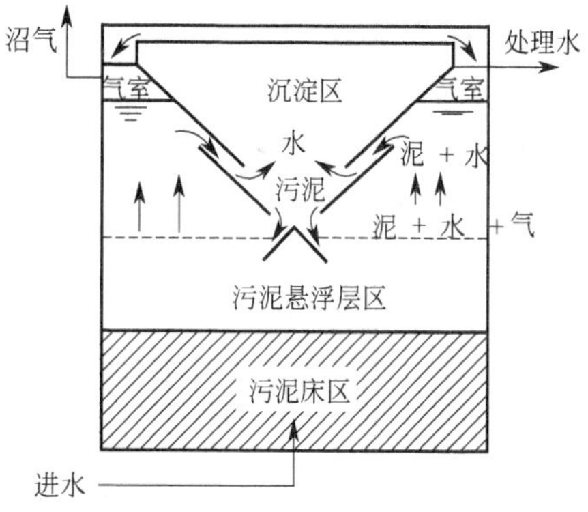


图 6-5-34 UASB 厌氧生物反应器工作原理图

**848 为什么 UASB 反应器分敞开式和封闭式？**

UASB 反应器又称上流式厌氧生物反应器。反应器根据不同的废水处理对象，在结构上分敞开式和封闭式两种。图 6-5-35(a) 所示的是敞开式的。敞开式 UASB 反应器是顶部不加密封，或是加一层不密封的盖板，出水水面是敞开的，这一结构的 UASB 反应器适用于处理中、低浓度的有机废水。由于中、低浓度的废水经 UASB 反应器处理之后，出水中的有机物浓度已很低，所以在沉淀区产生的沼气量很少，一般不再加以收集了。这种反应器构造比较简单，而且便于安装和维修。

图 6-5-35(b) 所示的是封闭式的。UASB 反应器顶部加盖密封。在水面与池顶之间形成一个气室，这样可以同时收集反应区和沉淀区产生的沼气。这种形式的反应器适用于处理高浓度有机废水或是含硫酸盐较高的有机废水。

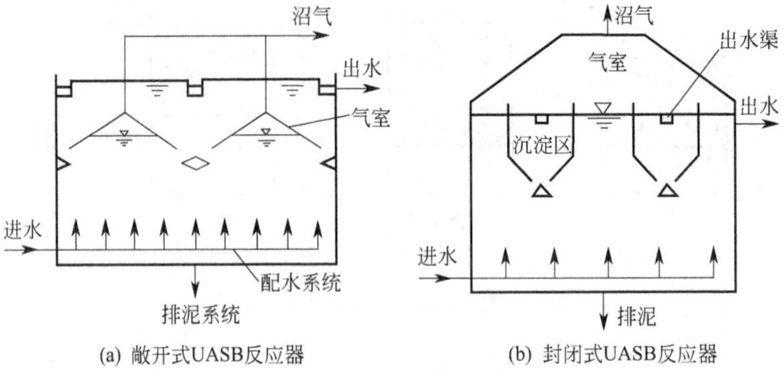


图 6-5-35　UASB 反应器构造

**849　厌氧颗粒污泥膨胀床（EGSB）与 UASB 最大不同点是什么？**

厌氧颗粒污泥膨胀床（expanded granular sludge bed，EGSB），是在 UASB 基础上发展起来的第三代厌氧生物反应器。它们最大的不同在于反应器内上升流速的不同。在 UASB 反应器中水力上升流速一般小于 1m/h。而 EGSB 反应器，其水力速度可到达5～10m/h。

EGSB 反应器的结构如图 6-5-36 所示。结构上的不同点是 EGSB 反应器比 UASB 反应器有更大的高径比，其所需的配水面积较小；同时采用了出水循环，其配水孔口的流速会更大，因此系统更容易保证配水的均匀。三相分离器是将出水、沼气、污泥三相进行有效分离的关键设备，由于 EGSB 反应器的上升流速要比 UASB 反应器大得多，因此，对三相分离器要进行必要的改进，以利用污泥的回流，使污泥保留在反应器内。EGSB 反应器的出水循环比起 UASB 反应器是有独特之处，其主要目的是提升反应器内的上升流速，使颗粒污泥床处于悬浮充分膨胀状态，废水与微生物之间保持充分接触，加强了传质效果，从而保证了 EGSB 反应器有较高的容积负荷，处理有机物的良好效果。

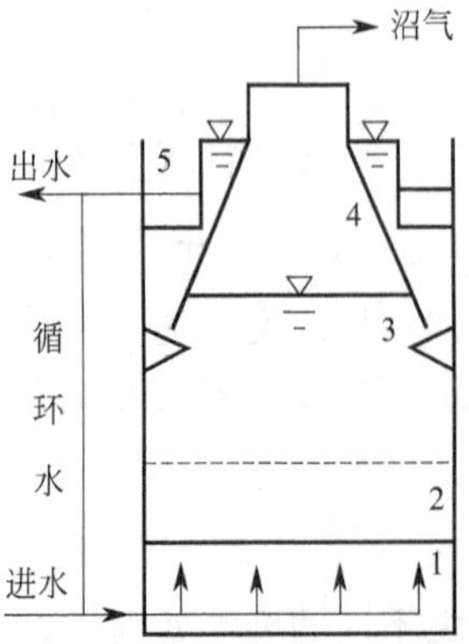


图 6-5-36　EGSB 反应器结构示意图

1—配水系统；2—反应区；3—三相分离器；4—沉淀区；5—出水系统

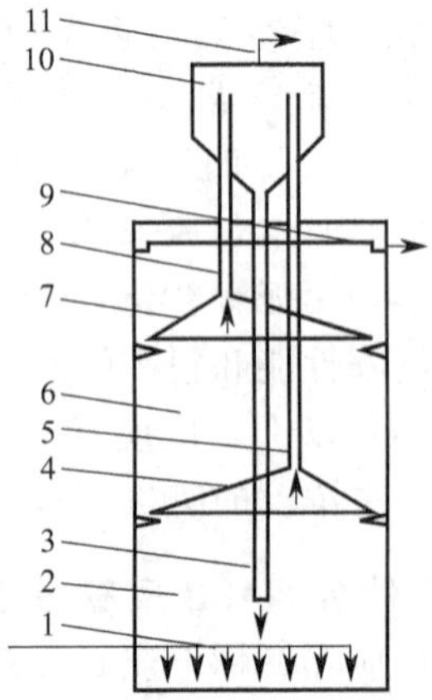


图 6-5-37　IC 反应器基本构造图

1—进水管；2—第一厌氧反应室；3—回流管；4—一级三相分离器；5—提升管；6—第二厌氧反应室；7—二级三相分离器；8—集气管；9—排水管；10—气液分离器；11—排气管

### 850　内循环厌氧反应器（IC）的工作原理是什么？

内循环（internal circulation）厌氧反应器，简称IC反应器，是20世纪80年代中期由荷兰帕克（PAQUES）公司开发，也是在UASB反应器基础上发展起来的第三代厌氧反应器。IC反应器的基本构造如图6-5-37所示。它可以看作是由两层UASB反应器串联而成，反应器从下而上分为5个区，即混合区、第一厌氧反应室、第二厌氧反应室、沉淀区和气液分离区。IC反应器是在一个反应器内将废水有机物的降解分解为两个阶段，底部一个阶段（第一厌氧反应室）处于高负荷，上部一个阶段（第二厌氧反应室）处于低负荷。IC反应器的工作原理是：废水从反应器的底部进入第一厌氧反应室与颗粒污泥均匀混合，大部分有机物在这里被降解而转为沼气。混合液的上升流流速较高（约6～12m/h），与沼气剧烈扰动，使污泥量膨胀成流化状态，加强了进水与颗粒污泥的充分接触。所产生的沼气被第一厌氧反应室的集气罩收集。沼气将沿着提升管上升，在沼气上升的同时，将第一厌氧反应室的混合液提升至IC反应器顶部的气液分离器。被分离出的沼气从气液分离器顶部的排气管引走，而分离出的泥水混合液沿着回流管返回到第一厌氧反应室的底部，并与底部的颗粒污泥和进水再充分混合，实现了混合液的内部循环。

经过第一厌氧反应器处理过的废水，会自动进入第二厌氧反应器，继续进行生化反应，由于上升流速降低（一般2～6m/h），因此第二厌氧反应室还具有厌氧反应器与沉淀区之间的缓冲段作用，对防止污泥流失及确保沉淀后的出水水质起着重要作用。由于第二厌氧反应器进一步降解废水中剩余有机物，使废水得到更好净化，提高了出水水质，而产生的沼气通过集气管进入气液分离器。第二厌氧反应室的混合液在沉淀区进行固液分离，上清液由排水管排出，沉淀的污泥自动返回第二厌氧反应室。IC反应器具有处理容量高、投资少、占地省、运行稳定等优点。

### 851　什么是颗粒污泥？如何形成？

在1971年荷兰瓦格宁根（Wageningen）农业大学G. Lettings发明厌氧污泥床的三相分离器基础上，1974年荷兰CSM公司发现由活性污泥固定机制形成的微生物颗粒状的聚集体结构，即称为颗粒污泥（granular sludge）。由于颗粒污泥的出现，促进UASB、EGSB及IC厌氧反应器的开发与应用。颗粒污泥的形成使厌氧反应器内可以在很高的产生量和较高的上流速度下保留高密度的厌氧污泥，它具有极好的沉淀性能，能防止污泥流失，使污泥床可维持很高的污泥浓度。颗粒污泥是由不同类型微生物种群组成的共生体，有利于微生物生长和有利于有机物的降解。颗粒污泥的内部主要集聚着产甲烷菌，而颗粒表层集聚着水解发酵菌和产酸菌，它们也为产甲烷菌提供一个保护层和缓冲层，有利于产甲烷菌的生长和不受外界干扰。由于颗粒污泥使各种厌氧菌聚集在一起，细菌之间距离很近，提高了中间氢的转移效率，能快速有效地完成有机物转化为$CH_4$和$CO_2$等的全过程。因此，颗粒污泥具有很高的产甲烷能力和去除废水有机物的能力。

颗粒污泥的形成需要污泥床启动与运行一定时间，它必须将絮体状污泥和分散的细小污泥，从反应器“洗出”，也就是使污泥形态发生变化，变成密实的、边缘圆滑的、呈圆形或椭圆形的颗粒。粒径一般为0.5～6.0mm。厌氧反应器的启动过程主要任务是实现反应器内污泥颗粒化。颗粒污泥形成分三个阶段，第一阶段是启动初期，主要进行污泥驯化，使之适应处理废水有机物能力；第二阶段，是要使絮体状污泥向颗粒污泥转化，因此要及时提高负荷率，使微生物获得足够营养，使产气和上流速度增加，引起污泥床膨胀，大量絮状污泥被“洗出”，留下的污泥开始产生颗粒状污泥；第三阶段是颗粒污泥培养期，实现污泥全部颗粒化和使反应器达到最高的容积负荷率，在此，应尽快把COD负荷率提高至0.4～0.5kg COD/(kgVSS·d)左右，使微生物得到足够养料，加速增殖，促进颗粒污泥加速形成，直至反应器不再有絮状污泥存在。这就是颗粒污泥形成的全过程和机理。

### 852 什么是厌氧流化床？什么是厌氧膨胀床？

厌氧流化床反应器（AFBR）的构造一般是圆柱形的，内装填有很细小的固体颗粒填料作为载体，大量的微生物附着颗粒表面生长。厌氧流化床的工艺流程如图 6-5-38 所示。

废水从床底部进入，向上流动，当控制一定的流速时，就会使颗粒填料成为悬浮状态，即为流化床。废水通过床体时，水中的有机污染物与颗粒上附着的微生物，在流化床状态有着十分有效的接触，因此，也提高了净化效果。有时用循环泵将部分出水回流，以提高流化床水流的上升流速，托起颗粒成悬浮状态。这种装置的特点是：载体比表面积大，常为 2000～3000$m^2/m^3$。床内颗粒表面上有很高浓度的微生物，一般有 10～30g VSS/L 左右，有机容积负荷较大，可达 10～40kg COD/($m^3$·d)，水力停留时间又短，因此，具有较好的耐冲击负荷能力。由于载体处于流化床状态，可以防止载体堵塞，适用于各种浓度的有机废水处理。运行稳定，剩余污泥量少。结构紧凑，占地少，投资省。但正因为厌氧流化床要有一定水流速度来托起颗粒成悬浮流化床状态，因此能耗较大。为了减少能耗，载体在上升流速增加时，只使床内载体略加松动，使颗粒间的间隙增加，但仍然保持相互接触，不像流化床那样，颗粒在床内自由运动、相互不接触的，这种反应器叫厌氧膨胀床（AEBR）。由于二者性能基本接近，并有很多共同点，因此把二者均称为流化床。二者的区别在于膨胀率。AFBR 的床层膨胀率一般>50%，AEBR 的床层膨胀率一般<30%，为 15%～30%。流化床分为好氧流化床和厌氧流化床两种。膨胀床多为厌氧反应器。

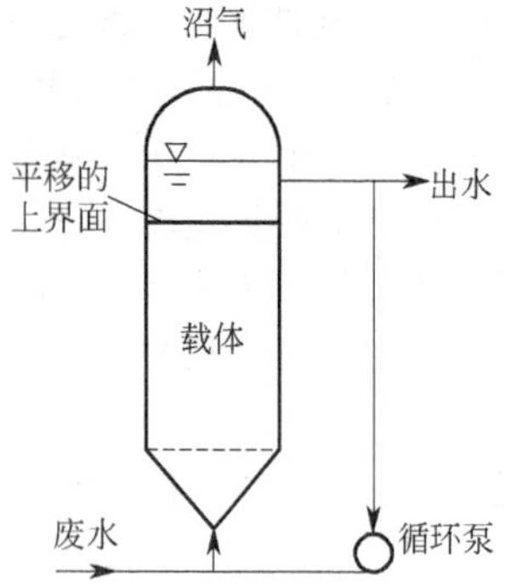

图 6-5-38 厌氧流化床工艺流程

作为载体的细小颗粒，一般粒径为 0.2～1.0mm，材料有石英砂、活性炭、无烟煤、聚氯乙烯颗粒、陶粒、沸石等惰性轻质材料。

虽然厌氧膨胀床的命名是相对于厌氧流化床而言的。但由于目前广泛应用的膨胀床已不再投加载体，而是通过自固定的方法形成颗粒状的微生物污泥，在反应器内膨胀接触。并在厌氧膨胀的基础上回流循环或气提，改进了三相分离系统。其运行方式类似膨胀床，只是不加载体，如 EGSB 和 IC 反应器。如今有些书也将这类反应器统称为厌氧膨胀床。

### 853 什么是厌氧生物转盘和厌氧生物挡板反应器？

厌氧生物转盘与好氧生物转盘基本相似，不同之处是厌氧生物转盘的盘片大部分（70%以上）或全部浸没在废水中，整个生物转盘是设在一个密闭的反应槽容器内，是为了保证厌氧条件和收集沼气。厌氧生物转盘是由盘片、密闭反应槽、转轴以及驱动装置等组成的。厌氧生物转盘示意图如图 6-5-39 所示。

废水的净化是由盘片表面的生物膜和悬浮在反应槽中的厌氧菌完成的，产生的沼气从反应槽顶部排出。由于盘片的转动，作用在生物膜上的剪切力可将老化的生物膜剥落，在水中呈悬浮状态，随水流出槽外。厌氧生物转盘的特点是转盘微生物浓度高，有机容积负荷高，水力停留时间短，无堵塞，运行稳定，但盘片造价高。

厌氧挡板反应器是将转动的生物转盘变成固定厌氧挡板，可减少盘片数和省去转动设备和驱动装置。厌氧挡板反应器如图 6-5-40 所示。挡板把反应器分为若干上向和下向流室，前者比后者宽，便于污泥聚集。通往上向流室的挡板下部边缘处加 50°导流板，便于泥水充分混合，避免堵塞。能耗相对较低。

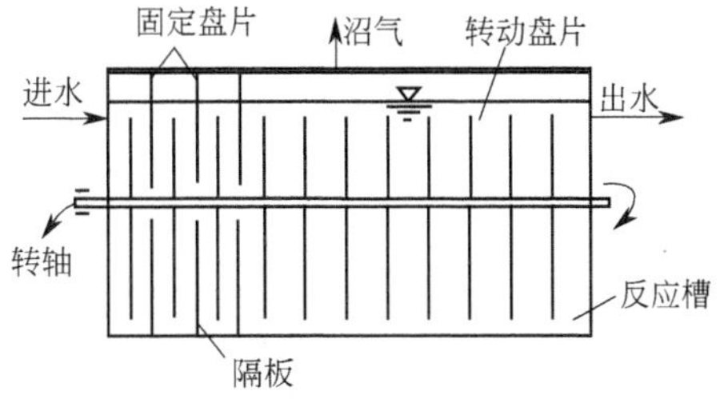


图 6-5-39　厌氧生物转盘示意图

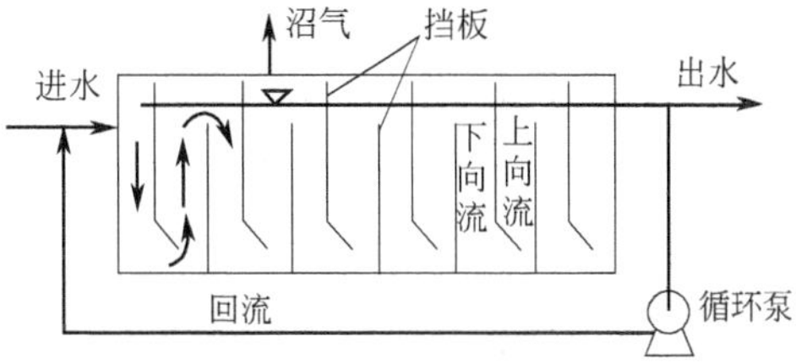


图 6-5-40　厌氧挡板反应器示意图

厌氧挡板反应器借助器内的沼气和水流带动作用，使污泥沿各隔室作上下膨胀和沉降运动。每个隔室内形成各自完全混合型的水流流态。多个隔室相当于多个小反应器串联运行，从而提高了反应器的利用率和污泥截留能力。各隔室形成不同微生物组成，能够培养出增殖世代时间长的微生物。因而处理效果稳定，可以有效处理高中低浓度的有机废水。厌氧挡板反应器在性能上具备了厌氧生物转盘的这些优点。二者不同的是：厌氧挡板反应器中的微生物是直径为 2～3mm 的颗粒污泥，而厌氧生物转盘中的微生物主要是附着在转盘上的 0.1～0.5mm 厚的生物膜，因而生物含量更高。

## 854　厌氧生物处理反应器的启动应注意哪些问题？

厌氧生物处理反应器的启动应注意的主要问题：

（1）反应器在试用前应进行试漏和试压试验。首先是充满水，检查各部是否有渗漏水等现象，并作处理。然后进行试压试验，先加压到 350mm$H_2O$（1mm$H_2O$＝9.80665Pa），稳定 15min，检查压降不得大于 10mm$H_2O$，方为合格。如果反应器的启动尚需时日，最好是吹干充氮保养。

（2）反应器试用前应进行污泥的培养和驯化。厌氧生物处理器因为微生物增殖缓慢，如果能加大接种厌氧污泥量，可以缩短启动时间，一般接种污泥数量要达到反应器容积的 10%～90%。厌氧活性污泥最好来自正在运行中的同类污水处理厂，但也可取自江、河、湖泊、沼泽底下淤泥或是下水道等厌氧环境下的淤泥，不过培养转型需时较长。

（3）反应器启动时的温度、pH、负荷量等的控制。启动过程的温度控制，升温越慢越好，每小时不得超过 1℃。pH 值应保持在 6.8～7.8 之间。有机负荷量的控制与废水的性质等因素密切相关，但一般来说，初始负荷不宜过高，为 0.1～0.2kg COD/(kgMLSS·d)，不应超过 0.5kg COD/(kgMLSS·d)。然后，根据具体情况，调整好反应器内污泥浓度等，适当递增负荷的幅度。

## 855　各种厌氧生物反应器的主要特点是什么？

**几种厌氧生物反应器的特点**

| 反应器名称 | 特　点 | 优　点 | 缺　点 |
|---|---|---|---|
| 普通厌氧消化池，传统厌氧消化池 | 完全混合式，微生物悬浮生长。在一个消化池内进行酸化、甲烷化固液分离，适合悬浮物、有机物含量(＞5000mg/L)高及含难降解物的废水处理 | 设备简单 | 水力停留时间与污泥停留时间相等，停留时间长，约 10～15d 或更长。污泥容易随出水带走 |
| 厌氧接触池，厌氧接触消化池 | 完全混合式，微生物悬浮生长。污泥回流，消化池中进行搅拌，池内污泥充分混合，适合处理悬浮固体及有机物浓度高的废水 | 水力停留时间短，约 0.5～5d。能承受较高负荷，有抗冲击负荷能力，运行稳定，出水悬浮固体量少 | 不能形成颗粒污泥，沉降性能较差，负荷高时易造成污泥流失，在二沉池中继续产气。设备较多，操作要求较高 |

续表

| 反应器名称 | 特　点 | 优　点 | 缺　点 |
| --- | --- | --- | --- |
| 升流式厌氧生物滤池，厌氧填充反应器，AF | 微生物附着生长，停留时间长，浓度高，水力停留时间短。适合处理悬浮物浓度低的废水，进水悬浮物不宜超过200mg/L | 设备简单，能承受高有机负荷，耐冲击能力强，出水悬浮固体少，能耗低 | 上部滤料不能充分利用，底部易发生堵塞，填料费用较高 |
| 下向流厌氧生物滤池，降流式厌氧附着生长反应器 | 微生物附着生长。和升流式厌氧生物滤池不同处是：废水自上而下通过滤料，适合悬浮物及有机浓度高的废水。进水 $COD_{Cr}$ 可在300～2400mg/L之间 | 污泥不易堵塞，运行管理简单 | 填料费用较高，运行效率不如UASB |
| 上流式厌氧生物反应器，上流式厌氧污泥床，UASB | 在一个反应器内同时完成消化和固液气分离。器内所形成的颗粒化污泥沉降性能好，微生物含量特高，泥龄长，水力停留时间短。适合处理高中浓度有机含量的废水，悬浮物SS<500mg/L，$COD_{Cr}$>1000mg/L | 设备体积小，负荷率高，无机械搅拌，能耗低 | 反应器构造复杂，如设计不良，可能造成污泥流失 |
| 厌氧颗粒污泥膨胀床，EGSB | 由UASB改进结构，上流速度高，出水有回流。污泥颗粒大，呈膨胀状态，凝聚和沉降性能好。适合处理高中低浓度有机废水，可处理有毒废水、低温低浓度废水和高悬浮物废水 | 负荷率比UASB更高，占地面积小 | 对三相分离器的设计要求更严格，如设计不良会造成污泥流失 |
| 内循环厌氧反应器，IC | 相当于两个重叠的UASB反应器，下部反应器的上升流速高，为膨胀床，负荷高。上部反应器的上升流速低，负荷低，为精细处理区。适合处理高中低浓度有机废水，尤其适合低温低浓度废水。进水悬浮物SS宜小于500mg/L | 比UASB负荷率更高，占地面积小，出水水质好，污泥不易流失，运行稳定 | 投资比UASB高 |
| 厌氧流化反应器，AFBR及厌氧膨胀反应器，AEBR | 以轻质细小填料为载体，形成附有生物膜的活性污泥颗粒，在流化或膨胀状态下运行。微生物含量高，水力停留时间短。适用于 $COD_{Cr}$ 1000mg/L以上的有机废水处理及脱氮处理，进水悬浮物SS宜<500mg/L | 负荷率高，体积小，反应快。启动迅速，抗负荷冲击能力强，克服了厌氧生物滤池的堵塞和沟流问题 | 能耗高，顶部分离需有脱膜功能，设计未形成成熟方法 |
| 厌氧生物转盘 | 转盘上生物膜的微生物含量高，污泥龄长，能增殖世代长的微生物，有脱氮除磷功能。可通过转盘的级数、转动条件调节废水与膜的接触时间，适应废水负荷变化能力强，有机物含量从10mg/L以下到10000mg/L以上均能适应 | 负荷率高，水力停留时间短，无堵塞，无污泥膨胀，运行稳定，产生污泥少 | 盘材较贵，投资较高，转动部件易损坏 |
| 厌氧挡板式反应器，厌氧折流板反应器，ABR | 挡板将反应器分为若干隔室，相当于多个反应器串联工作，提高了容积利用率，抗冲击力强，污泥停留时间长，并形成2～3mm的颗粒污泥。可有效处理高中低浓度的有机废水 | 负荷率高，水力停留时间短，不堵塞，运行稳定。比生物转盘法省去驱动装置 | 需要精确的隔室设计 |
| 厌氧序批式反应器，ASBR | 在一个反应器内进行反应和泥水分离，分进水、反应、沉淀和排水阶段，当水力停留时间为6～24h时，污泥停留时间可达50～200d | 设备简单。经研究，可能突破在低温条件下处理低浓度废水，去除效率仍较高 | |

## 856　厌氧生物反应器的容积负荷率有多少？

**几种厌氧生物反应器的容积负荷率（$N_V$）参考值**

| 反应器名称 | 容积负荷率 $N_V$ /[kg $COD_{Cr}$/(m³·d)] | 适用条件 | | | 参考文献 |
| --- | --- | --- | --- | --- | --- |
| | | 温度/℃ | 废水 $COD_{Cr}$ 浓度/(mg/L) | 其　他 | |
| 普通厌氧消化池，传统厌氧消化池 | 0.25～0.35 | 8 | ≥5000 | | [102] |
| | 0.33～0.47 | 10 | | | |
| | 0.50～0.70 | 15 | | | |
| | 0.65～0.95 | 20 | | | |
| | 1.00～1.40 | 27 | | | |
| | 1.30～1.80 | 30 | | | |
| | 1.60～2.30 | 33 | | | |
| | 2.50～3.50 | 37 | | | |
| | 2～3 | 中温 | | | [105] |
| | 5～6 | 高温 | | | |

续表

| 反应器名称 | 容积负荷率 $N_V$ /[kg $COD_{Cr}$/($m^3$·d)] | 适用条件 | | | 参考文献 |
|---|---|---|---|---|---|
| | | 温度/℃ | 废水 $COD_{Cr}$浓度/(mg/L) | 其　他 | |
| 厌氧接触池,厌氧接触消化池 | 2～6 | >20 | >2000 | | [100],[103] |
| 厌氧生物滤池,厌氧填充床反应器 | 1～3<br>3～10<br>5～15 | 15～25<br>30～35<br>50～60 | 降流式<br>300～24000 | | [102] |
| | 1～3<br>3～6<br>5～8<br>5～15 | 15～25<br>30～35<br>30～35<br>50～60 | | 块状滤料<br>塑料滤料 | [100] |
| 升(上)流式厌氧生物反应器,升流式厌氧污泥床反应器,UASB | 2～5<br>5～10<br>10～20<br>20～30 | 15～20<br>20～25<br>30～35<br>50～55 | 5000～9000 | 处理食品工业废水 | [100] |
| | 3～8<br>6～10<br>8～15 | 35<br>35<br>35 | ≤2000<br>2000～6000<br>≥6000 | | [102] |
| | 2～4<br>3～5<br>4～6<br>5～8<br>4～6<br>8～12<br>12～18<br>15～20<br>15～24 | 30<br>30<br>30<br>30<br>30<br>30<br>30<br>30<br>30 | 1000～2000<br>2000～6000<br>6000～9000<br>9000～18000<br>9000～18000<br>1000～2000<br>2000～6000<br>6000～9000<br>9000～18000 | 絮凝状污泥及高TSS去除率的颗粒污泥<br>絮凝状污泥<br>高TSS去除率的颗粒污泥<br>低TSS去除率的颗粒污泥 | [103]<br>Lettinga推荐 |
| 厌氧颗粒污泥膨胀床,EGSB<br>内循环厌氧反应器,IC | 8～15<br>15～20<br>18～30 | 35<br>35<br>35 | ≤2000<br>2000～6000<br>≥6000 | | [102] |
| 内循环厌氧反应器,IC | 9～24<br>35～50 | | 1500～3000<br>5000～9000 | 处理造纸废水<br>处理啤酒、土豆加废水 | [100],[103],[104] |
| 厌氧流化床,AFBR<br>厌氧膨胀床,AEBR | 1～4<br>4～12<br>6～18 | 15～25<br>30～35<br>50～60 | 高浓度 | | [100] |
| 厌氧流化床,AFBR | 10～40 | 35 | | | [103],[105] |
| 厌氧序批式反应器,ASBR | 1.2～2.4 | 25～30 | | 去除效率92%～98% | [103] |
| 厌氧挡板式反应器,ABR | 10～30 | | | COD去除率70%～80% | [100] |
| 厌氧生物转盘,ARBC | 面积负荷率 $N_A$<br>0.04kg $COD_{Cr}$/($m^2$ 盘片·d) | 中温 | | COD去除率～90% | [100],[103] |

注：消化温度　低温约为15～20℃，中温为30～35℃，高温为50～55℃。

## 857　厌氧生物反应器的容积是如何设计计算的？

典型的厌氧生物反应器的计算方法如下：

(1) 普通厌氧消化池　无回流，污泥停留时间长，有以下关系：

水力停留时间 $HRT=V/Q$

污泥停留时间 $SRT=VX/QX=V/Q=HRT$

可用以下三种方法计算容积：

① 按污泥停留时间或水力停留时间计算

$$V=Q\theta_c=Qt \quad m^3$$

② 按有机容积负荷率计算 $V=QS_0/N_V \quad m^3$

③ 按消化池投配率计算 $V=100Q/P \quad m^3$

式中 $Q$——每台反应器的废（污）水或污泥进量，$m^3/d$；

$\theta_c$——SRT，污泥龄，d；

$t$——HRT，水力停留时间，d；

$S_0$——进水有机物浓度，mg $BOD_5$/L 或 mg $COD_{Cr}$/L；

$N_V$——有机容积负荷率，g $BOD_5$/($m^3$·d) 或 g $COD_{Cr}$/（$m^3$·d）；

$P$——设计投配率，通常采用（5～12）%/d。

**污泥消化池采用的 $\theta_c$ 参考值**

| 温度/℃ | 18 | 24 | 30 | 35 | 40 |
|---|---|---|---|---|---|
| $\theta_c$/d | 28 | 20 | 14 | 10 | 10 |

可采用①、②、③三种方法计算并验算，调整计算值。消化池的数目一般不少于 2 台，以便检修。一般采用圆柱形或卵形结构。圆柱形池体直径一般为 6～35m，柱体高度与直径之比 1∶2，池总高与直径之比约为 0.8～1.0。消化池固体消解率一般在 60%～70%。

（2）厌氧接触池 有效容积 $V$ 可按有机物容积负荷率 $N_V$ 或污泥龄 $\theta_c$ 计算。

$$V=QS_0/N_V \text{ 或 } V=\frac{Q(S_0-S_e)\theta_c Y}{X(1+K_d\theta_c)} \quad m^3$$

式中 $S_e$——出水有机物浓度，mg $BOD_5$/L 或 mg $COD_{Cr}$/L；

$X$——混合液污泥浓度，mg VSS/L；

$Y$——微生物合成产率系数，g VSS/g $BOD_5$；

$K_d$——微生物衰减系数，$d^{-1}$。

厌氧中温处理一般 $Y$ 值为 0.04～0.10g VSS/g bCOD，$K_d$=0.02～0.04/d。

**不同消化温度时最小固体停留时间参考值**

| 温度/℃ | 18 | 24 | 30 | 35 | 35 |
|---|---|---|---|---|---|
| $(\theta_c)_{min}$/d | 11 | 8 | 6 | 4 | 4 |

（3）厌氧生物滤池及厌氧挡板式反应器 ABR

$$V=QS_0/N_V \quad m^3$$

（4）水解酸化池 根据水力停留时间计算池容。

有调节池时，$V=Qt \quad m^3$

无调节池时，$V=KQt \quad m^3$

$K$ 为流量变化系数，1.2～1.5。

池的截面积 $A$ 根据设定的上升流速计算

$$A=Q/v \quad m^2$$

$v$ 为表观上升流速，取 0.5～1.8m/h。或设定池深后，求面积 $A$。$A=V/H \quad m^2$

$H$ 一般为 3～6m。

（5）上流式厌氧生物反应器 有效容积 $V$ 可按容积负荷 $N_V$ 或水力停留时间 $t$ 计算。

处理中高浓度有机废水时，$V=QS_0/N_V \quad m^3$

处理低浓度废水：$COD_{Cr}$＜1000mg/L，温度＞25℃时 $V=Qt=AH \quad m^3$

池深 $H=tv$，$v$ 为上升流速，平均值不超过 0.5m/h；有效高度 $H$（反应器水深）一般 4～6m；三相分离器顶与水面高差不小于 0.6～1.0m。设置 2 座以上反应器。最大单体反应器不宜大于 $2000m^3$。

水力停留时间 $t$ 值（HRT）的大小与反应器内污泥类型（絮状或颗粒污泥）和三相分离器的效果有关，并很大程度上取决于反应器的温度。

**有效高度为 4m 时处理生活污水的 HRT 值**

| 温度范围/℃ | 16～19 | 22～26 | >26 |
|---|---|---|---|
| 日平均 HRT/h | >10～14 | >7～9 | >6 |
| 日平均 4～6h 范围的 HRT 最大值/h | >7～9 | >5～7 | >4 |
| 日平均 2～6h 范围的 HRT 最大值/h | >3～5 | >2～3 | >2.5 |

### 858 什么是沼气？如何利用？

厌氧生物处理和好氧生物处理对有机物降解后的产物不同。好氧处理将污染物转化为小分子有机物、水和 $CO_2$，而厌氧处理则将污染物转化为 $CH_4$、$CO_2$、$N_2$、$H_2$、$NH_3$、$H_2S$ 等混合的气体，其主要成分是甲烷（$CH_4$）和二氧化碳（$CO_2$）。这种混合气体称为沼气。产生沼气是厌氧处理的一大特点。

（1）沼气的产生量 有机污染物厌氧消化所转化的沼气成分和数量，理论上可用下式计算。

$$C_nH_aO_bN_d+\frac{1}{4}(4n-a-2b+3d)H_2O \longrightarrow \frac{1}{8}(4n+a-2b-3d)CH_4+\frac{1}{8}(4n-a+2b+3d)CO_2+dNH_3$$

上式是达到完全厌氧消化时所产生的沼气，实际上达不到完全消化。另外，不同有机物的分子式不同，所产生的沼气成分和数量也不同。一般糖类所产生的沼气较少，甲烷含量也较低。脂类物质沼气产量较高，甲烷含量也较多。通常沼气中 $CH_4$ 为 50%～70%，$CO_2$ 为 20%～30%，还有少量 $H_2$、$N_2$ 和 $H_2S$ 等。不同反应器、不同废水的产气成分和数量均不同。所以用上式计算并不现实。故在无试验数据或无现场实测数据的情况下，通常采用经验数据估算沼气产量。一般采用的沼气产率是 0.4～0.5$m^3$/kg $COD_{Cr}$（标准状况）；有的资料：在使用厌氧 UASB、EGSB、IC 反应器的情况下，采用的沼气产率是 0.35～0.45$m^3$/kg $COD_{Cr}$（标准状况）。

（2）沼气的收集、净化和储存 厌氧生物处理系统在设计时应同时考虑沼气的收集、净化和储存装置。反应池顶部应设足够空间的集气罩。集气罩和沼气管道均应在正压下工作，不允许负压。由于反应池产气和用户用气量的不均衡，需要设储气柜来调节。一般采用低压浮盖式储气柜储存沼气。气柜的压力为 1.96～2.94kPa（200～300mm$H_2O$），此压力决定了输气管道的压力。气柜的容积一般按日平均产气量的 25%～40%设计，相当于 6～10h 的平均产气量。

沼气需经净化。沼气中硫化氢含量高时会造成系统腐蚀，需进行脱除。脱硫方法一般采用干法（氧化铁法）或湿法（碳酸钠溶液吸收）。脱硫后硫化氢含量应低于 20mg/$m^3$（标准状况），温度低于 35℃。沼气中含有一定的水分，可用重力法脱除。在气水分离器中装入丝网类填料，沼气以低流速通过，可使水冷凝后排放。

（3）沼气的用途 沼气中的甲烷是优质能源，又是多种用途的化工原料。沼气燃烧可作能源使用，如用于小型燃烧器、锅炉、燃气发电机、汽车发动机等。因沼气中甲烷含量比天然气低，所以热值比天然气低，一般为 21000～25000kJ/$m^3$。用于发电时，每 1kW·h 电约耗沼气0.6～0.7m$^3$。沼气还可作为原料生产化工产品，如制取四氯化碳、二氧化碳、氢、炭黑、甲醛、甲醇等。

(4) 沼气系统的管理　沼气为无色无味的可燃气体，与空气混合在点燃时会发生爆炸，爆炸极限为5.3%～14.0%（体积）。所以沼气的收集、净化、储存和应用系统的设计、操作均应注意防火、防爆，实行封闭管理。一般不允许排空处理。在系统发生故障时，需将甲烷浓度稀释到3.0%～4.5%以下，并需在地面以上至少5.0m距离排空。

## E　生物脱氮除磷

### 859　如何脱除废水中的氮？

氮的化合物在自然界里约以五种形态存在，即有机氮（动植物蛋白）、氨氮（$NH_4^+$、$NH_3$）、亚硝酸氮（$NO_2^-$）、硝酸氮（$NO_3^-$）以及气态氮（$N_2$）。含氮废水来自各种工业废水及生活污水，其中主要是以氨氮和有机氮的形态出现，也有可能存在其他形态的氮。

氨态氮是水相环境中的主要形态。是水体富营养化和环境污染的一种重要污染物质。含氮废水进入环境会导致藻类等水生植物过度生长出现赤潮污染现象，并会使环境缺氧，对鱼类等水生动物构成毒害。氨在饮水中被氧化成硝酸盐或亚硝酸盐，对人体健康也有损害。我国污水排放规定的氨氮（$NH_3$-N）排放标准是：Ⅰ级≤15mg/L，Ⅱ级≤20mg/L。饮用水规定硝酸盐氮（$NO_3^-$-N）≤20mg/L。

脱除废水中氮的方法有物理方法、化学方法、物理化学方法和生物方法，如离子交换法、折点氯化法、液膜法、沉淀法、催化湿式氧化法等，但广泛应用的是吹脱法和生物脱氮法。这两种方法同时具有应用方便、处理可靠、适合废水水质波动及较为经济的优点。

处理方法的选择与氨氮浓度密切相关。按废水中含氨氮浓度分：高浓度＞500mg $NH_3$-N/L；中浓度50～500mg $NH_3$-N/L；低浓度＜50mg $NH_3$-N/L。吹脱法有利于处理中高浓度废水。生物脱氮需考虑废水中的碳氮比，不宜处理高浓度废水。

吹脱法是将废水中的离子态铵通过调pH值转化为分子态氨，然后用空气或蒸汽从水中吹出。铵与氨的平衡关系如下：

$$NH_4^+ + OH^- \rightleftharpoons NH_3 + H_2O$$

平衡关系主要受pH值影响。当水中pH≤7时，氨氮多以$NH_4^+$形式存在，pH=7时，铵离子的比例占99.4%左右。当pH值达到11左右时，$NH_3$大致比例为90%以上。这时氨可以从废水中吹脱。吹脱设备一般采用吹脱池或吹脱塔（汽提塔）。吹脱池占地面积大，且污染周围环境，吹出的氨不能回收。低浓度氨氮废水常用空气在常温下吹脱，成本低，但氨不能回收。高浓度氨氮废水常用蒸汽吹脱，吹脱温度≥93.3℃。成本较高，但氨可回收，抵消了蒸汽成本，又不污染环境。经吹脱法处理的出水含氨可达1～100mg/L，有时还需再经生物法处理。有后续生物处理时，一般控制出水氨在50mg/L左右，以提供足够氮源。

生物脱氮法利用硝化细菌使废水中的氨氮转化成硝态氮，反硝化菌使硝态氮的形态进一步转化，最终转化为气态氮——$N_2$，实现废水脱氮。采用生物脱氮时，有机碳的相对浓度是应重点考虑的因素。一般除去4mol N需要5mol C，每克有机碳约相当于2.67g $BOD_5$，故理论上$C(BOD_5)/N$应为2.86。在实际运行时要求控制$BOD_5$/TKN＞3～5。如果废水中氨氮浓度过高，则脱氮要求废水中有很高的$BOD_5$。$BOD_5$如不足，则要求补充碳源。

### 860　生物脱氮有怎样的转化过程？

生物脱氮有氨化、硝化和反硝化三个过程。

（1）氨化过程　这一过程是指将废水中存在的部分有机氮转化为氨氮的过程。参与氨化作用的微生物统称为氨化细菌。在自然界许多细菌、放线菌和霉菌都能够分解蛋白质和氨基酸，并将其转化成氨。氨化过程可在好氧、厌氧或缺氧条件下进行。好氧条件下有两种降解方式，一是氧化酶催化下的氧化脱氨，如将氨基酸氧化成酮酸和氨：

$$RCHNH_2COOH+\frac{1}{2}O_2 \longrightarrow RCOCOOH+NH_3$$

二是水解酶催化下的水解脱氨，如尿素水解：

$$(NH_2)_2CO+2H_2O \longrightarrow (NH_4)_2CO_3 \longrightarrow 2NH_3+CO_2+H_2O$$

在厌氧或缺氧条件下，有还原脱氮、水解脱氮和脱水脱氮三种方式：

还原脱氮　$RCHNH_2COOH+2H^{+}+2e \longrightarrow RCH_2COOH+NH_3$

水解脱氮　$RCHNH_2COOH+H_2O \longrightarrow RCH_2(OH)COOH+NH_3$

脱水脱氮　$CH_2OHCHNH_2COOH \longrightarrow CH_3COCOOH+NH_3$

有机氮化合物实际上包括在有机碳化合物（即 BOD 或 COD）当中，在好氧条件下很容易被好氧异养菌等微生物分解，反应速度快。所以氨化反应用不着在专用氨化设备中完成，在生物脱碳过程中可一并完成。

（2）硝化过程　这一过程是利用硝化细菌将氨氮转化为硝酸盐。硝化细菌包括亚硝酸细菌（又称亚硝化细菌）及硝酸细菌（又称硝化细菌）两大类。第一步，由亚硝酸细菌将氨氮转化为亚硝酸盐。

$$NH_4^{+}+\frac{3}{2}O_2 \xrightarrow{\text{亚硝酸细菌}} NO_2^{-}+2H^{+}+H_2O+\Delta E_1 \qquad \Delta E_1=278.42\text{kJ}$$

第二步，由硝酸细菌将亚硝酸盐转化为硝酸盐。

$$NO_2^{-}+\frac{1}{2}O_2 \xrightarrow{\text{硝酸细菌}} NO_3^{-}+\Delta E_2 \qquad \Delta E_2=72.27\text{kJ}$$

硝化过程的总反应式为：

$$NH_4^{+}+2O_2 \longrightarrow NO_3^{-}+H_2O+2H^{+}+350.69\text{kJ}$$

硝化细菌属好氧化能自养菌，革兰反应阴性。硝化反应放热、产酸、耗氧。反应的最佳 pH 值为 7.5～8.0，＜6.8 时反应速率显著下降。最宜反应温度为 30～35℃，15℃以下速率下降，5℃时硝化反应完全停止。综合考虑硝化反应及反硝化反应对温度的要求，运行以 20～30℃为宜。

按总反应式计算，氧化 1mol 氨氮需要 2mol 氧气，即 4.57g $O_2$/g $NH_4^{+}$-N。反应必须在好氧条件下进行，水中溶解氧含量应＞1.5～2.0mg/L，不允许＜1.0mg/L。反应时如水中 $BOD_5$ 浓度过高会过度消耗溶解氧，影响硝化反应，一般宜 $BOD_5$＜20mg/L。并要求 TKN/MLSS＜0.05kg TKN/kg MLSS。

硝化过程产酸，即消耗了水中的碱度，使 pH 值下降。因此，在硝化过程中有时需向反应器中加石灰或碱以保证反应正常进行。

（3）反硝化过程　该过程是利用反硝化细菌的异化过程来还原硝酸盐，使硝酸分步转化，最终转化为氮气，从水中逸出。转化过程如下：

$$NO_3^{-} \xrightarrow{\text{反硝化细菌}} NO_2^{-} \longrightarrow NO \longrightarrow N_2O \longrightarrow N_2\uparrow$$

反硝化细菌为兼性厌氧菌，既有异养菌，又有自养菌。只有在无分子氧的情况下才能发生以上反硝化反应。如果水中溶解氧含量＞0.5mg/L，反硝化菌将利用氧呼吸，阻碍硝酸盐还原。但反硝化菌体内的某些酶系统需要在有氧条件下才能合成，所以反硝化菌适于在厌氧和好氧的交替环境下生活。因此反硝化反应应在缺氧条件下进行，即溶解氧＜0.5mg/L。

完成以上脱氮反应的电子供体可以是废水中的易溶解 COD、或内源呼吸产生的 COD、或外加碳源如甲醇或乙酸。以葡萄糖为例反应式如下：

$$5C_6H_{12}O_6+24NO_3^- \longrightarrow 30CO_2+18H_2O+24OH^-+12N_2$$

上述反应说明反硝化过程需要碳源。一般认为废水中$BOD_5/TKN>3\sim5$时碳源充足，不需外加碳源。$BOD_5/TKN<3$时，应补充碳源甲醇或乙酸。上述反应还说明，每还原1mol硝酸氮会产生1mol碱，相当于3.57g碱度（以$CaCO_3$计）/g $NO_3^-$-N。产生碱量大约相当硝化氨氮消耗碱量的50%。反应的最佳pH 6.5～7.5，最宜温度20～40℃。

生物脱氮的两个主要过程是硝化和反硝化。由于两个过程的反应条件不同，一般不在同一反应器中进行，而是在好氧-缺氧的组合工艺中进行。硝化在好氧反应器进行，反硝化在缺氧反应器进行。

注：TKN为凯氏氮，为氨态氮（$NH_4^+$-N）与硝态氮（$NO_3^-$-N）的总和。

### 861 怎样估算脱氮过程中的剩余碱度？

各种微生物生存都需要其合适的环境，包括水中合适的pH值和碱度。在生物脱氮系统中有多种微生物参与反应，其主要的反应是硝化和反硝化。必须控制好硝化和反硝化菌所需要的pH值，才能达到高效脱氮的目的。

硝化菌利用氨的转化合成新的细胞。硝化菌细胞用$C_5H_7NH_2$表示，则

$$NH_4^++1.86O_2+1.98HCO_3^- \longrightarrow 0.02C_5H_7NO_2+0.98NO_3^-+1.04H_2O+1.88H_2CO_3$$

按上式可估算得：每氧化1g $NH_4^+$-N（以N计）约消耗碱度7.1g（以$CaCO_3$计）。因此，硝化反应是一个耗碱产酸的反应。为使反应顺利进行，常常需要用碱中和反应中所产生的大量质子（$H^+$），消耗碱量较多。

反硝化菌在无氧状态下利用有机碳源将$NO_3^-$转化为$N_2$。是一个耗酸产碱反应，每还原1g $NO_3^-$-N（以N计）约产生3.57g碱度（以$CaCO_3$计）。其产碱量约可抵消硝化反应耗碱的50%左右。

生物脱氮需要在好氧-缺氧的交替反应下完成。其组合流程分为前置缺氧反硝化和后置缺氧反硝化两类。后置缺氧反硝化的流程是：废水先进入好氧（硝化）池，再进入缺氧（反硝化）池。这样，在好氧池中消耗了大量碱，使水酸化，往往使pH值降得过低，需要补充较多碱来维持正常反应。前置缺氧反硝化的流程是：废水与好氧（硝化）池的回流液一起先进入缺氧（反硝化）池，然后再进入好氧（硝化）池。这样，反硝化产生的一部分碱进入好氧池，可抵消硝化耗碱的50%左右。可避免好氧池pH值过度降低。或者说可降低好氧池的加碱量。所以前置缺氧反硝化流程效果好并节约碱。

氧化沟等反应器剩余碱度校核的估算式如下：

$$M=M_0-7.1\times(N_0-N_e)+(0.1\sim0.3)\times(S_0-S_e)+(3.0\sim3.5)\times(N_0'-N_e')$$

式中　$M$——剩余碱度，mg/L（以$CaCO_3$计）；

$N_0-N_e$——进出水氨氮浓度差，mg $NH_4^+$-N/L；

$S_0-S_e$——进出水$BOD_5$浓度差，mg $BOD_5$/L；

$N_0'-N_e'$——进出水硝态氮浓度差，mg $NO_3^-$-N/L；

7.1——硝化耗碱，mg（以$CaCO_3$计）/mg $NH_4^+$-N；

0.1～0.3——去除$BOD_5$产生的碱度，mg/mg $BOD_5$；（不同资料选择不同）

3.0～3.5——反硝化产碱量，mg/mg $NO_3^-$-N。

一般认为剩余碱度应大于70～80mg/L（$CaCO_3$计），<50mg/L（以$CaCO_3$计）时必须加石灰或碱调pH值。实际上是否加碱还应按运行的具体情况和控制的pH值确定。反硝化运行pH值一般选6.5～7.5或7.0～8.0，一般认为加碱宜调至pH≥7.2。理论上及实际上pH值与lg$M$（碱度）成线型比例关系，但具体数值与进水水质有关，所以控制剩余碱度

多少，要根据不同类型的水质按实际运行数据确定。（可参考本书 605 题及 56 题的原理。但 605 题是循环冷却水的情况，和废水有所不同。

### 862　生物除磷是怎样的？

生物除磷是利用微生物将废水中的磷去除的工艺。参与除磷的微生物主要是聚磷菌（$PAO_s$），属于不动杆菌属、气单孢菌属和假单孢菌属等。聚磷菌的除磷过程是厌氧释磷与好氧吸磷的结合。在好氧条件下，细胞能够过量吸磷，使磷富集于活性污泥中。在厌氧条件下，细胞中的磷能够释放到上清液中。分别通过聚磷污泥的排放和上清液的处理使磷得以脱离废水系统。

三磷酸腺苷（ATP）是聚磷细胞中起重要机制的磷化合物。当二磷酸腺苷（ADP）转化成 ATP 时，高能磷酸键将获得能量。当细胞需要能量时，ATP 转化成 ADP，同时水解释放出磷。

$$ATP + H_2O \rightleftharpoons ADP + H_2PO_4^- + 能量$$

在厌氧条件下，进水中的有机物被厌氧细菌发酵转化出大量乙酸，十分适合聚磷菌的繁殖。聚磷菌利用 ATP 水解释放的能量和水中小分子溶解性有机物（如乙酸）合成 $\beta$-羟基丁酸盐（PHB）——碳源储存物，并释放磷酸盐。在好氧条件下，聚磷菌通过氧化自身碳源储存物或水中简单有机物而获得能量，并从水中过量摄取磷酸盐，并以电中性或电阳性的形式输送到细胞内合成高能物质 ATP 和核酸，剩余的磷酸盐作为细胞储存物——多聚磷酸盐。即聚磷菌在好氧条件下，细胞有大量储存磷的能力，可达到细胞干重的 12% 左右，而普通细菌仅为 1%～3%。这样就将磷大量带入污泥中。一般污泥中仅含磷 1%～2%，而聚磷污泥含磷为 3%～8%。在厌氧条件下，聚磷菌又有大量释磷的能力，在厌氧区液相（上清液）中正磷酸盐的浓度可达 20～50mg/L。上清液中的磷酸盐可经好氧吸磷或化学沉淀法去除。

根据聚磷菌厌氧释磷和好氧吸磷的特点，生物除磷应该采用厌氧/好氧组合工艺。目前生产上采用的生物除磷组合工艺可使含磷 5～8mg/L 的城市污水的出水总磷达到 0.5～1.0mg/L 的水平。也可采用生物处理与化学处理相结合的方法，即采用厌氧/好氧组合工艺，其上清液兼用化学沉淀法加药处理。这种工艺的出水总磷更低，甚至可达$<$0.2mg/L。当要求同时既脱氮又除磷时可采用厌氧/缺氧/好氧组合工艺。

理论上每去除 1g P 要消耗 10gbsCOD（可生物降解的溶解性 COD），运行时要求控制比例为 $BOD_5/TP>15$，一般 20～30，水中溶解性总磷与溶解性 $BOD_5$ 的比值 $S\text{-}TP/sBOD_5 \leqslant 0.06$。

厌氧区水力停留时间一般为 0.9～2h，不宜超过 3h，否则可能出现磷的二次释放。厌氧条件下，COD 发酵为挥发性脂酸（VFA）的时间约为 0.25～1.0h。太长停留时间，聚磷菌不能吸收 VFA（如乙酸），只能消耗细胞中的 PHB 释磷。这样的聚磷菌到好氧区则无法过量吸磷，会降低除磷效果。

生物除磷适宜 pH 值大致是 6.0～8.0，pH 6.5 以下影响除磷效果。好氧区溶解氧应控制 1.5～2.5mg/L，厌氧控制 0～0.2mg/L。

生物除磷效果还与含磷污泥排放率直接有关，而污泥排放率又取决于系统的泥龄。脱氮及除磷对泥龄要求不同。脱氮要求越高，所需泥龄越大。而泥龄越大，越不利于生物除磷。尤其在 $BOD_5/TP<20$ 时更不利。对除磷来说，取 2～6d 短泥龄效果较好。

### 863　吸附-生物氧化法（AB 法）工艺是怎样的？

吸附-生物氧化法（adsorption-biodegradation）工艺又称吸附生物降解，简称 AB 法，为两段活性污泥处理系统的组合，是由德国亚琛（Aachen）工业大学 B. Bohnke 教授开发的。与传统活性污泥法相比，处理效率高，操作运行稳定，运行及投资费用低，属超高负荷活性污泥处理。AB工艺流程分A段和B段相互串联运行，AB法的工艺流程如图6-5-41所示。

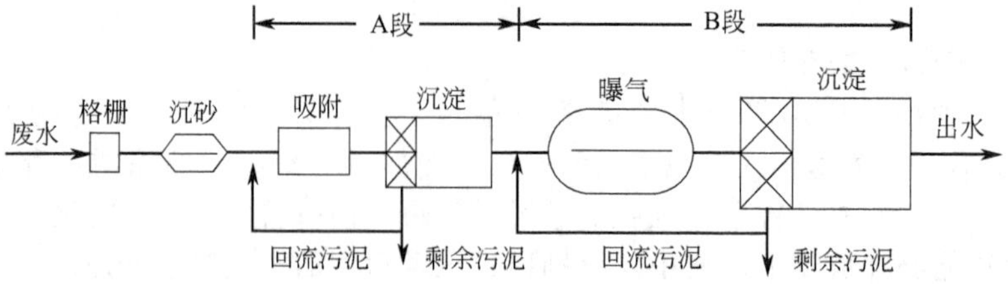


图 6-5-41 AB法工艺流程

AB法工艺不设初沉淀池。由吸附池、中沉池及污泥回流和排泥系统组成A段。曝气池、二沉池及其污泥回流和排泥系统组成B段。废水经沉砂池进入吸附池，其排出混合液到中沉池进行泥水分离，污泥回流再利用，剩余污泥排放。中沉池出水进入曝气池进一步进行生物氧化降解处理，其混合液进入二沉池进行泥水分离，上清液出水排出，污泥回流循环利用，多余污泥排放或另行处理。A、B段的污泥回流系统全分开。

A段属超高负荷活性污泥系统，污泥负荷高达2～6kg $BOD_5$/(kgMLSS・d)，约为常规活性污泥法的10～20倍，泥龄比较短，SRT[1]＝0.3～0.5d，水力停留时间约为30min，A段溶解氧含量，DO为0.2～1.5mg/L，以好氧或兼氧方式运行，A段的活性污泥全部是细菌（大肠杆菌属），繁殖速度快，污泥产率高，沉降性能好，SVI约40～50。

B段属中低负荷活性污泥系统，污泥负荷低，为0.15～0.3kg $BOD_5$/(kgMLSS・d)，泥龄SRT＝15～20d，曝气时间约2～3h，溶解氧DO为1～2mg/L。B段的微生物主要为菌胶团及原生、后生动物，因负荷低，能够充分完全消化，为脱氮提供了基础。

AB法工艺特点是AB段的微生物群体分开，A段从外界接种具有强繁殖能力和适应环境变化的短世代微生物。A段负荷高，抗冲击负荷能力很强，对pH和有毒物质的影响有很大缓冲作用。A段有效的功能促使B段处理效率得以提高，不仅进一步去除BOD、COD，而且大大提高了消化能力，使得BOD、COD、SS、氨氮的去除率一般均高于传统的活性污泥法，特别适于处理浓度较高、水质和水量变化较大的废水，$BOD_5$的去除率可在90%以上（其中A段40%～60%），SS去除率可达95%以上（其中A段60%～75%）。AB法具有脱氮除磷作用，决定于A段对DO的控制。如控制在缺氧状态有除氮能力。如要求除磷，则需控制在厌氧状态。如今AB法已不能满足脱氮除磷要求。为提高AB组合工艺的脱氮除磷效果，新工艺的B段可设计成AO、AnO、AnAO、氧化沟或SBR组合工艺。

### 864 什么是厌氧-好氧（AnO）除磷工艺？

厌氧-好氧生物除磷工艺简称A/O工艺（即AnO法，anaerobic/oxic）。

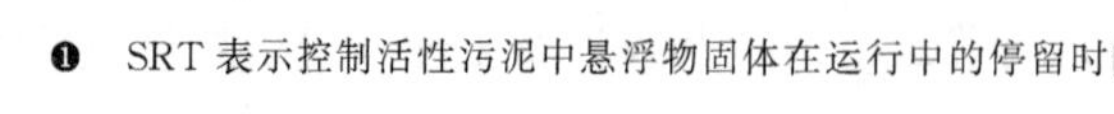

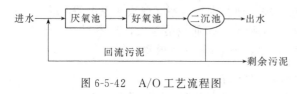


图 6-5-42 A/O工艺流程图

生物法除磷技术是利用除磷微生物（如聚磷菌等）的厌氧释磷和好氧吸磷的特性，使吸磷后的微生物通过排泥将高含量的磷排出系统。A/O工艺为此创造适宜的环境条件。通过厌氧-好氧顺序交替

---

[1] SRT表示控制活性污泥中悬浮物固体在运行中的停留时间，或停留周期。

进行，而达到除磷的目的。A/O 工艺的流程如图 6-5-42 所示。

A/O 工艺将二沉池污泥回流到厌氧池的进水区与废水相结合，在厌氧的条件下，废水和回流污泥中所含的磷以可溶性磷的形式释放出来，而到好氧池中磷被细菌过量吸收，进入二沉池之后，磷通过剩余污泥从系统中去除。A/O 工艺运行的前提条件是需有较高含量的易降解有机质。废水经处理后出水中磷的浓度主要取决于处理水中磷和 BOD 的比例，据资料，$BOD_5/P>20$，出水的磷可以达到 1mg/L。如 $BOD_5/P<20$，可以向系统中投加铝、铁盐形成沉淀，以达到辅助除磷目的。同时要求厌氧池维持严格的厌氧状态，只有在厌氧释磷率大的情况下，好氧吸磷才会更多。硝态氮对除磷效果有不利影响，要求硝态氮<0.2～0.3mg/L。运行中要求控制回流至厌氧池的硝态氮量。在污泥停留时间较低时，无硝化作用，不易产生硝态氮。A/O 工艺也可以与间歇曝气活性污泥法 SBR 结合在一起，在时间上实现厌氧和好氧的交替进行。A/O 工艺常用参数：水力停留时间，厌氧为 1～2h，泥龄一般在 15～20d，污泥含磷量一般约为 4%，污泥回流比 25%～40%；混合液的污泥容积指数 SVI<100，污泥易沉淀，浓缩脱水不膨胀。A/O 工艺的缺点是除磷率难以提高。

### 865　什么是 Phostrip 除磷工艺？

Phostrip 是生物除磷方法与化学除磷方法相结合的工艺，适用于无脱氮要求的处理。与 AnO 除磷工艺相比，有出水水质好的优点，可以保证出水总磷 TP<1.0mg/L，并有可能降到 TP<0.2mg/L。其工艺流程见图 6-5-43。

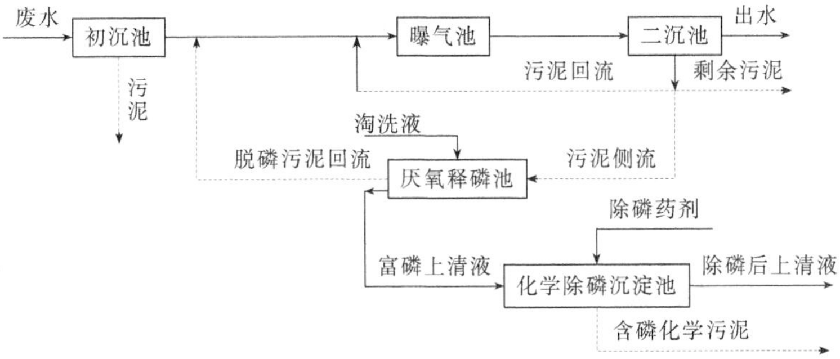


图 6-5-43　Phostrip 工艺流程

该工艺的水流主线部分基本上是活性污泥工艺。废水通过初沉池，再经过曝气池和二沉池出水。在曝气池中聚磷菌在好氧条件下过量吸磷，使磷富集于活性污泥中。从二沉池排出的活性污泥，部分作为剩余污泥排出系统，部分回流至曝气池，还有约相当于进水流量 10%～30%的污泥为侧流污泥进入厌氧释磷池。在释磷池中停留 8～12h，污泥释磷后回流至曝气池。释磷池中连续投加淘洗液以洗出从污泥中释出的溶解磷，成为富磷上清液。富磷上清液中含磷量高达 20～50mg/L，再经过化学沉淀方法处理，使磷被排出系统。通常是在化学沉淀除磷池中加石灰或铝、铁盐使磷转化为含磷化学污泥被排放。也可将富磷上清液送至初沉池或其他澄清池合并处理。除磷后，上清液含磷很少，可以回流至曝气池或作其他用途。

淘洗液的水质与释磷效率有很大关系。初沉池或二沉池出水及除磷后的上清液均可作淘洗液用。水中不能有硝酸盐存在，尽可能不含溶解氧。BOD 的存在有助厌氧释磷，BOD 含量宜高不宜低。

对比其他除磷方法，Phostrip 工艺有以下特点：

(1) 常规生物除磷工艺要求进水中有机物与总磷的比值高，即 $BOD_5/TP>20$。而

Phostrip 工艺对 $BOD_5$ 要求低。理论上除磷性能不受废水水质影响。因此 Phostrip 工艺更适合低有机物浓度的废水处理。

（2）Phostrip 工艺通过剩余污泥及化学沉淀两处排磷，比常规生物除磷工艺的除磷量多。通常污泥含磷量可提高 50%～100%。因此出水含磷低，水质有保证。

（3）与化学除磷工艺相比，Phostrip 工艺的投药量少。因为需要加药处理的流量少，通常仅为 10%左右。

（4）生物除磷的污泥量与活性污泥法的剩余污泥量相近。但化学沉淀使总污泥量有所增加。

（5）与其他处理方法相同，要求保证澄清效果或通过过滤使出水悬浮物 SS<20mg/L，才能保证出水水质。

（6）需增加沉淀设备和加药系统。

### 866 三级生物脱氮工艺与 AO 法脱氮工艺有何不同？

三级生物脱氮工艺流程如图 6-5-44 所示。处理工艺分三级。

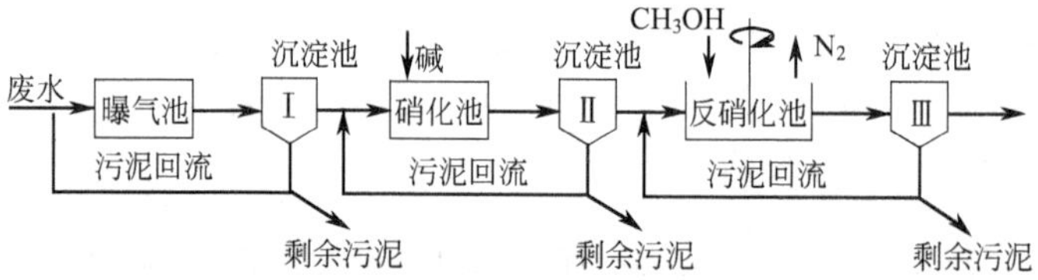


图 6-5-44 三级生物脱氮工艺流程

第一级为曝气池，主要功能是去除 BOD、COD，使有机氮转化，形成 $NH_3$、$NH_4^+$ 的氨化过程。第二级是经沉淀池 I 后，污水进入硝化曝气池进行硝化反应，使 $NH_3$、$NH_4^+$ 进一步氧化为 $NO_3$-N（硝化反应要加碱）。第三级为反硝化器，在缺氧条件下，将 $NO_3$-N 还原为气态 $N_2$，从水中逸出。该工艺由有机氮的降解、硝化、反硝化各分设反应池来完成。微生物生长环境条件适宜，反应速度快，反应彻底。但是处理设备多，操作管理不便，系统又加碱、又加碳源，成本高，造价也高。

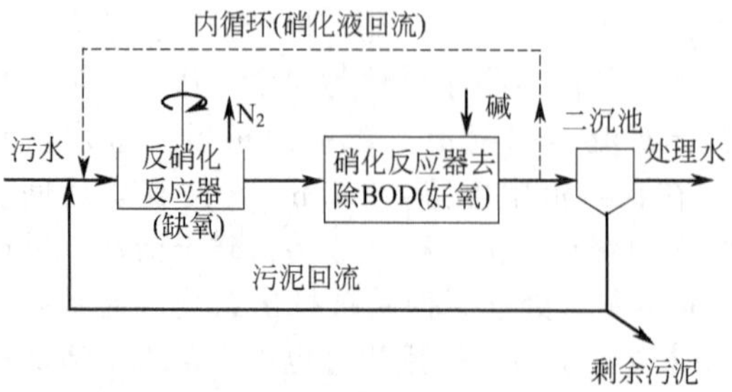


图 6-5-45 前置缺氧反硝化工艺流程

AO 的脱氮工艺有了重大改进，其特点是将反硝化反应器放在系统前面，如图 6-5-45所示。

这是缺氧-好氧（AO）活性污泥脱氮工艺，又称前置缺氧反硝化工艺。系统中，硝化和 BOD 去除是在同一反应器内进行的，硝化器内经过充分硝化的硝化液一部分回流至反硝化反应器，而反硝化器内的反硝化细菌利用污水中的有机物作为碳源，以回流硝化液中硝酸盐作为受电体，进行细菌的呼吸和生命活动，最终将硝态氮还原为气态氮 $N_2$。AO 工艺设置内循环系统，勿需外加碳源；AO 系统的硝化曝气池在后，可以使反硝化残留有机污染物得到进一步去除，提高了出水水质。勿需增建后曝气池。AO 脱氮工艺流程简单，设备及构筑物比较少，操作方便，运行费用较低，是目前应用比较广泛的脱氮工艺。

### 867　AnAO 法同步脱氮除磷工艺是怎样的？

AnAO 工艺也称 $A^2/O$ 工艺（anaerobic-anoxic-oxic），是厌氧-缺氧-好氧法的简称。其工艺流程如图 6-5-46 所示。

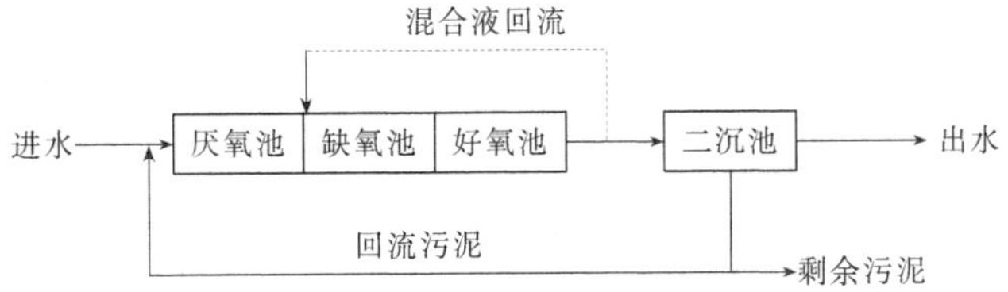


图 6-5-46　AnAO 法同步脱氮除磷工艺流程图

工艺流程说明如下：

(1) 厌氧池　原废水和从二沉池回流的含磷污泥一起进入厌氧池，此池主要功能是聚磷菌完成释放磷，同时摄取废水中的有机污染物。

(2) 缺氧池　混合液进入缺氧池，本池的首要功能是脱氮。硝态氮是通过内循环由好氧池送来的。循环的混合液量较大，一般为原废水量的二倍。

(3) 好氧池　混合液从缺氧池进入好氧曝气池。这一反应池单元是多功能的，去除 BOD、硝化和吸收磷等反应都在本反应池内进行。

(4) 二次沉淀池　混合液进入二次沉淀池，进行泥水分离，沉淀污泥一部分回流至厌氧池，剩余污泥排放处理。

本工艺简单，总的水力停留时间也少，而且厌氧、缺氧、好氧交替运行，不易发生污泥膨胀，勿需投药，运行费用低。本工艺的内循环量以原废水量的二倍为限，脱氮难进一步提高，受污泥增长的限制，除磷效果也难进一步提高。

### 868　什么是 MUCT 工艺？

MUCT 工艺也称 $A^3/O$ 工艺，为改良型 UCT 工艺，是厌氧-缺氧-缺氧-好氧法的简称。其工艺流程如图 6-5-47 所示。

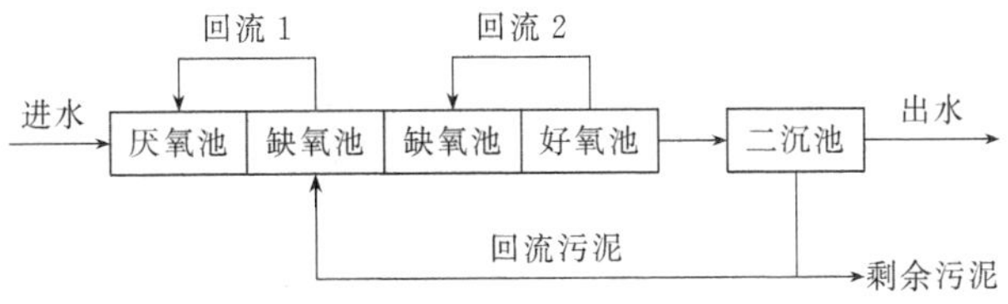


图 6-5-47　MUCT 工艺流程图

$A^3/O$ 工艺是由开普敦大学开发的类似于 $A^2/O$ 的除磷脱氮技术。但两者的不同点有二：①$A^3/O$ 工艺多一座缺氧池；②二次沉淀池的回流污泥不是进入厌氧池而是回流到缺氧池，再将缺氧池的混合液回流到厌氧池。$A^3/O$ 工艺将活性污泥回流到缺氧池，从而消除了硝酸盐（$NO_3^-$）对厌氧池的厌氧环境的影响，改善了厌氧池在厌氧过程中充分的释磷的环境，增加了厌氧段对有机物的利用率。缺氧池向厌氧池回流的混合液会有较多的溶解性 BOD，而硝酸盐却很少，缺氧混合液的回流，为厌氧段内进行的发酵等过程提供了最优化的条件。

## 869 脱氮除磷组合工艺有哪些？

常用脱氮除磷组合工艺简介如下：

(1) 生物脱氮

| 组合工艺名称 | 流程 | 特点 |
| --- | --- | --- |
| 缺氧-好氧活性污泥脱氮工艺，前置缺氧反硝化工艺<br>①BNR 工艺<br>②MLE 工艺，AO 组合工艺 | ① →缺→好→沉→<br>② →缺→好→沉→ | 单一缺氧区，单泥脱氮工艺，流程简单。在缺氧-好氧交替环境中，各种微生物在不同条件下充分发挥各自优势。在缺氧区先除去部分 $BOD_5$，并进行反硝化反应产生碱度，有利于中和好氧区硝化反应产生的酸度，利于控制污泥膨胀。MLE 工艺为改进型，增加了内循环，使更多硝态氮返回缺氧区脱氮。回流液可利用废水中高浓度有机物，使反应加快，提高总氮去除率 |
| 后置缺氧反硝化工艺 | →好→(碳)缺→沉→ | 采用生物滤池可在同一反应器内同时实现硝酸还原及悬浮固体去除。反硝化反应来自内源呼吸，明显慢于前置缺氧反硝化工艺，需要外加碳源 |
| 传统三级生物脱氮组合工艺 | →好 1→好 2→沉→缺→沉→ | 第一级曝气池去除有机物、并将有机氮转化为氨氮。第二级曝气池将氨氮转化为硝态氮，需要加碱。缺氧池反硝化除氮，需要外加碳源，或补充部分原水作为碳源。脱氮效果好，但流程长、设备多、成本高，故近年工程上已不采用。 |
| 分段进水缺氧/好氧工艺，多点进水多级缺氧工艺 | 缺→好→缺→好→缺→好→缺→好→沉→ | 分段多点进水相当于多个缺氧/好氧单元的串联组合，构成内循环，多点提供碳源，减少运行费用。适合某些工艺的改建。适合于出水 TN<10mg/L 的情况。理论上出水可达 3～5mg/L，实际能达到 5～8mg/L。池容较大，投资提高 |
| 外加碳源的两级生物脱氮工艺 | →好→沉→(碳)缺→沉→ | 后置缺氧反硝化工艺，好氧处理之后，$BOD_5$ 很低，需外加碳源进行反硝化，一般投加甲醇。出水 TN 可低于 3mg/L。 |
| Bardenpho 脱氮组合工艺 | →缺→好→缺→好→沉→ | 前置与后置缺氧结合的双缺氧工艺，出水 TN<6mg/L。在第二缺氧段反硝化速率低，投加甲醇可使出水 TN 低于 3mg/L，同时可降低对反应容积的需求。 |
| 序批式反应器工艺，SBR 工艺 | 运行程序：进水(缺)→反应(好)→沉淀→排水 | 进水期只混合不曝气进行缺氧反硝化，好氧曝气期进行硝化，排水占 SBR 池的 20%～30%，大多数硝酸盐仍留在池内在下一个进水期进行反硝化。设备简单，工艺灵活，易于操作。出水 TN<5～8mg/L |
| CAAS、ICEAS 等 SBR 的专利工艺 | 运行程序：进水(缺)→曝气(好)→沉淀→排水 | 有预反应区，利于缺氧反硝化。CASS 工艺有污泥回流，约为 20% |
| Sharon™ 工艺(用于厌氧硝化回流液的脱氮) | | 回流液中 $NH_4^+$-N 高(>1000mg/L)、温度高、pH 高、$BOD_5$ 相对低。采用无回流的完全混合式反应器，间隙曝气，加入甲醇，废水经亚硝酸盐代谢途径脱氮。反应温度 30～40℃，1d 左右。使出水 $NH_4^+$-N 降至几十毫克每升。 |

续表

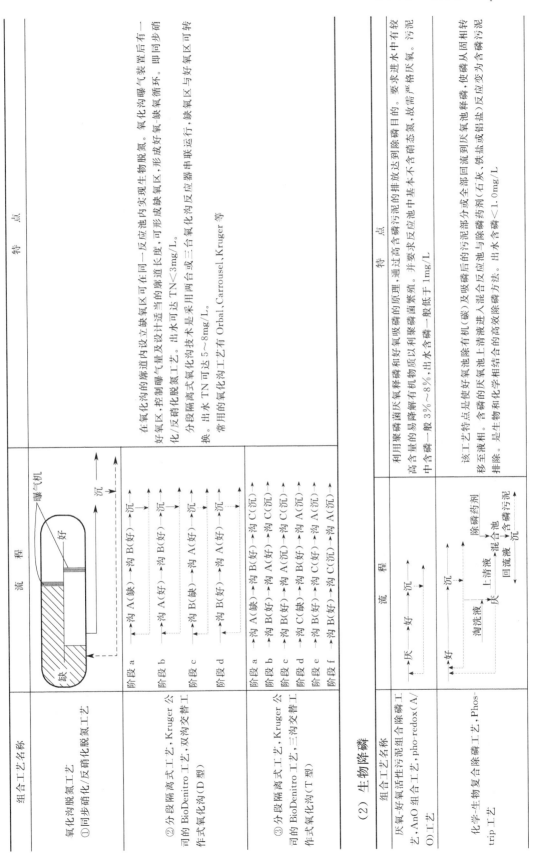

| 组合工艺名称 | 流程 | 特点 |
|---|---|---|
| 氧化沟脱氮工艺<br>①同步硝化/反硝化脱氮工艺 | 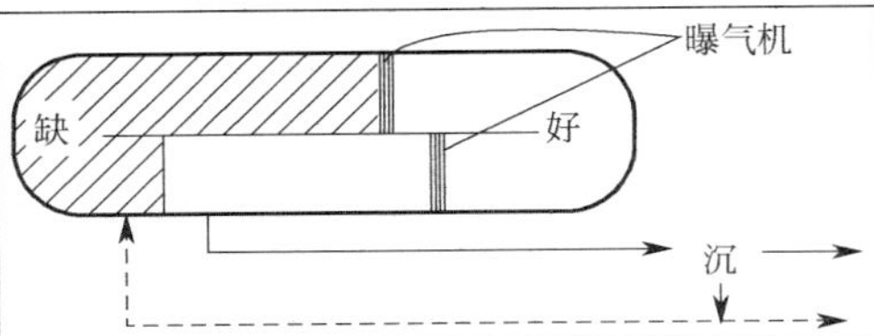 | 在氧化沟的廊道内设立缺氧区可在同一反应池内实现生物脱氮。氧化沟曝气装置后有一好氧区，控制曝气量及设计适当的廊道长度，可形成缺氧区，形成好氧-缺氧循环。即同步硝化/反硝化脱氮工艺。出水可达 TN<3mg/L。<br>分段隔离式氧化沟技术是采用两台或三台氧化沟反应器串联运行，缺氧区与好氧区可转换。出水 TN 可达 5～8mg/L。<br>常用的氧化沟工艺有 Orbal、Carrousel、Kruger 等 |
| ②分段隔离式工艺，Kruger 公司的 BioDenitro 工艺，双沟交替工作式氧化沟(D 型) | 阶段 a →沟 A(缺)→沟 B(好)→沉→<br>阶段 b →沟 A(好)→沟 B(好)→沉→<br>阶段 c →沟 B(缺)→沟 A(好)→沉→<br>阶段 d →沟 B(好)→沟 A(好)→沉→ | |
| ③分段隔离式工艺，Kruger 公司的 BioDenitro 工艺，三沟交替工作式氧化沟(T 型) | 阶段 a →沟 A(缺)→沟 B(好)→沟 C(沉)→<br>阶段 b →沟 B(好)→沟 A(好)→沟 C(沉)→<br>阶段 c →沟 B(好)→沟 A(沉)→沟 C(沉)→<br>阶段 d →沟 C(缺)→沟 B(好)→沟 A(沉)→<br>阶段 e →沟 B(好)→沟 C(好)→沟 A(沉)→<br>阶段 f →沟 B(好)→沟 C(沉)→沟 A(沉)→ | |

## (2) 生物降磷

| 组合工艺名称 | 流程 | 特点 |
|---|---|---|
| 厌氧-好氧活性污泥组合除磷工艺，AnO 组合工艺，pho-redox(A/O)工艺 | →厌→好→沉→ | 利用聚磷菌厌氧释磷和好氧吸磷的原理，通过高含磷污泥的排放达到除磷目的。要求进水中有较高含量的易降解有机物质以利聚磷菌繁殖。并要求反应池中基本不含硝态氮，故需严格厌氧。污泥中含磷一般 3%～8%，出水含磷一般低于 1mg/L |
| 化学-生物复合除磷工艺，Phostrip 工艺 | 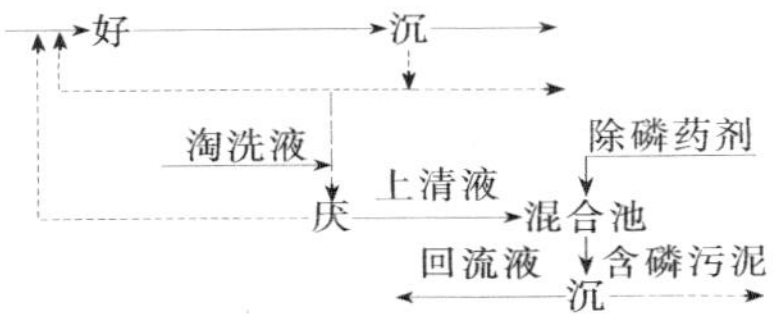 | 该工艺特点是使好氧池除有机(碳)及吸磷后的污泥部分或全部回流到厌氧池释磷，使磷从固相转移至液相。含磷的厌氧池上清液进入混合反应池与除磷药剂(石灰、铁盐或铝盐)反应变为含磷污泥排除。是生物和化学相结合的高效除磷方法。出水含磷<1.0mg/L |

(3) 同时生物脱氮除磷

| 组合工艺名称 | 流程 | 特点 |
|---|---|---|
| 厌氧-缺氧-好氧生物脱氮除磷组合工艺，AnAO 工艺，pho-redox（$A^2/O$） | →厌→缺→好→沉→ | 在厌氧池大分子有机物转化为挥发性脂肪酸，聚磷菌吸收部分脂肪酸并释磷。在缺氧池反硝化除氮。在好氧池氨氮被硝化，聚磷菌吸磷。流程简单，可同时除有机物并脱氮除磷。出水 TN＜8～12，TP＜1mg/L。缺点是难以同时取得良好的脱氮除磷效果。 |
| AAnO 组合工艺 | →缺→厌→好→沉→ | 为 AnAO 工艺的改进。克服回流污泥携带溶解氧和硝态氮对厌氧释磷的干扰，可提高除磷能力。水分两股分别进缺氧池和厌氧池可分别满足厌氧释磷和缺氧反硝化的碳源需求，能耗降低 |
| 改良型 AnAO 工艺 | →厌/缺→厌→缺→好→沉→ | 在 AnAO 工艺前加厌/缺调节池消除硝态氮对厌氧池释磷的干扰，水力停留 20～30min |
| UCT 组合工艺 | →厌→缺→好→沉→ | 为 AnAO 工艺的改进。回流污泥循环至缺氧区及缺氧池的混合液回流至厌氧池。使进入厌氧区的硝酸盐减少，减少对厌氧释磷的干扰，提高除磷效率。出水 TN＜8～12mg/L |
| VIP 组合工艺 | 流程同 UCT 工艺，每段反应器 2 台以上 | 厌氧段、缺氧段和好氧段每部分都有两个以上反应池组成。运行速率高、除磷效果好，反应池容积小，污泥龄一般为 5～10d，比 UCT(13～25d)低。出水 TN＜8～12mg/L |
| 改良型 UCT 组合工艺，MUCT 工艺，$A^3/O$ 工艺 | →厌→缺→缺→好→沉→ | 缺氧池分成两部分。第一缺氧池接纳回流污泥，其混合液回流至厌氧池，基本解决对厌氧释磷的干扰。大部分反硝化反应在第二缺氧池完成。出水 TN＜3～6mg/L |
| Johannesburg 工艺 | 缺→厌→缺→好→沉→ | UCT 改进工艺，厌氧区可维持较高 MLSS 浓度，停留时间约 1h。 |
| Bardenpho 脱氮除磷组合工艺 | →缺→好→厌→好→沉→ | 各反应池都有其主要功能，并兼行其他功能，故除有机物、脱氮、除磷过程均发生两次以上，因此脱氮除磷效能较高。出水 TP 可达 1mg/L 以下。未考虑硝酸盐对厌氧释磷的干扰，二级反硝化及释磷过程的碳源补充，故该工艺不适于进水碳源较低的情况。 |
| Pho-redox 脱氮除磷组合工艺，五级 Bardenpho 工艺 | →厌→缺→好→缺→好→沉→ | 来自好氧区富含硝酸盐的混合液回流到缺氧池，对厌氧释磷无影响，除磷效果好于 Bardenpho 工艺。但流程长，设备多。出水 TN＜3mg/L |
| 序批式反应器工艺，SBR 工艺 | 运行程序：进水(缺)→反应(厌)→曝气(好)→反应(缺)→沉淀→排水 | 进水期不曝气为缺氧状态，之后成厌氧状。在运行程序中可交替循环的好氧、缺氧过程。设备简单，工艺灵活。能同时脱氮除磷，但运行较复杂，适用于小流量废水处理。出水 TN＜8～12mg/L |
| 氧化沟脱氮除磷组合 | →厌→氧化沟→ | 氧化沟需前置一个厌氧区，可起除磷作用。氧化沟内有缺氧和好氧区可完成硝化和反硝化除氮。出水 TN＜8～12mg/L |

注：流程图中符号表示

厌——厌氧区或厌氧池，进行厌氧释磷，大分子有机物转化为挥发性脂肪酸；

缺——缺氧区或缺氧池，硝态氧反硝化脱氮；

好——好氧区或好氧池，氨态氮硝化成硝态氮，有机物转化并脱除，聚磷菌吸磷；

沉——沉淀池。

碳——外加碳源；

——→水流方向；

┈┈→污泥流动方向。

## 870 生物脱氮除磷工艺的运行参数是多少？

**常用生物脱氮除磷工艺运行参数参考值**

| 工艺名称 | 污泥负荷 $N_S$/[kg $BOD_5$/(kgVSS·d)] 或 $N_{TS}$/[kg$BOD_5$/(kg MLSS·d)] | 污泥浓度 X MLSS /(mg/L) | 污泥龄(STR) $\theta_c$/d | 水力停留时间 HRT/h | 污泥回流比 $R$/% | 内循环回流比 $R_i$/% | 脱除效率/% | 其他 | 参考文献 |
|---|---|---|---|---|---|---|---|---|---|
| AO组合脱氮工艺，MLE工艺 | $N_{TS}$ 0.18 | 3000～4000 | ≥30 | 缺 5～6，好≥2，A：O=3～4 | 50～60 | 300～500 | | $\alpha$=0.55kg VSS/kg $BOD_5$，$\beta$=0.15kg VSS/kg $NH_4^+$-N，$b$=0.05$d^{-1}$ | [100] |
| | $N_{TS}$ 0.05～0.15 | 2500～4500 | 11～23 | 共 8～16，缺 0.5～3.0 | 50～100 | 100～400 | $BOD_5$ 90～95，TN 60～85 | 总氮负荷率≤0.05kg TN/(kg MLSS·d) 污泥产率 Y=0.3～0.6kg VSS/kg $BOD_5$ | [104] |
| Bardenpho脱氮组合工艺 | $N_S$ 0.1～0.2 | 2000～5000 | 10～40 | 缺：好：缺：好 2～5：4～12：2～5：0.5～1 | 100 | 400～600 | | | [102] |
| | | 3000～4000 | 10～20 | 1～3：4～12：2～4：0.5～1 | 50～100 | 200～400 | | 比反硝化速率 SDNR 0.01～0.04kg $NO_3^-$-N/(kg VSS·d) | [103] |
| AnO组合除磷工艺 | $N_{TS}$≥0.1 | 2700～3000 | 2～6 | 共 3～6，厌 1～2，好 0.2～4 | 50～100 | | TP 70～80 | 污泥产率 Y：0.5～0.65，污泥产率 $K_d$0.05～0.10$d^{-1}$ | [100] |
| | $N_{TS}$ 0.4～0.7 | 2000～4000 | 3.5～7 | 共 3～8，厌 1～2，厌：好=1：2～1：3 | 40～100 | | $BOD_5$ 80～90，TP 75～85 | 污泥含磷率 0.03～0.07%，污泥产率 Y：0.4～0.8kg VSS/kg $BOD_5$ | [104] |
| Phostrip除磷工艺 | | 1000～3000 | 5～20 | 厌 8～12，好 4～10 | 50～100 | 10～20 | | | [103] |
| AnAO脱氮除磷工艺 | $N_S$ 好≤0.18，厌>0.10 | 3000～4000 | 15～20 | 共 6～8，厌：缺：好=1：1：3～4 | 25～100 | 100～600 | TP 80，TN 80 | 污泥含磷率>2.5%，氮的污泥负荷应<0.05kg TKN/(kg MLSS·d) | [100] |
| | $N_{TS}$ 0.1～0.2 | 2500～4500 | 10～20 | 共 7～14 厌：缺：好=1～2：0.5～3：5～10 | 25～100 | 100～400 | $BOD_5$ 85～95，TP 50～75，TN 55～80 | 污泥产率 Y：0.3～0.6kg VSS/kg $BOD_5$ | [104] |

续表

| 工艺名称 | 污泥负荷 $N_S$/[kg $BOD_5$/(kgVSS·d)]或 $N_{TS}$/[kg$BOD_5$/(kg MLSS·d)] | 污泥浓度 X MLSS /(mg/L) | 污泥龄(STR) $\theta_c$/d | 水力停留时间 HRT/h | 污泥回流比 R/% | 内循环回流比 $R_i$/% | 脱除效率/% | 其他 | 参考文献 |
|---|---|---|---|---|---|---|---|---|---|
| AnAO 脱氮除磷工艺 | $N_S$ 0.15～0.25 | 3000～5000 | 5～10 | 厌 0.5～1,缺 0.5～1,好 3.5～6 | 20～50 | 100～200 | | | [102] |
| | | 3000～4000 | 5～25 | 厌 1～2,缺 0.5～1,好 4～8 | 25～100 | 100～400 | | | [103] |
| UCT(VIP)脱氮除磷工艺 | $N_S$ 0.1～0.2 | 1500～3000 | 5～10 | 厌 1～2,缺 1～2,好 2.5～4 | 50～100 | 缺 50～200<br>好 200～400 | | | [102] |
| | | 3000～4000 | 10～25 | 厌 1～2,缺 2～4,好 4～12 | 80～100 | 缺 200～400<br>好 100～300 | | | [103] |
| | | 3000～4000 | 15～20 | 厌 1～2,缺 2～4,好 4～12 | 80～100 | 缺 200～400<br>好 50～100 | | | [104] |
| 改良型 UCT(MUCT)脱氮除磷工艺 | $N_S$ 0.1～0.2 | 2000～4000 | 10～30 | 厌 1～2,缺 2～4,缺 2～4 好 4～12 | 50～100 | 缺 100～200<br>好 100～200<br>共 100～600 | | | [100],[102] |
| 五级 Bardenpho 脱氮除磷工艺 | | 3000～4000 | 10～20 | 厌 0.5～1.5,缺 1～3,好 4～12,缺 2～4,好 0.5～1 | 50～100 | 200～400 | | | [104] |
| 序批式脱氮除磷工序(SBR 及其变形) | | 3000～4000 | 20～40 | 厌 1.5～3,缺 1～3,好 2～4 | | | | | [105] |

# F 氧 化 沟

### 871 氧化沟的结构和工艺有什么特点?

氧化沟又称连续循环反应器，是传统活性污泥法的改型和发展，是延时曝气法的一种特殊形式。氧化沟池体狭长，池身较浅，平面多为椭圆形、圆形或马蹄形，长度从几十米到几百米以上。沟槽中设有表面曝气装置，它的转动，推动沟内液体迅速流动，起到搅拌和曝气的两个作用。氧化沟的结构是封闭式的环形沟渠状。氧化沟的基本工艺流程如图 6-5-48 所示。

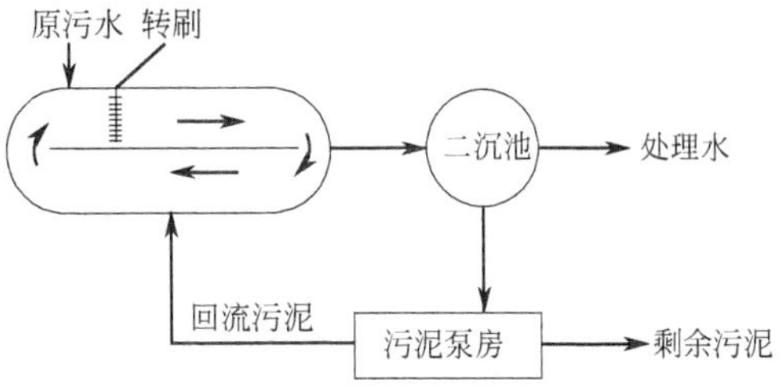

图 6-5-48 氧化沟的基本工艺流程

氧化沟比起活性污泥曝气池法，具有以下特点：

(1) 氧化沟的废水，每当进入沟中，至少必须循环一圈才能流出，不像混合曝气池那样会产生短路。从氧化沟的流程来看，具有推流式曝气池的特点，像连续曝气池。实际上，进入氧化沟的废水与混合液在沟内进行连续循环，通常平均要循环几十圈才能流出沟外，在这点上，氧化沟又有完全混合式曝气池的特点。因此，氧化沟工艺具有双重特点，可以认为是综合了传统活性污泥法工艺的推流式和完全混合式的特点。

(2) 废水进入氧化沟与沟内混合液混合是非常均匀的。氧化沟内废水流速 0.3～0.5m/s，例如，氧化沟的总长度为 100～500m 时，废水流动完成一个循环所需时间约 4～30min，如果水力停留时间为 24h，则废水在整个停留时间内要做 72～360 次循环。因此，可以认为氧化沟内的混合液的水质几乎是一致的，即各点的污染物浓度基本是一样的。

(3) 当一股高浓度或有毒废水进入氧化沟后，其浓度会很快被稀释，把影响降至最小，这是氧化沟工艺抗冲击负荷强的主要原因。同时，氧化沟通常采用 BOD 负荷较低，而水力停留时间比传统活性污泥法长（10～40h），系统泥龄也较长（15～30d），是传统活性污泥法的 3～6 倍。因此，氧化沟的出水水质好，运行稳定，操作简单，管理方便。

总之，氧化沟工艺流程简单，进出水装置构筑物少，曝气形式多样化，运行灵活，处理效果稳定，出水水质好。氧化沟的缺点主要是占地面积较大。

### 872 什么是卡罗塞尔氧化沟?

卡罗塞尔（Carrousel）氧化沟是 20 世纪 60 年代末由荷兰 DHV 公司开发的，是连续工作式氧化沟。氧化沟只作曝气池使用，进出水流方向不变，沟后续设立二沉池。因此，卡罗塞尔氧化沟是由多沟串联的氧化沟、二沉池、污泥回流系统等组成，如图 6-5-49 所示。

污水由泵站送出和回流污泥一起进入氧化沟，经多沟串联和多处转刷曝气器，混合液连续循环流动。出水流入二沉池进行泥水分离，处理水排出，部分污泥回流至氧化沟，剩余污泥排出处理。

卡罗塞尔氧化沟除采用转刷曝气器之外，还有采用纵轴低速表面曝气器的，如图 6-5-50 所示。

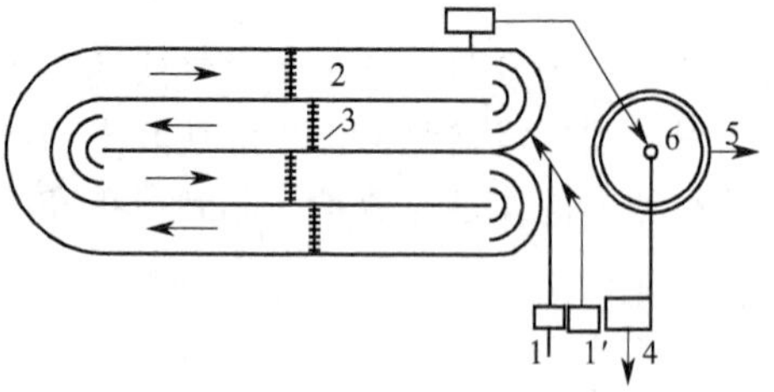


图 6-5-49 卡罗塞尔氧化沟

1—污水泵站；1′—回流污泥泵站；2—氧化沟；3—转刷曝气器；4—剩余污泥排放；5—处理水排放；6—二次沉淀池

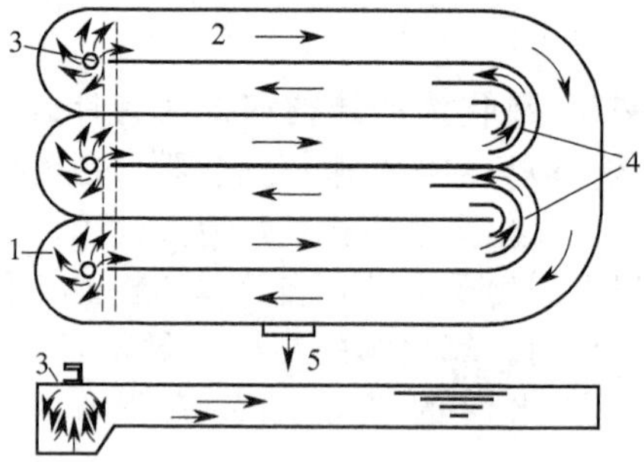


图 6-5-50 六廊道卡罗塞尔氧化沟

1—进水；2—氧化沟；3—表面机械曝气器；4—导向隔板；5—处理水

图为六廊道卡罗塞尔氧化沟，每组沟渠的转弯处安装一台表面机械曝气器，单机功率大，其水深可达 5m 以上，靠近曝气器的下游为富氧区，上游为低氧区，外环还可能成缺氧区，以形成生物脱氮的环境条件。卡罗塞尔氧化沟在国外应用十分广泛。规模大小从 $200m^3/d$ 到 $650000m^3/d$，BOD 去除率达 95%～99%，脱氮率达 90%以上。卡罗塞尔氧化沟在国内也多有应用，有处理城市污水的，又有处理工业有机废水的，规模大小不等，从 $100m^3/d$（如西安杨森制药厂废水处理站）到 $55000\ m^3/d$（如昆明市兰花沟污水处理厂，6 廊道）。

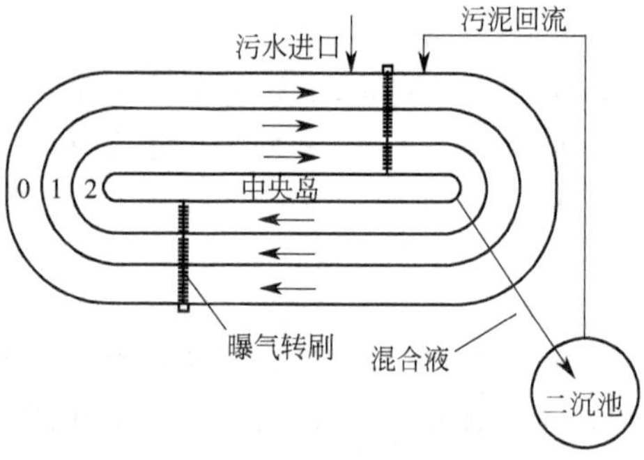


图 6-5-51 奥贝尔氧化沟

## 873 奥贝尔氧化沟有何特点？

奥贝尔（Orbal）氧化沟主要特点是采用同心圆式的多沟串联系统，如图 6-5-51 所示。

废水和回流污泥首先进入最外环沟渠，后依次进入下沟渠，相邻两沟渠的隔墙底部有洞孔连通，最后由中心沟渠流出进入二沉池。一般采用三沟式，外沟容积最大，约占总容积的 60%～70%，主要的生物氧化和脱氮过程在此沟完成，中沟为 20%～30%，内沟占 10%左右。在运行时，外、中、内三层沟渠内混合液的溶解氧保持较大的梯度，即 0mg/L、1mg/L、2mg/L 分布。其目的：外沟溶解氧浓度接近于 0，氧的传递效率高，既可节约供氧的能耗，又可为反硝化创造条件。外沟厌氧条件下，微生物可以进行磷的释放，使它们在内层沟渠好氧环境下吸收磷，达到除磷效果。奥贝尔氧化沟采用曝气转盘，盘上有大量楔形突出物，增加了曝气的推进混合和充氧效率，水深可达 3.5～4.5m。由于沟渠的平面形状是圆形或椭圆形，更能有效利用水流惯性，可以节约推动水流的能耗。奥贝尔氧化沟系统在我国应用广泛，出水水质良好。

## 874 帕斯韦尔氧化沟曝气系统应如何运行控制？

帕斯韦尔氧化沟是连续工作式分建式氧化沟。沟渠形状采用跑道式沟形，并采用转刷曝气系统。帕斯韦尔氧化沟处理系统如图6-5-52 所示。

帕斯韦尔氧化沟其流程、工艺控制、回流污泥系统控制、剩余污泥排放系统的控制等，与传统的活性污泥系统基本一致，只是将传统的曝气池改为氧化沟。而氧化沟是采用转刷曝气系统。所以曝气系统的运行控制上有所区别，应当注意几点：

① 注意氧化沟供氧量的调节。一般调节方法有三种：一是转刷台数的改变；二是转刷速度的调速；三是转刷浸水深度。前两种方法用得不多。第三种方式，设立氧化沟的出流堰，设计好最佳充氧效率时的转刷浸水深度，在实际运行中按具体情况再调整。

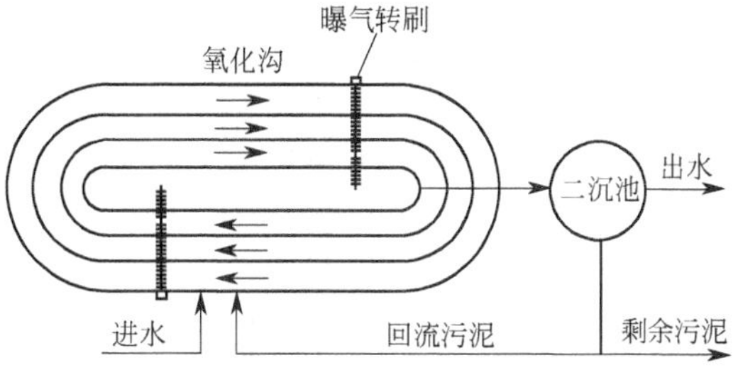


图 6-5-52　帕斯韦尔氧化沟处理系统

② 转刷曝气系统除充氧功能外，还有水力推动作用来控制一定的混合液沟内循环流动，混合液流速在 0.3m/s 以上，功率控制在 10～50W/m³，以保持充分混合接触，并处于紊流状态。还应注意转刷曝气装置在运行时的均匀分布。

③ 降低运行能耗。做好弯头舒缓，增设沟中导流板，降低阻力，节约能耗。

④ 注意沟内沟底积泥情况的定期检测，以便设法及时清泥，不要影响氧化沟的有效容积。

⑤ 控制好帕斯韦尔氧化沟的工艺参数，参考值：$F/M$＝0.05～0.15kg $BOD_5$/(kg VSS·d)；SRT＝10～30d。

**875　什么是交替工作式氧化沟？**

交替工作式氧化沟系统的特点是不单独设二沉池，在不同的时段氧化沟系统的一部分交替轮作沉淀池使用。交替工作氧化沟由丹麦克鲁格（Kruger）公司所开发，有双沟和三沟两种系统。

双沟系统有 VR 型和 D 型等，如图 6-5-53 和图 6-5-54，是由容积相同的 A、B 两池组成，串联运行，交替作为曝气池和沉淀池，不设污泥回流系统。该系统处理水质好、污泥稳定，缺点是曝气转刷的利用率低。VR 型是利用单向活拍门，连通 A、B 两部分，并利用定

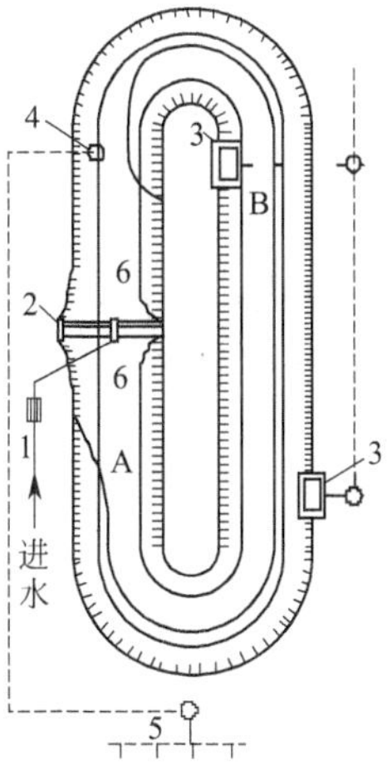


图 6-5-53　交替工作式氧化沟（VR 型）
1—沉砂池；2—曝气转刷；3—出水堰；4—排泥管；5—污泥井；6—氧化沟

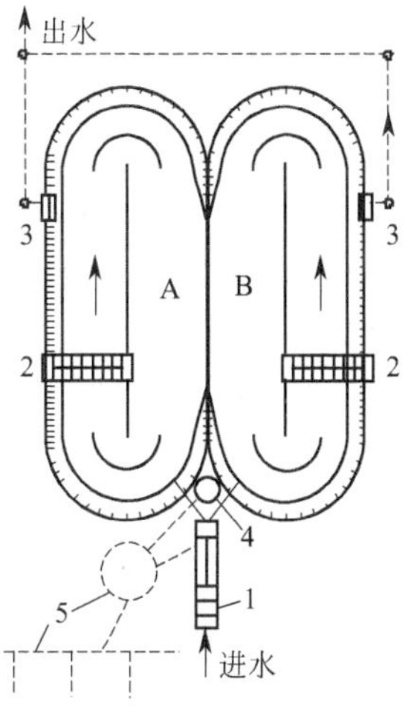


图 6-5-54　双沟交替工作式氧化沟（D 型）
1—沉砂池；2—曝气转刷；3—出水堰；4—排泥管；5—污泥井

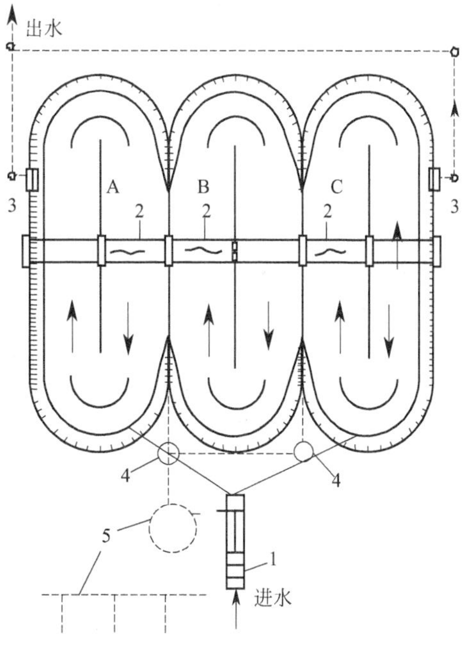


图 6-5-55　三沟交替工作式氧化沟系统（T 型）
1—沉砂池；2—曝气转刷；3—出水溢流堰；4—排泥管；5—污泥井

期改变曝气转刷的旋转方向，以改变沟渠中的水流方向，使 A、B 两部分交替地作为曝气池和沉淀池。D 型一般以 8h 为一运行周期，A、B 两池交替地作为曝气池和沉淀池。

三沟交替工作氧化沟有 T 型等如图 6-5-55。两侧的 A、C 两池交替地作为曝气池和沉淀池，中间的 B 池则一直为曝气池。污水交替地进入 A 池或 C 池，处理水则相应地从作为沉淀池的 C 池和 A 池流出。系统不设污泥回流。三沟交替氧化沟不但能去除 BOD，还能脱氮、除磷。

交替工作式氧化沟系统需安装自动控制系统，实现安全操作控制。通过程序控制编制运作。例如合理地编制 BOD 降解及硝化运行控制程序，分成六个阶段，为一个运行周期，进行硝化运行的控制；适当改变运行程序，可以使 T 型氧化沟处于反硝化脱氮状态，硝化和反硝化运行程序一般也分六个阶段为一个运行周期，历时约 8h。

## G 氧 化 塘

### 876 什么是氧化塘？

氧化塘（oxidation pond），又称稳定塘，是人工适当修整或是人工修建的设有围堤的和防渗漏的污水池塘，主要依靠自然生物的净化功能，污水在池内流动缓慢，贮存时间较长，以太阳能为初始能源，通过污水中的微生物新陈代谢活动和包括水生植物在内的多种生物的综合作用，使有机污染物氧化降解，以净化污水。这样的污水池塘，即称氧化塘。

氧化塘可以进一步降低水中残留有机物及氮、磷等，而且有的实现了污水资源化、回收水产品等。因此，有条件地区还在不断应用。氧化塘发展的趋势是由自然状态转向半控制或全控制系统，现在已成为古老而又崭新的污水处理技术，受到世界各国的重视。

### 877 氧化塘是怎样起净化作用的？

氧化塘对水质污染物从 5 个方面产生净化作用：

（1）稀释作用　氧化塘的面积及容积一般都比较大，当污水进入氧化塘后，在风力、水流以及污染物的扩散作用下，与塘水进行一定程度的混合，使进水得到稀释，降低污染物的浓度，为进一步的净化作用创造条件，如降低有毒有害物质浓度，使生物降解过程能正常进行。

（2）沉淀和絮凝作用　进水入池后，流速降低，挟带的悬浮物在重力作用下，自然沉淀。此外，氧化塘内有大量的生物分泌物，有黏性，又有絮凝作用，使细小悬浮物颗粒聚集，沉于塘底成为沉积层。沉积层通过厌氧微生物分解进行稳定。

（3）微生物的代谢作用　在兼性塘和好氧塘内，绝大部分的有机污染物是通过异养型好氧菌和兼性菌的代谢作用去除的。厌氧降解使污染物成为 $CH_4$、$CO_2$ 以及硫醇等。沉底的难降解物，在厌氧微生物作用下，转化为可以降解的物质而得以降解去除。

（4）浮游生物作用　多种浮游生物发挥净化功能。原生动物、后生动物等主要功能是吞食游离细菌、藻类、胶体有机污染物和细小污泥颗粒，分泌出黏液，并起絮凝作用，使塘水澄清，生物链中互相制约、动态平衡使水质净化。

（5）水生植物的作用　水生植物吸收水中磷、氮等营养物，提高氧化塘脱氮、除磷的功能。水生植物根部有富集重金属功能，可提高重金属的去除率；水生植物的茎和根部为微生物提供水生介质，并可以向塘水供氧，提高去除 BOD 和 COD 的功能。

### 878 氧化塘有哪些类型？

氧化塘根据塘内微生物类型及供氧方式，主要分为四种。

（1）好氧塘（aerobie pond）　池浅，阳光能透过池底，主要由藻类供氧，全塘呈好氧状态，好氧微生物对有机物氧化降解起到了净化污水的作用。

(2) 兼性塘（facultatiue pond）　池水稍深，浅层阳光能透入，藻类光合作用旺盛，溶解氧充足，呈好氧状态。塘底沉有污泥，处厌氧状态，进行厌氧发酵。在好氧区与厌氧区之间，是随着昼夜变化存在溶解氧有时有、有时无的更替兼性区，污水净化是由好氧和厌氧微生物协同作用。

(3) 厌氧塘（anaerobic pond）　水深，塘水是厌氧状态，在其中进行水解、产酸和产甲烷等厌氧反应过程。

(4) 曝气塘（aerated pond）　由表面曝气器供氧，塘水呈好氧状态，好氧微生物对水中有机物进行氧化降解的净化过程。

氧化塘处理也可以几种塘型联用处理。

### 879　氧化塘（稳定塘）有哪些主要的特征参数？

氧化塘的主要特征参数如下：

| 主要参数＼类别 | 好氧塘 | 兼性塘 | 厌氧塘 | 曝气塘 |
|---|---|---|---|---|
| 水深/m | 0.4～1.0 | 1.0～2.5 | ＞3.0 | 3.0～5.0 |
| 停留时间/d | 3～20 | 5～20 | 1～5 | 1～3 |
| BOD 负荷/[g/(m² · d)] | 1.5～3.0 | 5～10 | 30～40 | 20～40 |
| BOD 去除率/% | 80～95 | 60～80 | 30～70 | 80～90 |
| BOD 降解形式 | 好氧 | 好氧,厌氧 | 厌氧 | 好氧 |
| 污泥分解形式 | 无 | 厌氧 | 厌氧 | 好氧或厌氧 |
| 光合成反应 | 有 | 有 | — | — |
| 藻类浓度/(mg/L) | ＞100 | 10～50 | — | — |

### 880　氧化塘（稳定塘）处理系统的流程是怎样的？

氧化塘（稳定塘）处理系统的典型工艺流程图如图 6-5-56 所示。

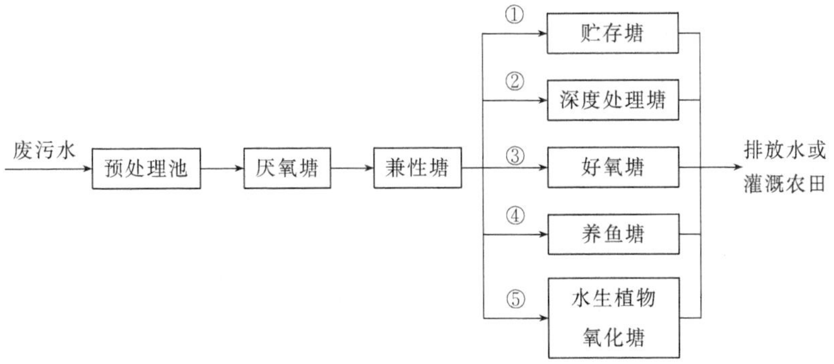


图 6-5-56　氧化塘处理系统工艺流程

废（污）水进入预处理池，经过格栅及沉砂处理，并作水量、浓度调节，进入厌氧塘处理，再流进兼性塘处理后，供五种情况使用或后续处理，即：①贮存塘；②深度处理塘；③好氧塘；④养鱼塘；⑤水生植物氧化塘。处理好后的最终出水合格，可以排放，或供农田灌溉或其他回用。

### 881　氧化塘处理技术有何特点与不足？

氧化塘处理技术有以下特点：

① 能够充分利用废河道、沼泽地、山谷、河漫滩等地形，因此基建投资省，约为常规污水处理厂的1/2～1/3。

② 可以利用风能的自然曝气充氧，运行和维护费用低，约为常规二级处理厂的1/3～1/5。

③ 实现污水资源化。氧化塘处理后的污水能达到农业灌溉的水质标准，可充分利用污水的水肥资源。塘中污泥与水生植物等混合堆肥，可以生产土壤改良剂。水生植物、养鱼、养鸭等生态塘还有可观的经济收入。

④ 美化环境，形成生态景观；

⑤ 氧化塘污泥产生量少，仅为活性污泥法的十分之一；

⑥ 适应和抗击负荷能力强，能承受水质和水量较大范围变动。

但氧化塘处理技术也有许多不足之处：首先是占地面积过大；其次处理效果受影响因素较多，如季节、温度、光照度、营养物质平衡、有毒物质、塘水混合，甚至蒸发量、降雨量等影响，使得有时稳定性不够；再是一定要做好防渗处理，防止地下水遭受污染；而且氧化塘常容易散发臭气和滋生蚊蝇，如措施不当，会影响周边环境。

**882　氧化塘的运转受哪些因素的影响？**

氧化塘的运转效果的影响因素有光照、温度、养料、有害物质、水力状态等。

首先是光照对氧化塘运转影响相当大。因为氧化塘内微生物的生命动力受光照强度影响很大，微生物的光合作用随光照强度增加而成正比增加，同时，光的光谱构成也有很大影响，因为微生物得到的光能与吸收光的有效波长有关，光谱的构成影响吸收能力。因此池的深度影响极大。当光照的透入深度受到限制时，可以辅以机械曝气，以增加氧量。

其次，温度是影响好氧环境的重要因素。氧化塘的微生物，藻类生活在5～40℃之间，绿藻在30～35℃左右生长，蓝藻生长温度34～40℃最适宜，好氧菌在10～40℃范围内生存，厌氧菌降解作用理想温度在15～65℃。而氧化塘的实际最高水温一般都低于30℃。由此表明，水温对塘内微生物的生存有很大影响，关系到氧化塘的运转效果。

再则是水质有害物质的浓度也会极大影响微生物正常代谢和生长。因此，要加强水质有害物质浓度的预测，超过限度必须要进行预处理。

此外，塘内微生物的养料配制也是微生物生长所必需的，与活性污泥法一样，即以BOD∶N∶P＝100∶5∶1的配比供给养料。

另外，氧化塘运转的水力特性也影响运转效果，塘的形状、进出水口的布置，以及由于水流短流、湍流影响废水的实际停留时间降低，而影响废水污染物的去除率。

**883　什么是废水的土地处理？**

废水的土地处理系统是属于废水的自然处理范畴，是指废水有节制地投配到土地上，通过土壤-植物系统的物理的、化学的、生物的吸附、过滤与净化作用和自我调节功能，使废水可生物降解的污染物得以降解、净化，氮、磷等营养物质和水分得以再利用，促进绿色植物生长并获得增产。

废水土地处理工艺分为慢速渗滤、快速渗滤、地表漫流、湿地处理和地下渗滤系统等五种工艺。

**884　废水土地处理的净化机理是什么？**

土壤-植物系统对废水的净化作用是一个十分复杂的综合过程，其中包括物理过程中的过滤、吸附，化学反应与化学沉淀以及微生物的代谢作用下的有机物的分解和植物吸收等。

当废水流经土壤时，土壤颗粒间的空隙具有截留、滤除水中悬浮颗粒的性能；土壤中黏土矿物颗粒能吸附中性分子污染物，废水中的金属离子与土壤中的无机和有机胶体颗粒由于螯合作用形成螯合化合物，或生成复合物，重金属离子被置换吸附并生成难溶性的物质被固定在土壤的晶格中，由这些物理吸附与物理化学吸附而去除废水中的重金属离子和难溶性化合物；土壤中生存着种类繁多、数量巨大的微生物，在微生物代谢作用下的废水有机物被分解；废水中的营养物质主要靠土壤中的植物吸附和吸收作用而去除。

## （六）常见废水处理技术

### 885 含氰废水如何处理？

含氰废水来源于电镀、热处理、煤气制造等工厂，范围广泛而危害性大。由于含氰废水除含有剧毒的氰化物外，还以金属盐的状态存在，所以处理含氰废水时，还应包括重金属的处理。处理的方法较多，如下表：

| | | | |
|---|---|---|---|
| 破坏性处理法 | 碱性氯化法<br>臭氧氧化法<br>电化学法<br>自然降解法<br>过氧化氢氧化法<br>$SO_2$-空气氧化法<br>生化处理法 | 综合利用法 | 酸化回收法<br>溶液萃取法<br>液膜法<br>活性炭吸附法<br>硫酸锌-硫酸酸化法<br>电渗析法<br>离子交换法 |

其中碱性氯化破氰法应用最广，是比较成熟的方法，是在碱性条件下，用 NaClO、漂白粉、液氯等氧化剂破氰，此法基本原理是利用 $ClO^-$ 氧化作用，反应式如下：

$$CN^- + ClO^- + H_2O \longrightarrow CNCl + 2OH^-$$

$$CNCl + 2OH^- \longrightarrow CNO^- + Cl^- + H_2O$$

在 pH＝10～12 时，CNCl 转化为微毒的 $CNO^-$。连续式碱性氯化法处理含氰废水工艺流程如图 6-6-1 所示。

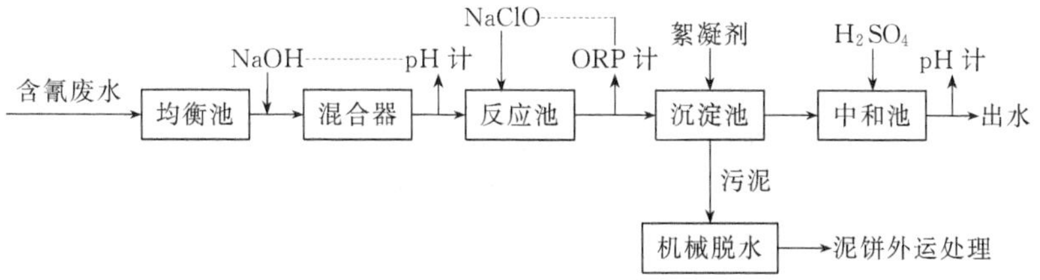


图 6-6-1 连续式碱性氯化法处理含氰废水工艺流程图

含氰废水在均衡池中调节浓度后，进入混合器，在混合器前加 NaOH，用量由 pH 计自控，使废水 pH＝10～12。同时在反应池投加 NaClO，投加量由 ORP 计自控。废水于沉淀池中，在絮凝剂的作用下，加速了重金属氢氧化物的沉降。沉淀池出水 pH 很高，所以在中和池中加 $H_2SO_4$，调节 pH＝6～9，外排或回用。

ORP 计是氧化还原控制器，是集氧化还原测控和酸碱度测控于一体的多功能、智能型仪表。

### 886 怎样处理废水中的酚？

含酚废水是一种污染范围广、危害性大的工业废水。含酚废水的来源也十分广泛，处理的方法有多种。当浓度大于 2000mg/L 时，可采用萃取法回收利用。

脱酚萃取剂的选用是重要因素，它关系到脱酚效率、操作条件以及经济效益。一般选用

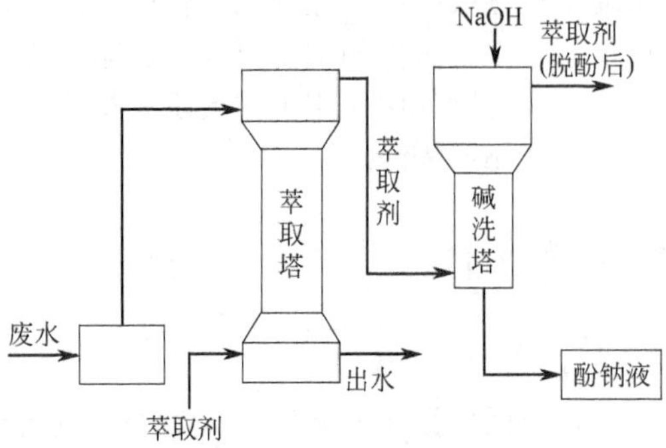


图 6-6-2 脉冲筛板萃取法脱酚工艺流程

重苯（分配系数 2.47）、轻油（分配系数 2～3）；萃取设备也是脱酚效果的重要因素。萃取设备我国普遍采用脉冲筛板塔。该塔分上、中、下三部分，上、下部分别为萃取剂、废水的分离区，中部设置能上、下脉冲式运动的筛板，为萃取区。萃取法脱酚的工艺流程如图 6-6-2所示。

含酚废水（有时经冷却、均匀后）从萃取塔上部进入，萃取剂从下部进入，在塔内进行连续逆向萃取，在筛板的往复脉冲搅动下，萃取剂得以充分地分散，从而使废水中的酚在分配传质作用下转入萃取剂中，废水得以净化。吸收了酚的萃取剂从塔顶流出，然后依次经三座串联的碱洗塔（内装浓度为 20%的 NaOH）萃取再生，萃取剂的酚被碱液吸收生成酚钠盐，经脱酚后的萃取剂连续回流循环重复利用。经脱酚的废水经适当处理后回用或外排。

含酚废水的处理方法，在酚含量为低浓度时，或是回收不合算时，可以采用高级氧化技术、活性污泥法生化技术以及膜分离技术等来处理废水中的酚。

近年来国外采用离心机脱酚技术，体积小，占地少，脱酚效率高。据资料介绍，有 KLC-86SD 型离心萃取机、SC-500-1 型离心萃取机等。据称：当离心萃取机转速为 1750r/min，含酚废水量 $25m^3/h$，萃取剂（轻油）量 $3m^3/h$，废水进口压力为 0.62MPa，萃取剂进口压力为 1.05MPa，出口压力为 0.62MPa 时，脱酚运转参数：废水含酚 2520mg/L，出口废水残留酚 36mg/L，脱酚效率 98.6%；萃取剂（轻油）含酚为 1860mg/L，碱洗后含酚 52mg/L；轻油与废水之比为 13∶10。

### 887 如何脱除废水中的氯?

废水中余氯排放水体，如果超出排放标准时，可能对水生生物有潜在的毒害，或是可能对所排水体的进一步利用会产生不良影响，因此，有必要对废水进行脱氯处理。由于废水中的氯为氧化性物质，故不得用阴离子交换树脂处理。目前脱氯处理主要是应用还原剂（如二氧化硫、亚硫酸钠等），或用活性炭吸附。这些方法及反应原理如下。

（1）二氧化硫脱氯　二氧化硫在水中生成亚硫酸（$H_2SO_3$），是强还原剂。亚硫酸又离解成 $HSO_3^-$，和游离氯及结合氯作用生成氯化物和硫酸盐离子。气体 $SO_2$ 相继去除游离氯、一氯胺、二氯胺、三氯化氮（又称三氯胺）等。反应式如下所示：

$$SO_2 + H_2O \longrightarrow HSO_3^- + H^+$$
$$HSO_3^- + HClO \longrightarrow Cl^- + SO_4^{2-} + 2H^+$$
$$SO_2 + NH_2Cl + 2H_2O \longrightarrow Cl^- + SO_4^{2-} + NH_4^+ + 2H^+$$
$$2SO_2 + NHCl_2 + 4H_2O \longrightarrow 2Cl^- + 2SO_4^{2-} + NH_4^+ + 5H^+$$
$$3SO_2 + NCl_3 + 6H_2O \longrightarrow 3Cl^- + 3SO_4^{2-} + NH_4^+ + 8H^+$$

（2）亚硫酸盐脱氯　利用亚硫酸钠（$Na_2SO_3$）、亚硫酸氢钠（$NaHSO_3$）、焦硫酸钠（$Na_2S_2O_5$）与游离氯反应：

$$Na_2SO_3 + Cl_2 + H_2O \longrightarrow Na_2SO_4 + 2HCl$$
$$NaHSO_3 + Cl_2 + H_2O \longrightarrow NaHSO_4 + 2HCl$$
$$Na_2S_2O_5 + 2Cl_2 + 3H_2O \longrightarrow 2NaHSO_4 + 4HCl$$

亚硫酸盐和结合氯(以一氯胺为例)反应如下：

$$Na_2SO_3 + NH_2Cl + H_2O \longrightarrow Na_2SO_4 + Cl^- + NH_4^+$$

$$Na_2S_2O_5 + 2NH_2Cl + 3H_2O \longrightarrow Na_2SO_4 + H_2SO_4 + 2Cl^- + 2NH_4^+$$

对 1mg/L 余氯（以 $Cl_2$ 计）脱氯时约需要的脱氯化合物量大致如下：

| | |
|---|---|
| $SO_2$ | 1.0～1.2mg/L |
| $Na_2SO_3$ | 1.8～2.0mg/L |
| $NaHSO_3$ | 1.5～1.7mg/L |
| $Na_2S_2O_5$ | 1.4～1.6mg/L |

（3）活性炭脱氯　活性炭吸附可以同时去除游离和结合余氯，反应如下式：

$$C + 2Cl_2 + 2H_2O \longrightarrow 4HCl + CO_2$$

$$C + 2NH_2Cl + 2H_2O \longrightarrow CO_2 + 2NH_4^+ + 2Cl^-$$

活性炭脱氯有效可靠，可深度去除，但成本较高。

### 888　废水中硫化物有哪些处理方法？

硫化物是腐蚀性有毒物质，含硫废水一定要妥善处理，否则会对环境造成极大污染。含硫废水来自炼油、石化、燃料、焦化等行业的大量排出水中。由于各行业排出组分差异很大，所以采用的处理方法有所不同，但总体分为物化处理和生化处理两大类。含硫废水的处理方法简介如下：

| 类别 | 处理方法 | 简要说明 |
|---|---|---|
| 物化处理 | 汽提法 | 工艺成熟，处理效果较好，炼油、石化工业使用较多 |
| | 空气氧化法 | 技术成熟，处理效果也较好，但需要高温、高压或催化剂，能耗较大 |
| | 湿空气氧化法 | 处理效果比较好，可作为生化处理的预处理，但设备材质要求比较高，需耐腐蚀 |
| | 超临界水氧化法 | 反应速度快，处理效率高，处理效果也比较好，但设备材质要求比较高，需耐腐蚀 |
| | 化学药品反应除硫 | 化学药品投加量大，后续处理较困难，处理效果并不好，虽然投资低，但运行费用较高 |
| 生化处理 | 生物接触氧化法 | 可处理中、低浓度含硫废水，处理效果比较好，对设备要求不高 |
| | 缺氧生物处理 | 处理效果较好，对设备材质的要求较高，投资高 |
| | Thiopap 工艺 | 处理是在常温常压下进行，效果良好，可以回收硫及非单质硫产品，但投资大 |
| | 生物固定化技术 | 工艺较复杂，长期运行稳定性还待研究 |

为取得良好的处理效果，有时把物化处理和生化处理联合串联使用。

### 889　如何处理废水中的铬？

由于铬及其化合物在许多工业如镀铬、钝化、金属加工、冶金等广为应用，因此，这些工业每天排出大量的含铬废水。就电镀废水而言，全国电镀厂有一万多家，每年排放出含铬废水达 $40\times10^8 m^3$，对人类、对环境造成严重危害，必须要进行处理。处理含铬废水的方法有多种，其中化学法处理含铬废水是国内应用较为广泛的方法之一，常用的有化学还原法、铁氧体法等。

化学还原法的基本原理是利用还原剂（如 $FeSO_4$、$NaHSO_3$、$SO_2$ 等），将废水中的六价铬还原成三价铬。例如用硫酸亚铁（$FeSO_4$）还原剂时，首先是在酸性条件下（pH＝2.9～3.7），即用硫酸调节 pH，再与废水中 $Cr^{6+}$ 反应，还原成 $Cr^{3+}$，其反应式如下：

$$6FeSO_4+H_2Cr_2O_7+6H_2SO_4 \longrightarrow Cr_2(SO_4)_3+3Fe_2(SO_4)_3+7H_2O$$

然后，加石灰或 NaOH，在碱性条件下（pH=7～9），生成氢氧化铬沉淀，其反应式如下：

$$Cr_2(SO_4)_3+3Fe_2(SO_4)_3+12Ca(OH)_2 \longrightarrow 2Cr(OH)_3\downarrow+6Fe(OH)_3\downarrow+12CaSO_4$$

化学还原法含铬废水间歇处理流程如图 6-6-3 所示。

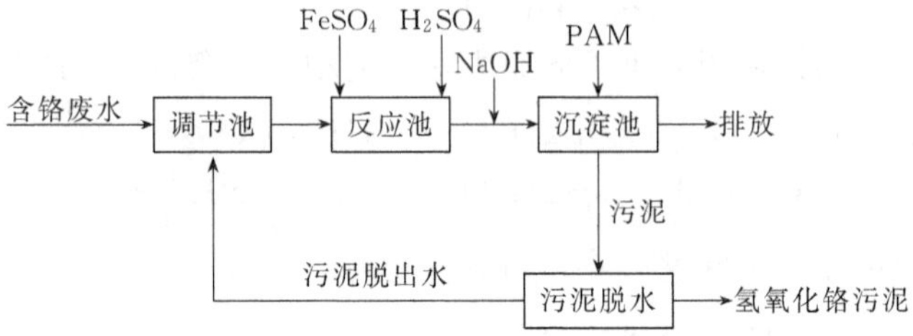


图 6-6-3 化学还原法含铬废水间歇处理流程

含铬废水进入调节池，调好浓度，再进入反应池，在此加 $FeSO_4$、$H_2SO_4$，投加量是理论值的 1.3～1.5 倍，停留时间约 10～30min。然后进入沉淀池，在池前投加石灰或 NaOH 调 pH 至 7～9，池中加入絮凝剂 PAM，沉淀后，清水从池上部排出，污泥进行脱水，氢氧化铬污泥送出处理，脱出水送入调节池，用于化学还原法间歇处理。

铁氧体法含铬废水处理的流程如图 6-6-4 所示。铁氧体法是以硫酸亚铁为还原剂，使六价铬还原成三价铬，再加碱使三价铬和其他重金属发生共沉，再经通入空气、加温、陈化等操作过程，使废水中各种氢氧化物产生固相化学反应，形成复杂的铁氧体。铁氧体法也有间歇式和连续式两种。前者废水处理量在 $10m^3/d$ 以下时采用，后者处理量在 $10m^3/d$ 以上时采用。

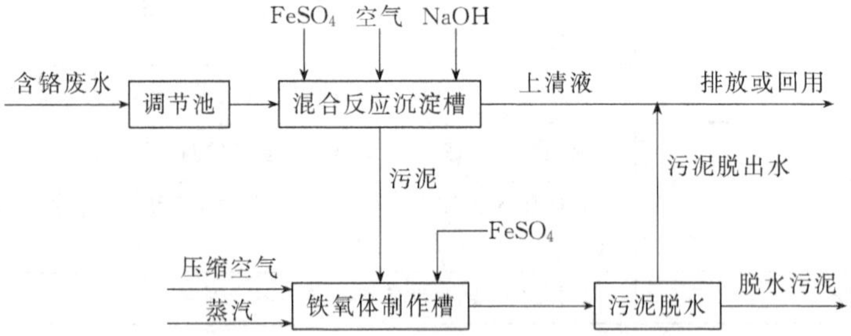


图 6-6-4 铁氧体法含铬废水间歇处理流程

**890 废水中的油有哪些处理方法？**

废水中油的形态分四种：①浮油，占废水含油 80%～90%，颗粒大，一般大于 100μm，易浮于水面；②分散油，颗粒大小一般在 10～100μm，悬浮于水中，不稳定，长时间静止往往成浮油；③乳化油，占废水含油 10%～15%，颗粒大小 0.10～10μm，不易上浮；④溶解油，占废水含油 0.2%～0.5%，颗粒小于 0.10μm 溶于水。处理含油废水的方法有：

（1）重力法 采用隔油池装置，利用油和水相对密度的不同，在隔油池中使油水重力分离，将油浮在池上，予以去除。常用的隔油池有平流式（API）、平行板式、波纹板式、斜板式（PPI），其中以平流式应用广泛。隔油池结构简单，操作方便，适应性强，可以分离颗粒 60μm 以上的浮油，参见 761 题。

（2）气浮法 气浮法是通空气于含油废水中，形成微小气泡，使油滴附着在微小气泡上，加速油滴的上浮，予以分离。气浮法除油要投加混凝剂协同处理。近年来气浮法除油工艺上有许多改进。

(3) 膜分离法 如用超滤膜等膜技术，使油水分离。

(4) 生化处理 特别是对废水中呈溶解状态的油，用简单物理法或物理化学法难以去除的，需采用生化处理方法。

(5) 吸附法 是利用比表面积较大的亲油疏水多孔吸油材料，从水面吸附浮油，然后设法从吸附剂中回收浮油。而吸附剂可反复再次利用。这种方法的关键是选择合适的吸附剂。根据吸附剂的性质，可分为炭质吸附剂（如活性炭、煤粉、矿渣、泥炭等）、无机吸附剂（如沸石、硅藻土、膨润土、二氧化硅、珍珠岩等）、有机吸附剂（天然纤维、锯末、木屑、聚丙烯等）。

(6) 组合处理 几种方法组合，如隔油、气浮、生化等工艺串联处理，效果更好。

### 891 有哪些方法处理废水中的重金属？

废水中的主要重金属污染物的处理方法很多，简单归纳如下表所示。

| 重金属名称 | 主要处理方法 |
|---|---|
| 汞(Hg) | 硫化物沉淀法；巯基离子交换树脂吸附法；混凝沉淀法；活性炭吸附法；还原剂法；用特种滤料过滤法 |
| 铬(Cr) | 只处理不回收：化学还原法；电解法；$SO_2$ 还原法<br>可以回收：钡盐法；离子交换法；铁屑过滤法；活性炭吸附法 |
| 铅(Pb) | 化学沉淀法；离子交换法；生物吸附法；电解法 |
| 砷(As) | 石灰沉砷法；硫化沉砷法；镁盐脱砷法 |
| 镉(Cd) | 化学沉淀法；活性炭等吸附剂的吸附法；漂白粉氧化法；铁氧体法；离子交换法；膜分离法；生物法 |
| 镍(Ni) | 中和絮凝沉淀法；活性炭吸附法；生物法；离子交换法；反渗透法；电渗析法 |
| 银(Ag) | 沉淀法；电解法；置换法(锌、铁作还原剂)；离子交换法；吸附法 |
| 锌(Zn) | 化学法；超滤法；离子交换法 |
| 金(Au) | 电沉积法；离子交换法；双氧化法 |
| 铜 | 离子交换法；蒸发-离子交换法；电解法；化学还原-活性炭吸附法 |

从上表可见，重金属废水的处理方法，主要为两大类：一类是使溶解性的重金属转变为不溶或难溶的金属氧化物，从而将其从废水中除去；另一类是不改变重金属的化学形态的情况下，进行浓缩分离。具体如下：

(1) 氢氧化物沉淀法 向含重金属的废水投加碱性沉淀剂，使金属离子（$M^{n+}$）与羟基反应，生成难溶的金属氢氧化物沉淀，从而予以分离。

$$M^{n+} + nOH^- \longrightarrow M(OH)_n \downarrow$$

上述反应与废水的 pH 值有关。常用的沉淀剂有石灰、石灰石、电石渣、碳酸钠、氢氧化钠等，其中以石灰应用最广。

(2) 硫化物沉淀法 向废水中投加硫化剂，使金属离子与硫化物反应，生成难溶的金属硫化物沉淀。硫化剂可采用硫化钠、硫化氢或硫化亚铁等。

(3) 还原法 向废水中投加还原剂，使金属离子还原为金属或低价金属离子，再投加石灰使其成为金属氢氧化物沉淀。此法可用于铜、汞等金属离子回收，并常用于含铬废水处理：使废水中 $Cr^{6+}$ 还原为 $Cr^{3+}$，再加石灰生成氢氧化铬沉淀。由于投加还原剂的不同，又可分为硫酸亚铁法、亚硫酸氢钠法、二氧化硫法和铁粉（或铁屑法）等。

（4）离子交换法　利用离子交换剂的交换基团，与废水中的金属离子交换反应，将金属离子交换到离子交换剂上，予以除去。用阳离子交换树脂处理$Cu^{2+}$、$Zn^{2+}$、$Ca^{2+}$等金属离子；也可以用阴离子交换树脂去除废水中金属离子或酸根，如$HgCl_4^{2-}$、$Cr_2O_7^{2-}$等。

（5）铁氧体法　铁氧体是具有铁磁性的半导体，利用铁氧体反应，将废水中的二价或三价金属离子充填到铁氧体尖晶石的晶体中去，从而得到沉淀分离。此法可以去除废水中多种金属，如Cd、Cr、Cu、Ni、Zn、Pb、Mn、Hg等以及电镀废水处理。

（6）电解法　可以处理$Cr^{6+}$废水等。

（7）吸附法　利用吸附剂来吸附废水中的金属离子，使其去除。吸附剂有活性炭、腐殖酸煤、硅酸钙、沸石等。

（8）膜分离法　利用反渗透、电渗析、液膜、超滤等技术来分离水中重金属，使其去除。

**892　甲醇残液废水如何进行生化处理？**

甲醇残液是在生产过程中，粗制甲醇在蒸馏时从蒸馏塔底部排出的废液。废液中含甲醇0.3%～1.0%，还有少量的高烷烃及醇类、酯类等物质。这些残留物质如排至水域对生物机体是有害的。因此，必须经过处理。但是甲醇残液处理技术难度很高。在生化处理小试基础上，放大50倍，进行中试，然后，确定甲醇残液废水生化处理的工艺流程如下：

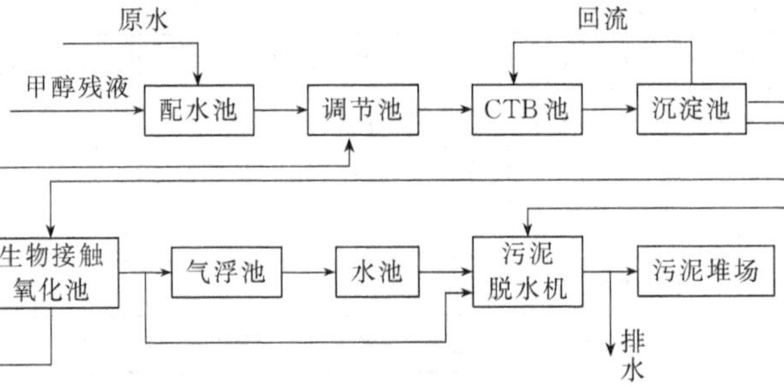


甲醇残液通过外管送至生化处理场，但残液水温>40℃时，需要进行冷却处理，然后进入配水池，将甲醇残液配置成COD 6000～9000mg/L，$CH_3OH$ 3000～4500mg/L，再送至调节池，并用生物接触氧化池的合格出水来稀释，控制COD浓度约1000～2000mg/L，$CH_3OH$ 500～1000mg/L，同时加入适量的N、P营养源，然后送至CTB池进行一级生化处理，CTB池为好氧生化处理，利用曝气池内的活性污泥和微生物将有机物质吸附和氧化分解，部分污泥和废水进入沉淀池清浊分离，清液进入生物接触氧化池进入二级生化处理，有机物质在生物接触氧化池被填料上的生物挂膜进一步吸附氧化，从而达到排放标准排入水体，或是进入调节池稀释甲醇残液浓度。从生物接触氧化池沉淀下来的污泥可回流到CTB池回用，而剩下的污泥进行浓缩，并真空脱水再送至干化场处理。如果生物接触氧化池出水中悬浮物（SS）尚高，可用泵打入混合罐中，与聚合硫酸铁等凝聚剂进行聚凝处理，后经气浮池分离，达到出水COD<100mg/L，$NH_3$-N<15mg/L，$CH_3OH$<10mg/L，pH=6～9，达标后排放。以上技术在上海某厂使用，曾获1991年上海科技进步一等奖。

**893　制药工业抗生素厂废水如何处理？**

制药工业的废水主要包括四类：抗生素生产废水、合成药物生产废水、中成药生产废水以及各类制剂生产过程中的洗涤水、冲洗水。前三类废水污染较为严重，COD、SS、色度高，而且废水中残留的抗生素对微生物具有抑制作用，给生物处理增加了难度。由于各类废水不相同，处理工艺也不同，并且，常常是采用综合处理工艺。如某抗生素制药厂，生产利福平、氧氟沙星、环丙沙星等抗生素，废水水质：COD 18000mg/L，BOD 6500mg/L，废水处理采用两级气浮-两级生物-生物活性炭工艺，经处理后的出水 COD≤300mg/L。其工艺流程图如下所示：

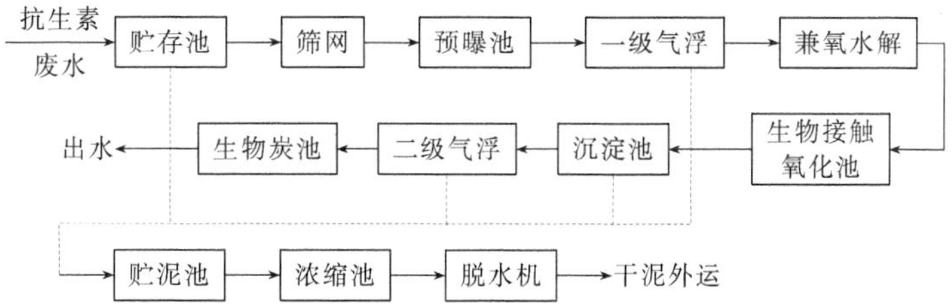


## 894　如何处理造纸工业的废水？

造纸工业的废水量大，污染严重，处理难度大。废水分为黑液、中段水、白水三种。黑液来源于蒸煮废液，污染负荷最大，占造纸厂总污染负荷的 90%；中段水来源于造纸工艺洗涤、筛选、漂白等工段，废水色度高；白水来自打浆机等的生产废水，污染物浓度低。

黑液是造纸废水处理的重点。处理的工艺大都采用碱回收法。主要的碱回收工艺有：湿式燃烧法传统碱回收；离子体裂解法；湿式干裂解法；电渗析法；黑液加 $Fe_3O_4$ 燃烧、苛化、直接回收法；组合浓缩、闪蒸、干烧碱回收法；闪速热解汽化法等。但是，碱回收法草浆黑液中硅含量很高，黏度大，蒸发过程能耗高，蒸发后最终浓度难以达到燃烧要求，严重影响碱回收系统的稳定运行，因此要做黑液的除硅处理。除硅主要的方法是黑液中加入阳离子置换剂，如 $Ca^{2+}+CaO$，$Mg^{2+}+(MgO，Mg_2SO_4)$ 和 $Al^{3+}+Al_2(SO_4)_3$ 等，使 $SiO_2$ 形成不溶性硅酸盐而沉淀。其次也可调节 pH（9～10）或加絮凝剂使 $SiO_2$ 沉淀。例如某厂造纸黑液废水的化学除硅-混凝沉淀法处理工艺如下：

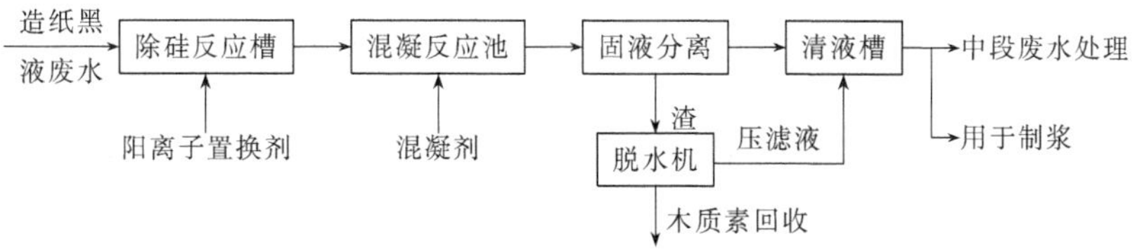


在草浆黑液中加入一定量阳离子置换剂，不断搅拌，使之形成稳定硅酸盐沉淀，并生成难溶的木质素磺酸盐，再加适量絮凝剂，进行固液分离；所得碱液可以浓缩回收，或部分用于制浆，部分排入中段废水处理。上述处理工艺的去除率：COD≥70%，木质素≥85%，色度≥95%，$SiO_2$≥98%。

小型造纸厂废水处理可采用物化法＋生物法工艺，例如某厂的造纸废水处理工艺流程如下：

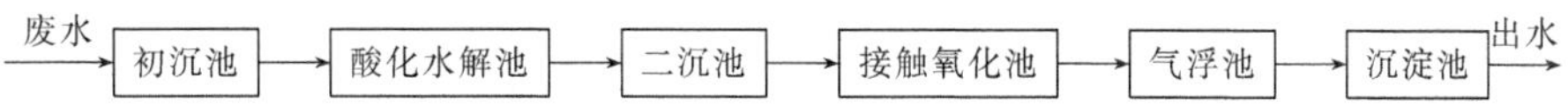


该厂以石灰法制纸，麦草为原料。废水平均 $COD_{Cr}$ 4100mg/L，$BOD_5$ 1700mg/L，SS 2000mg/L，经处理后出水 $COD_{Cr}$ 345mg/L，去除率 91.6%，BOD 92.5mg/L，去除率 94.6%，SS 95.6mg/L，去除率 95.2%。

又如某厂的中段废水加部分白水，水量 20000t/d，COD 1000mg/L，BOD 350mg/L，SS 700mg/L。其处理工艺是：

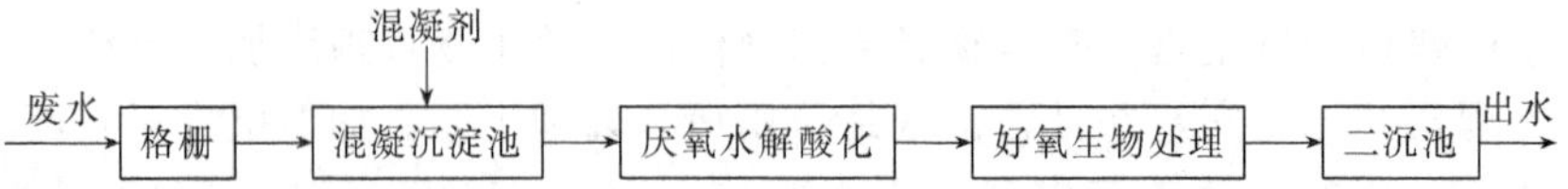


废水经处理后达到二级污水排放标准。

### 895 染料工业的废水如何处理？

染料工业生产采用的基本原料是苯、萘、蒽醌及杂环类化合物，废水的盐分高、色度高、有机物成分复杂、难以降解、毒性大，废水的处理难度很大。染料工业废水按浓度高低分为三类，采用不同的废水处理工艺。第一类为超高浓度废水，主要是染料和中间体母液、压滤的头遍洗液，其特点是有机物浓度高、色度高、含盐量高，COD 高达 100000～150000mg/L，对这类废水采用焚烧处理最为经济合理；第二类为高浓度废水，主要是染料洗液、反应釜的洗刷水等，其特点是有机物浓度、色度仍然比较高，对这类废水，常采用物化-生物处理技术；第三类是低浓度废水，可以直接采用生物处理。例如，某染料厂废水 COD 1500mg/L，$BOD_5$ 7000mg/L，采用絮凝-加速澄清-生物处理的工艺，出水 COD＜200mg/L，运行稳定，流程如下：

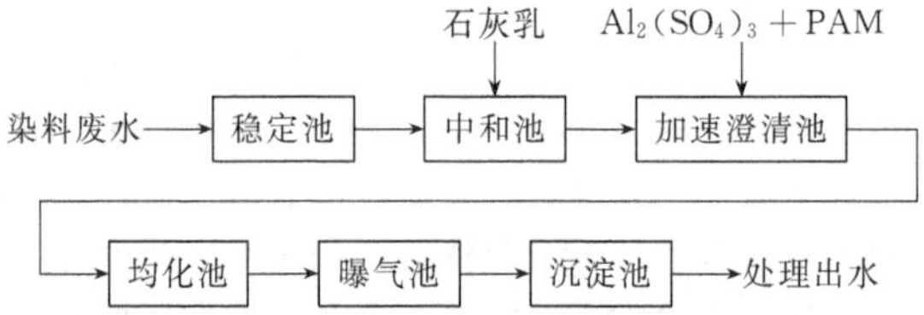


### 896 如何处理农药废水？

农药厂生产的农药目前以有机磷农药为多，农药废水成分复杂、污染物浓度高、毒性大，直接用生化处理很困难，一般要经过适当预处理或经调节池配水稀释，为生物处理提供条件。一般配水后控制 COD 在 1000～1500mg/L，有机磷在 40～120mg/L。这样，经处理后大多 COD 可在 150mg/L 以下。

如某农药厂生产的多菌灵农药，其废水处理采用树脂吸附-生物接触氧化工艺，其流程如下所示：

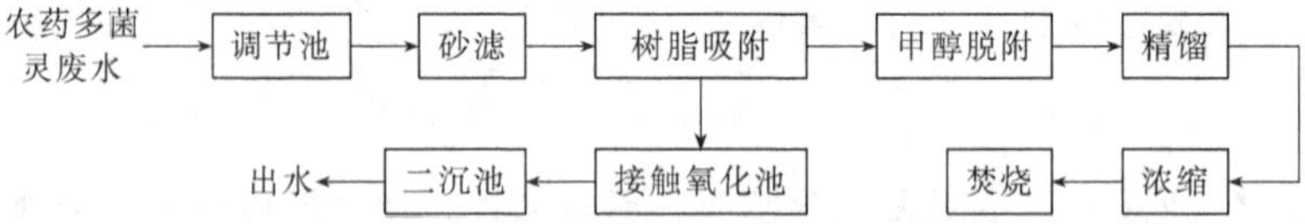


又如某农药厂生产的乐果农药，其废水处理采用 SBR 序批活性污泥法-絮凝沉淀处理工艺，其流程如下所示：

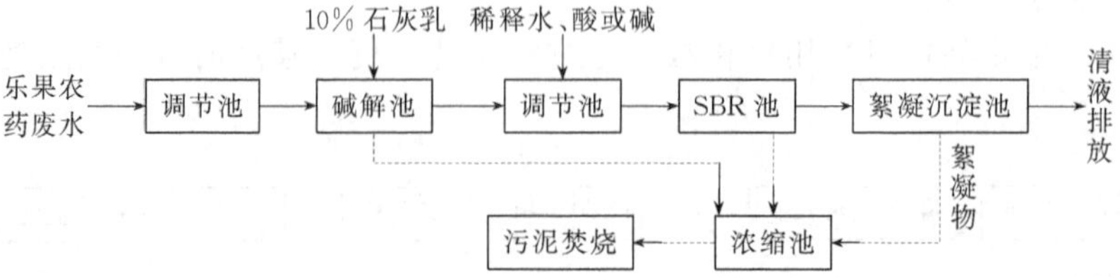


### 897 废水处理设施中的臭气用什么方法治理？

废水处理设施中常有臭气外泄，臭气的类型很多，但是有臭气的化合物大都含有硫或氮，如硫化氢（$H_2S$）的臭鸡蛋味、甲胺（$CH_3NH_2$）的腐烂鱼腥味等，臭气使人感到恶心，有的还有毒，应当设法治理。治理的方法主要有：

（1）物理方法

① 活性炭吸附除臭。

② 用砂、土壤或堆肥床吸附废水处理后的排水。

③ 用新鲜空气稀释以降低臭气浓度，或用高烟囱排放，用大气稀释、扩散。

④ 用掩蔽剂香气喷雾，掩蔽臭气。

⑤ 向废水中注氧（空气或纯氧）控制发生厌氧条件。

⑥ 将臭气通入气体洗涤塔来除臭。

（2）化学方法

① 化学氧化法。用氯、臭氧、过氧化氢等氧化剂去除废水中有臭气的化合物。

② 化学沉降法。如硫化氢与金属盐特别是铁盐作用的产生沉降来处理 $H_2S$ 臭气。

③ 中和剂法。将中和剂喷成雾状与臭气化合物起化学反应，或起中和作用，或使其溶解。

④ 可用各种碱类洗涤剂将通入化学洗涤塔的臭气去除。

⑤ 热氧化法。即燃烧臭气尾气，可除臭。

（3）生物方法

① 活性污泥曝气池以去除致臭的化合物。

② 生物洒滴滤池去除有臭气的化合物。

③ 堆肥滤池。臭气可通过堆肥的生物活性床除臭。

④ 砂及土壤滤池。臭气可通过砂的和土壤的生物活性床除臭。

⑤ 生物池。臭气可通过生物池去除有臭气的化合物。

**898　钢厂冷轧废水如何处理？**

钢厂冷轧废水组分比较复杂，主要有含油乳化液废水、高浓度含铬废水、硫氰化钠废水以及酸洗的废酸液等。处理方法也有不同。实例：宝钢冷轧废水处理是由德国陶瓷化学公司设计的工艺，如下图所示：

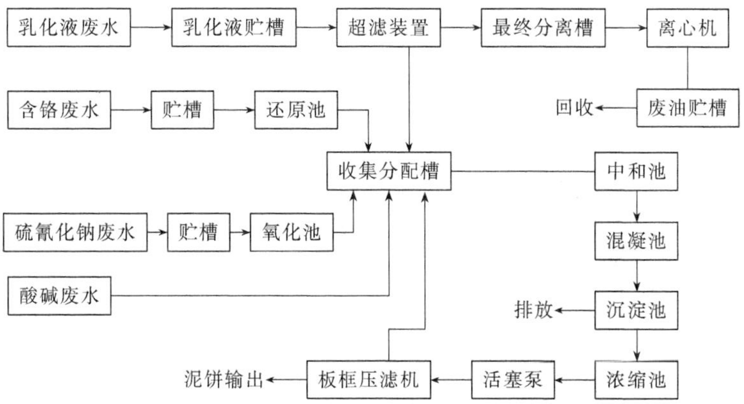


含油乳化液废水经蒸汽间接加热后，分离出油，在贮槽一端的为浮油，经吸附分离，底部为污泥，经刮泥并送至污泥池。位于贮槽中部乳化液进入二级超滤浓缩，再经最终离心分离，得到90%浓度废油，回收，而超滤废水进入收集分配槽中。高浓度含铬废水利用阳离子交换树脂去除，而阳离子交换树脂的再生液和其他含铬废水通过化学还原法处理。硫氰化钠废水用氧化剂次氯酸钠处理，但反应时要加石灰水或盐酸调 pH 值。经各路处理后的废水收集于分配槽中，经过两级中和处理后进入混凝池，投加高分子絮凝剂，流入沉淀池净化，出水控制好 pH 值后排放。沉淀池污泥另行处理。

### 899 什么是剩余污泥排放量？如何估算？

废水处理过程中产生大量污泥，需要排出系统。这是在系统设计和运行过程中都应重视并考虑的实际问题，需要妥善处理这些污泥，并减少对环境的影响。

剩余污泥产量是污泥总产量的一部分。

废水生物处理中微生物对污染物质的代谢过程，实际上就是微生物消耗有机底物，进行氧化还原反应，并通过合成新细胞使污泥增长的过程。因此，随着废水中有机底物不断被降解和消耗，废水处理设施中的微生物自身也在持续大量繁殖。为了使反应器中污泥系统处于正常状态，使活性污泥保持在一定浓度，必须将多余的活性污泥排出系统，这就是剩余污泥排放。排出的污泥中含有一定量的老化的微生物细胞，也使系统中的微生物得到更新，保持良好的繁殖能力。

剩余污泥排放量等于系统中微生物的净增殖量。由于微生物在增殖的同时，自身呼吸也有一部分细胞衰减，故净增殖率等于微生物合成率减去内源呼吸降解速率。

在只除碳的情况下，每日微生物净增殖量（干泥量）$\Delta X_c$ 按下列计算：

$$\Delta X_c = YQ(S_0 - S_e) - K_d VX \quad \text{kg VSS/d}$$

式中 $Q$——废水流量，$m^3/d$；

$V$——反应器体积，$m^3$；

$X$——系统内微生物浓度（活性污泥系统中的 VSS 浓度），kg VSS/$m^3$ 或 g VSS/L；

$S_0 - S_e$——有机底物降解量(反应器进出口 $BOD_5$ 浓度差)，kg $BOD_5/m^3$ 或 g $BOD_5$/L；

$Y$——微生物合成产率系数或称污泥产率系数，表示每降解 1kg 底物（$BOD_5$）所合成的生物量（VSS），kg VSS/kg $BOD_5$；

$K_d$——微生物内源呼吸时的自身降解速率或称衰减系数，kg VSS/(kg VSS · d) 或 $d^{-1}$。

$Y$ 及 $K_d$ 值随废水性质及处理方法而不同，一般经过试验测定，或者选用同类方法的经验数据。在有些试验方法实测所得的微生物增殖量为净增殖量，已经减掉了呼吸衰减量。这时的产率系数称为表观产率系数 $Y_{obs}$，定义为：

$$\Delta X_c = Y_{obs} Q(S_0 - S_e) \quad \text{kg VSS/d}$$

整理后可得：

$$Y_{obs} = Y \Big/ \left(1 + K_d \frac{VX}{\Delta X_c}\right) = Y/(1+\theta_c)$$

式中 $\theta_c$——污泥龄，d。

$Y$、$K_d$ 数值随水质和处理方法差别很大。各种资料介绍，好氧活性污泥法的 $Y$ 值多在 0.4～0.8 或 0.5～0.7 之间，$K_d$ 值在 0.04～0.10 之间。估算时选用的典型值一般 $Y$ 为 0.6，$K_d$ 为 0.05。厌氧法的产泥量比好氧活性污泥法低得多，$Y$ 值一般为 0.04～0.10kg VSS/kg bCOD（bCOD 为可生物降解性的化学需氧量），$K_d$ 为 0.02～0.04$d^{-1}$。好氧法中生物膜法的产泥量比活性污泥法低，如好氧生物转盘约为活性污泥法的$\frac{1}{2}$左右。研究表明，在水温为 5～20℃，去除率达 90%时，去除 1kg $BOD_5$ 的产泥量为 0.25kg 左右。

$Y$、$K_d$ 数值随水质的差异见下表。

**活性污泥法几种废（污）水的 $Y$、$K_d$ 参考例[104]**

| 污(废)水种类 | 炼油废水 | 石油化工废水 | 酿造废水 | 制药废水 | 生活污水 |
|---|---|---|---|---|---|
| 污泥产率系数 $Y$/(kg VSS/kg $BOD_5$) | 0.49～0.62 | 0.31～0.72 | 0.56 | 0.72～0.77 | 0.49～0.73 |
| 衰减系数 $K_d/d^{-1}$ | 0.10～0.16 | 0.05～0.18 | 0.10 | — | 0.075 |

**氧化沟法几种废（污）水的 $Y$、$K_d$ 参考例**[100]

| 污(废)水种类 | 生活污水 | 城市污水 | 牛奶废水 | 合成废水 | 造纸废水 |
|---|---|---|---|---|---|
| 污泥产率系数 $Y$/(kg VSS/kg $BOD_5$) | 0.50～0.67 | 0.35～0.45 | 0.48 | 0.65 | 0.47 |
| 衰减系数 $K_d/d^{-1}$ | 0.048～0.06 | 0.05～0.10 | 0.045 | 0.18 | 0.20 |

缺氧-好氧活性污泥脱氮组合工艺同时除碳除氮，除了异养菌类增殖产生剩余污泥之外，自养硝化菌类繁殖降解了有机氮化合物，也产生剩余污泥，同时反硝化过程消耗了一部分有机底物。这种工艺的剩余污泥排放量（干泥量）按下式计算。

$$\Delta X_{C,N}=\alpha Q(S_0-S_e)+\beta Q(N_0-N_e)-bVX \quad \text{kg VSS/d}$$

式中 $N_0-N_e$——氨氮（$NH_4^+$-N）降解量，进出口浓度差，kg $NH_4^+$-N/$m^3$ 或 g $NH_4^+$-N/L；

$\alpha$——微生物合成产率系数或称污泥产率系数，一般为 0.55kg VSS/kg $BOD_5$；

$\beta$——硝化污泥产率系数，去除 1kg $NH_4^+$-N 产生的生物量（VSS），一般为 0.15kg VSS/kg $NH_4^+$-N；

$b$——微生物内源呼吸时的自身降解速率或称衰减系数，一般为 0.05$d^{-1}$。

**900 污泥总产量是如何估算的？**

废（污）水处理所产生的污泥可分为初次沉淀污泥、剩余活性污泥、腐殖污泥、熟污泥（或消化污泥）及化学污泥。初沉池污泥含水率约 95%～97%。剩余活性污泥来自活性污泥处理过程的二沉池，含水率 99%以上。腐殖污泥来自生物膜处理过程的二沉池，含水率约 92%～96%。来自初沉池和二沉池的污泥统称为生污泥，生污泥经过消化池处理后称为熟污泥。用化学沉淀过程产生的污泥称为化学污泥。污泥总量是处理过程中以上各种污泥的总和。下表为城市污水厂污泥的有关估算经验数据[101]。

| 污 泥 种 类 | 污泥产量/(L/$m^3$) | 含水率/% | 密度/($10^3$kg/$m^3$) |
|---|---|---|---|
| 沉砂池沉砂 | 0.03 | 60 | 1.5 |
| 初次沉淀池污泥 | 14～25 | 95～97.5 | 1.015～1.02 |
| 二次沉淀池污泥　生物膜法 | 7～9 | 96～98 | 1.02 |
| 二次沉淀池污泥　活性污泥法 | 10～21 | 99.2～99.6 | 1.005～1.008 |

以下为生物处理法中生污泥的估算方法，不包括栅渣、浮渣、沉砂和化学污泥。

（1）初沉池的沉淀污泥产量

每日产干泥量 $\Delta X_1=aQ(C_0-C_e)/10^3 \quad$ kg/d

每日产湿泥量 $V_1=\dfrac{100\Delta X_1}{(100-P_1)\rho} \quad m^3/d$

式中 $Q$——废水流量，$m^3/d$；

$C_0-C_e$——进出水悬浮物浓度差，mg/L；

$a$——系数，0.8～1.0；

$P_1$——沉淀污泥含水率，一般 95%～97%；

$\rho$——沉淀污泥密度，一般取 1000kg/$m^3$。

（2）带初沉池活性污泥法的污泥产量

每日剩余污泥干泥产量 $\Delta X_2=\Delta X_c/f$ 或 $\Delta X_{C,N}/f \quad$ kg/d

每日剩余污泥湿泥产量 $V_2=\dfrac{100\Delta X_2}{(100-P_2)\rho} \quad m^3/d$

每日干泥总产量 $\Delta X=\Delta X_1+\Delta X_2 \quad$ kg/d

每日湿泥总产量 $V=V_1+V_2 \quad m^3/d$

式中 $\Delta X_c$ 或 $\Delta X_{C,N}$ 见 899 题；

$f$——MLVSS/MLSS 比值，生活污水一般 0.5～0.75；

$P_2$——污泥含水率一般取 99.2%。

（3）不带初沉池活性污泥法的污泥产量

每日干污泥总产量 $\Delta X_3=(\Delta X_c \text{ 或 } \Delta X_{C,N})/f+Q(C_0-C_e)\eta_3/10^3$ kg/d

每日湿污泥总产量 $V_3=\dfrac{100\Delta X_3}{(100-P_3)\rho}$ $m^3/d$

式中 $\eta_3$——悬浮物污泥转化率，一般 0.5～0.7；

$P_3$——污泥含水率，一般取 99.2%。

（4）污泥厌氧消化的产泥量[103] 由以上估算量看，好氧活性污泥法的产泥量相当可观。为减少排泥量，活性污泥法的污泥往往经过消化后再排放，以采用中温厌氧消化工艺的较多。对于高负荷、完全混合式、没有循环的厌氧消化池，产泥量按下式估算。

$$\text{每日干泥总产量}=\frac{YQ(S_0-S_e)}{f(1+K_d\theta_c)\times 10^3} \quad \text{kg/d}$$

式中 $S_0-S_e$——进出泥可降解有机物浓度差，mg bCOD/L；

$\theta_c$——污泥龄，范围 10～20d；

$Y$——污泥产率系数，0.05～0.10kg VSS/kg bCOD；

$K_d$——衰减系数，0.02～0.04$d^{-1}$。

（5）生物除磷系统的产泥量[102] 比起一般活性污泥法，生物除磷由于微生物的储磷行为使污泥净产率略有增加。有资料根据磷储存物的大致成分作了估算。假定常规剩余污泥的含磷量是 2%，经生物除磷处理后的含磷量增至 3%、4% 及 5% 时，产泥量约增加 4%、8.5% 及 13% 左右。虽污泥量有所增加，但浓缩和脱水性能好，对污泥处理不会产生不利影响。

（6）污泥的处置是废水处理的重要组成部分，所占基建投资中的比例很大。污泥经过浓缩、消化和脱水处理可以达到减量、稳定、无害化及综合利用的目的，也便于污泥的最终处理。仅从污泥减量来说，作用很大。含水率 99% 以上的污泥经过浓缩或消化之后，含水率可降至 95%～97%，再经机械脱水可降至更低。经各种方法脱水后的泥饼含水率为：真空过滤 60%～80%，压缩脱水 45%～80%，滚筒式脱水 78%～86%，离心脱水 80%～85%。以 1t 含水率为 99.1% 的污泥为例，实际只含 9kg 干泥，含水却有 991kg。如将其进行浓缩或消化处理，达到 97% 含水率，则干泥仍为 9kg，水为 291kg，合计为 300kg。再经脱水到含水率为 80% 或 60%，则合计仅为 45 或 22.5kg。这样可使污泥的质量和体积都大大减少，大大减轻了最终处理负荷。

### 901 废水处理过程的废弃物是如何处理的？

废水处理过程的废弃物有固体、半固体和液体，其中含灰分、水分（约占 95%～99%）、挥发物、病原体、细菌、寄生虫卵、重金属、盐类及某些难分解的有机物等，体积非常庞大，且易腐化发臭，如不加以处理，会造成环境的严重污染。

废水处理过程的废弃物集中在污泥上，其来源于初次沉淀污泥、二次沉淀污泥、消化污泥及化学法处理时的化学污泥。这部分污泥目前国内采用的处理工艺大多为：浓缩-消化-脱水工艺。浓缩是因污泥含水率比较高，首先使其浓缩、降低含水率及体积，常用的方法主要有重力浓缩和气浮浓缩，以重力浓缩应用最广，操作简单。按运行方式重力浓缩又分为连续式和间歇式。污泥的消化目的是要改善污泥的卫生条件，并为污泥脱水作准备，目前，通常采用的是二级消化。污泥脱水的主要方法有真空过滤法、压滤法、离心法和自然干燥法。经过污泥浓缩-消化-脱水处理后，最终处置采取土地填埋，这是我国目前的主要方法，但此法需要大面积场地和大量的运输，地基需要作防渗处理，以免污染地下水等，所以也不是最理想的。靠海近的国家和地区曾用排海处置，但会引起海洋严重污染，有的已发令禁止。而污泥焚烧在工艺技术和污泥减量上都是非常好的可靠的方法，焚烧后的残渣无菌、无臭，可用于沥青填料、轻质建材等，燃烧产生的热又可用来发电。

**902　城镇污水处理有哪些常用的方法？**

常用的城镇污水处理工艺流程有多种，主要有物化处理法、活性污泥法、氧化沟法、SBR法、AB法、AO法、$A^2/O$法、生物滤池法以及自然净化法等，或单独或联用。

（1）物化处理法　流程如下：

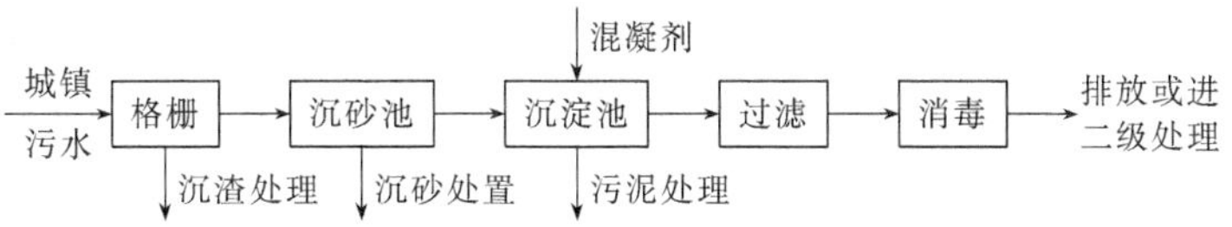


（2）活性污泥法　流程如下：

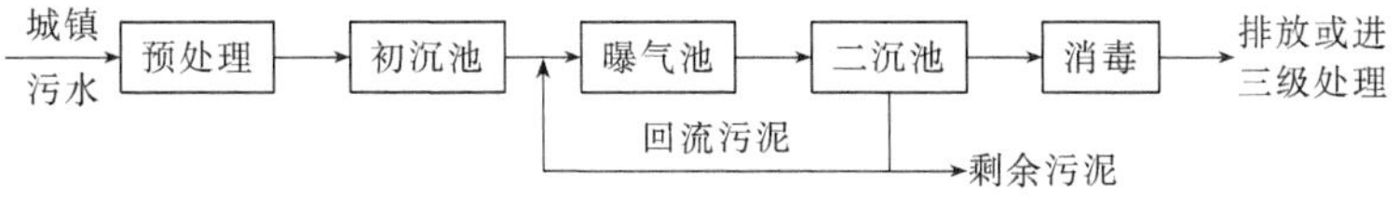


（3）AO法处理　流程如下：

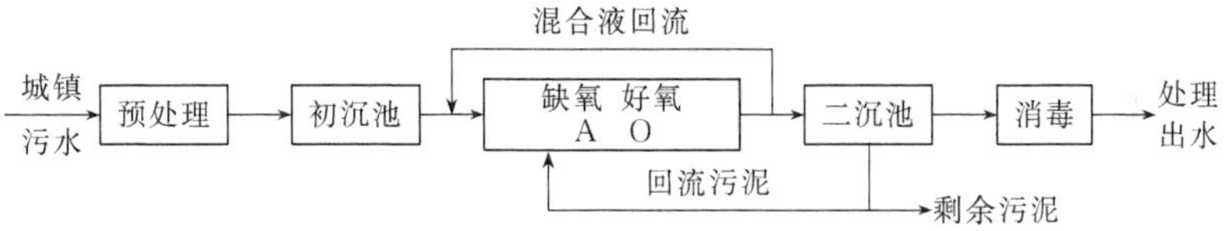


（4）AB法处理　流程如下：

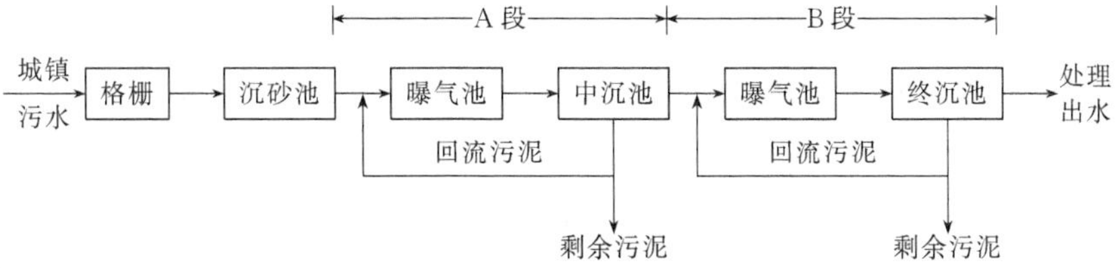


（5）生物滤池处理　流程如下：

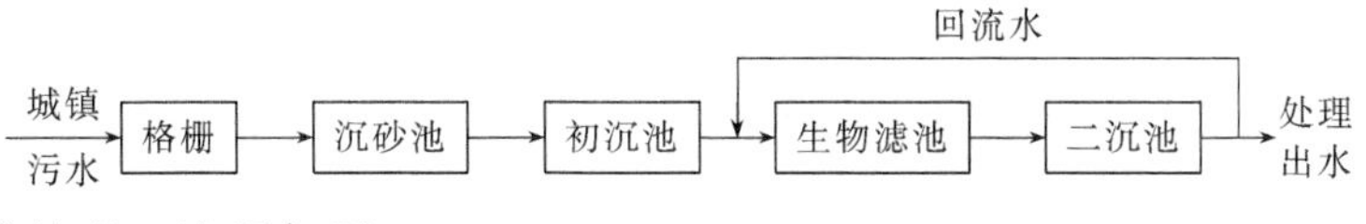


（6）氧化塘处理　流程如下：

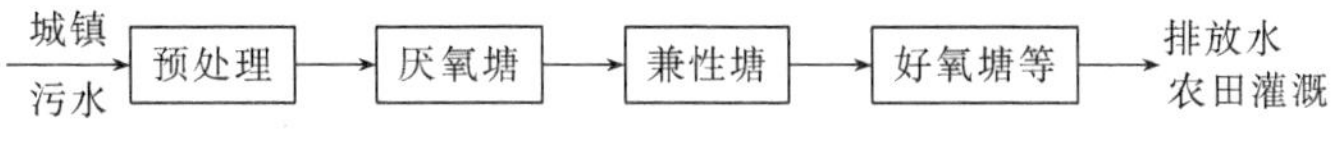


（7）$A^2/O$法处理　流程如下：

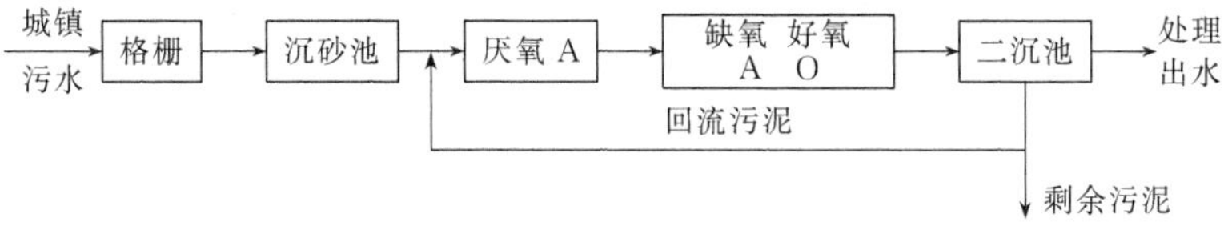

## （七）污水深度处理

### 903 什么是污水深度处理？

深度处理可以理解为，凡是在污水处理过程中或在二级处理后增加净化单元，能进一步去除难降解有机物和去除氮、磷的处理系统都称为深度处理。

污水深度处理的目的，一是达到水域环境标准，恢复水环境，二是以废水的回收和再利用为目的生产再生水供不同用水对象使用。

### 904 什么是再生水？再生水有哪些主要用途？

再生水又称中水，是将工业及城镇污水处理厂的排水、矿井排水、间冷开式系统的排污以及杂排水等作为水源，经过深度处理后成为回用的水，其水质介于饮用水（上水）和生活污水（下水）之间，是可以在一定的范围内重复使用的非饮用水。

再生水的主要用途：

| 序号 | 用途分类 | 范围 | 示例 |
|---|---|---|---|
| 1 | 农、林、牧、渔业用水 | 农田灌溉 | 种子与育种，粮食与饲料、经济作物 |
| | | 造林育苗 | 种子、苗木、苗圃、观赏植物 |
| | | 畜牧养殖 | 畜牧、家畜、家禽 |
| | | 水产养殖 | 淡水养殖 |
| 2 | 城市杂用水 | 城市绿化 | 公共绿地、住宅小区绿化 |
| | | 冲厕 | 厕所便器冲洗 |
| | | 道路清扫 | 城市道路的冲洗及喷洒 |
| | | 车辆冲洗 | 各种车辆冲洗 |
| | | 建筑施工 | 施工场地清扫、浇洒、灰尘抑制、混凝土制备与养护、施工中的混凝土构件和建筑物冲洗 |
| | | 消防 | 消防栓、消防水炮 |
| 3 | 工业用水 | 冷却用水 | 直流式、循环式 |
| | | 洗涤用水 | 冲渣、冲灰、消烟、清洗 |
| | | 锅炉用水 | 中压、低压锅炉 |
| | | 工艺用水 | 溶料、水浴、蒸煮、漂洗、水力开采、水力输送、增湿、稀释、搅拌、选矿、油田回注 |
| | | 产品用水 | 浆料、化工制剂、涂料 |
| 4 | 环境用水 | 娱乐性景观环境用水 | 娱乐性景观河道、景观湖泊及水景 |
| | | 观赏性景观环境用水 | 观赏性景观河道、景观湖泊及水景 |
| | | 湿地环境用水 | 恢复自然湿地、营造人工湿地 |
| 5 | 补充水源水 | 补充地表水 | 河流、湖泊 |
| | | 补充地下水 | 水源补给、防止海水入侵、防止地面沉降 |

### 905 再生水的水质有什么规定？

再生水的水质是根据用途的不同而有不同要求。

① 再生水用作工业冷却水的水质，应执行《循环冷却水用再生水质标准》（HG/T 3923—2007），以及《工业循环冷却水处理设计规范》（GB 50050—2007）的规定。

② 再生水用作城镇杂用水的水质，应执行《城镇杂用水水质标准》（GB/T 18920—2002），以及《污水再生利用工程设计规范》（GB 50335—2002）的规定。

③ 再生水用作景观环境用水的水质，应执行《景观环境用水水质标准》（GB/T 18921—2002），以及《污水再生利用工程设计规范》（GB 50335—2002）景观环境用水的再生水水质控制指标。

④ 再生水用作农田灌溉用水的水质，应按《农田灌溉水质标准》（GB 5084—2005）的要求。

⑤ 再生水用作工业用水的水质，应按《城镇污水再利用工业用水水质》（GB/T 19923—2005）的规定。

⑥ 再生水用作地表水和地下水的补充水源用水的水质，应按《地表环境质量标准》（GB 3838—2002），以及《地下水回灌水质》（GB/T 19772—2005）的要求。

如果再生水用作其他用途，也应根据相关规定，或是进行试验研究来确定再生水的水质。

上述有关标准请参见本书附录。

**906　再生水的不同用途应如何选择处理工艺？**

选择处理工艺要注意再生回用水的目的、用途以及处理前后的水质要求，结合建设投资和运行费用来确定。以二级生物处理水为原水的再生回用水主要处理工艺列举如下：

（1）再生水用于厕所冲洗和洒水用水

二级生物处理出水→砂滤→加氯消毒→再生水

（2）再生水用于景观用水

二级生物处理出水→砂滤→臭氧处理→加氯消毒→再生水

（3）再生水用于清洁水用水

二级生物处理出水→砂滤→臭氧处理→活性炭吸附→加氯消毒→再生水

（4）再生水用于其他用水（非饮用水）

二级生物处理出水→ 混凝 → 沉淀池 → 砂滤→加氯消毒→再生水

　　　　　　　　└→澄清池／气浮──┘

（5）再生水用于娱乐用水　再生水作为娱乐用水，其深度处理工艺多采用反渗透技术或微孔过滤。同时，出于卫生上考虑，当再生水作为补充地下水和地表水源时，要去除二级处理水中的一些微量物质，应用反渗透技术最为合适。其工艺流程如下：

　　　　　　　　$Al_2(SO_4)_3$ ↓

二级生物处理出水→混合→絮凝→沉淀→过滤→微滤→加压泵→反渗透→清水池（消毒）→再生水用户（娱乐用水）

以上流程，对于二级处理水的浑浊度、色度的去除率几乎达到100%，水质澄清透明，无色无味，大肠菌检不出，完全适合娱乐用水等。

**907　杂排水为原水的再生水处理工艺是怎样的？**

杂排水，特别是优质杂排水，水质差异不大，主要有洗浴、盥洗、冷却水等杂排水。但作为再生水处理的原水，由于分散、水量小，往往规模也小，常就近处理，供冲厕、洗车、绿化等用。采用的处理工艺主要是生物-物化组合流程和物化流程。生物处理以生物接触氧化和生物转盘工艺为主。物化处理主要是混凝沉淀、气浮、活性炭吸附、臭氧氧化、过滤和膜分离等。各工艺最终均包括消毒处理单元。再生水处理工艺比较多，代表性工艺流程如下：

（1）以生物接触氧化为主的工艺流程

原水→格栅→调节池→生物接触氧化→沉淀→过滤→消毒→再生水

（2）以生物转盘为主的工艺流程

原水→格栅→调节池→生物转盘→沉淀→过滤→消毒→再生水

（3）以混凝沉淀为主的工艺流程

混凝剂↓

原水→格栅→调节池→混凝沉淀→过滤→活性炭→消毒→再生水

（4）物化与膜技术联用的工艺流程

混凝剂↓

原水→格栅→调节池→混凝沉淀→微滤→精密过滤→膜分离→消毒→再生水

（5）日本三菱SUR膜（外压型）中水处理工艺流程

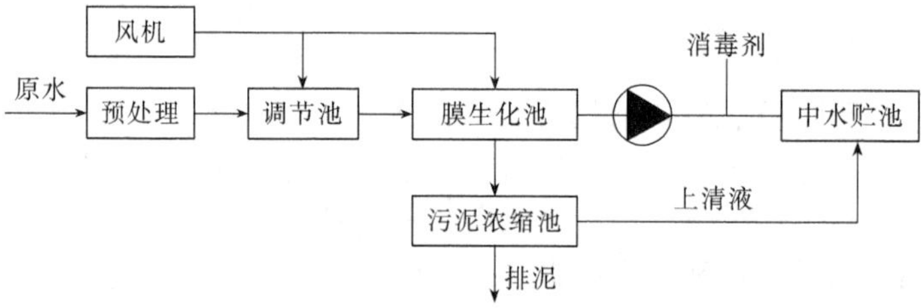


还有混凝气浮、微滤、活性炭、过滤-臭氧等再生水处理工艺。

此外，还有以综合生活水为原水的多种处理工艺，根据原水水质的差异，选用不同工艺，生产不同使用对象的再生水。

### 908　废水再生处理的各种工艺组合能达到怎样的处理水平？

废水再生处理采用各种工艺组合可以达到的处理水平参考数据如下：

| 再生处理过程 | 出水典型的水质/(mg/L) | | | | | | |
|---|---|---|---|---|---|---|---|
| | TSS① | $BOD_5$ | COD | 总N | $NH_3$-N | $PO_4$-P | 浑浊度/NTU |
| 活性污泥＋颗粒滤料过滤 | 4～6 | ＜5～10 | 30～70 | 15～35 | 15～25 | 4～10 | 0.3～5 |
| 活性污泥＋颗粒滤料过滤＋炭吸附 | ＜5 | ＜5 | 5～20 | 15～30 | 15～25 | 4～10 | 0.3～3 |
| 活性污泥＋单级硝化 | 10～25 | 5～15 | 20～45 | 20～30 | 1～5 | 6～10 | 5～15 |
| 活性污泥/分级硝化-反硝化 | 10～25 | 5～15 | 20～35 | 5～10 | 1～2 | 6～10 | 5～15 |
| 添加金属盐的活性污泥＋硝化/反硝化＋过滤 | ≤5～10 | ≤5～10 | 20～30 | 3～5 | 1～2 | ≤1 | 0.3～2 |
| 硝化＋过滤 | | | | | | | |
| 生物除磷 | 10～20 | 5～15 | 20～35 | 15～25 | 5～10 | ≤2 | 5～10 |
| 生物除氮、磷＋过滤 | ≤10 | ＜5 | 20～30 | ≤5 | ≤2 | ≤2 | 0.3～2 |
| 活性污泥＋过滤＋炭吸附 | ≤1 | ≤1 | 5～10 | ＜2 | ＜2 | ≤1 | 0.01～1 |
| 附着生长＋反渗透 | | | | | | | |
| 活性污泥/硝化-反硝化和除磷＋过滤＋炭吸附＋反渗透 | ≤1 | ≤1 | 2～8 | ≤1 | ≤0.1 | ≤0.5 | 0.01～1 |
| 活性污泥/硝化-反硝化和除磷＋微滤＋反渗透 | ≤1 | ≤1 | 2～8 | ≤0.1 | ≤0.1 | ≤0.5 | 0.01～1 |

① TSS表示总悬浮固体质量。

# 附　　录

## 附录1　水、蒸汽、水溶液及空气的物理化学性质

### 1.1　水和蒸汽的物理化学性质

#### 1.1.1　水的部分物理化学性质[1]

| 项　　目 | 数　　据 | 项　　目 | 数　　据 |
|---|---|---|---|
| 相对分子质量，$H_2O$ | 18.015 | 3.98℃（最大密度点） | 1.0000 |
| 质量组成/% | | 100℃ | 0.9584 |
| 氢 | 11.19 | 汽 | |
| 氧 | 88.81 | 100℃（101.325kPa） | $0.5974\times10^{-3}$ |
| 冰点（101.325kPa）/℃ | 0.00 | 冰的熔解热（0℃） | 333.56J/g |
| 沸点（101.325kPa）/℃ | 100.00 | | 79.67cal/g |
| 密度/（$g/cm^3$） | | | 6.01kJ/mol |
| 冰 | | | 1.435kcal/mol |
| −20℃ | 0.9403 | 水的汽化热（100℃） | 2256.7J/g |
| −10℃ | 0.9186 | | 539.0cal/g |
| 0℃ | 0.9167 | | 40.65kJ/mol |
| 水 | | | 9.710kcal/mol |
| 0℃ | 0.9999 | | |

注：101.325kPa＝1atm（标准大气压）。

#### 1.1.2　不同温度下水的部分常用物理性质

| 温度/℃ | 外压 | | 密度/（$kg/m^3$） | 焓，比能 | | 比热容 | |
|---|---|---|---|---|---|---|---|
| | /100kPa（$100kN/m^2$） | /（$kgf/cm^2$） | | /（kJ/kg） | /（kcal/kg） | /[kJ/(kg·K)] | /[kcal/(kg·℃)] |
| 0 | 1.013 | 1.033 | 999.9 | 0 | 0 | 4.212 | 1.006 |
| 10 | 1.013 | 1.033 | 999.7 | 42.04 | 10.04 | 4.191 | 1.001 |
| 20 | 1.013 | 1.033 | 998.2 | 83.90 | 20.04 | 4.183 | 0.999 |
| 30 | 1.013 | 1.033 | 995.7 | 125.8 | 30.02 | 4.174 | 0.997 |
| 40 | 1.013 | 1.033 | 992.2 | 167.5 | 40.01 | 4.174 | 0.997 |
| 50 | 1.013 | 1.033 | 988.1 | 209.3 | 49.99 | 4.174 | 0.997 |
| 60 | 1.013 | 1.033 | 983.2 | 251.1 | 59.98 | 4.178 | 0.998 |
| 70 | 1.013 | 1.033 | 977.8 | 293.0 | 69.98 | 4.187 | 1.000 |
| 80 | 1.013 | 1.033 | 971.8 | 334.9 | 80.00 | 4.195 | 1.002 |
| 90 | 1.013 | 1.033 | 965.3 | 377.00 | 90.04 | 4.208 | 1.005 |
| 100 | 1.013 | 1.033 | 958.4 | 419.1 | 100.10 | 4.220 | 1.008 |
| 110 | 1.433 | 1.461 | 951.0 | 461.3 | 110.19 | 4.223 | 1.011 |
| 120 | 1.986 | 2.025 | 943.1 | 503.7 | 120.3 | 4.250 | 1.015 |
| 130 | 2.702 | 2.755 | 934.8 | 546.4 | 130.5 | 4.266 | 1.019 |
| 140 | 3.624 | 3.699 | 926.1 | 589.1 | 140.7 | 4.287 | 1.024 |
| 150 | 4.761 | 4.855 | 917.0 | 632.2 | 151.0 | 4.312 | 1.030 |
| 160 | 6.181 | 6.303 | 907.4 | 675.3 | 161.3 | 4.346 | 1.038 |
| 170 | 7.924 | 8.080 | 897.3 | 719.3 | 171.8 | 4.386 | 1.046 |
| 180 | 10.03 | 10.23 | 886.9 | 763.3 | 182.3 | 4.417 | 1.055 |
| 190 | 12.55 | 12.80 | 876.0 | 807.6 | 192.9 | 4.459 | 1.065 |

续表

| 温度/℃ | 外压/100kPa(100kN/m²) | 外压/(kgf/cm²) | 密度/(kg/m³) | 焓,比能/(kJ/kg) | 焓,比能/(kcal/kg) | 比热容/[kJ/(kg·K)] | 比热容/[kcal/(kg·℃)] |
|---|---|---|---|---|---|---|---|
| 200 | 15.54 | 15.85 | 863.0 | 852.4 | 203.6 | 4.505 | 1.076 |
| 210 | 19.07 | 19.45 | 852.8 | 897.6 | 214.4 | 4.555 | 1.088 |
| 220 | 23.20 | 23.66 | 840.3 | 943.7 | 225.4 | 4.614 | 1.102 |
| 230 | 27.98 | 28.53 | 827.3 | 990.2 | 236.5 | 4.681 | 1.118 |
| 240 | 33.47 | 34.13 | 813.6 | 1038 | 247.8 | 4.756 | 1.136 |
| 250 | 39.77 | 40.55 | 799.0 | 1086 | 259.3 | 4.844 | 1.157 |
| 260 | 46.93 | 47.85 | 784.0 | 1135 | 271.1 | 4.949 | 1.182 |
| 270 | 55.03 | 56.11 | 767.9 | 1185 | 283.1 | 5.070 | 1.211 |
| 280 | 64.16 | 65.42 | 750.7 | 1237 | 295.4 | 5.229 | 1.249 |
| 290 | 74.42 | 75.88 | 732.3 | 1290 | 308.1 | 5.485 | 1.310 |
| 300 | 85.81 | 87.6 | 712.5 | 1345 | 321.2 | 5.736 | 1.370 |
| 310 | 98.76 | 100.6 | 691.1 | 1402 | 334.9 | 6.071 | 1.450 |
| 320 | 113.0 | 115.1 | 667.1 | 1462 | 349.2 | 6.573 | 1.570 |
| 330 | 128.7 | 131.2 | 640.2 | 1526 | 364.5 | 7.24 | 1.73 |
| 340 | 146.1 | 149.0 | 610.1 | 1595 | 380.9 | 8.16 | 1.95 |
| 350 | 165.3 | 168.6 | 574.4 | 1671 | 399.2 | 9.50 | 2.27 |
| 360 | 189.0 | 190.32 | 528.0 | 1761 | 420.7 | 13.98 | 3.34 |
| 370 | 210.4 | 214.5 | 450.5 | 1892 | 452.0 | 40.32 | 9.63 |

| 温度/℃ | 热导率/[W/(m·K)] | 热导率/[kcal/(m·h·℃)] | [动力]黏度/[(mPa·s)或cP] | [动力]黏度/($10^{-6}$ kgf·s/m²) | 运动黏度/($10^{-6}$m²/s) | 体积膨胀系数/($10^{-3}$/℃) | 表面张力/(mN/m) | 表面张力/($10^{-3}$kgf/m) |
|---|---|---|---|---|---|---|---|---|
| 0 | 0.551 | 0.474 | 1.789 | 182.3 | 1.789 | −0.063 | 75.6 | 7.71 |
| 10 | 0.575 | 0.494 | 1.305 | 133.1 | 1.306 | +0.070 | 74.1 | 7.56 |
| 20 | 0.599 | 0.515 | 1.005 | 102.4 | 1.006 | 0.182 | 72.7 | 7.41 |
| 30 | 0.618 | 0.531 | 0.801 | 81.7 | 0.805 | 0.321 | 71.2 | 7.26 |
| 40 | 0.634 | 0.545 | 0.653 | 66.6 | 0.659 | 0.387 | 69.6 | 7.10 |
| 50 | 0.648 | 0.557 | 0.549 | 56.0 | 0.556 | 0.449 | 67.7 | 6.90 |
| 60 | 0.659 | 0.567 | 0.470 | 47.9 | 0.478 | 0.511 | 66.2 | 6.75 |
| 70 | 0.668 | 0.574 | 0.406 | 41.4 | 0.415 | 0.570 | 64.3 | 6.56 |
| 80 | 0.675 | 0.580 | 0.355 | 36.2 | 0.365 | 0.632 | 62.6 | 6.38 |
| 90 | 0.680 | 0.585 | 0.315 | 32.1 | 0.326 | 0.695 | 60.7 | 6.19 |
| 100 | 0.683 | 0.587 | 0.283 | 28.8 | 0.295 | 0.752 | 58.8 | 6.00 |
| 110 | 0.685 | 0.589 | 0.259 | 26.4 | 0.272 | 0.808 | 56.9 | 5.80 |
| 120 | 0.686 | 0.590 | 0.237 | 24.2 | 0.252 | 0.864 | 54.8 | 5.59 |
| 130 | 0.686 | 0.590 | 0.218 | 22.2 | 0.233 | 0.919 | 52.8 | 5.39 |
| 140 | 0.685 | 0.589 | 0.201 | 20.5 | 0.217 | 0.972 | 50.7 | 5.17 |
| 150 | 0.684 | 0.588 | 0.186 | 19.0 | 0.203 | 1.03 | 48.6 | 4.96 |
| 160 | 0.683 | 0.587 | 0.173 | 17.7 | 0.191 | 1.07 | 46.6 | 4.75 |
| 170 | 0.679 | 0.584 | 0.163 | 16.6 | 0.181 | 1.13 | 45.3 | 4.62 |
| 180 | 0.675 | 0.580 | 0.153 | 15.6 | 0.173 | 1.19 | 42.3 | 4.31 |
| 190 | 0.670 | 0.576 | 0.144 | 14.7 | 0.165 | 1.26 | 40.0 | 4.08 |
| 200 | 0.663 | 0.570 | 0.136 | 13.9 | 0.158 | 1.33 | 37.7 | 3.84 |
| 210 | 0.655 | 0.563 | 0.130 | 13.3 | 0.153 | 1.41 | 35.4 | 3.61 |
| 220 | 0.645 | 0.555 | 0.124 | 12.7 | 0.148 | 1.48 | 33.1 | 3.38 |
| 230 | 0.637 | 0.548 | 0.120 | 12.2 | 0.145 | 1.59 | 31.0 | 3.16 |
| 240 | 0.628 | 0.540 | 0.115 | 11.7 | 0.141 | 1.68 | 28.5 | 2.91 |

续表

| 温度/℃ | 热导率 | | [动力]黏度 | | 运动黏度/($10^{-6}m^2/s$) | 体积膨胀系数/($10^{-3}$/℃) | 表面张力 | |
|---|---|---|---|---|---|---|---|---|
| | /[W/(m·K)] | /[kcal/(m·h·℃)] | /[(mPa·s)或cP] | /($10^{-6}$kgf·s/$m^2$) | | | /(mN/m) | /($10^{-3}$kgf/m) |
| 250 | 0.618 | 0.531 | 0.110 | 11.2 | 0.137 | 1.81 | 26.2 | 2.67 |
| 260 | 0.604 | 0.520 | 0.106 | 10.8 | 0.135 | 1.97 | 23.8 | 2.42 |
| 270 | 0.590 | 0.507 | 0.102 | 10.4 | 0.133 | 2.16 | 21.5 | 2.19 |
| 280 | 0.575 | 0.494 | 0.098 | 10.0 | 0.131 | 2.37 | 19.1 | 1.95 |
| 290 | 0.558 | 0.480 | 0.094 | 9.6 | 0.129 | 2.62 | 16.9 | 1.72 |
| 300 | 0.540 | 0.464 | 0.091 | 9.3 | 0.128 | 2.92 | 14.4 | 1.47 |
| 310 | 0.523 | 0.450 | 0.088 | 9.0 | 0.128 | 3.29 | 12.1 | 1.23 |
| 320 | 0.506 | 0.435 | 0.085 | 8.7 | 0.128 | 3.82 | 9.81 | 1.00 |
| 330 | 0.484 | 0.416 | 0.081 | 8.3 | 0.127 | 4.33 | 7.67 | 0.782 |
| 340 | 0.457 | 0.393 | 0.077 | 7.9 | 0.127 | 5.34 | 5.67 | 0.578 |
| 350 | 0.43 | 0.37 | 0.073 | 7.4 | 0.126 | 6.68 | 3.81 | 0.389 |
| 360 | 0.40 | 0.34 | 0.067 | 6.8 | 0.126 | 10.9 | 2.02 | 0.206 |
| 370 | 0.34 | 0.29 | 0.057 | 5.8 | 0.126 | 26.4 | 0.471 | 0.048 |

### 1.1.3 (0～99.4)%真空时水的沸点[32]

| 真空/% | 沸点/℃ | 压力 | | | 真空/% | 沸点/℃ | 压力 | | |
|---|---|---|---|---|---|---|---|---|---|
| | | /kPa | /mmHg | /(kgf/$cm^2$) | | | /kPa | /mmHg | /(kgf/$cm^2$) |
| 99.4 | 0 | 0.613 | 4.6 | 0.0063 | 86.6 | 52 | 13.612 | 102.1 | 0.139 |
| 99.3 | 2 | 0.707 | 5.3 | 0.0072 | 85.2 | 54 | 14.999 | 112.5 | 0.153 |
| 99.2 | 4 | 0.813 | 6.1 | 0.0083 | 83.7 | 56 | 16.505 | 123.8 | 0.168 |
| 99.1 | 6 | 0.933 | 7.0 | 0.0095 | 82.1 | 58 | 18.145 | 136.1 | 0.185 |
| 99.0 | 8 | 1.067 | 8.0 | 0.0109 | 80.3 | 60 | 19.918 | 149.4 | 0.203 |
| 98.8 | 10 | 1.227 | 9.2 | 0.0125 | 78.4 | 62 | 21.838 | 163.8 | 0.223 |
| 98.6 | 12 | 1.400 | 10.5 | 0.0143 | 76.4 | 64 | 23.905 | 179.3 | 0.244 |
| 98.4 | 14 | 1.600 | 12.0 | 0.0163 | 74.2 | 66 | 26.144 | 196.1 | 0.267 |
| 98.2 | 16 | 1.813 | 13.6 | 0.0185 | 71.8 | 68 | 28.558 | 214.2 | 0.291 |
| 98.0 | 18 | 2.066 | 15.5 | 0.0211 | 69.3 | 70 | 31.157 | 233.7 | 0.318 |
| 97.7 | 20 | 2.333 | 17.5 | 0.0238 | 66.5 | 72 | 33.944 | 254.6 | 0.346 |
| 97.4 | 22 | 2.640 | 19.8 | 0.0269 | 63.5 | 74 | 36.957 | 277.2 | 0.377 |
| 97.1 | 24 | 2.986 | 22.4 | 0.0305 | 60.3 | 76 | 40.183 | 301.4 | 0.410 |
| 96.7 | 26 | 3.360 | 25.2 | 0.0343 | 56.9 | 78 | 43.636 | 327.3 | 0.445 |
| 96.3 | 28 | 3.773 | 28.3 | 0.0385 | 53.3 | 80 | 47.343 | 355.1 | 0.483 |
| 95.8 | 30 | 4.240 | 31.8 | 0.0432 | 49.4 | 82 | 51.316 | 384.9 | 0.523 |
| 95.3 | 32 | 4.760 | 35.7 | 0.0485 | 45.1 | 84 | 55.582 | 416.9 | 0.567 |
| 94.8 | 34 | 5.320 | 39.9 | 0.0542 | 40.7 | 86 | 60.115 | 450.9 | 0.613 |
| 94.1 | 36 | 5.946 | 44.6 | 0.0606 | 35.9 | 88 | 64.941 | 487.1 | 0.662 |
| 93.5 | 38 | 6.626 | 49.7 | 0.0676 | 30.8 | 90 | 70.101 | 525.8 | 0.715 |
| 92.7 | 40 | 7.373 | 55.3 | 0.0752 | 25.4 | 92 | 75.594 | 567.0 | 0.771 |
| 91.9 | 42 | 8.199 | 61.5 | 0.0836 | 19.4 | 94 | 81.446 | 610.9 | 0.831 |
| 91.0 | 44 | 9.106 | 68.3 | 0.0929 | 13.5 | 96 | 87.673 | 657.6 | 0.894 |
| 89.7 | 46 | 10.092 | 75.7 | 0.1029 | 6.9 | 98 | 94.299 | 707.3 | 0.962 |
| 89.0 | 48 | 11.159 | 83.7 | 0.1138 | 0 | 100 | 101.325 | 760.0 | 1.033 |
| 87.8 | 50 | 12.332 | 92.5 | 0.1258 | | | | | |

注：1mmHg=133.322Pa，1kgf/$cm^2$=98.0665kPa。

### 1.1.4 压力 90.67～106.40kPa 时水的沸点[8]

| 压力 | | 沸点 | 压力 | | 沸点 |
|---|---|---|---|---|---|
| /kPa | /mmHg | /℃ | /kPa | /mmHg | /℃ |
| 90.67 | 680 | 96.916 | 98.67 | 740 | 99.255 |
| 90.93 | 682 | 96.996 | 98.93 | 742 | 99.331 |
| 91.20 | 684 | 97.077 | 99.20 | 744 | 99.406 |
| 91.47 | 686 | 97.157 | 99.47 | 746 | 99.481 |
| 91.73 | 688 | 97.237 | 99.73 | 748 | 99.555 |
| 92.00 | 690 | 97.317 | 100.00 | 750 | 99.630 |
| 92.27 | 692 | 97.396 | 100.27 | 752 | 99.704 |
| 92.53 | 694 | 97.477 | 100.53 | 754 | 99.778 |
| 92.80 | 696 | 97.556 | 100.80 | 756 | 99.852 |
| 93.07 | 698 | 97.635 | 101.07 | 758 | 99.926 |
| 93.33 | 700 | 97.714 | 101.33 | 760 | 100.000 |
| 93.60 | 702 | 97.793 | 101.60 | 762 | 100.073 |
| 93.87 | 704 | 97.872 | 101.87 | 764 | 100.147 |
| 94.13 | 706 | 97.950 | 102.13 | 766 | 100.220 |
| 94.40 | 708 | 98.028 | 102.40 | 768 | 100.293 |
| 94.67 | 710 | 98.106 | 102.67 | 770 | 100.366 |
| 94.93 | 712 | 98.184 | 102.93 | 772 | 100.439 |
| 95.20 | 714 | 98.262 | 103.20 | 774 | 100.511 |
| 95.47 | 716 | 98.339 | 103.47 | 776 | 100.584 |
| 95.73 | 718 | 98.417 | 103.73 | 778 | 100.656 |
| 96.00 | 720 | 98.494 | 104.00 | 780 | 100.728 |
| 96.27 | 722 | 98.571 | 104.26 | 782 | 100.800 |
| 96.53 | 724 | 98.648 | 104.53 | 784 | 100.872 |
| 96.80 | 726 | 98.724 | 104.80 | 786 | 100.944 |
| 97.07 | 728 | 98.801 | 105.07 | 788 | 101.016 |
| 97.33 | 730 | 98.877 | 105.33 | 790 | 101.087 |
| 97.60 | 732 | 98.953 | 105.60 | 792 | 101.158 |
| 97.86 | 734 | 99.029 | 105.87 | 794 | 101.229 |
| 98.13 | 736 | 99.105 | 106.13 | 796 | 101.300 |
| 98.40 | 738 | 99.180 | 106.40 | 798 | 101.371 |

### 1.1.5 水和过热蒸汽的动力黏度[17]

单位：$1\mu=10^{-6}$ kgf・s/m$^2$；$1\eta=10^{-6}$ Pa・s

| 温度/℃ | 压力/MPa(kgf/cm²) | | | | | | | | | |
|---|---|---|---|---|---|---|---|---|---|---|
| | 0.10(1) | | 1.96(20) | | 3.92(40) | | 5.88(60) | | 7.85(80) | |
| | $\mu$ | $\eta$ | $\mu$ | $\eta$ | $\mu$ | $\eta$ | $\mu$ | $\eta$ | $\mu$ | $\eta$ |
| 100 | 1.231 | 12.08 | 28.8 | 282.5 | 28.9 | 283.5 | 29.0 | 284.5 | 29.1 | 285.5 |
| 110 | 1.272 | 12.48 | 25.9 | 254.1 | 26.0 | 255.0 | 26.1 | 256.0 | 26.2 | 257.0 |
| 120 | 1.312 | 12.87 | 23.5 | 230.5 | 23.6 | 231.5 | 23.7 | 232.5 | 23.8 | 233.5 |
| 130 | 1.353 | 13.27 | 21.6 | 211.9 | 21.7 | 212.9 | 21.8 | 213.9 | 21.9 | 214.8 |
| 140 | 1.393 | 13.66 | 20.1 | 197.2 | 20.2 | 198.2 | 20.3 | 199.1 | 20.5 | 201.1 |
| 150 | 1.433 | 14.06 | 18.8 | 184.4 | 18.9 | 185.4 | 19.0 | 186.4 | 19.2 | 188.4 |
| 160 | 1.474 | 14.46 | 17.6 | 172.7 | 17.7 | 173.6 | 17.8 | 174.6 | 18.0 | 176.6 |
| 170 | 1.514 | 14.86 | 16.6 | 162.8 | 16.7 | 163.8 | 16.7 | 163.8 | 16.9 | 165.8 |
| 180 | 1.555 | 15.25 | 15.7 | 154.0 | 15.8 | 155.0 | 15.8 | 155.0 | 15.9 | 156.0 |
| 190 | 1.595 | 15.65 | 14.9 | 146.2 | 14.9 | 146.2 | 15.0 | 147.2 | 15.1 | 148.1 |
| 200 | 1.636 | 16.05 | 14.1 | 138.3 | 14.1 | 138.3 | 14.2 | 139.3 | 14.3 | 140.3 |

续表

| 温度/℃ | 压力/MPa(kgf/cm²) | | | | | | | | | |
|---|---|---|---|---|---|---|---|---|---|---|
| | 0.10(1) | | 1.96(20) | | 3.92(40) | | 5.88(60) | | 7.85(80) | |
| | μ | η | μ | η | μ | η | μ | η | μ | η |
| 210 | 1.676 | 16.45 | 13.4 | 131.4 | 13.4 | 131.5 | 13.5 | 132.4 | 13.6 | 133.4 |
| 220 | 1.717 | 16.84 | 1.723 | 16.90 | 12.8 | 125.6 | 12.9 | 126.5 | 12.9 | 126.5 |
| 230 | 1.757 | 17.24 | 1.764 | 17.31 | 12.2 | 119.6 | 12.3 | 120.7 | 12.3 | 120.7 |
| 240 | 1.797 | 17.63 | 1.805 | 17.71 | 11.7 | 114.8 | 11.8 | 115.8 | 11.8 | 115.8 |
| 250 | 1.838 | 18.03 | 1.846 | 18.11 | 1.857 | 18.21 | 11.3 | 110.9 | 11.3 | 110.9 |
| 260 | 1.878 | 18.43 | 1.887 | 18.51 | 1.898 | 18.62 | 10.8 | 105.9 | 10.9 | 106.9 |
| 270 | 1.919 | 18.82 | 1.928 | 18.91 | 1.939 | 19.02 | 10.4 | 102.0 | 10.4 | 102.0 |
| 280 | 1.959 | 19.22 | 1.969 | 19.31 | 1.981 | 19.43 | 1.996 | 19.58 | 10.0 | 98.1 |
| 290 | 1.999 | 19.61 | 2.009 | 19.71 | 2.022 | 19.84 | 2.037 | 19.98 | 9.7 | 95.2 |
| 300 | 2.039 | 20.00 | 2.050 | 20.11 | 2.063 | 20.24 | 2.079 | 20.39 | 2.099 | 20.59 |
| 310 | 2.079 | 20.40 | 2.091 | 20.51 | 2.105 | 20.65 | 2.121 | 20.80 | 2.140 | 21.00 |
| 320 | 2.119 | 20.79 | 2.131 | 20.91 | 2.146 | 21.05 | 2.162 | 21.21 | 2.182 | 21.40 |
| 330 | 2.159 | 21.18 | 2.172 | 21.31 | 2.187 | 21.45 | 2.204 | 21.62 | 2.223 | 21.81 |
| 340 | 2.199 | 21.57 | 2.212 | 21.71 | 2.228 | 21.85 | 2.245 | 22.02 | 2.265 | 22.22 |
| 350 | 2.238 | 21.96 | 2.253 | 22.10 | 2.268 | 22.25 | 2.286 | 22.43 | 2.307 | 22.63 |
| 360 | 2.278 | 22.35 | 2.293 | 22.50 | 2.310 | 22.66 | 2.328 | 22.84 | 2.349 | 23.04 |
| 370 | 2.318 | 22.74 | 2.334 | 22.89 | 2.351 | 23.06 | 2.370 | 23.25 | 2.391 | 23.45 |
| 380 | 2.358 | 23.13 | 2.374 | 23.29 | 2.392 | 23.46 | 2.411 | 23.65 | 2.433 | 23.86 |
| 390 | 2.397 | 23.52 | 2.414 | 23.68 | 2.432 | 23.86 | 2.452 | 24.06 | 2.474 | 24.27 |
| 400 | 2.437 | 23.90 | 2.454 | 24.07 | 2.473 | 24.26 | 2.494 | 24.46 | 2.516 | 24.68 |
| 410 | 2.476 | 24.29 | 2.494 | 24.46 | 2.513 | 24.66 | 2.535 | 24.87 | 2.558 | 25.09 |
| 420 | 2.516 | 24.68 | 2.534 | 24.86 | 2.554 | 25.06 | 2.576 | 25.27 | 2.600 | 25.50 |
| 430 | 2.555 | 25.06 | 2.573 | 25.24 | 2.595 | 25.45 | 2.617 | 25.67 | 2.641 | 25.91 |
| 440 | 2.594 | 25.45 | 2.613 | 25.63 | 2.635 | 25.85 | 2.658 | 26.07 | 2.683 | 26.32 |
| 450 | 2.633 | 25.83 | 2.653 | 26.02 | 2.675 | 26.24 | 2.699 | 26.47 | 2.724 | 26.72 |
| 460 | 2.672 | 26.21 | 2.692 | 26.41 | 2.715 | 26.64 | 2.739 | 26.87 | 2.765 | 27.13 |
| 470 | 2.711 | 26.59 | 2.732 | 26.80 | 2.755 | 27.03 | 2.780 | 27.28 | 2.807 | 27.53 |
| 480 | 2.749 | 26.97 | 2.771 | 27.19 | 2.795 | 27.42 | 2.821 | 27.67 | 2.848 | 27.94 |
| 490 | 2.788 | 27.35 | 2.811 | 27.57 | 2.835 | 27.81 | 2.862 | 28.07 | 2.889 | 28.34 |
| 500 | 2.827 | 27.73 | 2.850 | 27.96 | 2.875 | 28.20 | 2.902 | 28.47 | 2.930 | 28.75 |
| 510 | 2.865 | 28.11 | 2.889 | 28.34 | 2.915 | 28.59 | 2.942 | 28.86 | 2.971 | 29.15 |
| 520 | 2.904 | 28.48 | 2.928 | 28.72 | 2.954 | 28.98 | 2.982 | 29.26 | 3.012 | 29.55 |
| 530 | 2.942 | 28.86 | 2.967 | 29.11 | 2.994 | 29.37 | 3.023 | 29.65 | 3.054 | 29.96 |
| 540 | 2.980 | 29.24 | 3.006 | 29.49 | 3.033 | 29.76 | 3.063 | 30.05 | 3.095 | 30.36 |
| 550 | 3.018 | 29.61 | 3.045 | 29.87 | 3.073 | 30.15 | 3.104 | 30.45 | 3.136 | 30.77 |
| 560 | 3.056 | 29.98 | 3.084 | 30.25 | 3.113 | 30.54 | 3.145 | 30.84 | 3.177 | 31.17 |
| 570 | 3.094 | 30.35 | 3.123 | 30.63 | 3.153 | 30.93 | 3.185 | 31.24 | 3.218 | 31.58 |
| 580 | 3.132 | 30.73 | 3.162 | 31.01 | 3.192 | 31.32 | 3.226 | 31.64 | 3.259 | 31.98 |
| 590 | 3.170 | 31.10 | 3.201 | 31.39 | 3.232 | 31.71 | 3.266 | 32.03 | 3.300 | 32.38 |
| 600 | 3.208 | 31.47 | 3.239 | 31.77 | 3.272 | 32.09 | 3.306 | 32.42 | 3.341 | 32.78 |
| 610 | 3.246 | 31.84 | 3.277 | 32.14 | 3.311 | 32.47 | 3.346 | 32.81 | 3.382 | 33.17 |
| 620 | 3.283 | 32.20 | 3.315 | 32.51 | 3.350 | 32.85 | 3.385 | 33.20 | 3.422 | 33.56 |
| 630 | 3.321 | 32.57 | 3.353 | 32.89 | 3.389 | 33.23 | 3.425 | 33.59 | 3.462 | 33.96 |
| 640 | 3.358 | 32.94 | 3.391 | 33.26 | 3.427 | 33.61 | 3.464 | 33.97 | 3.502 | 34.35 |
| 650 | 3.396 | 33.31 | 3.429 | 33.63 | 3.466 | 33.99 | 3.503 | 34.36 | 3.542 | 34.74 |
| 660 | 3.433 | 33.67 | 3.467 | 34.00 | 3.504 | 34.37 | 3.542 | 34.74 | 3.581 | 35.13 |
| 670 | 3.470 | 34.03 | 3.505 | 34.37 | 3.542 | 34.74 | 3.581 | 35.12 | 3.621 | 35.52 |
| 680 | 3.507 | 34.39 | 3.542 | 34.74 | 3.580 | 35.11 | 3.620 | 35.50 | 3.660 | 35.90 |
| 690 | 3.544 | 34.75 | 3.579 | 35.11 | 3.618 | 35.49 | 3.659 | 35.88 | 3.700 | 36.29 |
| 700 | 3.580 | 35.11 | 3.616 | 35.47 | 3.656 | 35.86 | 3.697 | 36.26 | 3.739 | 36.67 |

续表

| 温度/℃ | 压力/MPa(kgf/cm²) | | | | | | | | | |
|---|---|---|---|---|---|---|---|---|---|---|
| | 9.81(100) | | 14.71(150) | | 19.61(200) | | 24.52(250) | | 29.42(300) | |
| | $\mu$ | $\eta$ | $\mu$ | $\eta$ | $\mu$ | $\eta$ | $\mu$ | $\eta$ | $\mu$ | $\eta$ |
| 100 | 29.3 | 287.4 | 29.6 | 290.4 | 30.0 | 294.3 | 30.4 | 298.2 | 31.0 | 304.1 |
| 110 | 26.4 | 259.0 | 26.7 | 261.9 | 27.0 | 264.9 | 27.5 | 269.8 | 27.8 | 272.7 |
| 120 | 24.0 | 235.4 | 24.3 | 238.4 | 24.6 | 241.3 | 25.1 | 246.2 | 25.3 | 248.2 |
| 130 | 22.1 | 216.8 | 22.4 | 219.7 | 22.7 | 222.7 | 23.1 | 226.6 | 23.4 | 229.6 |
| 140 | 20.6 | 202.1 | 20.8 | 204.0 | 21.1 | 207.0 | 21.5 | 210.9 | 21.8 | 213.9 |
| 150 | 19.4 | 190.3 | 19.5 | 191.3 | 19.8 | 194.2 | 20.1 | 197.2 | 20.4 | 200.1 |
| 160 | 18.1 | 177.6 | 18.3 | 179.5 | 18.5 | 181.5 | 18.8 | 184.4 | 19.1 | 187.4 |
| 170 | 17.0 | 166.8 | 17.2 | 168.7 | 17.3 | 169.7 | 17.6 | 172.6 | 17.9 | 175.6 |
| 180 | 16.0 | 157.0 | 16.2 | 158.9 | 16.3 | 159.9 | 16.5 | 161.9 | 16.8 | 164.8 |
| 190 | 15.1 | 148.1 | 15.3 | 150.0 | 15.4 | 151.1 | 15.6 | 153.0 | 15.8 | 155.0 |
| 200 | 14.3 | 140.3 | 14.5 | 142.2 | 14.6 | 143.2 | 14.8 | 145.2 | 14.9 | 146.2 |
| 210 | 13.7 | 134.4 | 13.8 | 135.4 | 13.9 | 136.4 | 14.0 | 137.3 | 14.2 | 139.3 |
| 220 | 13.0 | 127.5 | 13.1 | 128.5 | 13.2 | 129.5 | 13.3 | 130.5 | 13.5 | 132.4 |
| 230 | 12.4 | 121.6 | 12.5 | 122.6 | 12.6 | 123.6 | 12.7 | 124.6 | 12.9 | 126.5 |
| 240 | 11.9 | 116.7 | 12.0 | 117.7 | 12.1 | 118.7 | 12.2 | 119.7 | 12.3 | 120.7 |
| 250 | 11.4 | 111.8 | 11.5 | 112.8 | 11.6 | 113.8 | 11.7 | 114.8 | 11.8 | 115.8 |
| 260 | 10.9 | 106.9 | 11.0 | 107.9 | 11.1 | 108.9 | 11.2 | 109.9 | 11.3 | 110.9 |
| 270 | 10.5 | 103.0 | 10.6 | 104.0 | 10.7 | 105.0 | 10.8 | 105.9 | 10.9 | 106.9 |
| 280 | 10.1 | 99.1 | 10.2 | 100.1 | 10.3 | 101.0 | 10.4 | 102.0 | 10.5 | 103.0 |
| 290 | 9.7 | 95.2 | 9.8 | 96.1 | 10.0 | 98.1 | 10.1 | 99.1 | 10.2 | 100.1 |
| 300 | 9.4 | 92.2 | 9.5 | 93.2 | 9.6 | 94.2 | 9.7 | 95.2 | 9.9 | 97.1 |
| 310 | 2.240 | 22.00 | 9.2 | 90.3 | 9.3 | 91.2 | 9.4 | 92.2 | 9.6 | 94.2 |
| 320 | 2.207 | 21.65 | 8.3 | 86.3 | 9.0 | 88.3 | 9.1 | 89.3 | 9.3 | 91.2 |
| 330 | 2.248 | 22.06 | 8.4 | 82.4 | 8.6 | 84.4 | 8.7 | 85.3 | 9.0 | 88.3 |
| 340 | 2.290 | 22.46 | 7.9 | 77.5 | 8.1 | 79.5 | 8.3 | 81.4 | 8.6 | 84.4 |
| 350 | 2.334 | 22.86 | 2.423 | 23.77 | 7.5 | 73.6 | 7.8 | 76.5 | 8.2 | 80.4 |
| 360 | 2.373 | 23.28 | 2.458 | 24.12 | 6.9 | 67.7 | 7.4 | 72.5 | 7.7 | 75.5 |
| 370 | 2.415 | 23.69 | 2.496 | 24.49 | 2.84 | 27.86 | 6.7 | 65.7 | 7.2 | 70.6 |
| 380 | 2.457 | 24.10 | 2.536 | 24.88 | 2.78 | 27.27 | 5.4 | 53.0 | 6.6 | 64.7 |
| 390 | 2.499 | 24.51 | 2.576 | 25.27 | 2.701 | 26.50 | 3.4 | 33.3 | 5.7 | 55.9 |
| 400 | 2.541 | 24.93 | 2.618 | 25.68 | 2.732 | 26.80 | 3.2 | 31.4 | 4.6 | 45.1 |
| 410 | 2.583 | 25.34 | 2.659 | 26.09 | 2.768 | 27.15 | 3.1 | 30.4 | 3.9 | 38.3 |
| 420 | 2.625 | 25.75 | 2.702 | 26.50 | 2.806 | 27.53 | 2.966 | 29.10 | 3.7 | 36.30 |
| 430 | 2.667 | 26.16 | 2.744 | 26.92 | 2.846 | 27.91 | 2.993 | 29.36 | 3.5 | 34.34 |
| 440 | 2.709 | 26.58 | 2.786 | 27.33 | 2.887 | 28.32 | 3.024 | 29.67 | 3.4 | 33.35 |
| 450 | 2.751 | 26.99 | 2.829 | 27.75 | 2.928 | 28.72 | 3.058 | 30.00 | 3.4 | 33.35 |
| 460 | 2.793 | 27.40 | 2.872 | 28.17 | 2.969 | 29.13 | 3.096 | 30.37 | 3.4 | 33.35 |
| 470 | 2.835 | 27.81 | 2.914 | 28.59 | 3.012 | 29.55 | 3.136 | 30.76 | 3.30 | 32.38 |
| 480 | 2.876 | 28.22 | 2.957 | 29.01 | 3.055 | 29.97 | 3.177 | 31.16 | 3.334 | 32.70 |
| 490 | 2.918 | 28.63 | 3.000 | 29.43 | 3.098 | 30.39 | 3.219 | 31.57 | 3.370 | 33.06 |
| 500 | 2.960 | 29.04 | 3.043 | 29.85 | 3.141 | 30.82 | 3.261 | 31.99 | 3.408 | 33.43 |
| 510 | 3.001 | 29.44 | 3.086 | 30.27 | 3.185 | 31.24 | 3.304 | 32.42 | 3.451 | 33.84 |
| 520 | 3.043 | 29.85 | 3.129 | 30.69 | 3.229 | 31.66 | 3.348 | 32.84 | 3.492 | 34.25 |
| 530 | 3.085 | 30.26 | 3.173 | 31.12 | 3.273 | 32.09 | 3.392 | 33.27 | 3.535 | 34.68 |
| 540 | 3.127 | 30.67 | 3.217 | 31.54 | 3.318 | 32.52 | 3.437 | 33.71 | 3.578 | 35.10 |
| 550 | 3.169 | 31.08 | 3.261 | 31.96 | 3.363 | 32.96 | 3.482 | 34.15 | 3.622 | 35.53 |

续表

| 温度/℃ | 压力/MPa(kgf/cm²) | | | | | | | | | |
|---|---|---|---|---|---|---|---|---|---|---|
| | 9.81(100) | | 14.71(150) | | 19.61(200) | | 24.52(250) | | 29.42(300) | |
| | μ | η | μ | η | μ | η | μ | η | μ | η |
| 560 | 3.211 | 31.50 | 3.304 | 32.39 | 3.408 | 33.40 | 3.527 | 34.59 | 3.666 | 35.96 |
| 570 | 3.253 | 31.91 | 3.348 | 32.82 | 3.452 | 33.85 | 3.572 | 35.03 | 3.711 | 36.40 |
| 580 | 3.295 | 32.32 | 3.391 | 33.25 | 3.497 | 34.29 | 3.618 | 35.48 | 3.756 | 36.84 |
| 590 | 3.337 | 32.73 | 3.434 | 33.68 | 3.542 | 34.73 | 3.663 | 35.93 | 3.801 | 37.28 |
| 600 | 3.378 | 33.14 | 3.477 | 34.10 | 3.586 | 35.17 | 3.708 | 36.37 | 3.846 | 37.72 |
| 610 | 3.419 | 33.54 | 3.520 | 34.52 | 3.630 | 35.60 | 3.753 | 36.81 | 3.891 | 38.17 |
| 620 | 3.460 | 33.94 | 3.562 | 34.93 | 3.674 | 36.03 | 3.798 | 37.25 | 3.936 | 38.61 |
| 630 | 3.501 | 34.34 | 3.604 | 35.35 | 3.718 | 36.46 | 3.843 | 37.69 | 3.982 | 39.06 |
| 640 | 3.541 | 34.73 | 3.646 | 35.76 | 3.761 | 36.89 | 3.887 | 38.13 | 4.027 | 39.50 |
| 650 | 3.582 | 35.13 | 3.688 | 36.17 | 3.805 | 37.32 | 3.932 | 38.57 | 4.073 | 39.95 |
| 660 | 3.622 | 35.53 | 3.730 | 36.58 | 3.848 | 37.74 | 3.977 | 39.00 | 4.119 | 40.40 |
| 670 | 3.663 | 35.92 | 3.772 | 35.99 | 3.891 | 38.17 | 4.022 | 39.44 | 4.165 | 40.85 |
| 680 | 3.703 | 36.31 | 3.814 | 37.40 | 3.934 | 38.59 | 4.066 | 39.88 | 4.211 | 41.30 |
| 690 | 3.743 | 36.71 | 3.856 | 37.81 | 3.977 | 39.01 | 4.111 | 40.32 | 4.257 | 41.75 |
| 700 | 3.782 | 37.10 | 3.897 | 38.22 | 4.020 | 39.43 | 4.155 | 40.75 | 4.303 | 42.20 |

注：黑线以上为水的黏度，黑线以下为蒸汽的黏度。

### 1.1.6 水和过热蒸汽的运动黏度[17]

$10^{-6}\,m^2/s$

| 温度/℃ | 压力/MPa(kgf/cm²) | | | | | | | | | |
|---|---|---|---|---|---|---|---|---|---|---|
| | 0.10 (1) | 1.96 (20) | 3.92 (40) | 5.88 (60) | 7.85 (80) | 9.81 (100) | 14.71 (150) | 19.61 (200) | 24.52 (250) | 29.42 (300) |
| 100 | 20.90 | 0.295 | 0.296 | 0.297 | 0.298 | 0.299 | 0.301 | 0.304 | 0.308 | 0.313 |
| 110 | 22.23 | 0.267 | 0.268 | 0.269 | 0.269 | 0.271 | 0.273 | 0.276 | 0.280 | 0.283 |
| 120 | 23.55 | 0.244 | 0.245 | 0.246 | 0.247 | 0.248 | 0.251 | 0.254 | 0.258 | 0.260 |
| 130 | 24.92 | 0.226 | 0.227 | 0.228 | 0.229 | 0.230 | 0.233 | 0.236 | 0.240 | 0.242 |
| 140 | 26.31 | 0.213 | 0.214 | 0.215 | 0.216 | 0.217 | 0.219 | 0.221 | 0.225 | 0.227 |
| 150 | 27.77 | 0.201 | 0.202 | 0.204 | 0.205 | 0.206 | 0.207 | 0.208 | 0.212 | 0.215 |
| 160 | 29.25 | 0.190 | 0.191 | 0.192 | 0.194 | 0.195 | 0.196 | 0.198 | 0.200 | 0.202 |
| 170 | 30.77 | 0.182 | 0.182 | 0.182 | 0.184 | 0.185 | 0.186 | 0.187 | 0.189 | 0.191 |
| 180 | 32.31 | 0.174 | 0.174 | 0.174 | 0.175 | 0.176 | 0.177 | 0.178 | 0.180 | 0.181 |
| 190 | 33.90 | 0.167 | 0.167 | 0.167 | 0.168 | 0.168 | 0.169 | 0.171 | 0.172 | 0.172 |
| 200 | 35.53 | 0.160 | 0.160 | 0.161 | 0.161 | 0.162 | 0.163 | 0.163 | 0.163 | 0.165 |
| 210 | 37.21 | 0.154 | 0.154 | 0.155 | 0.156 | 0.156 | 0.157 | 0.157 | 0.158 | 0.159 |
| 220 | 38.90 | 1.763 | 0.149 | 0.150 | 0.150 | 0.151 | 0.151 | 0.152 | 0.152 | 0.154 |
| 230 | 40.63 | 1.864 | 0.145 | 0.145 | 0.145 | 0.146 | 0.147 | 0.147 | 0.147 | 0.149 |
| 240 | 42.40 | 1.962 | 0.141 | 0.141 | 0.141 | 0.142 | 0.143 | 0.143 | 0.143 | 0.144 |
| 250 | 44.21 | 2.061 | 0.928 | 0.138 | 0.138 | 0.139 | 0.139 | 0.139 | 0.139 | 0.140 |
| 260 | 46.07 | 2.162 | 0.987 | 0.135 | 0.136 | 0.136 | 0.136 | 0.136 | 0.136 | 0.136 |
| 270 | 47.93 | 2.263 | 1.045 | 0.133 | 0.133 | 0.133 | 0.133 | 0.133 | 0.133 | 0.133 |
| 280 | 49.88 | 2.365 | 1.103 | 0.667 | 0.131 | 0.131 | 0.131 | 0.131 | 0.131 | 0.131 |
| 290 | 51.81 | 2.470 | 1.161 | 0.712 | 0.129 | 0.129 | 0.129 | 0.130 | 0.13 | 0.13 |
| 300 | 53.80 | 2.576 | 1.219 | 0.757 | 0.515 | 0.128 | 0.128 | 0.128 | 0.13 | 0.13 |
| 310 | 55.83 | 2.683 | 1.277 | 0.800 | 0.553 | 0.410 | 0.128 | 0.128 | 0.13 | 0.13 |

续表

| 温度/℃ | 压力/MPa(kgf/cm²) | | | | | | | | | |
|---|---|---|---|---|---|---|---|---|---|---|
| | 0.10 (1) | 1.96 (20) | 3.92 (40) | 5.88 (60) | 7.85 (80) | 9.81 (100) | 14.71 (150) | 19.61 (200) | 24.52 (250) | 29.42 (300) |
| 320 | 57.88 | 2.789 | 1.334 | 0.843 | 0.590 | 0.430 | 0.127 | 0.127 | 0.13 | 0.13 |
| 330 | 59.98 | 2.898 | 1.392 | 0.886 | 0.626 | 0.464 | 0.127 | 0.127 | 0.13 | 0.13 |
| 340 | 62.12 | 3.009 | 1.450 | 0.928 | 0.661 | 0.496 | 0.127 | 0.126 | 0.12 | 0.13 |
| 350 | 64.28 | 3.120 | 1.509 | 0.970 | 0.696 | 0.527 | 0.285 | 0.123 | 0.12 | 0.12 |
| 360 | 66.49 | 3.235 | 1.570 | 1.012 | 0.731 | 0.558 | 0.315 | 0.125 | 0.12 | 0.12 |
| 370 | 68.72 | 3.353 | 1.630 | 1.055 | 0.765 | 0.588 | 0.342 | 0.208 | 0.123 | 0.12 |
| 380 | 70.96 | 3.472 | 1.692 | 1.098 | 0.799 | 0.617 | 0.367 | 0.237 | 0.135 | 0.12 |
| 390 | 73.26 | 3.590 | 1.754 | 1.141 | 0.833 | 0.646 | 0.391 | 0.254 | 0.171 | 0.126 |
| 400 | 75.60 | 3.712 | 1.817 | 1.185 | 0.867 | 0.676 | 0.414 | 0.277 | 0.200 | 0.136 |
| 410 | 77.97 | 3.833 | 1.881 | 1.230 | 0.902 | 0.705 | 0.437 | 0.298 | 0.218 | 0.164 |
| 420 | 80.38 | 3.958 | 1.945 | 1.274 | 0.937 | 0.734 | 0.459 | 0.318 | 0.229 | 0.188 |
| 430 | 82.80 | 4.081 | 2.010 | 1.319 | 0.972 | 0.763 | 0.482 | 0.337 | 0.248 | 0.202 |
| 440 | 85.31 | 4.208 | 2.076 | 1.364 | 1.007 | 0.793 | 0.504 | 0.356 | 0.266 | 0.217 |
| 450 | 87.80 | 4.337 | 2.142 | 1.410 | 1.043 | 0.822 | 0.526 | 0.375 | 0.284 | 0.232 |
| 460 | 90.32 | 4.469 | 2.209 | 1.456 | 1.079 | 0.852 | 0.548 | 0.394 | 0.301 | 0.247 |
| 470 | 92.88 | 4.602 | 2.277 | 1.504 | 1.115 | 0.882 | 0.570 | 0.412 | 0.317 | 0.253 |
| 480 | 95.47 | 4.734 | 2.346 | 1.551 | 1.152 | 0.912 | 0.592 | 0.430 | 0.333 | 0.268 |
| 490 | 98.10 | 4.866 | 2.416 | 1.599 | 1.189 | 0.942 | 0.614 | 0.448 | 0.348 | 0.283 |
| 500 | 100.8 | 5.005 | 2.486 | 1.647 | 1.226 | 0.973 | 0.635 | 0.466 | 0.364 | 0.297 |
| 510 | 103.5 | 5.144 | 2.557 | 1.695 | 1.264 | 1.004 | 0.658 | 0.484 | 0.380 | 0.311 |
| 520 | 106.2 | 5.284 | 2.630 | 1.744 | 1.302 | 1.035 | 0.680 | 0.502 | 0.395 | 0.324 |
| 530 | 109.0 | 5.426 | 2.703 | 1.794 | 1.340 | 1.067 | 0.702 | 0.520 | 0.411 | 0.338 |
| 540 | 111.8 | 5.568 | 2.777 | 1.844 | 1.378 | 1.098 | 0.725 | 0.538 | 0.426 | 0.353 |
| 550 | 114.6 | 5.714 | 2.851 | 1.895 | 1.417 | 1.131 | 0.748 | 0.557 | 0.442 | 0.367 |
| 560 | 117.5 | 5.862 | 2.927 | 1.947 | 1.457 | 1.163 | 0.771 | 0.575 | 0.458 | 0.381 |
| 570 | 120.4 | 6.012 | 3.003 | 2.000 | 1.498 | 1.196 | 0.795 | 0.594 | 0.474 | 0.395 |
| 580 | 123.3 | 6.164 | 3.080 | 2.053 | 1.539 | 1.230 | 0.819 | 0.613 | 0.490 | 0.409 |
| 590 | 126.2 | 6.316 | 3.168 | 2.106 | 1.580 | 1.264 | 0.843 | 0.632 | 0.506 | 0.423 |
| 600 | 129.2 | 6.468 | 3.236 | 2.159 | 1.621 | 1.298 | 0.867 | 0.652 | 0.523 | 0.438 |
| 610 | 132.3 | 6.621 | 3.315 | 2.213 | 1.662 | 1.331 | 0.891 | 0.671 | 0.539 | 0.452 |
| 620 | 135.3 | 6.776 | 3.394 | 2.267 | 1.703 | 1.365 | 0.915 | 0.690 | 0.556 | 0.466 |
| 630 | 138.4 | 6.933 | 3.474 | 2.322 | 1.745 | 1.399 | 0.939 | 0.709 | 0.572 | 0.480 |
| 640 | 141.5 | 7.091 | 3.555 | 2.377 | 1.788 | 1.434 | 0.964 | 0.728 | 0.588 | 0.495 |
| 650 | 144.6 | 7.251 | 3.637 | 2.433 | 1.830 | 1.469 | 0.988 | 0.748 | 0.604 | 0.509 |
| 660 | 147.8 | 7.412 | 3.720 | 2.489 | 1.873 | 1.504 | 1.013 | 0.768 | 0.621 | 0.524 |
| 670 | 151.0 | 7.575 | 3.803 | 2.546 | 1.917 | 1.540 | 1.038 | 0.788 | 0.638 | 0.538 |
| 680 | 154.2 | 7.740 | 3.887 | 2.603 | 1.961 | 1.576 | 1.063 | 0.808 | 0.655 | 0.553 |
| 690 | 157.4 | 7.906 | 3.972 | 2.660 | 2.005 | 1.612 | 1.088 | 0.828 | 0.672 | 0.568 |
| 700 | 160.7 | 8.073 | 4.057 | 2.718 | 2.049 | 1.648 | 1.114 | 0.848 | 0.689 | 0.583 |

注：表中黑线以上为水的黏度，以下为蒸汽黏度。

### 1.1.7 饱和水蒸气的黏度[17]

| 温度/℃ | 饱和压力/MPa(kgf/cm²) | 动力黏度/(10⁻⁶ Pa·s) | 动力黏度/(10⁻⁶ kgf·s/m²) | 运动黏度/(10⁻⁶ m²/s) |
|---|---|---|---|---|
| 150 | 0.47(4.8) | 14.79 | 1.507 | 5.80 |
| 160 | 0.62(6.3) | 15.22 | 1.551 | 4.67 |
| 170 | 0.79(8.1) | 15.65 | 1.596 | 3.80 |
| 180 | 1.00(10.2) | 16.09 | 1.640 | 3.12 |
| 190 | 1.26(12.8) | 16.54 | 1.686 | 2.59 |
| 200 | 1.56(15.9) | 17.00 | 1.733 | 2.16 |
| 210 | 1.91(19.5) | 17.47 | 1.781 | 1.82 |
| 220 | 2.32(23.7) | 17.94 | 1.828 | 1.54 |
| 230 | 2.79(28.5) | 18.43 | 1.879 | 1.32 |
| 240 | 3.34(34.1) | 18.94 | 1.930 | 1.13 |
| 250 | 3.98(40.6) | 19.45 | 1.982 | 0.974 |
| 260 | 4.70(47.9) | 20.00 | 2.039 | 0.843 |
| 270 | 5.50(56.1) | 20.57 | 2.096 | 0.732 |
| 280 | 6.42(65.5) | 21.16 | 2.157 | 0.637 |
| 290 | 7.44(75.9) | 21.81 | 2.223 | 0.557 |
| 300 | 8.59(87.6) | 22.49 | 2.293 | 0.487 |
| 310 | 9.87(100.6) | 23.25 | 2.370 | 0.426 |
| 320 | 11.29(115.1) | 24.08 | 2.455 | 0.372 |
| 330 | 12.87(131.2) | 25.06 | 2.554 | 0.325 |
| 340 | 14.61(149.0) | 26.20 | 2.671 | 0.282 |
| 350 | 16.53(168.6) | 27.65 | 2.818 | 0.243 |
| 360 | 18.67(190.4) | 29.76 | 3.033 | 0.207 |
| 370 | 21.05(214.7) | 33.88 | 3.454 | 0.169 |

### 1.1.8 饱和水蒸气表（按温度排列）

| 温度/℃ | 绝对压力/(kgf/cm²) | 绝对压力/kPa (kN/m²) | 蒸汽比容/(m³/kg) | 蒸汽密度/(kg/m³) | 蒸汽焓/(kcal/kgf) | 蒸汽焓/(kJ/kg) | 汽化热/(kcal/kgf) | 汽化热/(kJ/kg) | 蒸汽比熵/[kJ/(kg·K)] |
|---|---|---|---|---|---|---|---|---|---|
| 0 | 0.0062 | 0.61 | 206.5 | 0.00484 | 595.0 | 2491.3 | 595.0 | 2491.3 | 9.1544 |
| 5 | 0.0089 | 0.87 | 147.1 | 0.00680 | 597.3 | 2500.9 | 592.3 | 2480.0 | 9.0242 |
| 10 | 0.0125 | 1.23 | 106.4 | 0.00940 | 599.6 | 2510.5 | 589.6 | 2468.6 | 8.8995 |
| 15 | 0.0174 | 1.71 | 77.9 | 0.01283 | 602.0 | 2520.6 | 587.0 | 2457.8 | 8.7806 |
| 20 | 0.0238 | 2.34 | 57.8 | 0.01729 | 604.3 | 2530.1 | 584.3 | 2446.3 | 8.6663 |
| 25 | 0.0323 | 3.17 | 43.40 | 0.02304 | 606.6 | 2538.6 | 581.6 | 2433.9 | 8.5570 |
| 30 | 0.0433 | 4.24 | 32.93 | 0.03036 | 608.9 | 2549.5 | 578.9 | 2423.7 | 8.4523 |
| 35 | 0.0573 | 5.62 | 25.25 | 0.03960 | 611.2 | 2559.1 | 576.2 | 2412.6 | 8.3518 |
| 40 | 0.0752 | 7.38 | 19.55 | 0.05115 | 613.5 | 2568.7 | 573.5 | 2401.1 | 8.2560 |
| 45 | 0.0977 | 9.58 | 15.28 | 0.06545 | 615.7 | 2577.9 | 570.7 | 2389.5 | 8.1638 |
| 50 | 0.1258 | 12.33 | 12.054 | 0.0830 | 618.0 | 2587.6 | 568.0 | 2378.1 | 8.0751 |
| 55 | 0.1605 | 15.73 | 9.588 | 0.1043 | 620.2 | 2596.8 | 565.2 | 2366.5 | 7.9901 |
| 60 | 0.2031 | 19.92 | 7.687 | 0.1301 | 622.5 | 2606.3 | 562.5 | 2355.1 | 7.9084 |
| 65 | 0.2550 | 25.01 | 6.207 | 0.1611 | 624.7 | 2615.6 | 559.7 | 2343.4 | 7.8297 |
| 70 | 0.3177 | 31.16 | 5.052 | 0.1979 | 626.8 | 2624.4 | 556.8 | 2331.2 | 7.7544 |

续表

| 温度/℃ | 绝对压力 | | 蒸汽比容/(m³/kg) | 蒸汽密度/(kg/m³) | 蒸汽焓 | | 汽化热 | | 蒸汽比熵/[kJ/(kg·K)] |
|---|---|---|---|---|---|---|---|---|---|
| | /(kgf/cm²) | /kPa(kN/m²) | | | /(kcal/kgf) | /(kJ/kg) | /(kcal/kgf) | /(kJ/kg) | |
| 75 | 0.393 | 38.5 | 4.139 | 0.2416 | 629.0 | 2629.7 | 554.0 | 2315.7 | 7.6819 |
| 80 | 0.483 | 47.4 | 3.414 | 0.2929 | 631.1 | 2642.4 | 551.2 | 2307.3 | 7.6116 |
| 85 | 0.590 | 57.8 | 2.832 | 0.3531 | 633.2 | 2651.2 | 548.2 | 2295.3 | 7.5438 |
| 90 | 0.715 | 70.1 | 2.365 | 0.4229 | 635.3 | 2660.0 | 545.3 | 2283.1 | 7.4785 |
| 95 | 0.862 | 84.5 | 1.985 | 0.5039 | 637.4 | 2668.8 | 542.4 | 2271.0 | 7.4157 |
| 100 | 1.033 | 101.3 | 1.675 | 0.5970 | 639.4 | 2677.2 | 539.4 | 2258.4 | 7.3545 |
| 105 | 1.232 | 120.8 | 1.421 | 0.7036 | 641.3 | 2685.1 | 536.3 | 2245.5 | 7.2959 |
| 110 | 1.461 | 143.3 | 1.212 | 0.8254 | 643.3 | 2693.5 | 533.1 | 2232.4 | 7.2386 |
| 115 | 1.724 | 169.1 | 1.038 | 0.9635 | 645.2 | 2702.5 | 530.0 | 2221.0 | 7.1833 |
| 120 | 2.025 | 198.6 | 0.893 | 1.1199 | 647.0 | 2708.9 | 526.7 | 2205.2 | 7.1289 |
| 125 | 2.367 | 232.1 | 0.7715 | 1.296 | 648.8 | 2716.5 | 523.5 | 2193.1 | 7.0778 |
| 130 | 2.755 | 270.2 | 0.6693 | 1.494 | 650.6 | 2723.9 | 520.1 | 2177.6 | 7.0271 |
| 135 | 3.192 | 313.0 | 0.5831 | 1.715 | 652.3 | 2731.2 | 516.7 | 2166.0 | 6.9781 |
| 140 | 3.685 | 361.4 | 0.5096 | 1.962 | 653.9 | 2737.8 | 513.2 | 2148.7 | 6.9304 |
| 145 | 4.238 | 415.6 | 0.4469 | 2.238 | 655.5 | 2744.6 | 509.6 | 2137.5 | 6.8839 |
| 150 | 4.855 | 476.1 | 0.3933 | 2.543 | 657.0 | 2750.7 | 506.0 | 2118.5 | 6.8383 |
| 160 | 6.303 | 618.1 | 0.3075 | 3.252 | 659.9 | 2762.9 | 498.5 | 2087.1 | 6.7508 |
| 170 | 8.080 | 792.4 | 0.2431 | 4.113 | 662.4 | 2773.3 | 490.6 | 2054.0 | 6.6666 |
| 180 | 10.23 | 1003 | 0.1944 | 5.145 | 664.6 | 2782.6 | 482.3 | 2019.3 | 6.5858 |
| 190 | 12.80 | 1255 | 0.1568 | 6.378 | 666.4 | 2790.1 | 473.5 | 1982.5 | 6.5075 |
| 200 | 15.85 | 1554 | 0.1276 | 7.840 | 667.7 | 2795.5 | 464.2 | 1943.5 | 6.4318 |
| 210 | 19.55 | 1917 | 0.1045 | 9.567 | 668.6 | 2799.3 | 454.4 | 1902.1 | 6.3577 |
| 220 | 23.66 | 2320 | 0.0862 | 11.600 | 669.0 | 2801.0 | 443.9 | 1858.5 | 6.2848 |
| 230 | 28.53 | 2797 | 0.07155 | 13.98 | 668.8 | 2800.1 | 432.7 | 1811.6 | 6.2132 |
| 240 | 34.13 | 3347 | 0.05967 | 16.76 | 668.0 | 2796.8 | 420.8 | 1762.2 | 6.1425 |
| 250 | 40.55 | 3976 | 0.04998 | 20.01 | 666.4 | 2790.1 | 408.1 | 1708.6 | 6.0721 |
| 260 | 47.85 | 4693 | 0.04199 | 23.82 | 664.2 | 2780.9 | 394.5 | 1652.1 | 6.0014 |
| 270 | 56.11 | 5503 | 0.03538 | 28.27 | 661.2 | 2760.3 | 380.1 | 1591.4 | 5.9298 |
| 280 | 63.42 | 6220 | 0.02988 | 33.47 | 657.3 | 2752.0 | 364.6 | 1526.5 | |
| 290 | 75.88 | 7442 | 0.02525 | 39.60 | 652.6 | 2732.3 | 348.1 | 1457.8 | |
| 300 | 87.6 | 8591 | 0.02131 | 46.93 | 646.8 | 2708.0 | 330.2 | 1382.5 | |
| 310 | 100.7 | 9876 | 0.01799 | 55.59 | 640.1 | 2680.0 | 310.8 | 1301.3 | |
| 320 | 115.2 | 11300 | 0.01516 | 65.95 | 632.5 | 2648.2 | 289.5 | 1212.1 | |
| 330 | 131.3 | 12880 | 0.01273 | 78.53 | 623.5 | 2610.5 | 266.6 | 1113.7 | |
| 340 | 149.0 | 14510 | 0.01064 | 93.98 | 613.5 | 2568.6 | 240.2 | 1005.7 | |
| 350 | 168.6 | 16530 | 0.00884 | 113.2 | 601.1 | 2516.7 | 210.3 | 880.5 | |
| 360 | 190.3 | 18660 | 0.00716 | 139.6 | 583.4 | 2442.6 | 170.3 | 713.4 | |
| 370 | 214.5 | 21030 | 0.00585 | 171.0 | 549.8 | 2301.9 | 98.2 | 411.1 | |
| 374 | 225.0 | 22060 | 0.00310 | 322.6 | 501.1 | 2098.0 | | | |

### 1.1.9 饱和水蒸气表（按压力排列）

| 绝对压力 | | 温度/℃ | 蒸汽的比容/(m³/kg) | 蒸汽的密度/(kg/m³) | 蒸汽的焓/(kJ/kg) | 汽化热/(kJ/kg) |
|---|---|---|---|---|---|---|
| kPa(kN/m²) | atm | | | | | |
| 1.0 | 0.00987 | 6.3 | 129.37 | 0.00773 | 2503.1 | 2476.8 |
| 1.5 | 0.0148 | 12.5 | 88.26 | 0.01133 | 2515.3 | 2463.0 |
| 2.0 | 0.0197 | 17.0 | 67.29 | 0.01486 | 2524.2 | 2452.9 |
| 2.5 | 0.0247 | 20.9 | 54.47 | 0.01836 | 2513.8 | 2444.3 |
| 3.0 | 0.0296 | 23.5 | 45.52 | 0.02197 | 2536.8 | 2438.4 |

续表

| 绝对压力 | | 温度/℃ | 蒸汽的比容/($m^3$/kg) | 蒸汽的密度/(kg/$m^3$) | 蒸汽的焓/(kJ/kg) | 汽化热/(kJ/kg) |
|---|---|---|---|---|---|---|
| kPa(kN/$m^2$) | atm | | | | | |
| 3.5 | 0.0345 | 26.1 | 39.45 | 0.02535 | 2541.8 | 2432.5 |
| 4.0 | 0.0395 | 28.7 | 34.88 | 0.02867 | 2546.8 | 2426.6 |
| 4.5 | 0.0444 | 30.8 | 33.06 | 0.03205 | 2550.9 | 2421.9 |
| 5.0 | 0.0493 | 32.4 | 28.27 | 0.03537 | 2554.0 | 2418.3 |
| 6.0 | 0.0592 | 35.6 | 23.81 | 0.04200 | 2560.1 | 2411.0 |
| 7.0 | 0.0691 | 38.8 | 20.56 | 0.04864 | 2566.3 | 2403.8 |
| 8.0 | 0.0790 | 41.3 | 18.13 | 0.05514 | 2571.0 | 2398.2 |
| 9.0 | 0.0888 | 43.3 | 16.24 | 0.06156 | 2574.8 | 2393.6 |
| 10 | 0.0987 | 45.3 | 14.71 | 0.06798 | 2578.5 | 2388.9 |
| 15 | 0.148 | 53.5 | 10.04 | 0.09956 | 2594.0 | 2370.0 |
| 20 | 0.197 | 60.1 | 7.65 | 0.13068 | 2606.4 | 2354.9 |
| 30 | 0.296 | 66.5 | 5.24 | 0.19093 | 2622.4 | 2333.7 |
| 40 | 0.395 | 75.0 | 4.00 | 0.24975 | 2634.1 | 2312.2 |
| 50 | 0.493 | 81.2 | 3.25 | 0.30799 | 2644.3 | 2304.5 |
| 60 | 0.592 | 85.6 | 2.74 | 0.36514 | 2652.1 | 2393.9 |
| 70 | 0.691 | 89.9 | 2.37 | 0.42229 | 2659.8 | 2283.2 |
| 80 | 0.799 | 93.2 | 2.09 | 0.47807 | 2665.3 | 2275.3 |
| 90 | 0.888 | 96.4 | 1.87 | 0.53384 | 2670.8 | 2267.4 |
| 100 | 0.987 | 99.6 | 1.70 | 0.58961 | 2676.3 | 2259.5 |
| 120 | 1.184 | 104.5 | 1.43 | 0.69868 | 2684.3 | 2246.8 |
| 140 | 1.382 | 109.2 | 1.24 | 0.80758 | 2692.1 | 2234.4 |
| 160 | 1.579 | 113.0 | 1.21 | 0.82981 | 2698.1 | 2224.2 |
| 180 | 1.776 | 116.6 | 0.988 | 1.0121 | 2703.7 | 2214.3 |
| 200 | 1.974 | 120.2 | 0.887 | 1.1273 | 2709.2 | 2204.6 |
| 250 | 2.467 | 127.2 | 0.719 | 1.3904 | 2719.7 | 2185.4 |
| 300 | 2.961 | 133.3 | 0.606 | 1.6501 | 2728.5 | 2168.1 |
| 350 | 3.454 | 138.8 | 0.524 | 1.9074 | 2736.1 | 2152.3 |
| 400 | 3.948 | 143.4 | 0.463 | 2.1618 | 2742.1 | 2138.5 |
| 450 | 4.44 | 147.7 | 0.414 | 2.4152 | 2747.8 | 2125.4 |
| 500 | 4.93 | 151.7 | 0.375 | 2.6673 | 2752.8 | 2113.2 |
| 600 | 5.92 | 158.7 | 0.316 | 3.1686 | 2761.4 | 2091.1 |
| 700 | 6.91 | 164.7 | 0.273 | 3.6657 | 2767.8 | 2071.5 |
| 800 | 7.90 | 170.4 | 0.240 | 4.1614 | 2773.7 | 2052.7 |
| 900 | 8.88 | 175.1 | 0.215 | 4.6525 | 2778.1 | 2036.2 |
| $1\times10^3$ | 9.87 | 179.9 | 0.194 | 5.1432 | 2782.5 | 2019.7 |
| $1.1\times10^3$ | 10.86 | 180.2 | 0.177 | 5.6339 | 2785.5 | 2005.1 |
| $1.2\times10^3$ | 11.84 | 187.8 | 0.166 | 6.0241 | 2788.5 | 1990.6 |
| $1.3\times10^3$ | 12.83 | 191.5 | 0.151 | 6.6141 | 2790.9 | 1976.7 |
| $1.4\times10^3$ | 13.82 | 194.8 | 0.141 | 7.1038 | 2792.4 | 1963.7 |
| $1.5\times10^3$ | 14.80 | 198.2 | 0.132 | 7.5935 | 2794.5 | 1950.7 |
| $1.6\times10^3$ | 15.79 | 201.3 | 0.124 | 8.0814 | 2796.0 | 1938.2 |
| $1.7\times10^3$ | 16.78 | 204.1 | 0.117 | 8.5674 | 2797.1 | 1926.5 |
| $1.8\times10^3$ | 17.76 | 206.9 | 0.110 | 9.0533 | 2798.1 | 1914.8 |
| $1.9\times10^3$ | 18.75 | 209.8 | 0.105 | 9.5392 | 2799.2 | 1903.0 |
| $2\times10^3$ | 19.74 | 212.2 | 0.0997 | 10.0338 | 2799.7 | 1892.4 |

续表

| 绝对压力 kPa(kN/m²) | 绝对压力 atm | 温度/℃ | 蒸汽的比容/(m³/kg) | 蒸汽的密度/(kg/m³) | 蒸汽的焓/(kJ/kg) | 汽化热/(kJ/kg) |
|---|---|---|---|---|---|---|
| 3×10³ | 29.61 | 233.7 | 0.0666 | 15.0075 | 2798.9 | 1793.5 |
| 4×10³ | 39.48 | 250.3 | 0.0498 | 20.0969 | 2789.8 | 1706.8 |
| 5×10³ | 49.35 | 263.8 | 0.0394 | 25.3663 | 2776.2 | 1629.2 |
| 6×10³ | 59.21 | 275.4 | 0.0324 | 30.8494 | 2759.5 | 1556.3 |
| 7×10³ | 69.08 | 285.7 | 0.0273 | 36.5744 | 2740.8 | 1487.6 |
| 8×10³ | 79.95 | 294.8 | 0.0235 | 42.5768 | 2720.5 | 1403.7 |
| 9×10³ | 88.82 | 303.2 | 0.0205 | 48.8945 | 2699.1 | 1356.6 |
| 10×10³ | 98.69 | 310.9 | 0.0180 | 55.5407 | 2677.1 | 1293.1 |
| 12×10³ | 118.43 | 324.5 | 0.0142 | 70.3075 | 2631.2 | 1167.7 |
| 14×10³ | 138.17 | 336.5 | 0.0115 | 87.3020 | 2583.2 | 1043.4 |
| 16×10³ | 157.90 | 347.2 | 0.00927 | 107.8010 | 2531.1 | 915.4 |
| 18×10³ | 177.64 | 356.9 | 0.00744 | 134.4813 | 2466.0 | 766.1 |
| 20×10³ | 197.38 | 365.6 | 0.00566 | 176.5961 | 2364.2 | 544.9 |

### 1.1.10 过热水蒸气表[12,62]

#### 1.1.10.1 蒸汽压力0.51MPa(5.0atm)[12]，饱和温度151.11℃

| 温度/℃ | 比容/(m³/kg) | 焓/(kJ/kg) | 比熵/[kJ/(kg·K)] | 温度/℃ | 比容/(m³/kg) | 焓/(kJ/kg) | 比熵/[kJ/(kg·K)] |
|---|---|---|---|---|---|---|---|
| 151.11 | 0.3818 | 2747.8 | 6.8285 | 430 | 0.6581 | 3334.8 | 7.8938 |
| 160 | 0.3917 | 2767.5 | 6.8747 | 440 | 0.6677 | 3356.1 | 7.9239 |
| 170 | 0.4024 | 2790.1 | 6.9254 | 450 | 0.6772 | 3377.5 | 7.9532 |
| 180 | 0.4130 | 2812.3 | 6.9744 | 460 | 0.6867 | 3398.4 | 7.9826 |
| 190 | 0.4234 | 2834.0 | 7.0221 | 470 | 0.6962 | 3419.8 | 8.0114 |
| 200 | 0.4336 | 2855.8 | 7.0682 | 480 | 0.7058 | 3441.1 | 8.0399 |
| 210 | 0.4438 | 2877.2 | 7.1130 | 490 | 0.7153 | 3462.9 | 8.0684 |
| 220 | 0.4539 | 2898.1 | 7.1561 | 500 | 0.7248 | 3484.3 | 8.0984 |
| 230 | 0.4640 | 2919.0 | 7.1984 | 510 | 0.7343 | 3505.6 | 8.1241 |
| 240 | 0.4740 | 2940.0 | 7.2394 | 520 | 0.7438 | 3527.4 | 8.1513 |
| 250 | 0.4839 | 2960.9 | 7.2796 | 530 | 0.7533 | 3549.2 | 8.1785 |
| 260 | 0.4938 | 2981.4 | 7.3189 | 540 | 0.7628 | 3570.9 | 8.2053 |
| 270 | 0.5036 | 3002.4 | 7.3575 | 550 | 0.7723 | 3592.7 | 8.2321 |
| 280 | 0.5134 | 3022.9 | 7.3951 | 560 | 0.7818 | 3614.6 | 8.2585 |
| 290 | 0.5232 | 3043.4 | 7.4320 | 570 | 0.7913 | 3636.2 | 8.2848 |
| 300 | 0.5329 | 3064.3 | 7.4684 | 580 | 0.8008 | 3658.4 | 8.3108 |
| 310 | 0.5426 | 3085.3 | 7.5040 | 590 | 0.8102 | 3680.6 | 8.3363 |
| 320 | 0.5524 | 3105.3 | 7.5392 | 600 | 0.8197 | 3702.4 | 8.3619 |
| 330 | 0.5621 | 3126.3 | 7.5735 | 610 | 0.8292 | 3725.0 | 8.3874 |
| 340 | 0.5717 | 3146.8 | 7.6074 | 620 | 0.8387 | 3747.2 | 8.4125 |
| 350 | 0.5814 | 3167.7 | 7.6409 | 630 | 0.8481 | 3769.4 | 8.4372 |
| 360 | 0.5910 | 3188.2 | 7.6740 | 640 | 0.8576 | 3791.6 | 8.4619 |
| 370 | 0.6006 | 3209.2 | 7.7066 | 650 | 0.8670 | 3814.2 | 8.4886 |
| 380 | 0.6102 | 3230.1 | 7.7389 | 660 | 0.8765 | 3836.8 | 8.5109 |
| 390 | 0.6198 | 3251.1 | 7.7707 | 670 | 0.8860 | 3859.4 | 8.5348 |
| 400 | 0.6294 | 3272.0 | 7.8021 | 680 | 0.8954 | 3882.0 | 8.5587 |
| 410 | 0.6390 | 3292.9 | 7.8331 | 690 | 0.9049 | 3904.6 | 8.5825 |
| 420 | 0.6485 | 3313.9 | 7.8636 | 700 | 0.9143 | 3927.6 | 8.6060 |

1.1.10.2 蒸汽压力 0.91MPa(9.0atm)[12]，饱和温度 174.53℃

| 温度 /℃ | 比容 /($m^3$/kg) | 焓 /(kJ/kg) | 比熵 /[kJ/(kg·K)] | 温度 /℃ | 比容 /($m^3$/kg) | 焓 /(kJ/kg) | 比熵 /[kJ/(kg·K)] |
|---|---|---|---|---|---|---|---|
| 174.53 | 0.2190 | 2772.9 | 6.6292 | 440 | 0.3694 | 3350.7 | 7.6472 |
| 180 | 0.2225 | 2786.3 | 6.6595 | 450 | 0.3747 | 3372.5 | 7.6769 |
| 190 | 0.2290 | 2810.6 | 6.7123 | 460 | 0.3801 | 3393.8 | 7.7062 |
| 200 | 0.2353 | 2834.5 | 6.7621 | 470 | 0.3854 | 3415.2 | 7.7355 |
| 210 | 0.2414 | 2858.7 | 6.8107 | 480 | 0.3908 | 3436.9 | 7.7644 |
| 220 | 0.2474 | 2880.5 | 6.8576 | 490 | 0.3961 | 3458.3 | 7.7929 |
| 230 | 0.2533 | 2903.1 | 6.9028 | 500 | 0.4014 | 3480.1 | 7.8209 |
| 240 | 0.2591 | 2925.3 | 6.9463 | 510 | 0.4068 | 3501.8 | 7.8490 |
| 250 | 0.2649 | 2947.1 | 6.9886 | 520 | 0.4121 | 3523.6 | 7.8766 |
| 260 | 0.2706 | 2968.9 | 7.0296 | 530 | 0.4174 | 3545.4 | 7.9038 |
| 270 | 0.2762 | 2990.2 | 7.0698 | 540 | 0.4227 | 3567.2 | 7.9311 |
| 280 | 0.2818 | 3011.6 | 7.1088 | 550 | 0.4280 | 3589.3 | 7.9577 |
| 290 | 0.2874 | 3032.9 | 7.1469 | 560 | 0.4383 | 3611.1 | 7.9842 |
| 300 | 0.2930 | 3054.3 | 7.1841 | 570 | 0.4386 | 3633.3 | 8.0106 |
| 310 | 0.2986 | 3075.6 | 7.2210 | 580 | 0.4439 | 3655.1 | 8.0366 |
| 320 | 0.3042 | 3096.6 | 7.2570 | 590 | 0.4492 | 3677.3 | 8.0625 |
| 330 | 0.3097 | 3117.5 | 7.2921 | 600 | 0.4545 | 3699.5 | 8.0881 |
| 340 | 0.3152 | 3138.8 | 7.3269 | 610 | 0.4598 | 3722.1 | 8.1140 |
| 350 | 0.3207 | 3159.8 | 7.3608 | 620 | 0.4651 | 3744.3 | 8.1390 |
| 360 | 0.3261 | 3181.1 | 7.3943 | 630 | 0.4704 | 3766.9 | 8.1643 |
| 370 | 0.3316 | 3202.1 | 7.4274 | 640 | 0.4757 | 3789.1 | 8.1890 |
| 380 | 0.3370 | 3223.4 | 7.4600 | 650 | 0.4809 | 3811.7 | 8.2132 |
| 390 | 0.3424 | 3244.4 | 7.4923 | 660 | 0.4862 | 3834.3 | 8.2379 |
| 400 | 0.3478 | 3265.7 | 7.5241 | 670 | 0.4915 | 3857.3 | 8.2618 |
| 410 | 0.3532 | 3287.1 | 7.5555 | 680 | 0.4968 | 3879.9 | 8.2857 |
| 420 | 0.3586 | 3308.4 | 7.5865 | 690 | 0.5020 | 3902.9 | 8.3095 |
| 430 | 0.3640 | 3329.3 | 7.6170 | 700 | 0.5073 | 3925.5 | 8.3334 |

1.1.10.3 蒸汽压力 1.52MPa(15.0atm)[12]，饱和温度 197.36℃

| 温度 /℃ | 比容 /($m^3$/kg) | 焓 /(kJ/kg) | 比熵 /[kJ/(kg·K)] | 温度 /℃ | 比容 /($m^3$/kg) | 焓 /(kJ/kg) | 比熵 /[kJ/(kg·K)] |
|---|---|---|---|---|---|---|---|
| 197.36 | 0.1342 | 2791.3 | 6.4519 | 360 | 0.1937 | 3169.8 | 7.1456 |
| 200 | 0.1353 | 2798.5 | 6.4673 | 370 | 0.1970 | 3191.6 | 7.1795 |
| 210 | 0.1396 | 2825.3 | 6.5235 | 380 | 0.2004 | 3213.0 | 7.2126 |
| 220 | 0.1437 | 2851.2 | 6.5762 | 390 | 0.2037 | 3234.7 | 7.2453 |
| 230 | 0.1476 | 2876.3 | 6.6264 | 400 | 0.2070 | 3256.5 | 7.2779 |
| 240 | 0.1514 | 2901.0 | 6.6746 | 410 | 0.2103 | 3277.8 | 7.3102 |
| 250 | 0.1552 | 2924.9 | 6.7207 | 420 | 0.2136 | 3299.6 | 7.3416 |
| 260 | 0.1589 | 2948.3 | 6.7646 | 430 | 0.2169 | 3323.5 | 7.3725 |
| 270 | 0.1625 | 2971.4 | 6.8073 | 440 | 0.2202 | 3343.2 | 7.4031 |
| 280 | 0.1661 | 2994.0 | 6.8488 | 450 | 0.2235 | 3364.5 | 7.4332 |
| 290 | 0.1697 | 3016.6 | 6.8890 | 460 | 0.2268 | 3386.3 | 7.4634 |
| 300 | 0.1732 | 3038.8 | 6.9283 | 470 | 0.2300 | 3408.1 | 7.4931 |
| 310 | 0.1767 | 3060.6 | 6.9664 | 480 | 0.2333 | 3430.2 | 7.5224 |
| 320 | 0.1801 | 3082.7 | 7.0037 | 490 | 0.2365 | 3452.0 | 7.5513 |
| 330 | 0.1835 | 3104.5 | 7.0401 | 500 | 0.2398 | 3473.8 | 7.5798 |
| 340 | 0.1869 | 3126.3 | 7.0757 | 510 | 0.2430 | 3496.0 | 7.6078 |
| 350 | 0.1903 | 3148.1 | 7.1109 | 520 | 0.2462 | 3517.7 | 7.6355 |

续表

| 温度/℃ | 比容/(m³/kg) | 焓/(kJ/kg) | 比熵/[kJ/(kg·K)] | 温度/℃ | 比容/(m³/kg) | 焓/(kJ/kg) | 比熵/[kJ/(kg·K)] |
|---|---|---|---|---|---|---|---|
| 530 | 0.2494 | 3539.9 | 7.6631 | 620 | 0.2783 | 3740.5 | 7.9001 |
| 540 | 0.2527 | 3561.7 | 7.6903 | 630 | 0.2815 | 3762.7 | 7.9252 |
| 550 | 0.2559 | 3583.9 | 7.7175 | 640 | 0.2847 | 3785.3 | 7.9503 |
| 560 | 0.2591 | 3606.1 | 7.7443 | 650 | 0.2879 | 3808.3 | 7.9750 |
| 570 | 0.2623 | 3628.3 | 7.7707 | 660 | 0.2911 | 3830.9 | 7.9993 |
| 580 | 0.2655 | 3650.5 | 7.7971 | 670 | 0.2942 | 3853.5 | 8.0236 |
| 590 | 0.2687 | 3673.1 | 7.8230 | 680 | 0.2974 | 3876.6 | 8.0474 |
| 600 | 0.2719 | 3695.3 | 7.8490 | 690 | 0.3006 | 3899.2 | 8.0713 |
| 610 | 0.2751 | 3717.9 | 7.8750 | 700 | 0.3038 | 3922.2 | 8.0952 |

1.1.10.4 蒸汽压力 2.53MPa(25.0atm)[12],饱和温度 222.90℃

| 温度/℃ | 比容/(m³/kg) | 焓/(kJ/kg) | 比熵/[kJ/(kg·K)] | 温度/℃ | 比容/(m³/kg) | 焓/(kJ/kg) | 比熵/[kJ/(kg·K)] |
|---|---|---|---|---|---|---|---|
| 222.90 | 0.08150 | 2802.2 | 6.2639 | 470 | 0.1367 | 3396.5 | 7.2457 |
| 230 | 0.08355 | 2824.0 | 6.3083 | 480 | 0.1387 | 3418.5 | 7.2754 |
| 240 | 0.08631 | 2854.1 | 6.3669 | 490 | 0.1407 | 3441.1 | 7.3047 |
| 250 | 0.08896 | 2883.0 | 6.4426 | 500 | 0.1427 | 3463.3 | 7.3336 |
| 260 | 0.09151 | 2910.2 | 6.4732 | 510 | 0.1447 | 3485.5 | 7.3625 |
| 270 | 0.09397 | 2936.6 | 6.5222 | 520 | 0.1467 | 3508.1 | 7.3910 |
| 280 | 0.09636 | 2962.2 | 6.5687 | 530 | 0.1487 | 3530.3 | 7.4190 |
| 290 | 0.09871 | 2986.9 | 6.6131 | 540 | 0.1506 | 3552.9 | 7.4466 |
| 300 | 0.1010 | 3011.1 | 6.6558 | 550 | 0.1526 | 3575.5 | 7.4743 |
| 310 | 0.1033 | 3035.0 | 6.6972 | 560 | 0.1546 | 3597.7 | 7.5015 |
| 320 | 0.1055 | 3058.5 | 6.7370 | 570 | 0.1565 | 3620.3 | 7.5283 |
| 330 | 0.1077 | 3081.5 | 6.7759 | 580 | 0.1585 | 3642.9 | 7.5547 |
| 340 | 0.1099 | 3104.5 | 6.8136 | 590 | 0.1604 | 3665.5 | 7.5810 |
| 350 | 0.1120 | 3127.5 | 6.8504 | 600 | 0.1623 | 3688.2 | 7.6070 |
| 360 | 0.1142 | 3150.1 | 6.8864 | 610 | 0.1643 | 3710.8 | 7.6334 |
| 370 | 0.1163 | 3172.8 | 6.9220 | 620 | 0.1662 | 3733.4 | 7.6589 |
| 380 | 0.1184 | 3195.4 | 6.9568 | 630 | 0.1682 | 3756.4 | 7.6840 |
| 390 | 0.1205 | 3218.0 | 6.9911 | 640 | 0.1701 | 3779.0 | 7.7092 |
| 400 | 0.1225 | 3240.2 | 7.0246 | 650 | 0.1720 | 3802.0 | 7.7393 |
| 410 | 0.1246 | 3262.8 | 7.0577 | 660 | 0.1740 | 3825.1 | 7.7590 |
| 420 | 0.1266 | 3285.0 | 7.0903 | 670 | 0.1759 | 3847.7 | 7.7833 |
| 430 | 0.1287 | 3307.2 | 7.1222 | 680 | 0.1778 | 3870.7 | 7.8075 |
| 440 | 0.1307 | 3329.3 | 7.1536 | 690 | 0.1798 | 3893.7 | 7.8318 |
| 450 | 0.1327 | 3351.5 | 7.1845 | 700 | 0.1817 | 3917.2 | 7.8557 |
| 460 | 0.1347 | 3374.1 | 7.2151 | | | | |

1.1.10.5 蒸汽压力 4.05MPa(40.0atm)[12],饱和温度 249.18℃

| 温度/℃ | 比容/(m³/kg) | 焓/(kJ/kg) | 比熵/[kJ/(kg·K)] | 温度/℃ | 比容/(m³/kg) | 焓/(kJ/kg) | 比熵/[kJ/(kg·K)] |
|---|---|---|---|---|---|---|---|
| 249.18 | 0.05078 | 2801.0 | 6.0780 | 290 | 0.05849 | 2935.8 | 6.3267 |
| 250 | 0.05090 | 2803.9 | 6.0826 | 300 | 0.06016 | 2964.3 | 6.3765 |
| 260 | 0.05297 | 2840.3 | 6.1517 | 310 | 0.06178 | 2991.9 | 6.4238 |
| 270 | 0.05491 | 2874.2 | 6.2149 | 320 | 0.06335 | 3018.3 | 6.4686 |
| 280 | 0.05676 | 2906.1 | 6.2731 | 330 | 0.06488 | 3044.2 | 6.5117 |

续表

| 温度 /℃ | 比容 /(m³/kg) | 焓 /(kJ/kg) | 比熵 /[kJ/(kg·K)] | 温度 /℃ | 比容 /(m³/kg) | 焓 /(kJ/kg) | 比熵 /[kJ/(kg·K)] |
|---|---|---|---|---|---|---|---|
| 340 | 0.06638 | 3069.8 | 6.5536 | 480 | 0.08556 | 3401.4 | 7.0414 |
| 350 | 0.06786 | 3094.5 | 6.5938 | 490 | 0.08685 | 3424.4 | 7.0719 |
| 360 | 0.06931 | 3119.2 | 6.6331 | 500 | 0.08814 | 3447.4 | 7.1017 |
| 370 | 0.07074 | 3143.5 | 6.6712 | 510 | 0.08942 | 3470.4 | 7.1310 |
| 380 | 0.07215 | 3167.7 | 6.7081 | 520 | 0.09069 | 3493.5 | 7.1603 |
| 390 | 0.07355 | 3191.6 | 6.7441 | 530 | 0.09196 | 3516.1 | 7.1892 |
| 400 | 0.07493 | 3215.5 | 6.7797 | 540 | 0.09322 | 3539.1 | 7.2176 |
| 410 | 0.07630 | 3238.9 | 6.8144 | 550 | 0.09448 | 3562.1 | 7.2457 |
| 420 | 0.07765 | 3262.4 | 6,8488 | 560 | 0.09574 | 3585.2 | 7.2733 |
| 430 | 0.07899 | 3285.5 | 6.8823 | 570 | 0.09699 | 3608.2 | 7.3005 |
| 440 | 0.08032 | 3308.8 | 6.9149 | 580 | 0.09824 | 3631.2 | 7.3277 |
| 450 | 0.08164 | 3332.3 | 6.9472 | 590 | 0.09948 | 3654.2 | 7.3545 |
| 460 | 0.08295 | 3355.3 | 6.9790 | 600 | 0.1007 | 3677.3 | 7.3809 |
| 470 | 0.08426 | 3378.3 | 7.0104 | | | | |

### 1.1.10.6 蒸汽压力 10MPa(98.7atm)[62]，饱和温度 310.96℃

| 温度 /℃ | 比容 /(m³/kg) | 焓 /(kJ/kg) | 比熵 /[kJ/(kg·K)] | 温度 /℃ | 比容 /(m³/kg) | 焓 /(kJ/kg) | 比熵 /[kJ/(kg·K)] |
|---|---|---|---|---|---|---|---|
| 310.96 | 0.01800 | 2724.4 | 5.6143 | 450 | 0.02974 | 3242.2 | 6.4220 |
| 350 | 0.02242 | 2924.2 | 5.9464 | 500 | 0.03277 | 3374.1 | 6.5984 |
| 400 | 0.02641 | 3098.5 | 6.2158 | 600 | 0.03833 | 3624.0 | 6.9025 |

### 1.1.10.7 蒸汽压力 15MPa(148.0atm)[62]，饱和温度 342.12℃

| 温度 /℃ | 比容 /(m³/kg) | 焓 /(kJ/kg) | 比熵 /[kJ/(kg·K)] | 温度 /℃ | 比容 /(m³/kg) | 焓 /(kJ/kg) | 比熵 /[kJ/(kg·K)] |
|---|---|---|---|---|---|---|---|
| 342.12 | 0.01035 | 2611.6 | 5.3122 | 450 | 0.01845 | 3158.2 | 6.1443 |
| 350 | 0.01148 | 2693.8 | 5.4450 | 500 | 0.02079 | 3309.7 | 6.3471 |
| 400 | 0.01566 | 2977.6 | 5.8851 | 600 | 0.02489 | 3581.2 | 6.6776 |

### 1.1.10.8 蒸汽压力 20MPa(197.4atm)[62]，饱和温度 365.71℃

| 温度 /℃ | 比容 /(m³/kg) | 焓 /(kJ/kg) | 比熵 /[kJ/(kg·K)] | 温度 /℃ | 比容 /(m³/kg) | 焓 /(kJ/kg) | 比熵 /[kJ/(kg·K)] |
|---|---|---|---|---|---|---|---|
| 365.71 | 0.005873 | 2413.8 | 4.9338 | 500 | 0.01477 | 3240.2 | 6.1440 |
| 400 | 0.009952 | 2820.1 | 5.5578 | 600 | 0.01816 | 3536.9 | 6.5055 |
| 450 | 0.01270 | 3062.4 | 5.9061 | | | | |

### 1.1.11 水的比热容与压力和水温的关系[17]

| 温度 /℃ | 压力/MPa(kgf/cm²) | | | | | |
|---|---|---|---|---|---|---|
| | 4.90(50) | 9.81(100) | 14.71(150) | 19.61(200) | 24.52(250) | 29.42(300) |
| | 比热容/[kcal/(kg·℃)] | | | | | |
| 0 | 1.004 | 1.002 | 1.000 | 0.998 | 0.996 | 0.994 |
| 20 | 0.996 | 0.994 | 0.992 | 0.989 | 0.987 | 0.984 |
| 40 | 0.994 | 0.992 | 0.989 | 0.986 | 0.984 | 0.981 |
| 60 | 0.995 | 0.992 | 0.989 | 0.986 | 0.983 | 0.980 |
| 80 | 0.999 | 0.995 | 0.992 | 0.989 | 0.985 | 0.982 |

续表

| 温度/℃ | 压力/MPa(kgf/cm²) | | | | | |
|---|---|---|---|---|---|---|
| | 4.90(50) | 9.81(100) | 14.71(150) | 19.61(200) | 24.52(250) | 29.42(300) |
| | 比热容/[kcal/(kg·℃)] | | | | | |
| 100 | 1.004 | 1.000 | 0.997 | 0.993 | 0.989 | 0.986 |
| 120 | 1.011 | 1.007 | 1.003 | 0.999 | 0.995 | 0.991 |
| 140 | 1.019 | 1.015 | 1.029 | 1.006 | 1.002 | 0.997 |
| 160 | 1.033 | 1.028 | 1.023 | 1.015 | 1.013 | 1.008 |
| 180 | 1.050 | 1.044 | 1.038 | 1.032 | 1.027 | 1.021 |
| 200 | 1.071 | 1.064 | 1.057 | 1.050 | 1.043 | 1.037 |
| 220 | 1.097 | 1.088 | 1.080 | 1.072 | 1.064 | 1.056 |
| 240 | 1.132 | 1.121 | 1.110 | 1.100 | 1.090 | 1.081 |
| 260 | 1.181 | 1.166 | 1.152 | 1.139 | 1.127 | 1.114 |
| 280 | | 1.231 | 1.212 | 1.194 | 1.177 | 1.161 |
| 300 | | 1.352 | 1.300 | 1.266 | 1.242 | 1.223 |
| 310 | | | 1.372 | 1.318 | 1.283 | 1.257 |
| 320 | | | 1.480 | 1.391 | 1.355 | 1.298 |
| 330 | | | 1.653 | 1.501 | 1.409 | 1.352 |
| 340 | | | 1.939 | 1.675 | 1.529 | 1.425 |
| 350 | | | | 1.963 | 1.693 | 1.536 |

注：1kcal/(kg·℃)=4.1868kJ/(kg·K)。

### 1.1.12 水的热导率（导热系数）与压力和水温的关系[17]

| 压力/MPa(kgf/cm²) | 温度/℃ | | | | | |
|---|---|---|---|---|---|---|
| | 30 | 50 | 70 | 90 | 110 | 130 |
| | 热导率/[W/(m·K)] | | | | | |
| 0.10(1) | 0.6113 | 0.6364 | 0.6531 | 0.6657 | 0.6783 | |
| 98.67(1000) | 0.6490 | 0.6783 | 0.6692 | 0.7201 | 0.7327 | 0.7453 |
| 245.17(2500) | 0.7076 | 0.7369 | 0.7620 | 0.7829 | 0.7997 | 0.8164 |
| 394.66(4000) | 0.7536 | 0.7871 | 0.8122 | 0.8332 | 0.8533 | 0.8792 |
| 591.99(6000) | 0.8081 | 0.8415 | 0.8667 | 0.8918 | 0.9127 | 0.9337 |
| 789.32(8000) | 0.8541 | 0.8876 | 0.9211 | 0.9462 | 0.9672 | 0.9881 |

### 1.1.13 不同温度下绝对纯水的理论电导率、电阻率和pH值[32]

| 温度/℃ | pH值 | 电导率/(μS/cm) | 电阻率/MΩ·cm | 温度/℃ | pH值 | 电导率/(μS/cm) | 电阻率/MΩ·cm |
|---|---|---|---|---|---|---|---|
| 0 | 7.472 | 0.0119 | 84.18 | 55 | 6.568 | 0.204 | 4.90 |
| 5 | 7.367 | 0.0168 | 59.40 | 60 | 6.509 | 0.244 | 4.10 |
| 10 | 7.267 | 0.0233 | 42.86 | 65 | 6.451 | 0.289 | 3.46 |
| 15 | 7.173 | 0.0316 | 31.63 | 70 | 6.397 | 0.338 | 2.96 |
| 20 | 7.084 | 0.0421 | 23.77 | 75 | 6.346 | 0.393 | 2.55 |
| 25 | 6.998 | 0.0550 | 18.18 | 80 | 6.298 | 0.452 | 2.21 |
| 30 | 6.917 | 0.0709 | 14.10 | 85 | 6.251 | 0.517 | 1.94 |
| 35 | 6.840 | 0.0898 | 11.13 | 90 | 6.208 | 0.586 | 1.71 |
| 40 | 6.767 | 0.112 | 8.91 | 95 | 6.166 | 0.659 | 1.52 |
| 45 | 6.698 | 0.139 | 7.22 | 100 | 6.127 | 0.737 | 1.36 |
| 50 | 6.631 | 0.169 | 5.90 | | | | |

### 1.1.14 水的离子积常数[1]

| 温度/℃ | $-\lg K$ | $K/10^{-14}$ | 温度/℃ | $-\lg K$ | $K/10^{-14}$ |
|---|---|---|---|---|---|
| 0 | 14.89 | 0.13 | 30 | 13.73 | 1.89 |
| 10 | 14.45 | 0.36 | 40 | 13.42 | 3.80 |
| 18 | 14.13 | 0.74 | 50 | 13.25 | 5.60 |
| 20 | 14.07 | 0.86 | 60 | 12.90 | 12.60 |
| 22 | 14.00 | 1.00 | 70 | 12.68 | 21.00 |
| 24 | 13.93 | 1.19 | 80 | 12.47 | 34.00 |
| 26 | 13.86 | 1.38 | 90 | 12.28 | 52.00 |
| 28 | 13.79 | 1.62 | 100 | 12.13 | 74.00 |

注：任何水溶液中都将保持水的电离平衡，因此水中 $H^+$ 和 $OH^-$ 浓度（mol/L）的乘积都是一个固定数值，称为水的离子积常数，即 $K=[H^+][OH^-]$，离子积常数随温度升高而增长。

## 1.2 水溶液的物理化学性质

### 1.2.1 部分易溶盐类的溶解度（20℃）[1]

g/100g 水

| 分子式 | 溶解度 | 分子式 | 溶解度 | 分子式 | 溶解度 |
|---|---|---|---|---|---|
| $AlCl_3 \cdot 6H_2O$ | 45.9 | KCl | 34.0 | $(NH_4)_2SO_4$ | 75.4 |
| $Al(NO_3)_3 \cdot 9H_2O$ | 73.0 | $KMnO_4$ | 6.4 | $Na_2CO_3 \cdot 10H_2O$ | 21.5 |
| $Al_2(SO_4)_3 \cdot 18H_2O$ | 36.2 | $KNO_3$ | 31.6 | NaCl | 36.0 |
| $CaCl_2 \cdot 6H_2O$ | 16.6[4] | $KOH \cdot 2H_2O$ | 112.0 | $NaHCO_3$ | 9.6 |
| $Ca(OH)_2$ | 0.165 | $MgCl_2 \cdot 6H_2O$ | 54.5 | $NaNO_3$ | 88.0 |
| $CaSO_4 \cdot 2H_2O$ | 0.202 | $MgSO_4 \cdot 7H_2O$ | 35.5 | $Na_3PO_4 \cdot 12H_2O$ | 11.0 |
| $CuSO_4 \cdot 5H_2O$ | 20.7 | $MnSO_4 \cdot 5H_2O$ | 62.9 | $Na_2SO_4 \cdot 7H_2O$ | 44.6 |
| $FeCl_3 \cdot 6H_2O$ | 91.9 | $NH_4Cl$ | 37.2 | $ZnSO_4 \cdot 7H_2O$ | 54.4 |
| $FeSO_4 \cdot 7H_2O$ | 26.5 | $NH_4NO_3$ | 192.0 | | |

### 1.2.2 部分难溶盐类的溶度积常数[1]

| 分子式 | $K_S$ | $pK_S$ | 分子式 | $K_S$ | $pK_S$ |
|---|---|---|---|---|---|
| $Al(OH)_3$ | $1.3\times10^{-33}$ | 32.9 | $FeCO_3$ | $5.7\times10^{-11}$ | 10.25 |
| $BaCO_3$ | $5.1\times10^{-9}$ | 8.29 | $MgCO_3$ | $1.0\times10^{-5}$ | 5.00 |
| $CaCO_3$ | $4.8\times10^{-9}$ | 8.32 | $MnCO_3$ | $3.8\times10^{-11}$ | 10.42 |
| $Ca(OH)_2$ | $5.5\times10^{-6}$ | 5.26 | $ZnCO_3$ | $1.5\times10^{-11}$ | 10.84 |
| $CaSO_4$ | $2.5\times10^{-5}$ | 4.63 | | | |

注：在一定温度下，难溶盐的饱和溶液有固定的平衡常数，即溶度积 $K_S$。$K_S$ 由难溶盐离子的物质的量浓度乘积计算得。其反应式及通式为：

$$A_xB_y(\text{固}) \rightleftharpoons xA^{y+} + yB^{x-}$$

$$K_S=(A^{y+})^x(B^{x-})^y=(xS)^x(yS)^y$$

其中 $S$ 为 $A_xB_y$ 的溶解度（mol/L）；$x$、$y$ 各为阴、阳离子的价数；$y$B、$x$A 各为阴、阳离子的物质的量浓度（mol/L）。如 $Ca(OH)_2$，$x=1$，$y=2$，则 $K_S=4S^3$。当难溶盐的阴阳离子价数相等时，$x=y=1$，$K_S=S^2$。

$$pK_S=-\lg K_S。$$

### 1.2.3 金属氢氧化物的溶度积常数[1]

| 分子式 | $K_S$ | $pK_S$ | 分子式 | $K_S$ | $pK_S$ |
|---|---|---|---|---|---|
| AgOH | $1.6\times10^{-8}$ | 7.8 | $Cr(OH)_2$ | $2\times10^{-16}$ | 15.7 |
| $Al(OH)_3$ | $1.3\times10^{-33}$ | 32.9 | $Cr(OH)_3$ | $6.3\times10^{-31}$ | 30.2 |
| $Ba(OH)_2$ | $5\times10^{-3}$ | 2.3 | $Cu(OH)_2$ | $5.0\times10^{-20}$ | 19.30 |
| $Ca(OH)_2$ | $5.5\times10^{-6}$ | 5.26 | $Fe(OH)_2$ | $1.0\times10^{-15}$ | 15.0 |
| $Cd(OH)_2$ | $2.2\times10^{-14}$ | 13.66 | $Fe(OH)_3$ | $3.2\times10^{-38}$ | 37.50 |
| $Co(OH)_2$ | $1.6\times10^{-15}$ | 14.80 | $Hg(OH)_2$ | $4.8\times10^{-26}$ | 25.32 |

续表

| 分子式 | $K_S$ | $pK_S$ | 分子式 | $K_S$ | $pK_S$ |
|---|---|---|---|---|---|
| $Mg(OH)_2$ | $1.8\times10^{-11}$ | 10.74 | $Sn(OH)_2$ | $6.3\times10^{-27}$ | 26.20 |
| $Mn(OH)_2$ | $1.1\times10^{-13}$ | 12.96 | $Th(OH)_4$ | $4.0\times10^{-45}$ | 44.4 |
| $Ni(OH)_2$ | $2.0\times10^{-15}$ | 14.70 | $Ti(OH)_3$ | $1\times10^{-40}$ | 40.0 |
| $Pb(OH)_2$ | $1.2\times10^{-15}$ | 14.93 | $Zn(OH)_2$ | $7.1\times10^{-18}$ | 17.15 |

### 1.2.4 重金属硫化物的溶度积常数[1]

| 分子式 | $K_S$ | $pK_S$ | 分子式 | $K_S$ | $pK_S$ |
|---|---|---|---|---|---|
| $Ag_2S$ | $6.3\times10^{-50}$ | 49.20 | HgS | $4.0\times10^{-53}$ | 52.40 |
| CdS | $7.9\times10^{-27}$ | 26.10 | MnS | $2.5\times10^{-13}$ | 12.60 |
| CoS | $4.0\times10^{-21}$ | 20.40 | NiS | $3.2\times10^{-19}$ | 18.50 |
| $Cu_2S$ | $2.5\times10^{-48}$ | 47.60 | PbS | $8\times10^{-28}$ | 27.10 |
| CuS | $6.3\times10^{-36}$ | 35.20 | SnS | $1\times10^{-25}$ | 25.00 |
| FeS | $3.2\times10^{-18}$ | 17.50 | ZnS | $1.6\times10^{-24}$ | 23.80 |
| $Hg_2S$ | $1.0\times10^{-45}$ | 45.00 | $Al_2S_3$ | $2\times10^{-7}$ | 6.70 |

### 1.2.5 部分弱酸的电离常数（25℃）[1],[32]

| 名　称 | 分 子 式 | | $K$ | $pK$ |
|---|---|---|---|---|
| 甲酸 | HCOOH | | $1.78\times10^{-4}$ | 3.75 |
| 醋酸 | $CH_3COOH$ | | $1.75\times10^{-5}$ | 4.76 |
| 草酸 | $H_2C_2O_4$ | $K_1$ | $5.6\times10^{-2}$ | 1.25 |
| | | $K_2$ | $5.1\times10^{-5}$ | 4.29 |
| 碳酸 | $H_2CO_3$ | $K_1$ | $4.45\times10^{-7}$ | 6.35 |
| | | $K_2$ | $4.69\times10^{-11}$ | 10.33 |
| 磷酸 | $H_3PO_4$ | $K_1$ | $7.6\times10^{-3}$ | 2.12 |
| | | $K_2$ | $6.2\times10^{-8}$ | 7.21 |
| | | $K_3$ | $4.4\times10^{-13}$ | 12.36 |
| 硫酸 | $H_2SO_4$ | $K_2$ | $1.2\times10^{-2}$ | 1.94 |
| 亚硫酸 | $H_2SO_3$ | $K_1$ | $1.3\times10^{-2}$ | 1.90 |
| | | $K_2$ | $6.3\times10^{-8}$ | 7.20 |
| 硫化氢 | $H_2S$ | $K_1$ | $8.9\times10^{-8}$ | 7.05 |
| | | $K_2$ | $1.3\times10^{-13}$ | 12.90 |
| 亚硝酸 | $HNO_2$ | | $5.1\times10^{-4}$ | 3.29 |
| 亚氯酸 | $HClO_2$ | | $1.1\times10^{-2}$ | 1.97 |
| 次氯酸 | HClO | | $3.0\times10^{-8}$ | 7.53 |
| 氢氰酸 | HCN | | $4.9\times10^{-10}$ | 9.31 |
| 氢氟酸 | HF | | $6.75\times10^{-4}$ | 3.17 |
| 铬酸 | $H_2CrO_4$ | $K_1$ | $1.6\times10^{-1}$ | 0.8 |
| | | $K_2$ | $3.16\times10^{-7}$ | 6.5 |
| 砷酸 | $H_3AsO_4$ | $K_1$ | $6.45\times10^{-3}$ | 2.19 |
| | | $K_2$ | $1.15\times10^{-7}$ | 6.94 |
| | | $K_3$ | $3.16\times10^{-12}$ | 11.50 |
| 硼酸 | $H_3BO_3$ | $K_1$ | $5.70\times10^{-10}$ | 9.24 |
| | | $K_2$ | $1.8\times10^{-13}$ | 12.74 |
| | | $K_3$ | $1.6\times10^{-14}$ | 13.80 |
| 硅酸 | $Si(OH)_4$ | $K_1$ | $2.5\times10^{-10}$ | 9.6 |
| | $SiO(OH)_3$ | $K_2$ | $2.0\times10^{-13}$ | 12.7 |
| 苯酚 | $C_6H_5OH$ | | $1.3\times10^{-10}$ | 9.90 |

续表

| 名　称 | 分子式 | | $K$ | p$K$ |
|---|---|---|---|---|
| 苯甲酸 | $C_6H_5COOH$ | | $2.0\times10^{-5}$ | 4.70 |
| 邻苯二甲酸 | $C_6H_4(COOH)_2$ | $K_1$ | $1.12\times10^{-3}$ | 2.95 |
| | | $K_2$ | $3.9\times10^{-6}$ | 5.41 |
| 酒石酸 | $H_2C_4H_4O_6$ | $K_1$ | $9.1\times10^{-4}$ | 3.04 |
| | | $K_2$ | $4.27\times10^{-5}$ | 4.37 |
| 琥珀酸 | $C_2H_4(COOH)_2$ | $K_1$ | $6.4\times10^{-5}$ | 4.19 |
| | | $K_2$ | $3.0\times10^{-6}$ | 5.52 |
| 柠檬酸 | $H_3C_6H_5O_7$ | $K_1$ | $8.7\times10^{-4}$ | 3.06 |
| | | $K_2$ | $1.8\times10^{-5}$ | 4.74 |
| | | $K_3$ | $4\times10^{-6}$ | 5.40 |
| 过氧化氢 | $H_2O_2$ | | $2.4\times10^{-12}$ | 11.62 |
| 苦味酸 | $C_6H_2(NO_2)_3OH$ | | $4.2\times10^{-1}$ | 0.38 |

注：弱酸及弱碱均为弱电解质。

弱电解质在溶液中只有一部分电离，在一定温度下分子和离子之间建立起平衡状态，称电离平衡。一般通式为：

$$AB \rightleftharpoons A^+ + B^-$$

$$电离常数\ K=\frac{[A^+][B^-]}{[AB]}\quad mol/L$$

$K_1$、$K_2$、$K_3$ 各代表一、二、三级电离常数

$$pK=-\lg K。$$

### 1.2.6　部分弱碱的电离常数（25℃）[1,32]

| 名　称 | 分子式 | $K$ | p$K$ |
|---|---|---|---|
| 氨溶液 | $NH_4OH$ | $1.8\times10^{-5}$ | 4.75 |
| 甲胺 | $CH_3NH_2$ | $4.8\times10^{-4}$ | 3.32 |
| 乙胺 | $C_2H_5NH_2$ | $4.7\times10^{-4}$ | 3.33 |
| 苯胺 | $C_6H_5NH_2$ | $4.2\times10^{-10}$ | 9.38 |
| 尿素 | $NH_2CONH_2$ | $1.5\times10^{-14}$ | 13.82 |
| 吡啶 | $C_5H_5N$ | $1.5\times10^{-9}$ | 8.82 |
| 二甲胺 | $C_2H_6NH$ | $1.18\times10^{-3}$ | 2.93 |
| 三甲胺 | $C_3H_9N$ | $8.1\times10^{-5}$ | 4.09 |
| 联氨 | $N_2H_4\cdot H_2O$ $(NH_2NH_3OH)$ | $3\times10^{-5}$ | 4.52 |
| 喹啉 | $C_9H_7N$ | $1\times10^{-9}$ | 9.00 |

### 1.2.7　铝和铁的羟基络合物的水解平衡常数[1]

| 反应式 | $K$ | p$K$ |
|---|---|---|
| $Al^{3+}+2H_2O \rightleftharpoons Al(OH)^{2+}+2H^+$ | $1\times10^{-5}$ | 5.00 |
| $2Al^{3+}+2H_2O \rightleftharpoons Al_2(OH)_2^{4+}+2H^+$ | $5.4\times10^{-7}$ | 6.27 |
| $6Al^{3+}+15H_2O \rightleftharpoons Al_6(OH)_{15}^{3+}+15H^+$ | $1\times10^{-47}$ | 47 |
| $7Al^{3+}+17H_2O \rightleftharpoons Al_7(OH)_{17}^{4+}+17H^+$ | $1.6\times10^{-49}$ | 48.80 |
| $8Al^{3+}+20H_2O \rightleftharpoons Al_8(OH)_{20}^{4+}+20H^+$ | $2\times10^{-69}$ | 68.70 |
| $13Al^{3+}+34H_2O \rightleftharpoons Al_{13}(OH)_{34}^{5+}+34H^+$ | $4\times10^{-98}$ | 97.40 |
| $Al^{3+}+3H_2O \rightleftharpoons Al(OH)_3$(固)$+3H^+$ | $8\times10^{-10}$ | 9.10 |
| $Al(OH)_3$(固)$\rightleftharpoons Al^{3+}+3OH^-$ | $1.3\times10^{-33}$ | 32.90 |
| $Al(OH)_3$(固)$+H_2O \rightleftharpoons Al(OH)_4^-+H^+$ | $1.8\times10^{-13}$ | 12.74 |
| $Al(OH)_3$(固)$+OH^- \rightleftharpoons Al(OH)_4^-$ | 20 | −1.3 |
| $Fe^{3+}+H_2O \rightleftharpoons Fe(OH)^{2+}+H^+$ | $6.8\times10^{-3}$ | 2.17 |
| $2Fe^{3+}+2H_2O \rightleftharpoons Fe_2(OH)_2^{4+}+2H^+$ | $1.4\times10^{-3}$ | 2.85 |
| $Fe(OH)^{2+}+H_2O \rightleftharpoons Fe(OH)_2^++H^+$ | $2.6\times10^{-5}$ | 4.58 |

续表

| 反　应　式 | $K$ | p$K$ |
|---|---|---|
| $Fe^{3+}+3H_2O \rightleftharpoons Fe(OH)_3$(固)$+3H^+$ | $1\times10^{-6}$ | 6.00 |
| $Fe(OH)_3$(固)$\rightleftharpoons Fe^{3+}+3OH^-$ | $3.2\times10^{-38}$ | 37.50 |
| $Fe(OH)_3$(固)$\rightleftharpoons Fe(OH)^{2+}+2OH^-$ | $6.8\times10^{-25}$ | 24.17 |
| $Fe(OH)_3$(固)$\rightleftharpoons Fe(OH)_2^++OH^-$ | $1.7\times10^{-15}$ | 14.77 |
| $Fe(OH)_3$(固)$\rightleftharpoons Fe(OH)_3$(液) | $2.9\times10^{-7}$ | 6.54 |
| $Fe(OH)_3$(固)$+OH^-\rightleftharpoons Fe(OH)_4^-$ | $1\times10^{-5}$ | 5.00 |

注：$K$ 为水解平衡常数；$pK=-\lg K$。

### 1.2.8 络合离子的不稳定常数[1]

| 络　合　平　衡 | 不稳定常数 $K_c$ | $pK_c(-\lg K_c)$ |
|---|---|---|
| $Ag(NH_3)_2^+\rightleftharpoons Ag^++2NH_3$ | $5.89\times10^{-8}$ | 7.23 |
| $Cd(NH_3)_4^{2+}\rightleftharpoons Cd^{2+}+4NH_3$ | $2.75\times10^{-7}$ | 6.56 |
| $Cu(NH_3)_4^{2+}\rightleftharpoons Cu^{2+}+4NH_3$ | $9.33\times10^{-13}$ | 12.03 |
| $Zn(NH_3)_4^{2+}\rightleftharpoons Zn^{2+}+4NH_3$ | $2.00\times10^{-9}$ | 8.70 |
| $AlF_6^{3-}\rightleftharpoons Al^{3+}+6F^-$ | $1.45\times10^{-20}$ | 19.84 |
| $AgCl_4^{3-}\rightleftharpoons Ag^++4Cl^-$ | $5.00\times10^{-6}$ | 5.30 |
| $HgI_4^{2-}\rightleftharpoons Hg^{2+}+4I^-$ | $1.38\times10^{-30}$ | 29.86 |
| $Ag(CN)_2^-\rightleftharpoons Ag^++2CN^-$ | $1.00\times10^{-21}$ | 21.00 |
| $Cd(CN)_4^{2-}\rightleftharpoons Cd^{2+}+4CN^-$ | $7.66\times10^{-18}$ | 17.11 |
| $Cu(CN)_4^{3-}\rightleftharpoons Cu^++4CN^-$ | $5.13\times10^{-31}$ | 30.29 |
| $Fe(CN)_6^{4-}\rightleftharpoons Fe^{2+}+6CN^-$ | $1.00\times10^{-24}$ | 24.00 |
| $Fe(CN)_6^{3-}\rightleftharpoons Fe^{3+}+6CN^-$ | $1.00\times10^{-31}$ | 31.00 |
| $Zn(CN)_4^{2-}\rightleftharpoons Zn^{2+}+4CN^-$ | $1.00\times10^{-16}$ | 16.00 |
| $Fe(CNS)^{2+}\rightleftharpoons Fe^{3+}+CNS^-$ | $9.33\times10^{-4}$ | 3.03 |
| $Hg(CNS)_4^{2-}\rightleftharpoons Hg^{2+}+4CNS^-$ | $1.29\times10^{-22}$ | 21.89 |
| $Ca(PO_3)_3^-\rightleftharpoons Ca^{2+}+3PO_3^-$ | $3.50\times10^{-4}$ | 3.46 |
| $Mg(PO_3)_3^-\rightleftharpoons Mg^{2+}+3PO_3^-$ | $4.90\times10^{-4}$ | 3.31 |
| 草酸根,$C_2O_4^{2-}=R^{2-}$ | | |
| $AlR_2^-\rightleftharpoons Al^{3+}+2R^{2-}$ | $1.00\times10^{-13}$ | 13.00 |
| $FeR_3^{3-}\rightleftharpoons Fe^{3+}+3R^{2-}$ | $6.30\times10^{-21}$ | 20.20 |
| $MgR_2^{2-}\rightleftharpoons Mg^{2+}+2R^{2-}$ | $4.17\times10^{-5}$ | 4.38 |
| 水杨酸根,$C_6H_4O(COO)^{2-}=R^{2-}$ | | |
| $AlR^+\rightleftharpoons Al^{3+}+R^{2-}$ | $1.00\times10^{-14}$ | 14.00 |
| $CuR_2^{2-}\rightleftharpoons Cu^{2+}+2R^{2-}$ | $3.54\times10^{-19}$ | 18.45 |
| $FeR_3^{3-}\rightleftharpoons Fe^{3+}+3R^{2-}$ | $1.58\times10^{-37}$ | 36.80 |
| 酒石酸根,$(CHOH)_2(COO)_2^{2-}=R^{2-}$ | | |
| $CaR_2^{2-}\rightleftharpoons Ca^{2+}+2R^{2-}$ | $9.78\times10^{-10}$ | 9.01 |
| $CuR_4^{6-}\rightleftharpoons Cu^{2+}+4R^{2-}$ | $6.31\times10^{-7}$ | 6.20 |
| $FeR^+\rightleftharpoons Fe^{3+}+R^{2-}$ | $3.24\times10^{-8}$ | 7.49 |
| $PbR\rightleftharpoons Pb^{2+}+R^{2-}$ | $1.66\times10^{-4}$ | 3.78 |
| $ZnR_2^{2-}\rightleftharpoons Zn^{2+}+2R^{2-}$ | $4.80\times10^{-9}$ | 8.32 |
| 柠檬酸根,$C_3H_4OH(COO)_3^{3-}=R^{3-}$ | | |
| $AlR\rightleftharpoons Al^{3+}+R^{3-}$ | $1.00\times10^{-20}$ | 20.00 |
| $CuR^-\rightleftharpoons Cu^{2+}+R^{3-}$ | $6.30\times10^{-15}$ | 14.20 |
| $FeR\rightleftharpoons Fe^{3+}+R^{3-}$ | $1.00\times10^{-25}$ | 25.00 |
| $PbR^-\rightleftharpoons Pb^{2+}+R^{3-}$ | $3.16\times10^{-7}$ | 6.50 |
| $ZnR^-\rightleftharpoons Zn^{2+}+R^{3-}$ | $4.0\times10^{-12}$ | 11.40 |

注：络合物的离子不是绝对稳定的，仍有一定程度的电离，同样可达到电离平衡，可称为电离平衡。以络合平衡常数 $K_c$ 来表示络合离子的不稳定程度，又称不稳定常数。例如，

$$[Fe(CN)_6]^{3-}\rightleftharpoons Fe^{3+}+6CN^-$$

$$K_c=\frac{[Fe^{3+}\ mol/L][6CN^-\ mol/L]^6}{[Fe(CN)_6^{3-}\ mol/L]}=1.00\times10^{-31}$$

## 1.3 水溶液及除盐水的电导率和电阻率

### 1.3.1 部分离子的电导率（25℃）[1]

μS/cm(每 mg/L)

| 阳离子 | $Na^+$ | $K^+$ | $NH_4$-N | $Ca^{2+}$ | $Mg^{2+}$ | |
|---|---|---|---|---|---|---|
| 电导率 | 2.13 | 1.84 | 5.24 | 2.60 | 3.82 | |
| 阴离子 | $Cl^-$ | $F^-$ | $NO_3$-N | $HCO_3^-$ | $CO_3^{2-}$ | $SO_4^{2-}$ |
| 电导率 | 2.14 | 2.91 | 5.10 | 0.715 | 2.82 | 1.54 |

### 1.3.2 部分离子的摩尔电导率（25℃）[37]

μS/cm(每 mmol/L)

| 离子 | $^a\lambda_0$ | 离子 | $^a\lambda_0$ | 离子 | $^a\lambda_0$ |
|---|---|---|---|---|---|
| $K^+$ | 73.52 | $Cl^-$ | 76.34 | $HS^-$ | 72 |
| $Na^+$ | 50.11 | $NO_3^-$ | 71.44 | $HSO_3^-$ | 71 |
| $H^+$ | 349.82 | $\frac{1}{2}SO_4^{2-}$ | 79.8 | $\frac{1}{2}SO_3^{2-}$ | 80 |
| $NH_4^+$ | 73.4 | $OH^-$ | 198 | $H_2PO_4^-$ | 29 |
| $\frac{1}{2}Ca^{2+}$ | 59.5 | $HCO_3^-$ | 44.48 | $\frac{1}{2}HPO_4^{2-}$ | 60 |
| $\frac{1}{2}Mg^{2+}$ | 53.06 | $\frac{1}{2}CO_2$ | 83 | $\frac{1}{3}PO_4^{3-}$ | 78 |

注：$^a\lambda_0$ 为无限稀释时的离子摩尔电导率。

### 1.3.3 不同温度、不同含量的 NaCl 溶液的电导率[32]

| 温度/℃ | 氯化钠溶液的电导率/(μS/cm) | | |
|---|---|---|---|
| | 0.02mg/L NaCl | 0.05mg/L NaCl | 0.10mg/L NaCl |
| 5 | 0.0435 | 0.08 | 0.128 |
| 10 | 0.0556 | 0.10 | 0.167 |
| 15 | 0.0769 | 0.125 | 0.200 |
| 20 | 0.0909 | 0.142 | 0.233 |
| 25 | 0.111 | 0.167 | 0.270 |
| 30 | 0.142 | 0.200 | 0.323 |
| 35 | 0.167 | 0.222 | 0.357 |
| 40 | 0.189 | 0.263 | 0.400 |
| 45 | 0.222 | 0.303 | 0.435 |
| 50 | 0.250 | 0.370 | 0.500 |

### 1.3.4 除盐水或蒸馏水的电导率、电阻率和近似的电解质含量（25℃）[32]

| 电导率/(μS/cm) | 电阻率/Ω·cm | 近似的电解质含量/(mg/L) | | | |
|---|---|---|---|---|---|
| | | NaCl | HCl | NaOH | $CO_2$ |
| 0.1 | 10000000 | 0.04 | 0.01 | | |
| 0.2 | 5000000 | 0.08 | 0.02 | 0.03 | |
| 1 | 1000000 | 0.4 | 0.13 | 0.2 | 0.8 |
| 2 | 500000 | 0.8 | 0.26 | 0.4 | 2.5 |
| 4 | 250000 | 1.6 | 0.55 | 0.8 | 9.5 |
| 6 | 166000 | 2.5 | 0.9 | 1 | 20 |
| 8 | 125000 | 3.2 | 1.2 | 1.5 | 40 |
| 10 | 100000 | 4 | 1.5 | 2 | 70 |

续表

| 电导率/(μS/cm) | 电阻率/Ω·cm | 近似的电解质含量/(mg/L) | | | |
|---|---|---|---|---|---|
| | | NaCl | HCl | NaOH | $CO_2$ |
| 20 | 50000 | 8 | 2 | 4 | 320 |
| 30 | 33333 | 14 | 3 | 5 | 730 |
| 40 | 25000 | 19 | 4 | 6 | 1400 |
| 50 | 20000 | 24 | 4.5 | 7 | 2200 |
| 60 | 16666 | 28 | 5.5 | | |
| 70 | 14286 | 33 | 6.5 | | |
| 80 | 12500 | 38 | 7.5 | 11 | |
| 90 | 11111 | 43 | 8 | | |
| 100 | 10000 | 50 | 9 | 14 | |
| 200 | 5000 | 100 | 18 | 27 | |

## 1.4 水处理剂溶液的密度

### 1.4.1 氢氧化钠（NaOH）水溶液的密度（4～20℃）[2,55]

| 波美计 | 密度/($g/cm^3$) | NaOH含量 | | | | |
|---|---|---|---|---|---|---|
| | | /% | /(mol/L) | /($kg/m^3$),/(g/L) | /($lb/ft^3$) | /(lb/gal)(美) |
| 1.4 | 1.0095 | 1 | 0.25 | 10.10 | 0.6305 | 0.0842 |
| 2.9 | 1.0207 | 2 | 0.51 | 20.41 | 1.274 | 0.1704 |
| 4.5 | 1.0318 | 3 | 0.77 | 30.95 | 1.932 | 0.2583 |
| 6.0 | 1.0428 | 4 | 1.04 | 41.71 | 2.604 | 0.3481 |
| 7.4 | 1.0538 | 5 | 1.32 | 52.69 | 3.289 | 0.4397 |
| 8.8 | 1.0648 | 6 | 1.60 | 63.89 | 3.988 | 0.5332 |
| 10.2 | 1.0758 | 7 | 1.88 | 75.31 | 4.701 | 0.6284 |
| 11.6 | 1.0869 | 8 | 2.17 | 86.95 | 5.428 | 0.7256 |
| 12.9 | 1.0979 | 9 | 2.47 | 98.81 | 6.168 | 0.8246 |
| 14.2 | 1.1089 | 10 | 2.77 | 110.9 | 6.923 | 0.9254 |
| 16.8 | 1.1309 | 12 | 3.39 | 135.7 | 8.472 | 1.133 |
| 19.2 | 1.1530 | 14 | 4.04 | 161.4 | 10.08 | 1.347 |
| 21.6 | 1.1751 | 16 | 4.70 | 188.0 | 11.74 | 1.569 |
| 23.9 | 1.1972 | 18 | 5.39 | 215.5 | 13.45 | 1.798 |
| 26.1 | 1.2191 | 20 | 6.10 | 243.8 | 15.22 | 2.035 |
| 28.2 | 1.2411 | 22 | 6.83 | 273.0 | 17.05 | 2.279 |
| 30.2 | 1.2629 | 24 | 7.58 | 303.1 | 18.92 | 2.529 |
| 32.1 | 1.2848 | 26 | 8.35 | 334.0 | 20.85 | 2.788 |
| 34.0 | 1.3064 | 28 | 9.15 | 365.8 | 22.84 | 3.053 |
| 35.8 | 1.3279 | 30 | 9.96 | 398.4 | 24.87 | 3.324 |
| 37.5 | 1.3490 | 32 | 10.79 | 431.7 | 26.95 | 3.602 |
| 39.1 | 1.3696 | 34 | 11.64 | 465.7 | 29.07 | 3.886 |
| 40.7 | 1.3900 | 36 | 12.51 | 500.4 | 31.24 | 4.176 |
| 42.2 | 1.4101 | 38 | 13.40 | 535.8 | 33.45 | 4.472 |
| 43.6 | 1.4300 | 40 | 14.30 | 572.0 | 35.71 | 4.773 |
| 45.0 | 1.4494 | 42 | 15.22 | 608.7 | 38.00 | 5.080 |
| 46.3 | 1.4685 | 44 | 16.15 | 646.1 | 40.34 | 5.392 |
| 47.5 | 1.4873 | 46 | 17.11 | 684.2 | 42.71 | 5.709 |
| 48.8 | 1.5065 | 48 | 18.08 | 723.1 | 45.14 | 6.035 |
| 49.9 | 1.5253 | 50 | 19.07 | 762.7 | 47.61 | 6.364 |

注：$1kg/m^3=0.062427\ lb/ft^3=0.0083452\ lb/gal$（美）。

### 1.4.2 盐酸（HCl）的密度（4～20℃）[2,55]

| 波美计 | 密度 /(g/cm³) | HCl 含量 | | | | |
|---|---|---|---|---|---|---|
| | | /% | /(mol/L) | /(kg/m³),/(g/L) | /(lb/ft³) | /(lb/gal)(美) |
| 0.5 | 1.0032 | 1 | 0.28 | 10.03 | 0.6263 | 0.0837 |
| 1.2 | 1.0082 | 2 | 0.55 | 20.16 | 1.259 | 0.1683 |
| 2.6 | 1.0181 | 4 | 1.12 | 40.72 | 2.542 | 0.3399 |
| 3.9 | 1.0279 | 6 | 1.69 | 61.67 | 3.850 | 0.5147 |
| 5.3 | 1.0376 | 8 | 2.27 | 83.01 | 5.182 | 0.6927 |
| 6.6 | 1.0474 | 10 | 2.87 | 104.7 | 6.539 | 0.8741 |
| 7.9 | 1.0574 | 12 | 3.48 | 126.9 | 7.921 | 1.059 |
| 9.2 | 1.0675 | 14 | 4.10 | 149.5 | 9.330 | 1.247 |
| 10.4 | 1.0776 | 16 | 4.72 | 172.4 | 10.76 | 1.439 |
| 11.7 | 1.0878 | 18 | 5.37 | 195.8 | 12.22 | 1.634 |
| 12.9 | 1.0980 | 20 | 6.02 | 219.6 | 13.71 | 1.833 |
| 14.2 | 1.1083 | 22 | 6.68 | 243.8 | 15.22 | 2.035 |
| 15.4 | 1.1187 | 24 | 7.36 | 268.5 | 16.76 | 2.241 |
| 16.6 | 1.1290 | 26 | 8.04 | 293.5 | 18.32 | 2.450 |
| 17.7 | 1.1392 | 28 | 8.74 | 319.0 | 19.91 | 2.662 |
| 18.8 | 1.1493 | 30 | 9.45 | 344.8 | 21.52 | 2.877 |
| 19.9 | 1.1593 | 32 | 10.16 | 371.0 | 23.16 | 3.096 |
| 21.0 | 1.1691 | 34 | 10.89 | 397.5 | 24.81 | 3.317 |
| 22.0 | 1.1789 | 36 | 11.63 | 424.4 | 26.49 | 3.542 |
| 23.0 | 1.1885 | 38 | 12.37 | 451.6 | 28.19 | 3.769 |
| 24.0 | 1.1980 | 40 | 13.13 | 479.2 | 29.92 | 3.999 |

### 1.4.3 硫酸（$H_2SO_4$）的密度（4～20℃）[2,55]

| 波美计 | 密度 /(g/cm³) | $H_2SO_4$ 含量 | | | | |
|---|---|---|---|---|---|---|
| | | /% | /(mol/L) | /(kg/m³),/(g/L) | /(lb/ft³) | /(lb/gal)(美) |
| 0.35 | 1.0024 | 0.5 | 0.051 | 5.02 | 0.3132 | 0.0419 |
| 0.50 | 1.0035 | 0.7 | 0.072 | 7.03 | 0.4387 | 0.0587 |
| 0.7 | 1.0051 | 1 | 0.103 | 10.05 | 0.6275 | 0.0839 |
| 1.7 | 1.0118 | 2 | 0.21 | 20.24 | 1.263 | 0.1689 |
| 2.6 | 1.0184 | 3 | 0.31 | 30.55 | 1.907 | 0.2550 |
| 3.5 | 1.0250 | 4 | 0.42 | 41.00 | 2.560 | 0.3422 |
| 4.5 | 1.0317 | 5 | 0.53 | 51.59 | 3.220 | 0.4305 |
| 5.4 | 1.0385 | 6 | 0.64 | 62.31 | 3.890 | 0.5200 |
| 6.3 | 0.0453 | 7 | 0.75 | 73.17 | 4.568 | 0.6106 |
| 7.2 | 1.0522 | 8 | 0.86 | 84.18 | 5.255 | 0.7025 |
| 8.1 | 1.0591 | 9 | 0.97 | 95.32 | 5.950 | 0.7955 |
| 9.0 | 1.0661 | 10 | 1.09 | 106.6 | 6.655 | 0.8897 |
| 9.9 | 1.0731 | 11 | 1.20 | 118.0 | 7.369 | 0.9851 |
| 10.8 | 1.0802 | 12 | 1.32 | 129.6 | 8.092 | 1.082 |
| 11.7 | 1.0874 | 13 | 1.44 | 141.4 | 8.825 | 1.180 |
| 12.5 | 1.0947 | 14 | 1.56 | 153.3 | 9.567 | 1.279 |
| 13.4 | 1.1020 | 15 | 1.69 | 165.3 | 10.32 | 1.379 |
| 14.3 | 1.1094 | 16 | 1.81 | 177.5 | 11.08 | 1.481 |
| 15.2 | 1.1168 | 17 | 1.94 | 189.9 | 11.85 | 1.584 |
| 16.0 | 1.1243 | 18 | 2.07 | 202.4 | 12.63 | 1.689 |
| 16.9 | 1.1318 | 19 | 2.19 | 215.0 | 13.42 | 1.795 |
| 17.7 | 1.1394 | 20 | 2.33 | 227.9 | 14.23 | 1.902 |

续表

| 波美计 | 密度/(g/cm³) | $H_2SO_4$ 含量 | | | | |
|---|---|---|---|---|---|---|
| | | /% | /(mol/L) | /(kg/m³),/(g/L) | /(lb/ft³) | /(lb/gal)(美) |
| 18.6 | 1.1471 | 21 | 2.46 | 240.9 | 15.04 | 2.010 |
| 19.4 | 1.1548 | 22 | 2.59 | 254.1 | 15.86 | 2.120 |
| 20.3 | 1.1626 | 23 | 2.73 | 267.4 | 16.69 | 2.231 |
| 21.1 | 1.1704 | 24 | 2.87 | 280.9 | 17.54 | 2.344 |
| 21.9 | 1.1783 | 25 | 3.01 | 294.6 | 18.39 | 2.458 |
| 22.8 | 1.1862 | 26 | 3.15 | 308.4 | 19.25 | 2.574 |
| 23.6 | 1.1942 | 27 | 3.29 | 322.4 | 20.13 | 2.691 |
| 24.4 | 1.2023 | 28 | 3.43 | 336.6 | 21.02 | 2.809 |
| 25.2 | 1.2104 | 29 | 3.58 | 351.0 | 21.91 | 2.929 |
| 26.0 | 1.2185 | 30 | 3.73 | 365.6 | 22.82 | 3.051 |
| 26.8 | 1.2267 | 31 | 3.88 | 380.3 | 23.74 | 3.173 |
| 27.6 | 1.2349 | 32 | 4.04 | 395.2 | 24.67 | 3.298 |
| 28.4 | 1.2432 | 33 | 4.19 | 410.3 | 25.61 | 3.424 |
| 29.1 | 1.2515 | 34 | 4.34 | 425.5 | 26.56 | 3.551 |
| 29.9 | 1.2599 | 35 | 4.50 | 441.0 | 27.53 | 3.680 |
| 30.7 | 1.2684 | 36 | 4.66 | 456.6 | 28.51 | 3.811 |
| 31.4 | 1.2769 | 37 | 4.82 | 472.5 | 29.49 | 3.943 |
| 32.2 | 1.2855 | 38 | 4.98 | 488.5 | 30.49 | 4.077 |
| 33.0 | 1.2941 | 39 | 5.15 | 504.7 | 31.51 | 4.212 |
| 33.7 | 1.3028 | 40 | 5.32 | 521.1 | 32.53 | 4.349 |
| 34.5 | 1.3116 | 41 | 5.49 | 537.8 | 33.57 | 4.488 |
| 35.2 | 1.3205 | 42 | 5.66 | 554.6 | 34.62 | 4.628 |
| 35.9 | 1.3294 | 43 | 5.83 | 571.6 | 35.69 | 4.770 |
| 36.7 | 1.3384 | 44 | 6.01 | 588.9 | 36.76 | 4.914 |
| 37.4 | 1.3476 | 45 | 6.19 | 606.4 | 37.86 | 5.061 |
| 38.1 | 1.3569 | 46 | 6.37 | 624.2 | 38.97 | 5.209 |
| 38.9 | 1.3663 | 47 | 6.55 | 642.2 | 40.09 | 5.359 |
| 39.6 | 1.3758 | 48 | 6.74 | 660.4 | 41.23 | 5.511 |
| 40.3 | 1.3854 | 49 | 6.93 | 678.8 | 42.38 | 5.665 |
| 41.1 | 1.3951 | 50 | 7.12 | 697.6 | 43.55 | 5.821 |
| 41.8 | 1.4049 | 51 | 7.30 | 716.5 | 44.73 | 5.979 |
| 42.5 | 1.4148 | 52 | 7.51 | 735.7 | 45.93 | 6.140 |
| 43.2 | 1.4248 | 53 | 7.71 | 755.1 | 47.14 | 6.302 |
| 44.0 | 1.4350 | 54 | 7.91 | 774.9 | 48.37 | 6.467 |
| 44.7 | 1.4453 | 55 | 8.11 | 794.9 | 49.62 | 6.634 |
| 45.4 | 1.4557 | 56 | 8.32 | 815.2 | 50.89 | 6.803 |
| 46.1 | 1.4662 | 57 | 8.53 | 835.7 | 52.17 | 6.974 |
| 46.8 | 1.4768 | 58 | 8.74 | 856.5 | 53.47 | 7.148 |
| 47.5 | 1.4875 | 59 | 8.96 | 877.6 | 54.79 | 7.324 |
| 48.2 | 1.4983 | 60 | 9.17 | 899.0 | 56.12 | 7.502 |
| 48.9 | 1.5091 | 61 | 9.39 | 920.6 | 57.47 | 7.682 |
| 49.6 | 1.5200 | 62 | 9.67 | 942.4 | 58.83 | 7.865 |
| 50.3 | 1.5310 | 63 | 9.84 | 964.5 | 60.21 | 8.049 |
| 51.0 | 1.5421 | 64 | 10.07 | 986.9 | 61.61 | 8.236 |
| 51.7 | 1.5533 | 65 | 10.31 | 1010 | 63.03 | 8.426 |
| 52.3 | 1.5646 | 66 | 10.54 | 1033 | 64.46 | 8.618 |
| 53.0 | 1.5760 | 67 | 10.78 | 1056 | 65.92 | 8.812 |
| 53.7 | 1.5874 | 68 | 11.01 | 1079 | 67.39 | 9.008 |

续表

| 波美计 | 密度/(g/cm³) | $H_2SO_4$ 含量 | | | | |
|---|---|---|---|---|---|---|
| | | /% | /(mol/L) | /(kg/m³),/(g/L) | /(lb/ft³) | /(lb/gal)(美) |
| 54.3 | 1.5989 | 69 | 11.26 | 1103 | 68.87 | 9.207 |
| 55.0 | 1.6105 | 70 | 11.50 | 1127 | 70.38 | 9.408 |
| 55.6 | 1.6221 | 71 | 11.76 | 1152 | 71.90 | 9.611 |
| 56.3 | 1.6338 | 72 | 12.00 | 1176 | 73.44 | 9.817 |
| 56.9 | 1.6456 | 73 | 12.26 | 1201 | 74.99 | 10.02 |
| 57.5 | 1.6574 | 74 | 12.51 | 1226 | 76.57 | 10.24 |
| 58.1 | 1.6692 | 75 | 12.78 | 1252 | 78.15 | 10.45 |
| 58.7 | 1.6810 | 76 | 13.04 | 1278 | 79.75 | 10.66 |
| 59.3 | 1.6927 | 77 | 13.30 | 1303 | 81.37 | 10.88 |
| 59.9 | 1.7043 | 78 | 13.56 | 1329 | 82.99 | 11.09 |
| 60.5 | 1.7158 | 79 | 13.83 | 1355 | 84.62 | 11.31 |
| 61.1 | 1.7272 | 80 | 14.10 | 1382 | 86.26 | 11.53 |
| 61.6 | 1.7383 | 81 | 14.37 | 1408 | 87.90 | 11.75 |
| 62.1 | 1.7491 | 82 | 14.63 | 1434 | 89.54 | 11.97 |
| 62.6 | 1.7594 | 83 | 14.90 | 1460 | 91.16 | 12.19 |
| 63.0 | 1.7693 | 84 | 15.16 | 1486 | 92.78 | 12.40 |
| 63.5 | 1.7786 | 85 | 15.43 | 1512 | 94.38 | 12.62 |
| 63.9 | 1.7872 | 86 | 15.68 | 1537 | 95.95 | 12.83 |
| 64.2 | 1.7951 | 87 | 15.94 | 1562 | 97.49 | 13.03 |
| 64.5 | 1.8022 | 88 | 16.18 | 1586 | 99.01 | 13.23 |
| 64.8 | 1.8087 | 89 | 16.43 | 1610 | 100.5 | 13.43 |
| 65.1 | 1.8144 | 90 | 16.66 | 1633 | 101.9 | 13.63 |
| 65.3 | 1.8195 | 91 | 16.90 | 1656 | 103.4 | 13.82 |
| 65.5 | 1.8240 | 92 | 17.12 | 1678 | 104.8 | 14.00 |
| 65.7 | 1.8279 | 93 | 17.35 | 1700 | 106.1 | 14.19 |
| 65.8 | 1.8312 | 94 | 17.56 | 1721 | 107.5 | 14.36 |
| 65.9 | 1.8337 | 95 | 17.78 | 1742 | 108.7 | 14.54 |
| 66.0 | 1.8355 | 96 | 17.98 | 1762 | 110.0 | 14.70 |
| 66.0 | 1.8364 | 97 | 18.17 | 1781 | 111.2 | 14.87 |
| 66.0 | 1.8361 | 98 | 18.36 | 1799 | 112.3 | 15.02 |
| 65.9 | 1.8342 | 99 | 18.53 | 1816 | 113.4 | 15.15 |
| 65.8 | 1.8305 | 100 | 18.68 | 1831 | 114.3 | 15.28 |

### 1.4.4 碳酸钠（$Na_2CO_3$）水溶液的密度（4～20℃）[2]

(1) $Na_2CO_3$

| 波美计 | 密度/(g/cm³) | $Na_2CO_3$ 浓度 | | | |
|---|---|---|---|---|---|
| | | /% | /(kg/m³),/(g/L) | /(lb/ft³) | /(lb/gal)(美) |
| 1.2 | 1.0086 | 1 | 10.09 | 0.6296 | 0.0842 |
| 2.7 | 1.0190 | 2 | 20.38 | 1.272 | 0.1701 |
| 5.6 | 1.0398 | 4 | 47.59 | 2.596 | 0.3471 |
| 8.3 | 1.0606 | 6 | 63.64 | 3.973 | 0.5311 |
| 10.9 | 1.0816 | 8 | 86.53 | 5.402 | 0.7221 |
| 13.5 | 1.1029 | 10 | 110.3 | 6.885 | 0.9204 |
| 16.0 | 1.1244 | 12 | 134.9 | 8.423 | 1.126 |
| 18.5 | 1.1463 | 14 | 160.5 | 10.02 | 1.339 |

(2) $Na_2CO_3 \cdot 10H_2O$

| 波美计 | 密度/(g/cm³) | $Na_2CO_3 \cdot 10H_2O$ 浓度 | | | |
|---|---|---|---|---|---|
| | | /% | /(kg/m³),/(g/L) | /(lb/ft³) | /(lb/gal)(美) |
| 1.2 | 1.0086 | 2.70 | 27.23 | 1.700 | 0.2272 |
| 2.7 | 1.0190 | 5.40 | 55.02 | 3.435 | 0.4592 |
| 5.6 | 1.0398 | 10.80 | 112.3 | 7.010 | 0.9370 |
| 8.3 | 1.0606 | 16.20 | 171.8 | 10.72 | 1.434 |

续表

| 波美计 | 密度/(g/cm³) | $Na_2CO_3\cdot 10H_2O$浓度/% | /(kg/m³),/(g/L) | /(lb/ft³) | /(lb/gal)(美) |
|---|---|---|---|---|---|
| 10.9 | 1.0816 | 21.60 | 233.6 | 14.58 | 1.949 |
| 13.5 | 1.1029 | 27.00 | 297.7 | 18.59 | 2.485 |
| 16.0 | 1.1244 | 32.40 | 364.3 | 22.74 | 3.040 |
| 18.5 | 1.1463 | 37.80 | 433.3 | 27.05 | 3.616 |

### 1.4.5 氯化钠（NaCl）水溶液的密度（20℃）[14,55]

| 密度/(g/cm³) | NaCl浓度/% | /(g/L) | /(mol/L) | 密度/(g/cm³) | NaCl浓度/% | /(g/L) | /(mol/L) |
|---|---|---|---|---|---|---|---|
| 1.005 | 1 | 10.1 | 0.17 | 1.109 | 15 | 166 | 2.84 |
| 1.013 | 2 | 20.3 | 0.35 | 1.116 | 16 | 179 | 3.06 |
| 1.020 | 3 | 30.6 | 0.52 | 1.124 | 17 | 191 | 3.27 |
| 1.027 | 4 | 41.1 | 0.70 | 1.132 | 18 | 204 | 3.48 |
| 1.034 | 5 | 51.7 | 0.88 | 1.140 | 19 | 217 | 3.71 |
| 1.041 | 6 | 62.5 | 1.07 | 1.148 | 20 | 230 | 3.93 |
| 1.043 | 7 | 73.4 | 1.26 | 1.156 | 21 | 243 | 4.15 |
| 1.056 | 8 | 84.5 | 1.44 | 1.164 | 22 | 256 | 4.38 |
| 1.063 | 9 | 95.6 | 1.63 | 1.172 | 23 | 270 | 4.61 |
| 1.071 | 10 | 107.1 | 1.83 | 1.180 | 24 | 283 | 4.84 |
| 1.078 | 11 | 118.0 | 2.02 | 1.189 | 25 | 297 | 5.08 |
| 1.086 | 12 | 130.0 | 2.22 | 1.197 | 26 | 311 | 5.32 |
| 1.093 | 13 | 142.0 | 2.43 | 1.20 | 26.4 | 318 | 5.43 |
| 1.101 | 14 | 154.0 | 2.63 | | | | |

### 1.4.6 石灰乳的密度（20℃）[14]

| 密度/(g/cm³) | CaO含量/% | CaO含量/(g/L) | $Ca(OH)_2$含量/% | 密度/(g/cm³) | CaO含量/% | CaO含量/(g/L) | $Ca(OH)_2$含量/% |
|---|---|---|---|---|---|---|---|
| 1.009 | 0.99 | 10 | 1.31 | 1.119 | 14.30 | 160 | 18.90 |
| 1.017 | 1.96 | 20 | 2.59 | 1.126 | 15.10 | 170 | 19.95 |
| 1.025 | 2.93 | 30 | 3.87 | 1.133 | 15.89 | 180 | 21.00 |
| 1.032 | 3.88 | 40 | 5.13 | 1.140 | 16.67 | 190 | 22.03 |
| 1.039 | 4.81 | 50 | 6.36 | 1.148 | 17.43 | 200 | 23.03 |
| 1.046 | 5.74 | 60 | 7.58 | 1.155 | 18.19 | 210 | 24.04 |
| 1.054 | 6.64 | 70 | 8.78 | 1.162 | 18.94 | 220 | 25.03 |
| 1.061 | 7.54 | 80 | 9.96 | 1.169 | 19.68 | 230 | 26.01 |
| 1.068 | 8.43 | 90 | 11.14 | 1.176 | 20.41 | 240 | 26.97 |
| 1.075 | 9.30 | 100 | 12.29 | 1.184 | 21.12 | 250 | 27.91 |
| 1.083 | 10.16 | 110 | 13.43 | 1.191 | 21.84 | 260 | 28.86 |
| 1.090 | 11.01 | 120 | 14.55 | 1.198 | 22.55 | 270 | 29.80 |
| 1.097 | 11.85 | 130 | 15.66 | 1.205 | 23.24 | 280 | 30.71 |
| 1.104 | 12.68 | 140 | 16.76 | 1.213 | 23.92 | 290 | 31.61 |
| 1.111 | 13.50 | 150 | 17.84 | 1.220 | 24.60 | 300 | 32.51 |

### 1.4.7 氨水的密度（20℃）[14,55]

| 密度/(g/cm³) | $NH_3$浓度/% | /(g/L) | /(mol/L) | 密度/(g/cm³) | $NH_3$浓度/% | /(g/L) | /(mol/L) |
|---|---|---|---|---|---|---|---|
| 0.994 | 1 | 9.94 | 0.58 | 0.936 | 16 | 149.8 | 8.81 |
| 0.990 | 2 | 19.79 | 1.16 | 0.930 | 18 | 167.3 | 9.84 |
| 0.981 | 4 | 39.24 | 2.31 | 0.923 | 20 | 184.6 | 10.86 |
| 0.973 | 6 | 58.38 | 3.43 | 0.916 | 22 | 201.6 | 11.86 |
| 0.965 | 8 | 77.21 | 4.54 | 0.910 | 24 | 218.4 | 12.85 |
| 0.958 | 10 | 95.75 | 5.63 | 0.904 | 26 | 235.0 | 13.82 |
| 0.950 | 12 | 114.0 | 6.71 | 0.896 | 28 | 251.4 | 14.79 |
| 0.943 | 14 | 132.0 | 7.77 | 0.892 | 30 | 267.6 | 15.74 |

### 1.4.8 部分盐类水溶液的密度[3]

g/cm³

| 序号 | 名称 | 温度 | 无水物含量/% | | | | | | | | | | | | | | | | | |
|---|---|---|---|---|---|---|---|---|---|---|---|---|---|---|---|---|---|---|---|---|
| | | ℃ | 1 | 2 | 4 | 6 | 8 | 10 | 12 | 14 | 16 | 18 | 20 | 22 | 24 | 26 | 28 | 30 | 40 | 50 |
| 1 | $AlCl_3$ | 18 | 1.008 | 1.016 | 1.034 | 1.053 | 1.071 | 1.090 | 1.109 | 1.129 | 1.149 | — | 1.189 | — | 1.227 | 1.252 | — | 1.302 | — | — |
| 2 | $Al_2(SO_4)_3$ | 19 | 1.009 | 1.019 | 1.040 | 1.061 | 1.083 | 1.105 | 1.129 | 1.152 | 1.176 | 1.201 | 1.226 | 1.252 | 1.278 | 1.306 | 1.333 | — | — | — |
| 3 | $CaCl_2$ | 20 | 1.007 | 1.015 | 1.032 | 1.049 | 1.066 | 1.084 | 1.102 | 1.120 | 1.139 | 1.158 | 1.178 | 1.197 | 1.218 | 1.238 | 1.260 | 1.282 | 1.396 | — |
| 4 | $FeCl_3$ | 20 | 1.007 | 1.015 | 1.032 | 1.049 | 1.067 | 1.085 | 1.104 | 1.123 | 1.142 | 1.162 | 1.182 | 1.204 | 1.225 | 1.247 | 1.268 | 1.292 | 1.415 | 1.574 |
| 5 | $FeSO_4$ | 18 | 1.009 | 1.018 | 1.038 | 1.058 | 1.079 | 1.100 | 1.122 | 1.145 | 1.168 | 1.191 | 1.214 | — | — | — | — | — | — | — |
| 6 | $Fe_2(SO_4)_3$ | 17.5 | 1.007 | 1.016 | 1.033 | 1.050 | 1.067 | 1.084 | 1.103 | — | 1.141 | — | 1.181 | — | — | — | — | 1.307 | 1.449 | 1.613 |
| 7 | $NaHCO_3$ | 18 | 1.006 | 1.013 | 1.028 | 1.043 | 1.058 | — | — | — | — | — | — | — | — | — | — | — | — | — |
| 8 | $Na_2CO_3$ | 20 | 1.009 | 1.019 | 1.040 | 1.061 | 1.082 | 1.103 | 1.124 | 1.146 | — | — | — | — | — | — | — | — | — | — |
| 9 | $Na_2HPO_4$ | 18 | 1.009 | 1.020 | 1.043 | 1.067 | 1.072 | 1.078 | — | — | — | — | — | — | — | — | — | — | — | — |
| 10 | $Na_3PO_4$ | 15 | 1.009 | 1.019 | 1.041 | 1.062 | 1.085 | 1.108 | — | — | — | — | — | — | — | — | — | — | — | — |
| 11 | $Na_2SO_3$ | 19 | 1.008 | 1.017 | 1.036 | 1.056 | 1.075 | 1.095 | 1.115 | 1.135 | 1.155 | 1.176 | — | — | — | — | — | — | — | — |

## 1.5 空气的特性

### 1.5.1 空气的组成及质量[32]

| 化学式 | $N_2$ | $O_2$ | Ar | $CO_2$ | $H_2$ | Ne | He | Kr | Xe |
|---|---|---|---|---|---|---|---|---|---|
| 体积/% | 78.03 | 20.99 | 0.933 | 0.030 | 0.01 | 0.0018 | 0.0005 | 0.0001 | 0.00001 |
| 质量/% | 75.47 | 23.20 | 1.28 | 0.046 | 0.001 | 0.0012 | 0.00007 | 0.0003 | 0.00001 |

注：空气的相对分子质量为 28.96，即摩尔质量为 28.96g/mol。

### 1.5.2 空气的温湿换算

相对湿度/%

| 干球温度/℃ | 干、湿球温度差/℃ | | | | | | | | | | | | | | | | | | | | | |
|---|---|---|---|---|---|---|---|---|---|---|---|---|---|---|---|---|---|---|---|---|---|---|
| | 1 | 2 | 3 | 4 | 5 | 6 | 7 | 8 | 9 | 10 | 11 | 12 | 13 | 14 | 15 | 16 | 17 | 18 | 19 | 20 | 21 | 22 |
| 1 | 81 | 64 | 46 | 29 | 13 | | | | | | | | | | | | | | | | | |
| 2 | 81 | 64 | 47 | 30 | 14 | | | | | | | | | | | | | | | | | |
| 3 | 81 | 65 | 47 | 31 | 16 | | | | | | | | | | | | | | | | | |
| 4 | 81 | 65 | 48 | 32 | 18 | 4 | | | | | | | | | | | | | | | | |
| 5 | 82 | 65 | 48 | 33 | 20 | 5 | | | | | | | | | | | | | | | | |
| 6 | 82 | 66 | 49 | 30 | 22 | 6 | 5 | | | | | | | | | | | | | | | |
| 7 | 82 | 66 | 49 | 32 | 23 | 7 | 6 | | | | | | | | | | | | | | | |
| 8 | 82 | 66 | 50 | 33 | 24 | 8 | 7 | | | | | | | | | | | | | | | |
| 9 | 83 | 67 | 50 | 35 | 26 | 9 | 8 | 7 | | | | | | | | | | | | | | |
| 10 | 83 | 67 | 51 | 36 | 28 | 11 | 9 | 8 | | | | | | | | | | | | | | |
| 11 | 84 | 68 | 52 | 37 | 30 | 12 | 10 | 9 | 8 | 6 | | | | | | | | | | | | |
| 12 | 84 | 68 | 52 | 38 | 32 | 13 | 11 | 10 | 9 | 7 | 6 | | | | | | | | | | | |
| 13 | 84 | 69 | 53 | 40 | 33 | 15 | 12 | 11 | 10 | 8 | 7 | | | | | | | | | | | |
| 14 | 84 | 69 | 53 | 41 | 35 | 17 | 14 | 12 | 11 | 9 | 8 | | | | | | | | | | | |
| 15 | 85 | 70 | 54 | 42 | 36 | 19 | 16 | 14 | 12 | 10 | 9 | 7 | | | | | | | | | | |
| 16 | 85 | 70 | 55 | 43 | 37 | 20 | 18 | 16 | 13 | 11 | 10 | 8 | 4 | | | | | | | | | |
| 17 | 86 | 71 | 56 | 44 | 38 | 22 | 20 | 18 | 15 | 12 | 11 | 9 | 5 | | | | | | | | | |
| 18 | 86 | 71 | 57 | 45 | 40 | 24 | 22 | 20 | 17 | 15 | 12 | 10 | 6 | 5 | | | | | | | | |
| 19 | 87 | 72 | 58 | 46 | 41 | 26 | 24 | 22 | 19 | 17 | 13 | 11 | 7 | 6 | 5 | | | | | | | |
| 20 | 87 | 72 | 59 | 47 | 42 | 28 | 26 | 24 | 20 | 18 | 15 | 12 | 8 | 7 | 6 | | | | | | | |
| 21 | 87 | 73 | 60 | 48 | 43 | 30 | 28 | 26 | 22 | 19 | 17 | 14 | 9 | 8 | 7 | | | | | | | |
| 22 | 88 | 74 | 61 | 50 | 44 | 32 | 30 | 26 | 23 | 20 | 18 | 16 | 10 | 9 | 8 | 5 | | | | | | |

续表

| 干球温度/℃ | 干、湿球温度差/℃ | | | | | | | | | | | | | | | | | | | | | |
|---|---|---|---|---|---|---|---|---|---|---|---|---|---|---|---|---|---|---|---|---|---|---|
| | 1 | 2 | 3 | 4 | 5 | 6 | 7 | 8 | 9 | 10 | 11 | 12 | 13 | 14 | 15 | 16 | 17 | 18 | 19 | 20 | 21 | 22 |
| 23 | 88 | 74 | 62 | 51 | 45 | 34 | 32 | 30 | 25 | 22 | 19 | 16 | 12 | 10 | 9 | 6 | 4 | | | | | |
| 24 | 88 | 75 | 63 | 52 | 46 | 35 | 33 | 31 | 26 | 24 | 21 | 19 | 14 | 11 | 10 | 8 | 5 | 3 | | | | |
| 25 | 89 | 76 | 64 | 53 | 47 | 36 | 34 | 33 | 28 | 25 | 22 | 20 | 16 | 12 | 11 | 9 | 6 | 4 | | | | |
| 26 | 90 | 77 | 65 | 55 | 48 | 38 | 36 | 35 | 30 | 26 | 23 | 21 | 18 | 13 | 12 | 11 | 7 | 5 | 2 | | | |
| 27 | 90 | 77 | 65 | 56 | 50 | 39 | 38 | 37 | 32 | 27 | 24 | 22 | 20 | 14 | 13 | 12 | 8 | 6 | 3 | | | |
| 28 | 90 | 78 | 67 | 58 | 51 | 40 | 39 | 38 | 33 | 28 | 25 | 23 | 21 | 16 | 14 | 13 | 9 | 7 | 4 | | | |
| 29 | 91 | 79 | 68 | 59 | 52 | 41 | 40 | 39 | 34 | 29 | 26 | 24 | 22 | 18 | 15 | 14 | 10 | 8 | 5 | 1 | | |
| 30 | 91 | 80 | 69 | 60 | 54 | 42 | 41 | 40 | 35 | 30 | 27 | 25 | 23 | 19 | 16 | 15 | 11 | 9 | 6 | 2 | | |
| 31 | 91 | 81 | 71 | 61 | 55 | 43 | 42 | 41 | 37 | 31 | 28 | 26 | 24 | 21 | 17 | 16 | 12 | 10 | 7 | 3 | | |
| 32 | 92 | 82 | 72 | 62 | 56 | 44 | 43 | 42 | 38 | 32 | 29 | 27 | 25 | 22 | 18 | 17 | 13 | 11 | 8 | 4 | 2 | |
| 33 | 92 | 82 | 73 | 63 | 58 | 46 | 45 | 43 | 39 | 33 | 30 | 28 | 26 | 23 | 19 | 18 | 14 | 12 | 9 | 5 | 3 | 1 |
| 34 | 92 | 83 | 74 | 64 | 59 | 48 | 46 | 44 | 40 | 34 | 31 | 29 | 27 | 24 | 20 | 19 | 15 | 13 | 10 | 6 | 4 | 2 |
| 35 | 92 | 83 | 75 | 65 | 60 | 50 | 48 | 45 | 41 | 35 | 32 | 30 | 28 | 25 | 21 | 20 | 16 | 14 | 11 | 7 | 6 | 3 |
| 36 | 93 | 84 | 76 | 66 | 61 | 51 | 49 | 46 | 42 | 37 | 33 | 31 | 29 | 26 | 22 | 21 | 17 | 15 | 12 | 8 | 6 | 4 |
| 37 | 93 | 84 | 77 | 67 | 62 | 52 | 50 | 47 | 43 | 38 | 35 | 32 | 30 | 27 | 23 | 22 | 18 | 16 | 12 | 9 | 7 | 5 |
| 38 | 93 | 85 | 78 | 68 | 63 | 53 | 51 | 48 | 45 | 39 | 36 | 33 | 31 | 28 | 24 | 23 | 19 | 17 | 14 | 10 | 8 | 6 |
| 39 | 93 | 85 | 79 | 69 | 64 | 54 | 52 | 49 | 46 | 40 | 38 | 34 | 32 | 29 | 25 | 24 | 20 | 18 | 15 | 11 | 9 | 7 |
| 40 | 93 | 85 | 80 | 70 | 65 | 56 | 53 | 50 | 48 | 41 | 39 | 35 | 33 | 30 | 26 | 25 | 21 | 19 | 16 | 12 | 10 | 8 |
| 41 | 94 | 86 | 81 | 71 | 66 | 58 | 55 | 51 | 49 | 42 | 40 | 36 | 34 | 31 | 27 | 26 | 22 | 20 | 17 | 13 | 11 | 9 |
| 42 | 94 | 86 | 82 | 72 | 67 | 60 | 57 | 52 | 50 | 43 | 41 | 37 | 35 | 32 | 28 | 27 | 23 | 21 | 18 | 15 | 12 | 10 |
| 43 | 94 | 87 | 82 | 73 | 68 | 61 | 59 | 53 | 51 | 45 | 42 | 38 | 36 | 33 | 29 | 28 | 24 | 22 | 19 | 16 | 13 | 11 |
| 44 | 94 | 87 | 83 | 74 | 69 | 62 | 60 | 54 | 52 | 46 | 43 | 39 | 37 | 34 | 30 | 29 | 25 | 23 | 20 | 17 | 14 | 12 |
| 45 | 95 | 88 | 83 | 74 | 70 | 63 | 61 | 55 | 53 | 48 | 45 | 40 | 38 | 35 | 32 | 30 | 26 | 24 | 21 | 18 | 15 | 13 |
| 46 | 95 | 88 | 84 | 75 | 71 | 64 | 62 | 56 | 54 | 50 | 46 | 42 | 39 | 36 | 33 | 31 | 27 | 25 | 22 | 19 | 16 | 14 |
| 47 | 95 | 88 | 85 | 76 | 72 | 66 | 63 | 58 | 55 | 51 | 47 | 43 | 40 | 37 | 34 | 32 | 28 | 26 | 23 | 20 | 17 | 15 |
| 48 | 95 | 89 | 85 | 76 | 73 | 68 | 64 | 60 | 56 | 52 | 48 | 45 | 41 | 38 | 35 | 33 | 29 | 27 | 24 | 21 | 18 | 16 |
| 49 | 95 | 89 | 85 | 79 | 74 | 69 | 65 | 61 | 57 | 53 | 49 | 46 | 42 | 39 | 36 | 34 | 30 | 28 | 25 | 22 | 19 | 17 |
| 50 | 95 | 89 | 85 | 79 | 75 | 70 | 66 | 62 | 58 | 54 | 50 | 47 | 43 | 40 | 37 | 35 | 31 | 29 | 26 | 23 | 20 | 18 |
| 51 | 95 | 89 | 85 | 80 | 75 | 71 | 66 | 62 | 59 | 54 | 50 | 47 | 44 | 41 | 38 | 36 | 32 | 30 | 26 | 24 | 21 | 19 |
| 52 | 95 | 89 | 85 | 80 | 75 | 71 | 66 | 62 | 59 | 54 | 50 | 47 | 44 | 42 | 38 | 36 | 32 | 30 | 26 | 24 | 21 | 19 |
| 53 | 95 | 89 | 85 | 80 | 75 | 71 | 66 | 62 | 59 | 54 | 50 | 47 | 44 | 42 | 38 | 37 | 32 | 31 | 27 | 25 | 22 | 20 |
| 54 | 95 | 89 | 85 | 80 | 75 | 71 | 66 | 62 | 59 | 54 | 50 | 48 | 45 | 43 | 39 | 37 | 33 | 31 | 27 | 26 | 22 | 20 |
| 55 | 95 | 89 | 85 | 80 | 75 | 71 | 67 | 62 | 60 | 55 | 51 | 48 | 45 | 43 | 39 | 37 | 33 | 31 | 28 | 26 | 22 | 21 |
| 56 | 95 | 89 | 85 | 80 | 75 | 71 | 67 | 62 | 60 | 55 | 51 | 48 | 46 | 45 | 40 | 38 | 33 | 32 | 28 | 26 | 23 | 21 |
| 57 | 95 | 89 | 85 | 80 | 76 | 71 | 67 | 63 | 60 | 55 | 51 | 48 | 46 | 45 | 40 | 38 | 34 | 32 | 28 | 26 | 23 | 21 |
| 58 | 95 | 89 | 85 | 80 | 76 | 71 | 67 | 63 | 60 | 56 | 51 | 49 | 46 | 45 | 40 | 38 | 34 | 33 | 29 | 27 | 23 | 22 |
| 59 | 95 | 89 | 85 | 80 | 76 | 72 | 67 | 63 | 61 | 56 | 52 | 49 | 46 | 45 | 41 | 39 | 34 | 33 | 29 | 27 | 24 | 22 |
| 60 | 95 | 89 | 85 | 80 | 76 | 72 | 67 | 64 | 61 | 56 | 52 | 49 | 47 | 45 | 41 | 39 | 35 | 34 | 30 | 27 | 24 | 24 |
| 61 | 95 | 90 | 85 | 80 | 76 | 72 | 68 | 64 | 61 | 57 | 52 | 50 | 47 | 46 | 42 | 40 | 35 | 34 | 30 | 28 | 25 | 24 |
| 62 | 95 | 90 | 85 | 80 | 76 | 72 | 68 | 65 | 62 | 57 | 52 | 50 | 47 | 46 | 42 | 40 | 36 | 35 | 30 | 28 | 25 | 25 |
| 63 | 95 | 90 | 85 | 80 | 76 | 72 | 68 | 65 | 62 | 58 | 53 | 50 | 48 | 46 | 42 | 40 | 36 | 36 | 31 | 29 | 25 | 25 |
| 64 | 95 | 90 | 85 | 80 | 76 | 72 | 68 | 65 | 62 | 58 | 53 | 51 | 48 | 46 | 43 | 41 | 37 | 36 | 31 | 29 | 26 | 26 |
| 65 | 95 | 90 | 85 | 80 | 77 | 73 | 69 | 65 | 62 | 58 | 53 | 51 | 48 | 46 | 43 | 41 | 37 | 36 | 32 | 29 | 27 | 26 |
| 66 | 96 | 90 | 85 | 81 | 77 | 73 | 69 | 65 | 63 | 59 | 53 | 51 | 49 | 46 | 43 | 41 | 38 | 36 | 32 | 30 | 27 | 27 |
| 67 | 96 | 90 | 85 | 81 | 77 | 73 | 69 | 66 | 63 | 59 | 54 | 52 | 49 | 47 | 44 | 42 | 38 | 37 | 32 | 30 | 28 | 27 |
| 68 | 96 | 90 | 85 | 81 | 77 | 73 | 69 | 66 | 63 | 59 | 54 | 52 | 49 | 47 | 44 | 42 | 39 | 37 | 33 | 31 | 28 | 28 |
| 69 | 96 | 90 | 85 | 81 | 77 | 73 | 70 | 66 | 64 | 60 | 54 | 53 | 49 | 47 | 44 | 43 | 39 | 37 | 33 | 31 | 29 | 28 |
| 70 | 96 | 90 | 85 | 81 | 77 | 73 | 70 | 66 | 64 | 60 | 55 | 53 | 50 | 48 | 44 | 43 | 39 | 38 | 34 | 32 | 29 | 28 |
| 71 | 96 | 90 | 86 | 82 | 78 | 74 | 70 | 67 | 64 | 60 | 55 | 53 | 50 | 48 | 45 | 43 | 40 | 38 | 34 | 32 | 30 | 29 |
| 72 | 96 | 90 | 86 | 82 | 78 | 74 | 70 | 67 | 64 | 61 | 55 | 53 | 50 | 48 | 45 | 44 | 40 | 38 | 34 | 33 | 31 | 29 |
| 73 | 96 | 90 | 86 | 82 | 78 | 74 | 71 | 67 | 65 | 61 | 56 | 54 | 50 | 49 | 45 | 44 | 41 | 39 | 35 | 33 | 32 | 29 |
| 74 | 96 | 90 | 86 | 82 | 78 | 74 | 71 | 67 | 65 | 62 | 56 | 54 | 51 | 49 | 47 | 44 | 41 | 39 | 36 | 34 | 33 | 30 |
| 75 | 96 | 90 | 86 | 82 | 78 | 74 | 71 | 68 | 65 | 62 | 56 | 54 | 51 | 49 | 47 | 44 | 41 | 39 | 36 | 34 | 33 | 31 |
| 76 | 96 | 91 | 86 | 82 | 78 | 74 | 71 | 68 | 65 | 62 | 57 | 54 | 51 | 50 | 47 | 45 | 42 | 40 | 36 | 35 | 34 | 32 |

续表

| 干球温度/℃ | 干、湿球温度差/℃ | | | | | | | | | | | | | | | | | | | | | |
|---|---|---|---|---|---|---|---|---|---|---|---|---|---|---|---|---|---|---|---|---|---|---|
| | 1 | 2 | 3 | 4 | 5 | 6 | 7 | 8 | 9 | 10 | 11 | 12 | 13 | 14 | 15 | 16 | 17 | 18 | 19 | 20 | 21 | 22 |
| 77 | 96 | 91 | 86 | 82 | 78 | 74 | 71 | 68 | 66 | 62 | 57 | 55 | 52 | 50 | 47 | 45 | 42 | 40 | 37 | 35 | 34 | 32 |
| 78 | 96 | 91 | 87 | 83 | 78 | 74 | 71 | 68 | 66 | 63 | 57 | 55 | 52 | 51 | 48 | 46 | 43 | 41 | 37 | 35 | 34 | 32 |
| 79 | 96 | 91 | 87 | 83 | 78 | 75 | 72 | 69 | 66 | 63 | 58 | 55 | 53 | 51 | 48 | 46 | 43 | 41 | 38 | 36 | 35 | 33 |
| 80 | 96 | 91 | 87 | 83 | 78 | 75 | 72 | 69 | 66 | 63 | 58 | 55 | 53 | 51 | 48 | 46 | 44 | 42 | 38 | 36 | 35 | 33 |
| 81 | 96 | 91 | 87 | 83 | 78 | 75 | 72 | 69 | 67 | 64 | 59 | 56 | 53 | 52 | 48 | 47 | 44 | 42 | 39 | 36 | 35 | 33 |
| 82 | 96 | 91 | 87 | 83 | 78 | 75 | 72 | 70 | 67 | 64 | 59 | 56 | 54 | 52 | 49 | 47 | 45 | 43 | 39 | 37 | 35 | 34 |
| 83 | 96 | 91 | 87 | 83 | 78 | 75 | 73 | 70 | 67 | 64 | 59 | 56 | 54 | 53 | 49 | 48 | 45 | 43 | 39 | 37 | 36 | 34 |
| 84 | 96 | 91 | 87 | 83 | 78 | 75 | 73 | 70 | 67 | 64 | 60 | 57 | 54 | 53 | 49 | 48 | 45 | 43 | 40 | 38 | 36 | 34 |
| 85 | 96 | 91 | 87 | 83 | 78 | 76 | 73 | 70 | 67 | 65 | 60 | 57 | 54 | 53 | 49 | 49 | 45 | 44 | 40 | 38 | 36 | 34 |
| 86 | 96 | 92 | 87 | 84 | 79 | 76 | 73 | 70 | 67 | 65 | 60 | 57 | 55 | 54 | 50 | 49 | 46 | 44 | 40 | 38 | 37 | 35 |
| 87 | 96 | 92 | 87 | 84 | 79 | 76 | 73 | 71 | 67 | 65 | 61 | 58 | 55 | 54 | 50 | 49 | 47 | 45 | 41 | 39 | 37 | 35 |
| 88 | 96 | 92 | 88 | 84 | 79 | 76 | 73 | 71 | 68 | 65 | 61 | 58 | 55 | 54 | 50 | 50 | 47 | 45 | 41 | 39 | 38 | 35 |
| 89 | 96 | 92 | 88 | 84 | 79 | 76 | 73 | 71 | 68 | 65 | 61 | 58 | 55 | 54 | 51 | 50 | 47 | 45 | 41 | 39 | 38 | 36 |
| 90 | 96 | 92 | 88 | 84 | 79 | 76 | 74 | 71 | 68 | 65 | 62 | 58 | 56 | 55 | 51 | 50 | 47 | 46 | 42 | 40 | 38 | 36 |
| 91 | 96 | 92 | 88 | 84 | 79 | 77 | 74 | 71 | 68 | 65 | 62 | 59 | 56 | 55 | 51 | 50 | 48 | 46 | 42 | 40 | 38 | 36 |
| 92 | 96 | 92 | 88 | 84 | 79 | 77 | 74 | 72 | 68 | 66 | 62 | 59 | 56 | 55 | 51 | 51 | 48 | 46 | 42 | 40 | 39 | 37 |
| 93 | 96 | 92 | 88 | 84 | 79 | 77 | 74 | 72 | 69 | 66 | 62 | 59 | 57 | 55 | 52 | 51 | 48 | 46 | 43 | 41 | 39 | 37 |
| 94 | 96 | 93 | 88 | 85 | 79 | 77 | 74 | 72 | 69 | 66 | 63 | 60 | 57 | 55 | 52 | 52 | 49 | 47 | 43 | 41 | 39 | 37 |
| 95 | 96 | 93 | 89 | 85 | 79 | 78 | 75 | 72 | 69 | 66 | 63 | 60 | 58 | 56 | 53 | 52 | 49 | 47 | 44 | 42 | 40 | 38 |
| 96 | 96 | 93 | 89 | 85 | 80 | 78 | 75 | 72 | 69 | 67 | 63 | 60 | 58 | 56 | 53 | 52 | 49 | 47 | 44 | 42 | 40 | 38 |
| 97 | 96 | 93 | 89 | 85 | 80 | 78 | 75 | 73 | 70 | 67 | 64 | 61 | 58 | 57 | 53 | 53 | 49 | 47 | 44 | 43 | 40 | 39 |
| 98 | 96 | 93 | 89 | 85 | 80 | 79 | 75 | 73 | 70 | 67 | 64 | 61 | 59 | 57 | 54 | 53 | 50 | 48 | 45 | 43 | 41 | 39 |
| 99 | 96 | 93 | 89 | 85 | 80 | 79 | 75 | 73 | 70 | 67 | 64 | 61 | 59 | 57 | 54 | 53 | 50 | 48 | 45 | 43 | 41 | 39 |
| 100 | 96 | 93 | 89 | 85 | 80 | 79 | 75 | 73 | 70 | 67 | 64 | 61 | 59 | 57 | 54 | 53 | 50 | 48 | 45 | 43 | 41 | 39 |

### 1.5.3 空气的黏度与压力、温度的关系[17]

$10^{-8}$ Pa·s

| 压力/MPa(atm) | 温度/℃ | | | | | | | | | | | | | | | | | |
|---|---|---|---|---|---|---|---|---|---|---|---|---|---|---|---|---|---|---|
| | −70 | −50 | −25 | 0 | 25 | 50 | 75 | 100 | 150 | 200 | 250 | 300 | 350 | 400 | 450 | 500 | 550 | 600 |
| 0.10(1) | 1350 | 1455 | 1590 | 1710 | 1820 | 1925 | 2050 | 2160 | 2360 | 2570 | 2740 | 2920 | 3090 | 3255 | 3400 | 3550 | 3690 | 3830 |
| 2.03(20) | 1401 | 1500 | 1628 | 1743 | 1850 | 1953 | 2075 | 2183 | 2380 | 2588 | 2756 | 2935 | 3104 | 3267 | 3410 | 3559 | 3698 | 3837 |
| 5.07(50) | 1526 | 1604 | 1700 | 1810 | 1912 | 2008 | 2126 | 2227 | 2419 | 2621 | 2786 | 2961 | 3126 | 3286 | 3429 | 3576 | 3714 | 3851 |
| 7.60(75) | 1654 | 1726 | 1769 | 1873 | 1966 | 2054 | 2160 | 2266 | 2454 | 2648 | 2804 | 2982 | 3145 | 3303 | 3444 | 3591 | 3728 | 3866 |
| 10.13(100) | 1784 | 1856 | 1871 | 1951 | 2033 | 2115 | 2218 | 2312 | 2496 | 2679 | 2835 | 3006 | 3165 | 3320 | 3459 | 3605 | 3742 | 3878 |
| 15.20(150) | 2145 | 2122 | 2140 | 2132 | 2188 | 2253 | 2327 | 2410 | 2584 | 2742 | 2893 | 3058 | 3205 | 3356 | 3494 | 3636 | 3772 | 3908 |
| 20.27(200) | 2743 | 2540 | 2368 | 2330 | 2349 | 2384 | 2460 | 2504 | 2661 | 2807 | 2949 | 3113 | 3256 | 3413 | 3538 | 3671 | 3782 | 3915 |
| 25.33(250) | 3192 | 2918 | 2646 | 2564 | 2551 | 2554 | 2611 | 2635 | 2778 | 2893 | 3024 | 3172 | 3308 | 3456 | 3584 | 3703 | 3826 | 3952 |
| 30.40(300) | 3633 | 3297 | 2933 | 2795 | 2741 | 2742 | 2753 | 2761 | 2853 | 2974 | 3096 | 3228 | 3354 | 3497 | 3620 | 3742 | 3856 | 3987 |
| 35.46(350) | 4084 | 3654 | 3226 | 3033 | 2954 | 2896 | 2923 | 2897 | 2952 | 3063 | 3179 | 3288 | 3408 | 3546 | 3667 | 3784 | 3916 | 4030 |
| 40.53(400) | 4544 | 4016 | 3505 | 3285 | 3163 | 3117 | 3061 | 3042 | 3054 | 3148 | 3251 | 3351 | 3459 | 3590 | 3709 | 3819 | 3946 | 4064 |
| 45.60(450) | 4988 | 4385 | 3789 | 3521 | 3375 | 3254 | 3224 | 3183 | 3166 | 3232 | 3320 | 3413 | 3512 | 3642 | 3752 | 3859 | 3976 | 4101 |
| 50.66(500) | 5450 | 4737 | 4065 | 3761 | 3577 | 3429 | 3381 | 3245 | 3271 | 3327 | 3387 | 3472 | 3567 | 3693 | 3804 | 3902 | 4023 | 4144 |
| 55.73(550) | 5895 | 5093 | 4335 | 4004 | 3777 | 3608 | 3534 | 3463 | 3377 | 3414 | 3456 | 3540 | 3626 | 3744 | 3834 | 3946 | 4059 | 4182 |
| 60.80(600) | 6368 | 5442 | 4619 | 4250 | 3987 | 3788 | 3702 | 3607 | 3482 | 3500 | 3537 | 3604 | 3690 | 3793 | 3896 | 3989 | 4112 | 4217 |
| 70.93(700) | 7270 | 6150 | 5172 | 4717 | 4390 | 4145 | 4007 | 3889 | 3717 | 3679 | 3687 | 3743 | 3806 | 3897 | 3927 | 4079 | 4183 | 4296 |
| 81.06(800) | 8176 | 6788 | 5667 | 5158 | 4794 | 4491 | 4342 | 4169 | 3939 | 3867 | 3855 | 3879 | 3934 | 4010 | 4094 | 4173 | 4279 | 4375 |
| 91.19(900) | 9022 | 7363 | 6078 | 5539 | 5164 | 4829 | 4665 | 4448 | 4165 | 4070 | 4025 | 4027 | 4066 | 4124 | 4191 | 4272 | 4365 | 4453 |
| 101.33(1000) | 9756 | 7910 | 6458 | 5878 | 5510 | 5152 | 4943 | 4721 | 4409 | 4272 | 4209 | 4173 | 4205 | 4243 | 4298 | 4377 | 4458 | 4524 |

# 附录 2　水处理剂的技术要求、性能和牌号等

## 2.1　凝聚剂和絮凝剂技术标准

2.1.1　硫酸亚铁[81]，GB 10531—2006

分子式：$FeSO_4 \cdot 7H_2O$

相对分子质量：278.01

外观：淡绿色或淡黄绿色结晶。

水处理剂硫酸亚铁国家标准

| 指标项目 | | 指标 | |
|---|---|---|---|
| | | Ⅰ类 | Ⅱ类 |
| 硫酸亚铁（$FeSO_4 \cdot 7H_2O$）的质量分数/% | ≥ | 90.0 | 90.0 |
| 二氧化钛（$TiO_2$）的质量分数/% | ≤ | 0.75 | 1.00 |
| 水不溶物的质量分数/% | ≤ | 0.50 | 0.50 |
| 游离酸（以 $H_2SO_4$ 计）的质量分数/% | ≤ | 1.00 | — |
| 砷（As）的质量分数/% | ≤ | 0.0001 | — |
| 铅（Pb）的质量分数/% | ≤ | 0.0005 | — |

注：Ⅰ类：饮用水处理及铁系水处理剂的原料用。

Ⅱ类：工业用水、废水和污水处理用。

2.1.2　硫酸铝[81]，HG 2227—2004

分子式：$Al_2(SO_4)_3 \cdot xH_2O$

相对分子质量［以 $Al_2(SO_4)_3$ 计］：342.15

按用处分为两类。Ⅰ类：饮用水用；Ⅱ类：工业用水、废水和污水用。

外观：固体产品为白色、淡绿色或淡黄色片状或块状。液体产品为无色透明至淡绿或淡黄色。

水处理剂硫酸铝行业标准

| 指标项目 | | 指标 | | | |
|---|---|---|---|---|---|
| | | Ⅰ类 | | Ⅱ类 | |
| | | 固体 | 液体 | 固体 | 液体 |
| 氧化铝（$Al_2O_3$）的质量分数/% | ≥ | 15.6 | 7.8 | 15.6 | 7.8 |
| pH 值（1%水溶液） | ≥ | 3.0 | 3.0 | 3.0 | 3.0 |
| 不溶物的质量分数/% | ≤ | 0.15 | 0.15 | 0.15 | 0.15 |
| 铁（Fe）的质量分数/% | ≤ | 0.50 | 0.25 | 0.50 | 0.25 |
| 铅（Pb）的质量分数/% | ≤ | 0.001 | 0.0005 | — | — |
| 砷（As）的质量分数/% | ≤ | 0.0004 | 0.0002 | — | — |
| 汞（Hg）的质量分数/% | ≤ | 0.00002 | 0.00001 | — | — |
| 铬［Cr（Ⅵ）］的质量分数/% | ≤ | 0.001 | 0.0005 | — | — |
| 镉（Cd）的质量分数/% | ≤ | 0.0002 | 0.0001 | — | — |

2.1.3　工业硫酸铝钾，HG/T 2565—2007

别名：明矾，钾明矾，钾铝矾，白矾

分子式：$KAl(SO_4)_2 \cdot 12H_2O$

相对分子质量：474.38

外观：无色透明、半透明块状、粒状或晶状。

工业硫酸铝钾化工行业标准

| 指标项目 | | 指标 | | |
|---|---|---|---|---|
| | | 优等品 | 一等品 | 合格品 |
| $KAl(SO_4)_2 \cdot 12H_2O$ 含量(以干基计)/% | ≥ | 99.2 | 98.6 | 97.6 |
| 铁(Fe)含量(干基计)/% | ≤ | 0.01 | 0.01 | 0.05 |
| 重金属(以 Pb 计)含量/% | ≤ | 0.002 | 0.002 | 0.005 |
| 砷(As)含量/% | ≤ | 0.0002 | 0.0005 | 0.001 |
| 水不溶物含量/% | ≤ | 0.2 | 0.4 | 0.6 |
| 水分/% | ≤ | 1.0 | 1.5 | 2.0 |

2.1.4 聚合硫酸铁[81]，GB 14591—2006（代 HG/T 2153—93）

分子式：$[Fe_2(OH)_n(SO_4)_{3-\frac{n}{2}}]_m$，$n=1$ 或 2

外观：液体产品为红褐色的黏稠透明液，固体产品为淡黄色无定型固体。

水处理剂聚合硫酸铁国家标准

| 项目 | | 指标 | | | |
|---|---|---|---|---|---|
| | | Ⅰ类 | | Ⅱ类 | |
| | | 液体 | 固体 | 液体 | 固体 |
| 密度(20℃)/(g/cm³) | ≥ | 1.45 | — | 1.45 | — |
| 全铁的质量分数/% | ≥ | 11.0 | 19.0 | 11.0 | 19.0 |
| 还原性物质(以 $Fe^{2+}$ 计)的质量分数/% | ≤ | 0.10 | 0.15 | 0.10 | 0.15 |
| 盐基度/% | | 8.0～16.0 | 8.0～16.0 | 8.0～16.0 | 8.0～16.0 |
| 不溶物的质量分数/% | ≤ | 0.3 | 0.5 | 0.3 | 0.5 |
| pH(1%溶液) | | 2.0～3.0 | 2.0～3.0 | 2.0～3.0 | 2.0～3.0 |
| 镉(Cd)的质量分数/% | ≤ | 0.0001 | 0.0002 | — | — |
| 汞(Hg)的质量分数/% | ≤ | 0.00001 | 0.00001 | — | — |
| 铬[Cr(Ⅵ)]的质量分数/% | ≤ | 0.0005 | 0.0005 | — | — |
| 砷(As)的质量分数/% | ≤ | 0.0001 | 0.0002 | — | — |
| 铅(Pb)的质量分数/% | ≤ | 0.0005 | 0.001 | — | — |

注：Ⅰ类：饮用水处理用；Ⅱ类：工业用水、废水和污水处理用。

2.1.5 氯化铁[81]，GB 4482—2006

分子式：$FeCl_3$（无水物）

相对分子质量：162.21

外观：固体为褐色晶体；液体为红褐色溶液。

水处理剂氯化铁国家标准

| 项目 | | 指标 | | | |
|---|---|---|---|---|---|
| | | Ⅰ类 | | Ⅱ类 | |
| | | 固体 | 液体 | 固体 | 液体 |
| 氯化铁($FeCl_3$)的质量分数/% | ≥ | 96.0 | 41.0 | 93.0 | 38.0 |
| 氯化亚铁($FeCl_2$)的质量分数/% | ≤ | 2.0 | 0.30 | 3.5 | 0.40 |
| 不溶物的质量分数/% | ≤ | 1.5 | 0.50 | 3.0 | 0.50 |
| 游离酸(以 HCl 计)的质量分数/% | ≤ | — | 0.40 | — | 0.50 |
| 砷(As)的质量分数/% | ≤ | 0.0004 | 0.0002 | | |
| 铅(Pb)的质量分数/% | ≤ | 0.002 | 0.001 | | |
| 汞(Hg)的质量分数/% | ≤ | 0.00002 | 0.00001 | | |
| 镉(Cd)的质量分数/% | ≤ | 0.0002 | 0.0001 | | |
| 铬[Cr(Ⅵ)]的质量分数/% | ≤ | 0.001 | 0.0005 | | |

注：Ⅰ类：饮用水处理用；Ⅱ类：工业用水、废水和污水处理用。

2.1.6 结晶氯化铝[81]，HG/T 3541—2003（代 ZBG 77001—90）

分子式：$AlCl_3 \cdot 6H_2O$

相对分子质量：241.43

外观：橙黄色或淡黄色晶体。

**水处理剂结晶氯化铝行业标准**

| 指标名称 | | 指标 | |
|---|---|---|---|
| | | 一等品 | 合格品 |
| 结晶氯化铝($AlCl_3 \cdot 6H_2O$)含量/% | ≥ | 95.0 | 88.5 |
| 铁(Fe)含量/% | ≤ | 0.10 | 1.1 |
| 不溶物含量/% | ≤ | 0.10 | 0.10 |
| 砷(As)含量/% | ≤ | 0.0005 | 0.0005 |
| 铅(Pb)含量/% | ≤ | 0.002 | 0.002 |
| 镉(Cd)含量/% | ≤ | 0.0005 | 0.0005 |
| 汞(Hg)含量/% | ≤ | 0.00001 | 0.00001 |
| 六价铬($Cr^{+6}$)含量% | ≤ | 0.0005 | 0.0005 |
| pH值(1%水溶液) | ≥ | 2.5 | 2.5 |

2.1.7 聚氯化铝[81]，GB 15892—2009

示性式：$Al_n(OH)_mCl_{(3n-m)}$　　$3n>m>0$

外观：液体为无色或黄色、褐色液体；固体为白色或黄色、褐色颗粒或粉末。

**生活饮用水用聚氯化铝国家标准**

| 指标项目 | | 指标 | |
|---|---|---|---|
| | | 液体 | 固体 |
| 氧化铝($Al_2O_3$)的质量分数/% | ≥ | 10.0 | 29.0 |
| 盐基度/% | | 40.0～90.0 | 40.0～90.0 |
| 密度(20℃)/($g/cm^3$) | ≥ | 1.12 | — |
| 不溶物的质量分数/% | ≤ | 0.2 | 0.6 |
| pH值(10g/L水溶液) | | 3.5～5.0 | |
| 砷(As)的质量分数/% | ≤ | 0.0002 | |
| 铅(Pb)的质量分数/% | ≤ | 0.001 | |
| 镉(Cd)的质量分数/% | ≤ | 0.0002 | |
| 汞(Hg)的质量分数/% | ≤ | 0.00001 | |
| 六价铬($Cr^{6+}$)的质量分数/% | ≤ | 0.0005 | |

注：砷、铅、镉、汞、六价铬的质量分数均按10% $Al_2O_3$计。

2.1.8 聚合氯化铝，GB/T 22627—2008

外观：液体为无色至黄褐色液体，固体为白色至黄褐色颗粒或粉末。

**水处理剂聚合氯化铝国家标准**

| 指标项目 | | 指标 | |
|---|---|---|---|
| | | 液体 | 固体 |
| 氧化铝($Al_2O_3$)的质量分数/% | ≥ | 6.0 | 28.0 |
| 盐基度/% | | 30～95 | 30～95 |
| 密度(20℃)/($g/cm^3$) | ≥ | 1.10 | — |
| 不溶物的质量分数/% | ≤ | 0.5 | 1.5 |
| pH值(10g/L水溶液) | | 3.5～5.0 | 3.5～5.0 |

续表

| 指标项目 | 指标 | |
|---|---|---|
| | 液体 | 固体 |
| 铁(Fe)的质量分数/% ≤ | 2.0 | 5.0 |
| 砷(As)的质量分数/% ≤ | 0.0005 | 0.0015 |
| 铅(Pb)的质量分数/% ≤ | 0.002 | 0.006 |

2.1.9 聚合氯化铝，HG/T 2677—2009

外观：液体为黄色至黄褐色透明液体，固体为白色或微黄色粉末。

**工业聚合氯化铝化工行业标准**

| 指标项目 | 液体指标 | | 固体指标 | | |
|---|---|---|---|---|---|
| | Ⅰ类 | Ⅱ类 | Ⅰ类 | Ⅱ类 | |
| | | | | 优等品 | 一等品 |
| 氯化铝($Al_2O_3$)含量/% ≥ | 10.0 | 8.0 | 29.0 | 33.0 | 28.0 |
| 密度(20℃)/(g/cm$^3$) ≥ | 1.160 | 1.150 | — | — | — |
| 盐基度/% | 35~85 | 40~95 | 40~80 | 40~95 | 40~95 |
| pH值(10g/L水溶液) | 3.5~5.0 | 3.5~5.0 | 3.5~5.0 | 3.5~5.0 | 3.5~5.0 |
| 硫酸盐($SO_4^{2-}$)含量/% ≤ | 0.005 | — | 0.015 | — | — |
| 铁(Fe)含量/% ≤ | 0.003 | — | 0.010 | — | — |
| 不溶物的质量分数/% ≤ | 0.10 | 0.2 | 0.30 | 0.3 | 1.0 |

注：Ⅰ类产品供饮用水处理用；Ⅱ类产品供工业用水、废水和污水处理用。

2.1.10 铝酸钙[81]，HG 3746—2004

示性式：$CaO \cdot Al_2O_3$

外观：灰白色至褐红色粉末。

细度：0.080mm方孔筛筛余物不得大于15%。

**水处理剂铝酸钙化工行业标准**

| 项目 | 指标 | |
|---|---|---|
| | 优等品 | 合格品 |
| 氧化铝(以 $Al_2O_3$ 计)含量/% ≥ | 58.0 | 55.0 |
| 可溶氧化铝(以 $Al_2O_3$ 计)含量/% ≥ | 55.0 | 50.0 |
| 氧化钙(CaO)含量/% | 27.0~36.0 | |
| 过滤时间/min ≤ | 5.0 | 10.0 |
| 酸不溶物含量/% ≤ | 15.0 | 20.0 |
| 铅(Pb)含量/% ≤ | 0.003 | |
| 铬[Cr(Ⅵ)]含量/% ≤ | 0.002 | |
| 砷(As)含量/% ≤ | 0.0003 | |
| 镉(Cd)含量/% ≤ | 0.0001 | |

2.1.11 聚丙烯酰胺，GB 17514—2008

分子式：$(C_3H_5NO)_n$

相对分子质量：$1\times10^4 \sim 2\times10^7$

结构式：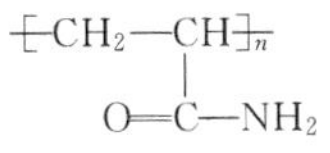

固体外观：白色或微黄色颗粒或粉末；

胶体外观：无色或微黄色透明胶体。

水处理剂聚丙烯酰胺国家标准

| 指标项目 | | 指标 | |
|---|---|---|---|
| | | Ⅰ类 | Ⅱ类 |
| 固体量(固体)/% | ⩾ | 90.0 | 88.0 |
| 丙烯酰胺单体含量(干基)/% | ⩽ | 0.025 | 0.05 |
| 溶解时间(阴离子型)/min | ⩽ | 60 | 90 |
| 溶解时间(非离子型)/min | ⩽ | 90 | 120 |
| 筛余物(1.00mm 网筛)/% | ⩽ | 5 | 10 |
| 筛余物(180μm 网筛)/% | ⩽ | 85 | 80 |
| 不溶物的质量分数(阴离子型)/% | ⩽ | 0.3 | 2.0 |
| 不溶物的质量分数(非离子型)/% | ⩽ | 0.3 | 2.5 |

## 2.2 缓蚀剂技术标准

2.2.1 三聚磷酸钠[58]，GB 9983—88

分子式：$Na_5P_3O_{10}$

相对分子质量：367.86

结构式：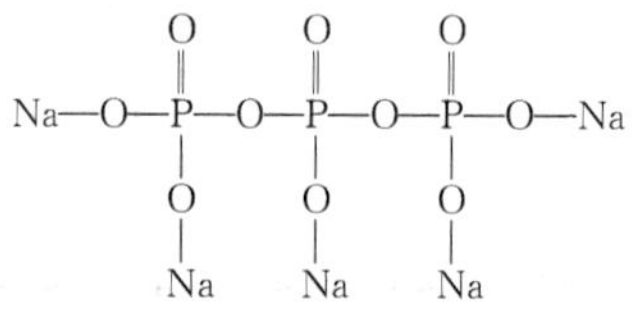

工业三聚磷酸钠国家标准

| 指标名称 | | 指标 | | |
|---|---|---|---|---|
| | | 优等品 | 一级品 | 二级品 |
| 外观 | | 白色粒状或粉状 | | |
| 五氧化二磷($P_2O_5$)含量/% | ⩾ | 57.0 | 56.5 | 55.0 |
| 三聚磷酸钠($Na_5P_3O_{10}$)含量/% | ⩾ | 96 | 90 | 85 |
| 三聚磷酸钠(Ⅰ型)含量/% | | 5～40 | | |
| 水不溶物含量/% | < | 0.10 | 0.10 | 0.15 |
| 铁(Fe)含量/% | ⩽ | 0.007 | 0.015 | 0.030 |
| 白度/% | ⩾ | 90 | 80 | 70 |
| pH值(1%水溶液) | | 9.2～10.0 | | |
| 表观密度/($g/cm^3$) | | | | |
| 低密度 | | 0.35～0.50 | | |
| 中密度 | | 0.51～0.65 | | |
| 高密度 | | 0.66～0.99 | | |
| 颗粒度(1.0mm 试验筛筛余量)/% | ⩽ | 5.0 | 5.0 | 5.0 |

2.2.2 聚偏磷酸钠[81]，HG/T 2837—1997（代 GB 10532—89）

分子式：$(NaPO_3)_6$ 或 $Na_{n+2}P_nO_{3n+1}$，$n=10\sim16$（平均值）

相对分子质量：611.77

结构式：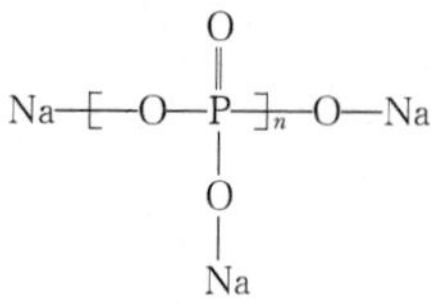

外观：白色细粒状物。

水处理剂聚偏磷酸钠化工行业标准

| 指标项目 | | 指标 | | |
|---|---|---|---|---|
| | | 优等品 | 一等品 | 合格品 |
| 总磷酸盐(以 $P_2O_5$ 计)含量/% | ≥ | 68.0 | 67.0 | 65.0 |
| 非活性磷酸盐(以 $P_2O_5$ 计)含量/% | ≤ | 7.5 | 8.0 | 10.0 |
| 水不溶物含量/% | ≤ | 0.05 | 0.10 | 0.15 |
| 铁(Fe)含量/% | ≤ | 0.05 | 0.10 | 0.20 |
| pH 值(1%水溶液) | | 5.8～7.3 | | |
| 溶解性 | | 合格 | 合格 | 合格 |
| 平均聚合度 $\bar{n}$ | | 10～16 | — | — |

2.2.3 工业六聚偏磷酸钠，HG/T 2519—2007

分子式：$(NaPO_3)_6$ 或 $Na_{n+2}P_nO_{3n+1}$

外观：白色粉状、粒状或片状。

工业用六聚偏磷酸钠国家标准

| 指标项目 | | 指标 | |
|---|---|---|---|
| | | 一等品 | 合格品 |
| 总磷酸盐(以 $P_2O_5$ 计)含量/% | ≥ | 68.0 | 68.0 |
| 非活性磷酸盐(以 $P_2O_5$ 计)含量/% | ≤ | 7.5 | 10.0 |
| 水不溶物含量/% | ≤ | 0.04 | 0.10 |
| 铁(Fe)含量/% | ≤ | 0.03 | 0.10 |
| pH 值(10g/L 水溶液) | | 5.8～7.0 | 5.8～7.0 |
| 溶解性 | | 合格 | 合格 |

2.2.4 磷酸氢二钠，HG/T 2965—2009

分子式：$Na_2HPO_4 \cdot 12H_2O$

相对分子质量：358.14

外观：白色粉状或颗粒

工业用磷酸氢二钠化工行业标准

| 指标项目 | | 指标 |
|---|---|---|
| 磷酸氢二钠($Na_2HPO_4 \cdot 12H_2O$)含量/% | ≥ | 97.0 |
| 硫酸盐(以 $SO_4^{2-}$ 计)含量/% | ≤ | 0.7 |
| 氯化物(以 $Cl^-$ 计)含量/% | ≤ | 0.05 |
| 水不溶物的质量分数/% | ≤ | 0.05 |
| 氟化物(以 F 计)含量/% | ≤ | 0.05 |
| 砷(以 As 计)含量/% | ≤ | 0.005 |
| 铁(以 Fe 计)含量/% | ≤ | 0.05 |
| pH 值 | | 9.0±0.2 |

2.2.5 磷酸三钠，HG/T 2517—2009

分子式：$Na_3PO_4 \cdot 12H_2O$

相对分子质量：380.12

外观：白色或微黄色结晶

**工业磷酸三钠化工行业标准**

| 指 标 项 目 | | 指 标 |
|---|---|---|
| 磷酸三钠(以 $Na_3PO_4 \cdot 12H_2O$ 计)质量分数/% | ≥ | 98.0 |
| 硫酸盐(以 $SO_4^{2-}$ 计)质量分数/% | ≤ | 0.5 |
| 氯化物(以 $Cl^-$ 计)质量分数/% | ≤ | 0.4 |
| 砷(As)质量分数/% | ≤ | 0.005 |
| 铁(Fe)质量分数/% | ≤ | 0.01 |
| 不溶物的质量分数/% | ≤ | 0.1 |
| pH 值(10g/L 水溶液) | | 11.5～12.5 |

2.2.6 **重铬酸钠**[58]，GB 1611—92

分子式：$Na_2Cr_2O_7 \cdot 2H_2O$

相对分子质量：297.99

**重铬酸钠国家标准**

| 指 标 名 称 | | 指 标 | | |
|---|---|---|---|---|
| | | 优等品 | 一等品 | 合格品 |
| 外观 | | 鲜艳橙红色针状或小粒状结晶 | | |
| 重铬酸钠($Na_2Cr_2O_7 \cdot 2H_2O$)含量/% | ≥ | 99.3 | 98.3 | 98.0 |
| 硫酸盐(以 $SO_4^{2-}$ 计)含量/% | ≤ | 0.20 | 0.30 | 0.40 |
| 氯化物(以 $Cl^-$ 计)含量/% | ≤ | 0.10 | 0.10 | 0.20 |

2.2.7 **硅酸钠**，GB/T 4209—1996

分子式：$Na_2O \cdot mSiO_2 \cdot xH_2O$，$m$=2.2～3.7

硅酸钠国家标准：

**工业液体硅酸钠技术指标**

| 型号级别<br>指标项目 | | 液-1 | | | 液-2 | | | 液-3 | | | 液-4 | | | 液-5 | | |
|---|---|---|---|---|---|---|---|---|---|---|---|---|---|---|---|---|
| | | 优等品 | 一等品 | 合格品 | 优等品 | 一等品 | 合格品 | 优等品 | 一等品 | 合格品 | 优等品 | 一等品 | 合格品 | 优等品 | 一等品 | 合格品 |
| 铁(Fe)含量/% | ≤ | 0.02 | 0.05 | — | 0.02 | 0.05 | — | 0.02 | 0.05 | — | 0.02 | 0.05 | — | 0.02 | 0.05 | — |
| 水不溶物含量/% | ≤ | 0.20 | 0.40 | 0.50 | 0.20 | 0.40 | 0.50 | 0.20 | 0.60 | 0.80 | 0.20 | 0.40 | 0.50 | 0.20 | 0.80 | 1.00 |
| 密度(20℃)/(g/cm³) | | 1.318～1.342 | | | 1.368～1.394 | | | 1.436～1.465 | | | 1.368～1.394 | | | 1.526～1.599 | | |
| 氧化钠($Na_2O$)含量/% | ≥ | 7.0 | | | 8.2 | | | 10.2 | | | 9.5 | | | 12.8 | | |
| 二氧化硅($SiO_2$)含量/% | ≥ | 24.6 | | | 26.0 | | | 25.7 | | | 22.1 | | | 29.2 | | |
| 模数($m$) | | 3.5～3.7 | | | 3.1～3.4 | | | 2.6～2.9 | | | 2.2～2.5 | | | 2.2～2.5 | | |

**工业固体硅酸钠技术指标**

| 型号级别<br>指标项目 | | 固-1 | | 固-2 | | 固-3 | | 固-4 | |
|---|---|---|---|---|---|---|---|---|---|
| | | 一等品 | 合格品 | 一等品 | 合格品 | 一等品 | 合格品 | 一等品 | 合格品 |
| 可溶固体总含量/% | ≥ | 97.0 | 95.0 | 97.0 | 95.0 | 97.0 | 95.0 | 97.0 | 95.0 |
| 铁(Fe)含量/% | ≤ | 0.12 | — | 0.12 | — | 0.12 | — | 0.10 | — |
| 模数($m$) | | 3.5～3.7 | | 3.1～3.4 | | 2.6～2.9 | | 2.2～2.5 | |

2.2.8 硫酸锌，HG/T 2326—2005

分子式：无水物 $ZnSO_4$；一水合物 $ZnSO_4 \cdot H_2O$（Ⅰ类）；七水合物 $ZnSO_4 \cdot 7H_2O$（Ⅱ类）

相对分子质量：无水物 161.45；一水合物 179.47；七水合物 287.55

外观：一水合物为白色结晶或颗粒，七水合物为无色斜方晶系结晶或颗粒。

**硫酸锌化工行业标准**

| 指标名称 | | 指标(Ⅰ类) | | | 指标(Ⅱ类) | | |
|---|---|---|---|---|---|---|---|
| | | 优等品 | 一等品 | 合格品 | 优等品 | 一等品 | 合格品 |
| 主含量 (以 Zn 计)/% | | 35.70 | 35.34 | 34.61 | 22.51 | 22.06 | 20.92 |
| 主含量 (以 $ZnSO_4 \cdot H_2O$ 计)/% | | 98.0 | 97.0 | 95.0 | | | |
| 主含量 (以 $ZnSO_4 \cdot 7H_2O$ 计)/% | | | | | 99.0 | 97.0 | 92.0 |
| 不溶物含量/% | ≤ | 0.020 | 0.050 | 0.10 | 0.020 | 0.050 | 0.10 |
| pH 值(50g/L 水溶液) | ≥ | 4.0 | 4.0 | | 3.0 | 3.0 | |
| 氯化物(以 $Cl^-$ 计)含量/% | ≤ | 0.20 | 0.60 | | 0.20 | 0.60 | |
| 铅(Pb)含量/% | ≤ | 0.002 | 0.007 | 0.010 | 0.001 | 0.010 | 0.010 |
| 铁(Fe)含量/% | ≤ | 0.008 | 0.020 | 0.060 | 0.003 | 0.020 | 0.060 |
| 锰(Mn)含量/% | ≤ | 0.01 | 0.03 | 0.05 | 0.005 | 0.01 | |
| 镉(Cd)含量/% | ≤ | 0.002 | 0.007 | 0.010 | 0.001 | 0.010 | |

2.2.9 氯化锌，HG/T 2323—2004

分子式：$ZnCl_2$

相对分子质量：136.30

**工业氯化锌化工行业标准**

| 指标名称 | | 指标(Ⅰ类) | | 指标(Ⅱ类) | | 指标(Ⅲ类) |
|---|---|---|---|---|---|---|
| | | 优等品 | 一等品 | 一等品 | 合格品 | |
| 外观 | | 白色粉末或小颗粒 | | | | 无色透明的水溶液 |
| 氯化锌($ZnCl_2$)含量/% | ≥ | 96.0 | 95.0 | 95.0 | 93.0 | 40.0 |
| 碱式盐(以 ZnO 计)含量/% | ≤ | 2.0 | 2.0 | 2.0 | 2.0 | 0.85 |
| 硫酸盐(以 $SO_4^{2-}$ 计)含量/% | ≤ | 0.01 | 0.01 | 0.01 | 0.05 | 0.004 |
| 碱和碱土金属含量/% | ≤ | 1.0 | 1.0 | 1.5 | 1.5 | 0.5 |
| 铁(Fe)含量/% | ≤ | 0.0005 | 0.0005 | 0.001 | 0.003 | 0.0002 |
| 铅(Pb)含量/% | ≤ | 0.0005 | 0.0005 | 0.001 | 0.001 | 0.0002 |
| 酸不溶物含量/% | ≤ | 0.010 | 0.020 | 0.05 | 0.05 | — |
| 锌片腐蚀 | | 通过试验 | | | 通过试验 | |
| pH 值 | | | | | | 3～4 |

2.2.10 亚硝酸钠[58]，GB 2367—90

分子式：$NaNO_2$

相对分子质量：69.00

**工业亚硝酸钠国家标准**

| 指标名称 | | 指标 | | |
|---|---|---|---|---|
| | | 优等品 | 一等品 | 合格品 |
| 外观 | | 白色或微带浅灰色或淡黄色结晶 | | |
| 亚硝酸钠($NaNO_2$)含量(以干基计)/% | ≥ | 99.0 | 98.5 | 98.0 |
| 硝酸钠($NaNO_3$)含量(以干基计)/% | ≤ | 0.80 | 1.00 | 1.90 |

续表

| 指标名称 | | 指标 | | |
|---|---|---|---|---|
| | | 优等品 | 一等品 | 合格品 |
| 氯化物(以 NaCl 计)含量(以干基计)/% | ≤ | 0.10 | 0.17 | |
| 水不溶物含量/% | ≤ | 0.05 | 0.06 | 0.10 |
| 水分含量/% | ≤ | 1.4 | 2.0 | 2.5 |

2.2.11 巯基苯并噻唑，GB 11407—89

分子式：$C_7H_5NS_2$

相对分子质量：167.25

结构式：

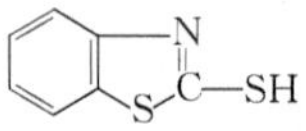


**硫化促进剂 M 国家标准**

| 指标名称 | | 指标 | | |
|---|---|---|---|---|
| | | 优等品 | 一等品 | 合格品 |
| 外观 | | 淡黄色或灰白色粉末颗粒 | | |
| 初熔点/℃ | ≥ | 173.0 | 171.0 | 170.0 |
| 灰分/% | ≤ | 0.30 | 0.30 | 0.30 |
| 加热减量/% | ≤ | 0.30 | 0.40 | 0.50 |
| 筛余物①(150μm)/% | ≤ | 0.0 | 0.1 | 0.1 |

① 适用于粉末，不适用于颗粒。

2.2.12 苯骈三氮唑[81]，HG/T 3824—2006

分子式：$C_6H_5N_3$

结构式：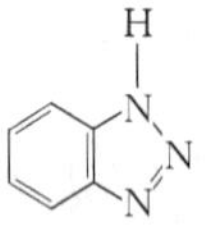


相对分子质量：119.13

外观：白色至微黄色针状结晶或粉末。

**苯骈三氮唑化工行业标准**

| 项目 | | 指标 | 项目 | | 指标 |
|---|---|---|---|---|---|
| 苯骈三氮唑含量/% | ≥ | 99.0 | 色度/Hazen | ≤ | 40 |
| 水分/% | ≤ | 0.1 | 熔点/℃ | | 96～99 |
| 灼烧残渣/% | ≤ | 0.1 | | | |

2.2.13 甲基苯骈三氮唑[81]，HG/T 3925—2007

分子式：$C_7H_7N_3$

结构式：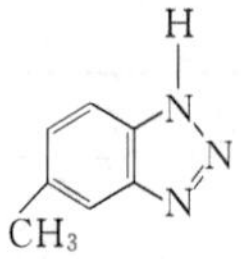


相对分子质量：133.16

外观：白色颗粒或粉末。

**甲基苯骈三氮唑化工行业标准**

| 项目 | | 指标 | 项目 | | 指标 |
|---|---|---|---|---|---|
| 含量/% | ≥ | 99.5 | 灼烧残渣/% | ≤ | 0.05 |
| 色度/Hazen | ≤ | 45 | 熔点/℃ | | 80～86 |
| 水分/% | ≤ | 0.2 | pH 值 | | 5.5～6.5 |

2.2.14 十八胺[58]，ZBG 71005—89（同 HG/T 3503—89）

分子式：$C_{18}H_{39}N$

结构式：$CH_3(CH_2)_{16}CH_2NH_2$

相对分子质量：269.51

**十八胺行业标准**

| 指标名称 | | 指标 | |
|---|---|---|---|
| | | 一级品 | 合格品 |
| 外观 | | 白色固体 | 淡黄色固体 |
| 凝固点/℃ | ≥ | 37.0 | 35.0 |
| 总胺值/(KOH mg/g) | ≥ | 195 | 187 |
| 碘值 | ≤ | 3.0 | 4.0 |

## 2.3 阻垢分散剂技术标准

2.3.1 羟基亚乙基二膦酸（HEDPA）[81]，HG/T 3537—1999

分子式：$C_2H_8O_7P_2$

结构式：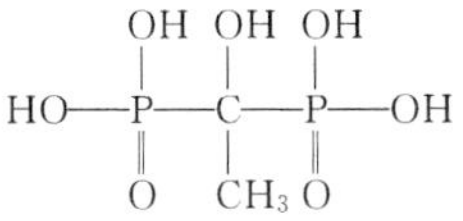

相对分子质量：206.03

外观：优等品为无色透明液体；一等品、合格品为无色或淡黄色透明液体。

**水处理剂羟基亚乙基二膦酸化工行业标准**

| 指标项目 | | 指标 | | |
|---|---|---|---|---|
| | | 优等品 | 一等品 | 合格品 |
| 活性组分/% | ≥ | 58.0 | 50.0 | 50.0 |
| 磷酸(以 $PO_4^{3-}$ 计)含量/% | ≤ | 0.5 | 0.8 | 1.0 |
| 亚磷酸(以 $PO_3^{3-}$ 计)含量/% | ≤ | 1.0 | 2.0 | 3.0 |
| 氯化物(以 $Cl^-$ 计)含量/% | ≤ | 0.3 | 0.5 | 1.0 |
| pH 值(1%水溶液) | ≤ | 2 | 2 | 2 |
| 密度(20℃)/(g/cm³) | ≥ | 1.40 | 1.34 | 1.34 |
| 钙螯合值/(mg/g) | ≥ | 500 | 450 | 450 |

2.3.2 羟基亚乙基二膦酸二钠[81]，HG/T 2839—1997（代 GB 10537—89）

分子式：$C_2H_6O_7P_2Na_2 \cdot 4H_2O$

结构式：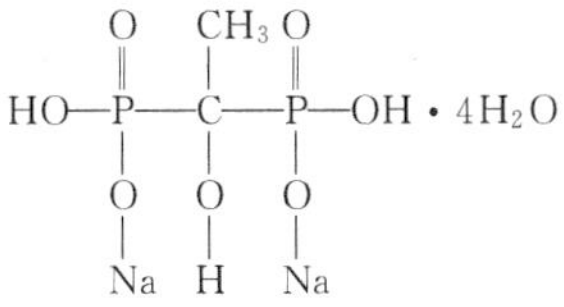

相对分子质量：322.05

外观：白色粉末。

**水处理剂羟基亚乙基二膦酸二钠固体产品化工行业标准**

| 指标项目 | | 指标 | | |
|---|---|---|---|---|
| | | 优等品 | 一等品 | 合格品 |
| 活性组分(以 $C_2H_6O_7P_2Na_2 \cdot 4H_2O$ 计)/% | ≥ | 94.0 | 88.0 | 82.0 |
| 磷酸盐(以 $PO_4^{3-}$ 计)含量/% | ≤ | 0.3 | 0.7 | 1.0 |
| 亚磷酸盐(以 $PO_3^{3-}$ 计)含量/% | ≤ | 1.0 | 3.0 | 5.0 |
| 氯化物(以 $Cl^-$ 计)含量/% | ≤ | 1.0 | 2.0 | 3.0 |
| 水不溶物/% | ≤ | 0.1 | 0.1 | 0.1 |

2.3.3 液体氨基三亚甲基膦酸(ATMP)[81]，HG/T 2841—2005

分子式：$N(CH_2PO_3H_2)_3$，$C_3H_{12}NO_9P_3$

结构式：

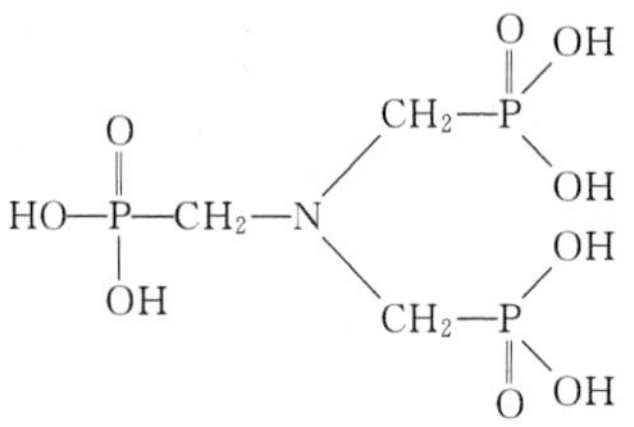

相对分子质量：299.05

外观：无色或微黄色液体。

**水处理剂氨基三亚甲基膦酸化工行业的技术指标**

| 项目 | | 指标 | 项目 | | 指标 |
|---|---|---|---|---|---|
| 活性组分(以 ATMP 计)/% | ≥ | 50.0 | 氯化物(以 $Cl^-$)含量/% | ≤ | 2.0 |
| 氨基三亚甲基膦酸含量 | ≥ | 40 | pH 值(1%水溶液) | ≤ | 2.0 |
| 亚磷酸(以 $PO_3^{3-}$ 计)含量/% | ≤ | 3.5 | 密度(20℃)/(g/cm³) | ≥ | 1.30 |
| 磷酸(以 $PO_4^{3-}$ 计)含量/% | ≤ | 0.8 | 铁(以 $Fe^{2+}$ 计)含量/(μg/L) | ≤ | 20 |

2.3.4 固体氨基三亚甲基膦酸(ATMP)，HG/T 2840—1997(代 GB 10536—89)

分子式：$N(CH_2PO_3H_2)_3$，$C_3H_{12}NO_9P_3$

结构式：

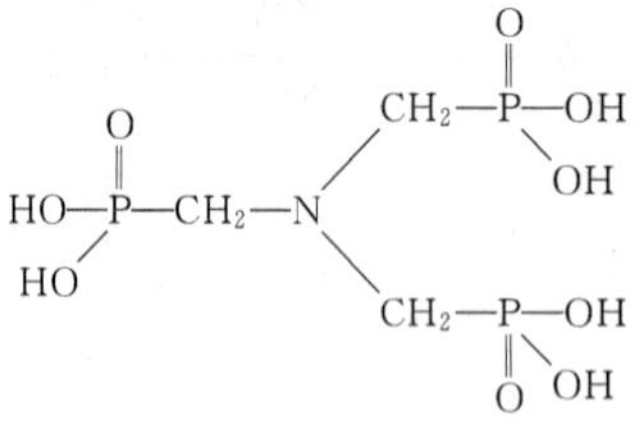

相对分子质量：299.05

外观：白色颗粒状固体。

**水处理剂氨基三亚甲基膦酸（固体）化工行业的技术指标**

| 项目 | | 指标 | | |
|---|---|---|---|---|
| | | 优等品 | 一等品 | 合格品 |
| 活性组分/% | ≥ | 80.0 | 75.0 | 70.0 |
| 氨基三亚甲基膦酸含量/% | ≥ | 75.0 | 65.0 | 55.0 |
| 亚磷酸(以 $PO_3^{3-}$ 计)含量/% | ≤ | 2.0 | 4.0 | 8.0 |
| 磷酸(以 $PO_4^{3-}$ 计)含量/% | ≤ | 1.0 | 1.0 | 2.0 |
| 氯化物(以 $Cl^-$ 计)含量/% | ≤ | 2.5 | 4.0 | 6.0 |

续表

| 项目 | | 指标 | | |
|---|---|---|---|---|
| | | 优等品 | 一等品 | 合格品 |
| 水分含量/% | ≤ | 12 | 15 | 17 |
| 水不溶物含量/% | ≤ | 0.05 | 0.05 | 0.05 |
| pH(1%水溶液) | | 1.2～1.6 | 1.2～1.6 | 1.2～1.6 |

2.3.5 乙二胺四亚甲基膦酸钠（EDTMPS）[81]，HG/T 3538—2003（代 ZB/T G 71004—89）

分子式：$C_6H_{12}O_{12}N_2P_4Na_8$

结构式：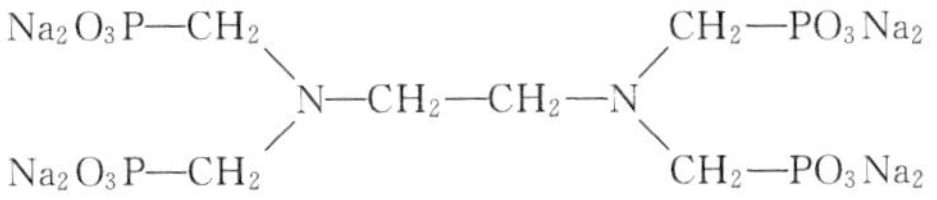

相对分子质量：611.98

外观：黄棕色透明液体。

**乙二胺四亚甲基膦酸钠溶液产品化工行业标准**

| 指标项目 | | 指标 | 指标项目 | | 指标 |
|---|---|---|---|---|---|
| 活性组分(以乙二胺四亚甲基膦酸钠计)含量/% | ≥ | 28 | 氯化物(以 $Cl^-$ 计)含量/% | ≤ | 3.0 |
| 有机磷(以 $PO_4^{3-}$ 计)含量/% | ≥ | 10.0 | 乙二胺含量/% | ≤ | 0.03 |
| 亚磷酸(以 $PO_3^{3-}$ 计)含量/% | ≤ | 5.0 | pH(1%水溶液) | ≤ | 9.5～10.5 |
| 磷酸盐(以 $PO_4^{3-}$ 计)含量/% | ≤ | 1.0 | 密度(20℃)/($g/cm^3$) | ≥ | 1.25 |

2.3.6 多元醇磷酸酯[81]，HG/T 2228—2006

多元醇磷酸酯分 A、B 二类。A 类不含氮，由甘油聚氧乙烯醚和五氧化二磷反应制成；B 类含氮，由甘油聚氧乙烯醚、乙二醇、乙二醇乙醚及三乙醇胺和五氧化二磷反应制成。

结构式：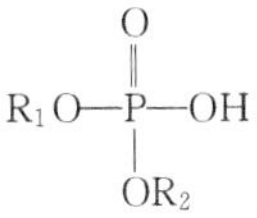

式中 $R_1$ 和 $R_2$ 可分别为 H，HO—$CH_2$—$CH_2$—O，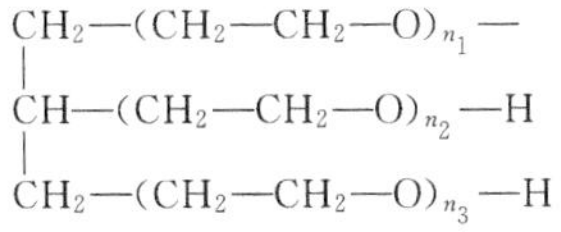 或 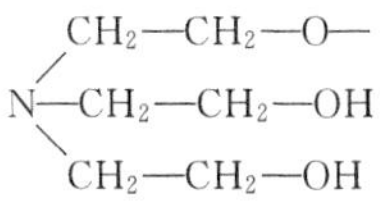

其中 $n_1$，$n_2$ 和 $n_3$ 可分别为 0 或 1。

**水处理剂多元醇磷酸酯化工行业标准**

| 指标名称 | | 指标 | |
|---|---|---|---|
| | | A类 | B类 |
| 磷酸酯(以 $PO_4^{3-}$ 计)含量/% | ≥ | 32.0 | 32.0 |
| 无机磷酸(以 $PO_4^{3-}$ 计)含量/% | ≤ | 8.0 | 9.0 |
| pH 值(10g/L 水溶液) | | 1.5～2.5 | 1.5～2.5 |

2.3.7 聚丙烯酸（PAA），GB/T 10533—2000

分子式：$[C_3H_4O_2]_n$

结构式：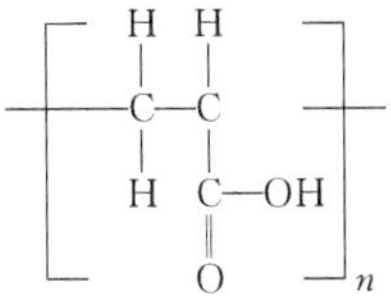

相对分子质量：<10000

外观：无色至淡黄色透明液体。

**聚丙烯酸溶液产品国家标准**

| 指 标 项 目 | | 指　　标 |
|---|---|---|
| 固体含量/% | ≥ | 30.0 |
| 游离单体(以 $CH_2=CH-COOH$ 计)/% | ≤ | 0.50 |
| pH(1%水溶液) | ≤ | 3.0 |
| 密度(20℃)/(g/cm$^3$) | ≥ | 1.09 |
| 极限黏数(30℃)/(dL/g) | | 0.060～0.10 |

2.3.8 聚丙烯酸钠（PAAS）HG/T 2838—1997（代 GB 10534—89）

分子式：$-[C_3H_3O_2Na]_n-$

结构式：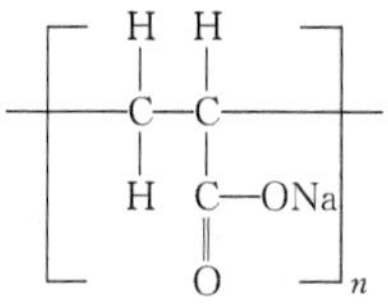

相对分子质量：<10000

外观：无色或淡黄色透明液体。

**水处理剂聚丙烯酸钠化工行业标准**

| 指 标 项 目 | | 指　　标 | |
|---|---|---|---|
| | | 优等品 | 一等品 |
| 固体含量/% | ≥ | 30.0 | 30.0 |
| 游离单体(以 $CH_2=CH-COOH$ 计)含量/% | ≤ | 0.50 | 1.0 |
| pH 值 | | 6.5～7.5 | 6.0～8.0 |
| 密度(20℃)/(g/cm$^3$) | ≥ | 1.15 | 1.15 |
| 极限黏数(30℃)/(dL/g) | | 0.060～0.085 | 0.055～0.10 |

2.3.9 水解聚马来酸酐（HPMA），GB/T 10535—1997

结构式：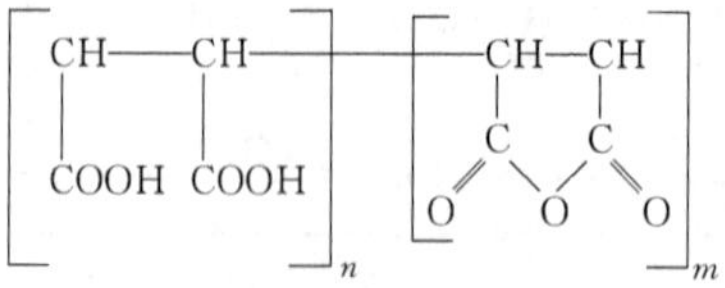

相对分子质量：<5000

外观：浅黄色至深棕色透明液体。

**水处理剂水解聚马来酸酐溶液国家标准**

| 指 标 项 目 | | 指　　标 | | |
|---|---|---|---|---|
| | | 优等品 | 一等品 | 合格品 |
| 固体含量/% | ≥ | 48.0 | 48.0 | 48.0 |
| 平均相对分子质量 | ≥ | 700 | 450 | 300 |
| 溴值/(mg/g) | ≤ | 80 | 160 | — |
| pH(1%水溶液) | | 2.0～3.0 | 2.0～3.0 | 2.0～3.0 |
| 密度(20℃)/(g/cm$^3$) | ≥ | 1.18 | 1.18 | 1.18 |

2.3.10 马来酸酐-丙烯酸共聚物[81]，HG/T 2229—91

分子式：$(C_3H_4O_2)_n \cdot (C_4H_2O_3)_{m'} \cdot (C_4H_4O_4)_m$

结构式：

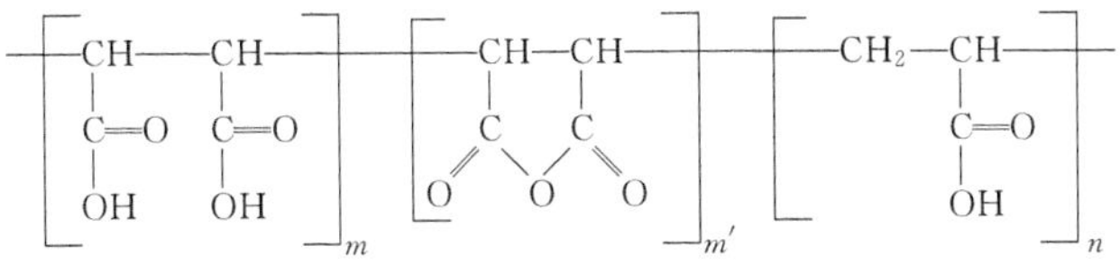

相对分子质量：平均 300～4000

**水处理剂马来酸酐-丙烯酸共聚物化工行业标准**

| 指标名称 | | 指标 | | |
|---|---|---|---|---|
| | | 优等品 | 一等品 | 合格品 |
| 外观 | | 浅棕色透明液体 | | |
| 固体分含量/% | ≥ | 48.0 | 48.0 | 48.0 |
| 数均相对分子质量 | | 450～700 | 300～450 | 280～300 |
| 游离单体(以马来酸计)含量/% | ≤ | 9.0 | 13.0 | 15.0 |
| pH 值(1%水溶液) | | 2.0～3.0 | 2.0～3.0 | 2.0～3.0 |
| 密度(20℃)/(g/cm³) | | 1.18～1.22 | 1.18～1.22 | 1.18～1.22 |

2.3.11 丙烯酸-丙烯酸酯类共聚物[81]，HG/T 2429—2006

适用于由丙烯酸和多种丙烯酸酯（丙烯酸甲酯、丙烯酸羟乙酯、丙烯酸羟丙酯等）制备的二元或多元共聚物。

二元共聚物结构式：

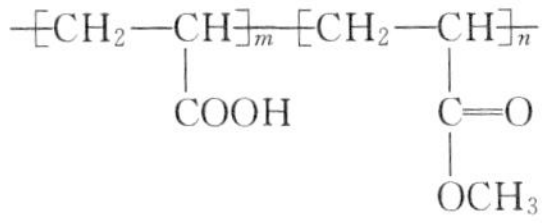

三元共聚物结构式：

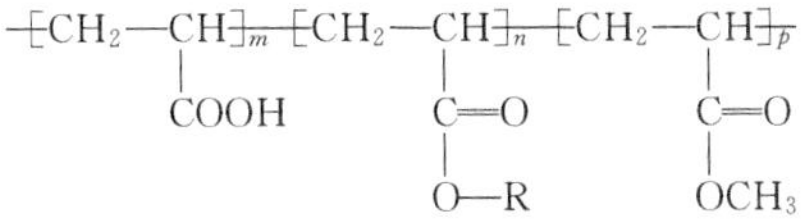

其中 R：

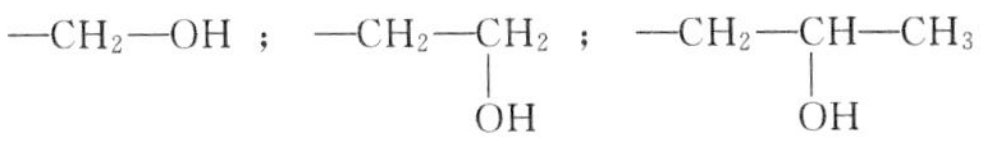

$m \gg n, p$

外观：无色至淡黄色黏稠液体。

**水处理剂丙烯酸-丙烯酸酯类共聚物化工行业标准**

| 项目 | | 指标 | 项目 | | 指标 |
|---|---|---|---|---|---|
| 固体含量/% | ≥ | 30.0 | 游离单体(以丙烯酸计)/% | ≤ | 0.50 |
| 极限黏数(30℃)/(dL/g) | | 0.065～0.095 | pH 值(10g/L 水溶液) | | 2.0～3.0(6.5～8.5)① |
| 密度(20℃)/(g/cm³) | ≥ | 1.10 | | | |

① 产品被中和后，pH 值应在 6.5～8.5 之间。

2.3.12 丙烯酸-2-甲基-2-丙烯酰胺基丙磺酸类共聚物[81]，HG/T 3642—1999

结构式：

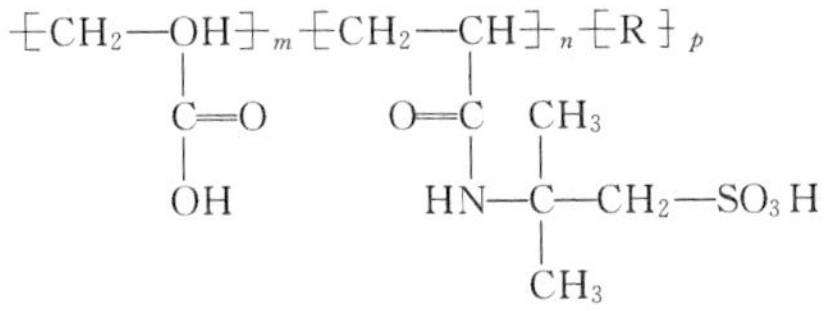

外观：无色或黄色透明液体。

**水处理剂丙烯酸-2-甲基-2-丙烯酰胺基丙磺酸类共聚物化工行业标准**

| 指　标　名　称 | | 指　　　标 |
|---|---|---|
| 固体含量/% | ≥ | 30.0 |
| 游离单体(以 $CH_2=CH-COOH$ 计)含量/% | ≤ | 0.50 |
| pH 值(1%水溶液) | ≤ | 2.5 |
| 密度(20℃)/($g/cm^3$) | ≥ | 1.05 |
| 极限黏数(30℃)/(dL/g) | | 0.055～0.100 |

2.3.13　单宁酸[58]，GB 5308—85

分子式：$C_{76}H_{52}O_{46}$

结构式：

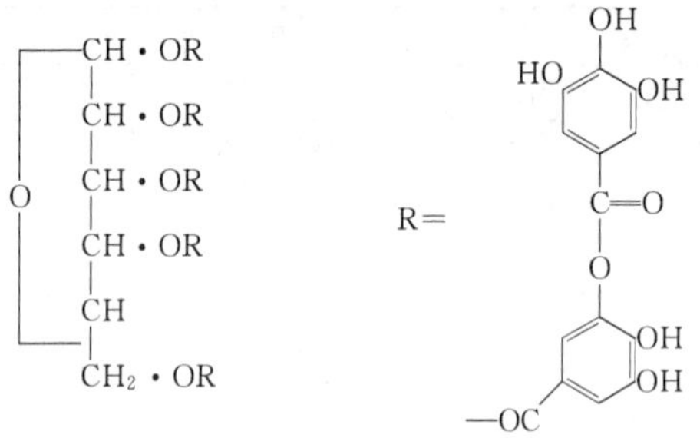

相对分子质量：1701.20

外观：淡黄色至浅棕色无定形粉末。

**工业单宁酸国家标准**

| 指　标　名　称 | | 指　　　标 | | |
|---|---|---|---|---|
| | | 一　级 | 二　级 | 三　级 |
| 单宁酸(干基计)含量/% | ≥ | 81.0 | 78.0 | 75.0 |
| 干燥失重/% | ≤ | 9.0 | 9.0 | 9.0 |
| 水不溶物/% | ≤ | 0.6 | 0.8 | 1.0 |
| 总颜色① | ≤ | 2.0 | 3.0 | 4.0 |

① 0.5%的试样溶液在罗维邦（Lovibond）上测定总颜色。

2.3.14　2-膦酸基-1,2,4-三羧基丁烷（PBTC），HG/T 3662—2000

分子式：$C_7H_{11}O_9P$

结构式：

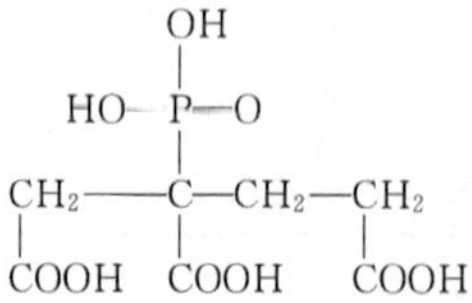

相对分子质量：270.13

外观：无色至淡黄色透明液体。

**水处理剂 2-膦酸基-1,2,4-三羧基丁烷化工行业标准**

| 项　　目 | | 指　　　标 | |
|---|---|---|---|
| | | 一等品 | 合格品 |
| 活性组分(PBTC)/% | ≥ | 50.0 | 50.0 |
| 磷酸(以 $PO_4^{3-}$ 计)含量/% | ≤ | 0.20 | 0.50 |
| 亚磷酸(以 $PO_3^{3-}$ 计)含量/% | ≤ | 0.50 | 0.80 |
| pH 值(1%水溶液) | | 1.5～2.0 | 1.5～2.0 |
| 密度(20℃)/($g/cm^3$) | ≥ | 1.270 | 1.270 |

2.3.15 2-羟基膦酰基乙酸（HPAA）[81]，HG/T 3926—2007

分子式：$C_2H_5O_6P$

结构式：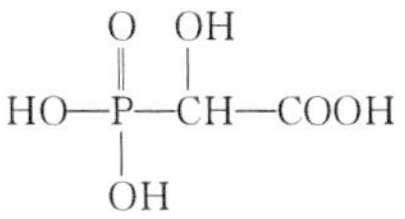

相对分子质量：156.03

外观：暗棕色液体。

**水处理剂2-羟基膦酰基乙酸化工行业标准**

| 项　　目 | | 指标 | 项　　目 | | 指标 |
|---|---|---|---|---|---|
| 固体含量/% | ≥ | 50.0 | 亚磷酸(以 $PO_3^{3-}$ 计)/% | ≤ | 3.0 |
| 有机磷(以 $PO_4^{3-}$ 计)/% | ≥ | 25.0 | 密度(20℃)/(g/cm³) | ≥ | 1.30 |
| 磷酸(以 $PO_4^{3-}$ 计)/% | ≤ | 1.5 | pH 值(10g/L 水溶液) | ≤ | 3.0 |

2.3.16 二亚乙基三胺五亚甲基膦酸（DTPMP）[81]，HG/T 3777—2005

分子式：$C_9H_{28}N_3O_{15}P_5$

结构式：

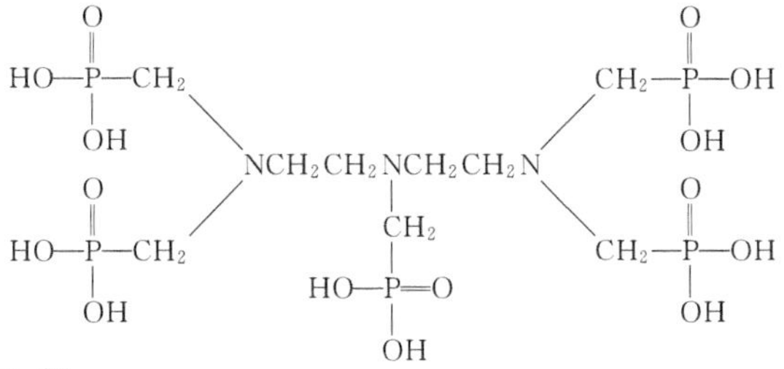

相对分子质量：573.20

外观：棕黄色或棕红色黏稠液体。

**水处理剂二亚乙基三胺五亚甲基膦酸化工行业标准**

| 项　　目 | | 指　标 | 项　　目 | | 指　标 |
|---|---|---|---|---|---|
| 活性组分(以 DTPMP 计)含量/% | ≥ | 50.0 | 密度(20℃)/(g/cm³) | | 1.35～1.45 |
| 亚磷酸(以 $PO_3^{3-}$ 计)含量/% | ≤ | 3.0 | 氯化物(以 $Cl^-$ 计)含量/% | | 12～17 |
| pH 值(1%水溶液) | ≤ | 2.0 | 铁(以 $Fe^{2+}$ 计)含量/(μg/g) | ≤ | 35 |

2.3.17 聚天冬氨酸（盐）[81]，HG/T 3822—2006

分子式：$C_4H_5NO_3M(C_4H_4NO_3M)_m(C_4H_4NO_3M)_nC_4H_4NO_4M_2$

结构式：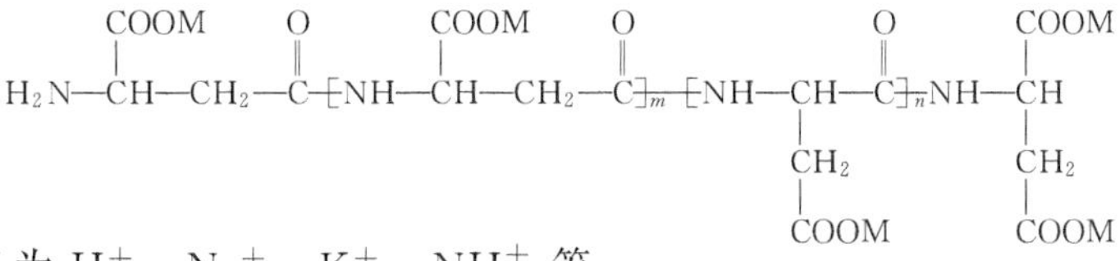

$m \geq n$，M 为 $H^+$、$Na^+$、$K^+$、$NH_4^+$ 等。

外观：黄色至红棕色液体。

| 项　　目 | | 指标 | 项　　目 | | 指标 |
|---|---|---|---|---|---|
| 固体含量/% | ≥ | 30.0 | pH 值(10g/L 溶液) | | 8.5～10.5 |
| 密度(20℃)/(g/cm³) | ≥ | 1.15 | 生物降解率/% | ≥ | 60 |
| 极限黏数(30℃)/(dL/g) | | 0.055～0.090 | | | |

2.3.18 聚环氧琥珀酸（盐）[81]，HG/T 3823—2006

分子式：$HO(C_4H_2O_5M_2)_nH$，$M=H^+$、$Na^+$、$NH_4^+$、$\frac{1}{2}Ca^{2+}$、$K^+$

结构式：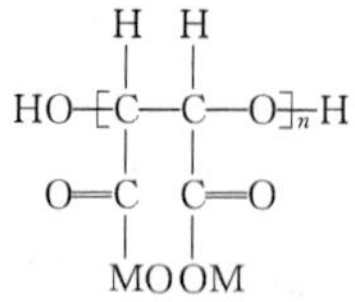

外观：无色或淡黄色液体。

聚环氧琥珀酸（盐）化工行业标准

| 项　　目 | | 指标 | 项　　目 | | 指标 |
|---|---|---|---|---|---|
| 固体含量/% | ≥ | 35.0 | pH(10g/L 水溶液) | ≥ | 7.0 |
| 密度(20℃)/(g/cm³) | ≥ | 1.28 | 生物降解率/% | ≥ | 60 |
| 极限黏数(30℃)/(dL/g) | | 0.030～0.060 | | | |

2.3.19 木质素磺酸钠分散剂，HG/T 3507—2008

外观：棕褐色均匀粉末。

木质素磺酸钠分散剂化工行业标准

| 指　标　名　称 | | 指　　标 | |
|---|---|---|---|
| | | 一等品 | 合格品 |
| 水分含量/% | ≤ | 7.0 | 9.0 |
| pH 值(1%水溶液) | | 7.5～10.5 | 7.5～10.5 |
| 水不溶物含量/% | ≤ | 0.2 | 0.4 |
| 总还原物含量/% | ≤ | 2.0 | 4.0 |
| 铁含量/% | ≤ | 0.1 | 0.1 |
| 钙镁总含量/% | ≤ | 0.4 | 0.6 |
| 硫酸盐(以硫酸钠计)含量/% | ≤ | 4.0 | 7.0 |
| 耐热稳定性/级 | ≥ | 4(140℃) | 4(130℃) |
| 沾色性 | | | |
| 锦纶/级 | ≥ | 4～5 | 4 |
| 涤纶/级 | ≥ | 4～5 | 4 |
| 棉/级 | ≥ | 4～5 | 4 |
| 分散力(与标准品比)/% | ≥ | 100 | 90 |
| 细度(通过 280μm 筛的残余物)/% | ≤ | 2.0 | 4.0 |

2.3.20 双 1,6-亚己基三胺五亚甲基膦酸（BHMTPMPA），GB/T 22591—2008

分子式：$C_{17}H_{44}N_3O_{15}P_5$

结构式：

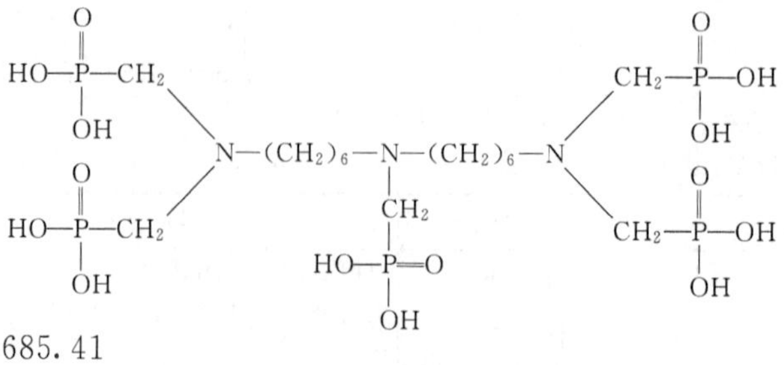

相对分子质量：685.41

外观：琥珀色液体。

水处理剂 双1,6-亚己基三胺五亚甲基膦酸国家标准

| 指标项目 | 指标 | 指标项目 | 指标 |
|---|---|---|---|
| 活性组分(BHMTPMPA)含量/% | 45.0～50.0 | pH值(1%水溶液) ≤ | 2 |
| 亚磷酸($PO_3^{3-}$)含量/% ≤ | 3.5 | 密度(20℃)/(g/$cm^3$) ≥ | 1.2 |
| 氯化物($Cl^-$)含量/% ≤ | 6.0 | 铁($Fe^{2+}$)含量/(μg/g) ≤ | 35 |

## 2.4 杀生剂技术标准

2.4.1 氯，GB/T 5138—1996

分子式：$Cl_2$

相对分子质量：70.91

性状：黄绿色气体，有窒息性气味。有毒，并有强烈的刺激臭味和腐蚀性。

工业用液氯国家标准

| 指标名称 | 指标 | | |
|---|---|---|---|
| | 优等品 | 一等品 | 合格品 |
| 氯含量(体积分数)/% ≥ | 99.8 | 99.6 | 99.6 |
| 水分含量(质量分数)/% ≤ | 0.015 | 0.030 | 0.040 |

2.4.2 次氯酸钠[58]，HG/T 2498—1993

分子式：NaClO（无水物）；$NaClO \cdot 5H_2O$（水合物）

相对分子质量：74.44（无水物）；164.52（水合物）

次氯酸钠溶液化工行业标准

| 指标名称 | 指标 | | |
|---|---|---|---|
| | Ⅰ型 | Ⅱ型 | Ⅲ型 |
| 外观 | 浅黄色液体 | | |
| 有效氯(以Cl计)含量/% ≥ | 13.0 | 10.0 | 5.0 |
| 游离碱(以NaOH计)含量/% | 0.1～1.0 | 0.1～1.0 | 0.1～1.0 |
| 铁(Fe)含量/% ≤ | 0.010 | 0.010 | 0.010 |

2.4.3 次氯酸钙，GB 10666—1995

分子式：$Ca(ClO)_2$；$Ca(ClO)_2 \cdot 2H_2O$

相对分子质量：142.98；179.01

钙法次氯酸钙国家标准

| 指标名称 | 指标 | | |
|---|---|---|---|
| | 优级品 | 一级品 | 合格品 |
| 外观 | 白色或微灰色的粉状及粒状固体 | | |
| 有效氯/% ≥ | 65.0 | 60.0 | 55.0 |
| 水分/% ≤ | 3.0 | 4.0 | 4.0 |
| 稳定性检验有效氯损失/% ≤ | 8.0 | 10.0 | 12.0 |
| 过筛率/%：粒状，通过0.355～2mm筛孔 ≥ | 90.0 | | |
| 粉状及粉粒状 | 协商指标 | | |

**钠法次氯酸钙国家标准有效氯指标**

| 指标名称 | | 优级品 | 一级品 | 合格品 |
|---|---|---|---|---|
| 有效氯/% | ≥ | 70.0 | 67.0 | 62.0 |

2.4.4　漂白粉，HG/T 2496—2006

分子式：$CaCl(ClO)\cdot 2H_2O$

相对分子质量：163.01

**漂白粉化工行业标准**

| 指标名称 | | 指标 | | |
|---|---|---|---|---|
| | | B-35级品 | B-32级品 | B-28级品 |
| 外观 | | 白色粉末 | | |
| 有效氯/% | ≥ | 35.0 | 32.0 | 28.0 |
| 总氯量与有效氯之差/% | ≤ | 2.0 | 3.0 | 4.0 |
| 水分/% | ≤ | 4.0 | 5.0 | 6.0 |
| 热稳定系数 | ≥ | 0.75 | — | — |

2.4.5　漂白液，HG/T 2497—2006

主成分：次氯酸钙，$Ca(ClO)_2$

外观：无色、浅绿色或微红色液体，允许略有浑浊。

**漂白液化工行业标准**

| 指标名称 | | 规格Ⅰ | 规格Ⅱ |
|---|---|---|---|
| 有效氯(以Cl计)质量分数,% | ≥ | 8.0 | 5.0 |
| 残渣体积分数,% | ≤ | 5.0 | 5.0 |

2.4.6　二氧化氯[81]，GB/T 20783—2006（代HG/T 2777—1996）

分子式：$ClO_2$

结构式：

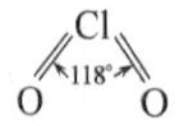

相对分子质量：67.45

外观：无色或淡黄色透明液体。

**稳定性二氧化氯溶液国家标准**

| 指标名称 | | 指标 | |
|---|---|---|---|
| | | Ⅰ类 | Ⅱ类 |
| 二氧化氯($ClO_2$)含量/% | ≥ | 2.0 | |
| 密度(20℃)/($g/cm^3$) | | 1.020～1.060 | |
| pH值 | | 8.2～9.2 | |
| 砷(As)含量/% | ≤ | 0.0001 | 0.0003 |
| 铅(Pb)含量/% | ≤ | 0.0005 | 0.002 |

注：Ⅰ类：生活饮用水及医疗卫生、公共环境、食品加工、畜牧与水产养殖、种植业等领域用；

Ⅱ类：工业用水、废水和污水处理用。

2.4.7　三氯异氰尿酸[81]，HG/T 3263—2001

分子式：$C_3Cl_3N_3O_3$

结构式：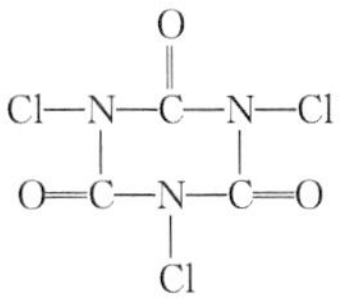

相对分子质量：232.41

**三氯异氰尿酸的化工行业标准**

| 指标名称 | | 指标 | |
|---|---|---|---|
| | | 优等品 | 合格品 |
| 有效氯(以 Cl 计)含量/% | ≥ | 90.0 | 88.0 |
| 水分/% | ≤ | 0.5 | 1.0 |
| pH 值(1%水溶液) | | 2.6～3.2 | 2.6～3.2 |

2.4.8 二氯异氰尿酸钠[81]，HG/T 3779—2005

分子式：$(C_3Cl_2N_3O_3)Na$

结构式：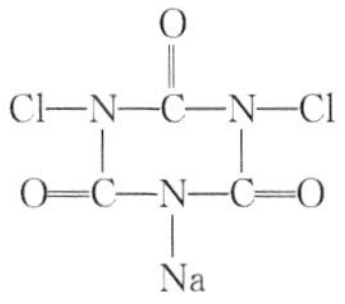

相对分子质量：219.95

外观：白色粉末、颗粒及片剂。

**二氯异氰尿酸钠化工行业标准**

| 项目 | | 指标 | | | |
|---|---|---|---|---|---|
| | | Ⅰ类 | | Ⅱ类 | |
| | | 无水 | 含结晶水 | 无水 | 含结晶水 |
| 有效氯(以 Cl 计)含量/% | | ≥58.0 | 55.0～57.0 | ≥58.0 | 55.0～57.0 |
| 水分含量/% | | ≤3.0 | 10.0～15.0 | ≤3.0 | 10.0～15.0 |
| pH 值(10g/L 水溶液) | | 5.5～7.0 | | 5.5～7.0 | |
| 水不溶物/% | ≤ | 0.1 | | 0.1 | |
| 砷含量(以 As 计)/% | ≤ | 0.0005 | | — | |
| 重金属含量(以 Pb 计)/% | ≤ | 0.001 | | — | |

注：Ⅰ类为生活饮用水处理用；Ⅱ类为工业用水、废水和污水处理用。

2.4.9 十二烷基二甲基苄基氯化铵[81]，HG/T 2230—2006

分子式：$C_{21}H_{38}NCl$

结构式：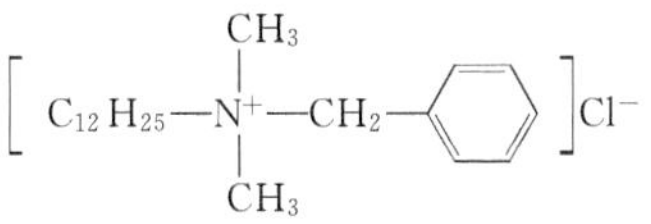

相对分子质量：339.99

外观：无色至淡黄色黏稠透明液体。

**水处理剂十二烷基二甲基苄基氯化铵化工行业标准**

| 指标项目 | | 指标 | 指标项目 | 指标 |
|---|---|---|---|---|
| 活性含量/% | ≥ | 44.0 | pH 值(1%水溶液) | 6.0～8.0 |
| 铵盐含量/% | ≤ | 2.0 | | |

2.4.10 **异噻唑啉酮衍生物**，HG/T 3657—2008

本品为 5-氯-2-甲基-4-异噻唑啉-3-酮（CMI）和 2-甲基-4-异噻唑啉-3-酮（MI）的混合物

CMI　　　　MI

分子式：$C_4H_4ClNOS$　　　　$C_4H_5NOS$

结构式：

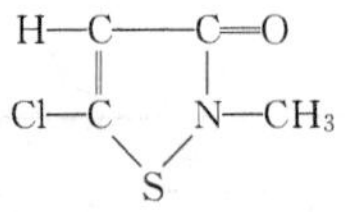

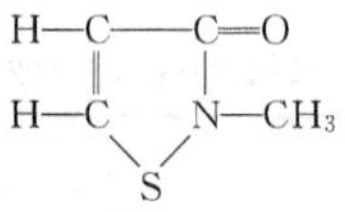

相对分子质量：149.60　　　　115.15

外观：琥珀-金黄色或淡绿到蓝色透明或微浑浊液体。

**水处理剂异噻唑啉酮衍生物化工行业标准**

| 指标名称 | | 指标 Ⅰ类 | 指标 Ⅱ类 |
|---|---|---|---|
| 活性物含量/% | ≥ | 14.0～15.0 | 1.50～1.80 |
| CMI/MI(质量分数比值) | | 2.5～3.4 | 2.5～3.4 |
| pH 值 | | 2.0～4.0 | 2.0～2.5 |
| 密度(20℃)/(g/cm³) | | 1.26～1.32 | 1.02～1.05 |

2.4.11 **工业亚氯酸钠**，HG 3250—2001

分子式：$NaClO_2$

相对分子质量：90.44

外观：固体产品为白色或微带黄绿色结晶粉末或颗粒；液体产品为浅黄色溶液。

固体产品亚氯酸钠的质量分数不小于 78.0%；

液体产品亚氯酸钠的质量分数不大于 50.0%。

杂质含量：以亚氯酸钠的质量分数为 80.0%的产品作基准，其杂质含量应满足下表要求。

**工业亚氯酸钠化工行业标准**

| 项目 | | 指标 | 项目 | | 指标 |
|---|---|---|---|---|---|
| 氯酸钠($NaClO_3$)的质量分数/% | ≤ | 4.0 | 硫酸钠($Na_2SO_4$)的质量分数/% | ≤ | 3.0 |
| 氢氧化钠(NaOH)的质量分数/% | ≤ | 3.0 | 硝酸钠($NaNO_3$)的质量分数/% | ≤ | 0.1 |
| 碳酸钠($Na_2CO_3$)的质量分数/% | ≤ | 2.0 | 砷(As)的质量分数/% | ≤ | 0.0003 |
| 氯化钠(NaCl)的质量分数/% | ≤ | 17.0 | | | |

2.4.12 **二溴海因**（DBDMH），GB/T 23849—2009

分子式：$C_5H_6Br_2N_2O_2$

结构式：

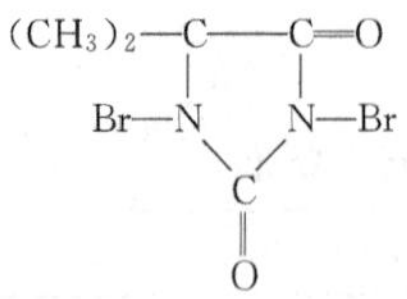

相对分子质量：285.92

外观：白色、类白色结晶粉末。

水处理剂二溴海因国家标准

| 指标项目 | | 指标 | |
|---|---|---|---|
| | | 优等品 | 合格品 |
| DBDMH 质量分数/% | ≥ | 98.0 | 97.0 |
| 溴质量分数/% | ≥ | 54.7 | 54.0 |
| 氯化物(以 Cl 计)质量分数/% | ≤ | 0.08 | — |
| 溴化钠质量分数/% | ≤ | 0.80 | — |
| 干燥失重(60℃,2h)/% | ≤ | 0.50 | 0.50 |
| 色度 YID1925 | ≤ | 10 | — |
| 铁的质量分数/% | ≤ | 0.004 | — |

2.4.13　溴氯海因（BCDMH），GB/T 23854—2009

分子式：$C_5H_6BrClN_2O_2$

结构式：

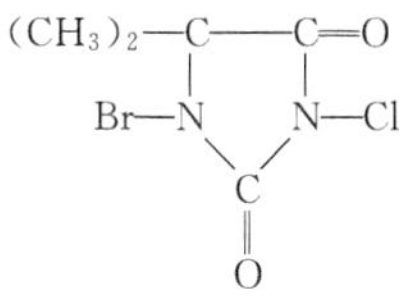

相对分子质量：241.47

外观：白色、类白色结晶粉末。

水处理剂溴氯海因国家标准

| 指标项目 | | 指标 | |
|---|---|---|---|
| | | 优等品 | 合格品 |
| BCDMH 质量分数/% | ≥ | 98.0 | 96.0 |
| 溴质量分数/% | | 31.0～35 | 31.0～35 |
| 氯化物(以 Cl 计)质量分数/% | | 13.0～17.0 | 13.0～17.0 |
| 干燥失重(60℃,2h)/% | ≤ | 0.50 | 0.80 |
| 色度 YID1925 | ≤ | 7.0 | — |
| 三氯甲烷不溶物/% | ≤ | 0.50 | — |

2.4.14　二氯海因（DCDMH），GB/T 23856—2009

分子式：$C_5H_6Cl_2N_2O_2$

结构式：

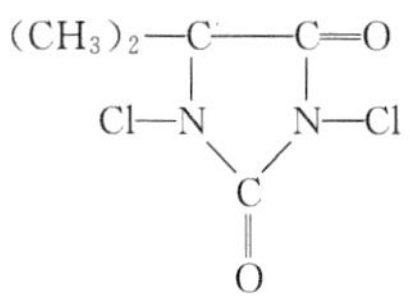

相对分子质量：197.02

外观：白色结晶粉末。

水处理剂二氯海因国家标准

| 指标项目 | | 指标 | |
|---|---|---|---|
| | | 优等品 | 合格品 |
| DCDMH 质量分数/% | ≥ | 98.0 | 96.0 |
| 氯化物(以 Cl 计)质量分数/% | ≥ | 35.0 | 34.5 |
| 干燥失重(60℃,2h)/% | ≤ | 0.80 | 0.80 |
| 三氯甲烷不溶物/% | ≤ | 0.50 | — |
| 色度 YID1925 | ≤ | 5.0 | — |

## 2.5 除氧剂技术标准

2.5.1 水合肼，HG/T 3259—2004

分子式：$N_2H_4 \cdot H_2O$

相对分子质量：50.06

外观：大于55%水合肼为无色透明发烟液体；低于55%水合肼为无色透明或微带浑浊的液体。

工业水合肼化工行业标准

| 指标名称 | | 指标 | | | | | | |
|---|---|---|---|---|---|---|---|---|
| | | 80 | | | 64 | 55 | 40 | 35 |
| | | 优等品 | 一等品 | 合格品 | 合格品 | 合格品 | 合格品 | 合格品 |
| 水合肼($N_2H_4 \cdot H_2O$)质量分数/% | ≥ | 80.0 | 80.0 | 80.0 | 64.0 | 55.0 | 40.0 | 35.0 |
| 肼($N_2H_4$)质量分数/% | ≥ | 51.2 | 51.2 | 51.2 | 41.0 | 35.2 | 25.6 | 22.4 |
| 不挥发物质量分数/% | ≤ | 0.010 | 0.020 | 0.050 | 0.070 | 0.09 | — | — |
| 铁(Fe)质量分数/% | ≤ | 0.0005 | 0.0005 | 0.0005 | 0.005 | 0.009 | — | — |
| 重金属(以 Pb 计)质量分数/% | ≤ | 0.0005 | 0.0005 | 0.0005 | 0.001 | 0.002 | — | — |
| 氯化物(以 $Cl^-$ 计)质量分数/% | ≤ | 0.001 | 0.003 | 0.005 | 0.01 | 0.03 | 0.05 | 0.07 |
| 硫酸盐(以 $SO_4^{2-}$ 计)质量分数/% | ≤ | 0.0005 | 0.002 | 0.005 | 0.005 | 0.005 | 0.005 | 0.01 |
| 总有机物/(mg/L) | | 5 | | | | | | |
| pH 值(1%水溶液) | | 10～11 | | | | | | |

2.5.2 亚硫酸钠，HG/T 2967—2000

分子式：$Na_2SO_3$（无水物）；$Na_2SO_3 \cdot 7H_2O$（七水物）

相对分子质量：126.04（无水物）；252.15（七水物）

外观：无色或略带彩色的白色粉末。

工业无水亚硫酸钠化工行业标准

| 指标名称 | | 指标 | | |
|---|---|---|---|---|
| | | 优等品 | 一等品 | 合格品 |
| 亚硫酸钠($Na_2SO_3$)含量/% | ≥ | 97.0 | 96.0 | 93.0 |
| 铁(Fe)含量/% | ≤ | 0.003 | 0.005 | 0.02 |
| 水不溶物含量/% | ≤ | 0.02 | 0.03 | 0.05 |
| 游离碱(以 $Na_2CO_3$ 计)含量/% | ≤ | 0.10 | 0.40 | 0.80 |
| 硫酸钠(以 $Na_2SO_4$ 计)含量/% | ≤ | 2.5 | | |
| 氯化钠(以 NaCl 计)含量/% | ≤ | 0.10 | | |

2.5.3 氢醌[58]，HG 7—1360—80

别名：对苯二酚

分子式：$C_6H_4(OH)_2$

结构式：$HO\!-\!\!\bigcirc\!\!-\!OH$ 

相对分子质量：110.11

**氢醌化工行业标准**

| 指 标 名 称 | | 指 标 | |
|---|---|---|---|
| | | 照相级 | 工业级 |
| 外观 | | 白色、近乎白色的结晶或结晶粉末 | 深灰色或微带米黄色结晶粉末 |
| 含量/% | ≥ | 99.5 | 99.0 |
| 初熔点/℃ | ≥ | 171.0 | 170.5 |
| 干燥失重/% | ≤ | 0.1 | 0.3 |
| 灰分/% | ≤ | 0.05 | 0.3 |
| 重金属(Pb)/% | ≤ | 0.0001 | |
| 铁(Fe)/% | ≤ | 0.001 | |
| 硫酸盐/% | ≤ | 0.01 | |

## 2.6 清洗剂及清洗用缓蚀剂的技术标准

2.6.1 氨基磺酸，HG 2527—93

分子式：$NH_2SO_3H$

相对分子质量：97.09

**工业氨基磺酸化工行业标准**

| 指 标 名 称 | | 指 标 | | |
|---|---|---|---|---|
| | | 优级品 | 一级品 | 合格品 |
| 外观 | | 无色或白色结晶 | | 白色粉末 |
| 氨基磺酸($NH_2SO_3H$)含量/% | ≥ | 99.5 | 98.0 | 92.0 |
| 硫酸盐/% | ≤ | 0.4 | 1.0 | — |
| 水不溶物/% | ≤ | 0.02 | — | — |
| 铁(Fe)/% | ≤ | 0.01 | 0.01 | — |
| 干燥损失/% | ≤ | 0.2 | — | — |

2.6.2 柠檬酸[58]，GB 1987—80

别名：枸橼酸，2-羟基丙三羧酸

分子式：$C_6H_8O_7 \cdot H_2O$

结构式： 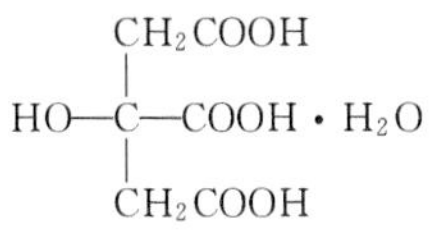

$$\begin{array}{c} CH_2COOH \\ | \\ HO\!-\!C\!-\!COOH \cdot H_2O \\ | \\ CH_2COOH \end{array}$$

相对分子质量：210.14

**柠檬酸国家标准（药典规定）**

| 指标名称 | 指　　标 | 指标名称 | 指　　标 |
|---|---|---|---|
| 外观 | 无色透明或白色结晶颗粒 | 铁(Fe)/%　≤ | 0.001 |
| 含量/%　≥ | 99.0 | 灼烧残渣/%　≤ | 0.1 |
| 硫酸盐/%　≤ | 0.05 | 草酸盐 | 合格 |
| 重金属(Pb)/%　≤ | 0.001 | 钙盐 | 合格 |
| 砷(As)/%　≤ | 0.0001 | | |

2.6.3　甲酸，GB/T 2093—93

分子式：HCOOH

相对分子质量：46.02

外观：无色透明的无悬浮物液体。

**工业甲酸国家标准**

| 指　标　名　称 | 指　　标 | | |
|---|---|---|---|
| | 优级品 | 一级品 | 合格品 |
| 色度(铂-钴)/号　≤ | 10 | 20 | — |
| 甲酸含量/%　≥ | 90.0 | 85.0 | 85.0 |
| 稀释试验(酸+水=1+3) | 不浑浊 | 合格 | — |
| 氯化物($Cl^-$)/%　≤ | 0.003 | 0.005 | 0.020 |
| 硫酸盐($SO_4^{2-}$)/%　≤ | 0.001 | 0.002 | 0.050 |
| 铁(Fe)/%　≤ | 0.0001 | 0.0005 | 0.0010 |
| 蒸发残渣/%　≤ | 0.006 | 0.020 | 0.080 |

2.6.4　苯胺，GB 2961—90

分子式：$C_6H_7N$，$C_6H_5NH_2$

结构式：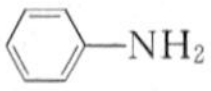

相对分子质量：93.13

**苯胺国家标准**

| 指　标　名　称 | 指　　标 | | |
|---|---|---|---|
| | 优级品 | 一级品 | 合格品 |
| 外观 | 淡黄色油状透明液体，贮存时颜色允许变深 | | |
| 苯胺含量(以干品计)/%　≥ | 99.6 | 99.5 | 99.3 |
| 硝基苯含量/%　≤ | 0.002 | 0.010 | 0.015 |
| 水分/%　≤ | 0.1 | 0.3 | 0.5 |
| 干品凝固点/℃　≥ | −6.2 | −6.4 | −6.5 |

2.6.5　甲醛，GB/T 9009—1998

分子式：$CH_2O$，HCHO

相对分子质量：30.03

**工业甲醛溶液国家标准**

| 指标名称 | | 指标 | |
|---|---|---|---|
| | 优级品 | 一级品 | 合格品 |
| 外观 | 无色透明液体，低温贮存时容许有少量甲醛凝聚物沉淀 | | |
| 色度 Hazen 单位（铂-钴号） ≤ | 10 | — | — |
| 甲醛含量/% | 37.0～37.4 | 36.7～37.4 | 36.5～37.4 |
| 甲醇含量/% ≤ | 供需方协商 | | |
| 酸度(以甲酸计)/% ≤ | 0.02 | 0.04 | 0.05 |
| 铁含量/% ≤ | 0.0001 | 槽装 0.0003 | 0.0005 |
| ≤ | | 桶装 0.0010 | 0.0010 |
| 密度($\rho_{20}$)/(g/cm³) | 1.075～1.114 | | |

2.6.6 硫脲，HG/T 3266—2002

分子式：$CH_4N_2S$

结构式：

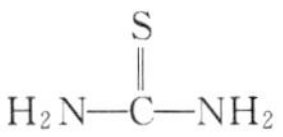

相对分子质量：76.12

**工业硫脲化工行业标准**

| 指标名称 | | 指标 | |
|---|---|---|---|
| | 优级品 | 一级品 | 合格品 |
| 外观 | 白色结晶 | | |
| 硫脲含量/% ≥ | 99.0 | 98.5 | 98.0 |
| 加热减量/% ≤ | 0.40 | 0.50 | 1.00 |
| 灰分/% ≤ | 0.10 | 0.15 | 0.30 |
| 水不溶物/% ≤ | 0.02 | 0.05 | 0.10 |
| 硫氰酸盐（以 CNS 计）/% ≤ | 0.02 | 0.05 | 0.10 |
| 熔点/℃ ≥ | 171 | 170 | — |

2.6.7 六亚甲基四胺，GB/T 9015—2002

别名：乌洛托品

分子式：$C_6H_{12}N_4$

结构式：

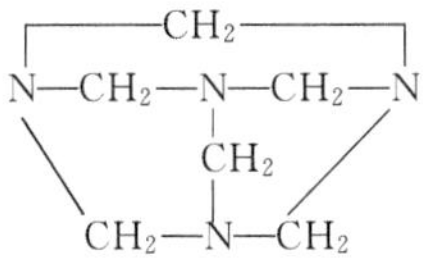

相对分子质量：140.19

外观：白色或略带色调的结晶，无可见杂质。

**工业六亚甲基四胺国家标准**

| 指标名称 | | 指标 | |
|---|---|---|---|
| | 优等品 | 一等品 | 合格品 |
| 纯度/% ≥ | 99.3 | 99.0 | 98.0 |
| 水分/% ≤ | 0.5 | 0.5 | 1.0 |

续表

| 指标名称 | 指标 | | |
|---|---|---|---|
| | 优等品 | 一等品 | 合格品 |
| 灰分/% ≤ | 0.03 | 0.05 | 0.08 |
| 水溶液外观 | 合格 | | — |
| 重金属(以 Pb 计)/% ≤ | 0.001 | | — |
| 氯化物(以 $Cl^-$ 计)/% ≤ | 0.015 | | — |
| 硫酸盐(以 $SO_4^{2-}$ 计)/% ≤ | 0.02 | | — |
| 铵盐(以 $NH_4$ 计)/% ≤ | 0.0001 | | — |

2.6.8 吡啶[58]，GB 3694—83，GB 3695—83，GB 3696—83，GB 3697—83

分子式：$C_5H_5N$

结构式：

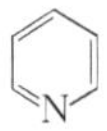

相对分子质量 79.1

**纯吡啶国家标准，GB 3694—83**

| 指标名称 | 指标 | 指标名称 | 指标 |
|---|---|---|---|
| 外观(铂-钴单位) | 40 | 初馏点/℃ ≥ | 114.0 |
| 密度(20℃)/(g/cm³) | 0.980～0.984 | 终馏点/℃ ≤ | 116.5 |
| 总馏程范围/℃ ≤ | 2 | 水分/% | 0.20 |

***α*-甲基吡啶国家标准，GB 3695—83**

| 指标名称 | 指标 |
|---|---|
| 外观 | 无色或微黄色透明液体 |
| 馏程 126～131℃馏出量(体积分数)/% ≥ | 95 |
| 水分/% ≤ | 0.3 |

***β*-甲基吡啶国家标准，GB 3696—83**

| 指标名称 | 指标 |
|---|---|
| 外观 | 无色或微黄色透明液体 |
| 馏程 138～145℃馏出量(体积分数)/% ≥ | 95 |
| 密度(20℃)/(g/cm³) | 0.930～0.960 |

**吡啶溶剂国家标准，GB 3897—83**

| 指标名称 | 指标 |
|---|---|
| 外观 | 微黄色透明液体 |
| 馏程 120～140℃馏出量(体积分数)/% ≥ | 95 |
| 水分/% ≤ | 1.0 |

2.6.9 工业氟化氢铵，HG/T 3586—1999

分子式：$NH_4HF_2$

相对分子质量：57.04

外观：无色或白色透明片状结晶。

工业氟化氢铵化工行业标准

| 指标名称 | | 指标 | |
|---|---|---|---|
| | | 优等品 | 一等品 |
| 氟化氢铵($NH_4HF_2$)含量/% | ≥ | 97.0 | 95.0 |
| 干燥减量/% | ≤ | 3.0 | 5.0 |
| 灼烧残渣含量/% | ≤ | 0.2 | 0.2 |
| 硫酸盐(以 $SO_4^{2-}$ 计)含量/% | ≤ | 0.1 | 0.1 |
| 氟硅酸铵[$(NH_4)_2SiF_6$]含量/% | ≤ | 2.0 | 4.0 |

## 2.7 杀生剂及其他水处理剂的毒性试验等数据

### 2.7.1 氯化剂的有效氯[1]

| 氯化剂名称 | 分子式 | 相对分子质量 | 含氯量(质量分数)/% | 有效系数 | 有效氯(质量分数)/% |
|---|---|---|---|---|---|
| 氯 | $Cl_2$ | 71 | 100 | 1 | 100 |
| 次氯酸 | HClO | 52.5 | 67.7 | 2 | 135.4 |
| 次氯酸钠 | NaClO | 74.5 | 47.7 | 2 | 95.4 |
| 漂白粉 | CaCl(ClO) | 127 | 56 | 1 | 56 |
| 次氯酸钙,漂粉精 | $Ca(ClO)_2$ | 143 | 49.6 | 2 | 99.2 |
| 二氧化氯 | $ClO_2$ | 67.5 | 52.6 | 5(酸性) | 263 |
| | | | | 1(中性) | 52.6 |
| 亚氯酸钠 | $NaClO_2$ | 90.5 | 39.2 | 4(酸性) | 156.8 |
| 一氯胺 | $NH_2Cl$ | 51.5 | 69 | 2 | 138 |
| 二氯胺 | $NHCl_2$ | 86 | 82.5 | 2 | 165 |
| 三氯胺 | $NCl_3$ | 120.5 | 88.5 | 3 | 265.5 |

注：1. 有效氯指所含氯中可起氧化作用的比例，以 $Cl_2$ 作为100%的比较值。

2. 有效系数指每个氯原子在氧化时所能夺取的电子数，$Cl_2$ 为 1、$Cl^-$ 为 0、$Cl^+$ 为 2。

### 2.7.2 水中游离氯对水生生物的影响[19]

| 质量浓度/(mg/L) | 观察对象 | 作用 |
|---|---|---|
| 0.001 | 虹鳟鱼 | 经 10 分钟的最低致毒浓度 |
| 0.003 | 水蚤亚目 | 危险浓度 |
| 0.0034 | 竹荚鱼 | 危险浓度 |
| 0.005 | 戈烈茨鱼 | 经 24 小时降低活动力 |
| 0.01 | 戈烈茨鱼 | 经 4 天 67%致死 |
| 0.04 | 戈烈茨鱼 | 经 2 天致死 |
| 0.05～0.16 | 鲹鱼 | 经 96 小时 50%致死 |
| 0.06 | 淡水鲑幼鱼 | 经 2 天致死 |
| 0.08～0.10 | 细鳞大马哈鱼 | 经 1～2 天 100%致死 |
| 0.08 | 虹鳟鱼 | 经 7 天 50%致死 |
| 0.099 | 鲴 | 经 96 小时 50%致死 |
| 0.1 | 原生动物 | 致死 |
| 0.13～0.20 | 银大马哈鱼 | 经 1～2 天 100%致死 |
| 0.132 | 胭脂鱼 | 经 7 天 50%致死 |
| 0.19 | 鳊鱼 | 经 96 小时 50%致死 |
| 0.25 | 工大马哈鱼 | 经 2.2 小时 100%致死 |

### 2.7.3 国产常用杀生剂

| 化合物名称,代号及组成 | 适用 pH 值 | 适用剂量/(mg/L) | 主要研制及生产单位 |
|---|---|---|---|
| 液氯($Cl_2$) | 6.0～8.5 | 余氯 0.3～1.0 | |
| 二氧化氯($ClO_2$) | 6.0～10 | 余氯 0.5～2.0 | 青岛海晟环保公司 |
| 稳定性二氧化氯($ClO_2$) | 6.0～10 | 20～30 (浓度 2%) | 上海技源科技有限公司<br>华东理工大学 |
| 次氯酸钠(NaClO) | 6～8.5 | 约 100 | 上海电化厂 |
| 次氯酸钙,漂粉精[$Ca(ClO)_2 \cdot 2H_2O$] | 6～8.5 | 约 100 | 上海电化厂 |
| 优氯净或菌藻净(二氯异氰尿酸钠,DCCNa) | 7～10 | 20～25 | 沪太联营化工厂 |
| 强氯精(三氯异氰尿酸,TCCA) | 7～10 | 20～25 | 南京纳科精细化工公司 |
| NS-501(钠型氯锭,有效氯≥55%) | >8.3 | | 南京水处理工业公司 |
| NS-502(钙型氯锭,有效氯≥55%) | <8.3 | | 南京水处理工业公司 |
| SY-84(钙型氯锭,有效氯≥65%) | 7～8 | 10 | 浙江上虞塑料仪器厂 |
| SY-86(钠型氯锭,有效氯≥65%) | >8.3 | 10 | 浙江上虞塑料仪器厂 |
| TS-803(含水合肼,黏泥剥离剂) | | 50～100 | 天津化工研究院 |
| 臭氧($O_3$) | 6～9 | 残余 0.4 | 上海环保设备总厂 |
| NL-4(含二氯酚约 30%) | 6～8.5 | 100 | 南京大学研究<br>六合县第二化工厂制造 |
| 1227(含 LDBC 40%～45%) | 7～9 | 100 | 上海洗涤剂三厂 |
| 洁尔灭(含 LDBC 约 90%) | 7～9 | 50～100 | 上海试剂厂<br>无锡红卫制药厂 |
| 1231(含十二烷基三甲基氯化铵) | 5.5～9.5 | 100 | 上海洗涤剂三厂 |
| 新洁尔灭(含 LDBB 85%～90%) | 7～9 | 50～100 | 上海洗涤剂三厂 |
| T-801(聚季铵盐) | 7～9 | 50～100 | 天津化工研究院 |
| TS-802(聚季铵盐及分散剂) | 7～9 | 100～150 | 天津化工研究院 |
| TS-806(聚季铵盐醛基化合物) | 7～9 | | 天津化工研究院 |
| Ys-01(LDBC 及酚类衍生物) | 7～9 | 100～150 | 燕山石化公司研究院研究,北京市兴华水质稳定剂厂生产 |
| SQ8(含 MT 及 LDBC) | 6～10 | 25～30 | 广东省化工研究所 |
| S15(含 MT 等) | 6～8 | 25～30 | 广东省化工研究所 |
| YTS-20(MT≥10%) | 6～7 | 30～50 | 江苏泰州市新丰化工厂 |
| SM-103(含两种异噻唑啉酮,$C_4H_5NOS$ + $C_4H_4NOSCl$) | 7～9 | 20～50 | 上海医科大学研究<br>朱泾化工厂生产 |
| 戊二醛(25%) | 适用较宽范围 | 2～8<br>一般 4～6 | 武汉新景化工公司 |
| 季鏻盐(RP-71) | | 1～7 | 石油化工科学研究院 |
| 西维因(α-甲胺基甲酸萘酯) | | 50～100 | 江苏常州农药厂等 |
| 洗必泰[双(正-对氯苯双胍)己烷醋酸盐] | ～8 | 30～50 | 锦州第一制药厂 |
| 401(含乙基大蒜素 15%) | 6.5～7.0 | 100～300 | |
| 402(含乙基大蒜素 80%) | | 50～100 | |
| 氯溴二甲基海因 | 3.5～10 | 0.8～1.2 | 上海鑫岛环保科技公司 |

### 2.7.4 杀生剂毒性试验数据[4,11,33~36,58,60,77]

| 化合物名称,主要成分及缩写 | 试验生物种类及中毒途径 | 急性中毒剂量 | | 毒性等级 | 试验单位、年代或参考文献 |
|---|---|---|---|---|---|
| | | $LD_{50}$ /(mg/kg) | $LC_{50}$ /(mg/L) | | |
| 氯($Cl_2$) | 淡水鲤鱼 | | 0.33~2 | 中毒 | [34] |
| 过氧化氢($H_2O_2$) | 小白鼠经口 | 2000 | | 中毒 | [77] |
| 过氧乙酸 | 大鼠经口 | 1540 | | 中毒 | [58] |
| | 小鼠经皮 | 1410 | | 中毒 | [58] |
| 异氰尿酸(ICA) | 大白鼠 | >5000 | | 微毒 | 南京大学,1979;江苏卫生防疫站,1985,[35] |
| | 小白鼠经口 | 7700 | | 微毒 | [77] |
| 二氯异氰尿酸(DCCA) | 小白鼠 | 745 | | 中毒 | [33],[35],[58] |
| 二氯异氰尿酸钠(DCC-Na),又称优氯净、菌藻净 | 大白鼠 | 1670 | | 中毒 | [33],[35][58] |
| | 小白鼠经口(雄) | 2346.67 | | 中毒 | 江苏卫生防疫站,1985 |
| | 小白鼠经口(雌) | 2270.00 | | 中毒 | 江苏卫生防疫站,1985 |
| | 小白鼠 | 1229.84±82.59 | | 中毒 | 河北省药品检验所,1984,[11] |
| | 斑鱼 | | 24h,200~400 | 低毒 | [11] |
| | | | 96h,1.34 | 中毒 | [11] |
| 二氯异氰尿酸钾(DCCK) | 大白鼠 | 1220 | | 中毒 | [33],[35] |
| 三氯异氰尿酸(TCCA),又称强氯精 | 大白鼠 | 750 | | 中毒 | [33],[35],[58] |
| 二氧化氯($ClO_2$) | 小白鼠经口 | 67(以 $Cl_2$ 计) | | 高毒 | [33] |
| | 鼠 | 8600 | | 微毒 | [77] |
| 二氯二甲基海因(DCDMH) | 小白鼠经口(雄) | 2710 | | 中毒 | [58] |
| | 小白鼠经口(雌) | 1470 | | 中毒 | [58] |
| 50% DCDMH 溶液 | 鱼 | | 90~96h,10 | 中毒 | [60] |
| 氯溴二甲基海因(BCDMH) | 小白鼠经口 | 929 | | 中毒 | [58] |
| | 胖头鱼 | | 96h,10 | 中毒 | |
| | 刺鱼 | | 96h,4 | 中毒 | |
| 四氯甘脲 | 小白鼠经口 | 1780 | | 中毒 | [58] |
| A-491(栗田,含水含联氨约53%) | 非洲鲫鱼 | | 24h,4.2 | 中毒 | 外商提供 |
| | 非洲鲫鱼 | | 48h,2.8 | 中毒 | 外商提供 |
| | 非洲鲫鱼 | | 96h,2.0~2.2 | 中毒 | |
| 对氯苯酚 | 大白鼠经口 | 750 | | 中毒 | [58] |
| | 大白鼠经皮 | 1390 | | 中毒 | [58] |
| 邻氯苯酚 | 大白鼠经口 | 670 | | 中毒 | [58] |
| | 大白鼠经皮 | 950 | | 中毒 | [58] |
| 间氯苯酚 | 小白鼠经口 | 750 | | 中毒 | |
| 2,4-二氯苯酚 | 小白鼠经口 | 580 | | 中毒 | [58] |
| 2,3,6-三氯苯酚 | 刺鱼 | | 96h,0.5 | 高毒 | [4] |
| 2,4,5-三氯苯酚 | 大白鼠经口 | 820 | | 中毒 | [58] |
| | 豚鼠经口 | 1000 | | 中毒 | [58] |

续表

| 化合物名称，主要成分及缩写 | 试验生物种类及中毒途径 | 急性中毒剂量 | | 毒性等级 | 试验单位、年代或参考文献 |
|---|---|---|---|---|---|
| | | $LD_{50}$ /(mg/kg) | $LC_{50}$ /(mg/L) | | |
| 2,4,6-三氯苯酚 | 小白鼠经口 | 820 | | 中毒 | |
| 五氯苯酚(26%) | 鱼 | | 90～96h,0.5 | 高毒 | [60] |
| 五氯苯酚 | 大白鼠经口 | 146～175 | | 高毒 | [58] |
| 五氯苯酚(100%) | 白鼠经口 | 200 | | 高毒 | [60] |
| 五氯苯酚 | 刺鱼 | | 96h,0.2 | 高毒 | [4] |
| 五氯酚钠 | 大白鼠经口 | 140～280 | | 高毒 | [58] |
| | 兔经口 | 100～300 | | 高毒 | [58] |
| | 鱼虾 | | 0.3～0.6 | 高毒 | [58] |
| 双氯酚(DDM)：2,2′-亚甲基双(4-氯苯酚) | 非洲鲫鱼及红鲤 | | 96h,0.66 | 高毒 | 南京大学,1979 |
| G4 或 NL-4(含 DDM29%～30%) | 小白鼠经口 | 1580 | | 中毒 | [11] |
| G4 或 NL-4(含 DDM29%～30%) | 豚鼠经口 | 1250 | | 中毒 | [11],[58] |
| G4 或 NL-4(含 DDM29%～30%) | 狗经口 | 2000 | | 中毒 | [11],[58] |
| G4 或 NL-4(含 DDM29%～30%) | 非洲鲫鱼及红鲤 | | 96h,2.193 | 中毒 | 南京大学,1979 |
| G4 或 NL-4 稀释液 | 非洲鲫鱼及红鲤 | | 7.2mg/L | 未死亡 | 南京大学,1979 |
| 双三丁基氧化锡 | 小白鼠经口(雄) | 194 | | 高毒 | [77] |
| | 小鼠经口 | 175 | | 高毒 | [77] |
| 双三丁基氧化锡 | 兔经皮 | 11.7 | | 高毒 | [77] |
| 三丁基氟化锡 | 金圆腹雅罗鱼 | | 48h,0.05 | 剧毒 | [77] |
| | 鼠经口 | 200 | | 高毒 | [58] |
| | 兔经皮 | 680 | | 中毒 | [58] |
| 氯化三丁基锡 | 金圆腹雅罗鱼 | | 48h,>45 | 低毒 | [77] |
| 氯化十二烷基二甲基苄基铵(LDBC) | 鱼 | | 96h,3.65 | 中毒 | [11],[34],[58],[77]中科院微生物所,1980 |
| 1227(含LDBC45%) | 鱼 | | 8.1 | 中毒 | |
| 氯化十二烷基二甲基苄基铵单水化合物 | 小白鼠经口 | 24h,910±160 | | 中毒 | [11],[34],[58],[77] |
| 氯化十二烷基二甲基苄基铵单水化合物 | 小白鼠经口 | 7d,660±107 | | 中毒 | [11],[34],[58] |
| 溴化十二烷基二甲基苄基铵(LDBB) | 鱼 | | 5.8 | 中毒 | [11] |
| 新洁尔灭(含 LDBB ≥95%) | 鱼 | | 96h,15 | 低毒 | [58] |
| 氯化十四烷基二甲基苄基铵单水化合物 | 小白鼠经口 | 24h,1100±226 | | 中毒 | [34],[58],[77] |
| | | 7d,720±181 | | 中毒 | [34],[58] |
| N7326(含氯化十四烷基二甲基苄基铵) | 小白鼠(注射) | 316 | | 高毒 | 南京大学,1982,[11] |

续表

| 化合物名称，主要成分及缩写 | 试验生物种类及中毒途径 | 急性中毒剂量 | | 毒性等级 | 试验单位、年代或参考文献 |
|---|---|---|---|---|---|
| | | $LD_{50}$ /(mg/kg) | $LC_{50}$ /(mg/L) | | |
| N7326 | 非洲鲫鱼及红鲤 | | 96h，8mg/L未死亡 | 低毒 | 南京大学，1982，[11] |
| T-801(聚季铵盐) | 小白鼠经口 | 2062±65 | | 中毒 | 天津医药工业研究所，[34] |
| | 金鱼 | | 96h，12.4 | 低毒 | 天津水产研究所，[34] |
| TS-802(几种季铵盐复合剂) | 小白鼠经口 | 72h，4571±87 | | 中毒 | [11]，天津市药物研究所，1982 |
| 氯化聚2-羟丙基-1,1-*N*-二甲基铵(聚季铵盐) | 小白鼠经口 | 1032±65 | | 中毒 | [58] |
| | 金鱼 | | 96h，6.2 | 中毒 | [58] |
| 氯化十二烷基三甲基铵 | 大白鼠经口 | 250～300 | | 高毒 | [58] |
| 氯化十六烷基三甲基铵 | 大白鼠经口 | 250～300 | | 高毒 | [58] |
| 氯化十八烷基三甲基铵 | 大白鼠经口 | 1000 | | 中毒 | [58] |
| 氯化双十八烷基二甲基铵 | 兔经口 | 15000 | | 无毒 | [58] |
| | 鱼 | | 1～10 | 中毒 | [58] |
| 氯化十六烷基吡啶鎓 | 黑鼠经口 | 200 | | 高毒 | [58] |
| 氯化双癸基二甲基铵 | 兔 | 15000 | | 无毒 | [58] |
| | 鱼 | | 1～10 | 中毒 | [58] |
| 溴化二癸二甲基铵(DDAB) | | | | | |
| 1. 含DDAB 100% | 鼠(口服) | 24h，664±56 | | 中毒 | 美国威尔斯实验所，1967 |
| | 鼠(口服) | 7d，295±35 | | 中毒 | 美国威尔斯实验所，1967 |
| | 鼠(静脉注射) | 24h，15±2.2 | | | 美国威尔斯实验所，1967 |
| | 鼠(静脉注射) | 7d，14±3.1 | | | 美国威尔斯实验所，1967 |
| | 兔(皮肤急性) | 1300 | | 中毒 | 美国威尔斯实验所，1968 |
| | 兔(皮肤亚急性) | 20d，615 | | 中毒 | 美国威尔斯实验所，1968 |
| | 蓝鳃翻车鱼 | | 24h，0.6 | 高毒 | 美国威尔斯实验所，1971 |
| | 蓝鳃翻车鱼 | | 48h，0.3 | 高毒 | 美国威尔斯实验所，1971 |
| | 蓝鳃翻车鱼 | | 96h，0.27 | 高毒 | 美国威尔斯实验所，1971 |
| 2. 含DDAB 50% | 鼠(口服) | 24h，1190±101 | | 中毒 | 美国威尔斯实验所，1967 |
| | 鼠(口服) | 7d，530±62 | | 中毒 | 美国威尔斯实验所，1967 |
| | 鼠(静脉注射) | 24h，27±4 | | | 美国威尔斯实验所，1967 |
| | 鼠(静脉注射) | 7d，25±5.5 | | | 美国威尔斯实验所，1967 |

续表

| 化合物名称，主要成分及缩写 | 试验生物种类及中毒途径 | 急性中毒剂量 | | 毒性等级 | 试验单位、年代或参考文献 |
|---|---|---|---|---|---|
| | | LD50 /(mg/kg) | LC50 /(mg/L) | | |
| 2. 含 DDAB 50% | 鲶鱼 | | 48h，4.8±0.74 | 中毒 | 美国食品与药物研究所，1971 |
| | 鲶鱼 | | 96h，2.6±0.6 | 中毒 | 美国食品与药物研究所，1971 |
| | 蓝鳃翻车鱼 | | 48h，0.75±0.28 | 高毒 | 美国食品与药物研究所，1971 |
| | 蓝鳃翻车鱼 | | 96h，0.59±0.24 | 高毒 | 美国食品与药物研究所，1971 |
| | 古比鱼 | | 48h，1.9 | 中毒 | 荷兰中央试验室，1978 |
| | 古比鱼 | | 96h，1.2 | 中毒 | 荷兰中央试验室，1978 |
| 3. 百毒杀（Deciquan 222 含 DDAB) | 虹鳟鱼 | | 48h，1.18 | 中毒 | 美国威尔斯实验所，1971 |
| | 虹鳟鱼 | | 96h，1.10 | 中毒 | 美国威尔斯实验所，1971 |
| | 非洲鲫鱼 | | 96h，4.76～5.71 | 中毒 | 南京大学，1990 |
| Ys-01（LDBC 约 18%，酚类衍生物约12%） | 小白鼠(雄) | 573 | | 中毒 | 中国预防医学中心卫生研究所，1984.7 |
| | 小白鼠(雌，雄) | 3286 | | 中毒 | 中国预防医学中心卫生研究所，1984.7 |
| | 金鱼 | | 48h，10.29 | 中毒 | 天津市水产研究所，1984.9 |
| | 金鱼 | | 72h，7.12 | 中毒 | 天津市水产研究所，1984.9 |
| | 金鱼 | | 96h，6.57 | 中毒 | 天津市水产研究所，1984.9 |
| | 金鱼 | | 96h，3.84 | 中毒 | 天津市水产研究所，1988.11 |
| 二硫氰酸甲酯(MT) | 小白鼠经口 | 50.19 | | 高毒 | [11]，[58]，[77] |
| | 大鼠经皮 | 292 | | 高毒 | [77] |
| | 白鲢鱼 | | 24h，1.159 | 中，高毒 | [34] |
| | 白鲢鱼 | | 48h，0.959 | 中，高毒 | [34] |
| | 白鲢鱼 | | 96h，0.938 | 中，高毒 | [34] |
| | 丰鲤 | | 24h，1.622 | 中，高毒 | [34]，[77] |
| | 丰鲤 | | 48h，1.199 | 中，高毒 | [34] |
| | 丰鲤 | | 96h，0.849 | 中，高毒 | [34] |
| | 斑鱼 | | 24h，2.5 | 中毒 | [34] |
| | 斑鱼 | | 48h，1.9 | 中毒 | [34]，[58] |
| | 斑鱼 | | 96h，1.4 | 中毒 | [34] |
| MT 溶液(10%) | 鼠经口 | 230 | | 高毒 | [60] |
| | 刺鱼 | | 96h，5 | 中毒 | [4] |
| | 鱼 | | 96h，3.2 | 中毒 | [60] |
| S15(MT 约 10%，溶剂及助剂 90%) | 非洲鲫鱼 | | 24h，8.4 | 中毒 | 1983，[11] |
| | 非洲鲫鱼 | | 48h，7.6 | 中毒 | 1983，[11] |
| | 非洲鲫鱼 | | 96h，7.4 | 中毒 | 1983，[11] |
| | 白鲢鱼 | | 24h，3.5 | 中毒 | 1983，[11] |
| | 白鲢鱼 | | 48h，2.2 | 中毒 | 1983，[11] |
| | 白鲢鱼 | | 96h，2.0 | 中毒 | 1983，[11] |

续表

| 化合物名称，主要成分及缩写 | 试验生物种类及中毒途径 | 急性中毒剂量 | | 毒性等级 | 试验单位、年代或参考文献 |
|---|---|---|---|---|---|
| | | LD50 /(mg/kg) | LC50 /(mg/L) | | |
| SQ8(MT 约 10%，LDBC 约 20%) | 小白鼠经口 | 247.4 | | 高毒 | 中山医学院卫生系，1981 |
| | 白鲢鱼 | | 24h，2.85 | 中毒 | [11] |
| | 白鲢鱼 | | 48h，2.58 | 中毒 | [11] |
| | 白鲢鱼 | | 96h，2.50 | 中毒 | [11] |
| | 丰鲤 | | 24h，3.72 | 中毒 | [11] |
| | 丰鲤 | | 48h，2.70 | 中毒 | [11] |
| | 丰鲤 | | 96h，2.27 | 中毒 | [11] |
| | 非洲鲫鱼 | | 24h，6.31 | 中毒 | [11] |
| | 非洲鲫鱼 | | 48h，5.94 | 中毒 | [11] |
| | 非洲鲫鱼 | | 96h，5.75 | 中毒 | [11] |
| D -284 (Drew Biospere 284)<br>(MT 约 10%，N-二甲基甲酰胺 45%) | 非洲鲫鱼 | | 24h，9.7 | 中毒 | 1983，[11] |
| | 非洲鲫鱼 | | 48h，8.2 | 中毒 | 1983，[11] |
| | 非洲鲫鱼 | | 96h，7.8 | 中毒 | 1983，[11] |
| | 白鲢鱼 | | 24h，4.0 | 中毒 | 1983，[11] |
| | 白鲢鱼 | | 48h，2.4 | 中毒 | 1983，[11] |
| | 白鲢鱼 | | 96h，2.3 | 中毒 | 1983，[11] |
| AB -12(法国，含有机硫衍生物) | 非洲鲫鱼 | | 96h，3.0～3.4 | 中毒 | 南京大学，1979 |
| | 红鲤 | | 96h，2.8 | 中毒 | 南京大学，1979 |
| 杀菌 2 号(含 2-硫氰基亚甲巯基苯并噻唑) | 大白鼠 | 2000 | | 中毒 | [11] |
| D-244(主成分 2，2-二溴-3-次氮基丙酰胺，DBNPA) | 豚鼠(雌) | 118 | | 高毒 | 1981，[11] |
| DBNPA 溶液(20%) | 鼠经口 | 130 | | 高毒 | [60] |
| SM-103(两种异噻唑啉酮混合物，有效浓度 1.5%) | 小白鼠(口服) | 3000～3500 | | 中毒 | 上海市化学品毒性检定所，1991 |
| | | 3942.61 | | | 天津市化学毒品检定所 |
| 丙烯醛 | 大白鼠经口 | 46 | | 高毒 | [58] |
| | 小白鼠吸入 | 6h，165mg/m$^3$ | | 高毒 | [58] |
| | 兔经皮 | 562 | | 中毒 | [58] |
| | 胖头鱼 | | 0.03 | 高毒 | [4] |
| 丙烯醛(90%) | 鼠经口 | 40 | | 高毒 | [60] |
| 2%戊二醛溶液 | 小白鼠经口 | 12.6mL/kg | | 高毒 | [34] |
| 戊二醛 | 雄小鼠经口 | 290 | | 高毒 | [58]，[77] |
| | 经皮 | >750 | | 中毒 | [58] |
| | 腹腔 | 16.2 | | 高毒 | [58] |
| | 雄大鼠经口 | 311 | | 高毒 | [58] |
| | 经皮 | >750 | | 中毒 | [58] |
| | 腹腔 | 18.2 | | 高毒 | [58] |

续表

| 化合物名称，主要成分及缩写 | 试验生物种类及中毒途径 | 急性中毒剂量 | | 毒性等级 | 试验单位、年代或参考文献 |
|---|---|---|---|---|---|
| | | $LD_{50}$ /(mg/kg) | $LC_{50}$ /(mg/L) | | |
| 戊二醛 | 大鼠皮下注射 | 2390 | | 中毒 | [58],[77] |
| | 大鼠经口 | 820 | | 中毒 | [58] |
| | 兔经皮 | 640 | | 中毒 | [58],[77] |
| 水杨醛 | 白鼠经口 | 300～2000 | | 中毒 | [58] |
| 甲醛-丙烯醛共聚物(摩尔比 4∶1) | 大白鼠经口 | 830 | | 中毒 | [58] |
| α-溴代肉桂醛 | 小白鼠经口 | 1752 | | 中毒 | [58] |
| | 小白鼠经皮 | 2220 | | 中毒 | [58] |
| 西维因(α-甲胺基甲酸 1-萘酯) | 大白鼠经口 | 540～710 | | 中毒 | |
| | 大白鼠(雄)经口 | 850 | | 中毒 | [58] |
| | 大白鼠经皮 | >4000 | | 中毒 | [58] |
| | 家兔经皮 | >2000 | | 中毒 | [58] |
| | 鲤鱼 | | 48h,>10 | 低毒 | [58] |
| 洗必泰(双氯苯双胍己烷醋酸盐) | 大白鼠经口 | 2000 | | 中毒 | 中科院微生物所,1979 |
| 盐酸洗必泰 | 小白鼠经口 | 110 | | 高毒 | 中科院微生物所,1979 |
| 葡萄糖酸洗必泰 | 小白鼠经口 | 1800 | | 中毒 | |
| 柠檬酸洗必泰 | 小白鼠经口 | >10000 | | 微毒 | |
| 十二烷基胍盐酸盐(35%溶液) | 鼠经口 | 700 | | 中毒 | [60],[77] |
| 十二烷基胍盐酸盐(35%)与 10% 2,4,5-三氯酚合剂 | 鱼 | | 90～96h,0.8 | 高毒 | [60] |
| 十二烷基胍盐酸盐 | 胖头鱼 | | 96h,0.5 | 高毒 | |
| 十六烷基二甲基(2-亚硫酸)乙基铵 | 小白鼠 | >5000 | | 微毒 | [58] |
| 季鏻盐(氯化四甲基鏻) | 鼠经口 | 1000 | | 中毒 | [58],[77] |
| | 虹鳟鱼 | | 96h,0.46 | 高毒 | [58],[77] |
| | 鲤鱼 | | 96h,0.18 | 高毒 | [58],[77] |
| 棉隆(3,5-二甲基-四氢-1,3,5-2*H* 噻二嗪-2-硫酮) | 雄白鼠经口 | 650 | | 中毒 | [58] |
| 棉隆(21%) | 鱼 | | 90～96h,2.5 | 中毒 | [60] |
| 六氯二甲基砜 | 雄白鼠经口 | 691 | | 中毒 | [58] |
| 福美钠[二甲基二硫代氨基甲酸钠(30%)] | 小白鼠经口 | 500 | | 中毒 | [58],[60] |
| 福美锌(二甲基二硫代氨基甲酸锌) | 大白鼠经口 | 1400 | | 中毒 | [58] |
| 代森钠(1,2-亚乙基双-二硫代氨基甲酸钠) | 鼠经口 | 395 | | 高毒 | [58] |

续表

| 化合物名称，主要成分及缩写 | 试验生物种类及中毒途径 | 急性中毒剂量 | | 毒性等级 | 试验单位、年代或参考文献 |
|---|---|---|---|---|---|
| | | LD50/(mg/kg) | LC50/(mg/L) | | |
| 福美双[(二甲基硫代氨基甲酰)化二硫] | 大白鼠 | 375～865 | | 中毒 | |
| 福美甲胂双[(二甲基硫代氨基甲酰)甲基胂] | 大白鼠经口 | 175 | | 高毒 | |
| 乙基硫代亚磺酸乙酯(乙基大蒜素) | 小白鼠经口 | 80 | | 高毒 | [58] |
| | 大白鼠经口 | 140 | | 高毒 | [58] |
| | 白鼠静脉注射 | 46.7 | | | [58] |
| | 白鼠皮下注射 | 102.2 | | 高毒 | [58] |
| WSCP(聚氧亚乙基二甲基亚氨亚乙基二甲基亚氨亚乙基二氯化物) | 鼠经口 | 3690 | | 中毒 | [58] |
| 苯基醋酸汞 | 大白鼠经口 | 30 | | 高毒 | [58] |
| 铜离子 | 胖头鱼 | | 1 | 中毒 | [4] |
| | 刺鱼 | | 2 | 中毒 | [4] |

注：1. 2.7.4 及 2.7.5 中“毒性等级”按“世界卫生组织 1975 年农药毒性分级”鱼类毒性分级及 GB 5044—85“职业性接触毒物危害程度分级”动物毒性分级的规定分级。

2. 部分“急性中毒剂量”($LD_{50}$或$LC_{50}$)原参考资料中未注明试验药剂的浓度，使用时请注意。

## 2.7.5 混凝剂、除氧剂、清洗剂、润湿剂及缓蚀阻垢剂毒性试验数据

| 化合物名称，主要成分及缩写 | 试验生物种类及中毒途径 | 急性中毒剂量 | | 毒性等级 | 试验单位、年代或参考文献 |
|---|---|---|---|---|---|
| | | LD50/(mg/kg) | LC50/(mg/L) | | |
| 硫酸亚铁 | 白鼠经口 | 1389～2778 | | 中毒 | [58] |
| 聚合硫酸铁 | 小白鼠经口 | 3215.70 | | 中毒 | 南京市卫生防疫站，[34] |
| | 大白鼠经口 | 5804.82 | | 微毒 | 南京市卫生防疫站，[34] |
| 水解聚丙烯酰胺 | 刺鱼 | | ～100 | 低毒 | [4] |
| 羧甲基纤维素钠 | 大白鼠经口 | 27000 | | | [58] |
| 壳聚糖 | 小白鼠经口 | ＞16000 | | 无毒 | [58] |
| 亚硫酸钠 | 大白鼠经口 | ＞1000 | | 中毒 | [58] |
| | 大白鼠静脉注射 | 115 | | | [58] |
| | 家鼠静脉注射 | 130 | | | [58] |
| 亚硫酸氢钠 | 大白鼠经口 | 115 | | 高毒 | [58] |
| 无水肼(联氨) | 白鼠经口 | 59 | | 高毒 | [58] |
| | 兔经皮 | 25 | | 高毒 | [58] |
| 氢醌(对苯二酚) | 动物经口 | 致死量 80～200 | | 高毒 | [58] |
| 异抗坏血酸 | 大白鼠经口 | 18000 | | 无毒 | [58] |
| 二乙基羟胺 | 白鼠经口 | 2190 | | 中毒 | [58] |
| 甲乙基酮肟 | 白鼠经口 | 2400～3700 | | 中毒 | [58] |
| 氨基磺酸 | 小白鼠经口 | 3100 | | 中毒 | [58] |
| 柠檬酸 | 家兔静脉注射 | 975 | | 中毒 | [58] |

续表

| 化合物名称,主要成分及缩写 | 试验生物种类及中毒途径 | 急性中毒剂量 | | 毒性等级 | 试验单位、年代或参考文献 |
|---|---|---|---|---|---|
| | | $LD_{50}$ /(mg/kg) | $LC_{50}$ /(mg/L) | | |
| 甲酸 | 白鼠 | 1210 | | 中毒 | [58] |
| | 狗 | 4000 | | 中毒 | [58] |
| 乙二胺四乙酸(EDTA) | 小白鼠经口 | 2050 | | 中毒 | [58] |
| | 小白鼠腹腔注射 | 260 | | 高毒 | [58] |
| 苯胺 | 狗经口 | 300 | | 高毒 | [58] |
| 丙炔醇 | 白兔 | 0.07mL/kg | | 极毒 | [58] |
| | 豚鼠 | 0.06mL/kg | | 极毒 | [58] |
| 二苯基硫脲 | 大白鼠经口 | 2000 | | 中毒 | [58] |
| | 家兔经口 | 15000 | | 相对无毒 | [58] |
| 苯基硫脲 | 大白鼠经口 | 4000 | | 中毒 | [58] |
| 六亚甲基四胺(乌洛托品) | 大白鼠 | 致死量 1200 | | 中毒 | [58] |
| 喹啉(苯并吡啶) | 大白鼠经口 | 460 | | 高毒 | [58] |
| 壬基酚聚氧乙烯醚 | 大白鼠经口 | 1600 | | 中毒 | [58] |
| 烷醇酰胺 | 大白鼠经口 | >10000 | | 相对无毒 | [58] |
| 琥珀酸二烷酯磺酸钠 | 小白鼠经口 | 4800 | | 中毒 | [58] |
| | 大白鼠经口 | 1900 | | 中毒 | [58] |
| 石油磺酸钠 | 大白鼠经口 | 1200～3000 | | 中毒 | [58] |
| 苯甲酸 | 白鼠经口 | 2700 | | 中毒 | [58] |
| | 兔经口,狗 | 2000 | | 中毒 | [58] |
| | 兔皮下注射 | 2000 | | 中毒 | [58] |
| 六偏磷酸钠 | 胖头鱼 | | ～100 | 低毒 | [4] |
| | 刺鱼 | | ～100 | 低毒 | [4] |
| 铬酸钠(六价铬) | 兔皮下注射 | 243 | | 中毒 | [58] |
| $CrO_4^{2-}$ | 刺鱼 | | 96h,～100 | | |
| $Na_2Cr_2O_7$ | 虹鳟鱼 | | 96h,285 | 低毒 | [34] |
| | 水蚤 | | 96h,3 | 中毒 | [34] |
| $Na_2MoO_4 \cdot 2H_2O$ | 虹鳟鱼 | | 96h,7340 | 相对无毒 | Natl. Eng. 1981. N4. N5,[34] |
| | 水蚤 | | 96h,3220 | 相对无毒 | Natl. Eng. 1981. N4. N5,[34] |
| | 蓝鳃鱼 | | 96h,6790 | 相对无毒 | Natl. Eng. 1981. N4. N5,[34] |
| 锌离子 | 胖头鱼 | | 6 | 中毒 | [4] |
| | 刺鱼 | | 8 | 中毒 | [4] |
| 1-巯基苯并噻唑 | 胖头鱼 | | 5 | 中毒 | [4] |
| | 家兔经口 | 500 | | 中毒 | [58] |
| 苯并三唑 | 虹鳟鱼 | | 96h,39 | 低毒 | [58] |
| | 大白鼠经口 | 560,965 | | 中毒 | [58],[77] |
| | 大白鼠吸入 | 5.7mg/L | | 中毒 | [58] |
| 甲基苯并三唑 | 大白鼠经口 | 675 | | 中毒 | [58] |
| | 大白鼠吸入 | >1.7mg/L | | 中毒 | [58] |
| | 虹鳟鱼 | | 96h,21.4 | 低毒 | [58] |

续表

| 化合物名称,主要成分及缩写 | 试验生物种类及中毒途径 | 急性中毒剂量 | | 毒性等级 | 试验单位、年代或参考文献 |
|---|---|---|---|---|---|
| | | $LD_{50}$ /(mg/kg) | $LC_{50}$ /(mg/L) | | |
| 十六胺及双十六胺 | 鼠经口 | ~100 | | 高毒 | [58] |
| 吗啉 | 雌大鼠经口 | 1050 | | 中毒 | [58] |
| 环己烷 | 大白鼠经口 | 614 | | 中毒 | [58] |
| 2-羟基膦酰基乙酸(Belcor 575,固体分47%~53%) | 大白鼠经口 | 2700 | | 中毒 | [58] |
| | 虹鳟鱼 | | 96h,190 | 低毒 | [58] |
| 膦酰基聚丙烯酸(Belclene 500,固体分34%~36%) | 大白鼠经口 | >11700 | | 无毒 | [58] |
| | 虹鳟鱼 | | 96h,>100 | 低毒 | [58] |
| 苯甲酸钠 | 大白鼠经口 | 4070 | | 中毒 | [58] |
| 水杨酸钠 | 大白鼠经口 | 780 | | 中毒 | [58] |
| 一乙醇胺 | 大白鼠经口 | 2050 | | 中毒 | [58] |
| | 大白鼠吸入 | 2120 | | 中毒 | [58] |
| | 小兔经皮 | 1000 | | 中毒 | [58] |
| 二乙醇胺 | 大白鼠经口 | 710 | | 中毒 | [58] |
| | 小白鼠经腹 | 2300 | | 中毒 | [58] |
| 三乙醇胺 | 小白鼠经口 | 7200 | | 微毒 | [58] |
| 二乙氨基乙醇 | 大白鼠经口 | 1300 | | 中毒 | [58] |
| | 小兔经皮 | 1260 | | 中毒 | [58] |
| 甲氧基丙胺 | 大白鼠经口 | 6260 | | 微毒 | [58] |
| 单宁 | 小白鼠经口 | 6000 | | 微毒 | [58] |
| 木质素磺酸钠 | 动物 | >5000 | | 微毒 | [58] |
| | 刺鱼 | | 约100 | 低毒 | |
| Dequest 2060(含二亚乙基三胺五亚甲基膦酸,DETATMP) | 大白鼠经口 | 6570~7830 | | 微毒 | [58] |
| | 家兔皮肤吸收 | 7940 | | 微毒 | [58] |
| ATMP(氨基三亚甲膦酸,50%) | 大白鼠经口 | 730 | | 微毒 | [33] |
| | 鼠(亚急) | 90d,60000 | | 微毒 | [33] |
| | 蓝鳃鱼及虹鳟鱼 | | 96h,>330 | 低毒 | [58] |
| ATMP-Na(氨基三亚甲基膦酸钠) | 鼠 | 17800 | | 实际无毒 | |
| HEDP(羟基亚乙基二膦酸) | 鼠 | 3130 | | 中毒 | [33] |
| | 鼠(亚急) | 56d,5000 | | 低毒 | [33] |
| | 蓝鳃鱼 | | 96h,500 | 低毒 | [33] |
| | 虹鳟鱼 | | 96h,360 | 低毒 | [33] |
| Dequest 2010(含HEDP 60%) | 大白鼠经口 | 2400 | | 中毒 | [58] |
| | 家兔皮肤吸收 | >7940 | | 微毒 | [58] |
| EDTMP(亚乙基二胺四亚甲基膦酸,25%) | 大白鼠经口 | 6900 | | 微毒 | [33] |
| | 家兔经口 | >5010 | | 微毒 | [33] |
| EDTMP(17%) | 蓝鳃鱼及虹鳟鱼 | | >1000 | 相对无毒 | [33] |
| HDTMP(六亚甲基二胺四亚甲基膦酸) | 鼠 | 8900 | | 相对无毒 | [33] |
| HDTMP(25%) | 大白鼠经口 | >7940 | | 微毒 | [58] |
| HDTMP(钠盐20%) | 蓝鳃鱼及虹鳟鱼 | | >1000 | 相对无毒 | [58] |
| PBTC(2-膦酸基丁烷-1,2,4-三羧酸,50%) | 大白鼠经口 | >6500 | | 微毒 | [58] |

续表

| 化合物名称,主要成分及缩写 | 试验生物种类及中毒途径 | 急性中毒剂量 | | 毒性等级 | 试验单位、年代或参考文献 |
|---|---|---|---|---|---|
| | | $LD_{50}$ /(mg/kg) | $LC_{50}$ /(mg/L) | | |
| PAA(聚丙烯酸) | 大白鼠经口 | 5000 | | 微毒 | [58] |
| | 水蚤 | | >1000 | 相对无毒 | [58] |
| PASP(聚天冬氨酸) | 鼠经口 | ≥2000 | | 中毒 | [77] |
| Belclene 200 (HPMA,聚马来酸水溶液) | 大白鼠经口 | >5000 | | 微毒 | [58] |
| | 虹鳟鱼 | | 96h,>100 | 低毒 | [58] |
| POC HS 2020(丙烯酸-丙烯醛共聚物 50%溶液) | 小白鼠经口 | 4683 (5.62$cm^3$/kg) | | 中毒 | [58] |
| Belclene 400(丙烯酸-2-丙烯酰胺-2-甲基丙烷磺酸-次磷酸调聚物 50%水溶液) | 大白鼠经口 | >10 | | 极毒 | [58] |
| SPC-402(低磷,锌,膦,聚合物复合溶液) | 小白鼠 | 4090 | | 中毒 | [33] |
| SPC-502(膦聚合物,添加剂) | 小白鼠经口 | 7300 | | 微毒 | [34] |
| CP-602(六元醇磷酸酯溶液) | 小白鼠经口 | 5000 | | 微毒 | 南京大学,1983,[11] |
| | 小白鼠(注射) | 1370~2910 | | 微毒 | 南京大学,1983,[11] |
| | 非洲鲫鱼 | | 96h,~2000 | 相对无毒 | 南京大学,1983,[11] |
| | 红鲤 | | 96h,550 | 低毒 | 南京大学,1983,[11] |
| N-7350(多元醇磷酸酯、锌、磺化木质素复合溶液) | 小白鼠(注射) | 2000 | | 微毒 | 南京大学,1985,[11] |
| | 非洲鲫鱼 | | 240 | 低毒 | 南京大学,1985,[11] |
| DCI-01(多元醇磷酸酯、锌、磺化木质素复合溶液) | 小白鼠(注射) | 1080 | | 中毒 | 南京大学,1985,[11] |
| | 非洲鲫鱼 | | 150 | 低毒 | 南京大学,1985,[11] |
| PAE(丙烯酸及其酯类共聚物复合溶液) | 小白鼠(注射) | 6810 | | 微毒 | 南京大学,1985,[11] |
| PAE 钠型/PAE 酸型 | 非洲鲫鱼 | | 2100/2250 | 相对无毒 | 南京大学,1985,[11] |
| N-7319(丙烯酸及其酯类共聚物复合溶液) | 小白鼠(注射) | 21500 | | 无毒 | 南京大学,1985,[11] |
| | 非洲鲫鱼 | | 3600 | 相对无毒 | 南京大学,1985,[11] |
| TS-706D,TS-706E,TS-706F(为磷系缓溶固体缓蚀阻垢剂) | 动物 | >1500 | | 中毒 | 天津市劳动卫生职业病研究所,1990,[34] |
| QJ-F(丙烯酸-甲基丙烯酸酯类共聚物) | 大型溞 | 48h,2500 | | 相对无毒 | [34] |
| | | 96h,1375 | | 相对无毒 | [34] |

## 2.8 我国水处理用离子交换树脂的牌号、性能及技术要求

### 2.8.1 离子交换树脂结构及床型代号[21]

| 代号 | 名称 |
|---|---|
| AA | 丙烯酸 $-CH_2-CHCO_2H$ |
| AN | 丙烯酰胺 $-CH_2-CH-CONR_2$ |
| ANSBⅠ | 丙烯酰胺强碱Ⅰ型 $-CH_2-CH-CONR_3^+Cl^-$ |
| ANSBⅡ | 丙烯酰胺强碱Ⅱ型 $-CH_2-CH-CON(CH_2)_2-CH_2CH_2OH^+\ Cl^-$ |
| AR | 阴离子交换树脂 Anion Exchange Resin |
| C | 碳化树脂 |
| CMP | 可控孔 |
| CR | 阳离子交换树脂 Cation Exchange Resin |
| DVB | 二乙烯苯$(CH_2=CH)_2(C_6H_4)$ |
| DVP | 二乙烯吡啶$(CH_2=CH)_2(C_5H_3N)$ |
| EDTA | 乙二胺四乙酸$(HOOCCH_2)_2NCH_2CH_2N(CH_2COOH)_2$ |
| EP | 环氧 |
| EPA | 环氧胺 $\underset{\diagdown O \diagup}{CH_2-CH}-CH_2Cl$,$H(NHCH_2CH_2)_nNH_2$ |
| F | 甲醛 HCHO |
| FB | 游离铵 |
| FC | 浮动床 |
| IB | 中强碱 |
| IP | 等孔 |
| MA | 甲基丙烯酸 $-CH_2-C(CH_3)-CO_2H$ |
| MB | 混合床 |
| MF | 三甲胺、甲醛 $N(CH_3)_3$,HCHO |
| MI | 带指示剂混合床 |
| MP 或 MR | 大孔 |
| NP | 胺基磷酸树脂$-NH-CH_2PO_3H_2$ |
| PA | 磷酸树脂$-PO_3H_2$ |
| PAE | 聚丙烯酸酯 |
| PAF | 多胺、甲醛 $H(HNCH_2CH_2)_nNH_2$、HCHO |
| PAM | 多胺、Polymamine |
| PE | 聚乙烯 |
| PEPA | 多乙烯多胺 |
| PF | 酚醛 AROH,HCHO |
| PFA | 羟基羧盐(—OH)、$(-CO_2H)$ |
| PFAM | 酚、醛、胺 AROH、HCHO、$NR_2H$ |
| PMMA | 聚甲基丙烯酸酯 |
| PO | 多孔 |
| PS | 聚苯乙烯 $-CH_2-CH-Ar$ |
| PSD | 聚苯乙烯二乙烯苯 |
| PY | 吡啶树脂 |
| SA | 聚苯乙烯型强酸树脂 $PSDSO_3H$ |
| SBⅠ | 聚苯乙烯型强碱树脂 PSD $CH_2NR_3^+Cl^-$<br>聚苯乙烯型强碱Ⅰ型 $PSD-CH_2N^+(CH_3)_3Cl^-$ |
| SBⅡ | 聚苯乙烯型强碱Ⅱ型 $PSD-CH_2N(CH_3)_2(CH_2CH_2OH)^+Cl^-$ |
| SIR | 浸渍树脂 |
| SC | 双层床 |

续表

| 代　号 | 名　　称 |
| --- | --- |
| TETA | 三乙烯四胺 |
| VP | 乙烯吡啶($CH_2=CH$)($C_5H_4N$) |
| WA | 弱酸阳树脂 |
| WB | 弱碱阴树脂 Weak base(WB1～3) |
| WB1 | 弱碱伯胺树脂—$NH_2$ |
| WB2 | 弱碱仲胺树脂—NHR |
| WB3 | 弱碱叔胺树脂—$NR_2$ |

## 2.8.2 我国离子交换树脂的名称、型态、型号与结构对照表[21]（同 GB 1631—89）

| 名　称 | 型态及型号 | 结　　构 |
| --- | --- | --- |
| 强酸性苯乙烯系阳离子交换树脂 | 凝胶型,001 | 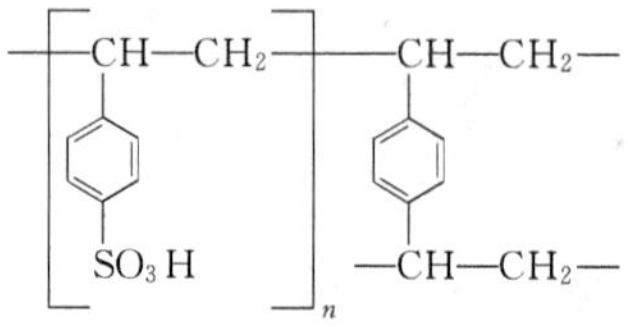 |
| | 大孔型,D001 | |
| 弱酸性丙烯酸系阳离子交换树脂 | 凝胶型,111 | 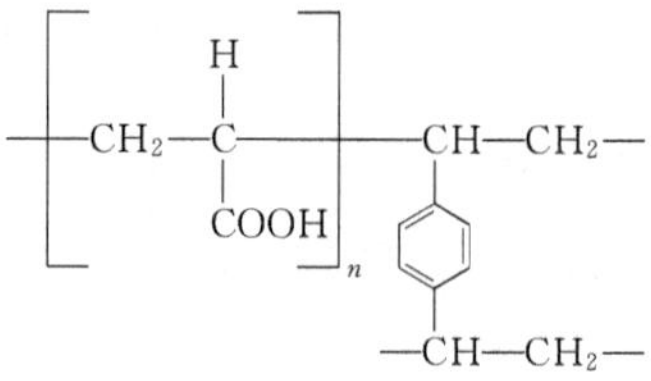 |
| | 大孔型,D111 | |
| | 凝胶型,112 | 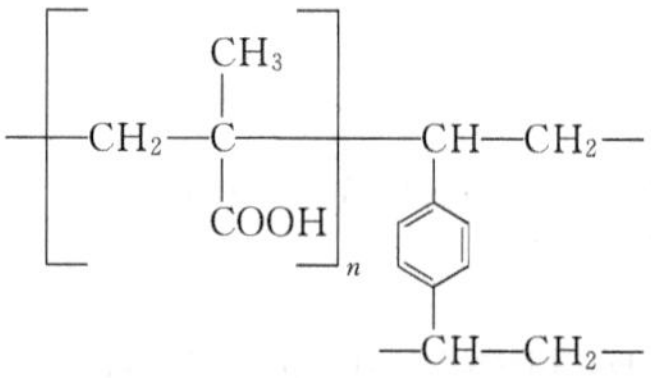 |
| 弱酸性酚醛系阳离子交换树脂 | 凝胶型,122 | 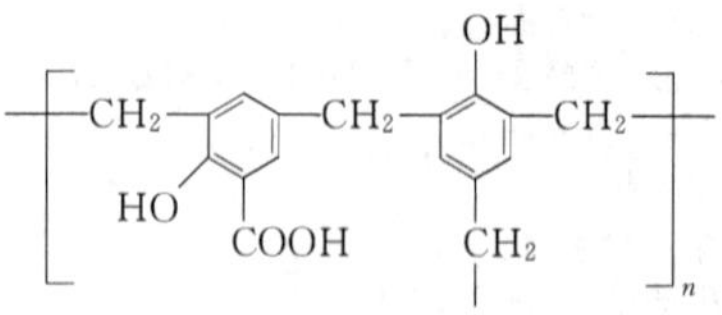 |
| 强碱性季铵Ⅰ型阴离子交换树脂 | 凝胶型,201 | 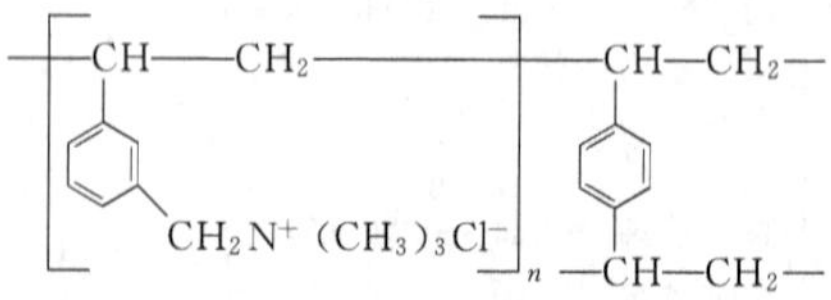 |
| | 大孔型,D201 | |
| 强碱性季铵Ⅱ型阴离子交换树脂 | 凝胶型,202 | 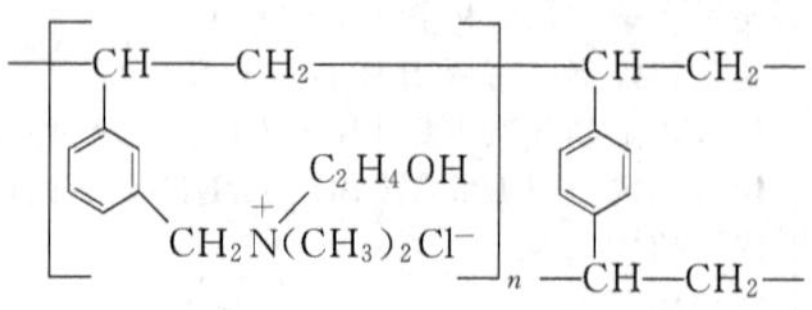 |
| | 大孔型,D202 | |

续表

| 名称 | 型态及型号 | 结构 |
|---|---|---|
| 弱碱性苯乙烯系阴离子交换树脂 | 凝胶型,301 | 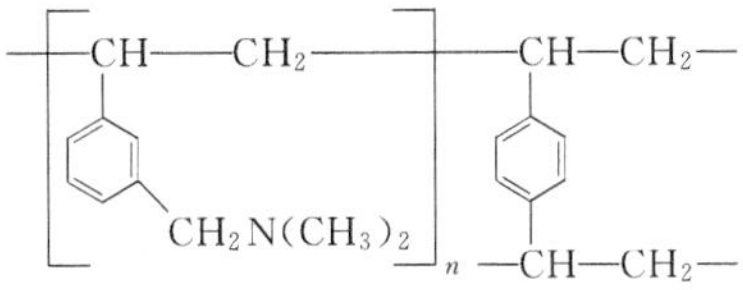 |
| | 大孔型,D301 | |
| | 大孔型,D302 | 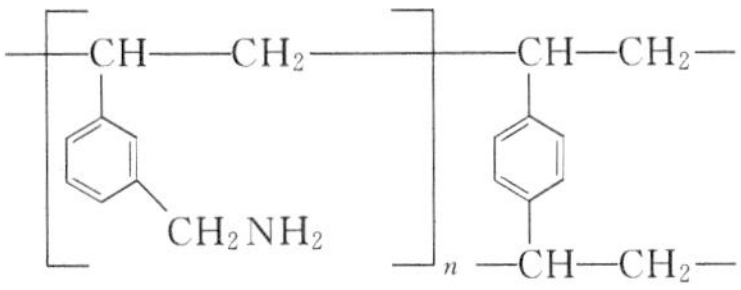 |
| | 凝胶型,303 | 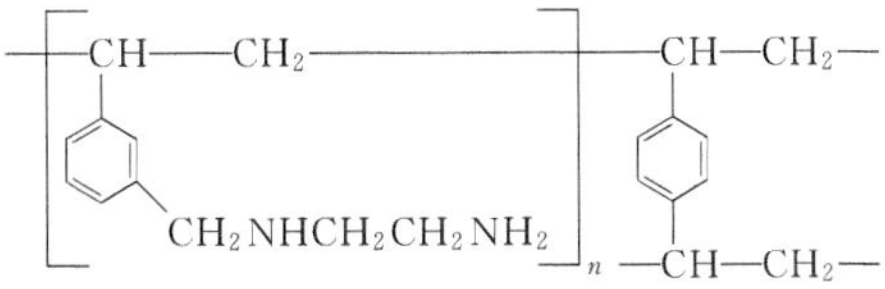 |
| 弱碱性丙烯酸系阴离子交换树脂 | 大孔型,D311 | 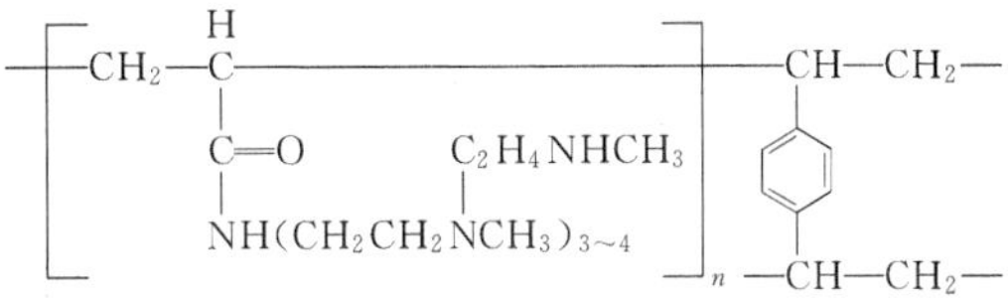 |
| 弱碱性环氧系阴离子交换树脂 | 凝胶型,331 | 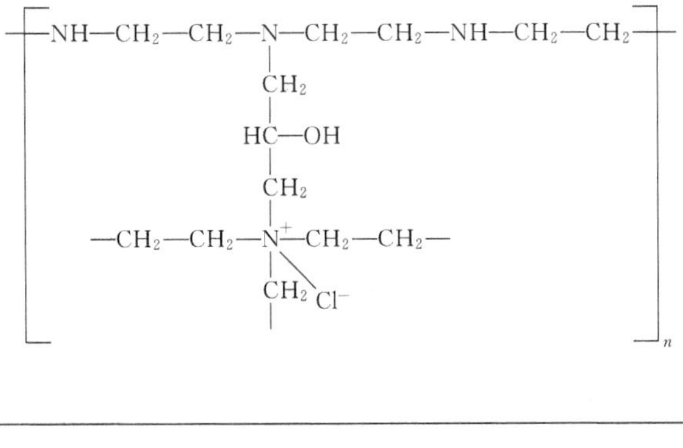 |
| 螯合性胺羧基离子交换树脂 | 凝胶型,401 | 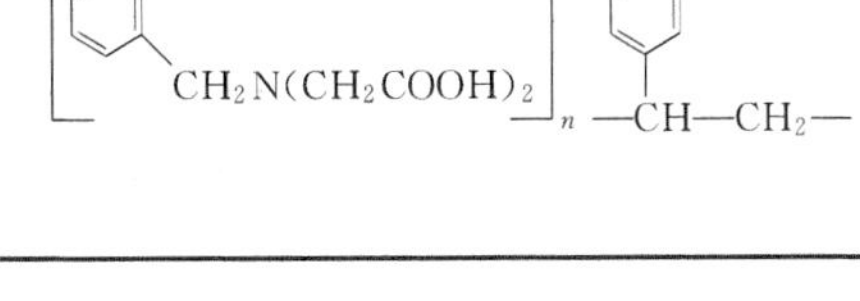 |

### 2.8.3 我国主要离子交换树脂的物理化学性质[21,32,58]

| 型号 | 全名称 | 功能基团 | 出厂型态 | 粒度 0.315～1.25mm /% | 外观 | 含水量/% | 湿真密度 /(g/mL) | 湿视密度 /(g/mL) | 全交换容量 $Q_m^a$ $\left(\frac{1}{x}A^{x+}, \frac{1}{x}B^{x-}\right)$ /(mmol/g) | 机械性能 | | 转型膨胀率/% | 允许使用最高温度/℃ | 适用pH范围 |
|---|---|---|---|---|---|---|---|---|---|---|---|---|---|---|
| | | | | | | | | | | 耐磨率/% | 磨后圆球率/% | | | |
| 001×7 | 凝胶型强酸性苯乙烯系阳离子交换树脂 | $—SO_3H$ | Na 型 | ≥95 | 棕黄至棕褐色球状颗粒 | 45～53 | 1.24～1.28 | 0.77～0.87 | ≥4.3 | 93 | ≥70～95 | Na→H 5～10 | H 型 100<br>Na 型 120 | 0～14 |
| 001×10 | 凝胶型强酸性苯乙烯系阳离子交换树脂 | $—SO_3H$ | Na 型 | ≥95 | 棕黄至棕褐色球状颗粒 | 37～45 | ≥1.28 | 0.84～0.90 | ≥4.0 | ≥95 | | Na→H 4～8 | H 型 100<br>Na 型 120 | 0～14 |
| 002 | 凝胶型强酸性苯乙烯系阳离子交换树脂 | $—SO_3H$ | Na 型 | ≥95 | 棕黄至棕褐色透明球状颗粒 | 38～43 | ≥1.30 | 0.81～0.87 | ≥4.4 | | ≥95 | Na→H ≤10 | H 型 100<br>Na 型 120 | 0～14 |
| D001 | 大孔型强酸性苯乙烯系阳离子交换树脂 | $—SO_3H$ | Na 型 | ≥95 | 浅棕色不透明球状颗粒 | 45～60 | 1.23～1.28 | 0.75～0.85 | ≥3.8 | ≥95 | ≥80 | Na→H 5～10 | H 型 100<br>Na 型 120 | 0～14 |
| D111 | 大孔型丙烯酸系阳离子交换树脂 | —COOH | H 型 | ≥95 | 乳白或淡黄色不透明球状颗粒 | 40～50 | 1.12～1.22 | 0.72～0.82 | ≥9.5 | | ≥90 | H→Na ≤70 | 100 | 4～14 |
| D113 | 大孔型丙烯酸系阳离子交换树脂 | —COOH | H 型 | ≥90 | 乳白或淡黄色不透明球状颗粒 | 45～55 | 1.14～1.20 | 0.72～0.80 | ≥10.5 | | ≥60～90 | H→Na ≤80 | 100 | 4～14 |
| 201×4 | 凝胶型强碱性季铵Ⅰ型苯乙烯系阴离子交换树脂 | $—N^+(CH_3)_3$ | Cl 型 | ≥95 | 浅黄至金黄色球状颗粒 | 53～63 | 1.04～1.08 | 0.66～0.73 | ≥3.6 | | ≥75～95 | Cl→OH 25～28 | OH 型 60<br>Cl 型 80 | 0～14 |
| 201×7 | 凝胶型强碱性季铵Ⅰ型苯乙烯系阴离子交换树脂 | $—N^+(CH_3)_3$ | Cl 型 | ≥95 | 浅黄至金黄色球状颗粒 | 42～48 | 1.06～1.11 | 0.66～0.75 | ≥3.2 | ≥95 | ≥75～95 | Cl→OH 18～22 | OH 型 60<br>Cl 型 80 | 0～14 |
| D201 | 大孔型强碱性季铵Ⅰ型苯乙烯系阴离子交换树脂 | $—N^+(CH_3)_3$ | Cl 型 | ≥95 | 浅黄色不透明球状颗粒 | 45～65 | 1.06～1.10 | 0.65～0.75 | ≥3.5 | | ≥60～90 | Cl→OH 15～20 | OH 型 60<br>Cl 型 100 | 0～14 |
| D202 | 大孔型强碱性季铵Ⅱ型苯乙烯系阴离子交换树脂 | $—N^+(CH_3)_2(C_2H_4OH)$ | Cl 型 | ≥95 | 乳白或浅黄色不透明球状颗粒 | 45～60 | 1.06～1.12 | 0.67～0.77 | ≥3.2 | | | Cl→OH 6～9 | OH 型 40<br>Cl 型 100 | 0～14 |
| D301 | 大孔型弱碱性苯乙烯系阴离子交换树脂 | $—N(CH_3)_2$ | 游离铵型 | ≥95 | 乳白或淡黄色不透明球状颗粒 | 45～65 | 1.03～1.07 | 0.65～0.72 | ≥4.2 | | ≥85～95 | 游离胺型→盐型 15～20 | 100 | 0～9 |

2.8.4 凝胶型强酸性苯乙烯系阳离子交换树脂（001×7）技术指标[58]，GB/T 13659—92及DL 519—93

**001×7树脂（钠型）的国家标准性能指标，GB/T 13659—92**

| 指标名称 | | 指标 | | |
|---|---|---|---|---|
| | | 优等品 | 一等品 | 合格品 |
| 含水量/% | | 46～52 | 45～53 | 45～53 |
| 质量全交换容量 $Q_m^a\left(\frac{1}{x}A^{x+}\right)$/(mmol/g) | ≥ | 4.5 | 4.4 | 4.3 |
| 体积全交换容量 $Q_V^a\left(\frac{1}{x}A^{x+}\right)$/(mmol/mL) | ≥ | 1.8 | 1.7 | 1.7 |
| 湿视密度/(g/cm³) | | 0.77～0.87 | | |
| 湿真密度/(g/cm³) | | 1.24～1.28 | | |
| 粒度/% 0.315～1.25mm | ≥ | 95 | | |
| 小于0.315mm | ≤ | 1 | | |
| 有效粒径/mm | | 0.40～0.60 | | |
| 均一系数 | ≤ | 1.7 | | |
| 磨后圆球率/% | ≥ | 95 | 85 | 70 |

**水处理用001×7树脂(氢型)/(钠型)的电力行业技术要求，DL 519—93③**

| 指标名称 | 指标 | | |
|---|---|---|---|
| | 001×7 | 001×7FC② | 001×7MB② |
| 全交换容量 $Q_m^a\left(\frac{1}{x}A^{x+}\right)$/(mmol/g) | ≥5.0/≥4.5 | | |
| 体积交换容量 $Q_V^a\left(\frac{1}{x}A^{x+}\right)$/(mmol/mL) | ≥1.75/≥1.9 | ≥1.75/≥1.9 | ≥1.7/≥1.8 |
| 含水量/% | 51～56/45～50 | | |
| 湿视密度/(g/cm³) | 0.73～0.83/0.77～0.87 | | |
| 湿真密度/(g/cm³) | 1.17～1.22/1.25～1.29 | | |
| 有效粒径①/mm | 0.40～0.70 | ≥0.50 | 0.71～0.90 |
| 均一系数① | ≤1.60 | ≤1.60 | ≤1.40 |
| 粒度①/% | (0.315～1.250mm) ≥95.0 | (0.450～1.250mm) ≥95.0 | (0.710～1.250mm) ≥95.0 |
| | (<0.315mm) <1 | (<0.450mm) <1 | (<0.710mm) <1 |
| 磨后圆球率/% | ≥90 | | |

① 有效粒径，均一系数和粒度测定用钠型。

② FC—浮动床；MB—混合床。

③ DL 519—93为电力工业部制订的火力发电厂水处理用离子交换树脂验收标准。

2.8.5 凝胶型强酸性苯乙烯系阳离子交换树脂（002）技术指标[58]，DL 519—93

**水处理用002 SC树脂(氢型)/(钠型)的电力行业技术要求**

| 指标名称 | 002 SC | 指标名称 | 002 SC |
|---|---|---|---|
| 全交换容量 $Q_m^a\left(\frac{1}{x}A^{x+}\right)$/(mmol/g) | ≥4.9/≥4.4 | 湿真密度/(g/cm³) | ≥1.24/≥1.30 |
| | | 有效粒径/mm | ≥0.63 |
| | | 均一系数 | ≤1.40 |
| 体积交换容量 $Q_V^a\left(\frac{1}{x}A^{x+}\right)$/(mmol/mL) | ≥1.9/≥2.1 | 粒度/% | (0.630～1.250mm)≥95.0 |
| | | | (<0.630mm)<1 |
| 含水量/% | 46～51/38～43 | 磨后圆球率/% | ≥95 |
| 湿视密度/(g/cm³) | 0.78～0.84/0.81～0.87 | | |

注：有效粒径、均一系数和粒度测定用钠型。002 SC树脂主要用于双层床和混床高速水处理。

2.8.6 大孔型强酸性苯乙烯系阳离子交换树脂（D001）技术指标，GB/T 16579—1996及DL 519—93

出厂：钠型

外观：驼色至褐色球状不透明颗粒。

**D001大孔强酸性苯乙烯系阳离子交换树脂国家标准技术指标，GB/T 16579—1996**

| 项目 | D001 | | | D001-FC | | | D001-SC D001-MB | | |
|---|---|---|---|---|---|---|---|---|---|
| | 优等品 | 一等品 | 合格品 | 优等品 | 一等品 | 合格品 | 优等品 | 一等品 | 合格品 |
| 含水量/% | 45～55 | | 45～60 | 45～55 | | 45～60 | 45～55 | | 45～60 |
| 质量全交换容量 $Q_m^a\left(\frac{1}{x}A^{x+}\right)$/(mmol/g) ≥ | 4.30 | 4.00 | 3.80 | 4.30 | 4.00 | 3.80 | 4.30 | 4.00 | 3.80 |
| 体积全交换容量 $Q_V^a\left(\frac{1}{x}A^{x+}\right)$/(mmol/mL) ≥ | 1.75 | 1.70 | 1.60 | 1.75 | 1.70 | 1.60 | 1.75 | 1.70 | 1.60 |
| 湿视密度/(g/mL) | 0.75～0.85 | | | | | | | | |
| 湿真密度/(g/mL) | 1.23～1.28 | | | | | | | | |
| 范围粒度/%(粒径/mm) | ≥95(0.315～1.25) | | | ≥95(0.45～1.25) | | | ≥95(0.63～1.25) | | |
| 下限粒度/%(粒径/mm) | ≤1(≤0.315) | | | ≤1(≤0.45) | | | ≤1(≤0.63) | | |
| 有效粒径/mm | 0.40～0.70 | | | ≤0.50 | | | 0.65～0.90 | | |
| 均一系数 ≤ | 1.7 | | | 1.6 | | | 1.4 | | |
| 渗磨圆球率/% ≥ | 90 | 85 | 80 | 90 | 85 | 80 | 90 | 85 | 80 |

**水处理用D001(氢型)/(钠型)树脂的电力行业技术要求[58]，DL 519—93**

| 指标名称 | D001(或FC②) | D001 SC② | D001 MB② | D001 TR② |
|---|---|---|---|---|
| 全交换容量 $Q_m^a\left(\frac{1}{x}A^{x+}\right)$/(mmol/g) | ≥4.8/≥4.35 | | | |
| 体积交换容量 $Q_V^a\left(\frac{1}{x}A^{x+}\right)$/(mmol/mL) | ≥1.65/≥1.75 | | | |
| 含水量/% | 50～60/45～55 | | | |
| 湿视密度/(g/cm³) | 0.74～0.80/0.76～0.82 | | | |
| 湿真密度/(g/cm³) | 1.16～1.24/1.25～1.28 | | | |
| 有效粒径①/mm | ≥0.50 | 0.65～0.90 | | |
| 均一系数① | ≤1.60 | ≤1.4 | | |
| 粒度①/% | (0.450～1.250mm) ≥95.0<br>(<0.450mm) <1 | (0.630～1.250mm) ≥95.0<br>(<0.630mm) <1 | | (0.710～1.250mm) ≥95.0<br>(<0.710mm) <1 |
| 渗磨圆球率/% | ≥90 | | | |

① 有效粒径、均一系数和粒度测定用钠型。

② FC—浮动床；SC—双层床；MB—混合床；TR—三层床。

2.8.7 弱酸性丙烯酸系阳离子交换树脂（116），HG/T 2166—91

出厂：氢型

外观：微黄色或微粉红色透明球状颗粒。

**116树脂化工行业标准技术指标，HG/T 2166—91**

| 指标名称 | | 指标 | | |
|---|---|---|---|---|
| | | 优等品 | 一等品 | 合格品 |
| 含水量/% | | 45～52 | 45～55 | |
| 质量全交换容量 $Q_m^a\left(\frac{1}{x}A^{x+}\right)$/(mmol/g) | ≥ | 11.2 | 11.0 | 10.5 |
| 体积全交换容量 $Q_V^a\left(\frac{1}{x}A^{x+}\right)$/(mmol/mL) | ≥ | 4.3 | 4.0 | 3.8 |
| 湿视密度/(g/mL) | | 0.68～0.78 | | |
| 湿真密度/(g/mL) | | 1.14～1.18 | | |
| 转型膨胀率(H→Na)/% | ≤ | 70 | 73 | 75 |
| 粒度/% 0.315～1.25mm | ≥ | 95 | | |
| 粒度/% 小于0.315mm | ≤ | 1 | — | |
| 有效粒径/mm | | 0.40～0.60 | | |
| 均一系数 | ≤ | 1.8 | | |
| 渗磨圆球率/% | ≥ | 75 | 65 | 50 |

2.8.8 大孔型弱酸性丙烯酸系阳离子交换树脂（D113）技术指标[58]，HG/T 2164—91及DL 519—93

**D113树脂（氢型）的化工行业性能指标，HG /T 2164—91**

| 指标名称 | | 指标 | | |
|---|---|---|---|---|
| | | 优等品 | 一等品 | 合格品 |
| 含水量/% | | 45～52 | 45～52 | 45～55 |
| 质量全交换容量/$Q_m^a\left(\frac{1}{x}A^{x+}\right)$/(mmol/g) | ≥ | 11.0 | 10.8 | 10.5 |
| 体积全交换容量 $Q_V^a\left(\frac{1}{x}A^{x+}\right)$/(mmol/mL) | ≥ | 4.5 | 4.2 | 3.9 |
| 湿视密度/(g/cm³) | | 0.76～0.80 | 0.74～0.80 | 0.72～0.80 |
| 湿真密度/(g/cm³) | | 1.15～1.20 | | |
| 转型膨胀率(H→Na)/% | ≤ | 65 | 75 | 80 |
| 粒度(0.315～1.25mm)/% | ≥ | 95 | 95 | 90 |
| 有效粒径/mm | | 0.35～0.55 | | |
| 均一系数 | ≤ | 1.7 | | |
| 渗磨圆球率/% | ≥ | 90 | 75 | 60 |

**水处理用D113树脂（氢型）的电力行业技术要求，DL 519—93**

| 指标名称 | | 指标 | | |
|---|---|---|---|---|
| | | D113 | D113 FC | D113 SC |
| 氢型率/% | ≥ | 98 | | |
| 全交换容量 $Q_m^a\left(\frac{1}{x}A^{x+}\right)$/(mmol/g) | ≥ | 10.8 | | |
| 体积交换容量 $Q_V^a\left(\frac{1}{x}A^{x+}\right)$/(mmol/mL) | ≥ | 4.2 | | |
| 含水量/% | | 45～52 | | |
| 湿视密度/(g/cm³) | | 0.72～0.80 | | |
| 湿真密度/(g/cm³) | | 1.14～1.20 | | |

续表

| 指标名称 | | 指标 | |
|---|---|---|---|
| | | D113 | D113 FC | D113 SC |
| 有效粒径/mm | | 0.40～0.70 | ≥0.50 | 0.35～0.50 |
| 均一系数 | ≤ | 1.60 | 1.60 | 1.40 |
| 粒度/% | | (0.315～1.250mm)<br>≥95.0<br>(<0.315mm)<br><1 | (0.450～1.250mm)<br>≥95.0<br>(<0.450mm)<br><1 | (0.315～0.630mm)<br>≥95.0<br>(<0.315mm)<br><1 |
| 渗磨圆球率 | ≥ | | 90 | |
| 转型膨胀率(H→Na)/% | ≤ | | 70 | |

2.8.9 大孔型弱酸性丙烯酸系阳离子交换树脂（D111）技术指标[58]，DL 519—93

**水处理用 D111 树脂（氢型）的电力行业技术要求**

| 指标名称 | | 指标 | | |
|---|---|---|---|---|
| | | D111 | D111 FC | D111 SC |
| 氢型率/% | ≥ | | 98 | |
| 全交换容量 $Q_m^a\left(\frac{1}{x}A^{x+}\right)$/(mmol/g) | ≥ | | 9.5 | |
| 体积交换容量 $Q_V^a\left(\frac{1}{x}A^{x+}\right)$/(mmol/mL) | ≥ | | 3.5 | |
| 含水量/% | | | 40～50 | |
| 湿视密度/(g/cm³) | | | 0.72～0.82 | |
| 湿真密度/(g/cm³) | | | 1.12～1.22 | |
| 有效粒径/mm | | 0.40～0.70 | ≥0.50 | 0.35～0.50 |
| 均一系数 | ≤ | 1.60 | 1.60 | 1.40 |
| 粒度/% | | (0.315～1.250mm)<br>≥95.0<br>(<0.315mm)<br><1 | (0.450～1.250mm)<br>≥95.0<br>(<0.450mm)<br><1 | (0.315～0.630mm)<br>≥95.0<br>(<0.315mm)<br><1 |
| 渗磨圆球率/% | ≥ | | 90 | |
| 转型膨胀率(H→Na)/% | ≤ | | 70 | |

2.8.10 凝胶型强碱性Ⅰ型苯乙烯系阴离子交换树脂（201×7）技术指标[58]，GB/T 13660—92 及 DL 519—93

**201×7 树脂（氯型）的国家标准性能指标，GB/T 13660—92**

| 指标名称 | | 指标 | | |
|---|---|---|---|---|
| | | 优等品 | 一等品 | 合格品 |
| 含水量/% | | | 42～48 | |
| 质量全交换容量 $Q_m^a\left(\frac{1}{x}B^{x-}\right)$/(mmol/g) | ≥ | 3.6 | 3.4 | 3.2 |
| 体积全交换容量 $Q_V^a\left(\frac{1}{x}B^{x-}\right)$/(mmol/mL) | ≥ | 1.4 | 1.3 | 1.2 |
| 中性盐分解容量/$Q_m\left(\frac{1}{x}B^{x-}\right)$/(mmol/g) | ≥ | 3.2 | 3.0 | 2.8 |
| 湿视密度/(g/cm³) | | | 0.66～0.75 | |
| 湿真密度/(g/cm³) | | | 1.06～1.11 | |
| 粒度/%　(0.315～1.25mm) | ≥ | | 95 | |
| 小于 0.315mm | ≤ | 1 | — | |
| 有效粒径/mm | | | 0.42～0.58 | |
| 均一系数 | ≤ | | 1.7 | |
| 磨后圆球率/% | ≥ | 95 | 90 | 75 |

**水处理用201×7树脂(氢氧型)/(氯型)的电力行业技术要求，DL 519—93**

| 指标名称 | 指标 | | | |
|---|---|---|---|---|
| | 201×7 | 201×7 FC | 201×7 SC | 201×7 MB |
| 全交换容量 $Q_m^a\left(\frac{1}{x}B^{x-}\right)$/(mmol/g) ≥ | 3.8② | | | |
| 强型基团容量 $Q_m\left(\frac{1}{x}B^{x-}\right)$/(mmol/g) ≥ | 3.6/3.5 | | | |
| 体积交换容量 $Q_V^a\left(\frac{1}{x}B^{x-}\right)$/(mmol/mL) ≥ | 1.1/1.3 | 1.1/1.3 | 1.05/1.25 | 1.1/1.3 |
| 含水量/% | 53～58/42～48 | | | |
| 湿视密度/(g/cm$^3$) | 0.66～0.71/0.67～0.73 | | | |
| 湿真密度/(g/cm$^3$) | 1.06～1.19/1.07～1.1 | | | |
| 有效粒径①/mm | 0.40～0.70 | ≥0.50 | ≥0.63 | 0.50～0.65 |
| 均一系数① | ≤1.60 | ≤1.60 | ≤1.40 | ≤1.40 |
| 粒度①/% | (0.315～1.250mm)<br>≥95.0<br>(<0.315mm)<br><1 | (0.450～1.250mm)<br>≥95.0<br>(<0.450mm)<br><1 | (0.630～1.250mm)<br>≥95.0<br>(<0.630mm)<br><1 | (0.400～0.900mm)<br>≥95.0<br>(>0.900mm)<br><1 |
| 磨后圆球率/% | ≥90 | | | |

① 有效粒径，均一系数和粒度测定用氯型；

② 最大再生容量。

2.8.11 凝胶型强碱性Ⅰ型苯乙烯系阴离子交换树脂（201×4）技术指标[58]，HG/T 2163—91

**201×4树脂（氯型）的化工行业标准技术指标**

| 指标名称 | 指标 | | |
|---|---|---|---|
| | 优等品 | 一等品 | 合格品 |
| 含水量/% | 54～62 | 53～63 | 53～63 |
| 质量全交换容量 $Q_m^a\left(\frac{1}{x}B^{x-}\right)$/(mmol/g) ≥ | 4.0 | 3.8 | 3.6 |
| 体积全交换容量 $Q_V^a\left(\frac{1}{x}B^{x-}\right)$/(mmol/mL) ≥ | 1.15 | 1.05 | 0.95 |
| 中性盐分解容量 $Q_m\left(\frac{1}{x}B^{x-}\right)$/(mmol/g) ≥ | 3.5 | 3.3 | 3.1 |
| 湿视密度/(g/cm$^3$) | 0.66～0.73 | | |
| 湿真密度/(g/cm$^3$) | 1.04～1.08 | | |
| 粒度/% 0.315～1.250mm ≥ | 95 | | |
| 小于0.315mm ≤ | 1 | | |
| 均一系数 ≤ | 1.7 | | |
| 有效粒径 | 0.42～0.60 | | |
| 磨后圆球率/% | 95 | 90 | 75 |

2.8.12 大孔型强碱性Ⅰ型苯乙烯系阴离子交换树脂（D201）技术指标，GB/T 16580—1996及DL 519—93

出厂：氯型

外观：乳白色至淡黄色球状不透明颗粒。

**D201 大孔强碱性苯乙烯系阴离子交换树脂国家标准技术指标，GB/T 16580—1996**

| 指标名称 | | D201 | | | D201-MB | | | D201-FC | | | D201-SC | | |
|---|---|---|---|---|---|---|---|---|---|---|---|---|---|
| | | 优等品 | 一等品 | 合格品 | 优等品 | 一等品 | 合格品 | 优等品 | 一等品 | 合格品 | 优等品 | 一等品 | 合格品 |
| 含水量/% | | 50～60 | | 45～65 | 50～60 | | 45～65 | 50～60 | | 45～65 | 50～60 | | 45～65 |
| 质量全交换容量$Q_m^a\left(\frac{1}{x}B^{x-}\right)$/(mmol/g) ≥ | | 3.8 | 3.7 | 3.5 | 3.8 | 3.7 | 3.5 | 3.8 | 3.7 | 3.5 | 3.8 | 3.7 | 3.5 |
| 体积全交换容量 $Q_V^a\left(\frac{1}{x}B^{x-}\right)$/(mmol/mL) ≥ | | 1.2 | 1.1 | 0.9 | 1.2 | 1.1 | 0.9 | 1.2 | 1.1 | 0.9 | 1.2 | 1.1 | 0.9 |
| 中性盐交换容量 $Q_m\left(\frac{1}{x}B^{x-}\right)$/(mmol/g) ≥ | | 3.7 | 3.6 | 3.4 | 3.7 | 3.6 | 3.4 | 3.7 | 3.6 | 3.4 | 3.7 | 3.6 | 3.4 |
| 湿视密度/(g/mL) | | 0.65～0.75 | | | | | | | | | | | |
| 湿真密度/(g/mL) | | 1.06～1.10 | | | | | | | | | | | |
| 粒度/%<br>(粒径/mm) | 范围粒度 | ≥95(0.315～1.25) | | | ≥95(0.45～0.90) | | | ≥95(0.45～1.25) | | | ≥95(0.63～1.25) | | |
| | 上限粒度 | — | | | ≤1<br>(≥0.90) | | — | — | | | — | | |
| | 下限粒度 | ≤1<br>(≤0.315) | | — | — | | | ≤1<br>(≤0.45) | | — | ≤1<br>(≤0.63) | | — |
| 有效粒径/mm | | 0.40～0.70 | | | — | | | ≥0.50 | | | — | | |
| 均一系数 ≥ | | 1.6 | 1.7 | | — | | | 1.6 | | | 1.4 | | |
| 渗磨圆球率/% ≥ | | 90 | 80 | 60 | 90 | 80 | 70 | 90 | 80 | 60 | 90 | 80 | 60 |

**水处理用 D201 树脂(氢氧型)/(氯型)的电力行业技术要求[58]，DL 519—93**

| 指标名称 | 指标 | | | |
|---|---|---|---|---|
| | D201 | D201 FC | D201 SC | D201 MB<br>D201 TR |
| 全交换容量$Q_m^a\left(\frac{1}{x}B^{x-}\right)$/(mmol/g) ≥ | 4.0② | | | |
| 强型基团容量$Q_m\left(\frac{1}{x}B^{x-}\right)$/(mmol/g) ≥ | 3.8/3.7 | | | |
| 体积交换容量$Q_V^a\left(\frac{1}{x}B^{x-}\right)$/(mmol/mL) ≥ | 0.95～1.15 | 0.95～1.15 | 0.90～1.10 | 0.95～1.15 |
| 含水量/% | 55～65/50～60 | | | |
| 湿视密度/(g/cm$^3$) | 0.63～0.70/0.65～0.73 | | | |
| 湿真密度/(g/cm$^3$) | 1.05～1.08/1.06～1.10 | | | 1.05～1.09 |
| 有效粒径①/mm | 0.40～0.70 | ≥0.50 | ≥0.63 | |
| 均一系数① | ≤1.60 | ≤1.60 | ≤1.40 | |
| 粒度①/% | (0.315～1.250mm)<br>≥95.0<br>(≤0.315mm)<br><1 | (0.450～1.250mm)<br>≥95.0<br>(≤0.450mm)<br><1 | (0.630～1.250mm)<br>≥95.0<br>(≤0.630mm)<br><1 | (0.450～0.900mm)<br>≥95.0<br>(>0.900mm)<br><1 |
| 渗磨圆球率/% | ≥90 | | | |

① 有效粒径，均一系数和粒度测定用氯型。

② 最大再生容量。

2.8.13 大孔型强碱性Ⅱ型苯乙烯系阴离子交换树脂（D202）技术指标，HG/T 2754—1996 及 DL 519—93

出厂：氯型

外观：乳白色或淡黄色球状颗粒。

**D202 大孔型强碱性苯乙烯系阴离子交换树脂化工行业标准技术指标，HG/T 2754—1996**

| 指标名称 | | D202 | | | D202-FC | | | D202-SC | | |
|---|---|---|---|---|---|---|---|---|---|---|
| | | 优等品 | 一等品 | 合格品 | 优等品 | 一等品 | 合格品 | 优等品 | 一等品 | 合格品 |
| 含水量/% | | 47～57 | 45～60 | | 47～57 | 45～60 | | 47～57 | 45～60 | |
| 质量全交换容量 $Q_m^a\left(\frac{1}{x}B^{x-}\right)$/(mmol/g) | > | 3.60 | 3.40 | 3.20 | 3.60 | 3.40 | 3.20 | 3.60 | 3.40 | 3.20 |
| 体积全交换容量 $Q_V^a\left(\frac{1}{x}B^{x-}\right)$/(mmol/mL) | > | 1.3 | 1.1 | 1.0 | 1.2 | 1.1 | 1.0 | 1.2 | 1.1 | 1.0 |
| 中性盐交换容量 $Q_m\left(\frac{1}{x}B^{x-}\right)$/(mmol/g) | > | 3.40 | 3.20 | 3.00 | 3.40 | 3.20 | 3.00 | 3.40 | 3.20 | 3.00 |
| 湿视密度/(g/mL) | | 0.67～0.77 | | | 0.67～0.77 | | | 0.67～0.77 | | |
| 湿真密度/(g/mL) | | 1.06～1.12 | | | 1.06～1.12 | | | 1.06～1.12 | | |
| 粒度(粒径/mm)/% | 范围粒度/% | ≥95(0.315～1.25) | | | ≥95(0.45～1.25) | | | ≥95(0.63～1.25) | | |
| | 上限粒度/% | — | | | — | | | — | | |
| | 下限粒度/% | ≤1(<0.315) | | — | ≤1(≤0.45) | | | ≤1(<0.63) | | |
| 有效粒径/mm | | 0.40～0.70 | | | ≥0.50 | | | — | | |
| 均一系数 | > | 1.6 | 1.7 | | 1.6 | | | 1.4 | | |
| 渗磨圆球率/% | > | 90 | 80 | 60 | 90 | 80 | 60 | 90 | 80 | 70 |

**水处理用 D202 树脂(氢氧型)/(氯型)的电力行业技术要求**

| 指标名称 | | 指标 | | |
|---|---|---|---|---|
| | | D202 | D202 FC | D202 SC |
| 全交换容量 $Q_m^a\left(\frac{1}{x}B^{x-}\right)$/(mmol/g) | ≥ | | 3.7② | |
| 强型基团容量 $Q_m\left(\frac{1}{x}B^{x-}\right)$/(mmol/g) | ≥ | | 3.5～3.4 | |
| 体积交换容量 $Q_V^a\left(\frac{1}{x}B^{x-}\right)$/(mmol/mL) | ≥ | 1.0～1.2 | 0.95～1.15 | 1.0～1.2 |
| 含水量/% | | | 50～60/47～57 | |
| 湿视密度/(g/cm³) | | | 0.67～0.72/0.68～0.73 | |
| 湿真密度/(g/cm³) | | | 1.06～1.10/1.07～1.12 | |
| 有效粒径①/mm | | 0.40～0.70 | ≥0.50 | ≥0.63 |
| 均一系数① | | ≤1.60 | ≤1.60 | ≤1.40 |
| 粒度①/% | | (0.315～1.250mm) | (0.450～1.250mm) | (0.630～1.250mm) |
| | | ≥95 | ≥95 | ≥95 |
| | | (<0.315mm) | (<0.450mm) | (<0.630mm) |
| | | <1 | <1 | <1 |
| 渗磨圆球率/% | | | ≥90 | |

① 有效粒径，均一系数和粒度测定用氯型。

② 最大再生容量。

2.8.14 大孔型弱碱性苯乙烯系阴离子交换树脂（D301）技术指标，HG/T 2165—91、HG/T 2624—94及DL 519—93

出厂：游离胺型

外观：乳白色或浅黄色不透明球状颗粒。

**D301树脂的化工行业标准技术指标[58]，HG/T 2165—91**

| 指标名称 | | 指标 | | |
|---|---|---|---|---|
| | | 优等品 | 一等品 | 合格品 |
| 含水量/% | | 50～60 | 45～65 | 45～65 |
| 质量全交换容量$Q_m^a\left(\frac{1}{x}B^{x-}\right)$/(mmol/g) | ≥ | 4.8 | 4.6 | 4.2 |
| 体积全交换容量$Q_V^a\left(\frac{1}{x}B^{x-}\right)$/(mmol/mL) | ≥ | 1.5 | 1.4 | 1.3 |
| 湿视密度/(g/cm³) | | 0.65～0.72 | | |
| 湿真密度/(g/cm³) | | 1.03～1.07 | | |
| 粒度/% 0.315～1.25mm | ≥ | 95 | | |
| 小于0.315mm | ≤ | 1 | | |
| 有效粒径/mm | | 0.45～0.70 | | |
| 均一系数 | ≤ | 1.6 | 1.7 | 1.7 |
| 渗磨圆球率/% | ≥ | 95 | 90 | 85 |

**D301—FC树脂的化工行业标准技术指标，HG/T 2624—94**

| 指标名称 | | | 指标 | | |
|---|---|---|---|---|---|
| | | | 优等品 | 一等品 | 合格品 |
| 含水量/% | | | 50～60 | | 45～65 |
| 质量全交换容量$Q_m^a\left(\frac{1}{x}B^{x-}\right)$/(mmol/g) | | ≥ | 5.0 | 4.8 | 4.3 |
| 体积全交换容量$Q_V^a\left(\frac{1}{x}B^{x-}\right)$/(mmol/mL) | | ≥ | 1.5 | 1.4 | 1.3 |
| 湿视密度/(g/mL) | | | 0.65～0.72 | | |
| 湿真密度/(g/mL) | | | 1.03～1.07 | | |
| 粒度/% | 0.45～1.25mm | ≥ | 95 | | |
| | 小于0.45mm | ≤ | 1 | | |
| 有效粒径/mm | | | 0.50～0.75 | | |
| 均一系数 | | ≤ | 1.6 | | |
| 渗磨圆球率/% | | ≥ | 95 | 90 | 82 |

**水处理用D301树脂（游离胺型）的电力行业技术要求，DL 519—93**

| 指标名称 | | 指标 | | |
|---|---|---|---|---|
| | | D301 | D301FC | D301SC |
| 全交换容量$Q_m^a\left(\frac{1}{x}B^{x-}\right)$/(mmol/g) | ≥ | 4.8 | | |
| 强型基团容量$Q_m\left(\frac{1}{x}B^{x-}\right)$/(mmol/g) | ≤ | 1.0 | | |
| 体积交换容量$Q_V^a\left(\frac{1}{x}B^{x-}\right)$/(mmol/mL) | ≥ | 1.4 | | |
| 含水量/% | | 48～58 | | |
| 湿视密度/(g/cm³) | | 0.65～0.72 | | |
| 湿真密度/(g/cm³) | | 1.03～1.06 | | |

续表

| 指标名称 | 指标 | | |
|---|---|---|---|
| | D301 | D301FC | D301SC |
| 有效粒径/mm | 0.40～0.70 | ≥0.50 | 0.30～0.50 |
| 均一系数 ≤ | 1.60 | 1.60 | 1.40 |
| 粒度/% | (0.315～1.250mm)≥95.0<br>(<0.315mm)<1 | (0.450～1.250mm)≥95.0<br>(<0.450mm)<1 | (0.315～0.630mm)≥95.0<br>(<0.315mm)<1 |
| 渗磨圆球率/% ≥ | 90 | | |
| 转型膨胀率(OH→Cl)/% ≤ | 28 | 30 | 28 |

2.8.15 三层混床专用离子交换树脂（D001-TR、D201-TR 及 S-TR），HG/T 2623—94

D001-TR：大孔型强酸性苯乙烯系阳离子交换树脂，出厂为钠型，外观为棕黄色至棕褐色不透明球状颗粒。

D201-TR：大孔型强碱性苯乙烯系阴离子交换树脂，出厂为氯型，外观为乳白色至淡黄色不透明球状颗粒。

S-TR：惰性树脂，外观为能区别于 D001-TR 和 D201-TR 的其他颜色的球状颗粒。

**三层混床树脂化工行业标准技术指标，HG/T 2623—94**

| 指标名称 | 指标 | | | | | | |
|---|---|---|---|---|---|---|---|
| | D001-TR | | | D201-TR | | | S-TR |
| | 优等品 | 一等品 | 合格品 | 优等品 | 一等品 | 合格品 | |
| 含水量/% | 45～55 | | | 50～60 | | | ≤12 |
| 质量全交换容量 $Q_m^a\left(\frac{1}{x}A^{x+},\frac{1}{x}B^{x-}\right)$/(mmol/g) ≥ | 4.4 | 4.3 | 4.2 | 3.8 | 3.7 | 3.6 | — |
| 体积全交换容量 $Q_V^a\left(\frac{1}{x}A^{x+},\frac{1}{x}B^{x-}\right)$/(mmol/mL) ≥ | 1.80 | 1.70 | 1.60 | 1.20 | 1.10 | 1.00 | — |
| 湿视密度/(g/mL) | 0.75～0.85 | | | 0.65～0.75 | | | 0.67～0.72 |
| 湿真密度/(g/mL) | 1.20～1.28 | | | 1.06～1.09 | | | 1.14～1.17 |
| 粒度/%(粒径/mm) | ≥95<br>(0.71～1.25)<br>≤1(<0.71) | | | ≥95<br>(0.45～0.90)<br>≤1(>0.90) | | | ≥98<br>(0.71～0.90) |
| 渗磨圆球率/% ≥ | 95 | 90 | 85 | 95 | 90 | 85 | 95 |

## 2.9 国外离子交换树脂生产厂家及牌号

2.9.1 国外离子交换树脂主要生产厂家及牌号表[21]

| 国家 | 树脂生产厂 | 树脂牌号 | 国家 | 树脂生产厂 | 树脂牌号 |
|---|---|---|---|---|---|
| 美国 | Rohm and Haas | Amberlite | 法国 | Dia-Prosium① 公司 | Duolite |
| | Dow 化学公司 | Dowex | | Deapprozin 公司 | Allassion, Zeolite |
| | Ionac 化学公司 | Ionac | | 别罗特(Rohm and Haas 子公司) | Amberlite |
| | Nalco 化学公司 | Nalcite | 日本 | 三菱化成工业公司 | Diaion |
| | Permutit 公司 | Permutit | | 东京有机化学公司 | Amberlite |
| | Mobey 化学公司 | Lewatit | 意大利 | Reseindion 公司 | Relite |
| | Diamond Shamrock 公司① | Duolite | 荷兰 | Imacti 公司 | Imacasmit |
| 英国 | Zerolit 公司 | Zerolit | 瑞典 | Fine 化学公司 | Sephadex |
| | Permutit 公司 | Zerokarb | 匈牙利 | Chemolimpex 公司 | Varion |
| 德国 | Bayer 公司 | Lewatit | 捷克 | Spolex 化学公司 | Ostion |
| 德国 | VEB 化学公司 | Wofatit | 前苏联 | 塑料科学研究院等 | КУ, АН |

① 在美国、澳大利亚用“Diamond Shamrock”名称，在欧洲用“Dia Prosium”，在日本为住友及 Ataka 公司。

2.9.2 国内外离子交换树脂牌号对照表[21]

| 国产型号 | 基本结构 | 日本 | 美国 | 英国 | 原联邦德国 | 原民主德国 | 法国 | 前苏联 | 捷克 |
|---|---|---|---|---|---|---|---|---|---|
| 强酸,001 | | Diaion K<br>Diaion BK<br>Diaion SK<br>Diaion SK-1B | Amberlite IR-120<br>Dowex50<br>Nalcite HCR<br>Nalcite 1-16<br>Permutit Q<br>Ionac 240 | Zeokarb 225<br>Zerolit 215<br>Zerolit 225<br>Zerolit 325<br>Zerolit 425<br>Zerolit SRC | Lewatit S100<br>Lewatit 115<br>Lewatit 1080<br>Ionenausta usherr I | Wofatit KPS | Allassion CS<br>Duolite C-20<br>Duolite C-21<br>Duolite C-25<br>Duolite C-27<br>Duolite C-202<br>Duolite C-204<br>Duolite ARC-351 | КУ-2<br>SDB-3<br>SDV-3 | Ostion KS<br>Katex SKM |
| 大孔强酸<br>D001 | 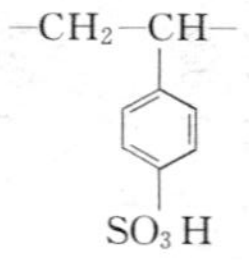 | Diaion PK<br>Diaion HPK | Amberlite 200<br>Amberlite 252<br>Amberlyst 15<br>Amberlyst XN 1004<br>Amberlyst XN 1005<br>Amberlyst XN 1010<br>Permutit QX<br>Dowex 50W<br>Dowex MSC-1 | Zerolit S-1104<br>Zerolit S-625<br>Zerolit S-925 | Lewatit SP-100<br>Lewatit SP-112<br>Lewatit SP-120<br>Lewatit CA9259HL | Wofatit KS-10<br>Wofatit KS-11<br>Wofatit OK-80 | Allassion AS<br>Duolite C-20HL<br>Duolite C-26<br>Duolite C-261<br>Duolite ES-26<br>Duolite ES-264 | КУ-2-12P<br>КУ-23 | Katex KP-<br>Ostion KSP |
| 弱酸,111 | | Diaion WK20 | Amberlite IRC-50<br>Bio-Rad 70 | Zeokarb 226<br>Zeokarb 236<br>Zerolit 236 | | Wofatit CP-300 | Allassion CC<br>Duolite CC | КБ-1,4<br>КМ<br>КР | |
| 大孔弱酸<br>D111 | 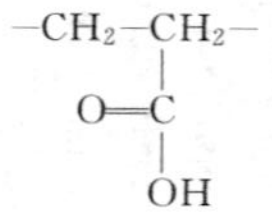 | Diaion WK10<br>Diaion WK11 | Amberlite IRC-84<br>Permutit 216<br>Dowex CCR-2<br>Ionac 270<br>Ionac CC<br>Ionac CNN<br>Permutit H-70<br>Permutit C<br>Fermutit Q210 | | Lewatit CNP-80<br>Ionenaustauscher IV | Wofatit CA-20 | Duolite C-433<br>Duolite C-464 | КБ-3 | Ostion KM |

续表

| 国产型号 | 基本结构 | 日　本 | 美　国 | 英　国 | 原联邦德国 | 原民主德国 | 法　国 | 前苏联 | 捷　克 |
|---|---|---|---|---|---|---|---|---|---|
| 强碱Ⅰ型<br>201×7 | 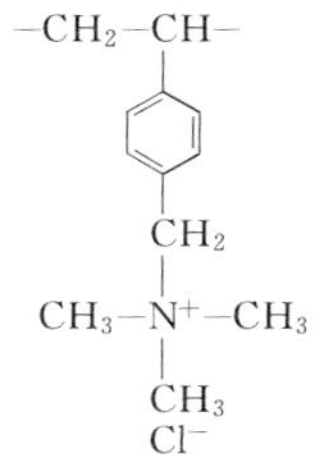 | Diaion SA-10A<br>Diaion SA-10B<br>Diaion SA-11A<br>Diaion SA-11B<br>Diaion SA-100 | Amberlite IRA-400<br>Amberlite CG-400<br>Amberlite IRA-401<br>Dowex I<br>Dowex MSA-1<br>Permutit S | DeAcidite FF<br>De Acidite IP<br>DeAcidite SRA<br>DeAcidite 61～64<br>Zerolit FF | Lewatit M500<br>Ionenaustauscher Ⅲ | Wofatit ES<br>Wofatit RS<br>Wofatit RO | Allassion AG 217<br>Allassion AR 12<br>Allassion AS<br>Duolite A101<br>Duolite A104 | AB-17<br>AB-19 | Anex SD-TM<br>Ostion AT<br>Ostion SD-TM |
| 强碱Ⅰ型<br>214 | | Diaion SA-101<br>神胶 800<br>神胶 801 | Nalcite SBR<br>Ionac A-540<br>Bio-Rad AG-1<br>Illco A244 | Zerolit FX<br>Zerolit P(IP)<br>Zerolit FF(IP)<br>Zerolit ES(IP) | | Wofatit SBT<br>Wofatit SBW | Duolite A109<br>Duolite A121<br>Duolite A143<br>Duolite A12<br>ES,ESF,ARA | | |
| 大孔强碱<br>Ⅰ型<br>D290<br>D201 | 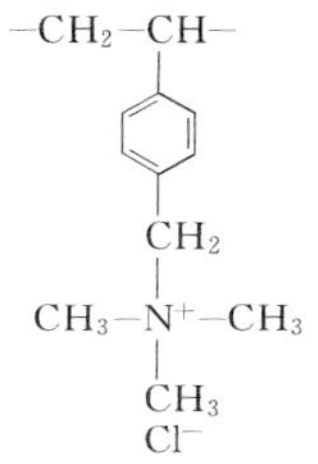 | Diaion PA | Amberlite IRA-900<br>Amberlite IRA-902<br>Amberlite IRA-958<br>Ambersorb XE-352<br>Amberlyst A-26<br>Amberlyst A-27<br>Amberlyst XN-1001<br>Amberlyst XN-1006<br>Dowex 21K<br>Dowex AG21K<br>Dowex MSA-1<br>Ionac A-641 | DeAcidite K-MP<br>Zerolit S-1095<br>Zerolit S-1102<br>Zerolit K(MP)<br>Zerolit MPF | Lewatit MP-500 | Wofatit SZ-30<br>Wofatit EA-60 | Allassion AR-10<br>Doulite A-140<br>Doulite A-161<br>Doulite ES-143<br>Doulite ES-161 | AB-17Π | katex AP-1<br>Ostion ADP |

续表

| 国产型号 | 基本结构 | 日　本 | 美　国 | 英　国 | 原联邦德国 | 原民主德国 | 法　国 | 前苏联 | 捷　克 |
|---|---|---|---|---|---|---|---|---|---|
| 强碱Ⅱ型 202 | 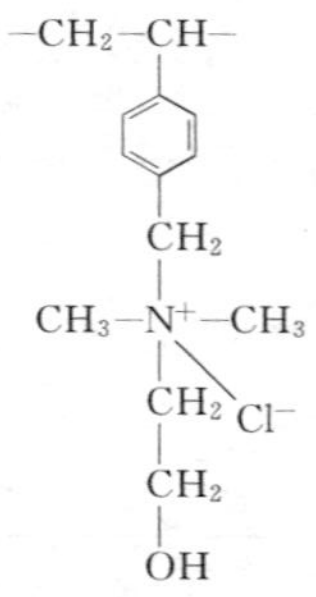 | Diaion SA-20A<br>Diaion SA-20B<br>Diaion SA-21A<br>Diaion SA-21B<br>Diaion SA-200<br>Diaion SA-201 | Amberlite IRA-410<br>Amberlite IRA-411<br>Dowex 2<br>Naclite SAR<br>Permutit A-300D | Zerolit N(IP) | Lewatit M-600<br>Permutit ES | Wofatit SBK | Allassion AQ-227<br>Duolite A-40<br>Duolite A-102 | AB-27<br>AB-29 | Anex SD<br>Anex D |
| 大孔强碱Ⅱ型 D206 D252 D202 | | Diaion PA404<br>Diaion PA406<br>Diaion PA408<br>Diaion PA410<br>Diaion PA420 | Amberlite IRA-910<br>Amberlite IRA-911<br>Amberlite XE-224<br>Amberlyst A-2<br>Amberlyst XN-1002<br>Inoac A651 | Zerolit S-1106<br>Zerolit MPN | Lewatit MP-600 | Wofatit SL-30 | Allassion AR-20<br>Allassion DC-22<br>Duolite A-402C<br>Duolite A-160 | AB-27П<br>AB-29П | Ostion ADP |
| 弱碱 301 | 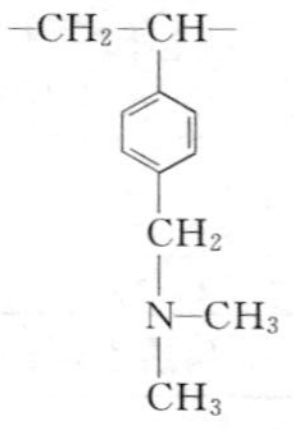 | | Amberlite IRA-45<br>Nalcite WBR | Zerolit H(IP)<br>Zerolit M(IP)<br>Zerolit M<br>DeAcidite GHJ | Ionenaustauscher Ⅱ | | Duolite ES106<br>Duolite A-114<br>Duolite A303 | AH-17<br>AH-18<br>AH-19<br>AH-20 | Ostion AMP<br>Ostion AW |

续表

| 国产型号 | 基本结构 | 日本 | 美国 | 英国 | 原联邦德国 | 原民主德国 | 法国 | 前苏联 | 捷克 |
|---|---|---|---|---|---|---|---|---|---|
| 大孔弱碱<br>D301 | 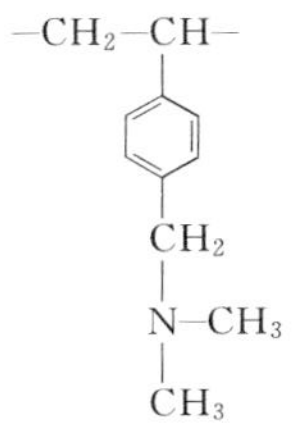 | Diaion WA-20<br>Diaion WA-21 | Amberlite IRA-93<br>Amberlite IRA-94<br>Amberlite IRA-94S<br>Amberlyst A-21<br>Amberlyst XE-1003<br>Ionac A-320<br>Dowex MWA-1<br>Permutit S-440 | Zerolit MPH<br>Zerolit S-1101 | Lewatit MP-60<br>Lewatit OC-1002<br>Lewatit CA-9247HL<br>Lewatit CA-9222 | Wofatit AD-40<br>Wofatit AD-41<br>Wofatit RO-71 | Duolite A-305<br>Duolite ES-308<br>Duolite ES-368 | AH-89×77П | Anex AP-DM<br>Ostion AWP |
| 弱碱 331 | 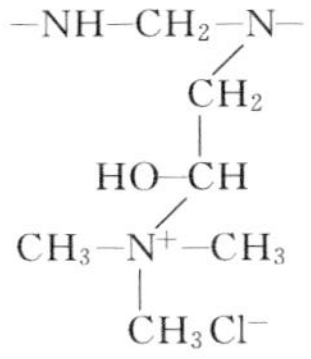 | | Dowex WGR<br>Ionac A-300<br>Ionac A-310 | DeAcidite A | | Wofalit L150<br>Wofalit MD | Duolite A30B<br>Duolite A30<br>Duolite A57<br>Duolite A340<br>Duolite ES-57<br>Duolite ES-371 | ПЭК<br>ЭДЭ-10<br>ЭДЭ-10П | |
| 大孔弱碱<br>D311 | 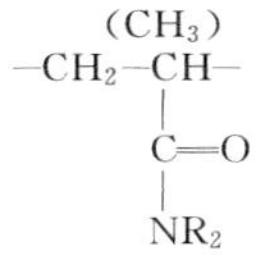 | Diaion WA-10<br>Diaion WA-11<br>Diaion WA-30 | Amberlite IRA-68<br>Amberlite XE-168<br>Amberlite XE-236 | | Lewatit MP-64 | | Duolite ES-366 | | |
| EDTA 型<br>螯合树脂<br>D401 | 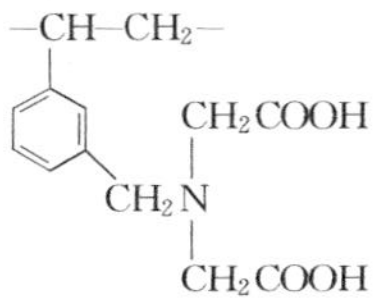 | DiaionCR-10 | Amberlite IRC-718<br>Dowex A-1<br>Bio-Chelex 100 | Zerolit S-1006 | Lewatit TP207 | Wofatit MC-50 | Duolite ES-466<br>Duolite A-374 | KT-1<br>KT-2<br>KT-3<br>KT-4<br>XKA-1 | |

# 附录3 各种用水标准及规定

## 3.1 饮用水及生活用水

### 3.1.1 我国生活饮用水水质标准，GB 5749—2006

#### 3.1.1.1 生活饮用水水质常规检验项目及限值

| 项目 | 限值 |
| --- | --- |
| 感官性状和一般化学指标 | |
| 色度(铂钴色度单位)/度 | 15 |
| 浑浊度(散射浑浊度单位)/度(NTU) | 1,水源与净水技术条件限制时为3 |
| 臭和味 | 无异臭、异味 |
| 肉眼可见物 | 无 |
| pH值 | 不小于6.5且不大于8.5 |
| 总硬度(以$CaCO_3$计)/(mg/L) | 450 |
| 铝/(mg/L) | 0.2 |
| 铁/(mg/L) | 0.3 |
| 锰/(mg/L) | 0.1 |
| 铜/(mg/L) | 1.0 |
| 锌/(mg/L) | 1.0 |
| 挥发酚类(以苯酚计)/(mg/L) | 0.002 |
| 阴离子合成洗涤剂/(mg/L) | 0.3 |
| 硫酸盐/(mg/L) | 250 |
| 氯化物/(mg/L) | 250 |
| 溶解性总固体/(mg/L) | 1000 |
| 耗氧量($COD_{Mn}$法,以$O_2$计)/(mg/L) | 3,水源限制,原水耗氧量>6mg/L时为5 |
| 毒理指标 | |
| 砷/(mg/L) | 0.01 |
| 镉/(mg/L) | 0.005 |
| 铬(六价)/(mg/L) | 0.05 |
| 氰化物/(mg/L) | 0.05 |
| 氟化物/(mg/L) | 1.0 |
| 铅/(mg/L) | 0.01 |
| 汞/(mg/L) | 0.001 |
| 硝酸盐(以N计)/(mg/L) | 10,地下水源限制时为20 |
| 硒/(mg/L) | 0.01 |
| 四氯化碳/(mg/L) | 0.002 |
| 三氯甲烷/(mg/L) | 0.06 |
| 溴酸盐(使用臭氧时)/(mg/L) | 0.01 |
| 甲醛(使用臭氧时)/(mg/L) | 0.9 |
| 亚氯酸盐(使用二氧化氯消毒时)/(mg/L) | 0.7 |
| 氯酸盐(使用复合二氧化氯消毒时)/(mg/L) | 0.7 |
| 微生物指标 | |
| 菌落总数/(CFU/mL) | 100 |
| 总大肠菌群/(MPN/100mL或CFU/100mL)① | 不得检出 |
| 耐热大肠菌群/(MPN/100mL或CFU/100mL) | 不得检出 |
| 大肠埃希氏菌/(MPN/100mL或CFU/100mL) | 不得检出 |
| 放射性指标② | |
| 总α放射性/(Bq/L) | 0.5 |
| 总β放射性/(Bq/L) | 1 |

① MPN表示最可能数；CFU表示菌落形成单位。当水样检出总大肠菌群时，应进一步检验大肠埃希氏菌或耐热大肠菌群；未检出总大肠菌群，不必检验大肠埃希氏菌或耐热大肠菌群。

② 放射性指标超过指导值，应进行核素分析和评价，判定能否饮用。

### 3.1.1.2 生活饮用水中消毒剂常规指标及要求

| 消毒剂名称 | 与水接触时间/min | 出厂水中限值/(mg/L) | 出厂水中余量/(mg/L) | 管网末梢水中余量/(mg/L) |
|---|---|---|---|---|
| 氯气及游离氯制剂(游离氯) | ≥30 | 4 | ≥0.3 | ≥0.05 |
| 一氯胺(总氯) | ≥120 | 3 | ≥0.5 | ≥0.05 |
| 臭氧($O_3$) | ≥12 | 0.3 | — | 0.02<br>如加氯,总氯≥0.05 |
| 二氧化氯($ClO_2$) | ≥30 | 0.8 | ≥0.1 | ≥0.02 |

### 3.1.1.3 生活饮用水水质非常规检验项目及限值

| 项目 | 限值/(mg/L) | 项目 | 限值/(mg/L) |
|---|---|---|---|
| 感官性状和一般化学指标 | | 微囊藻毒素-LR | 0.001 |
| 氨氮(以N计) | 0.5 | 莠去津 | 0.002 |
| 硫化物 | 0.02 | 灭草松 | 0.3 |
| 钠 | 200 | 敌敌畏 | 0.001 |
| 毒理指标 | | 百菌清 | 0.01 |
| 锑 | 0.005 | 滴滴涕 | 0.001 |
| 钡 | 0.7 | 溴氰菊酯 | 0.02 |
| 铍 | 0.002 | 毒死蜱 | 0.03 |
| 硼 | 0.5 | 乐果 | 0.08 |
| 钼 | 0.07 | 2,4-滴 | 0.03 |
| 镍 | 0.02 | 七氯 | 0.0004 |
| 银 | 0.05 | 环氧氯丙烷 | 0.0004 |
| 铊 | 0.0001 | 六氯苯 | 0.001 |
| 二氯甲烷 | 0.02 | 六六六(总量) | 0.005 |
| 1,2-二氯乙烷 | 0.03 | 林丹 | 0.002 |
| 1,1,1-三氯乙烷 | 2 | 马拉硫磷 | 0.25 |
| 氯乙烯 | 0.005 | 对硫磷 | 0.003 |
| 1,1-二氯乙烯 | 0.03 | 甲基对硫磷 | 0.02 |
| 1,2-二氯乙烯 | 0.05 | 五氯酚 | 0.009 |
| 三氯乙烯 | 0.07 | 呋喃丹 | 0.0007 |
| 四氯乙烯 | 0.04 | 草甘膦 | 0.7 |
| 苯 | 0.01 | 2,4,6三氯酚 | 0.2 |
| 甲苯 | 0.7 | 三卤甲烷① | 该类化合物中各种化合物的实测浓度与其各自限值的比值之和不得超过1 |
| 二甲苯(总量) | 0.5 | | |
| 乙苯 | 0.3 | | |
| 苯乙烯 | 0.02 | | |
| 苯并[*a*]芘 | 0.00001 | 三溴甲烷 | 0.1 |
| 氯苯 | 0.3 | 一氯二溴甲烷 | 0.1 |
| 1,2-二氯苯 | 1 | 二氯一溴甲烷 | 0.06 |
| 1,4-二氯苯 | 0.3 | 二氯乙酸 | 0.05 |
| 三氯苯(总量) | 0.02 | 三氯乙酸 | 0.1 |
| 邻苯二甲酸二(2-乙基己基)酯 | 0.008 | 三氯乙醛 | 0.01 |
| 丙烯酰胺 | 0.0005 | 氯化氰(以$CN^-$计) | 0.07 |
| 六氯丁二烯 | 0.0006 | | |

① 三卤甲烷为三氯甲烷、三溴甲烷、一氯二溴甲烷和二氯一溴甲烷之总和。

### 3.1.1.4 生活饮用水水源水质卫生要求

采用地表水为水源时应符合 GB 3838—2002 要求。

采用地下水为水源时应符合 GB/T 14848—1993 要求。

### 3.1.2 我国城镇建设行业饮用净水水质标准，CJ 94—2005

| 项目 | | 限值 |
|---|---|---|
| 感官性状 | 色/度 | 5 |
| | 浑浊度/度(NTU) | 0.5 |
| | 臭和味 | 无异臭异味 |
| | 肉眼可见物 | 无 |
| 一般化学指标 | pH | 6.0～8.5 |
| | 总硬度(以 $CaCO_3$ 计)/(mg/L) | 300 |
| | 铁/(mg/L) | 0.20 |
| | 锰/(mg/L) | 0.05 |
| | 铜/(mg/L) | 1.0 |
| | 锌/(mg/L) | 1.0 |
| | 铝/(mg/L) | 0.20 |
| | 挥发性酚类(以苯酚计)/(mg/L) | 0.002 |
| | 阴离子合成洗涤剂/(mg/L) | 0.20 |
| | 硫酸盐/(mg/L) | 100 |
| | 氯化物/(mg/L) | 100 |
| | 溶解性总固体/(mg/L) | 500 |
| | 耗氧量($COD_{Mn}$,以 $O_2$ 计)/(mg/L) | 2.0 |
| 毒理学指标 | 氟化物/(mg/L) | 1.0 |
| | 硝酸盐氮(以氮计)/(mg/L) | 10 |
| | 砷(As)/(mg/L) | 0.01 |
| | 硒(Se)/(mg/L) | 0.01 |
| | 汞(Hg)/(mg/L) | 0.001 |
| | 镉(Cd)/(mg/L) | 0.003 |
| | 铬(六价)/(mg/L) | 0.05 |
| | 铅(Pb)/(mg/L) | 0.01 |
| | 银(Ag)(采用载银活性炭时测定)/(mg/L) | 0.05 |
| | 氯仿/(μg/L) | 30 |
| | 四氯化碳/(μg/L) | 2 |
| | 亚氯酸盐(采用 $ClO_2$ 消毒时测定)/(mg/L) | 0.70 |
| | 氯酸盐(采用 $ClO_2$ 消毒时测定)/(mg/L) | 0.70 |
| | 溴酸盐(采用 $O_3$ 消毒时测定)/(mg/L) | 0.01 |
| | 甲醛(采用 $O_3$ 消毒时测定)/(mg/L) | 0.90 |
| 细菌学指标 | 细菌总数/(cfu/mL) | 50 |
| | 总大肠菌群 | 每 100mL 水样中不得检出 |
| | 粪大肠菌群 | 每 100mL 水样中不得检出 |
| | 游离余氯/(mg/L) | 0.01(管网末梢水)① |
| | 臭氧(采用 $O_3$ 消毒时测定)/(mg/L) | 0.01(管网末梢水)① |
| | 二氧化氯(采用 $ClO_2$ 消毒时测定)/(mg/L) | 0.01(管网末梢水)①<br>或余氯 0.01(管网末梢水)① |

① 为该项目的检出限，实测浓度应不小于检出限。

### 3.1.3 中国台湾饮用水水质标准[59]（1998 年 2 月）

| 序号 | 项目 | 指标限值 | 序号 | 项目 | 指标限值 |
|---|---|---|---|---|---|
| 微生物学参数： | | | 4 | 浑浊度/NTU | 4 |
| 1 | 大肠杆菌/(个/100mL) | 6 | 5 | 色度/Pt-Co 标准 | 10 |
| 2 | 细菌总数/(CFU/mL) | 100 | 化学参数： | | |
| 物理参数： | | | (一)影响健康的物质/(mg/L) | | |
| 3 | 臭/TON① | 3 | 6 | 砷 | 0.05 |

续表

| 序号 | 项　　目 | 指标限值 | 序号 | 项　　目 | 指标限值 |
|---|---|---|---|---|---|
| 7 | 铅 | 0.05 | 32 | 呋喃丹 | 0.02 |
| 8 | 硒 | 0.01 | 33 | 异丙威 | 0.02 |
| 9 | 铬 | 0.05 | 34 | 二嗪农 | 0.02 |
| 10 | 镉 | 0.005 | 35 | 对硫磷 | 0.005 |
| 11 | 钡 | 2.0 | 36 | EPN | 0.02 |
| 12 | 锑 | 0.01 | 37 | 单丁烯磷 | 0.005 |
| 13 | 镍 | 0.1 | 38 | 单(2-丁烯)磷 | 0.003 |
| 14 | 汞 | 0.002 | (二) 可能影响健康的物质/(mg/L) | | |
| 15 | 氰化物 | 0.05 | 39 | 氟化物 | 0.8 |
| 16 | 亚硝酸盐(以氮计) | 0.1 | 40 | 硝酸盐氮(以 N 计) | 10 |
| 17 | 总三卤甲烷 | 0.1 | 41 | 银 | 0.05 |
| 挥发性有机物/(mg/L) | | | 影响饮用的物质/(mg/L) | | |
| 18 | 三氯乙烯 | 0.005 | 42 | 铁 | 0.3 |
| 19 | 四氯化碳 | 0.005 | 43 | 锰 | 0.05 |
| 20 | 1,1,1-三氯乙烷 | 0.20 | 44 | 铜 | 1.0 |
| 21 | 1,2-二氯乙烷 | 0.005 | 45 | 锌 | 5.0 |
| 22 | 氯乙烯 | 0.002 | 46 | 硫酸盐 | 250 |
| 23 | 苯 | 0.005 | 47 | 酚 | 0.001 |
| 24 | 对二氯苯 | 0.075 | 48 | 阴离子表面活性剂 | 0.5 |
| 25 | 1,1-二氯乙烯 | 0.007 | 49 | 氯化物 | 250 |
| 农药/(mg/L) | | | 50 | 氨氮(以 N 计) | 0.5 |
| 26 | 硫丹 | 0.003 | 51 | 总硬度(以 $CaCO_3$ 计) | 500 |
| 27 | 林丹 | 0.0002 | 52 | 总溶解固体 | 800 |
| 28 | 去草胺 | 0.02 | 其他： | | |
| 29 | 2,4-二氯苯氧基乙酸 | 0.07 | 53 | 余氯/(mg/L) | 0.2～1.5 |
| 30 | 百草枯 | 0.01 | 54 | pH 值 | 6.5～8.5 |
| 31 | 灭多虫 | 0.01 | | | |

① TON 为臭的阈值。

注：译自台湾饮用水水质标准：Water Quality Standards in Taiwan。

### 3.1.4 世界卫生组织（WHO）饮用水水质准则（第二版）[59]，1993 年公布，1998 年修订

#### 3.1.4.1 饮用水的细菌学质量❶

| 项　　目 | 指 标 限 值 |
|---|---|
| 所有用于饮用的水 | |
| 大肠杆菌或耐热大肠菌 | 在任意 100mL 水样中检测不出 |
| 进入配水管网前的处理水 | |
| 大肠杆菌或耐热大肠菌 | 在任意 100mL 水样中检测不出 |
| 总大肠菌群 | 在任意 100mL 水样中检测不出 |
| 配水管网中的处理水 | |
| 大肠杆菌或耐热大肠菌 | 在任意 100mL 水样中检测不出 |
| 总大肠菌群 | 在任意 100mL 水样中检测不出。对于供水量大的情况，应检测足够多次的水样，在任意 12 个月中 95%水样应合格 |

❶ 如果检测到大肠杆菌或总大肠菌，应立即进行调查。如果发现总大肠菌，应重新取样再测。如果重取的水样中仍检测出大肠菌，则必须进一步调查以确定原因。

### 3.1.4.2 饮用水中对健康有影响的化学物质

| (一)无机组分 | | mg/L |
|---|---|---|
| 项　目 | 指标限值 | 备　注 |
| 锑 | 0.005(p)① | |
| 砷 | 0.01②(p) | 含量超过 $6\times10^{-4}$将有致皮肤癌的危险 |
| 钡 | 0.7 | |
| 铍 | | NAD |
| 硼 | 0.5(p) | |
| 镉 | 0.003 | |
| 铬 | 0.05(p) | |
| 铜 | 2(p) | 会导致急性肠胃炎 |
| 氰化物 | 0.07 | |
| 氟化物 | 1.5 | 当制定国家或地区标准时，应考虑当地的气候条件、用水量及其他摄入氟的途径 |
| 铅 | 0.01 | 众所周知，并非所有的给水都能立即满足指标值的要求，所有其他可用以减少水铅接触的推荐措施都应采用 |
| 锰 | 0.5(p) | ATO |
| 汞(总) | 0.001 | |
| 钼 | 0.07 | |
| 镍 | 0.02 | |
| 硝酸盐(以 $NO_3^-$ 计) | 50(短时间) | 每一项浓度与它相应的指标值的比率的总和不能超过 1 |
| 亚硝酸盐(以 $NO_2^-$ 计) | 3(p)(短时间)<br>0.2(p)(长时间) | |
| 硒 | 0.01 | |
| 铀 | 0.002(p) | NAD |

| (二)有机组分 | | μg/L |
|---|---|---|
| 项　目 | 指标限值 | 备　注 |
| 氯化烷烃类 | | |
| 四氯化碳 | 2 | |
| 二氯甲烷 | 20 | |
| 1,1-二氯乙烷 | | NAD |
| 1,1,1-三氯乙烷 | 2000(p) | |
| 1,2-二氯乙烷 | 30② | 过量致险值为 $10^{-5}$ |
| 氯乙烯类 | | |
| 氯乙烯 | 5② | 过量致险值为 $10^{-5}$ |
| 1,1-二氯乙烯 | 30 | |
| 1,2-二氯乙烯 | 50 | |
| 三氯乙烯 | 70(p) | |
| 四氯乙烯 | 40 | |
| 芳香烃族 | | |
| 苯 | 10② | 过量致险值为 $10^{-5}$ |
| 甲苯 | 700 | ATO |
| 二甲苯族 | 500 | ATO |
| 乙苯 | 300 | ATO |
| 苯乙烯 | 20 | ATO |
| 苯并[*a*]芘 | 0.7② | 过量致险值为 $10^{-5}$ |

续表

| 项　　目 | 指标限值 | 备　　注 |
|---|---|---|
| 氯苯类 | | |
| 一氯苯 | 300 | ATO |
| 1,2-二氯苯 | 1000 | ATO |
| 1,3-二氯苯 | | NAD |
| 1,4-二氯苯 | 300 | ATO |
| 三氯苯(总) | 20 | ATO |
| 其他类 | | |
| 二-(2-乙基己基)己二酸 | 80 | |
| 二-(2-乙基己基)邻苯二甲酸酯 | 8 | |
| 丙烯酰胺 | 0.5② | 过量致险值为 $10^{-5}$ |
| 环氧氯丙烷 | 0.4(p) | |
| 六氯丁二烯 | 0.6 | |
| 乙二胺四乙酸(EDTA) | 600(p) | |
| 次氮基三乙酸 | 200 | |
| 二烃基锡 | | NAD |
| 三丁基氧化锡 | 2 | |
| 微囊藻毒素 | 1(p) | 适用于总微囊藻毒素 |

(三)农药　　μg/L

| 项　　目 | 指标限值 | 备　　注 |
|---|---|---|
| 草不绿 | 20② | 过量致险值为 $10^{-5}$ |
| 涕灭威 | 10 | |
| 艾氏剂/狄氏剂 | 0.03 | |
| 莠去津 | 2 | |
| 噻草平/苯达松 | 300 | |
| 羰呋喃 | 7 | |
| 氯丹 | 0.2 | |
| 绿麦隆 | 30 | |
| 二氮氰 | 0.6 | |
| 滴滴涕 | 2 | |
| 1,2-二溴-3-氯丙烷 | 1② | 过量致险值为 $10^{-5}$ |
| 1,2-二溴乙烷 | 0.4～15(p)② | |
| 2,4-二氯苯氧基乙酸 | 30 | |
| 1,2-二氯丙烷 | 40(p) | |
| 1,3-二氯丙烷 | | NAD |
| 1,3-二氯丙烯 | 20② | 过量致险值为 $10^{-5}$ |
| 敌草快 | 10(p) | |
| 二溴乙烯 | | NAD |
| 七氯和七氯环氧化物 | 0.03 | |
| 六氯苯 | 1② | 过量致险值为 $10^{-5}$ |
| 异丙隆 | 9 | |
| 林丹 | 2 | |

续表

| 项　　目 | 指标限值 | 备　　注 |
| --- | --- | --- |
| 2-甲基-4-氯苯氧基乙酸(MCPA) | 2 | |
| 甲氧氯 | 20 | |
| 丙草胺 | 10 | |
| 草达灭 | 6 | |
| 二甲戊乐灵 | 20 | |
| 五氯苯酚 | 9(p) | |
| 二氯苯醚菊酯 | 20 | |
| 丙酸缩苯胺 | 20 | |
| 达草止 | 100 | |
| 西玛三嗪 | 2 | |
| 待丁津(TBA) | 7 | |
| 氟乐灵 | 20 | |
| 氯苯氧基除草剂,不包括2,4-D和MC-PA | | |
| 2,4-DB | 90 | |
| 二氯丙酸 | 100 | |
| 2,4,5-涕丙酸 | 9 | |
| 2-甲-4-氯丁酸(MCPB) | | NAD |
| 2-甲-4-氯丙酸 | 10 | |
| 2,4,5-T | 9 | |

(四)消毒剂及消毒副产物　　μg/L

| 项　　目 | 指标值 | 备　　注 |
| --- | --- | --- |
| 消毒剂 | | |
| 一氯胺 | 3 | |
| 二氯胺和三氯胺 | | NAD |
| 氯 | 5 | ATO在pH<8.0时,为保证消毒效果,接触30min后,自由氯应>0.5mg/L |
| 二氧化氯 | | 由于二氧化氯会迅速分解,故该项指标值尚未制定。且亚氯酸盐的指标值足以防止来自于二氧化氯的潜在毒性 |
| 碘 | | NAD |
| 消毒副产物 | | |
| 溴酸盐 | 25②(p) | 过量致险值为 $7\times10^{-5}$ |
| 氯酸盐 | | NAD |
| 亚氯酸盐 | 200(p) | |
| 氯酚类 | | |
| 2-氯酚 | | NAD |
| 2,4-二氯酚 | | NAD |
| 2,4,6-三氯酚 | 200② | 过量致险值为 $10^{-5}$,ATO |
| 甲醛 | 900 | |
| 3-氯-4-二氯甲基-5-羟基-2(5*H*)-呋喃酮(MX) | | NAD |
| 三卤甲烷类 | | 每一项的浓度与它相对应的指标值的比率不能超过1 |

续表

| 项目 | 指标值 | 备注 |
| --- | --- | --- |
| 三溴甲烷 | 100 | |
| 一氯二溴甲烷 | 100 | |
| 二氯一溴甲烷 | 60② | 过量致险值为 $10^{-5}$ |
| 三氯甲烷 | 200② | 过量致险值为 $10^{-5}$ |
| 氯化乙酸类 | | |
| 氯乙酸 | | NAD |
| 二氯乙酸 | 50(p) | |
| 三氯乙酸 | 100(p) | |
| 水合三氯乙醛 | 10(p) | |
| 氯丙酮 | | NAD |
| 卤乙腈类 | | |
| 二氯乙腈 | 90(p) | |
| 二溴乙腈 | 100(p) | |
| 氯溴乙腈 | | NAD |
| 三氯乙腈 | 1(p) | |
| 氯乙腈(以 CN 计) | 70 | |
| 三氯硝基甲烷 | | NAD |

①（p）为临时性指标值，该项目适用于某些组分，对这些组分而言，有一些证据说明这些组分具有潜在的毒害作用，但对健康影响的资料有限；或在确定日容许摄入量（TDI）时不确定因素超过 1000 以上。

② 对于被认为有致癌性的物质，该指导值为致癌危险率为 $10^{-5}$时其在饮用水中的浓度（即每 100000 人中，连续 70 年饮用含浓度为该指导值的该物质的饮用水，有一人致癌）。

注：1. NAD 为没有足够的资料用于确定推荐基于健康考虑的指导值。

2. ATO 为该物质的浓度等于或低于基于健康考虑的指导值时，可能会影响水的感官、臭或味。

### 3.1.4.3 饮用水中常见的对健康影响不大的化学物质

| 化学物质 | 备注(1993 年公布) | 备注(1998 年修订) | 备注(1984 年第一版) |
| --- | --- | --- | --- |
| 石棉 | U | | |
| 荧蒽 | | U | |
| 草甘膦 | | U | |
| 银 | U | | |
| 锡 | U | | |

注：U 为对于这些组分不必要提出一个健康基准指标值，因为它们在饮用水中常见的浓度下对人体健康无毒害作用。

### 3.1.4.4 饮用水中放射性组分

Bq/L

| 项目 | 指标限值 | 备注 |
| --- | --- | --- |
| 总 α 活性 | 0.1 | 如果其中一项超标，那么更详细的放射性核元素分析必不可少。较高的值并不一定说明该水质不适于人类饮用 |
| 总 β 活性 | 1 | |

### 3.1.4.5 饮用水中含有能引起用户不满的物质及其参数

| 项　　目 | 指标限值① | 用户不满的原因 |
|---|---|---|
| 物理参数 | | |
| 色度/TCU② | 15 | 外观 |
| 臭和味 | — | 应当可以接受 |
| 水温 | — | 应当可以接受 |
| 浑浊度/NTU | 5 | 外观；为了最终的消毒效果，平均浑浊度≤1NTU，单个水样≤5NTU |
| 无机组分/(mg/L) | | |
| 铝 | 0.2 | 沉淀，脱色 |
| 氨 | 1.5 | 味和臭 |
| 氯化物 | 250 | 味道，腐蚀 |
| 铜 | 1 | 洗衣房和卫生间器具生锈(健康基准临时指标值为 2mg/L) |
| 硬度 | 500(以 $CaCO_3$ 计)<br>(1984 年第一版) | 高硬度：水垢沉淀，形成浮渣 |
| 硫化氢 | 0.05 | 味和臭 |
| 铁 | 0.3 | 洗衣房和卫生间器具生锈 |
| 锰 | 0.1 | 洗衣房和卫生间器具生锈(健康基准临时指标值为 0.5mg/L) |
| 溶解氧 | — | 间接影响 |
| pH | 6.5～8.5<br>(1984 年第一版) | 低 pH：具腐蚀性；<br>高 pH：味道，滑腻感用氯进行有效消毒时最好 pH<8.0 |
| 钠 | 200 | 味道 |
| 硫酸盐 | 250 | 味道，腐蚀 |
| 总溶解固体 | 1000 | 味道 |
| 锌 | 3 | 外观，味道 |
| 有机组分/(μg/L) | | |
| 甲苯 | 24～170 | 臭和味(健康基准指标值为 700μg/L) |
| 二甲苯 | 20～1800 | 臭和味(健康基准指标值为 500μg/L) |
| 乙苯 | 2～200 | 臭和味(健康基准指标值为 300μg/L) |
| 苯乙烯 | 4～2600 | 臭和味(健康基准指标值为 20μg/L) |
| 一氯苯 | 10～120 | 臭和味(健康基准指标值为 300μg/L) |
| 1,2-二氯苯 | 1～10 | 臭和味(健康基准指标值为 1000μg/L) |
| 1,4-二氯苯 | 0.3～30 | 臭和味(健康基准指标值为 300μg/L) |
| 三氯苯(总) | 5～50 | 臭和味(健康基准指标值为 20μg/L) |
| 合成洗涤剂 | — | 泡沫，味道，臭味 |
| 消毒剂及消毒副产物/(μg/L) | | |
| 氯 | 600～1000 | 臭和味(健康基准指标值为 5mg/L) |
| 氯酚类/(μg/L) | | |
| 2-氯酚 | 0.1～10 | 臭和味 |
| 2,4-二氯酚 | 0.3～40 | 臭和味 |
| 2,4,6-三氯酚 | 2～300 | 臭和味(健康基准指标值为 200μg/L) |

① 这里所指的基准值不是精确数值。根据当地情况，低于或高于该值都可能出现问题，故对有机物组分列出了味道和气味的上下限范围。

② TCU，真色度单位。

注：本表择译自 Guidelines for Drinking Water quaity，the Second Edition (1992)。Guidelines for Drinking Water quality，2nd Edition (Vol. 2 Health criteria and other supporting information，1996 and Addendum to Vol. 2. 1998)。

### 3.1.5 美国现行饮用水水质标准[59]（2001 年）

#### 3.1.5.1 国家一级饮用水法规

国家一级饮用水法规（NPDWRs 或一级标准），它是法定强制性的标准，用于公共给水系统。一级标准限定了饮用水中有害污染物质的浓度，以保护公众健康。

| 污染物 | MCLG① /(mg/L)② | MCL① TT /(mg/L)② | 从水中摄入后对健康的潜在影响 | 饮用水中污染物的来源 |
|---|---|---|---|---|
| Ⅰ. 微生物学指标 | | | | |
| 隐性孢子虫 | 0 (2002-1-1 实施) | TT③ (2002-1-1 实施) | 肠胃疾病(如痢疾、呕吐、腹部绞痛) | 人类和动物粪便 |
| 兰伯氏贾第氏虫 | 0 | TT③ | 肠胃疾病(如痢疾、呕吐、腹部绞痛) | 人类和动物粪便 |
| 异养菌总数 | 未定(n/a) | TT③ | 对健康无害,但能指示在控制微生物中处理的效果 | 自然存在于外界的细菌中 |
| 军团菌 | 0 | TT③ | 军团菌病,通常为肺炎 | 水中常见,在温度高时繁殖快 |
| 总大肠杆菌(包括粪型大肠杆菌和埃希氏大肠杆菌) | 0 | 5.0%④ | 用于指示其他潜在的有害细菌⑤ | 大肠杆菌自然存在于外界环境中;粪型大肠杆菌和埃希氏大肠杆菌来源于人类和动物粪便 |
| 浑浊度 | 未定(n/a) | TT③ | 浑浊度是衡量水浑浊的尺度。它通常用于指示水质和过滤效果好坏(如是否有致病生物存在)。高浑浊度通常与高浓度的致病微生物(如病毒、寄生虫和一些细菌)相关联。这些生物会导致呕吐、腹泻、腹部绞痛和头痛等症状 | 土壤冲刷 |
| 病毒 | 0 | TT③ | 肠胃疾病(如痢疾、呕吐、腹部绞痛) | 人类和动物粪便 |
| Ⅱ. 消毒剂和消毒副产物 | | | | |
| 溴酸盐 | 0 (2002-1-1 实施) | 0.010 (2002-1-1 实施) | 可致癌 | 饮用水消毒副产物 |
| 氯 | MRDLG=4① (2002-1-1 实施) | MRDL=4① (2002-1-1 实施) | 刺激眼鼻;胃不适 | 水中用于控制微生物的添加剂 |
| 氯胺 | MRDLG=4① (2002-1-1 实施) | MRDL=4① (2002-1-1 实施) | 刺激眼鼻;胃不适,贫血 | 水中用于控制微生物的添加剂 |
| 二氧化氯 | MRDLG=0.8①(2002-1-1 实施) | MRDL=0.8①(2002-1-1 实施) | 贫血;<br>影响婴儿和幼儿的神经系统 | 水中用于控制微生物的添加剂 |
| 亚氯酸盐 | 0.8 (2002-1-1 实施) | 1.0 (2002-1-1 实施) | 贫血;<br>影响婴儿和幼儿的神经系统 | 饮用水消毒副产物 |
| 卤乙酸(HAA5) | 未定⑥ (2002-1-1 实施) | 0.06 (2002-1-1 实施) | 可致癌 | 饮用水消毒副产物 |

续表

| 污染物 | MCLG[①]/(mg/L)[②] | MCL[①] TT/(mg/L)[②] | 从水中摄入后对健康的潜在影响 | 饮用水中污染物的来源 |
|---|---|---|---|---|
| 总三卤甲烷(TTHMs) | 0 | 0.1 | 肝脏、肾和中枢神经系统问题；可致癌 | 饮用水消毒副产物 |
| | 未定[⑥]（2002-1-1实施） | 0.08（2002-1-1实施） | | |
| Ⅲ.无机化学物指标 | | | | |
| 锑 | 0.006 | 0.006 | 增加血液胆固醇，减少血液中葡萄糖含量 | 从炼油厂，阻燃剂、电子、陶器、焊料工业中排放出 |
| 砷 | 0[⑦] | 0.05 | 伤害皮肤，血液循环问题，可致癌 | 天然矿物溶蚀；水从玻璃或电子制造工业废物中流出 |
| 石棉(>10μm 纤维) | $7\times10^7$光纤/L | $7\times10^7$光纤/L | 导致良性肠息肉 | 输水管道中石棉水泥的损坏；天然矿物溶蚀 |
| 钡 | 2 | 2 | 血压升高* | 钻井排放；金属冶炼厂排放；天然矿物溶蚀 |
| 铍 | 0.004 | 0.004 | 肠道功能受损 | 金属冶炼厂，焦化厂，电子、航空、国防工业的排放 |
| 镉 | 0.005 | 0.005 | 肾脏功能受损 | 镀锌管道腐蚀，天然矿物溶蚀，金属冶炼厂排放；水从废电池和废油漆中流出 |
| 总铬 | 0.1 | 0.1 | 多年使用铬含量过高的水会致过敏性皮炎 | 钢铁厂、纸浆厂排放，天然矿物溶蚀 |
| 氰化物(以氰计) | 0.2 | 0.2 | 神经系统损伤，甲状腺功能障碍 | 炼钢厂、金属加工厂、塑料厂及化肥厂排放 |
| 铜 | 1.3 | TT[⑧]处理界限值=1.3 | 短期接触使肠胃疼痛，长期接触使肝或肾损伤，有肝豆状核变性的病人，在水中铜浓度超过作用浓度时，应遵医嘱 | 家庭管道系统腐蚀，天然矿物溶蚀，木材防腐剂淋溶 |
| 氟化物 | 4.0 | 4.0 | 骨骼疾病(疼痛和脆弱)，儿童得齿斑病 | 为保护牙齿，向水中添加氟，天然矿物溶蚀，化肥厂及铝厂排放 |
| 铅 | 0 | TT[⑧]处理界限值=0.015 | 婴儿和儿童：身体和智力发育迟缓；成年人：肾脏问题，高血压 | 家庭管道腐蚀，天然矿物溶蚀 |
| 无机汞 | 0.002 | 0.002 | 肾脏功能受损 | 天然矿物溶蚀，炼油厂和工厂排出；从垃圾填埋场或耕地流出 |
| 硝酸盐(以氮计) | 10 | 10 | “蓝婴儿综合征”(6个月以下的婴儿受到影响未能及时治疗)。症状：婴儿身体呈蓝色，呼吸短促 | 化肥溢出，化粪池或污水渗漏，天然矿物溶蚀 |
| 亚硝酸盐(以氮计) | 1 | 1 | “蓝婴儿综合征”(6个月以下的婴儿受到影响未能及时治疗)。症状：婴儿身体呈蓝色，呼吸短促 | 化肥溢出，化粪池或污水渗漏，天然矿物溶蚀 |
| 硒 | 0.05 | 0.05 | 头发或指甲脱落。指甲和脚趾麻木，血液循环问题 | 炼油厂排放；天然矿物溶蚀，矿场排放 |
| 铊 | 0.0005 | 0.0005 | 头发脱落；血液成分变化，肾、肠、肝问题 | 从矿砂处理场滤出，电子、玻璃制造厂，制药厂排出 |

续表

| 污染物 | MCLG[①]/(mg/L)[②] | MCL[①] TT/(mg/L)[②] | 从水中摄入后对健康的潜在影响 | 饮用水中污染物的来源 |
|---|---|---|---|---|
| Ⅳ.有机物指标 | | | | |
| 丙烯酰胺 | 0 | TT[⑨] | 可导致神经系统及血液疾病，可致癌 | 在污泥或废水处理过程中加入水中 |
| 草不绿 | 0 | 0.002 | 眼睛、肝、肾、脾功能受损，贫血症，可致癌 | 庄稼除莠剂流出 |
| 阿特拉津 | 0.003 | 0.003 | 心血管系统功能受损，再生繁殖障碍 | 庄稼除莠剂流出 |
| 苯 | 0 | 0.005 | 贫血症，血小板减少，可致癌 | 工厂排放，气体储罐及废渣回堆土淋溶 |
| 苯并[a]芘 | 0 | 0.0002 | 再生繁殖障碍，可致癌 | 储水槽、管道涂层淋溶 |
| 呋喃丹 | 0.04 | 0.04 | 血液及神经系统功能受损，再生繁殖障碍 | 用于稻子与苜宿的熏蒸剂的淋溶 |
| 四氯化碳 | 0 | 0.005 | 肝脏功能受损，可致癌 | 化工厂和其他企业排放 |
| 氯丹 | 0 | 0.002 | 肝脏与神经系统功能受损，可致癌 | 禁止用的杀白蚁药剂的残留物 |
| 氯苯 | 0.1 | 0.1 | 肝、肾功能受损 | 化工厂及农药厂排放 |
| 2,4-二氯苯氧基乙酸 | 0.07 | 0.07 | 肾、肝、肾上腺功能受损 | 庄稼上除莠剂流出 |
| 茅草枯 | 0.2 | 0.2 | 肾有微弱变化 | 公路抗莠剂流出 |
| 1,2-二溴-3-氯丙烷 | 0 | 0.0002 | 再生繁殖障碍，可致癌 | 大豆，棉花，菠萝及果园土壤熏蒸剂流出或溶出 |
| 邻-二氯苯 | 0.6 | 0.6 | 肝、肾或循环系统功能受损 | 化工厂排放 |
| 对-二氯苯 | 0.075 | 0.075 | 贫血症，肝、肾，或脾受损，血液变化 | 化工厂排放 |
| 1,2-二氯乙烷 | 0 | 0.005 | 可致癌 | 化工厂排放 |
| 1,1-二氯乙烯 | 0.007 | 0.007 | 肝功能受损 | 化工厂排放 |
| 顺 1,2-二氯乙烯 | 0.07 | 0.07 | 肝功能受损 | 化工厂排放 |
| 反 1,2-二氯乙烯 | 0.1 | 0.1 | 肝功能受损 | 化工厂排放 |
| 二氯甲烷 | 0 | 0.005 | 肝功能受损，可致癌 | 化工厂排放和制药厂排放 |
| 1,2-二氯丙烷 | 0 | 0.005 | 可致癌 | 化工厂排放 |
| 二-(2-乙基己基)己二酸 | 0.4 | 0.4 | 一般毒性或再生繁殖障碍 | PVC 管道系统溶出，化工厂排出 |
| 二-(2-乙基己基)邻苯二甲酸酯 | 0 | 0.006 | 再生繁殖障碍，肝功能受损，可致癌 | 橡胶厂和化工厂排放 |
| 地乐酚 | 0.007 | 0.007 | 再生繁殖障碍 | 大豆和蔬菜抗莠剂的流出 |
| 二噁英(2,3,7,8-TCDD) | 0 | $3\times10^{-8}$ | 再生繁殖障碍，可致癌 | 废物焚烧或其他物质焚烧时散布，化工厂排放 |
| 敌草快 | 0.02 | 0.02 | 生白内障 | 施用抗莠剂时流出 |
| 草藻灭 | 0.1 | 0.1 | 胃、肠功能受损 | 施用抗莠剂时流出 |
| 异狄氏剂 | 0.002 | 0.002 | 影响神经系统 | 禁用杀虫剂残留 |
| 熏杀环 | 0 | TT[⑨] | 胃功能受损，再生繁殖障碍，可致癌 | 化工厂排出，水处理过程中加入 |
| 乙基苯 | 0.7 | 0.7 | 肝、肾功能受损 | 炼油厂排放 |

续表

| 污染物 | MCLG①/(mg/L)② | MCL① TT/(mg/L)② | 从水中摄入后对健康的潜在影响 | 饮用水中污染物的来源 |
|---|---|---|---|---|
| 二溴化乙烯 | 0 | 0.00005 | 胃功能受损，再生繁殖障碍 | 炼油厂排放 |
| 草甘膦 | 0.7 | 0.7 | 胃功能受损，再生繁殖障碍 | 用抗莠剂时溶出 |
| 七氯 | 0 | 0.0004 | 肝损伤，可致癌 | 禁用杀白蚁药残留 |
| 环氧七氯 | 0 | 0.0002 | 肝损伤，再生繁殖障碍，可致癌 | 七氯降解 |
| 六氯苯 | 0 | 0.001 | 肝、肾功能受损，可致癌 | 冶金厂、农药厂排放 |
| 六氧环戊二烯 | 0.05 | 0.05 | 肾、胃功能受损 | 化工厂排出 |
| 林丹 | 0.0002 | 0.0002 | 肾、肝功能受损 | 畜牧、木材、花园所使用杀虫剂流出或溶出 |
| 甲氧滴滴涕 | 0.04 | 0.04 | 再生繁殖障碍 | 用于水果、蔬菜、苜宿、家禽杀虫剂流出或溶出 |
| 草氨酰 | 0.2 | 0.2 | 对神经系统有轻微影响 | 用于苹果、土豆、番茄杀虫剂流出 |
| 多氯联苯 | 0 | 0.0005 | 皮肤起变化，胸腺功能受损，免疫力降低，再生繁殖或神经系统障碍，可致癌 | 废渣回填土溶出，废弃化学药品的排放 |
| 五氯酚 | 0 | 0.001 | 肝、肾功能受损，可致癌 | 木材防腐工厂排出 |
| 毒莠定 | 0.5 | 0.5 | 肝功能受损 | 除莠剂流出 |
| 西玛津 | 0.004 | 0.004 | 血液功能受损 | 除莠剂流出 |
| 苯乙烯 | 0.1 | 0.1 | 肝、肾、血液循环功能受损 | |
| 四氯乙烯 | 0 | 0.005 | 肝功能受损，可致癌 | 从 PVC 管流出，工厂及干洗工场排放 |
| 甲苯 | 1 | 1 | 神经系统、肾、肝功能受损 | 炼油厂排放 |
| 毒杀芬 | 0 | 0.003 | 肾、肝、甲状腺受损 | 棉花，牲畜杀虫剂流出，溶出 |
| 2,4,5-涕 | 0.05 | 0.05 | 肝功能受损 | 禁用抗莠剂的残留 |
| 1,2,4-三氯苯 | 0.07 | 0.07 | 肾上腺变化 | 纺织厂排放 |
| 1,1,1-三氯乙烷 | 0.2 | 0.2 | 肝、神经系统、血液循环系统功能受损 | 金属除脂场地或其他工厂排放 |
| 1,1,2-三氯乙烷 | 0.003 | 0.005 | 肝、肾、免疫系统功能受损 | 化工厂排放 |
| 三氯乙烯 | 0 | 0.005 | 肝脏功能受损，可致癌 | 炼油厂排出 |
| 氯乙烯 | 0 | 0.002 | 可致癌 | PVC 管道溶出，塑料厂排放 |
| 总二甲苯 | 10 | 10 | 神经系统受损 | 石油厂，化工厂排出 |
| V. 放射性指标 | | | | |
| 总 α 放射性 | 无⑦<br>0（2003-8-12 实施） | 555mBq/L（15pCi/L） | 可致癌 | 天然矿物浸蚀 |
| β 粒子和光子 | 无⑦<br>0（2003-8-12 实施） | 40μSv/a（4mrem/a） | 可致癌 | 天然和人造矿物衰变 |

续表

<table>
<tr><th>污染物</th><th>MCLG①/(mg/L)②</th><th>MCL①TT/(mg/L)②</th><th>从水中摄入后对健康的潜在影响</th><th>饮用水中污染物的来源</th></tr>
<tr><td rowspan="2">镭226,镭228</td><td>无⑦</td><td rowspan="2">185mBq/L (5pCi/L)</td><td rowspan="2">可致癌</td><td rowspan="2">天然矿物浸蚀</td></tr>
<tr><td>0 (2003-8-12 实施)</td></tr>
<tr><td>铀</td><td>0 (2003-8-12 实施)</td><td>30μg/L (2003-8-12 实施)</td><td>可致癌;肾毒性</td><td>天然矿物浸蚀</td></tr>
</table>

* 编者注：原文为“血液升高”。

① 最大污染物浓度（MCL）——公共供水系统的用户水中污染物的最大允许浓度。MCLG 中的安全极限要确保检测值略超过 MCL 不会对公共健康产生重大危害。MCL 是强制性标准。

最大污染物浓度指标值（MCLG）——饮用水中污染物不会对人体健康产生未知或不利影响的最大浓度。MCLG 是非强制性指标。

最大剩余消毒剂浓度（MRDL）——饮用水中消毒剂的最大允许浓度。保持一定多余的消毒剂对控制微生物污染是必要的。

最大剩余消毒剂浓度指标值（MRDLG）——饮用水中消毒剂对人体健康产生未知或不利影响的最大浓度。MRDLGs 没有反映消毒剂在控制微生物污染作用的优势。

处理技术（TT）——公共供水系统必须遵循的强制性处理方法，以保证对污染物的控制。

② 除特别指明外，一般单位为 mg/L。

③ 地表水处理规则要求采用地表水或受地表水直接影响的地下水的给水系统，(a) 进行水消毒；(b) 进行水过滤，以满足下述污染物能控制到下列浓度。

隐性孢子虫：(2002 年 1 月 1 日实施) 99%去除或灭活；

兰伯贾第虫：99.9%去除或灭活；

病毒：99.99%去除或灭活；

军团菌：未限定，但 EPA 认为，若贾第虫和病毒被去除或灭活，军团菌也能被控制；

浑浊度：任何时候浑浊度不超过 5NTU，采用过滤的供水系统确保浑浊度不大于 1NTU，(采用常规过滤或直接过滤则不大于 0.5NTU)，任何一个月中，每天的水样合格率至少大于 95%。到 2002 年 1 月 1 日，则要求任何时候浑浊度不超过 1NTU，任何一个月中，95%的每日所取水样的浑浊度不超过 0.3NTU；

HPC（异养菌平皿计数）：每 mL 不大于 500 个细菌群。

④ 每月总大肠杆菌阳性水样不超过 5%，每月例行检测总大肠杆菌的样品少于 40 只的给水系统，总大肠杆菌阳性水样不得超过 1 个。含有总大肠杆菌的水样，要分析粪型大肠杆菌，粪型大肠杆菌和埃希氏大肠杆菌不允许存在。

⑤ 粪型大肠杆菌和埃希氏大肠杆菌的存在能指示水体受到人类和动物粪便的污染，这些排泄物中的致病菌（病原体）可引起腹泻、痉挛、呕吐、头痛或其他症状。这些病原体特别对婴儿、儿童和免疫系统有障碍的病人的身体健康造成威胁。

⑥ 虽然对这类污染物未定 MCLG，但对一些单独的污染物有单独的最高污染物浓度指标值。

三卤甲烷：溴二氯甲烷（0）；溴仿（0）；二溴氯甲烷（0.06mg/L）。

盐乙酸：四氯乙酸（0）；三氯乙酸（0.3mg/L）。

⑦ 1986 年安全饮用水法修正案通过前，未建立 MCLGs 指标，所以，此污染物无 MCLGs 值。

⑧ 在水处理技术中规定，含铅和铜的管要注意防腐。若超过 10%的自来水水样中两者浓度大于处理界限值（铜的处理界限值为 1.3mg/L，铅为 0.015mg/L），则需立即采取解决措施。

⑨ 每个供水系统必须书面向政府保证，在饮用水系统中使用丙烯酰胺和熏杀环（1-氯-2，3 环氧丙烷）时，聚合体投加量和单体浓度不应超过以下规定：

丙烯酰胺=0.05%，剂量为 1mg/L 时（或相当量）；

熏杀环=0.01%，剂量为 20mg/L 时（或相当量）。

3.1.5.2 国家二级饮用水法规

国家二级饮用水法规（NSDWRs或二级标准），为非强制性准则，用于控制水中对美容（皮肤、牙齿变色），或对感官（如臭、味、色）有影响的污染物浓度。美国环保局（EPA）推荐二级标准但未规定强制执行，但各州可选择性采纳，加作为强制性指标。

| 污染物 | 二级标准 | 污染物 | 二级标准 |
|---|---|---|---|
| 铝 | 0.05～0.2mg/L | 锰 | 0.05mg/L |
| 氯化物 | 250mg/L | 臭 | 臭阈值为3 |
| 色 | 15(色度单位) | pH值 | 6.5～8.5 |
| 铜 | 1.0mg/L | 银 | 0.1mg/L |
| 腐蚀性 | 无腐蚀性 | 硫酸盐 | 250mg/L |
| 氟化物 | 2.0mg/L | 总溶解固体 | 500mg/L |
| 发泡剂 | 0.5mg/L | 锌 | 5mg/L |
| 铁 | 0.3mg/L | | |

3.1.6 欧盟饮用水水质指令（98/83/EC）

**A. 微生物学参数**

| 指标 | 指标值/(个/mL) |
|---|---|
| 埃希大肠杆菌 | 0 |
| 肠道球菌 | 0 |

以下指标用于瓶装或桶装饮用水：

| 指标 | 指标值 | 指标 | 指标值 |
|---|---|---|---|
| 埃希大肠杆菌 | 0/250mL | 细菌总数(22℃) | 100/mL |
| 肠道球菌 | 0/250mL | 细菌总数(37℃) | 20/mL |
| 铜绿假单胞菌 | 0/250mL | | |

**B. 化学物质参数**

| 指标/(μg/L) | 指标值 | 备注 | 指标/(μg/L) | 指标值 | 备注 |
|---|---|---|---|---|---|
| 丙烯酰胺 | 0.10 | 注1 | 氟化物 | 1.5 | |
| 锑 | 5.0 | | 铅 | 10 | 注3和注4 |
| 砷 | 10 | | 汞 | 1.0 | |
| 苯 | 1.0 | | 镍 | 20 | 注3 |
| 苯并[a]芘 | 0.010 | | 硝酸盐 | 50 | 注5 |
| 硼 | 1.0 | | 亚硝酸盐 | 0.50 | 注5 |
| 溴酸盐 | 10 | 注2 | 农药 | 0.10 | 注6和注7 |
| 镉 | 5.0 | | 农药(总) | 0.50 | 注6和注8 |
| 铬 | 50 | | 多环芳烃 | 0.10 | 特殊化合物的总浓度 注9 |
| 铜 | 2.0 | 注3 | 硒 | 10 | |
| 氰化物 | 50 | | 四氯乙烯和三氯乙烯 | 10 | 特殊指标的总浓度 |
| 1,2-二氯乙烷 | 3.0 | | 三卤甲烷(总) | 100 | 特殊化合物的总浓度 注10 |
| 环氧氯丙烷 | 0.10 | 注1 | 氯乙烯 | 0.50 | 注1 |

注：1. 参数值是指水中的剩余单体浓度，并根据相应聚合体与水接触后所能释放出的最大量计算而得。

2. 如果可能，在不影响消毒效果的前提下，成员国应尽力降低该值。

3. 该值适用于由用户水嘴处所取水样，且水样应能代表用户一周用水的平均水质。成员国必须考虑到可能会影响人体健康的峰值出现情况。

4. 该指令生效后5～15年，铅的参数值为25μg/L。

在达到指令中规定的参数值前，成员国应确保采用适当的方法，尽可能降低水中铅的浓度。

5. 成员国应确保［硝酸根浓度］/50＋［亚硝酸根浓度］/3≤1，方括号中为以mg/L为单位计的硝酸根和亚硝酸根质量浓度，且出厂水亚硝酸盐含量要小于0.1mg/L。

6. 农药是指：有机杀虫剂、有机除草剂、有机杀菌剂、有机杀线虫剂、有机杀螨剂、有机除藻剂、有机杀鼠剂、有机杀黏菌剂和相关产品及其代谢副产物、降解和反应产物。

7. 参数值适用于每种农药。对艾氏剂、狄氏剂、七氯和环氧七氯，参数值为0.030μg/L。

8. 农药总量是指所有能检测出和定量的单项农药的总和。

9. 具体的化合物包括苯并[*b*]呋喃、苯并[*k*]呋喃、苯并[*g*,*h*,*i*]芘、茚并[1,2,3-*cd*]芘。

10. 如果可能，在不影响消毒效果的前提下，成员国应尽力降低下列化合物值：氯仿、溴仿、二溴一氯甲烷和一溴二氯甲烷，该指令生效后5～15年，总三卤甲烷的参数值为150μg/L。

**C. 指示参数**

| 指标 | | 指导值 | 单位 | 备注 |
|---|---|---|---|---|
| 色度 | | 用户可以接受且无异味 | | |
| 浑浊度 | | 用户可以接受且无异常 | | 注 7 |
| 臭 | | 用户可以接受且无异常 | | |
| 味 | | 用户可以接受且无异常 | | |
| 氢离子浓度 | | 6.5～9.5 | pH 单位 | 注 1 和注 3 |
| 电导率 | | 2500 | μS/cm(20℃) | 注 1 |
| 氯化物 | | 250 | mg/L | 注 1 |
| 硫酸盐 | | 250 | mg/L | 注 1 |
| 钠 | | 200 | mg/L | |
| 耗氧量 | | 5.0 | mg $O_2$/L | 注 4 |
| 氨 | | 0.50 | mg/L | |
| TOC | | 无异常变化 | | 注 6 |
| 铁 | | 200 | μg/L | |
| 锰 | | 50 | μg/L | |
| 铝 | | 200 | μg/L | |
| 细菌总数(22℃) | | 无异常变化 | | |
| 产气荚膜梭菌 | | 0 | 个/100mL | 注 2 |
| 大肠杆菌 | | 0 | 个/100mL | 注 5 |
| 放射性参数 | 氚 | 100 | Bq/L | |
| | 总指示用量 | 0.10 | mSv/年 | |

注：1. 不应具有腐蚀性。

2. 如果原水不是来自地表水或没有受地表水影响，则不需要测定该参数。

3. 若为瓶装或桶装的静止水，最小值可降至 4.5pH 单位，若为瓶装或桶装水，因其天然富含或人工充入二氧化碳，最小值可降至更低。

4. 如果测定 TOC 参数值，则不需要测定该值。

5. 对瓶装或桶装的水，单位为个/250mL。

6. 对于供水量小于 10000$m^3$/d 的水厂，不需要测定该值。

7. 对地表水处理厂，成员国应尽力保证出厂水的浑浊度不超过 1.0NTU。

注：译自 Council Directive 98/83/EC on the Quality of Water Intended for Human Consumption。

### 3.1.7 法国生活饮用水水质标准（95—368）

| 序号 | 指标 | 单位 | 指导标准 | 备注 |
|---|---|---|---|---|
| A. 感官指标 | | | | |
| 1 | 色度 | mg/L(Pt/Co 标准) | <15 | |
| 2 | 浑浊度 | Jackson 单位 | <2 | |
| 3 | 臭 | 稀释数 | 2(12℃) 3(25℃) | |
| 4 | 味 | 稀释数 | 2(12℃) 3(25℃) | |
| B. 理化指标 | | | | |
| 5 | 温度 | ℃ | <25 | |
| 6 | 氢离子浓度 | pH 单位 | 6.5～9.0 | |
| 7 | 电导率 | μS/cm(20℃) | 400 | |
| 8 | 氯化物 | mg/L | 200 | |
| 9 | 硫酸盐 | mg/L | 250 | |
| 10 | 镁 | mg/L | 50 | |
| 11 | 钠 | mg/L | 150 | |
| 12 | 钾 | mg/L | 12 | |
| 13 | 铝 | mg/L | 0.2 | |
| 14 | 干残留物 | mg/L | <1500 | |
| 15 | 溶解氧 | %氧饱和度 | >75% | 地下水除外 |

续表

| 序号 | 指　标 | 单　位 | 指导标准 | 备　注 |
|---|---|---|---|---|
| C. 过量有害物质 | | | | |
| 16 | 硝酸盐 | mg/L | 50 | — |
| 17 | 亚硝酸盐 | mg/L | 0.1 | |
| 18 | 氨 | mg/L | 0.5 | |
| 19 | 凯氏氮 | mg/L | 1 | |
| 20 | 高锰酸盐指数 | mg/L | 5 | |
| 21 | 硫化氢 | mg/L | 不得检出 | |
| 22 | 氯仿萃取物 | mg/L | — | |
| 23 | 酚(以苯酚计) | μg/L | 0.5 | |
| 24 | 表面活性剂 | μg/L | 200 | |
| 25 | 铁 | μg/L | 200 | |
| 26 | 铜 | mg/L | 1 | |
| 27 | 锰 | μg/L | 50 | |
| 28 | 锌 | mg/L | 5 | |
| 29 | 磷(以 $P_2O_5$ 计) | mg/L | 5 | |
| 30 | 氟化物 | mg/L | 1.5(8～12℃)<br>0.7(25～30℃)<br>12～25℃之间以内推法计算 | |
| 31 | 银 | μg/L | 10 | |

D. 有毒物质指标/(μg/L)

| 序号 | 指　标 | 指导标准 | 备　注 |
|---|---|---|---|
| 32 | 砷 | 50 | |
| 33 | 铍 | 5 | |
| 34 | 镉 | 50 | |
| 35 | 铬(总) | 50 | |
| 36 | 汞 | 1 | |
| 37 | 镍 | 50 | |
| 38 | 铅 | 50 | |
| 39 | 锑 | 10 | |
| 40 | 硒 | 10 | |
| 41 | 多环芳烃(共6种) | 0.2 | |
| 42 | 苯并[3,4]荧蒽 | 0.01 | |
| 43 | 总苯并芘及苯并荧蒽 | <0.2 | |
| E. 微生物学指标 | | | |
| 44 | 总大肠菌群 | 不少于95%水样为0个/100mL | |
| 45 | 耐热大肠菌 | 0/100mL | |
| 46 | 粪型链球菌 | 0/100mL | |
| 47 | 亚硫酸盐还原梭菌 | ≤1孢子/20mL | |
| 48 | 沙门菌 | 0/5L | |
| 49 | 致病葡萄球菌 | 0/100mL | |
| 50 | 粪型噬菌体 | 0/50mL | |
| 51 | 肠道病毒 | 0/10L | |

注：对于冰冻水

1. 37℃下，24h后复活细菌数≤20/mL；
2. 22℃下，72h后复活细菌数≤100/mL；
3. 分析应于水冰冻后12h内开始。

F. 农药及类似物质/(μg/L)

| 序号 | 指　标 | 指导标准 | 备　注 |
|---|---|---|---|
| 52 | 有机氯杀虫剂 | 0.1 | 除特别规定外，任何单一物质要求小于0.1μg/L；总量要求小于0.5μg/L |
| 53 | 艾氏剂和狄氏剂 | 0.003 | |
| 54 | 七氯和七氯环氧 | 0.03 | |
| 55 | 有机磷及氨基甲酸酯类杀虫剂 | 0.1 | |
| 56 | 除草剂 | 0.1 | |
| 57 | 杀霉剂 | 0.1 | |
| 58 | 多氯联苯(PCB) | 0.1 | |
| 59 | 多氯三联苯(PCT) | 0.1 | |

续表

| 序号 | 指　标 | 单　位 | 指导标准 | 备　注 |
|---|---|---|---|---|
| G. 软化水 | | | | |
| 序号 | 指　标 | 单　位 | 指导标准 | 备　注 |
| 60 | 总硬度 | 法国度 | ≥15 | |
| 61 | 碱度 | 法国度 | ≥2.50 | |
| H. 其他参数 | | | | |
| 如果证明有以下情况发生，则可能要采取特别措施以控制水质： | | | | |
| 62 | $CO_2$ 浓度 | | 对碳酸钙有腐蚀性 | |
| 63 | 电导率 | μS/cm(20℃) | 偏离 400μS/cm(20℃) | |
| 64 | 二氧化硅 | mg/L | ＞100 | |
| 65 | 钙 | mg/L | ＞100 | |
| 66 | 溶解氧 | | ＜75%饱和度 | 地下水除外 |
| 67 | TOC | | 高于正常浓度 | |
| 68 | 氯仿提取物(pH 中性条件下) | mg/L | 0.1 | |
| 69 | 硼 | mg/L | ＞1 | |
| 70 | 有机氯化物(指非农药类) | μg/L | ＞1 | |
| 71 | 余氯 | mg/L | ＞0.1 | |
| 72 | 钡 | μg/L | ＞100 | |
| 73 | 细菌总数(37℃,24h) | CFU/mL | ＞10(非冰冻水)<br>＞2(经消毒之出厂水) | |
| 74 | 细菌总数(22℃,72h) | CFU/mL | ＞100(非冰冻水)<br>＞20(经消毒之出厂水) | |
| 75 | 寄生虫(卵) | | 存在 | |
| 76 | 藻类 | | 存在 | |
| 77 | 其他可见物(微型动物) | | 线虫、真菌 | |
| 78 | 悬浮物 | | 酵母 | |

说明：上述内容是根据 1995 年 6 月生效的法国《1989 年 1 月 3 日法令第 89—3 号修正案》而整理的。该修正案是通过《1990 年 4 月 10 日法令第 90—330 号》、《1991 年 3 月 7 号法令第 91—257 号》和《1995 年 4 月 5 日法令 95—363 号》而修订的。

法国到目前为止并无国家强制性的 DBP 标准，而是采用欧盟指令为标准，下表中所列的，仅仅是推荐指标，是政府希望各自来水供应者努力达到的目标。

**微污染物及氯化副产物推荐指标**

| 指　标 | 单　位 | 指导标准 | 备　注 |
|---|---|---|---|
| 总三卤甲烷(THM) | μg/L | 30 | |
| 三氯乙烯 | mg/L | 30 | |
| 四氯化碳 | mg/L | 3 | |
| 四氯乙烯 | mg/L | 10 | |
| 1,2-二氯乙烷 | μg/L | 10 | |

附：下述物质达到表中所列浓度会使臭阈值超过 2（本表不属于法国标准中的内容）：

| 参　数 | 数　值 | 参　数 | 数　值 |
|---|---|---|---|
| 烷基苯 | 10μg/L | 癸醛 | 0.1μg/L |
| 土嗅素 | 0.005μg/L | 乙醛 | 5μg/L |
| 2-甲基异冰片 | 0.005μg/L | 一氯胺-二氯胺 | 0.15μg/L |
| 碘仿($CHI_3$) | 1μg/L | 2,4,6-三氯苯甲醚 | 0.0001μg/L |

### 3.1.8 我国饮用矿泉水标准，GB 8537—2008

**（一）感官要求应符合下表的规定**

| 项　　目 | | 要　　求 |
|---|---|---|
| 色度/度 | ≤ | 15，并不得呈现其他异色 |
| 浑浊度/NTU | ≤ | 5 |
| 臭和味 | | 具有矿泉水的特征性口味，不得有异臭、异味 |
| 可见物 | | 允许有极少量的天然矿物盐沉淀，但不得含有其他异物 |

**（二）理化要求**

（1）界限指标　应有一项（或一项以上）指标符合下表的规定。

| 项　　目 | | 指　　标 | 项　　目 | | 指　　标 |
|---|---|---|---|---|---|
| 锂/(mg/L) | ≥ | 0.20 | 偏硅酸/(mg/L) | ≥ | 25.0（含量在 25.0～30.0mg/L 时，水源水温应在 25℃以上） |
| 锶/(mg/L) | ≥ | 0.20（含量在 0.20～0.40mg/L 时，水源水温应在 25℃以上） | | | |
| 锌/(mg/L) | ≥ | 0.20 | 硒/(mg/L) | ≥ | 0.01 |
| 碘化物/(mg/L) | ≥ | 0.20 | 游离二氧化碳/(mg/L) | ≥ | 250 |
| | | | 溶解性总固体/(mg/L) | ≥ | 1000 |

（2）限量指标　应符合下表的规定。

| 项　　目 | | 指　　标 | 项　　目 | | 指　　标 |
|---|---|---|---|---|---|
| 锑/(mg/L) | < | 0.005 | 汞/(mg/L) | < | 0.001 |
| 锰/(mg/L) | < | 0.4 | 银/(mg/L) | < | 0.05 |
| 溴酸盐/(mg/L) | < | 0.01 | 硼酸盐(以 B 计)/(mg/L) | < | 5 |
| 镍/(mg/L) | < | 0.02 | 硒/(mg/L) | < | 0.05 |
| 铜/(mg/L) | < | 1.0 | 砷/(mg/L) | < | 0.01 |
| 钡/(mg/L) | < | 0.7 | 氟化物(以 $F^-$ 计)/(mg/L) | < | 1.5 |
| 镉/(mg/L) | < | 0.003 | 耗氧量(以 $O_2$ 计)/(mg/L) | < | 3.0 |
| 铬($Cr^{6+}$)/(mg/L) | < | 0.05 | 硝酸盐(以 $NO_3^-$ 计)/(mg/L) | < | 45 |
| 铅/(mg/L) | < | 0.01 | $^{226}$镭放射性/(Bq/L) | < | 1.1 |

（3）污染物指标　应符合下表的规定。

| 项　　目 | | 指标 | 项　　目 | | 指标 |
|---|---|---|---|---|---|
| 挥发性酚(以苯酚计)/(mg/L) | < | 0.002 | 矿物油/(mg/L) | < | 0.05 |
| 氰化物(以 $CN^-$ 计)/(mg/L) | < | 0.010 | 亚硝酸盐(以 $NO_2$ 计)/(mg/L) | < | 0.1 |
| 阴离子合成洗涤剂/(mg/L) | < | 0.30 | 总 β 放射性/(Bq/L) | < | 1.50 |

**（三）微生物要求**

应符合以下两表的规定。

**微生物指标**

| 项　　目 | 要　求 | 项　　目 | 要　求 |
|---|---|---|---|
| 大肠菌群/(MPN/100mL) | 0 | 铜绿假单胞菌/(CFU/250mL) | 0 |
| 粪链球菌/(CFU/250mL) | 0 | 产气荚膜梭菌/(CFU/50mL) | 0 |

注：取样 1×250mL（产气荚膜梭菌取样 1×50mL）进行第一次检验，符合本表要求，报告为合格。检验结果大于等于 1 并小于 2 时，应按下表采取几个样品进行第二次检验。检验结果大于等于 2 时，报告为不合格。

第二次检验

| 项　目 | 样品数 | | 限量 | |
|---|---|---|---|---|
| | $n$ | $c$ | $m$ | $M$ |
| 大肠菌群，粪链球菌，铜绿假单胞菌，产气荚膜梭菌 | 4 | 1 | 0 | 2 |

注：$n$——一批产品应采集的样品件数；

$c$—最大允许可超出 $m$ 值的件数，超出该数值判为不合格；

$m$—每 250mL（或 50mL）样品中最大允许可接受水平的限量值（CFU）；

$M$—每 250mL（或 50mL）样品中不可接受微生物限量值（CFU），等于或高于 $M$ 值的样品均为不合格。

（四）加工工艺要求

1. 应在保证天然矿泉水原水卫生安全和符合 GB 16330 规定的条件下开采、加工和灌装。在不改变饮用天然矿泉水水源水基本特性和主要成分含量的条件下，允许通过曝气、倾析、过滤等方法去除不稳定组分；允许回收和填充同源二氧化碳；允许加入食品添加剂二氧化碳，或者除去水中的二氧化碳。

2. 不得用容器将原水运至异地灌装。

3.1.9　我国瓶（桶）装饮用净水卫生标准，GB 17323—1998 及 GB 17324—2003

（一）感官指标

| 项　目 | 要　求 | 项　目 | 要　求 |
|---|---|---|---|
| 色度/度　≤ | 5，不得呈现其他异色 | 臭和味 | 无异味、异臭 |
| 浑浊度/度　≤ | 1 | 肉眼可见物 | 不得检出 |

（二）质量理化指标

| 项　目 | 指　标 | 项　目 | 指　标 |
|---|---|---|---|
| pH 值 | 5.0～7.0 | 高锰酸钾消耗量(以 $O_2$ 计)/(mg/L)　≤ | 1.0 |
| 电导率[(25±1)℃]/(μS/cm)　≤ | 10 | 氯化物(以 $Cl^-$ 计)/(mg/L)　≤ | 6.0 |

（三）污染理化指标

| 项　目 | 指　标 | 项　目 | 指　标 |
|---|---|---|---|
| 铅(以 Pb 计)/(mg/L)　≤ | 0.01 | 游离氯(以 $Cl^-$ 计)/(mg/L)　≤ | 0.005 |
| 砷(以 As 计)/(mg/L)　≤ | 0.01 | 三氯甲烷/(mg/L)　≤ | 0.02 |
| 铜(以 Cu 计)/(mg/L)　≤ | 1.0 | 四氯化碳/(mg/L)　≤ | 0.001 |
| 氰化物(以 $CN^-$ 计)①/(mg/L)　≤ | 0.002 | 亚硝酸盐(以 $NO_2^-$ 计)/(mg/L)　≤ | 0.002 |
| 挥发酚类(以苯酚计)①/(mg/L)　≤ | 0.002 | | |

① 氰化物指标、挥发酚类指标只限采用蒸馏法的产品。

（四）微生物指标

| 项　目 | 指　标 | 项　目 | 指　标 |
|---|---|---|---|
| 菌落总数/(cfu/mL)　≤ | 20 | 致病菌(沙门菌、志贺菌、金黄色葡萄球菌) | 不得检出 |
| 大肠菌数/(MPN/100mL)　≤ | 3 | 毒菌、酵母菌/(cfu/mL) | 不得检出 |

## 3.2　地面水、地下水、海水、农渔业等用水及排污水

3.2.1　我国地表水环境质量标准，GB 3838—2002（代替 GB 3838—88，GHZB 1—1999）

3.2.1.1　水域功能和标准分类

依据地表水水域环境功能和保护目标，按功能高低依次划分为五类：

Ⅰ类　主要适用于源头水、国家自然保护区；

Ⅱ类　主要适用于集中式生活饮用水地表水源地一级保护区、珍稀水生生物栖息地、鱼虾类产卵场、仔稚幼鱼的索饵场等；

Ⅲ类　主要适用于集中式生活饮用水地表水源地二级保护区、鱼虾类越冬场、洄游通道、水产养殖区等渔业水域及游泳区；

Ⅳ类　主要适用于一般工业用水区及人体非直接接触的娱乐用水区；

Ⅴ类　主要适用于农业用水区及一般景观要求水域。

对应地表水上述五类水域功能，将地表水环境质量标准基本项目标准值分为五类，不同功能类别分别执行相应类别的标准值。水域功能类别高的标准值严于水域功能类别低的标准值。同一水域兼有多类使用功能的，执行最高功能类别对应的标准值。实现水域功能与达功能类别标准为同一含义。

3.2.1.2　地表水环境质量基本项目标准限值

mg/L

| 序号 | 项目＼分类 | | Ⅰ类 | Ⅱ类 | Ⅲ类 | Ⅳ类 | Ⅴ类 |
|---|---|---|---|---|---|---|---|
| 1 | 水温/℃ | | 人为造成的环境水温变化应限制在：周平均最大温升≤1　周平均最大温降≤2 | | | | |
| 2 | pH 值(无量纲) | | 6～9 | | | | |
| 3 | 溶解氧 | ≥ | 饱和率 90%（或 7.5） | 6 | 5 | 3 | 2 |
| 4 | 高锰酸盐指数 | ≤ | 2 | 4 | 6 | 10 | 15 |
| 5 | 化学需氧量(COD) | ≤ | 15 | 15 | 20 | 30 | 40 |
| 6 | 五日生化需氧量($BOD_5$) | ≤ | 3 | 3 | 4 | 6 | 10 |
| 7 | 氨氮($NH_3$-N) | ≤ | 0.15 | 0.5 | 1.0 | 1.5 | 2.0 |
| 8 | 总磷(以 P 计) | ≤ | 0.02(湖、库 0.01) | 0.1(湖、库 0.025) | 0.2(湖、库 0.05) | 0.3(湖、库 0.1) | 0.4(湖、库 0.2) |
| 9 | 总氮(湖、库，以 N 计) | ≤ | 0.2 | 0.5 | 1.0 | 1.5 | 2.0 |
| 10 | 铜 | ≤ | 0.01 | 1.0 | 1.0 | 1.0 | 1.0 |
| 11 | 锌 | ≤ | 0.05 | 1.0 | 1.0 | 2.0 | 2.0 |
| 12 | 氟化物(以 $F^-$ 计) | ≤ | 1.0 | 1.0 | 1.0 | 1.5 | 1.5 |
| 13 | 硒 | ≤ | 0.01 | 0.01 | 0.01 | 0.02 | 0.02 |
| 14 | 砷 | ≤ | 0.05 | 0.05 | 0.05 | 0.1 | 0.1 |
| 15 | 汞 | ≤ | 0.00005 | 0.00005 | 0.0001 | 0.001 | 0.001 |
| 16 | 镉 | ≤ | 0.001 | 0.005 | 0.005 | 0.005 | 0.01 |
| 17 | 铬(六价) | ≤ | 0.01 | 0.05 | 0.05 | 0.05 | 0.1 |
| 18 | 铅 | ≤ | 0.01 | 0.01 | 0.05 | 0.05 | 0.1 |
| 19 | 氰化物 | ≤ | 0.005 | 0.05 | 0.2 | 0.2 | 0.2 |
| 20 | 挥发酚 | ≤ | 0.002 | 0.002 | 0.005 | 0.01 | 0.1 |
| 21 | 石油类 | ≤ | 0.05 | 0.05 | 0.05 | 0.5 | 1.0 |
| 22 | 阴离子表面活性剂 | ≤ | 0.2 | 0.2 | 0.2 | 0.3 | 0.3 |
| 23 | 硫化物 | ≤ | 0.05 | 0.1 | 0.2 | 0.5 | 1.0 |
| 24 | 粪大肠菌群/(个/L) | ≤ | 200 | 2000 | 10000 | 20000 | 40000 |

3.2.1.3　集中式生活饮用水地表水源地补充项目标准限值

mg/L

| 序号 | 项目 | 标准值 | 序号 | 项目 | 标准值 |
|---|---|---|---|---|---|
| 1 | 硫酸盐(以 $SO_4^{2-}$ 计) | 250 | 4 | 铁 | 0.3 |
| 2 | 氯化物(以 $Cl^-$ 计) | 250 | 5 | 锰 | 0.1 |
| 3 | 硝酸盐(以 N 计) | 10 | | | |

3.2.1.4 集中式生活饮用水地表水源地特定项目标准限值

mg/L

| 序号 | 项目 | 标准值 | 序号 | 项目 | 标准值 |
|---|---|---|---|---|---|
| 1 | 三氯甲烷 | 0.06 | 41 | 丙烯酰胺 | 0.0005 |
| 2 | 四氯化碳 | 0.002 | 42 | 丙烯腈 | 0.1 |
| 3 | 三溴甲烷 | 0.1 | 43 | 邻苯二甲酸二丁酯 | 0.003 |
| 4 | 二氯甲烷 | 0.02 | 44 | 邻苯二甲酸二(2-乙基己基)酯 | 0.008 |
| 5 | 1,2-二氯乙烷 | 0.03 | 45 | 水合肼 | 0.01 |
| 6 | 环氧氯丙烷 | 0.02 | 46 | 四乙基铅 | 0.0001 |
| 7 | 氯乙烯 | 0.005 | 47 | 吡啶 | 0.2 |
| 8 | 1,1-二氯乙烯 | 0.03 | 48 | 松节油 | 0.2 |
| 9 | 1,2-二氯乙烯 | 0.05 | 49 | 苦味酸 | 0.5 |
| 10 | 三氯乙烯 | 0.07 | 50 | 丁基黄原酸 | 0.005 |
| 11 | 四氯乙烯 | 0.04 | 51 | 活性氯 | 0.01 |
| 12 | 氯丁二烯 | 0.002 | 52 | 滴滴涕 | 0.001 |
| 13 | 六氯丁二烯 | 0.0006 | 53 | 林丹 | 0.002 |
| 14 | 苯乙烯 | 0.02 | 54 | 环氧七氯 | 0.0002 |
| 15 | 甲醛 | 0.9 | 55 | 对硫磷 | 0.003 |
| 16 | 乙醛 | 0.05 | 56 | 甲基对硫磷 | 0.002 |
| 17 | 丙烯醛 | 0.1 | 57 | 马拉硫磷 | 0.05 |
| 18 | 三氯乙醛 | 0.01 | 58 | 乐果 | 0.08 |
| 19 | 苯 | 0.01 | 59 | 敌敌畏 | 0.05 |
| 20 | 甲苯 | 0.7 | 60 | 敌百虫 | 0.05 |
| 21 | 乙苯 | 0.3 | 61 | 内吸磷 | 0.03 |
| 22 | 二甲苯① | 0.5 | 62 | 百菌消 | 0.01 |
| 23 | 异丙苯 | 0.25 | 63 | 甲萘威 | 0.05 |
| 24 | 氯苯 | 0.3 | 64 | 溴氰菊酯 | 0.02 |
| 25 | 1,2-二氯苯 | 1.0 | 65 | 阿特拉津 | 0.003 |
| 26 | 1,4-二氯苯 | 0.3 | 66 | 苯并[a]芘 | $2.8\times10^{-6}$ |
| 27 | 三氯苯② | 0.02 | 67 | 甲基汞 | $1.0\times10^{-6}$ |
| 28 | 四氯苯③ | 0.02 | 68 | 多氯联苯⑥ | $2.0\times10^{-5}$ |
| 29 | 六氯苯 | 0.05 | 69 | 微囊藻毒素-LR | 0.001 |
| 30 | 硝基苯 | 0.017 | 70 | 黄磷 | 0.003 |
| 31 | 二硝基苯④ | 0.5 | 71 | 钼 | 0.07 |
| 32 | 2,4-二硝基甲苯 | 0.0003 | 72 | 钴 | 1.0 |
| 33 | 2,4,6-三硝基甲苯 | 0.5 | 73 | 铍 | 0.002 |
| 34 | 硝基氯苯⑤ | 0.05 | 74 | 硼 | 0.5 |
| 35 | 2,4-二硝基氯苯 | 0.5 | 75 | 锑 | 0.005 |
| 36 | 2,4-二氯苯酚 | 0.093 | 76 | 镍 | 0.02 |
| 37 | 2,4,6-三氯苯酚 | 0.2 | 77 | 钡 | 0.7 |
| 38 | 五氯酚 | 0.009 | 78 | 钒 | 0.05 |
| 39 | 苯胺 | 0.1 | 79 | 钛 | 0.1 |
| 40 | 联苯胺 | 0.0002 | 80 | 铊 | 0.0001 |

① 二甲苯：指对-二甲苯、间-二甲苯、邻-二甲苯。

② 三氯苯：指 1,2,3-三氯苯、1,2,4- 三氯苯、1,3,5-三氯苯。

③ 四氯苯：指 1,2,3,4-四氯苯、1,2,3,5-四氯苯、1,2,4,5-四氯苯。

④ 二硝基苯：指对-二硝基苯、间-二硝基苯、邻-二硝基苯。

⑤ 硝基氯苯：指对-硝基氯苯、间-硝基氯苯、邻-硝基氯苯。

⑥ 多氯联苯：指 PCB-1016、PCB-1221、PCB-1232、PCB-1242、PCB-1248、PCB-1254、PCB-1260。

3.2.2 地下水质量标准[58]，GB/T 14848—93

本标准适用于一般地下水，不适用于地下热水、矿水、盐卤水。

依据我国地下水水质现状、人体健康基准值及地下水质量保护目标，并参照了生活饮用水、工业、农业用水水质要求，将地下水质量划分为五类。

Ⅰ类：主要反映地下水化学组分的天然低背景含量。适用于各种用途。

Ⅱ类：主要反映地下水化学组分的天然背景含量。适用于各种用途。

Ⅲ类：以人体健康基准值为依据。主要适用于集中式生活饮用水水源及工、农业用水。

Ⅳ类：以农业和工业用水要求为依据。除适用于农业和部分工业用水外，适当处理后可作生活饮用水。

Ⅴ类：不宜饮用，其他用水可根据使用目的选用。

**地下水质量分类指标**

| 指标名称 | 指标 | | | | |
|---|---|---|---|---|---|
| | Ⅰ类 | Ⅱ类 | Ⅲ类 | Ⅳ类 | Ⅴ类 |
| 色/度 | ≤5 | ≤5 | ≤15 | ≤25 | >25 |
| 臭和味 | 无 | 无 | 无 | 无 | 有 |
| 浑浊度/度 | ≤3 | ≤3 | ≤3 | ≤10 | >10 |
| 肉眼可见物 | 无 | 无 | 无 | 无 | 有 |
| pH 值 | 6.5～8.5 | 6.5～8.5 | 6.5～8.5 | 5.5～6.5，8.5～9 | >5.5，<9 |
| 总硬度(以 $CaCO_3$ 计)/(mg/L) | ≤150 | ≤300 | ≤450 | ≤550 | >550 |
| 溶解性总固体/(mg/L) | ≤300 | ≤500 | ≤1000 | ≤2000 | >2000 |
| 硫酸盐/(mg/L) | ≤50 | ≤150 | ≤250 | ≤350 | >350 |
| 氯化物/(mg/L) | ≤50 | ≤150 | ≤250 | ≤350 | >350 |
| 铁(Fe)/(mg/L) | ≤0.1 | ≤0.2 | ≤0.3 | ≤1.5 | >1.5 |
| 锰(Mn)/(mg/L) | ≤0.05 | ≤0.05 | ≤0.1 | ≤1.0 | >1.0 |
| 铜(Cu)/(mg/L) | ≤0.01 | ≤0.05 | ≤1.0 | ≤1.5 | >1.5 |
| 锌(Zn)/(mg/L) | ≤0.05 | ≤0.5 | ≤1.0 | ≤5.0 | >5.0 |
| 钼(Mo)/(mg/L) | ≤0.001 | ≤0.01 | ≤0.1 | ≤0.5 | >0.5 |
| 钴(Co)/(mg/L) | ≤0.005 | ≤0.05 | ≤0.05 | ≤1.0 | >1.0 |
| 挥发性酚类(以苯酚计)/(mg/L) | ≤0.001 | ≤0.001 | ≤0.002 | ≤0.01 | >0.01 |
| 阴离子合成洗涤剂/(mg/L) | 不得检出 | ≤0.1 | ≤0.3 | ≤0.3 | >0.3 |
| 高锰酸盐指数/(mg/L) | ≤1.0 | ≤2.0 | ≤3.0 | ≤10 | >10 |
| 硝酸盐(以 N 计)/(mg/L) | ≤2.0 | ≤5.0 | ≤20 | ≤30 | >30 |
| 亚硝酸盐(以 N 计)/(mg/L) | ≤0.001 | ≤0.01 | ≤0.02 | ≤0.1 | >0.1 |
| 氨氮($NH_4$)/(mg/L) | ≤0.02 | ≤0.02 | ≤0.2 | ≤0.5 | >0.5 |
| 氟化物/(mg/L) | ≤1.0 | ≤1.0 | ≤1.0 | ≤2.0 | >2.0 |
| 碘化物/(mg/L) | ≤0.1 | ≤0.1 | ≤0.2 | ≤1.0 | >1.0 |
| 氰化物/(mg/L) | ≤0.001 | ≤0.01 | ≤0.05 | ≤0.1 | >0.1 |
| 汞(Hg)/(mg/L) | ≤0.00005 | ≤0.0005 | ≤0.001 | ≤0.001 | >0.001 |
| 砷(As)/(mg/L) | ≤0.005 | ≤0.01 | ≤0.05 | ≤0.05 | >0.05 |
| 硒(Se)/(mg/L) | ≤0.01 | ≤0.01 | ≤0.01 | ≤0.1 | >0.1 |
| 镉(Cd)/(mg/L) | ≤0.0001 | ≤0.001 | ≤0.01 | ≤0.01 | >0.01 |
| 铬(六价，$Cr^{6+}$)/(mg/L) | ≤0.005 | ≤0.01 | ≤0.05 | ≤0.1 | >0.1 |
| 铅(Pb)/(mg/L) | ≤0.005 | ≤0.01 | ≤0.05 | ≤0.1 | >0.1 |
| 铍(Be)/(mg/L) | ≤0.00002 | ≤0.0001 | ≤0.0002 | ≤0.001 | >0.001 |
| 钡(Ba)/(mg/L) | ≤0.01 | ≤0.1 | ≤1.0 | ≤4.0 | >4.0 |
| 镍(Ni)/(mg/L) | ≤0.005 | ≤0.05 | ≤0.05 | ≤0.1 | >0.1 |
| 滴滴涕/(μg/L) | 不得检出 | ≤0.005 | ≤1.0 | ≤1.0 | >1.0 |
| 六六六/(μg/L) | ≤0.005 | ≤0.05 | ≤5.0 | ≤5.0 | >5.0 |
| 总大肠菌群/(个/L) | ≤3.0 | ≤3.0 | ≤3.0 | ≤100 | >100 |
| 细菌总数/(个/mL) | ≤100 | ≤100 | ≤100 | ≤1000 | >1000 |
| 总 α 放射性/(Bq/L) | ≤0.1 | ≤0.1 | ≤0.1 | >0.1 | >0.1 |
| 总 β 放射性/(Bq/L) | ≤0.1 | ≤1.0 | ≤1.0 | >1.0 | >1.0 |

3.2.3 我国农田灌溉水质标准，GB 5084—2005

(1) 农田灌溉水质基本控制项目

单位：mg/L

| 项目 \ 分类 | | 作物种类 | | |
|---|---|---|---|---|
| | | 水作 | 旱作 | 蔬菜 |
| 五日生化需氧量 | ≤ | 60 | 100 | 40①,15② |
| 化学需氧量 | ≤ | 150 | 200 | 100①,60② |
| 悬浮物 | ≤ | 80 | 100 | 60①,15② |
| 阴离子表面活性剂 | ≤ | 5 | 8 | 5 |
| 水温/℃ | ≤ | 35 | | |
| pH 值 | | 5.5～8.5 | | |
| 全盐量 | ≤ | 1000③(非盐碱土地区)<br>2000③(盐碱土地区) | | |
| 氯化物 | ≤ | 350 | | |
| 硫化物 | ≤ | 1 | | |
| 总汞 | ≤ | 0.001 | | |
| 镉 | ≤ | 0.01 | | |
| 总砷 | ≤ | 0.05 | 0.1 | 0.05 |
| 铬(六价) | ≤ | 0.1 | | |
| 铅 | ≤ | 0.2 | | |
| 粪大肠菌群数/(个/100mL) | ≤ | 4000 | 4000 | 2000①,1000② |
| 蛔虫卵数/(个/L) | ≤ | 2 | 2 | 2①,1② |

① 加工、烹调去皮蔬菜。

② 生食类蔬菜、瓜类和草本水果。

③ 具有一定的水利灌排工程设施，能保证一定的排水和地下径流条件的地区，或有一定的淡水资源能满足冲洗土体中盐分的地区，可适当放宽。

(2) 农田灌溉水质选择性控制项目

单位：mg/L

| 项目 \ 分类 | | 作物种类 | | |
|---|---|---|---|---|
| | | 水作 | 旱作 | 蔬菜 |
| 铜 | ≤ | 0.5 | 1 | 1 |
| 锌 | ≤ | 2 | | |
| 硒 | ≤ | 0.02 | | |
| 氟化物 | ≤ | 2.0(一般地区),3.0(高氟区) | | |
| 氰化物 | ≤ | 0.5 | | |
| 石油类 | ≤ | 5 | 10 | 1 |
| 挥发酚 | ≤ | 1 | | |
| 苯 | ≤ | 2.5 | | |
| 三氯乙醛 | ≤ | 1 | 0.5 | 0.5 |
| 丙烯醛 | ≤ | 0.5 | | |
| 硼① | ≤ | 1.0(对硼敏感作物),2.0(对硼耐受较强作物),3.0(对硼耐受性强的作物) | | |

① 对硼敏感作物如豆类、黄瓜、马铃薯、笋瓜、韭菜、洋葱、柑橘等；对硼耐受较强作物如小麦、玉米、青椒、小白菜、葱等；对硼耐受性强的作物如水稻、萝卜、油菜、甘蓝等。

3.2.4　我国渔业水质标准[31]，GB 11607—89

单位：mg/L

| 项目序号 | | 标准值 |
|---|---|---|
| 色、臭、味 | | 不得使鱼虾贝藻类带有异色、异臭、异味 |
| 漂浮物质 | | 水面不得出现明显油膜或浮沫 |
| 悬浮物质 | | 人为增加的量不得超过10mg/L，而且悬浮物质沉积于底部后，不得对鱼虾贝类产生有害的影响 |
| pH值 | | 淡水6.5～8.5，海水7.0～8.5 |
| 溶解氧 | | 连续24小时中，16小时以上必须大于5mg/L，其余任何时候不得低于3mg/L，对于鲑科鱼类栖息水域冰封期其余任何时候不得低于4mg/L |
| 生化需氧量(五天、20℃) | | 不超过5mg/L，冰封期不超过3mg/L |
| 总大肠菌群 | | 不超过5000个/L(贝类养殖水质不超过500个/L) |
| 汞 | ≤ | 0.0005 |
| 镉 | ≤ | 0.005 |
| 铅 | ≤ | 0.05 |
| 铬 | ≤ | 0.1 |
| 铜 | ≤ | 0.01 |
| 锌 | ≤ | 0.1 |
| 镍 | ≤ | 0.05 |
| 砷 | ≤ | 0.05 |
| 氰化物 | ≤ | 0.005 |
| 硫化物 | ≤ | 0.2 |
| 氟化物(以 $F^-$ 计) | ≤ | 1 |
| 非离子氨 | ≤ | 0.02 |
| 凯氏氮 | ≤ | 0.05 |
| 挥发性酚 | ≤ | 0.005 |
| 黄磷 | ≤ | 0.001 |
| 石油类 | ≤ | 0.05 |
| 丙烯腈 | ≤ | 0.5 |
| 丙烯醛 | ≤ | 0.02 |
| 六六六(丙体) | ≤ | 0.002 |
| 滴滴涕 | ≤ | 0.001 |
| 马拉硫磷 | ≤ | 0.005 |
| 五氯酚钠 | ≤ | 0.01 |
| 乐果 | ≤ | 0.1 |
| 甲胺磷 | ≤ | 1.0 |
| 甲基对硫磷 | ≤ | 0.0005 |
| 呋喃丹 | ≤ | 0.01 |

3.2.5　我国景观娱乐用水水质标准[58]，GB 12941—91

本标准适用于以景观、疗养、度假和娱乐为目的的江、河、湖（水库）、海水水体或其中一部分。

本标准按照水体的不同功能，分为三大类。

A类：主要适用于天然浴场或其他与人体直接接触的景观、娱乐水体。

B类：主要适用于国家重点风景游览区及那些与人体非直接接触的景观娱乐水体。

C类：主要适用于一般景观用水水体。

**景观娱乐用水水质标准**

| 指标名称 | | 指标 | | |
|---|---|---|---|---|
| | | A类 | B类 | C类 |
| 色 | | | 颜色无异常变化 | 不超过25色度单位 |
| 臭 | | | 不得含有任何异臭 | 无明显异臭 |
| 漂浮物 | | 不得含有漂浮的浮膜、油斑和聚集的其他物质 | | |
| 透明度/m | ≥ | | 1.2 | 0.5 |
| 水温/℃ | | | 不高于近十年当月平均水温2℃② | 不高于近十年当月平均水温4℃ |
| pH值 | | 6.5～8.5 | | |
| 溶解氧(DO)/(mg/L) | ≥ | 5 | 4 | 3 |
| 高锰酸盐指数/(mg/L) | ≤ | 6 | 6 | 10 |
| 生化需氧量($BOD_5$)/(mg/L) | ≤ | 4 | 4 | 8 |
| 氨氮①/(mg/L) | ≤ | 0.5 | 0.5 | 0.5 |
| 非离子氨/(mg/L) | ≤ | 0.02 | 0.02 | 0.2 |
| 亚硝酸盐氮/(mg/L) | ≤ | 0.15 | 0.15 | 1.0 |
| 总铁/(mg/L) | ≤ | 0.3 | 0.5 | 1.0 |
| 总铜/(mg/L) | ≤ | 0.01(浴场0.1) | 0.01(海水0.1) | 0.1 |
| 总锌/(mg/L) | ≤ | 0.1(浴场1.0) | 0.1(海水1.0) | 1.0 |
| 总镍/(mg/L) | ≤ | 0.05 | 0.05 | 0.1 |
| 总磷(以P计)/(mg/L) | ≤ | 0.02 | 0.02 | 0.05 |
| 挥发酚/(mg/L) | ≤ | 0.005 | 0.01 | 0.1 |
| 阴离子表面活性剂/(mg/L) | ≤ | 0.2 | 0.2 | 0.3 |
| 总大肠菌群/(个/L) | ≤ | 10000 | | |
| 粪大肠菌群/(个/L) | ≤ | 2000 | | |

① 氨氮和非离子氨在水中存在化学平衡关系，在水温高于20℃、pH值>8时，必须用非离子氨作为控制水质的指标。

② 浴场水温各地区可根据当地的具体情况自行规定。

本标准未作明确规定的项目，执行GB 3838《地面水环境质量标准》和GB 3097《海水水质标准》中的标准值及其有关规定。

3.2.6 我国海水水质标准，GB 3097—1997

海水水质分为四类。第一类适用于海洋渔业水域，海上自然保护区和珍稀濒危海洋生物保护区。第二类适用于水产养殖区、海水浴场、人体直接接触海水的海上运动或娱乐区，以及与人类食用直接有关的工业用水区。第三类适用于一般工业用水区、滨海风景旅游区。第四类适用于海洋港口水域、海洋开发作业区。

(1) 海水水质要求

| 污染物名称 | 第一类 | 第二类 | 第三类 | 第四类 |
|---|---|---|---|---|
| 漂浮物质 | 海面不得出现油膜、浮沫和其他漂浮物质 | | | 海面无明显的油膜、浮沫和其他漂浮物质 |
| 色、臭、味 | 海水不得有异色、异臭、异味 | | | 海水不得有令人厌恶、感到不快的色、臭、味 |
| 悬浮物质/(mg/L) | 人为增加的量≤10 | | 人为增加的量≤100 | 人为增加的量≤150 |
| pH值 | 7.8～8.5 同时不超出该域正常变动范围的0.2pH单位 | 6.8～8.8 同时不超出该域正常变动范围的0.2pH单位 | | |
| 水温 | 人为造成的海水温升，夏季不超过当地1℃，其他季节不超过2℃ | | 人为造成的海水温升不超过当地4℃ | |
| 化学耗氧量/(mg/L) | ≤2 | ≤3 | ≤4 | ≤5 |
| 溶解氧/(mg/L) | >6 | >5 | >4 | >3 |
| 生化需氧量$BOD_5$/(mg/L) | ≤1 | ≤3 | ≤4 | ≤5 |

续表

| 污染物名称 | 第一类 | 第二类 | 第三类 | 第四类 |
|---|---|---|---|---|
| 大肠菌群/(个/L) | ≤10000,供人类生食的贝类增养殖水质≤700 | | | — |
| 粪大肠菌群/(个/L) | ≤2000,供人类生食的贝类增养殖水质≤140 | | | — |
| 病原体 | 供人类生食的贝类养殖水质不得含有病原体 | | | — |

(2) 海水中有害物质最高允许浓度

单位：mg/L

| 有害物质名称 | | 第一类 | 第二类 | 第三类 | 第四类 |
|---|---|---|---|---|---|
| 汞 | ≤ | 0.00005 | 0.0002 | 0.0002 | 0.0005 |
| 镉 | ≤ | 0.001 | 0.005 | 0.010 | 0.010 |
| 铅 | ≤ | 0.001 | 0.005 | 0.010 | 0.050 |
| 总铬 | ≤ | 0.05 | 0.10 | 0.20 | 0.5 |
| 六价铬 | ≤ | 0.005 | 0.010 | 0.020 | 0.050 |
| 砷 | ≤ | 0.020 | 0.030 | 0.050 | 0.050 |
| 铜 | ≤ | 0.005 | 0.010 | 0.050 | 0.050 |
| 锌 | ≤ | 0.020 | 0.050 | 0.10 | 0.50 |
| 硒 | ≤ | 0.010 | 0.020 | 0.020 | 0.050 |
| 镍 | ≤ | 0.005 | 0.010 | 0.020 | 0.050 |
| 石油类 | ≤ | 0.05 | 0.05 | 0.30 | 0.50 |
| 阴离子表面活性剂(以 LAS 计) | ≤ | 0.03 | 0.10 | 0.10 | 0.10 |
| 氰化物 | ≤ | 0.005 | 0.005 | 0.10 | 0.20 |
| 硫化物(以硫计) | ≤ | 0.02 | 0.05 | 0.10 | 0.25 |
| 挥发性酚 | ≤ | 0.005 | 0.005 | 0.010 | 0.050 |
| 无机氮(以 N 计) | ≤ | 0.20 | 0.30 | 0.40 | 0.50 |
| 非离子氨(以 N 计) | ≤ | 0.020 | 0.020 | 0.020 | 0.020 |
| 活性磷酸盐(以 P 计) | ≤ | 0.015 | 0.030 | 0.030 | 0.045 |
| 六六六 | ≤ | 0.001 | 0.002 | 0.003 | 0.005 |
| 滴滴涕 | ≤ | 0.00005 | 0.0001 | 0.0001 | 0.0001 |
| 马拉硫磷 | ≤ | 0.0005 | 0.001 | 0.001 | 0.001 |
| 甲基对硫磷 | ≤ | 0.0005 | 0.001 | 0.001 | 0.001 |
| 苯并[*a*]芘 | ≤ | 0.0025μg/L | | | |

(3) 放射性核素限量

| 名　称 | | $^{60}Co$ | $^{90}Sr$ | $^{106}Rn$ | $^{134}Cs$ | $^{137}Cs$ |
|---|---|---|---|---|---|---|
| 限量/(Bq/L) | ≤ | 0.03 | 4 | 0.2 | 0.6 | 0.7 |

### 3.2.7 我国污水综合排放标准，GB 8978—1996

#### 3.2.7.1 第一类污染物最高允许排放浓度

单位：mg/L

| 序号 | 污染物 | 最高允许排放浓度 | 序号 | 污染物 | 最高允许排放浓度 |
|---|---|---|---|---|---|
| 1 | 总汞 | 0.05 | 8 | 总镍 | 1.0 |
| 2 | 烷基汞 | 不得检出 | 9 | 苯并[*a*]芘 | 0.00003 |
| 3 | 总镉 | 0.1 | 10 | 总铍 | 0.005 |
| 4 | 总铬 | 1.5 | 11 | 总银 | 0.5 |
| 5 | 六价铬 | 0.5 | 12 | 总 α 放射性 | 1Bq/L |
| 6 | 总砷 | 0.5 | 13 | 总 β 放射性 | 10Bq/L |
| 7 | 总铅 | 1.0 | | | |

注：第一类污染物，指能在环境或动植物体内蓄积，对人体健康产生长远不良影响者。一律在车间或车间处理设施排出口取样。

3.2.7.2 第二类污染物最高允许排放浓度

mg/L

| 序号 | 污染物 | 适用范围 | 一级标准 | 二级标准 | 三级标准 |
|---|---|---|---|---|---|
| 1 | pH | 一切排污单位 | 6～9 | 6～9 | 6～9 |
| 2 | 色度(稀释倍数) | 染料工业 | 50 | 80(180) | — |
| | | 其他排污单位 | 50 | 80 | — |
| 3 | 悬浮物(SS) | 采矿、选矿、选煤工业 | 70(100) | 300 | — |
| | | 脉金选矿 | 70(100) | 400(500) | — |
| | | 边远地区砂金选矿 | 70(100) | 800 | — |
| | | 城镇二级污水处理厂 | 20 | 30 | — |
| | | 其他排污单位 | 70 | 150(200) | 400 |
| 4 | 五日生化需氧量($BOD_5$) | 甘蔗制糖、苎麻脱胶、湿法纤维板工业(染料、洗毛) | 20(30) | 60(100) | 600 |
| | | 甜菜制糖、酒精、味精、皮革、化纤浆粕工业 | 20(30) | 100(150) | 600 |
| | | 城镇二级污水处理厂 | 20 | 30 | — |
| | | 其他排污单位 | 20(30) | 30(60) | 300 |
| 5 | 化学需氧量(COD) | 甜菜制糖、焦化、合成脂肪酸、湿法纤维板、染料、洗毛、有机磷农药工业 | 100 | 200 | 1000 |
| | | 味精、酒精、医药原料药、生物制药、苎麻脱胶、皮革、化纤浆粕工业 | 100 | 300 | 1000 |
| | | 石油化工工业(包括石油炼制) | 60(100) | 120(150) | 500 |
| | | 城镇二级污水处理厂 | 60 | 120 | — |
| | | 其他排污单位 | 100 | 150 | 500 |
| 6 | 石油类 | 一切排污单位 | 5(10) | 10 | 20(30) |
| 7 | 动植物油 | 一切排污单位 | 10(20) | 15(20) | 100 |
| 8 | 挥发酚 | 一切排污单位 | 0.5 | 0.5 | 2.0 |
| 9 | 总氰化合物 | 电影洗片(铁氰化合物) | 0.5 | 0.5(5.0) | 1.0(5.0) |
| | | 其他排污单位 | 0.5 | 0.5 | 1.0 |
| 10 | 硫化物 | 一切排污单位 | 1.0 | 1.0 | 1.0(2.0) |
| 11 | 氨氮 | 医药原料药、染料、石油化工工业 | 15 | 50 | — |
| | | 其他排污单位 | 15 | 25 | — |
| 12 | 氟化物 | 黄磷工业 | 10 | 15(20) | 20 |
| | | 低氟地区(水体含氟量<0.5mg/L) | 10 | 20 | 30 |
| | | 其他排污单位 | 10 | 10 | 20 |
| 13 | 磷酸盐(以P计) | 一切排污单位 | 0.5 | 1.0 | — |
| 14 | 甲醛 | 一切排污单位 | 1.0 | 2.0 | 5.0 |
| 15 | 苯胺类 | 一切排污单位 | 1.0 | 2.0 | 5.0 |
| 16 | 硝基苯类 | 一切排污单位 | 2.0 | 3.0 | 5.0 |
| 17 | 阴离子表面活性剂(LAS) | 合成洗涤剂工业 | 5.0 | 10(15) | 20 |
| | | 其他排污单位 | 5.0 | 10 | 20 |

续表

| 序号 | 污染物 | 适用范围 | 一级标准 | 二级标准 | 三级标准 |
|---|---|---|---|---|---|
| 18 | 总铜 | 一切排污单位 | 0.5 | 1.0 | 2.0 |
| 19 | 总锌 | 一切排污单位 | 2.0 | 5.0 | 5.0 |
| 20 | 总锰 | 合成脂肪酸工业 | 2.0 | 5.0 | 5.0 |
|  |  | 其他排污单位 | 2.0 | 2.0 | 5.0 |
| 21 | 彩色显影剂 | 电影洗片 | 1.0(2.0) | 2.0(3.0) | 3.0(5.0) |
| 22 | 显影剂及氧化物总量 | 电影洗片 | 3.0 | 3.0(6.0) | 6.0 |
| 23 | 元素磷 | 一切排污单位 | 0.1 | 0.1(0.3) | 0.3 |
| 24 | 有机磷农药(以P计) | 一切排污单位 | 不得检出 | 0.5 | 0.5 |
| 25 | 乐果① | 一切排污单位 | 不得检出 | 1.0 | 2.0 |
| 26 | 对硫磷① | 一切排污单位 | 不得检出 | 1.0 | 2.0 |
| 27 | 甲基对硫磷① | 一切排污单位 | 不得检出 | 1.0 | 2.0 |
| 28 | 马拉硫磷① | 一切排污单位 | 不得检出 | 5.0 | 10 |
| 29 | 五氯酚及五氯酚钠(以五氯酚计)① | 一切排污单位 | 5.0 | 8.0 | 10 |
| 30 | 可吸附有机卤化物(AOX)(以Cl计)① | 一切排污单位 | 1.0 | 5.0 | 8.0 |
| 31 | 三氯甲烷① | 一切排污单位 | 0.3 | 0.6 | 1.0 |
| 32 | 四氯化碳① | 一切排污单位 | 0.03 | 0.06 | 0.5 |
| 33 | 三氯乙烯① | 一切排污单位 | 0.3 | 0.6 | 1.0 |
| 34 | 四氯乙烯① | 一切排污单位 | 0.1 | 0.2 | 0.5 |
| 35 | 苯① | 一切排污单位 | 0.1 | 0.2 | 0.5 |
| 36 | 甲苯① | 一切排污单位 | 0.1 | 0.2 | 0.5 |
| 37 | 乙苯① | 一切排污单位 | 0.4 | 0.6 | 1.0 |
| 38 | 邻-二甲苯① | 一切排污单位 | 0.4 | 0.6 | 1.0 |
| 39 | 对-二甲苯① | 一切排污单位 | 0.4 | 0.6 | 1.0 |
| 40 | 间-二甲苯① | 一切排污单位 | 0.4 | 0.6 | 1.0 |
| 41 | 氯苯① | 一切排污单位 | 0.2 | 0.4 | 1.0 |
| 42 | 邻二氯苯① | 一切排污单位 | 0.4 | 0.6 | 1.0 |
| 43 | 对二氯苯① | 一切排污单位 | 0.4 | 0.6 | 1.0 |
| 44 | 对-硝基氯苯① | 一切排污单位 | 0.5 | 1.0 | 5.0 |
| 45 | 2,4-二硝基氯苯① | 一切排污单位 | 0.5 | 1.0 | 5.0 |
| 46 | 苯酚① | 一切排污单位 | 0.3 | 0.4 | 1.0 |
| 47 | 间-甲酚① | 一切排污单位 | 0.1 | 0.2 | 0.5 |
| 48 | 2,4-二氯酚① | 一切排污单位 | 0.6 | 0.8 | 1.0 |
| 49 | 2,4,6-三氯酚① | 一切排污单位 | 0.6 | 0.8 | 1.0 |
| 50 | 邻苯二甲酸二丁酯① | 一切排污单位 | 0.2 | 0.4 | 2.0 |
| 51 | 邻苯二甲酸二辛酯① | 一切排污单位 | 0.3 | 0.6 | 2.0 |

续表

| 序号 | 污染物 | 适用范围 | 一级标准 | 二级标准 | 三级标准 |
|---|---|---|---|---|---|
| 52 | 丙烯腈 | 一切排污单位 | 2.0 | 5.0 | 5.0 |
| 53 | 总硒① | 一切排污单位 | 0.1 | 0.2 | 0.5 |
| 54 | 粪大肠菌群数 | 医院②、兽医院及医疗机构含病原体污水 | 500 个/L | 1000 个/L | 5000 个/L |
| | | 传染病、结核病医院污水 | 100 个/L | 500 个/L | 1000 个/L |
| 55 | 总余氯(采用氯化消毒的医院污水) | 医院②、兽医院及医疗机构含病原体污水 | <0.5③ | >3(接触时间≥1h) | >2(接触时间≥1h) |
| | | 传染病、结核病医院污水 | <0.5③ | >6.5(接触时间≥1.5h) | >5(接触时间≥1.5h) |
| 56 | 总有机碳(TOC)① | 合成脂肪酸工业 | 20 | 40 | — |
| | | 苎麻脱胶工业 | 20 | 60 | — |
| | | 其他排污单位 | 20 | 30 | — |

① 对 1997 年 12 月 31 日前建设的单位无规定。

② 指 50 个床位以上的医院。

③ 加氯消毒后须进行脱氯处理，达到本标准。

注：括号内数据适用于 1997 年 12 月 31 日前建设的单位。“其他排污单位” 指除所列行业以外的一切排污单位。

### 3.2.7.3 部分行业最高允许排水量

| 序号 | 行业类别 | | | 最高允许排水量或最低允许水重复利用率 | |
|---|---|---|---|---|---|
| 1 | 矿山工业 | 有色金属系统选矿 | | 水重复利用率 75% | |
| | | 其他矿山工业采矿、选矿、选煤等 | | 水重复利用率 90%(选煤) | |
| | | 脉金选矿 | 重选 | 16.0$m^3$/t(矿石) | |
| | | | 浮选 | 9.0$m^3$/t(矿石) | |
| | | | 氰化 | 8.0$m^3$/t(矿石) | |
| | | | 碳浆 | 8.0$m^3$/t(矿石) | |
| 2 | 焦化企业(煤气厂) | | | 1.2$m^3$/t(焦炭) | |
| 3 | 有色金属冶炼及金属加工 | | | 水重复利用率 80% | |
| 4 | 石油炼制工业(不包括直排水炼油厂)<br>加工深度分类：<br>A. 燃料型炼油厂<br>B. 燃料+润滑油型炼油厂<br>C. 燃料+润滑油型+炼油化工型炼油厂<br>(包括加工高含硫原油页岩油和石油添加剂生产基地的炼油厂) | | | A | >500 万吨,1.0$m^3$/t(原油)<br>250～500 万吨,1.2$m^3$/t(原油)<br><250 万吨,1.5$m^3$/t(原油) |
| | | | | B | >500 万吨,1.5$m^3$/t(原油)<br>250～500 万吨,2.0$m^3$/t(原油)<br><250 万吨,2.0$m^3$/t(原油) |
| | | | | C | >500 万吨,2.0$m^3$/t(原油)<br>250～500 万吨,2.5$m^3$/t(原油)<br><250 万吨,2.5$m^3$/t(原油) |
| 5 | 合成洗涤剂工业 | 氯化法生产烷基苯 | | 200.0$m^3$/t(烷基苯) | |
| | | 裂解法生产烷基苯 | | 70.0$m^3$/t(烷基苯) | |
| | | 烷基苯生产合成洗涤剂 | | 10.0$m^3$/t(产品) | |
| 6 | 合成脂肪酸工业 | | | 200.0$m^3$/t(产品) | |
| 7 | 湿法生产纤维板工业 | | | 30.0$m^3$/t(板) | |
| 8 | 制糖工业 | 甘蔗制糖 | | 10.0$m^3$/t(甘蔗) | |
| | | 甜菜制糖 | | 4.0$m^3$/t(甜菜) | |

续表

| 序号 | 行业类别 | | | 最高允许排水量或最低允许水重复利用率 |
|---|---|---|---|---|
| 9 | 皮革工业 | 猪盐湿皮 | | 60.0m³/t(原皮) |
| | | 牛干皮 | | 100.0m³/t(原皮) |
| | | 羊干皮 | | 150.0m³/t(原皮) |
| 10 | 发酵、酿造工业 | 酒精工业 | 以玉米为原料 | 100.0m³/t(酒精) |
| | | | 以薯类为原料 | 80.0m³/t(酒精) |
| | | | 以糖蜜为原料 | 70.0m³/t(酒精) |
| | | 味精工业 | | 600.0m³/t(味精) |
| | | 啤酒工业(排水量不包括麦芽水部分) | | 16.0m³/t(啤酒) |
| 11 | 铬盐工业 | | | 5.0m³/t(产品) |
| 12 | 硫酸工业(水洗法) | | | 15.0m³/t(硫酸) |
| 13 | 苎麻脱胶工业 | | | 500m³/t(原麻) |
| | | | | 750m³/t(精干麻) |
| 14 | 黏胶纤维工业单纯纤维 | 短纤维(棉型中长纤维、毛型中长纤维) | | 300.0m³/t(纤维) |
| | | 长纤维 | | 800.0m³/t(纤维) |
| 15 | 化纤浆粕 | | | 本色:150m³/t(浆)<br>漂白:240m³/t(浆) |
| 16 | 制药工业医药原料药[①,③] | 青霉素 | | 4700m³/t(青霉素) |
| | | 链霉素 | | 1450m³/t(链霉素) |
| | | 土霉素 | | 1300m³/t(土霉素) |
| | | 四环素 | | 1900m³/t(四环素) |
| | | 洁霉素 | | 9200m³/t(洁霉素) |
| | | 金霉素 | | 3000m³/t(金霉素) |
| | | 庆大霉素 | | 20400m³/t(庆大霉素) |
| | | 维生素 C | | 1200m³/t(维生素 C) |
| | | 氯霉素 | | 2700m³/t(氯霉素) |
| | | 新诺明 | | 2000m³/t(新诺明) |
| | | 维生素 $B_1$ | | 3400m³/t(维生素 $B_1$) |
| | | 安乃近 | | 180m³/t(安乃近) |
| | | 非那西汀 | | 750m³/t(非那西汀) |
| | | 呋喃唑酮 | | 2400m³/t(呋喃唑酮) |
| | | 咖啡因 | | 1200m³/t(咖啡因) |
| 17 | 有机磷农药工业[①,③] | 乐果[②] | | 700m³/t(产品) |
| | | 甲基对硫磷(水相法)[②] | | 300m³/t(产品) |
| | | 对硫磷($P_2S_5$ 法)[②] | | 500m³/t(产品) |
| | | 对硫磷($PSCL_3$ 法)[②] | | 550m³/t(产品) |
| | | 敌敌畏(敌百虫碱解法) | | 200m³/t(产品) |
| | | 敌百虫 | | 40m³/t(产品)(不包括三氯乙醛生产废水) |
| | | 马拉硫磷 | | 700m³/t(产品) |

续表

| 序号 | 行业类别 | | 最高允许排水量或最低允许水重复利用率 |
|---|---|---|---|
| 18 | 除草剂工业①,③ | 除草醚 | $5m^3$/t(产品) |
| | | 五氯酚钠 | $2m^3$/t(产品) |
| | | 五氯酚 | $4m^3$/t(产品) |
| | | 2-甲-4-氯 | $14m^3$/t(产品) |
| | | 2,4-D | $4m^3$/t(产品) |
| | | 丁草胺 | $4.5m^3$/t(产品) |
| | | 绿麦隆(以 Fe 粉还原) | $2m^3$/t(产品) |
| | | 绿麦隆(以 $Na_2S$ 还原) | $3m^3$/t(产品) |
| 19 | 火力发电工业③ | | $3.5m^3$/t(产品) |
| 20 | 铁路货车洗刷 | | $5.0m^3$/辆 |
| 21 | 电影洗片 | | $5m^3$/1000m(35mm 胶片) |
| 22 | 石油沥青工业 | | 冷却池的水循环利用率 95% |

① 产品按 100%浓度计。
② 不包括 $P_2S_5$、$PSCl_3$、$PCl_3$ 原料生产废水。
③ 适用于 1998 年 1 月 1 日后建设的单位。

### 3.2.8 我国建设行业污水排入城市下水道水质标准，CJ 3082—1999

mg/L

| 序号 | 项目名称 | 最高允许浓度 | 序号 | 项目名称 | 最高允许浓度 |
|---|---|---|---|---|---|
| 1 | pH 值 | 6.0～9.0 | 19 | 总铅 | 1.0 |
| 2 | 悬浮物 | 150(400) | 20 | 总铜 | 2.0 |
| 3 | 易沉固体/[mL/(L·15min)] | 10 | 21 | 总锌 | 5.0 |
| 4 | 油脂 | 100 | 22 | 总镍 | 1.0 |
| 5 | 矿物油类 | 20.0 | 23 | 总锰 | 2.0(5.0) |
| 6 | 苯系物 | 2.5 | 24 | 总铁 | 10.0 |
| 7 | 氰化物 | 0.5 | 25 | 总锑 | 1.0 |
| 8 | 硫化物 | 1.0 | 26 | 六价铬 | 0.5 |
| 9 | 挥发性酚 | 1.0 | 27 | 总铬 | 1.5 |
| 10 | 温度/℃ | 35 | 28 | 总硒 | 2.0 |
| 11 | 生化需氧量($BOD_5$) | 100(300) | 29 | 总砷 | 0.5 |
| 12 | 化学需氧量($COD_{Cr}$) | 150(500) | 30 | 硫酸盐 | 600 |
| 13 | 溶解性固体 | 2000 | 31 | 硝基苯类 | 5.0 |
| 14 | 有机磷 | 0.5 | 32 | 阴离子表面活性剂(LAS) | 10.0(20.0) |
| 15 | 苯胺 | 5.0 | 33 | 氨氮 | 25.0(35.0) |
| 16 | 氟化物 | 20.0 | 34 | 磷酸盐(以 P 计) | 1.0(8.0) |
| 17 | 总汞 | 0.05 | 35 | 色度 | 80 倍 |
| 18 | 总镉 | 0.1 | | | |

注：括号内数值适用于有城市污水处理厂的城市下水道系统。

### 3.3 纯水、锅炉给水、炉水及蒸汽

3.3.1 我国电子级水的技术指标，GB 11446.1—1997

| 指标 \ 级别 | EW-Ⅰ | EW-Ⅱ | EW-Ⅲ | EW-Ⅳ |
|---|---|---|---|---|
| 电阻率(25℃)/MΩ·cm | 18以上(95%时间)，不低于17 | 15(95%时间)，不低于12 | 12.0 | 0.5 |
| 全硅，最大值/(μg/L) | 2 | 10 | 50 | 1000 |
| >1μm微粒数，最大值/(个/mL) | 0.1 | 5 | 10 | 500 |
| 细菌个数，最大值/(个/mL) | 0.01 | 0.1 | 10 | 100 |
| 铜，最大值/(μg/L) | 0.2 | 1 | 2 | 500 |
| 锌，最大值/(μg/L) | 0.2 | 1 | 5 | 500 |
| 镍，最大值/(μg/L) | 0.1 | 1 | 2 | 500 |
| 钠，最大值/(μg/L) | 0.5 | 2 | 5 | 1000 |
| 钾，最大值/(μg/L) | 0.5 | 2 | 5 | 500 |
| 氯，最大值/(μg/L) | 1 | 1 | 10 | 1000 |
| 硝酸根，最大值/(μg/L) | 1 | 1 | 5 | 500 |
| 磷酸根，最大值/(μg/L) | 1 | 1 | 5 | 500 |
| 硫酸根，最大值/(μg/L) | 1 | 1 | 5 | 500 |
| 总有机碳，最大值/(μg/L) | 20 | 100 | 200 | 1000 |

3.3.2 美国电子和半导体水质要求，ASTM D 5127—99

| 项目 \ 级别 | E-1 | E-1.1 | E-1.2 | E-2 | E-3 | E-4 |
|---|---|---|---|---|---|---|
| 线宽/μm | 1.0～0.5 | 0.5～0.25 | 0.25～0.18 | 5.0～1.0 | >5 | |
| 电阻率(25℃) | 18.2 | 18.2 | 18.2 | 17.5 | 12 | 0.5 |
| 温度 | | | | | | |
| 压力 | | | | | | |
| 内毒素/(单位EU/mL) | 0.03 | 0.03 | 0.03 | 0.25 | | |
| 总有机碳/(μg/L) | 5 | 2 | 1 | 50 | 300 | |
| 溶解氧/(μg/L) | 1 | 1 | 1 | | | |
| 蒸发残余物/(μg/L) | 1 | 0.5 | 0.1 | | | |
| 显微镜测微粒/L(micro range)① | | | | | | |
| 0.1～0.2 | 1000 | 1000 | 200 | | | |
| 0.2～0.5 | 500 | 500 | 100 | 3000 | | |
| 0.5～0.1 | 50 | 50 | 1 | | 10000 | |
| 10 | | | | | | 100000 |
| 在线测微粒/L(micro range)① | | | | | | |
| 0.05～0.1 | 500 | 500 | 100 | | | |
| 0.1～0.2 | 300 | 300 | 50 | | | |
| 0.2～0.3 | 50 | 50 | 20 | | | |
| 0.3～0.5 | 20 | 20 | 10 | | | |
| >0.5 | 4 | 4 | 1 | | | |
| 细菌/100mL | | | | | | |
| 100mL样品 | 1 | 1 | 1 | | | |
| 1L样品 | 1 | 1 | 0.1 | 10 | 10000 | 100000 |
| 硅 | | | | | | |
| 总硅/(μg/L) | 3 | 0.5 | 0.5 | 10 | 50 | 1000 |
| 溶硅/(μg/L) | 1 | 0.1 | 0.05 | | | |
| 离子和金属/(μg/L) | | | | | | |
| 铵 | 0.1 | 0.10 | 0.05 | | | |
| 溴化物 | 0.1 | 0.05 | 0.02 | | | |

续表

| 项目 \ 级别 | E-1 | E-1.1 | E-1.2 | E-2 | E-3 | E-4 |
|---|---|---|---|---|---|---|
| 氯化物 | 0.1 | 0.05 | 0.02 | 1 | 10 | 1000 |
| 氟化物 | 0.1 | 0.05 | 0.03 | | | |
| 硝酸盐 | 0.1 | 0.05 | 0.02 | 1 | 5 | 500 |
| 亚硝酸盐 | 0.1 | 0.05 | 0.02 | | | |
| 磷酸盐 | 0.1 | 0.05 | 0.02 | 1 | 5 | 500 |
| 硫酸盐 | 0.1 | 0.05 | 0.02 | 1 | 5 | 500 |
| 铝 | 0.05 | 0.02 | 0.005 | | | |
| 钡 | 0.05 | 0.02 | 0.001 | | | |
| 硼 | 0.05 | 0.02 | 0.005 | | | |
| 钙 | 0.05 | 0.02 | 0.002 | | | |
| 铬 | 0.05 | 0.02 | 0.002 | | | |
| 铜 | 0.05 | 0.02 | 0.002 | 1 | 2 | 500 |
| 铁 | 0.05 | 0.02 | 0.002 | | | |
| 铅 | 0.05 | 0.02 | 0.005 | | | |
| 锂 | 0.05 | 0.02 | 0.003 | | | |
| 镁 | 0.05 | 0.02 | 0.002 | | | |
| 锰② | 0.05 | 0.02 | 0.002 | | | |
| 镍 | 0.05 | 0.02 | 0.002 | 1 | 2 | 500 |
| 钾 | 0.05 | 0.02 | 0.005 | 2 | 5 | 500 |
| 钠 | 0.05 | 0.02 | 0.005 | 1 | 5 | 1000 |
| 锶 | 0.05 | 0.02 | 0.001 | | | |
| 锌 | 0.05 | 0.02 | 0.002 | 1 | 2 | 500 |

① 应为微粒的粒径范围，μm。

② 原文中 Maganese 应为 Manganese。

3.3.3 我国火力发电机组及蒸汽动力设备水汽质量，GB/T 12145—1999

3.3.3.1 范围

本标准规定了火力发电机组和蒸汽动力设备在正常运行和停、备用机组启动时的水汽质量标准；

适用于锅炉出口压力为 3.8～25.0MPa（表大气压）的火力发电机组及蒸汽动力设备。

3.3.3.2 蒸汽质量标准

自然循环、强制循环汽包炉或直流炉的饱和蒸汽和过热蒸汽质量应符合表 1 的规定。

**表 1 蒸汽质量标准**

| 项目（炉型／压力/MPa／类别） | | 汽包炉 | | | 直流炉 | | | |
|---|---|---|---|---|---|---|---|---|
| | | 3.8～5.8 | 5.9～18.3 | | 5.9～18.3 | | 18.4～25.0 | |
| | | 标准值 | 标准值 | 期望值 | 标准值 | 期望值 | 标准值 | 期望值 |
| 钠含量/(μg/kg) | 磷酸盐处理 | ≤15 | ≤10 | — | ≤10 | ≤5 | <5 | <3 |
| | 挥发性处理 | | ≤10 | ≤5 | | | | |
| 电导率（氢离子交换后，25℃）/(μS/cm) | 磷酸盐处理 | — | ≤0.30 | | — | — | — | — |
| | 挥发性处理 | | | | ≤0.30 | ≤0.30 | ≤0.30 | ≤0.30 |
| | 中性水处理及联合水处理 | — | — | | ≤0.20 | ≤0.15 | ≤0.20 | <0.15 |
| 二氧化硅含量/(μg/kg) | | ≤20 | ≤20 | | ≤20 | | <15 | <10 |

为了防止汽轮机内部积结金属氧化物，蒸汽中铁和铜的含量应符合表 2 的规定。

**表 2　蒸汽质量标准**

| 炉型 | 汽包炉 | | | | 直流炉 | | | |
|---|---|---|---|---|---|---|---|---|
| 压力/MPa | 3.8～15.6 | | 15.7～18.3 | | 15.7～18.3 | | 18.4～25.0 | |
| 项目　类别 | 标准值 | 期望值 | 标准值 | 期望值 | 标准值 | 期望值 | 标准值 | 期望值 |
| 铁含量/(μg/kg) | ≤20 | — | ≤20 | — | ≤10 | — | ≤10 | — |
| 铜含量/(μg/kg) | ≤5 | — | ≤5 | ≤3 | ≤5 | ≤3 | ≤5 | ≤2 |

3.3.3.3　锅炉给水质量标准

(1) 给水的硬度、溶解氧、铁、铜、钠、二氧化硅的含量和电导率应符合表 3 的规定。

**表 3　锅炉给水质量标准**

| 炉型 | 锅炉过热蒸汽压力/MPa | 电导率(氢离子交换后,25℃)/(μS/cm) | | 硬度 | 溶解氧 | 铁 | 铜 | | 钠 | | 二氧化硅 | |
|---|---|---|---|---|---|---|---|---|---|---|---|---|
| | | | | $c\left(\frac{1}{x}A^{x+}\right)$ (μmol/L) | μg/L | | | | | | | |
| | | 标准值 | 期望值 | | 标准值 | 标准值 | 标准值 | 期望值 | 标准值 | 期望值 | 标准值 | 期望值 |
| 汽包炉 | 3.8～5.8 | — | — | ≤2.0 | ≤15 | ≤50 | ≤10 | — | — | — | 应保证蒸汽二氧化硅符合标准 | |
| | 5.9～12.6 | — | — | ≤2.0 | ≤7 | ≤30 | ≤5 | — | — | — | | |
| | 12.7～15.6 | ≤0.30 | — | ≤1.0 | ≤7 | ≤20 | ≤5 | — | — | — | | |
| | 15.7～18.3 | ≤0.30 | ≤0.20 | 约为 0 | ≤7 | ≤20 | ≤5 | — | — | — | | |
| 直流炉 | 5.9～18.3 | ≤0.30 | ≤0.20 | 约为 0 | ≤7 | ≤10 | ≤5 | ≤3 | ≤10 | ≤5 | ≤20 | — |
| | 18.4～25.0 | ≤0.20 | ≤0.15 | 约为 0 | ≤7 | ≤10 | ≤5 | ≤3 | ≤5 | — | ≤15 | ≤10 |

液态排渣炉和原设计为燃油的锅炉，其给水的硬度和铁、铜的含量，应符合比其压力高一级锅炉的规定。

(2) 给水的联氨、油的含量和 pH 值应符合表 4 的规定。

**表 4　给水的联氨、油含量和 pH 值标准**

| 炉型 | 锅炉过热蒸汽压力/MPa | pH 值(25℃) | 联氨含量/(μg/L) | 油含量/(mg/L) |
|---|---|---|---|---|
| 汽包炉 | 3.8～5.8 | 8.8～9.2 | — | <1.0 |
| | 5.9～12.6 | 8.8～9.3(有铜系统)<br>或<br>9.0～9.5(无铜系统) | 10～50<br>或<br>10～30(挥发性处理) | ≤0.30 |
| | 12.7～15.6 | | | |
| | 15.7～18.3 | | | |
| 直流炉 | 5.9～18.3 | 8.8～9.3(有铜系统)<br>或<br>9.0～9.5(无铜系统) | 10～50 或<br>10～30(挥发性处理) | ≤0.30 |
| | 18.4～25.0 | | 20～50 | <0.1 |

注：1. 压力在 3.8～5.8MPa 的机组，加热器为钢管，其给水 pH 值可控制在 8.8～9.5。

2. 用石灰、钠离子交换水为补给水的锅炉，应改为控制汽轮机凝结水的 pH 值，最大不超过 9.0。

3. 对大于 12.7MPa 的锅炉，其给水总碳酸盐（以二氧化碳计算）应小于等于 1mg/L。

(3) 直流炉加氧处理给水溶解氧的含量、pH 值和电导率应符合表 5 的规定。

**表 5 给水溶解氧含量、pH 值和电导率标准**

| 处理方式 | pH 值(25℃) | 电导率(经氢离子交换后,25℃)/(μS/cm) | | 溶解氧含量/(μg/L) | 油含量/(mg/L) |
|---|---|---|---|---|---|
| | | 标准值 | 期望值 | | |
| 中性处理 | 7.0～8.0(无铜系统) | ≤0.20 | ≤0.15 | 50～250 | 约为 0 |
| 联合处理 | 8.5～9.0(有铜系统) | ≤0.20 | ≤0.15 | 30～200 | 约为 0 |
| | 8.0～9.0(无铜系统) | | | | |

3.3.3.4 汽轮机凝结水质量标准

(1) 凝结水的硬度、钠和溶解氧的含量和电导率应符合表 6 的规定。

**表 6 凝结水的硬度、钠和溶解氧的含量和电导率标准①**

| 锅炉过热蒸汽压力/MPa | 硬度 $c\left(\frac{1}{x}A^{x+}\right)$/(μmol/L) | 钠含量/(μg/L) | 溶解氧含量/(μg/L) | 电导率(经氢离子交换后,25℃)/(μS/cm) | | 二氧化硅含量/(μg/L) |
|---|---|---|---|---|---|---|
| | | | | 标准值 | 期望值 | |
| 3.8～5.8 | ≤2.0 | — | ≤50 | — | — | 应保证炉水中二氧化硅含量符合标准 |
| 5.9～12.6 | ≤1.0 | — | ≤50 | — | — | |
| 12.7～15.6 | ≤1.0 | — | ≤40 | ≤0.30 | <0.20 | |
| 15.7～18.3 | 约为 0 | ≤5③ | ≤30② | | | |
| 18.4～25.0 | 约为 0 | ≤5③ | ≤20② | <0.20 | <0.15 | |

① 对于用海水、苦咸水及含盐量大而硬度小的水作为汽机凝汽器的冷却水时，还应监督凝结水的钠含量等。

② 采用中性处理时，溶解氧应控制在 50～250μg/L；电导率应小于 0.20μS/cm。

③ 凝结水有混床处理时钠可放宽至 10μg/L。

(2) 凝结水经氢型混床处理后硬度、二氧化硅、钠、铁、铜的含量和电导率应符合表 7 的规定。

**表 7 凝结水经氢型混床处理后的硬度、二氧化硅、钠、铁、铜的含量和电导率标准**

| 硬度 $c\left(\frac{1}{x}A^{x+}\right)$/(μmol/L) | 电导率(经氢离子交换后,25℃)/(μS/cm) | | 二氧化硅 | 钠 | 铁 | 铜 |
|---|---|---|---|---|---|---|
| | 标准值 | 正常运行值 | μg/L | | | |
| 约为 0 | ≤0.20 | ≤0.15 | ≤15 | ≤5① | ≤8 | ≤3 |

① 凝结水混床处理后的含钠量应满足炉水处理的要求。

3.3.3.5 锅炉炉水质量标准

(1) 汽包炉炉水的含盐量、氯离子和二氧化硅含量，根据制造厂的规范并通过水汽品质专门试验确定，可参考表 8 的规定控制。

**表 8 汽包炉炉水含盐量、氯离子和二氧化硅含量标准**

| 锅炉过热蒸汽压力/MPa | 处理方式 | 总含盐量① | 二氧化硅① | 氯离子① | 磷酸根含量/(mg/L) | | | pH 值①(25℃) | 电导率(25℃)/(μS/cm) |
|---|---|---|---|---|---|---|---|---|---|
| | | mg/L | | | 单段蒸发 | 分段蒸发 | | | |
| | | | | | | 净段 | 盐段 | | |
| 3.8～5.8 | 磷酸盐处理 | — | — | — | 5～15 | 5～12 | ≤75 | 9.0～11.0 | — |
| 5.9～12.6 | | ≤100 | ≤2.00② | — | 2～10 | 2～10 | ≤50 | 9.0～10.5 | <150 |
| 12.7～15.6 | | ≤50 | ≤0.45② | ≤4 | 2～8 | 2～8 | ≤40 | 9.0～10.0 | <60 |

续表

| 锅炉过热蒸汽压力/MPa | 处理方式 | 总含盐量① | 二氧化硅① | 氯离子① | 磷酸根含量/(mg/L) | | | pH值②(25℃) | 电导率(25℃)/(μS/cm) |
|---|---|---|---|---|---|---|---|---|---|
| | | | | | 单段蒸发 | 分段蒸发 | | | |
| | | | | | | 净段 | 盐段 | | |
| | | mg/L | | | | | | | |
| 15.7～18.3 | 磷酸盐处理 | ≤20 | ≤0.25 | ≤1 | 0.5～3 | — | — | 9.0～10.0 | <50 |
| 15.7～18.3 | 挥发性处理 | ≤2.0 | ≤0.20 | ≤0.5 | — | — | — | 9.0～9.5 | <20 |

① 均指单段蒸发炉水，总含盐量为参考指标。

② 汽包内有洗汽装置时，其控制指标可适当放宽。

(2) 汽包炉进行磷酸盐-pH值协调控制时，其炉水的$Na^+$与$PO_4^{3-}$的摩尔比值，应维持在2.3～2.8。若炉水的$Na^+$与$PO_4^{3-}$的摩尔比低于2.3或高于2.8时，可加中和剂进行调节。

3.3.3.6 补给水质量标准

补给水的质量，以不影响给水质量为标准。

(1) 澄清器出水质量标准　澄清器（池）出水水质应满足下一级处理对水质的要求；澄清器（池）出水浑浊度正常情况下小于5FTU，短时小于10FTU。

(2) 进入离子交换器的水，应注意水中浑浊度、有机物和残余氯的含量。按下列数值控制：浑浊度<5FTU（固定床顺流再生）；浑浊度<2FTU（固定床对流再生）；残余氯<0.1mg/L；化学耗氧量<2mg/L（$KMnO_4$ 30min水浴煮沸法）。

(3) 离子交换器出水标准，一般可按表9控制。

**表9　补给水质量标准**

| 种　类 | 硬度 $c\left(\frac{1}{x}A^{x+}\right)$ /(μmol/L) | 二氧化硅含量/(μg/L) | 电导率(25℃)/(μS/cm) | | 碱度 $c\left(\frac{1}{x}B^{x-}\right)$ /(mmol/L) |
|---|---|---|---|---|---|
| | | | 标准值 | 期望值 | |
| 一级化学除盐系统出水 | 约为0 | ≤100 | ≤5② | — | — |
| 一级化学除盐-混床系统出水② | 约为0 | ≤20 | ≤0.30① | ≤0.20① | — |
| 石灰、二级钠离子交换系统出水 | ≤5.0 | — | — | — | 0.8～1.2 |
| 氢-钠离子交换系统出水 | ≤5.0 | — | — | — | 0.3～0.5 |
| 二级钠离子交换系统出水 | ≤5.0 | — | — | — | — |

① 离子交换器出水质量应能满足炉水处理的要求。

② 对于用一级化学除盐系统加混床出水的一级盐水，其电导率可放宽至10μS/cm。

(4) 蒸发器和蒸汽发生器中的水汽质量，应符合下列规定。

① 二次蒸汽　钠含量≤500μg/kg；二氧化硅含量≤100μg/kg；游离二氧化碳含量，以不影响锅炉给水质量为标准。

② 蒸发器和蒸汽发生器的给水　硬度 $c\left(\frac{1}{x}A^{x+}\right) \leqslant 20$ μmol/L；溶解氧（经除氧后）≤50μg/L。

③ 蒸发器内的水　蒸发器和蒸汽发生器内水的质量，应根据水汽品质试验确定；磷酸根含量应为5～20mg/L，对于采用锅炉排污水作为补充水的蒸发器，磷酸根含量不受此限制。

3.3.3.7 减温水质量标准

锅炉蒸汽采用混合减温时，其减温水质量，应保证减温后蒸汽中的钠、二氧化硅和金属氧化物的含量符合蒸汽质量标准表1和表2的规定。

3.3.3.8 疏水和生产回水质量标准

疏水和生产回水质量以不影响给水质量为前提，按表10控制。

**表10 疏水和生产回水质量标准**

| 名称 | 硬度 $c\left(\frac{1}{x}A^{x+}\right)$/(μmol/L) | | 铁含量/(μg/L) | 油含量/(mg/L) |
|---|---|---|---|---|
| | 标准值 | 期望值 | | |
| 疏水 | ≤5.0 | ≤2.5 | ≤50 | — |
| 生产回水 | ≤5.0 | ≤2.5 | ≤100 | ≤1(经处理后) |

生产回水还应根据回水的性质，增加必要的化验项目。

3.3.3.9 热网补充水质量标准

热网补充水质量按表11控制。

**表11 热网补充水质量标准**

| 溶解氧含量/(μg/L) | 总硬度 $c\left(\frac{1}{x}A^{x+}\right)$/(μmol/L) | 悬浮物含量/(mg/L) |
|---|---|---|
| <100 | <700 | <5 |

3.3.3.10 水内冷发电机的冷却水质量标准

(1) 双水内冷和转子独立循环的冷却水质量，应符合表12的规定。

**表12 双水内冷和转子独立循环的冷却水质量标准**

| 电导率(25℃)/(μS/cm) | 铜含量/(μg/L) | pH值(25℃) |
|---|---|---|
| ≤5 | ≤40 | >6.8 |

(2) 冷却水的硬度 $c\left(\frac{1}{x}A^{x+}\right)$ 按汽轮发电机的功率规定为：200MW以下不大于10μmol/L；200MW及以上不大于2μmol/L。

(3) 汽轮发电机定子绕组采用独立密闭循环水系统时，其冷却水的电导率应小于2.0μS/cm。

3.3.3.11 停、备用机组启动时的水、汽质量标准

(1) 锅炉启动后，并汽或汽轮机冲转前的蒸汽质量，可参照表13的规定控制，且在8h内应达到正常运行的标准值。

**表13 汽轮机冲转前的蒸汽质量标准**

| 炉型 | 锅炉过热蒸汽压力/MPa | 电导率(氢离子交换后,25℃)/(μS/cm) | 二氧化硅 | 铁 | 铜 | 钠 |
|---|---|---|---|---|---|---|
| | | | μg/kg | | | |
| 汽包炉 | 3.8～5.8 | ≤3.0 | ≤80 | — | — | ≤50 |
| | 5.9～18.3 | ≤1.0 | ≤60 | ≤50 | ≤15 | ≤20 |
| 直流炉 | — | — | ≤30 | ≤50 | ≤15 | ≤20 |

(2) 锅炉启动时，给水质量应符合表14的规定，且在8h内达到正常运行时的标准。

表 14 锅炉启动时给水质量标准

| 炉 型 | 锅炉过热蒸汽压力/MPa | 硬度 $c\left(\frac{1}{x}A^{x+}\right)$/(μmol/L) | 铁 | 溶解氧 | 二氧化硅 |
|---|---|---|---|---|---|
| | | | μg/L | | |
| 汽包炉 | 3.8～5.8 | ≤10.0 | ≤150 | ≤50 | — |
| | 5.9～12.6 | ≤5.0 | ≤100 | ≤40 | — |
| | 12.7～18.3 | ≤5.0 | ≤75 | ≤30 | ≤80 |
| 直流炉 | — | 约为 0 | ≤50 | ≤30 | ≤30 |

(3) 机组启动时，凝结水质量可按表 15 的规定开始回收。

表 15 机组启动时凝结水回收标准

| 外 状 | 硬度 $c\left(\frac{1}{x}A^{x+}\right)$/(μmol/L) | 铁 | 二氧化硅 | 铜 |
|---|---|---|---|---|
| | | μg/L | | |
| 无色透明 | ≤10.0 | ≤80 | ≤80 | ≤30 |

注：对于海滨电厂还应控制含钠量不大于 80μg/L。

(4) 机组启动时，应严格监督疏水质量。当高、低加热器的疏水含铁量不大于 400μg/L 时，可回收。

3.3.3.12 水汽质量劣化时的处理

当水汽质量劣化时，应迅速检查取样是否有代表性；化验结果是否正确；并综合分析系统中水、汽质量的变化，确认判断无误后，应立即向本厂领导汇报情况，提出建议。领导应责成有关部门采取措施，使水、汽质量在允许的时间内恢复到标准值。下列三级处理值的涵义为：

一级处理值——有因杂质造成腐蚀、结垢、积盐的可能性，应在 72h 内恢复至标准值；

二级处理值——肯定有因杂质造成腐蚀、结垢、积盐的可能性，应在 24h 内恢复至标准值；

三级处理值——正在进行快速结垢、积盐、腐蚀，如水质不好转，应在 4h 内停炉。

在异常处理的每一级中，如果在规定的时间内尚不能恢复正常，则应采用更高一级的处理方法。对于汽包锅炉，恢复标准值的办法之一是降压运行。

(1) 凝结水（凝结水泵出口）水质异常时的处理值见表 16 规定。

表 16 凝结水水质异常①时的处理值

| 项 目 | | 标准值 | 处理值 | | |
|---|---|---|---|---|---|
| | | | 一级 | 二级 | 三级 |
| 电导率(经氢离子交换后,25℃)/(μS/cm) | 有混床 | ≤0.20 | 0.20～0.35 | 0.35～0.60 | >0.60 |
| | 无混床 | ≤0.30 | 0.30～0.40 | 0.40～0.65 | >0.65 |
| 硬度 $c(\frac{1}{x}A^{x+})$/(μmol/L) | 有混床 | 约为 0 | >2.0 | — | — |
| | 无混床 | ≤2.0 | >2.0 | >5.0 | >20.0 |

① 电厂采用海水冷却时，当凝结水中的含钠量大于 400μg/L 时，应紧急停机。

(2) 锅炉给水水质异常时的处理值，见表 17 规定。

表 17 锅炉给水水质异常的处理值

| 项 目 | | 标准值 | 处理值 | | |
|---|---|---|---|---|---|
| | | | 一级 | 二级 | 三级 |
| pH 值(25℃) | 无铜系统 | 9.0～9.5 | <9.0 或>9.5 | — | — |
| | 有铜系统 | 8.8～9.3 | <8.8 或>9.3 | — | — |
| 电导率(经氢离子交换后,25℃)/(μS/cm) | | ≤0.30 | 0.30～0.40 | 0.40～0.65 | >0.65 |
| 溶解氧含量/(μg/L) | | ≤7 | >7 | >20 | — |

(3) 锅炉水水质异常时的处理值，见表 18 规定。

**表 18 锅炉炉水水质异常时的处理值**

| 项目 | | 标准值 | 处理值 | | |
|---|---|---|---|---|---|
| | | | 一级 | 二级 | 三级 |
| pH 值 | 磷酸盐处理 | 9.0～10.0 | 9.0～8.5 | 8.5～8.0 | <8.0 |
| | 挥发性处理 | 9.0～9.5 | 9.0～8.0 | 8.0～7.5 | <7.5 |

当出现水质异常情况时，还应测定炉水中氯离子含量、含钠量、电导率和碱度，以便查明原因，采取对策。

3.3.4 我国工业锅炉水质标准，GB 1576—2001

本标准规定了工业锅炉运行时的水质要求。本标准规定适用于出口蒸汽压力小于等于 2.5MPa，以水为介质的固定式蒸汽锅炉和汽水两用锅炉，也适用于以水为介质的固定式承压热水锅炉和常压热水锅炉。

(1) 蒸汽锅炉和汽水两用锅炉的给水，一般应采用锅外化学处理。水质标准应符合下表规定。

| 项目 | | 给水 | | | 锅水 | | |
|---|---|---|---|---|---|---|---|
| 额定蒸汽压力/MPa | | ≤1.0 | >1.0<br>≤1.6 | >1.6<br>≤2.5 | ≤1.0 | >1.0<br>≤1.6 | >1.6<br>≤2.5 |
| 悬浮物/(mg/L) | | ≤5.0 | ≤5.0 | ≤5.0 | — | — | — |
| 总硬度/(mmol/L)① | | ≤0.03 | ≤0.03 | ≤0.03 | — | — | — |
| 总碱度/(mmol/L)② | 无过热器 | — | — | — | 6～26 | 6～24 | 6～16 |
| | 有过热器 | — | — | — | — | ≤14 | ≤12 |
| pH(25℃) | | ≥7 | ≥7 | ≥7 | 10～12 | 10～12 | 10～12 |
| 溶解氧/(mg/L)③ | | ≤0.1 | ≤0.1 | ≤0.05 | — | — | — |
| 溶解固形物/(mg/L)④ | 无过热器 | — | — | — | <4000 | <3500 | <3000 |
| | 有过热器 | — | — | — | — | <3000 | <2500 |
| $SO_3^{2-}$/(mg/L) | | — | — | — | — | 10～30 | 10～30 |
| $PO_4^{3-}$/(mg/L) | | — | — | — | — | 10～30 | 10～30 |
| 相对碱度(游离 NaOH：溶解固形物)⑤ | | — | — | — | — | <0.2 | <0.2 |
| 含油量/(mg/L) | | ≤2 | ≤2 | ≤2 | — | — | — |
| 含铁量/(mg/L)⑥ | | ≤0.3 | ≤0.3 | ≤0.3 | — | — | — |

① 硬度 mmol/L 的基本单元为 $c(1/2Ca^{2+}、1/2Mg^{2+})$，下同。

② 碱度 mmol/L 的基本单元为 $c(OH^-、1/2CO_3^{2-}、HCO_3^-)$，下同。

对蒸汽品质要求不高，且不带过热器的锅炉，使用单位在报当地锅炉压力容器安全监察机构同意后，碱度指标上限值可适当放宽。

③ 当锅炉额定蒸发量大于等于 6t/h 时应除氧，额定蒸发量小于 6t/h 的锅炉如发现局部腐蚀时，给水应采取除氧措施，对于供汽轮机用汽的锅炉给水含氧量应小于等于 0.05mg/L。

④ 如测定溶解固形物有困难时，可采用测定电导率或氯离子（$Cl^-$）的方法来间接控制，但溶解固形物与电导率或与氯离子（$Cl^-$）的比值关系应根据试验确定。并应定期复试和修正此比值关系。

⑤ 全焊接结构锅炉相对碱度可不控制。

⑥ 仅限燃油、燃气锅炉。

（2）额定蒸发量小于等于 2t/h，且额定蒸汽压力小于等于 1.0MPa 的蒸汽锅炉和汽水两用锅炉（如对汽、水品质无特殊要求）也可采用锅内加药处理。但必须对锅炉的结垢、腐蚀和水质加强监督，认真做好加药、排污和清洗工作，其水质应符合下表规定。

| 项　目 | 给　水 | 锅　水 | 项　目 | 给　水 | 锅　水 |
|---|---|---|---|---|---|
| 悬浮物/(mg/L) | ≤20 | — | pH(25℃) | ≥7 | 10～12 |
| 总硬度/(mmol/L) | ≤4 | — | 溶解固形物/(mg/L) | — | <5000 |
| 总碱度/(mmol/L) | — | 8～26 | | | |

（3）承压热水锅炉给水应进行锅外水处理，对于额定功率小于等于 4.2MW 非管架式承压的热水锅炉和常压热水锅炉，可采用锅内加药处理，但必须对锅炉的结垢、腐蚀和水质加强监督，认真做好加药工作，其水质应符合下表的规定。

| 项　目 | 锅内加药处理 | | 锅外化学处理 | |
|---|---|---|---|---|
| | 给水 | 锅水 | 给水 | 锅水 |
| 悬浮物/(mg/L) | ≤20 | — | ≤5 | — |
| 总硬度/(mmol/L) | ≤6 | — | ≤0.6 | — |
| pH(25℃)① | ≥7 | 10～12 | ≥7 | 10～12 |
| 溶解氧/(mg/L)② | — | — | ≤0.1 | — |
| 含油量/(mg/L) | ≤2 | — | ≤2 | — |

① 通过补加药剂使锅水 pH 值控制在 10～12。

② 额定功率大于等于 4.2MW 的承压热水锅炉给水应除氧，额定功率小于 4.2MW 的承压热水锅炉和常压热水锅炉给水应尽量除氧。

（4）直流（贯流）锅炉给水应采用锅外化学水处理，其水质按（1）表中额定蒸汽压力为大于 1.6MPa、小于等于 2.5MPa 的标准执行。

（5）余热锅炉及电热锅炉的水质指标应符合同类型、同参数锅炉的要求。

### 3.4　污水再利用

3.4.1　*城镇污水处理厂污染物排放标准*[79]，GB 18918—2002

标准规定了城镇污水处理出水、废气、污泥处置的污染物限值。出水分级如下：

一级 A 级　可引入稀释能力较小的河湖作为景观用水和一般回用水；

一级 B 级　可排入 GB 3838 地表水Ⅲ类功能水域、GB 3097 海水二类功能水域和河、库等封闭或半封闭水域；

二级　可排入 GB 3838 地表水Ⅳ、Ⅴ类，GB 3097 海水三、四类功能水域；

三级　可排入非重点控制流域，非水源保护区。

（1）基本控制项目最高允许排放浓度（日均量）

mg/L

| 项　目 | 一级标准 | | 二级标准 | 三级标准 |
|---|---|---|---|---|
| | A 标准 | B 标准 | | |
| 化学需氧量 COD | 50 | 60 | 100 | 120① |
| 生化需氧量 $BOD_5$ | 10 | 20 | 30 | 60① |
| 悬浮物(SS) | 10 | 20 | 30 | 50 |
| 动植物油 | 1 | 3 | 5 | 20 |
| 石油类 | 1 | 3 | 5 | 15 |
| 阴离子表面活性剂 | 0.5 | 1 | 2 | 5 |
| 总氮(以 N 计) | 15 | 20 | — | — |
| 氨氮(以 N 计)② | 5(8) | 8(15) | 25(30) | — |

续表

| 项　　目 | 一级标准 | | 二级标准 | 三级标准 |
|---|---|---|---|---|
| | A 标准 | B 标准 | | |
| 总磷(以 P 计) | | | | |
| 2005.12.30 前建设 | 1 | 1.5 | 3 | 5 |
| 2006.1.1 起建设 | 0.5 | 1 | 3 | 5 |
| 色度(稀释倍数) | 30 | 30 | 40 | 50 |
| pH 值 | 6～9 | 6～9 | 6～9 | 6～9 |
| 粪大肠菌群/(个/L) | $10^3$ | $10^4$ | $10^4$ | — |

① 进水 COD＞350 时，去除率应＞60％；进水 BOD＞160 时，去除率应＞50％；

② 括号外数值为水温＞12℃时的允许值；括号内数值为水温≤12℃时的允许值。

（2）部分一类污染物最高允许排放浓度（日均值）

单位：mg/L

| 项　　目 | 允许值 | 项　　目 | 允许值 |
|---|---|---|---|
| 总汞 | 0.001 | 六价铬 | 0.05 |
| 烷基汞 | 不得检出 | 总砷 | 0.1 |
| 总镉 | 0.01 | 总铅 | 0.1 |
| 总铬 | 0.1 | | |

（3）选择控制项目最高允许排放浓度（日均值）

单位：mg/L

| 项　　目 | 允许值 | 项　　目 | 允许值 |
|---|---|---|---|
| 总镍 | 0.05 | 三氯乙烯 | 0.3 |
| 总铍 | 0.002 | 四氯乙烯 | 0.1 |
| 总银 | 0.1 | 苯 | 0.1 |
| 总铜 | 0.5 | 甲苯 | 0.1 |
| 总锌 | 1.0 | 邻-二甲苯 | 0.4 |
| 总锰 | 2.0 | 对-二甲苯 | 0.4 |
| 总硒 | 0.1 | 间-二甲苯 | 0.4 |
| 苯并[*a*]芘 | 0.00003 | 乙苯 | 0.4 |
| 挥发酚 | 0.5 | 氯苯 | 0.3 |
| 总氰化物 | 0.5 | 1,4-二氯苯 | 0.4 |
| 硫化物 | 1.0 | 1,2-二氯苯 | 1.0 |
| 甲醛 | 1.0 | 对硝基氯苯 | 0.5 |
| 苯胺类 | 0.5 | 2,4-二硝基氯苯 | 0.5 |
| 总硝基化合物 | 2.0 | 苯酚 | 0.3 |
| 有机磷农药(以 P 计) | 0.5 | 间-甲酚 | 0.1 |
| 马拉硫磷 | 1.0 | 2,4-二氯苯酚 | 0.6 |
| 乐果 | 0.5 | 2,4,6-三氯苯酚 | 0.6 |
| 对硫磷 | 0.05 | 邻苯二甲酸二丁酯 | 0.1 |
| 甲基对硫磷 | 0.2 | 邻苯二甲酸二辛酯 | 0.1 |
| 五氯酚 | 0.5 | 丙烯腈 | 2.0 |
| 三氯甲烷 | 0.3 | 可吸附有机卤化物(AOX 以 Cl 计) | 1.0 |
| 四氯化碳 | 0.03 | | |

3.4.2 城市污水再利用 城市杂水水质[79]，GB/T 18920—2002

**城市杂用水水质标准**

单位：mg/L

| 项 目 | | 冲厕 | 道路清扫，消防 | 城市绿化 | 车辆冲洗 | 建筑施工 |
|---|---|---|---|---|---|---|
| pH值 | | 6.0～9.0 | | | | |
| 色/度 | | 30 | | | | |
| 臭 | | 无不快感 | | | | |
| 浑浊度/NTU | ≤ | 5 | 10 | 10 | 5 | 20 |
| 总溶解固体量 | ≤ | 1500 | 1500 | 1000 | 1000 | — |
| 五日生化需氧量 $BOD_5$ | ≤ | 10 | 15 | 20 | 10 | 15 |
| 氨氮(以N计) | ≤ | 10 | 10 | 20 | 10 | 20 |
| 阴离子表面活性剂 | ≤ | 1.0 | 1.0 | 1.0 | 0.5 | 1.0 |
| 铁 | ≤ | 0.3 | — | — | 0.3 | — |
| 锰 | ≤ | 0.1 | — | — | 0.1 | — |
| 溶解氧 | ≥ | 1.0 | | | | |
| 余氯 | | 接触30min后≥1.0，管网末端≥0.2 | | | | |
| 粪大肠菌群/(个/L) | ≤ | 3 | | | | |

3.4.3 城市污水再利用 景观环境用水[79]，GB/T 18921—2002

(1) 景观环境用水的再生水水质指标

单位：mg/L

| 项 目 | | 观赏性景观环境用水 | | | 娱乐性景观环境用水 | | |
|---|---|---|---|---|---|---|---|
| | | 河道类 | 湖泊类 | 水景类 | 河道类 | 湖泊类 | 水景类 |
| 基本要求 | | 无漂浮物，无令人不愉快的臭和味 | | | | | |
| pH值 | | 6～9 | | | | | |
| 五日生化需氧量 $BOD_5$ | ≤ | 10 | 6 | | 6 | | |
| 悬浮物(SS) | ≤ | 20 | 10 | | — | | |
| 浑浊度/NTU | ≤ | — | — | | 5.0 | | |
| 总磷(以P计) | ≤ | 1.0 | 0.5 | | 1.0 | 0.5 | |
| 溶解氧 | ≥ | 1.5 | 1.5 | | 2.0 | | |
| 总氮(以N计) | ≤ | 15 | | | | | |
| 氨氮(以N计) | ≤ | 5 | | | | | |
| 粪大肠菌群/(个/L) | ≤ | 10000 | 10000 | 2000 | 500 | 500 | 不得检出 |
| 余氯 | ≥ | 接触时间不得小于30min，0.05 | | | | | |
| 色度/度 | ≤ | 30 | | | | | |
| 石油类 | ≤ | 1.0 | | | | | |
| 阴离子表面活性剂 | ≤ | 0.5 | | | | | |

(2) 选择控制项目最高允许排放浓度

项目及允许排放浓度与GB 18918—2002城镇污水处理厂污染物排放标准的选择控制项目相同［见本书附录3.4.1］，但以下几项按下表。

单位：mg/L

| 项 目 | 允许值 | 项 目 | 允许值 |
|---|---|---|---|
| 总汞 | 0.01 | 总铅 | 0.5 |
| 烷基汞 | 不得检出 | 总铍 | 0.001 |
| 总镉 | 0.05 | 总铜 | 1.0 |
| 总铬 | 1.5 | 总锌 | 2.0 |
| 六价铬 | 0.5 | 乙苯 | 0.1 |
| 总砷 | 0.5 | | |

3.4.4 城市污水再利用 地下水回灌水质[79]，GB/T 19772—2005

适用于以城市污水再生水为水源，在各级地下水饮用水源保护区外，以非饮用水为目的，采用地表回灌和井灌方式。地表回灌时，表层黏性土厚度不宜小于1m；小于1m时，水质应按井灌要求。

（1）基本控制项目及限值

| 项目 | 地表回灌 | 井灌 | 项目 | 地表回灌 | 井灌 |
|---|---|---|---|---|---|
| 色度/稀释倍数 | 30 | 15 | 五日生化需氧量 $BOD_5$/(mg/L) | 10 | 4 |
| 浑浊度/NTU | 10 | 5 | 硝酸盐(以N计)/(mg/L) | 15 | |
| pH值 | 6.5～8.5 | 6.5～8.5 | 亚硝酸盐(以N计)/(mg/L) | 0.02 | |
| 总硬度(以 $CaCO_3$ 计)/(mg/L) | 450 | | 氨氮(以N计)/(mg/L) | 1.0 | 0.2 |
| 总溶解固体量/(mg/L) | 1000 | | 总磷(以P计)/(mg/L) | 1.0 | 1.0 |
| 硫酸盐/(mg/L) | 250 | | 动植物油/(mg/L) | 0.5 | 0.05 |
| 氯化物/(mg/L) | 250 | | 石油类/(mg/L) | 0.5 | 0.05 |
| 挥发酚类(以苯酚计)/(mg/L) | 0.5 | 0.002 | 氰化物/(mg/L) | 0.05 | |
| 阴离子表面活性剂/(mg/L) | 0.3 | | 硫化物/(mg/L) | 0.2 | |
| 化学需氧量 COD/(mg/L) | 40 | 15 | 粪大肠菌群数/(个/L) | 1000 | 3 |

（2）选择控制项目及限制

单位：mg/L

| 项目 | 限值 | 项目 | 限值 |
|---|---|---|---|
| 总汞 | 0.001 | 三氯乙烯 | 0.07 |
| 烷基汞 | 不得检出 | 四氯乙烯 | 0.04 |
| 总镉 | 0.01 | 苯 | 0.01 |
| 六价铬 | 0.05 | 甲苯 | 0.7 |
| 总砷 | 0.05 | 二甲苯① | 0.5 |
| 总铅 | 0.05 | 乙苯 | 0.3 |
| 总镍 | 0.05 | 氯苯 | 0.3 |
| 总铍 | 0.0002 | 1,4-二氯苯 | 0.3 |
| 总银 | 0.05 | 1,2-二氯苯 | 1.0 |
| 总铜 | 1.0 | 硝基氯苯① | 0.05 |
| 总锌 | 1.0 | 2,4-二硝基氯苯 | 0.5 |
| 总锰 | 0.1 | 2,4-二氯苯酚 | 0.093 |
| 总硒 | 0.01 | 2,4,6-三氯苯酚 | 0.2 |
| 总铁 | 0.3 | 邻苯二甲酸二丁酯 | 0.003 |
| 总钡 | 1.0 | 邻苯二甲酸二(2-乙基己基)酯 | 0.008 |
| 苯并[*a*]芘 | 0.00001 | 丙烯腈 | 0.1 |
| 甲醛 | 0.9 | 滴滴涕 | 0.001 |
| 苯胺 | 0.1 | 六六六 | 0.005 |
| 硝基苯 | 0.017 | 六氯苯 | 0.05 |
| 马拉硫磷 | 0.05 | 七氯 | 0.0004 |
| 乐果 | 0.08 | 林丹 | 0.002 |
| 对硫磷 | 0.003 | 三氯乙醛 | 0.01 |
| 甲基对硫磷 | 0.002 | 丙烯醛 | 0.1 |
| 五氯酚 | 0.009 | 硼 | 0.5 |
| 三氯甲烷 | 0.06 | 总 $\alpha$ 放射性/(Bq/L) | 0.1 |
| 四氯化碳 | 0.002 | 总 $\beta$ 放射性/(Bq/L) | 1 |

① 包括对、间、邻位化合物。

3.4.5 城市污水再生利用 工业用水水质[79]，GB/T 19923—2005

再生城市污水适用于以下五类用水。

冷却用水：包括直流式及循环式的补充水；

洗涤用水；包括冲渣、冲灰、消烟、除尘、清洗等；

锅炉用水：包括低压、中压锅炉补给水；

工艺用水：包括溶料、蒸煮、漂洗、水力开采、水力输送、增湿、稀释、搅拌、选矿、油田回注等；

产品用水：包括浆料、化工制剂、涂料等。

以城市污水为水源的再生水按下表要求。除此，其化学毒理学指标还应满足 GB 18918—2002《城镇污水处理厂污染物排放标准》中一类污染物和选择控制项目的各项要求。

| 控制项目 | | 冷却用水 | | 洗涤用水 | 锅炉补给水 | 工艺与产品用水 |
|---|---|---|---|---|---|---|
| | | 直流式 | 敞开式循环系统补充水 | | | |
| pH 值 | | 6.5～9.0 | 6.5～8.5 | 6.5～9.0 | 6.5～8.5 | 6.5～8.5 |
| 悬浮物(SS)/(mg/L) | ≤ | 30 | — | 30 | — | — |
| 浑浊度/NTU | ≤ | — | 5 | — | 5 | 5 |
| 色度/度 | ≤ | 30 | 30 | 30 | 30 | 30 |
| 生化需氧量 $BOD_5$/(mg/L) | ≤ | 30 | 10 | 30 | 10 | 10 |
| 化学需氧量 $COD_{Cr}$/(mg/L) | ≤ | — | 60 | — | 60 | 60 |
| 铁(Fe)/(mg/L) | ≤ | — | 0.3 | 0.3 | 0.3 | 0.3 |
| 锰(Mn)/(mg/L) | ≤ | — | 0.1 | 0.1 | 0.1 | 0.1 |
| 氯离子($Cl^-$)/(mg/L) | ≤ | 250 | 250 | 250 | 250 | 250 |
| 二氧化硅($SiO_2$)/(mg/L) | ≤ | 50 | 50 | — | 30 | 30 |
| 总硬度(以 $CaCO_3$ 计)/(mg/L) | ≤ | 450 | 450 | 450 | 450 | 450 |
| 总碱度(以 $CaCO_3$ 计)/(mg/L) | ≤ | 350 | 350 | 350 | 350 | 350 |
| 硫酸盐/(mg/L) | ≤ | 600 | 250 | 250 | 250 | 250 |
| 氨氮(以 N 计)/(mg/L) | ≤ | — | 10① | — | 10 | 10 |
| 总磷(以 P 计)/(mg/L) | ≤ | — | 1 | — | 1 | 1 |
| 溶解性总固体/(mg/L) | ≤ | 1000 | 1000 | 1000 | 1000 | 1000 |
| 石油类/(mg/L) | ≤ | — | 1 | — | 1 | 1 |
| 阴离子表面活性剂/(mg/L) | ≤ | — | 0.5 | — | 0.5 | 0.5 |
| 余氯②/(mg/L) | ≥ | 0.05 | 0.05 | 0.05 | 0.05 | 0.05 |
| 粪大肠菌群/(个/L) | ≤ | 2000 | 2000 | 2000 | 2000 | 2000 |

① 系统中有铜质热交换器时应≤1。

② 管末梢值。

3.4.6 再生水水质标准，SL 368—2006

此标准为中华人民共和国水利行业标准。

再生水：对经过或未经过污水处理厂处理的集纳雨水、工业排水、生活排水进行适当处理，达到规定水质标准，可以被再次利用的水。

(1) 地下水回灌用再生水：同 GB/T 19772—2005 中井灌水的基本控制项目和限值，并控制溶解氧≥1.0mg/L，氟化物≤1.0mg/L。

(2) 工业用再生水（冷却、洗涤、锅炉用水）：同 GB/T 19923—2005 的项目和限值，不控制总碱度、$SO_4^{2-}$、$Cl^-$、$SiO_2$、阴离子表面活性剂及游离余氯。

(3) 再生水利用于农业、林业、牧业用水控制项目和指标限值：

| 控制项目 | | 指标 | | | 控制项目 | | 指标 | | |
|---|---|---|---|---|---|---|---|---|---|
| | | 农业 | 林业 | 牧业 | | | 农业 | 林业 | 牧业 |
| 色度/度 | ≤ | 30 | | | 汞/(mg/L) | ≤ | 0.001 | | 0.0005 |
| 浑浊度/NTU | ≤ | 10 | | | 镉/(mg/L) | ≤ | 0.01 | | 0.005 |
| pH 值 | | 5.5～8.5 | | | 砷/(mg/L) | ≤ | 0.05 | | |
| 总硬度(以 $CaCO_3$ 计)/(mg/L) | ≤ | 450 | | | 铬/(mg/L) | ≤ | 0.10 | | 0.05 |
| 悬浮物(SS)/(mg/L) | ≤ | 30 | | | 铅/(mg/L) | ≤ | 0.10 | | 0.05 |
| 五日生化需氧量($BOD_5$)/(mg/L) | ≤ | 35 | | 10 | 氰化物/(mg/L) | ≤ | 0.05 | | 0.05 |
| 化学需氧量($COD_{Cr}$)/(mg/L) | ≤ | 90 | | 40 | 粪大肠菌群/(个/L) | ≤ | 10000 | | 2000 |
| 溶解性总固体/(mg/L) | ≤ | 1000 | | | | | | | |

(4) 再生水利用于城市非饮用水：同 GB/T 18920—2002 的控制项目和指标限值，但粪大肠菌群指标限值为≤200 个/L。

(5) 再生水利用于景观和湿地环境用水：景观用水的控制项目和指标限值基本同 GB/T 18921—2002，见下表。

| 控制项目 | | 指标 | | | | |
|---|---|---|---|---|---|---|
| | | 观赏性景观环境用水 | | 娱乐性景观环境用水 | | 湿地环境用水 |
| | | 河道类 | 湖泊类 | 河道类 | 湖泊类 | |
| 色度/度 | ≤ | 30 | | | | |
| 浑浊度/NTU | ≤ | 5.0 | | | | |
| 臭 | | 无漂浮物,无令人不快感 | | | | |
| pH 值 | | 6.0～9.0 | | | | |
| 溶解氧/(mg/L) | ≥ | 1.5 | 1.5 | 2.0 | 2.0 | |
| 悬浮物(SS)/(mg/L) | ≤ | 20 | 10 | 20 | 10 | |
| 五日生化需氧量($BOD_5$)/(mg/L) | ≤ | 10 | 6 | | | |
| 化学需氧量($COD_{Cr}$)/(mg/L) | ≤ | 40 | 30 | | | |
| 阴离子表面活性剂(LAS)/(mg/L) | ≤ | 0.5 | | | | |
| 氨氮/(mg/L) | ≤ | 5.0 | | | | |
| 石油类/(mg/L) | ≤ | 1.0 | | | | |
| 总磷/(mg/L) | ≤ | 1.0 | 0.5 | 1.0 | 0.5 | 0.5 |
| 粪大肠菌群/(个/L) | ≤ | 10000 | 2000 | 500 | 500 | 2000 |

## 3.5 循环冷却水

3.5.1 工业循环冷却水处理设计规范，GB 50050—2007

3.5.1.1 间冷开式系统循环冷却水换热设备的控制条件和指标

应符合下列规定：

① 管程水流速不宜小于 0.9m/s；

② 当壳程水流速小于 0.3m/s 时，应采取防腐涂层、反向冲洗等措施；

③ 设备传热面水侧壁温不宜高于 70℃；

④ 设备传热面水侧污垢热阻值应小于 $3.44\times10^{-4}m^2\cdot K/W$；

⑤ 设备传热面水侧黏附速率不应大于 $15mg/(cm^2\cdot 月)$，炼油行业不应大于 $20mg/(cm^2\cdot 月)$；

⑥ 碳钢设备传热面水侧腐蚀速率应小于 0.075mm/a，铜合金和不锈钢设备传热面水侧腐蚀速率应小于 0.005mm/a。

3.5.1.2 间冷开式系统循环冷却水水质指标

单位：mg/L

| 项 目 | 许用值 | 要求或使用条件 |
|---|---|---|
| 浑浊度/NTU | ≤20 | 根据生产工艺要求确定 |
| | ≤10 | 换热设备为板式、翅片管式、螺旋板式 |
| pH 值 | 6.8～9.5 | — |
| 钙硬度＋甲基橙碱度(以 $CaCO_3$ 计) | ≤1100 | 碳酸钙稳定指数 RSI≥3.3 |
| | 钙硬度<br>＜200 | 传热面水侧壁温大于 70℃ |
| 总 Fe | ≤1.0 | — |
| $Cu^{2+}$ | ≤0.1 | — |
| $Cl^-$ | ≤1000 | 碳钢换热设备及水走管程的不锈钢设备 |
| | ≤700 | 不锈钢换热设备，水走壳程，传热面水侧壁温不大于 70℃，冷却水出水温度小于 45℃ |
| $SO_4^{2-}+Cl^-$ | ≤2500 | — |
| 硅酸(以 $SiO_2$ 计) | ≤175 | — |
| $Mg^{2+}\times SiO_2$($Mg^{2+}$ 以 $CaCO_3$ 计) | ≤50000 | pH≤8.5 |
| 游离氯 | 0.2～1.0 | 循环回水总管处 |
| $NH_3$-N | ≤10 | — |
| 石油类 | ≤5 | 非炼油企业 |
| | ≤10 | 炼油企业 |
| $COD_{Cr}$ | ≤100 | — |

3.5.1.3 再生水水质指标

再生水直接作为间冷开式系统补充水时，水质指标宜符合下表。

单位：mg/L

| 项 目 | 指 标 | 项 目 | 指 标 |
|---|---|---|---|
| pH 值(25℃) | 7.0～8.5 | 钙硬度(以 $CaCO_3$ 计) | ≤250 |
| 悬浮物 | ≤10 | 甲基橙碱度(以 $CaCO_3$ 计) | ≤200 |
| 浑浊度/NTU | ≤5 | 总磷(以 P 计) | ≤1 |
| $BOD_5$ | ≤5 | $NH_3$-N | ≤5 |
| $COD_{Cr}$ | ≤30 | 溶解性总固体 | ≤1000 |
| 铁 | ≤0.5 | 游离氯 | 末端 0.1～0.2 |
| 锰 | ≤0.2 | 石油类 | ≤5 |
| $Cl^-$ | ≤250 | 细菌总数/(个/mL) | ＜1000 |

3.5.2 循环冷却水用再生水水质标准，HG/T 3923—2007

本标准为化工行业标准，规定了作为循环冷却水的再生水的水质指标，水质要求如下。

| 项 目 | 要 求 | 项 目 | 要 求 |
|---|---|---|---|
| pH 值 | 6.0～9.0 | 氨态氮/(mg/L) | ≤15 |
| 悬浮固体/(mg/L) | ≤20 | 硫化物/(mg/L) | ≤0.1 |
| 总铁(以 $Fe^{2+}$ 计)/(mg/L) | ≤0.3 | 油含量/(mg/L) | ≤0.5 |
| $COD_{Cr}$/(mg/L) | ≤80 | 总磷(以 $PO_4^{3-}$ 计)/(mg/L) | ≤5 |
| $BOD_5$/(mg/L) | ≤5 | 氯化物/(mg/L) | ≤500 |
| 浑浊度/NTU | ≤10 | 总溶解固体量/(mg/L) | ≤1000 |
| 总碱度＋总硬度(以 $CaCO_3$ 计)/(mg/L) | ≤700 | 细菌总数/(个/mL) | $\leq 1\times 10^4$ |

# 附录 4　水处理有关的标准检索表

## 4.1　水处理剂标准

### 4.1.1　水处理剂国家标准

| 标准号 | 标准名称 |
|---|---|
| | A. 凝聚剂及絮凝剂 |
| GB 4482—2006 | 水处理剂　氯化铁 |
| GB 10531—2006 | 水处理剂　硫酸亚铁 |
| GB 14591—2006 | 水处理剂　聚合硫酸铁 |
| GB 15892—2009 | 生活饮用水用　聚氯化铝 |
| GB/T 22627—2008 | 水处理剂　聚氯化铝 |
| GB 17514—2008 | 水处理剂　聚丙烯酰胺 |
| ZGB 77001—90(同 HG/T 3541—90) | 水处理剂　结晶氯化铝 |
| | B. 缓蚀剂 |
| GB 537—97(代 GB 537—84) | 工业十二水合四硼酸二钠(硼砂) |
| GB 1611—92(代 GB 1611—79) | 重铬酸钠 |
| GB 1902—94(代 GB 1902—80) | 食品添加剂苯甲酸钠 |
| GB 2367—90(代 GB 2367—80) | 工业用亚硝酸钠 |
| GB/T 4209—1996(代 GB/T 4209—84) | 硅酸钠 |
| GB 4553—93(代 GB 4553—84) | 工业级硝酸钠 |
| GB 6008—85(同 HG/T 2965—2000) | 工业用磷酸氢二钠 |
| GB 9006—88 | 工业焦磷酸钠 |
| GB 9983—88 | 工业三聚磷酸钠 |
| GB 10205—88 | 磷酸氢二铵,磷酸二氢铵 |
| GB 11407—89 | 硫化促进剂 M(巯基苯并噻唑) |
| ZBG 71005—89(同 HG/T 3503—89) | 十八胺 |
| | C. 阻垢分散剂 |
| GB 5308—85 | 工业单宁酸 |
| GB/T 10533—2000 | 水处理剂　聚丙烯酸 |
| GB/T 10535—1997 | 水处理剂　水解聚马来酸酐 |
| GB/T 22591—2008 | 双 1,6-亚己基三胺五亚甲膦酸盐 |
| | D. 杀生剂 |
| GB 1608—97(代 GB 1608—86) | 工业级高锰酸钾 |
| GB 1616—88(代 GB 1616—79) | 过氧化氢 |
| GB/T 5138—1996(代 GB/T 5138—85) | 工业用液氯 |
| GB/T 10666—1995(代 GB/T 10666—89) | 次氯酸钠(漂粉精) |
| GB/T 20783—2006(代 HG/T 2777—1996) | 稳定性二氧化氯溶液 |
| GB/T 23849—2009 | 二溴海因 |
| GB/T 23854—2009 | 溴氯海因 |
| GB/T 23856—2009 | 二氯海因 |
| | E. 清洗剂及清洗缓蚀、钝化、助剂 |
| GB 209—92 | 工业氢氧化钠 |
| GB 210—92 | 工业碳酸钠 |
| GB 320—93(代 GB 320—83) | 工业合成盐酸 |
| GB 337—2002(代 GB 337—64) | 工业硝酸 |
| GB 534—2002(代 GB 534—82) | 工业硫酸 |
| GB 536—88(代 GB 536—85) | 氨 |
| GB 1606—1998(代 GB 1606—86) | 工业碳酸氢钠 |
| GB/T 1626—88 | 工业草酸 |

续表

| 标　准　号 | 标　准　名　称 |
|---|---|
| GB 1987—80 | 药用柠檬酸 |
| GB 2091—92(代 GB 2091—80) | 工业磷酸 |
| GB/T 2093—93(代 GB/T 2093—80) | 工业甲酸 |
| GB 2961—90(代 GB 2961—82) | 苯胺 |
| GB 3694—83 | 纯吡啶 |
| GB 3695—83 | α-甲基吡啶 |
| GB 3696—83 | β-甲基吡啶 |
| GB 3697—83 | 吡啶溶剂 |
| GB 5462—92 | 工业盐(氯化钠) |
| GB 6783—86 | 食品添加剂明胶 |
| GB 7744—1998(代 GB 7744—87) | 工业氢氟酸 |
| GB 7746—1997(代 GB 7746—82) | 工业无水氟化氢 |
| GB/T 9009—1998(代 GB/T 9009—88) | 工业甲醛溶液 |
| GB/T 9015—2002 | 工业六次甲基四胺(乌洛托品) |
| GB/T 11199—89 | 离子交换膜法氢氧化钠 |
| ZBG 17013—2002 | 工业硫脲 |
| | F. 吸附剂及离子交换树脂 |
| GB/T 1631—89(代 HG 2—884—76) | 离子交换树脂分类、命名和型号 |
| GB 7701.4—1997 | 净化水用煤质颗粒活性炭 |
| GB 9004—88 | 工业氧化镁 |
| GB 10504—89 | 3A 分子筛(沸石) |
| GB/T 16579—1996 | D001 大孔强酸性苯乙烯系阳离子交换树脂 |
| GB/T 16580—1996 | D201 大孔强碱性苯乙烯系阴离子交换树脂 |
| GB 13659—92(代 HG 2—885—76) | 001×7 强酸性苯乙烯系阳离子交换树脂 |
| GB 13660—92(代 HG 2—886—76) | 201×7 强碱性Ⅰ型苯乙烯系阴离子交换树脂 |
| GB/T 13803.2—1999(代 GB 13804—92) | 木质净水用活性炭 |

注：GB 为国家标准；
ZBG (ZB/T G) 为中国专业标准。

### 4.1.2　水处理剂行业标准

| 标　准　号 | 标　准　名　称 |
|---|---|
| HG/T 2762—2006 | 水处理剂产品分类和命名 |
| | A. 凝聚剂及絮凝剂 |
| HG 2227—2004 | 水处理剂　硫酸铝 |
| HG/T 2565—2007 | 工业硫酸铝钾 |
| HG/T 2677—2009 | 工业聚合氯化铝 |
| HG/T 3541—2003(代 ZBG 77001—90) | 水处理剂　结晶氯化铝 |
| HG 3746—2004 | 铝酸钙 |
| | B. 缓蚀剂 |
| HG/T 2323—2004(代 GB 1625—79) | 工业氯化锌 |
| HG/T 2326—2005(代 GB 1625—79) | 工业硫酸锌 |
| HG/T 2517—2009 | 工业级十二水磷酸三钠 |
| HG/T 2519—2007 | 工业六聚偏磷酸钠 |
| HG/T 2767—1996 | 工业磷酸二氢钠 |
| HG/T 2837—1997(代 GB/T 10532—89) | 水处理剂　聚偏磷酸钠 |
| HG/T 2965—2009 | 工业磷酸氢二钠 |
| HG/T 2968—1999 | 工业焦磷酸钠 |
| HG/T 3503—89(同 ZBG 71005—89) | 十八胺 |
| HG/T 3824—2006 | 苯骈三氮唑 |
| HG/T 3925—2007 | 甲基苯骈三氮唑 |
| | C. 阻垢分散剂 |
| HG/T 2228—2006 | 水处理剂　多元醇磷酸酯 |

续表

| 标 准 号 | 标 准 名 称 |
|---|---|
| HG/T 2229—91 | 水处理剂 丙烯酸-马来酸酐共聚物 |
| HG/T 2429—2006 | 水处理剂 丙烯酸-丙烯酸酯类共聚物 |
| HG/T 2430—2009 | 水处理剂 阻垢缓蚀剂Ⅱ |
| HG/T 2431—2009 | 水处理剂 阻垢缓蚀剂Ⅲ |
| HG/T 2838—1997(代 GB/T 10534—89) | 水处理剂 聚丙烯酸钠 |
| HG/T 2839—1997(代 GB/T 10537—89) | 水处理剂 羟基亚乙基二膦酸二钠(羟基乙叉二膦酸二钠) |
| HG/T 2840—1997(代 GB/T 10536—89) | 水处理剂 氨基三亚甲基膦酸(氨基三甲叉膦酸,固体) |
| HG/T 2841—2005(代 ZB/T G 71003—89) | 水处理剂 氨基三亚甲基膦酸(氨基三甲叉膦酸) |
| HG/T 3507—2008 | 木质素磺酸钠分散剂 |
| HG/T 3537—1999(代 HG/T 3537—89) | 水处理剂 羟基亚乙基二膦酸 |
| HG/T 3538—2003(代 ZB/T G 71004—89) | 水处理剂 乙二胺四亚甲基膦酸钠(乙二胺四甲叉膦酸钠) |
| HG/T 3642—1999 | 水处理剂 丙烯酸-2-甲基-2-丙烯酰胺丙磺酸类共聚物 |
| HG/T 3777—2005 | 水处理剂 二亚乙基三胺五亚甲基膦酸 |
| HG/T 3822—2006 | 聚天冬氨酸(盐) |
| HG/T 3823—2006 | 聚环氧琥珀酸(盐) |
| HG/T 3926—2007 | 水处理剂 2-羟基膦酰基乙酸(HPAA) |
| HG/T 3662—2000 | 水处理剂 2-膦酸基-1,2,4-三羧基丁酸 |
| | D. 杀生剂 |
| HG 2—347—76 | 五氯酚钠 |
| HG/T 2230—2006 | 氯化十二烷基二甲基苄基铵(十二烷基二甲基苄基氯化铵) |
| HG/T 2496—2006 | 漂白粉 |
| HG/T 2497—2006 | 漂白液 |
| HG/T 2498—93(代 HG 1—1178—78) | 次氯酸钠溶液 |
| HG/T 2544—93 | 工业对氯苯酚 |
| HG/T 2989—93(代 GB 437—88) | 硫酸铜 |
| HG 3250—2001(代 ZBG 12015—89) | 工业亚氯酸钠 |
| HG 3263—2001(代 ZBG 16009—89) | 三氯异氰尿酸 |
| HG/T 3657—2008 | 水处理剂 异噻唑啉酮衍生物 |
| HG/T 3779—2005 | 二氯异氰尿酸钠 |
| QB 349—66 | 溴 |
| | E. 清洗剂及清洗缓蚀、钝化、助剂 |
| HG 1—1052—77 | 二氯化锡 |
| HG/T 2527—93 | 工业氨基磺酸 |
| HG/T 3258—2001 | 工业二氧化硫脲 |
| HG/T 3266—2002 | 工业硫脲 |
| HG/T 3458—76(代 HG 3—987—76) | 化学试剂苯甲酸 |
| HG/T 3464—77 | 化学试剂三氯化锑 |
| HG/T 3586—1999 | 工业氟化氢铵 |
| | F. 除氧剂 |
| HG 7—1360—80 | 照相级及工业级氢醌(对苯二酚) |
| HG/T 2967—2000(代 HG/T 2967—88) | 工业无水亚硫酸钠 |
| HG/T 3259—2004(代 ZBG 14001—90) | 工业水合肼 |
| | G. 吸附剂及离子交换树脂 |
| HG/T 2163—91 | 201×4 强碱性苯乙烯系阴离子交换树脂 |
| HG/T 2164—91 | D113 大孔弱酸性丙烯酸系阳离子交换树脂 |
| HG/T 2165—91 | D301 大孔弱碱性苯乙烯系阴离子交换树脂 |
| HG/T 2166—91 | 116 弱酸性丙烯酸系阳离子交换树脂 |
| HG/T 2524—93 | 4A 分子筛 |
| HG/T 2623—1994 | 三层混床专用离子交换树脂 |
| HG/T 2624—1994 | D301-FC 大孔弱碱性苯乙烯系阴离子交换树脂 |
| HG/T 2690—1995 | 13X 分子筛 |
| HG/T 2754—1996 | D202 大孔强碱Ⅱ型苯乙烯系阴离子交换树脂 |

续表

| 标 准 号 | 标 准 名 称 |
|---|---|
| DL 519—93 | 火力发电厂水处理用离子交换树脂验收标准(001×7,002SC,D001,D111,D113,201×7,D201,D202,D301树脂) |
| DL/T 582—1995 | 水处理用活性炭性能试验导则 |
| DL/T 673—1999 | 火电厂水处理用001×7强酸性阳离子交换树脂报废标准 |
| DL/T 807—2002 | 火力发电厂水处理用201×7强碱性阴离子交换树脂报废标准 |
| CJ 3023—93 | 净水器采用的颗粒活性炭技术要求 |

注：HG为化工行业标准；
QB为轻工行业标准；
DL为电力行业标准；
CJ为城市建设行业标准。

## 4.2 各种用水水质标准

### 4.2.1 用水水质国家标准

| 标 准 号 | 标 准 名 称 |
|---|---|
| GB 1576—2001 | 工业锅炉的水质标准 |
| GB 3097—1997 | 海水水质标准 |
| GB 3544—2008 | 制浆造纸工业水污染物排放标准 |
| GB 3552—83 | 航行于中国领海的船舶污染物排放标准 |
| GB 3553—83 | 电影洗片水污染物排放标准 |
| GB 3838—2002(代GHZB 1—1999) | 地面水环境质量标准 |
| GB 3839—83 | 制定地面水污染物排放标准的技术原则与方法 |
| GB 4274—84 | 梯恩梯工业水污染物排放标准 |
| GB 4275—84 | 黑索金工业水污染物排放标准 |
| GB 4277—84 | 雷汞工业生产废水排放标准 |
| GB 4278—84 | 二硝基重氮酚工业水污染物排放标准 |
| GB 4279—84 | 叠氮化铅、三硝基间苯二酚铅、D·S共晶工业水污染物排放标准 |
| GB 4286—84 | 船舶工业污染物排放标准 |
| GB 4287—1992 | 纺织染整工业水污染物排放标准 |
| GB 4914—85 | 海洋石油开发工业含油污水的排放标准 |
| GB 4917—85 | 普通过磷酸钙(普钙)工业废水排放标准 |
| GB 5084—2005 | 农田灌溉水质标准 |
| GB 5749—2006 | 生活饮用水卫生标准 |
| GB 8244—87 | 救生艇筏饮用水 |
| GB 8537—2008 | 饮用天然矿泉水标准 |
| GB 8978—1996 | 污水综合排放标准 |
| GB 9667—1996 | 人工游泳池水质标准 |
| GB 11446.1—1997(代GB 11446.1—89) | 电子级水质量标准 |
| GB 11607—89 | 渔业水质标准 |
| GB/T 12145—1999(代GB 12145—89) | 火力发电机组及蒸汽动力设备水汽质量标准 |
| GB 12941—91 | 景观娱乐用水水质标准 |
| GB 13456—92 | 钢铁工业水污染物排放标准 |
| GB 13457—92 | 肉类加工工业水污染物排放标准 |
| GB 13458—2001 | 合成氨工业水污染物排放标准 |
| GB 14374—93 | 航天推进剂水污染物排放标准 |
| GB 14470.1—2002 | 兵器工业水污染物排放标准—火炸药 |
| GB 14470.2—2002 | 兵器工业水污染物排放标准—火工品 |
| GB 14470.3—2002 | 兵器工业水污染物排放标准—弹药装药 |
| GB/T 14848—93 | 地下水质量标准 |
| GB 15580—2011 | 磷肥工业水污染物排放标准 |

续表

| 标 准 号 | 标 准 名 称 |
|---|---|
| GB 15581—95 | 烧碱、聚氯乙烯工业水污染物排放标准 |
| GB 16330—1996 | 饮用天然矿泉水卫生规范 |
| GB 16889—2008 | 生活垃圾填埋场污染控制指标 |
| GB/T 17219—1998 | 饮用水输配水设备浸泡水的卫生要求 |
| GB 17323—1998 | 瓶装饮用纯净水卫生标准 |
| GB 17324—2003 | 瓶装饮用纯净水卫生标准 |
| GB 18466—2005 | 医疗机构水污染物排放标准 |
| GB 18596—2001 | 畜禽养殖业污染物排放标准 |
| GB 18918—2002 | 城镇污水处理厂污染物排放标准 |
| GB/T 18919—2002 | 城市污水再利用 分类 |
| GB/T 18920—2002 | 城市污水再利用 城市杂水水质 |
| GB/T 18921—2002 | 城市污水再利用 景观环境用水 |
| GB 19430—2004 | 柠檬酸工业水污染物排放标准 |
| GB 19431—2004 | 味精工业水污染物排放标准 |
| GB/T 19772—2005 | 城市污水再利用 地下水回灌水质 |
| GB 19821—2005(部分代 GB 8978—1996) | 啤酒工业污染物排放标准 |
| GB/T 19923—2005 | 城市污水再利用 工业用水水质 |
| GB 20426—2006 | 煤炭工业污染物排放标准 |
| GB/T 20922—2007 | 城市污水再利用 农田灌溉用水 |
| GB 21523—2008 | 杂环类农药工业水污染排放标准 |
| GB 21900—2008 | 电镀污染物排放标准 |
| GB 21901—2008 | 羽绒工业水污染物排放标准 |
| GB 21902—2008 | 合成革与人造革工业污染物排放标准 |
| GB 21903—2008 | 发酵类制药工业水污染物排放标准 |
| GB 21904—2008 | 化学合成制药工业水污染物排放标准 |
| GB 21905—2008 | 提取类制药工业水污染物排放标准 |
| GB 21906—2008 | 中药类制药工业水污染物排放标准 |
| GB 21907—2008 | 生物工程类制药工业污染物排放标准 |
| GB 21908—2008 | 混装制剂工业水污染物排放标准 |
| GB 21909—2008 | 制糖工业水污染物排放标准 |
| GB 25461—2010 | 淀粉工业污染物排放标准 |
| GB 25462—2010 | 酵母工业污染物排放标准 |
| GB 25463—2010 | 油墨工业污染物排放标准 |
| GB 25464—2010 | 陶瓷工业污染物排放标准 |
| GB 25465—2010 | 铝工业污染物排放标准 |
| GB 25466—2010 | 铅、锌工业污染物排放标准 |
| GB 25467—2010 | 铜、镍、钴工业污染物排放标准 |
| GB 25468—2010 | 镁、钛工业污染物排放标准 |
| GB 26131—2010 | 硝酸工业污染物排放标准 |
| GB 26132—2010 | 硫酸工业污染物排放标准 |
| GB 26451—2010 | 稀土工业污染物排放标准 |

注:GHZB 为国家环境保护总局标准。

### 4.2.2 用水水质行业标准

| 标 准 号 | 标 准 名 称 |
|---|---|
| HG/T 3923—2007 | 循环冷却水用再生水水质标准 |
| CJ/T 48—1999 | 生活杂用水水质标准 |
| CJ 94—2005 | 饮用净水水质标准 |
| CJ/T 95—2000 | 再生水回用于景观水体的水质标准 |
| CJ/T 206—2005 | 城市供水水质标准 |
| CJ/T 3020—93 | 生活饮用水源水质标准 |
| CJ/T 3025—93 | 城市污水厂污水污泥排放标准 |

续表

| 标　准　号 | 标　准　名　称 |
|---|---|
| CJ 3082—1999 | 污水排入城市下水道水质标准 |
| SL 63—1994 | 地表水资源质量标准 |
| SD 163—85 | 火力发电厂水汽质量标准 |
| DL/T 997—2006 | 火电厂石灰石-石膏湿法脱硫废水水质控制指标 |

注：CJ 为城镇建设行业标准；

SD 为水利电力行业标准。

## 4.3 工程建设、设备、管理标准

### 4.3.1 工程建设、设备、管理国家标准

| 标　准　号 | 标　准　名　称 |
|---|---|
| GB 5044—85 | 职业性接触毒物危害程度分级标准 |
| GB 6816—86 | 水质词汇　第一部分,第二部分 |
| GB 7119—86 | 评价企业合理用水技术通则 |
| GB 11915—89 | 水质词汇　第三部分至第七部分 |
| GB/T 13727—1992 | 天然矿泉水地质勘探规范 |
| GB/T 14497—1993 | 地下水资源管理模型工作要求 |
| GB/T 15218—1994 | 地下水资源分类分级标准 |
| GB/T 16811—1997 | 低压锅炉水处理设施运行效果与检测 |
| GB/T 17219—1998 | 生活饮用水输配水设备及防护材料的安全性评价标准 |
| GB/T 18919—2002 | 城市污水再利用　分类 |
| GB/T 19223—2003 | 煤矿矿井水分类 |
| GB/T 21281—2007 | 危险化学品鱼类急性毒性分级试验方法 |
| GB 50050—2007 | 工业循环冷却水处理设计技术规范 |
| GB/T 50109—2006 | 工业用水软化除盐设计技术规范 |
| GB 50282—1998 | 城市给水工程规划规范 |
| GB 50335—2002 | 污水再利用工程设计规范 |
| GB 50336—2002 | 建筑中水设计规范 |

### 4.3.2 工程建设、设备、行业管理

| 标　准　号 | 标　准　名　称 |
|---|---|
| HG/T 2160—2008 | 冷却水动态模拟试验方法 |
| HG/T 2387—2007 | 工业设备化学清洗导则 |
| HG/T 3132—2007 | L 型冷却塔风机 |
| HG/T 3133—2006 | 电子式水处理器技术条件 |
| HG/T 3134—2007 | 流动床离子交换水处理设备技术条件 |
| HG/T 3729—2004 | 射频式物理水处理设备技术条件 |
| HG/T 3730—2004 | 工业水和冷却水净化处理滤网式全自动过滤器 |
| HG/T 3916—2006 | 水系统频谱式微电脑杀菌器技术条件 |
| HG/T 3917—2006 | 污水处理膜-生物反应器装置 |
| HG/T 3924—2007 | 锅炉水处理药剂性能评价方法　动态法 |
| HG/T 4083—2009 | 离子棒水处理器 |
| HG/T 20524—2006 | 化工企业循环冷却水处理加药装置设计统一规定 |
| HG/T 20690—2000 | 化工企业循环冷却水处理设计技术规定 |
| HG 25141—91 | 化学水处理装置维护检修规程 |
| HG 25142—91 | 冷却塔维护检修规程 |
| HG 25143—91 | 工业水沉淀池维护检修规程 |
| HG 25145—91 | 水处理加药柱塞泵维护检修规程 |

续表

| 标 准 号 | 标 准 名 称 |
| --- | --- |
| HG 25146—91 | 工业水加氯机维护检修规程 |
| SDGJ 2—85 | 火力发电厂化学水处理设计技术规定 |
| SD 116—84 | 火力发电厂凝汽器管选材导则 |
| DL/T 246 | 化学监督导则 |
| DL 434—91 | 电厂化学水专业实施法定计量单位的有关规定 |
| DL/T 523—2007 | 化学清洗缓蚀剂应用性能评价指标及试验方法 |
| DL/T 561—1995(代 SD 196—86) | 火力发电厂水汽化学监督导则 |
| DL/T 794—2001(代 SD 135—86) | 火力发电厂锅炉化学清洗导则 |
| DL/T 1027—2006 | 工业冷却塔测试规程 |
| DL/T 1029—2006 | 火电厂水质分析仪器试验室质量管理导则 |
| DL/T 1076—2007 | 火力发电厂化学调试导则 |
| DL/T 1078—2007 | 表面式凝汽器运行性能试验规程 |
| CJ 19—87 | 工业用水分类及定义 |
| CJ 20—87 | 工业企业水量平衡测试方法 |
| CJ 21—87 | 工业用水考核指标及计算方法 |
| CJ 40—1999 | 工业用水分类及定义 |
| CJ/T 76—1998 | 城市地下水动态观测规程 |
| CJ/T 3070—1999 | 城市用水分类标准 |
| SL 144.1～11—2008 | 水环境监测仪器及设备校验方法 |
| SL/T 219—1998 | 水环境监测规范 |
| SL/T 238—1999 | 水资源评价导则 |

## 4.4 水质、污垢、活性炭及离子交换树脂的分析测定或试验方法

### 4.4.1 水环境监测分析方法国家标准[80]

| 标 准 号 | 标 准 名 称 |
| --- | --- |
| GB 3839—83 | 制定地方水污染物排放标准的技术原则与方法 |
| GB 6920—86 | 水质 pH 值的测定 玻璃电极法 |
| GB 7466—87 | 水质 总铬的测定 高锰酸钾氧化-二苯碳酰二肼分光光度法 |
| GB 7467—87 | 水质 六价铬的测定 二苯碳酰二肼分光光度法 |
| GB 7468—87 | 水质 总汞测定 冷原子吸收分光光度法 |
| GB 7469—87 | 水质 总汞测定 高锰酸钾-过硫酸钾消解法 双硫腙分光光度法 |
| GB 7470—87 | 水质 铅的测定 双硫腙分光光度法 |
| GB 7471—87 | 水质 镉的测定 双硫腙分光光度法 |
| GB 7472—87 | 水质 锌的测定 双硫腙分光光度法 |
| GB 7473—87 | 水质 铜的测定 2,9-二甲基-1,10-菲罗啉分光光度法 |
| GB 7474—87 | 水质 铜的测定 二乙基二硫代氨基甲酸钠分光光度法 |
| GB 7475—87 | 水质 铜、锌、铅、镉的测定 原子吸收分光光度法 |
| GB 7476—87 | 水质 钙含量的测定 EDTA 滴定法 |
| GB 7477—87 | 水质 钙和镁总量的测定 EDTA 滴定法 |
| GB 7478—87 | 水质 铵的测定 蒸馏和滴定法 |
| GB 7479—87 | 水质 铵的测定 纳氏试剂比色法 |
| GB 7480—87 | 水质 硝酸盐氮的测定 酚二磺酸分光光度法 |
| GB 7481—87 | 水质 铵的测定 水杨酸分光光度法 |
| GB 7482—87 | 水质 氟化物的测定 茜素磺酸锆目视比色法 |
| GB 7483—87 | 水质 氟化物的测定 氟试剂分光光度法 |
| GB 7484—87 | 水质 氟化物的测定 离子选择电极法 |
| GB 7485—87 | 水质 总砷的测定 二乙基二硫代氨基甲酸银分光光度法 |
| GB 7486—87 | 水质 氰化物的测定 第一部分:总氰化物的测定 硝酸银滴定法 |

续表

| 标 准 号 | 标 准 名 称 |
| --- | --- |
| GB 7487—87 | 水质 氰化物的测定 第二部分:氰化物的测定 异烟酸-吡唑啉酮、吡啶-巴比妥酸比色法 |
| GB 7488—87 | 水质 五日生化需氧量($BOD_5$)稀释与接种法 |
| GB 7489—87 | 水质 溶解氧的测定 碘量法 |
| GB 7490—87 | 水质 挥发酚的测定 蒸馏后4-氨基安替比林分光光度法 |
| GB 7491—87 | 水质 挥发酚的测定 蒸馏后溴化容量法 |
| GB 7492—87 | 水质 六六六、滴滴涕的测定 气相色谱法 |
| GB 7493—87 | 水质 亚硝酸盐氮的测定 分光光度法 |
| GB 7494—87 | 水质 阴离子表面活性剂的测定 亚甲蓝分光光度法 |
| GB 7959—87 | 蠕虫卵死亡率的测定 显微镜法,粪大肠菌群菌值测定 发酵法 |
| GB 8972—88 | 水质 五氯酚的测定 气相色谱法 |
| GB 9803—88 | 水质 五氯酚的测定 藏红T分光光度法 |
| GB 11889—89 | 水质 苯胺类化合物的测定 *N*-(1-萘基)乙二胺偶氮分光光度法 |
| GB 11890—89 | 水质 苯系物的测定 气相色谱法 |
| GB 11891—89 | 水质 凯氏氮的测定 |
| GB 11892—89 | 水质 高锰酸盐指数的测定 |
| GB 11893—89 | 水质 总磷的测定 钼酸铵分光光度法 |
| GB 11894—89 | 水质 总氮的测定 碱性过硫酸钾消解紫外分光光度法 |
| GB 11895—89 | 水质 苯并[*a*]芘的测定 乙酰化滤纸层析荧光分光光度法 |
| GB 11896—89 | 水质 氯化物的测定 硝酸银滴定法 |
| GB 11897—89 | 水质 游离氯和总氯的测定 *N*,*N*-二乙基-1,4-苯二胺滴定法 |
| GB 11898—89 | 水质 游离氯和总氯的测定 *N*,*N*-二乙基-1,4-苯二胺分光光度法 |
| GB 11899—89 | 水质 硫酸盐的测定 重量法 |
| GB 11900—89 | 水质 痕量砷的测定 硼氢化钾-硝酸银分光光度法 |
| GB 11901—89 | 水质 悬浮物的测定 重量法 |
| GB 11902—89 | 水质 硒的测定 2,3-二氨基萘荧光法 |
| GB 11903—89 | 水质 色度的测定 |
| GB 11904—89 | 水质 钾和钠的测定 火焰原子吸收分光光度法 |
| GB 11905—89 | 水质 钙和镁的测定 原子吸收分光光度法 |
| GB 11906—89 | 水质 锰的测定 高碘酸钾分光光度法 |
| GB 11907—89 | 水质 银的测定 火焰原子吸收分光光度法 |
| GB 11908—89 | 水质 银的测定 镉试剂2B分光光度法 |
| GB 11909—89 | 水质 银的测定 3,5-$Br_2$-PADAP分光光度法 |
| GB 11910—89 | 水质 镍的测定 丁二酮肟分光光度法 |
| GB 11911—89 | 水质 铁、锰的测定 火焰原子吸收分光光度法 |
| GB 11912—89 | 水质 镍的测定 火焰原子吸收分光光度法 |
| GB 11913—89 | 水质 溶解氧的测定 电化学探头法 |
| GB 11914—89 | 水质 化学需氧量的测定 重铬酸盐法 |
| GB/T 12990—91 | 水质 微型生物群落监测 PFU法 |
| GB/T 12997—91 | 水质 采样方案设计技术规定 |
| GB 12998—91 | 水质 采样技术指导 |
| GB 12999—91 | 水质采样 样品的保存和管理技术规定 |
| GB 13192—91 | 水质 有机磷农药的测定 气相色谱法 |
| GB 13193—91 | 水质 总有机碳(TOC)的测定 非色散红外线吸收法 |
| GB 13194—91 | 水质 硝基苯、硝基甲苯、硝基氯苯、二硝基甲苯的测定 气相色谱法 |
| GB 13195—91 | 水质 水温的测定 温度计或颠倒温度计测定法 |
| GB 13196—91 | 水质 硫酸盐的测定 火焰原子吸收分光光度法 |
| GB 13197—91 | 水质 甲醛的测定 乙酰丙酮分光光度法 |
| GB 13198—91 | 水质 六种特定多环芳烃的测定 高效液相色谱法 |
| GB 13199—91 | 水质 阴离子洗涤剂的测定 电位滴定法 |

续表

| 标 准 号 | 标 准 名 称 |
|---|---|
| GB 13200—91 | 水质 浊度的测定 |
| GB/T 13266—91 | 水质 物质对蚤(大型蚤)急性毒性测定方法 |
| GB/T 13267—91 | 水质 物质对淡水鱼(斑马鱼)急性毒性测定方法 |
| GB/T 13896—92 | 水质 铅的测定 示波极谱法 |
| GB/T 13897—92 | 水质 硫氰酸盐的测定 原子吸收分光光度法 |
| GB/T 13898—92 | 水质 铁(Ⅱ、Ⅲ)络合物的测定 原子吸收分光光度法 |
| GB/T 13899—92 | 水质 铁(Ⅱ、Ⅲ)络合物的测定 三氯化铁分光光度法 |
| GB/T 13900—92 | 水质 黑索金的测定 分光光度法 |
| GB/T 13901—92 | 水质 二硝基甲苯的测定 示波极谱法 |
| GB/T 13902—92 | 水质 硝化甘油的测定 示波极谱法 |
| GB/T 13903—92 | 水质 梯恩梯的测定 分光光度法 |
| GB/T 13904—92 | 水质 梯恩梯、黑索金、地恩梯的测定 气相色谱法 |
| GB/T 13905—92 | 水质 梯恩梯的测定 亚硫酸钠分光光度法 |
| GB/T 14204—93 | 水质 烷基汞的测定 气相色谱法 |
| GB/T 14375—93 | 水质 一甲基肼的测定 对二甲氨基苯甲醛分光光度法 |
| GB/T 14376—93 | 水质 偏二甲基肼的测定 氨基亚铁氰化钠分光光度法 |
| GB/T 14377—93 | 水质 三乙胺的测定 溴酚蓝分光光度法 |
| GB/T 14378—93 | 水质 二乙烯三胺的测定 水杨醛分光光度法 |
| GB/T 14581—93 | 水质 湖泊和水库采样技术指导 |
| GB/T 14671—93 | 水质 钡的测定 电位滴定法 |
| GB/T 14672—93 | 水质 吡啶的测定 气相色谱法 |
| GB/T 14673—93 | 水质 钒的测定 石墨炉原子吸收分光光度法 |
| GB/T 14675—93 | 臭气浓度的测定 三点比较式臭袋法 |
| GB/T 14678—93 | 硫化氢的测定 分光光度法 |
| GB/T 14679—93 | 氨的测定 次氯酸钠-水杨酸分光光度法 |
| GB/T 15441—1995 | 水质 急性毒性的测定 发光细菌法 |
| GB/T 15503—1995 | 水质 钒的测定 钽试剂(BPHA)萃取分光光度法 |
| GB/T 15504—1995 | 水质 二硫化碳的测定 二乙胺四乙酸铜分光光度法 |
| GB/T 15505—1995 | 水质 硒的测定 石墨炉原子吸收分光光度法 |
| GB/T 15506—1995 | 水质 钡的测定 原子吸收分光光度法 |
| GB/T 15507—1995 | 水质 肼的测定 对二甲氨基苯甲醛分光光度法 |
| GB/T 15959—1995 | 水质 可吸附有机卤素(AOX)的测定 微库仑法 |
| GB/T 16488—1996 | 水质 石油类和动植物油的测定 红外光度法 |
| GB/T 16489—1996 | 水质 硫化物的测定 亚甲基蓝分光光度法 |
| GB/T 17130—1997 | 水质 挥发性卤代烃的测定 顶空气相色谱法 |
| GB/T 17131—1997 | 水质 1,2-二氯苯、1,4-二氯苯、1,2,4-三氯苯的测定 气相色谱法 |
| GB/T 17133—1997 | 水质 硫化物的测定 直接显色分光光度法 |
| GB/T 17135—1997 | 水质 总砷的测定 硼氢化钾-硝酸银 分光光度法 |
| GB/T 17136—1997 | 水质 总汞的测定 冷原子吸收分光光度法 |
| GB/T 17137—1997 | 水质 总铬的测定 火焰原子吸收分光光度法 |
| GB/T 17138—1997 | 水质 总铜、总锌的测定 火焰原子吸收分光光度法 |
| GB/T 17139—1997 | 水质 总镍的测定 火焰原子吸收分光光度法 |
| GB/T 17141—1997 | 水质 总镉、总铅的测定 石墨炉原子吸收分光光度法 |
| GB/T 17378.4—1998 | 海洋监测规范,第四部分:海水分析 |

### 4.4.2 锅炉用水和冷却水分析方法国家标准[81]

| 标准号 | 标准名称 |
|---|---|
| GB/T 6903—2008 | 锅炉用水和冷却水分析方法　通则 |
| GB 6904.1—2008 | 锅炉用水和冷却水分析方法　pH的测定　玻璃电极法 |
| GB 6904.2—2008 | 锅炉用水和冷却水分析方法　pH的测定　比色法 |
| GB/T 6904.3—2008 | 锅炉用水和冷却水分析方法　pH的测定　用于纯水的玻璃电极法 |
| GB 6905.1—2008 | 锅炉用水和冷却水分析方法　氯化物的测定　摩尔法 |
| GB 6905.2—2008 | 锅炉用水和冷却水分析方法　氯化物的测定　电位滴定法 |
| GB 6905.3—2008 | 锅炉用水和冷却水分析方法　氯化物的测定　汞盐滴定法 |
| GB/T 6905.4—2008 | 锅炉用水和冷却水分析方法　氯化物的测定　共沉淀富集分光光度法 |
| GB/T 6906—2008 | 锅炉用水和冷却水分析方法　联氨的测定 |
| GB/T 6907—2008 | 锅炉用水和冷却水分析方法　水样的采集方法 |
| GB/T 6908—2008 | 锅炉用水和冷却水分析方法　电导率的测定 |
| GB 6909.1—2008 | 锅炉用水和冷却水分析方法　硬度的测定　高硬度 |
| GB 6909.2—2008 | 锅炉用水和冷却水分析方法　硬度的测定　低硬度 |
| GB/T 6910—2008 | 锅炉用水和冷却水分析方法　钙的测定　络合滴定法 |
| GB 6911.1—2008 | 锅炉用水和冷却水分析方法　硫酸盐的测定　重量法 |
| GB 6911.2—2008 | 锅炉用水和冷却水分析方法　硫酸盐的测定　铬酸钡光度法 |
| GB 6911.3—2008 | 锅炉用水和冷却水分析方法　硫酸盐的测定　电位滴定法 |
| GB/T 6912.1—2008 | 锅炉用水和冷却水分析方法　硝酸盐和亚硝酸盐的测定　硝酸盐紫外光度法 |
| GB 6912.2—2008 | 锅炉用水和冷却水分析方法　硝酸盐和亚硝酸盐的测定　亚硝酸盐紫外光度法 |
| GB 6912.3—2008 | 锅炉用水和冷却水分析方法　硝酸盐和亚硝酸盐的测定　$\alpha$-萘胺盐酸盐光度法 |
| GB 6913.1—2008 | 锅炉用水和冷却水分析方法　磷酸盐的测定　正磷酸盐 |
| GB 6913.2—2008 | 锅炉用水和冷却水分析方法　磷酸盐的测定　总无机磷酸盐 |
| GB 6913.3—2008 | 锅炉用水和冷却水分析方法　磷酸盐的测定　总磷酸盐 |
| GB 10538—89 | 锅炉用水和冷却水分析方法　季铵盐的测定　三氯甲烷萃取分光光度法 |
| GB 10539—89 | 锅炉用水和冷却水分析方法　钾离子的测定　火焰光度法 |
| GB 10656—2008 | 锅炉用水和冷却水分析方法　锌离子的测定　锌试剂分光光度法 |
| GB/T 12146—2005 | 锅炉用水和冷却水分析方法　氨的测定　苯酚法 |
| GB 12147—89 | 锅炉用水和冷却水分析方法　纯水电导率的测定 |
| GB/T 12148—2006 | 锅炉用水和冷却水分析方法　全硅的测定　低含量硅氢氟酸转化法 |
| GB 12149—2007 | 锅炉用水和冷却水分析方法　硅的测定　钼蓝比色法 |
| GB 12150—89 | 锅炉用水和冷却水分析方法　硅的测定　硅钼蓝光度法 |
| GB/T 12151—2005 | 锅炉用水和冷却水分析方法　浊度的测定(福马肼浊度) |
| GB 12152—2007 | 锅炉用水和冷却水分析方法　油的测定　红外光度法 |
| GB 12153—89 | 锅炉用水和冷却水分析方法　油的测定　紫外分光光度法 |
| GB 12154—2008 | 锅炉用水和冷却水分析方法　全铝的测定 |
| GB 12155—89 | 锅炉用水和冷却水分析方法　钠的测定　动态法 |
| GB 12156—89 | 锅炉用水和冷却水分析方法　钠的测定　静态法 |

续表

| 标准号 | 标准名称 |
|---|---|
| GB 12157—2007 | 锅炉用水和冷却水分析方法　溶解氧的测定　内电解法 |
| GB/T 14415—2007 | 锅炉用水和冷却水分析方法　固体物质的测定 |
| GB/T 14417—93 | 锅炉用水和冷却水分析方法　全硅的测定 |
| GB/T 14418—93 | 锅炉用水和冷却水分析方法　铜的测定 |
| GB/T 14419—93 | 锅炉用水和冷却水分析方法　碱度的测定 |
| GB/T 14420—93 | 锅炉用水和冷却水分析方法　化学耗氧量的测定　重铬酸钾快速法 |
| GB/T 14421—93 | 锅炉用水和冷却水分析方法　聚丙烯酸的测定　比浊法 |
| GB/T 14422—2008 | 锅炉用水和冷却水分析方法　苯并三氮唑的测定　紫外分光光度法 |
| GB/T 14423—93 | 锅炉用水和冷却水分析方法　2-巯基苯骈噻唑的测定　紫外分光光度法 |
| GB/T 14424—2008 | 锅炉用水和冷却水分析方法　余氯的测定 |
| GB/T 14425—93 | 锅炉用水和冷却水分析方法　硫化氢的测定　分光光度法 |
| GB/T 14426—93 | 锅炉用水和冷却水分析方法　亚硫酸盐的测定 |
| GB/T 14427—2008 | 锅炉用水和冷却水分析方法　铁的测定 |

### 4.4.3　工业循环冷却水水质分析及试验方法国家标准[81]

| 标准号 | 标准名称 |
|---|---|
| GB/T 13689—92 | 工业循环冷却水中铜的测定　二乙基二硫代氨基甲酸钠分光光度法 |
| GB/T 14636—2007 | 工业循环冷却水中钙、镁含量的测定　原子吸收光谱法 |
| GB/T 14637.1—93 | 工业循环冷却水中锌含量的测定　原子吸收光谱法 |
| GB/T 14637.2—93 | 工业循环冷却水水垢中锌含量的测定　原子吸收光谱法 |
| GB/T 14638.1—93 | 工业循环冷却水中铜含量的测定　原子吸收光谱法 |
| GB/T 14638.2—93 | 工业循环冷却水水垢中铜含量的测定　原子吸收光谱法 |
| GB/T 14639—93 | 工业循环冷却水中镁含量的测定　原子吸收光谱法 |
| GB/T 14640—2009 | 工业循环冷却水中钾含量的测定　原子吸收光谱法 |
| GB/T 14641—93 | 工业循环冷却水中钠含量的测定　原子吸收光谱法 |
| GB/T 14642—2009 | 工业循环冷却水及锅炉水中氟、氯、磷酸根、亚硝酸根、硝酸根和硫酸根的测定　离子色谱法 |
| GB/T 14643.1—2009 | 工业循环冷却水中黏液形成菌的测定　平皿计数法 |
| GB/T 14643.2—2009 | 工业循环冷却水中土壤菌群的测定　平皿计数法 |
| GB/T 14643.3—2009 | 工业循环冷却水中黏泥真菌的测定　平皿计数法 |
| GB/T 14643.4—2009 | 工业循环冷却水中土壤真菌的测定　平皿计数法 |
| GB/T 14643.5—2009 | 工业循环冷却水中硫酸盐还原菌的测定　MPN 法 |
| GB/T 14643.6—2009 | 工业循环冷却水中铁细菌的测定　MPN 法 |
| GB/T 15451—2006 | 工业循环冷却水中总碱及酚酞碱度的测定 |
| GB/T 15452—2009 | 工业循环冷却水中钙、镁离子的测定　EDTA 滴定法 |
| GB/T 15453—2008 | 工业循环冷却水中氯离子的测定　硝酸银滴定法 |
| GB/T 15454—2009 | 工业循环冷却水中钠、铵、钾、镁和钙离子的测定　离子色谱法 |
| GB/T 15455—1995 | 工业循环冷却水中溶解氧的测定　碘量法 |
| GB/T 15456—2008 | 工业循环冷却水中需氧量(COD)的测定　高锰酸钾法 |
| GB/T 15893.1—1995<br>(代 HG 5—1503—85) | 工业循环冷却水中浊度的测定　散射光法 |

续表

| 标准号 | 标准名称 |
|---|---|
| GB/T 15893.2—1995<br>(代 HG 5—1501—85) | 工业循环冷却水中 pH 值的测定　电位法 |
| GB/T 15893.3—1995<br>(代 HG 5—1594—85) | 工业循环冷却水中硫酸盐的测定　重量法 |
| GB/T 15893.4—1995<br>(代 HG 5—1504—85) | 工业循环冷却水中溶解性固体的测定　重量法 |
| GB/T 16632—1996 | 水处理剂阻垢性能测定　碳酸钙沉积法 |
| GB/T 16633—1996 | 工业循环冷却水中二氧化硅含量的测定　分光光度法 |
| GB/T 16634—1996<br>(代 HG 5—1523—85) | 工业循环冷却水用磷锌预膜液中锌含量的测定　原子吸收光谱法 |
| GB/T 16635—1996 | 工业循环冷却水用磷锌预膜液中钙含量的测定　原子吸收光谱法 |
| GB/T 16881—1997 | 水的混凝、絮凝杯罐试验方法 |
| GB/T 18175—2000<br>(代 HG/T 2159—91) | 水处理剂缓蚀性能的测定　旋转挂片法 |
| GB/T 20778—2006 | 水处理剂可生物降解性能评价方法　$CO_2$ 生成量法 |
| GB/T 20780—2006 | 工业循环冷却水　碳酸盐碱度的测定 |
| GB/T 22597—2008 | 再生水中化学需氧量测定　重铬酸钾法 |
| GB/T 23836—2009 | 工业循环冷却水中钼酸盐的测定　硫氰酸盐分光光度法 |
| GB/T 23837—2009 | 工业循环冷却水中铝离子的测定　原子吸收光谱法 |
| GB/T 23838—2009 | 工业循环冷却水中悬浮固体的测定 |

### 4.4.4　电子级水质分析方法国家标准

| 标准号 | 标准名称 |
|---|---|
| GB 11446.3—1997 | 电子级水检测方法通则 |
| GB 11446.4—1997 | 电子级水电阻率的测试方法 |
| GB 11446.5—1997 | 电子级水中痕量金属的原子吸收分光光度测试方法 |
| GB 11446.6—1997 | 电子级水中痕量二氧化硅的分光光度测试方法 |
| GB 11446.7—1997 | 电子级水中痕量氯离子、硝酸根离子、磷酸根离子的离子色谱测试方法 |
| GB 11446.8—1997 | 电子级水中总有机碳的测试方法 |
| GB 11446.9—1997 | 电子级水中微粒的仪器测试方法 |
| GB 11446.10—1997 | 电子级水中细菌总数的滤膜培养测试方法 |
| GB 11446.11—1997 | 电子级水中细菌总数的平皿培养测试方法 |

### 4.4.5　饮用水、水源水水质分析方法国家标准

| 标准号 | 标准名称 |
|---|---|
| GB 5750—85 | 生活饮用水标准检验法 |
| GB 8161—87 | 生活饮用水源水中铍卫生标准 |
| GB/T 8538—1995 | 饮用天然矿泉水检验方法 |
| GB/T 8538.1—1995 | 饮用天然矿泉水分析总则 |
| GB/T 8538.2—1995 | 饮用天然矿泉水水样的采集和保存 |
| GB/T 8538.3—1995 | 色度测定方法　铂钴标准比色法,铬钴标准比色法 |
| GB/T 8538.4—1995 | 臭和味测定方法　感观法 |
| GB/T 8538.5—1995 | 肉眼可见物测定方法　直接观察 |

续表

| 标准号 | 标准名称 |
|---|---|
| GB/T 8538.6—1995 | 浑浊度测定方法　散射法 |
| GB/T 8538.7—1995 | pH值测定方法　电位计法 |
| GB/T 8538.8—1995 | 总溶解性固体测定方法　重量法 |
| GB/T 8538.9—1995 | 总硬度测定方法　乙二胺四乙酸二钠赘合滴定法 |
| GB/T 8538.10—1995 | 碱度测定方法　滴定法 |
| GB/T 8538.11—1995 | 酸度测定方法　滴定法 |
| GB/T 8539.12—1995 | 钾和钠测定方法　火焰发射光度法,火焰原子吸收分光光度法,离子色谱法 |
| GB/T 8538.13—1995 | 钙测定方法　乙二胺四乙酸二钠滴定法,火焰光度法 |
| GB/T 8538.14—1995 | 镁测定方法　乙二胺四乙酸二钠滴定法,火焰光度法 |
| GB/T 8538.15—1995 | 铁测定方法　二氯杂菲、硫氰酸盐分光光度法,火焰光度法 |
| GB/T 8538.16—1995 | 锰测定方法　无火焰原子吸收分光光度法,甲醛肟分光光度法,共沉淀火焰原子吸收分光光度法 |
| GB/T 8538.17—1995 | 铜测定方法　火焰原子吸收分光光度法,共沉淀-火焰原子吸收分光光度法,二乙氨基二代甲酸钠分光光度法 |
| GB/T 8538.18—1995 | 锌测定方法　火焰原子吸收分光光度法,共沉淀-火焰原子吸收分光光度法,锌试剂-环已酮分光光度法 |
| GB/T 8538.19—1995 | 铬测定方法　苯碳酰二肼络合分光光度法 |
| GB/T 8538.20—1995 | 铅测定方法　火焰原子吸收分光光度法,无火焰原子吸收分光光度法,催化极化法 |
| GB/T 8538.21—1995 | 镉测定方法　无火焰原子吸收分光光度法,火焰原子吸收分光光度法,共沉淀-火焰原子吸收分光光度法 |
| GB/T 8538.22—1995 | 汞测定方法　冷原子吸收分光光度法,原子荧光法 |
| GB/T 8538.23—1995 | 银测定方法　无火焰原子吸收分光光度法,巯基棉富集-高碘酸钾分光光度法 |
| GB/T 8538.24—1995 | 锶测定方法　EDTA-火焰原子吸收分光光度法,高浓度镧-火焰原子吸收分光光度法,无火焰原子吸收分光光度法 |
| GB/T 8538.25—1995 | 锂测定方法　火焰发射光度法,火焰原子吸收分光光度法,离子色谱法 |
| GB/T 8538.26—1995 | 钡测定方法　无焰原子吸收分光光度法 |
| GB/T 8538.27—1995 | 钒测定方法　没食子酸催化分光光度法,火焰原子吸收分光光度法,离子色谱法 |
| GB/T 8538.28—1995 | 钼测定方法　催化极谱法,硫氰酸盐分光光度法 |
| GB/T 8538.29—1995 | 钴测定方法　亚硝基-R-盐分光光度法,火焰原子吸收分光光度法,离子交换富集-火焰原子吸收分光光度法 |
| GB/T 8538.30—1995 | 镍测定方法　火焰原子吸收分光光度法,离子交换富集-火焰原子吸收分光光度法 |
| GB/T 8538.31—1995 | 铝测定方法　铬天青S分光光度法,铝试剂分光光度法 |
| GB/T 8538.32—1995 | 硒测定方法　二氨基萘荧光分光光度法,氢化物发生原子吸收分光光度法,原子荧光法 |
| GB/T 8538.33—1995 | 砷测定方法　二乙氨基二硫代甲酸银分光光度法,氢化物原子吸收分光光度法,原子荧光法 |
| GB/T 8538.34—1995 | 硼酸测定方法　甲亚胺-H分光光度法,萃取-姜黄素分光光度法,姜黄素分光光度法 |
| GB/T 8538.35—1995 | 偏硅酸测定方法　硅钼黄分光光度法,硅钼蓝分光光度法 |
| GB/T 8538.36—1995 | 氟化物测定方法　离子选择电极法,氟试剂分光光度法,离子色谱法 |
| GB/T 8538.37—1995 | 氯化物测定方法　硝酸银滴定法 |
| GB/T 8538.38—1995 | 溴化物测定方法　离子色谱法,酚红分光光度法 |
| GB/T 8538.39—1995 | 碘化物测定方法　催化还原分光光度法,气相色谱法,离子色谱法 |
| GB/T 8538.40—1995 | 氨氮测定方法　纳氏试剂分光光度法,酚盐分光光度法 |
| GB/T 8538.41—1995 | 二氧化碳测定方法　滴定法 |
| GB/T 8538.42—1995 | 硝酸盐测定方法　百里酚分光光度法,离子色谱法,紫外分光光度法 |
| GB/T 8538.43—1995 | 亚硝酸盐测定方法　重氮偶合比色法 |
| GB/T 8538.44—1995 | 碳酸盐和重碳酸盐测定方法　滴定法 |
| GB/T 8538.45—1995 | 硫酸盐测定方法　乙二胺四乙酸二钠滴定法,硫酸钡比浊法,铬酸钡比色法 |
| GB/T 8538.46—1995 | 耗氧量测定方法　酸性高锰酸钾滴定法,碱性高锰酸钾滴定法 |

续表

| 标 准 号 | 标 准 名 称 |
|---|---|
| GB/T 8538.47—1995 | 氰化物测定方法 异烟酸-吡唑酮分光光度法,吡啶-巴比妥酚分光光度法 |
| GB/T 8538.48—1995 | 挥发酚类测定方法 4-氨基安替比林分光光度法 |
| GB/T 8538.49—1995 | 总β放射性测定方法 薄样法,活性炭吸附法 |
| GB/T 8538.50—1995 | $^{226}$镭放射性测定方法 |
| GB/T 8538.51—1995 | 菌落总数测定方法 平皿培养法 |
| GB/T 8538.52—1995 | 总大肠菌群测定方法 多管发酵法,滤膜法 |
| GB/T 8538.53—1995 | 培养基和试剂 |
| GB/T 8538.A1—1995 | 铍参考检验方法 桑色素荧光分光光度法,铝试剂分光光度法 |
| GB/T 8538.A2—1995 | 硫化物参考检验方法 对二乙氨基苯胺分光光度法,碘量法 |
| GB/T 8538.A3—1995 | 磷酸盐参考检验方法 磷钼蓝法 |
| GB/T 8538.A4—1995 | 气体参考检验方法 色谱法 |
| GB/T 8538.A5—1995 | 六六六参考检验方法 气相色谱法 |
| GB/T 8538.A6—1995 | 阴离子合成洗涤剂参考检验方法 亚甲蓝分光光度法,试亚铁灵[亚铁菲绕啉离子$Fe(C_{12}H_8N_2)_3^{2+}$]分光光度法 |
| GB/T 8538.A7—1995 | 苯并[a]芘参考检验方法 纸层析-荧光分光光度法,高效液相色谱法 |
| GB/T 8538.A8—1995 | 氚参考检验方法 β-射线法 |
| GB 11729—89 | 水源水中百菌清卫生标准(0.01mg/L) 气相色谱法 |
| GB/T 11934 | 水源水中乙醛、丙烯醛卫生检验标准方法 气相色谱法 |
| GB/T 11937 | 水源水中苯系物卫生检验标准方法 气相色谱法 |
| GB/T 11938 | 水源水中氯苯系化合物卫生检验标准方法 气相色谱法 |
| GB/T 11939 | 水源水中二硝基苯和硝基氯苯类卫生检验标准方法 气相色谱法 |
| GB 16367—1996 | 地热水应用中放射卫生防护标准(氡$^{222}$Rn;生活水 50kBq/m$^3$;生产水 100kBq/m$^3$) 闪烁射气法 |
| GB 18061—2000 | 水源水中肼卫生标准(0.02mg/L) 对二甲基苯甲醛分光光度法 |
| GB 18062—2000 | 水源水中一甲肼卫生标准(0.04mg/L) 对二甲基苯甲醛分光光度法 |
| GB 18063—2000 | 水源水中偏二甲基肼卫生标准(0.1mg/L) 氨基亚铁氰化钠分光光度法 |
| GB 18064—2000 | 水源水中二乙烯三胺卫生标准(5mg/L) 水杨醛-乙醇分光光度法 |
| GB 18065—2000 | 水源水中三乙胺卫生标准(3mg/L) 溴酚蓝分光光度法 |

### 4.4.6 活性炭及离子交换树脂测定方法国家标准[81]

| 标 准 号 | 标 准 名 称 |
|---|---|
| GB 5475—85 | 离子交换树脂取样方法 |
| GB/T 5476—1996 | 离子交换树脂预处理方法 |
| GB 5757—86 | 离子交换树脂含水量测定方法 |
| GB/T 5758—2001 | 离子交换树脂粒度、有效粒径和均一系数的测定 |
| GB/T 5759—2000 | 氢氧型阴离子交换树脂含水量测定方法 |
| GB/T 5760—2000 | 氢氧型阴离子交换树脂交换容量测定方法 |
| GB 7702.1—1997 | 煤质颗粒活性炭水分测定方法 |
| GB 7702.2—1997 | 煤质颗粒活性炭粒度测定方法 |
| GB 7702.3—1997 | 煤质颗粒活性炭强度测定方法 |
| GB 7702.4—1997 | 煤质颗粒活性炭装填密度测定方法 |
| GB 7702.5—1997 | 煤质颗粒活性炭水容量测定方法 |
| GB 7702.6—1997 | 煤质颗粒活性炭亚甲蓝吸收值测定方法 |
| GB 7702.7—1997 | 煤质颗粒活性炭碘吸附值测定方法 |
| GB 7702.8—1997 | 煤质颗粒活性炭苯酚吸附值测定方法 |
| GB 7702.9—1997 | 煤质颗粒活性炭着火点测定方法 |
| GB 7702.10—1997 | 煤质颗粒活性炭有效防护时间测定方法 |
| GB 7702.11—1997 | 煤质颗粒活性炭对苯蒸气防护时间测定方法 |
| GB 7702.12—1997 | 煤质颗粒活性炭对氯乙烷蒸汽吸附率测定方法 |
| GB 7702.13—1997 | 煤质颗粒活性炭四氯化碳蒸汽吸附率测定方法 |

续表

| 标　准　号 | 标　准　名　称 |
|---|---|
| GB 7702.14—1997 | 煤质颗粒活性炭硫容量测定方法 |
| GB 8144—87 | 阳离子交换树脂交换容量测定方法 |
| GB 8330—87 | 离子交换树脂湿真密度测定方法 |
| GB 8331—87 | 离子交换树脂湿视密度测定方法 |
| GB 11991—89 | 离子交换树脂转型膨胀率测定方法 |
| GB 11992—89 | 氯型强碱性阴离子交换树脂质量交换容量测定方法 |
| GB/T 12496—1999 | 木质活性炭试验方法 |
| GB/T 12496.1—1999 | 木质活性炭试验方法　表观密度的测定 |
| GB/T 12496.2—1999 | 木质活性炭试验方法　粒度分布的测定 |
| GB/T 12496.3—1999 | 木质活性炭试验方法　灰分含量的测定 |
| GB/T 12496.4—1999 | 木质活性炭试验方法　水分含量的测定 |
| GB/T 12496.6—1999 | 木质活性炭试验方法　强度的测定 |
| GB/T 12496.7—1999 | 木质活性炭试验方法　pH 值的测定 |
| GB/T 12496.8—1999 | 木质活性炭试验方法　碘吸附值的测定 |
| GB/T 12496.10—1999 | 木质活性炭试验方法　亚甲基蓝吸附值的测定 |
| GB/T 12598—2001 | 离子交换树脂渗磨圆球率、磨后圆球率的测定 |

### 4.4.7　工业循环冷却水水质、污垢、缓蚀阻垢剂的分析测定方法行业标准[81]

| 标　准　号 | 标　准　名　称 |
|---|---|
| HG/T 2022—91(2004)<br>(代 HG 5—1598—85) | 工业循环冷却水中游离氯和总氯的测定　*N*,*N*-二乙基-1,4-苯二胺滴定法 |
| HG/T 2023—91(2004)<br>(代 HG 5—1598—85) | 工业循环冷却水中游离氯和总氯的测定　*N*,*N*-二乙基-1,4-苯二胺分光光度法 |
| HG/T 2024—91 | 水处理药剂阻垢性能测定方法　鼓泡法 |
| HG/T 2156—91 | 工业循环冷却水中阴离子表面活性剂的测定　亚甲蓝分光光度法 |
| HG/T 2157—91(2004)<br>(代 HG 5—1510—85) | 工业循环冷却水中铵的测定　电位法 |
| HG/T 2158—91<br>(代 HG 5—1510—85) | 工业循环冷却水中铵的测定　蒸馏和滴定法 |
| HG/T 2160—2008 | 冷却水动态模拟试验方法 |
| HG/T 3516—2003<br>(代 HG 5—1509—85) | 工业循环冷却水中亚硝酸盐的测定　分光光度法 |
| HG/T 3517—85<br>(代 HG 5—1516—85) | 工业循环冷却水中二氯酚(DDM)残留量测定方法 |
| HG/T 3518—2003<br>(代 HG 5—1518—85) | 工业循环冷却水中巯基苯并噻唑测定方法 |
| HG/T 3519—2003<br>(代 HG 5—1519—85) | 工业循环冷却水中苯并三氮唑测定方法 |
| HG/T 3520—2000<br>(代 HG 5—1521—85) | 工业循环冷却水中磷锌预膜液中钙离子测定方法 |
| HG/T 3521—85<br>(代 HG 5—1524—85) | 工业循环冷却水磷系复合抑制剂中乙二胺四甲叉膦酸(EDTMPA)测定方法 |
| HG/T 3522—85<br>(代 HG 5—1525—85) | 工业循环冷却水磷系复合抑制剂中羟基乙叉二膦酸盐(HEDPA)测定方法 |
| HG/T 3523—2008 | 冷却水化学处理标准腐蚀试片技术条件 |
| HG/T 3525—2003<br>(代 HG 5—1593—85) | 工业循环冷却水中铝离子测定方法　邻苯二酚紫分光光度法 |
| HG/T 3526—85<br>(代 HG 5—1509—85) | 工业循环冷却水中亚硝酸根离子测定方法 |

续表

| 标准号 | 标准名称 |
|---|---|
| HG/T 3527—2008 | 工业循环冷却水中油含量测定方法 |
| HG/T 3528—85<br>(代 HG 5—1597—85) | 工业循环冷却水中微量聚丙烯酸和聚马来酸测定方法 |
| HG/T 3530—2003<br>(代 HG 5—1601—85) | 工业循环冷却水污垢和腐蚀产物试样的调查、采取和制备 |
| HG/T 3531—2003<br>(代 HG 5—1602—85) | 工业循环冷却水污垢和腐蚀产物中水分含量测定方法 |
| HG/T 3532—2003<br>(代 HG 5—1603—85) | 工业循环冷却水污垢和腐蚀产物中硫化亚铁含量测定方法 |
| HG/T 3533—2003<br>(代 HG 5—1604—85) | 工业循环冷却水污垢和腐蚀产物中灼烧失重测定方法 |
| HG/T 3534—2003<br>(代 HG 5—1605—85) | 工业循环冷却水污垢和腐蚀产物中酸不溶物、磷、铁、铝、钙、镁、锌、铜含量测定方法 |
| HG/T 3535—2003<br>(代 HG 5—1606—85) | 工业循环冷却水污垢和腐蚀产物中硫酸盐含量测定方法 |
| HG/T 3536—2003<br>(代 HG 5—1607—85) | 工业循环冷却水中污垢和腐蚀产物中二氧化碳含量测定方法 |
| HG/T 3539—2003<br>(代 HG 5—1512—85,ZB/T G 76001—90) | 工业循环冷却水中铁含量的测定　邻菲啰啉分光光度法 |
| HG/T 3540—90<br>(同 ZB/T G 76002—90)(代 HG 5—1513—85,HG 5—1514—85,HG 5—1515—85) | 工业循环冷却水中磷含量的测定　钼酸铵分光光度法 |
| HG/T 3609—2000(2007)<br>(代 HG/T 3524—85 及 HG 5—1592—85) | 工业循环冷却水水质分析方法规则 |
| HG/T 3610—2003 | 工业循环冷却水污垢和腐蚀产物分析方法规则 |
| HG/T 3778—2005 | 冷却水系统化学清洗、预膜处理技术规则 |

# 附录 5　单位及单位换算

## 5.1　中华人民共和国法定计量单位，GB 3100—93

我国的法定计量单位包括 5.1.1 至 5.1.6 表中的单位。

5.1.1　国际单位制的基本单位

| 量的名称 | 单位名称 | 单位符号 | 量的名称 | 单位名称 | 单位符号 |
|---|---|---|---|---|---|
| 长度 | 米 | m | 热力学温度 | 开[尔文] | K |
| 质量 | 千克(公斤) | kg | 物质的量 | 摩[尔] | mol |
| 时间 | 秒 | s | 发光强度 | 坎[德拉] | cd |
| 电流 | 安[培] | A | | | |

5.1.2　国际单位制的辅助单位

| 量的名称 | 单位名称 | 单位符号 |
|---|---|---|
| [平面]角 | 弧度 | rad |
| 立体角 | 球面角 | sr |

### 5.1.3 国际单位制中具有专门名称的导出单位

| 量的名称 | 单位名称 | 单位符号 | 其他表示示例 |
|---|---|---|---|
| 频率 | 赫[兹] | Hz | $s^{-1}$ |
| 力;重力 | 牛[顿] | N | $kg \cdot m/s^2$ |
| 压力,压强;应力 | 帕[斯卡] | Pa | $N/m^2$ |
| 能[量];功;热 | 焦[耳] | J | $N \cdot m$ |
| 功率;辐射通量 | 瓦[特] | W | J/s |
| 电荷[量] | 库[仑] | C | $A \cdot s$ |
| 电位;电压;电动势 | 伏[特] | V | W/A |
| 电容 | 法[拉] | F | C/V |
| 电阻 | 欧[姆] | Ω | V/A |
| 电导 | 西[门子] | S | A/V |
| 磁通[量] | 韦[伯] | Wb | $V \cdot s$ |
| 磁通[量]密度;磁感应强度 | 特[斯拉] | T | $Wb/m^2$ |
| 电感 | 亨[利] | H | Wb/A |
| 摄氏温度 | 摄氏度 | ℃ | |
| 光通量 | 流[明] | lm | $cd \cdot sr$ |
| [光]照度 | 勒[克斯] | lx | $lm/m^2$ |
| [放射性]活度 | 贝可[勒尔] | Bq | $s^{-1}$ |
| 吸收剂量 | 戈[瑞] | Gy | J/kg |
| 剂量当量 | 希[沃特] | Sv | J/kg |

### 5.1.4 国家选定的非国际单位制单位

| 量的名称 | 单位名称 | 单位符号 | 换算关系和说明 |
|---|---|---|---|
| 时间 | 分<br>[小]时<br>日(天) | min<br>h<br>d | 1min=60s<br>1h=60min=3600s<br>1d=24h=86400s |
| [平面]角 | [角]秒<br><br>[角]分<br>度 | (″)<br><br>(′)<br>(°) | $1''=(\pi/648000)$rad<br>(π为圆周率)<br>$1'=60''=(\pi/10800)$rad<br>$1°=60'=(\pi/180)$rad |
| 旋转速度 | 转每分 | r/min | $1r/min=(1/60)s^{-1}$ |
| 长度 | 海里 | n mile | 1n mile=1852m(只用于航程) |
| 速度 | 节 | kn | 1kn=1n mile/h<br>=(1852/3600)m/s(只限于航行) |
| 质量 | 吨<br>原子质量<br>单位 | t<br>u | $1t=10^3kg$<br>$1u\approx1.6605655\times10^{-27}kg$ |
| 体积 | 升 | L(l) | $1L=1dm^3$<br>$=10^{-3}m^3$ |
| 能 | 电子伏 | eV | $1eV\approx1.6021892\times10^{-19}J$ |
| 级差 | 分贝 | dB | |
| 线密度 | 特[克斯] | tex | 1tex=1g/km |

### 5.1.5 用专门名称表示的国际单位制的导出单位

| 量的名称 | 单位名称 | 单位符号 | 基本单位表示式 |
|---|---|---|---|
| 黏度 | 帕秒 | $Pa \cdot s$ | $kg/(m \cdot s)$ |
| 力矩 | 牛米 | $N \cdot m$ | $kg \cdot m^2/s^2$ |
| 表面张力 | 牛每米 | N/m | $kg/s^2$ |

续表

| 量的名称 | 单位名称 | 单位符号 | 基本单位表示式 |
|---|---|---|---|
| 热流密度、辐照度 | 瓦每平方米 | $W/m^2$ | $kg/s^2$ |
| 热容、熵 | 焦每开 | J/K | $kg \cdot m^2/(s^2 \cdot K)$ |
| 比热容、比熵 | 焦每千克开 | $J/(kg \cdot K)$ | $m^2/(s^2 \cdot K)$ |
| 比能 | 焦每千克 | J/kg | $m^2/s^2$ |
| 热导率 | 瓦每米开 | $W/(m \cdot K)$ | $kg \cdot m/(s^3 \cdot K)$ |
| 能密度 | 焦每立方米 | $J/m^3$ | $kg/(m \cdot s^2)$ |
| 电场强度 | 伏每米 | V/m | $kg \cdot m/(s^3 \cdot A)$ |
| 电荷体密度 | 库每立方米 | $C/m^3$ | $A \cdot s/m^3$ |
| 电位移 | 库每平方米 | $C/m^2$ | $A \cdot s/m^2$ |
| 电容率 | 法每米 | F/m | $A^2 \cdot s^4/(kg \cdot m^3)$ |
| 磁导率 | 亨每米 | H/m | $kg \cdot m/(s^2 \cdot A^2)$ |
| 摩尔能 | 焦每摩 | J/mol | $kg \cdot m^2/(s^2 \cdot mol)$ |
| 摩尔熵、摩尔热容 | 焦每摩开 | $J/(mol \cdot K)$ | $kg \cdot m^2/(s^2 \cdot mol \cdot K)$ |
| 电阻率 | 欧米 | $\Omega \cdot m$ | $kg \cdot m^3/(s^3 \cdot A^2)$ |
| 电导率 | 西每米 | S/m | $s^3 \cdot A^2/(kg \cdot m^3)$ |

### 5.1.6 用于构成十进倍数和分数单位的词头

| 所表示的因数 | 词头名称 | 词头符号 | 所表示的因数 | 词头名称 | 词头符号 |
|---|---|---|---|---|---|
| $10^{18}$ | 艾[可萨] | E | $10^{-1}$ | 分 | d |
| $10^{15}$ | 拍[它] | P | $10^{-2}$ | 厘 | c |
| $10^{12}$ | 太[拉] | T | $10^{-3}$ | 毫 | m |
| $10^{9}$ | 吉[咖] | G | $10^{-6}$ | 微 | μ |
| $10^{6}$ | 兆 | M | $10^{-9}$ | 纳[诺] | n |
| $10^{3}$ | 千 | k | $10^{-12}$ | 皮[可] | p |
| $10^{2}$ | 百 | h | $10^{-15}$ | 飞[母托] | f |
| $10^{1}$ | 十 | da | $10^{-18}$ | 阿[托] | a |

注：1. 周、月、年（年的符号为 a），为一般常用时间单位。
2. [ ] 内的字，是在不致混淆的情况下，可以省略的字。
3. （ ）内的字为前者的同义语。
4. 角度单位度分秒的符号不处于数字后时，用括弧。
5. 升的符号中，小写字母 l 为备用符号。
6. r 为“转”的符号。
7. 人民生活和贸易中，质量习惯称为重量。
8. 公里为千米的俗称，符号为 km。
9. $10^4$ 称为万，$10^8$ 称为亿，$10^{12}$ 称为万亿，这类数词的使用不受词头名称的影响，但不应与词头混淆。

## 5.2 常用计量单位与国际计量单位换算汇总表

| 国际计量单位 | | | | 非国际单位与国际单位的换算关系 | |
|---|---|---|---|---|---|
| 计量名称 | 单位名称 | 单位符号 | 基本单位表示式 | 公制的换算 | 英制的换算 |
| 温度 | 开[尔文] | K | K | K=℃(摄氏度)+273.15 | °F(华氏度)=(℃×$\frac{9}{5}$)+32<br>℃=(°F−32)×$\frac{5}{9}$<br>°R(兰氏度)=°F+459.67 |
| 长度 | 米 | m | m | 1m=10dm(分米)=100cm(厘米)<br>=$10^3$mm(毫米)=$10^6$μm(微米)<br>=$10^9$nm(纳米)=$10^{10}$Å<br>1km(千米,公里)=$10^3$m | 1yd(码)=3ft=0.9144m<br>1ft(英尺)=12in=0.3048m<br>1in(英寸)=0.0254m=25.4mm<br>1mile(英里)=1760yd=1609.3m |

续表

| 国际计量单位 | | | | 非国际单位与国际单位的换算关系 | |
|---|---|---|---|---|---|
| 计量名称 | 单位名称 | 单位符号 | 基本单位表示式 | 公制的换算 | 英制的换算 |
| 面积 | 平方米 | $m^2$ | $m^2$ | $1m^2=10^2dm^2=10^4cm^2=10^6mm$<br>$1km^2=10^6m^2=10^2hm^2$（公顷）=1500 市亩 | $1ft^2=144in^2=0.092903m^2$<br>$1in^2=6.4516\times10^{-4}m^2=6.4516cm^2$<br>1acre（英亩）$=4046.9m^2=0.40469hm^2$ |
| 体积，容积 | 立方米 | $m^3$ | $m^3$ | $1m^3=10^3L$（升，$dm^3$）$=10^6cm^3$（mL，cc） | $1ft^3=1728in^3=0.0283168m^3$<br>=28.3168L<br>$1yd^3=27ft^3=0.76455m^3$<br>$1m^3=220.0$UKgal（英加仑）<br>=264.18USgal（美加仑）<br>=6.2899 bbl（美石油桶）<br>=6.285 bbl（英石油桶） |
| 质量 | 千克（公斤） | kg | kg | $1kg=10^3g=10^6mg$（毫克）<br>1t（吨）$=10^3kg$<br>1g（克）$=10^3mg=10^6\mu g$（微克） | 1lb（磅）=16oz（英两，盎司）<br>=0.4536kg<br>1t=0.9842 长吨（tn，英）<br>=1.1023 短吨（美） |
| 密度 | 千克每立方米 | $kg/m^3$ | $kg/m^3$ | $1kg/m^3=1g/L=10^{-3}g/cm^3$<br>$=10^{-3}g/mL=10^{-3}t/m^3$ | $1lb/ft^3=0.0160185g/cm^3$<br>$=16.0185kg/m^3$<br>$1lb/in^3=27.680g/cm^3$<br>$=2.7680\times10^4kg/m^3$ |
| 比容 | 立方米每千克 | $m^3/kg$ | $m^3/kg$ | $1m^3/kg=1L/g=10^3L/kg$<br>$=10^3cm^3/g$ | $1ft^3/lb=0.062428m^3/kg$<br>$=62.428cm^3/g$ |
| 质量流率 | 千克每秒 | kg/s | kg/s | 1kg/s=3600kg/h=3.6t/h=86.4t/d | 1lb/s=3600lb/h=0.4536kg/s<br>=1.6329t/h=39.1896t/d |
| 体积流率 | 立方米每秒 | $m^3/s$ | $m^3/s$ | $1m^3/s=60m^3/min=3600m^3/h$<br>$=10^3L/s=6\times10^4L/min$ | $1ft^3/s=60ft^3/min=3600ft^3/h$<br>$=0.0283168m^3/s$<br>$1m^3/s=220.0$UKgal/s=264.18USgal/s |
| 速度 | 米每秒 | m/s | m/s | 1m/s=60m/min=3600m/h=3.6km/h | 1ft/s=60ft/min=3600ft/h<br>=0.68182mile/h=0.3048m/s |
| 加速度 | 米每2次方秒 | $m/s^2$ | $m/s^2$ | $1m/s^2=100cm/s^2$（伽，Gal） | $1ft/s^2=0.3048m/s^2$ |
| 力，重力 | 牛[顿] | N | $kg\cdot m/s^2$ | 1kgf（千克力）$=10^3$gf（克力）=9.80665N<br>1dyn（达因）$=10^{-5}N$ | 1 长吨（英）=2240lbf=$9.964\times10^3N$<br>1 短吨（美）=2000lb=$8.8965\times10^3N$<br>1lbf（磅力）=0.4536kgf=4.44827N<br>1pdl（磅达，$lb\cdot ft/s^2$）=0.138256N |
| 能[量]，功，热 | 焦[耳] | J（N·m），（W·s） | $kg\cdot m^2/s^2$ | 1kcal（千卡）$=10^3$cal（卡）$=4.1868\times10^3J$<br>1kW·h（千瓦·时）$=3.6\times10^6J=3.6MJ$（兆焦） | 1BTU（英热单位）=0.252kcal=1055.1J<br>1Hp·h（英，马力·时）=0.7457kW·h<br>$=2.6840\times10^6J$ |
| 功率 | 瓦[特] | W（J/s） | $kg\cdot m^2/s^3$ | $1W=0.8598kcal/h=0.10197kgf\cdot m/s$<br>$=10^7erg/s$<br>1hp（米制马力）=75kgf·m/s=735.499W | 1BTU/min=60BTU/h=17.585W<br>1Hp（英制马力）=550lbf·ft/s=745.7W |
| 压力，压强，应力 | 帕[斯卡] | Pa（$N/m^2$） | kg/（$s^2\cdot m$） | 1atm（标准大气压）=760.0mmHg=101325Pa<br>=0.101325MPa（兆帕）<br>$1kgf/cm^2$（工程大气压）=98066.5Pa<br>1mmHg（托，Torr）=133.322 Pa<br>$1mmH_2O$（毫米水柱）=9.80665 Pa<br>$1dyn/cm^2$（$\mu bar$）=0.1Pa | $1lbf/in^2$（psi）$=144lbf/ft^2$<br>$=0.070307kgf/cm^2$<br>=6894.8Pa<br>$1kgf/cm^2=14.223lbf/in^2$<br>$1inH_2O=25.4mmH_2O=249.08Pa$ |
| 表面张力 | 牛[顿]每米 | N/m（$J/m^2$） | $kg/s^2$ | 1kgf/m=10gf/cm=9.80665N/m<br>$1dyn/cm=10^{-3}N/m$ | 1lbf/ft=1.488kgf/m=14.594N/m |

续表

| 国际计量单位 | | | | 非国际单位与国际单位的换算关系 | |
|---|---|---|---|---|---|
| 计量名称 | 单位名称 | 单位符号 | 基本单位表示式 | 公制的换算 | 英制的换算 |
| 热容，熵 | 焦[耳]每开[尔文] | J/K | kg·m²/(s²·K) | 1kcal/℃=10³cal/℃=4186.8J/K<br>1J/K=0.23885cal/℃ | 1BTU/°F=0.4536kcal/℃<br>=1899.1J/K |
| 比热容，比熵 | 焦[耳]每千克开[尔文] | J/(kg·K) | m²/(s²·K) | 1kcal/(kg·℃)=4186.8 J/(kg·K)<br>=4.1868J/(g·K) | 1BTU/(lb·°F)=1kcal/(kg·℃)<br>=4186.8J/(kg·K) |
| 比能 | 焦[耳]每千克 | J/kg | m²/s² | 1kcal/kg=4186.8J/kg=4.1868J/g<br>1kgf·m/kg=9.80665J/kg | 1BTU/lb=778.16ft·lbf/lb<br>=2326.0J/kg |
| [动力]黏度 | 帕[斯卡]秒 | Pa·s | kg/(m·s) | 1g/(cm·s)(P,泊)=100cP(厘泊)=<br>1dyn·s/cm²=0.0102kg·s/m²=0.1Pa·s<br>1cP=1mPa·s | 1lb/(ft·s)=3600lb/(ft·h)<br>=0.03108lb·s/ft²<br>=1.4882Pa·s |
| 运动黏度 | 平方米每秒 | m²/s | m²/s | 1cm²/s(沲,St)=100cm²/100s(厘沲,cst)<br>=0.36m²/h=10⁻⁴m²/s<br>运动黏度(m²/s)×密度(kg/m³)<br>=[动力]黏度 Pa·s | 1ft²/s=3600ft²/h=0.092903m²/s |
| 热导率 | 瓦[特]每米开[尔文] | W/(m·K) | kg·m/(s³·K) | 1kcal/(cm·h·℃)=100kcal/(m·h·℃)<br>=116.30W/(m·K)<br>1kcal/(m·s·℃)=3600kcal/(m·h·℃)<br>=4186.8W/(m·K) | 1BTU/(in·s·°F)=3600BTU/(in·h·°F)<br>=12BTU/(ft·s·°F)<br>=7.4769×10⁴W/(m·K)<br>1BTU/(ft·h·°F)=1.73076W/(m·K) |
| 传热系数 | 瓦[特]每平方米开[尔文] | W/(m²·K) | kg/(s³·K) | 1kcal/(m²·h·℃)=1.1630W/(m²·K)<br>1kcal/(m²·s·℃)=4186.8W/(m²·K) | 1BTU/(ft²·s·°F)=3600BTU/(ft²·h·°F)<br>=2.0442×10⁴W/(m²·K) |
| 热流密度 | 瓦[特]每平方米 | W/m² | kg/s³ | 1kcal/(m²·h)=1.1630W/m²<br>1kcal/(m²·s)=4186.8W/m² | 1BTU/(ft²·s)=3600BTU/(ft²·h)<br>=1.1357×10⁴W/m² |
| 污垢热阻 | 平方米开[尔文]每瓦 | m²·K/W | s³·K/kg | 1m²·h·℃/kcal=0.8598m²·K/W<br>1m²·s·℃/kcal=0.2388m²·K/kW | 1ft²·h·°F/BTU=3600ft²·s·°F/BTU<br>=0.1761m²·K/W |
| 电导率 | 西[门子]每米 | S/m | s³·A²/(kg·m³) | 1℧/m(姆欧/米)=1/(Ω·m)=1S/m<br>=0.01S/cm | |

# 参 考 文 献


[1] 汤鸿霄著．用水废水化学基础．北京：中国建筑工业出版社，1979.
[2] Water and Waste Treatment Data Book. The Permutit Company Inc，1961.
[3] Drew Principles of Industrial Water Treatment. Drew Chemical Corporation，1979.
[4] 徐寿昌等编．工业冷却水处理技术．北京：化学工业出版社，1984.
[5] 纪芳田，包义华编．循环冷却水处理基础知识．北京：化学工业出版社，1986.
[6] 龙荷云编著．循环冷却水处理．南京：江苏科学技术出版社，1984.
[7] 龙荷云编著．循环冷却水处理．南京：江苏科学技术出版社，1991.
[8] 金传良，郑连生编．水质技术工作手册．北京：能源出版社，1989.
[9] 水电部西安热工研究所编．高、中压锅炉的水汽质量管理．1987（内部教材）.
[10] 魏宝明主编．金属腐蚀理论及应用．北京：化学工业出版社，1984.
[11] 南京大学生物系曾昭琪主编．菌藻集刊，1983～1985年各期（内部交流）.
[12] 石油化工给排水设计建设组编．石油化工设计给排水．设计参考资料13，1977.
[13] 杨东方，陈洁编．低压锅炉水处理技术问答．北京：中国建筑工业出版社，1983.
[14] 姚继贤主编．工业锅炉水处理及水质分析．北京：劳动人事出版社，1987.
[15] 许京骐，陈培康主编．给水排水新技术．北京：中国建筑工业出版社，1989.
[16] 武汉水利电力学院电厂化学教研室编．锅炉的化学清洗与停炉保护．1983（内部教材）.
[17] 石化部化工设计院主编．氮肥工艺设计手册．理化数据分册．北京：石油化学工业出版社，1977.
[18] 武汉水利电力学院肖作善编．高压汽包锅炉的炉水处理．1983（内部教材）.
[19] 蔡宏道主编．环境污染与卫生监测．北京：人民卫生出版社，1981.
[20] 化学工业部节能计量办公室编．化工常用计量单位手册．1987.
[21] 钱庭宝，刘维林编．离子交换树脂应用手册．天津：南开大学出版社，1989.
[22] 栗田工业水处理药剂手册编委会编．章振玞译．包文滁等校．水处理药剂手册．北京：中国石油出版社，1991.
[23] 吉林图书馆编译．北京市环境保护科学研究所审校．国外环境标准选编．北京：中国标准出版社，1984.
[24] 顾夏声，黄铭荣，王占生等编著．水处理工程．北京：清华大学出版社，1985.
[25] 四川省五局编写组．工业锅炉安全运行基本知识．北京：国防工业出版社，1981.
[26] 许保玖编著．当代给水与废水处理原理讲义．北京：清华大学出版社，1983.
[27] 卡登爱尔，卡尔普等著．张亚杰等译．水的净化新概念．北京：中国建筑工业出版社，1982.
[28] 井出哲夫等编著．张自杰等译．水处理工程理论与应用．北京：中国建筑工业出版社，1986.
[29] 北京天龙水处理技术公司编．工业水处理实用手册（上）．1991.
[30] 化学工业部工业水处理科技情报中心站水处理商品手册编辑组．水处理商品手册．1984.
[31] 夏青，张旭辉主编．水质标准手册．北京：中国环境科学出版社，1990.
[32] 宋珊卿等编．动力设备水处理手册．北京：水利电力出版社，1988.
[33] 净水技术．2(1986)，2(1988)，3(1988)，1(1995)，2(1999).
[34] 工业水处理．1(1981)，4(1984)，5(1985)，1(1987)，2(1988)，3(1988)，5(1990)，3(1991)，6(1991)，2(1992)，1(1992).
[35] 大氮肥．1(1981)；6(1985)；5(1986).
[36] 中国石化总公司工业水技术中心编．水稳技术培训班讲义．第四章．1987（内部教材）.
[37] C. E. 汉密尔顿主编．美国材料和检验学会（ASTM）水手册．北京：化学工业出版社，1988.
[38] 美国梅特卡夫和埃迪公司．废水工程·处理、处置及回用（第二版）．北京：化学工业出版社，1986.
[39] 华东建筑工业设计院主编．给水排水设计手册．第四册．第二版．北京：中国建筑工业出版社，2002.
[40] ［美］贝茨公司编．秦裕珩等合译．工业水处理手册．北京：化学工业出版社，1982.
[41] ［美］M. G. 方坦纳，N. D. 格林著．左景伊译．腐蚀工程．北京：化学工业出版社，1982.
[42] 王箴主编．化工辞典．北京：化学工业出版社，1992.
[43] ［美］J. W. 麦科伊著．麦玉筠等译．冷却水的化学处理．北京：化学工业出版社，1988.
[44] ［美］小沃尔特.J. 韦伯著．上海市政工程设计院译．水质控制物理化学方法．北京：中国建筑工业出版社，1980.
[45] ［日］丰田环吉著．吴自迈译．工业用水及其水质管理．北京：中国建筑工业出版社，1978.
[46] 许保玖编．给水处理．北京：中国建筑工业出版社，1979.
[47] ［法］德格雷蒙公司编著．王业俊等译．水处理手册．北京：中国建筑工业出版社，1983.
[48] 国家标准目录．北京：中国标准出版社，1989.
[49] 国家、专业（部）标准和国际标准目录．北京：化学工业部标准化研究所，1989.

[50] 中国国家标准汇编．北京：中国标准出版社，1993.
[51] 武汉水利电力学院编．热力发电厂水处理．北京：水利电力出版社，1976.
[52] 方子云主编．水资源保护手册．南京：河海大学出版社，1988.
[53] Geo. Clifford White. Handbook of Chlorination and Alteranative Disinfectunts. Van Nostrand and Reinhard，1992.
[54] 化工百科全书编辑委员会．化工百科全书．第二卷．北京：化学工业出版社，1991.
[55] 宋业林编．化学水处理技术问答．北京：中国石化出版社，1995.
[56] 李伯涵，邓茂光，梁显荣编．水处理技术300问．四川：泸天化厂科研设计出版社，1991.
[57] 周本省主编．工业水处理技术．北京：化学工业出版社，1997，2007.
[58] 何铁林主编．水处理化学品手册．北京：化学工业出版社，2000.
[59] 深圳自来水公司主编．澳门自来水有限公司协编．国际饮用水水质标准汇编．北京：中国建筑工业出版社，2001.
[60] 王志文译．工业冷却水微生物抑制论．台湾正文书局，1992.
[61] 张铁垣．分析化学中的量和单位．北京：中国标准出版社，1995.
[62] 刘积贤．工业锅炉安全技术．北京：化学工业出版社，1993.
[63] 许振良编著．膜法水处理技术．北京：化学工业出版社，2001.
[64] 刘茉娥等编．膜分离技术应用手册．北京：化学工业出版社，2001.
[65] 郑领英，王学松编著．膜技术．北京：化学工业出版社，2000.
[66] 陈培康，裘本昌主编．给水净化新工艺．学术书刊出版社，1990.
[67] 岳舜琳主编．水质检验工．北京：中国建筑工业出版社，1997.
[68] 叶婴齐主编．工业用水处理技术．上海：上海科学普及出版社，1995.
[69] 王方．电去离子净水技术．膜科学与技术．2001，4.
[70] 林斯清．海水和苦咸水淡化．水处理技术．2001，2.
[71] 郑宏飞．太阳能海水淡化技术．自然杂志．22卷，1期.
[72] 郑文祥等．摩洛哥坦坦地区核能海水淡化示范项目．核动力工程．2000，2.
[73] 中化化工标准化研究所编．化学工业国家、行业标准和国际标准目录（2001）．北京：化学工业出版社，2001.
[74] 宋业林编．水处理技术问答．北京：中国石化出版社，2002.
[75] 陈家琦，王浩，杨小柳．水资源学．北京：科学出版社，2002.
[76] 郑淳之主编．水处理剂和工业循环冷却水系统分析方法．北京：化学工业出版社，2000.
[77] 陆柱等编，水处理药剂．北京：化学工业出版社，2002.
[78] 陈洁，杨东方编．锅炉水处理技术问答．北京：化学工业出版社，2003.
[79] 城镇污水处理及再利用．北京：中国标准出版社，2006.
[80] 环境监测方法标准汇编 水环境．北京：中国标准出版社，2007.
[81] 化学工业标准汇编 水处理剂与工业用水水质分析方法．北京：中国标准出版社，2008.
[82] 李圭白，张述．水质工程学．北京：中国建筑工业出版社，2005.
[83] 杨岳平，徐新华等．废水处理工程实例分析．北京：化学工业出版社，2003.
[84] 许保玖．给水处理理论．北京：中国建筑工业出版社，2000.
[85] 吴桐编．中国城市垃圾，污水处理技术实务．北京：世界知识出版社，2001.
[86] 佟玉衡．废水处理．北京：化学工业出版社，2004.
[87] 张自述．废水处理理论与设计．北京：中国建筑工业出版社，2003.
[88] 陈朝东．工业水处理技术问答．北京：化学工业出版社，2007.
[89] 王又蓉．污水处理问答．北京：国防工业出版社，2007.
[90] 王又蓉．工业废水处理问答．北京：国防工业出版社，2007.
[91] 许保玖，龙腾锐．当代给水与废水处理原理．第二版．北京：高等教育出版社，2000.
[92] 北京市城市节水办公室，中水工程实例及评估．北京：中国建筑工业出版社，2003.
[93] 崔玉川等，城市污水厂处理设施设计计算．北京：化学工业出版社，2003.
[94] 冯玉杰等，电化学技术在环境工程中的应用．北京：化学工业出版社，2002.
[95] 张光明等．超声波水处理技术．北京：中国建筑工业出版社，2006.
[96] 邹家庆．工业废水处理技术．北京：化学工业出版社，2007.
[97] 郑坤灿．水处理实用指导教程．北京：化学工业出版社，2008.
[98] 买文宁等．有机废水生物处理技术及工程设计．北京：化学工业出版社，2008.
[99] [美] Metcalf & Eddy. Inc. Wastewater Engineering，Treatment and Reuse．秦裕珩等译．第四版．北京：化学工业出版社，2004.
[100] 王郁．水污染控制工程．北京：化学工业出版社，2008.

[101] 徐新阳，郝文阁主编．环境工程设计教程．北京：化学工业出版社，2011.7.
[102] 潘涛，田刚主编．废水处理工程技术手册．北京：化学工业出版社，2012.1
[103] 赵庆良，任南琪主编．水污染控制工程．北京：化学工业出版社，2005.
[104] 成官文主编．水污染控制工程．北京：化学工业出版社，2009.
[105] 邹家庆主编．工业废水处理技术．北京：化学工业出版社，2008.7.